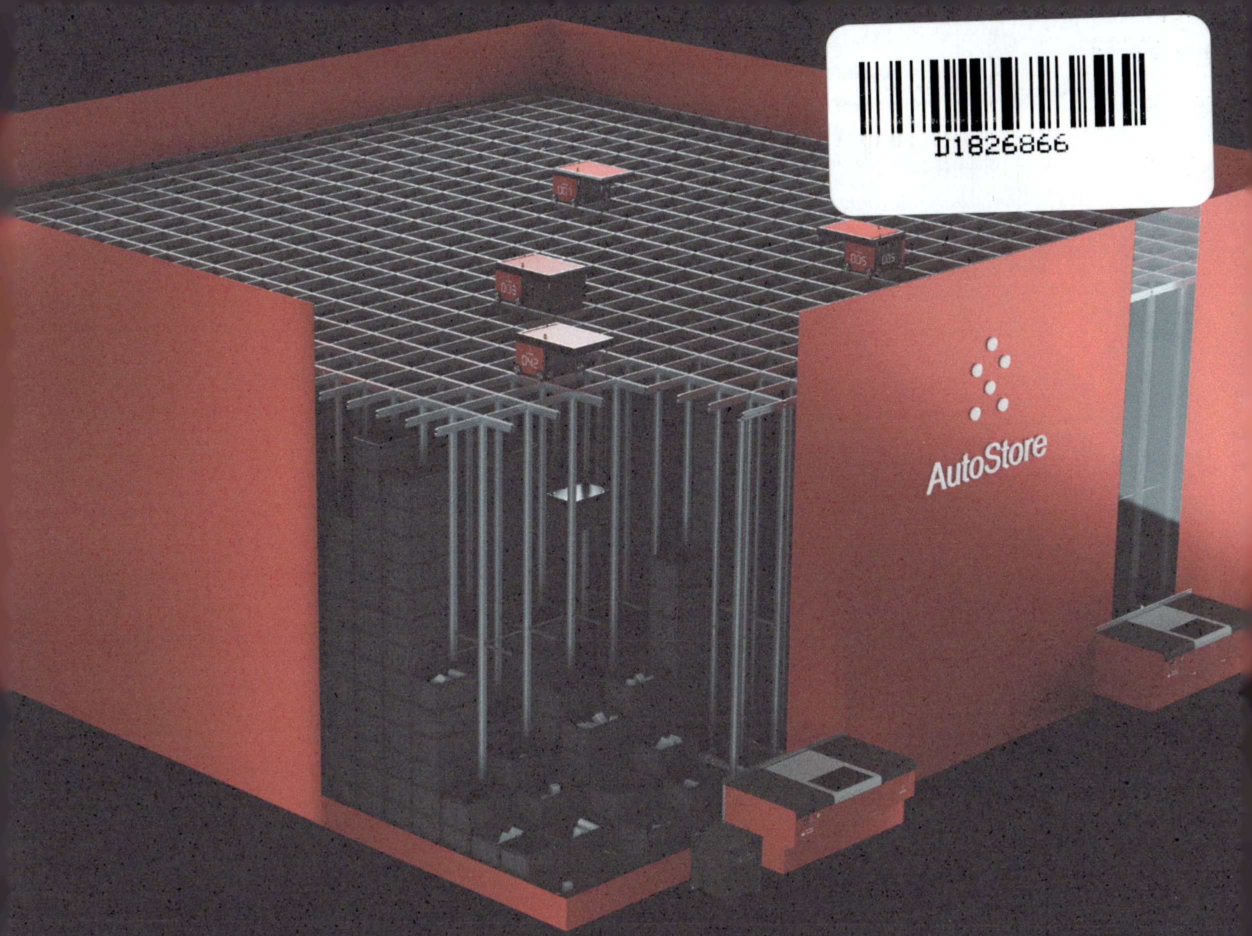

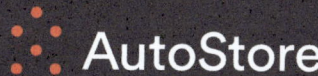

Technisches Handbuch Logistik 1

Karl-Heinz Wehking

Technisches Handbuch Logistik 1

Fördertechnik, Materialfluss, Intralogistik

Unter Mitarbeit von internen Autoren des Institutes
für Fördertechnik und Logistik (siehe Autorenverzeichnis
und Vorwort) sowie den nachfolgenden externen Autoren
Wolfgang Albrecht, Jörg Becker, Hans-Joerg Hager,
Christian Kille, Julian Popp, Thomas Scherner und
Ramin Yousefifar

 Springer Vieweg

Karl-Heinz Wehking
Institut für Fördertechnik und Logistik
Universität Stuttgart
Stuttgart, Deutschland

ISBN 978-3-662-60866-1   ISBN 978-3-662-60867-8   (eBook)
https://doi.org/10.1007/978-3-662-60867-8

Die Deutsche Nationalbibliothek verzeichnet diese Publikation in der Deutschen Nationalbibliografie; detaillierte bibliografische Daten sind im Internet über http://dnb.d-nb.de abrufbar.

Planung/Lektorat: Thomas Lehnert
Springer Vieweg ist ein Imprint der eingetragenen Gesellschaft Springer-Verlag GmbH, DE und ist ein Teil von Springer Nature.
Die Anschrift der Gesellschaft ist: Heidelberger Platz 3, 14197 Berlin, Germany

Gewidmet den Mitarbeiterinnen und Mitarbeitern des Instituts für Fördertechnik und Logistik der Universität Stuttgart, für ihre jahrzehntelange erfolgreiche wissenschaftliche Forschung, technische Entwicklung und Lehre in den Arbeitsfeldern der Förder-, Materialflusstechnik, Intralogistik und der Technischen Logistik.

Karl-Heinz Wehking

Vorwort

Logistisches Denken und Handeln ist heute in allen Industrie-, Handels- und Dienstleistungsunternehmen und staatlichen Institutionen und Behörden gefragt. Das angestrebte Ziel ist die ganzheitliche Planung und Steuerung der Systeme der Güter-, Personen-, Energie- Informations- und Werteflüsse von der Unternehmensebene bis zur Ebene der Volks- und Weltwirtschaft.

Eine umfassende, systematische und detaillierte Übersicht über den Stand von Forschung, Technik und Einsatz im Bereich der Materialflusssysteme wurde bereits 1989 von Prof. Dr.-Ing. Dr. h. c. mult. Reinhardt Jünemann (Universität Dortmund) vorgelegt mit dem Buch „Materialfluss und Logistik" (Springer-Verlag), das schnell den Rang eines Standardwerks für das in den 70er Jahren neu entstandene Arbeitsgebiet des Materialflusses und der Logistik erreichte und diesen prinzipiell bis heute beibehalten hat. In diesem Buch (mit etwa 750 Seiten Umfang) wurden erstmalig systematisch die wissenschaftlichen Grundlagen zusammengefasst und die Entwicklungs- und Forschungsschwerpunkte für Industrie, Handel und Dienstleistung für eine breitere interessierte Fachöffentlichkeit dokumentiert. Hierdurch sind sicherlich der Erfolg und die Anwendungsbereitschaft der technischen Logistik im deutschsprachigen Bereich wesentlich beflügelt worden und Deutschland einer oder sogar der Standort der wissenschaftlichen Arbeit auf dem Gebiet der Materialflusstechnik und der Logistik geworden.

Seit der 1. Auflage des Buchs von Jünemann im Jahr 1989 bis heute haben die Maschinen und Einrichtungen, die in Materialfluss- und Logistiksystemen angewendet werden sowie die wissenschaftlich Methoden/Verfahrenen, die verwendeten Softwareprogramme und die Informationssysteme wesentliche Veränderungen und Erweiterungen bzw. Optimierungen erfahren.

Außerdem sind neue Anlagentypen entstanden. Beispiele dafür sind die Sortiertechnik oder die Shuttle-Fahrzeuge in der automatischen Lagertechnik. Ebenso hat sich nun die gesamte Materialfluss- und Logistiksystemwelt so extrem weiter entwickelt, dass ganze Zweige der Branche praktisch als neu entstanden gelten können.

Vor dem Hintergrund der in den letzten Jahrzehnten entstandenen Möglichkeiten z. B. des Online-Shoppings und der damit komplett anders als im stationären Handel verlaufenden Warenströme sind völlig neue Herausforderungen an die Logistik-Branche entstanden.

Ein anderes Beispiel ist der Siegeszug der ISO-Container, die mittlerweile den weltweiten Warenverkehr dominieren und den Stückgutumschlag praktisch völlig verdrängt haben. Die früher üblichen Stückgutfracher im Seeschiffsverkehr gibt es nur noch in ganz wenigen Fällen nur noch für Spezialtransporte.

Nicht zuletzt durch die Digitalisierung und die heute mögliche Echtzeit-Kontrolle und -Steuerung von Materialfluss aufgrund der Fähigkeit, enorme Datenmengen in Echtzeit handzuhaben, hat sich die Logistikbranche grundlegend gewandelt.

Vor diesem Hintergrund ist der Gedanke zu einer Neufassung über dieses hochspannende und für die Wirtschaft so wichtige Fachgebiete der Förder-, Materialflusstechnik, Intra- und der Technischen Logistik entstanden.

Ein weiteres Ziel war dabei, erstmalig über die „alten" Inhalte des Buchs von Jünemann hinaus auch die technischen Komponenten (Maschinenbau/Fördertechnikelemente) und die Elemente der Sensorik, Aktorik, Steuerungs- und Regelungstechnik von Materialfluss, technische Anlagen und Einzelgeräte im Detail vorzustellen. Diese haben sich teilweise auf dem Bereich des allgemeinen Maschinenbaus, bzw. der allgemeinen Elektrotechnik und Steuerungstechnik so weit spezialisiert, dass man heute nicht mehr davon ausgehen kann, dass das gesamte notwendige Wissen zur Optimierung von Materialfluss- und Logistiksystemen komplett und strukturiert vorhanden ist. Daher will der Verfasser mit diesem Buch auch für diese Bereiche den heutigen Stand der Technik und des Wissens als Basiswissen für den Ingenieur zusammengefasst weitergeben.

Da die Logistik bekanntermaßen eine interdisziplinäre Wissenschaft ist, die sowohl von Ingenieuren (z. B. Maschinenbau und Elektrotechnik), Wirtschaftsingenieuren, Informatikern und Betriebswirten bearbeitet und getragen wird, gibt es eine ganze Reihe von Ausbildungsgängen, die auf das oben dargestellte breite Wissen bisher im Rahmen ihrer klassischen Ausbildung gar nicht zurückgreifen können.

Das neue, zweibändige (und etwa 1200 Seiten umfassende) „Handbuch für Technische Logistik" setzt es sich also zum Ziel, angefangen von den technischen Subelementen über die Maschinen und Einrichtungen bis zu den verschiedenen Systemen der Logistik, eine komplette, strukturierte und logische Gliederung neu, d. h. entsprechend dem Stand der heutigen Technik, zu geben. Dieser Aufbau soll es auch erlauben, dass dieses Buch sowohl für Studierende der Bereiche Fördertechnik, Logistik, Kommunikations- und Informationstechnologie, Wirtschaftsingenieurwesen und Betriebswirtschaft zur Begleitung im Studium als auch für die entsprechend in der Praxis tätigen Ingenieure, Wirtschaftsingenieure und Betriebswirte sowohl für die Bereiche Planung als auch Konstruktion, Entwicklung und Betriebsführung als Nachschlagewerk dienen kann.

Für den Hauptautor Wehking war es ausschlaggebend, mit diesem sehr umfangreichen Werk eine geschlossene durchgängig strukturiertes Werk vorzulegen.

Aufgrund der Unterstützung der herstellenden Industrie aus den Bereichen Förder-, Lager- und Handhabungstechnik und auch wichtiger Anwendungsbereiche ist es möglich gewesen, das Buch mit Beispielen so zu versehen, dass es praxisnah auf neuestes Bild- und Zeichnungsmaterial zurückgreifen konnte.

Im Bereich der Systemtechnik der Materialflussmittel für Stückgüter (angefangen von der Verpackungstechnik über die Lagertechnik, die Fördertechnik, die Handhabungstechnik, etc.), für den Teilbereich der Planung sowie in einigen anderen Bereichen ist das „Handbuch für Technische Logistik" eine Fortführung und Aktualisierung der entsprechenden Teile des Werks „Materialfluss und Logistik" meines geschätzten Lehrers und Freundes Reinhardt Jünemann. Dementsprechend wurde darauf verzichtet, die aus diesem Buch zitierten Text gesondert zu kennzeichnen. Darüber hinaus richtet sich die inhaltliche Gliederung des neuen „Handbuchs für Technische Logistik" soweit dies möglich war an der Gliederung des alten Buches von Jünemann (von 1989) aus, da sich diese Strukturierungen in Praxis und Wissenschaft bewährt haben, und weiterhin uneingeschränkte Gültigkeit haben.

Als Hauptautor ist Prof. Dr.-Ing. Dr. h. c. Karl-Heinz Wehking verantwortlich. Für wichtige Einzelkapitel konnten wesentliche Mitautoren wie bspw. Herr Dipl.-Ing Tech. Informatik Wolfgang Albrecht (Vanderlande Industries B.V.) für Band 2 Teil A, Informations- und Steuerungssysteme und Herr Prof. Dr. Christian Kille (Hochschule für Angewandte Wissenschaften Würzburg-Schweinfurt) für das Band 1 Kap. 4, Wirtschaftliche und volkswirtschaftliche Bedeutung der Logistik im Band 1 sowie weitere Autoren gewonnen werden. Dieses umfangreiche Werk konnte nur dadurch realisiert werden, dass durch das Institut für Fördertechnik und Logistik der Universität Stuttgart nicht nur Studien- und Lehrunterlagen, sondern auch die aktive Hilfe eines großen Teils der Assistenten zur Verfügung gestellt wurde. Zu nennen sind hier Frau Franziska Schloz, die Herren David Korte, Daniel Mezger, Dr. Gregor Novak, Dirk Moll, Nicolas Fähnrich und Dr. Matthew Stinson.

Besondere Erwähnung bedarf außerdem Herr Hans-Jörg Hager (als ehemaliger Vorstandsvorsitzender der Schenker Deutschland AG) der nicht nur bei der Neuformulierung des Kap. 11, Verkehrstechnik im Band 1 geholfen hat, sondern als kritischer Leser auch große Teile des Werks unter dem besonderem Blickwinkel der Logistik gelesen und kommentiert hat.

In diesem Zusammenhang sei auf die Autorenliste im Anhang des ersten und zweiten Bandes verwiesen.

Bezüglich der Quellen der im Buch enthaltenden Tabellen sei angemerkt, dass hier (bei einer großen Anzahl) die Angaben fehlen. Es handelt sich hierbei daher um Informationen aus dem Wissenschaftlichen Erfahrungsschatz des Instituts. Die Ursprünglichen Quellen waren leider nicht mehr zu ermitteln.

Der Hauptautor hofft, mit diesem neuen Handbuch die seit dem Beginn der industriellen Revolution führende Position Deutschlands und Europas in den Ingenieurwissenschaften allgemein und im Besonderen in den Bereichen von der klassischen Fördertechnik bis zu den Materialfluss-, Intralogistik und Logistiksysteme zu festigen und damit auch für die Bereiche der Aus- und Weiterbildung ein neues, den Anforderungen unserer Zeit entsprechendes Handbuch vorzulegen.

Allen Beteiligten des Instituts, aber vor allem Herrn Pascal Heinzelmann (der zum richtigen Zeitpunkt die Arbeiten seines Vorgängers Herrn Johannes Hauser in den Bereichen Lektorat, Recherche, redaktionelle Bearbeitung übernommen hat), und Frau Martina Fuchs und Frau Britta Berns (Textbearbeitung) sowie dem Springer Verlag, namentlich Herrn Thomas Lehnert und Frau Ulrike Butz (Verlagsteil, Bildrecht Industrie, Plagiatsprüfung) sowie Herrn Rouwen Bastian gilt mein persönlicher Dank.

Prof. Dr.-Ing. Dr. h.c. Karl-Heinz Wehking

Geleitwort von Prof. Dr.-Ing. mult. Reinhardt Jünemann zum neuen Handbuch als Weiterführung des alten Standardwerkes „Materialfluß und Logistik" aus dem Jahre 1989

Es ist mir eine große Freude, dass mein Schüler, Doktorand und Freund Prof. Dr.-Ing. Dr. h. c. Karl-Heinz Wehking sich entschlossen hat, das von mir im Jahre 1989 als Herausgeber veröffentlichte Buch „Materialfluß und Logistik" in meinem Sinne in einer vollständig und wesentlich erweiterten und ergänzten Form als „Handbuch für technische Logistik" zu veröffentlichen.

Wie schon im Vorwort des neuen Autors erwähnt, bringt er mein Buch nach dreißig Jahren in allen der damaligen Kapitel auf den aktuellen Stand von Wissenschaft und Technik und vervollständigt es um weitere Fachgebiete, wie z. B. die Konstruktionselemente der Fördertechnik, die Elemente von Sensorik, Aktorik, Steuerungs- und Regelungstechnik der Logistik, oder z. B. auch die Sortiertechnik, die Shuttle-Technik und viele weitere neue Teilgebiete. Damit sichert und erneuert er den Stand des Werks als umfassendes Handbuch für die Bereiche Fördertechnik, Materialflusstechnik und Logistik.

Ich wünsche dem neuen Hauptautor der neuen Ausgabe des Buches viel Erfolg und hoffe, dass es sich zu dem Standardwerk für unseren Fachbereich für die nächsten Jahrzehnte entwickelt.

Es ist mir eine besondere Freude, dass einer meiner besten Schüler meine Arbeit aufgegriffen und erfolgreich fortsetzt. Prof. Wehking hat in diesem Werk die ganze Bandbreite dieses überaus interessanten und stetig wachsenden und sich wandelnden Felds, angefangen von klassischer Förder- und Materialflusstechnik bis hin zur industriellen Logistik, vollständig erfasst, beschrieben und den heutigen Anforderungen für die Wirtschaft, für Wissenschaft, Aus- und Weiterbildung angepasst.

Prof. em. Prof. E. h. Dr.-Ing. E. h. Dr. h. c. Reinhardt Jünemann

ERGONOMISCHE KOMMISSIONIERUNG UND KOMPAKTE LAGERUNG TREFFEN FAHRERLOSEN TRANSPORT.

Mit dem perfekten Zusammenspiel unserer Produkte entwickeln wir für Sie individuelle und erweiterbare Lösungen für nachhaltige Prozesse zwischen Produktion und Logistik.

Think Tomorrow.

Inhaltsverzeichnis – Band 1

Teil B   Förderungstechnische Konstruktruktionselemente und Komponenten der Sensorik, Aktorik, Steuerungs- und Regelungstechnik

5   Konstruktionselemente Maschinenbau/Fördertechnik 149
Karl-Heinz Wehking und Christian Häfner

Karl-Heinz Wehking und Markus Schröppel

Teil C   Systemtechnik der Materialflussmittel für Stückgüter

Inhaltsverzeichnis – Band 2

Autorenverzeichnis

Dipl.-Ing. Tech. Informatik Wolfgang Albrecht,
gründete bereits als Student seine erste eigene Firma.

Im Laufe seiner beruflichen Karriere leitete er die Geschäfte mehrerer Software-Unternehmen im In- und Ausland und hatte Führungspositionen bei namhaften Systemanbietern inne.

Seit April 2016 ist er als Managing Director Management SCITS bei Vanderlande beschäftigt und zeichnet für Software-Produkte verantwortlich.

Er ist Mitglied im Fachbeirat der VDI-Gesellschaft Produktion und Logistik sowie im Förderbeirat des BVL Campus in Bremen.

Dipl.-Ing Jörg Becker

Ausbildung

1971–1984	Schulausbildung mit Abschluss Abitur
1985–1991	Studium Maschinenbau (Universität Stuttgart) mit Abschluss Diplom-Ingenieur

Berufstätigkeit

1991–2000	Tätigkeit als Projektleiter bei Industrieplanung und Organisation GmbH, i+o, Heidelberg Logistikberatung und -planung
2000-Heute	Tätigkeit als Leiter Prozessentwicklung/ Planung Logistik bei Adolf Würth GmbH & Co.KG, Künzelsau
2003-Heute	Tätigkeit als Geschäftsführer WLC Würth Logistik GmbH & Co. KG, Adelsheim
2012-Heute	Ernennung zum Mitglied der Geschäftsleitung bei der Adolf Würth GmbH & Co. KG, Künzelsau Bereich Logistik

Dipl.-Ing. Christian Häfner
Kurzvita

seit 2014	stellvertretender Abteilungsleiter der Abteilung Maschinenentwicklung und Materialflussautomatisierung am Institut für Fördertechnik und Logistik der Universität Stuttgart
seit 2010	Akademischer Angestellter in der Abteilung Maschinenentwicklung und Materialfluss-automatisierung am Institut für Förder-technik und Logistik der Universität Stuttgart
2003 bis 2010	Studium des allgemeinen Maschinenbaus an der Universität Stuttgart mit Vertiefungs-richtung Fördertechnik
2003	Allgemeine Hochschulreife

Forschung
Konzeption, Entwicklung und Konstruktion automatisierter Förder-, Lager- und Handhabungsmaschinen Optimierung von Konstruktionselementen der Fördertechnik speziell Last- und Treibketten
Lehre
Vorlesung Baumaschinen 2010–2016
Modulbetreuung „Physik für Logistiker" (Online-Studiengang)

Hans-Jörg Hager
ist Mitglied mehrerer Aufsichts- und Beiräte in der Logistik- und IT-Branche. Ab 2009 bis 2017 war er Präsident des UCS (Unternehmer-Colloquium Spedition). Seit 2017 ist er vorsitzendes Mitglied des Fachbeirats der MOSOLF SE & Co. KG. Seit dem zweiten Studienhalbjahr 2009 war Herr Hager Lehrbeauftragter an der Dualen Hochschule Baden-Württemberg Villingen Schwenningen im Studiengang Wirt-schaftsinformatik und seit 2010 am Institut für Fördertechnik und Logistik an der Universität Stuttgart. 2008/2009 war er Lehrbeauftragter an der Westfälischen Wilhelms-Universität Münster im Fachbereich Wirtschaftswissenschaften zum Thema „Strategisches Management in der Logistikbranche".

Herr Hager bekleidete von 1996 bis 2008 verschiedene Funktionen als Vorstandsmitglied in der Schenker AG. Von 1996 bis 1999 war er Vorstand Systementwicklung der Schenker Eurocargo (Deutschland) AG und von 2000 bis 2008 Vorstandsvorsitzender der Schenker Deutschland AG. Ab 2001 war er zugleich Mitglied des Vorstands der Schenker AG und hier für die Region Europa und das Geschäftsfeld Landverkehre verantwortlich.

Neben seiner beruflichen Tätigkeit war Hans-Jörg Hager langjähriges Mitglied des Präsidiums des Deutschen Verkehrsforums (DVF) und des Beirats der Bundesvereinigung Logistik (BVL).

Manuel Hagg, M.Sc.

2011–2017	Studium der technisch orientierten Betriebswirtschaftslehre an der Universität Stuttgart. Abschluss mit M.Sc.
Seit Ende 2017	Akademischer Mitarbeiter am Institut für Fördertechnik und Logistik der Universität Stuttgart in der Abteilung Logistik

Schwerpunkte Forschung
Steuerung und Wirtschaftlichkeit logistischer Prozesse

Dipl.-Ing Matthias Hofmann
Kurzvita

seit 04/2019	Leitung der Arbeitsgruppe „Zukünftige Produktionslogistik" am Institut für Fördertechnik und Logistik der Universität Stuttgart
seit 02/2014	Akademischer Angestellter in der Abteilung Maschinenentwicklung und Materialflussautomatisierung am Institut für Fördertechnik und Logistik der Universität Stuttgart
10/2015 bis 11/2013	Studium des allgemeinen Maschinenbaus an der Universität Stuttgart mit Vertiefungsrichtung Konstruktionstechnik
2014	Allgemeine Hochschulreife

Forschung

Konzeption, Entwicklung und Konstruktion automatisierter Förder-, Lager- und Handhabungsmaschinen Optimierung von Konstruktionselementen der Fördertechnik

Lehre

Baumaschinen

Prof. Dr. Christian Kille,

Jahrgang 1972, ist seit 01.04.2011 Professor für Handelslogistik und Operations Management an der Hochschule Würzburg-Schweinfurt und aktuell Leiter des Studiengangs Betriebswirtschaft. Vorher war er bei der Fraunhofer SCS in Nürnberg Leiter des Geschäftsfelds Marktanalysen.

Er ist weiterhin Lehrbeauftragter der TU München für Vorlesungen in Singapur und Peking, Marktanalyst der BVL, Mitglied in der Jury der „Logistik Hall of Fame" und des „Logix Deutscher Logistikimmobilien Award" (Vorsitzender) sowie im Nominierungskomitee für die „Beste Marke der Logistik" (Vorsitzender). 2014 gründete er zusammen mit Markus Meißner die Initiative „Prognose für die Entwicklung der Logistik in Deutschland" unter der Schirmherrschaft des Parlamentarischen Staatssekretärs beim Bundesminister für Verkehr und digitale Infrastruktur Steffen Bilger.

Seine Forschungsschwerpunkte liegen im Bereich Prognose und Trenduntersuchungen in der Logistik.

Ruben Noortwyck, M.Sc.

07/2017	Studium Maschinenbau an der Universität Stuttgart mit den Schwerpunkten Fördertechnik und Logistik sowie Fabrikbetrieb. Abschluss mit M.Sc.
04/2015–08/2017	wissenschaftliche Hilfskraft am Institut für Fördertechnik und Logistik.
Seit 09/2017	wissenschaftlicher Mitarbeiter am Institut für Fördertechnik und Logistik in der Abteilung Logistik

Schwerpunkte Forschung

Planung, Simulation und Optimierung logistischer Prozesse

David Pfleger, M.Sc.

04/2015–06/2017	Universität Stuttgart. Abschluss: Maschinenbau (M.Sc.)
10/2010–03/2015	Hochschule Koblenz. Abschluss: Maschinenbau (B.Eng.)
02/2008–09/2010	Technische Universität Kaiserslautern. Studiengang: Maschinenbau und Verfahrenstechnik (Dipl.-Ing.)

Praktische Erfahrungen

Seit 06/2018	Abteilungsleitung der Abteilung Logistik
12/2017–05/2019	Stellvertretende Abteilungsleitung der Abteilung Logistik
Seit 07/2017	Wissenschaftlicher Mitarbeiter am Institut für Fördertechnik und Logistik der Universität Stuttgart in den Bereichen Logistik und Elektromobilität
02/2017–06/2017	Hilfswissenschaftler am Institut für Fördertechnik und Logistik der Universität Stuttgart

Dr.-Ing. Julian Popp

ist Manager und verantwortlich für den Bereich Logistikinnovationen bei der MHP Management- und IT-Beratung GmbH. Nach erfolgreichem Abschluss als Diplom Wirtschaftsingenieur an der TU Kaiserslautern und Auslandsaufenthalten in der Türkei war er 4 Jahre lang am Institut für Fördertechnik und Logistik (IFT) der Universität Stuttgart tätig. In dieser Zeit verfasste Julian Popp seine Dissertation zum Thema „Neuartige Logistikkonzepte für eine flexible Automobilproduktion ohne Band". Gleichzeitig leitete er die Logistikarbeitsgruppe im Forschungsprojekt ARENA2036 sowie weitere Industrie- und Forschungsprojekte.

Seit dem Jahr 2017 ist Julian Popp bei MHP angestellt. Er beschäftigt sich mit innovativen Konzepten für die Logistik, ist verantwortlich für den MHP- Algorithmus, baut Showcases, leitet den Aufbau der MHP-Modellfabrik und referiert zu aktuellen Trends in der Logistik. Der Fokus seiner Tätigkeit für MHP liegt darauf, die Kunden bei aktuellen Herausforderungen der Intralogistik für die Bereiche Automotive und Manufacturing ideal zu unterstützen.

MBE, Thomas Scherner
Ausbildung/Studium
2002–2005   Diplom Betriebswirt (BA), Betriebswirt-
             schaftslehre Fachrichtung Warenwirtschaft &
             Logistik, Duale Hochschule Mosbach
2010–2013   Master of Business Administration and
             Engineering (MBE), Universität Stuttgart

Beruflicher Werdegang
2005–2013   Projektleiter Logistik, Adolf Würth GmbH &
             Co. KG
2013–2016   Leiter Auftragsabwicklung/Leitstand Ver-
             triebszentrum West, Adolf Würth GmbH &
             Co
2016–2019   KG Leiter Fulfillment, Adolf Würth GmbH &
             Co. KG

Derzeitige Tätigkeit
Seit 07.2019   Bereichsleiter Logistik, Adolf Würth GmbH
                & Co. KG

Dipl.-Ing. Markus Schröppel
Kurzvita
seit 03/2015   stellvertretender Leiter des Instituts für
                      Fördertechnik und Logistik der Uni-
                      versität Stuttgart
seit 03/2011   Leitung der Abteilung Maschinen-
                      entwicklung und Materialfluss-
                      automatisierung am Institut für
                      Fördertechnik und Logistik der Uni-
                      versität Stuttgart
seit 11/2007   Wissenschaftlicher Mitarbeiter am
                      Institut für Fördertechnik und Logistik
                      der Universität Stuttgart
10/2001–10/2007   Studium Allgemeiner Maschinenbau,
                      Universität Stuttgart

Forschung
Konstruktion, Betrieb und Optimierung von vollauto-
matischen förder-, lager- und handlungstechnischen
Maschinen und Einrichtungen (Fördersystemtechnik)
Optimierung von Konstruktionselementen der Fördertechnik
Automatisierung von Materialflusssystemen

Lehre

Fördertechnik, Konstruktionselemente, Materialflussautomatisierung Berufsbegleitender Studiengang Master:Online
Logistikmanagement

Mitgliedschaft in fachbezogenen Organisationen

WGTL – Wissenschaftliche Gesellschaft für Technische
Logistik e. V.

I.N. – Intralogistik-Netzwerk in Baden-Württemberg e. V.

Prof. i. R. Dr.-Ing. Dr. h. c. Karl-Heinz Wehking

Beruflicher Werdegang/Wissenschaftliche Laufbahn

10/1976–10/1982	Studium Allgemeiner Maschinenbau, Universität Dortmund
01/1983–12/1985	Wissenschaftlicher Mitarbeiter am Fraunhofer Institut für Transporttechnik und Warendistribution Dortmund (heute IML)
14.02.1986	Promotion zum Doktor-Ingenieur an der Universität Dortmund
01/1986–05/1989	Wissenschaftlicher Angestellter (ab 01.07.1986 als Oberingenieur) am Institut für Förder- und Lagerwesen der Universität Dortmund sowie im Neben- amt Abteilungsleiter am Fraunhofer- Institut für Transporttechnik und Warendistribution (FhG) in Dortmund (heute IML)
06/1989–09/1995	Gründung und Aufbau der Firma Logistiktechnologie in Dortmund als geschäftsführender Gesellschafter, Auf- gaben: Planung und Konstruktion von Geräten, Einrichtungen und Systemen in Fördertechnik und Logistik
12/1989–11/1991	Technischer Geschäftsführer der Firma Robotec GmbH Dortmund Aufgabe: Entwicklung von Fahrerlosen Schwer- last-Transportfahrzeugen zum Aufbau neuer Logistiksysteme innerwerklicher Transporte

09/1995–10/2018	Universitätsprofessor und geschäfts-führender Direktor am Institut für Fördertechnik und Logistik der Universität Stuttgart C4-Professur, Lehr- und Arbeitsgebiete: Konstruktive Fördertechnik, Seiltechnologie, Logistik und Intralogistik
10/2000–09/2003	Prorektor der Universität Stuttgart, Bereich Forschung und Technologie
2000–2018	Mitglied des Managementkomitees der OIPEEC (Organisation Inter-nationale Pour l'Etude de l'Endurance des Cables-Internationale Organisation zum Studium der Betriebsfestigkeit von Seilen)
2003–2008	Vorsitzender des Aufsichtsrates des Technologie-Lizenz-Büros (TLB) des Landes Baden-Württemberg
2004–2013	Präsident der Wissenschaftlichen Gesellschaft für Technische Logistik e. V. (WGTL) (Vereinigung von 14 Institutionen)
2005–2013	Regionalgruppensprecher Baden-Württemberg der Bundesvereinigung Logistik (BVL) e. V.
2006–2013	Mitglied des wissenschaftlichen Beirats der VDMA-Forschungsgemeinschaft Fördertechnik und Logistiksysteme/ Intralogistik
2006–2013	Stellvertretender Vorsitzender/ Intralogistik-Netzwerk in Baden Württemberg e. V.
08/2008–05/2009	Visiting Professor, University of Western Ontario, London, Kanada
04/2012	Ehrendoktor der Staatlichen Poly-technischen Universität Odessa, Ukraine

Schwerpunkte Forschung
Seiltechnik und Seilanwendung
Konstruktion, Betrieb und Optimierung von vollauto-
matischen förder-, lager- und handhabungstechnischen
Maschinen und Einrichtungen (Fördersystemtechnik)
Konzeption, Betrieb und Optimierung von Logistik-
systemen (speziell Distributions-, Produktions- und Ent-
sorgungslogistik)

Dr. Ramin Yousefifar
Education

10.2012–06.2017	**University of Stuttgart** Ph.D. Institute for mechanical handling and logistics
04.2010–09.2012	**Dortmund University of Technology** M.Sc. Industrial Engineering
11.2001–02.2006	**University of EOF Tehran** B.Sc. Industrial Engineering

Professional career

From 03.2019	**Hugo Boss, Stuttgart** Senior logistics Consultant
07.2017–03.2019	**Dematic, Heusenstamm** Concept Consultant
10.2012–06.2017	**University of Stuttgart, Stuttgart** Academic associate
02.2006–06.2009	**TGP- National Iranian Oil Company, Tehran** Project manager

Abkürzungsverzeichnis

Kurzzeichen	Benennung
AGV	Automated Guided Vehicle
AKL	Automatisches Kleinteilelager
AR	Augmented Reality
ARENA	Active Research Environment for the Next Generation of Automobiles
ASL	Automatisches Staplerleitsystem
BDE	Betriebsdatenerfassung
CCD	Charge-Coupled Device
CPM	Case Picking Machine
CPS	Cyber-physisches System
DEPIAS	Dezentrale selbstorganisierte Planung von Intralogistiksystemen
DGPS	Differential Global Positioning System
D-KLM	Drehstrom-Kurzschlussmotor
EC-Motor	Electronically Commutated Motor
ED	Einschaltdauer
EPROM	Erasable Programmable Read-Only Memory
EEPROM	Electrically Erasable Programmable Read-Only Memory
EfProTec	Effizienz von Prozessen, Systemen und Technologien in der Intralogistik
EHB	Elektrohängebahn
EPK	Ereignisgesteuerte Prozesskette
ERP	Enterprise Resource Planning
ESD	Electrostatic Discharge
FCL	Full Container Load
FEM	Fédération Européenne de la Manutention
FIFO	First In – First Out
FRAM	Feroelectric Random Access Memory
FTF	Fahrerloses Transportfahrzeug
FTS	Fahrerloses Transportsystem

GLT	Großladungsträger
G-NSM	Gleichstrom-Nebenschlussmotor
G-RSM	Gleichstrom-Reihenschlussmotor
GM	Gleichstrommotor
GPS	Global Positioning System
HU	Handling Unit
IPO	Intelligente Planungsobjekte
JIS	Just in Sequence
KEP-Dienst	Kurier-Express-Paket-Dienst
KI	Künstliche Intelligenz
KLM	Kurzschlussläufermotor
KLT	Kleinladungsträger
LCL	Less than container load
LIFO	Last In – First Out
LVS	Lagerverwaltungssystem
MDE	Mobile Datenerfassung
MFC	Material Flow Controller
MRK	Mensch-Roboter-Kollaboration
MTM	Methods-Time Measurement
NVE	Nummer der Versandeinheit
OCR	Optical Character Recognition
OEM	Original Equipment Manufacturer
PInLog	Planung Intralogistischer Systeme
PPS-System	Produktionsplanungs- und Steuerungssystem
PTP	Point to Point
PZW	Person-zur-Ware
RAM	Random-Access Memory
RefPlan Logistik	Referenzgestützte Planung intralogistischer Systeme der Paket und Palettenlogistik
RFID	Radio-Frequency Identification
RGB	Regalbediengerät
ROM	Read-Only Memory
SIR	Smart Item Robotics
SLAM	Simultaneous Localization and Mapping
SOA	Serviceorientierte Architektur
SPS	Speicherprogrammierbare Steuerung
SRT	Safe Robot Technology
STULB	Sammeln, Transportieren, Umschlagen, Lagern, Behandeln
StVZO	Straßenverkehrs-Zulassungs-Ordnung
TMS	Transport Management System
TUL	Transport-, Umschlag- und Lagerwirtschaft
ULD	Unit Load Device

VCI	Volatile Corrosion Inhibitor
VR	Virtuelle Realität
WCS	Warehouse Control System
WMS	Warehouse Management System
WZP	Ware-zur-Person
XML	Extensible Markup Language

Teil A
Einführung

Zusammenfassung

In diesem Kapitel werden die Bereiche der Entwicklung und Eingrenzung von Fördertechnik, Materialflusstechnik, Intralogistik und technischer Logistik vorgestellt. Ein weiterer Schwerpunkt ist die Darstellung der betriebs- und volkswirtschaftlichen Bedeutung der Logistik. Im Unterkapitel Aufbau logistischer Systeme werden die Beschaffungs-, Produktions-, Distributions- und Entsorgungslogistik mit ihren Aufgaben und Ausprägungen umfassend vorgestellt. Ebenfalls vorgestellt werden die wichtigen Kennzahlen und die unterschiedlichen Strategien zur Beurteilung und Optimierung der Logistik.

Entwicklung und Eingrenzung

Karl-Heinz Wehking

1.1 Geschichtliche Entwicklung

Die Geschichte der Fördertechnik, des Transportes, des Materialflusses und der Logistik reicht bis weit in die vorchristliche Vergangenheit zurück. Etwa 2700 v.Chr. ist der Pyramidenbau in Ägypten ein hervorragendes Beispiel, wie bereits damals tonnenschwere Bausteine zum Standort der Cheops-Pyramide befördert wurden. Die Entwicklung in diesen Bereichen ist gleichzeitig gekoppelt an die Menschheitsgeschichte und die technische Entwicklung über Jahrtausende. Heute gültige Ansichten haben dort ihre Wurzeln und wichtige technische Elemente wie beispielsweise die sogenannten „Mächtigen Fünf" (schiefe Ebene, Keil, Schraube, Hebel und Rad) sowie die Schriften von Archimedes (287-212 v.Chr.) zum Thema Flaschenzug waren damals bereits erfunden.

Das Wort „Logistik" hat ethymologisch zunächst einen griechischen Wortstamm [1, 2]:

- logos (Vernunft)
- logismos (Rechnung, Überlegung, Plan)
- logistika (praktische Rechenkunst)
- logistikos (berechnend, logisch denkend)
- logizomai (berechnen, überlegen)
- logo (denken)

Der Begriff galt jahrhundertelang als mathematische Wissenschaft oder als spezielle Form der *Symbolic Logic* (AND, OR, NOR) [1] von Leibnitz (1646–1716) und Boole (1815–1864).

Die historische Herleitung des Wortes „Logistik" liegt im französischen „loger" für Unterbringung/Einquartierung und zeigt den Bezug zum militärischen Nachschubwesen, aus dem die Logistik entspringt. Es ist erstmals im 19. Jahrhundert durch Antoine-Henri Jomini verwendet worden.

© Springer-Verlag GmbH Deutschland, ein Teil von Springer Nature 2020
K.-H. Wehking, *Technisches Handbuch Logistik 1*,
https://doi.org/10.1007/978-3-662-60867-8_1

Der Bezug zum Militär lässt sich aber historisch schon bei den römischen Legionen zeigen. Bei den alten Römern hatten die „logistas" für die Versorgung der Legionen zu sorgen. Sie verwalteten Lager für Nahrungsmittel, planten Marschrouten und Weideplätze für die zur Fleischversorgung mit den Truppen mitgetriebenen Viehherden und organisierten Quartiere für die Legionen.

Der byzantinische Kaiser Leon VI. (866-912 n.Chr.) hat in seinem Buch über das Militärwesen die Logistik wie folgt definiert: „Sache der Logistik ist es, das Heer zu besolden, sachgemäß zu bewaffnen, zu gliedern und mit Kriegsgeräten auszustatten, rechtzeitig und hinlänglich für seine Bedürfnisse zu sorgen und jede Art des Feldzuges entsprechend vorzubereiten, dasigen zeitp heißt Raum und Zeit zu berechnen, das Gelände in Bezug auf Heeresbewegungen sowie des Gegners Widerstand richtig zu schätzen und diese Funktion gemäß der Bewegung und Verteilung der eigenen Streitkräfte zu regeln und anzuordnen – mit einem Wort: zu disponieren." (aus [3])

Die weitere geschichtliche Betrachtung des Gesamtthemenkomplexes lässt sich im Nachfolgenden mit einigen Schlaglichtern wie folgt charakterisieren (nach [4]):

Aufbau der Mezquita-Moschee, ca. 700 n.Chr. Diese im spanischen Cordoba gelegene größte Moschee auf europäischem Boden ist aus Säulen aufgebaut, die aus dem gesamten damaligen islamischen Weltreich beschafft wurden, was eine außergewöhnliche Beschaffungslogistik notwendig machte.

Ca. 1200 n.Chr. ist das internationale Unternehmensnetzwerk der Hanse entstanden. Aus heutiger Sicht erscheint der grenzenlose Handel wie ein historischer Vorläufer der Europäischen Union.

Der Postbetrieb in Europa wurde im Jahre 1504 organisiert von Franz von Taxis – mit einem erstmalig fixen Postdienst und festgelegten Laufzeiten. Die Post gelangte damals trotz der sehr schlechten Infrastruktur und der in der damaligen Zeit herrschenden Kleinstaaterei nahezu verzögerungsfrei an den Zielort.

Ca. 1800 erfolgte mit der Erfindung von Fahrzeugen und Eisenbahn der praktische Einsatz von Dampfmaschinen, was eine bahnbrechende Entwicklung im Transport- und Logistikbereich ermöglichte.

Mit dem Bau von Eisenbahnen konnten zum ersten Mal große Lasten sowie eine ansehnliche Zahl von Personen über weite Strecken viel schneller transportiert werden.

Die Erfindung des elektrodynamischen Prinzips durch Siemens 1866 sowie des Verbrennungsmotors durch Otto 1876 führte zur flächendeckenden Einführung von Individualverkehren und zur Entwicklung flächendeckender Straßennetze mit neuen Handelswegen.

1956 erfolgte die Erfindung des Seecontainers, wodurch ein struktureller Wandel des Welthandels und eine extreme Steigerung der internationalen Güterströme durch den US-Amerikaner Malcom P. McLean erfolgte.

Zwischen 1970 und 1980 wurden das Kanban- und das Just-in-Time-Konzept entwickelt und erstmalig bei der Toyota Motor Company eingeführt [5].

Die ersten theoretischen wissenschaftlichen Überlegungen zur Logistik in der Wirtschaft sind 1955 in Amerika entstanden [6]. In der deutschen betriebswirtschaftlichen Literatur erschienen die ersten Veröffentlichungen zur Logistik 1970, 1972 und 1973 [7–10]. Der Schwerpunkt dieser Veröffentlichungen lag im Bereich der Marketinglogistik, die heute eher zur Kennzeichnung der beiden marktverbundenen Logistiksysteme Beschaffungs- und Distributionslogistik benutzt wird [11, S. 17].

Bei dem ersten europäischen Materialflusskongress 1974 wurde auf der Grundlage der Erkenntnisse und der Arbeiten mit Computern, der Anwendung der Systemtechnik und neuer Planungsmethoden zur Logistik folgendes formuliert [12]:

Nachdem die Logistik einen festen Platz innerhalb der Streitkräfte und Armeen vieler Länder bekommen hat, liegt es nahe, alle Raum-, Zeit-, Ver- und Entsorgungsprobleme in den Industrieunternehmen und der Volkswirtschaft eines Landes analog zu betrachten. Vor diesem Hintergrund ergänzte nun die industrielle Logistik die Marketinglogistik.

In der industriellen Logistik sollen nicht nur die Materialflussvorgänge, sondern auch der Fluss der Informationen und Daten von Mensch-Maschine-Systemen oder Maschine-Maschine-Systemen für alle raum- und zeitüberbrückenden Prozesse verschiedener Art in Industrie-, Handels- und Dienstleistungsunternehmen betrachtet werden.

Mit der Gründung des Lehrstuhles für Förder- und Lagerwesen an der Universität Dortmund im Jahre 1972 wurde durch Prof. Dr.-Ing. mult. Reinhardt Jünemann zielgerichtet diese industrielle Logistik insbesondere für die Schaffung und Optimierung der notwendigen förder-, lager- und handhabungstechnischen Maschinen vorangetrieben. Diese Aktivitäten wurden durch die Gründung des Fraunhofer-Instituts für Transporttechnik und Warendistribution in Dortmund (seit 1989 Fraunhofer-Institut für Materialfluss und Logistik IML) im Jahr 1981 außerordentlich verstärkt.

Zeitgleich hat auch Prof. Helmut Baumgarten mit seiner Berufung an den Lehrstuhl für Materialflusstechnik und Logistik an der TU Berlin 1976 wesentlich zur Schwerpunktbildung der Logistik im deutschen Sprachraum beigetragen.

Die Abb. 1.1 zeigt die Entwicklung und Verortung der Logistik, beginnend mit den 70er-Jahren, von der klassischen Logistik mit dem Ziel, abgegrenzte Funktionen wie Beschaffung, Produktion und Absatz zu optimieren, bis hin zur heutigen Logistik von integrierten Wertschöpfungsketten und globalen Netzwerken unter Einbeziehung von sozio-ökonomischen Faktoren.

Aus den Grundlagenforschungen von Jünemann kann die heutige Logistik zusammenfassend charakterisiert werden als eine auf drei wichtigen Säulen ruhende Wissenschaft (siehe Abb. 1.2):

- der Technik (vorrangig Materialflusselemente als technische Komponenten)
- der Informatik (vorrangig Informationsflusselemente als technische Komponenten)
- der Betriebs- und Volkswirtschaft (vorrangig wirtschaftliche Komponenten)

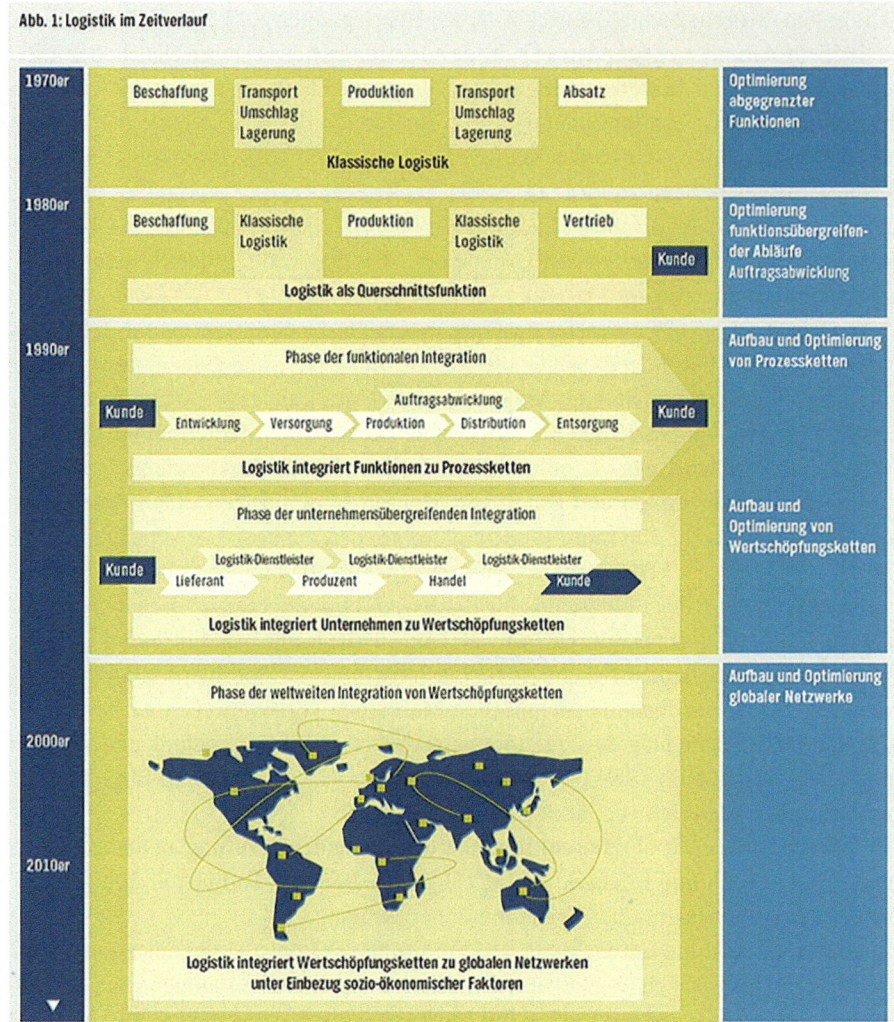

Abb. 1.1 Die Entwicklung der Logistik im Zeitverlauf. Dieses Entwicklungsbild beginnt mit den 1970er-Jahren [13]

Aus dieser Beschreibung geht sofort hervor, dass bei der Logistik ein ganzheitliches logistisches Denken und Handeln in Systemen notwendig ist. Dabei müssen die genannten drei Säulen als integriertes Ganzes angesehen werden. Dies wurde seit 1974 durch die Einbeziehung des Logistik-Aspektes in die Lehrpläne der Universitäten von Jünemann gefordert und dann in den achtziger Jahren realisiert [12].

viastore

WIR SORGEN FÜR DAS „WOW!"

Bei unseren Kunden sorgen wir für solide Glücksgefühle – und vor allem bei deren Kunden. Denn diese erhalten dank unserer integrativen **Intralogistik-Anlagen** und **Warehouse-Management-Software** genau das geliefert, was sie bestellt haben. Zur richtigen Zeit in der richtigen Menge am richtigen Ort. Garantiert. Unser internationales Team packt an und umfasst inzwischen rund 550 Mitarbeiterinnen und Mitarbeiter, die einen jährlichen Umsatz von 135 Millionen Euro erwirtschaften. **Und wir wachsen weiter. Und dafür suchen wir Sie!**

Wenn Sie gemeinsam mit uns für viele „Wows" sorgen möchten, freuen wir uns auf Ihre Bewerbung an **career.de@viastore.com**.

Bei Fragen steht Ihnen Tamara Trefz unter **+49 711 9818-2307** oder **t.trefz@viastore.com** gerne zur Verfügung.

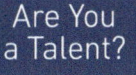

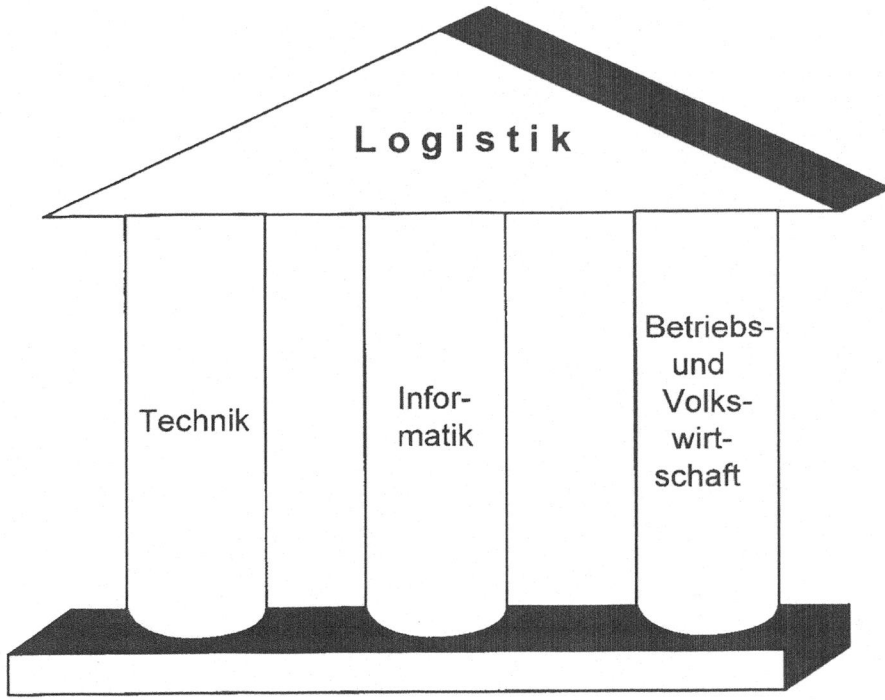

Abb. 1.2 Die drei Säulen der Logistik [14]

1.2   Begriffsbestimmungen

Wie man aus Abschn. 1.1, Geschichtliche Entwicklung bereits erkennt, gibt es im Gesamtfeld von Materialfluss und Logistik eine Reihe von Begriffen und Arbeitsgebieten, die der eindeutigen Definition und Abgrenzung bedürfen. Begonnen wird hier mit dem klassischen Begriff der Fördertechnik.

1.2.1   Fördertechnik

Unter *Fördertechnik* versteht man die Technik des Fortbewegens von Gütern und Personen in beliebiger Richtung und über begrenzte Entfernungen. [15]

Die *Fördermittel* stellen innerhalb der Materialfluss- und Logistiksysteme die Arbeitsmittel für den innerbetrieblichen Materialfluss mit den Aufgaben

- Fördern
- Verteilen

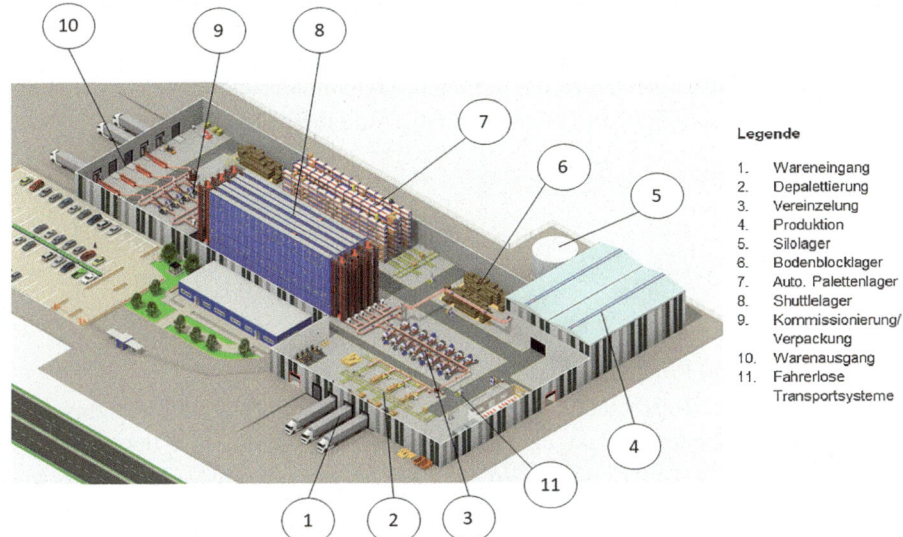

Legende

1. Wareneingang
2. Depalettierung
3. Vereinzelung
4. Produktion
5. Silolager
6. Bodenblocklager
7. Auto. Palettenlager
8. Shuttlelager
9. Kommissionierung/
   Verpackung
10. Warenausgang
11. Fahrerlose
    Transportsysteme

Abb. 1.3 Distributionszentrum mit den Funktionsbereichen der Logistik (siehe Legende 1 bis 3, 6–11) und einer Produktionsanlage (siehe Legende 4 und 5). (Quelle: io-consultants GmbH & Co. KG)

- Sammeln
- Lagern

dar. Die zentrale Bedeutung der Fördertechnik in heutigen Materialfluss- und Logistiksystemen erkennt man aus Abb. 1.3 und der Fußnote 1 (siehe Legende der Abb. 1.3 in den Punkten 5 bis 9 und 11).

Die bisher einführenden Worte zeigen, dass sich auf Grund der industriellen und technischen Entwicklung eine explosionsartige Erweiterung der ursprünglichen reinen Fördertechnikaufgaben hin zu heutigen Material- und Logistiksystemen entwickelt hat.[1]

1.2.2 Materialflusstechnik

Materialfluss ist die Verkettung aller Vorgänge beim Gewinnen, Be- und Verarbeiten sowie bei der Verteilung von Gütern innerhalb festgelegter Bereiche. [16]

---

[1] An dem Bild erkennt man, dass die Fördertechnik, die Lagertechnik, sowie die Bereiche der Kommissionierung und des Versandes, also der Handhabungstechnik, den absoluten Hauptumfang aller Gebäudeteile ausmachen.

Aufgrund der immer komplexer werdenden wirtschaftlichen und technischen Zusammenhänge ist es in den vergangenen Jahrzehnten notwendig geworden, die klassischen Aufgaben
der Fördertechnik (also das Fördern, das Verteilen, das Sammeln und das Lagern) im Rahmen
der komplexen Betrachtung von Systemen um die Aufgabenteile

- Bearbeiten
- Montieren
- Prüfen
- Handhaben etc.

von Werkstücken und Produkten zu erweitern.

Hierbei wird unter Bearbeiten ein Vorgang verstanden, bei dem ein Erzeugnis, d. h. ein
Rohstoff, Werkstück oder Produkt, dem Zustand näher gebracht wird, in dem es das Unternehmen verlassen soll. Unter Prüfen wird jeder Kontrollvorgang im Verlaufe eines Materialflusses verstanden [16].

Ziel des Denkens und Arbeitens in Systemen ist die Materialflussoptimierung. Aufgabe der Materialflusstechnik ist es nicht alleine die Fördertechnikkosten durch den Einsatz leistungsstarker Fördermittel oder durch Rationalisierung der Transportvorgänge zu
senken, sondern auch alle anderen Faktoren des betrieblichen Geschehens zu berücksichtigen (Abb. 1.4). Materialflussoptimierungen verlangen demzufolge die Zusammenarbeit der
Disziplinen

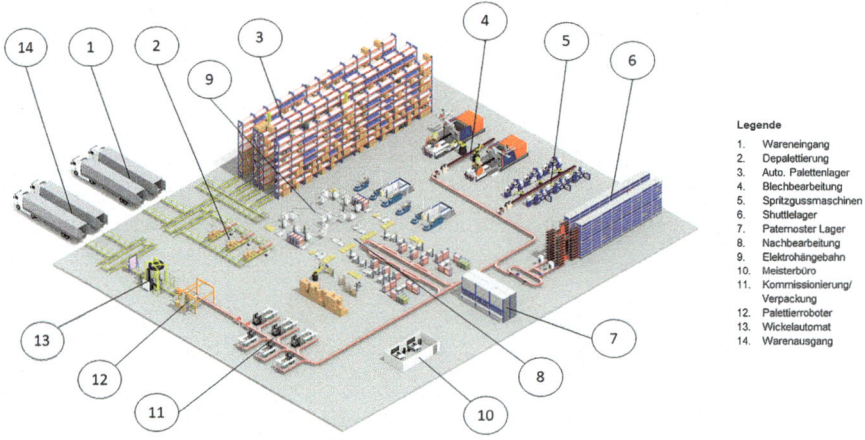

Abb. 1.4 Komplexes Materialflusssystem einer automatisierten Fabrikanlage und das Zusammenspiel der obigen Komponenten. (Quelle: io-consultants GmbH & Co. KG)

- Fördertechnik
- Fertigungstechnik
- Verpackungstechnik
- Verkehrstechnik
- Montagetechnik etc.

Betrachtet man nun für Systeme nicht nur die beschriebenen Materialfluss-Vorgänge, sondern darüber hinaus den Informations- und Datenfluss sowie betriebswirtschaftliche Gesichtspunkte, so verwendet man hierfür den übergeordneten Begriff der Logistik.

1.2.3 Logistik

> Die *Logistik* ist die wissenschaftliche Lehre der Planung, Steuerung und Überwachung des Material-, Personen-, Energie-, Werte- und Informationsflusses in Systemen. [14]

Systeme, in denen die Logistik eine Rolle spielt, umfassen alle Bereiche der Wirtschaft, nämlich

- Industrie
- Handel
- Dienstleistung

Materialfluss und Logistik unterscheiden sich darin, dass Materialfluss mit der Lehre des Gutflusses gleichzusetzen ist. Sie umfasst damit die Entwicklung, die Planung, den Betrieb und die Instandhaltung der technischen Komponenten (vor allen Dingen der Fördertechnik und Elektrotechnik) der Logistik. Die Steuerung, Überwachung und Kontrollfunktionen sind die wichtigen zusätzlichen Komponenten der Logistik. Logistik umfasst somit die oben dargestellten Teilaufgaben. Anschaulich sind diese Aufgaben in der sog. *6-R-Regel* zusammengefasst [14]:

- *Richtige Objekte* (Material, Güter, Informationen, Dienstleistung, Energie, . . .) zum
- *richtigen Zeitpunkt* in der
- *richtigen Quantität und Qualität*, versehen mit den
- *richtigen Informationen* (nicht mehr als notwendig!) am
- *richtigen Ort*
- zu *richtigen Kosten, d. h. wirtschaftlich*, bereitzustellen.

Die Abb. 1.5 grenzt die Aufgaben der Fördertechnik, der Materialflusstechnik und der Logistik gegeneinander ab.
Logistik ist also eine Querschnittsfunktion aus verschiedenen Wissenschaftsbereichen und lebt von der ganzheitlichen Betrachtung der Logistik- Systeme.

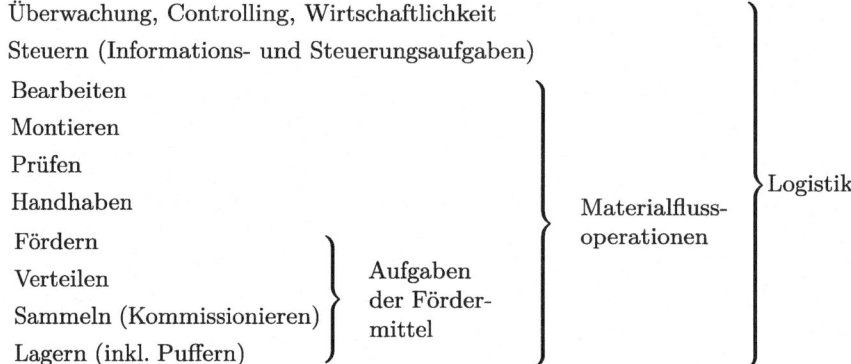

Abb. 1.5 Gegenüberstellung der Aufgaben von Fördertechnik, Materialflusstechnik und Logistik [14]

Logistik umfasst heute die Arbeitsbereiche der

1. Beschaffungslogistik
2. Produktionslogistik
3. Distributionslogistik
4. Entsorgungslogistik

Dieser hier nun geschilderte breite Ansatz der Logistik ist traditionell aus den Aufgaben der TUL-Prozesse (Transportieren, Umschlagen, Lagern) entstanden und kann heute zum umfassenden Logistikbegriff weiterentwickelt werden. Die Abb. 1.6 zeigt, dass ähnlich wie bei einem Eisberg die Logistik wesentlich mehr Funktionen umfasst, als auf den ersten Blick erkennbar ist. Abschließend gibt die Abb. 1.7 den Zusammenhang zwischen den vier Arbeitsfeldern (Beschaffung, Produktion, Distribution und Entsorgung) der Logistik wieder und zeigt die Verbindung von Materialfluss und Informationsfluss.

1.2.4 Intralogistik

Neben der fachlichen Abgrenzung der hier jetzt diskutierten Begriffe

- Fördertechnik
- Materialfluss
- Logistik

ist es im Sinne der Vollständigkeit heute nötig, einen weiteren Oberbegriff, die *Intralogistik,* zu definieren. Im Jahre 2005 hat der Fachverband Fördertechnik und Logistiksysteme

Abb. 1.6 Der Eisberg als Analogie für das weite Feld der Logistik. (Quelle: Bundesvereinigung Logistik (BVL) e.V.)

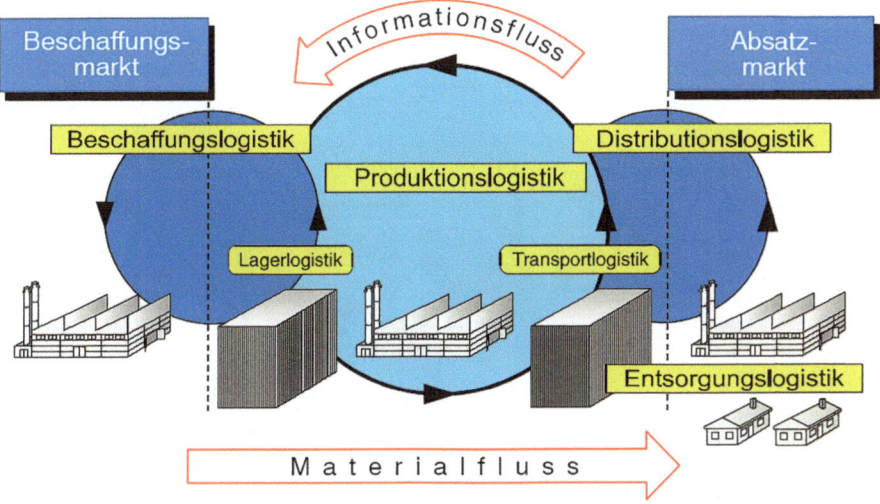

Abb. 1.7 Inhaltlicher Zusammenhang der vier Logistik-Teilsysteme. (Quelle: Prof. Günthner, fmL TUM)

innerhalb des VDMA (Verband Deutscher Maschinen- und Anlagenbau) seine bisherigen Aktivitäten in den Bereichen Stetigförderer, Unstetigförderer, Handhabungs-, Lagertechnik, etc. unter diesem neuen Oberbegriff zusammengefasst.

Unter Intralogistik wird hierbei die Organisation, die Steuerung, die Durchführung und Optimierung des innerbetrieblichen Materialflusses, der Informationsströme sowie des Warenumschlages in Industrie, Handel und öffentlichen Einrichtungen verstanden. Unter diese Definition fallen also alle Anbieter von Hebezeugen, Förder- und Lagertechnik, Logistiksoftware, Identifikationtechnologie, Dienstleistern, aber auch Anbieter von schlüsselfertigen Komplettsystemen.

Die Abgrenzung zur Logistik ergibt sich dadurch, dass im Sinne des Begriffe des innerbetrieblichen Materialflusses der Transport und Umschlag von Waren auf Straße, Schiene, Wasser und in der Luft nicht zum Aufgabengebiet der Intralogistik gehört.

1.2.5 Mikro-, Makrologistik; Supply Chain

Hilfreich zur Abgrenzung der Begriffe von Logistik und Intralogistik ist ebenfalls die Unterscheidung in Mikro- und Makrologistik.

Aus Abb. 1.8 erkennt man, dass die innerbetriebliche Logistik der Mikrologistik deckungsgleich mit den Aufgabefeldern der Intralogistik ist und die Makrologistik die weltweit vernetzte Supply Chain ausmacht.

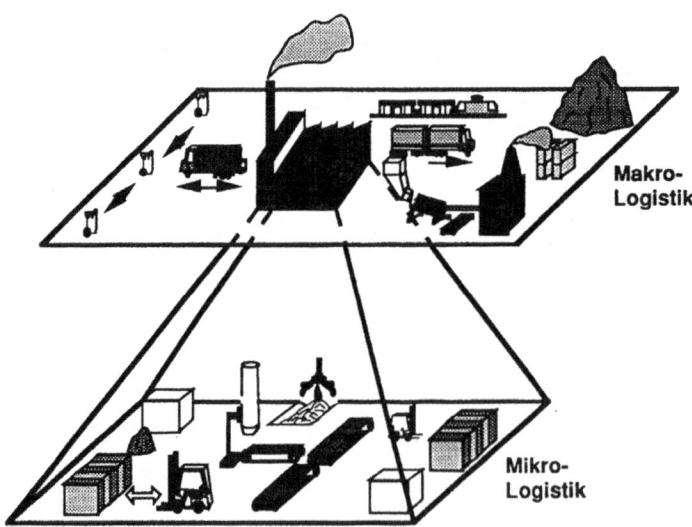

Abb. 1.8 Zusammenhang zwischen Mikro- und Makrologistik [14]

Entsprechend [17, S. 66] wird Supply Chain wie folgt definiert:

Eine Supply Chain (SC, Wertschöpfungskette) umfasst alle an der Entwicklung, Erstellung, Lieferung und Entsorgung eines Produktes Beteiligten vom Rohstofflieferanten bis zum Endkunden.

Die Realisierung einer Supply Chain erfolgt durch das sogenannte Supply Chain Management, was in [17, S. 67] wie folgt definiert wird:

Supply Chain Management (SCM) ist ein prozessorientierter Managementansatz, der alle Flüsse von Gütern (Rohstoffen, Bauteilen, Halbfertig- und Fertigprodukten), Informationen, Finanzmitteln sowie die vertraglichen und sozialen Beziehungen entlang der Supply Chain vom Rohstofflieferanten bis zum Endkunden umfasst und das Ziel der Integration der Wertschöpfungsprozesse und letztendlich einer Verbesserung der Wettbewerbsposition aller an der Supply Chain Beteiligten verfolgt.

Aufgrund dieser Definition lassen sich die Ziele des Supply Chain Managements wie folgt schlaglichtartig wiedergeben:

- Verbesserung der Kundenorientierung
- Synchronisation der Versorgung mit dem Bedarf
- Flexibilisierung und bedarfsgerechte Produktion
- Aufbau der Bestände entlang der Wertschöpfungskette
- Effektivität und Effizienz der unternehmensübergreifenden Prozesse optimieren.

Die wichtigsten Zielparameter für die Organisation der Supply Chain sind in Abb. 1.9 wiedergegeben. Die angestrebte optimierte Supply Chain kann sich nur dann herausbilden, wenn für alle Beteiligten des Netzwerkes eine sogenannte Win-Win-Situation auftritt. Es

Abb. 1.9 Zielsetzungen des Supply Chain Managements. (Quelle: Prof. Dangelmaier, Universität Paderborn)

herrscht ein Spannungsverhältnis zwischen den Beteiligten der Supply Chain (Lieferanten, Hersteller, Händler, Distributoren etc.), um die unterschiedlich konkurrierenden Ziele auf die gemeinsame Supply Chain abzustimmen.

Es sei an dieser Stelle ausdrücklich darauf hingewiesen, dass Supply Chain und das dazugehörende Supply Chain Management nicht Kern dieses Buches sind, sondern im Rahmen der Begriffsbestimmungen der vollständigen und notwendigen Übersichtlichkeit genannt werden muss. Auf die vielschichten Aufgaben, beginnend bei der Planung über die verschiedenen Funktionen der Beschaffung, Herstellung und Auslieferung sowie über weitere hier nicht angegebene Punkte muss auf spezielle Fachliteratur verwiesen werden. Im Zuge des Supply Chain Managements sei für weiterführende Literatur auf die Bücher [18–20] verwiesen

Eine andere Aufteilung der Logistik (siehe Abb. 1.2.5) nimmt Kummer [17] und Fohl [11] vor. Hier wird entsprechend Abb. 1.10 in die drei Teilbereiche Mikro-, Makro- und Metalogistik unterteilt, und zwar nach dem organisatorischen Rahmen, in dem die Prozesse stattfinden.

Mikrologistik beschreibt die logistischen Tätigkeiten und Anlagen eines einzelnen Unternehmens oder einer einzelnen Organisation,

Makrologistik bezieht sich dagegen auf eine ganze Volkswirtschaft und ihre Material- und Warenflüsse.

Metalogistische Systeme sind organisations- oder unternehmensübergreifend und beschreiben den Güterfluss im Rahmen von Kooperationen handelnder Institutionen.

unterteilt.

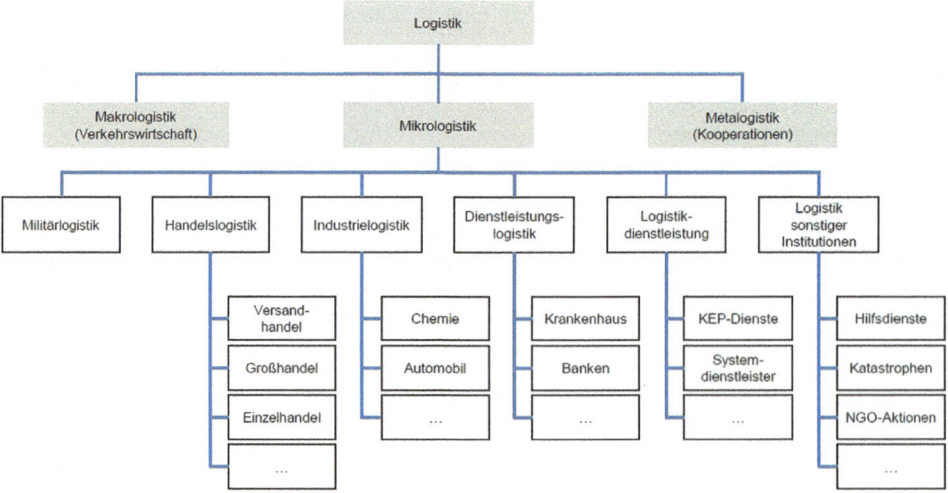

Abb. 1.10 Institutionelle Abgrenzung der Logistik nach [17] überarbeitet

Die Makrologistik wird nach Schulte [21] auch als volkswirtschaftliche Verkehrssysteme bezeichnet. Die Elemente der Systeme sind in Abb. 1.11 dargestellt.

Nachdem die Begriffe der Logistik, Intralogistik und des Supply-Chain-Management definiert worden sind soll in diesem Zusammenhang auf einige wichtige Ausprägungen und Bedeutungen der Logistik eingegangen werde.[2]

Die Bedeutung der Logistik hat in den letzten Jahren für den Bereich der Produzierenden- und Handelsunternehmen auch deshalb drastisch zugenommen weil:

1. Die Fertigungstiefe im Zuge der Globalisierung abgenommen hat
2. Die Variantenvielfalt der Produkte extrem gestiegen ist (Beispiel Automobilindustrie)
3. Es eine drastische Abnahme der Sendungsgrößen zum Kunden gibt
4. Die Logistik zu einem immer wichtigen Servicefaktor wurde
5. Die Kunden für alle Produkte und Güter eine sofortige (oft stetige) Verfügbarkeit verlangen

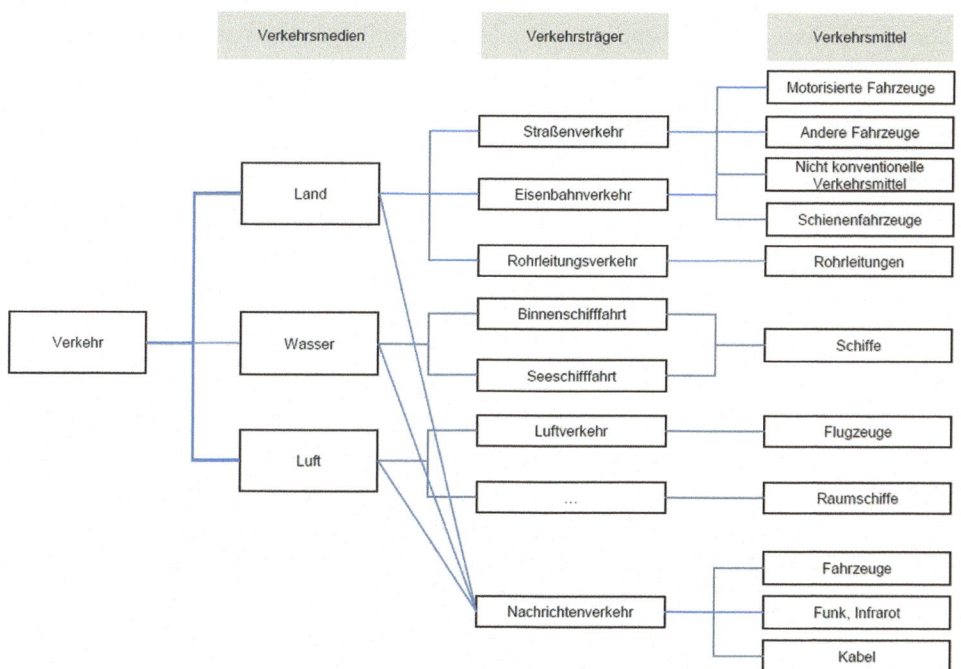

Abb. 1.11 Medien, Träger und Mittel des Verkehrs nach [23] überarbeitet

---

[2]wobei hier auf das Buch Intralogistik Herausgeber Arnold, Springerverlag 2006, Artikel: Intralogistik als wichtiges Glied von umfassenden Lieferketten, von Joachim Miebach und Patrick Paul Müller, auf den Seiten 20 folgend ausdrücklich verwiesen wird.

Innerhalb dieser Rahmenbedingungen hat in den 90-ziger Jahren die Distributionlogistik unter dem Begriff Supply-Chain-Management für die „modernen weltweiten Lieferketten" eine besondere Bedeutung erhalten, um bei den Lieferketten Einsparungspotentiale zu erzielen. Die Wichtigkeit der „Stellschraube Intralogistik" für eine effiziente Distributionslogistik ist die optimale Auswahl der richtigen technischen Komponenten

- Fördertechnik
- Lagertechnik
- Handhabungstechnik

sowie des dazugehörenden Informations-und Steuerungsteils unter der Prämisse eines optimalen betriebswirtschaftlichen Ergebnisses.

Mit der Intralogistik wird die Leistung der gesamten Lieferkette festgelegt, wobei Intralogistik und Transportfunktion die Supply-Chain steuern.

Die Bedeutung der Intralogistik wird deutlich, wenn man sich den Anteil der Logistikkosten an Hand der Abb. 1.12 ansieht. Die Intralogistikkosten eines Standortes z. B. eines Distributionslagers sind abhängig von den Hauptbeeinflussungsparametern

- Intralogistiktechik
- Personal
- Infrastruktur
- Bestand

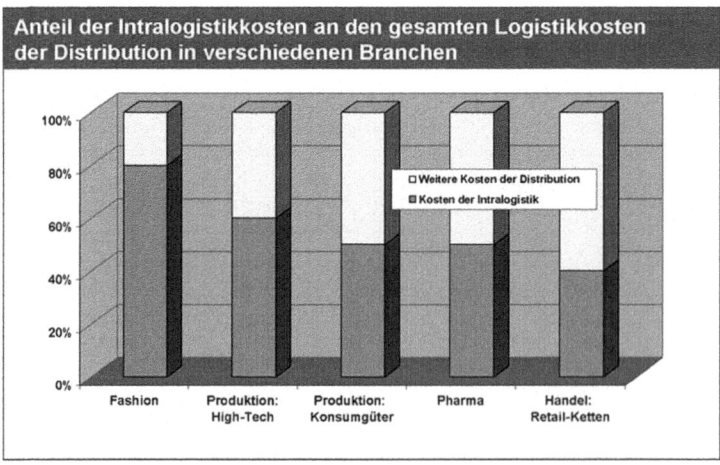

Abb. 1.12 Anteil der Intralogistik [22]

Der Verkehr als außerbetrieblicher Transport hängt stark von äußeren Einflüssen ab
(Abb. 1.11). Außer den technischen Bedingungen wie dem Vorhandensein und Eigenschaften von Infrastruktur (Straßen, Schienen, Kanäle, Flughäfen) und Verkehrsmitteln (Lastwa-
gen, Bahnfahrzeuge, Schiffe, Flugzeuge, …) zählen dazu noch die anfallenden direkten und
indirekten Kosten und Gebühren und rechtliche Vorschriften.

Betrachtet man diese Transportvorgänge im Kontext ihrer Logistik-Aufgabe, müssen zur
reinen Ortsveränderung noch die vor- und nachgelagerten Tätigkeiten (Be- und Entladen)
einbezogen werden.

Neben der Aufgabe des Transportes ist noch die Funktion der Disposition des Güterverkehrs von entscheidender Bedeutung. Ihr Ziel ist die „Koordination der einkommenden und
ausgehenden Gütermengen zur Ablaufsteuerung und zur Senkung der gesamten werksin-
ternen und werksexternen Verkehrskosten bei Aufrechterhaltung eines hohen Servicegrades
sowie kürzestmöglicher Versandtermine und Transportzeiten unter konsequenter Nutzung
aller Rationalisierungsmöglichkeiten der gesamten Abwicklungskette" [24].

Nach [25] werden Güterverkehrsunternehmen nach fünf spezifischen Merkmalen (siehe
linke Spalte) charakterisiert (Abb. 1.13).

Beim Merkmal „Leistung" können die Kategorien Einzelleistung, Verbundleistung und
Systemleistung unterschieden werden:

Einzelleistung Eine konkrete Transportleistung, z. B. Transport einer Palette von Start bis
   Ziel.
Verbundleistung Erledigung mehrerer anfallender Aufgaben; z. B. Transport, Verzollung,
   Umschlag und Lagerung einer Palette.
Systemleistung Weitere Steigerung in Leistungsbreite oder -tiefe. Hier werden umfang-
   reiche Leistungen spezifisch für einen Kunden erbracht. Dazu können neben den rei-
   nen logistischen Aufgaben auch Tätigkeiten wie Endmontagen oder Qualitätssicherung
   gehören.

Durchführung	Dienstleister		Verlader	
Leistung	Einzelleistung	Verbundleistung	Systemleistung	
Güterart	Massengut	Stückgut	KEP	
Einsatz eigener Ressourcen	Ja		Nein	
Verkehrsmittel				
	LKW	Bahn	Schiff	Flugzeug	Multimodal (Kombinierter Verkehr)

Abb. 1.13 Merkmale zur Charakterisierung verschiedener Güterverkehrsunternehmen nach [25]
überarbeitet

Ebenfalls von Wichtigkeit und Bedeutung sind die Logistikdienstleister, die in Anlehnung an die Kategorisierung der Leistung in die folgenden Gruppen eingeteilt werden können:

- Einzeldienstleister (Transporteure)
- Spediteure (Verbunddienstleister)
- Systemdienstleister (3PL, „Third Party Logistics")[3]
- Netzwerkintegratoren (4PL, „Fourth Party Logistics")[4]
- Logistik-IT-Dienstleister
- Logistikberater

Die zunehmende Tiefe und Breite des Dienstleistungsangebots führen zu einer Zunahme des Outsourcing-Anteils von Logistikaktivitäten.

Im Sinne der auf den letzten Seiten vorgenommenen Erweiterung des Begriffes der Logistik zu den Themen Mikro- und Makrologistik sowie Supply Chain soll hier noch eine alternative Definition von Prof. Klaus genannt werden:

> „Logistik umfasst nicht nur die Aktivitäten des Transportierens (Transfer von Objekten im Raum), des Umordnens, Umschlagens, der Kommissionierung (Veränderung der Ordnung von Objekten) und des Lagerns (Transfer von Objekten in der Zeit) von Gütern und Materialien in der Wirtschaft, sondern auch die damit verbundenen (administrativen) Auftragsabwicklungs- und Dispositionsaktivitäten, die unternehmensübergreifenden Planungs- und Steuerungsaufgaben, die heute auch oft als Supply Chain Management bezeichnet werden, und die Aufwendungen für die Beständehaltung wie Kapitalkosten, Abschreibungskosten etc., deren Kontrolle und Reduzierung ein wesentliches Ziel modernen Logistikmanagements ist." [27]

Im Rahmen der hier vorgenommenen Begriffsbestimmungen und Eingrenzungen seien zu den Themen Supply Chain sowie Logistikdienstleister noch einige Anmerkungen und Hinweise gegeben, die für die zukünftige Entwicklung der Logistik von Bedeutung sind, aber nicht Kern des vorliegenden Buches darstellen.

Die Logistik muss zukünftig die weltweite Supply Chain und damit auch den immer wichtiger werdenden Internethandel (in den Ausführungsformen Business-to-Customer und Business-to-Business – B2C und B2B) unterstützen und permanent optimieren.

Durch den Internethandel und die große wirtschaftliche Potenz von Anbietern wie beispielsweise Amazon gibt es Entwicklungstendenzen, die die heutige Transport- und Speditionsdienstleistung und die Supply-Chain-Struktur völlig verändern könnten.

---

[3] Sie übernehmen sämtliche Logistikaufgaben ihres Kunden, bestehend aus Waren- und Informationsfluss, und führen sie selbst durch.
Der Begriff 3PL ist nicht einheitlich definiert. Nach [26] zeichnen sich 3PL-Anbieter dadurch aus, dass ihnen gleichermaßen ein eigenes IT-System *und* die Ressourcen zur Durchführung der Tätigkeiten zur Verfügung stehen.

[4] 4PL-Dienstleister übernehmen für ihre Kunden Organisation, Steuerung und Koordination aller logistischen sowie ggf. weiterer Aufgaben; zur Durchführung der Arbeiten bedienen sie sich aber, anders als 3PL-Anbieter, externer Dienstleister.

Aus Entwicklungen am Markt ist zu entnehmen, dass der Onlinehändler Amazon unter Umständen ein gigantisches, weltumspannendes Logistiknetz schaffen will, um damit den Warenfluss von den herstellenden Fabriken der Produkte bis zur Haustür des Bestellers ausführen und kontrollieren zu können. Dies würde bedeuten, dass die zahlreichen Mittelsmänner im internationalen Handel (Stichwort Speditionen oder Logistiklagerbetriebe etc.) durch die eigene Organisation von Amazon ersetzt würden. Diese mögliche neue Servicekomponente läuft unter der Bezeichnung „Global Supply Chain" bei Amazon und manchmal auch unter dem Projektnamen „Drachenboot". Durch dieses Angebot würden die Logistikanbieter wie DHL[5], FedEx[6], UPS[7] etc. erheblich unter Druck geraten. Amazon oder andere Internetanbieter hätten bei einer solchen Entwicklung – angefangen von der Bestellung des Kunden bis zur Ausführung, das heißt Auslieferung beim Kunden – alle Fäden und damit auch die gesamte logistische Kette in der Hand.

Wenn eine solche Entwicklung zustande kommt, hätte dies darüber hinaus auch für den Bereich Business to Business für die Speditionswirtschaft Auswirkungen, weil vermutlich dann auch in diesem Bereich solche Entwicklungen und Konzentrationen angestoßen würden.

Entscheidend für diese Entwicklung ist, dass der Internetanbieter durch das Internet Besitzer der Bestellung und damit der Daten und somit der kompletten Information ist. Der heutige Vorteil international tätiger Speditionen mit See-, Binnen-, Luft- und Landverkehren, nämlich ihre Netze zu nutzen, würde damit verlorengehen.

Der Autor teilt hier die Meinung von anderen, dass es sich hier um „Chance" und „Befürchtung" handelt. Eine interessante These vergleicht die Logistikbranche mit anderen Bereichen, wo zahlreiche Unternehmen neue digitale Lösungen anbieten, die disruptiv wirken können (wie z. B. Airbnb in der Hotellerie). Die Auswirkungen werden kontrovers diskutiert. Damit ist aktuell keine abschließende Aussage auf die Logistik und ihre Akteure zu treffen.

1.2.6 Gegenstände der Logistik und Transformationsprozesse der Logistik

Entsprechend den theoretischen Ausführungen von ten Hompel, Schmidt und Nagel [28] kann man die Gegenstände der Logistik in diskrete Einzelelemente oder Subsysteme einteilen, die in logistischen Prozessen zusammenwirken. Die Gegenstände der Logistik können zum Beispiel sein:

- Materialien, Produkte oder Personen (Güter und Personen)
- Informationen

---

[5]DHL International GmbH, ein Paket- und Brief Expressdienst.
[6]Federal Express Corporation Inc., ein weltweit operierendes Kurier- und Logistikunternehmen.
[7]United Parcel Service of America, Inc., ebenfalls ein weltweit tätiges KEP-Unternehmen.

- Energie
- Materialflussmittel (also Objekte der Logistik)
- Produktionsmittel
- Informationsflussmittel
- Infrastruktur wie Gebäude, Flächen, Wege

„Generell kann zwischen solchen Gegenständen der Logistik, die als Objekte (Güter, Informationen, Energie) im Laufe ihres Aufenthaltes in logistischen Systemen einen Transformationsprozess durchlaufen, und solchen, die als Arbeitsmittel (Materialflussmittel, Produktionsmittel, Informationsflussmittel) zusammen mit den notwendigen Infrastrukturen die Änderungen der Objekte in Systemen bewirken, unterschieden werden." [28]

In Systemen können Wertschöpfungsprozesse oder Transformationsprozesse oder eine Verknüpfung von Wertschöpfungs- und Transformationsprozessen vorkommen. Wie in Abb. 1.14 dargestellt, setzen sich die Transformationsprozesse der Logistik im Allgemeinen so zusammen, dass von einem Objekt im Zustand 1 durch Transformationsprozesse, also durch Änderung von Zeit, Ort, Menge, Zusammensetzung und Qualität in Logistik- bzw. Materialflusssystemen, ein Objekt in Zustand 2 entsteht, die sich unterscheiden durch den Zustand von Gütern, Energie, Informationen und Personen.

Die hier angesprochenen Transformationsprozesse des Materialflusses und der Logistik sind in Tab. 1.1 knapp und zutreffend beschrieben. Diese Transformationen werden in den verschiedenen Subsystemen von Materialfluss und Logistik im Rahmen dieses Buches zum Beispiel für die Verpackungssysteme, die Fördersysteme, die Lagersysteme etc. im Detail beschrieben.

Im nachfolgenden Kap. 2, Aufbau logistischer Systeme wird auf den Aufbau logistischer Systeme weitergehend als in diesem Kapitel Entwicklung und Eingrenzung eingegangen.

Abb. 1.14 Transformationsprozesse der Logistik (allgemein) [14]

Tab. 1.1 Transformationsprozesse des Materialflusses nach [14, S. 34]

Materialflußoperationen	Vorrangige Zustandsänderung $O^1 \rightarrow O^2$	Technische Mittel
Prüfen	Erkennen eines Zustandes	Prüfmittel
Lagern, Puffern	Zeit	Lagermittel
Fördern, Transportieren	Ort	Fördermittel, Verkehrsmittel
Handhaben	Lage, Ort	Handhabungsmittel
Umschlagen	Ort, Lage	Fördermittel, Verkehrsmittel, Handhabungsmittel
Bilden von Ladeeinheiten, Palettieren	Menge	Handhabungsmittel
Kommissionieren	Sorte, Menge, Ort	Lagermittel, Fördermittel, Handhabungsmittel
Verpacken, Montieren, Bearbeiten (Fertigen)	Wert, Gestalt	Verpackungsmittel, Montagemittel, Fertigungsmittel

1.3   Aufgaben der Logistik

Entsprechend Abschn. 1.2, Begriffsbestimmungen ist bereits dargestellt worden, dass sich
die logistischen Aufgaben wie folgt auflisten lassen:

- Richtige Objekte
- zum richtigen Zeitpunkt
- in der richtigen Qualität und Quantität
- mit den richtigen Informationen
- am richtigen Ort
- zu den richtigen Kosten

bereitzustellen. Auch die notwendige wissenschaftliche Erklärung ist bereits vorne angegeben worden, und zwar mit der Definition

> Die Logistik ist die wissenschaftliche Lehre der Planung, Steuerung und Überwachung des
> Material-, Personen-, Energie-, Informations- und Werteflusses in Systemen.[14]

Bei der Beantwortung der Fragestellung nach den Aufgaben der Logistik stellt sich nun die
Herausforderung, zu definieren, für welche Bereiche in Wirtschaft und Gesellschaft Logistik
von Bedeutung oder sogar von extremer Bedeutung ist.

Im nachfolgenden Teil dieses Kapitels wird das aus [14] im Jahr 1989 bereits eingeführte grundsätzliche Gliederungsschema in

- volkswirtschaftliche Logistik und
- Unternehmenslogistik

übernommen, allerdings jetzt – beispielsweise bei der volkswirtschaftlichen Logistik - auf den heutigen Stand und auf die Zukunft projiziert sowie erweitert um die Teilkapitel von Handel und Dienstleistung.

Diese nun vollständigere Aufgliederung entspricht auch der Basis der in Kap. 4, Wirtschaftliche und volkswirtschaftliche Bedeutung der Logistik erarbeiteten Relevanz der Logistik für den Wirtschaftsstandort Deutschland. In Abschn. 1.2, Begriffsbestimmungen ist mit der Definition der Mikro- und Makrologistik (Abb. 1.8) die Unterscheidung zwischen innerbetrieblicher Logistik und der Logistik bezogen auf ganze Volkswirtschaften und ihre Material- und Warenströme bereits hergestellt worden.

Die wichtigste Aufgabe der volkswirtschaftlichen Logistik ist es, die Infrastruktur für die Systeme der Haushalte, der Unternehmenslogistik, aber auch der militärischen Logistik und anderer Systeme gemäß volkswirtschaftlicher Ziele bereit zu stellen.

Die Volkswirtschaft stellt die Gesamtheit der wirtschaftlich untereinander verbundenen und gegenseitig abhängigen Einzelwirtschaften – Haushalte, Unternehmen, Dienstleistung etc. – in einem Wirtschaftsraum, also im Staat, dar.

Die Unternehmenslogistiksysteme als wichtigster Teil der volkswirtschaftlichen Logistik werden nach Industrie, Handel und Dienstleistung sowie nach den Haushalten unterschieden. Eine besondere Rolle spielen dabei die Verkehrsunternehmen für den Personenverkehr und die Transportunternehmen für den Warentransport, untergliedert in

- Straßenverkehr
- Bahn
- Wasser (See- und Binnenschiffe)
- Luft

sowie die Bereiche des Briefverkehrs und der heute extrem wichtigen und leistungsstarken Kurier-, Express- und Paketdienste (KEP).

Auf den Bereich der Transporttechnik wird in Kap. 11, Verkehrstechnik separat eingegangen. Die weiteren bei den KEP-Diensten eingesetzten technischen Komponenten werden behandelt in Kap. 9, Fördertechnik, Kap. 8, Lagertechnik, Kap. 12, Handhabungstechnik und Kap. 10, Sortier- und Kommissioniertechnik.

Zu den Dienstleistungsunternehmen werden Krankenhäuser, Banken, Versicherungen, Kraftwerke und Wasserversorgungsunternehmen gezählt sowie die große Gruppe der Logistikdienstleister im Sinne von Consulting, Softwareentwicklung etc., siehe Kap. 4, Wirtschaftliche und volkswirtschaftliche Bedeutung der Logistik.

Die überragende heutige Bedeutung der Kommunikation und Informationsverarbeitung und damit der Steuerung von Volkswirtschaft und Unternehmenslogistik zum Zweck von Leistungs- und Kostenoptimierung etc. ist unzweifelhaft und kann gar nicht hoch genug eingeschätzt werden. Deswegen wird auf diesen Aspekt in Teil A, Informations- und Steuerungssysteme, Band 2.

Die Abb. 1.15 zeigt, dass Logistiksysteme grundsätzlich und immer aus zwei Komponenten, nämlich

1. dem Materialflusssystem
2. dem Informationssystem

bestehen. Hieraus wird die extreme Wichtigkeit der Informations- und Steuerungssysteme deutlich.

Beide sind ganzheitlich und engstens miteinander verkoppelt. Entsprechend der Namensgebung ist das Materialflusssystem für die Förderung, Lagerung und Handhabung der Logistikgüter, also Waren und Produkte, verantwortlich. Hierfür ist also die entsprechende Förder-, Lager-, Handhabungs-, Kommissionier- und Sortiertechnik etc. jeweils bezogen auf die Güter optimal auszuwählen.

Das sogenannte Informationssystem ist für die vorauseilenden, die dem Materialfluss parallel laufenden und die sogenannten nacheilenden Informationen notwendig. Das Informationssystem gibt für die Planung, Disposition und Nachbereitung der Logistikaufträge die notwendigen Informationen und Kennwerte und lässt beispielsweise bereits vor dem materiellen Transport oder der Handhabung vorauseilende planerische und dispositive Möglichkeiten zu und ermöglicht hierdurch eine optimale leistungsgerechte und kostenminimale Ausführung. Informations-, Steuerungs- und Softwaresysteme sind daher von extremer Bedeutung für die Logistik.

Um den Umfang und die Bedeutung der Logistik-Informationssysteme deutlich zu machen, sei auf Abb. 1.16 verwiesen. Dieses Bild zeigt die Verbindung zwischen Käufermarkt und Kunden einerseits und Lieferanten und Zulieferern andererseits mit den

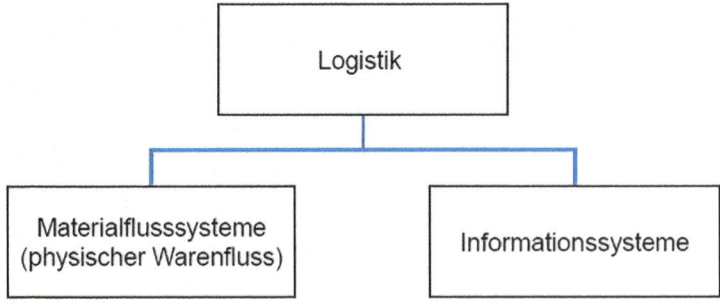

Abb. 1.15 Komponenten von Logistiksystemen. (Quelle: IFT)

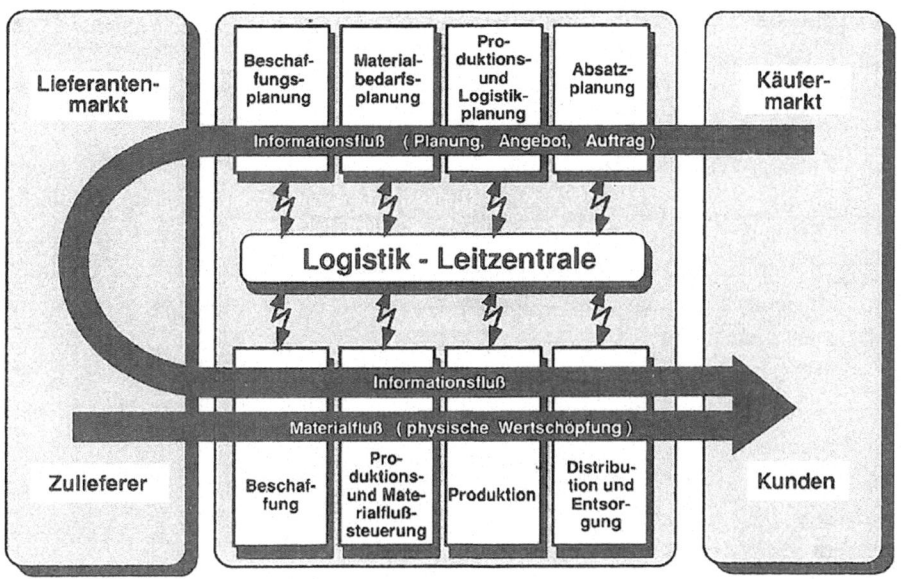

Abb. 1.16 Logistik-Leitzentrale in der „Fabrik von morgen" [14]

Komponenten Informationsfluss (Planung, Angebot, Auftrag) und Materialfluss (physische Wertschöpfung). Gleichzeitig verdeutlicht dieses Bild, wie wichtig es ist, eine solche Leitzentralenfunktion in der Logistik zu besitzen.

Die Aufgaben der Unternehmenslogistik sollen im nachfolgenden Beispiel der Industrieunternehmen exemplarisch dargestellt werden. Die Ziele und Maßnahmen gliedern sich in drei Aufgaben:

- Leistungserbringung,
- Qualitätserfüllung und
- Kosten.

Leistung und Kosten stehen bei der Logistik in direktem Zusammenhang und es gilt die Maxime

1. Erbringung maximaler logistischer Leistung mit minimalem Kostenaufwand oder
2. bei begrenztem Kostenbudget Erreichung maximaler Leistung.

Die Leistungserfüllung in der Logistik ist von einer großen Reihe von Parametern, also von Vorgabewerten, abhängig. Zu nennen sind hier beispielsweise:

- geforderte Materialdurchflussleistung
- geforderter Lieferzeitpunkt

- Eindeutigkeit der Materialidentifikation
- Qualität der Logistik
- etc.

Von besonderer Wichtigkeit ist die Einhaltung des sogenannten logistischen Servicegrades. Der logistische Servicegrad kennzeichnet die Qualität der Logistikleistung, die darin enthaltenen Elemente (Kennzahlen) dienen zur Messung und Steuerung der Logistikleistung. Mit diesen Elementen können Kundenanforderungen an die Logistikleistung ermittelt und die Merkmale der Leistungsqualität überführt werden. Der logistische Servicegrad besteht aus sechs Komponenten:

- Lieferzeit
- Lieferqualität
- Lieferflexibilität
- Lieferfähigkeit
- Liefertreue
- Informationsbereitschaft.

Die Kosten der Logistik bedürfen der weitergehenden Spezifikation. Die Logistikkosten können grob in fünf Kostenblöcke eingeteilt werden:

- Steuerungs- und Systemkosten
- Bestandskosten
- Lagerkosten
- Transportkosten
- Handlingskosten.

Das Thema der Logistikkosten bzw. des sogenannten Logistik-Controlling wird in Unterabschnitt 2.3.4, Stellung der Betriebswirtschaftslehre in der Unternehmenslogistik weiter untersucht. An dieser Stelle hier sei der Hinweis notwendig, dass die Logistikkosten als Faustwert zwischen 8 % und 12 % der Gesamtkosten (unterschiedlich je nach Branche und Logistikdienstleistung) ausmachen.

Mögliche Maßnahmen, um bei niedrigen Kosten hohe Leistung zu erbringen, sind:

- Optimierung des Materialflusses
- Reduzierung von Ressourceneinsatz
- Verringerung von Beständen
- Verringerung der Durchlaufzeiten
- Verbesserung des Informations- und Datenflusses
- Logistikgerechte Produktionsgestaltung
- Flexiblerer Personaleinsatz durch Arbeitszeitmodelle und Outsourcing

Ergänzend zum Stichwort „logistische Leistungserbringung" soll mit Abb. 1.17 auf den Begriff des logistischen Leistungsprogramms eingegangen werden. Nach [29] unterteilt sich dieses in

- Hauptfunktionen mit der Dispositions- und Beförderungsfunktion sowie der Logistikberatung
- Ergänzungs- und Komplementärfunktionen mit der Umschlags-, Lager-, Sammelverkehrs-, Verpackungs-, Manipulations- und Informationsfunktion sowie den innerbetrieblichen Transport-, Umschlag- und Lageraufgaben beim Kunden sowie
- Sonderfunktionen mit der Verkaufsförderungs-, Kundendienst-, Transportversicherungs-, Zollbehandlungs- und Kreditfunktion sowie der Montagearbeiten.

Zum Abschluss der Betrachtungen über logistische Leistung soll mit Abb. 1.18 auf die Herausforderungen der Logistik in der Zukunft hingewiesen werden. Sie zeigt die Herausforderungen der Logistiksysteme, einmal unter dem Gesichtspunkt der Unternehmensstrategien und einmal unter dem Gesichtspunkt der Markteinflüsse.

Zuletzt sei anhand von Abb. 1.19 noch auf die in der Praxis wichtigen und häufig nicht beachteten Zielkonflikte in den Industrieunternehmen hingewiesen. Bei den Logistikzielen ist das Stichwort „niedrige Bestände" ein zentrales insbesondere innerhalb eines Unternehmens. Die Ziele der unterschiedlichen Firmenbereiche außerhalb der Logistik konkurrieren an vielen Punkten mit diesem beispielhaften Ziel der Logistik.

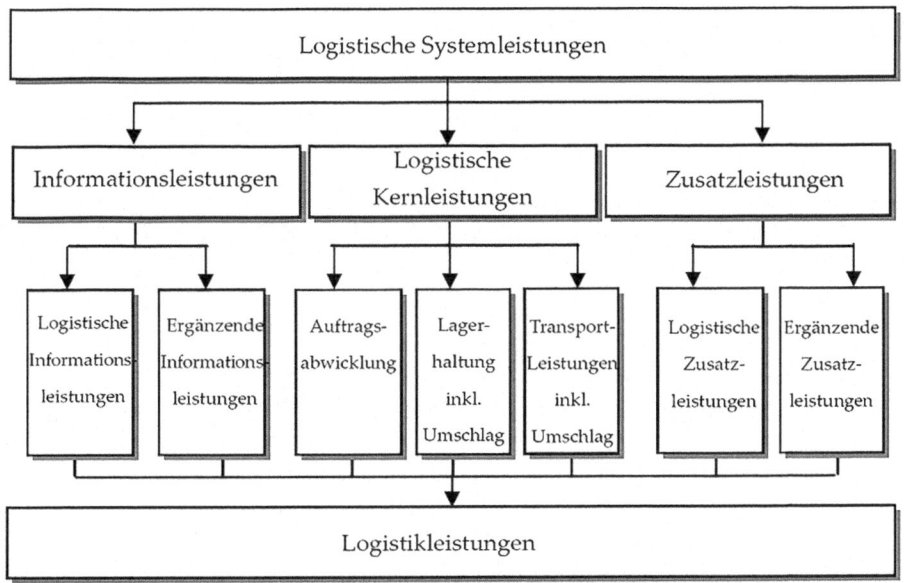

Abb. 1.17 Das logistische Leistungssystem [29]

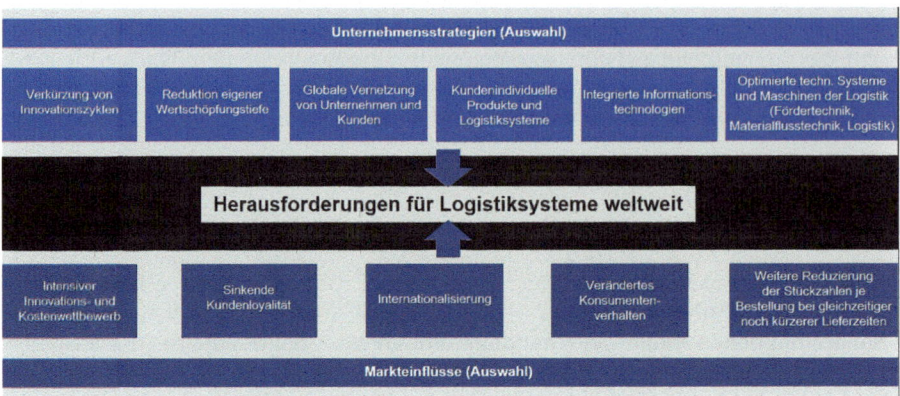

Abb. 1.18 Herausforderungen der Logistik. (Quelle: Bundesvereinigung Logistik (BVL) e.V.) i. A. a. Prof. Straube, Universität Berlin

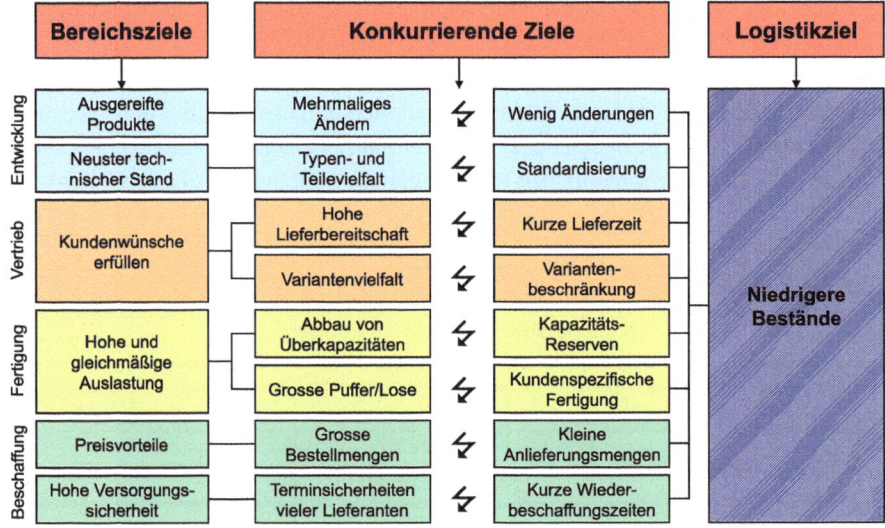

Abb. 1.19 Logistikrelevante Zielkonflikte [30]

Exemplarisch sei hier hingewiesen darauf, dass die Produktentwicklung grundsätzlich auf den jeweiligen Einsatzzweck genau angepasste Produkte auf stets aktuellem technischen Standard haben will. Das führt dazu, dass Konstruktionseinzelheiten häufig angepasst und geändert werden und damit eine große Typen-, Versionen- und Teilevielfalt entsteht. Hiergegen konkurriert das Logistikziel der niedrigen Bestände. Ein Logistiker wünscht wenige Änderungen und eine hochgehende Standardisierung, um damit das Ziel der niedrigen Bestände und damit niedriger Lagerkosten und niedriger Bestandskosten zu erreichen.

Der Logistikleiter muss sich über diesen Zielkonflikt im Klaren sein, um ein Gesamtoptimum für das Unternehmen erreichen zu können.

Um die Aufgaben der Unternehmenslogistik vollständig zu beschreiben, muss auf die folgenden Kernaufgaben noch eingegangen werden: Die Unternehmenslogistik hat die Kernaufgaben der Planung, Steuerung und Überwachung.

Die Planung von Industrieunternehmen erfordert eine Standortplanung in Verbindung mit einer Entscheidung zu einem zentralen oder mehreren dezentralen Standorten sowie einer permanenten Werksstrukturplanung, die optimal auf das fertige Produktspektrum bzw. das zu verteilende Warenspektrum und die anfallenden Materialflüsse zugeschnitten sind.

Die Planung von Arbeitsabläufen, Arbeitsmitteln, industriellen Anlagen und Gebäuden beginnt mit der Festlegung der Arbeitsvorgangsfolgen bzw. der Abläufe des Materialflusses einschließlich des Mengendurchsatzes, der Personalplanung etc. Die Entwicklung eines Layouts und Systems geht einher mit der Auswahl der Produktions-, Materialfluss- und Informationsflussmittel einschließlich der Infrastruktur für Gebäude, Flächen und Personal und den neuesten technischen Entwicklungen der Automation Rechnung tragend.

Die Planung von Informationsflüssen und Überwachung schließlich beinhalten die Festlegung der Konzepte zur Informationsverarbeitung und -weitergabe einschließlich der Rechnerhardware und der eingesetzten Software.

Hinsichtlich der Steuerung der Industrieunternehmen gelten die Zielkriterien:

- Minimierung der Herstellkosten und des Produktaufwandes
- Minimierung der Durchlaufzeiten und Bestände (Ersatz Bestände durch Information)
- Maximierung von Qualität und Lieferservice
- Einhaltung von Terminen.

Für diese Steuerungs- und Überwachungsaufgaben gibt es verschiedene Logistikgrößen (siehe Kap. 3, Strategien und Kenngrößen), anhand derer die Leistungs- und Kostensituation des Unternehmens bewertet und verbessert werden kann. Dazu bedarf es des Einsatzes unterschiedlicher Logistikstrategien (ebenda) und ggf. des Aufbaus einer oben geschilderten Logistikzentrale.

Literatur

1. Brockhaus FA (Hrsg) (1982) Bd. 1–20. Deutscher Taschenbuch Verlag, München
2. Broggi MK (1987) Logistik – was heißt das eigentlich? In: Schweizerische Handelszeitung, Nr. 4
3. Jähns M (1891) Geschichte der Kriegswissenschaften. 21
4. Logistik im Wandel der Zeit. http://www.dhl-discoverlogistics.com/cms/de/course/origin/historical_development.jsp
5. Ōno T, Bodek N (Hrsg) (1988) Toyota production system: beyond large-scale production. Productivity Press, Cambridge (XIX, 143 S). UB Vaihingen

6. Morgenstern O (1955) Note on the formulation on the theory of logistics. Naval Res Log Quart Rev 2:129–136

7. Pfohl H-C (1970) Marketing-Logistik: Ohne Organisation kein Erfolg. Marketing J 4:256–258

8. Poth Ludwig G (1970) Praxis der betrieblichen Warenverteilung. Bd. 4. Düsseldorf, Handelsblatt

9. Pfohl, H-C (1972) Marketing-Logistik: Gestaltung, Steuerung und Kontrolle des Warenflusses im modernen Markt. Distribution-Verlag, Mainz. 217 S

10. Kirsch W, Bamberger I, Gabele E, Klein K-H (1973) Betriebswirtschaftliche Logistik. Gabler, Wiesbaden

11. Pfohl H-C (Hrsg) (2018) Logistiksysteme: Betriebswirtschaftliche Grundlagen, 9. Aufl. Springer, Berlin (XIV, 437 S 106, Abb). http://dx.doi.org/10.1007/978-3-662-56228-4

12. Jünemann R (1974) Einführung in die „Industrielle Logistik", 1. Europäischer Materialflusskongress. Moderne Industrie, München, S 11–25

13. Baumgarten H (Hrsg) (2008) Das Beste der Logistik: Innovationen, Strategien, Umsetzungen. Springer, Berlin (IX, 415 S). http://dx.doi.org/10.1007/978-3-540-78405-0

14. Jünemann R (1989) Materialfluss und Logistik: systemtechnische Grundlagen mit Praxisbeispielen. Springer, Berlin (XI, S. 762). http://www3.ub.tu-berlin.de/ihv/000131070.pdf

15. Norm VDI 2411 (1970) Begriffe und Erläuterungen im Förderwesen (zurückgezogen)

16. Norm VDI 3300 (1973) Materialfluß-Untersuchungen (zurückgezogen 2004)

17. Kummer S, Grün O, Jammernegg W (2007) Grundzüge der Beschaffung, Produktion und Logistik. [Nachdr.]. Pearson Studium, München, 281 S. http://bvbr.bib-bvb.de:8991/F?func=service&doc_library=BVB01&doc_number=016438644&line_number=0001&func_code=DB_RECORDS&service_type=MEDIA

18. Christopher M (2016) Logistics & supply chain management, 5. Aufl. Pearson Education, Harlow (Always learning)

19. Werner H (2017) Supply chain management: Grundlagen, Strategien, Instrumente und Controlling, 6 aktualisierte und überarbeitete Aufl. Springer Gabler (Lehrbuch), Wiesbaden

20. Chopra S (2019) Supply chain management: strategy, planning and operation 7. Aufl. Pearson Education, New York

21. Schulte C (2017) Logistik: Wege zur Optimierung der Supply Chain, 7. vollständig überarbeitete und erweiterte Auflage. Vahlen, München (XXVI, 1045 S). http://deposit.d-nb.de/cgi-bin/dokserv?id=db46d7fb14bd40df80c2a8b97f859bb8&prov=M&dok_var=1&dok_ext=htm

22. Arnold D (2006) Intralogistik: Potentiale, Perspektiven, Prognosen. Springer, Berlin (VDI-Buch)

23. Claussen T (1979) Grundlagen der Gueterverkehrsoekonomie: die Gestaltung des inländischen Güterverkehrs

24. Schulten U, BLÜMEL K (1984) Die Bedeutung der betriebswirtschaftlichen Logistik für die Unternehmensführung. In: Zeitschrift für Betriebswirtschaft, Ergänzungsheft, S 1–16

25. Tyssen C (2010) Güterverkehrsunternehmen im Überblick. S 19–38

26. Gudehus T (2012) Logistik 2: Netzwerke, Systeme und Lieferketten. Studienausgabe der, 4. Aufl. Springer, Berlin (XIX, S 587 digital)

27. Klaus P (2002) Die dritte Bedeutung der Logistik. Deutscher Verkehrs-Verlag, Hamburg

28. Hompel M, Schmidt T, Nagel, L, Jünemann, R (2007) Materialflusssysteme: Förder- und Lagertechnik. 3. völlig neu bearbeitete Aufl. Springer, Berlin (IX, S 388). http://dx.doi.org/10.1007/978-3-540-73236-5

29. Gleißner H, Femerling J C (Hrsg) (2008) Logistik: Grundlagen – Übungen – Fallbeispiele. Gabler, Wiesbaden (XVIII, 306 S 134 Abb, digital) S. http://dx.doi.org/10.1007/978-3-8349-9547-6

30. Eidenmüller B (1995) Die Produktion als Wettbewerbsfaktor: Herausforderungen an das Produktionsmanagement, 3. Aufl. TÜV Rheinland, Köln

Aufbau logistischer Systeme

2

Karl-Heinz Wehking

2.1 Grundlagen

Materialfluss- und Logistiksysteme gehören zur Klasse der technischen Prozesse, in denen Gegenstände der Logistik als Operatoren und Operanden eingesetzt werden, um Abläufe in Systemen zu realisieren.

Gemäß der bereits vorgenommenen Definition in Abschn. 1.2, Begriffsbestimmungen lassen sich in logistischen Prozessen Güter, Energie, Informationen, Personen und im Materialfluss (Güter, Materialien, Stoffe) einem Transformationsprozess derart unterziehen, dass Zeit, Ort, Menge, Zusammensetzung und die Qualität sich ändern – siehe hierzu Abb. 1.14.

Ziel des Materialflusses und der Logistik ist es, ein gleichmäßiges Fließen der Objekte mit möglichst hohen Durchflussleistungen in den Systemen zu erreichen. Für die Berechenbarkeit und Darstellung von diskreten (abzählbaren) Objekten (z. B. Stückgüter, Informationen, Personen) ist die Netzplantechnik als Teilgebiet der Graphentheorie besonders geeignet. Ausgangspunkt für den Einsatz von Graphen sind Probleme, die durch Punkte (Knoten und Verbindungslinien) auf Kanten veranschaulicht werden können, wobei die Kanten eines Graphen bewertet oder gerichtet sein können. Letztere werden als gerichtete Kanten oder Pfeile bezeichnet. Die Netzplantechnik wird beispielsweise zur Planung und Überwachung von Terminen eingesetzt.

Details der vorgenannten Techniken sind nicht Kern des Buches; deswegen soll hierauf nicht weiter eingegangen werden, sondern auf entsprechende neue Literatur zu den Themen Netzplantechnik [1, 2] und Graphentheorie [3] verwiesen werden.

© Springer-Verlag GmbH Deutschland, ein Teil von Springer Nature 2020
K.-H. Wehking, *Technisches Handbuch Logistik 1*,
https://doi.org/10.1007/978-3-662-60867-8_2

2.2   Volkswirtschaftliche Logistik

Eine Abgrenzung von Logistiksystemen ist von verschiedenen Institutionen und Organisationen vorgenommen worden, siehe Abschn. 1.2, Begriffsbestimmungen. Verwiesen sei hier auf die Definition von Mikro- und Makrologistik, Abb. 1.8 bzw. auf die Abgrenzung von Makrologistik, Mikrologistik und Metalogistik (Kooperationen) – vgl. Abb. 1.10.

Im nachfolgenden Teil wird die Abgrenzung mit den Begrifflichkeiten der volkswirtschaftlichen Logistik und der Unternehmenslogistik vorgenommen. Die Definition der volkswirtschaftlichen Logistik ist bereits in Abschn. 1.3, Aufgaben der Logistik erfolgt, in dem definiert wurde:

> „Die wichtigste Aufgabe der volkswirtschaftlichen Logistik ist es, die Infrastruktur für die Systeme der Haushalte, der Unternehmenslogistik, aber auch der militärischen Logistik und anderer Systeme gemäß volkswirtschaftlicher Ziele bereit zu stellen."

Diese Definition wird nun hier ergänzt und erweitert. Die Definition der Unternehmenslogistik erfolgt in Abschn. 2.3, Unternehmenslogistik.

Jedes Unternehmen kann ohne die Wechselwirkung mit anderen Institutionen (Regierungen, Behörden, Haushalte, Organisationen) und Unternehmen nicht existieren. Typische Wechselwirkungen sind:

Regierungen schaffen die ordnungspolitischen und wirtschaftlichen Rahmenbedingungen zur Produktion

Behörden sorgen für die Einhaltung der Gesetze und erteilen unter entsprechenden Voraussetzungen die Berechtigung zur Produktion; außerdem schaffen und erhalten sie Verkehrswege

Verkehrsunternehmen stellen die Anbindung der Unternehmen an ihre Umwelt her

Lieferanten versorgen sie mit Roh-, Hilfs- und Betriebsstoffen

Entsorgungsunternehmen ermöglichen die Entsorgung und das Recycling der Abfallstoffe

Transportunternehmen, Spediteure und Distributionsunternehmen transportieren die Fertigprodukte zu den Kunden

Energieversorger liefern die zur Produktion notwendige Energie

Wasserversorgungsunternehmen sichern die Wasserversorgung

Informationsnetzwerke, wie heute vor allen Dingen das Internet, liefern die notwendigen Nachrichten und Informationsverbindungen

Die Volkswirtschaft stellt die Gesamtheit der wirtschaftlich untereinander verbundenen und gegenseitig abhängigen Einzelwirtschaft in einem Wirtschaftsraum dar.

In der volkswirtschaftlichen Logistik arbeiten die unterschiedlichen Unternehmenslogistiksysteme (siehe Abschn. 2.3, Unternehmenslogistik) auf vielfältige Weise ablaufmäßig, aber auch organisatorisch hinsichtlich des Flusses von Gütern, Informationen, Energien, Personen zur Erbringung logistischer Leistungen zusammen. Alle Unternehmenslogistiksysteme können ihre logistischen Leistungen nur im Rahmen der sie einbettenden volkswirtschaftlichen Logistik erbringen.

Die Regierung eines Landes hat den ordnungspolitischen und wirtschaftlichen Rahmenbedingungen entsprechend Gesetze, Erlasse, Umsetzungsregeln und Haushaltsansätze zu veranlassen. Den jeweils zuständigen Behörden obliegt es dann, die Ausführung der Gesetze und Regeln zu überwachen. Die Planung der Infrastrukturmaßnahmen umfasst unter anderem Zielvorgaben, Bedarfsabschätzungen, die Entwicklung von Schwerpunkten und Zielen z. B. zur Siedlungspolitik, zur Raumordnung, von Wegeplänen, die Klärung des Umfanges der Infrastrukturmaßnahmen und die Klärung der Finanzierung. Die Aufgabe des Gesetzgebers muss es außerdem sein, die vorhandenen technischen Möglichkeiten und Vorzüge eines Systems gegenüber konkurrierenden Systemen in der langfristigen Zielplanung zu berücksichtigen und Infrastrukturmaßnahmen in diesem Sinne rechtzeitig einzuleiten.

Mit der Gliederung und Organisation der volkswirtschaftlichen Logistik schaffen die Regierungen die ordnungspolitischen und wirtschaftlichen Rahmenbedingungen für Produktion, Handel und Dienstleistung. Diese Maßnahmen tangieren und beeinflussen

- die Verkehrsunternehmen (Nah- und Fernverkehr)
- die Lieferanten für Roh-, Hilfs- und Betriebsstoffe
- die Entsorgungsunternehmen
- die Transportunternehmen
- die Logistikdienstleister
- die Energieversorger
- die Wasserversorgungsunternehmen
- die Informationsnetze für Telefon, Intranet, www etc.

Auf die wirtschaftliche Bedeutung der Logistik, auch im Sinne der Volkswirtschaft, wird in Kap. 4, Wirtschaftliche und volkswirtschaftliche Bedeutung der Logistik eingegangen.

2.3 Unternehmenslogistik

Die Unternehmenslogistik ist entsprechend Abschn. 1.3, Aufgaben der Logistik ein Element der volkswirtschaftlichen Logistik. Generell können Unternehmen zweckmäßig untergliedert werden in

- sogenannte logistische Betriebe, in denen die logistische Leistungserfüllung Hauptzweck ist, wie beispielsweise Verkehrsunternehmen oder Distributionszentren

- Dienstleistungsunternehmen im Sinne von Kap. 4, Wirtschaftliche und volkswirtschaftliche Bedeutung der Logistik, die die logistischen Betriebe – ob Fremd- oder Eigenbetriebe – mit Dienstleistungen unterstützen, wie beispielsweise Logistikconsulter, Logistiksoftwareentwickler etc.

Die nachfolgenden Betrachtungen zum Aufbau von Unternehmslogistiksystemen orientieren sich an Industrieunternehmen, die Produkte in einem industriellen Wertschöpfungsprozess herstellen und vertreiben und nicht an Handels- und Dienstleistungsbetrieben.

Dieses Kapitel ist in drei Unterkapitel entsprechend den Untergliederungen der Unternehmenslogistik aufgespalten:

- Unterabschnitt 2.3.1, Horizontaler Aufbau der Unternehmenslogistik,
- Unterabschnitt 2.3.2, Vertikaler Aufbau der Unternehmenslogistik,
- Unterabschnitt 2.3.3, Gesamtaufbau der Unternehmenslogistik.

2.3.1 Horizontaler Aufbau der Unternehmenslogistik

Die Unternehmenslogistik wird horizontal zweckmäßig in die folgenden Aufgabenbereiche gegliedert, wobei nicht jedes Unternehmen jeden Bereich aufweisen muss:

- Beschaffungslogistik
- Produktionslogistik
- Distributionslogistik
- Entsorgungslogistik

Zusätzlich zu betrachten ist die Verkehrslogistik, die aber von der überwiegenden Anzahl der Wissenschaftler nicht der Unternehmenslogistik zugeordnet wird, da nicht immer ein eigener Fuhrpark vorliegt, sondern dies von Spediteuren und Dienstleistern (wie anderen Verkehrsunternehmen) durchgeführt werden kann. Der Bereich der Verkehrslogistik wird in Kap. 11, Verkehrstechnik im Detail vorgestellt.

Die vier Kernbereiche der Unternehmenslogistik mit Beschaffungsproduktions-, Distributions- und Entsorgungslogistik sind als ganzheitlicher Zusammenhang bereits in Abschn. 1.2, Begriffsbestimmungen im Abb. 1.7 dargestellt worden. Diese vier Teilsysteme werden jetzt im Nachfolgenden im Detail erklärt und vorgestellt.

Die Verkehrslogistik bzw. auch der innerbetriebliche Transport zwischen den Fabrikbetrieben Produktion und Distribution verbindet die vier Kernbereiche der Logistik.

2.3.1.1 Horizontale Aufgaben der Unternehmenslogistik – Bereich Beschaffungslogistik

Die Beschaffungslogistik beschäftigt sich mit der Planung, Gestaltung, Steuerung und Kontrolle des Material- und Kaufteileflusses von den Lieferanten bis zur Bereitstellung für die Produktion einschließlich des dazu erforderlichen Informationsflusses.

Früher hat man anstelle des Begriffes „Beschaffungslogistik" häufig von „Güterversorgungssystemen" gesprochen und hat damit gemeint, das Unternehmen wirtschaftlich mit betriebsfremden Bedarfsgütern (Objekten) zu versorgen, welche für seinen betrieblichen Wertschöpfungsprozess benötigt wurden. Unter diesem Gesichtspunkt ist die Beschaffung sehr häufig ausschließlich im Funktionsbereich des Einkaufes angesiedelt worden, obwohl dies nicht der integrierten Querschnittsfunktion der Logistik gerecht wird. Vereinfachend kann man formulieren, dass heute Einkauf und Beschaffungslogistik gemeinsam und ganzheitlich gesehen werden müssen.

Diese Wandlung ist auch wiederzuerkennen in der heutigen üblichen Definition der Beschaffungslogistik:

Ziel der Beschaffungslogistik ist es, den Waren- und Materialfluss mit dem dazugehörigen Informationsfluss vom Lieferanten bis zum Unternehmen zu optimieren.

Hierbei muss unterschieden werden in die strategische Ebene und die operative Ebene mit den Teilaufgaben:

- Strategische Ebene
  - Gestaltung des Versorgungssystems („Beschaffungslogistiksystem")
- Operative Ebene:
  - Durchführung der physischen Beschaffung (Dienstleistungsfunktion)
  - Steuerung des Beschaffungslogistiksystems (Koordination der Material- und Informationsflüsse zwischen Produktion und Beschaffung sowie zwischen Unternehmen und Lieferanten)

Der Zuständigkeitsbereich der Beschaffungslogistik reicht dabei vom Warenausgang des Lieferanten bis zum eigenen Wareneingang bzw. bis zur Bereitstellung der Güter für die Produktion (Beginn der Produktionslogistik). Im Blickwinkel der Betrachtung stehen damit alle Vorgänge und Prozesse der Beschaffung, die im Vorfeld der Produktion relevant sind.

Zur Durchführung der betrieblichen Wertschöpfungsprozesse reicht es also heute nicht aus, nur das Eigentum an den benötigten Gütern zu erwerben; vielmehr müssen diese auch ihrer zweckmäßigen Bestimmung im Unternehmen bedarfsgerecht verfügbar gemacht werden. Damit ist die Versorgungsaufgabe angesprochen, die durch die Gestaltung des Material- und Informationsflusses zwischen Beschaffungsmarkt und Bedarfsträgern im Unternehmen durch die Beschaffungslogistik zu erfüllen ist.

Der Versorgungsprozess als Materialfluss und der damit notwendige Informationsfluss stellen das Güterversorgungssystem der Beschaffungslogistik dar. Für das gesamte Versorgungssystem des Unternehmens sind auf der Grundlage des Beschaffungssortimentes übergreifende funktionale Gesamtstrategien festzulegen.

Für das gesamte Versorgungssystem der Unternehmen sind auf der Grundlage des Beschaffungssortimentes übergreifende funktionale Gesamtstrategien festzulegen. Mit diesen strategischen Entscheidungen werden die Rahmenbedingungen für das logistische Aktionsfeld gestaltet. Hierbei erfolgen Festlegungen über die Tiefe des Eingriffs in den Beschaffungskanal, wie z. B. die Entscheidung über den Aufbau von eigenen Lager- und Transportkapazitäten oder die Inanspruchnahme von Logistik-Dienstleistern.

Innerhalb des logistischen Güterversorgungssystems, das sich durch die insgesamt dem Unternehmen zur Verfügung stehenden Kapazitäten und Möglichkeiten der Beschaffungslogistik beschreiben lässt, sind güterspezifische Versorgungsstrategien zu entwickeln. Diese bestimmen, bezogen auf die jeweiligen Bedarfsanforderungen im Unternehmen und die Liefermöglichkeiten der Beschaffungsquellen, die Versorgungs- und Bereitstellprinzipien. So ist z. B. zu entscheiden, ob ein bestimmtes Teilespektrum durch fertigungssynchrone Just-in-Time-Anlieferung (vgl. Kap. 3, Strategien und Kenngrößen) oder über die Vorhaltung von Lagerbeständen zu versorgen ist. Die damit getroffenen Festlegungen über die Dispositions- und Bereitstellungsprinzipien haben einen wesentlichen Einfluss auf die Wirtschaftlichkeit der Versorgung. Mit den Entscheidungen über die Sicherheitsreichweiten, die den Gütergegebenheiten entsprechend (Wiederbeschaffungszeit, Verbrauchsschwankungen, Fehlteileauswirkungen usw.) festgelegt werden, wird die jeweilige Bestandspolitik begründet.

Am Beispiel der Lieferkonditionen wird der Zusammenhang zwischen Einkauf und Beschaffungslogistik deutlich. Lieferkonditionen, die z. B. festlegen, ob der Lieferant frei Werk zu liefern hat oder ob das beschaffende Unternehmen ab Standort des Lieferanten bezieht, sind ein wichtiges Gestaltungskriterium für die logistische Kontrollspanne und legen die Tiefe der Eingriffsmöglichkeiten fest.

Sowohl die Anschaffungskosten des Eigentumserwerbs als auch die logistischen Kosten der Verfügbarmachung werden jeweils von der Festlegung der Lieferkonditionen beeinflusst. Ein Bezug ab Werk des Lieferanten bedeutet zwar einen niedrigeren Anschaffungspreis, jedoch sind die Kosten der Verfügbarmachung höher, da das beschaffende Unternehmen die Transporte selbst organisieren und deren Kosten verantworten muss. Andererseits können sich aber auch insgesamt niedrigere Beschaffungskosten ergeben, wenn das beschaffende Unternehmen die Transporte kostengünstiger als der Lieferant durchführen kann.

Wichtige Aufgaben der Beschaffungslogistik sind:

- die Planung, Steuerung und Überwachung der Transport-, Lagerprozesse und der Auftragsabwicklung im Güterversorgungssystem des Unternehmens nach wirtschaftlichen Gesichtspunkten;
- die Festlegung geeigneter Versorgungsstrategien in Abstimmung mit Einkauf und Produktion für alle Güter, Ersatzteile usw., die das Unternehmen benötigt (Just-in-Time, Make or Buy usw.; vgl. Abschn. 3.1, Strategien und Kenngrößen);
- die Sicherstellung der Versorgung, Mitauswahl der Lieferanten usw.

Die Beschaffungslogistik kann für das Unternehmen als der umgekehrte Vorgang zur Distributionslogistik aufgefasst werden.

Entsprechend den jetzt bereits gemachten Ausführungen können die Ziele der Beschaffungslogistik wie folgt zusammengefasst werden:

- Schaffung der Versorgungssicherheit
- Kostenreduzierung
- Optimierung der Bestände
- Qualitäts- und Leistungsverbesserung.

Nach diesen Ausführungen kommen wir zurück auf die oben angeführte Trennung von strategischer und operativer Ebene. In den beiden Ebenen sind die folgenden Prozesse durchzuführen:

Strategische Beschaffung Der Prozess der strategischen Beschaffung dient dem Eröffnen und Sichern von internen und externen Erfolgspotentialen

Operative Beschaffung Der Prozess der operativen Beschaffung wird durch einen konkreten Bedarf an bestimmten Beschaffungsobjekten, der in einer bestimmten Frist, häufig sofort, zu decken ist, angestoßen.

Bei der operativen Beschaffung geht es um

- die Bedarfsentwicklung
- die Materialdisposition
- die Bestelladministration unter Anwendung von mathematischen und statistischen Verfahren
- die Abwicklung einzelner Transaktionen
- die Vereinfachung und Standardisierung von Arbeitsabläufen bei der Beschaffung.

Das strategische Beschaffungsmanagement beschäftigt sich mit der Entwicklung, Realisierung und Optimierung der Aufbau- und Ablauforganisation der Beschaffung entsprechend der Marktbedingungen, der Fertigungsstruktur des Abnehmers und des Lieferanten sowie den Logistikkomponenten der Lieferanten und Abnehmer. Die hierzu gehörenden Teilaufgaben sind:

- Klassifikation Fertigungsprogramm nach Primär-, Sekundär- und Tertiärbedarfen
- Festlegung Beschaffungsart für einzelne Artikel bzw. Artikelgruppen
- Festlegung Sourcing Strategien für einzelne Artikel bzw. Artikelgruppen
- Gestaltung Partnerschaften zwischen Abnehmer und Lieferanten (Administration)
- Gestaltung Material- und Informationsflüsse zwischen Abnehmer und Lieferanten
- Aufbau eines technisch-betriebswirtschaftlichen Beschaffungscontrollings

Mit der Wandlung der Beschaffung von einer abwicklungsorientierten Versorgungsfunktion zu einer Funktion, die den Unternehmenserfolg wesentlich mitbestimmt, verschieben sich deren Aufgaben. Neben der Sicherstellung von Versorgung und Minimierung der vier Kostenkategorien

- Anschaffungskosten
- Bestellabwicklungskosten
- Lagerhaltungskosten
- Fehlmengenkosten (z. B. entgangene Gewinne / Kundenverluste durch unzufriedene Kunden und Nichtlieferfähigkeit etc.)

gewinnen Aufgaben zur aktiven Ausschöpfung von Lieferanten-, Kosten- und Innovationspotentialen immer mehr an Gewicht. Die strategische Beschaffung bereitet den Einsatz beschaffungslogistischer Konzepte vor.

Die operative Beschaffung wirkt bei der Abwicklung der Beschaffungslogistik mit. Operative Beschaffung und strategische Beschaffung müssen heute eine integrierte Einheit unter dem Stichwort der Beschaffungslogistik sein.

Der Wandel vom reinen Einkauf zur heutigen Beschaffungslogistik hat Veränderungen mit sich gebracht. Diese werden anhand der Zahlen in Tab. 2.1 deutlich.

Die Tab. 2.1 zeigt eine Gegenüberstellung des frühen traditionellen Einkaufes zum neuen strategischen Einkauf hinsichtlich der verschiedenen Gesichtspunkte wie Anzahl der Lieferanten, Vertragslaufzeiten etc. Besonders bei das Kriterium „Lieferanten pro Sachnummer" zeigt die entscheidenden Wandlungsprozesse vom traditionellen Einkauf mit zwei bis fünf Lieferanten zum strategischen Einkauf mit nur noch einem Lieferanten. Ebenfalls überdeutlich ist die starke Abnahme der Lieferantenanzahl im traditionellen Einkauf von 100 auf 50 beim strategischen Einkauf.

Tab. 2.1 Vergleich traditioneller und strategischer Einkauf. (Quelle: ohne Verfasser)

	Traditioneller Einkauf	Strategischer Einkauf
Lieferantenanzahl	100	50–60
Lieferanten pro Sachnummer	2–5	1
Vertragslaufzeit (Jahre)	1–2	5–10
Entwicklungszeit (Jahre)	5	3
Lieferantenintegration in die Entwicklung (Prozent)	0–15 %	90–100 %
Wareneingangsprüfung (Prozent)	80–100 %	0–20 %

Zusammenfassend kann man bei der Beschaffung folgende allgemein gültigen Trends erkennen:

- Globalisierung des Beschaffungsmarktes
- Standardisierungsbestrebungen bei Teilen und Modulen
- Verantwortungsverlagerung auf Lieferanten
- weiter steigender Konkurrenzkampf
- weiter erheblicher Preisdruck vom Markt.

Teilaufgaben der Beschaffungslogistik

Für die Durchführung der Beschaffungslogistik sind vier Teilaufgaben von besonderer Bedeutung und Wichtigkeit, die im Nachfolgenden (I bis III) dargestellt werden:

I Beschaffungsmarktforschung Von extremer Bedeutung für die Beschaffungslogistik ist es natürlich zunächst, überhaupt zu wissen und zu eruieren, welche Güter und Produkte (hierzu gehören auch Dienstleistungen) für das Unternehmen in welchen Mengen und Qualitäten notwendig sind. Hierfür ist die Beschaffungsmarktforschung von besonderer Bedeutung. Sie ist definiert als die systematische und methodische Tätigkeit der Informationssuche, -gewinnung und -aufbereitung, die das Unternehmen mit bedarfsbezogenen Informationen über den Beschaffungsmarkt versorgt.

Ihre Ziele sind:

- Verbesserung der Markttransparenz
- Versorgung der Entscheidungsträger mit Informationen
- Erschließung neuer Beschaffungsquellen
- Ermittlung von Substitutionsgütern
- Bestimmung der eigenen Verhandlungsmacht ggü. potentiellen Lieferanten
- Schaffung einer Basis für eine optimale Beschaffung

Für die operative Abwicklung der Beschaffungslogistik sind die nachfolgen behandelten Themen von großer Bedeutung (Güterklassifizierung, Beschaffungsstrukturen/Sourcing Strategien, Beschaffungsformen)

II Güterklassifizierung Unter Güterklassifizierung versteht man das Bilden von Klassen oder von Klassifikationssystemen in Klassen oder Gruppen, die durch bestimmte Merkmale unverwechselbar und eindeutig beschrieben sind. Diese sogenannte Güterklassifizierung ist Voraussetzung für Prognoseverfahren und damit auch für Beschaffungsmarktforschung, aber auch Voraussetzung für die Warenbereitstellung und Dispositionsverfahren. Die Güterklassifizierung hat also einen ganz grundsätzlichen Charakter.

Die Vielzahl von Materialarten, Gütern etc. müssen geordnet und strukturiert werden. Ordnungssysteme für die Dokumentation von Erzeugnissen, Erzeugnislisten, werden für

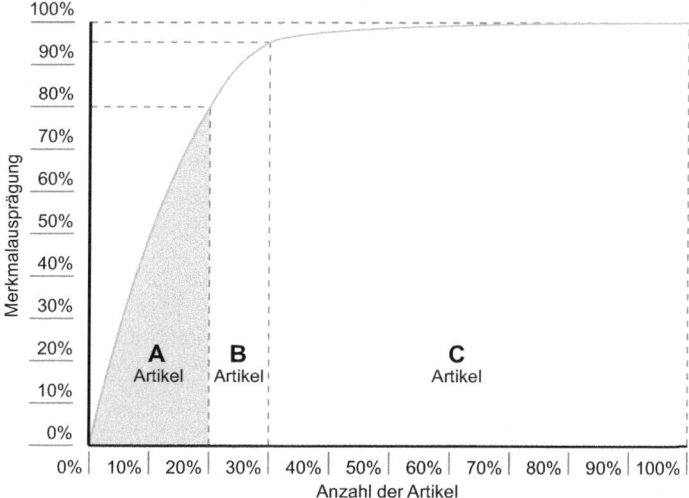

Abb. 2.1 ABC-Analyse (A-Güter: Wertanteil 80 % – Mengenanteil 30 %; B-Güter: Wertanteil 15 % – Mengenanteil 20 %; C-Güter: Wertanteil 5 % – Mengenanteil 50%.) [4, S. 358]

die Beschreibung und Steuerung von Prozessabläufen benötigt. Mit Hilfe einer eindeutigen Identifikation der Waren und deren Wertigkeit bzw. Verfügbarkeit, also Klassifikation, wird ein Ordnungssystem innerhalb der Logistik aufgebaut.

Beim Optimieren der Beschaffung empfiehlt es sich, differenziert nach den relativen Bedeutungen der einzelnen Materialien vorzugehen. Eine systematische Gliederung aller in dem Unternehmen benötigten Materialarten unter verschiedenen Gesichtspunkten nennt man „Materialstrukturierung". Hierzu bieten sich zwei Verfahren bzw. die Kombination dieser beiden Verfahren an:

1. ABC-Analyse, das heißt Strukturierung der Materialarten nach ihrem Anteil am Gesamtverbrauch oder am Gesamtbestandswert
2. XYZ- oder RSU-Analyse, das heißt die Strukturierung nach Materialarten nach der Vorhersagegüte des Bedarfes und der Verbrauchsverläufe.
3. Die Kombination beider Verfahren als ABC/XYZ-Analyse.

Mit der ABC-Klassifikation (siehe Abb. 2.1) wird nach dem Wert geordnet. Ein genereller Faustwert ist, dass die Anzahl der Artikel der A-Gruppe klein, ihr Anteil am gesamten Umsatz aber hoch ist. Umgekehrt ist es ebenfalls mit dem Faustwert der C-Gruppe: Viele Artikel erzeugen nur wenig Umsatz. Die B-Güter liegen dazwischen.

Die ABC-Analyse ist ein wichtiges Mittel zur Ist-Analyse. Sie lässt sich in Unternehmen in vielen Funktionsbereichen anwenden und hilft, das Wesentliche vom Unwesentlichen zu unterscheiden sowie die Aktivitäten schwerpunktmäßig auf den Bereich hoher wirtschaftlicher Bedeutung zu lenken. Im Lager- und Bestellwesen hilft sie,

- die Artikel mit einem hohen Verbrauchs- und Absatzwert zu bestimmen (A-Artikel),
- die wenig nachgefragten Artikel (C-Artikel) zu bestimmen und ggf. zu streichen und
- differenzierte Lager-, Bestell- oder Verteilstrategien für die unterschiedlichen Artikelklassen zu entwickeln (z. B. hoher Aufwand für Bestandsüberwachung nur für A-Artikel, usw.)

Während die ABC-Analyse die Verbrauchsanteile der Materialien bestimmt, versucht die XYZ-Analyse (auch als RSU-Analyse bezeichnet; R-Güter: regelmäßig relativ konstanter Verbrauch pro Zeiteinheit; S-Güter: saisonal oder konjunkturell schwankender Verbrauch; U-Güter: unregelmäßiger, nicht vorhersehbarer Verbrauch) die Teile hinsichtlich ihrer Verbrauchsgenauigkeit zu klassifizieren. Die Definition der einzelnen Teile der XYZ-Analyse ist:

- X-Teile besitzen eine hohe Vorhersagegenauigkeit, weil sie einem planmäßigen Verbrauch unterliegen, und sind damit sicher zu planen.
- Bei Y-Teilen ist der Verbrauch durch Schwankungen geprägt, die saisonaler oder trendmäßiger Natur sein können. Für sie gilt eine mittlere Vorhersagegenauigkeit.
- Z-Teile zeichnen sich durch eine niedrige Vorhersagegenauigkeit aus. Ihr Verbrauch unterliegt Schwankungen, die keiner Regelmäßigkeit gehorchen, wie beispielsweise bei variantenreichen Produkten, die durch den Kunden bestellt werden können.

Die XYZ-Analyse konzentriert sich also auf die Prognostizierbarkeit des Bedarfes; es ist für ein Unternehmen wesentlich einfacher, die Ziele der Materialwirtschaft zu erfüllen, wenn die nachfolgenden Gütermengen geringe Schwankungen aufweisen und deshalb gut prognostizierbar sind. Bei großen Nachfrageschwankungen sind Schwierigkeiten und zusätzliche Kosten bei der Lagerhaltung (Sicherheitsbestand) und der Materialbereitstellung zu erwarten.

Die Abb. 2.2 zeigt schematisch den Nachfrageverlauf der verschiedenen Güter als Grundlage für die XYZ- (bzw. RSU-) Analyse.

Durch die Kombination von ABC- und XYZ-Analyse (siehe Abb. 2.3) ergeben sich neun Klassifizierungsgruppen, die die Aussagen zur Materialbewirtschaftung und Bereitstellungsprinzipien oder zu den Beschaffungsarten zulassen.

Für die logistische Bereitstellung bedeutet das:

- Aufgrund geringer Wertbindung sollten C-Güter in ausreichender Menge mit angemessenen Sicherheitsbeständen vorgehalten werden, wobei sich Puffer in „Handlägern" an den Arbeitsplätzen anbieten.

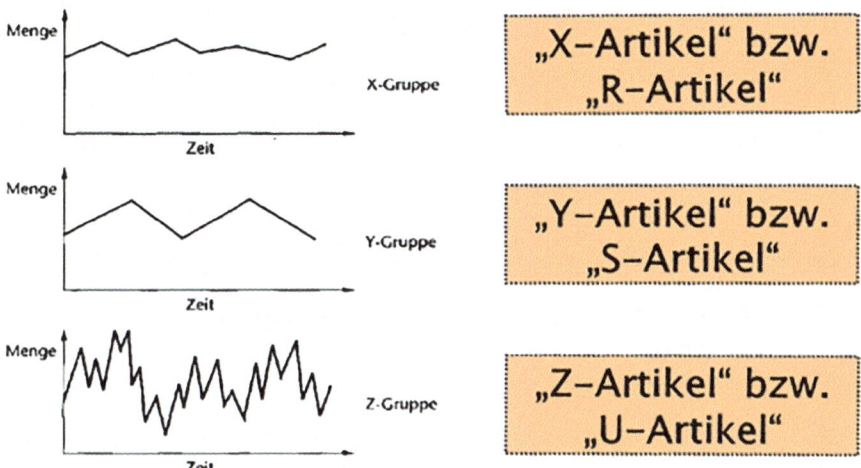

Abb. 2.2 Nachfrageverlauf für die verschiedenen Klassen der Güter in der XYZ- bzw. RSU-Analyse. (Quelle: IFT)

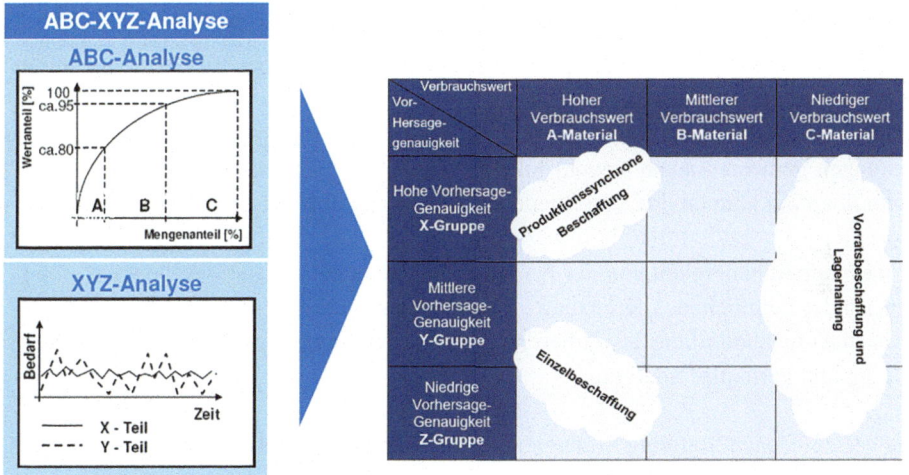

Abb. 2.3 Auswahl der Beschaffungsform nach der Güterklassifizierung i. A. a. [5, S. 183 ff.]

- AX- und BX-Güter sind JIT-fähig; das bietet die Möglichkeit einer weitgehenden zeitlichen/mengenmäßigen Angleichung der Beschaffungsmengen an die Bedarfsstruktur und damit eines „lagerlosen" Materialzuflusses. Die Bedarfsstruktur ist durch das Fertigungsprogramm vorgegeben, damit sind auf der Grundlage determinierter Mengen-/Zeitverhältnisse eine hohe Automatisierung der Disposition und bedarfsgerechte

Anlieferungen möglich (Bsp. JIT-Anlieferung von Sitzen, Stoßfängern, Armaturenbrettern ans Montageband).

- Der schwankende Bedarf der AY- & BY-Güter erfordert zur Sicherung einer kontinuierlichen Fertigung eine Entkoppelung von Bedarf und Beschaffung durch Lagerbestände (Vorratsbeschaffung). Hier eignen sich insbesondere Verfahren, die stochastische Bedarfsverläufe abbilden.
- AZ- und BZ-Güter haben nur einen sporadischen, kundenauftragsorientierten Bedarf, wie er in der Einzelfertigung und in der Variantenfertigung auftritt. Die fallweise Einzelbeschaffung erfolgt im Allg. deterministisch, erfordert jedoch eine hohe Zuverlässigkeit der Lieferanten; das vorhandene Fehlmengenrisiko kann durch eine Lagerbevorratung vermindert werden.

Die ABC-/XYZ-Analyse eröffnet auch Hinweise auf Standardstrategien des Einkaufs oder Rationalisierungsansätze für Produktkomponenten durchlaufzeit- oder gewinnkritischer Erzeugnisse. Aus möglichen Versorgungsrisiken der einzelnen Güter können weitere Strategien zur Verfügbarkeitssicherung abgeleitet werden (Sourcing-Strategien).

III Beschaffungsstrukturen – Sourcing Strategien Im strategischen Beschaffungsmanagement definieren Sourcing Strategien die Organisation der Beschaffungsstrukturen. Sie legen fest, welche Artikel, Systeme, Komponenten, Module von einem, zwei oder mehreren Lieferanten bezogen werden sollen.

Die Beschaffung – und hiermit sind sowohl Produkte und Komponenten als auch Dienstleistungen gemeint – kann sowohl lokal, regional oder national als auch global erfolgen. Beim Sourcing können drei verschiedene Erscheinungsformen unterschieden werden:

1. nach der Abhängigkeit von der Anzahl der Zulieferer
2. nach der räumlichen Abgrenzung – Standort des oder der Zulieferer
3. nach Aufgabenumfang des Zulieferers in System Sourcing, Modular Sourcing, Set Sourcing und Particular Sourcing.

Die verschiedenen Sourcing Strategien beschreiben die folgenden Umstände:

Single, Double oder Multiple Sourcing Anzahl der Lieferanten pro Artikel
Local, Regional oder Global Sourcing Standorte der Lieferanten im Beschaffungsmarkt
Modular, Set oder System Sourcing Belieferung von Modulen, Baugruppen oder Systemen anstatt von Einzelteilen
weitere Sourcing Strategien Outsourcing u. a.

Beim Single Sourcing wird für jede Materialart (Einzelteil, System, Modul oder Set) nur ein einziger Lieferant ausgesucht. Diese Strategie ist demzufolge gekennzeichnet durch eine intensive Beziehung und enge Kooperation zwischen den beiden Partnern. Es sei hier ausdrücklich auf die extreme gegenseitige Abhängigkeit hingewiesen. Beim Double Sourcing werden die Beschaffungsobjekte bei zwei Lieferanten bezogen, beim Multi Sourcing von mehr als zwei. Entsprechend ergibt sich deren Bewertung.

Diese enge Zusammenarbeit ist auch im Bereich der Beschaffungslogistik beim Aufbau von Just-in-Time oder Just-in-Sequence-Lieferkonzepten sehr hilfreich.

Die Vor- und Nachteile von Single Sourcing sind:

Vorteile

- Degressionseffekte hervorgerufen durch große Lose
- Senkung der Transportkosten (Optimierung der Transportwege)
- Senkung der Beschaffungskosten/Logistikkosten
- Reduzierung bzw. Wegfall von Wareneingangskontrollen
- Sicherstellung gleichbleibender Qualität
- Minimierung der Kapitalbindung durch Reduzierung der Lagerkapazitäten in der Lieferkette

Nachteile

- hohe Abhängigkeit der Partner
- Produktionsunterbrechungen schlagen sich direkt auf beiden Seiten nieder
- Streiksituationen betreffen beide Partner
- Wegfall des Wettbewerbs
- mögliche Vernachlässigung der Integration technischer Innovationen
- sehr schwieriger Lieferantenwechsel

Die Frage nach Global Sourcing und Local Sourcing legt die räumliche Ausdehnung des Beschaffungsmarktes fest, aus dem sich ein Unternehmen mit Teilen und Dienstleistungen versorgt. Dabei gibt es die vier Ausführungsformen Global Sourcing, Local Sourcing, Domestic Sourcing und Euro Sourcing:

- Global Sourcing: weltweit besten Lieferanten suchen
- Euro Sourcing: europaweit besten Lieferanten suchen
- Domestic Sourcing: Bezug aus dem Inland
- Local Sourcing: nur nahegelegene Lieferanten auswählen

Das Global Sourcing führt zu einer systematischen Ausdehnung der Beschaffung auf internationale Beschaffungsquellen. Bei der Auswahl der Partner und der einzelnen Herkunftsländer ist die politische Stabilität im Lande des Zulieferers sowie die dort herrschende

Handels- und Rechtssicherheit eingehend zu prüfen. Global Sourcing ist nicht nur fokussiert auf die Reduzierung der Einstandspreise, sondern kann auch als wichtiges Instrument zur Erschließung neuer Zeit-, Qualitäts- und Flexibilitätsvorteile verstanden werden.

Der Zwang zum Global Sourcing resultiert für einige Unternehmen aus der Notwendigkeit zur Erweiterung der Lieferkapazitäten, der Verknappung von Ressourcen, der Ausschöpfung lohnkostenbedingter Preisvorteile und dem Ausbau der Lieferkapazitäten.
Vor- und Nachteile des Global Sourcing sind:

Vorteile

- Versorgung mit Gütern, die im Inland knapp oder nicht vorhanden sind
- Erlangung von Transparenz über globale Leistungen
- Ausnutzung von Konjunktur- und Wachstumsunterschieden
- Senkung der Materialkosten/Einstandskosten
- Druck auf inländische Lieferanten
- Verminderung der Abhängigkeit von inländischen Lieferanten
- Schaffung neuer Absatzmärkte (neue Kontakte)

Nachteile

- Wechselkursrisiken
- Transport- und Qualitätsrisiken
- Kommunikationsprobleme
- Steigerung der (Beschaffungs-)Logistikkosten (Transportkosten)

Die Anwendung des *Modular, Set bzw. System Sourcing* führt zur Beschaffung von komplexeren Baugruppen: Anstelle von Einzelteilen werden fertig montierte und einbaufähige Sätze modularer Komponenten oder Systeme beschafft. Beim Modular Sourcing spricht man vom Bezug von einbaufertigen Modulen und Komponenten, beim Set Sourcing vom Bezug von einbaufertigen Teilsätzen und beim System Sourcing vom Bezug von einbaufertigen kompletten Systemen.

Ziel der System und Modular Sourcing Strategien ist es, die Anzahl der Beschaffungsobjekte deutlich zu verringern. Die Strategien sind in der Regel mit einem Outsourcing von Vorfertigung an wenige exklusive Modulkomponenten oder Systemlieferanten verbunden. So wird z. B. von einem Systemlieferanten in der Automobilindustrie erwartet, dass er eine hohe Entwicklungskompetenz für diese Sourcing Strategie mitbringt. Diese Systemlieferanten siedeln sich sehr häufig räumlich in der Nähe ihrer Kunden an.
Die Vor- und Nachteile von Modular Sourcing sind:

Vorteile

- Schlankere Produktion
- Weniger Teile (in der Disposition und im Lager)
- Weniger Lieferanten (Prozessoptimierung)
- Spezialisierte Partner
- Gebündelte Verantwortung

Nachteile

- Gegenseitige Abhängigkeit
- Know-how-Verlust
- Hoher Abstimmungsaufwand
- Schwieriger Lieferantenwechsel.

Beschaffungsformen Hier werden die drei Beschaffungsarten

- Einzelbeschaffung im Bedarfsfall
- Beschaffung auf Vorrat
- fertigungssynchrone Beschaffung: Just-in-Time / Just-in-Sequence

unterschieden.

Einzelbeschaffung im Bedarfsfall Die Beschaffung wird zum Zeitpunkt ausgelöst, zu dem ein mit einem konkreten Auftrag verbundener Bedarf vorliegt. Daraus ergibt sich, dass kein Lagerrisiko entsteht, das Kapital nicht gebunden wird und die Zins- bzw. Lagerkosten nicht ins Gewicht fallen.

Problematisch bei der Einzelbeschaffung ist die Terminierung, da sie dem Risiko der verspäteten Lieferung oder Nichtlieferung des Materials sowie dem Risiko der Lieferung quantitativer oder qualitativer Fehlmengen unterliegt. Somit besteht die Gefahr, dass die Lieferbereitschaft nicht mehr gewährleistet ist.

Zur Anwendung kommt dieses Prinzip bei auftragsorientierter Einzel- oder Kleinserienfertigung (z. B. Anlagenbau, Schwermaschinenbau). Vielseitig verwertbare Normteile werden auch in diesen Fällen nicht einzeln beschafft.

Beschaffung auf Vorrat Die Beschaffung auf Vorrat macht die Materialbeschaffung vom Auftragseingang und Fertigungsablauf zumindest kurzfristig unabhängig. Die Materialien werden im eigenen Betrieb „zur Verfügung" gehalten. Bei Bedarf können sie sofort vom Lager abgerufen werden. Damit wird dem Risiko verminderter Lieferbereitschaft weitgehend minimiert.

Die Vorratsbeschaffung ist mit dem Bezug größerer Mengen verbunden. Sie stellt die größten Anforderungen an die Materialbedarfsplanung, da der Verbrauch der Fertigung sich völlig arrhythmisch verhalten kann. An die Bestandsüberwachung sind ebenfalls besonders hohe Anforderungen zu stellen.

Vorteilhaft an dieser Beschaffungsform: Aufgrund großer Abnahmemengen verbessert sich die Marktposition. Die Chancen einer aktiven Preispolitik und Erschließung neuer Märkte nehmen ebenso zu wie die Möglichkeit, Preisvorteile (Mengenrabatte, Transportstaffelungen) auszunutzen. Zudem wird die Kontinuität des Fertigungsvollzugs für eine begrenzte Zeitspanne durch Abschirmung gegenüber Marktschwankungen gesichert.

Nachteilig sind hohe Lagerrisiken, hohe Lager- bzw. Zinskosten sowie die große Kapitalbindung.

Fertigungssynchrone Beschaffung Die fertigungssynchrone bzw. JIT-Beschaffung versucht die Vorteile von Einzelbeschaffung und Vorratsbeschaffung zu verbinden und ihre Nachteile auszuschließen. Die benötigten Materialien werden synchron zum Produktionsprozess direkt an den Verbrauchsort geliefert, ohne dass längerfristiges Lagern notwendig wird. Dies erfordert eine besonders starke Anbindung des Lieferanten an den Hersteller. Im Extremfall erfolgen die Lieferungen erst zu dem Zeitpunkt, zu dem sie im Produktionsprozess des Herstellers gebraucht werden.

Die Auswahl oder Festlegung dieser drei unterschiedlichen Beschaffungsformen ergibt sich mit Hilfe der kombinierten ABC- und XYZ-Analyse (Unterabsatz 2.3.1.1 Güterklassifizierung).

Je nach Positionierung der Artikel im kombinierten ABC-/XYZ-Diagramm kann eine geeignete Beschaffungsstrategie (Anlieferungsstrategie) ermittelt werden – siehe Abb. 2.3.

Aus dem Diagramm Abb. 2.3 ist ersichtlich:

- Einzelbeschaffung im Bedarfsfall findet insbesondere bei einer auftragsbezogenen Einzelfertigung Anwendung, wenn für ein Kaufteil unregelmäßige, sporadische Bedarfe vorliegen.
- Bei der Vorratsbeschaffung wird die Fertigung durch Materialpuffer vom Beschaffungsmarkt entkoppelt.
- Durch verbrauchssynchrone Beschaffung soll teilespezifisch die Versorgungssicherheit des Abnehmers mit der Optimierung von Bestandsreichweiten kombiniert werden.

2.3.1.2 Horizontale Aufgaben der Unternehmenslogistik/Bereich Produktionslogistik

Als Produktion (Fertigung) werden alle unmittelbaren oder mittelbaren, der Herstellung von Erzeugnissen (Produkte, Maschinen, Einrichtungen etc.) dienenden organisatorischen und technischen Vorgänge und Tätigkeiten verstanden.

Die Warenproduktion in einem Fabrikvertrieb hat zwei Teilgebiete:

1. Produktionstechnik und
2. Produktionslogistik.

Früher wurde trefflich zwischen den Fertigungstechnikern und den Produktionslogistikern darüber gestritten, welcher Teil der Produktionswirtschaft wichtiger und bedeutender ist und größere Anteile bei der Erstellung der Produkte hat. Diese Unterscheidung ist je nach Industriezweig und Produkt unterschiedlich einzustufen. So ist beispielsweise in der Automobilindustrie Deutschlands heute der Eigenfertigungsanteil unter 20 %, d. h. der Logistikanteil dominiert. In anderen Industriezweigen sieht diese Verteilung anders aus.

Wichtig für die Produktionswirtschaft ist, dass sowohl die Produktionstechnik als auch die Produktionslogistik ganzheitlich Hand in Hand arbeiten müssen und ganzheitlich optimiert werden müssen. Ein modernes Produktionskonzept muss die zentralen Bestimmungsgrößen Technologie, Organisation und Logistik auf die Ziele Produktivität und Flexibilität ausrichten. Im Vordergrund standen früher und heute kurze Durchlaufzeiten, Termintreue, hohes Qualitätsniveau und niedrige Bestände. Dies sind originäre Aufgaben der Logistik.

Die Produktionslogistik plant, steuert und überwacht den Materialfluss vom Rohmateriallager der Beschaffung über die unterschiedlichen Stufen des Produktionsprozesses bis hin zum Fertigwarenlager.

Ziel der Produktionslogistik ist die termingerechte und kostengünstige Bereitstellung der richtigen Materialien am richtigen Ort zur richtigen Zeit und in der richtigen Menge in der Produktion bzw. Montage.

Die Produktionslogistik plant, gestaltet und steuert und kontrolliert die Material- und Informationsflüsse in der Produktion bis zum Distributionslager über die unterschiedlichen Fertigungs- und Montagestufen hinweg.

Die Produktionslogistik umfasst die Aufgabenbereiche

- Administrative Ebene (Produktionsprogramm- und Kapazitätsplanung, Personalverwaltung, Lagerplatzverwaltung etc.)
- Dispositive Ebene (Fertigungs- und Montagesteuerung, Materialflussplanung, Produktionsplanung etc.) und
- Operative Ebene (fertigen, montieren, transportieren, handhaben, kontrollieren etc.).

Die Produktionslogistik hat die folgenden Gestaltungsfelder:

- Produktstruktur
- Produktionsprozess
- Produktionsplanung und -steuerung
- Organisation
- Informationssystem

Das durch die verschiedenen Einflussfaktoren veränderte Umfeld prägt das Handeln der produzierenden Unternehmen. Sie haben unterschiedliche Möglichkeiten, auf die internen oder externen Einflussgrößen zu reagieren und die Produktionsfaktoren zu gestalten sowie zu planen, zu steuern und zu kontrollieren, um eine möglichst große Wettbewerbsfähigkeit zu erzielen.

Diese Gestaltungsfelder werden gemäß des Zielsystems der Produktionslogistik bzw. der Wettbewerbsstrategie ausgerichtet. Dabei folgt sie den folgenden Gestaltungsprinzipien:

Geschäftsorientierung: Ausrichtung der Gestaltungsfelder auf die Ziele und Strategien der Produktion

Marktorientierung: Gemäß der Kunden und Marktforderung (interner und externer Kunden)

Ganzheitlichkeit: Berücksichtigung des Gesamtziels

Vermeidung von Verschwendung: Minimierung aller nicht wertschöpfenden Tätigkeiten

Fließprinzip: kurze Durchlaufzeiten ohne unnötige Puffer, Anpassung der Prozesse

Zeitorientierung ...

Unter allen Aspekten der Produktionslogistik werden im Folgenden die vier (I bis IV) interessantesten Schwerpunkte vertieft:

- Produktionsplanung und -steuerung (PPS) im Informations- und Materialfluss (PPS = Produktions-, Planungs- und Steuerungssysteme)
- Schlanke Produktionssysteme (Toyota-Produktionsphilosophie)
- Bestandsoptimierung
- Wertstromanalyse (siehe dazu auch [6])

I Produktionsplanung und -steuerung (PPS) im Informations- und Materialfluss Ein modernes Produktionskonzept muss die zentralen Bestimmungsgrößen Technologie, Organisation und Logistik auf die Ziele Produktivität und Flexibilität ausrichten. Durch eine logistikgerechte Materialflusssteuerung statt nur einer Steuerung der Produktionsmittelkapazitäten (vgl. Abschn. 1.3: Aufgaben der Logistik) lassen sich die Bestände senken und Umlaufvermögen freisetzen, das in neue Arbeitsmittel investiert werden kann. Auch werden durch eine solche Steuerung unabgestimmte Maschinenkapazitäten, störanfällige Prozesse und hohe Rüstzeiten in der Produktion vermieden. Damit ist die Brücke zur klassischen Produktionsplanung und -steuerung (PPS) gegeben.

Unter Produktionsplanung und -steuerung (PPS) versteht man die rechnergestützte Planung, Steuerung und Überwachung der betriebswirtschaftlichen Abläufe. Dabei sind Ressourcen-, Kosten- und Terminaspekte zu beachten. Die PPS erstreckt sich von der Absatzplanung bis hin zur operativen Durchführung der Produktion und ist ein Grenzgebiet zwischen Betriebswirtschaftslehre (insbes. Fertigungswirtschaft), Maschinenbau, Wirtschaftsingenieurwesen und insbesondere der Wirtschaftsinformatik. Sie beschäftigt sich mit der operativen, zeitlichen, mengenmäßigen und wenn nötig auch räumlichen Planung, Steuerung und Kontrolle und damit zusammenhängend auch der Verwaltung aller Vorgänge, die bei der Produktion von Waren und Gütern notwendig sind.

Aufgabe der Produktionsplanung innerhalb der PPS-Systeme ist die Bestimmung des Produktionsprogramms bezüglich Art und Menge, also welche Produkte in welchen Stückzahlen gefertigt werden sollen. Außerdem wird in der Produktionsplanung auch der mengen- und zeitmäßige Ablauf der Produktionsprozesse geplant, die für die Herstellung dieses Produktionsprogramms notwendig sind, also das „Wie" und „Wann" der Produktion.

Als zweiter Bestandteil der PPS befasst sich die Produktionssteuerung mit der eigentlichen Durchführung der Fertigung, insbesondere der Freigabe von Fertigungsaufträgen und der Überwachung ihres Fortschritts.

Die Ziele der PPS sind:

- kurze Durchlaufzeiten der Fertigungsaufträge
- gleichmäßige und hohe Auslastung der Fertigungskapazitäten, d. h. möglichst geringe Stillstandszeiten
- geringe Bestände an Vor- und Endprodukten (d. h. Lagerbestände und Werkstattbestände)
- hohe Termintreue, d. h. Einhaltung der vom Kunden geforderten Liefertermine
- hohe Auskunftsbereitschaft über den Stand der Fertigung und Logistik
- hohe Flexibilität
- hohe Materialverfügbarkeit
- Erhöhung der Planungssicherheit
- etc.

Es wird ausdrücklich darauf hingewiesen, dass diese Ziele auch zu Zielkonflikten führen können. So führen zum Beispiel die Einsatzziele „schnelle Durchlaufzeit" und „gute Auslastung" zum sogenannten Dilemma der Ablaufplanung[1] in Industriebetrieben bzw. allgemein der Fertigung.

Die hier aufgelisteten Ziele der Produktionsplanung und –steuerung stellen Ersatzziele für die allgemeine betriebswirtschaftliche Unternehmensforderung der Gewinnmaximierung dar. Um diese Ziele zu erreichen, muss die Produktionsplanung bzw. die Produktionssteuerung die folgenden Funktionen abdecken:

- Produktionsplanung:
  - Produktionsprogrammplanung, d. h. Festlegung der zu produzierenden Enderzeugnisse nach Art, Menge und Termin

---

[1]Unvereinbarkeit der zwei Forderungen „minimale Durchlaufzeiten" und „optimale Kapazitätsauslastung". Bei minimierten Durchlaufzeiten müssen Anlagenteile leer stehen, während die Produkte in anderen Schritten bearbeitet werden. Bei optimaler Auslastung ergeben sich Wartezeiten und damit eine verlängerte Durchlaufzeit für Produkte vor den laufenden Anlagen.

- Mengenplanung, d. h. Festlegung der zu fertigenden Teil- und Baugruppen sowie der zu beschaffenden Materialien
- Termin- und Kapazitätsplanung, d. h. Bestimmung der Start- und Endtermine für die Arbeitsfolien. Hierfür werden die Verfahren der Vorwärtsterminierung, Rückwärtsterminierung oder der kombinierten Terminierung eingesetzt.
- Produktionssteuerung:
  - Auftragsveranlassung, also Freigabe von Aufträgen zur Fertigung aufgrund ihrer geplanten Fertigstellungstermine nach einer Verfügbarkeitsprüfung der benötigten Materialien, Baugruppen und Werkzeuge
  - Auftragsüberwachung.

Aufgrund dieser notwendigen Funktionen von PPS-Systemen wird auf einige Funktionen im Detail eingegangen.

Produktionsprogrammplanung in PPS-Systemen Die Abb. 2.4 zeigt die Definition der Produktionsprogrammplanung mit deren Beziehungen zu den Bereichen

- Absatzmarkt
- Beschaffungsmarkt
- Make or Buy / Fertigungstiefe

Es sei an dieser Stelle ausdrücklich darauf hingewiesen, dass die Produktionsprogrammplanung aufgrund ihrer Markt- und Zukunftsorientierung eine außerordentlich große Bedeutung für die Unternehmen hat. Die Produktionsprogrammplanung als erste Stufe der PPS-Systeme ist daher ein entscheidender Schritt für den wirtschaftlichen Erfolg eines Unternehmens. Damit diese Aufgabe erfüllt wird, ist der Zusammenhang zwischen Absatzmarkt, Beschaffungsmarkt und Fertigungstiefe (d. h. auch die Entscheidung „Make or Buy") von entscheidender Bedeutung.

Abb. 2.4 Produktionsprogrammplanung. (Quelle: ohne Verfasser)

Die Produktionsprogrammplanung in PPS-Systemen gliedert sich in ein Fünf-Stufen-Konzept:

Stufe 1 Produktionsprogrammplanung
Stufe 2 Bedarfsrechnung
Stufe 3 Durchlauftermin
Stufe 4 Kapazitätsbestimmung
Stufe 5 Auftragsveranlassung

Produktionsablaufplanung Hierunter wird die Bestimmung und die Reihenfolgefestlegung verstanden, mit denen einzelne Aufträge bearbeitet werden sollen.

Die Produktionsablaufplanung umfasst die Ablaufplanung, die Reihenfolgeplanung und die Maschinenbelegungsplanung. Bei der Maschinenbelegungsplanung müssen auch die Rüst- und Betriebszustände sowie die Transportzeiten ermittelt werden. Bei der Produktionsprozessplanung müssen die organisatorischen Anordnungen der Arbeitssysteme

- Baustellenproduktion
- Werkstattproduktion
- Zentrenproduktion
- Fließproduktion
- Reihenproduktion
- etc.

berücksichtigt werden. Für die Reihenfolgeplanung gibt es eine Reihe von unterschiedlichen Verfahren, die hier nur mit den Stichworten Einmaschinenproblem, Zweimaschinenproblem, n-Maschinenproblem benannt werden.

Von entscheidender Bedeutung bei der Reihenfolgeplanung ist die Festlegung der auszuführenden Prioritätsregeln. Die einfachsten Prioritätsregeln sind [7]:

FCFS Die Bearbeitung erfolgt entsprechend der Ankunftsreihenfolge (First-Come-First-Served, FCFS). Die FCFS-Regel dient häufig als Benchmark für andere Regeln und erfüllt ein gewisses Gerechtigkeitsempfinden.
SPT Aufträge werden entsprechend ihrer Belegungszeit bearbeitet, wobei Aufträge mit kurzer Belegungszeit vor Aufträgen mit langer Belegungszeit bearbeitet werden (Shortest Processing Time, SPT). Mit der SPT-Regel wird die durchschnittliche Fertigstellungszeit minimiert.
EDD Aufträge werden entsprechend ihrer Fertigstellungstermine bearbeitet, wobei Aufträge mit früheren Fertigstellungsterminen vor Aufträgen mit späten Fertigstellungsterminen bearbeitet werden (Earliest Due Date, EDD). Mit der EDD-Regel wird die maximale Verspätung minimiert.

Es sei an dieser Stelle allerdings darauf hingewiesen, dass es mehr als zehn unterschiedliche Prioritätsregeln gibt, die je nach der Ausgangssituation auszuwählen sind.

Zum Abschluss sei noch auf zwei besondere Punkte eingegangen:

Eine optimale Produktion lässt sich nur aus dem Zusammenspiel von PPS-Systemen, Arbeitsvorbereitung, Materialflusssteuerung und Logistik realisieren. Dass Logistik hier einen besonderen Stellenwert hat, wird beispielsweise deutlich aus dem in der Industrie immer weiter abnehmenden Fertigungseigenanteil. In der Automobilindustrie ist beispielsweise die durchschnittliche Fertigungstiefe nur noch im Bereich von unter 20 %. Demzufolge hat die Logistik eine Schlüsselrolle, weil durch sie die Lieferanten, also der Beschaffungsbereich und der Kundenbereich, eingebunden sind.

PPS-Systeme sind Softwareprogramme, die natürlich in die allgemeine Unternehmenssoftware wie insbesondere ERP-Systeme (Enterprise Resource Planning Systems, beispielsweise vom Weltmarktführer SAP) eingebunden sind. Diese ERP-Systeme stützen sich einerseits auf das Produktionsmanagement PPS und andererseits auf den Bereich der Warehouse Management Systeme (Lager, Fördermittel, Materialflussmanagement), siehe Abschn. 3.2, Warehouse Management System (WMS) im Band 2.

Abb. 2.5 zeigt den Zusammenhang zwischen Logistikinformations- und -steuerungssystemen (LIS) und Produktionsplanungs- und -steuerungssystemen (PPS).

II Schlanke Produktion (Toyota-Produktionsphilosophie) Zu diesem Thema gibt es eine Reihe von ganz unterschiedlichen Bezeichnungen, die alle die schlanke Produktion umfassen. Zu nennen ist hier der englische Begriff „lean production" bzw. schlanke Produktion, schlanke Fertigung oder Toyota-Produktionssystem (TPS) beziehungsweise schlanke Produktionssysteme.

Der Begriff „lean production" ist Anfang der 90er Jahre von den Amerikanern Womack und Jones geprägt worden [9]. Damit haben die beiden Autoren die Produktionsmethoden aus Japan, insbesondere die Produktionsmethoden von Toyota, analysiert. Basis waren eine Studie der weltweiten Automobilindustrie unter dem Namen „The Machine That Changed the World". Für die Toyota-Produktionssysteme gibt es keine geschlossene Theorie, was sich auch in einer Vielzahl von Synonymen und sich überschneidenden Begriffen widerspiegelt. Es sind vielmehr die einzelnen Grundsätze und Methoden sowie deren unternehmensspezifische Vernetzung, die zu den verschiedenen Ausprägungen des Toyota-Produktionssystems führen. Zur Realisierung dieser Grundsätze sind verschiedene Konzepte, Prinzipien und Werkzeuge entwickelt worden. Die charakteristischen Stichworte hierzu sind:

- Total Quality Control (TQC)
- Just in Time (JiT)
- Jidoka Autonomation
- Flexible Production
- Kostenreduzierung durch Vermeidung von Verschwendungen.

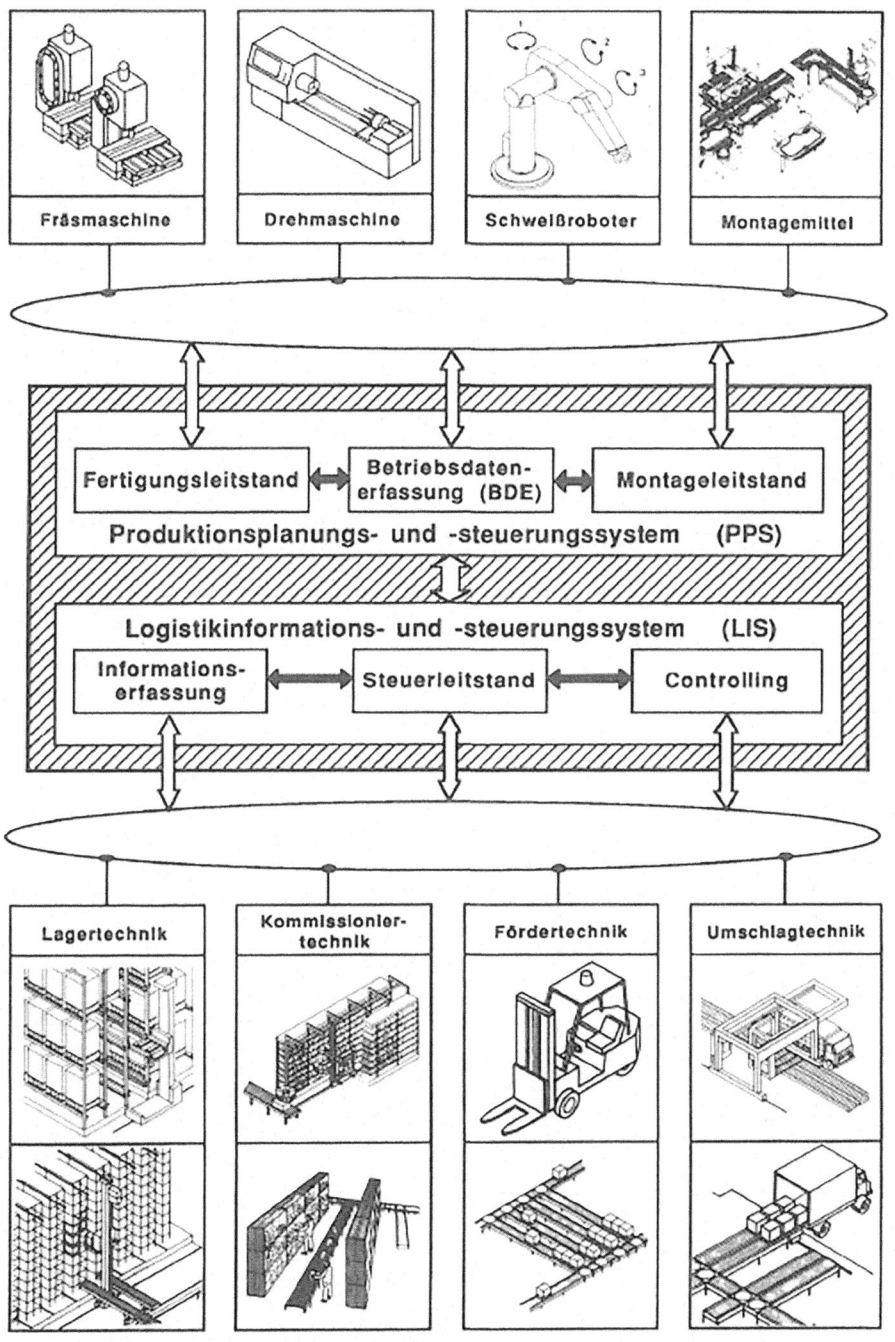

Abb. **2.5** Verbindung von Logistikinformations- und -steuerungssystem (LIS) imd Produktionsplanungs- und -steuerungssystem (PPS) [8]

Moderne Produktionssysteme folgen den fünf Prinzipien:

Fließprinzip Zielvorgabe der Realisierung der Fließfertigung durch Kopplung und Ausrichtung der Prozesse

Taktprinzip Erreichen eines Rhythmus durch Harmonisierung der Arbeitsinhalte

Ziehprinzip Nachgelagerte Prozesse holen sich (ziehen) nur die Teile, die tatsächlich benötigt werden

Null-Fehler-Prinzip Ziel ist die Verbesserung der Stabilität aller Prozesse im Unternehmen

Vermeidung von Verschwendung Keine Arbeit ohne die Schaffung einer Wertschöpfung

Verschwendung ist alles außer dem Minimum an Aufwand für Betriebsmittel, Material, Teile, Platz und Arbeitszeit, das für die Wertsteigerung eines Produktes tatsächlich unerlässlich ist. Verschwendung entsteht dann, wenn im Wertschöpfungsprozess mehr Ressourcen verbraucht werden als erforderlich sind. Nach diesem Prinzip werden sieben Verschwendungsformen unterschieden:

- Überproduktion
- Transport
- Wartezeit
- Reparatur/Fehler
- Wegezeiten
- Bestände
- Flächen.

Die Umsetzung des Toyota-Produktionsprinzips – Vermeidung von Verschwendung – bedeutet, alle Prozesse im Detail zu untersuchen und die eigentlich wertschöpfenden Tätigkeiten zu analysieren und den Anteil der Verschwendung demzufolge zu minimieren.

III Bestandsoptimierung Wie die Logistikleistung beeinflussen auch die Logistikkosten die Wettbewerbsfähigkeit eines Unternehmens. Je niedriger die Logistikkosten sind, desto kleiner kann der Preis am Markt sein, bei dem ein Unternehmen noch einen Gewinn erzielt. Bei gegebenem Preis steigt der Erlös mit sinkenden Logistikkosten. Im Bereich der Logistikkosten werden diese beeinflusst durch die Bestände, die Auslastung, die Verzugskosten etc.

Von besonders ausschlaggebender Bedeutung ist die Zielgröße der Bestände. Grundsätzlich muss man zwischen Lager- und Fertigungsbestand unterscheiden: Der Lagerbestand umfasst die Rohmaterialien, die Halbfabrikate und die Fertigware. Der Fertigungsbestand wird aus den freigegebenen, aber noch nicht fertiggestellten Aufträgen gebildet.

Der Bestand ist eine wichtige Zielgröße für den Unternehmenserfolg. Sie stellt eine logistische Regelgröße dar und ist die entscheidende Regelgröße bei den kontinuierlichen Verbesserungsprozessen.

Der Bestand wirkt durch seine Kapitalbildung selbst und durch die aus der Kapitalbildung entstehenden Kosten auf die Finanzierung des Unternehmens. Je höher der Bestand ist, desto mehr Kapital wird im Umlaufvermögen eines Unternehmens gebunden und desto geringer ist der finanzielle Spielraum des Unternehmens zum Beispiel für Investitionen. Auf der anderen Seite kann durch eine Bestandsreduzierung ein Teil des Umlaufvermögens freigesetzt werden. Dieses verringert entweder die Verschuldung (Fremdkapital) oder erhöht das Eigenkapital des Unternehmens. Für das in Beständen gebundene Kapital sind Zinskosten zu tragen. Gelingt es, die Bestände im Unternehmen zu reduzieren, verringern sich die Zinskosten und entsprechend erhöht sich der Gewinn. Neben dieser betriebswirtschaftlichen Argumentationskette zeichnen sich bestandsarme Unternehmen durch folgende Charakteristika aus:

- Sie benötigen weniger Fläche.
- Sie sind häufig übersichtlicher und einfacher zu steuern.

Der Umlaufbestand einer Fertigung beeinflusst sowohl die Auslastung einer Fertigung als auch die Durchlaufzeit der Aufträge. Die Werte beider Zielgrößen nehmen mit steigendem Bestand zu [10] – siehe hierzu Abb. 2.6. Angestrebt werden sollte ein Bestand bis zur 100 %-Grenze der Fertigung. Dadurch kann eine hohe Auslastung bei relativ geringer Durchlaufzeit erreicht werden.

Der Zielkonflikt zwischen niedrigen Beständen und kurzen Durchlaufzeiten einerseits und einer hohen Auslastung andererseits ist seit Langem als Dilemma der Ablaufplanung bekannt.

Eine andere Betrachtungsweise ist der Bestand als Regelgröße im kontinuierlichen Verbesserungsprozess (KVP): Bestände puffern Prozessstörungen ab und verdecken so die Störanfälligkeit von Prozessen. Eine Grundidee von kontinuierlichen Verbesserungsprozessen in der Logistik ist es, den Bestand schrittweise zu senken, bis Probleme offenbar werden [10]. Dann können die Problemursachen analysiert werden und das Problem behoben werden.

Abb. 2.6 Bestand als logistische Regelgröße [10]

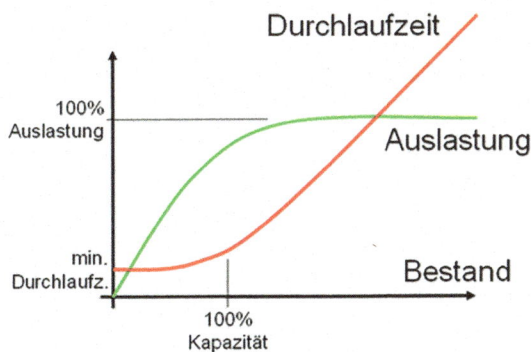

Nach der Philosophie deutscher bzw. europäischer Unternehmen gilt: Bestände ermöglichen

- reibungslose Produktion
- prompte Lieferung
- Überbrückung von Störungen
- wirtschaftliche Fertigung und
- konstante Auslastung.

Nach Ansicht der japanischen Produktionsphilosophie gilt dagegen: Bestände verdecken

- störanfällige Prozesse
- unabgestimmte Kapazitäten
- mangelnde Flexibilität
- Ausschuss und
- mangelhafte Liefertreue.

IV Wertstromanalyse Eine Wertstromanalyse umfasst alle wertschöpfenden und nicht-wertschöpfenden Tätigkeiten in einem Unternehmen, die notwendig sind, um ein Fertigprodukt vom Rohmaterial bis in die Hände des Kunden zu bringen.

Diese ursprünglich für die Fertigung entwickelte Vorgehensweise ist in den letzten Jahren für den Bereich der Logistikprozesse erweitert worden. Konsequent angewendet führt dies dazu, dass ein Wertstrom über Standorte und Unternehmensgrenzen hinweg – also über die gesamte Supply Chain – betrachtet wird.

Der Begriff „Wertstrom" beschreibt dabei den Fluss eines Produktes durch ein logistisches System. Ziel ist dabei, zu erkennen, an welchen Stellen der Fluss der Produkte unterbrochen wird, zum Beispiel durch Liegezeiten, Wartezeiten etc., bzw. ineffizient ist, also wo es zu Verschwendungen von Ressourcen (Maschinen, Personal, Zeit) kommt und aus welchen Gründen der Materialfluss zum Erliegen kommt. Die Wertstromanalyse lenkt den Blick auf das Wesentliche: die Leistungserstellung des betrachteten Unternehmens. Mit ihr können die wertschöpfenden Kerntätigkeiten des Unternehmens ermittelt werden und die nicht-wertschöpfenden Tätigkeiten beseitigt oder minimiert werden.

Mit einer Wertstromanalyse werden mit Hilfe von Symbolen Prozesse und Flüsse in einem Unternehmen dargestellt und können mit Hilfe dieser Diagramme analysiert werden. Der letzte Schritt bei der Durchführung einer Wertstromanalyse ist die Kennzeichnung von Verschwendungen sowie der Punkte, die Verschwendungen auslösen und verursachen. Die Kennzeichnung dieser Punkte erfolgt über sogenannte Kaizen[2]-Blitze, die in das Diagramm eingezeichnet werden.

---

[2]kai japanisch für Veränderung, Wandel. zen japanisch für zum Besseren.

Übliche Schwachstellen und Mängel, die bei solchen Wertstromanalysen erkannt werden, sind:

- Bestände zwischen Prozessen/vor und hinter den Prozessketten
- zu hoher Steuerungsaufwand
- abweichende und untereinander nicht synchronisierte Zykluszeiten
- zu lange Warte- und Liegezeiten vor und nach einzelnen Prozessen
- unnötiger oder zu hoher Transportaufwand, vor allen Dingen im Weitertransport zum nächsten Prozessschritt, aber auch bei der Entnahme von Teilen aus einem Lager.

Durch die logistikorientierte Wertstromanalyse wird die zielgerichtete Aufnahme und Optimierung von Logistikprozessen im Hinblick auf Feststellung von Wertschöpfung oder Verschwendung der Logistik möglich. Im Rahmen dieses Kapitels kann auf die operative Durchführung einer Wertstromanalye nicht eingegangen werden, daher wird hier auf [11, 12] verwiesen.

2.3.1.3 Horizontaler Aufbau der Unternehmenslogistik: Distributionslogistik

Die Distributionslogistik verbindet die Produktionslogistik eines Unternehmens mit der Beschaffungslogistik der Kunden. Unter dem Begriff „Distribution" versteht man alle Prozesse, die zwischen Produzenten und Händlern bis hin zum Kunden, also Konsumenten im sogenannten Absatzkanal (Distributionskanal) ablaufen.

Der Begriff „Distributionslogistik" findet sich häufig neben den synonym verwendeten Ausdrücken Absatzlogistik, Vertriebslogistik und Warenverteilung.

Die Aufgabe der Distributionslogistik ist es, die Absatzseite des Unternehmens mit den nachfragenden Kunden zu verbinden. Sie umfasst damit alle Aktivitäten, die den Abnehmern die physische Verfügbarkeit der Produkte einschließlich der dazu gehörigen Informationen ermöglichen. Ihr Aufgabengebiet umfasst die Planung, Steuerung und Überwachung des physischen Warenflusses sowie des damit verbundenen Informationsflusses zwischen Produktions- und Handelsunternehmen und den jeweiligen Abnehmern (z. B. Händler, weiterverarbeitende Industrie, andere Endverbraucher öffentlicher oder gewerblicher Art). Bei der Erfüllung ihrer Aufgaben hat sich die Distributionslogistik an folgenden Zielsetzungen zu orientieren:

- Bei gegebenen Kosten ist der maximale distributionslogistische Output (Leistungsgröße, z. B. Lieferservice) anzustreben.
- Bei gegebenem Output des Logistiksystems sind die Kosten (Input des Systems) zu minimieren.

Für die Gestaltung der Distributionslogistik ist es entscheidend, ob es sich um eine Auftrags- oder eine Vorratsfertigung, beziehungsweise um eine Einzel- oder Serienfertigung handelt.

Die Distributionslogistik ist als ein Teilbereich des Marketings in das Zielsystem der Unternehmen eingebunden und hat die übergeordneten Ziele zu berücksichtigen. Aus dieser Einbindung resultieren vielfältige Beziehungen und Wechselwirkungen zwischen Marketing und Distributionslogistik. So hat jedes marketingpolitische Instrument einen Einfluss auf die Distributionslogistik und umgekehrt. Den stärksten Einfluss hat letztendlich aber die Distributionspolitik.

Die Absatzwegewahl und die Gestaltung des Distributionsnetzes bestimmt in großem Maße die Höhe der Logistikkosten. Das Zusammenspiel von Marketing und Logistik wird hier besonders deutlich. So fließen bei der Gestaltung eines Distributionssystems durch das Marketing grundsätzliche Entscheidungen über die Absatzwege und von der Logistik strategische Entscheidungen über die Anzahl, Standorte, Zuordnungen der Läger sowie die Anzahl der Lagerstufen ein.

Hinsichtlich der Gestaltung der Distributionsnetze sind grundsätzlich folgende Probleme zu lösen:

- die Festlegung der Anzahl der Läger (Anzahlproblem);
- die Festlegung der Funktion der Läger (Produktions-, Zentral-, Regional und Auslieferungsläger) und die Zahl der Funktionsstufen (Stufenproblem)
- die Festlegung der Lagerstandorte (Standortproblem);
- die Zuordnung der abnehmenden zu den liefernden Stellen innerhalb des Distributionsnetzes (Zuordnungsproblem).

Die Abb. 2.7 gibt grafisch diese Probleme wieder. Aufgrund dieser Problemstruktur in Distributionsnetzen unterteilt man die Distribution in eine vertikale und eine horizontale Struktur. Die vertikale Distributionsstruktur beschreibt die Anzahl der unterschiedlichen Lagerstufen im Distributionsnetz. Die horizontale Distributionsstruktur beschreibt die Anzahl der Läger je Distributionsstufe und die Standorte der Läger sowie ihre Zuordnung zu den Absatzgebieten.

Abb. 2.7 Problemstruktur in
Distributionsnetzen [8]

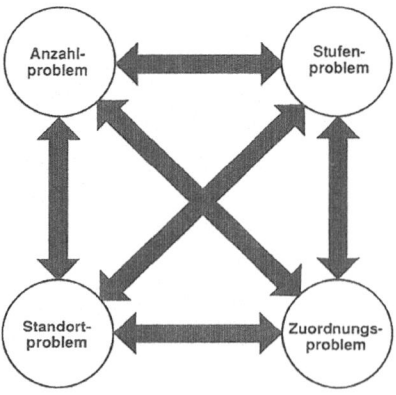

Die Aufbaustruktur eines Warenverteilsystems wird zum einen durch die physische Ausgestaltung des Distributionsweges und zum anderen durch die vertikale und horizontale Struktur bestimmt.

Hinsichtlich der Ausgestaltung des Distributionsweges kann nach der Zahl der eingeschalteten Lagerstufen und der genutzten Transportwege differenziert werden.

Nach der Zahl der zwischen dem Produzenten und den Kunden befindlichen Lagerstufen wird zwischen direktem und indirektem Distributionsweg unterschieden. Wird im Falle des direkten Distributionsweges die Belieferung des Kunden ohne Zwischenschaltung einer Lagerstufe durchgeführt, so liegt bei dem indirekten Distributionsweg dagegen stets mindestens eine Lagerstufe dazwischen.

Erfolgt die Kundenbelieferung nur über einen festgelegten Distributionsweg, so liegt ein Einwegabsatz vor. Werden demgegenüber mehrere und von Fall zu Fall alternative Transportwege in Anspruch genommen, so liegt Mehrwegabsatz vor. In Fortführung der Betrachtung der Aufbaustruktur wird weiterhin zwischen vertikaler und horizontaler Distributionsstruktur differenziert.

Auf die vertikale bzw. auf die horizontale Distributionsstruktur wird nun im Nachfolgendem im Detail eingegangen.

Vertikale Distributionsstruktur

Die Abb. 2.8 zeigt Beispiele vertikaler Distributionsstrukturen. Unterschieden wird hier in 3-stufige, 2-stufige und 1-stufige Distributionssysteme. Die unterschiedlichen Strukturen ergeben sich durch unterschiedliche Arten von Lagern:

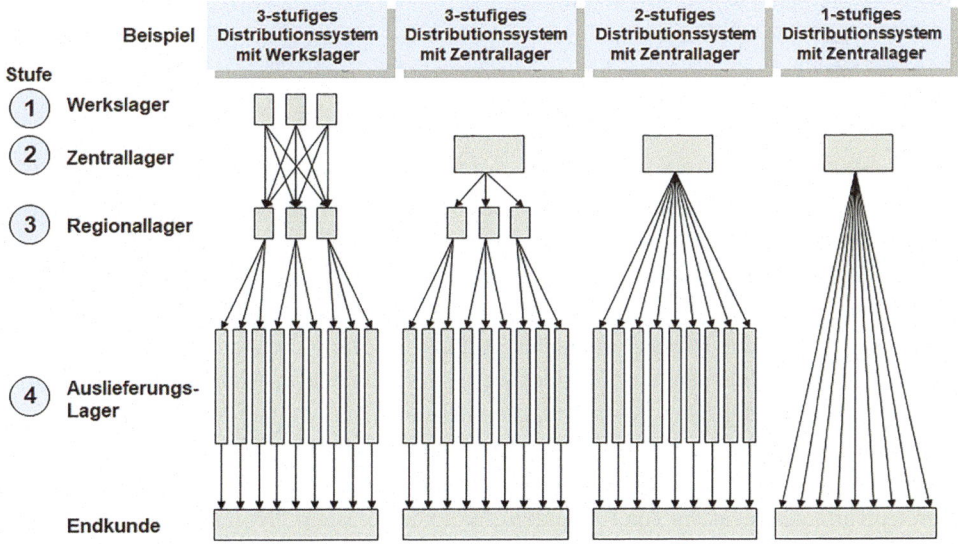

Abb. 2.8 Vertikale Distributionsstruktur i. A. a. [13, S. 472 f.]

Werkläger dienen zur Lagerung von Fertigwaren in der Nähe der Produktion. Sie enthalten ausschließlich die am Ort produzierten Erzeugnisse. Aufgabe ist der kurzfristige Mengenausgleich.

Zentralläger sind in Ihrer Anzahl begrenzt, nehmen aber die gesamte Sortimentsbreite der Produkte auf. Ihr Aufgabe ist das Auffüllen der Bestände nach geordneten Lagerstufen.

Regionalläger entlasten die vor und nachgeschalteten Lagerstufen. Sie enthalten im Normalfall nur Teile des Gesamtsortimentes, entsprechend den Anforderung des von ihnen belieferten Absatzgebietes. Ihr Zweckt ist das Schaffen von Puffern zwischen Produktion und regionalem Absatzmarkt.

Auslieferungsläger Dies ist die unterste Stufe der Lagerhierarchie. Hier sind in der Regel nur absatzstarke Produkte eines Verkaufsgebietes enthalten. Aufgabe der Auslieferungsläger ist das Vereinzeln der Menge zu dem vom Abnehmer georderten Einheiten (Bestellmengen) und deren Bereitstellung zu Kundenlieferung.

Die wichtigsten Entscheidungskriterien für die Festlegung der vertikalen Distributionsstruktur sind:

- Struktur des Absatzgebietes
- Angestrebter Lieferbereitschaftsgrad
- Verkehrslage
- Anzahl und Größe der Lager
- Transportkosten zwischen den Lagern
- Auslieferungskosten zum Kunden
- Sortiment und Zusammensetzung
- Nachfrageentwicklung
- Lagerkosten
- Höhe der Bestände

Distributionssysteme lassen sich außerdem differenzieren in zentrale und dezentrale Systeme. Bei zentralen Distributionssystemen erfolgt die Belieferung der Kunden von einem oder wenigen zentral gelegenen Lagern. Bei dezentralen Systemen sind die Lager derart angeordnet, dass verschiedene Kunden durch unterschiedliche Lager beliefert werden.

Bei der zentralen Struktur sind die Lagerhaltungskosten gering und diese zentralen Lager lassen fast immer den Einsatz effizienter Technik im Sinne der Automatisierung zu. Der Nachteil ist, dass hier längere Transportwege zum Kunden in Kauf genommen werden müssen und dadurch höhere Transportkosten entstehen.

Dies ist bei der dezentralen Lagerung genau umgekehrt: Hier entstehen geringere Transportkosten aufgrund der kürzeren Wege zum Kunden, aber höhere Lagerhaltungskosten durch mehrfache Lagerung von Produkten. Zusätzlich existiert hier noch das Problem, dass Bestände in einem Lager liegen und in einem anderen gebraucht werden können. Durch eine entsprechende zentrale Disposition kann man dieses Problem allerdings mindern.

Welche Struktur des Dispositionszentrums – zentral oder dezentral – die geeignete ist, muss individuell nach der jeweiligen Problemstellung entschieden werden.

In Abb. 2.9 werden die Eigenschaften von zentraler und dezentraler Lagerung gegenübergestellt unter dem Gesichtspunkt der wichtigsten Einflussgrößen (Sortiment, Lieferzeit, Wert der Produkte, Konzentration der Produkte, Kundenstruktur, spezifische Lagerungsanforderungen).

Horizontale Distributionsstruktur

Die Horizontale Distributionsstruktur beschreibt die Anzahl der Lager, je Lagerstufe, die Standorte der Lager, sowie die Zuordnung von Lagern zu ihren Absatzgebieten.

Die optimale Lage und Kundenzuordnung der Lager lässt sich nur durch Optimierungsrechnungen ermitteln. Allgemein gilt, dass mit steigender Anzahl von Lagerstandorten auch die Lagerhaltungskosten steigen, demgegenüber die Transportkosten zwischen Lagerstandort und Kunden bis zu einem bestimmten Punkt aber sinken.

Abb. 2.10 zeigt qualitativ die Distributionskosten in Abhängigkeit der Anzahl der Lagerstandorte.

Die Anzahl der Lager lässt sich aus ihrer Funktion und Distanz zum Kunden bestimmen. Der optimale Standort eines Lagers ergibt sich hauptsächlich aus den Transportkosten zu den von ihm zu beliefernden Kunden.

Mit steigender Anzahl von Auslieferungslagern steigen Lagerkosten, jedoch sinken die Nachlaufkosten, da eine größere räumliche Nähe zu den Abnehmern erreicht wird.

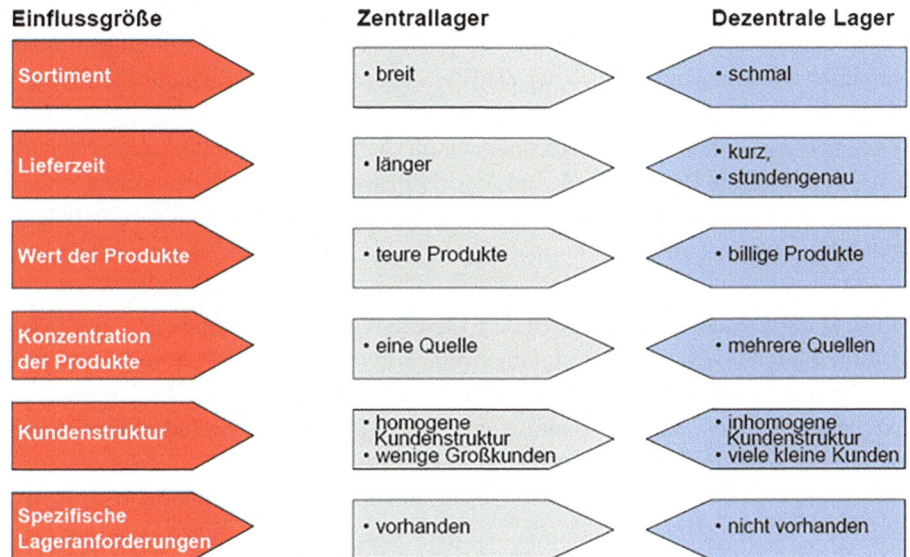

Abb. 2.9 Vergleich zentrale / dezentrale Lagerlösung i. A. a. [13, S. 474 f.]

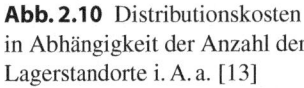

Abb. 2.10 Distributionskosten in Abhängigkeit der Anzahl der Lagerstandorte i. A. a. [13]

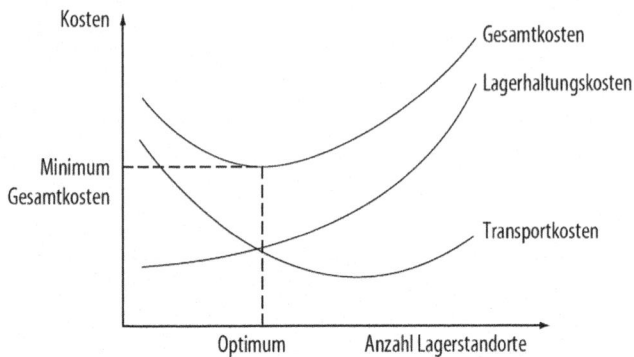

Transportkosten zur Lagerbelieferung steigen zunächst langsam an, können aber auch stark steigen, wenn geringer Warenumschlag in den Auslieferungslagern eine vollständige Ausnutzung der Transportkapazitäten nicht mehr ermöglicht.

Die Errichtung eines neuen Auslieferungslagers lohnt sich erst dann, wenn die Transportkosteneinsparungen größer sind als die Kosten des zusätzlichen Lagers.

Es wird deutlich, dass hier eine eindeutige Bestimmung des theoretischen Optimums prinzipiell möglich ist. Dies erfordert allerdings den Einsatz fallspezifischer Modelle. In der Literatur gibt es eine Vielzahl von Algorithmen, heuristischen Methoden oder Simulationsmodellen.

Die oben beschriebene Notwendigkeit verschiedener Varianten von Distributionsstrukturen durch Vergleichsrechnungen gegenüberzustellen, wird mit Hilfe der Abb. 2.11 noch etwas weitergehend dargestellt. Hier sind beispielhaft verschiedene Ausführungsformen von Distributionssystemen hinsichtlich der Zahl der Lager je Stufe, der Standorte der Lager und Liefergebiete sowie die Netztopologie zweier Beispiele dargestellt.

Die oben erwähnten Vergleichsrechnungen für die Standortauswahl machen es notwendig, auf verschiedene Berechnungs- und Algorithmenverfahren zurückzugreifen, ohne dass dies hier im Detail geschildert wird. Die wesentlichsten Verfahren sollen aber im Folgenden zumindest genannt werden:

- Lösung des Standortproblems nach dem Steiner-Weber-Algorithmus
- Bestimmung kürzeste Wege nach Graphentheorie
- Algorithmen zur Lösung des Shortest Path Problems
- Verfahren aus der Gruppe der Baum-Algorithmen (Dijkstra-Algorithmus, Verfahren nach Fordh, nach Bellmann)
- Verfahren aus der Gruppe der Matrix-Algorithmen (Triple-Algorithmus von Floyd)

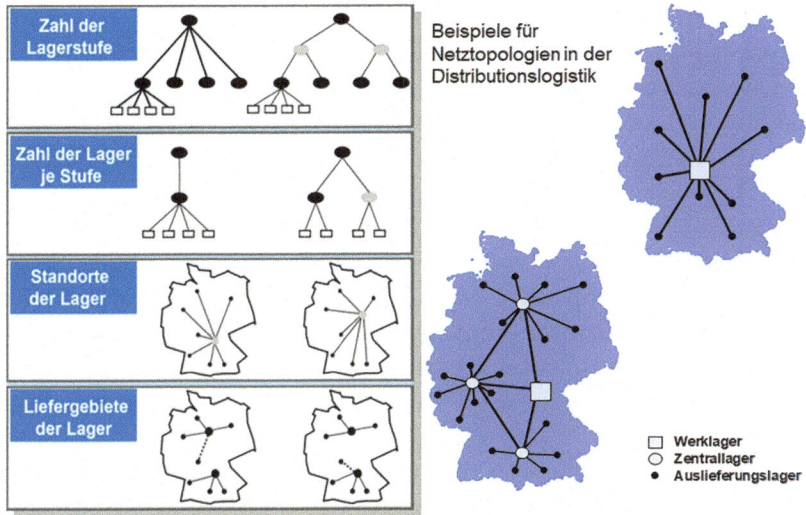

Abb. 2.11 Strukturierung von Distributionssystemen. (Quelle: ohne Verfasser)

Hinsichtlich der Lösung des Transportproblems wird hier verwiesen auf

- Nordwesteckenverfahren
- Vogelsche Approximation mit Matrix-Minimumverfahren
- Zeitfolge- oder Spaltenverfolgungsverfahren
- Stepping Stone Methode
- etc.

Das Problem der Tourenplanung erfolgt heute durch Anwendung von softwaregestützten Tourenplanungsprogrammen der verschiedensten Hersteller und Lieferanten.

Hintergrund ist die Lösung des sogenannten Chinese-Postman-Problems. Der Einsparungseffekt beim Einsatz von Tourenplanungsprogrammen lässt sich in der Größenordnung von 5–20 % der Gesamtkosten abschätzen.

Die Anzahl der Lager lässt sich aus ihrer Funktion und Distanz zum Kunden bestimmen. Der optimale Standort eines Lagers ergibt sich hauptsächlich aus den Transportkosten zu den von ihm zu beliefernden Kunden.

Mit steigender Anzahl von Auslieferungslagern steigen Lagerkosten, jedoch sinken die Nachlaufkosten, da eine größere räumliche Nähe zu den Abnehmern erreicht wird. Transportkosten zur Lagerbelieferung steigen zunächst langsam an, können aber auch stark steigen, wenn geringer Warenumschlag in den Auslieferungslagern eine vollständige Ausnutzung der Transportkapazitäten nicht mehr ermöglicht.

Die Errichtung eines neuen Auslieferungslagers lohnt sich erst dann, wenn die Transportkosteneinsparungen größer sind als die Kosten des zusätzlichen Lagers.

Distributionszentrum

Ein Distributionszentrum ist ein Ort, an dem Ware gelagert und umgeschlagen sowie in der Regel kunden-bzw. auftragsspezifisch zusammengestellt wird.

Nachdem nun oben die vertikale und horizontale Distributionsstruktur dargestellt wurde, erfolgt die Beschreibung der Distributionszentren. Abb. 2.12 zeigt eine typische Ausführungsform. Dargestellt ist hier ein Werk für Konsumgüter Herstellung und Distribution mit einer Fläche von 19.800 qm. Dabei macht die eigentliche Produktion 10.300 qm aus, die Restfläche ist das hier im vorderen Teil dargestellte Distributionszentrum. Es besteht aus einem jeweils getrennten Wareneingang und Warenausgang, dem eigentlichen Lagerbereich, der hier als sogenanntes Stollenlager ausgeführt ist. Ein Stollenlager ist ein Hochregallager mit integrierten Kommissioniergängen. Regalgänge mit Nachschubfunktionen wechseln sich mit Gängen, die der Kommissionierung dienen, ab. Die breiten Kommissioniergänge sind mehrgeschossig um Laufgänge angeordnet, um die Höhe des Hochregals auszunutzen. Die einzelnen Kommissioniergeschosse werden über Treppenaufgänge erreicht. Nach dem Stollenlager sind Bereitstellplätze und Parkplätze vorhanden sowie ein Sorter. Die notwendigen Verpackungsmaterialien befinden sich in.

Kennzeichen von Distributionszentren sind:

- Distributionszentren befinden sich in einem Gebäudekomplex, der von einer nach außen abgegrenzten Verkehrsfläche umgeben ist.
- Distributionszentren haben Straßenanschluss, in besonderen Fällen auch Bahnanschluss oder eine unmittelbare Verbindung zu Wasserstraßen oder Flughäfen.

Abb. 2.12 Ausführungsbeispiel eines Distributionszentrums. (Quelle: integral logistics GmbH & Co. KG)

- Distributionszentren sind Betriebsstätte eines Industrie-, Handels- oder Dienstleistungsunternehmens oder einer selbstständigen Betreibergesellschaft.
- Distributionszentren sind z. B. Versandzentren, Lagerzentren, Zentrallager, Warenverteilzentren, Umschlagszentren.
- Distributionszentren sind entweder für nur einen Auftraggeber im Einsatz und speziell für dessen Bedarf eingerichtet oder arbeiten mit entsprechend flexiblen Einrichtungen für mehrere Nutzer / Mandanten.

Die technische Realisierung sowie der Aufbau und die Ablauforganisation der Distributionszentren sind extrem unterschiedlich, was zurückzuführen ist auf völlig unterschiedliche Artikelspektren (Produktarten, Volumen, Gewicht etc.), Kundenanforderungen, Durchsatzleistung, Lieferstruktur etc.

Gemeinsam haben Distributionszentren aber den immer gleichen funktionalen Aufbau, siehe Abb. 2.13: Die Bereiche Wareneingang, Lagerung und Kommissionierung, Konsolidierung und Verpackung und der Warenausgang.

Wareneingang Nimmt die angelieferten Waren an. Der Wareneingang stellt bei einem Distributionszentrum auf der Eingangsseite die Systemgrenze zwischen dem innerbetrieblichen und außerbetrieblichen Material- und Informationsfluss dar.

Als technische Ausstattung, die insbesondere bei der Entladung eingesetzt wird, können zum einen stetige Fördermittel wie beispielsweise Rollen-, Ketten- und Bandförderer wie zum anderen unstetige Fördermittel wie Gabelstapler, Gabelhubwagen usw. eingesetzt werden.

Lagerung Die Aufgabe der Lagerung (oftmals als auch als Reservelager oder einfach nur Lager bezeichnet) besteht vorrangig darin, als reine Zeitüberbrückung für den Funktionsbereich Kommissionierung zu dienen. Behälter, Paletten oder Kartons werden dort eingelagert und zeitlich solange zurückgehalten, bis die Anforderung aus dem nachgelagerten Funktionsbereich Kommissionierung erfolgt und sie für die dortige Bereitstellung ausgelagert werden. Etwaige Restmengen der bereitgestellten Ladungsträger werden im Anschluss an die Kommissionierung per Fördertechnik wieder in das Einheitenlager gebracht.

Im Funktionsbereich Lager können die eingesetzten technischen Lagermittel in Bodenlager, statische Regallager, automatische Kleinteilelager (AKL), Einfahrregallager, Kanallager und dynamische Regallager (Durchlauf, Einschub, Verschieberegallager) unter-

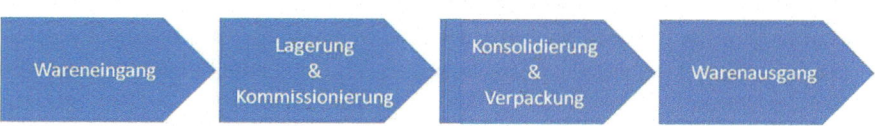

Abb. 2.13 Funktionsblöcke in Distributionszentren [14, S. 97]

schieden werden (Kap. 8 Lagertechnik). Ein- und Auslagerungen werden mit Fördermitteln durchgeführt; hier kommen insbesondere Regalbediengeräte, Hochregalstapler, Gabelstapler usw. zum Einsatz.

Kommissionierung Kommissionierung ist das Herzstück eines jedes Distributionszentrums. Dort wird der Auftrag des Kunden „produziert". Daher ist die Kommissionierung aus Kunden- und Wettbewerbssicht auch als Kernfunktionsbereich eines Distributionszentrums anzusehen. Hier entscheidet sich maßgeblich durch das konkrete Zusammenstellen der Kundenaufträge die Lieferqualität der Kundenbestellung, welches direkt auf die Kundenzufriedenheit und somit auf die Wettbewerbsfähigkeit des Unternehmens auswirkt.

Kommissionierung hat das Ziel, aus einer Gesamtmenge von Gütern (Sortiment) Teilmengen aufgrund von Anforderungen (Aufträge) zusammenzustellen [15].

Im Funktionsbereich Kommissionierung werden als technische Lagermittel Fachbodenregale, Palettenregale, Durchlaufregale, Umlaufregale usw. eingesetzt. Bei den Kommissioniergeräten, die mit den oben genannten Lagermitteln in den vielfältigsten Kombinationen auftreten, können mannbediente Regalbediengeräte, Niederhubwagen, einfache Kommissionierwagen sowie hochtechnisierte Kommissionierstapler aufgeführt werden. Kommissionierung kann manuell oder automatisch erfolgen. Bei der manuellen Kommissionierung gibt es die zwei Prinzipien „Person zur Ware" und „Ware zur Person". Im ersten Fall bewegt sich die kommissionierende Person zum Lagerplatz der Ware, im zweiten werden der Person die Waren an einem fixen Arbeitsplatz über automatische Systeme (z. B. Automatisches Kommissionierlager, AKL) zugeführt.

Weiterhin seien bei der Kommissionierung an dieser Stelle aber auch noch die vielfältigen und informationstechnischen Umsetzungsmöglichkeiten der Kommissionierführung aufzuführen. Sie erweitern die oben aufgeführten Kombinationsmöglichkeiten der technischen Materialflusssysteme um eine zweite Dimension, nämlich der Informationssysteme (siehe Kap. 10, Sortier- und Kommissioniertechnik).

Konsolidierung und Verpackung Im Funktionsbereich der Konsolidierung erfolgt die Zusammenfassung einzelner Kundenaufträge zu einer kompletten Kundensendung. Im Bereich der Konsolidierung werden die Güter zusammengeführt, auf Vollständigkeit geprüft, für anstehende Transportvorgänge in der Regel an speziellen Verpackungsarbeitsstätten verpackt und schließlich dem Warenausgang zugeführt.

Warenausgang Warenausgang, oftmals auch als Versand bezeichnet, ist die Stelle in einem Distributionszentrum, welcher alle ausgehenden Waren versendet. Analog zum Funktionsbereich Wareneingang stellt der Funktionsbereich Warenausgang bei einem Distributionszentrum auf der Ausgangsseite die Systemgrenze bzw. Schnittstelle zwischen dem innerbetrieblichen und dem außerbetrieblichen Material und Informationsfluss dar.

Die technische Ausstattung des Warenausgangs ist analog zum Funktionsbereich Wareneingang zu sehen.

Neben diesen Funktionselementen gibt es innerhalb des Distributionszentrums natürlich eine große Reihe von innerbetrieblichen Transporten. Der Funktionsbereich der innerbetrieblichen Transporte dient der Zu- und Abförderung in die bzw. aus den unterschiedlichen Funktionsbereichen, die oben geschildert wurden. Somit lässt sich das innerbetriebliche Transportsystem kaum einem der größeren Funktionsbereiche zuordnen, da das Abfördern des einen Bereiches zwangsweise die Zuförderung des anderen Bereiches darstellt. Deswegen ist der innerbetriebliche Transport, als Querschnittsfunktion, nicht als eigenständiger Funktionsbereich aufgeführt.

Die Hauptkostenblöcke in der Distribution sind:

- Bestandskosten der Güter
- Lagerhaltungskosten
- Transportkosten
- Kosten der Kommissionierung (besonders in manuellen Kommissioniersystemen)
- Auftragsabwicklungskosten.

2.3.1.4 Horizontaler Aufbau der Unternehmenslogistik/Entsorgungslogistik

Wie in Kap. 1, Entwicklung und Eingrenzung geschildert, ist die Entsorgungslogistik historisch gesehen das jüngste der vier Arbeitsfelder der Logistik aus Abb. 1.7.

Bis zum Ende des Mittelalters war es selbstverständlich, alle noch verwertbaren Gegenstände und Materialien aufzuarbeiten, zu reparieren oder zu erneuern, also nach heutiger Definition einem Refurbishing- oder Recycling-Prozess zu unterziehen. Damals gab es die Handwerksfunktionen der Kesselflicker (Teilgegenstände reparieren) oder der Flickschuster (Stoffe und Kleider erneuern).

Die neuere Geschichte der bewussten Entsorgung von Gütern und Materialien durch den Menschen beginnt im Zeitalter der Industrialisierung. Die systematische und auch wissenschaftliche Beschäftigung mit dem Thema der Entsorgungslogistik begann in den 1980er-Jahren, beispielsweise mit der Gründung der Abteilung „Entsorgungslogistik" am damaligen Fraunhofer IML[3] (unter der Leitung von Dr.-Ing K.-H. Wehking). Anfang der 90er Jahre ist dann eines der ersten dreibändigen wissenschaftlichen Fachbücher mit der Bezeichnung „Entsorgungslogistik I, II und III (Wehking, Rinschede)" entstanden, was sich mit den Aufgaben der Entsorgungslogistik systematisch beschäftigt hat [16–18].

Die Entsorgungslogistik befasst sich mit Transport, Umschlag, Lagerung und Handhabung aller in den Betriebsprozessen der Industrie und des Handels (Wirtschaft) bzw. in Privathaushalten (Kommunal) anfallenden Abfall-, Rest- und Schadstoffen.

Das Gestaltungsfeld der Entsorgungslogistik ist also der innerbetriebliche und außerbetriebliche Fluss von Entsorgungsgütern mit den Zielen der Vermeidung, Verminderung, Wieder- und Weiterverwertung beziehungsweise Beseitigung von Entsorgungsgütern.

---

[3]Institut für Materialfluss und Logistik.

Hierzu gehören auch die erforderlichen Informationsflüsse, die eine Planung, Steuerung, Durchführung und Kontrolle der Entsorgungsaufgaben ermöglichen.

Diese Aufgabenbeschreibung ist eigentlich analog zu den drei anderen Teilbereichen der Logistik (Beschaffung, Produktion, Distribution). Der Unterschied liegt in der Entsorgungslogistik darin begründet, dass der Materialfluss im Vergleich zu den klassischen Themengebieten umgekehrt ist, nämlich in entgegengesetzter Richtung: nicht von der Industrie zum Kunden, sondern vom Kunden (privater Haushalt oder Industrieunternehmen oder Handel) in Richtung Verminderung, Verwertung und ggf. Beseitigung. Im logistischen Sinne ist die Versorgung eine vorwärts gerichtete Logistik, die Entsorgung eine rückwärts gerichtete Logistik. Auch die einzelnen Funktionsprozessbausteine der Entsorgung setzen sich anders zusammen, siehe Abb. 2.14. Für die Entsorgungslogistik gilt aber genauso wie in den anderen Gebieten, dass das Kriterium höchstmöglicher logistischer Qualität bei minimalen logistischen Kosten erfolgen soll.

Die Abb. 2.15 zeigt die Eingruppierung der Entsorgungslogistik in die drei anderen Gebiete der Logistik und vor allen Dingen den rückwärts gerichteten Kreislauf. In der Produktion entsteht zusammen mit den Lieferanten der Zulieferteile ein Produkt, das in den Absatz geht und dann zu den Konsumenten, wobei hier unter Konsumenten sowohl die Nutzer von Investitionsgütern als auch Handel und Dienstleistungen, aber auch der private

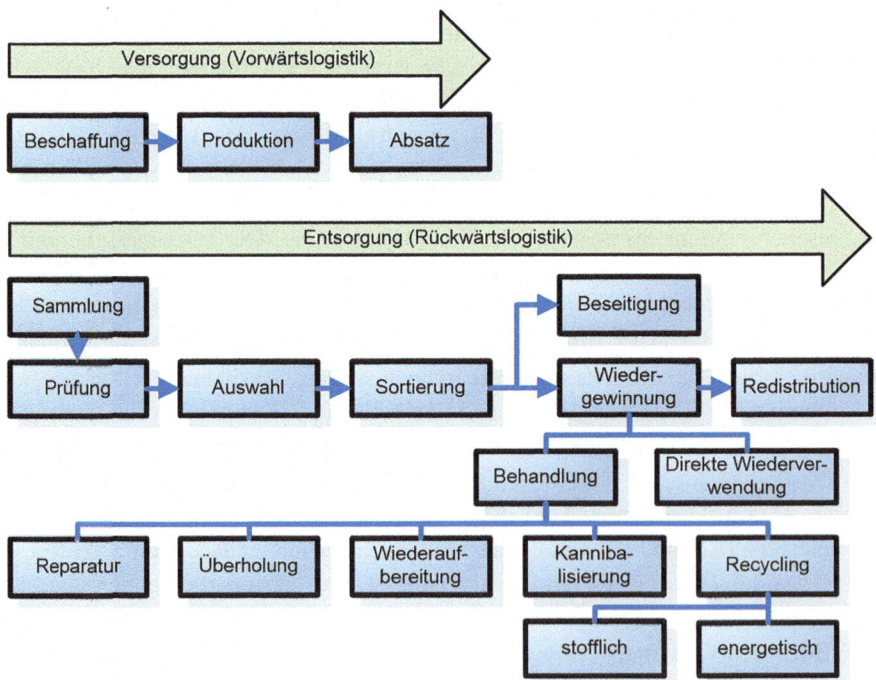

Abb. 2.14 Versorgung (Vorwärtslogistik) im Vergleich zur Entsorgung (Rückwärtslogistik) [19]

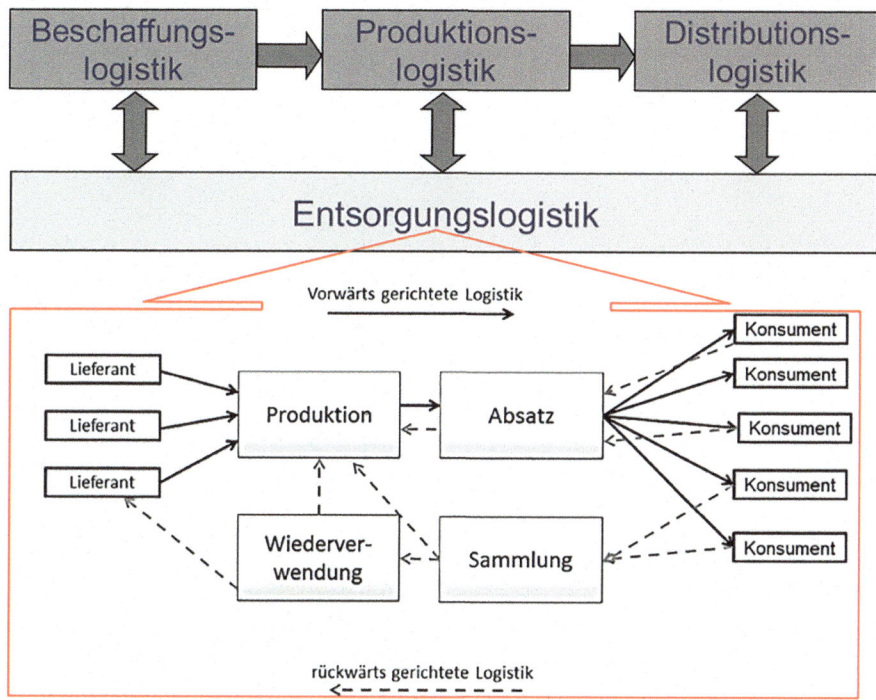

Abb. 2.15 Einordnung der Entsorgungslogistik i. A. a. [20, 21] überarbeitet

Haushalt zu zählen sind. Wenn der Konsument sich eines Gutes entledigen will – und dies ist genau die Definition des Abfallbegriffes – führt er dieses Produkt der Entsorgung zu, die dann über Sammlung, Transport, Umschlag etc. direkt oder über die Wiederverwertung zur neuen Produktion führt.

Ziel des 1996 in Kraft getretenen und 2012 neu verfassten Kreislaufwirtschafts- und Abfallgesetzes der Bundesrepublik Deutschland ist die Förderung der Kreislaufwirtschaft zur Schonung natürlicher Ressourcen und die Sicherung der umweltverträglichen Beseitigung von Abfällen.

In der Vergangenheit – siehe Abb. 2.16 – sind aus Rohstoffen in produzierenden Unternehmen Neuwaren entstanden, die über den Konsumenten dann irgendwann zu Abfall wurden. Das neue Kreislaufwirtschaftsgesetz ändert diesen linearen Produktlebensweg mit dem Ziel eines geschlossenen Produktlebensweges. Heute und in der Zukunft sollen aus Rohstoffen in produzierenden Unternehmen Neuwaren entstehen, die zum Konsumenten gehen, dort zu Abfall werden und dann durch Aufbereitungsanlagen so weit wie möglich wieder in neue Produkte umgewandelt werden können. Durch den Kreislaufgedanken soll der Anteil des Abfalles wesentlich abnehmen.

Das Kreislaufwirtschaftsgesetz hat für die Zukunft der Entsorgungswirtschaft nach § 4 eindeutige Zielsetzungen, in denen es die Reihenfolge der Entsorgung festlegt mit

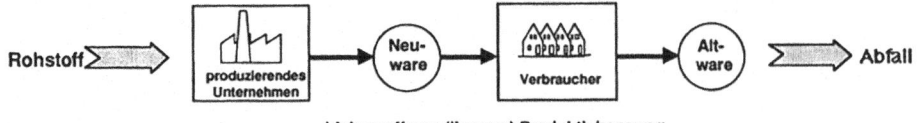

bisher: offener (linearer) Produktlebensweg

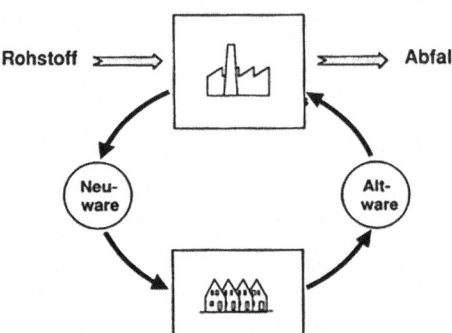

zukünftig: geschlossener (zyklischer) Produktlebensweg

Abb. 2.16 Alter linearer Produktlebensweg – zu neuem geschlossenen Produktlebensweg [17]

Vermeiden – Vermindern – Verwerten. Abfälle sollen also in erster Linie vermieden werden, insbesondere durch die Verminderung ihrer Menge und Schädlichkeit und in zweiter Linie entweder stofflich verwertet oder zur Gewinnung von Energie genutzt werden.

Wie schon angedeutet, entstehen Abfälle also direkt bei den Produktionsprozessen und indirekt über das Produkt, das am Ende seiner Lebensdauer beim Konsumenten (als kommunaler Abfall) selbst zum Abfall wird.

Entsprechend der Abb. 2.17 fallen die Abfallstoffe im Industrie- oder Kommunalbereich an. Sie sollen vermieden oder vermindert werden. Die Stoffe, die zur Verwertung gelangen, müssen von den Industriebetrieben oder Haushaltungen den Recycling- und Beseitigungsanlagen zugeführt werden.

Vor der Wiederverwendung sind weitere Prozesse notwendig. Diese Vorbereitungsarbeiten stehen unter dem Stichwort „STULB-Prozesse". Hinter dieser Abkürzung verbergen sich die folgenden Prozessschritte:

1. Sammeln
2. Transportieren
3. Umschlagen
4. Lagern
5. Behandeln

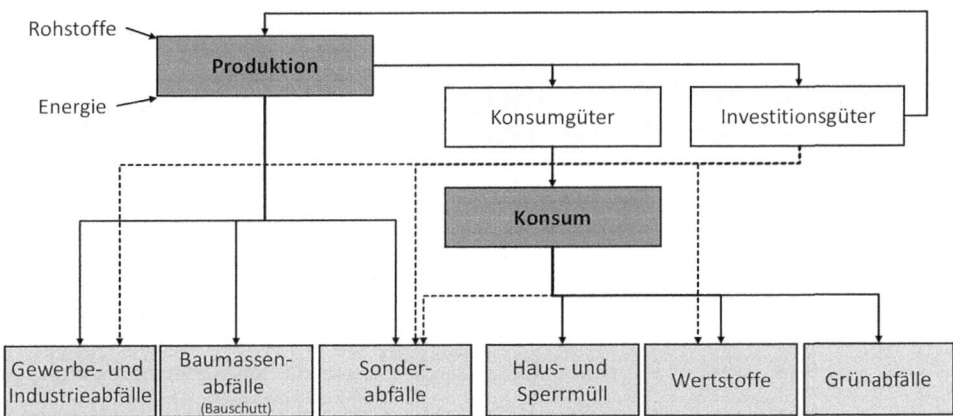

Abb. 2.17 Übersicht Abfallartenv. (Quelle: ohne Verfasser)

Aus dieser Aufgabenauflistung kann man sofort erkennen, dass vier der fünf Begriffe aus dem Bereich der Materialflusstechnik und Logistik kommen, nämlich die Bereiche Sammeln, Transportieren, Umschlagen und Lagern. Nur der fünfte Bereich ist dem Aufgabengebiet der Verfahrenstechnik, also der Behandlung, zuzuschlagen.

Wie wichtig die logistischen Aufgaben in der Entsorgung sind, kann man auch daran erkennen, dass die Sammel-, Transport-, Umschlags- und Lagerfunktionen zwischen 60 und 70 % (Faustwert) der gesamten Kosten der Entsorgung ausmachen. Daraus ist der heute und auch in der Zukunft wichtige Stellenwert der Entsorgungslogistik sichtbar.

Die Prozessschritte 1 bis 4, also Sammeln, Transportieren, Umschlagen und Lagern, bilden den Kern der Entsorgungslogistik und werden hier behandelt. Der letzte Schritt, die Behandlung des Abfalls, ist kein logistischer Vorgang und wird daher im Folgenden nur kurz und sehr allgemein (am Ende des Kapitels) gestreift, soweit es für das Verständnis des Entsorgungsprozesses notwendig ist.

Sammeln (Abfallerfassung)
Für die Abfallerfassung sind

- Sammelverfahren,
- Behältersysteme,
- Fahrzeugsysteme und natürlich
- Personal notwendig.

Zunächst werden Sammelverfahren und Behältersysteme im Folgenden dargestellt (*I* bis *III*):

I Gemischte und getrennte Abfallerfassung   Bei der eigentlichen Abfallerfassung wird unterschieden in gemischte Erfassung (hier werden alle Abfälle, die beim Abfallerzeuger – kommunal oder industriell – anfallen, in einem Behälter gelagert und gesammelt) und getrennte Abfallerfassung. Die getrennte Abfallerfassung verursacht für den Abfallerzeuger mehr Aufwand beziehungsweise mehr Verantwortung durch die getrennte Verbringung seiner Abfälle in verschiedene Behältnisse.

II Hol- und Bringsysteme   Bei der Abfallerfassung muss zwischen sogenannten Hol- und Bringsystemen unterschieden werden. Abb. 2.18 fasst die Funktion und die Aufgaben des Holsystems und Abb. 2.19 die der Bringsysteme getrennt nach den Aufgaben der kommunalen beziehungsweise der industriellen innerbetrieblichen Entsorgung zusammen.

Bei einem Holsystem wird Abfall beim Erzeuger abgeholt. Somit kann ein hoher Abfall-Erfassungsgrad erreicht werden. Besonders vorteilhaft ist dieses System bei mengenmäßig

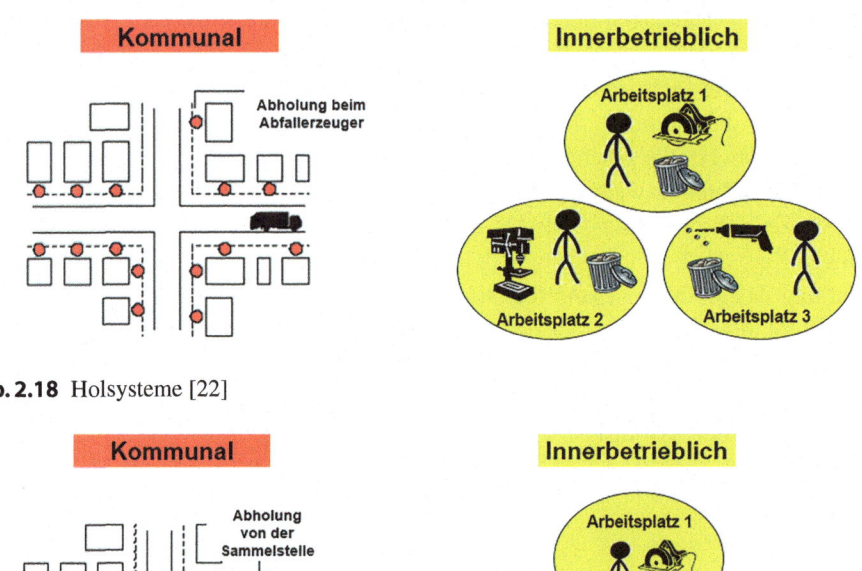

Abb. 2.18 Holsysteme [22]

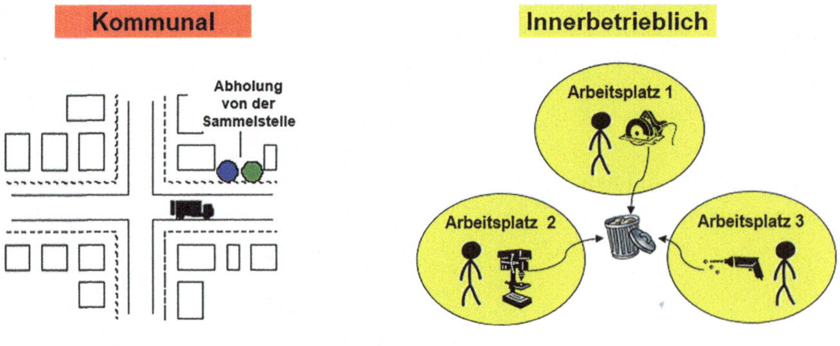

Abb. 2.19 Bringsysteme [22]

bedeutenden, regelmäßig anfallenden Fraktionen. Die Methode weist nur einen Umschlag auf. Die Methode ist vor allem bei Anfall größerer Mengen und Nutzung großer Sammelbehälter mit einem erheblich größeren Transportaufwand verbunden.

Bei Bringsystemen bringt der Abfallerzeuger die Abfälle zu Sammelstellen. Bringsysteme sind vorteilhaft bei mengenmäßig unbedeutenden, unregelmäßig anfallenden Fraktionen. Die Behälter sind ortsfest an der Sammelstelle aufgestellt und werden nur für den Prozess der Entleerung von ihrem Standplatz entfernt.

III Systemlose und Systemsammlung Abfallsammlung kann in systemloser Sammlung sowie in Systemsammlung gegliedert werden.

Bei der systemlosen Sammlung werden Abfälle nicht in Müllbehältern gesammelt, sondern der Müll wird lose oder in Säcken aufgenommen. Der Handhabungsaufwand für den Abfalltransporteur bei der Einsammlung ist hoch und umständlich. Ein klassisches Beispiel für die systemlose Sammlung ist die Sperrmüllabfuhr.

Bei der Systemsammlung werden vereinheitliche Behälter eingesetzt. Die Umleerung erfolgt entweder durch sogenannte Umleerverfahren oder durch Wechselverfahren. Bei der Systemsammlung gibt es darüber hinaus die Einwegverfahren.

Abb. 2.20 zeigt exemplarisch die Behälter der Sammelverfahren. Die verschiedenen Verfahren der Systemsammlung erfordern jeweils speziell für das Verfahren geeignete Behälter (Abb. 2.21):

Umleerbehälter Sie verbleiben am Sammelort. Ihr Inhalt wird in das Sammelfahrzeug umgeleert. Dazu ist am Abfallfahrzeug eine Systemschüttvorrichtung angebracht. Umleerbehälter gibt es in unterschiedlichen Größen. Für Haushaltsabfälle und haus-

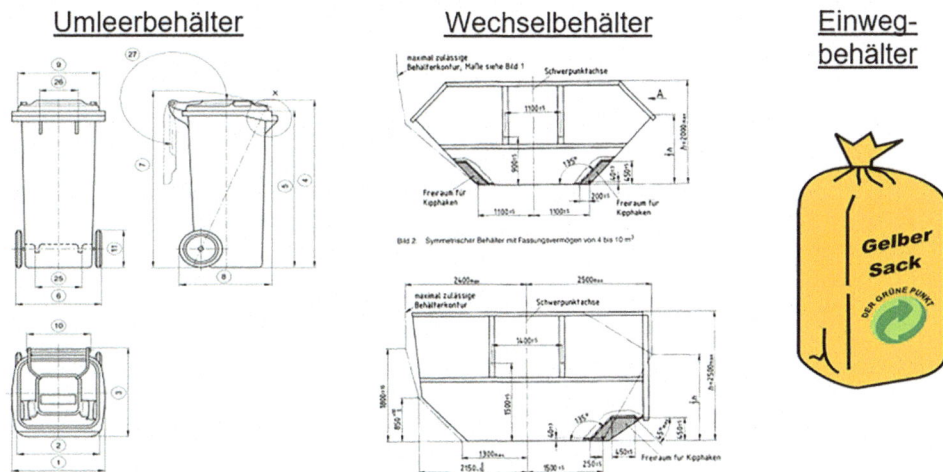

Abb. 2.20 Behälter der Sammelverfahren [23–25]

(a): Kunststoff-Großmülltonnen mit einem Volumen 60 L–360 L und
den Abmessungen von 448 x 530 x 945 bis 665 x 880 x 1000

(b): Großmüllbehälter mit einem Volumen von 1100–5000 L

Abb. 2.21 Großmüllbehälter. (Quelle: Erwin Berger e.K)

haltsähnliche Gewerbeabfälle werden als Umleerbehälter Müllgroßbehälter in standardisierten Größen und Formen verwendet (bspw. Müllgroßbehälter 120 l, 240 l bis 1100 l).

Wechselbehälter Beim Gefäßwechselverfahren wird auf einer Entsorgungstour jeweils nur
ein Sammelbehälter bedient. Ein leerer Behälter wird angeliefert und gegen den vollen
Behälter ausgetauscht. Der volle Behälter wird zur Abfallverwertung bzw. Entsorgung
transportiert. Behälter gibt es in unterschiedlichen Größen und Formen, angepasst an die
jeweilige Sammelaufgabe. Unterschiedlich sind auch die Mechanismen, mit denen sie
auf die Transportfahrzeuge gehoben werden. Behältertypen und Hebemechanismen der
Fahrzeuge sind aufeinander abgestimmt.

Entsprechend beziehen sich die Bezeichnungen für die Grundtypen der Behälter auf die Hebemechanismen:

1. Absetzcontainer
2. Abrollcontainer.
3. Abgleitcontainer.

Die Normen DIN 30720-1 und DIN 30720-2 [26, 27] regeln die Anforderungen und Hauptabmessungen von Absetzcontainern.

Einwegbehälter Zum Einsatz kommen Müllsäcke aus Kunststoff oder Papier mit 35 l bis 110 l Inhalt. Der gegenüber dem Papiersack preislich günstigere Kunststoffmüllsack hat in wenigen Jahren eine große Verbreitung gefunden. Der zusätzliche Rohstoffanfall für einen 50-l-Kunststoffmüllsack beläuft sich auf derzeit 0,6 % der gesammelten Wertstoffmenge. Der Müllsack hat überall dort seine Berechtigung, wo Abfälle sehr unregelmäßig in verschieden großen Mengen anfallen. Ein Beispiel hierfür sind reine Sommerhausgebiete: Dort fällt nur während der Saison eine nennenswerte Abfallmenge an. Das Gefäßvolumen kann dabei mit Müllsäcken unproblematisch dem stark schwankenden Bedarf angepasst werden. Der Müllsack kann ebenfalls zur getrennten Wertstoffsammlung von Papier und Glas eingesetzt werden.

Transport
Abfallsammlung und Abfalltransport sind eng miteinander verknüpft, da die Abfälle vom Sammelort (kommunal oder industriell) zur Verwertung transportiert werden. Die eingesetzten Sammelfahrzeuge müssen mit Einrichtungen versehen sein, die die Entleerung der Sammelbehälter im Umleerverfahren oder im Behälterwechselverfahren ermöglichen. Die Ausführung dieser Einrichtungen hängt von der Bauweise der jeweiligen Behälter ab.

Bei den Umleerverfahren werden Fahrzeuge der Konstruktionstypen

- Hecklader
- Frontlader
- Seitenlader

eingesetzt. Den grundsätzlichen Aufbau dieser Fahrzeuge zeigt die Abb. 2.22.

Die Abb. 2.23 zeigt das Verdichtungsprinzip von einem Seitenlader und einem Hecklader. Für die Wechselsysteme gibt es eigene Fahrzeugtechnik. Verwendung finden hier:

- Abrollkipper
- Absetzkipper

(a): Kopflader   (b): Hecklader

(c): Seitenlader

Abb. 2.22 Fahrzeuge für das Umleerverfahren. (Quelle: Kirchhoff Gruppe)

Abb. 2.23 Verdichtungsprinzipien
von Seiten- und Heckladern.
(Quelle: Kirchhoff Gruppe)

(a): Verdichtungsprinzip Seitenlader

(b): Verdichtungsprinzip Hecklader

Die Abb. 2.24 zeigt die Handhabung der Abrollbehälter bzw. Absetzmulden.

Neben diesen Fahrzeugen werden im innerbetrieblichen Transport von Industrieunternehmen verschiedene Flurförderzeuge (Gabelstapler, Schleper, Handgabelhubwagen, Fahrerlose Transportsysteme) eingesetzt, die aus der allgemeinen Stückgutlogistik stammen (siehe Kap. 9, Fördertechnik).

Der Abfalltransport wird in Fällen, wenn Abfälle in Sammelfahrzeugen mit geringem Fassungsvermögen über große Entfernungen mit kompletter Besatzung (Fahrer und ein bis zwei Lader) transportiert werden, unwirtschaftlich. In diesen Fällen bietet es sich unter Umständen an, Umschlagsstationen zwischenzuschalten, in denen die Abfälle für die Ferntransporte (Straße, Schiene oder Wasser) umgeladen werden. Die Abb. 2.25 zeigt eine solche Umschlagsstation.

Abb. 2.24 Fahrzeugtechnik für Absetzmulden und Abrollbehälter [16, S. 123]

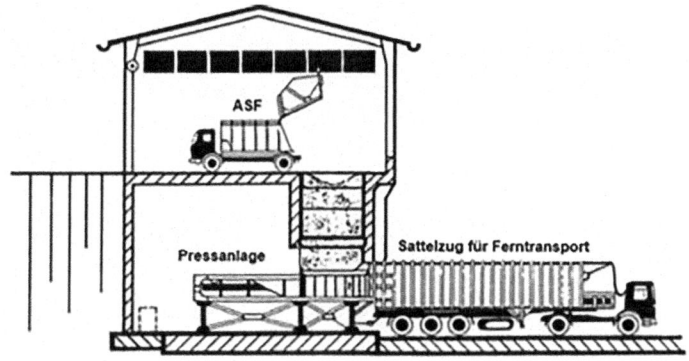

Abb. 2.25 Umschlagsstation [28]

Vorteile des Abfallumschlages mit Ferntransport:

- Wirtschaftlicher Einsatz der Sammelfahrzeuge und des Ladepersonals
- geringer Fahrzeug- und Personalaufwand bei der Abfuhr zur Entsorgungs- bzw. Behandlungseinrichtung
- Reduzierung der Umweltbelastung durch ein insgesamt geringeres Verkehrsaufkommen auf den Straßen und den Deponien bzw. Beseitigungsanlagen
- Möglichkeit zur Vorbehandlung der Abfälle (z. B. Vorseparierung)

Eine andere Methode zur wirtschaftlichen Verbesserung von Abfalltransporten über lange Strecken stellen die verschiedenen Containerwechselsysteme in Kombination mit Müllsammelfahrzeugen dar. Das erste hierzu entwickelte System ist von der Entsorgungsfirma Edelhoff (Iserlohn) in den neunziger Jahren entwickelt worden. Die Abb. 2.26 zeigt das System.

Bei diesem System handelt es sich um ein Abfallsammelfahrzeug in Ausführung eines sogenannten Kopfladers, der allerdings keinen festen Aufbau zur Aufnahme der gesammelten Abfälle hat, sondern über einen Container verfügt, der gefüllt gegen einen Leercontainer getauscht werden kann. Über ein zweites Fahrzeug können die gesammelten Container dann

Abb. 2.26 Containerwechsel-
und Transportsystem. (Quelle:
Kirchhoff Gruppe)

(a): Kopflader entleert in einen wechselfähigen Container

(b): Diese Container werden durch ein spezielles Fahrzeug gehandhabt

wirtschaftlich vorteilhaft über eine Lkw-Zugmaschine und Anhänger (das heißt insgesamt drei Container) für einen Langstreckentransport transportiert werden. Mittlerweile gibt es eine Reihe von konkurrierenden Systemen, mit denen das Problem der Langstreckentransporte von Abfällen wirtschaftlich optimiert werden kann.

Lagerung

Im Allgemeinen hat die Lagerung die beiden Aufgaben der Zeitüberbrückung und der Sicherheitsfunktion. Die Zeitüberbrückungsfunktion von Lagerbeständen in der Entsorgungswirtschaft ist allerdings (verglichen mit Beschaffungs-, Distributions- und Produktionslogistik) von außerordentlich geringer Bedeutung, denn es sind alleine Aspekte der wirtschaftlichen Transportlosgröße zu berücksichtigen. Kapitalbindungskosten sind bei Abfällen weniger bedeutend. Die Sicherheitsfunktion der Lagerhaltung ist dagegen in Bezug auf den Wiedereinsatz für das Recycling von Sekundärstoffen von großem Interesse.

Neben der Deponierung von Abfällen gibt es im Bereich der Abfallwirtschaft noch sogenannte Wertstoffläger und Sonderabfallzwischenläger.

Die Beseitigung der nach Behandlung und Verwertung verbleibenden Abfallbestandteile geschieht durch Ablagerung auf oberirdischen oder unterirdischen Deponien. Auf die für Planung und Betrieb notwendigen Techniken der heute sehr anspruchsvollen Deponietechnik soll hier nicht eingegangen werden.

Bedingt durch die zunehmende Bedeutung des Recyclings und der Verwertung innerhalb der Entsorgung werden Lager für wiederverwendbare Wertstoffe in großem Umfang betrieben. Stichworte sollen hier Pappe und Papier, Glas, Kunststoffe etc. sein. Glaszwischenläger werden als Schüttgutläger betrieben, Pappe, Papier und Kunststoff sowie Metallwertstoffe in Form von in Ballen gepressten Sekundärrohstoffen (Abb. 2.27).

Abb. 2.27 Wertstofflagerung – Beispiel in Ballenform. (Quelle: ohne Verfasser)

Eine besondere Bedeutung im Bereich der Lagertechnik für Abfälle haben Sonderabfallzwischenläger. Besonders überwachungsbedürftige Abfälle (häufig als Sonderabfall bezeichnet), beispielsweise aus Industrieprozessen, säure- und laugenhaltige Flüssigkeiten, Filterstoffe etc. werden z. B. in sogenannten AS-Behältnissen (AS = Abfall-Sammelgefäße für flüssige (ASF) und pastose (ASP) Abfälle, Abb. 2.28) gesammelt und gelagert. Zur Zwischenlagerung werden häufig hierzu passende Regalcontainer benutzt.

Behandlung
Der nach Sammlung und Sortierung verbleibende Restabfall muss auf eine solche Art behandelt werden, dass eine Verwertung möglich ist oder bei der Ablagerung langfristig keine Umweltgefahren entstehen. Nach den Vorgaben des Kreislaufwirtschaftsgesetzes ist die zu beseitigende Menge so gering wie möglich zu halten.

Unter der Überschrift „Behandlung" verbirgt sich der Begriff der Abfallbehandlung, also alle Entsorgungstätigkeiten, bei denen Abfälle verändert werden, um eine Verwertung oder eine umweltverträgliche Ablagerung zu ermöglichen. Diese Prozesse sind außerordentlich aufwändig und je nach Abfallstoff bzw. Recyclingstoff sehr spezifisch. Es werden unterschieden:

- stoffliche Verwertung (Kompost, Glas, Metall, Papier, Kunststoff)
- mechanisch-biologische Abfallbehandlung
- thermische Abfallbehandlung (Energienutzung durch Verbrennung).

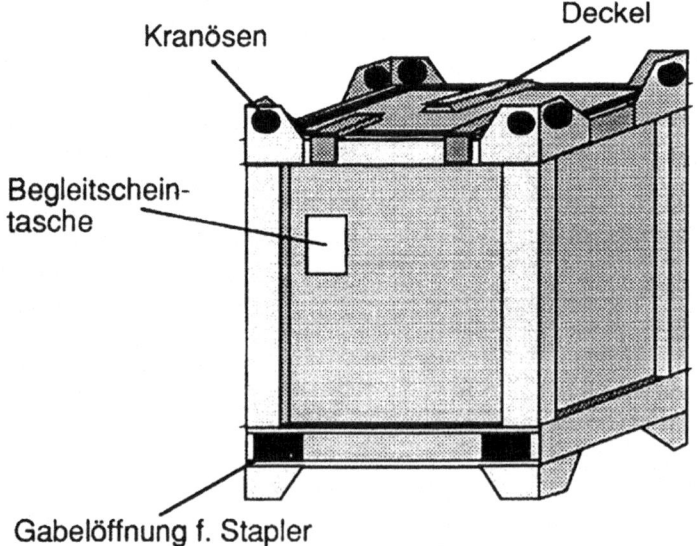

Abb. 2.28 Sonderlagerbehälter für flüssige und pastöse Abfälle [16, S. 100]

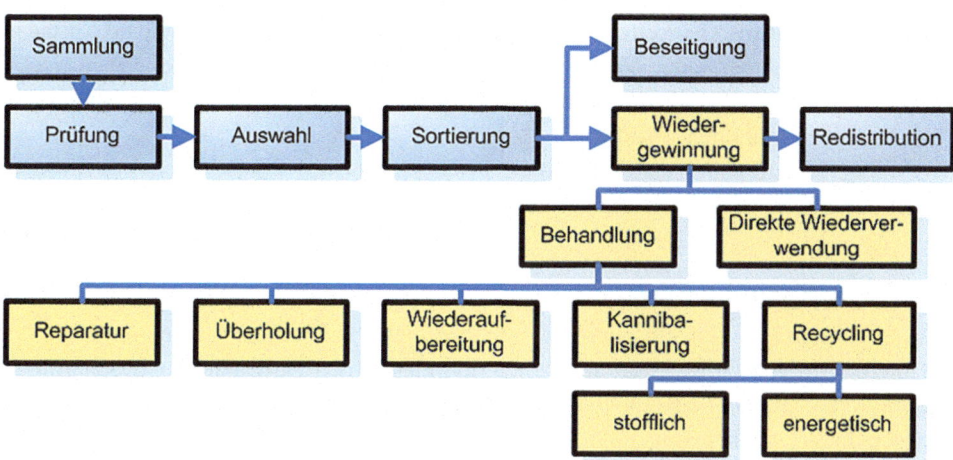

Abb. 2.29 Wiedergewinnung. (Quelle: ohne Verfasser)

Es gibt je nach dem Recycling- oder Verwertungsstoff unterschiedlichste Behandlungsanlagen. Zu nennen sind hier beispielhaft die DSD-Sortieranlagen[4], die Kompostierungsanlagen, Sonderabfallaufbereitungsanlagen, Verbrennungs- und Vergasungsanlagen sowie thermische Behandlung.

Die hier eingesetzten Technologien sind außerordentlich komplex. Sie gehören zum Themengebiet der Verfahrenstechnik, und im Rahmen dieses Buches soll darauf nicht weiter eingegangen werden.

Zum Abschluss sei allerdings noch auf das Stichwort „Wiedergewinnung" eingegangen. Hierunter versteht man die Behandlung bzw. die direkte Wiederverwendung von verwertbaren Stoffen, die aus Abfällen nach der Sortierung zurückgewonnenen wurden. Die Abb. 2.29 gibt wieder, was man unter den Begriffen Wiedergewinnung mit Behandlung bzw. direkter Wiederverwertung zu verstehen hat. Insgesamt wird bei der Behandlung unterschieden in Überholung, Wiederaufbereitung, Kannibalisierung und Recycling. Bei diesen Prozessen ist es von besonderer Wichtigkeit, entsprechende Demontagekonzepte für die Wiederverwertung und das Recycling einzusetzen.

Direktverwendung (keine Schäden) Das Produkt kann wieder in den Versand gegeben werden.

Reparatur (Produktebene) Teilweise Demontage, anschl. Austausch defekter Teile.

Überholung (Modulebene) z. B. im Anlagenbau oder Gebäuden. Austausch veralteter Module.

---

[4]Duales System Deutschland, ein Unternehmen, das Verpackungsmüll einsammelt und zu Kunststoffgranulat und anderen Rohstoffen aufbereitet.

Wiederaufbereitung (Einzelteilebene) Vollständige Demontage, anschließend Austausch defekter/ veralteter Teile. Wiederherstellung eines „Wie neu"- Zustandes.

Kannibalisierung Extrahieren bestimmter Teile eines Produktes und deren Nutzung als Ersatzteile für ähnliche Produkte

Recycling Funktionalität und Identität des Produkts geht verloren; stoffliches oder thermisches/energetisches Recycling möglich.

2.3.1.5 Horizontaler Aufbau Unternehmenslogistik/Verkehrslogistik

Wie zu Beginn von Unterabschnitt 2.3.1 Horizontaler Aufbau der Unternehmenslogistik erläutert, wird von einigen Autoren neben den klassischen Aufgaben der Beschaffungs-, Produktions-, Distributions- und Entsorgungslogistik auch die Verkehrslogistik als Arbeitsgebiet genannt, die dann mit zum horizontalen Aufbau der Unternehmenslogistik (im Sinne der hier vorliegenden Einordnung) zu zählen ist.

Die Verkehrslogistik umfasst:

- Speditionen
- Vermittler (Agenten, Makler)
- Lagerunternehmen
- Umschlagsunternehmen
- Verpackungsunternehmen
- Nahverkehrsunternehmen
- Eisenbahn und private Bahnen
- Taxiunternehmen
- Reedereien
- Partikuliere
- Luftverkehrsunternehmen
- Luftfrachtunternehmen
- Rohrleitungssystembetreiber

Die Verkehrslogistik ist ein Teilgebiet der Logistik, das sich mit Maßnahmen und Instrumenten und Methoden beschäftigt, die einen optimalen Verkehrsfluss zum Ziel haben.

Im Fokus steht die Transportlogistik, die sich mit der Gestaltung der Transporte innerhalb der Logistiknetzwerke beschäftigt.

Die hierfür notwendigen technischen Komponenten werden vorgestellt in Kap. 11, Verkehrstechnik.

Wesentliche Aufgabe der Verkehrslogistik ist es, neue Unternehmensstrukturen sowie technische und organisatorische Lösungen zu erarbeiten, die zu wirtschaftlicheren Transportketten führen, und logistische Leistungen zwischen den Industrie- und Handelsunternehmen, Haushalten usw. abzuwickeln. Den Logistikdienstleistungsunternehmen, welche rationelle, ganzheitliche Logistiklösungen in der Transportkette anbieten, wird die Zukunft gehören. Von entscheidender Bedeutung ist hinsichtlich der Abwicklung logistischer Leistungen die Abstimmung zwischen Informationsfluss und Materialfluss, damit ein vorauseilender Informationsfluss einen besseren Fluss in den Transportketten durch den Einsatz der elektronischen Datenverarbeitung ermöglicht.

2.3.2   Vertikaler Aufbau der Unternehmenslogistik

Im logistischen Sinne werden vertikal drei Ebenen im Unternehmen unterschieden (Abb. 2.30):

- Management-Ebene
- Logistik-Ebene
- Materialfluss-Ebene

Die Management-Ebene stellt die oberste Ebene in einem Unternehmen dar. Gemäß der Querschnittsfunktion der Logistik bedarf es auf dieser Ebene zukünftig entsprechender Strategie- und Planungsabteilungen. Beispielsweise muss hier das Logistik-Controlling angesiedelt werden.

Die Logistik-Ebene nimmt die mittlere Stellung ein. Hier werden Steuerungsaufgaben für den Materialfluss wahrgenommen sowie dispositive, administrative und auch strategische Aufgaben erfüllt, die logistische Tätigkeitsfelder berühren.

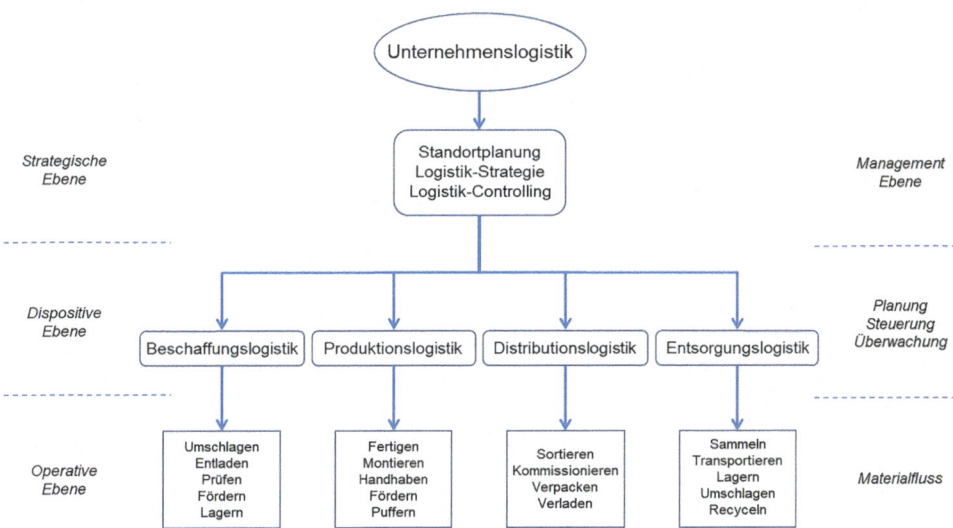

Abb. 2.30 Vertikaler Aufbau der Unternehmenslogistik (Aufbauorganisation) i. A. a. (Quelle: Prof. Günthner, fmL TUM) überarbeitet

Die unterste Stufe der vertikalen Gliederung bildet die Materialfluss-Ebene. Auf ihr vollzieht sich der gesamte Materialfluss sowie sämtliche den Materialfluss betreffenden Operationen. Dem Materialfluss kommt dabei – analog zur Logistik- die Rolle einer Querschnittsfunktion im Unternehmen zu. Somit können die beiden Funktionen Materialfluss und Logistik im Unternehmen bestimmt werden:

- Materialfluss und Logistik belegen unterschiedliche, hierarchische Ebenen und sind beide als Querschnittsfunktionen zu verstehen.
- Logistik ist die Planung, Steuerung und Überwachung des Material- bzw. Objektflusses und die Durchführung sämtlicher ihn betreffenden Operationen mit informativen Mitteln.
- Materialfluss ist ein operativer Prozess. Er verkettet alle Unternehmensbereiche und wird dabei über die Logistik gestaltet.

2.3.3 Gesamtaufbau der Unternehmenslogistik

Bei der Verknüpfung sowohl des horizontalen als auch des vertikalen Aufbaus der Unternehmenslogistik ergibt sich der Gesamtaufbau der Unternehmenslogistik als zweidimensionale Gliederung des Unternehmens im logistischen Sinne (Abb. 2.31). Alle Logistikbereiche werden über die Informationspfeile miteinander in eine klare Beziehungsstruktur gebracht. Da die meisten Industrieunternehmen keinen eigenen Bereich Verkehrslogistik aufweisen, werden Aufgaben des Verkehrs häufig in Unternehmen der Verkehrswirtschaft als selbständigen logistischen Betrieben durchgeführt. Die Verkehrslogistik ist daher separat zu betrachten.

Der Materialfluss verbindet alle Unternehmensbereiche. Er verknüpft die Operationen, die das Material durchläuft. Unabhängig davon, ob eine Wertschöpfung stattfindet oder nicht, sind die Materialflussoperationen in Abb. 2.31 aufgeführt, wobei die Aufzählung je nach Unternehmensprofil erweitert werden kann.

2.3.4 Stellung der Betriebswirtschaftslehre in der Unternehmenslogistik

2.3.4.1 Betriebswirtschaft und Logistik im Unternehmen

Bei einer systemorientierten und gesamtkostenoptimalen Betrachtung materialflusstechnischer bzw. logistischer Prozesse wird die Notwendigkeit einer ganzheitlichen Untersuchung deutlich. Stehen bei Einzelkomponenten und Materialflussprozessen technische Optimierungen, beispielsweise des Ablaufes im Vordergrund, können auf das Gesamtsystem ausgerichtete Untersuchungen im Bereich der Logistik zu wirtschaftlicher und organisatorischer Optimierung beitragen. Dieses Kapitel hat nicht den Anspruch die Betriebswirtschaftslehre (für die hier behandelten Bereiche der Kosten- und Investitionsrechnung) in seiner Vollstän-

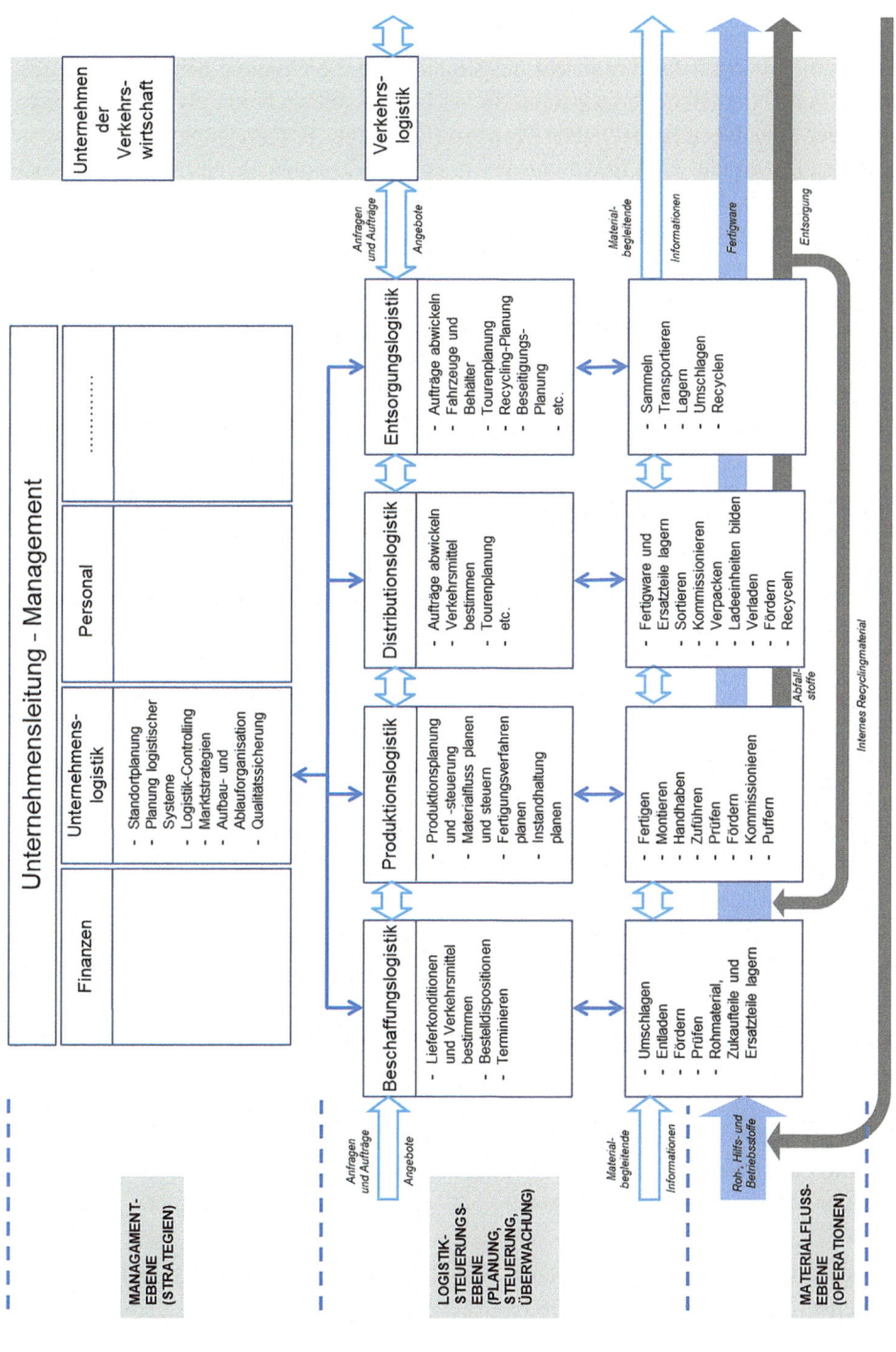

Abb. 2.31 Der Aufbau der Unternehmenslogistik in Industrieunternehmen i. A. a. [8] überarbeitet

digkeit abzubilden, vielmehr soll in sehr vereinfachter Form und ohne wissenschaftlichen Anspruch das betriebswirtschaftliche Vorgehen bei logistischen Prozessen skizziert werden.

Die Betriebswirtschaftslehre macht die Struktur und die Ordnung betrieblicher Tatbestände in den Unternehmen transparent. Sie ist im Wesentlichen eine Systematisierungsaufgabe der komplexen betrieblichen Prozesse (Erfassung, Beschreibung und analytische Zergliederung), die auf eine Erkenntnisgewinnung im Zusammenhang mit wirtschaftlich relevanten Entscheidungssachverhalten ausgerichtet ist.

Wirtschaften im Unternehmen bedeutet den Einsatz von betrieblichen Ressourcen und damit Kostenverursachung zur Erzielung einer bestimmten Leistung bzw. eines bestimmten Ergebnisses. Mit Wirtschaftlichkeit ist dann die fortgesetzte Wahl zwischen Entscheidungsalternativen zur Verwirklichung des ökonomischen Prinzips (festgesetzte Leistung mit minimalem Aufwand, bzw. mit bestimmtem Aufwand maximales Ergebnis erzielen) im Unternehmen gemeint.

Dieses allgemeine ökonomische Prinzip lässt sich bezüglich der Wirtschaftlichkeit von Logistiksystemen auf den Zielkonflikt Logistikleistung vs. Logistikkosten reduzieren. Das „Kunststück" des Logistikers besteht darin, zwischen perfektem Service und dem Ziel minimaler Kosten den richtigen Mittelweg zu finden. Hier verbirgt sich häufig die Fragestellung: Welcher Kunde benötigt welchen Service, bei welchem Kunden kann ich über die Servicevorteile tatsächlich eine größere Kundenbindung erreichen? Der logistische Zielkonflikt entsteht dadurch, dass einerseits eine maximale Logistikleistung, z. B. hohe Lieferbereitschaft, kurze Lieferzeiten, hohe Kundenzufriedenheit etc. dem Ziel minimaler Logistikkosten (bestehend aus z. B. Lagerkosten, Transportkosten, Informations- und Steuerungskosten etc.) entgegenstehen. Aufgrund dieses Zielkonfliktes arbeitet ein logistisches System wirtschaftlich, wenn es:

- bei vorgegebenem Logistikkostenbudget ein Optimum an Logistikleistung erreicht
- ein vorgegebenes Maß an Logistikleistungen mit minimalen Kosten erreicht.

Entsprechend Tab. 2.2 kann man hieraus logistische Zielgrößen für Logistikleistung und Logistikkosten definieren, differenziert nach den externen und internen Kosten.

- Logistische Zielgrößen können nach Einfluss auf die Logistikleistung und Logistikkosten differenziert werden
- Externe Zielgrößen wie bspw. die Liefertreue sind gegenüber dem Kunden messbar und werden von ihm wahrgenommen.
- Interne Zielgrößen sind etwa in der Fertigung oder Montage messbar und werden vom Kunden nicht direkt wahrgenommen.

Die Logistikleistung setzt sich gegenüber dem Kunden aus den Zielgrößen Lieferzeit, Lieferterminabweichung und Liefertreue bzw. Servicegrad zusammen. Aus diesen externen Zielgrößen leiten sich die in der Fertigung messbaren internen Zielgrößen Durchlaufzeit,

Tab. 2.2 Logistische Zielgrößen nach [10]

	Logistikleistung	Logistikkosten
Extern	*Auftragsfertigung* Lieferzeit Lieferterminabweichung Liefertreue	Preis
	Lagerfertigung Servicegrad	
Intern	Durchlaufzeit Terminabweichung Termintreue	Bestand Auslastung Verzugskosten

Terminabweichung und Termintreue ab. Die externen Zielgrößen der Logistikleistung sind danach differenziert, ob die Aufträge aufgrund eines speziellen Kundenauftrags ausgelöst werden (Auftragsfertigung) oder zur Auffüllung eines Lagers dienen (Lagerfertigung). Diese Differenzierung ist in der Praxis und der Theorie üblich. Der Servicegrad kann aber auch als Sonderfall der Liefertreue interpretiert werden, bei dem die Plan-Lieferzeit (ab Lager) definitionsgemäß null ist (sofortige Lieferung).

Die Zielgrößen der Logistikkosten sind unabhängig von der Art der Auftragsauslösung. Die internen Logistikkosten werden durch Bestand, Auslastung und Verzugskosten bestimmt. Sie tragen zu den Herstellungskosten bei und werden als solche in der Regel bei der Preisbildung berücksichtigt. Sie wirken dann indirekt auf den Kunden.

Die Betriebswirtschaft in der Logistik schafft für Entscheidungen eine wirtschaftlich rationale Entscheidungsbasis und formuliert die Rahmenbedingungen, in denen diese (ökonomischen) Entscheidungen eingebettet sind. Sie bewertet Lösungsalternativen und setzt die Logistik als Unternehmensfunktion organisatorisch um.

Die Betriebswirtschaftslehre hat somit für Materialfluss- und Logistiksysteme eine hohe Bedeutung, weshalb gewisse Grundlagen der Betriebswirtschaftslehre (wie beispielsweise klassische Kostenrechnung, statische und dynamische Investitionskostenrechnung, Prozesskostenrechnung die Optimierung der Organisation von Logistikunternehmen, die Aufbau- und Ablauforganisation) und insbesondere das Logistik-Controlling strategisch und operativ von besonderer Bedeutung sind.

Dies wiederum ist der Hintergrund, weshalb auf diese einzelnen Teilgebiete im Nachfolgenden sehr zusammenfassend, kurz und prägnant als Grundlagenwissen des Logistikers eingegangen wird. Diese Grundlagen dienen zur Analyse und Steuerung der Logistik und sind dabei auf die ökonomischen Entscheidungssachverhalte ausgerichtet. Die auf die Logistik ausgerichteten betriebswirtschaftlichen Kenntnisse dienen – allgemeinen formuliert – dazu, Unsicherheiten im Materialflussprozess abzubauen und damit Bestände zu reduzieren. Bestandssenkungen setzen Kapital und damit Investitionsmittel frei. Eine Verkürzung der

Durchlaufzeiten erhöht den Durchsatz und die Produktivität. Ein marktgerechter Lieferservice ist ein unverzichtbares Wettbewerbsinstrument und sichert damit die Umsatzerzielung.

Unter diesem entscheidungsorientierten Ansatz zeichnen sich drei wesentliche Arbeitsfelder ab, in denen die Betriebswirtschaft in der Logistik tätig werden muss.

1. Planung, Steuerung und Überwachung der Wirtschaftlichkeit logistischer Leistungsprozesse der Unternehmen innerhalb eines Logistik-Controlling als Informations- und Bewertungssystem.
2. Gestaltung der logistischen Funktions-, Entscheidungs- und Abwicklungsbereiche im Unternehmen unter Gesichtspunkten der Aufbau- und Ablauforganisation.
3. Erarbeitung von Strategien und Konzepten, die die Frage beantworten, wie die Logistik im langfristigen Maßnahmen- und Wirkungsgefüge die Unternehmensziele optimal verwirklicht (vgl. Kap. 3, Strategien und Kenngrößen).

Die betriebswirtschaftlichen Aspekte in der Logistik umfassen damit ein branchenunabhängiges Aufgabenbündel im Unternehmen.

2.3.4.2 Betriebswirtschaftliche Grundlagen

Klassische Kostenrechnung
Kosten lassen sich ganz allgemein nach folgenden Kriterien einteilen:

- nach der Bezugsgröße, z.B. Kosten pro Zeiteinheit, Kosten pro Leistungseinheit usw.
- nach der Leistungsmengenabhängigkeit in fixe Kosten, variable Kosten und sprungfixe Kosten
- nach Zurechenbarkeit in Einzel- und Gemeinkosten.

Dabei sind fixe Kosten (leistungsmengenunabhängig), variable Kosten (leistungsmengenabhängig) und sprungfixe Kosten ergeben sich – wie beispielsweise bei Versicherungskosten eines Pkw – in Stufen mit steigender Kilometerleistung, zum Beispiel bis zu einer Betriebsleistung von 20.000 kmn mit einem Kostensatz von X und über 20.000 kmn mit einem Kostensatz von Y > X.

Nach Zurechenbarkeit einer Kostenstelle oder eines Kostenträgers in Einzel- und Gemeinkosten, wobei Einzelkosten einem Kalkulationsobjekt direkt zurechenbar sind und Gemeinkosten diesem nicht direkt zugerechnet werden können, da sie von mehreren Kalkulationsobjekten gemeinsam verursacht werden.

Bei der klassischen Kostenrechnung unterscheidet man drei Teilbereiche, die in der Abb. 2.32 dargestellt sind:

Abb. 2.32 Teilbereiche der Kostenrechnung. (Quelle: ohne Verfasser)

Kostenartenrechnung Die Kostenartenrechnung unterscheidet und erfasst die Kosten nach ihrer Art, also zum Beispiel als Personalkosten oder Materialkosten. Sie hat im Wesentlichen zwei Aufgaben: erstens eine Kontrolle der Entwicklung der Kosten, zum Beispiel der Personalkosten oder der Gesamtkosten des Unternehmens und zweitens ist sie die Voraussetzung und die notwendige Vorstufe zur Kostenstellenrechnung.

Kostenstellenrechnung Die Kostenstellenrechnung unterscheidet üblicherweise zum Beispiel zwischen Abteilungen (eine Kostenstelle je Abteilung). Die Kostenstellenrechnung kontrolliert die Kostenentwicklungen der unterschiedlichen Abteilungen.

Kostenträgerrechnung Mit der Kostenträgerrechnung kalkuliert man Preise. Statt Kostenträgerrechnung wird diese auch häufig als einfache Kalkulation bezeichnet. Wenn man die Kosten eines Produktes kennt, so kann man einen entsprechenden Preis für das Produkt – und damit auch für eine logistische Dienstleistung – berechnen.

In der klassischen Kostenrechnung werden Voll- und Teilkosten hinsichtlich ihres Verrechnungsumfanges unterschieden. Im Rahmen der Vollkostenrechnung werden sowohl fixe als auch variable Kosten berücksichtigt. Die Vollkosten eines Produktes geben die langfristige Preisuntergrenze eines Produktes beziehungsweise einer Dienstleistung an. Mit der Vollkostenrechnung kalkuliert man also Angebotspreise.

Die zweite Berechnungskategorie hat die Bezeichnung „Teilkostenrechnung". Hier stehen insbesondere variable Kosten im Fokus der Betrachtung. Da die Fixkosten eines Unternehmens (zum Beispiel Versicherungskosten, Gebäudekosten etc.) kurzfristig nicht beeinflussbar sind, werden sie bei der einfachen Form der Teilkostenrechnung, der sogenannten Deckungsbeitragsrechnung, nicht berücksichtigt, das heißt ausgeblendet. Es werden bei der

Teilkostenrechnung nur die variablen Kosten eines Produktes (das heißt eines Kostenträgers), also zum Beispiel die reinen Lohnfertigungskosten, berücksichtigt. Mit der Teilkostenrechnung werden kurzfristige Entscheidungen getroffen, beispielsweise über die Annahme oder Ablehnung eines Auftrages. Sobald ein zusätzlicher Auftrag die variablen Kosten des Produktes übersteigt, also die Herstellkosten gedeckt werden, wird der Auftrag angenommen, weil hierdurch auch ein Teil der fixen Kosten über den Deckungsbeitrag (Deckungsbeitrag = Erlös – variable Kosten) erlöst wird.

Prozesskostenrechnung
Die stichwortartig (bisher) dargestellte klassische, das heißt traditionelle Kostenrechnung ist aufgrund der zugrundeliegenden Datenbasis vergangenheitsorientiert und konzentriert sich auf die funktionsorientierten Unternehmensorganisationen. Damit hat sie eine interne Sichtweise. Die klassische Kostenrechnung hat einen Fokus auf die Produktion, die direkten Kosten und die Kostenstellen. Die Gemeinkosten (indirekten Kosten) werden über Schlüsselfunktionen den Einzelkosten zugeschlagen. Dies ist eine häufig unzureichende und unter Umständen fehlerbehaftete Kalkulationsart. Da es sich bei Logistikdienstleistungen um Prozessaufgaben handelt, bei denen die gesamte Wertschöpfungskette – und damit vor allen Dingen auch die indirekten Kosten – so genau wie möglich berücksichtigt werden müssen, um eine gezielte Marktorientierung zu erreichen, bietet sich die sogenannte Prozesskostenrechnung an.

Die Prozesskostenrechnung dient vor allen Dingen dazu, die Kostentreiber eines Prozesses zu detektieren. Die Prozesskostenrechnung wird üblicherweise für den Bereich der Logistik in acht Schritten durchgeführt (i. A. a [13, S. 90 ff.] und [29, S. 216 ff.]).

1. Prozessanalyse: Pro Kostenstelle (z. B. Abteilung) sind alle Dienstleistungen zu bestimmen, die die Kostenstelle erbringt.
2. Zuordnung von Kosten zu Prozessen und Eingruppierung: Jedem Prozess werden die von ihm verursachten Kosten und/oder Arbeitszeiten zugeordnet. Zudem wird jeder Prozess untersucht, ob er leistungsmengeninduziert oder leistungsmengenneutral ist. Leistungsmengenneutrale Leistungen sind also von der Produktion oder Durchsatzleistung unabhängig.
3. Bestimmung der Kostentreiber (sogenannte Cost Driver): Ermittlung der Faktoren, die die entsprechende Leistung in Anspruch nehmen.
4. Erfassung der Ist-Prozessmenge
5. Erfassung der Ist-Kosten bzw. Festlegung des Prozessmengenplans und der Plankosten.
6. Ermittlung der Prozesskosten: Ermittlung der Kosten pro Prozessmengeneinheit (entspricht Prozesskostensatz) für leistungsmengeninduzierte Prozesse.
7. Umlagekostensatzkalkulation: Umlage der leistungsmengenneutralen Kosten proportional zum jeweiligen leistungsmengeninduzierten Kostenanteil an den gesamten leistungsmengeninduzierten Kosten. Leistungsmengenneutrale Prozesskosten fallen unabhängig

vom Leistungsvolumen an. Leistungsmengeninduzierte Prozesskosten verändern sich mit der erbrachten Ausbringungsmenge.

8. Kalkulation des Gesamtprozesskostensatzes: Der einfach Prozesskostensatz aus Schritt 6 und der jeweilige Umlagekostensatz aus Schritt 7 ergeben den gesamten Prozesskostenkostensatz des jeweiligen Prozesses, bezogen auf ein Produkt bzw. eine Dienstleistung.

Wie man aus dieser Vorgehensweise erkennt, verrechnet die Prozesskostenrechnung die Kostenstellenkosten nach zeitlicher Inanspruchnahme der Ressourcen der Kostenstellen durch die Prozesse. Damit werden die Kosten der Kostenstellen auf die Prozesse verrechnet, anschließend werden die Kostenträger je nach Inanspruchnahme belastet und die Prozesse entlastet.

Die Praxis zeigt häufig eine unvollständige Entlastung der Kostenstellen bzw. Prozesse. Dieses Potential liegt brach in überflüssigen Ressourcen und nicht wertschöpfenden Prozessen. Diese Einsparpotentiale können genutzt werden; sie werden nur durch die Prozesskostenrechnung transparent, weshalb sie für den Bereich der Logistik eine so hohe Bedeutung haben.

Die nachfolgende Aufstellung zeigt in Kürze die Eigenschaften und Vorteile der Prozesskostenrechnung:

- Abkehr vom Gießkannenprinzip der Zuschlagskalkulation durch verstärkte Verrechnung von Einzelkosten
- Die Ergebnisse der Prozesskostenrechnung fördern das Kostenbewusstsein und die Transparenz
- Verbesserte Planung der Ressourcen in den Gemeinkostenbereichen
- Wegfall der Gemeinkostenzuschläge und Ersatz durch verursachungsgerechte Verrechnung der Gemeinkosten
- erheblich gesteigerte Kostentransparenz auch in den bislang schwer „zugänglichen" Gemeinkostenbereichen (z. B. Kosten in der allgemeinen Administration)
- Prozesse können gesteuert und optimiert werden durch Implementierung des Prozessgedankens und der damit verbundenen Kenntnisse der realitätsnahen Inanspruchnahme von Ressourcen.

Statische und dynamische Investitionskostenrechnung

Bei der Durchführung von Investitionen, z. B. für Geräte, Maschinen, Einrichtungen ist die vorherige Investitionskostenrechnung notwendigerweise durchzuführen. In der Betriebswirtschaft wird unterschieden in statische Investitionskostenrechnungen und dynamische Verfahren.

Bei den statischen Verfahren werden die Zahlungen weder auf- noch abgezinst, d. h. der Einfluss der Zeit wird insbesondere bei den Rückflüssen aus der getätigten Investition in der Berechnung nicht berücksichtigt. Je langfristiger das Projekt, desto ungeeigneter sind statische Verfahren. Bei den dynamischen Verfahren wird die zeitliche Verteilung der Zahlungen während der Nutzungsdauer berücksichtigt.

Zu den **statischen Investitionsrechnungsverfahren** gehören

- Kostenvergleichsrechnung
- Gewinnvergleichsrechnung
- statische Amortisationsrechnung
- Rentabilitätsrechnung
- etc.

Zu den dynamischen Investitionsrechnungsverfahren gehören

- Kapitalwertmethode
- interne Zinsfußmethode
- Annuitätenmethode
- etc.

Auf einige der Berechnungsverfahren wird im Nachfolgenden exemplarisch eingegangen.

Kostenvergleichsrechnung Bei der Kostenvergleichsrechnung erfolgt ein Vergleich der Kosten, z. B. Material- und Personalkosten von Investitionsobjekten, die den gleichen Erlös erzielen. Der Kostenvergleich kann bei gleicher Leistung (Output) der zu vergleichenden Anlagen auf Basis Kosten pro Zeiteinheit erfolgen (das heißt „Welche Anlage kostet mich pro Jahr am wenigsten?").
Die Kostenvergleichsrechnung eignet sich zur Beurteilung kleiner Investitionsprojekte, insbesondere für Ersatzinvestitionen mit geringem Umfangs.
Die Schwachpunkte der Kostenvergleichsrechnung sind:

- Keine Aussage über die Rentabilität und die Erlöse der Investition.
- Keine Berücksichtigung der Restwerte der neu anzuschaffenden Anlagen am Ende der Nutzungsdauer.

Gewinnvergleichsrechnung Bei der Gewinnvergleichsrechnung erfolgt ein Vergleich der zu erwartenden Gewinne des betrachteten Investitionsobjekts. Dabei werden neben den Kosten (Kostenvergleichsrechnung) zusätzlich auch die Erlöse der Alternativen betrachtet. Es lassen sich somit im Gegensatz zur Kostenvergleichsrechnung auch Alternativen mit unterschiedlichen Erlösen vergleichen.

Die Gewinnvergleichsrechnung eignet sich zur Beurteilung der Investitionen mit gleicher Nutzungsdauer und gleichem Kapitaleinsatz.

Als Schwachpunkte der Gewinnvergleichsrechnung sind anzugeben:

- Es ist keine Aussage über die Verzinsung des investierten Kapitals möglich.
- Über die zeitliche Verteilung der Kosten und Erträge ist keine Aussage möglich.

Statische Amortisationsrechnung Die Amortisationsrechnung errechnet den Zeitpunkt, bis zu dem sich eine Investition amortisiert hat, d. h. wie lange es dauert, bis die kumulierten Erlöse die laufenden Betriebskosten und die Anschaffungskosten decken.

Das Verfahren orientiert sich somit nicht vorrangig am Vermögens- oder Gewinnstreben, sondern am Sicherheitsstreben des Investors. Es beantwortet nämlich die Frage, bis wann das investierte Geld für das Unternehmen wieder zurückgeflossen ist.

Der Berechnungsansatz für die statische Amortisationsrechnung ist:

$$\text{Amortisationszeit [Jahre]} = \frac{\text{Kapitaleinsatz [Euro]}}{\varnothing \text{ jährlicher Rückfluss} \left[\frac{\text{Euro}}{\text{Jahr}}\right]} \tag{2.1}$$

Entscheidungsregel: Die Alternative mit der kürzesten Amortisationszeit ist vorzuziehen. Die statistische Amortisationsrechnung ist ein Verfahren zur Grobeinschätzung des finanziellen Risikos einer Investition und sollte daher nur in Verbindung mit anderen Verfahren eingesetzt werden.

Die Amortisationsrechnung erfüllt zwei Funktionen:

1. Schaffung einer Grundlage für die Abschätzung des Risikos des Kapitaleinsatzes (je länger die Amortisationszeit dauert, umso größer ist das Risiko der Investition)
2. Beurteilung der vom Investitionsvorhaben ausgehenden Einflüsse auf die zukünftige Liquidität des Unternehmens.

Bei den dynamischen Investitionskostenverfahren soll beispielhaft und exemplarisch auf zwei Berechnungsmethoden – die Kapitalwertmethode und die **dynamische Amortisationsrechnung** – eingegangen werden

Kapitalwertmethode Die Kapitalwertmethode zinst alle Ein- und Auszahlungen auf den Investitionszeitpunkt $t = 0$ ab. Die Abzinsung erfolgt dabei mit einem Zinssatz, der dem gewünschten Mindestzinssatz des Investors entspricht. Die Kapitalwertmethode trägt damit u. a. dem Umstand Rechnung, dass Einzahlungen umso weniger wert sind, je später sie in der Zukunft erfolgen.

Der Berechnungsansatz der Kapitalwertmethode ist:

$$\text{Kapitalwert } K_0 = \sum_{t=0}^{n} \frac{\text{Einzahlungen}_t - \text{Auszahlungen}}{(1+i)^t} \qquad (2.2)$$

mit

i Kalkulationszinssatz
n Nutzungsdauer in Zeiteinheiten
Einzahlungen$_t$ Einzahlungen am Ende der Zeiteinheit t
Auszahlungen$_t$ Auszahlungen am Ende der Zeiteinheit t

Entscheidungsregel: Eine Investition ist vorteilhaft, wenn der Kapitalwert größer Null ist. Die Alternative mit dem größten Kapitalwert ist vorzuziehen.
Die Kapitalwertmethode ermöglicht bei einer zu 100 % kreditfinanzierten Investition den direkten Nachweis der Vorteilhaftigkeit der Investition (nach Zinsen).
Dynamische Amortisationsrechnung Die Amortisationsrechnung errechnet den Zeitraum, bis zu dem sich die Investition amortisiert hat. Die dynamische Amortisationsrechnung zinst im Gegensatz zur statischen Amortisationsrechnung Aus- und Einzahlungen ab, sofern sie in der Zukunft liegen. Diese Berechnungsart trägt damit u. a. dem Umstand Rechnung, dass Einzahlungen umso weniger wert sind, je später sie in der Zukunft erfolgen.

Der Berechnungsansatz ist:

$$\sum_{t=0}^{t_a} \frac{\text{Einzahlungen}_t - \text{Auszahlungen}_t}{(1+i)^t} - \text{Investition}_0 \overset{!}{=} 0 \qquad (2.3)$$

mit

t_a Amortisationszeit
i   Kalkulationszinssatz
Einzahlungen$_t$ Einzahlungen am Ende der Zeiteinheit t
Auszahlungen$_t$ Auszahlungen am Ende der Zeiteinheit t
Investition$_0$ Anfangskosten (Kapitaleinsatz) am Ende der Zeiteinheit 0.

Entscheidungsregel: Die Alternative mit der kürzesten Amortisationszeit ist vorzuziehen.

Die dynamische Amortisationsrechnung ist insbesondere bei mehrjährigem Betrachtungszeitraum besser geeignet als die statische Variante.

Neben der Kostenrechnung der Investitionskostenrechnung sind hinsichtlich der betriebswirtschaftlichen Grundlagen für das Feld der Logistik die nachfolgenden Themen (I bis III) von Bedeutung.

I Einfluss der logistischen Bestände auf Rentabilität und Liquidität der Logistikunternehmen

Logistische Entscheidungen haben einen wesentlichen Einfluss auf den Unternehmenserfolg. Rentabilität und Liquidität werden durch die von der Logistik zu verantwortenden Materialbestände und durch die Kosten der Logistikprozesse erheblich beeinflusst. Bestände im Unternehmen haben vielfältige Ursachen (Abb. 2.33), überwiegend sind es Unsicherheitsbestände, die zur Abdeckung von möglichen Risiken im Unternehmen vorgehalten werden.

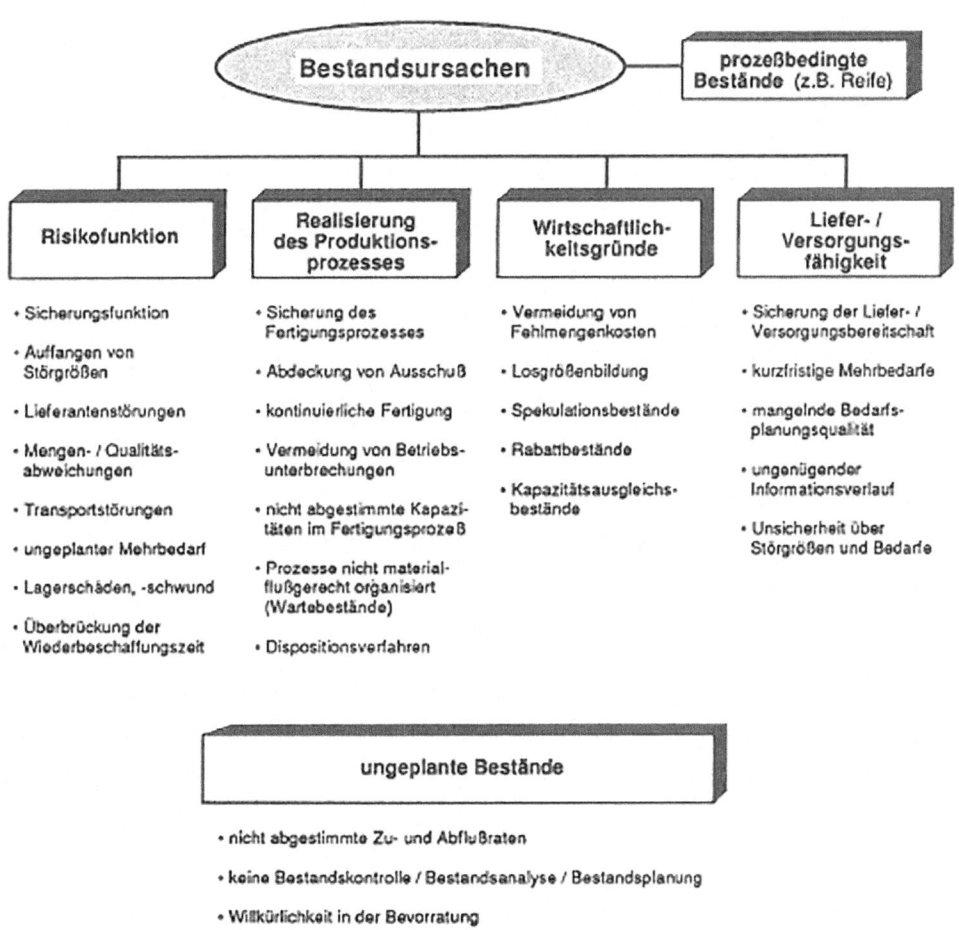

Abb. 2.33 Ursachen für Bestände in Unternehmen [8]

Durch eine verbesserte Analyse und Steuerung müssen Unsicherheiten im Materialfluss-prozess abgebaut werden, um damit auch Bestände zu reduzieren. Unternehmenseigene Bestandssenkungen setzen Kapital und damit Investitionsmittel frei. Eine Verkürzung der Durchlaufzeiten erhöht den Durchsatz und die Produktivität. Ein marktgerechter Lieferservice ist ein unverzichtbares Wettbewerbsinstrument und sichert damit die Umsatzerzielung.

Wenn logistische Güter und Produkte – aus welchen Gründen auch immer – lagern, ist hierdurch Kapital gebunden, Fläche belegt und sind Betriebsmittel beansprucht, was Kosten verursacht. Nach [30] verursachen diese Kosten die nachfolgend aufgeführten Lagerkosten.

Bestandskosten Hierunter fallen Kapitalbindungskosten sowie Versicherung gegen Feuer, Diebstahl und Schwund.

Personalkosten Das heißt Kosten für Ein-, Um- und Auslagerung, Personalschulung, Bedienung, Transport sowie Lagerverwaltung, Bestandsführung und Inventur.

Betriebskosten Betriebsmittel für Lagereinrichtung, Lagerhilfsmittel, Transportmittel und Transporthilfsmittel.

Gebäudekosten hinsichtlich Abschreibung, Verzinsung, Heizung, Lüftung, Beleuchtung sowie Instandhaltung, Wartung und Gebäudeversicherung.

ggf. sonstige Kosten Hierunter fallen Wertverlust zum Beispiel durch Alterung, Beschädigung, Diebstahl und Schwund der Produkte.

Somit stellt sich die Frage, durch welche Maßnahmen Lagerhaltungskosten und speziell Bestände minimiert werden können.

Zunächst ist hier eine Anlieferung im Sinne von Just-in-Time oder Just-in-Sequence oder Just-in-Real-Time (siehe Kap. 3, Strategien und Kenngrößen), also möglichst bedarfs-gerecht, durch Verzicht auf Läger oder ggf. nur die Einschaltung von Produktionspuffern eine der ersten Möglichkeiten. Darüber hinaus hilft die sogenannte Bestandsklassifikation, um hiermit eine optimierte Planung und Steuerung der Bestände durchzuführen. Weiterhin zu nennen sind konsequente Bestandskontrollen hinsichtlich Lieferzeiten und natürlich eine möglichst optimierte Bestellmengenplanung und -initiierung.

Warenwirtschaftssysteme und Warehouse-Management-Systeme stellen selbstverständ-lich eine weitere wesentliche Möglichkeit zur Optimierung der Bestände dar.

II Organisation der Logistik

Aus [31, S. 899] kann man entnehmen, dass unter dem Schlagwort „Organisation der Logistik" traditionell die aufbauorganisatorische Gestaltung der Logistikfunktion, das heißt die institutionelle Verankerung der Logistik, in der Unternehmensorganisation verstanden wird, wobei auch die Logistikablauforganisation nicht zu vernachlässigen ist. Grundsätzlich ist hierbei zwischen der Gestaltung der Außen- und der Innenstruktur der Logistikorganisation zu unterscheiden. Der Aufbau der Außenstruktur umfasst Entscheidungen darüber, ob und in welcher Form eine Organisationseinheit Logistik in die Aufbauorganisation eines Unternehmens verankert wird. Sie legt formal die Arbeitsteilung zwischen Logistik und den übrigen Organisationssystemen fest. Ausgehend von den idealen Strukturtypen der funktionalen Organisation, Spatenorganisation und Matrixorganisation können nach Arnold idealtypische Grundmodelle der logistischen Außenstruktur entsprechend Abb. 2.34 mit ihren wichtigsten Alternativen dargestellt werden.

Bei der Gestaltung der Innenstruktur geht es um die aufbauorganisatorische Ausgestaltung der Organisationseinheit Logistik. Abb. 2.35 gibt es verschiedene idealtypische Ausprägung der Außenstrukturen der logistischen Aufbauorganisation.

III Logistik-Controlling

Das Logistik-Controlling erfasst, analysiert, plant, steuert und kontrolliert die Wirtschaftlichkeit logistischer Leistungsprozesse. Damit wird das Logistik-Controlling zum informationsversorgenden Instrumentarium für das Unternehmen. Die Logistik setzt an den zentralen kritischen Zielgrößen Liefer- und Versorgungsservice, Durchlaufzeiten, Beständen und Terminen an. Aufgabe des Logistik-Controlling ist es, die damit zusammenhängenden Kosten- und Leistungsgrößen transparent zu machen, das Kostenverhalten, Beeinflussbarkeiten und Zurechnungsmöglichkeiten aufzuzeigen. Die Logistik wird in ihrer Wirtschaftlichkeit messbar, eine ökonomische Entscheidungsbasis z. B. für die Lösung von Bereichskonflikten und für die Koordination von gegenseitigen Abhängigkeiten wird geschaffen.

Das Logistik-Controlling hat damit einerseits eine laufende Wirtschaftlichkeitskontrolle sicherzustellen, d. h. laufend kostenarten-, kostenstellen- und gegebenenfalls kostenträgerbezogen zu überprüfen, ob die geplanten Logistikkosten mit der Ist-Kostenentwicklung übereinstimmen und, bezogen auf die Logistikleistungen, ob die entsprechenden Logistikleistungen mit minimalen Kosten erbracht werden. Andererseits sind entscheidungsrelevante Informationen hinsichtlich geplanter Neuinvestitionen, Anpassungsmaßnahmen an veränderte Beschäftigungslagen und hinsichtlich der Abstimmung mit anderen Unternehmensbereichen bereitzustellen. Die instrumentelle Ausgestaltung des Logistik-Controlling (Abb. 2.36) muss problembezogen für die spezifische Aufgabenstellung erfolgen.

Das Logistik-Controlling soll vorausschauen, Transparenz und Überblick über Zusammenhänge schaffen, koordinieren, informieren und Wirtschaftlichkeiten steuern. Dazu muss es zukunfts-, ziel-, engpass- und entscheidungsbezogen sein. Dies und die mangelnde Aussagefähigkeit des vergangenheitsorientierten, fertigungs- und nicht materialflussbezogenen traditionellen betrieblichen Rechnungswesens verdeutlicht die Notwendigkeit eines aussagefähigen Logistik-Controlling.

Mit Hilfe der Abb. 2.37 kann man das Logistik-Controlling in den Aufgabenkomplex eines Logistikunternehmens einordnen.

Ziele des Logistikcontrollings Die Ziele des Logistikcontrollings werden im Nachfolgenden wie folgt angegeben:

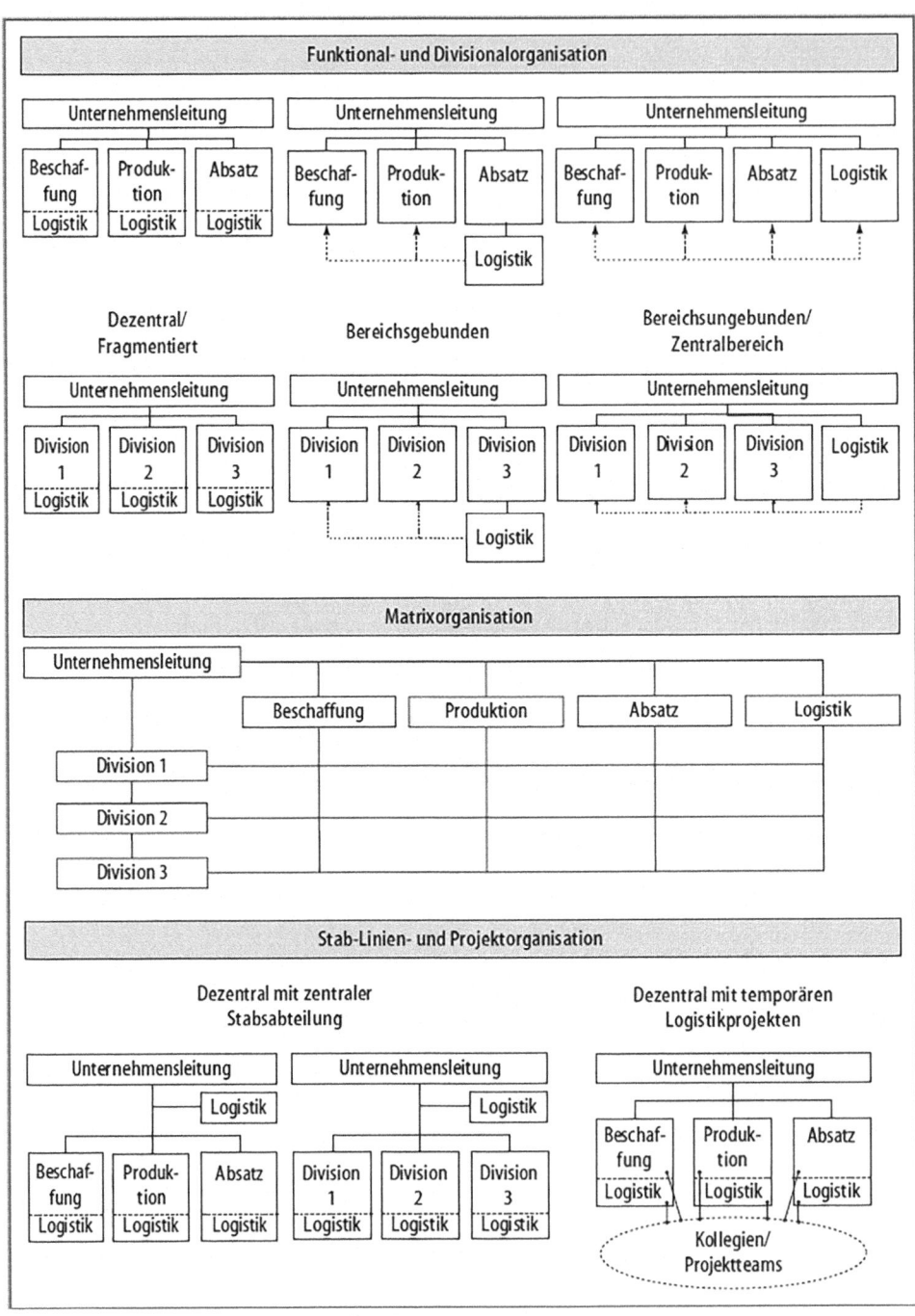

Abb. 2.34 Außenstrukturen der logistischen Aufbauorganisation [31]

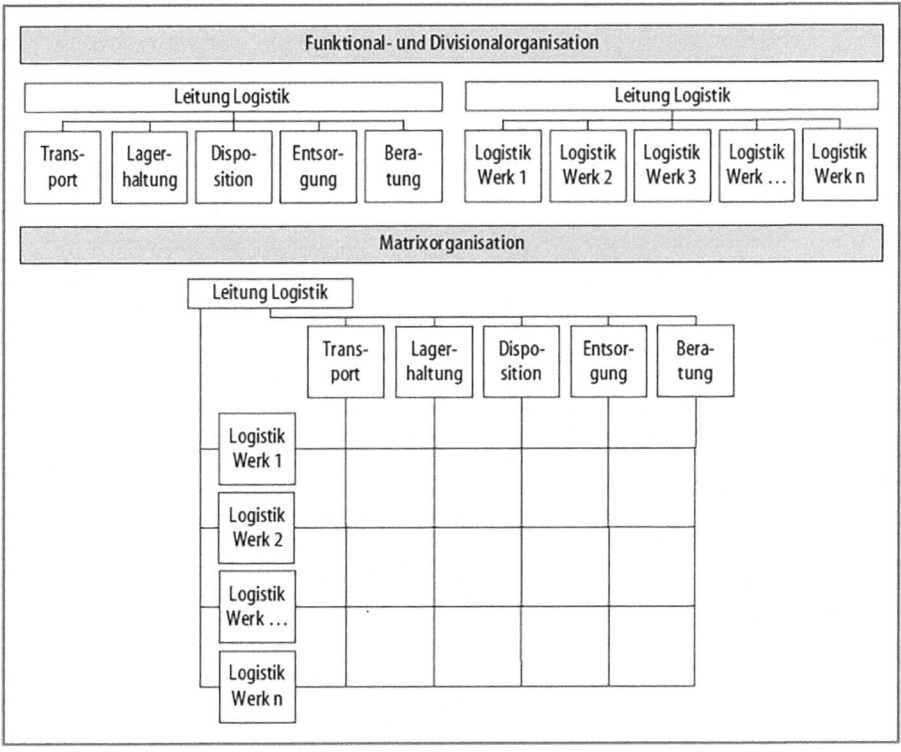

Abb. 2.35 Innenstrukturen der logistischen Aufbauorganisation [31]

- Formulierung und Präzisierung der Logistikziele und deren Einbindung in den Gesamt-unternehmenskontext
- Budgetierung und Zielvorgaben für die Logistik
- Bereitstellung eines Instrumentariums mit operationalen Werten zur Erstellung von Ziel-vorgaben und der anschließenden Messung der Zielerreichung
- Unterstützung und Koordination strategischer und operativer Logistikplanung, wie z. B. Investitionsentscheidungen
- Vorgaben für und Informationstransparenz über die Kosten- und Leistungsrechnung der Logistik und ihrer Prozesse
- Grundlage zur Wirtschaftlichkeitskontrolle und Effizienzsteigerung in der Logistik

Analog zur prozess- oder netzwerkbasierten Logistik in Supply Chains muss auch ein Logis-tikcontrolling über mehrere Wertschöpfungsstufen hinweg zum Einsatz kommen.

Zur Beurteilung der Wirtschaftlichkeit und Effizienz einer gesamten Logistikkette bzw. eines komplexen Logistiknetzwerkes ist ein umfassender Einsatz des Controllinginstrumen-tariums erforderlich. In diesen Fällen spricht man von Supply Chain Controlling, das dem Supply Chain Management als Kontroll- und Steuerungsinstrumentarium dient.

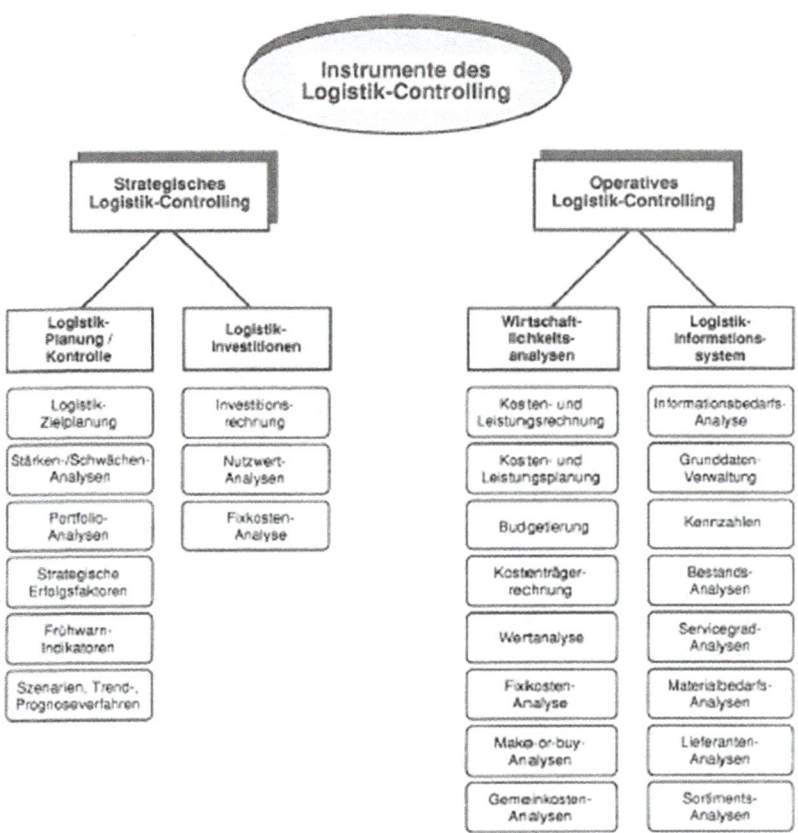

Abb. 2.36 Instrumente des Logistik-Controlling [8]

Abb. 2.37 Einordnung
Logistik-Controlling. (Quelle:
ohne Verfasser)

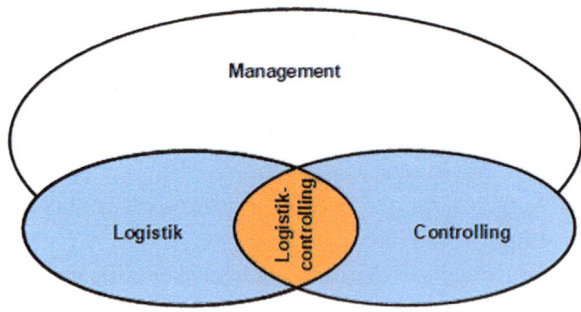

Die Tatsache, dass der Controllingprozess über mehrere Wertschöpfungsstufen und damit in der Regel über mehrere Unternehmen, möglicherweise sogar auf internationaler Ebene, zu betrachten ist, stellt für die verursachungsgerechte und vor allem einheitliche Zuordnung von Logistikleistungen und -kosten eine weitere Herausforderung dar.

Für die Durchführung des Logistik-Controllings ist die Erfassung und Analyse der Logistikkosten von elementarer Bedeutung.

Die Logistikkosten umfassen:

- Kapitalbindung in Vorräten auf allen Fertigungs- und Lagerstufen,
- Personal- und Sachkosten für die Disposition des Material- und Warenflusses (Einkaufsdisposition, Produktionsplanung, Lagerbewirtschaftung, Bestell- und Auftragsabwicklung),
- Kosten der physischen Abwicklung des Materialflusses und
- Kosten für Entwicklung, Betrieb und Pflege der notwendigen Verfahren
- und der Informationssysteme.

Der Einsatz von Controlling-Instrumenten für logistische Prozesse ist in der Unternehmenspraxis noch nicht zufriedenstellend. Häufiges Problem ist die unzureichende Zuordnungsgenauigkeit von Logistikkosten zu verursachenden Logistikleistungen. Die Erfassung der Daten für logistische Prozesse ist häufig mit hohem Aufwand und Schwierigkeiten verbunden. Der schnelle Wechsel des logistischen Aufgabenspektrums erschwert den Aufbau stabiler Erfassungssysteme und die Vergleichbarkeit der Ergebnisse.

Darüber hinaus lassen sich aufgrund der Vielfältigkeit logistischer Prozesse auch keine für die Gesamtheit der Logistik allgemeingültigen Controlling-Instrumente definieren. Solche Konzepte müssen vielmehr immer auf die speziellen Anforderungen und die individuelle Situation der Logistikprozesse zugeschnitten sein.

Logistik-Controlling ist als kontinuierlicher Prozess zu verstehen, der mit mathematischen und statistischen Methoden arbeitet und für den vielfältige IT-Systeme zur Verfügung stehen (siehe Teil A, Informations- und Steuerungssysteme Band 2). Diese IT-Systeme sind in der Regel mit anderen betrieblichen IT-Systemen verknüpft beziehungsweise integrierter Bestandteil. Die Controlling-Abläufe sind daher sehr häufig als Regelkreise aufgebaut.

Unabhängig von der Vielschichtigkeit der Herausforderungen für das Logistik-Controlling hat es sich gezeigt, dass der Aufbau des Logistik-Controllings grundsätzlich nach dem nachfolgenden Schema zu erfolgen hat:

- Ziele detektieren und formulieren
- Ermittlung der Ist-Situation
- Durchführung einer Abweichungsanalyse
- Entwicklung von Maßnahmen der Zukunft auf Basis der Abweichungsanalyse als Planungsschritt
- Bildung neuer Planwerte als zukünftige Soll-Werte des Logistik-Controllings
- Ergebnisse präsentieren

• Kontinuierliche Kontrolle neue Soll-Werte mit Ist-Werten des Logistik-Controllings.

Bei dieser Vorgehensweise ist – wie oben bereits geschildert – die Festlegung von Daten einer eindeutigen und nachvollziehbaren Datenbasis von elementarer Bedeutung, da dies die Qualität des Logistik-Controllings wesentlich beeinflusst.

Die mit Logistikkosten und Logistik-Leistungsrechnung gewonnenen Daten sind hinsichtlich ihres Umfanges oft außerordentlich beträchtlich. Um diese Fülle an Daten hinsichtlich Kontroll- und Analysezwecken als Steuerungsinformation oder als Entscheidungsgrundlage für das Management zu nutzen, müssen sie daher verdichtet werden. Dies ist der Hintergrund, weshalb man für dieses Verdichtungskennzahlen benutzt (siehe Unterunterabschnitt 2.3.5.1, Typische Kennzahlen und deren Bedeutung für Unternehmen).

2.3.5   Betriebswirtschaftliche Bewertung der Logistik

2.3.5.1 Typische Kennzahlen der Logistik und deren Bedeutung für Unternehmen

Die Logistik kann nach den unterschiedlichen Unternehmensbereichen untergliedert werden, die sich aus den Logistikfeldern Beschaffungslogistik, Produktionslogistik, Distributionslogistik und Entsorgungslogistik zusammensetzen (siehe Abschn. 1.2, Begriffsbestimmungen). Das Zusammenspiel der dort zu findenden logistischen Prozesse wird kontinuierlich beobachtet und auf Effizienzgewinne untersucht. Die Systemgrößen (Kennzahlen) der unterschiedlichen Logistiksysteme werden in Kap. 3, Strategien und Kenngrößen unter den Stichworten Zeit, Weg, Menge und Sorte beschrieben. Es werden zahlreiche Kennzahlen genutzt. Eine umfangreiche Zusammenstellung hat Schulte 2016 veröffentlicht [32] und dabei die Bereiche des Materialflusses und Transports sowie der Lager und Kommissionierung den Unternehmensbereichen hinzugefügt, um auch die rein funktionalen Prozesse einzubeziehen, die in unterschiedlichen Bereichen auftreten und davon unabhängig bewertet werden können[5] (siehe Tab. 2.3 bis 2.6). Mit diesem Zahlenmaterial kann die Logistik optimiert werden und damit folgende Ziele erreicht werden:[6]

• Optimale Lösung logistischer Zielkonflikte,
• eindeutige Vorgabe von Zielen für die Logistik und ihre einzelnen Verantwortungsbereiche,
• frühzeitige Erkennung von Abweichungen, Chancen und Risiken,
• systematische Suche nach Schwachstellen und ihren Ursachen,
• Erschließung von Rationalisierungspotenzialen,
• klare Ergebnismessung der Logistik und ihrer einzelnen Teilbereiche,

---

[5]Schulte hat dabei allerdings das „kleinere" Arbeitsfeld der (betrieblichen und kommunalen) Entsorgung unberücksichtigt gelassen.
[6]Gemäß [33, S. 63].

- leistungsorientierte Beurteilung der Mitarbeiter in der Logistik,
- kontinuierliche Hilfestellung bei der Erfüllung logistischer Routineaufgaben.

Bei den Kennzahlen unterscheidet man absolute Kennzahlen (dies ist eine nicht-negative reelle Zahl) und Verhältniskennzahlen. Hier wird der Quotient aus Absolutzahlen wie z. B. Jahresüberschuss und Eigenkapital gebildet. Kennzahlen beschreiben das Ergebnis der Logistik anhand der Zusammenstellung aus Ist-Informationen. Sie können allerdings auch als Soll-Werte vor Beginn einer Wirtschaftsperiode als Planungs- bzw. Zielvorgabe aufgestellt werden. Aus der Kombination von Ist-Kennzahlen mit Soll-Kennzahlen ergibt sich ein Steuerungs-Regelungskreis.

Damit Kennzahlen aussagefähig sind, gibt es eine Reihe von wichtigen Anforderungen. Zu nennen sind hier beispielhaft:

- Erfassung nur von quantifizierbaren Tatbeständen
- klar definierte Unternehmensziele
- Existenz eines Informationssystems auf Basis von ERP[7] oder WMS[8]
- Datenaktualität, d. h. Daten sind keine Vergangenheitswerte
- wirtschaftliche Vertretbarkeit, d. h. die ermittelten Kennzahlen müssen wirtschaftlich sinnvoll sein, also der Aufwand zur Ermittlung der Kennzahlen muss vertretbar sein etc.

Aus den Anforderungen, die an Kennzahlen zu stellen sind, wird deutlich, dass eine stringente Sorgfalt für deren Ermittlung notwendig ist und Kennzahlen nur in Systemen, also in Kombinationen, sinnvolle Vergleiche und Rückschlüsse zulassen. Andererseits ist der Umfang der Kennzahlen zu begrenzen, um die Übersichtlichkeit zu wahren und eindeutige Aussagen zu erfolgskritischen Prozessen und Prozesselementen in der Logistik zu gewinnen. In diesem Zusammenhang gibt es den Begriff des „Key Performance Indicator" (KPI) (Tab. 2.4 und 2.5).

Hinsichtlich ihrer inhaltlichen Unterscheidung lassen sich logistische Kennzahlen in vier Kategorien einteilen:

Struktur-Rahmenkennzahlen Sie beschreiben die Struktur und Leistungsfähigkeit des Logistiksystems und seiner Basiselemente. Beispiele sind hier Kennzahlen über die Anzahl der Lkw, Anzahl der Mitarbeiter, Gesamtkosten, Anzahl der Lager etc.

Produktivitätskennzahlen Sie beschreiben die Produktivität, also die Leistung pro Zeit und Mengeneinheit. Beispiele sind hier Kennzahlen zu: Aufträge pro Tag, Aufträge pro Mitarbeiter, durchschnittliche Laufzeit pro Auftrag.

---

[7]Enterprise Resource Planning.
[8]Warehouse Management System.

Qualitätskennzahlen Sie beschreiben den Zielführungsgrad, also das Erreichen des Maximums oder der Vorgabe. Beispiele sind hier die Termintreue, die Auslieferungsquote und die Anzahl der Fehllieferungen.

Wirtschaftlichkeitskennzahlen Sie beschreiben die Wirtschaftlichkeit des Prozesses, also den Ressourcenverbrauch pro Zeit- und Mengeneinheit. Beispielsweise zu nennen sind hier Kennzahlen zu den Durchschnittskosten pro Lagerfläche, den Kosten pro Anlieferung oder den Kosten pro Auftragsabwicklung.

Die typischen Kennzahlen der Logistik, die für derartige Berechnungen notwendig sind, sind in Tab. 2.3 bis Tab. 2.6 für die Aufgabenfelder Beschaffung, Materialfluss und Trans-

Tab. 2.3 Struktur- und Rahmenkennzahlen [13, S. 914 f.]

Beschaffung	Materialfluss und Transport	Lager und Kommissionierung	Produktionsplanung und -steuerung	Distribution
Anzahl der Einkaufsteile	Mengenmäßiges Transportvolumen	Anzahl der bevorrateten Artikel	Anzahl der zu disponierenden Materialien bzw. Teile	Anzahl der Kunden
Materialeinkaufsvolumen	Transportaufträge pro Transport	Anzahl unterschiedlicher Verpackungseinheiten	Gesamtzahl der Auftragspapiere	Durchschn. Umsatz je Kunde
Bestellpositionen pro Monat	Zurückgelegte Transportstrecken	Durchschn. Menge gelagerter Teile	Durchschn. Anzahl von Positionen pro Bestellung	Anzahl Auslieferungen pro Zeiteinheit
Anzahl der Lieferanten	Anzahl der Reparaturen	Anzahl der Ein- und Auslagerungen	Anzahl der DV-erstellten Auftragspapiere	Anzahl der Lagerstufen
Rahmenvertragsquote	Mechanisierungs-/Automatisierungsgrad	Struktur des Auftragsaufkommens	Anteil der listenmäßigen Positionen am Auftragseingang	Anzahl der Lagerstandorte
Bestellstruktur	Flächenanteil der Verkehrswege	Flächenanteil der Lager	Anteil der Änderungen am Auftragseingang	Durchschn. Entfernung zwischen den Lagerstufen
Lieferpositionen pro Lieferschein	Anzahl der Mitarbeiter in der Transportabteilung	Anzahl Kommissionierpositionen pro Auftrag	Durchschn. Wert einer Auftragsposition	Durchschn. Entfernung zwischen Lager und Kunde
Anzahl der eintreffenden Warenlieferungen pro Periode	Anzahl Fördermittel	Anzahl der Mitarbeiter im Lagerwesen	Fertigungstiefe	Auftragsgröße
Gewicht eingehender Warenlieferungen	Kapazität der Fahrzeuge	Sachmittelkapazitäten	Anzahl Mitarbeiter in den einzelnen PPS-Funktionen	Anzahl der Distributionsmitarbeiter
Anzahl und Gewicht der Auslieferungen	Transportkosten	Lagerkosten	Sachmittelkapazität	Kosten der Kundenauftragsabwicklung
Anteil der Barcode-Lieferscheine			Kosten der Produktionsplanung und -steuerung	Kosten des externen Transports
Anzahl der mit der Bestellabwicklung beschäftigten Mitarbeiter				Fehlmengenkosten
Anzahl der Mitarbeiter in der Warenannahme				
Sachmittelkapazität				
Beschaffungskosten				
Gesamtkosten in der Warenannahme				

Tab. 2.4 Produktivitätskennzahlen [13, S. 914 f.]

Beschaffung	Materialfluss und Transport	Lager und Kommissionierung	Produktionsplanung und -steuerung	Distribution
Anzahl abgewickelter Sendungen pro Personalstunde	Transportzeit pro Transportauftrag	Flächennutzungsgrad	Mittlere Anzahl von Auftragseingangspositionen je Mitarbeiter	Produktivität der Versandabwicklung
Warenannahmezeit pro eingehender Sendung	Auslastungsgrad der Transportmittel	Höhennutzungsgrad		Produktivität der Auftragsabwicklung
	Transportleistung	Raumnutzungsgrad	Abwicklungszeit pro Auftrag	
Auslastungsgrad der Entladeeinrichtungen	Zurückgelegte Strecke pro Transportmittel	Kapazitätsauslastung	Mittlere Anzahl der Bestandskonten pro Mitarbeiter	Transportzeit je Transportauftrag
		der Lagermittel		
	Zurückgelegte Transportstrecke pro Fahrer	Anzahl der Lagerbewegungen je Mitarbeiter	Mittlere Anzahl der Dispositionsvorgänge je Mitarbeiter	
	Durchschnittliche Reparaturzeit	Kommissionierzeit je Auftrag		

Tab. 2.5 Wirtschaftlichkeitskennzahlen [13, S. 914 f.]

Beschaffung	Materialfluss und Transport	Lager und Kommissionierung	Produktionsplanung und -steuerung	Distribution
Warenannahmekosten je eingehender Sendung	Transportzeit pro Transportauftrag	Durchschn. Lagerplatzkosten	Bearbeitungskosten einer Auftragseingangsposition	Durchschn. Kosten der Kundenauftragsabwicklung
Beschaffungskosten je Bestellung	Durchschnittliche Transportkosten je Gewichtseinheit	Kosten pro Lagerbewegung	Kosten je Dispositionsvorgang	Anteil der Abwicklungskosten am Umsatz
Beschaffungskosten in Prozent des Einkaufsvolumens	Kosten je Tonnen-Kilometer	Lagerkostensatz		
		Lagerhaltungskostensatz	Bearbeitungskosten je Fertigungsauftrag	Distributionskosten je Auftrag
	Anteil der Förderkosten an den Herstell- und Fertigungskosten	Kommissionierßkosten pro Auftrag	Steuerungskosten je Auftrag	Versandkostenquote
	Durchschnittliche Betriebskosten eines Fördermittels			Umschlagshäufigkeit Fertigwaren
	Durchschnittliche Wartungs- und Instandshaltungskosten eines Fördermittels pro Zeiteinheit			Transportkosten je Transportauftrag
	Kapitalbindung ruhender Bestände			Verhältnis Eigen- zu Fremdtransportkosten

Tab. 2.6 Qualitätskennzahlen [13, S. 914 f.]

Beschaffung	Materialfluss und Transport	Lager und Kommissionierung	Produktionsplanung und -steuerung	Distribution
Durchschn. Verweilzeit im Wareneingang	Servicegrad	Fehlerquote	Vorratsintensität	Durchschn. Lieferzeit
Quote der Fehllieferungen	Termintreue	Ausfallgrad	Ant. Vorratsverm. an der Bilanzsumme	Lieferbereitschaft
Beanstandungsquote	Unfallhäufigkeit	Termintreue	Dispositionsbedingte Beanstandungs- bzw. Fehllieferungsquote	Fehllieferquote
Zurückweisungsquote	Schadenshäufigkeit	Lager-/Servicegrad		Liefertreue
Lieferverzögerungsquote		Durchschn. Verweildauer in Kommissionierzone	Anteil dispositionsbedingter Produktionsstörungen	Verzugsquote
Durchschn. Wiederbeschaffungszeit		Lagerverlust je Periode	Dispositionsbedingte Not- und Eilbestellungen	Beanstandungsquote
		Vorratsstruktur	Bestände ohne Bewegungen	Anteil der Nachlieferungen
			Dispositionsbedingte Fehlmengenkosten	
			Durchschn. Lagerbestand	
			Bestandsreichweite	
			Umschlagshäufigkeit	
			Durchschn. Verweildauer	
			Kapitalbindung	
			Altersstruktur der Bestände	
			Anteil nicht mehr verwertbarer Bestände am Umsatz	

port, Lager und Kommissionierung, Produktionsplanung und -steuerung und Distribution angegeben angegeben.

2.3.5.2 Benchmarking

Mittels Benchmarking werden u. a. Produkte, Methoden oder auch Prozesse systematisch miteinander verglichen, wodurch sich das Instrument für internen und externe Analyse- und Kontrollzwecke eignet.

Ziel des kontinuierlichen Vergleiches ist es, die Leistungslücke zum sogenannten „Klassenbesten" systematisch zu schließen. Die erhobenen Bestwerte werden als Benchmarks bezeichnet und die entstehende Lücke zwischen Vergleichseinheit und eigener Einheit als „Gap". Der Benchmarking-Prozess kann alle betrieblichen Funktionen erfassen und schließt auch die Struktur des betrieblichen Umfelds als strategische Größe mit ein. Es gibt drei Entwicklungsstufen des Benchmarkings:

1. Kennzahlenvergleich, speziell finanzieller Bereich. Zu nennen sind hier Kennzahlen aus dem Bereich Umsatz, Rendite, Umlaufvermögen etc.
2. Die zweite Stufe ist das sogenannte Funktions-Benchmarking. Hier werden die Kapazitäten für die zu leistende Funktion, die Kosten pro Abteilung, der Umsatz pro Mitarbeiter, die Produktivität, die Durchlaufzeit etc. verglichen.
3. Die dritte Stufe ist das sogenannte Prozess-Benchmarking. Hier werden die Kapazitäten für Prozesse und Prozessgruppen, die Prozesskosten, die Bearbeitungszeiten und die Prozessqualität etc. analysiert.

Wie oben angedeutet unterscheidet man Benchmarking in internes und externes Benchmarking [32]. Beim firmeninternen Benchmarking werden prozessorientierte Benchmarkverfahren eingesetzt. Ziel ist es, unterschiedliche Leistungen eines Prozesses einer Leistungsstelle zu ermitteln. Darüber hinaus werden leistungsstellenübergreifende Benchmarkings eingesetzt; hier geht es um den Vergleich mit anderen Leistungsstellen oder im Vergleich von Tochterunternehmen der gleichen Unternehmensgruppe.

Im Gegensatz dazu steht das externe Benchmarking. Hier wird ein Bereich der eigenen Firma mit einem oder mehreren ähnlichen anderen Bereichen von externen Firmen, also von Mitwettbewerbern, untersucht.

Das direkte Benchmarking bietet einen sehr guten Ansatz, für die eigene Firma festzustellen, wie man im Vergleich zu den Mitwettbewerbern liegt.

Literatur

1. Norm DIN 69900 (2007) Projektmanagement – Netzplantechnik; Beschreibungen und Begriffe
2. Vahrenkamp R, Mattfeld DC (2007) Logistiknetzwerke. Betriebswirtschaftlicher Verlag & Gabler
3. Hüftle M (2006) Methoden aus der Graphentheorie. www.optiv.de/Methoden/GraphOpt/GraphOpt.pdf. Zugegriffen: 30. Sept. 2018
4. Hompel M ten, Schmidt T, Dregger J (2018) Materialflusssysteme: Förder- und Lagertechnik, 4. Aufl. Springer Vieweg, Berlin, (VDI-Buch)
5. Schuh G, Schmidt C (Hrsg) (2014) Produktionsmanagement: Handbuch Produktion und Management 5, 2. Aufl. Springer Berlin Heidelberg, Berlin, (VDI-Buch)
6. Klaus E (2007) Wertstromdesign – Der Weg zur schlanken Fabrik. Springer, Berlin
7. Thonemann U, Albers, M (Hrsg) (2005) Operations Management: [Konzepte, Methoden und Anwendungen]. Pearson Studium, München, (Wirtschaft), 576 S
8. Jünemann, R (1989) Materialfluss und Logistik: systemtechnische Grundlagen mit Praxisbeispielen. Springer, Berlin, XI, 762 S. http://www3.ub.tu-berlin.de/ihv/000131070.pdf

9. Womack J, Jones D, Roos D (1990) The machine that changed the world: the story of lean production. Harper Collins, New York
10. Lödding H (2008) Verfahren der Fertigungssteuerung: Grundlagen, Beschreibung, Konfiguration, 2., erw. Aufl. Springer, Berlin, (VDI), XXV, 578 S
11. Erlach K (2019) Wertstromdesign: Der Weg zur schlanken Fabrik, 3. Aufl. Springer Berlin & Springer Vieweg, Berlin, (VDI-Buch)
12. Becker T (2018) Prozesse in Produktion und Supply Chain optimieren, 3. Aufl. Springer, Berlin
13. Schulte C (2017) Logistik: Wege zur Optimierung der Supply Chain. 7., vollständig überarbeitete und erweiterte Aufl. Vahlen, München, XXVI, 1045 S. http://deposit.d-nb.de/cgi-bin/dokserv?id=db46d7fb14bd40df80c2a8b97f859bb8&prov=M&dok_var=1&dok_ext=htm
14. Alicke K (2003) Planung und Betrieb von Logistiknetzwerken: Unternehmensübergreifendes Supply Chain Management. Springer, Berlin, (VDI-Buch)
15. Norm VDI 3590-1 (2002) Kommissioniersysteme -Systemfindung
16. Rinschede A, Wehking K-H (1991) Grundlagen, Stand der Technik. Entsorgungslogistik, Bd. 1. Schmidt, Berlin, 261 S
17. Wehking K-H (Hrsg) (1993) Entwicklung und Bewertung neuer Konzepte und Technologien. Entsorgungslogistik, Bd. 2. Schmidt, Berlin, 203 S
18. Wehking K-H (1995) Kreislaufwirtschaft. Entsorgungslogistik, Bd. 3. Schmidt, Berlin. 292 S
19. Dekker R, Fleischmann M, Inderfurth K (2004) Reverse logistics. Springer, Berlin
20. Pfohl, H-C (Hrsg) (2018) Logistiksysteme: Betriebswirtschaftliche Grundlagen, 9. Aufl. Springer Vieweg, Berlin (SpringerLink : Bücher). (XIV, 437 S, 106 Abb, online resource). http://dx.doi.org/10.1007/978-3-662-56228-4
21. Fleischmann, M (2001) Quantitative models for reverse logistics. Springer, Berlin (Lecture notes in economics and mathematical systems ; 501). X, 181 S. http://swbplus.bsz-bw.de/bsz090663993cov.htm
22. Bilitewski B, Härdtle G (Hrsg) (2013) Abfallwirtschaft: Handbuch für Praxis und Lehre, 4., aktual. u. erw. Aufl. Springer Vieweg, Berlin (SpringerLink : Bücher). (I, 955 S, 505 Abb., 100 Abb. in Farbe, digital). (Druck-Ausgabe)
23. Norm DIN EN 840 (2018). Fahrbare Abfall- und Wertstoffbehälter
24. Norm DIN 30720 (2016) Behälter für Absetzkipperfahrzeuge
25. Norm DIN EN 13592 (2017) Kunststoffsäcke für die Abfallsammlung aus Haushalten: Typen, Anforderungen und Prüfverfahren
26. Norm DIN 30720-1 (2016) Behälter für Absetzkipperfahrzeuge – Teil 1: Normbehälter mit einem Nennvolumen von 5 m3 bis 10 m3
27. Norm DIN 30720-2 (2016) Behälter für Absetzkipperfahrzeuge – Teil 1: Normbehälter mit einem Nennvolumen von 15 m3 und 20 m3
28. Tietz H-P (2007) Systeme der Ver- und Entsorgung: [Funktionen und räumliche Strukturen], 1. Aufl. Teubner, Wiesbaden, XI, 362 S
29. Männel W (Hrsg) (1995) Prozeßkostenrechnung: Bedeutung – Methoden – Branchenerfahrungen – Softwarelösungen. Gabler, Wiesbaden (Schriftenreihe der krp Kostenrechnungs Praxis)
30. Martin H (2017) Transport- und Lagerlogistik: Systematik, Planung, Einsatz und Wirtschaftlichkeit, 10. Aufl. Springer Vieweg, Wiesbaden (Erstveröffentlichung 2016) (SpringerLink : Bücher)
31. Arnold D, Isermann H, Kuhn A, Tempelmeier H, Furmans K (Hrsg) (2008) Handbuch Logistik, 3. Aufl. Springer, Berlin, (XXXIV, 1137 S, digital). http://nbn-resolving.de/urn/resolver.pl?urn=10.1007/978-3-540-72929-7
32. Schulte C (2016) Logistik – Wege zur Optimierung der Supply Chain, 7. Aufl. Vahlen, München
33. Grochla E, Fieten R, Puhlmann M (1983) Erfolgsorientierte Materialwirtschaft durch Kennzahlen. Leitfaden zur Steuerung und Analyse der Materialwirtschaft. FBO Verlag, Baden-Baden

Strategien und Kenngrößen

3

Karl-Heinz Wehking

3.1 Strategien und Kenngrößen[1]

„Ziele geben einen anzustrebenden künftigen Zustand an. Dabei stellt sich sofort die Frage, mit welchen Mitteln, auf welche Art und Weise die Zielerfüllung erreicht werden kann." [1]

Die Wege zur Erreichung eines Zieles werden als Strategien bezeichnet. Ziele haben Lenkungsfunktionen bei der Auswahl von Alternativen, Strategien beschreiben die Vorgehensweisen zur Erreichung der Ziele und formulieren Aussagen, wie und auf welchem Weg die Zielerfüllung erreicht werden kann.

Die betriebswirtschaftliche Logistik – siehe Abschn. 2.3, Unternehmenslogistik – hat in den vergangenen Jahrzehnten einen wesentlichen Bedeutungswandel erfahren. Die früheren klassischen Schwerpunkte lagen auf der Optimierung der Transportprozesse unter der Zielvorgabe Kostenminimierung und Leistungsservice-Optimierung. Aus [2, S. 891] sollen zu diesem Thema folgende Anmerkungen ausgeführt werden:

Heute zieht die logistische Perspektive die gesamte Kette von Versorgungs- und Wertschöpfungsprozessen in komplexen Netzwerken – Stichwort Supply Chain – in den Vordergrund. Diese Zielrichtung erfordert strategisches Managementverständnis und damit eine besondere Beschäftigung mit diesem Thema. Hierzu seien aus [2] folgende Zitate angegeben:

„Die Grundlage für die Entwicklung einer Strategie besteht in der Analyse des externen Umfeldes (Chancen und Risiken) und den internen Fähigkeiten und Ressourcen eines Unternehmens (Stärken und Schwächen), die aufeinander abgestimmt werden müssen. Strategien beinhalten Entscheidungen über die markt- bzw. branchenbezogene Positionierung des Unternehmens

---

[1]Unter der Bezeichnung Kenngrößen werden Systemgrößen verstanden, sie dienen also als Zielvorgaben. Dies ist nicht zu verwechseln mit dem Abschn. 2.3.5.1 (im Sinne des Vergleiches z. B. von Periode 1 und 2).

© Springer-Verlag GmbH Deutschland, ein Teil von Springer Nature 2020
K.-H. Wehking, *Technisches Handbuch Logistik 1*,
https://doi.org/10.1007/978-3-662-60867-8_3

(sogenannte externe Dimension), andererseits betreffen sie die Entwicklung von neuen wettbewerbskritischen Ressourcenpotentialen oder Kompetenzen (sogenannte interne Dimension).

Ausgangspunkt für die strategische Logistikplanung ist eine externe Branchenanalyse und eine interne Unternehmensanalyse, mit der logistische Quellen nachhaltiger Wettbewerbsvorteile identifiziert und anschließend durch entsprechende Strategien [in Form von Kenngrößen / Systemgrößen fixiert und als Ziele vorgegeben werden.]"

Fragen der Logistikstrategien sollen im Folgenden näher betrachtet werden. Erfolgreiche Unternehmen zeichnen sich durch eine zielgerichtete und offensive Geschäftsstrategie aus. Diese Strategie ist auf eine permanente Schaffung von Wettbewerbsvorteilen gegenüber einer zunehmend internationalen Konkurrenz ausgerichtet. Es wird vornehmlich das Ziel verfolgt, durch eine konsequente, kundenbezogene Leistungsverbesserung die Markterfolgskomponenten Preis, Qualität und Service gegenüber den Wettbewerbern vorteilhaft zu entwickeln. Besonders in Branchen mit geringen Differenzierungen von Produkteigenschaften und Qualitätsmerkmalen zwischen den einzelnen Anbietern sind Serviceleistungen und damit die Stichworte Zuverlässigkeit, Termintreue, Flexibilität und Lieferbereitschaft von wettbewerbsentscheidendem Vorteil.

Bei der grundlegenden Unternehmensstrategieauswahl kann das Unternehmen zwischen drei Prinzipien von Strategietypen wählen, um Wettbewerbsvorteile zu erreichen:

- umfassende Kostenführerschaft: das heißt, das Unternehmen strebt an, der kostengünstigste Hersteller der Branche zu werden
- Differenzierung: das heißt, das Unternehmen bietet differenzierte Produkte und Leistungen an, die sich vorteilhaft von den Wettbewerbern unterscheiden
- Konzentration auf Schwerpunkte: das heißt, das Unternehmen konzentriert sich auf spezielle Marktsegmente, d. h. es produziert und vertreibt spezielle Produkte auf ausgewählten Märkten.

Wesentlicher Erfolgsfaktor bei der Formulierung der Logistikstrategie ist ihre Übereinstimmung mit der Unternehmensstrategie. So kann ihre prinzipielle Strategie sowohl die Kostenreduzierung als auch die Leistungsverbesserung sein, was gerade beim Thema Logistik von besonderer Bedeutung ist. Die Abb. 3.1 macht dies deutlich.

In [3] wurde noch 1989 formuliert, dass die Logistik bis dato die ihr zustehende strategische Würdigung und Berücksichtigung noch nicht erreicht habe. Damals hat man noch das Resümee gezogen, dass logistische Problemlösungen häufig rein operational betrachtet und bei der Erstellung der Geschäftsstrategie sowie der Ableitung von Funktionalstrategien im Unternehmen nur selten berücksichtigt werden. Als Beispiel ist damals angeführt worden, dass eine Investition in flexible Fertigungstechniken nicht die gewünschten Produktivitätsvorteile liefert, wenn die erforderlichen flexiblen Anpassungen der Materialbereitstellung nicht mit einem entsprechenden Automatisierungsgrad des Materialflusses einhergehen.

Wir können heute resümierend feststellen, dass aufgrund der Bedeutung und Wichtigkeit der Logistik sich dies positiv gewandelt hat. Heute werden die logistischen Strategien

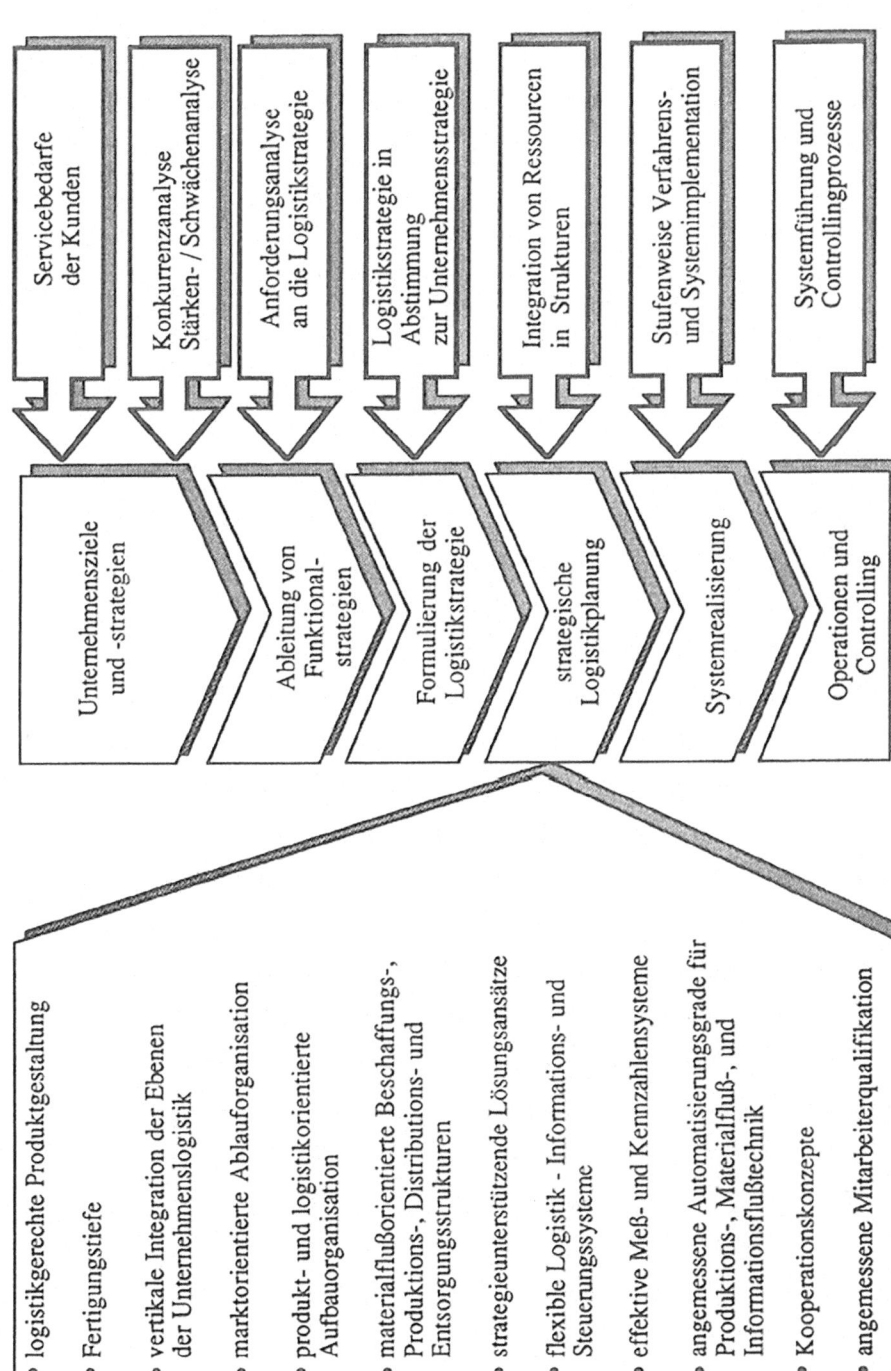

Abb. 3.1 Gestaltungsablauf zur Formulierung von Logistikstrategien [3]

mit der notwendigen Priorisierung berücksichtigt und auch in die entsprechenden logistischen Zielgrößen umgesetzt und definiert. Diese logistischen Zielgrößen sind beispielsweise Durchlaufzeiten, Bestände und Servicegrad. Diese dürfen nicht statisch betrachtet werden, sondern müssen sich dynamisch an die jeweilige Marktsituation anpassen.

Flexible Markt- und Kundenorientierung bedeutet zudem auch gleichzeitig die Optimierung der logistischen Prozesse. Für marktorientierte Logistikstrategien bedeuten diese Anforderungen die Entwicklung neuer anpassungsfähiger Verfahren. Hierbei steht die weitgehende Synchronisierung der Material- und Informationsflüsse im Vordergrund.

Die sogenannten Systemgrößen, d. h. die Kenngrößen von logistischen Strategien, lassen sich in Grundgrößen und abgeleitete Größen einteilen. Die wichtigsten Grundgrößen für den Materialfluss sind

- die Zeit
- der Weg
- die Menge
- die Sorte (Sorten dienen zur Unterscheidung und Identifizierung von Objekten).

Die wichtigsten abgeleiteten Größen für den Materialfluss und die Logistik werden im Folgenden behandelt.

Auf die Zeit bezogene *Wegangaben* bestimmen die Dauer von Transformationsprozessen der Objekte. Man unterscheidet generell zwischen Momentangeschwindigkeiten und Durchschnittsgeschwindigkeiten in Systemen. Beschleunigungen spielen oft eine wesentliche Rolle bei der Dimensionierung der Arbeitsmittel.

Auf die Zeit bezogene *Mengenangaben* sind Stromstärke und Mengendurchsatz. Während die Stromstärke Augenblickswerte symbolisiert, ist beim Mengendurchsatz der Bezugszeitraum wichtig. Für Stückgüter im Materialfluss hängt der Mengendurchsatz von der Art der Arbeitsmittel ab (stetig oder unstetig) sowie von den Vorfahrtsregelungen an Zusammenführungs- und Kreuzungsstellen.

In komplexen Netzen kann der maximale Mengendurchsatz nur mit Hilfe der Simulation berechnet werden. Der Mengendurchsatz spielt in industriellen Logistiksystemen insofern eine wichtige Rolle, als die aufgebauten Wertschöpfungs- und Materialflusskapazitäten in der Produktion aufeinander abgestimmt werden müssen.

In der Abb. 3.2 sind wichtige Zielgrößen für die logistischen Strategieüberlegungen im Unternehmen dargestellt. Diese Größen beeinflussen sich untereinander gegenseitig auf vielfältige Weise und tragen entscheidend zum Unternehmenserfolg bei. Sie müssen deshalb generell in logistische Strategieüberlegungen einbezogen werden, was im Folgenden weiter im Detail geschildert wird.

Generell werden Lieferzeiten, Auftragsdurchlaufzeiten und Materialdurchlaufzeiten unterschieden:

Abb. 3.2 Wichtige
Systemgrößen der Logistik [3]

Kapazitäten
(Lagern, Fördern,
Handhaben...)

Kapazitäten
(Bearbeiten)

Sorten
(Teilevielfalt)

Kosten

Qualität

Service

Wege   Bestände   Durchlauf-   Termine
                              zeiten

Lieferzeit ist die Zeit zwischen dem Auftragseingang und der Lieferung des Auftragsge-
genstandes

Auftragsdurchlaufzeit erstreckt sich zeitlich von den dispositiven und organisatorischen
Maßnahmen der Einsteuerung des Auftrags in das Unternehmen bis zur Auftragsauslie-
ferung

Materialdurchlaufzeit beginnt dann, wenn das Material für den Auftrag in das Unternehmen geliefert wird, und endet bei der Auftragserfüllung.

Da ein Produkt in der Regel aus mehreren Teilen bzw. Baugruppen zusammengesetzt ist,
wird eine durchschnittliche Materialdurchlaufzeit für den gesamten Auftrag definiert, die
wert-, volumen- oder gewichtsmäßig gebildet werden kann und zeitlich an einem bestimmten
Punkt während der Beschaffungsphase beginnt.

Die Reduzierung der Materialdurchlaufzeiten liefert häufig große Rationalisierungspotentiale. Die Grundlage für eine kurze Auftragsdurchlaufzeit bilden oft auch heute noch hohe
Materialbestände. Letztere wiederum führen zu einer hohen Materialdurchlaufzeit, so dass
ein Optimum durch die Bestimmung der beiden Durchlaufzeiten (Auftragsdurchlaufzeit,
Materialdurchlaufzeit) erreicht werden muss.

Eine Senkung der Bestände und Durchlaufzeiten lässt sich durch eine Vielzahl von Maßnahmen erreichen. Für alle einzusetzenden Strategien gilt, dass der Faktor Information besser genutzt werden kann. Der übergeordnete Ansatz zur Nutzung von Informationen lautet,
Bestände bzw. Material disponibel zu machen, wenn es zur Verfügung steht. Es ist anzustreben, dass alle Material- und Informationsflüsse – siehe oben – synchronisiert werden
oder, wenn möglich, dass der Informationsfluss dem Materialfluss vorauseilt. Die Zeiten,
die dann gewonnen werden, können dafür genutzt werden, eine optimale Zuordnung von
Arbeitsprozessen und Arbeitsmitteln zu treffen.

Zur Erfüllung von Logistikstrategien sind eine Reihe von Lösungsansätzen entwickelt
worden.

Kanban, ein dezentrales Planungs- und Steuerungsverfahren. Über die Weitergabe von Karten oder eine elektronische Meldung über Taster bzw. Sensoren erfolgt das Auslösen einer Nachbestellung von Material (z. B. schwarzer Türgriffe). Die im Materialfluss nachgelagerte Stelle, im Beispiel der Verbauort, bezieht dabei von der vorgelagerten Stelle, im Beispiel dem Wareneingangslager, das Material (die Türgriffe). Sobald die Anzahl der schwarzen Türgriffe im Wareneingangslager unter eine bestimmte Schwelle sinkt, erfolgt über die Weitergabe von Karten oder eine elektronische Meldung ein Nachlieferauftrag an den Zulieferer oder Logistikdienstleister. Dort wird die vorbestimmte Menge an Türgriffen produziert und in das Wareneingangslager geliefert.

Belastungsorientierte Auftragsfreigabe: Anhand einer Vorberechnung, wann der Bestand von schwarzen, braunen und weißen Türgriffen am Montageband aufgebraucht sein wird, erfolgt über die Produktions- und Lieferzeit des Lieferanten eine Berechnung des idealen Bestellzeitpunkts. Wenn dann beispielsweise der Bestand an schwarzen Türgriffen zuerst aufgebraucht ist, erhalten diese Teile die höchste Auftragspriorität und die zugehörige Bestellung wird rechtzeitig ausgelöst.

JIT (Just-in-Time): Der Lieferant oder Logistikdienstleister erhält den Auftrag, zu einem festgelegten Zeitpunkt eine bestimmte Menge an Türgriffen, beispielsweise in schwarzer Farbe, ans Montageband zu liefern. Der Lieferzeitpunkt wird meist ca. 5–7 Tage (Faustwert aus der Praxis) vor dem Produktionszeitpunkt festgelegt. Teilweise erfolgen jedoch bis zu 3 h vor Montage des benötigten Materials noch Änderungen der anzuliefernden Menge oder der Varianten (z. B. Farben) der Türgriffe. Durch die Verwendung des JIT-Konzepts können die Materialbestände der Türgriffe am Montageband weit reduziert werden, da immer nur Material geliefert wird, wenn es auch kurz danach verbaut wird.

JIS (Just-in-Sequence): Bei diesem Konzept werden die Materialanlieferungen beim Logistikdienstleister oder Lieferant in Produktionsreihenfolge zum Montagewerk angeliefert und am Band bereitgestellt. Wenn auf dem Montageband zuerst ein rotes Auto und dann ein schwarzes Auto montiert werden sollen, befinden sich am Bereitstellort in einem Ladungsträger zuerst die roten Türgriffe und dann die schwarzen Türgriffe. Der Montagemitarbeiter entnimmt die Türgriffe direkt nacheinander aus dem Ladungsträger und verbaut diese. Aufgrund der Sequenzierung muss der Mitarbeiter keine Zuordnung zwischen Türgrifffarbe und Fahrzeugfarbe durchführen. Damit die korrekte Materialreihenfolge beim Lieferant oder Zulieferer im Ladungsträger gebildet werden kann, erfolgt in der Regel (auch ein Faustwert) ca. 5–7 Tage im Voraus vom OEM eine Übermittlung des Produktionsprogramms.

Just-in-Real-Time: Die Bereitstellung des Produktionsmaterials für ein aufzubauendes Fahrzeug findet, ähnlich wie beim JIT-Konzept, aber genau zum passenden Zeitpunkt an der richtigen Montagestation statt. Anschließend erfolgt die Sequenzierung des passenden Materials für ein Fahrzeug, z. B. ein roter Türgriff für ein rotes Fahrzeug, mit minimaler Vorlaufzeit direkt an der Montagestation. Das passende Montagematerial wird also in nahezu Echtzeit sequenziert. Durch diese relativ spät im Materialfluss stattfindende Sequenzierung bietet das JIRT-Konzept besondere Flexibilität für Änderungen des Produktionsprogramms, wenn beispielsweise ein schwarzes Fahrzeug an einer Station ein rotes Fahrzeug überholen soll. Das JIRT-Konzept wurde im Rahmen des IFT Forschungsprojekts ARENA2036 (Automobilproduktionslogistik der Zukunft/wandelbar, flexibel für die Stückzahl 1) neu entwickelt und im Teil C, Kap. 14 Forschungsprojekt ARENA2036, Band 2 dort ausführlich beschrieben.

Die Logistikstrategie „Just-in-Time", die historisch gesehen als früheste Strategie entwickelt wurde, soll hier weitergehend analysiert werden. Just-in-Time-Produktion bedeutet, die Bereitstellung von Material an den Verbrauchsorten so zu optimieren, dass das Material „gerade noch rechtzeitig" angeliefert und es ohne weitere Liegezeit seiner Bestimmung zugeführt wird. Da durch dieses Prinzip die logistische Versorgungskette insgesamt optimiert werden soll, wird die Produktion in den vorgelagerten Produktionseinrichtungen ebenfalls so spät wie möglich, also produktionssynchron mit einer Produktion auf Abruf, durchgeführt. Eine konsequente Verfolgung dieser Methode ermöglicht deutliche Bestandssenkungen und Reduzierungen der Durchlaufzeiten.

Durch Änderung der Dispositionsstrategie für die Beschaffung, die zu einer produktionssynchronen Zukaufteileanlieferung und Materialbereitstellung führt, können die positiven Effekte weiter verstärkt werden.

Da die Zeit bei der JIT-Anlieferung eine entscheidende Optimierungsgröße ist, hat sich in den letzten Jahrzehnten beispielsweise in der Automobilproduktion der Trend durchgesetzt, dass sich Zulieferer in unmittelbarer Umgebung der Endmontagewerke angesiedelt haben. Dieser sogenannte Anziehungssog führt zu einem deutlichen Strukturwandel und einer Konzentration von Zulieferern in der Nähe der Standorte der Automobilendmontage. Wenn JIT-Strategien außerhalb dieses sogenannten Anziehungssoges realisiert werden, wird der Aufgabenumfang der Spediteure stark ausgeweitet. Die Fremdvergabe logistischer Leistungen für Industrie- und Handelsunternehmen ist in den vergangenen Jahrzehnten umso interessanter geworden, je mehr die Speditionen in die Rolle des Logistikdienstleistungsunternehmens oder sogar eines sogenannten Kontraktlogistikers hineingewachsen sind. In diesen Funktionen übernehmen sie zunehmend Tätigkeiten der logistischen Versorgungskette wie beispielsweise Lagern, Kommissionieren, Vormontage und Direktanlieferung an den Bedarfsort der zu beliefernden Unternehmen.

Zum Abschluss des Kapitels „Logistikstrategien" sei einerseits auf die Wichtigkeit des strategischen Denkens und Handelns in der Logistik nochmals hingewiesen und andererseits einige Gründe für das Scheitern bzw. die Behinderung von integrierten, strategieorientierten Logistiklösungen exemplarisch genannt:

- Fehlende Analysekonzepte und Analyseinstrumente
- Existierende Informationssysteme im Unternehmen liefern nicht die benötigten Daten und Informationen für die Strategieplanung

- Fehlen von Planungsstäben in kleinen und mittleren Unternehmen, auch mit den entsprechend fachlich ausgebildeten Mitarbeitern.

Weiterführende Literatur zum Thema findet sich in [4–6].

Literatur

1. Martin H (2017) Transport- und Lagerlogistik: Systematik, Planung, Einsatz und Wirtschaftlichkeit. 10. Aufl. Springer, Wiesbaden (Erstveröffentlichung 2016)
2. Arnold D, Isermann H, Kuhn A, Tempelmeier H, Furmans K (Hrsg) (2008) Handbuch Logistik. 3. Aufl. Springer, Berlin (XXXIV, 1137 S, digital). http://nbn-resolving.de/urn/resolver.pl?urn=10.1007/978-3-540-72929-7
3. Jünemann R (1989) Materialfluss und Logistik: systemtechnische Grundlagen mit Praxisbeispielen. Springer, Berlin (XI, S 762). http://www3.ub.tu-berlin.de/ihv/000131070.pdf
4. Christof S (2016) Logistik – Wege zur Optimierung der Supply Chain, 7. Aufl. Vahlen, München
5. Florian K (2010) Logistikmanagement in der Automobilindustrie: Grundlagen der Logistik im Automobilbau. Springer, Heidelberg
6. Wehking K-H (2015) Logistik in der Montage- und Fertigungsindustrie. 32. Aufl. Deutscher Logistik-Kongress, S 324–345

Wirtschaftliche und volkswirtschaftliche Bedeutung der Logistik

4

Christian Kille

4.1 Bedeutung der Logistik

Bei der Betrachtung der geschichtlichen Entwicklung in Abschn. 1.1, Geschichtliche Entwicklung konnte bereits die enge Verknüpfung zwischen der Logistik, den technischen Entwicklungen in den Industrieunternehmen und der Entwicklung der Volkswirtschaften und der Weltwirtschaft ansatzweise aufgezeigt werden.

In diesem Teilkapitel soll hierauf nun im Detail eingegangen werden und die weltweit wichtige Bedeutung der Logistik aufgezeigt werden.

4.1.1 Die Relevanz der Logistik für Wirtschaftsstandorte und Unternehmen

Für eine qualitative und quantitative Bewertung der Relevanz der Logistik bedarf es zunächst einer Abgrenzung des Untersuchungsbereiches. Diese wird enger gewählt als in Kap. 1, Entwicklung und Eingrenzung, um eine Quantifizierung gewährleisten zu können. Ausgegangen wird von der Definition der Logistik als „...bedarfsorientierte Herstellung von Verfügbarkeit ... schon hergestellte[r] Güter..."[1, S. 1], um nur eine Definition zu nennen, die es vermag, die Leistung der Logistik in einem Satz zusammenzufassen.[1] Entsprechend erübrigt sich hier ein Unterschied zwischen der Erbringung durch einen externen Dienstleister (fremdvergebene bzw. „outsourced" Logistik) oder durch einen unternehmensinternen Leistungsträger

---

[1] Diese Abgrenzung entspricht der Abb. 1.1, in der die Produktion jeweils deutlich separat gehalten wird. Im Kontext des Materialflusses werden naturgemäß die logistischen Prozesse weiter gezogen, da diese gemäß der Begriffsbestimmungen in Abschn. 1.2, Begriffsbestimmungen das gesamte Unternehmen inkl. der Produktion durchziehen. Diese werden durch intralogistische Systeme unterstützt bzw. betrieben.

© Springer-Verlag GmbH Deutschland, ein Teil von Springer Nature 2020
K.-H. Wehking, *Technisches Handbuch Logistik 1,*
https://doi.org/10.1007/978-3-662-60867-8_4

(eigene oder „insourced" Logistik). Daraus ergibt sich eine Eingrenzung, die sich in den letzten zwanzig Jahren aus dem Verständnis vom Wirtschaftsbereich Logistik nach Klaus etabliert hat [2]. Entsprechend wird dieser relativ enge, aber gut präzisierbare und messbare Logistikbegriff verwendet,

- der nicht nur die Aktivitäten des Transportierens („Transfer von Objekten im Raum"), des Umordnens, Umschlagens, der Kommissionierung („Veränderung der Ordnungen von Objekten") und des Lagerns („Transfer von Objekten in der Zeit") von Gütern und Materialien in der Wirtschaft umfasst,
- sondern auch die damit unmittelbar verbundenen (administrativen) Auftragsabwicklungs- und Dispositionsaktivitäten, die unternehmensübergreifenden Planungs- und Steuerungsaufgaben, die heute oft auch als Supply Chain Management bezeichnet werden,
- und die Aufwendungen für die Beständehaltung wie Kapitalkosten, Abschreibungskosten etc., deren Kontrolle und Reduzierung ein wesentliches Ziel modernen Logistikmanagements ist [2, S. 18].

Grundsätzlich bestehen Schnittstellen zwischen Prozessen der einzelnen Unternehmen. Bei einer Realisierung der Logistik durch interne Abteilungen und Unternehmensbereiche des Versenders wie des Empfängers erfolgt an einem definierten Punkt eine Übergabe des logistischen Objekts.[2] Dies führt zwangsläufig zu einer weiteren Eingrenzung des Untersuchungsrahmens, die sich an den Wertschöpfungsstufen orientiert.

Oder anders formuliert: Wann beginnt die Zuordnung zur Logistik und wann endet sie? Dafür wurde eine mittlerweile anerkannte und in der öffentlichen Diskussion mehrheitlich verwendete Abgrenzung gewählt, die in Abb. 4.1 vereinfacht grafisch dargestellt ist.[3]

Zusammengefasst werden die Prozesse einbezogen, deren hauptsächliche Wertschöpfung der oben erwähnten funktionalen Definition des Transports, Umschlags bzw. Kommissionierens und des Lagerns sowie des Managements, der Steuerung und der Planung entspricht. Vereinfacht gesprochen beginnen diese der Logistik zugesprochenen Prozesse nach dem letzten Schritt und enden vor dem ersten Schritt der Produktion.[4]

---

[2]Entsprechend sind es mindestens zwei Punkte bei dem Einsatz von externen Logistikunternehmen (Übergabe von Versender an Logistikunternehmen sowie Übergabe von Logistikunternehmen an Empfänger).

[3]Vgl. [3, S. 38], was in dieser Form erstmalig in [4] 1996 veröffentlicht wurde und auf den Ausführungen von [5] aufbaut. Die Abbildung wurde durch die Last-Mile-Transporte erweitert.

[4]In diesem Zusammenhang existieren zahlreiche Besonderheiten und Ausnahmen. Ein Beispiel dafür bilden die Einzelhandelsaktivitäten in der Filiale, bei denen der Wareneingang zwar noch der Logistik zugeordnet wird. Die Transporte und Regallagerung auf der Verkaufsfläche zählen nicht mehr dazu, da auch hier die Hauptwertschöpfung im „Präsentieren der Ware" liegt [7, S. 8 ff.]. Auch werden immer mehr Leistungsbereiche der Produktion in die Verantwortung der Logistik übertragen (bspw. Montage oder Bandanlieferungen inkl. der Kommissionierung der Montageteile). Dies zeigt ein weiteres mal, dass das Feld der Logistik ein „Moving Target" ist und bleibt. Eine ergänzende Beleuchtung ist damit zumindest auf qualitativer Seite unbedingt notwendig und wird auch in dem Zuge dieser Initiative durchgeführt.

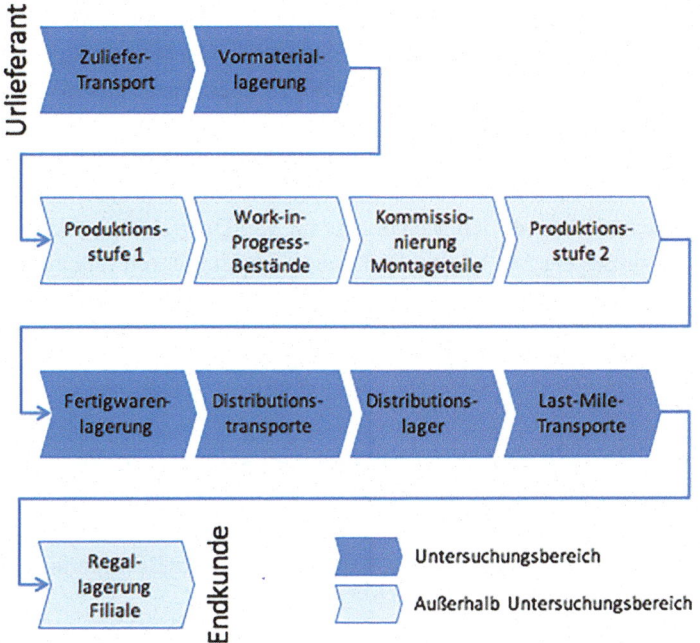

Abb. 4.1 Abgrenzung des Untersuchungsraumes [6, S. 13]

Traditionell bildet die Logistik entsprechend die Schnittstelle zwischen Unternehmen oder Unternehmenseinheiten hauptsächlich aus Industrie und Handel, die unterschiedlich stark integriert ist. War sie früher hauptsächlich als isolierter Bereich gesehen, wird sie heute als integraler Faktor der Wertschöpfungskette gesehen. Entsprechend wird der Logistik mittlerweile eine größere Bedeutung zugesprochen als nur ein Erfüllungsgehilfe zu sein. Viele Unternehmen haben erkannt, dass sie ihr Leistungspotenzial verspielen, wenn die Logistik in engen Grenzen bzw. Restriktionen und Vorgaben agieren, die von anderen Funktionsbereichen unter nicht-logistischen Kriterien entwickelt worden sind [1, S. 12]. Diese Erkenntnis führt zwangsläufig dazu, dass sich mit der Logistik mehr auseinandergesetzt wird. Was Logistik schlussendlich für Unternehmen selbst bedeutet, hängt auch von den Aufgaben ab, die man ihr unter dieser Überschrift in der Praxis überträgt [1, S. 13].

Dies wird bei der Analyse von auf die Logistik wirkenden Kräfte deutlich. Denn der Wirtschaftsbereich Logistik bewegt sich in einem Umfeld, welches ähnlich komplex ist wie eine Volkswirtschaft, da er wie beschrieben eine Querschnittsfunktion darstellt und in nahezu jedem Wirtschaftszweig zu finden ist.

Die Idee einer Abschätzung von konkreten Entwicklungen und Trends hat der Zukunftsforscher Naisbitt 1984 erstmalig in Form von einer übergeordneten Struktur der Megatrends veröffentlicht, um aus der Gegenwart die Zukunft zu projizieren. Die Idee dahinter ist eine Darstellung von „großen Themen", die auf die Welt langfristig wirken und entsprechend

Trends mittel- und kurzfristig verursachen. So können Megatrends als „tiefgreifende und nachhaltige gesellschaftliche, ökonomische, politische und technologische Veränderungen, die sich langsam entfalten und deren Auswirkungen über Jahrzehnte hinweg spürbar bleiben" definiert werden. Man kann sie entsprechend auch als Treiber oder Kräfte bezeichnen. Im Wirtschaftsbereich Logistik sind zehn Megatrends, Treiber bzw. Kräfte ausschlaggebend, die die Entwicklung beeinflussen (siehe Tab. 4.1). Die Trends werden aus den wirkenden Treibern bzw. gemäß Naisbitt den Megatrends im Top-Dow-Verfahren entwickelt. In dem Zusammenhang dieses Buches ist eine Diskussion der Treiber relevanter als der Trends, da diese länger wirken und sich weniger an aktuelle Gegebenheiten anpassen. Im Folgenden finden sich kurze Beschreibungen der zehn Treiber, um diese richtig einordnen zu können und den Rahmen für die Entwicklung der Logistik zu verstehen.

4.1.1.1 Globalisierung und Dynamik des weltweiten Handels

Die Globalisierung ist und bleibt einer der wichtigsten Treiber in der Logistik – und das schon seit langem. Zwar ist die Annahme problematisch, dass die Globalisierung sich über Jahrhunderte oder Jahrtausende erstreckt, da der Großteil der Bevölkerung Waren aus dem näheren Umland konsumierten.

Seitdem wurde kontinuierlich über die Jahrhunderte hinweg der internationale Handel ausgebaut. Mit der Möglichkeit der schnellen und einfachen Kommunikation erfuhr die Globalisierung im 20. Jahrhundert, insbesondere durch die Verbreitung des Internets und

Tab. 4.1 Zehn Treiber in der Übersicht [8, S. 31]

Globalisierung und Dynamik des weltweiten Handels	Treiber, die von außen wirken
Gesellschaftlicher Wandel und Veränderung der Lebenssituation	
Nachhaltigkeit und Circular Economy	
Staatlicher Einfluss und ordnungspolitische Maßnahmen	
Wachsende Risiken und steigende Sicherheitsanforderungen	
Professionalisierung und Effizienzsteigerung	Treiber, die aus der Logistik heraus wirken können
Fokus auf Kernkompetenzen und Optimierung der Effektivität	
Service-Orientierung und Sharing Economy	
Innovative Technologien und Digitalisierung	
Wettbewerb bei Schnelligkeit und Zuverlässigkeit	

der politischen Bestrebungen einer Vereinfachung des grenzüberschreitenden Handels, einen weiteren Schub, der mit dem Ausbau und der Effizienzsteigerung des Güterverkehrs auf dem Land, auf dem Wasser und in der Luft einherging. Diese Effizienzsteigerung in der Kommunikation und im Warenaustausch ermöglichte den Aufbau von Produktionsverbünden, auf die die Wertschöpfung hinsichtlich des größten Kosten-Nutzen-Wertes verteilt wurde, insbesondere vor dem Hintergrund von Personalkosten.

Dies war in den letzten Jahrzehnten der maßgebliche Treiber für die wachsende Relevanz der Logistik. Auch wenn sich seit einigen Jahren ein geringeres Wachstum auf den interkontinentalen Relationen zeigt, wird der internationale Handel nicht an Einfluss verlieren. Auch in Deutschland ist dies deutlich zu erkennen. In den letzten 15 Jahren hat sich das Einfuhrgewicht von 488 Mio. t in 1999 auf 621 Mio. t in 2014 um 27 % gesteigert, in der Ausfuhr von 265 Mio. t auf 381 Mio. t um 44 %.

4.1.1.2 Gesellschaftlicher Wandel und Veränderung der Lebenssituation

Die Verstädterung begann mit der Industrialisierung (Anfang des 19. Jahrhunderts), und damit kam die erste Welle einer gesellschaftlichen Wandlung. Die Städte mussten sich auf den Zuzug von vielen tausenden Menschen einstellen. Neben der Versorgung spielte entsprechend auch die Entsorgung eine wichtige Rolle. Dies bedeutet, dass aus logistischer Perspektive die weitere Belastung städtischer Verkehrsinfrastruktur zunimmt und die ländlichen Gebiete veröden mit der Konsequenz, dass die Versorgung logistisch ineffizienter, damit teurer wird. Entsprechend ringen die öffentliche Hand wie auch die Logistikverantwortlichen um neue Lösungen zur Versorgung urbaner und ruraler Gebiete.

Auch können die in die Industriegebiete kommenden Menschen als erste Wirtschaftsflüchtlinge bezeichnet werden, die aus der landwirtschaftlich geprägten Provinz ihr Heil in der Anstellung bei Produktionsunternehmen gesucht haben. Im 20. Jahrhundert nahm diese Entwicklung insbesondere durch Kriege auf europäischem Boden nicht ab und prägt auch das junge 21. Jahrhundert. Schon heute hat ein großer Teil der Beschäftigten im operativen Bereich einen Migrationshintergrund.

Zu diesen Entwicklungen kommt der aktuell diskutierte demografische Wandel, der eine weitere Veränderung der Gesellschaft hervorruft. Die Auswirkung dieser gesellschaftlichen Entwicklungen führt auf der einen Seite dazu, dass Strukturen zur Bedienung der Städte und Ballungszentren sich verändert haben und sich weiter verändern werden. Hinzu kommt, dass wie während der Industrialisierung und des „Wirtschaftswunders" nach dem Zweiten Weltkrieg heute aufgrund der Alterung der Gesellschaft mit dem sich verändernden Angebot an Arbeitskräften umgegangen werden muss.

4.1.1.3 Nachhaltigkeit und Circular Economy

Der Begriff der Nachhaltigkeit erscheint ein relativ neues Thema zu sein. Das aktuelle Verständnis der Nachhaltigkeit bezieht sich meist auf den „Brundtland-Bericht", der zum ersten Mal nicht nur den Umweltschutz, sondern auch die sozialen und wirtschaftlichen Aspekte einbezieht. Mit der Erkenntnis, dass die Ressourcen endlich sind, Industrialisierung und Wohlstand negative Auswirkungen auf die Natur haben sowie durch die Globalisierung nicht nur positive Effekte in den Entwicklungs- und Schwellenländern zu erkennen sind, hat sich das Verständnis über das Wirtschaften kontinuierlich verändert – auch durch staatlichen Einfluss. So werden heute im Zuge des Ansatzes der „Circular Economy" ganze Wertschöpfungsketten überdacht und neu gestaltet, indem in Kreisläufen gedacht wird. Die Idee hierbei ist die Verlängerung des Produktlebenszyklus, indem durch kontinuierliche Wartung der Verschleiß eingedämmt wird (Maintenance), Produkte nach der Leasing- oder Mietzeit nochmals vertrieben werden (Reuse), mittels einer Aufbereitung die Nutzung ein weiteres Mal ermöglicht wird (Refurbish) oder zumindest die Extraktion der einzelnen Materialien vereinfacht wird (Recycle). Die Auswirkung die Logistikketten sind damit nicht nur operativer (emissionsärmere oder alternative Antriebe im Transport bzw. Einsatz von Energiespartechniken oder regenerativen Energiequellen bei Immobilien), sondern strategischer Natur (Umgestaltung der Logistikketten oder gar Anpassung des Geschäftsmodells).

4.1.1.4 Staatliche Einflussnahme und ordnungspolitische Maßnahmen

Wie sich eine Volkswirtschaft für sich genommen und vor dem Hintergrund grenzüberschreitendem Warenaustausches hinsichtlich anderer Länder positioniert, ist maßgeblich von den politischen Entscheidungen abhängig. Eine Ausprägung ist die Diskussion, ob ein Land die Grenzen öffnet, um den Handel zu fördern, oder schließt, um die eigene Wirtschaft zu schützen. Eine andere sind die Förderung bzw. die Regulierung der Unternehmen in Form von Subventionen und Investitionen bzw. Gesetzen und Verordnungen. Diese bilden einen ordnungspolitischen Rahmen, in dem sich Unternehmen bewegen und ihre Entscheidungen treffen. Fördernde Maßnahmen, die die Wirtschaft, damit den Wohlstand der Bevölkerung und auch die Logistik gefördert haben, sind bspw. der New Deal nach der Wirtschaftskrise 1929, das European Recovery Program (besser bekannt als Marshall-Plan) nach dem Zweiten Weltkrieg oder auch die Maßnahmen der Bundesregierung nach der Finanzkrise 2008/2009 sowie spezifischer die Investitionsprogramme für Infrastruktur, die Subventionierung von unternehmerischen Tätigkeiten oder auch in manchen Fällen die Entscheidung der Regierung über Unternehmenszusammenschlüsse. Andere Entscheidungen können zu neuen Belastungen für Unternehmen führen und damit die Wettbewerbsfähigkeit beeinträchtigen.

In Summe haben politische Entscheidungen im Regelfall eine langfristige Wirkung. Investitionen in Infrastrukturen, Subventionen von Geschäftsaktivitäten oder neue Steuern und Abgaben werden in der Regel mit der Zielsetzung des Nutzens für mehrere Generationen getroffen. Mit Widerstand von Interessensvertretungen ist tendenziell zu rechnen, da bei Konsensentscheidungen nicht jeder profitieren kann, sondern die Vorteilhaftigkeit für die Gesamtheit im Auge behalten wird bzw. werden sollte. So kann auch die Logistik nicht immer damit rechnen, dass wie bei der Investition in die Trans European Networks (TEN) oder den staatlichen Unterstützungen während der Finanzkrise 2008/2009 sich für sie und die gesamte Gesellschaft Vorteile ergeben.

4.1.1.5 Wachsende Risiken und steigende Sicherheitsanforderungen

Die Risiken entlang der Supply Chain, die sich aufgrund der Globalisierung und der damit zusammenhängenden Trends über die gesamte Welt spannen können, gestalten sich mannigfaltig. Terrorismus und politische Spannungen sind Aspekte, der insbesondere aktuell spürbar sind. Zwar scheint trotz der Unruhen in den ölfördernden Staaten des Nahen Ostens kein Ölschock wie in den 1970er Jahren einzutreten, so dass dies auf den ersten Blick bis auf die wirtschaftliche Entwicklung keinen Einfluss hat. Die terroristischen Anschläge, die nicht nur als psychologischer Faktor nicht zu vernachlässigen sein sollten, sondern auch neuralgische Knoten der Logistik wie See- oder Flughäfen betreffen können, sowie die Gefahr der Störungen der logistischen Kette durch Regimewechsel (bspw. bei dem durch Ägypten verwalteten Suez-Kanal) sollten in die Überlegungen über Risiken einbezogen werden.

Etwas in den Hintergrund getreten sind die Naturkatastrophen, die z. B. in den Jahren 2010 durch den Vulkanausbruch auf Island und 2011 mit dem Tsunami in Japan die Nachrichten geprägt haben. Die Gefahr bleibt weiterhin groß, dass durch eine Naturkatastrophe Logistik- bzw. Produktionsketten unterbrochen werden. Dabei müssen es nicht immer solche spektakulären Ereignisse wie die zwei erwähnten sein. Es reichen auch lokale Überschwemmungen, kleinere Erdbeben oder ähnliches, damit ein Lieferant ausfällt oder ein Verkehrsweg versperrt ist und die Produktion zum Erliegen kommt.

Neben der weltweiten Vernetzung der Güterströme birgt auch die der IT eine immer größere Gefahr für Störungen in der Supply Chain. Mittlerweile sind so viele Leistungen auf Computer und Informationssysteme verlagert worden (die oft auch nicht mehr lokal, sondern in der sogenannten „Cloud" liegen), dass auch erfahrene Mitarbeiter ohne deren Unterstützung die Logistiknetze nicht mehr steuern können. Dass in Lagerstandorten, insbesondere in Form eines Hochregallagers, die Mitarbeiter vor Ort aufgrund der automatischen und meist chaotischen Lagerplatzvergabe nicht mehr wissen, wo die Produkte zu finden sind, ist bekannt. Mittlerweile hat sich dieses System auch auf die Transportkapazitäten übertragen. Ein Ausfall der IT-Systeme würde entsprechend die Logistik zum Erliegen bringen. Die Sicherung der Informationssysteme gegen interne oder externe Risiken nimmt damit an Relevanz zu (auch um zu verhindern, dass Hacker über die IT der Logistik an besonders interessante Personendaten kommen können).

4.1.1.6 Professionalisierung und Effizienzsteigerung

Seit jeher prägt unternehmerisches Streben die Effizienzsteigerung, um mehr aus den gegebenen Ressourcen zu generieren. Am bekanntesten sind die Studien von Taylor hinsichtlich der Strukturierung von Arbeitsabläufen zur Produktivitätssteigerung (auch bekannt als Taylorismus). Diese Prozessorientierung wurde kontinuierlich weiterentwickelt und bspw. durch Porter auf das gesamte Unternehmen erweitert. In diesem Modell kristallisierten sich die elementaren Prozesse für den Erfolg eines Unternehmens heraus, zu denen auch die Logistik zählt. Entsprechend wandelt sich seitdem das Verständnis, dass die Logistik als strategisch relevanter Faktor anerkannt wird. Ein Erfolgsfaktor dabei ist, dass die Prozesse und ihre Akteure reibungsfrei und effizient zusammenarbeiten können. Dies erfordert, dass die Strukturen und Organisationen aufeinander abgestimmt sind. Eine Ausprägung hinsichtlich der Optimierung der Prozesse ist das Lean Management. Eine andere ist die Transparenzsteigerung der Prozesse.

4.1.1.7 Fokus auf Kernkompetenzen und Optimierung der Effektivität

Die Steigerung der Effektivität wird seit Jahrzehnten durch die Konzentration auf die Kernkompetenz erreicht. Nur die Prozesse und Bereiche werden selbst durchgeführt, in denen es keinen adäquaten Ersatz außerhalb des Unternehmens gibt. Prägend dafür war der in den 1980er Jahren aufkommende Gedanke des „Creating Shareholder Value". Dieser besagt, dass die finanzielle Nutzenhaftigkeit im Mittelpunkt steht. Entsprechend werden die Tätigkeiten eines Unternehmens dahingehend untersucht, ob sie für den Unternehmenserfolg ausschlaggebend sind und ob die Durchführung die maximale Rendite erbringt.

Dies führte zu dem Prozess des Outsourcings auch in der Logistik. Kontinuierlich werden neue Leistungspakete von Industrie und Handel an Logistikdienstleister übergeben. Teilweise beinhalten diese bereits auch nicht-logistische Tätigkeiten wie die Vormontage einzelner Komponenten für die Produktion oder die Installation von Endgeräten an der Verwendungsstelle. Obwohl bisher bereits rund 50 % des Logistikvolumens außerhalb von Industrie und Handel erbracht wird, bleibt der Outsourcing-Trend bei der Kernlogistik bestehen. Hinzu kommt, dass die Logistikverantwortlichen selbst ihre Kernkompetenzen definieren und entsprechend Outsourcing betreiben. Viele Logistiker besitzen keine Fahrzeuge, Immobilien oder IT-Systeme, sondern beziehen diese ebenfalls von Dienstleistern. Diese Zielrichtung der Steigerung der eigenen Effektivität durch Einsatz der leistungsstärksten internen oder externen Partner wird weiterhin ein maßgeblicher Treiber in der Logistik sein, obwohl wahrscheinlich die Zielrichtung sich an die Gegebenheiten anpassen wird.

4.1.1.8 Service-Orientierung und Sharing Economy

Die Dienstleistungsökonomie nimmt langsam auch in Deutschland eine immer deutlichere Gestalt an. Der Trend zeigt sich an der Verteilung der Berufe der Arbeitnehmer, die sich kontinuierlich zugunsten der Dienstleistungsbereiche verändert. Durch die Verlagerung von Produktion in kostengünstigere Länder verbleiben Forschung & Entwicklung sowie die dienstleistungsnahen Tätigkeiten in den Hochlohnländern wie Deutschland. Der potenzielle Nutzen für Unternehmen und den Standort Deutschland, der sich aus der Einführung von Services in der eigenen Wertschöpfungskette ergibt, ist nicht von der Hand zu weisen. Dabei spielt nicht nur die Kundenbindung eine große Rolle. Auch die Erweiterung des Tätigkeitsbereichs in Felder, die weniger wettbewerbsintensiv sind, ermöglicht die Stärkung von Unternehmen und Standorten. Durch die Logistik als Bindeglied zwischen dem verladenden Unternehmen und dem Kunden wird diesem Wirtschaftsbereich eine wichtigere Rolle zufallen. Hieraus ergeben sich zahlreiche neue Angebote und Geschäftsmodelle auch in der Logistik. War sie bis vor einigen Jahren noch darauf fokussiert, die Kernleistungen des Transports und der Lagerung anzubieten, hat sich das Leistungsspektrum der Logistik bis heute um produktionsnahe Tätigkeiten, z. B. Vormontagen, erweitert. In Zukunft werden digitale Anwendungen und darauf basierende Geschäftsmodelle an Wichtigkeit zunehmen und die traditionelle Logistik zu neuen Bereichen führen. Erste Ansätze der Sharing Economy zeigen sich bspw. im Angebot digitaler Plattformen zur effizienten Kapazitätsauslastung auch von vormals nicht berücksichtigten Ressourcen.

4.1.1.9 Innovative Technologien und Digitalisierung

Die Menschheit ist von technologischem Fortschritt geprägt. Sicherlich stellt die aktuelle technologische Entwicklung „Industrie 4.0", die als vierte industrielle Revolution bezeichnet wird, eine besondere Veränderung dar. Wie bereits bei dem Treiber „Risiken" angemerkt, neigt die Gesellschaft die aktuelle Zeit als die umwälzendste einzuschätzen. Jedoch können aktuell deutliche Technologiesprünge nicht von der Hand gewiesen werden. Diese gab es in der Vergangenheit und wird es in Zukunft immer wieder geben. Entsprechend wird dieser Treiber noch lange die Logistik bewegen, auch wenn nicht jede neue Technologie direkte Auswirkungen auf sie haben wird. Interessant an diesem Treiber bleibt die Lücke zwischen „Machbarem" und „Sinnvollem" zu schließen, denn nicht jede Innovation verspricht Erfolg, Gewinn oder Prestige.

4.1.1.10 Wettbewerb bei Schnelligkeit und Zuverlässigkeit

Der Faktor Zeit ist schon seit Jahrhunderten ein wichtiges Element für Erfolg. War die Zeit zwischen 1400 und 1850 geprägt von der Erfindung schnellerer Waffen sowie der Entwicklung des Geld- und Warenverkehrs zwischen den Handelsstädten, folgte in der Zeit zwischen 1800 und 1950 die Zeit der Eisenbahn und Dampfer, des Telegraphs und Funks, Geschwindigkeitssports und Rekordstrebens, Automobils und der Autobahn, der Weltkriege und Kampfflugzeuge, des Taylorismus und Fordismus in der industriellen Produktion, der Rationalisierung des Haushalts, der Kunst des Futurismus und der laufenden Bilder von Fotographie und Film, und mündet seitdem in die Phase der Großrechner und Selbstbedienungsläden, des Fast Foods und Flugverkehrs, der weltweiten Vernetzung durch Fernsehen, des Personal-Computers und der Turboökonomie. Die letztgenannte Periode seit 1950 wird auch Postfordismus genannt, da hier die Flexibilisierung in den Vordergrund tritt. Entsprechend ist es nicht verwunderlich, dass immer noch nach Beschleunigung und höherer Anpassungsfähigkeit durch Flexibilisierung in unterschiedlichsten Prozessen gesucht wird. Davon bleibt die Logistik nicht unbeeinflusst, da sie sich verantwortlich zeichnet für die erfolgreiche Umsetzung der Vorgaben.

4.1.1.11 Zusammenfassung

Aus diesen zehn wirkenden Treibern oder Megatrends ergeben sich Trends, die sich aus den Aktivitäten von Unternehmen wie auch wissenschaftlichen Einrichtungen ergeben. Die Reaktionen von diesen Akteuren auf Veränderungen durch sich ergebende Potenziale,

Risiken und Herausforderungen geben Aufschluss auf zukünftige Entwicklungen können bei Häufung als Trends mit mittelfristiger Wirkung bezeichnet werden. Aus diesem Grund wird dabei meist auf Befragungen und Interviews von Marktakteuren zurückgegriffen, um aus deren Einschätzungen die Entwicklungen abzuleiten und entsprechend die Trends zu definieren.

4.1.2 Der Wirtschaftsbereich der Logistik und seine volkswirtschaftliche Bedeutung

Die letzte offizielle Vermessung des Wirtschaftsbereichs Logistik für Deutschland wurde im Jahr 2016 für das Jahr 2015 veröffentlicht [9]. Aus dieser Untersuchung ergibt sich, dass der Wirtschaftsbereich Logistik sich in 2015 insgesamt auf rund 253 Mrd. EUR in Deutschland gemäß der oben zusammengefassten Definition beläuft. Davon entfallen ca. 114 Mrd. EUR auf den Transport von Gütern, 83 Mrd. EUR auf Lager- und Umschlagsaktivitäten, 38 Mrd. EUR auf Bestände sowie 18 Mrd. EUR auf administrative und Managementaufgaben (Abb. 4.2) [9, S. 70].

Das Gesamtvolumen verteilt sich zu rund 51 % auf Leistungen, die durch externe Logistikunternehmen erbracht werden, die restlichen 49 % auf interne Leistungen von Industrie, Handel etc. [9, S. 60] Diese Logistikleistungen lassen sich in 13 Teilsegmente untergliedern, was eine weitere Differenzierung in der Analyse von Entwicklungen zulässt [9, S. 84 ff.].

Allein diese monetäre Größe des Wirtschaftsbereichs zeigt auf, welche Relevanz die Logistik in Deutschland hat. Demnach ist sie nach Handel und Automobilindustrie der drittgrößte Wirtschaftsbereich – noch vor dem Maschinenbau und der Chemieindustrie. Doch dies beschreibt nur den quantifizierbaren monetären Teil.

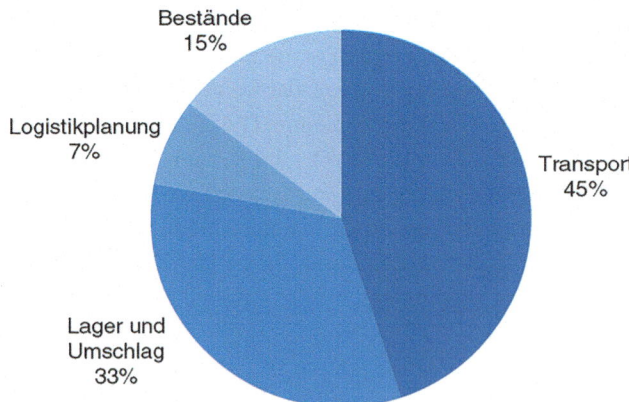

Abb. 4.2 Aufteilung des Volumens des Wirtschaftsbereichs der Logistik [9, S. 70]

Weitere wichtige Kennzahlen in der Logistik sind die transportierten Tonnagen, die Verkehrsleistung sowie die vorhandenen Kapazitäten im Transport und in der Lagerung. Aus Tab. 4.2 ist zu entnehmen, dass insgesamt rund 4 Mrd. t in Deutschland transportiert wurden. Die Verkehrsleistung beläuft sich auf über 500 Mrd. tkm. Der Großteil der Tonnage wird wie in allen anderen entwickelten Volkswirtschaften auf der Straße transportiert. Dafür stehen insgesamt 2 Mio. in Deutschland angemeldete LKW zur Verfügung. Auf der Schiene sind rund 124.000 Waggons für unterschiedlichen Einsatz in Betrieb. Hinzu kommen noch 2300 Schiffe. Weitere Kapazitäten kommen aus dem Ausland insbesondere für den internationalen Transport.

Zu den Kapazitäten im Transport sind auch das fahrzeugführende Personal zu zählen. Diese summieren sich gemäß der Tab. 4.3 auf über 770.000, in denen auch mit einer Schätzung selbstständige Fahrer einbezogen sind. Davon entfallen rund 730.000 alleine auf den Straßenverkehr.[5]

Aus dieser Tabelle sind weiterhin die Kapazitäten an Personal im Lager zu entnehmen. Insgesamt arbeiten dort ca. 1,52 Mio. Erwerbstätige, oft auch als Teilzeitkräfte. Diese verteilen sich auf 300 bis 360 Mio. qm Lagerfläche (siehe Tab. 4.4).[6] Diese finden sich nicht nur bei den Nutzergruppen Handel, Industrie und Logistikdienstleister, sondern auch nach funktionaler Betrachtung in Umschlagimmobilien ohne Bestandslagerung, klassischen Lagerimmobilien, Distributionsimmobilien mit Verbindung mehrerer Leistungen sowie sonstigen Logistikimmobilien wie Hochregallager und Spezial-Logistikimmobilien mit besonderen Eigenschaften [11, S. 29 f.].

Der andere, qualitative Wert der Logistik für eine Volkswirtschaft zeigt sich in den Kunden-Lieferanten-Beziehungen. Eine Volkswirtschaft kann als Netzwerk von Wertschöpfungsaktivitäten dargestellt werden, wie sie auch das Statistische Bundesamt in ihrer volkswirtschaftlichen Gesamtrechnung nutzt.[7] Diese reichen von der Urproduktion – verteilt über den Globus – bis zum Konsum durch die deutschen Bürger und letztlich bis zur Entsorgung gebrauchter und verbrauchter Güter. Diese Kette beinhaltet zahlreiche Unternehmen, die in einer Kunden-Lieferanten-Beziehung zusammenhängen (siehe Supply Chain Management). Die Verbindung dieser Unternehmen untereinander hinsichtlich Informations-, Güter- wie auch Geldflüssen ist die Kernaufgabe der Logistik, wie sie oben eingegrenzt wurde. Die Abb. 4.3 verdeutlicht die Vernetzung in Form des Fließsystems.[8] Aus einer

---

[5]Die Differenz zwischen Fahrzeugen und fahrzeugführendem Personal kommt auch daher zustande, dass eine große Zahl (über 1,4 Mio.) an sonstigen logistisch genutzten Fahrzeugen kleine Fahrzeuge sind, die nicht durch dedizierte Fahrzeugführer gesteuert werden, sondern durch bspw. Handwerker. Weiterhin ist tendenziell die Zahl der Fahrzeugführer im Straßenverkehr eher unterschätzt, da in der aktuellen Hochrechnung eine pauschale Hochrechnung auf Erwerbstätige erfolgt. Im Straßengüterverkehr ist der Erwerbstätigenteil jedoch deutlich höher als bei den Fahrzeugführern der anderen Verkehrsträger.

[6]Erstmals quantifiziert in [10, S. 40]. Diese Zahl wurde in den folgenden Ausgaben weitergeführt und nicht weiter aktualisiert.

[7]Eine Erläuterung siehe bspw. [12, S. 298]

[8]In [13] erstmalig veröffentlicht, aktualisiert in [9].

Tab. 4.2 Übersicht nationaler Gütertransport in Deutschland 2015 – alle Verkehrsträger [9, S. 63]

Transport-Leistungsart	Zahl Fahrzeuge (Tsd.) 2015	Beförderte Tonnage in Mio. t (2015)	Transportleistung in Mio. tkm (2015)	Wert absolut in Mio. € (Schätzbasis 2015)
Gewerblicher Güterverkehr Straße, insbes. Nahverkehr mit leichteren LKW	118,5	1715	71.500	8263
Gewerblicher Güterverkehr Straße, insbes. Fernverkehr mit schweren LKW >7,5 t Nutzlast	251,8	564	173.759	33.644
Sonstige gew. Fahrzeuge (nicht gen.pflichtig), insbes. <3,5 t zulässiges Gesamtgewicht	101,3	25	1773	4457
Werkverkehr Straße, insbes. Nahverkehr mit leichteren LKW	119,4	726	23.800	5628
Werkverkehr Straße, insbes. Fernverkehr mit schweren LKW >7,5 t Nutzlast	109,8	75	19.542	9833
Sonstige Werkverkehrs- und Dienstleistungsfahrzeuge (nicht gen.pflichtig)	1277,1	160	6385	11.494
Ausländische Fahrzeuge, Versand (–, Versand und Empfang)	107,0	246 (493)	92.900 (185.800)	11.775
Zwischensumme Straßengüterverkehr	$\sum$ 2085	$\sum$ 3511	$\sum$ 385.659 [sic]	$\sum$ 85.093
Güterverkehr Bahn, Binnen und internat. outbound (–, Gesamt Binnen und grenzüberschreitend)	124,1	289 (367)	80.710 (116.632)	4800
Rohrleitungen		91	17.714	3760
Binnenschifffahrt Binnen und intern „outbound" (deutsche Schiffe)	2,2	103 (68)	23.558	745
Seeschifffahrt „outbound" (deutsche Schiffe)	0,3	122 (24,5)		7320
Luftfracht „outbound"	k.A.	2		4008
Summe alle Transport-Leistungsarten	$\sum$ 2211	$\sum$ 4119	$\sum$ 507.591[sic]	$\sum$ 105.726

volkswirtschaftlichen Sichtweise werden die fast 900 in den amtlichen Statistiken erfassten Wirtschaftszweige in einer verdichteten Form genutzt, in und zwischen denen spezifische logistische Aktivitäten zu finden sind. So durchläuft bspw. ein Joghurt, bevor er durch den

Tab. 4.3 Erwerbstätige in der Logistik in Deutschland [9, S. 52]

		Bezeichnung Berufsgruppe (KldB 2010)	Logistik-Erwerbstätige gesamt
Direkte Logistikberufe	Transport und Verkehr	Fahrzeugführung im Straßenverkehr	738.094
		Fahrzeugführung im Eisenbahnverkehr	11.044
		Fahrzeugführung im Flugverkehr	1.643
		Fahrzeugführung im Schiffsverkehr	7.248
			$\sum$ 758.028
	Lager und Umschlag	Lagerwirtschaft u. Güterumschlag	1.504.500
		Post- und Zustelldienste	19.840
			$\sum$ 1.524.340
	administrative Funktionen	Überwachung und Steuerung des Verkehrsbetriebs	32.959
		Kaufleute - Verkehr und Logistik	200.893
			$\sum$ 233.852
			$\sum$ 2.516.220
Indirekte Logistikberufe	Unternehmer, Wirtschaftsprüfer, Rechnungskaufleute, Bürofach- und Bürohilfskräfte, ...		377.433
			$\sum$ 377.433
		Alle Logistikberufe: $\sum$ **2.893.653**	

Endkunden erworben wird, eine Vielzahl an Stationen bzw. Wertschöpfungsstufen. Die Milch kommt aus der Urproduktion beim Landwirt. Aus der Milch produziert in einem nächsten Schritt die Molkerei das Verbrauchsgut Joghurt, der über den Konsumgüter-Großhandel im Lebensmittel-Einzelhandel bzw. dem Supermarkt zum Verkauf an den Endkunden landet (siehe Abb. 4.3).

Mit diesem Modell und der Analyse der dort logistisch verarbeiteten Objekte, Aufträge und Projekte lässt sich die Logistikleistung in den Wirtschaftszweigen auf insgesamt 13 Teilsegmente weiter differenzieren (siehe Tab. 4.5).[9] Hieran zeigt sich die Komplexität in der Logistik wie auch die Relevanz für den Zusammenhalt dieser weltumspannenden Ketten.

Laut diesen Erhebungen werden entsprechend gut 50 % des KEP[10]-Aufkommens[11] durch Unternehmen der Lebensmittelindustrie und -handels sowie Kleinbetrieben generiert. In

---

[9]Eine detaillierte Beschreibung der einzelnen Teilsegmente findet sich in [3, S. 91 ff.]. Diese Logik wird auch in dem folgenden Abschnitt zur Prognose der Entwicklung des Wirtschaftsbereichs Logistik angewendet.

[10]Kurier-, Express- und Paketdienste

[11]Die 50 % ergeben sich durch die Addition der Beiträge des Clusters Lebensmittel und Kleinbetriebe.

Tab. 4.4 Zusammenfassung der Kapazitäten in der Logistik

	Sachkapazität	Personalkapazität
Transport	2,1 Mio. Einheiten	760.000 Erwerbstätige
Lagerung, Kommissionierung, Umschlag	300 bis 360 Mio. qm	1,5 Mio. Erwerbstätige
Sonstige Erwerbstätige außerhalb der operativen Prozesse (bspw. Geschäftsführer, Kaufleute etc.)	./.	610.000 Erwerbstätige

diesen beiden Segmenten ist auch der Versandhandel zu finden. Die Seefracht oder die Luftfracht sind insbesondere durch die Exportindustrien geprägt.

4.1.2.1 Prognose des Wirtschaftsbereichs Logistik

Für jeden Wirtschaftszweig und jede Branche wird eine Prognose über deren monetäre Entwicklung veröffentlicht. Entsprechend wird dies auch für den Wirtschaftsbereich Logistik vorgenommen. Die Logik dahinter zeigt die folgende Abbildung. Da gemäß den aktuellsten Untersuchungen sich der Wirtschaftsbereich nahezu hälftig in eine Leistungserbringung durch externe Logistikunternehmen und durch eigene Ressourcen der Industrie, des Handels etc. erbracht werden [3, S. 68], ist entsprechend die externe Sicht in Form von Preisen und die interne in Form von Kosten einzunehmen (siehe Abb. 4.4).

Der dahinter liegende Prognosekorridor wird durch die folgende Formel berechnet:

$$P = \sum_{i=1}^{16} \sum_{j=1}^{13} (1 + p_i) \cdot B_{ij} \cdot \left(1 + l_{ij}\right) \tag{4.1}$$
$$\cdot \left[O_j \cdot (1 + E_j) \cdot e_{ij} + (1 - O_j) \cdot \left(1 + \left(M_j \cdot m_i + T_j \cdot t + S_j \cdot s_j\right)\right)\right]$$

P Prognosewert für das entsprechende Jahr
i Branchencluster
j Teilmarkt der Logistik
p Prognose zur Veränderung der Produktions-/Handelsleistung in dem Branchencluster
B aktuelles Volumen der Logistik des Branchenclusters
l Veränderung der Leistungsnachfrage
O Outsourcinggrad
E Preis für extern eingekaufte Logistikleistung
e Entwicklung der Preise
M Personalkostenanteil
m Entwicklung Personalkosten
T Treibstoffkostenanteil

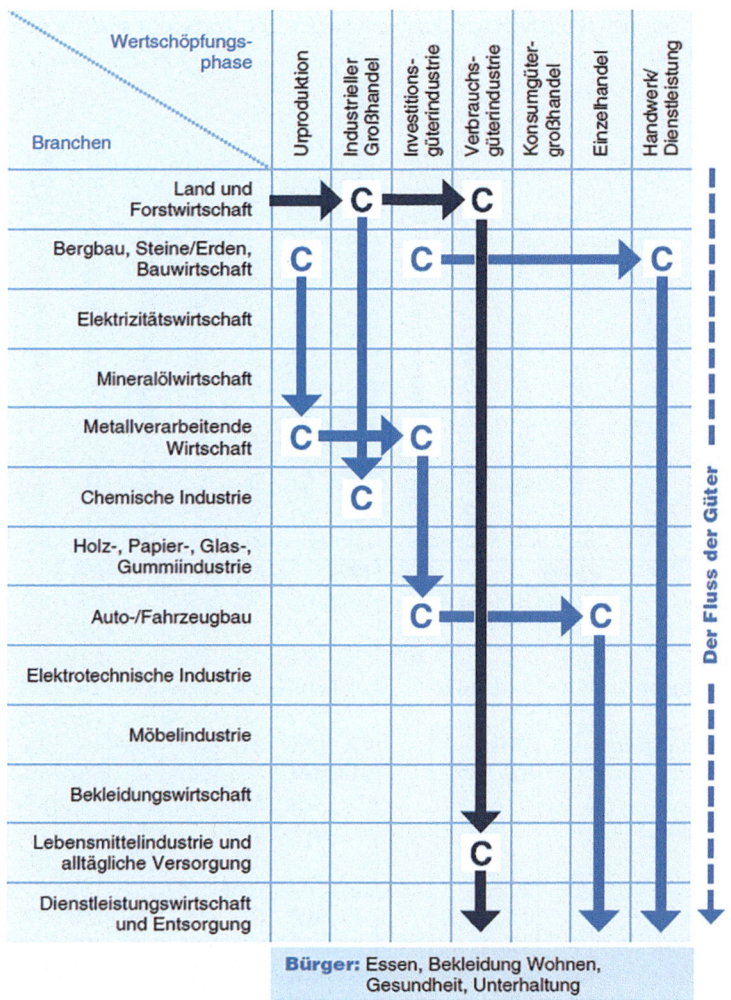

Abb. 4.3 Das „Fließsystem" der Wirtschaft – Prinzipielle Darstellung (C = Company) [13]

t Entwicklung Treibstoffkosten
S Anteil sonstiger Kosten
s Entwicklung sonstiger Kosten

Aufgrund der Breite der Logistik und der zahlreichen qualitativen Faktoren, die die monetäre Entwicklung des Wirtschaftsbereichs speziell beeinflussen, zeigte sich trotz der Berücksichtigung vieler Aspekte, dass eine rein quantitative Vorgehensweise trotz der verifizierten und renommierten Quellen ein nicht ausreichend konkretes Ergebnis bringt. Mit der hier vorgestellten Initiative wird diese Lücke geschlossen, indem zu der rein analytischen Methode eine

Tab. 4.5 Verteilung der Branchenlogistikaufwendungen auf Transport- und weitere Logistikleistungsarten [9, S. 82]

	Massengutlogistik	Ladungsverkehre landgebunden	Heavy Lift Services	Spezielle Ladungsverkehre Tank & Silo	Ladungsverkehre mit sonst. spez. Equipment	Stückgutverkehre	Konsumgüterkontraktlogistik	Industrielle Kontraktlogistik	Stückgut-Netzwerktransporte	Terminal und Warehousing Operations	Kurier-/Express-/Paketdienste (KEP)	Seefracht	Luftfracht
Land/Forst	14%			5%	12%		5%			6%		10%	2%
Bau	21%	10%	31%		15%	13%	5%	9%		5%	2%	2%	
Energie	34%							2%		13%			
Mineralöl	5%	5%		50%	5%	5%	2%	6%		22%		5%	
Metall/Maschinen	5%	24%	46%		15%	19%	2%	12%	5%	3%	1%	12%	19%
Chemie	11%	8%		28%		5%	5%	10%		7%	4%	24%	14%
Holz/Glas/Kunststoff		10%			7%	7%	2%	10%	5%	4%	2%	15%	
Automobil		8%	8%		21%	5%		25%		5%	5%	10%	5%
Elektronik						5%	3%	2%	15%		3%	3%	35%
Wohnen/Freizeit						5%	2%		15%		1%		5%
Bekleidung						4%	1%	5%		6%		2%	3%
Lebensmittel	5%	20%			12%	15%	15%	62%	10%	10%	23%	15%	5%
Sonst. Handel		4%				4%	5%	3%	6%	3%	5%	5%	5%
Dienstleistungen		3%						2%	12%	1%	8%		5%
Öffentl. Sektor	5%	6%	15%	3%	10%	8%	3%	5%	15%	6%	11%	1%	1%
Kleinbetriebe		2%		3%		8%		3%	19%	15%	30%	1%	1%

Expertenrunde zusammengestellt wird, die sich aus Wissenschaft und Praxis zusammensetzt.[12] Diese Experten diskutieren während zwei Tagungen die quantitative und qualitative Entwicklung der Logistik, um schlussendlich zur Beantwortung der Frage zu kommen, wie sich der Wirtschaftsbereich Logistik quantitativ entwickeln wird.

Damit die Einschätzungen ausreichend fundiert sind, werden über ein mehrstufiges Verfahren zunächst die qualitativen Einflussfaktoren der Entwicklung der Logistik diskutiert. Auf den Ergebnissen basierend werden die Kennzahlen mit dem größten Hebel analysiert

---

[12]Eine ausführliche Beschreibung ist in [14] zu finden.

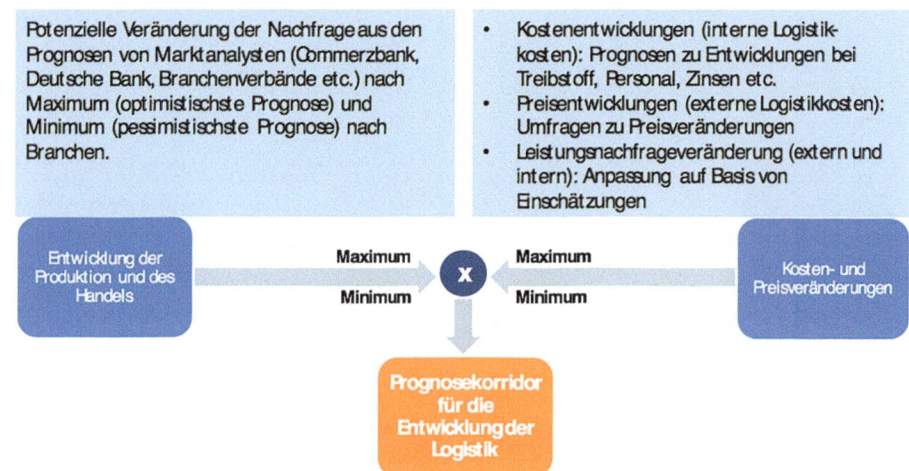

Abb. 4.4 Schematische Darstellung der analytischen Vorgehensweise. (Quelle: ohne Verfasser)

und bewertet, um als Schlussfolgerung auf die Prognose über die Entwicklung des Wirtschaftsbereichs Logistik zu kommen.[13]

Hieraus ergibt sich das Alleinstellungsmerkmal gegenüber anderen quantitativen Prognosen: Während sich die meisten Aktivitäten in diesem Feld auf für den Verkehr relevante Daten wie Tonnenkilometer und Tonnen beschränken, sich über Befragungen den zukünftigen Entwicklungen der Preise, Sendungszahlen o.ä. nähern[14] oder sich auf die rein qualitative Bewertung beschränken wie bspw. die Wettbewerbsfähigkeit des Logistikstandorts Deutschland[15], die Einschätzung zu Klima, Lage und Erwartungen der Logistik[16] oder Trendstudien auf Basis von Befragungen[17], entwickelt diese Initiative eine Prognose, die mit der anderer Wirtschaftszweige und Branchen verglichen werden kann.

Der Unterschied: Einbezug der von Praxis und Wissenschaft zu einem Wirtschaftszweig-weiten Diskurs

Wie beschrieben fußt die Methodik für die Prognose des Wirtschaftsbereichs Logistik auf zwei Vorgehensweisen, um der Komplexität und Vielschichtigkeit unter Berücksichtigung der zur Verfügung stehenden Ressourcen zu entsprechen. In Abb. 4.5 sind beide zusammen-

---

[13] Diese Vorgehensweise wird ausführlich in [14] erläutert.

[14] Darunter zählen bspw. das Transportmarktbarometer von Progtrans und ZEW, das Logistikbarometer von SCI, der RWI/ISL Containerindex oder der Transport Market Monitor von Transporeon und Cap Gemini.

[15] Bspw. durch die World Bank 2014.

[16] Insbesondere durch den Logistik-Indikator der BVL und des ifw, abzurufen unter http://www.bvl.de/logistik-indikator.

[17] Die in Deutschland bekannteste und am breitesten angelegte ist [15] bzw. die Nachfolgestudie [16].

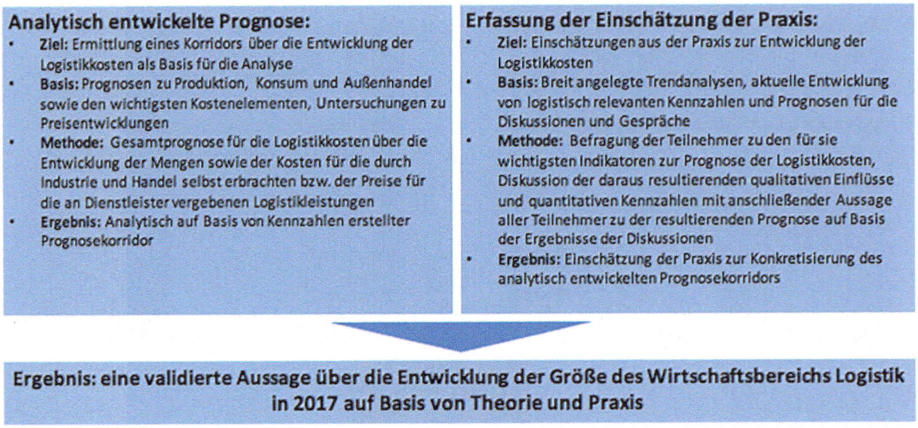

Analytisch entwickelte Prognose:
- **Ziel:** Ermittlung eines Korridors über die Entwicklung der Logistikkosten als Basis für die Analyse
- **Basis:** Prognosen zu Produktion, Konsum und Außenhandel sowie den wichtigsten Kostenelementen, Untersuchungen zu Preisentwicklungen
- **Methode:** Gesamtprognose für die Logistikkosten über die Entwicklung der Mengen sowie der Kosten für die durch Industrie und Handel selbst erbrachten bzw. der Preise für die an Dienstleister vergebenen Logistikleistungen
- **Ergebnis:** Analytisch auf Basis von Kennzahlen erstellter Prognosekorridor

Erfassung der Einschätzung der Praxis:
- **Ziel:** Einschätzungen aus der Praxis zur Entwicklung der Logistikkosten
- **Basis:** Breit angelegte Trendanalysen, aktuelle Entwicklung von logistisch relevanten Kennzahlen und Prognosen für die Diskussionen und Gespräche
- **Methode:** Befragung der Teilnehmer zu den für sie wichtigsten Indikatoren zur Prognose der Logistikkosten, Diskussion der daraus resultierenden qualitativen Einflüsse und quantitativen Kennzahlen mit anschließender Aussage aller Teilnehmer zu der resultierenden Prognose auf Basis der Ergebnisse der Diskussionen
- **Ergebnis:** Einschätzung der Praxis zur Konkretisierung des analytisch entwickelten Prognosekorridors

Ergebnis: eine validierte Aussage über die Entwicklung der Größe des Wirtschaftsbereichs Logistik in 2017 auf Basis von Theorie und Praxis

Abb. 4.5 Übersicht der Vorgehensweise für eine Prognose der Entwicklung des Wirtschaftsbereichs Logistik [6, S. 15]

gefasst dargestellt. Die erste Säule entwickelt eine Prognose auf dem analytischen Weg, wie dies auch der Sachverständigenrat zur Begutachtung der gesamtwirtschaftlichen Entwicklung der Bundesregierung verfolgt.[18] Die zweite Säule wiederum zollt der Charakteristik der Logistik Tribut und bindet die Marktteilnehmer in die schlussendliche Aussage über die Entwicklung des Wirtschaftsbereichs ein. Beide Wege werden an dieser Stelle zusammengefasst.[19]

Die analytisch entwickelte Prognose

Für eine Prognose der Logistik im Folgejahr (in diesem Fall für 2017) werden kontinuierlich die einzelnen Prognosedaten, die einen Einfluss auf die Entwicklung der Logistik haben, gesammelt und gemäß der definierten Methodik verarbeitet. Dabei werden unterschiedliche Quellen verwendet, um einerseits die Datenbasis zu gewährleisten, andererseits um unterschiedliche Szenarien berechnen zu können. Das Ergebnis ist ein rein analytisch hergeleiteter Korridor für eine Prognose der Entwicklung des Wirtschaftsbereichs Logistik basierend auf den jeweiligen Daten zu den geringsten und den höchsten Erwartungen. Dieses Ergebnis bildet die Basis für die Diskussionen auf dem Gipfeltreffen im Herbst.

---

[18]Näheres findet sich unter http://www.sachverstaendigenrat-wirtschaft.de/ sowie im Jahresbericht [17].

[19]Mit dem Einbezug der Praxis unterscheidet sich dieser Ansatz auch deutlich von dem der „Wirtschaftsweisen" (eine ausführliche Beschreibung findet sich in [6]).

Die Erfassung der Einschätzung der Praxis

Als Vorbereitung werden die Teilnehmer dazu befragt, welche qualitativen Trends und quantitativen Kennzahlen für sie die wichtigsten sind, um eine Aussage über die Entwicklung des Wirtschaftsbereichs Logistik im kommenden Jahr treffen zu können. Das Ergebnis dieser vorbereitenden Gespräche im Frühjahr bildet die Agenda der Klausur im Herbst. Als Faktenbasis dienen die bis Ende des dritten Quartals veröffentlichten Prognosen zu allgemeinen Wirtschaftsdaten und Logistikkennzahlen sowie die analytisch entwickelten Szenarien für die Prognose der Logistik. Deren Bewertung führt schlussendlich zu einer gemeinsamen Aussage über die Entwicklung des Wirtschaftsbereichs Logistik im Folgejahr.

In Summe werden die beiden Ergebnisse aus der analytischen Vorgehensweise und aus dem Expertenvotum zu einer Aussage über die Entwicklung der Logistik im Folgejahr zusammengeführt.

Die Ergebnisse in der Zusammenfassung

Für das Jahr 2019 wurde mittels der Analyse der Wirkung qualitativer Treiber und Trends sowie der Entwicklung quantitativer Kennzahlen wie des Wachstums des Außenhandels, Sendungsentwicklung, Anteil der Logistikkosten am Umsatz, Kapazitätsverfügbarkeit sowie Personalkosten die Erwartung über das Wachstum des Wirtschaftsbereichs Logistik generiert. Das Ergebnis findet sich in Abb. 4.6. Die einzelnen Ergebnisse der zurückliegenden

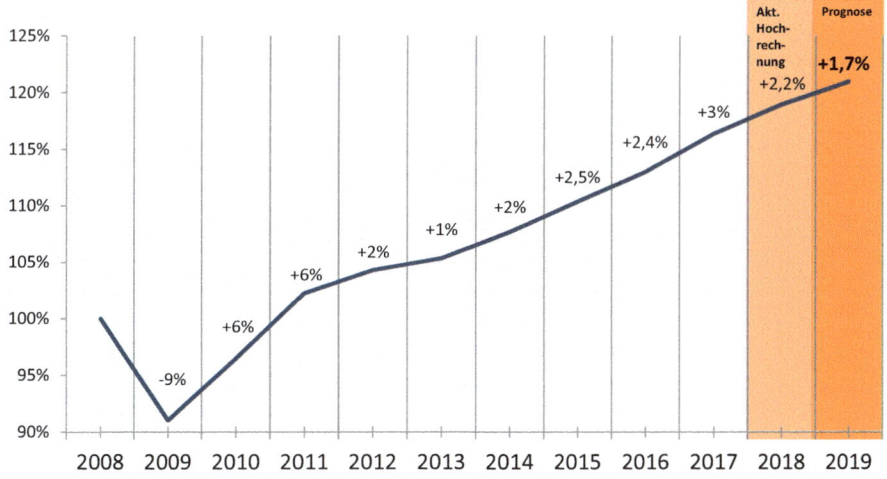

Abb. 4.6 Prognose für das Jahr 2019 als exemplarisches Ergebnis [6, S. 19]

Jahre zeigen, dass grundsätzlich die Entwicklung der Logistik immer deutlich über der des Bruttoinlandsproduktes BIP liegt (auch bei negativem Wachstum wie 2009 ist mit -9 % ein stärkerer Ausschlag zu erkennen gegenüber dem BIP, das um 5 % schrumpfte).

Zum Schluss dieses Kapitels sollen noch drei sehr anschauliche Größenordnungen vorgestellt werden, die die Bedeutung der Logistik ebenfalls verdeutlichen:

- Die Logistik ist die drittgrößte Branche in Deutschland, noch vor Elektronik und Maschinenbau, mit ca. 3 Mio. Beschäftigten.
- Der geschätzte Umsatz der Branche liegt bei rund einer Billion € europaweit, der Anteil Deutschlands liegt bei etwa 267 Mrd. EUR (2017).
- Nur die Hälfte der logistischen Leistungen wird von Logistikdienstleistern erbracht. Die andere Hälfte findet unternehmensintern statt. [18]

Literatur

1. Bretzke W-R (2015) Logistische Netzwerke. Springer, Heidelberg
2. Klaus P (2002) Die dritte Bedeutung der Logistik. Deutscher Verkehrs-Verlag, Hamburg
3. Kille C, Schwemmer M (2014) Die Top 100 der Logistik – Deutschland. Deutscher Verkehrs-Verlag, Hamburg
4. Klaus P, Müller-Steinfahrt U (1996) Die Top 100 der Logistik-Dienstleistung – Deutschland und Europa. Deutscher Verkehrs-Verlag, Hamburg
5. Klaus P (1993) Die dritte Bedeutung der Logistik. Eigenverlag, Nürnberg
6. DVV Media Group (2017) Logistik im Spannungsfeld der Politik. DVV Media Group, Hamburg
7. Zentes J, Hertel J, Schramm-Klein H (2011) Supply-Chain-Management und Warenwirtschaftssysteme im Handel, 2., erw. und aktualisierte Aufl. Springer, Berlin, XIII, 441 S. http://swbplus.bsz-bw.de/bsz345301226inh.htm
8. Kille C, Grotemeier C (2017) Treiber und Trends der Logistik als qualitativer Rahmen für die Prognose. In: Kille C, Meißner M (Hrsg) Logistik im Spannungsfeld der Politik. DVV Media Group, Hamburg, S 29–39
9. Schwemmer M (2016) Die Top 100 der Logistik – Deutschland. Deutscher Verkehrs-Verlag, Hamburg
10. Nehm A, Veres-Homm U, Kille C (2009) Logistikimmobilien in Deutschland – Markt und Standorte. Fraunhofer IRB Verlag, Stuttgart
11. Veres-Homm U, Kübler A, Weber N, Cäsar E (2015) Logistikimmobilien – Markt und Standorte 2015. Frauenhofer, Stuttgart
12. Woll A (2011) Allgemeine Volkswirtschaftslehre, 16. Aufl. Vahlen, München
13. Klaus P (1995) Die Top 100 der Logistik – Deutschland. Deutscher Verkehrs-Verlag, Hamburg
14. DVV Media Group (2016) Logistik trifft Digitalisierung. DVV Media Group, Hamburg
15. Handfield R, Straube, F, Pfohl, H-C, Wieland A (2013) Trends and strategies in logistics and supply chain management – embracing global logistics complexity to drive market advantage. Hamburg

16. Kersten W, Seiter M, See B von, Hackius N, Maurer T (2017) Trends und Strategien in Supply Chain Management und Logistik – Chancen der digitalen Transformation. Hamburg,

17. Sachverständigenrat (Hrsg) (2015) Zukunftsfähigkeit in den Mittelpunkt – Jahresgutachten 2015/2016. Bonifatius GmbH Druck-Buch-Verlag, Paderborn

18. Bundesvereinigung Logistik (BVL) e. V. (2017) Bedeutung für Deutschland. https://www.bvl.de/wissen/bedeutung-fuer-deutschland. Zugegriffen: 15. Sept. 2017

Teil B

Förderungstechnische Konstruktionselemente und Komponenten der Sensorik, Aktorik, Steuerungs- und Regelungstechnik

Zusammenfassung

Hier werden ausgehend von einer knappen Konstruktionsystematik die zwei Komponenten aus denen sich Maschinen und Einrichtungen der Fördertechnik, Materialflusstechnik, Intralogistik und technischer Logistik zusammensetzen, nämlich den Basiselementen der Förder- und Elektrotechnik, im Detail vorgestellt. Bei den Fördertechnischen Basiskomponenten handelt es sich um die maschinenbaulichen Basiselemente der Fördertechnik, dies sind Seile und Seiltriebe, Gurte und Zahnriemen, Ketten und Kettentriebe, Bremsen und Bremslüfter, Laufräder und Schienen, Lastaufnahmeeinrichtungen, Kupplungen, Zahnradgetriebe, Antriebe mit Verbrennungsmotoren, elektrische Antriebe, Ölhydraulik, neue Antriebssysteme. Bei den Basiselementen der Elektrotechnik handelt es sich um die Themen Sensorik, Aktorik, Steuerungs- und Regelungstechnik mit denen die Automatisierung der Maschinen realisiert wird.

Konstruktionselemente Maschinenbau/Fördertechnik

Karl-Heinz Wehking und Christian Häfner

5.1   Einführung

Fördertechnische Maschinen und Anlagen, und damit auch materialflusstechnische und logistische Systeme, setzen sich aus zwei maschinenbaulichen Hauptkomponenten zusammen – einerseits sind hier die klassischen Maschinenelemente zu nennen, andererseits die nachfolgend beschriebenen spezifischen Basiselemente der Fördertechnik.

Unter Maschinenelementen versteht man Bauteile, die in gleicher oder ähnlicher Form in technischen Maschinen, aber auch in Anlagen, Apparaten, Geräten und Bauwerken vorkommen. Zu nennen sind hier die aus dem Maschinenbau bekannten Komponenten wie Schrauben, Achsen und Wellen, Federn, Zahnräder, Wälz- und Gleitlager, Zugmittel, Bremsen, Kupplungen etc.

Neben den soeben aufgezählten Maschinenelementen haben die Aufgabenstellungen in der Fördertechnik bzw. Materialflusstechnik und Logistik zur Entwicklung von bevorzugten typischen Bauelementen geführt. Diese Entwicklung ist vor weit mehr als 100 Jahren durch die klassische Fördertechnik initiiert worden. Diese spezifischen Bauelemente der Fördertechnik sind entstanden, weil sie entweder überwiegend ihren Einsatz in fördertechnischen Maschinen finden (z. B. Drahtseile, Ketten) oder weil sie eine besondere Bedeutung (sicherheitstechnisch) oder funktionale Wichtigkeit (z. B. Sicherheitsbremsen und Laufräder) haben.

Diese Basiselemente der Fördertechnik sind:

- Seile (incl. Seiltrieb)
- Ketten
- Bremsen
- Laufräder und Schienen
- Lastaufnahmemittel
- Kupplungen

© Springer-Verlag GmbH Deutschland, ein Teil von Springer Nature 2020
K.-H. Wehking, *Technisches Handbuch Logistik 1*,
https://doi.org/10.1007/978-3-662-60867-8_5

- Zahnradgetriebe
- Antriebe
  - Verbrennungsmotoren
  - elektrische,
  - hydraulische und
  - pneumatische Antriebe

Mit Hilfe der allgemeinen Maschinenelemente und der Basiselemente der Fördertechnik lassen sich – wie im Nachfolgenden gezeigt – alle Maschinen und Einrichtungen der Fördertechnik, Materialflusstechnik und Logistik konstruieren und bauen.

Auf das Wissen der allgemeinen Maschinenelemente (siehe oben) kann in diesem Buch nicht eingegangen werden – hier wird verwiesen auf die entsprechenden Fachbücher aus dem Bereich der Konstruktionstechnik und der Maschinenelemente (z. B. G. Niemann, Maschinenelemente [1]).

Auf die Basiselemente der Fördertechnik hingegen wird hier im Detail eingegangen – nicht nur, weil es für den Konstrukteur von entscheidender Bedeutung ist, die richtigen Elemente für die von ihm zu entwickelnde Maschine oder Einrichtung auszuwählen und zu dimensionieren, sondern weil das Wissen über die Basiselemente auch für den Betrieb und die Instandhaltung von Anlagen und Einrichtungen der Fördertechnik, der Materialflusstechnik und der Logistik von entscheidender Bedeutung sind. Dies ist der Grund, weshalb im Vergleich mit dem Buch Materialfluss und Logistik (Jünemann 1989) in diesem neuen Handbuch dieses umfangreiche Kapitel „Konstruktionselemente der Fördertechnik" eingefügt wurde.

Um die Bedeutung der Konstruktion, die heute oft unterschätzt wird, hervorzuheben seien einige Zitate von Prof. Albert Leyer von der eidgenössischen technischen Hochschule Zürich aus dem Jahre 1963 angemerkt.

> „Wenn wir den Eindruck haben, dass beim Zustandekommen eines technischen Erzeugnisses gleichwohl eine schöpferische Leistung vorhanden sei, so kann dafür nur die Konstruktion in Frage kommen."
>
> „Das Grundelement der Konstruktion ist Gestaltung. Sie ist der eigentliche schöpferische Vorgang"
>
> „Richtiges Gestalten ist eine Kunst und daher einer Systematik besonders schwer zugänglich"
>
> „Eine Konstruktion beginnt nie mit der Berechnung. Den Anfang macht stets die Phantasie mit einer bestimmten Reihe von Vorstellungen"
>
> „Beim Gestalten spielt das Auge eine wichtige Rolle."

Aus der nun fast vierzigjährigen beruflichen Erfahrung des Autors, vor allen Dingen auch im Bereich der konstruktiven Fördertechnik erlaube er sich die Bemerkung, dass die Güte und der Stellenwert einer Konstruktion mit dem Auge eines Konstruktionsingenieur sofort beurteilbar ist. Bei einer solchen Erstbeurteilung kommt es häufig auch zu der Formulierung, eine gute Konstruktion ist einfach, schlicht, wirkungsvoll und der Betrachter stellt sich häufig die Frage, weshalb er selbst nicht diese gute Lösung entwickelt hat.

Im Nachfolgenden soll anhand von drei Beispielen exemplarisch gezeigt werden, wie sich fördertechnische Maschinen aus den oben aufgelisteten Basiselementen zusammensetzen und dass die Kenntnis dieser Basiselemente universell zur Konstruktion von beliebigen Maschinen der Förder-, Maschinenflusstechnik und Logistik dient.

5.1.1 Beispiel 1: Containerkran

Die Abb. 5.1 zeigt eine Hafenumschlagsanlage für Container, wobei leicht nachzuvollziehen ist, dass die sogenannte Verladebrücke (Position 2) am Containerschiff das systembestimmende Element für die Leistung der Gesamtanlage ist. Wenn man sich mit Hilfe der Abb. 5.2 das Fördermittel Containerkran ansieht, unterteilt sich dieses in eine Brücke, also ein Tragwerk, und ein Fahrwerk, die sogenannte Katze (Abb. 5.2).

Auf das Tragwerk beziehungsweise allgemein auf die Anforderungen von Tragwerken zum Beispiel im Stahlbau wird im Rahmen dieses Kapitels nicht näher eingegangen – hier wird auf spezifische Fachliteratur verwiesen.

Wenn man nun die Großbaugruppe Katze weiter unterteilt, gliedert sich diese in das Hub- und Fahrwerk sowie in das Tragwerk der Katze auf. Exemplarisch wird das Hubwerk nun weiter untersucht. Ein Hubwerk setzt sich (im Allgemeinen) zusammen aus den in der Abb. 5.2 aufgelisteten Basiselementen (der Fördertechnik) Seil, Bremse, Kupplung, Zahnradgetriebe und elektrischer Antrieb. Diese Elemente werden im Abschn. 5.2, Seile und Seiltriebe bis Abschn. 5.11, Elektrische Antriebe im Detail vorgestellt.

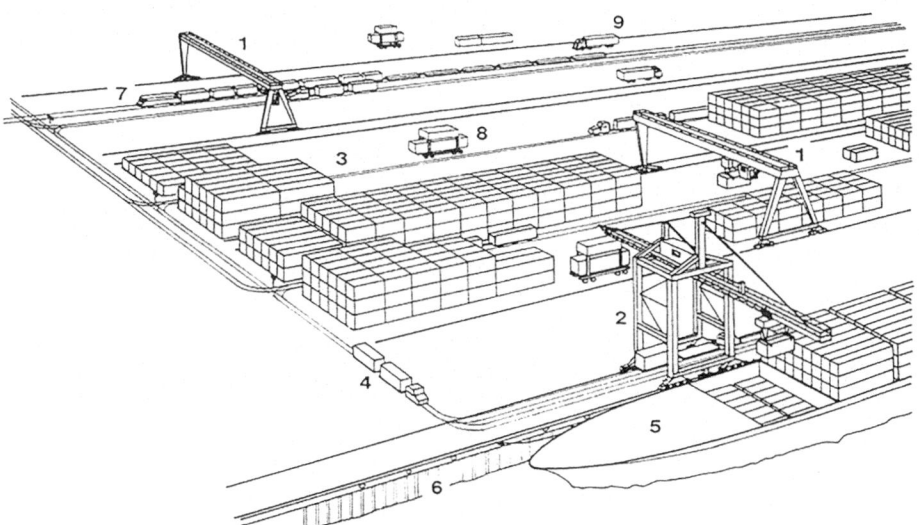

Abb. 5.1 Containerumschlag am Hafen (1 Portalkran, 2 Verladebrücke, 3 Containerlager, 4 Schleppzug, 5 Containerschiff, 6 Kaimauer, 7 Containerzug, 8 Portalstapler, 9 Lastkraftwagen). (Quelle: ohne Verfasser)

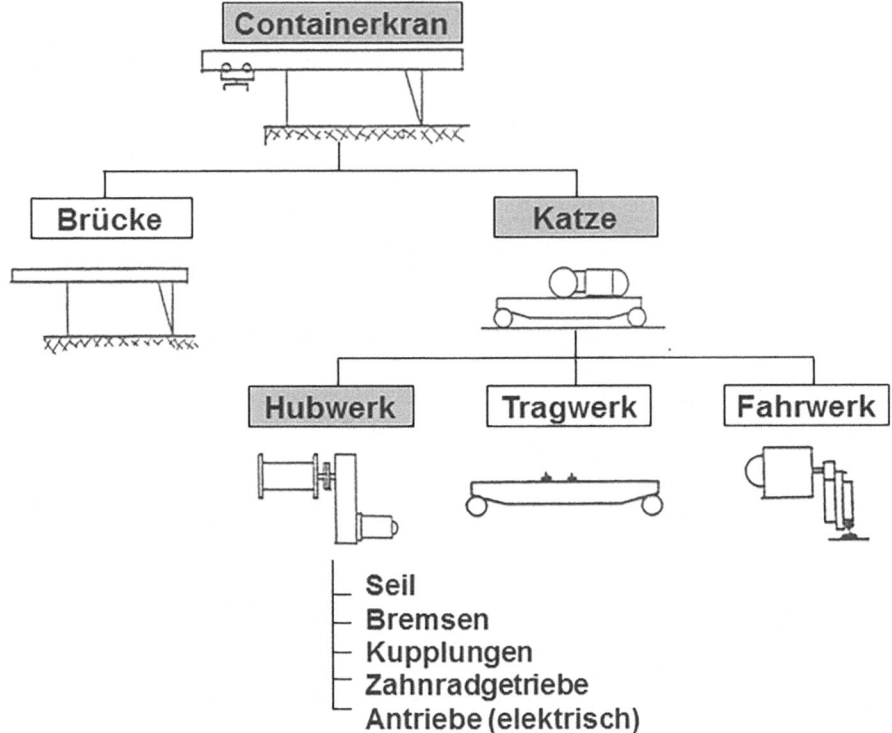

Abb. 5.2 Baugruppen eines Containerkrans. (Quelle: IFT)

5.1.2   Beispiel 2: Gabelstapler

Die Abb. 5.3 zeigt einen Vierradgabelstapler mit dieselhydraulischem Antrieb. In der Abb. 5.4 ist das Fördermittel wiederum strukturiert worden, wobei wir es hier mit den Kleinbaugruppen Chassis, Hubtrieb und Fahrantrieb zu tun haben. Der eigentliche Fahrantrieb wird durch die Komponenten 12, 11 und 8 realisiert, nämlich durch einen dieselhydraulischen Antrieb, eine hydraulische Verstellpumpe und zwei hydraulische Motoren für den Antrieb jeweils des rechten und des linken Rades. Hierbei handelt es sich um spezifische Elemente von hydrostatischen Antrieben, also Motoren, Pumpen, Ventilen und Steuerungselementen, die im Abschn. 5.12, Ölhydraulik der Basiskonstruktionselemente der Fördertechnik behandelt werden.

5.1.3   Beispiel 3: Fahrerloses Transportsystem Typ Doppelkufen

Hier bei handelt es sich um eine Entwicklung des IFT für ein völlig neuartiges automatisches Palettenhandhabungs und -transportsystem mit der Bezeichnung Doppelkufen.

Abb. 5.3 Funktionsgruppen eines Dieselhydraulischen Gabelstaplers. (Quelle: Linde Material Handling GmbH)

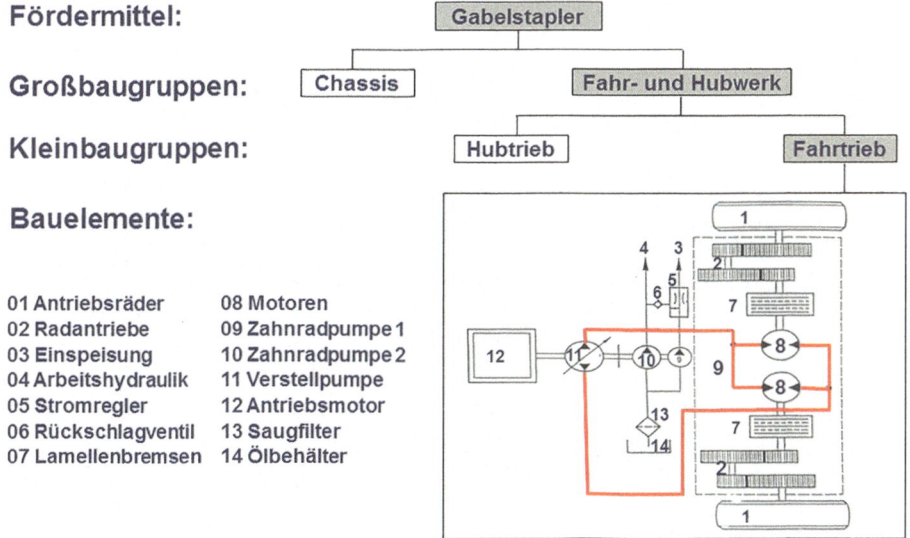

Abb. 5.4 Strukturierung der Baugruppen eines Gabelstaplers. (Quelle: IFT)

Die Abb. 5.5 zeig die Strukturierung der Baugruppen des Doppelkufen-Transportsystems.

Die Abb. 5.6 zeigt die Doppelkufen, die in der Lage sind 3 Funktionen auszuführen-Hubantrieb (Palette wir angehoben bzw. gesenkt), Lenkantrien (Realisierung des Fahrbetriebes) und Fahrantriieb (Vorwärts- und Rückwärtsfahrt):

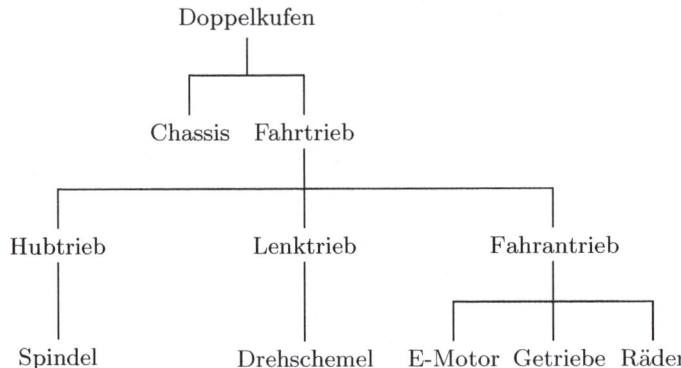

Abb. 5.5 Logische Strukturierung der Baugruppen des Doppelkufen-Systems. (Quelle: IFT)

Abb. 5.6 Fahrerloses Transportsystem „Doppelkufen", bestehend aus zwei voneinander unabhängigen Kufen. (Quelle: IFT)

Abb. 5.7 Drehschemel. (Quelle: IFT)

Die Abb. 5.7 zeigt einen von zwei sogenannten Drehschemeln, von denen je Kufe zwei eingebaut sind. Diese Drehschemel realisieren mit einem Antrieb die Hubbewegung, die Fahrbewegung und die Lenkbewegung.

Im nachfolgendem Text werden nun die die einzelnen Basiselemente Fördertechnik vorgestellt.

5.2 Seile und Seiltriebe

Wie in der Einführung zu diesem Kapitel beschrieben werden nun im Nachfolgenden die im Kap. 5 aufgeführten Basiskomponenten der Fördertechnik im Detail vorgestellt. Dies beginnt mit dem Thema Seile und Seiltriebe.

Bei den Seilen lassen sich nach Abb. 5.8 generell vier Anwendungsfälle unterscheiden:

Bewegte Seile (laufende, dynamische Seile) werden in Seiltrieben eingesetzt, d. h. sie werden über Scheiben oder Trommeln geführt und nehmen hierbei deren Krümmung an.
   Anwendungsbeispiele: Hubseile, Kranseile, Aufzugseile
Stehende Seile (statische Seile) werden nicht umgelenkt und sind überwiegend fest installiert [3].
   Anwendungsbeispiele: Abspannseile von Masten u. Brücken, Seile für leichte Flächentragwerke, Halteseile, Führungsseile von Aufzügen

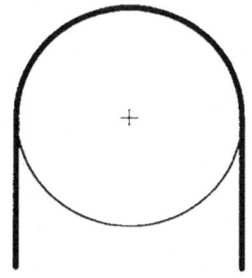

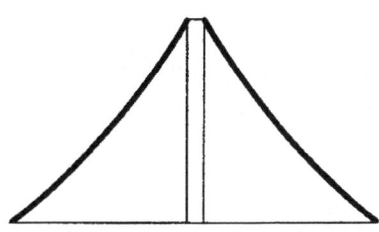

(a): Laufendes Seil (z. B. Kranseile)   (b): Stehendes Seil (z. B. Abspannseil
                                               bei Brücken)

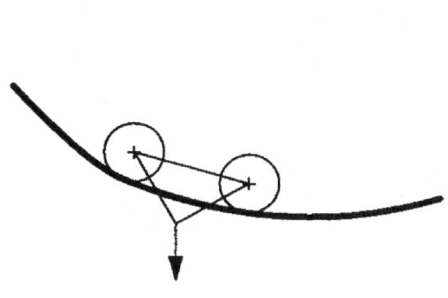

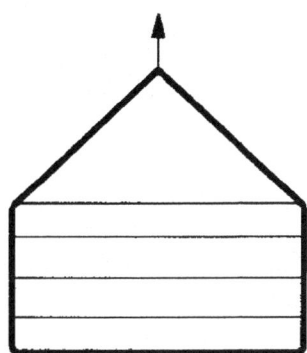

(c): Tragseil (z. B. Seilbahnen)   (d): Anschlagseil (z. B. für Lasten)

Abb. 5.8 Einteilung der Drahtseile nach ihrem Verwendungszweck nach VDI 2358 [2]

Tragseile dienen funktional als Laufschiene, d. h. auf ihnen laufen Rollen von Fördermitteln.
    Anwendungsbeispiele: Tragseile von Kabelkranen, Seilbahnen
Anschlagseile sind meist konfektionierte Seile zum Heben von Lasten.
    Anwendungsbeispiele: Abspannseile von Masten u. Brücken, Seile für leichte Flächen-
tragwerke, Halteseile, Führungsseile von Aufzügen

Seiltriebe dienen zur Einleitung und Weiterleitung von Kräften in fördertechnischen Anlagen sowie zur Führung des Seils. Sie lassen sich aus den Elementen Seiltrommeln, -rollen
und Treibscheiben, -trommeln zu einer Vielfalt möglicher Kombinationen zusammenstellen
(z. B. Kran-Hubwerke).

5.2.1 Seile

Die wesentliche Ursache für die vielseitigen Einsatzmöglichkeiten von Seilen in der Fördertechnik ist in der Kombination aus hoher Festigkeit bei hinreichender Biegsamkeit begründet, die bei ihnen sehr gut verwirklicht ist. Diese Eigenschaften werden erreicht durch
die Aufteilung des Gesamtquerschnittes des Seils in mehrere Teilquerschnitte von einzelnen hochfesten Drähten bzw. Fasern; im konkreten Bedarfsfall lässt sich die Biegsamkeit
von Drahtseilen durch Einlagen aus Natur- oder Chemiefasergarnen weiter erhöhen (siehe
Abb. 5.9).

Aufgrund der verwendeten Materialien lassen sich drei Seilarten unterscheiden:

- Hanf- und Kunststoffseile = Faserseile
- Drahtseile
- Hochfeste Faserseile

5.2.1.1 Faserseile

Faserseile bestehen aus Naturfasern (z. B. Hanf) oder heute überwiegend aus Synthesefasern
(z. B. Polyamid). Diese Seilarten werden aufgrund ihrer guten Biegsamkeit (biegeschlaff),
ihres guten Energieaufnahmevermögens (Synthesefaser-Seile) und geringen Verletzungs-
gefahr insbesondere als Anschlagseile (Schiffstaue), Sicherheitsseile (Bergsteigen) und
Flaschenzugseile eingesetzt als

- gedrehte,
- geflochtene oder
- Kernmantelseile.

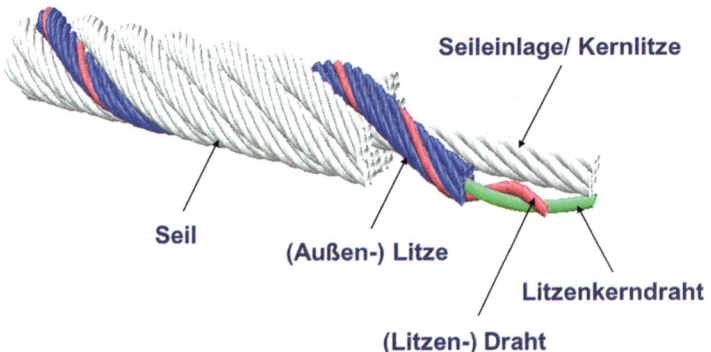

Abb. 5.9 Aufbau eines Drahtseiles. (Quelle: IFT)

Tab. 5.1 Beständigkeit von Hanf- und Kunststoffseilen gegenüber äußeren Einflüssen

Seilart	Beständigkeit gegenüber		Max. Einsatztemperatur (°C)
	Säure	Lauge	
Hanfseil	Unbeständig	Unbeständig	140
Polyamidseil	Unbeständig	Beständig	100
Polypropylenseil	Beständig	Beständig	100

Die Festigkeit von Naturfaserseilen ist jedoch im Vergleich zu Drahtseilen geringer, weshalb diese Seile häufig für untergeordnete Zwecke verwendet werden. Bei Faserseilen lässt sich zur Berechnung der zulässigen Spannung ein Seilquerschnitt nicht exakt berechnen. Die Auslegung erfolgt daher gemäß Herstellerangaben. Ein wesentliches Kriterium für die Auswahl von Hanf- und Kunststoffseilen stellt auch ihre chemische und Temperatur- Beständigkeit dar (Tab. 5.1).

Genormt sind diese Seile in DIN 83325 (Hanfseile) [4], DIN 83330 (Polyamidseile) [5] und DIN 83332 (Polypropylenseile) [6].

Weiterhin ist zu beachten, dass insbesondere Hanfseile unter feuchten Einsatzbedingungen zur Fäulnis neigen. Allgemein sind Hanfseile sehr empfindlich gegenüber äußeren Einflüssen und bedürfen aus diesem Grund besonderer Überwachung und Wartung.

Kunststoffseile sind sehr elastisch (dehnbar). Sie haben ein hohes Energieaufnahmevermögen. Aus diesem Grund wirken sie stoßdämpfend, z. B. beim Sturz eines Bergsteigers oder als Abschleppseil beim Anfahren.

5.2.1.2 Drahtseile

Das Ausgangsmaterial für die Herstellung von Drahtseilen ist warmgewalzter Rohdraht, der seine hohe Festigkeit durch eine Wärmebehandlung (Patentieren) und nachfolgend durch eine Folge von Kaltziehprozessen erhält. Schon während der Herstellung werden die einzelnen Drähte, aus denen das Seil aufgebaut ist, mechanisch erheblich beansprucht, so dass sich innerhalb der einzelnen Drähte ein äußerst komplexer Spannungszustand einstellt [2].

Merkmale der Drahtseile

Die wesentlichen charakteristischen Merkmale werden im Nachfolgend stichwortartig angegeben.

- Festigkeit der Einzeldrähte 1400 ... 2400 N/mm^2 bei einem Nenndurchmesser von 0,2 ... 4,2 mm.
- Korrosionsschutz durch korrosionsbeständige Überzüge (Zn, Sn, Cu, Kunststoffe)

- Gute Schmierung ist wichtig für die Seillebensdauer: Faserseile und Litzendrähte bereits bei der Herstellung gut fetten; auch während des Betriebes das Seil mit säurefreiem Fett oder Öl schmieren.
- Aufbau von Drahtseilen:
  - Drähte werden zu Litzen und Litzen zu Seilen verarbeitet (charakteristische schraubenförmige Lage)
  - ein-, zwei- oder dreifach verseilt
  - Fasereinlagen (Natur- oder Chemiefasergarn) oder
  - Stahleinlagen (Kerndraht oder verseilte Runddrähte) für mehrfach verseilte Seile (elast. Stützung der Litzen; Speicherung von Schmierstoff)
- gute Kombination von Festigkeit, Biegsamkeit, Eigengewicht, Verschleiß und Kosten.

Vergleich von Seilen und Ketten

Um die Vor- bzw. Nachteile von Seilen zu Klassifizieren, ist es hilfreich einen Vergleich zwischen Seilen und Ketten vorzunehmen.

Im Vergleich mit Ketten gilt für Seile:

- geringeres Eigengewicht bezogen auf die Bruchkraft
- ruhiger gleichmäßiger Lauf, kein Polygoneffekt
- höhere Betriebssicherheit „Seile sterben langsam")
- größere Umlenkradien erzeugen größere Momente → größere Getriebe, mehr Bauraum
- Schmutz-, korrosions- und temperaturempfindlich
- Reparatur schwierig

5.2.1.3 Hochfeste Faserseile

Neben den Stahldrahtseilen hat Ende der 1980er bzw. Anfang 1990er Jahre die Bedeutung von hochfesten Faserseilen (z. B. aus Aramid und High-Modulus Polyethylene) eine besondere Bedeutung bekommen. Verwiesen werden kann hier exemplarisch auf eine Veröffentlichung von Jacobs und van Dingenen [7].

Innerhalb der Fördertechnik werden Faserseile zunehmend als laufendes Seil und damit als Alternative zum Drahtseil verwendet. Die meist gute Biegsamkeit der Faserseile (z. B. auch von hochfesten Garnen) und die daraus resultierende kleine Biegebeanspruchung kommt der Forderung innerhalb der Förder- und Personenfördertechnik nach Seiltrieben mit kleinen Umlenkradien und kleinbauenden Antrieben nach. Die sehr leichten und hochfesten Faserseile weisen z. T. erheblich günstigere Biegewechseleigenschaften [8] und höhere Biegewechselzahlen beim Lauf über Scheiben bis zum Ablegen oder bis zum Versagen auf als Drahtseile unter sonst gleichen Bedingungen. Verwiesen wird hier auf die Veröffentlichung hochfeste Faserseile beim Lauf über Seilrollen [8].

Abb. 5.10 Bruchbiegewechselzahle eines Faserseils mit hochfesten Polyethylenfasern Dyneema SK 60 [2]

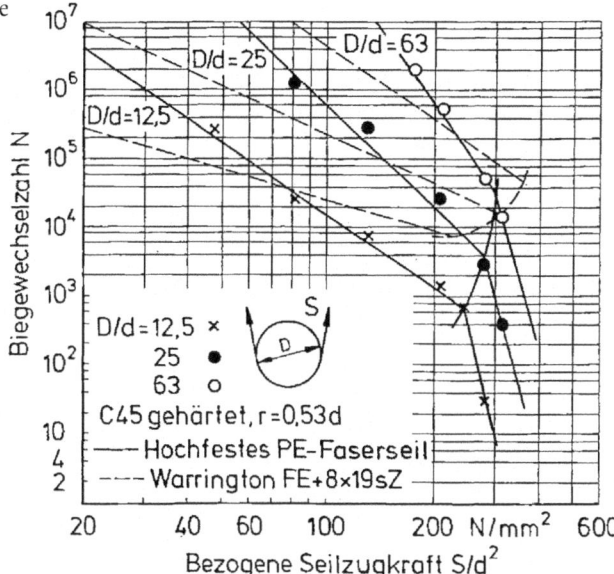

Aus dieser Veröffentlichung stammt auch Abb. 5.10. Dieses zeigt in Abhängigkeit vom Durchmesserverhältnis von Seilscheibe und Seil (D/d) die Biegewechselzahl einerseits von Faserseilen aus hochfesten Polyethylen und andererseits eines Drahtseiles (8 × 19 W+ FE sZ). Man erkennt, dass die Biegewechselzahlen des hochfesten Faserseiles bei geringen Lasten um ein Vielfaches höher sind als die eines Stahlseiles (Tab. 5.2).

Welche Chancen sich aus diesen neuen hochfesten Faserwerkstoffen für Seile ergeben, liegt einerseits an ihren besonderen Vorteilen, nämlich dem geringen spezifischen Gewicht pro Meter (bis zu 80 % leichter als bei einem Stahlseil), den günstigen Biegewechseleigenschaften (Biegewechselzahl viel höher als bei einem Stahlseil) und den daraus sich ergebenden guten und günstigen Verhältnissen des Scheiben-zu-Seil-Durchmessers. Die Anwendung von hochfesten Faserseilen ist stark von den Anwendungsparametern abhängig.

Tab. 5.2 Eigenschaften hochfester Chemiefasern

Markennamen	Dichte [g/cm^3]	Bruchfestigkeit [N/mm^2]	E-Modul [N/mm^2]	Bruchdehnung [%]	Hitzebeständigkeit [°C]
Twaron 1055	1,45	2800	120.000	2,4	450
Kevlar 49	1,45	2800	120.000	2,4	450
Technora	1,39	3500	74.000	4,6	500
Dyneema SK60	0,97	2700	87.000	3,5	140
Zylon-HM	1,56	5800	270.000	2,5	650

Hinsichtlich der bisher untersuchten Eigenschaften von Stahlseilen im Vergleich zu hochfesten Faserseilen ist in der Forschung ein großer Nachholbedarf festzustellen. Außerdem ist das Problem der Bestimmung der Ablegereife (d. h. dem rechtzeitigen Tausch der Seile, bevor ein Gefahrenzustand für Mensch und Maschine entsteht) von hochfesten Faserseilen ein sehr wichtiges Thema. Die klassische Vorgehensweise, nämlich die Ermittlung von Drahtbrüchen auf einem bestimmten Längenabschnitt (z. B. 6d/40d/500xd) des Stahlseiles, ist bei hochfesten Faserseilen aufgrund der Konstruktion nicht möglich.

Typische Ablegekriterien für Faserseile sind beispielhaft Garn- und Litzenbrüche, Quetschungen, Schäden durch Schnitte, aggressive Medien, Durchmesserveränderungen. Darüber hinaus wird in der Forschung vor allem intensiv an zerstörungsfreien Prüfmethoden mittels Kamerasystem [9] und intelligenten Indikatoren als Sensorelement eingebettet ins hochfeste Faserseil [10] daher gearbeitet. Erste Erfolge sind erkennbar. Für Forschung und Entwicklung sind hochfeste Faserseile daher in der Zukunft von großer Bedeutung.

Eine gute überblickende Zusammenfassung der Aktivitäten von hochfesten Faserseilen liefert die Veröffentlichung neuartiger Maschinenelemente in der Fördertechnik und Logistik – hochfeste, laufende Faserseile [11]. Hier wird auf verschiedene Anwendungsbereiche für laufende Faserseile, nämlich in den Bereichen

- Serienkleinhebezeuge
- Offshore-Technik
- Tiefseeforschung
- Schleppen und Festmachen von Schiffen
- Aufzugstechnik

eingegangen und der Stand in diesen Anwendungsbereichen geschildert. Diese Untersuchungen zeigen, dass laufende Faserseile in speziellen Anwendungen zu den Stahldrahtseilen eine Alternative sind. Die oben zitierten weiteren Forschungen, insbesondere hinsichtlich der sicheren Erkennung der Ablegereife, werden dieses Potential weiter erhöhen.

5.2.2 Seilarten, Seilkonstruktionen (Aufbau und Eigenschaften)

Die Seile lassen sich in verschiedene Bauarten gliedern, siehe Tab. 5.3 und Abb. 5.11.

Entsprechen der Systematisierung der Tab. 5.3 werden im Nachfolgenden die wichtigsten Rundseile mit ihren Hauptanwendungen für Spiralseile und Litzenseile vorgestellt.

5.2.2.1 Spiralseil
- einfach verseilte Drahtseile (ein Verseilvorgang)
- mit 7, 19 oder 37 Drähten genormt
- einzelne Drähte werden direkt zum Seil geschlagen

Tab. 5.3 Einteilung der Seile nach Konstruktionsmerkmalen nach DIN EN 12385-2 [12]

Rundseil	Spiralseil (Rundlitze)	Einfach verseilt	(offenes) Spiralseil	–	–
			Verschlossenes Spiralseil	Halbver-schlossenes Spiralseil	–
				Vollver-schlossenes Spiralseil	–
	Litzenseil	Zweifach verseilt	Rundlitzenseil	Einlagiges Rundlitzenseil	–
				Mehrlagiges Rundlitzenseil	Spiral-Rundlitzenseil
					Parallel-Rundlitzenseil
			Formlitzenseil	Dreikantlitzen-seil	–
				Flachlitzenseil	Einlagiges Flachlitzenseil
					Mehrlagiges Flachlitzenseil
	Kabelschlag-seil	Dreifach verseilt	–	–	–
	Flechtseil	Geflochten	–	–	–
Flachseil	–	Einfach genäht	–		
	–	Doppelt genäht	–		

- aufeinanderfolgende Drahtfolgen werden mit entgegengesetzter Schlagrichtung verseilt: geringere Aufdrehneigung
- meist größere Einzeldrahtdurchmesser und hoher Füllungsgrad ($\approx 100\,\%$): wenig biegsam. Übertragung großer Kräfte (auch Aufnahme geringer Querkräfte).
- vollverschlossenes Seil (Vorteile)
  - kaum Eindringen von Schmutz und Wasser
  - Aufnahme großer Querkräfte
  - glatte Oberfläche: günstig als Tragseil für Laufrollen (z. B. für Seilbahnen)
- Typische Anwendungsfälle: Stehende Seile wie z. B. bei Seilbahnen, Abspannseile von Brücken, Masten, Bauwerken usw (Abb. 5.12).

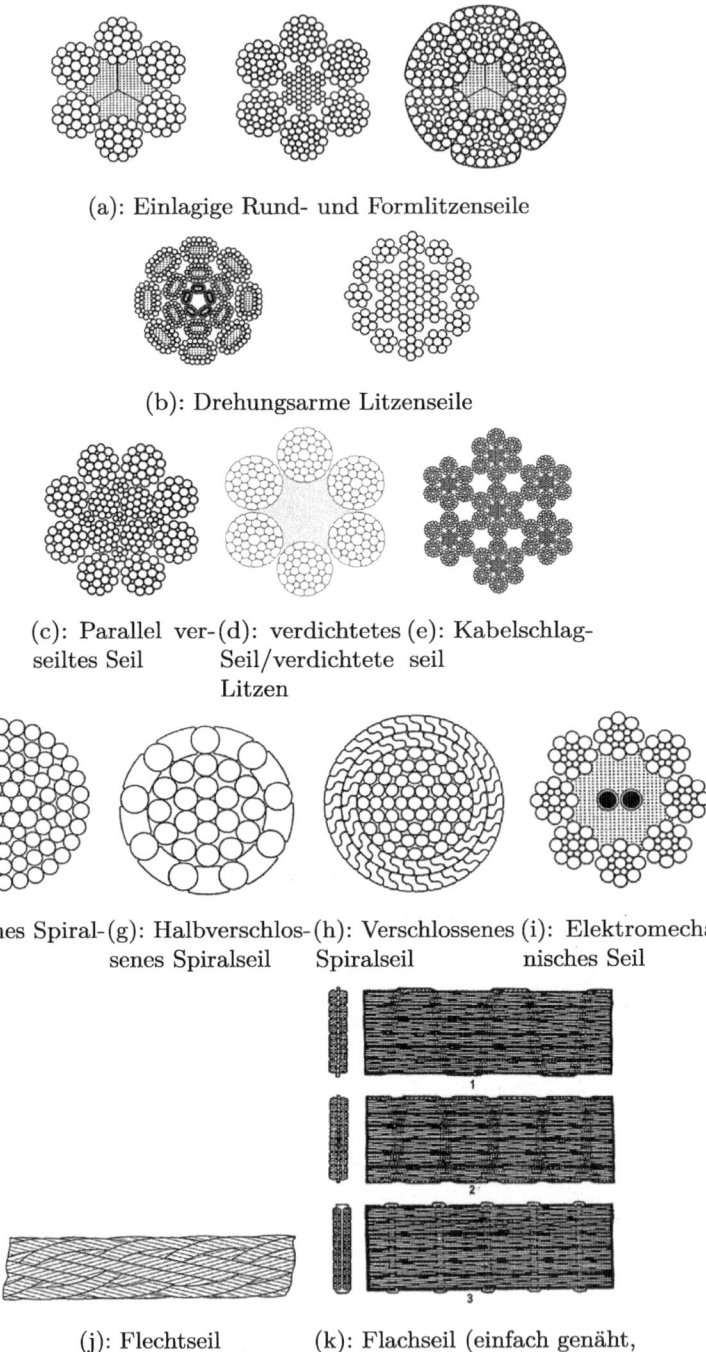

(a): Einlagige Rund- und Formlitzenseile

(b): Drehungsarme Litzenseile

(c): Parallel ver- (d): verdichtetes (e): Kabelschlag-
seiltes Seil   Seil/verdichtete   seil
                       Litzen

(f): Offenes Spiral- (g): Halbverschlos- (h): Verschlossenes (i): Elektromecha-
seil   senes Spiralseil   Spiralseil   nisches Seil

(j): Flechtseil   (k): Flachseil (einfach genäht,
                      doppelt genäht, geklammert)

Abb. 5.11 Einteilung der Seilarten nach DIN 12385-2 [12]

 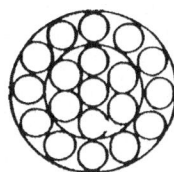 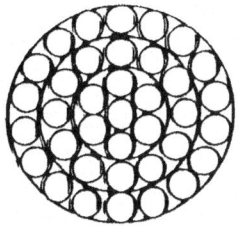

(a): 7 Drähte (1+6)   (b): 19 Drähte (1+6+12)   (c): 37 Drähte (1+6+12+18)

Abb. 5.12 Spiralseile nach DIN EN 12385-2 [2]

5.2.2.2 Litzenseil

- **1. Verseilvorgang** Herstellung von Litzen aus dünnen Runddrähten
  2. Verseilvorgang Schlagen des Seiles aus den Litzen
- Füllungsgrad $\approx 52\,\%$, sehr biegsam: Geeignet für bewegte, über Scheiben und Rollen geführte Seile
- empfindlich gegenüber Verschleiß, Korrosion und Querbelastung
- Formlitzenseile: bessere Anschmiegung an Treibscheibenrillen und damit geringere Pressung
- Typische Anwendungsfälle: Laufende Seile wie z. B. Förder- und Zugseile von Seilbahnen, Kranseile usw (Abb. 5.13).

Bei den Litzenseile gibt es auch noch die Gruppe der Formlitzen, entsprechend der Abb. 5.14, die für spezielle Anwendungen interessant sind. So können z. B. mit der Dreikantlitze (Abb. 5.14a) im Vergleich zum Litzenseil im Querschnitt mit mehr Metall gefüllte Rundseile erzeugt werden.

Übersicht über die Litzenarten
Neben den Einfachlitzen können nach den Normen DIN EN 12385 und DIN 3051 insgesamt die Litzenarten nach Tab. 5.4 unterschieden werden:

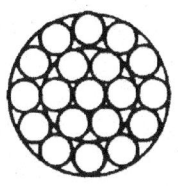 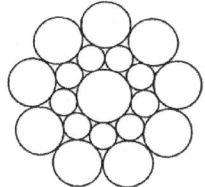 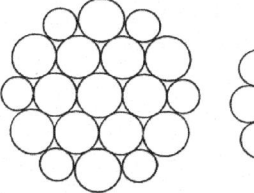 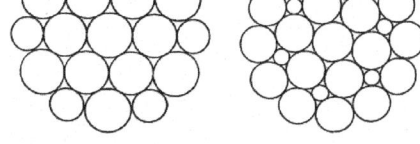

(a): Standard-Litze   (b): Seale-Litze   (c): Warrington-Litze (d): Filler-Litze

Abb. 5.13 Litzenseil [2]

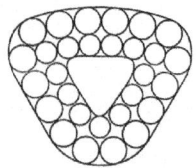 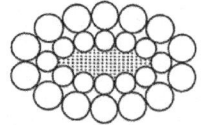 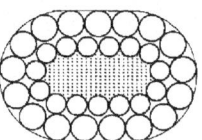

(a): Dreikantlitze   (b): Ovale Litze   (c): Standard-Litze

Abb. 5.14 Formlitzen [2]

Tab. 5.4 Litzenarten

Verseilungsart	Kurzzeichen	
	DIN 12385[a]	DIN 3051[b]
Parallelschlag		
Seale	S	S
Warrington	W	W
Filler	F	F
Kombinierter Parallelschlag		
Warrington-Seale	WS	WS
Seale-Warrington-Seale	SWS	–
Seale-Filler	SF	–
Sonstige		
Kreuzverseilung	M	DIN 3065
Verbundverseilung	N	Warrington gedeckt
Verdichtete Litze	K	–

[a]Die Norm DIN 1238 ist im Original in englischer Sprache, deswegen sind auch die Abkürzungen die der englischen Begriffe.
[b]Diese Norm DIN 3051 ist auf deutsch. Sie gilt noch für Bestandsanlagen, während die DIN EN 12385 für Neubauten gültig ist

Schlaglänge und Schlagwinkel
Entsprechend der Abb. 5.15 kann ein einfacher Zusammenhang zwischen Schlagwinkel, Schlaglänge und Teilkreisumfang hergestellt werden.

Es gilt für den Schlagwinkel α somit: $tan\alpha = \dfrac{2 \cdot \pi \cdot r}{h}$ mit dem Kreisumfang $2 \cdot \pi \cdot r$.

h Schlaglänge
α Schlagwinkel
r Teilkreisradius

Abb. 5.15 Schlaglänge und
Schlagwinkel [2]

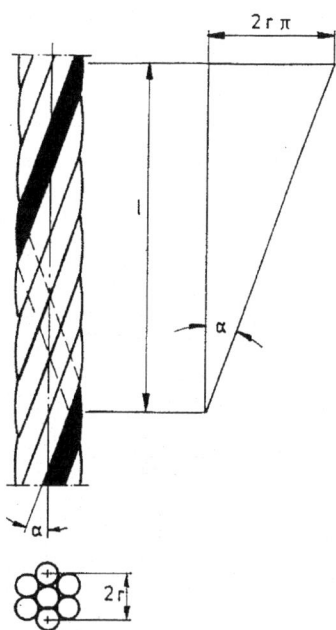

Machart
Bei den Rundlitzenseilen unterscheidet man zwei Macharten, die Normalmachart und die
Parallelmachart:

Normalmachart Die Drähte der äußeren Lage liegen nicht parallel zu denen der inneren
Lage, sondern kreuzen sich. Dabei kommen Drähte gleichen Durchmessers zum Einsatz.
An den Kreuzungspunkten treten erhöhte Spannungen auf, weshalb heute Rundlitzenseile
in Standardausführung kaum noch, oder nur für untergeordnete Zwecke zur Anwendung
kommen.

Parallelmachart (Parallelverseilung, Parallelschlag) Diese Litzen werden so verseilt, dass
die Drähte der verschiedenen Lagen eine identische Schlaglänge aufweisen und dadurch
stets parallel zu denen von ihnen berührten Drähten der anderen Lagen liegen. Die
Konstruktion einer solchen Litze erfordert Drähte unterschiedlicher Durchmesser, die je
Drahtlage einen verschiedenen Schlagwinkel α aufweisen, führt jedoch zu einem hohen
Füllgrad des Seiles und damit zu höheren Bruchkräften bei konstantem Außendurchmesser.

Unabhängig von der Machart der Litzen kann die Schlagrichtung von Litze und Seil unter-
schiedlich sein (Kreuzschlag) oder übereinstimmen (Gleichschlag). Die Benennung der
Schlagrichtung orientiert sich an der Ähnlichkeit der Schlagrichtung zu den Buchstaben
„Z" und „S", s. Abb. 5.16.

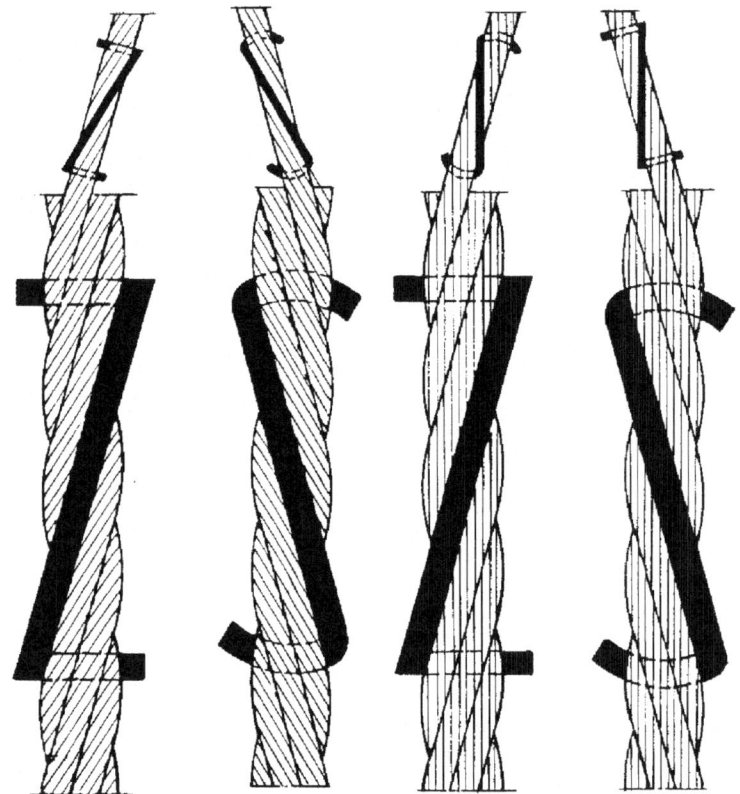

(a): Gleichschlag (b): Gleichschlag (c): Kreuzschlag (d): Kreuzschlag
rechtsgängig   linksgängig (sS)   rechtsgängig (sZ) linksgängig (zS)
(zZ)

Abb. 5.16 Schlagart und Schlagrichtung von Seilen (Schlagrichtung der Außenlitzen: Rechtsgängig (Abb. 5.16a, Abb. 5.16c) und linksgängig (5.16b, Abb. 5.16c). Schlagrichtung der Drähte in den Außenlitzen: Rechtsgängig (Abb. 5.16a, Abb. 5.16d) und linksgängig (Abb. 5.16b, Abb. 5.16c). Beispielsweise ist im Abb. 5.16c die Schlagrichtung der Drähte in den Außenlitzen linksgängig (Abkürzung „s") und die Schlagrichtung der Außenlitzen rechtsgängig (Abkürzung „Z") [2]

Beschichtung

Aus verschiedenen Gründen werden Stahldrähte sehr häufig mit einem Überzug versehen z. B. mit Zinküberzug, um die Korrosionsbeständigkeit zu erhöhen. Damit einen eindeutige Benennung der Drähte und damit der Seile möglich ist, gibt es hierfür eine Norm (siehe Tab. 5.5) mit den parallel ausgeführten Kurzzeichen für die neue gültige DIN EN 12385 [12] sowie die häufig noch benutze Kurzzeichen der DIN 3051 (alt).

Tab. 5.5 Überzüge für die Stahldrähte eines Drahtseils

Drahtoberfläche/Überzug	Kurzzeichen DIN EN 12385[a]	Kurzzeichen DIN 3051 (alt)[b]
Blank	U	bk
Verzinkt		
Normalverzinkt	B(Zn)	zn
Dickverzinkt	A(Zn)	di zn
Aluminiert		
Normal	B(Al)	al
Dick	A(Al)	
Zinn	B(Sn)	sn
Messing	B(Cu/Zn)	ms
Bronze	B(Cu/Sn)	bz
Kupfer	B(Cu)	cu

[a]Die Norm ist im Original in englischer Sprache, deswegen sind auch die Abkürzungen die der englischen Begriffe.
[b]DIN 3051 ist auf deutsch. Sie gilt noch für Bestandsanlagen, während die DIN EN 12385 für Neuanlagen gültig ist.

Benennung

Im nachfolgenden Teilkapitel wird entsprechende DIN EN 12385-2 [12] die Benennungen von Seilen an einem Beispiel gezeigt (siehe Tab. 5.6).

Die Beispielangabe in der rechten Spalte von Tab. 5.6 erklärt, dass es sich hier um eine Seil mit 24 mm Durchmesser, der Konstruktion 6 Litzen, mit je 36 Drähten, mit unabhängiger Stahlseileinlage der Seilfestigkeitsklasse von 1960 MPa, ohne Überzug (blank), mit der Schlagart Kreuzschlagseil (SZ) handelt.

Tab. 5.6 Seilbezeichnung nach DIN 12385-2

Beispiel: 24 6x36WS – IWRC 1960 U sZ		
Aufbau allgemein	Schlüsselmerkmale	Wert im Beispiel
a) Maß (Durchmesser)	Seildurchmesser:	24 mm
b) Seilkonstruktion	Seilkonstruktion: Litzenkonstruktion:	6 Litzen, je 36 Drähte Warrington-Seale (WS)
c) Seileinlage	Seileinlage:	Unabhängig verseilte Stahlseileinlage (IWRC)
d) Seilfestigkeitsklasse	Seilfestigkeitsklasse:	1960
e) Drahtoberfläche	Überzug:	Blank (U)
f) Schlagart	Schlagart/-richtung:	Kreuzschlag, rechts (sZ)

Seileinlagen

Die Seileinlage (früher auch Seele genannt) bildet den Kern eines Litzenseils, um den die Litzen geschlagen sind. Die Aufgaben der Stahl- oder Fasereinlagen ist die elastische Stützung der Außenlitzen und die Speicherung von Schmierstoff im Seilinnern. In Tab. 5.7 sind genormte Seileinlagen und deren Kurzzeichen nach DIN EN 12385 Teil 2 und der abgelösten DIN 3051 zusammengefasst.

Die nachfolgende Tab. 5.7 gibt eine Übersicht über die genormten Seileinlagen.

5.2.2.3 Spiral-Rundlitzenseil

Eine Zwischenform zwischen Spiral- und Litzenseil bildet das Spiral-Rundlitzenseil [13], das oft als Tragseil für Personenseilbahnen eingesetzt wird. Es gestattet das einsträngige Aufhängen ungeführter schwebender Lasten auch bei großer Hubhöhe (z. B. an Turmdrehkranen). Vollständige Drehungsfreiheit lässt sich nur mit mindestens dreilagigen Seilen erreichen (Abb. 5.17).

Tab. 5.7 Übersicht über genormte Seileinlagen nach DIN EN 12385-2 und DIN 3051 (alt)

	Seileinlage	DIN EN 12358	DIN 3051
Einlagiges Seil	Fasereinlage	FC	FE
	Naturfaser	NFC	FEN
	Kunstfaser	SFC	FEC
	Massivpolymer	SPC	–
	Stahleinlage	WC	SE
	Stahllitze	WSC	SEL
	Stahlseileinlage, gesondert verseilt	IWRC	SES
	Stahlseileinlage verdichtet, gesondert verseilt	IWRC(K)	–
	Stahlseileinlage, gesondert verseilt und mit Kunststoff umspritzt	EPIWRC	SESUG[a]
Parallel verseiltes Seil	Stahleinlage, parallel verseilt	PWRC	SESP[b]
	Stahleinlage verdichtet, parallel verseilt	PWRC(K)	–
Drehungsarme und drehungsverminderte Seile	Fasereinlage	FC	FE
	Stahllitze	WSC	SEL
	Verdichtete Stahllitze	KWSC	–

[a]Nicht in DIN 3051 genormt
[b]Nicht in DIN 3051 genormt

Abb. 5.17 Spiral-
Rundlitzenseile [2]

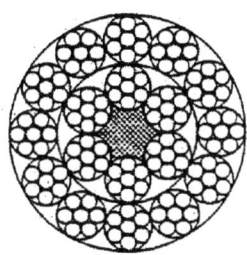
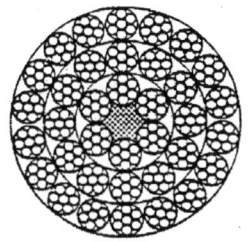

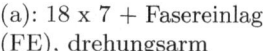

(a): 18 x 7 + Fasereinlage   (b): 36 x 7 + Fasereinlage
(FE), drehungsarm   (FE), drehungsfrei

5.2.2.4 Seilschmierung

Drahtseile ermöglichen Fahrgeschwindigkeiten bis zu 20 m/s, bei geräuscharmen Lauf, Temperaturen von −40 bis +100 °C, kurzzeitig bis 250 °C. Durch die Parallelschaltung vieler Drähte hat das Seil eine große Sicherheit. Gebrochene Drähte tragen nach einiger Entfernung von der Bruchstelle (aufgrund der Reibung zwischen den Drähten) wieder mit.

Die Biegung der Seile beim Lauf über Scheiben ist nur möglich, wenn die innere Reibung zwischen den Seildrähten und zwischen Seil und Seilscheibe durch Schmierstoff herabgesetzt wird. Durch die Grundschmierung, die beim Verseilvorgang in das Seil eingebracht wird, erhalten Seile aus blanken Drähten zusätzlich einen Korrosionsschutz. Seile aus verzinkten Drähten müssen auch geschmiert werden, da die Zinkschicht nicht als Schmiermittel dient. Als Schmiermittel werden je nach Einsatz der Seile Mineralöle, Teere oder Vaseline verwendet. Bei hohen Seilgeschwindigkeiten über $v = 2,5$ m/s werden zähflüssige oder pastöse Schmiermittel eingesetzt z. B. Vaseline. Mineralöle eignen sich bei mittleren Geschwindigkeiten von $1,5 \ldots 2,5$ m/s. Guten Korrosionsschutz bieten bituminöse Stoffe wie z. B. Teere.

Die Nachschmierung, bei der Schmierstoff im Betrieb auf das Seil gebracht wird, erhöht die Seillebensdauer nachhaltig.

5.2.3   Rechengrößen

Die Rechengrößen für die Drahtseile sind in DIN EN 12385-2 festgelegt (Tab. 5.8). Die für die Berechnung notwendigen Faktoren und Konstanten sind nicht für einzelne Seilkonstruktionen (wie bislang nach DIN3051), sondern für Seil- bzw. Konstruktionsklassen in Tabellen angegeben.

Der *metallische Seil-Nennquerschnitt A* wird aus dem Faktor für den metallischen Querschnitt C (vom Füllfaktor f abgeleiteter Faktor) und dem Seildurchmesser d berechnet. Der Füllfaktor f ist das Verhältnis des metallischen Querschnitts A zum Flächeninhalt seines Umkreises A_u. Für Hebezeugseile ist $f = 0,47 \ldots 0,77$ je nach Seilkonstruktion.

Tab. 5.8 Rechengrößen für Drahtseile nach DIN EN 12385-2 und -4

Rechengröße	Berechnung	Einheit
Metallischer Querschnitt	$A = C \cdot d^2$	mm^2
Faktor für den metallischen Querschnitt	$C = f \cdot \dfrac{\pi}{4}$	–
Füllfaktor	$f = \dfrac{A}{A_u}$	–
Rechnerische Bruchkraft	$F_{e,min} = \dfrac{d^2 \cdot C \cdot R_r}{1000}$	kN
Mindestbruchkraftfaktor	$K = \dfrac{\pi \cdot f \cdot k}{4}$	–
Wirkliche Bruchkraft (aus Versuch)	F_m	kN

Die *Rechnerische Seilbruchkraft* $F_{e;min}$ wird mit dem Mindestbruchkraftfaktor K und der Seilfestigkeitsklasse R_r berechnet. Die Seilfestigkeitsklasse R_r ist das Anforderungsniveau an die Seilbruchkraft, die z. B. 1770 oder 1960 N/mm^2 betragen kann.

Der *Verseilverlustfaktor* k berücksichtigt die Minderung der Seilbruchkraft gegenüber der Bruchkraft eines unverseilten Drahtbündels aus parallelen Einzeldrähten ($k = 0{,}74 \ldots 0{,}9$ je nach Seilkonstruktion).

Die *Wirkliche Bruchkraft* F_m ist die beim Zerreißen des ganzen Seilstrangs gemessene Bruchkraft. F_r und R_{min} sind zusammen mit den Faktoren C und K für die Seilklassen in DIN EN 12385 Teil 4 angegeben.

Weiterführende Information und Rechengrößen sind in [12] zu finden.

5.2.4 Spannungen aus der Seilherstellung

Das Verseilen erzeugt im Drahtseil Spannungszustände, die dazu führen, dass das Seil eine Aufdrehbewegung, d. h. eine Tendenz zum Aufspringen nach dem Verseilen hat. Diese Spannungszustände führen zu einem besenartigen Aufspringen nicht abgebundener Seilenden. Dieses Verhalten ist für die Handhabung der Seile vor allen Dingen beim Abschneiden der Seile störend und soll so weit wie möglich verhindert werden. Aus diesem Grund werden in den Seilereien bei der Herstellung entweder Vorformungs- oder Nachformungsprozesse durchgeführt, um die vorher eingeführten plastischen Veränderungen im Seil wieder auszugleichen. Entsprechend der Höhe der bei der Herstellung eingebrachten Spannungen unterscheidet man in

Abb. 5.18 Spannungsarme
und nicht Spannungsarme
Drahtseile [14]

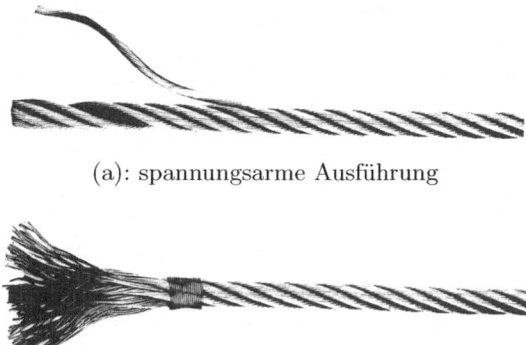

(a): spannungsarme Ausführung

(b): nicht spannungsarme Ausführung

- Spannungsarme Seile
- Nicht spannungsarme Seile

Ein Seil ist spannungsarm, wenn die aus der Herstellung herrührenden Spannungen in den Drähten ganz oder nahezu ganz beseitigt sind. Die Drähte und Litzen federn nach dem Entfernen der Abbindung am Seilende nicht oder nur wenig aus dem Seilverband (Abb. 5.18).

Drehungsfrei wird ein Seil, wenn sich die geometrisch bedingten Drehmomente aller Drähte und Litzen genau aufheben. Dabei ist zu beachten, dass sich dieses Drehmoment als eine Funktion der äußeren Belastung während des Betriebes ändern kann. Annähernd drehungsfreie Litzenseile müssen mindestes drei Lagen haben; das dreilagige Rundlitzenseil und das Flachseil mit gerader Schenkelzahl sind die häufigsten Macharten. Sie eignen sich für einsträngige Lastaufhängungen auch bei großer Hubhöhe.

5.2.5 Seilbeanspruchungen

Auf Seile wirken Zug- und häufig auch Biegebeanspruchungen. Zusätzlich werden die Seile auch durch seitlichen Druck oder Verdrehung beansprucht; oft treten alle Belastungen gleichzeitig auf. Durch ihren verwickelten Aufbau sind die tatsächlichen Belastungen im Seil nur schwer erfassbar. Dies gilt schon für die Zugbelastung, da die Aufteilung der Zugkraft auf die einzelnen Drähte unsicher ist, ebenso für die Pressung an den Berührstellen der Drähte untereinander sowie für die Torsion durch Verflechtung (bzw. die Tangentialkraft). Bei bewegten Seilen treten zusätzlich Pressungen und Biegebeanspruchungen des Seils während des Laufs über Rollen, Scheiben und Trommeln, bei stehenden Seilen durch das Überrollen von Laufrädern.

Bei Belastung des Seiles durch eine Zugkraft tritt im Seil dadurch ein Drehmoment auf, dass sich der Neigungswinkel (Schlagwinkel) der Drehachsen während einer Beanspruchung

betrachtete Litze bzw. Draht

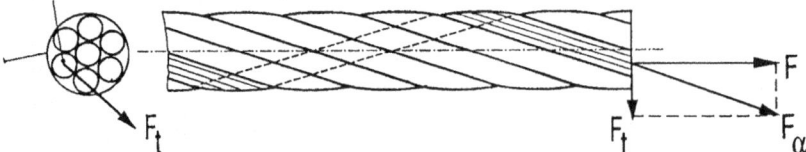

Belastungsdrall

Abb. 5.19 Drall im belasteten Seil. (Quelle: ohne Verfasser)

verändern (siehe Abb. 5.19). Eine axial zur Litzen- bzw. Drahtlängsachse wirkende Zugkraft F_α steht im Gleichgewicht mit der in Längsrichtung der Drahtseile (Zugrichtung) wirkenden Kraft F und einer Tangentialkraft F_t, die ein anteiliges Drehmoment um die Mittelachse des Seils verursacht.

5.2.6 Seilspannungen

Im geraden, zugbelasteten Drahtseil treten in den Drähten Zugspannungen auf. Durch die Verlängerung und Querkontraktion wird die Drahtwendel verformt. Dadurch ändert sich die Krümmung der Drahtwendel. Dies führt zu Biege- und Torsionsspannungen in den Drähten. Zusätzlich tritt durch die Reibung zwischen den Drähten eine sekundäre Zugspannung auf. Zwischen den Drähten wirken Reibungskräfte, die die Drahtverschiebung behindern und damit zu lokalen Zusatz-Zug-Spannungen führen.

In einem Seil, das unter einer Seilzugkraft und über eine Scheibe gebogen wird, treten daraus als primäre Spannungen in den Drähten Zug- und Biegespannungen auf. Auftretende Biege- und Torsionsspannungen durch Veränderung der Drahtwendel sind gegenüber der primären Zug- und Biegespannung klein. Beim Lauf über Scheiben treten neben diesen primären Spannungen zusätzlich

- sekundäre Biegespannungen
- sekundäre Zugspannungen
- Ovalisierungsspannungen
- Pressungen

auf. Die sekundären Zugspannungen treten durch die Reibung zwischen den Drähten und der Behinderung der Verschiebung auf. Die sekundäre Biegespannung tritt nur in nicht parallelgeschlagenen Seilen auf, bei denen sich Drähte überkreuzen, d. h. Drähte der Außenlage werden von zwei Drähten der darunter liegenden Lage nur punktförmig gestützt.

Aus der Seilovalisierung resultiert eine Verformung des Seilquerschnitts und damit der Wendel mit der Folge von Biege- und Torsionsspannungen. Diese Biege- und Torsionsspannungen und die sekundären Biegespannungen sind aber regelmäßig klein gegenüber den Primärspannungen.

5.2.7 Berechnung und Auslegung

Bei der Auslegung und Bemessung von Seiltrieben wird unterschieden nach

1. Förderanlagen zur Personenbeförderung
   - Seilbahnen nach BoSEIL (Verordnung für den Bau und Betrieb von Seilbahnen) und EN 12927-2 (Sicherheitsanforderungen für Seilbahnen für den Personenverkehr)
   - Seilaufzüge nach DIN EN 81-1 und DIN EN 81-2 (gültig bis 31.08.2017) und EN 81-20 und EN 81-50 (ab 01.09.2017 verbindlich) (Sicherheitsregeln für die Konstruktion und den Einbau von Aufzügen)
   - Schachtförderanlagen nach TAS (Technische Anforderungen an Schacht- und Schrägförderanlagen)
2. Hebezeuge (Krane)
   - DIN 15020 (Hebezeuge; Grundsätze für Seiltriebe, Berechnung und Ausführung) oder ISO 16625

Zu 1.: Förderanlagen Personenbeförderung Aus den Erfahrungen in den drei verschiedenen Anwendungsfällen gibt es Standards und Normen, die Mindestsicherheit und den Mindest-Rollendurchmesser und -Treibscheibendurchmesser sowie die maximale Pressung in der Rundrille festlegen. Diese Vorgaben unterscheiden sich für die drei Anwendungsfelder. Hieraus darf aber nicht gefolgert werden, dass die Sicherheit solcher Anlagen völlig unterschiedlich ist, weil z. B. die Seilsicherheit v von z. B. Personenaufzügen bei $v = 14$ und die von Seilschwebebahnen bei nur $v = 4{,}5$ liegt. Die Sicherheit solcher Anlagen ist neben diesen Festlegungen entscheidend von der Art der Inspektion und den Inspektionsintervallen abhängig. So werden beispielsweise Seilschwebebahnen (abhängig von der Seilart) regelmäßig z. B. alle zwei Jahre mittels magnetinduktiver Prüfung auf die Anzahl der Drahtbrüche als „Ablegekriterium" geprüft und Aufzüge nicht.

Zu 2.: Hebezeuge (Krane) nach DIN 15020 Für die Berechnung des Mindest-Seildurchmessers d_{min} wird der Beiwert c benötigt, den man mit Hilfe der Tab. 5.10 auf Basis der Triebwerksgruppe (siehe Tab. 5.9) des Kranantriebs und der Art des Seiles (drehungsfrei, drehungsarm) sowie der Gefährlichkeit des Transports bestimmen kann. Für die Bestimmung des Mindestdurchmessers der Seiltrommel des Kranes werden die Beiwerte h_1 und h_2 benötigt. h_1 ergibt sich aus Tab. 5.11 und h_2 aus Tab. 5.12.

Tab. 5.9 Bestimmung der Triebwerksgruppe nach DIN 15020 [15]

Laufzeitklasse	Kurzzeichen	V_{006}	V_{012}	V_{025}	V_{05}	V_1	V_2	V_3	V_4	V_5
	Mittlere Laufzeit je Tag in h, bezogen auf ein Jahr	Bis 0,125	Über 0,125 bis 0,25	Über 0,25 bis 0,5	Über 0,5 bis 1	Über 1 bis 2	Über 2 bis 4	Über 4 bis 8	Über 8 bis 16	Über 16
Lastkollektiv	Benennung	Triebwerksgruppe								
Nr										
1	Leicht[a]	$1E_m$	$1E_m$	$1D_m$	$1C_m$	$1B_m$	$1A_m$	2_m	3_m	4_m
2	Mittel[b]	$1E_m$	$1D_m$	$1C_m$	$1B_m$	$1A_m$	2_m	3_m	4_m	5_m
3	Schwer[c]	$1D_m$	$1C_m$	$1B_m$	$1A_m$	2_m	3_m	4_m	5_m	5_m

[a]Geringe Häufigkeit der größten Last.
[b]Etwa gleiche Häufigkeit von kleinen, mittleren und großen Lasten.
[c]Nahezu ständig größte Lasten.

Tab. 5.10 Beiwert c (in $mm/\sqrt{N}$) nach DIN 15020 [15]

Triebwerkgruppe	Übliche Transporte und...								Gefährliche Transporte					
	Nicht drehungsfreie Seile					Drehungsfreie bzw. drehungsarme Seile			Nicht drehungsfreie Seile			Drehungsfreie bzw. drehungsarme Seile		
	Nennfestigkeit der Einzeldrähte in N/mm^2													
	1570	1770	1960	2160	2450	1570	1770	1960	1570	1770	1960	1570	1770	1960
$1E_m$	–	0,0670	0,0630	0,0600	0,0560	–	0,0710	0,0670		–			–	
$1D_m$	–	0,0710	0,0670	0,0630	0,0600	–	0,0750	0,0710		–			–	
$1C_m$	–	0,0750	0,0710	0,0670		–	0,0800	0,0750		–			–	
$1B_m$	0,0850	0,0800	0,0750	–	–	0,0900	0,0850	0,0800		–			–	
$1A_m$	0,0900	0,0850					0,0950	0,0900		0,0950	0,0950		0,106	0,106
2_m		0,0950					0,106			0,106			0,115	
3_m		0,106					0,118			0,118			–	
4_m		0,118					0,132			0,132			–	
5_m		0,132					0,150			0,150			–	

Tab. 5.11 Faktor h_1 nach DIN 15020 [15]

Trieb-werk-gruppe	h_1 für					
	Seiltrommel und		Seilscheibe und		Ausgleichsscheibe und	
	Nicht dre-hungsfreie Drahtseile	Drehungsfreie bzw. -arme Draht-seile	Nicht drehungsfreie Drahtseile	Drehungsfreie bzw. -arme Drahtseile	Nicht dre-hungsfreie Drahtseile	Drehungsfreie bzw. -arme Drahtseile
$1E_m$	10	11,2	11,2	12,5	10	12,5
$1D_m$	11,2	12,5	12,5	14	10	12,5
$1C_m$	12,5	14	14	16	12,5	14
$1B_m$	14	16	16	18	12,5	14
$1A_m$	16	18	18	20	14	16
2_m	18	20	20	22,4	14	16
3_m	20	22,4	22,4	25	16	18
4_m	22,4	25	25	28	16	18
5_m	25	28	28	31,5	18	20

Tab. 5.12 Faktor h_2 nach DIN 15020 [15]

Anzahl der Biegewechsel w	h_2	
	Seiltrommeln und Ausgleichsscheiben	Seilscheiben
Bis 5	1,0	1,0
6 bis 9	1,0	1,12
10 bis	1,0	1,25

Je nach Häufigkeit des Einsatzes, die als Laufzeitklasse bezeichnet wird, und der Schwere des Einsatzes, d. h. des Lastkollektivs, wird eine Triebwerksgruppe bestimmt. Tab. 5.9 zeigt die entsprechende Tabelle aus der DIN 15020.

Die Triebwerksgruppe bestimmt nun den Seildurchmesser und die Scheiben- und Trommeldurchmesser. Der Mindestseildurchmesser wird über die rechnerische Seilzugkraft (einschließlich der Beschleunigungskräfte und Seilwirkungsgrade) und den Beiwert c (siehe Tab. 5.10) bestimmt:

$$d_{min} = c \cdot \sqrt{S} \tag{5.1}$$

Bei der Auswahl des Beiwertes c wird zusätzlich berücksichtigt, welche Drahtfestigkeit das Seil hat, ob das Seil drehungsfrei sein muss oder nicht und ob ein üblicher oder ein gefährlicher Transport (z. B. feuergefährlich) vorliegt.

Der Seildurchmesser d soll gewählt werden zu

$$d_{min} \le d \le 1{,}25 \cdot d_{min}. \qquad (5.2)$$

Die Scheiben-, Trommel- Ausgleichsscheibendurchmesser sind

$$D_{min} = h_1 \cdot h_2 \cdot d_{min}, \qquad (5.3)$$

mit dem Mindestseildurchmesser und den sogenannten h-Faktoren. Der Faktor h_1 ist von der Triebwerksgruppe abhängig und unterscheidet nach Scheiben, Trommel und Ausgleichsscheibe und ob drehungsfreie oder nicht drehungsfreie Seile zum Einsatz kommen (Tab. 5.11). Der Durchmesser der Scheiben ist dabei größer als bei der Trommel und der Ausgleichsscheibe, da beim Hubspiel auf der Scheibe zwei Biegewechsel und auf der Trommel nur ein Biegewechsel stattfinden. Die Ausgleichsscheibe wird klein gewählt, da zumindest theoretisch kein laufendes Seil an dieser Stelle vorliegt. Bei großer Hubhöhe können aber Drehbewegungen mit kleinen Biegezonen in großer Zahl auftreten. Dann ist der Durchmesser der Ausgleichsscheibe unbedingt größer zu wählen als nach DIN 15020.

Der Faktor h_2 hängt von der Anzahl der Biegewechsel ab, wobei unterschieden wird zwischen einer gleichsinnigen Biegung und einer Gegenbiegung. Ein Biegewechsel ist der Wechsel der Seilzustände von gerade nach gekrümmt und wieder zurück nach gerade. Zusätzlich gibt die DIN 15020 Empfehlungen für den zulässigen Schrägzugwinkel von $\varphi = 1{,}5°$ bei drehungsfreien Seilen und von $\varphi = 4°$ bei den Rundlitzenseilen, für die Seilkonstruktion, für die Schmierung, für den Rillenradius und für die Ablegereife der Seile in Form von Drahtbrüchen auf Bezugslängen auf dem Seil (Tab. 5.12).

5.2.7.1 Ablegereife von Drahtseilen

Die Drahtseile werden durch schwellende Spannungen, durch Verschleiß und durch Korrosion beansprucht. Ihre Lebensdauer ist deshalb – von wenigen Ausnahmen abgesehen – endlich. Die sichere Anwendung der Drahtseile ist davon abhängig, dass ihre Ablegereife rechtzeitig entdeckt wird, bevor ein gefährlicher Zustand eintritt.

Übersicht über die Ablegekriterien

Anzeichen für die Ablegereife eines Seiles sind:

Drahtbrüche (wichtigstes Ablegekriterium) Ablegedrahtbruchzahl auf Bezugslängen nach DIN 15020, ISO 4309, BOSeil, TAS, usw. (siehe oben)

Litzenbruch

Seilverformungen Korkenzieherartige Verformungen, Korbbildung, Schlaufenbildung, Knoten, Klanken, Knicke

Seildurchmesser, Schlaglänge Ablegen bei 10 % Durchmesserverminderung bezogen auf den Durchmesser eines nicht über Seilrollen laufenden und nicht korrodierten Seilstücks
Korrosion und Verschleiß (Abrieb) Ablegen bei 10 % Durchmesserverminderung oder bei wesentlichen Kerben, Rostnarben oder starker innerer Korrosion)
Aufliegezeit und
starke Hitzeentwicklung

Bei starker Seilverformung oder einem Litzenbruch ist die Anlage sofort stillzulegen und erst nach Auswechseln (Ablegen) des alten, verbrauchten Seiles wieder in Betrieb zu nehmen. Die übrigen Kriterien wachsen mit der Aufliegezeit des Seiles und zeigen erst durch eine bestimmte Größe die Ablegereife an. An dem Wachstum der Größe kann der voraussichtliche Ablegezeitpunkt geschätzt werden. Die Zahl der Drahtbrüche ist dabei das wichtigste Kriterium.

Sicherheit von Drahtseilen

Die Sicherheit, mit der ein Seilbruch vermieden wird, hängt im Wesentlichen von der zuverlässigen Inspektion der Seile ab. Im Normalfall werden die Seile durch visuelle und taktile Inspektion überwacht. Gezählt werden dabei die sichtbaren Drahtbrüche auf Bezugslängen (6-facher und 30-facher Seilnenndurchmesser) der offensichtlich am stärksten beanspruchten Seilzone. Gemessen wird der Seildurchmesser und gegebenenfalls die Schlaglänge. Darüber hinaus werden die Seile qualitativ beurteilt, insbesondere hinsichtlich Verschleiß und Korrosion.

Bei höheren Anforderungen an die Sicherheit, insbesondere wenn durch die Seile Personen getragen (befördert wie z. B. bei Seilbahnen) oder gefährliche Güter transportiert werden, genügt die einfache taktile und/oder visuelle Inspektion für die Sicherheit nicht. Je nach den technischen Möglichkeiten und Erfordernissen werden dann verschiedene zusätzliche Maßnahmen ergriffen. Eine dieser Maßnahmen ist der Einsatz von Messmethoden zur Erkennung von inneren Seilschäden. Dazu dient in der Praxis insbesondere die magnetinduktive Seilprüfung. Eine andere Maßnahme, die z. B. für Seile im Aufzugsbau verwendet wird um die Erhöhung der Sicherheit zu erreichen ist, dass hier mindestens 3 und bis zu 8 parallel tragende Seile verwendet werden, d. h. man arbeitet hier mit aktiv redundanten Bauteilen.

Beispiele für Ablegekriterien nach gültigen technischen Regeln

Die Ablegereife von Seilbahnen nach BOSeil für Seilbahnen ist durch die BOSeil (Technische Verordnung für den Bau und Betrieb von Seilbahnen) bzw. die dazu gehörenden Ausführbestimmungen die Seilablegereife aufgrund verschiedener Seilschäden festgelegt. Das Hauptablegekriterium ist der Querschnittsverlust, der auf drei verschiedenen Bezugslängen definiert ist.

Die Ablegereife nach DIN 15020 für Seiltriebe von Kranen und allen Hebezeugen, für die nicht besondere technische Regeln erlassen sind, gelten die Grundsätze für die Überwachung

Tab. 5.13 Ablegereife von Seilbahnseilen nach BOSeil

Bezugslänge L	Ablegereife
6-facher Seildurchmesser	Wenn die Zahl der äußerlich feststellbaren Dauerdrahtbrüche mehr als 5 % der als tragend anzunehmenden Drahtzahl des Seiles (also ohne Einlage) beträgt
40-facher Seildurchmesser	Wenn durch äußerlich feststellbare Dauerdrahtbrüche und Abnützung der Drähte eine Verminderung des als tragend anzunehmenden metallischen Seilquerschnitts (also ohne Einlage) von mehr als 10 % eingetreten ist.
500-facher Seildurchmesser	Wenn durch äußerlich feststellbare Dauerdrahtbrüche eine Verminderung des als tragend anzunehmenden metallischen Seilquerschnitts (also ohne Einlage) von mehr als 25 % eingetreten ist.

von Seiltrieben DIN 15020, Blatt 2. Das Seil ist abzulegen, wenn auf einer Bezugslänge von 6-fachem bzw. 30-fachem Seildurchmesser eine bestimmte Anzahl an äußerlich sichtbaren Drahtbrüchen überschritten wird (Tab. 5.13 und 5.14).

5.2.7.2 Seilendverbindungen

Zur Befestigung eines Seiles an Bauteilen wird das Seilende verspleißt oder es wird mit Beschlagteilen versehen. Die Schlaufenspleiße und die mit Beschlagteilen verbundenen Seilenden heißen Seilendverbindungen[1]. Die Verbindungen zweier Seilenden nennt man Seilverbindungen (Abb. 5.20).

Die Unterschiede liegen vor allen Dingen in der Sicherheit der Seilendverbindung. Heute sind Seilvergüsse auf Basis von Kunststoffverguß sehr verbreitet (Ausführung wie Metallverguß), da sie sehr sicher sind.

5.2.8 Seiltriebe

In vielen Bereichen der Fördertechnik stellt sich die Aufgabe, Kräfte in geradliniger Bewegungsrichtung übertragen zu können. Die Auswahl eines geeigneten mechanischen Kraftübertragungsprinzips wird bestimmt durch Kriterien wie:

- Größe der übertragenen Kraft
- mögliche Länge des Weges
- mögliche Geschwindigkeit

---

[1]Für die Seilendverbindungen gibt es auch andere Bezeichnungen, z. B. Seilendbefestigung, Seilverankerungen und Seilaufhängungen. Hier wird der in den Normen vorwiegend gebrauchte Begriff Seilendverbindung verwendet

Tab. 5.14 Ablegereife von Seilen nach DIN 15020 [15]

Anzahl der tragenden Drähte in den Außenlitzen des Drahtseiles[a]	Anzahl sichtbarer Drahtbrüche bei Ablegereife							
	Triebwerksgruppen $1E_m$, $1D_m$, $1C_m$, $1B_m$, $1A_m$				Triebwerksgruppen 2_m, 3_m, 4_m, 5_m			
	Kreuzschlag auf einer Länge von		Gleichschlag auf einer Länge von		Kreuzschlag auf einer Länge von		Gleichschlag auf einer Länge von	
n	$6d$	$30d$	$6d$	$30d$	$6d$	$30d$	$6d$	$30d$
bis 50	2	4	1	2	4	8	2	4
51 bis 75	3	6	2	3	6	12	3	6
76 bis 100	4	8	2	4	8	16	4	8
101 bis 120	5	10	2	5	10	19	5	10
121 bis 140	6	11	3	6	11	22	6	11
141 bis 160	6	13	3	6	13	26	6	13
161 bis 180	7	14	4	7	14	29	7	14
181 bis 200	8	16	4	8	16	32	8	16
201 bis 220	9	18	4	9	18	35	9	18
221 bis 240	10	19	5	10	19	38	10	19
241 bis 260	10	21	5	10	21	42	10	21
261 bis 280	11	22	6	11	22	45	11	22
281 bis 300	12	24	6	12	24	48	12	24
über 300[b]	$0,04 \cdot n$	$0,08 \cdot n$	$0,02 \cdot n$	$0,04 \cdot n$	$0,08 \cdot n$	$0,16 \cdot n$	$0,04 \cdot n$	$0,08 \cdot n$

Bei Seilkonstruktionen mit besonders dicken Drähten in der Außenlänge der Außenlitzem, z. B. Rundlitzenseil 6×19 Seale nach DIN 3058 oder Rundlitzenseil 8×19 Seale nach DIN EN 12385-4, ist die Anzahl sichtbarer Drahtbrüche bei Ablegereife um 2 Zeilen niedriger als nach den Tabellenwerten anzunehmen.

Triebwerksgruppen nach DIN 15020 Blatt 1

d Drahtseildurchmesser

[a]Fülldrähte werden nicht als tragend angesehen. Bei Drahtseilen mit mehreren Litzeneinlagen gelten nur die Litzen der äußersten Litzenlagen als „Außenlitzen".

[b]Die errechneten Zahlen sind aufzurunden.

Aufgrund der Eigenschaft, große Kräfte über große Wege mit großer Geschwindigkeit übertragen zu können, haben die Seiltriebe in der Fördertechnik eine bedeutende Rolle eingenommen.

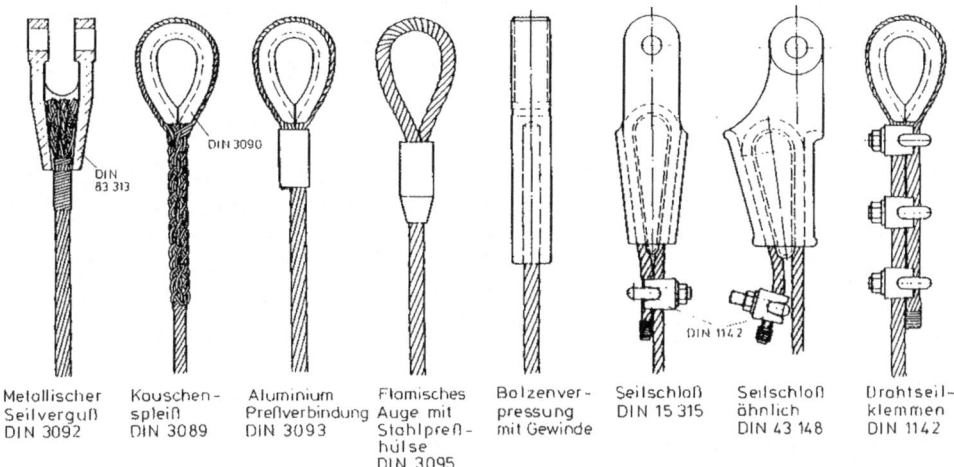

unlösbare Seilendverbindungen   lösbare Seilendverbindungen

Abb. 5.20 Seilendverbindungen. (Quelle: IFT)

Tab. 5.15 Vergleich der Vor- und Nachteile verschiedener Kraftübertragungsmechanismen

Prinzip der Kraftübertragung	Kraft	Weg	Geschwindigkeit
Seiltrieb, einfach	0	+	+
Seiltrieb, mehrfach	+	0	0
Laschenkette	0	0	0
Gliederkette	0	0	−
Zahnstange	+	0	−
Hydr. Zylinder	+	−	0
Pneum. Zylinder	−	−	0
Schraubenspindel	+	−	−

+ gut geeignet, 0 neutral, − schlecht geeignet

Die Tab. 5.15 vergleicht die Vor- bzw. Nachteile verschiedener Kraftübertragungsmechanismen, woraus die Vorteilhaftigkeit von Seiltrieben zu erkennen ist.

5.2.8.1 Elemente von Seiltrieben

Wesentliche Elemente des Seiltriebs sind neben dem Seil:

- Seilrollen
- Treibscheiben

- Seilbefestigungen
- Seiltrommeln
- Treibtrommeln

So besteht ein einfacher Seiltrieb beispielsweise aus einer Seiltrommel, die Antrieb und Speicherung des Seiles übernimmt, und einer Seilrolle zur Umlenkung des Seiles an der Unterflasch (siehe Abb. 5.21).

Treibscheiben

Treibscheiben werden bei Seilbahnen, Aufzügen und Winden mit großer Seillänge (Schwerlastkrane) anstelle von Trommeln verwendet (Abb. 5.22).

Die Berechnung der Treibfähigkeit erfolgt über die sog. Eytelweinsche Gleichung (siehe Gl. 5.4) wobei der Quotient (siehe Abb. 5.23)

$$\frac{F_1}{F_2} = e^{\mu_r \cdot \alpha} \tag{5.4}$$

mit der Umfangskraft

$$F_U = F_1 - F_2 \tag{5.5}$$

die verfügbare Umfangskraft $F_{U,verf}$ ergibt sich somit in Abhängigkeit von F_2

$$F_{U,verf} \leq F_2 \cdot (e^{\mu_r \cdot \alpha} - 1). \tag{5.6}$$

Treibscheiben werden meist als Stahlguss- oder Graugusskonstruktionen, teilweise auch als geschweißte Konstruktionen, hergestellt. Je nach Verwendungszweck werden sowohl

Abb. 5.21 Beispiel für einen einfachen Seiltrieb. (Quelle: IFT)

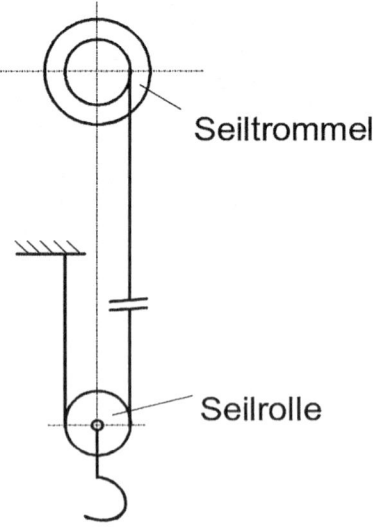

Seiltrommel

Seilrolle

(a): Treibscheibe in einem Aufzugsan- (b): Treibscheibe in einer Seilbahnan-
trieb   lage

Abb. 5.22 Treibscheiben im technischen Einsatz. (Quelle: IFT)

Abb. 5.23 Schematische
Darstellung der Kräfte in der
Eytelweinschen Gleichung.
(Quelle: IFT)

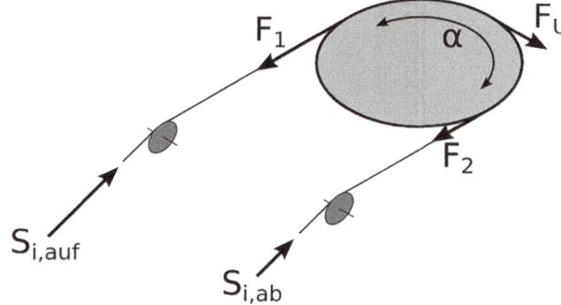

gehärtete als auch ungehärtete Scheiben eingesetzt. Der Durchmesser der Treibscheiben
ist abhängig vom Nenndurchmesser des verwendeten Förderseils. Zur Vergrößerung der
Auflagefläche und somit der Reibung wird die Treibscheibe mit Rillen ausgestattet, dabei
sind die unterschiedlichen Rillenformen abhängig von der erforderlichen Treibfähigkeit
der Scheibe. Die Rillen müssen eine ausreichende Härte aufweisen, damit sich die Rillen-
kontaktfläche nicht plastisch verformen kann. Die Paarung Förderseil/Treibscheibe muss
aufeinander abgestimmt sein, um die bestmögliche Kraftübertragung zu gewährleisten. Dies
betrifft Treibscheibendurchmesser, Rillenform und Nenndurchmesser des Förderseils.

Es gibt bei Treibscheiben vier Rillenformen (Abb. 5.24):

- Rundrille ohne Unterschnitt (auch Halbrundrille genannt)
- Rundrille mit Unterschnitt (auch Sitzrille genannt)
- Keilrille
- Keilrille mit Unterschnitt

Je nach verwendeter Rillenform wird das Seil gut geführt (Rundrille) oder in die Rille
eingepresst (Keilrille). Die Führung und die Pressung sind zwei Faktoren, die wesentli-

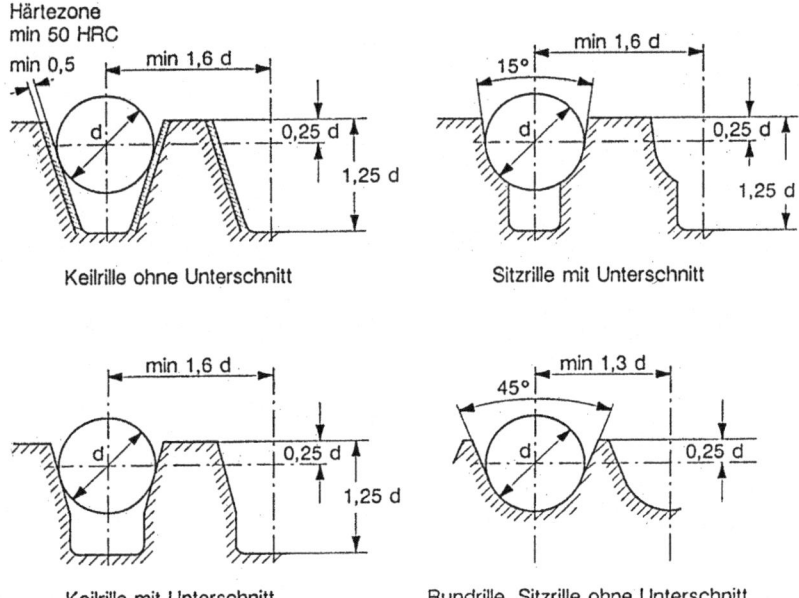

Abb. 5.24 Formrillen [14]

chen Einfluss einerseits auf die Treibfähigkeit, andererseits auf die Lebensdauer haben. Die Rundrille bietet die schlechteste Kraftübertragung. Bei der Keilrille kommt es zu enormen Querdruck auf den Seilquerschnitt, deshalb beansprucht die Keilrille das Seil am meisten. Allerdings bietet die Keilrille die größte Treibfähigkeit.

Die Treibfähigkeit hängt vom Reibbeiwert (auch Reibungszahl genannt) und vom Umschlingungswinkel des Förderseiles ab.

5.2.9 Wirkungsgrad von Seiltrieben

Beim Lauf eines Seiles über eine Seilscheibe tritt durch die innere Seilreibung und die Lagerreibung ein Energieverlust auf. Dadurch ist die Seilzugkraft auf der auflaufenden Seite um den Zugkraftverlust ΔS kleiner als auf der ablaufenden Seite, zu der das Seil hinbewegt wird (Abb. 5.25).

Der Wirkungsgrad für den Lauf eines Seiles über eine Seilscheibe ist bestimmt durch das Verhältnis der Seilkräfte auf beiden Seiten. Der Wirkungsgrad ist also:

$$\eta = \frac{S - \Delta S}{S} \tag{5.7}$$

Abb. 5.25 Unterschiede in der Seilzugkraft auf der auf- und ablaufenden Seite. (Quelle: ohne Verfasser)

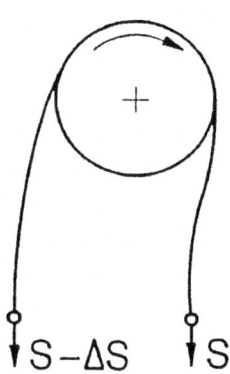

$$S - \Delta S \qquad S$$

5.2.10 Anschlagseile

Es sind nach DIN EN 13414-1-3 Seile der Festigkeitsklassen $1770 \frac{N^2}{mm}$ oder $1960 \frac{N^2}{mm}$ zu verwenden. Die Seildrähte können blank oder verzinkt ausgeführt sein. Für die Seilklassen 6×19, 6×36 mit Fasereinlage und 6×19, 6×36 und 8×36 mit Stahleinlage und verpresster Seil-Endverbindung sind in DIN EN 13414-1 Tragfähigkeiten für verschiedene Anschlagarten in Abhängigkeit vom Seildurchmesser angegeben.

Anschlagseile dürfen nach DIN EN 12414-3[16] auch aus den flexiblen Kabelschlagseilen hergestellt werden. Daneben gibt es noch endlos gemachte Seile, so genannte Grummets. Angaben zur Tragfähigkeit siehe DIN EN 13414-3. Anleitung für die Auswahl, Verwendung, Prüfung und Ablegen von Anschlagseilen allgemein, siehe DIN EN 13414-2.

5.3 Gurte und Zahnriemen

5.3.1 Gurte

Bei Bandförderern (siehe Abschn. 9.3, Stetigförderer) unterscheidet man in

- Fördergurte, (Abb. 5.26)
- Drahtgurte und (Aufbau wie in Abb. 5.26, nur Drahtgurt anstelle eines Fördergurtes)
- Stahlbände (Aufbau wie in Abb. 5.26, nur dünnes Stahlband anstelle eines Fördergurtes).

Bei allen drei Typen wird der Gurt endlos zwischen Antriebstrommel und Spannrolle geführt. Der Gurt dient als Trag- und Zugorgan. Er hat drei grundlegende Hauptfunktionen:

- Übertragung der Zugkräfte
- Bildung einer Ladefläche (für Schüttgut oder Stückgut)
- Aufnahme eines Teils der Fallenergie beim Beladen des Bandes.

Abb. 5.26 Fördergurt. (Quelle: Institut für Transport- und Automatisierungstechnik, Leibniz Universität Hannover)

Die wichtigste Anwendung stellen die Fördergurte dar. Verfügbar sind Gurte mit zugfesten Textil- oder Stahleinlagen.

Fördergurte mit Textileinlage sind flexibler und erreichen damit eine gute Kurvenfähigkeit und Meldung. Man unterscheidet zwischen Gurten mit

- einer Einlage
- mehreren Einlagen
- durchwebten Einlagen.

Bei Textileinlagen wird unterschieden (Abb. 5.27):

Baumwolle Naturfaser mit Zugfestigkeit bis zu 80 $\frac{N^2}{mm}$; relativ unempfindlich gegen Nässe
Zellwolle halbsynthetische Chemiefaser mit Zugfestigkeit bis zu 90 N/mm; nässeempfindlich
Polyester oder Polyamid Hohe Zugkräfte bis 630 N/mm; nässeunempfindlich
   Vor allem bei PE und PA sind dünne und leichte, aber im Vergleich hochbelastbare Gurte möglich.

Fördergurte mit Stahleinlage haben im Vergleich zu Gurten mit Textileinlage eine erheblich geringere Längsdehnung. Diese Eigenschaft verkürzt die Spannwege. Zusätzlich kann die

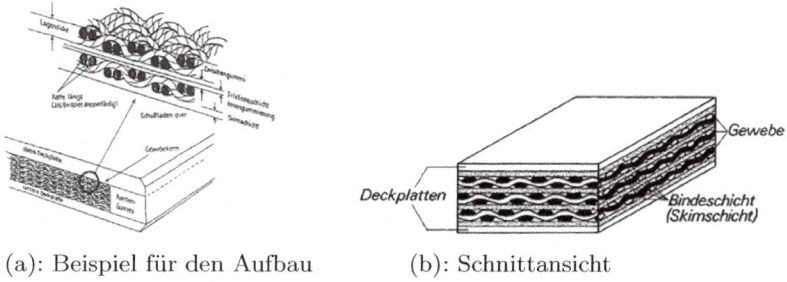

(a): Beispiel für den Aufbau   (b): Schnittansicht

Abb. 5.27 Fördergurt mit drei Textillagen [17]

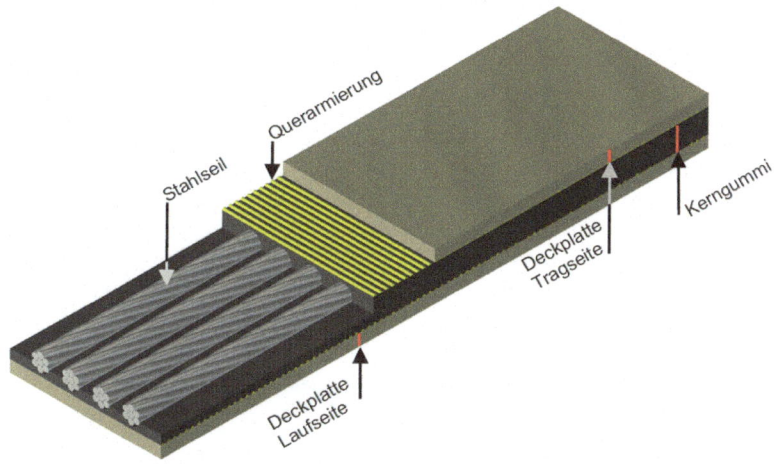

Abb. 5.28 Fördergurt mit Stahleinlage [18]

Durchschlagsfestigkeit durch Querverbindungen weiter verstärkt werden. Dabei wird allerdings die Flexibilität des Gurtes herabgesetzt, was zu größeren Übergangslängen im Bereich der Kurvenfähigkeit, Abmeldung, etc. führt (Abb. 5.28).

Ein Vergleich der Bruchkraft zwischen Textil- und Stahlseileinlage zeigt die deutlich höhere Bruchfestigkeit der Stahleinlage. Das wird jedoch mit höherem Gewicht und höheren Kosten erkauft. Die Einlagen (Textil oder Stahlseil) werden durch Elastomer (Weich-PVC oder Gummi) miteinander verbunden.

5.3.2 Zahnriemen

Einen ähnlichen Aufbau wie Gurte haben Zahnriemen. Der Zahnriemen ist ein formschlüssiges Antriebselement. Er besitzt in gleichmäßigen Abständen Zähne, die vergleichbar einem Zahnrad oder einer Zahnstange arbeiten (Abb. 5.29).

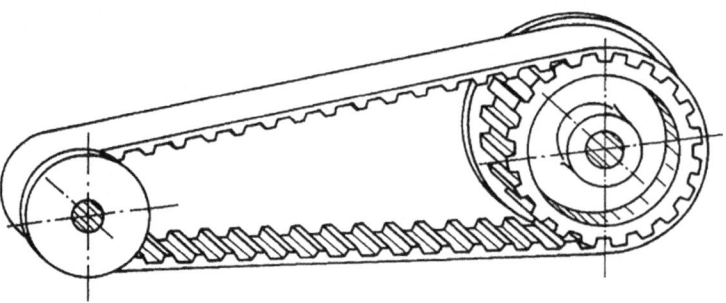

Abb. 5.29 Offener Zahnriemenantrieb [19]

Abb. 5.30 Aufbau eines
Zahnriemens. (Quelle: ohne
Verfasser)

Entsprechend Abb. 5.30 besteht der Zahnriemen aus Deckschicht (Rücken), Zugstange (z. B. als Stahlseil, Textileinlage oder Drehlager), und Zähnen (Gummimischung). Der Gesamtkörper ist vulkanisiert.

In der Fördertechnik werden Zahnriemen zum Beispiel für den horizontalen und vertikalen Antrieb von Regalbediengeräten verwendet (Abb. 5.31).

5.4   Ketten und Kettentriebe

Ketten bzw. Kettentriebe finden in der Fördertechnik ihre Anwendung bei Kettenförderern, in Hubwerken, als Anschlagmittel, aber auch z. B. als Ankerkette. Die Verwendung von Ketten als Hub- bzw. Anschlagmittel ist jedoch aufgrund ihres hohen Eigengewichts und der schlechten Erkennbarkeit von Dauer- oder Gewaltbrüchen zugunsten der Drahtseile mittlerweile stark zurückgegangen. Lediglich in sehr eingeschränkten Einsatzfällen, z. B.

Zahnriemen

Abb. 5.31 Regalbediengerät mit Zahnriemen. (Quelle: ohne Verfasser)

bei hohen Temperaturen, werden Ketten eingesetzt. Da eine kompakte Bauweise möglich ist, werden Ketten vielfach in serienmäßigen Elektrokettenzügen eingesetzt.

5.4.1   Ketten

- Ketten sind aus gelenkig verbundenen, relativ kurzen Gliedern aufgebaut und überneh-men wie die Seile nur Zugkräfte. In Ausnahmefällen können bei allseitiger Führung auch Druckkräfte übertragen werden.
- Eine gute Kette zeichnet sich durch geringe Dehnung im Arbeitsbereich und hohe Deh-nung im Bereich Bruchlast aus.
- Die Lebensdauer der Ketten wird erschöpft durch die Abnutzung in den Gelenkstellen, ein Bruch erfolgt plötzlich.

Vor- und Nachteile von Ketten:

- gedrängte Bauweise infolge geringer Rollen- und Trommeldurchmesser
- geringere Lastmomente durch kleine Umlenkradien
- hohe Tragfähigkeit
- gute Beständigkeit gegen thermische Beanspruchung
- gute Beständigkeit gegen Korrosion
- Unempfindlichkeit gegen Schmutz

- einfache Reparaturausführung durch Austausch einzelner Glieder
- vielseitige Verbindungs- und Befestigungsmöglichkeiten

- hohes Eigengewicht
- Empfindlichkeit gegen Überlast und Stöße
- Stoßempfindlichkeit aufgrund geringer Elastizität
- Bruch ohne vorherige Anzeichen
- kleine Arbeitsgeschwindigkeiten
- starke Geräuschentwicklung
- hoher Verschleiß in den Gelenken

5.4.1.1 Ketten(bau)arten: Aufbau und Eigenschaften

Im Verlauf des Anpassens an sehr vielseitige Aufgaben sind viele Kettenarten entstanden, deren Mannigfaltigkeit die der Seile übertrifft. So können nach Aufbau und Herstellungs-verfahren zwei Hauptgruppen unterschieden werden: *Rundstahl- und Stahlgelenkketten.*

Rundstahlketten

Die *Rundstahlkette* (siehe Abb. 5.32) ist aus ineinander gesteckten geschlossenen Rund-stahlgliedern gebildet, die eine gegenseitige Bewegung in jeder Richtung erlauben.

Herstellung Die Glieder werden einzeln maschinell gebogen, ineinandergesteckt und verschweißt. Übliche Schweißverfahren sind das Preß-Stumpfschweißen sowie das Abbrenn-Stumpfschweißen. Die Ketten werden anschließend normal-geglüht bzw. vergütet oder ein-satzgehärtet. Größere Dicken können durch Gießen gefertigt werden (Werkstoff GS[2]-45).

Es werden lehrenhaltige (kalibrierte) und nicht-lehrenhaltige (unkalibrierte) Ketten ein-gesetzt. Kalibrierte Ketten (z. B. DIN 5684) werden im kalten Zustand auf genaues Maß gereckt, um einen einwandfreien Lauf über Kettenrollen und -nüsse zu gewährleisten. Lang-gliedrige Ketten kommen als Förderketten, kurzgliedrige als Hubketten zum Einsatz.

Bezeichnung Kette nach DIN 5684 [21]

- Güteklasse 5
- Nenndicke 8 mm
- Teilung 24
- blank (handelsüblich)

---

[2]GS: Gussstahl

Abb. 5.32 Rundstahlkette
[20, S. 37]

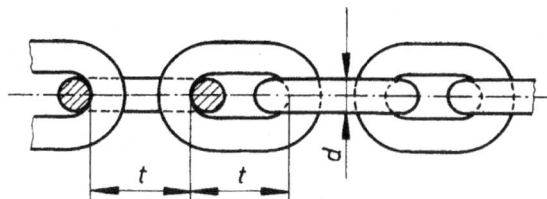

Einsatzgebiet von Rundstahlketten

- bei Stetigförderern
  - Becherketten
  - Gliederbandförderer
  - Kreisförderer
- bei Unstetigförderern
  - Hubketten
  - Anschlagketten

Die entscheidenden Vorteile dieser Ketten sind:

- größere Beweglichkeit,
- kleinere Bauweise,
- bessere Wärmebeständigkeit oder
- geringere Verschleiß- und Korrosionsanfälligkeit als bei einem Drahtseil

Stahlgelenkketten
Die *Stahlgelenkkette* (Abb. 5.33) besteht im Grundaufbau aus Laschen und Bolzen, die in der Ebene bewegliche Gelenke bilden. Die Drehachsen sind i. d. R. räumlich festgelegt. Sonderformen von Stahlgelenkketten erhalten eine Raumbeweglichkeit durch Mehrfachgelenke.
Charakteristika von Stahlgelenkketten:

- Gelenkketten bestehen aus einer Reihe von Stahllaschen, die durch Bolzen gelenkig miteinander verbunden sind.
- Dabei können pro Kettenglied (bzw. Bolzen) mehrere Laschen verwendet werden. Dies ermöglicht eine höhere Sicherheit als bei den Rundstahlketten, und es kann eine höhere Arbeitsgeschwindigkeit realisiert werden.
- Allerdings sind Gelenkketten teurer als Rundstahlketten, weisen aber eine geringere Kettenreibung auf.

Abb. 5.33 Stahlgelenkkette
[22, S. 3]

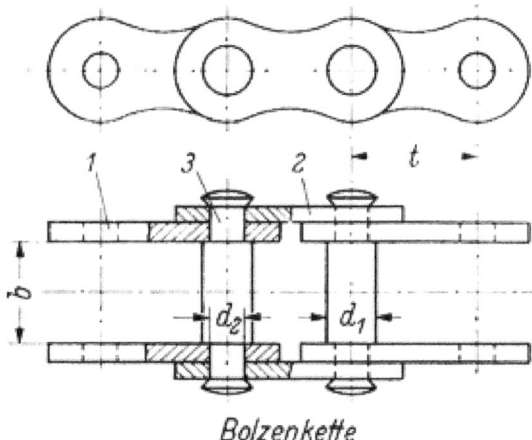

Die Vor- bzw. Nachteile von Stahlketten sind:

- Geringere Kettenreibung
- größere Sicherheit, da keine Schweißstellen vorhanden und Anordnung der Laschen mehrfach
- kleine Bauweise
- Vertragen keinen Schrägzug oder Lastpendeln in Querrichtung
- hohe Flächenpressung an den Zapfen und damit Verschleiß; gute Schmierung erforderlich

Außer der Einteilung nach Rundstahl- und Stahlgelenkketten unterscheidet man Ketten nach ihrem Einsatzfeld (Abb. 5.34):

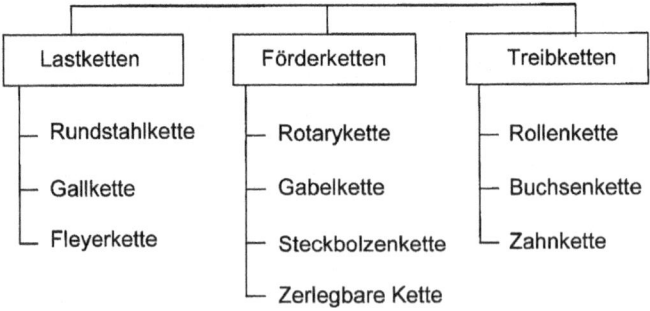

Abb. 5.34 Unterscheidung der Ketten nach Einsatzfall und Bauart. (Quelle: IFT)

5.4.1.2 Kettenarten

Die *Lastketten* sind als Zugmittel das Gegenstück zum Drahtseil und werden direkt zum Heben von Lasten verwendet. Beispiele zeigt die Abb. 5.35.

Die *Treibketten* verbinden Antriebs- und Arbeitsmaschinen anstelle von Zahnradgetrieben, überbrücken größere erforderliche Achsabstände und gestatten damit eine bessere Raumausnutzung. Die Kettengeschwindigkeiten können sehr hoch liegen (>20 m/s). Beispiele zeigt die Abb. 5.36.

Die *Förderketten* dienen der direkten oder indirekten Bewegung von Gütern in horizontaler, vertikaler oder schräger Richtung bei Stetigförderern und Hebezeugen. Die Geschwindigkeiten liegen niedriger (< 3 m/s); sehr oft ist eine Beweglichkeit im Raum erforderlich. Beispiele zeigt die Abb. 5.37.

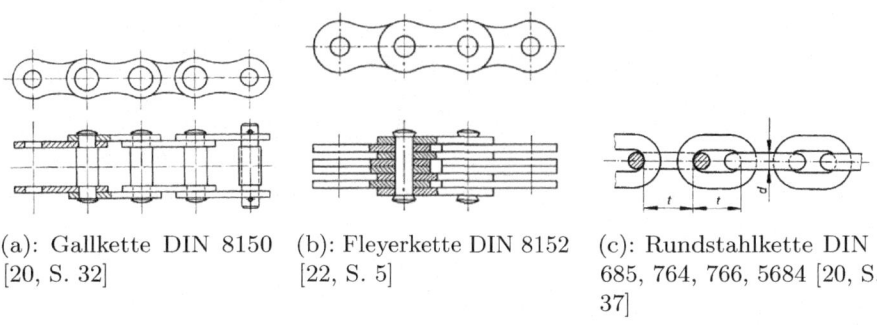

(a): Gallkette DIN 8150 [20, S. 32]

(b): Fleyerkette DIN 8152 [22, S. 5]

(c): Rundstahlkette DIN 685, 764, 766, 5684 [20, S. 37]

Abb. 5.35 Lastketten

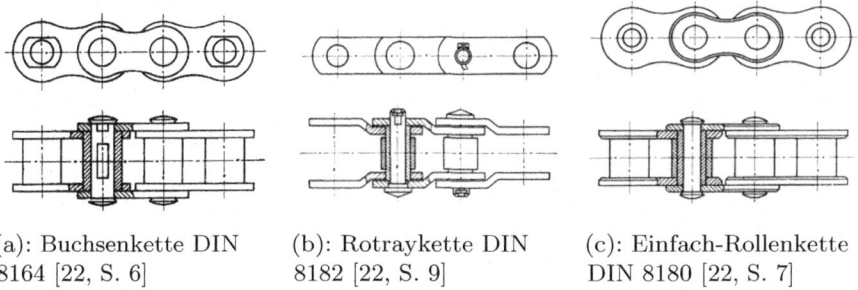

(a): Buchsenkette DIN 8164 [22, S. 6]

(b): Rotraykette DIN 8182 [22, S. 9]

(c): Einfach-Rollenkette DIN 8180 [22, S. 7]

Abb. 5.36 Treibketten

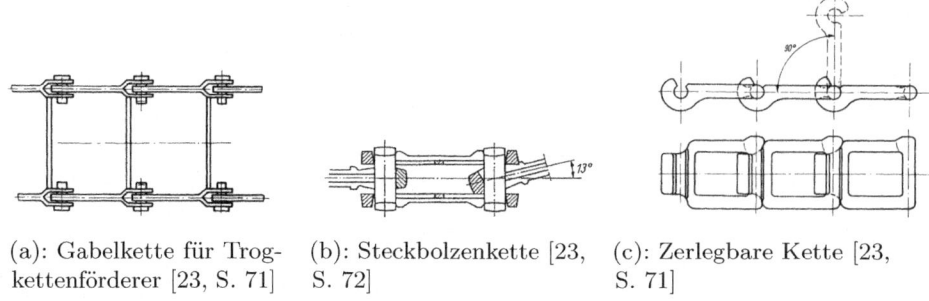

(a): Gabelkette für Trog-   (b): Steckbolzenkette [23,   (c): Zerlegbare Kette [23,
kettenförderer [23, S. 71]   S. 72]   S. 71]

Abb. 5.37 Förderketten

5.4.2 Elemente von Kettentrieben

Elemente von Kettentrieben sind

- Ketten
- Kettenrolle
- Kettenräder
- Kettentrommel
- Kettenspanner, Leitrolle und Abstreifer

5.4.2.1 Kettenrollen

Kettenrollen sind unverzahnt und werden als feste oder lose Rollen zur Richtungsänderung eingesetzt; nur selten wird eine Kettenrolle zu (reibschlüssigen) Antriebszwecken eingesetzt. Sie werden in Kombination mit Rundstahl- oder Fleyerketten eingesetzt.

Für Rundstahlketten sind Rillenprofile mit und ohne Bordrand (Abb. 5.38) üblich, die aus GG oder GS, seltener aus Stahl gefertigt werden. Das Rillenprofil muß ausreichend groß gewählt werden, um ein klemmfreies Führen zu ermöglichen. Der Rollendurchmesser soll größer/gleich dem 20-fachen Durchmesser (Nenndicke) der Kette sein.

5.4.2.2 Kettenräder

Kettenräder sind verzahnt und dienen zur Kraftübertragung und zur Kettenführung. Die Kettenräder werden zum Antrieb für alle Arten von Ketten verwendet.

Als *Kettennüsse,* die nur für kalibrierte Rundgliederketten Anwendung finden, werden Kettenräder mit einer Zähnezahl zwischen 4 (vorteilhafter 5) und 7 Zähnen bezeichnet. Die

Abb. 5.38 Kettenrollen für
Rundgliederketten. Links mit,
rechts ohne Bordrand
[23, S. 72]

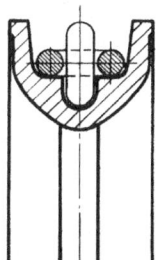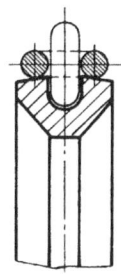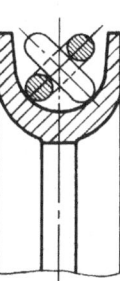

Kettennüsse verwirklichen durch ihre kleine Zähnezahl den erstrebten Vorzug der kleinen
Umlenkradien bei Ketten.

Um ein Abspringen der Kette während des Betriebs auszuschließen, sollte der Umschlingungswinkel der Kette am Kettenrad möglichst 180° nicht unterschreiten. Insbesondere bei
den kleineren Kettenrädern eines Kettentriebs lassen sich große Umschlingungswinkel nur
unter Zuhilfenahme von Führungsbügeln bzw. Kettenspannern erreichen (Abb. 5.39).

5.4.2.3 Kettentrommel

Kettentrommeln werden selten und nur für untergeordnete Einsatzzwecke von Rundstahlketten verwendet. Üblich ist ein Durchmesser von etwa der 20–30-fachen Nenndicke des
Kettengliedes. Die Konstruktion der Kettentrommeln entspricht der von Seiltrommeln.

Abb. 5.39 Kettenführung an
einer Kettennuss mit Leitrolle
und Abstreifer [23, S. 73]

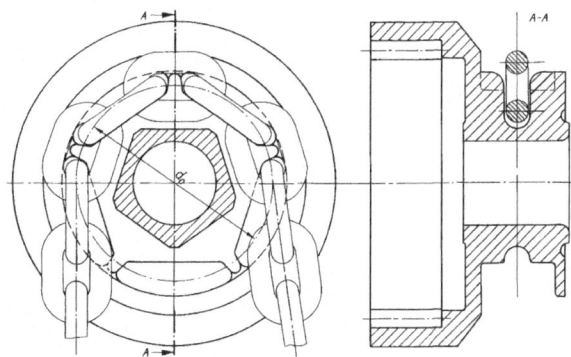

5.4.3 Berechnungsgrundlagen

Konstruktives Festlegen einer Förderkette durch Auswählen von:

- Kettenart
- Teilung
- Bruchkraft

mit anschließender Prüfung der Flächenpressung in den Gelenken in der Festigkeitsberechnung sowie der Zugbeanspruchung in den Gliedern bzw. Laschen.
Dagegen werden Treibketten mit größeren Geschwindigkeiten ausgelegt nach:

- der übertragenden Leistung
- der Drehzahl des antreibenden Kettenrades
- der Güte der Schmierung

Die Auslegung z.B. einer Treibkette hinsichtlich der Teilung erfolgt mittels Zahlentafeln/Schaubildern in Normen bzw. Herstellerkatalogen. Eine Festigkeitsberechnung erübrigt sich meist.

5.4.3.1 Berechnung der Anzahl Kettenglieder
Bei gegebenen Abmessungen ergibt sich (mit Hilfe der Abb. 5.40) die Anzahl Kettenglieder z_k mit der Teilung t nach Gl. 5.8:

$$z_k = 2\frac{l_A]}{t} + \frac{z_1 + z_2}{2} + \frac{t}{l_A}\left(\frac{z_2 - z_1}{2\pi}\right)^2 \tag{5.8}$$

Abb. 5.40 Abmessungen und Kräfte am Kettentrieb [23, S. 73]

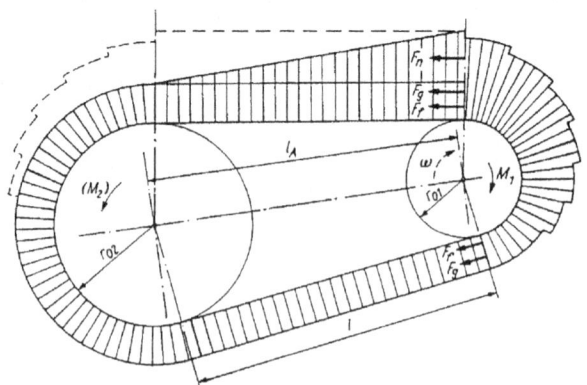

bzw. für $z_1 = z_2 = z$, wenn Kettenrad 1 und Kettenrad 2 dieselbe Zähnezahl aufweisen, vereinfacht sich die Gleichung zu:

$$z_k = 2\frac{l_A}{t} + z \qquad (5.9)$$

t   Teilung („Länge eines Kettenglieds")
z_K Anzahl der Kettenglieder
$z_{1,2}$ Zähnezahl der Kettenräder 1 und 2
I_A Achsabstand

Die Anzahl der Glieder ist stets nach oben und möglichst auf eine gerade Anzahl Kettenglieder (bei nur paarweise identischen Kettengliedern → Vermeidung gekröpfter Endglieder) aufzurunden.

5.4.3.2 Berechnung des Achsabstandes
Aus Gl. 5.8 folgt (Auflösen nach l_A):

$$l_A = \frac{t}{8}\left[2zk - z_1 - z_2 + \sqrt{(2zk - z_1 - z_2)^2 - 8\frac{z_2 - z_1}{\pi}^2} \right] \qquad (5.10)$$

bzw. für $z1 = z2 = z$:

$$l_A = \frac{t}{2}(z_K - z) \qquad (5.11)$$

Auf die Berechnung der Durchmesser d_0 der Kettenräder wird an dieser Stelle nicht eingegangen. Sie sind eine Funktion der gewählten Zähnezahl z und Teilung t und dem Nenndurchmesser der Kette. Die Mindestzähnezahl für Kettennüsse (z. B. für Elektrokettenzüge) sind $z = 4 \ldots 5$ (vgl. Polygoneffekt Kap. 5.4.3.5).

5.4.3.3 Berechnung der Kettenkräfte
Berechnung der maximalen Kettenzugkraft:

$$F_{max} = C_B F_n + F_g + F_f + F_{dyn} \leq \frac{F_B}{S} \qquad (5.12)$$

Die Kontrolle der Zugbeanspruchung von Ketten dient zum Abgleich mit den in den Normen angegebenen Bruchkräften und Sicherheitsbeiwerten. Üblicher Wert für den Kettendurchhang $f = 0,02\,l$, genauere Berechnung nach den Gesetzen der Seilstatik.

Die Tab. 5.16 erklärt die Formelzeichen aus Gl. 5.12 und gibt Hintergründe an.

Tab. 5.16 Einflüsse auf die Kettenzugkraft. (Quelle: IFT)

Kurzzeichen	Bedeutung	Erklärung
F_{max}	Maximale Kettenzugkraft	
F_n	Nutzkraft	Berechnet aus den Bewegungswiderständen der Maschine oder/und eines Kettenstranges
C_B	Betriebs- oder Stoßbeiwert	Berücksichtigt: • Ungleichförmigkeit der Maschine • Art der Stöße • Betriebsdauer
F_g	Spannkraft aus der Eigenmasse des durchhängenden Kettenstranges	Berechnung mit Formel und Diagramm: $F_g = \xi \bar{m} g l$ mit $\bar{m}$ = Kettenmasse je Längeneinheit
F_f	Fliehkraft	$F_f = \bar{m} v^2$ mit v rechnerische Kettengeschwindigkeit (erst ab 3 m/s spürbar und nur bei Antriebsketten zu berücksichtigen
F_{dyn}	Dynamische Kettenkraft	Berücksichtigt den Polygoneffekt, hohe Unsicherheit bei der Berechnung (in der Praxis nicht durchgeführt, sondern mit C_B bzw. S berücksichtigt)
F_B	Bruchkraft der Kette	
S	Sicherheitsbeiwert	

5.4.3.4 Berechnung der Festigkeit und Elastizität

Bei Stahlgelenkketten ist eine ständige Relativbewegung zwischen Bolzen und Laschen vorhanden. Deswegen ist die Größe der Flächenpressung maßgeblich für die Lebensdauer.

Die mittlere Flächenpressung wird vereinfacht wie folgt berechnet:

$$p_m = \frac{F_n + 2(F_f + F_g)}{2 d_B b_B} \leq p_{zul} \tag{5.13}$$

Dabei gilt: F_f und F_g wirken auf den gesamten Umfang, F_n wirkt nur etwa „auf die Hälfte".

Das Produkt aus Bolzendurchmesser d_B und Bolzenbreite b_B wird als projizierte Gesamtfläche des Gelenks bezeichnet.

Dabei sollte allgemein für die zulässige Flächenpressung p_{zul} in Ketten gelten:

$$8 \frac{N}{mm^2} \leq p_{zul} \qquad\qquad \leq 45 \frac{N}{mm^2} \tag{5.14}$$

Speziell für Fördermittel:

$$8 \frac{N}{mm^2} \leq p_{zul} \qquad\qquad \leq 20 \frac{N}{mm^2} \tag{5.15}$$

Die statische Festigkeit der Stahlgelenkketten wird fast stets von der Festigkeit der Laschen bestimmt. Bolzenbrüche treten nur vereinzelt auf.

5.4.3.5 Polygoneffekt

Eine Kette nimmt wegen der endlichen Länge ihrer Glieder während des Umlenkens um ein Antriebs- bzw. Umlenkrad die Form eines Polygons (Vielecks) an.

- Das Kettenrad läuft mit konstanter Winkelgeschwindigkeit
- Beim Bewegungsablauf des Kettenrades kann der Bolzen nicht der Geraden folgen, da er den wirksamen Teilkreisdurchmesser d_0 durchschreiten muß.
- Der wirksame Teilkreisdurchmesser schwankt aber, zwischen d_0 und $d_0 \cdot \cos \alpha$, wodurch sich laufend der Bewegungsablauf des Kettenrades ändert (Abb. 5.41).

$$v_{max} = v \qquad \text{Kettenradstellung A} \qquad (5.16)$$

$$v_{min} = v \cdot \cos \alpha \qquad \text{Kettenradstellung B} \qquad (5.17)$$

mit

$$v = \frac{d_0 \cdot \pi \cdot n}{60 \cdot 1000}; \left[\frac{m}{s} \right], d_0 \text{ in [mm]}, n \text{ in } 1/\min \qquad (5.18)$$

Neben der Geschwindigkeitsänderung ruft der Polygoneffekt auch eine Schwankung des Drehmomentes hervor:

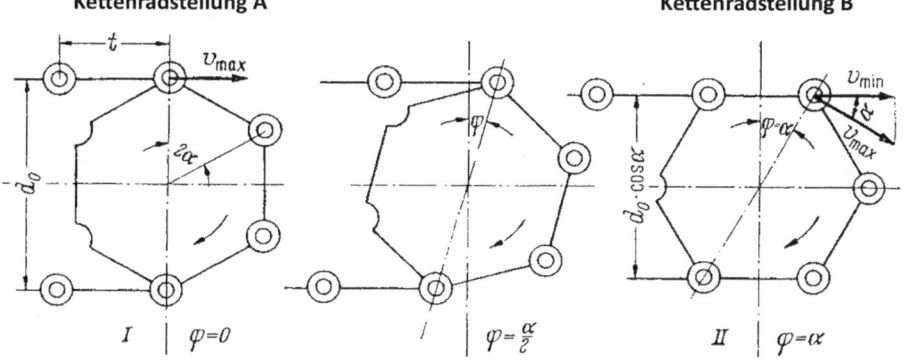

Abb. 5.41 Änderung des Teilkreisdurchmessers durch den Polygoneffekt [23, S. 43]

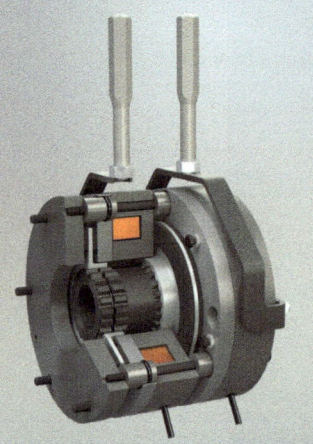

$$M_t = F \cdot \frac{d_0}{2} \qquad\qquad \text{Kettenradstellung A} \qquad (5.19)$$

$$M_t = F \cdot \frac{d_0 \cdot \cos\alpha}{2} \qquad\qquad \text{Kettenradstellung B} \qquad (5.20)$$

Der Polygoneffekt hat erhebliche Auswirkungen auf die Beanspruchung, den Verschleiß und die Geräuschentwicklung eines Kettentriebes!

Um die Polygonwirkung möglichst gering zu halten, empfiehlt es sich die folgenden Gesichtspunkte zu berücksichtigen:

- Der Ungleichförmigkeitsgrad, hervorgerufen durch den Polygoneffekt, ist hauptsächlich abhängig von der Zähnezahl
- Kleine Zähnezahl: große Ungleichförmigkeit
- Große Zähnezahl: kleine Ungleichförmigkeit
- Beim Einsatz von Kettenrädern mit geringen Zähnezahlen sollte den Geschwindigkeitsdifferenzen dadurch Rechnung getragen werden, dass die Kettengeschwindigkeiten niedriger gehalten werden.

5.5 Bremsen und Bremslüfter

Bremsen haben als Baugruppen der Triebwerke von Fördermaschinen allgemein zwei wichtige Aufgaben zu erfüllen:

- Das Verringern oder Regeln der Geschwindigkeit bewegter Massen
- Das Festhalten stillstehender Massen

5.5.1 Funktionen

Nach ihrer grundsätzlichen Funktion/Wirkung können die Bremsen unterteilt werden in:

Haltebremsen Bremsen, die nur bei Stillstand wirken, werden als Haltebremsen bezeichnet. Sie sollen keine Reibungsarbeit leisten, sondern nur ein sicheres Halten der Antriebswelle gegen ein bestimmtes Drehmoment gewährleisten.
Beispiel: Hubwerksbremse, um eine Last nach einer Hub- oder Senkbewegung in der Schwebe zu halten.

Fahrbremsen (Stopp-, Verzögerungsbremsen) Sie dienen zum Abstoppen oder Stillsetzen durch Aufnahme der kinetischen Energie.

Beispiel: Fahrwerks- oder Hubwerksbremse eines Krans, um die Energie der in Bewegung befindlichen Massen bis zum Stillstand abzubremsen.

Senkbremsen (Regelbremsen) Sie gewährleisten durch Einfallen und Lüften die Einhaltung einer vorgeschriebenen Senkgeschwindigkeit durch Aufnahme der potentiellen Energie, insbesondere bei durchziehenden Lasten.

Beispiel: Senkbremse eines Hubwerks, die so beschaffen sein soll, dass die Last nur mit zulässiger Absenkgeschwindigkeit sinkt.

Sicherheitsbremsen Sie sind als zusätzliches Bauteil am Ende der kinematischen Kette des Triebwerks vorhanden und werden nur aktiv, wenn eine der anderen Bremsen versagt (passive Redundanz) (siehe Abb. 5.42).

In den meisten Fällen führen die Bremsen nacheinander oder gleichzeitig mehrere der genannten Funktionen aus. Nach einer Senkbremsung verzögert z. B. die Bremse eines Hubwerkes die senkrecht bewegte Masse bis zum Stillstand und wirkt dann, ggf. unter weiterer Erhöhung des Bremsmoments, als Haltebremse.

Hinsichtlich ihres Betätigungsmechanismus lassen sich die Bremsen in weitere Kategorien einteilen:

Abb. 5.42 Sicherheitsbremse. (Quelle: Chr. Mayr GmbH & Co. KG)

Schließbremsen Sie werden von einer geeigneten Kraft ständig offengehalten und bremsen erst, wenn sie durch Hand-, Fuß- oder maschinelle Betätigung (hydraulisch, pneumatisch, mechanisch) geschlossen werden (in klassischer Fördertechnik, Kran, Drehwerke).

Lösebremsen Sie sind im Außerbetriebsfall immer geschlossen; d. h. bei Ausfall sämtlicher Betriebsfunktionen (elektr. Strom, Elemente eines Hydraulikkreises) bleibt die Lösebremse, z. B. durch die Schwerkraft von Bremsgewichten oder durch Federkräfte, geschlossen. Zum Öffnen erfordern die Lösebremsen eine der o. g. Kraftwirkungen (hydraulische, pneumatische oder mechanische Betätigung). Aus Sicherheitsgründen werden die Bremsen in Fördermaschinen immer in dieser Form ausgebildet.

Zweikreisbremsen Sie bestehen aus zwei Hälften, die unabhängig voneinander jeweils vollständig funktionsfähig und wirksam sind (aktive Redundanz). Sie teilen sich lediglich die Bremsscheibe, auf die sie einwirken, und ggf. den Lüfter.

Selbstwirkende Bremsen Sie schließen sich ohne zusätzliche Betätigungselemente durch eigene Steuerung bei Überschreitung eines Höchstmomentes oder einer Höchstgeschwindigkeit. Sie dienen der selbsttätigen Begrenzung der genannten Größen auf den zulässigen Wert. Bremsen dieser Art erfüllen somit vorrangig eine Sicherheitsfunktion.

5.5.2 Konstruktive Ausbildung der Bremsen

Eine weitere Unterscheidung läßt sich hinsichtlich der konstruktiven Ausbildung der Bremsen vornehmen (Abb. 5.43):

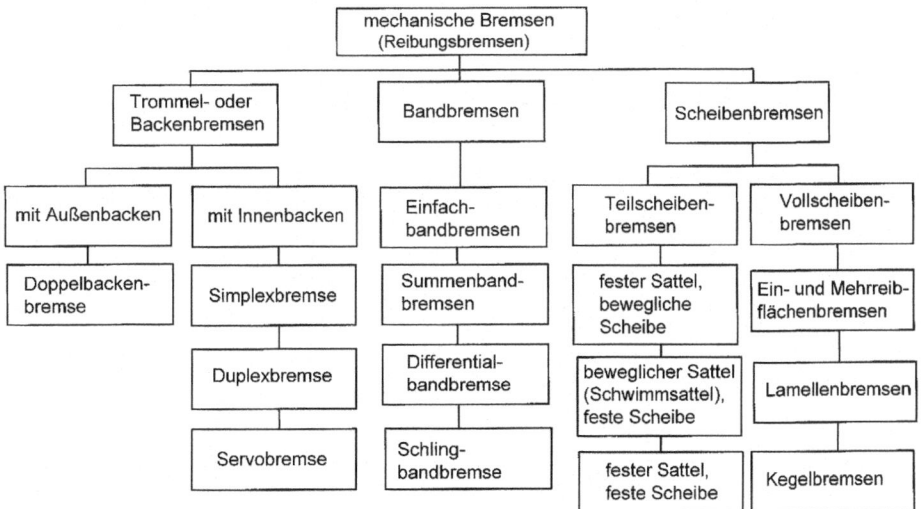

Abb. 5.43 Einteilung der mechanischen Bremsen (Quelle: IFT)

Neben den mechanischen Bremsen gibt es noch sogenannte dynamische Bremsen, die wie folgt eingeteilt werden:

Generatorische Bremsen Die Bremswirkung generatorischer Bremsen beruht auf der Generatorenwirkung von Motoren, wobei die kinetische Energie in elektrische Energie umgewandelt wird und diese einem Verbraucher (Widerstände) zugeführt oder ins Netz eingespeist wird.

Wirbelstrombremsen Bei den Wirbelstrombremsen rotiert eine metallische Scheibe senkrecht zu einem magnetischen Feld. In der Scheibe werden dadurch Ströme induziert, die dann direkt in Wärme umgewandelt werden, d. h. die zugeführte kinematische Energie wird in Wärmeenergie transformiert.

Hydrodynamische Bremsen Die hydrodynamischen Bremsen beruhen auf dem Prinzip der Flüssigkeitsreibung und wandeln die zugeführte Energie in Wärme um.

Die nachfolgenden Unterkapitel stellen die mechanisch arbeitenden Bremsen im einzelnen dar.

5.5.2.1 Trommel- oder Backenbremsen

Die Merkmale der Backenbremse in Kurzform sind:

- in der Fördertechnik am häufigsten verwendete Bremse
- hohe Anpreßkräfte erforderlich; daher große Zustellkräfte oder Hebelübersetzung in der Bremse
- einfache konstruktive Ausführung
- gute Wärmeableitung
- Bremsmoment kann ohne besonderen Aufwand unabhängig von der Drehrichtung der Bremsscheibenwelle aufgenommen werden
- verschleißbare Reibstoffmenge ist geringer als z. B. bei den Bandbremsen
- Einsatzgebiete Außenbackenbremse: Kran, Aufzug, Fahrtreppe
- Einsatzgebiete Innenbackenbremse: vorwiegend Landfahrzeuge

Außenbackenbremsen (auch als Doppelbackenbremsen bezeichnet)
Die in Fördermitteln besonders häufig angewendete *Doppelbackenbremse* (siehe Abb. 5.44) erzeugt die Bremskraft durch Anpressen zweier mit Reibbelägen versehenen Backen an eine meist auf der Motorwelle umlaufende Bremsscheibe. Doppelbackenbremsen werden als Schließ- und Lösebremsen hergestellt. Die Bremskraft wird durch Druckfedern oder Bremsgewichte erzeugt, deren Kraft über Hebel verstärkt wird. Das Lüften der Bremse besorgen elektromechanische, elektromagnetische oder elektrohydraulische Lüfter, die mit dem Antriebsmotor gemeinsam eingeschaltet werden.

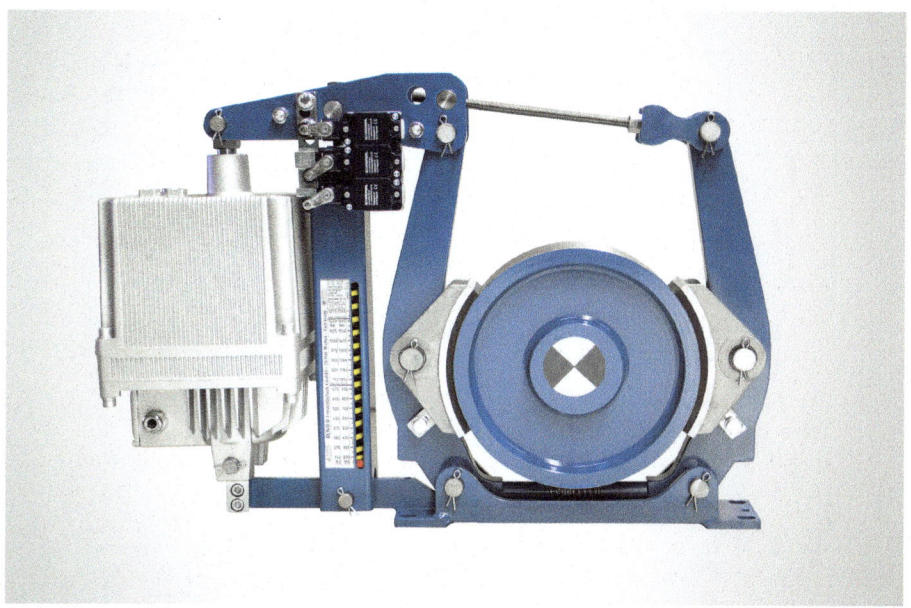

Abb. 5.44 Doppelbackenbremse (Trommelbremse) mit Bremsfeder und elektrohydraulischem Betätigungsgerät. (Quelle: Römer Fördertechnik GmbH)

Die Doppelbackenbremse besitzt nicht nur das doppelte Bremsmoment, sondern hat auch den Vorteil, bei richtiger konstruktiver Gestaltung zu einem guten Ausgleich der auf die Bremsscheibenwelle wirkenden Radialkräfte zu führen, d. h. eine Biegebeanspruchung der Welle wird vermieden.

Die Bremshebel können gerade oder geschwungen sein, die Backen starr oder gelenkig an ihnen befestigt werden.

Je nach Ausführung entstehen an der Bremsscheibe bei gleicher Bremskraft und Übersetzung unterschiedliche Bremsmomente und resultierende Normalkräfte.

Für Fall 1 (Abb. 5.45a) ergeben sich aus dem Momentengleichgewicht der Bremshebel die Normalkräfte für die gezeichnete Drehrichtung der Bremsscheibe zu:

$$N_1 = F \frac{b}{a} \frac{1}{1 + \mu \frac{c}{a}}, \, N_2 = F \frac{b}{a} \frac{1}{1 - \mu \frac{c}{a}} \tag{5.21}$$

(F = erzeugte Betätigungskraft an den Bremshebeln)

Die Kräfte N_1 und N_2 werden nur dann gleich groß, wenn $c = 0$, d. h. wenn die Drehpunkte der Bremshebel unterhalb der Berührungsstelle von Backe und Scheibe liegen (Abb. 5.45b).

Ist das nicht der Fall, gilt $N_1 \neq N_2$, und die Bremsscheibenwelle wird durch die Normalkraftdifferenz $\Delta N = N_1 - N_2$ auf Biegung beansprucht.

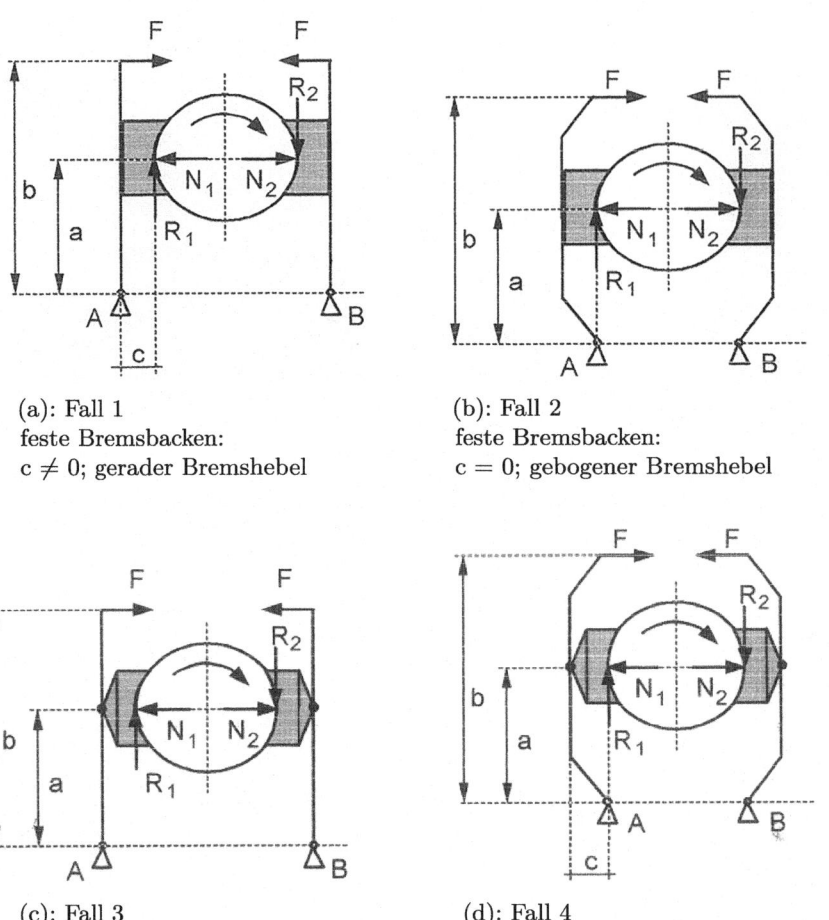

(a): Fall 1
feste Bremsbacken:
c ≠ 0; gerader Bremshebel

(b): Fall 2
feste Bremsbacken:
c = 0; gebogener Bremshebel

(c): Fall 3
bewegliche Bremsbacken:
c = 0; gerader Bremshebel

(d): Fall 4
bewegliche Bremsbacken:
c ≠ 0; gebogener Bremshebel

Abb. 5.45 Geometrie der Doppelbackenbremse. (Quelle: IFT)

Die Fälle 3 und 4 (Abb. 5.45c und 5.45b) weisen gelenkig angebrachte Bremsbacken auf. Da an den Backen die resultierende Bremsscheibenkraft mit der Gelenkkraft im Gleichgewicht stehen muss, verschiebt sich die Normalkraft N_1 (bzw. N_2) um den Winkel α. Hier ist im Gegensatz zu Fall 2 ein gerader Bremshebel notwendig, wenn die Normalkraftdifferenz $\Delta N = N_1 - N_2$ Null werden soll.

Ein zahlenmäßiger Vergleich weist das größte Bremsmoment für den Bremstypfall 1 nach, die Momente für die Fälle 2, 3 und 4 sind in dieser Reihenfolge jeweils kleiner.

Die Außenbackenbremse hat , abhängig von der Hebelgestaltung und der Drehrichtung (Abb. 5.46, 5.47, 5.48 und 5.49):

Abb. 5.46 Selbsthemmend.
(Quelle: IFT)

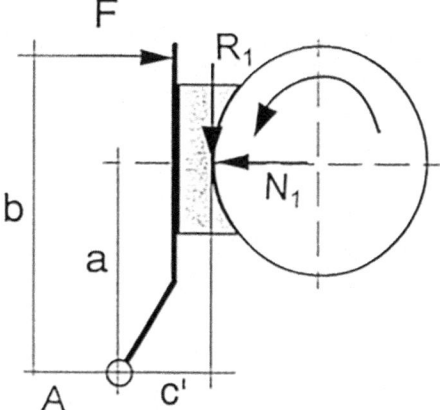

Abb. 5.47 Selbstverstärkend.
(Quelle: IFT)

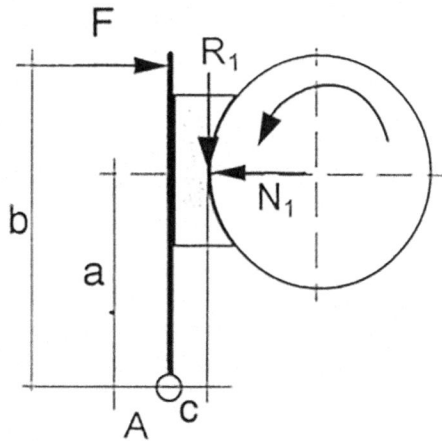

Abb. 5.48 Selbstschwächend.
(Quelle: IFT)

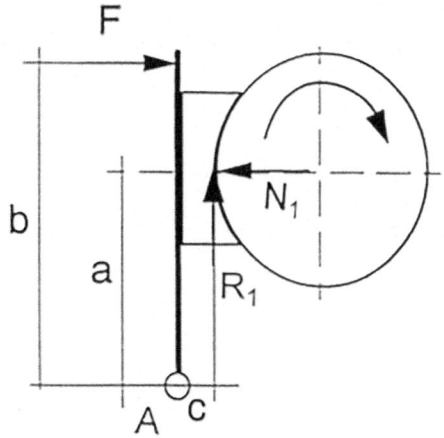

Abb. 5.49 Unabhängig von
der Drehrichtung. (Quelle:
IFT)

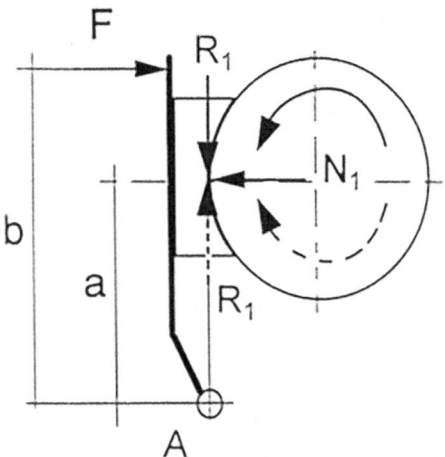

Selbsthemmend Der Abstand c' (siehe Abb. 5.46) ist dabei so groß gewählt, dass keine
Betätigungskraft F benötigt wird ($F = 0$). Dies gilt *nur* für die eingezeichnete Dreh-
richtung. Das Moment aus der Reibungskraft R_1 und dem Abstand c ist so groß wie das
Moment aus der Normalkraft N_1 und dem Abstand a:

$$R_1 \cdot c' = N_1 \cdot a, \text{ mit } c' \geq cF \cdot b + R_1 \cdot c' - N_1 \cdot a = 0 \qquad (5.22)$$

Selbstverstärkend Bildet man die Summe aller Momente um den Punkt A für die eingezeichnete Drehrichtung, so wirkt das Moment $R_1 \cdot c$ aus der Reibkraft in Richtung des
Moments $F \cdot b$ verstärkend (Vorzeichen positiv).

$$F \cdot b + R_1 \cdot c - N_1 \cdot a = 0 \qquad (5.23)$$

Selbstschwächend Entsprechend wirkt bei umgekehrter Drehrichtung das Moment $R_1 \cdot c$
in entgegengesetzter Richtung des Moment $F \cdot b$ (Vorzeichen negativ), d. h. bei gleicher Bremskraft F ist bei der „Selbstverstärkung" die Bremswirkung größer als bei der
„Selbstschwächung".

$$F \cdot b - R_1 \cdot c - N_1 \cdot a = 0 \qquad (5.24)$$

Unabhängig von der Drehrichtung Dieser unerwünschte Effekt der Selbstverstärkung
und Selbsthemmung, der allein durch die Drehrichtungsumkehr zustande kommt, kann
dadurch ausgeglichen werden, dass der Punkt A so weit verschoben wird, bis der Abstand
$c = 0$ (siehe Abb. 5.49) ist. In diesem Fall ist für beide Drehrichtungen und gleiche Betätigungskraft F die Bremswirkung gleich groß.

$$c = 0 \qquad (5.25)$$

Merkmale der Doppelbackenbremsen in Kurzform:

- Doppelbackenbremsen werden als Schließ- und Lösebremsen hergestellt.
- Die Bremskraft wird durch Druckfedern oder (seltener) durch Bremsgewichte erzeugt, deren Kraft über Hebel verstärkt wird.
- Das Lüften der Bremse besorgen elektromechanische, elektromagnetische oder elektrohydraulische Lüfter, die mit dem Antriebsmotor gemeinsam eingeschaltet werden.
- Die Doppelbackenbremse besitzt nicht nur das doppelte Bremsmoment, sondern hat auch den Vorteil, bei richtiger konstruktiver Gestaltung zu einem guten Ausgleich der auf die Bremsscheibenwelle wirkenden Radialkräfte zu führen, d. h. eine Biegebeanspruchung der Welle wird vermieden.

Innenbackenbremsen
Im Inneren einer Bremstrommel befinden sich zwei Backen, die im ausgeschalteten Zustand durch Federkraft gelüftet (d. h. Bremse offen, erst geschlossen durch Betätigung) sind. Zum Bremsen werden die Backen unter Überwindung der Federkraft mechanisch oder hydraulisch um ihre Drehpunkte gegen die Bremstrommel gespreizt (Schließbremse) (siehe Abb. 5.50).

Diese Bauform wird hauptsächlich im Kraftfahrzeugbau eingesetzt (PKW und LKW, Ladekrane für Straßenfahrzeuge, Mobil-und Autokrane, Motorwagen, Gabelstapler, etc.).

5.5.2.2 Bandbremsen

Bei den Bandbremsen wird statt der Backen ein biegsames, meist mit Reibbelag ausgerüstetes Stahlband außen um den Kranz der Bremsscheibe geführt und durch tangentiale Kräfte gespannt (Gewichte oder Federn am Bremshebel). Man unterscheidet vier Bauweisen (siehe Abb. 5.51).

Gegenüber der Doppelbackenbremse weist die Bandbremse eine einfachere und gedrängtere Bauweise und eine etwa doppelt so große Bremswirkung auf. Nachteile der Bandbrem-

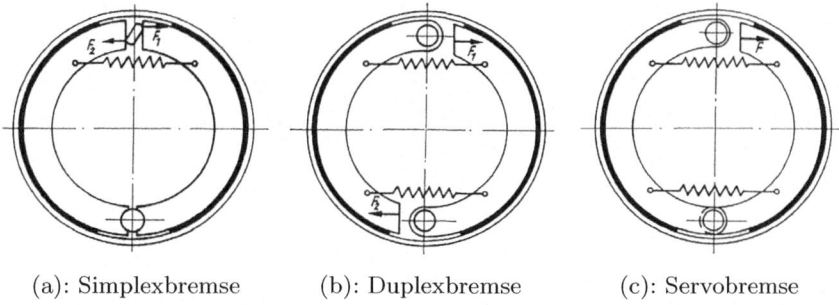

(a): Simplexbremse   (b): Duplexbremse   (c): Servobremse

Abb. 5.50 Bauformen der Innenbackenbremsen [23, S. 101]

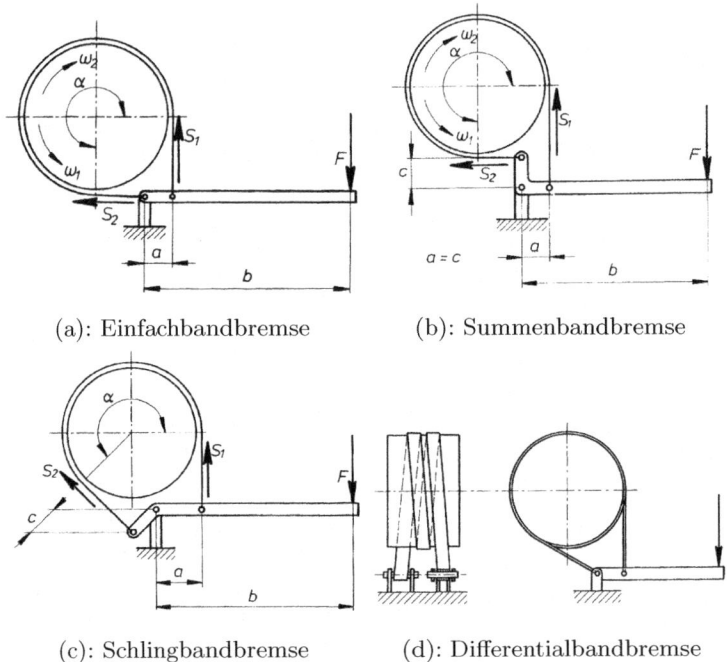

(a): Einfachbandbremse   (b): Summenbandbremse

(c): Schlingbandbremse   (d): Differentialbandbremse

Abb. 5.51 Bauformen der Bandbremsen [20, S. 146 f.]

sen sind eine starke Biegebeanspruchung der abzubremsenden Welle und unterschiedliche Bremsdruckverteilung am Bremsscheibenumfang.

Angewandt werden Bandbremsen bei modernen Fördermitteln nur noch bei besonders großen erforderlichen Bremsmomenten, z. B. in Montagewinden und Baggerantrieben.

5.5.2.3 Scheibenbremsen

Scheibenbremsen haben scheibenförmige Bremskörper, an die der Gegenkörper durch eine axiale Zustellbewegung angepreßt wird. Die Scheibenbremsen lassen sich in zwei grundsätzlich verschiedene Bauarten unterteilen, und zwar in Scheibenbremsen mit Voll- bzw. Ringbelag, bei denen die gesamte Bremsscheibe zum Bremsen verschoben wird, und in Scheibenbremsen mit Teilbelägen.

Merkmale der Scheibenbremse in Kurzform:

- hohe Bremsleistung in Verbindung mit einer kompakten Bauweise.
- scheibenförmige Bremskörper, an die der Gegenkörper durch eine axiale Zustellbewegung angepreßt wird.
- Verschiebung der Reibflächen mittels Federkraft; aus Sicherheitsgründen bleibt die Bremswirkung bei Stromausfall erhalten.

- Einsatzgebiete:
  - Krane für schwere Lasten (Hüttenwerkskrane, Kraftwerkskrane)
  - Schienenfahrzeuge, Landfahrzeuge
  - Schachtförderanlagen
  - Seilbahnen

Die Scheibenbremsen werden in drei Typen unterteilt:

Einflächenbremse Bei der *Einflächenbremse* (siehe Abb. 5.52a) wird die gesamte Bremsscheibe auf der abzubremsenden Welle verschoben und gegen eine feststehende Bremsfläche gepresst.

Lamellenbremse Um große Bremsmomente übertragen zu können, muß man die Anzahl der Bremsflächen erhöhen. Aus der Einflächenbremse wird dann die Mehrflächenbremse (Lamellenbremse) (siehe Abb. 5.52b). Sie besteht aus auf der Welle verschiebbaren Bremsscheiben (Innenlamellen), die sich gegen entsprechend im feststehenden Gehäuse angeordnete Gegenscheiben (Außenlamellen) legen. Die Bremskraft drückt die Scheiben gegeneinander.

Kegelbremse Die Kegelbremse (siehe Abb. 5.53) ist eine Einscheibenbremse mit einer um den Winkel γ geneigten Reibfläche. Bei ihr wird ein auf der getriebenen Welle axialbeweglich sitzender Vollkegel zum Bremsen in einen feststehenden Hohlkegel gepreßt. Die Flächenpressung p ist bei starr angenommenen Brems- und Lagerflächen konstant. Eine wichtige Anwendung findet die Kegelbremse im Verschiebeankermotor.

Teilbelag-Scheibenbremsen
Nach den Grundformen der Bremszangen unterscheidet man die Teilscheibenbremsen, wie in Abb. 5.54 dargestellt.

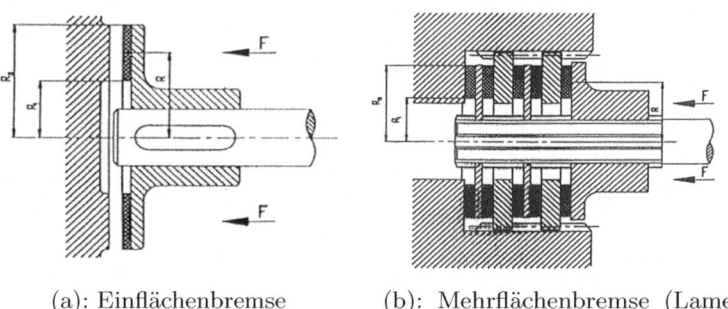

(a): Einflächenbremse | (b): Mehrflächenbremse (Lamellenbremse)

Abb. 5.52 Bauformen der Vollscheibenbremsen. (Quelle: IFT)

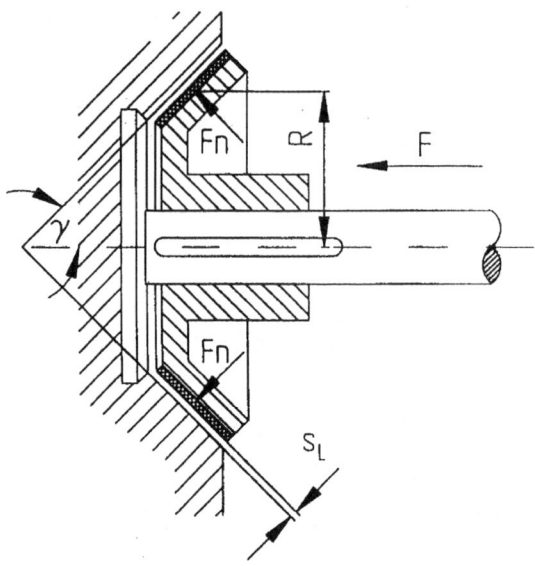

Abb. 5.53 Kegelbremse. (Quelle: IFT)

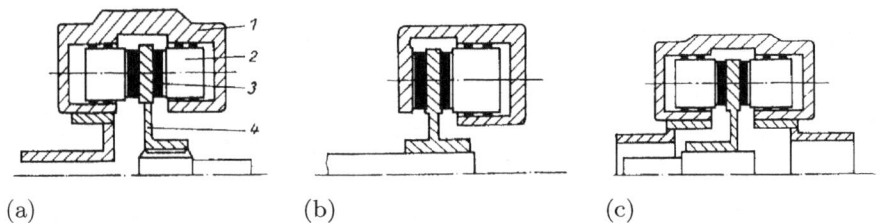

Abb. 5.54 Grundformen von Bremszangen bei Teilbelag-Scheibenbremsen. **a** fester Sattel, bewegliche Scheibe (1 Sattel, 2 Bremsbetätigung, 3 Bremsbacke, 4 Bremsscheibe); **b** beweglicher Sattel (Schwimmsattel), feste Scheibe; **c** fester Sattel, feste Scheibe [23, S. 108]

Im Vergleich zur Doppelbackenbremse weist die Teilbelag-Scheibenbremse nachstehende Vorteile auf:

- Höheres Bremsmoment bei geringerem Bedarf an Bauraum und kleinem Gewicht
- die Lüftwege und damit die Einfall- und Lüftzeiten bleiben klein und gleichmäßig
- geringere Bremsmomentstreuung aufgrund ebener Reibfläche
- die Kühlleistung ist i. a. bei gleichem Bremskörperdurchmesser größer
- die zulässigen Maximaltemperaturen mit bis zu 350° liegen wesentlich höher als die einer Bremstrommel.
- große Bremsscheibendurchmesser möglich (Seilbahn, Schachtförderanlagen)
- geringes Massenträgheitsmoment (im Vergleich z. B. zur Backenbremse)

Als Nachteil sind der höhere Preis, die aufwendigere Wellenverbindung und die große Biegebeanspruchung der Bremsscheibenwelle zu nennen. Diese lässt sich durch eine geeignete Anordnung der Bremssättel reduzieren.

5.5.3 Reibwerkstoffe

Die bisher beschriebenen Bremsen beruhen auf dem Prinzip der Festkörperreibung. Bedingt durch dieses Wirkprinzip werden hier Reibwerkstoffe mit besonders hohen Reibwerten und großer Temperaturbeständigkeit benötigt.

Der Reibungsbeiwert μ ist abhängig

- von der Art des Bremsbelags,
- vom Werkstoff der Bremsscheibe,
- von der Gleitgeschwindigkeit,
- von der Flächenpressung und
- von der Temperatur.

Bei höherer Temperatur, größerer Gleitgeschwindigkeit und Flächenpressung sinkt im allgemeinen der Reibungsbeiwert.

Die Gleitreibungsbeiwerte der wichtigsten Reibpaarungen für Trockenlauf sind in Tab. 5.17 aufgelistet.

Als Grundstoffe dienen:

- Baum- oder Zellwolle,
- Bronze mit keramischen Bestandteilen (Zinn – Bronze), Metallwolle und Kohle,

die mit Bindemitteln in Form von

- Natur- oder Kunstharzen,
- Asphalt,
- Natur- bzw. synthetischem Gummi

versetzt und gehärtet werden. Auf diese Weise entstehen Reibwerkstoffe, die außer einem hohen Reibbeiwert noch viele der nachfolgenden Eigenschaften aufweisen:

- Warmfestigkeit,
- Scherfestigkeit,
- Verschleißfestigkeit,
- Konstanz der Reibungszahl,
- Unempfindlichkeit gegen Öl und Wasser.

Tab. 5.17 Reibwerte der wichtigsten Reibpaarungen

Werkstoffe		Gleitreibungszahl	Zul. Flächenpressung	Zul. Dauertemperatur
Reibbelag	Bremsscheibe	μ	$p_{zul}[N/mm^2]$	$\vartheta[K]$
Grauguß	Grauguß	0,15..0,25	1,0..1,8	550
Grauguß	Stahl	0,15..0,2	0,8..1,4	500
Pappelholz	Grauguß	0,2..0,35	0,05..0,5	350
Pappelholz	Stahl	0,25..0,55	0,05..0,5	350
Baumwollgewebe mit Kunstharz	Grauguß, Stahlguß, Stahl	0,4..0,65	0,05..1,2	350
asbestfreies, mit Kunstharz oder mit synth. Kautschuk gebundenes Reibmaterial (Asbestverbot!)		0,3..0,5	0,05..2(8)	450
Metallwolle mit Buna oder Kunststoff		0,4..0,65	0,05..2(8)	500
Sintermetall auf Cu- oder Fe-Basis		0,15..0,35	0,05..1,5	550..850

Klammerwerte nur bei ruhender Belastung: Die Haftreibungszahl beträgt $\mu_0 = 1,25\,\mu$

Bei zu hohen Temperaturen besteht die Gefahr des Erweichens der Reibbeläge; das Bindemittel tritt aus, glasiert und verkohlt usw., was eine Herabsetzung der Reibbeiwerte und einen stärkeren Verschleiß zur Folge hat.

5.5.4 Bremslüfter

Die in der Fördertechnik verwendeten Bremsen sind meistens Lösebremsen. Sie werden durch Gewichte oder Federn geschlossen und werden während des Arbeitsspieles durch Bremslüfter gelöst. Bei Stromausfall bleiben die Bremsen geschlossen (Sicherheitsgründe).
Nach der Bauart werden folgende Bremslüfter unterschieden:

- Elektromagnetische (Gleichstrom oder Wechselstrom)
- Elektrohydraulische (Elektrogeräte oder Drölgeräte)
- Elektromotorische (Fliehkraftbremslüfter)
- Verschiebeläufermotor.

Bremslüfter werden auch zur Bewegung von Weichen und Stelleinrichtungen für Stetigförderer, ferner zur Betätigung von Klappen an Schüttgutbunkern verwendet. Im Nachfolgenden wird nur exemplarisch auf den Magnetbremslüfter, den elektrohydraulischen Bremslüfter und den Verschiebeläufermotor eingegangen.

5.5.4.1 Magnetbremslüfter

Magnetbremslüfter (siehe Abb. 5.55) arbeiten nach dem elektromagnetischen Prinzip. Bei Betätigung wird ein Kolben magnetisch in eine Spule hineingezogen, der über Hebel mit der Bremse verbunden ist.

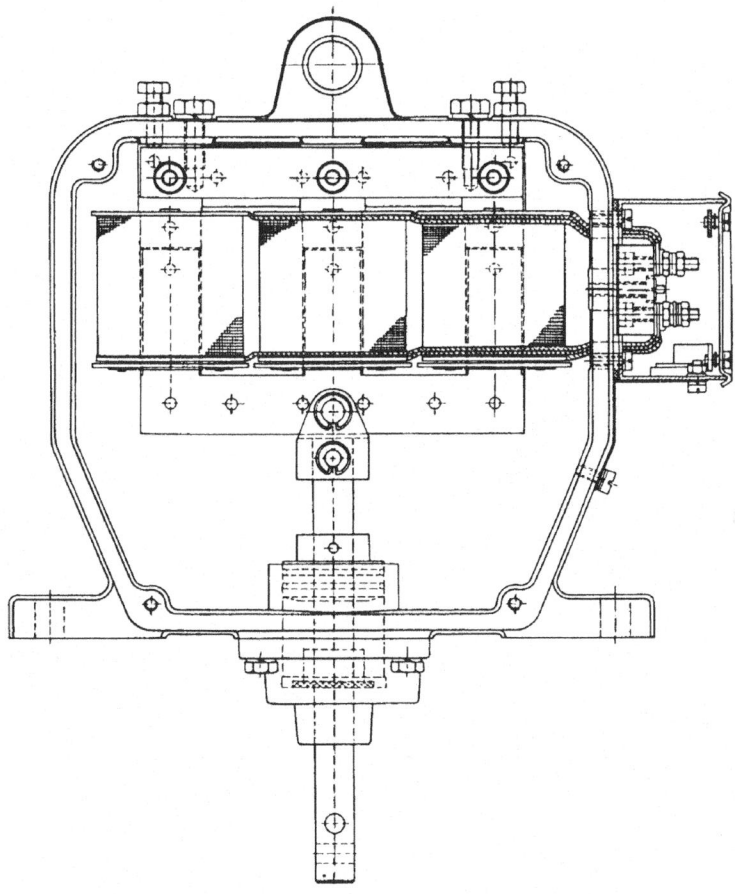

Abb. 5.55 Drehstrom-Magnetbremslüfter [23, S. 109]

Einsatzgebiete:

- Aufzug
- Fahrtreppe
- Notausstopp-Bremse bei Kranen

Eigenschaften:

Gleichstrom

- sehr kurze Einfallzeit
- lange Lebensdauer
- kurzer Hub, große Kraft

Drehstrom

- selten verwendet
- Nachteil: großer Einfallstoß
- kurzer Hub, große Kraft

5.5.4.2 Elektrohydraulische Bremslüfter (Eldro)

Das Eldrogerät besteht aus einem ölgefüllten Zylinder mit Kolben, in dem ein elektrisch getriebenes Flügelrad als Hydraulikpumpe sitzt. Sobald diese Pumpe läuft, wird Öl aus dem oberen in den unteren Zylinderraum gefördert und der Kolben hebt sich (innerhalb von 0,5 bis 1,6 s um bis zu 160 mm). Diese Hubbewegung wird durch ein Gestände am Kolben auf die Bremse übertragen. Wird der Elektromotor abgeschaltet, so fällt der Öldruck und das Öl strömt durch den Kolbendruck nach oben zurück. Der Kolben sinkt dabei schnell und stoßfrei (siehe Abb. 5.56).

Eigenschaften des Eldrogeräts:

- kleine Kräfte
- erlaubt die Einstellung der Hub- und Senkzeit über Drossel- und Rücklaufventil
- für Bremsen mit langem Hub und langen Ansprechzeiten geeignet
- Vorteil: „geschlossener" Hydraulikkreis ohne Schlauchverbindungen
- Einsatz als Betriebsbremse in Kranen

5.5.4.3 Verschiebeläufermotor

Eine ideale Verbindung von Antriebsmotor, Bremse und Lüftgerät stellt der Verschiebeläufermotor (siehe Abb. 5.57) dar, dessen Kegelbremse durch eine Axialbewegung der Motor-

Abb. 5.56 Elektrohydraulisches
Hubgerät ELDRO mit
Bremsfeder (1 Fußbefestigung,
2 Drehstrom-Asynchronmotor
mit Käfigläufer,
3 Hydraulikpumpe,
4 Hydraulikzylinder,
5 Kolbenstange,
6 Drucklasche,
7 Öl-Einfüllstutzen,
8 Ausgleichsraum,
9 Kolben,
10 Anschlusskasten)
[23, S. 109]

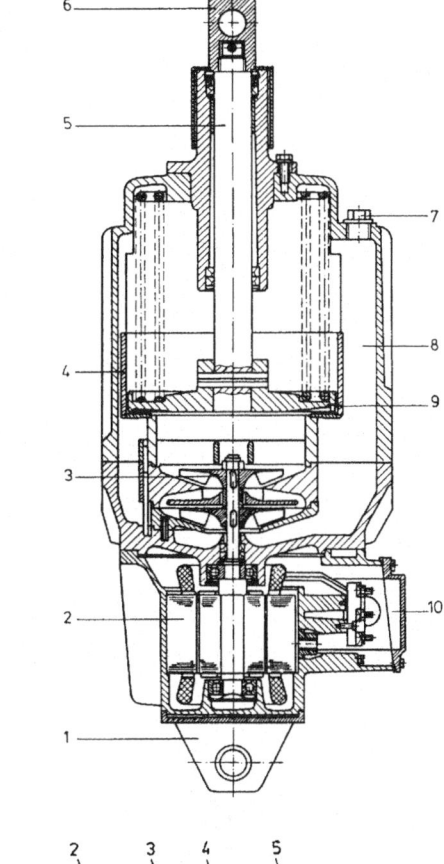

Abb. 5.57 Verschiebeläufermotor
(1 Kegelbremse, 2 Motorwelle,
3 Motorständer, 4 Motorläufer,
5 Druckfeder) [23, S. 110]

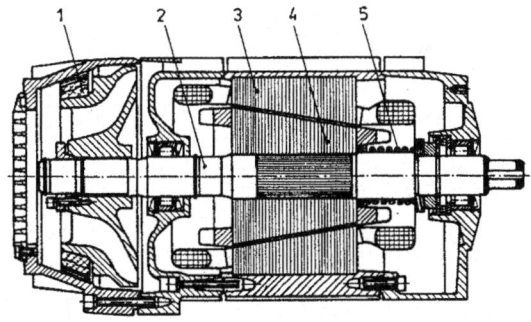

welle geschlossen wird. Die Besonderheit dieses Motors ist der kegelige Anker. Beim Einschalten des Motors verkleinert sich durch das entstehende Magnetfeld der Luftspalt; der Anker wird gegenüber der wirkenden Federkraft axial in den Ständer gezogen und die Bremse gelüftet. Die Einfall- und Öffnungszeiten der Bremse sind sehr kurz.

5.6 Laufräder und Schienen

5.6.1 Laufräder

Schienenfahrwerke besitzen gegenüber Reifenfahrwerken funktionelle und wirtschaftliche Vorteile, so dass sie u. a. bei Kranen bevorzugt zum Einsatz kommen. Üblich ist hier die Kombination von vier Rädern, die auf zwei parallelen Schienen laufen. Im Schwerlastbereich werden Fahrwerke mit mehr als vier Rädern eingesetzt.

5.6.1.1 Vergleich von fördertechnischen Betriebsbedingungen mit denen von Schienenfahrzeugen

Beim Kran liegt ein sehr ungünstiges Verhältnis von Achsabstand a zu Spurbreite S vor: $\frac{a}{S} < 1$. Zum Vergleich bei Eisenbahnen: $\frac{a}{S} \gg 1$. Erschwerend kommt hinzu, dass bei Kranen die Laufräder teilweise einzeln angetrieben werden, wodurch ein zusätzliches Drehmoment und ein Verdrehen des Rahmens erfolgt (Abb. 5.58).

Hiermit ergeben sich:

- schwierige Voraussetzung für Geradausführung längs des Fahrwegs, durch ein ungünstiges Verhältnis von Radstand zu Spurweite
- niedrigere Geschwindigkeiten
- hoher Verschleiß der Wälzpaarung Laufrad-Schiene bei großem Schräglauf (schlechte Geradeausführung)
- Kranlaufräder erhalten deshalb zur Verkleinerung der Flächenpressung eine möglichst breite, zylindrische Lauffläche (Pressungsverteilung beachten)
- Spurkränze werden durch horizontale Führungsrollen ersetzt (siehe Abb. 5.59 Nr. 3 seitliche Führungsrolle)

Laufräder sind im Durchmesserbereich von 200–1250 mm genormt.

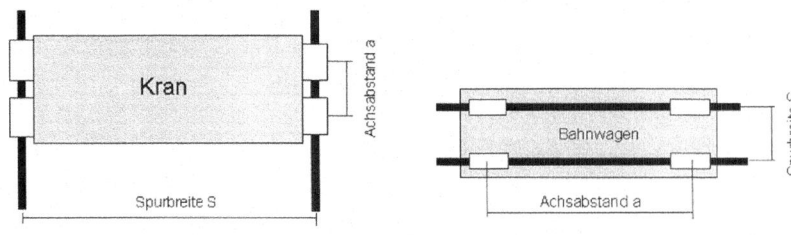

(a): Fahrgeometrie eines Krans   (b): Fahrgeometrie eines Eisenbahnwagens

Abb. 5.58 Spurbreite S und Achsabstand a im Vergleich zwischen Kran und Eisenbahnwagen. (Quelle: IFT)

Abb. 5.59 Laufrad mit
horizontalen Führungsrollen
(1. Laufradwelle, 2.
Spurkranzloses Laufrad, 3.
Seitliche Führungsrolle,
verstellbar 4. Laufschiene).
(Quelle: ohne Verfasser)

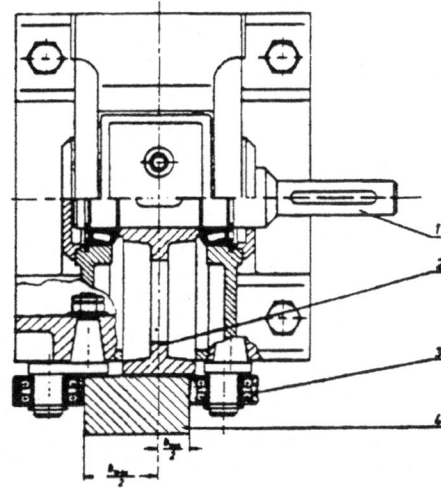

5.6.1.2 Werkstoffe

Erhöhte Verschleissfestigkeit und damit Nutzungsdauer erzielen Laufräder aus niedrig
legierten Stählen (z. B. GS-42 CrMo 4) (siehe Tab. 5.18), die nach dem Vergüten ober-

Tab. 5.18 Werkstoffe für Laufräder

Herstellverfahren	Werkstoff	Werkstoffbezeichnung	nach
Laufradkörper gegossen	Stahlguss	GS–45 GS–52 GS–60	DIN 1681
	Vergütungsstahlguss	GS 42 CrMo 4 V	Stahl-Eisen-Werkstoffblatt 510-62
	Gusseisen mit Lamellengraphit (Grauguss)	GG–20 GG–25	DIN 1691
	Gusseisen mit Kugelgraphit	GGG–50 GGG–60 GGG–70	DIN 1693 Teil 1
Laufradkörper und/oder Radreifen geschmiedet oder aus dem Vollen	Baustahl	St 50–1	DIN 17100
	Vergütungsstahl	C 35 C 45 C 60 42 CrMo 4V	DIN 17200

flächengehärtet werden. Bei kleinen Radkräften (F_R < 15 kN) und geforderter Laufruhe werden auch Kunststoffrollen aus Duroplast oder Polyamid eingesetzt.

Bei der Werkstoffauswahl ist darauf zu achten, dass das Rad eine geringere Festigkeit aufweist als die Schiene, damit das Laufrad und nicht die Schiene verschleißt.

In der Mehrzahl der Fälle begrenzt der Verschleiß der Spurkränze die Lebensdauer der Laufräder. Die für diesen Verschleiß maßgeblichen Führungskräfte sind laut neueren Untersuchungen höher als bisher angenommen. Zur Verschleißminderung wird die seitliche Schienenfläche leicht geschmiert. Keinesfalls darf aber die eigentliche Laufläche mitgeschmiert werden. Um die Lebensdauer der Laufräder zu erhöhen, verwendet man bei neuen Anlagen spurkranzlose Laufräder mit seitlichen Führungsrollen.

5.6.1.3 Antrieb der Laufräder

Angetrieben werden die Laufräder entweder über einen Zahnkranz (der formschlüssig mit dem Laufrad verbunden ist, Abb. 5.60), oder durch eine direkt angetriebene Welle (Abb. 5.61). Diese hat den Vorteil, dass kein Vorgelege vorhanden ist, sondern das Getriebe in einem Getriebegehäuse abgeschlossen ist. Diese Konstruktion ist betriebssicherer und wartungsärmer.

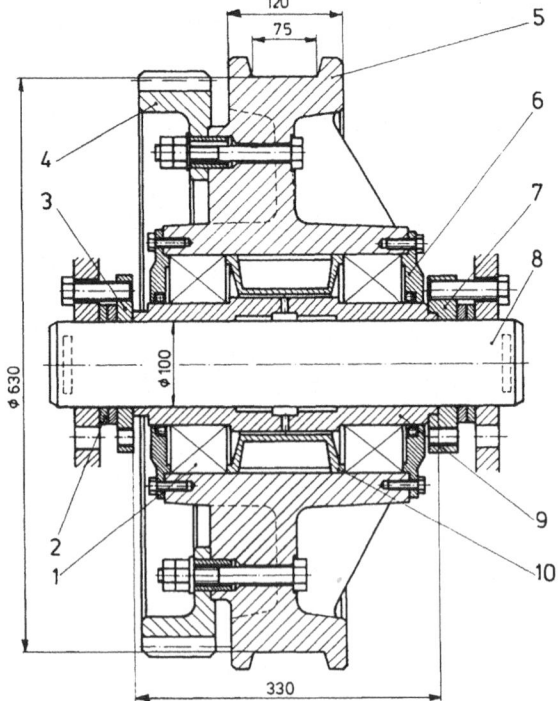

Abb. 5.60 Laufrad ⌀ 630 mit Spurkranz, Zahnrad und Wälzlagerung
(1 Pendelrollenlager,
2 Beilage,
3 Spurblech,
4 Zahnkranz,
5 Radkörper,
6 Deckel,
7 Drehsicherung,
8 Achse (feststehend),
9 Buchse,
10 Distanzring) DIN 15079
[23, S. 121]

Abb. 5.61 Laufrad mit
Laufradwelle [23, S. 121]

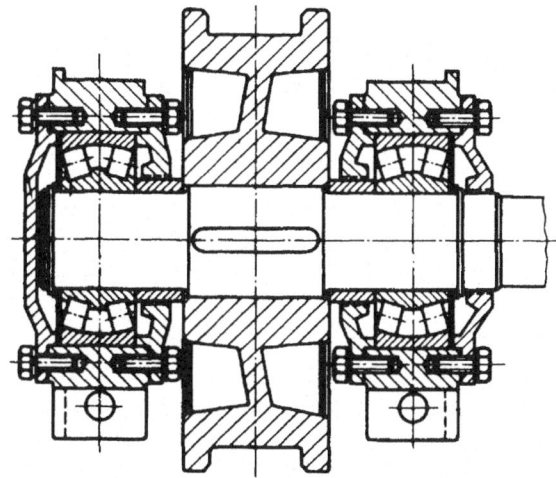

5.6.1.4 Lagerung der Laufräder

Leichter Ein- und Ausbau ist bei der Anordnung der Laufräder in der Krankonstruktion
zu berücksichtigen, da die Laufräder (und mehr noch die Lagerbuchsen) von Zeit zu Zeit
ausgewechselt werden müssen. Es ist auf jeden Fall zu vermeiden, dass erst andere Bauteile,
wie Motoren, Getriebe usw. ausgebaut werden müssen, um an die Laufräder heranzukom-
men. Abb. 5.62 zeigt zwei verschiedene Möglichkeiten der Anordnung der Lagerung von
Laufrädern.

Die eigentliche Lagerung der Laufradwelle erfolgt entweder durch Wälzlagerung oder
durch Gleitlagerung.

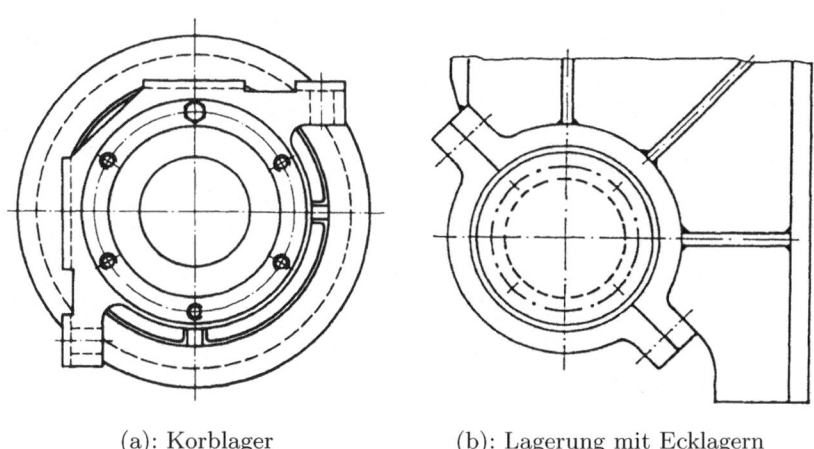

(a): Korblager   (b): Lagerung mit Ecklagern

Abb. 5.62 Anordnung der Lagerung von Laufrädern [23, S. 121]

Wälzlager
Bei der Ausführung der Walzlagerung werden

● Pendelrollenlager,
● Kegelrollenlager und/oder
● Rillenkugellager (bei geringer Belastung)

verwendet.

Die Lagerung wird überwiegend als Wälzlagerung mit Pendelrollenlagern (Abb. 5.63b) ausgeführt. Sie sind für schwerste Belastungen geeignet, können axiale Kräfte aufnehmen und gleichen Fluchtungsfehler und Wellendurchbiegungen aus.

Kegellager (Abb. 5.63a) bieten eine hohe Tragfähigkeit und können kombinierte Belastungen aufnehmen. Sie können wesentlich höhere axiale Kräfte als Pendelrollenlager aufnehmen, zusätzlich zu den Radialkräften. Trotzdem wird der Pendelrollenlagerung der Vorzug gegeben, weil Montage und Fertigungsaufwand zum Aufziehen der Kegelrollenlager höher ist und Fachpersonal verlangt. Der Grund liegt darin, dass die Kugelrollenlager über die Außengewindeschranke fachkundig eingestellt werden müssen. Trotzdem können Fluchtungsfehler auftreten. Pendelrollenlager dagegen stellen sich selbstständig ein.

Bei geringer Belastung kommen auch Rillenkugellager zum Einsatz.

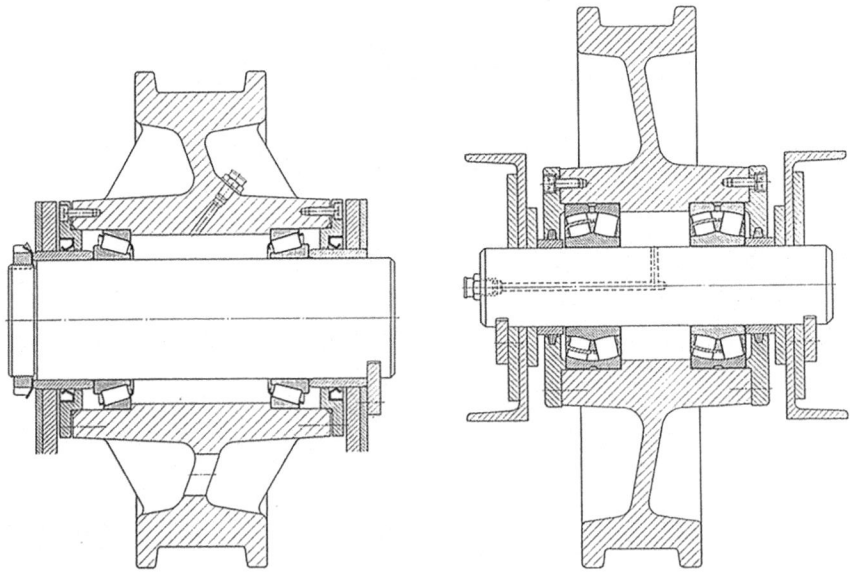

(a): Lagerung mit Kegelrollenlager   (b): Lagerung mit Pendelrollenlager

Abb. 5.63 Bauformen von Wälzlagern in Laufrädern. (Quelle: IFT)

Abb. 5.64 Laufrad mit
Gleitlagerung auf feststehender
Achse (Die obere Hälfte der
Zeichnung zeigt ein
angetriebenes Rad mit Spur-
und Zahnkranz, die untere
Hälfte ist nicht angetrieben und
ohne Spur- und Zahnkranz.)
[23, S. 120]

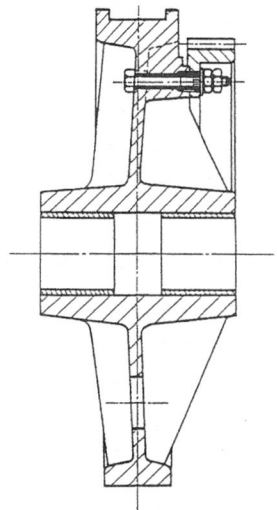

Gleitlager

Gleitlager (Abb. 5.64) kommen nur für untergeordnete Zwecke zum Einsatz. Das Gleitla-
gerstück in der Mitte trägt praktisch nicht (vor allem wegen der Wellendurchbiegung). Je
kürzer das tragende Stück, desto unwichtiger sind die Längstoleranzen. Die offene Mitte
hat den zusätzlichen Vorteil, das hier geschmiert werden kann.

Die Vorteile von Wälzlagern gegenüber Gleitlagern sind der wesentlich geringere Fahrwiderstand durch die kleinere Reibungszahl ($\mu \approx 0{,}0015$ bei Wälzlagern, $\mu \approx 0{,}08$ bei
Gleitlagern) und der geringere Instandhaltungsaufwand. Wälzlager sind wartungsfrei, da sie
eine Lebensdauerschmierung haben.

Für geringere Belastungen gibt es fertige Laufräder von Zulieferern aus Guss, Stahl,
Polyamid, die katalogmäßig zu beziehen sind. Hierzu einige Beispiele von der Firma Blickle
(Abb. 5.65)

5.6.2 Schienen

5.6.2.1 Bauformen

Wegen der hohen Radkräfte erhalten die Schienen der Fördermaschinen ebene und breite
oder schwach gewölbte Oberflächen.

Für kleinere und mittlere Belastungen und entsprechend kleine Laufraddurchmesser (z. B.
für Katzfahrbahnen) werden Flachschienen von einer Breite k = 50 oder 60 mm verwendet
(nach [25]). Die Lauffläche hat abgerundete Kanten; die Schienen werden durch Schweißen
befestigt.

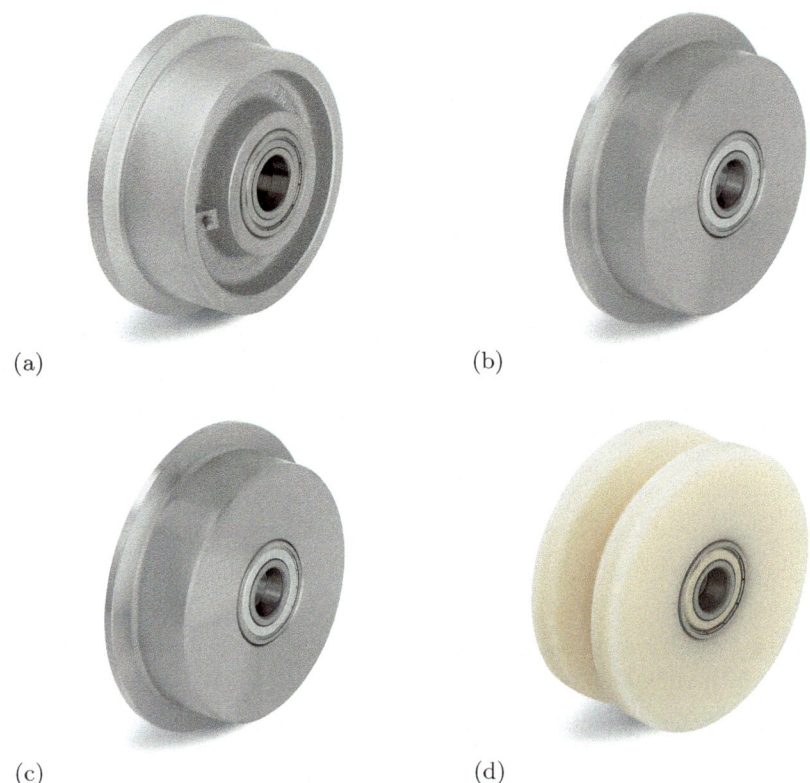

(a)   (b)

(c)   (d)

Abb. 5.65 Laufrädern als Zukaufelemente in beispielhaften Ausführungen. **a** Spurkranzräder aus Guss von 50–250 mm Raddurchmesser für eine Belastung von 400–3500 kg (Aus robustem Grauguss, ab Raddurchmesser 125 mm (ohne Spurkranz) mit Schmiernippel, Spurkranz und Lauffläche sind überdreht, Lauffläche zur Achse ang3 ansteigend.); **b** Spurkranzräder aus Gusspolyamid von 50–250 mm Raddurchmesser für eine Belastung von 220–3000 kg; **c** Spurkranzräder aus Vollstahl von 50–400 mm Raddurchmesser für eine Belastung von 500–9000 kg; **d** Doppel-Spurkranzräder aus Gusspolyamid von 50–200 mm Raddurchmesser für eine Belastung von 50–700 kg. (Quelle: Blickle Räder+Rollen GmbH & Co. KG)

Für spurkranzlose Laufräder eignen sich breite Flachschienen (Abb. 5.66) mit einer Kopfbreite k = 100 oder 120 mm und einer Höhe von 80 mm, die mittels Klemmplatten auf dem Träger befestigt werden.

Für große Belastungen und Laufraddurchmesser ist ein besonderes Kranschienenprofil entwickelt worden. Gegenüber der normalen Eisenbahnschiene ([26]), die vorwiegend auf Beton oder Schwellen gelagert wird, hat das Schienenprofil A einen breiteren ebenen Kopf (hohe Radlast) und einen sehr breiten Flansch (gute Befestigungsmöglichkeit mittels Schrauben). Kopfbreite k = 45 . . . 100 mm, Höhe h = 55 . . . 105 mm, Fußbreite b = 125 . . . 200 mm (Abb. 5.67).

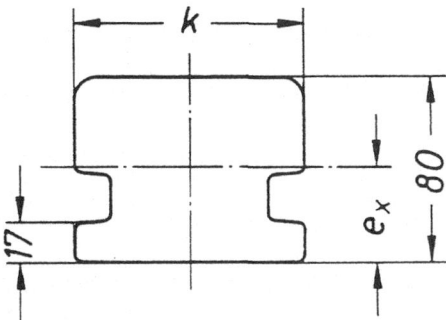

Abb. 5.66 Flachschiene [25]

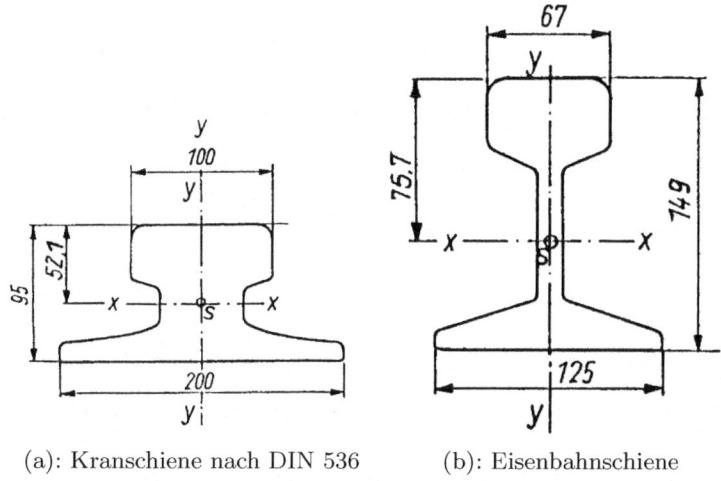

(a): Kranschiene nach DIN 536   (b): Eisenbahnschiene

Abb. 5.67 Vergleich der Bauformen von Kran- und Eisenbahnschienen [23, S. 122]

Beispiel für die Benennung von Kranschienen:

Kranschiene: DIN 536 - A 100 - 690
Kranschiene Form A, Schienenkopfbreite von $k = 100$ mm, Zugfestigkeit mindestens 690 $\frac{N}{mm^2}$.

5.6.2.2 Lagerung von Kranschienen
Flachschienen (siehe Abb. 5.67) (profilgewalzte Schienen) werden gewöhnlich mit unterbrochenen Nähten auf die Obergurte der Kran- oder Katzfahrbahn aufgeschweißt. Die Kranschiene wird durch Klemmen und Schrauben mit dem Träger verbunden. Diese Klemmverbindung ermöglicht ein leichteres Auswechseln der Schiene. Um zu einer möglichst

gleichmäßigen Verteilung der Last auf die Trägerplatte zu bekommen, legt man unter die Schiene eine nichtmetallische, elastische Unterlage (Abb. 5.68a).

Schienen auf Betonfundamentierung (Abb. 5.68b) sind besonders empfindlich gegen große Horizontalkräfte und hohe Stoßbelastung. Die Flächenpressung darf unter Berücksichtigung der Schienenbiegung den zulässigen Wert nicht überschreiten (Zerstörung der Auflagefläche).

5.6.3 Berechnung des Laufrades eines Schienenlaufwerkes

Die genormte Berechnungsvorschrift nach [27] beruht auf überwiegend empirischen Annahmen und Erfahrungen und legt die idealisierte Stribecksche Pressung (siehe Gl. 5.26) zugrunde:

$$p_s = \frac{F}{d_R \cdot b_x} \qquad (5.26)$$

F Normalkraft (Radkraft)
d_R Raddurchmesser
b_x Radbreite

Die Stribecksche Pressung bezieht die Normalkraft F auf eine projizierte Vergleichsfläche (rechteckförmige, gleichmäßige Pressungsverteilung). Im Gegensatz dazu ist die Hertzsche Pressung (siehe Gl. 5.27) eine Linien- oder Punktberührung mit parabelförmiger Pressungsverteilung.

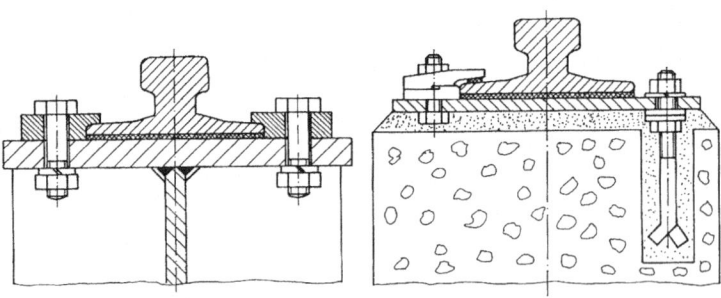

(a): Lagerung auf Stahlträger

(b): Lagerung auf Betonträger (Klemmschrauben und Verankerungsbolzen jeweils beiderseitig, aber in Schienenlängsrichtung versetzt)

Abb. 5.68 Vergleich der Lagerung von Kran- und Eisenbahnschienen [23, S. 122]

Hertzsche Pressung bei Punktberührung (siehe Abb. 5.69):

$$\sigma_{HP} = 853 \cdot \sqrt[3]{F\left(\frac{2}{d_R} + \frac{1}{r_K}\right)^2} \qquad (5.27)$$

r_K Krümmungsradius der Schiene oder des Laufrads

Dies gilt für den Berührungsfall zweier gekrümmter Oberflächen (Kugel gegen Kugel oder Kugel gegen Ebene).

Hertzsche Pressung bei Linienberührung (siehe Abb. 5.70):

$$\sigma_{HL} = \sqrt{\frac{E}{\pi(1-\nu^2)}} \cdot \sqrt{\frac{F}{d_R \cdot b_K}} \qquad (5.28)$$

b_K tragende Radbreite
ν Querzahl

Dies gilt für den Berührungsfall Zylinder gegen Zylinder oder Zylinder gegen Ebene.

Die Vereinfachungen dieser Berechnungsmethode werden in den zulässigen (hohen) Werten für die Stribecksche Pressung (siehe Gl. 5.29) berücksichtigt:

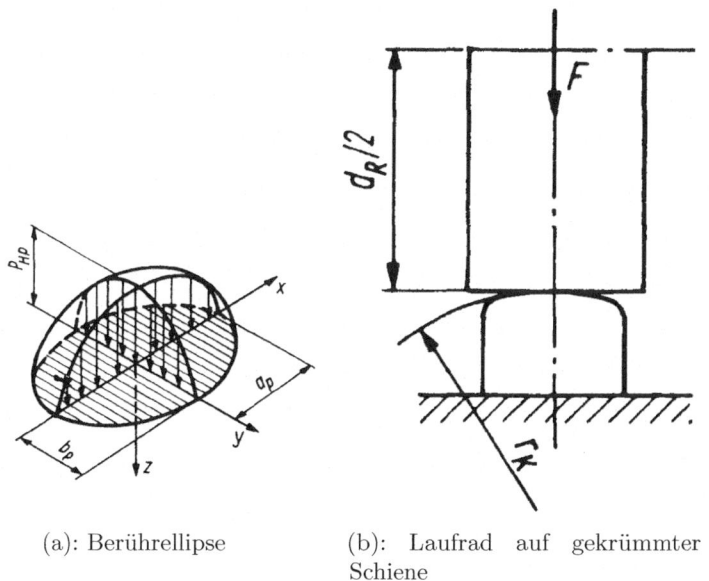

(a): Berührellipse   (b): Laufrad auf gekrümmter Schiene

Abb. 5.69 Hertzsche Pressung bei Punktberührung [23, S. 116]

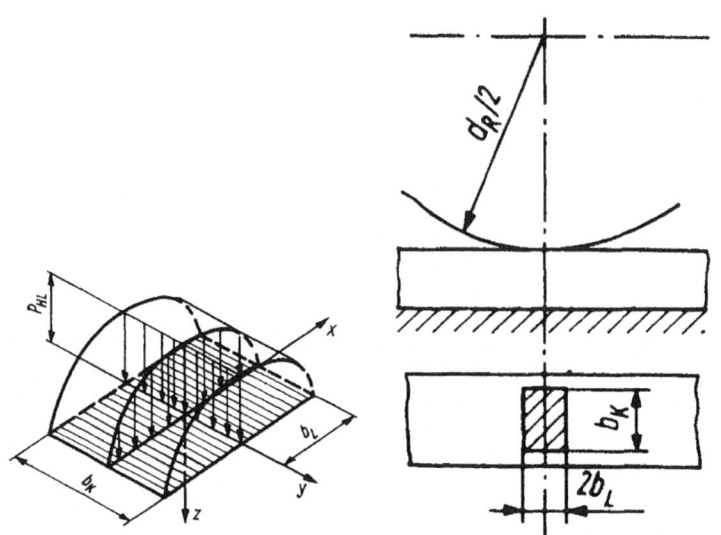

(a): Rechteckige Berührungsfläche   (b): Laufrad auf gerader Schiene

Abb. 5.70 Hertzsche Pressung bei Linienberührung [23, S. 116]

$$d_1 \geq \frac{F_R}{p_{zul} \cdot c_2 \cdot c_3 \cdot b_t} \qquad (5.29)$$

r_1 Abrundung des Schienenkopfes
k Schienenkopfbreite (siehe Abb. 5.66)
b_t nutzbare Schienenkopfbreite $= k - 2r_1$
d_1 Laufraddurchmesser
F_R Radkraft
c_2 Drehzahlbeiwert
c_3 Betriebsdauerbeiwert

- Für Katzlaufräder ist $F_R = F_{R,max}$
- Bei Kranlaufrädern ist bei veränderlicher Radlast (durch Katzstellung, Abb. 5.71) die Radkraft:

$$F_R = \frac{F_{R,min} + 2 \cdot F_{R,max}}{3} = \frac{1}{3}F_{R,min} + \frac{2}{3}F_{R,max} \qquad (5.30)$$

$F_{R,min}$ **und** $F_{R,max}$ kleinste und größte Radkraft.

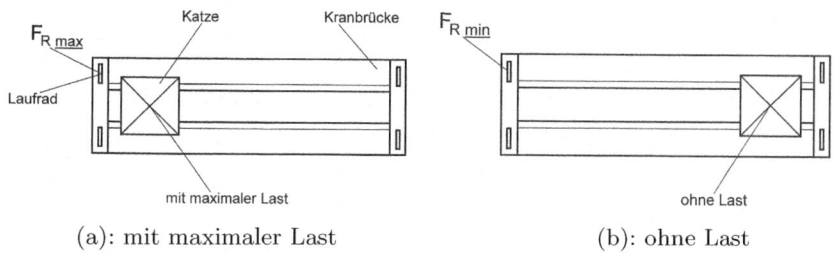

(a): mit maximaler Last   (b): ohne Last

Abb. 5.71 Unterschiedliche Radkräfte F_R durch unterschiedliche Position der Laufkatze. (Quelle: IFT)

Die Beiwerte können die Wertebereiche aus Tab. 5.19 annehmen.

Die Daten des Werkstoffbeiwerts können Tab. 5.20 entnommen werden.

Nach DIN 15070 gilt: Zur überschlägigen, vereinfachten Auslegung der Laufräder wird mit der Kenn-Radkraft gerechnet. Dazu wird die Formel Gl. 5.29

$$d_1 \geq \frac{F_R}{p_{zul} \cdot c_2 \cdot c_3 \cdot b_t} \tag{5.31}$$

nach F_R umgestellt, und die Parameter $p_{zul} = 5,6$ N/mm^2 und $c_2 = 1$ und $c_3 = 1$ eingesetzt. Daraus ergibt sich eine Gleichung, in der lediglich der Durchmesser d_1 als Variable vorhanden ist. Mit $F_R = R_0 =$ Kennradkraft folgt:

Tab. 5.19 Wertebereiche der verschiedenen Beiwerte der Laufradberechnung [23, S. 126]

Beiwert	Zeichen	Von ... bis
Werkstoffbeiwert	c_1	0,5 ... 1,25
Drehzahlbeiwert	c_2	0,66 ... 1,17
Betriebsdauerbeiwert	c_3	0,8 ... 1,25

Tab. 5.20 Werkstoffbeiwert c_1 für die Laufradberechnung

Werkstoff-Zugfestigkeit mindestens [N/mm^2]		p_{zul}	c_1
Schiene	Laufrad	N/mm^2	
590	< 330	2,6	0,5
	410	3,6	0,63
	490	4,5	0,8
	590	5,6	1,00
> 690	> 740	7,0	1,25

$$R_0 = 56 \cdot d_1 (k - 2r_1) \qquad (5.32)$$

Die tatsächlich zulässige Radkraft ergibt sich durch Einsetzen der Faktoren c_1 (Werkstoffbeiwert), c_2 (Drehzahlbeiwert) und c_3 (Betriebsdauerbeiwert) und der Kennradradlast R_0 in die Tabellen (DIN 15070).
 Zuletzt gilt:

$$F_R \leq R_0 \cdot c_1 \cdot c_2 \cdot c_3 \qquad (5.33)$$

5.7   Lastaufnahmeeinrichtungen

Die Lastaufnahmeeinrichtungen sind in [28] und [29] erläutert und begrifflich festgelegt. Die Einteilung der Lastaufnahmeeinrichtungen erfolgt hier in:

Tragmittel die zum Hebezeug gehörenden Hubeinrichtungen zum Aufnehmen der Last, einschließlich der Seil- oder Kettentriebe. Beispiel:

• Unterflasche mit Haken, Schäkel, Hakengeschirr

Lastaufnahmemittel sind der Last (dem Fördergut) angepaßte, nicht zum Hebezeug gehörende Geräte, die direkt oder mittels Zwischenschaltung von Anschlagmitteln mit dem Tragmittel verbunden werden. Beispiele:

• Zangen
• Magnete
• Containergeschirr
• Greifer
• Gefäße u. Kübel

Anschlagmittel sind einfache, nicht zum Fördermittel gehörende Teile zum Verbinden des Tragmittels direkt mit der Last oder mit dem Lastaufnahmemittel. Beispiele:

• Anschlagketten
• Anschlagseile
• Hebebänder (Anschlagbänder)
• Ausgleicher

5.7.1 Lastaufnahmemittel

5.7.1.1 Lasthaken und Schäkel

Die einfachste Form einer Aufnahmevorrichtung stellt der am Tragmittel angebrachte Haken dar, an dem die Last unter Zuhilfenahme eines Anschlagmittels eingehängt wird. Für besonders schwere Lasten werden Schäkel verwendet, die die Gefahr des Herausspringens der Anschlagseile vermeiden (siehe Abb. 5.72).

5.7.1.2 Lasthaftgeräte

Die Last wird durch reinen Kraftschluss gehalten. Diese Haltekraft kann entweder elektromagnetisch (siehe Abb. 5.73) oder pneumatisch (durch Vakuum) (siehe Abb. 5.74) erzeugt werden. In beiden Fällen ist eine besondere Beschaffenheit des Fördergutes Voraussetzung für die Anwendbarkeit eines Lasthaftgerätes. Der große Vorteil dieser Lasthaftgeräte liegt im Wegfall der Anschlagzeiten, wodurch die Umschlagsleistungen gegenüber anderen Lastaufnahmemitteln gesteigert werden können.

Lasthebemagnete

Ferromagnetische Materialien können mit Hilfe von Elektromagneten gehoben werden. Magnetisierbare Werkstoffe sind nahezu alle Stahl- und Eisensorten, ausgenommen Stähle mit großem Mangangehalt und die austenitischen Cr-Ni-Stähle. Lasthebemagnete eignen sich ebenfalls für Massengüter.

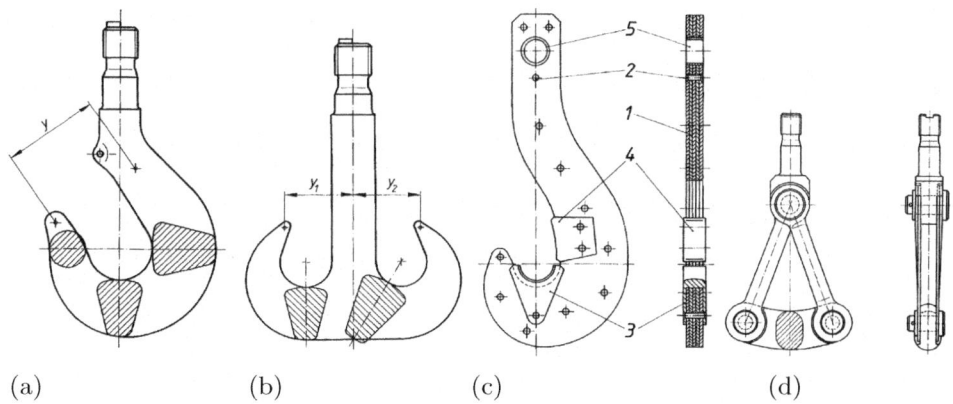

(a) (b) (c) (d)

Abb. 5.72 Haken und Schäkel. **a** Einfachhaken; **b** Doppelhaken; **c** Lamellenhaken (1 Lamellen, 2 Senknieten, 3 Maulschale, 4 Schlagschutz, 5 Buchse); **d** Schäkel [20, S. 42 f.]

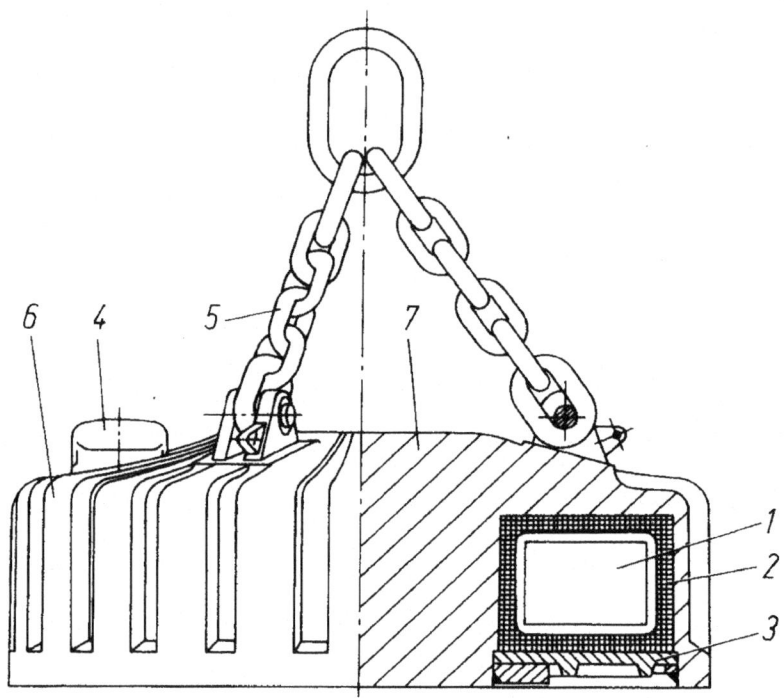

Abb. 5.73 Aufbau eines Rundmagneten (1 Spule, 2 Vergussmasse, 3 Manganhartstahlplatte, 4 Klemmkasten, 5 Kette, 6 Kühlrippen, 7 Stahlgehäuse) [30, U 33]

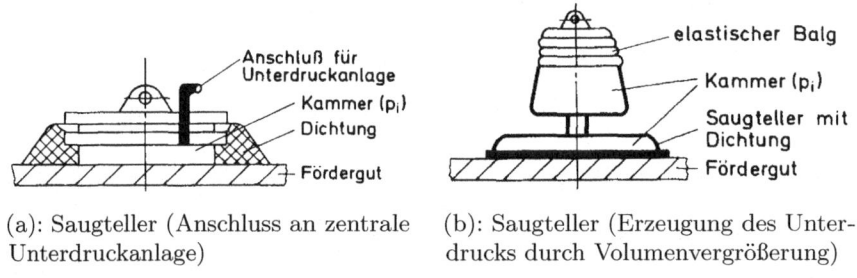

(a): Saugteller (Anschluss an zentrale Unterdruckanlage)

(b): Saugteller (Erzeugung des Unterdrucks durch Volumenvergrößerung)

Abb. 5.74 Aufbau von Saugtellern von Vakuum-Lasthaftgeräten. (Quelle: ohne Verfasser)

Die Haltekraft eines Elektromagneten wird von folgenden Randbedingungen beeinflußt:

- Stromdichte
- magnetischer Widerstand des Fördergutes (Werkstoffkennwert, beeinflußt u. a. auch von der Ausdehnung eines evtl. vorhandenen Luftspaltes zwischen den einzelnen Fördergütern oder zwischen Magnet und Fördergut)
- Gutdicke

Soll vermieden werden, dass bei Stromausfall die Last abstürzt, so müssen „Pufferbatterien" vorgesehen werden, deren Kapazität so groß ist, dass ein sicheres Absetzen der Last noch möglich ist.

Vakuum-Lasthaftgeräte

Zum Heben von flächenförmigen Lasten mit ebener, glatter und nicht poröser Oberfläche eignen sich Vakuumheber mit einer oder mehreren Vakuumkammern, die an einer Seite mit einem Saugteller versehen sind. Durch die Druckdifferenz zwischen Umgebungsluftdruck und dem kleineren Innendruck der Vakuumkammer (näherungsweise Vakuum) kann die Last gehalten werden.

Da die Tragkraft eines einzelnen Saugtellers begrenzt ist, werden vielfach, ähnlich wie bei den Lastmagneten, mehrere Einheiten (teilweise über 100 Saugteller), die von einer gemeinsamen Vakuumpumpe versorgt werden, auf einer Traverse angeordnet. Seriengeräte werden mit Tragfähigkeiten bis zu ca. 500 kg und mehr pro Saugteller ausgeführt.

Vakuum-Lasthaftgeräte schonen empfindliche Fördergut-Oberflächen (wie z. B. bei Glasplatten) und sind auch für unmagnetische Fördergüter geeignet. Da der erzeugbare Unterdruck aber begrenzt ist, eignen sie sich nicht für schwere, kompakte Güter.

5.7.1.3 Zangen, Klemmen und Klauen

Zangen, Klemmen und Klauen sind mechanisch wirkende Lastaufnahmemittel. Bei Zangen erfolgt die Lastaufnahme durch Klemmkräfte (Kraftschluss), Formschlüssigkeit oder durch eine Kombination von beidem. Bei Klemmen erfolgt die Lastaufnahme durch Klemmkräfte (Kraftschluss); Klauen tragen ihre Last allein durch formschlüssiges Abstützen der Last.

Wenn das zu fördernde Stückgut an den Seitenflächen genügend große Kräfte aufnehmen kann, ist der Einsatz von Zangen oder Klemmen (Abb. 5.75) als Lastaufnahmemittel möglich.

Das Arbeitsprinzip ist jedoch für alle Formen gleich. Die zum Halten der Last notwendige Anpreßkraft H wird durch das Aufnehmen der Last Q selbsttätig durch Hebelübersetzung oder durch Keilwirkung erzeugt.

Als Bedingung für sicheres Halten gilt:

$$z \cdot H \cdot \mu = Q \cdot \eta \qquad (5.34)$$

z Anzahl der anliegenden Backen (i. a. ist z = 2)

H Anpreßkraft

μ Reibwert

η Sicherheitswert

Abb. 5.75 Arbeitsprinzip einer
Zange [20, S. 53]

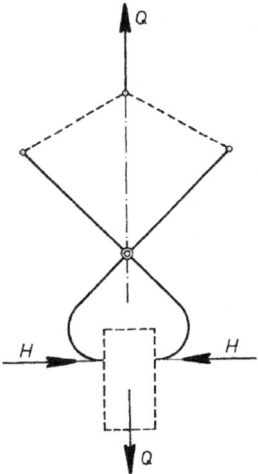

Der Reibwert μ zwischen Zangenschenkel und Seitenflächen des Fördergutes ist sehr stark von der Beschaffenheit der Berührungsflächen abhängig. Man rechnet mit $\mu = 0,15 - 0,5$. Die niedrigen Werte gelten beispielsweise für Stahl auf Stahl und glatten Backenflächen, während zur Erzielung der großen Reibwerte die Backen- bzw. die Zangenflächen geriffelt werden oder mit Spitzen versehen sind. Der Sicherheitswert η muß gemäß Unfallverhütungsvorschrift mindestens 2, bei unsicherem Reibwert eher noch größer sein.

Ungesteuerte Zangen
Soll die Zange die Last selbsttätig sicher halten, so muss gelten

$$\frac{Q}{2 \cdot H} = \mu_{erf} \leq \frac{\mu}{\eta} \tag{5.35}$$

H Horizontalkomponente der Backenanpresskraft der Zangenkraft F
μ_{erf} erforderlicher Reibwert
μ tatsächlich vorhandener Reibwert
η Sicherheitswert $= 2 - 2,5$

Gesteuerte Zangen
Gesteuerte Zangen (siehe Abb. 5.76) werden häufig für Hüttenwerkskrane, beispielsweise als Brammen-, Tiefofen-, Stripperzangen u. a. verwendet. Bei allen gesteuerten Zangen muss beim Transport des Fördergutes durch eine geeignete Vorrichtung dafür gesorgt werden, dass ein unbeabsichtigtes Öffnen der Zange nicht möglich ist. Erst wenn das Fördergut abgesetzt wurde, darf der Verstellmechanismus wieder im Öffnungssinn in Bewegung gesetzt werden können.

Benennung	Erklärung	Bild
Doppelhebel-Brammenzange	Doppelhebelzange zum Fassen und Befördern von Brammen in horizontaler Lage.	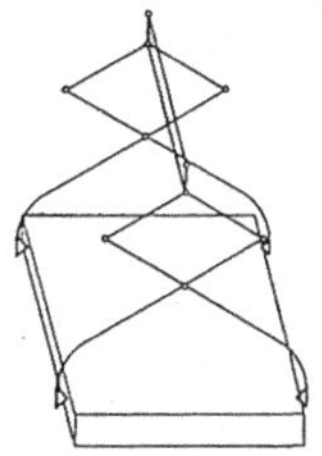
Tiefofenzange	Zange für das Fassen und Befördern von Stahlblöcken und -brammen.	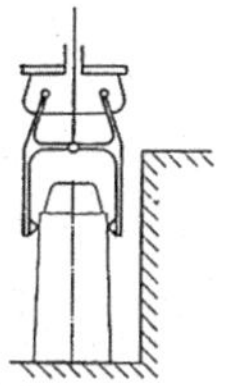
Stripperzange	Zange zum Strippen (Abstreifen) der Kokillen von Stahlblöcken und -brammen und zum Fassen und Befördern von Kokillen (a) und zum Fassen von Stahlblöcken und -brammen (b)	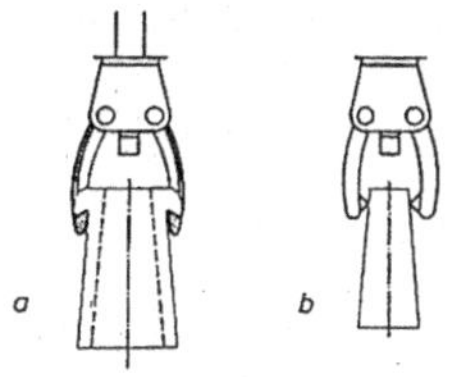

Abb. 5.76 Einige Bauweisen gesteuerter Zangen [28]

Klemmen

Die Klemmen besitzen entweder bewegliche Backen oder Kugeln (bzw. Rollen), welche das Fördergut an einen festen Anschlag pressen. Die Öffnungsweite ist meist gering. Verwendung finden die Klemmen hauptsächlich für Bleche und ähnliche Teile (siehe Abb. 5.77).

Abb. 5.77 Blechklemme
[20, S. 56]

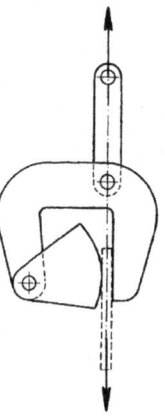

5.7.1.4 Containergeschirr (Spreader)

Spezielle Anschlagmittel sind für Container notwendig. Für seltene Verwendung kommen Seil- und Kettengehänge in Frage. Für häufige Verwendung stehen Containerhubrahmen, meist Spreader genannt, zur Verfügung (siehe Abb. 5.78). Die wesentlich größere Totlast der Spreader wird durch ihre schnellere Manipulierbarkeit ausgeglichen.

Man unterscheidet Bauarten, die in den Lasthaken eingehängt (früher, heute sehr selten) werden können, und solche, die direkt über Seilrollen mit dem Windwerk verbunden sind (Zweipunkt- und Vierpunktaufhängung).

Je nach Anwendungsfall gibt es Spreader, die nur eine Containergröße aufnehmen können (Standard-Spreader) und andere, die für verschiedene Größen geeignet sind (sogenannte Single-Lift-Spreader/als Einfachspreader bzw. als Universalspreader – Längenverstellbar von 10 auf 40 Fuß). Die Anpassung wird beispielsweise durch teleskopierbare Rahmen (heute üblich) oder durch Auswechseln des unteren Teils des Containerrahmens erreicht.

Sind die innerbetrieblichen Abläufe des Containerterminals entsprechend angepasst, kann durch die Verwendung von Spreadern, welche gleichzeitig zwei 20-Fuß-Container aufnehmen (sogenannte Twin Lift Spreader), die Umschlagsproduktivität deutlich erhöht werden. Schiffsseitig, also an der Containerbrücke, werden in einigen Terminals sogar zwei 20-Fuß-Container gleichzeitig gehoben (sogenannte Tandem Lift). Damit werden kos-

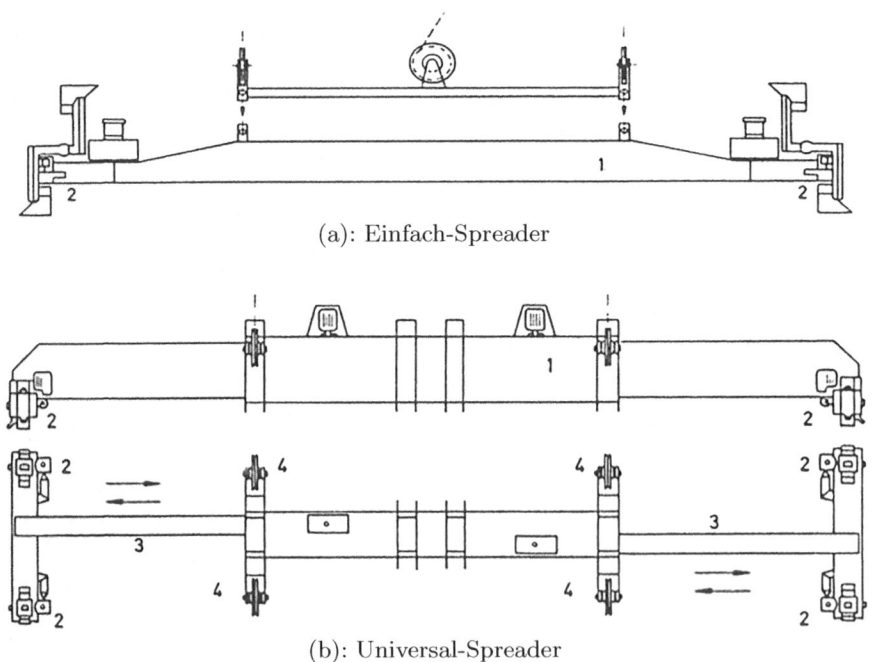

(a): Einfach-Spreader

(b): Universal-Spreader

Abb. 5.78 Spreader (Greifrahmen) für Containerumschlag (1 Mittelträger, 2 Lastaufnahmevorrichtung mit Führungsorgan, 3 Ausfahrbare Tragarme, 4 Seilrollen) im Schema [31, S. 335]

tenintensive Schiffsliegezeiten in den Containerhäfen verkürzt. Allerdings erfordert diese Tandem-Lift- Technologie eine hocheffiziente landseitige Logistik. Damit ist gemeint, dass sowohl der staufreie Transport von der Containerbrücke weg während des Importes als auch die wartezeitenfreie Bereitstellung von zu exportierenden Containern an der Kranbrücke des Schiffes als Herausforderung für die innerbetriebliche landseitige Arbeitsorganisation des Terminals gelöst sein muss (siehe hierzu auch Unterunterabschnitt 9.4.3.4, Stapler Stichworte: Portalhubwagen, AGV, Gabelstapler mit Gelenkarm).

Das Verriegeln der Aufnahmezapfen des Spreaders mit den Eckbeschlägen des Containers erfolgt entweder von Hand oder ferngesteuert vom Führerstand des Kranes aus (Twist lock). Ist es notwendig, den Container zu drehen, so erfolgt dies entweder durch eine mechanische Drehvorrichtung, die am Spreader oder auch auf der Laufkatze angeordnet sein kann.

Zum Thema Spreader sei hier zusätzlich auf das Kap. 11, Verkehrstechnik sowie Kap. 14, Umschlagtechnik verwiesen.

5.7.1.5 Traversen

Traversen werden zum Transport von sperrigen Gütern mit mehreren Lastaufnahmemitteln oder zum gleichzeitigen Transport von mehreren Einzellasten (um die Tragfähigkeit des Hebezeuges besser auszunützen) oder auch zum Verteilen der Gesamtlast auf zwei Hubwerke oder auf zwei Krananlagen verwendet (Abb. 5.79).

Lasttraversen werden häufig für Gießkrane, als Magnettraversen, Pratzentraversen und Vakuumtraversen eingesetzt.

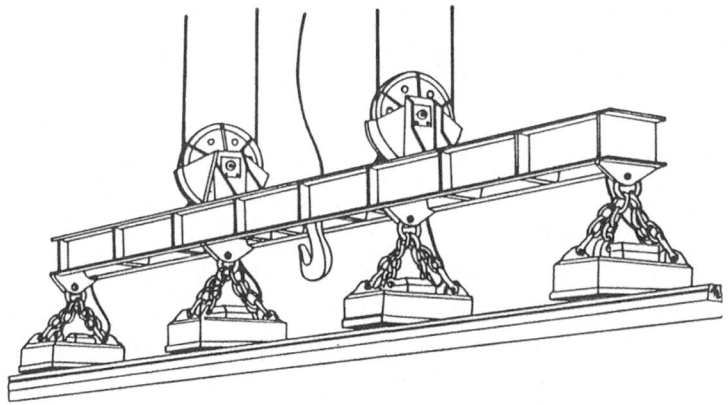

Abb. 5.79 Magnettraverse. (Quelle: ohne Verfasser)

5.7.2 Lastaufnahmemittel für Massen- und Schüttgüter

5.7.2.1 Greifer

Greifer nehmen selbständig Schüttgut auf. Sie bestehen aus zwei klappbar miteinander verbundenen Halbschalen, die im geschlossenen Zustand einen Transportbehälter bilden.

Für Schüttgut ist der Greifer das weitaus am häufigsten verwendete Lastaufnahmemittel. Nur bei sehr großen Schüttgutmengen, welche von großen, leicht zu bedienenden Lagerstellen aufgenommen werden können, haben sich stetig arbeitende Geräte (Stetigförderer) durchgesetzt. Insbesondere für die Entladung von Schiffen und Waggons sowie beim Umschlag von kleineren Fördermengen bleibt der Greifer auch heute noch die wirtschaftlichste Möglichkeit. Durch das Eigengewicht bei schlaffem Halteseil dringt der Greifer in das Fördergut ein und füllt sich beim Schließen der Schalen. Die Entleerung erfolgt durch Öffnen der Schalen.

Bauformen

Eine Unterscheidung der Greiferbauformen erfolgt meist hinsichtlich des verwendeten Mechanismus zum Öffnen und Schließen der Greiforgane (siehe Abb. 5.80). Man unterscheidet:

1. Seilgreifer (Seiltrieb zum Öffnen und Schließen)
    1.1 Mehrseilgreifer
    1.2 Einseilgreifer
2. Motorgreifer (Motor zum Öffnen und Schließen)
    2.1 Elektromechanische Motorgreifer
    2.2 Elektrohydraulische Motorgreifer
3. Hydraulische und pneumatische Greifer (Öl- oder Druckluftstrom vom Hebezeug geliefert)

Andererseits kann nach der Schalenform und der Schalenanordnung unterschieden werden:

1. Schüttgutgreifer
    1.1 Zweischalengreifer
    1.2 Mehrschalengreifer
    1.3 Spezialgreifer
2. Grabgreifer
    2.1 Zweischalengreifer
    2.2 Mehrschalengreifer

Auswahl und Einsatz

Die Auswahl der Greifer richtet sich nach der Art des aufzunehmenden Gutes und nach der Einsatzhäufigkeit. Für Schüttgut sind die charakteristischen Guteigenschaften (wie z. B.

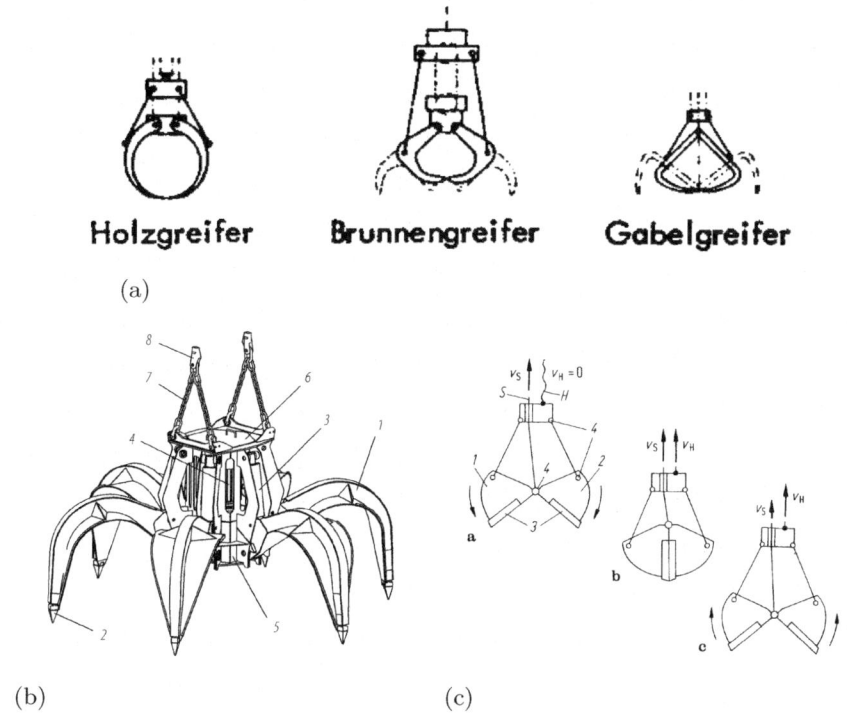

Holzgreifer   Brunnengreifer   Gabelgreifer

(a)

(b)   (c)

Abb. 5.80 Beispiele Unterschiedliche Greifer-Bauformen. **a** Holz-, Brunnen-, Gabelgreifer. (Quelle: ohne Verfasser); **b** Motor-Mehrschalen-Müllgreifer (1 Greiferschale, 2 Greiferspitze mit auswechselbaren Zähnen, 3 Hydraulikschließzylinder, 4 integriertesHydraulikaggregat, 5 Greifertragrahmen, 6 Wartungsöffnung für Hydraulikaggregat, 7 Kettenaufhängung, 8 Anschlagpunkte für Hubseile) [30, U 23]; **c** Elemente und Funktionen des Greifers (a: Füllen erfolgt durch Ziehen am Schließseil S bei losem Halteseil H. b: Heben des gefüllten Greifers erfolgt durch beide Seile bei annähernd gleicher Lastaufteilung. c: Durch unterschiedliche Geschwindigkeiten v_S und v_H lässt sich der Greifer während der Hub- und Senkbewegung öffnen und schließen. Der vollständig geöffnete Greifer hängt nur am Halteseil.) [30, U 23]

Korngröße und Kornform, Schüttdichte) zu ermitteln, um einen optimalen Füllungsgrad des Greifers zu erreichen.

Weitergehend ist hinsichtlich der Greiferauswahl die Häufigkeit ihres Einsatzes zu berücksichtigen; bei einer höheren Einsatzhäufigkeit ist trotz der höheren Anschaffungskosten der Einsatz eines Mehrseilgreifers gerechtfertigt, da Öffnungs- und Schließvorgang durch die gute Steuerbarkeit des Mehrseilgreifers wesentlich weniger Zeit beanspruchen als bei Einseilgreifern.

5.7.2.2 Schüttgutgefäße

Die Abb. 5.81 zeigt eine Übersicht von:

Kübel Lastaufnahmemittel, die das zu transportierende Gut nicht selbständig aufnehmen können. Sie werden meist von oben gefüllt und können selbsttätig oder durch menschliche Bedienung entleert werden. Deshalb findet man sie oft bei Stetigförderern; z. B. Kübel für Materialseilbahnen.

Mulden Lastaufnahmemittel, die zum Transport von Schrott in Stahlwerken eingesetzt werden können. Zum Entleeren werden sie gekippt oder gedreht.

Pfannen Sie dienen dem Transport von feuerflüssigem Material. Zum Entleeren werden sie gekippt, oder aber sie haben einen Bodenauslauf (Stopfvorrichtung oder Schieberverschluss).

Kokillen Formen zum Abgießen von Blöcken oder Brammen. Mit einer Stripperzange wird der Gussblock nach dem Erkalten aus der Kokille entfernt.

Abb. 5.81 Beispiele verschiedener Schüttgutgefäße. (Quelle: ohne Verfasser)

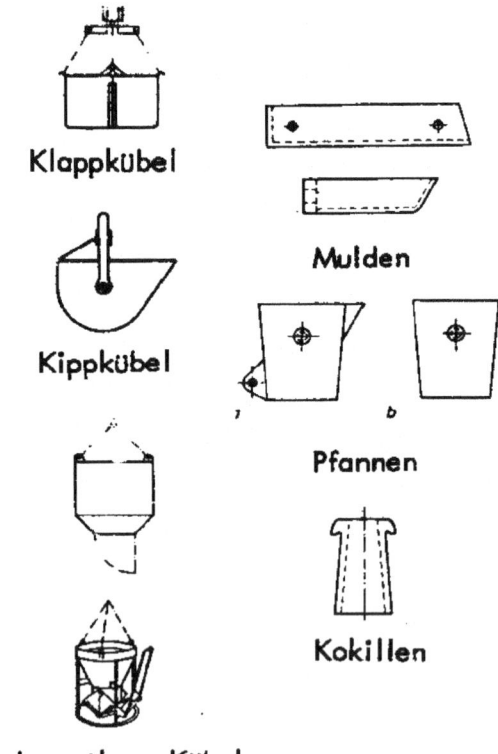

5.7.3   Anschlagmittel

Die am häufigsten verwendeten Anschlagmittel sind Seil- und Kettengehänge sowie
Anschlagbänder (Übersicht siehe Abb. 5.82). Je nach Art und Form des zu transportierenden
Fördergutes gibt es eine Vielzahl von Bauformen der Anschlagmittel.

Hinsichtlich der Tragfähigkeit von Anschlagmitteln, die eine Last an mehreren Strängen
tragen, ist bei der Auswahl des Anschlagmittels der Neigungswinkel α der Stränge zur
Vertikalen zu berücksichtigen (Tab. 5.21).

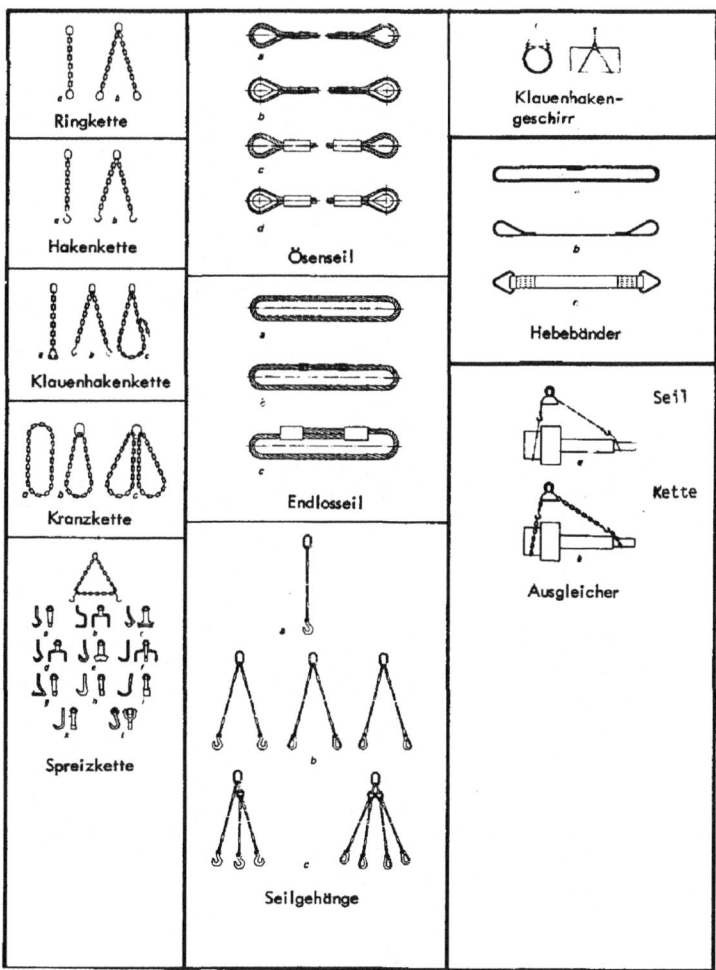

Abb. 5.82 Anschlagmittel [28]

Tab. 5.21 Tragfähigkeit von Anschlagmitteln in Abhängigkeit vom Neigungswinkel [20, S. 51]

Neigungswinkel α	Tragfähigkeit eines Stranges
$\alpha = 0°$	100 %
$0° < \alpha < 45°$	70 %
$45° < \alpha < 60°$	50 %
$60° < \alpha$	Nur in Ausnahmefällen zulässig

Bei viersträngigen Anschlagmitteln dürfen nur drei Stränge als tragend gerechnet werden. Ist ein gleichmäßiges Tragen von drei Strängen nicht gewährleistet, so dürfen nur zwei als tragend berücksichtigt werden.

5.7.3.1 Anschlagketten
Anschlagketten sind überwiegend Rundgliederketten und werden meist als als Baukastensystem (variable Längen und Befestigungsmittel) angeboten. Die Abb. 5.83 zeigt ein typisches Beispiel.

5.7.3.2 Anschlagseile
Anschlagseile werden als Stahldrahtseile mit Mindest-Nennfestigkeiten von $1770 \, \frac{\text{N}}{\text{mm}^2}$ ausgeführt, die Oberfläche der Drähte muss blank (bk) oder verzinkt gezogen (zn k) sein. Da für Anschlagseile große Biegsamkeit gefordert wird, werden meist Kreuzschlagseile verwendet, bei größeren Seildurchmessern Kabelschlagseile. Es werden endlose Anschlagseile mit Kauschen und mit Endstücken, z. B. Ösenhaken oder Ringen verwendet (siehe Abb. 5.84).

Abb. 5.83 Zweisträngige Anschlagkette. **a** Ringkette; **b** Hakenkette [20, S. 51]

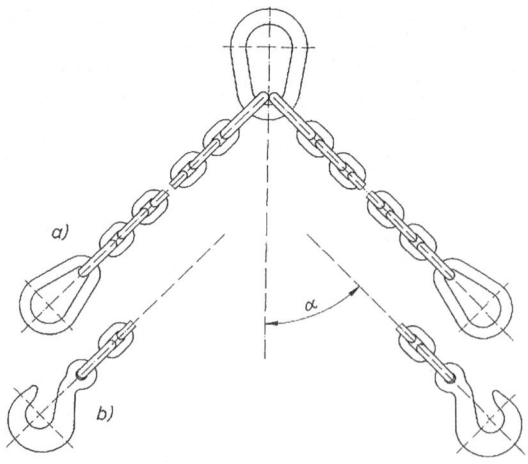

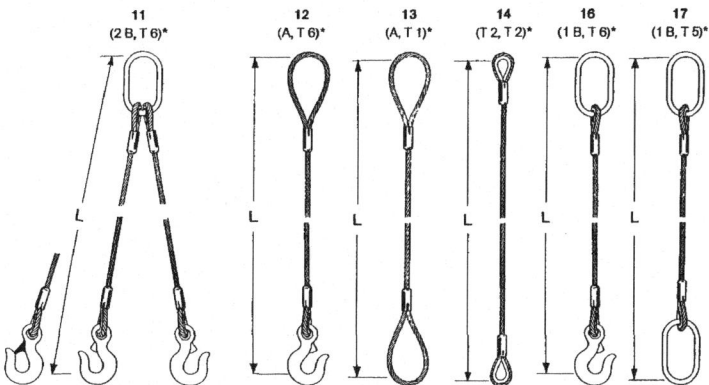

Abb. 5.84 Drahtseil-Lastschlingen und Gehänge. (Quelle: ohne Verfasser)

Der Vorteil von Faserseilen als Anschlagseile liegt in ihrer besseren Schmiegsamkeit und in der Schonung des Fördergutes. Nachteilig ist ihre geringere Tragfähigkeit. Es werden sowohl Hanfseile als auch Kunstfaserseile verwendet.Bei der Verwendung dieser Anschlagmittel ist zu beachten, dass keine Kantenpressungen auftreten dürfen, die Beschädigungen hervorrufen können; Abhilfe ist beispielsweise durch die Verwendung eines Kantenschutzes zu schaffen.

Vorteile der Anschlagkette gegenüber dem Anschlagseil:

- gegen Witterungseinflüsse (Schmutz, Korrosion) und schwankende Temperaturen beständiger
- unempfindlicher gegenüber Kantenpressung an scharfen Kanten
- keine merkliche elastische Dehnung
- Gehänge von Baukastensystemen mit normalem Werkzeug veränderbar
- höheres Eigengewicht
- schwerer zu handhaben
- Beschädigungen schwerer feststellbar

5.7.3.3 Anschlagbänder (Hebebänder)

Es werden folgende Arten von Hebebändern angeboten (Abb. 5.85):

- Hebebänder aus synthetischen Fasern PES (Polyester), PP (Polyproylen), PA (Polyamid)
- Seilgeflechthebebänder mit Vulkanisierung
- Verzinkte Seilgeflecht-Hebebänder
- Hebebänder aus Drahtgeflecht

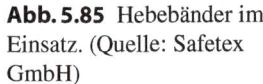

Abb. 5.85 Hebebänder im
Einsatz. (Quelle: Safetex
GmbH)

Vorteilhaft bei der Verwendung von Hebebändern ist die trotz geringen Eigengewichts hohe
Tragfähigkeit und die durch ihre gute Anschmiegsamkeit bedingte Schonung der Lastober-
fläche.

5.8   Kupplungen

Kupplungen verbinden Maschinen und Baugruppen miteinander, indem sie den Kraftfluß
zwischen ihnen herstellen. Neben dieser wichtigen Aufgabe haben die Kupplungen oft noch
weitere Aufgaben zu erfüllen. Sie können

- den Kraftfluß zwischen zwei Maschinen unterbrechen oder begrenzen
- Schwingungen im Antriebstrang abbauen
- Längen- und Fluchtungsausgleich vornehmen

Damit fallen den Kupplungen wichtige Aufgaben bei den Triebwerken der Fördertechnik
zu.
     Die Kupplungen können grob in formschlüssige und reibschlüssige Kupplungen unter-
teilt werden (siehe Abb. 5.86). Strömungskupplungen bilden eine weitere Kupplungsgruppe.
Reibschlüssige Kupplungen sind unter Last schaltbar, formschlüssige Kupplungen nur im
Stillstand.

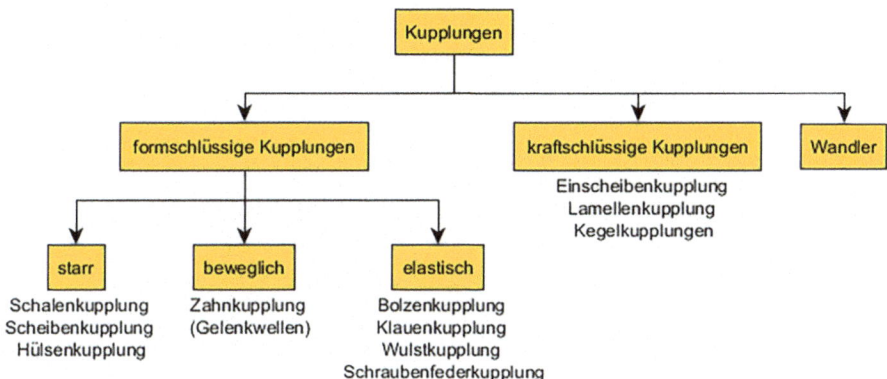

Abb. 5.86 Einteilung der Kupplungen. (Quelle: IFT)

5.8.1 Formschlüssige Kupplungen

Die formschlüssigen Kupplungen (siehe Abb. 5.87) stellen feste, während des Betriebs unlösbare Drehverbindungen zwischen je zwei Wellen her, deren Drehzahlen deshalb stets gleich sind. Hinsichtlich der Drehmomentübertragung wirken sie starr oder elastisch. Die meisten Bauformen können auch als synchron, d. h. bei gleicher Drehzahl oder im Stillstand beider Wellen als schaltbare bzw. rückbare Kupplungen ausgebildet werden, wozu meist eine axiale Relativbewegung zwischen beiden Kupplungsteilen genutzt wird.

5.8.1.1 Starre Kupplungen

Starre Kupplungen mit fester Verbindung der Kupplungshälften sind einfach und billig. Sie gleichen Fluchtungsfehler nicht aus. Fluchtungsfehler entstehen bei der Montage (z. B. durch Montageungenauigkeiten) und im Betrieb (z. B. durch Setzvorgänge im Maschinenfundament oder an den Lagerstellen). Die biege- und torsionssteife Wellenverbindung kann somit die Wellen- und Lagerbeanspruchung beträchtlich erhöhen. Dies muß bei der Auslegung der Wellen- und Lager durch Sicherheitszuschläge berücksichtigt werden. Problematisch ist dabei, daß die Fluchtungsfehler oft nur grob abgeschätzt werden können. Die beiden wichtigsten Vertreter dieser Bauart sind die Schalen- und die Scheibenkupplung.

Schalenkupplung
Eine Schalenkupplung (Abb. 5.88) wird von zwei Halbschalen aus Gusseisen oder Grauguss gebildet, die durch Schrauben miteinander verbunden sind. Das Drehmoment wird durch eine eingelegte Passfeder übertragen. Es gibt Ausführungen für waagerechte oder senkrechte Anordnung, für gleiche oder unterschiedliche Durchmesser der zu verbindenden Wellen. Wenn erforderlich, erhält die Kupplung einen Blechmantel als Berührungsschutz.

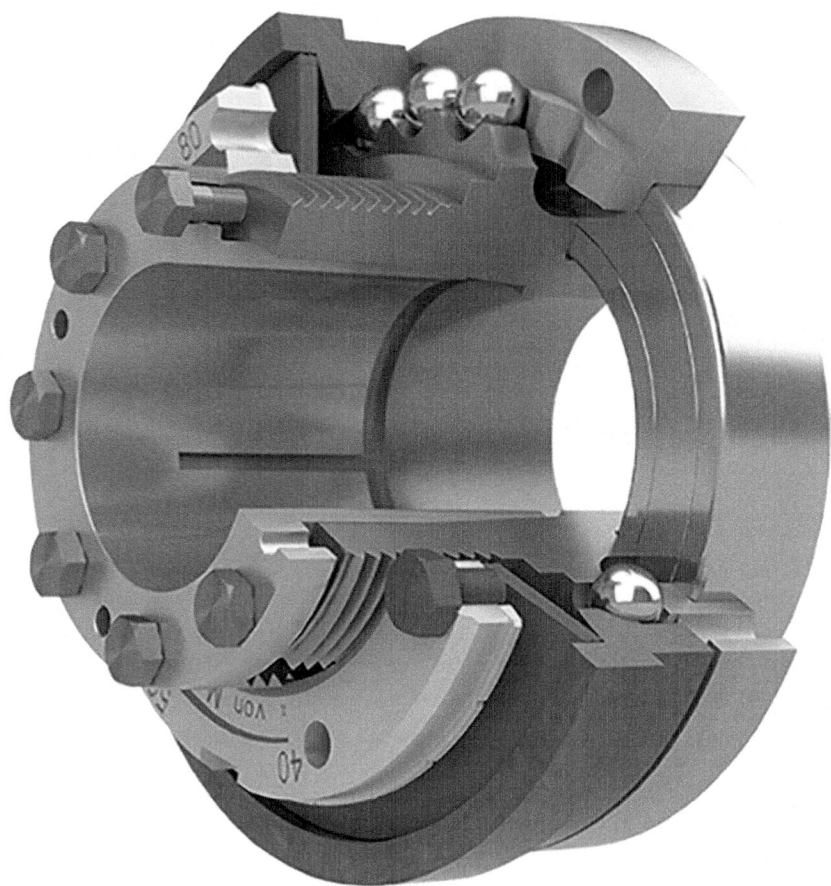

Abb. 5.87 Formschlüssige Sicherheitskupplung. (Quelle: Chr. Mayr GmbH & Co. KG)

Scheibenkupplungen

Für größere Momente und angestrengten Betrieb (rauer Betrieb mit großen Kräften) wird eine Scheibenkupplung (siehe Abb. 5.89) verwendet. Die Kupplungskörper der Scheibenkupplung haben Flansche, die je nach Art der Drehmomentübertragung mit Pass- oder Durchgangsschrauben fest verschraubt sind.

Hülsenkupplungen

Eine weitere starre Kupplung ist die Hülsenkupplung (siehe Abb. 5.90), die mit Nasen und Einlegkeilen auf der Welle befestigt wird. Nachteilig ist, dass die Kupplung erst nach Verschieben einer Welle oder der Muffe um die halbe Kupplungslänge gelöst werden kann. Aus diesem Grund wird meist anstatt der Hülsenkupplung eine Schalenkupplung verwendet, die sich nach dem Lösen der Passschrauben leicht ausbauen lässt.

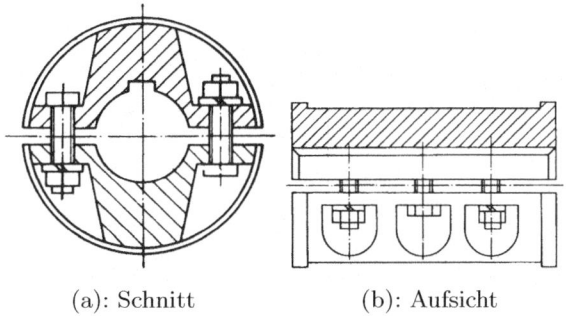

(a): Schnitt   (b): Aufsicht

Abb. 5.88 Schalenkupplung nach DIN 115 [23, S. 130]

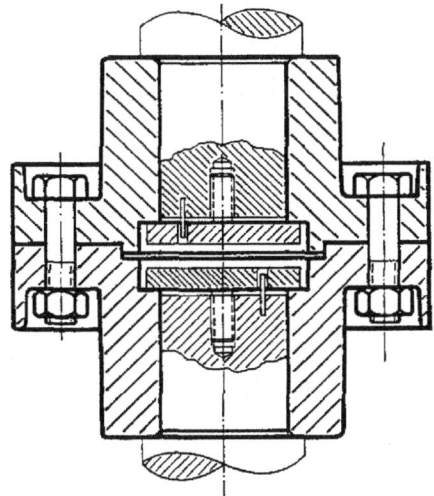

Abb. 5.89 Scheibenkupplung nach DIN 116 für senkrechte Wellen nach DIN 116 [32, S. 1]

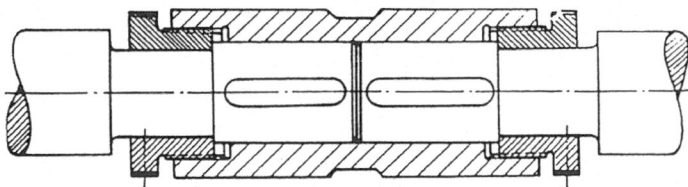

Abb. 5.90 Hülsenkupplung mit Verschraubung. (Quelle: IFT)

5.8.1.2 Bewegliche Kupplungen
Sehr häufig sind in den Antrieben der Fördermaschinen Lageabweichungen zwischen den zu
verbindenden Wellen infolge von Fluchtungsfehlern oder Verformungen nicht auszuschlie-

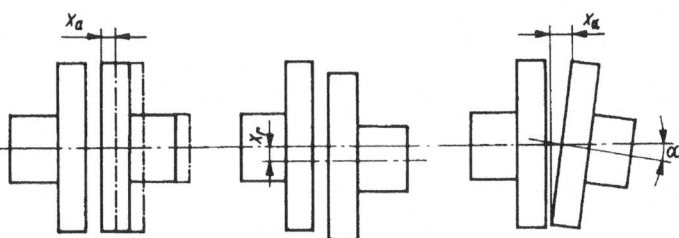

Abb. 5.91 Lageabweichungen von Kupplungen [23, S. 130]

ßen. Sie treten als axiale Verschiebung x_a, radiale Verschiebung x_r und Winkelabweichung α (Abb. 5.91) auf.

Unter den beweglichen drehstarren, d. h. nichtelastischen Kupplungen eignen sich für diese Aufgabe besonders die Zahnkupplungen (Abb. 5.92).

Zahnkupplungen sind getriebebeweglich, aber drehstarr. Die Beweglichkeit wird durch geradeverzahnte Bogenverzahnungen hergestellt. Die Zahnkupplungen gleichen Lageabweichungen in begrenztem Umfang aus.

Der räumliche Auslenkwinkel α_{ges} zwischen den beiden Wellen ist die geometrische Summe der Winkel α_1 und α_2 zwischen den Rotationsachsen der beiden Kupplungsnaben und der frei beweglichen Hülse (siehe Abb. 5.93). Die Zähne der ausgelenkten Kupplungen führen während der Drehung überlagert periodische Schwenk- und Kippbewegungen aus. Um Reibung und Verschleiß während dieser Relativbewegung zu begrenzen, erhalten die Zahnkupplungen eine Fettschmierung. Dies bedingt geeignete Dichtungen zwischen Hülse und Nabe.

Um ein einwandfreies dynamisches Verhalten der Kupplung zu sichern, muss von ihr immer ein Mindestdrehmoment übertragen werden, damit die Kupplungshülse durch die Umfangskraft gestützt, d. h. ihre Mittenverlagerung während der Drehung gleich gehalten werden kann. Besondere Gefahren entstehen dann, wenn Zahnkupplungen häufiger unbelastet hochlaufen oder längere Zeit im Leerlauf arbeiten müssen; sie können dann schnell zerstört werden. Verklemmt die Zahnkupplung, so verliert sie die Fähigkeit, Lageabweichungen auszugleichen. Die Kupplung und eventuell angrenzende Bauteile werden zerstört.

5.8.1.3 Elastische Kupplungen

Bei elastischen Kupplungen sind Federelemente in den Formschluss einbezogen. Diese Kupplungen sind deshalb biege- und drehelastisch, wobei eine Eigenschaft in einer bestimmten Bauart überwiegen kann. Zur Fähigkeit der getriebebeweglichen, aber drehstarren Kupplungen Lageabweichungen auszugleichen, sind noch die Stoßbelastungen zu mindern und Schwingungen zu dämpfen. Es können Federelemente aus Stahl oder aus einem elastischen Material wie Gummi verwendet werden.

Abb. 5.92 Zahnkupplungen
[23, S. 131]

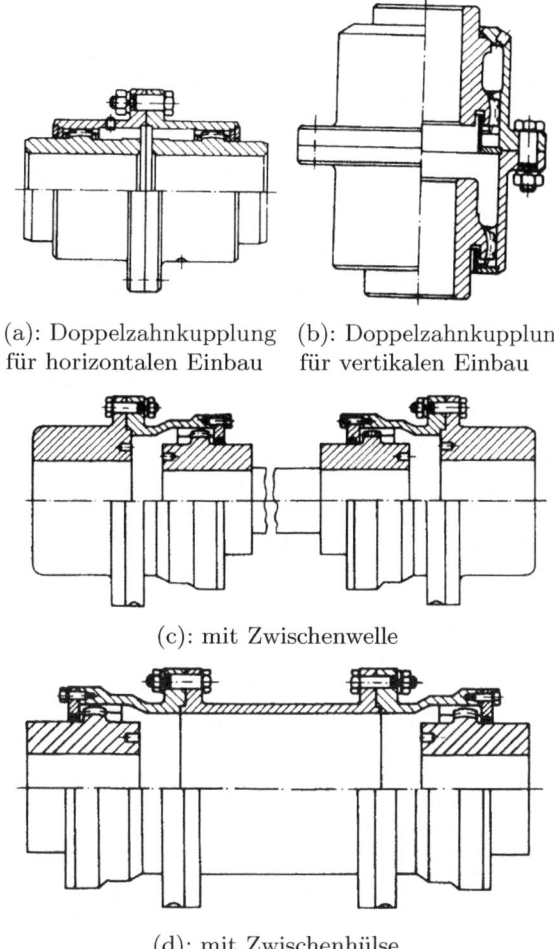

(a): Doppelzahnkupplung   (b): Doppelzahnkupplung
    für horizontalen Einbau   für vertikalen Einbau

(c): mit Zwischenwelle

(d): mit Zwischenhülse

Kupplungen verbinden zwei schwingungsfähige Systeme miteinander, z. B. die Antriebsmaschine mit der Arbeitsmaschine. Elastische Kupplungen beeinflussen mit ihrer Drehelastizität und ihrer Dämpfung das schwingungsfähige System. Meistens verhindern die
elastischen Kupplungen die Weiterleitung von störenden Schwingungen. Sie können aber
auch im ungünstigen Fall (besonders bei kleiner Dämpfung) im Schwingungssystem weitere
Schwingungen z. B. Eigenschwingungen anregen, die sich störend im Kraftübertragungs-
strang bemerkbar machen (unruhiger Lauf, Vibrationen).

In fördertechnischen Antrieben werden elastische Kupplungen fast ausschließlich zwischen Motor und Getriebeantriebswelle, d. h. als Verbindungselement der schnellaufenden
Wellen in Bauarten mit gummielastischen Federn verwendet. Derartige Kupplungen verhindern die Übertragung von störenden Schwingungen (insbesondere höherfrequente) und

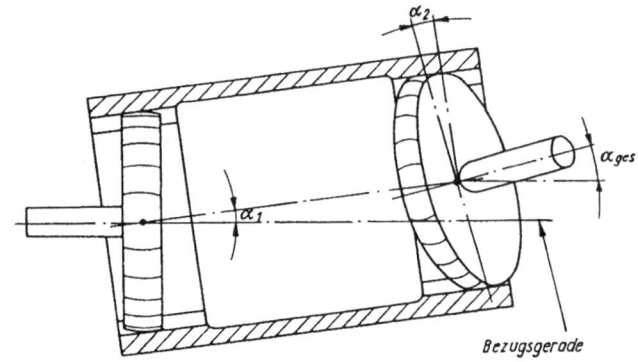

(a): Räumlicher Auslenkwinkel

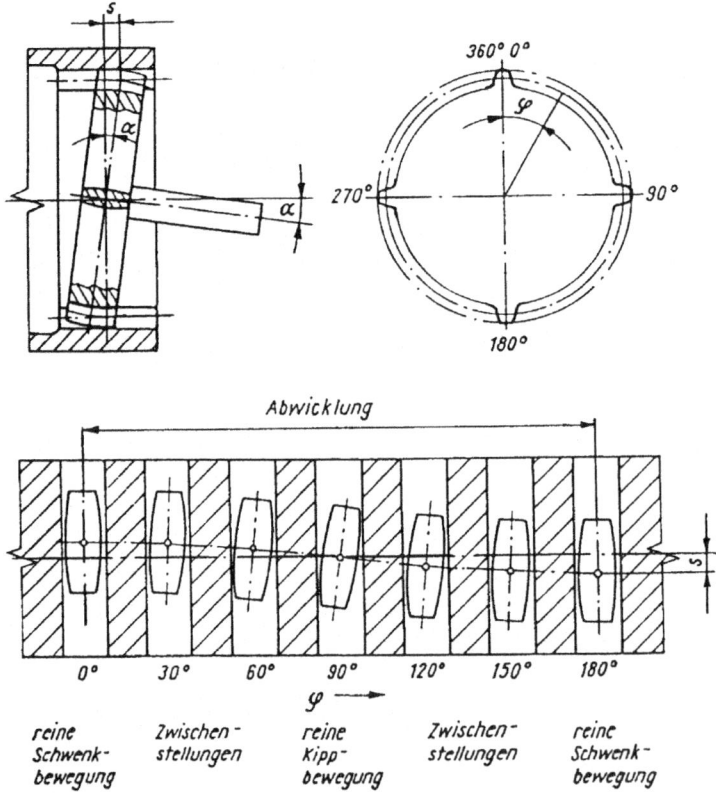

(b): Schwenk- und Kippbewegung der Zähne

Abb. 5.93 Auslenkung einer Zahnkupplung [23, S. 131]

sie dämpfen die Eigenschwingungen der Motoren und Arbeitsmaschinen. Die wichtigsten Vertreter sind die elastische Bolzenkupplung, die elastische Klauenkupplung und die Wulst- bzw. Gummifederkupplung.

Bolzenkupplungen

Bei der elastischen Bolzenkupplung (Abb. 5.94) stellen sechs bis zwölf mit Hülsen aus einem Elast überzogene, in eine Kupplungshälfte geschraubte oder gepresste Bolzen eine formschlüssige Verbindung mit der zweiten Kupplungshälfte her, die entsprechende Bohrungen aufweist. Die elastischen Hülsen werden auf Druck und Abscheren beansprucht. Die Drehelastizität der elastischen Bolzenkupplung ist wegen des geringen verformbaren Federvolumens relativ klein. Um sie zu erhöhen, haben die elastischen Hülsen bisweilen gerillte Oberflächen.

Klauenkupplungen

In einer elastischen Klauenkupplung weist eine Kupplungshälfte angegossene Nocken, die andere sternförmig eingelegte Klötze aus einem elastischen Werkstoff, z. B. Leder, Gummi oder Kunststoff auf (siehe Abb. 5.95). Diese Klötze werden auf Druck und Schub beansprucht. Gegenüber der elastischen Bolzenkupplung hat die Klauenkupplung eine kleinere Drehelastizität und ein geringeres Ausgleichsvermögen für Lageabweichungen mit Ausnahme der zulässigen höheren Axialverschiebung.

Wulstkupplungen

Eine hochelastische Kupplung ist die Wulst- oder Gummifederkupplung. Die beiden Kupplungsteile werden durch einen Reifen o. ä. aus elastischem Werkstoff verbunden, der eintei-

Abb. 5.94 Bolzenkupplung
[20, S. 99]

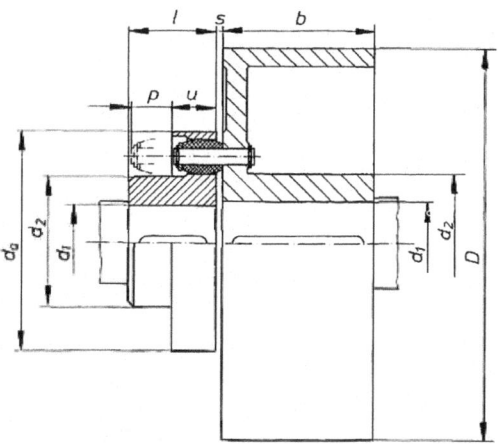

Abb. 5.95 Elastische
Klauenkupplung [23, S. 135]

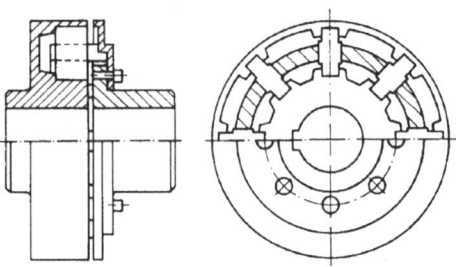

lig, radial geteilt, axial geteilt oder in Segmente aufgelöst, ausgeführt wird (siehe Abb. 5.96).
Da in Fördermaschinen häufig der Formschluß einer elastischen Kupplung auch bei einem
Versagen des elastischen Elements aufrechterhalten bleiben muss (Hubwerke), sichern angegossene Nocken an beiden Kupplungshälften diese Notlaufeigenschaften. Kupplungen dieser Art machen Lageabweichungen der Wellen unproblematisch; sie verfügen auch über
gute Federungs- und Dämpfungseigenschaften.

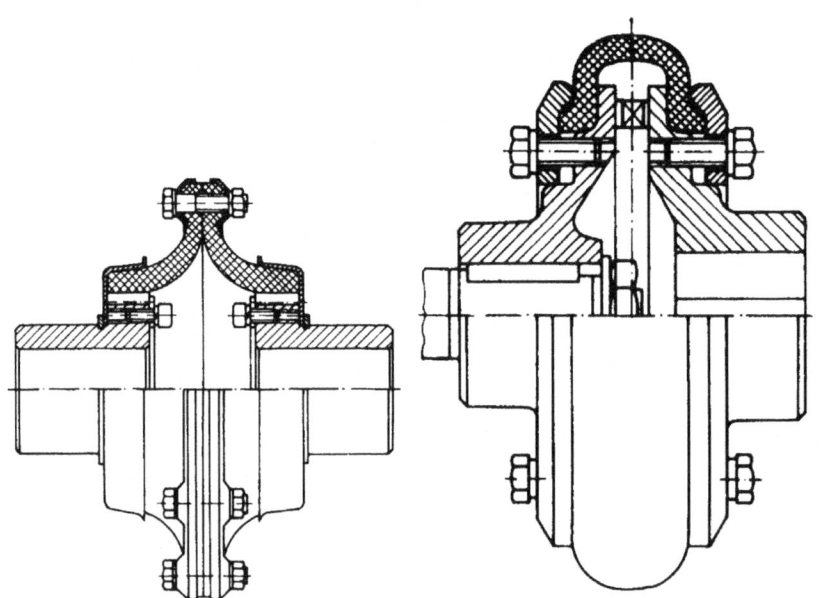

(a): Gummifederkupplung   (b): Periflex-Wellenkupplung, Baurei-
he 47, Maschinenfabrik Stromag, Unna

Abb. 5.96 Wulstkupplungen [23, S. 135]

Schraubenfederkupplung

Als elastische Elemente dienen vorgespannte zylindrische Schraubenfedern, die zwischen den Kupplungshälften in Umfangsrichtung angeordnet sind und durch Führungskörper in ihrer Lage gehalten werden. In den Kupplungshälften sitzen abwechselnd Mitnehmerbolzen, auf denen die beiderseits mit Zapfen versehenen Führungskörper schwenkbar und axial verschiebbar sind (Abb. 5.97).

Die normalen Ausführungen der Cardeflex-Kupplungen können winkelige Verlagerungen bis zu 4°, axiale Verlagerungen bis zu 5 % und Querverlagerungen bis zu 0,8 % des Außendurchmessers der Kupplung ausgleichen.

5.8.1.4 Berechnung und Größenauswahl

Alle Wellenkupplungen mit Formschluss, d. h. mechanischer Übertragung des Drehmoments, werden nach dem größten zu erwartenden Drehmoment ausgewählt, das entweder

- rechnerisch oder
- über eine stark vereinfachte Schwingungsrechnung oder
- unter Verwendung vorgegebener Betriebsfaktoren

ermittelt wird.

Die Berechnung der Kupplungen kann z. B. nach [33] und [34] erfolgen.

Betriebsfaktoren werden im Maschinenbau häufig herangezogen, um einen empirischen Zusammenhang zwischen der für die Auslegung eines Maschinenelements anzusetzenden Belastung und einer bekannten Bezugsgröße, z. B. der Nennbelastung, herzustellen.

Abb. 5.97 Schraubenfederkupplung
[30, G 67]

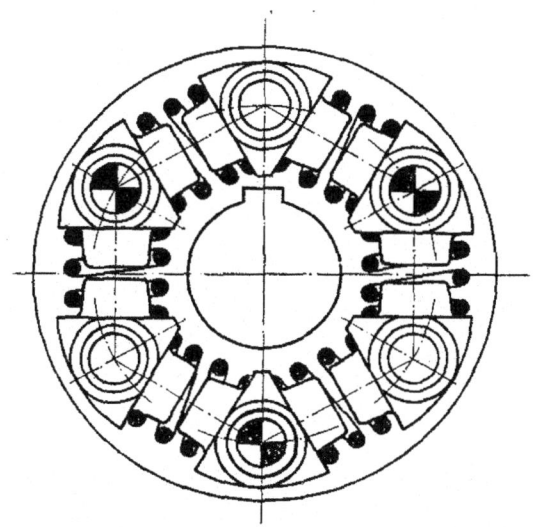

Einflüsse auf die Beanspruchung der Kupplungsteile sind:

- Antriebsmaschine (Kennlinien, Ungleichförmigkeit d. h. Abweichungen vom Rundlauf)
- Arbeitsmaschine (Schwingungssystem, Verteilungsfunktion der äußeren Belastung)
- Belastungshäufigkeit (Einsatzdauer, Anlaufhäufigkeit)
- Lageabweichungen (Art und Größe der Abweichungen, Drehzahl)
- Umgebungstemperatur
- Verhältnis der antriebsseitigen Massenträgheitsmomente zu den abtriebsseitigen Massenträgheitsmomenten.

Der bzw. die Betriebsfaktoren erfassen diese Einflüsse durch geschätzte oder aus Erfahrung abgeleitete Zahlenwerte mit allen darin steckenden Unsicherheiten. Die Auswahl der Kriterien, ihre Quantifizierung und Koppelung werden unterschiedlich gehandhabt. Zudem müssen für verschiedene Belastungsarten, wie (nicht)periodische Erregung, ohne oder mit Spieleinfluß usw. getrennte Ansätze vorgegeben werden. Bei Fördermaschinen ist vorzugsweise die Erregung durch die Drehmomentstöße beim Anfahren, Schalten und Bremsen maßgebend für die Kupplungsbeanspruchung.

Die elastische Klauenkupplung wird mit folgendem Ansatz bemessen:

$$M_K = M_{ne} f_1 f_2 f_3 \tag{5.36}$$

M_K Nenndrehmoment der Kupplung
M_{ne} Nenndrehmoment des Triebwerks
$f_1 = 1,0 \dots 1,4$ Antriebsfaktor
$f_2 = 0,9 \dots 1,25$ Betriebsdauerfaktor (tägliche Betriebsdauer)
$f_3 = 1,0 \dots 4,0$ Betriebsfaktor (Art der Arbeitsmaschine, Anlaufhäufigkeit)

Die Faktoren f können z. B. [35] entnommen werden.

Die Auswahl und Berechnung nachgiebiger Kupplungen kann unabhängig von diesen herstellerbezogenen Auslegeverfahren auch nach [34] erfolgen. Hierin werden die unterschiedlichen Drehmoment-Belastungsarten der Kupplung untersucht, die die dynamischen Drehmomente genauer berücksichtigen. Diese werden im nachfolgenden Text jeweils in einem Unterpunkt beschrieben:

- Belastung durch das Nenndrehmoment $M_{A,nenn}$ der Arbeitsmaschine (aus Nennleistung und Nenndrehzahl)

$$M_{K,nenn} \geq M_{A,nenn} \tag{5.37}$$

$M_{K,nenn}$ ist das erforderliche Nenndrehmoment der Kupplung.

- Belastung durch Drehmomentstöße; z. B. ist für das Anfahren (Beschleunigen) mit einem Elektromotor:

$$M_{K,max} = M_{AS} \cdot S_{JA} \cdot S_A \cdot S_Z \cdot S_t \tag{5.38}$$

mit dem Massenfaktor

$$S_{JA} = \frac{J_L}{J_L + J_A} \tag{5.39}$$

J_L, J_A Massenträgheitsmoment der Lastseite (L) bzw. Antriebsseite (A) (bezogen auf die Kupplungsdrehzahl)

$S_A \approx 1{,}8$ Stoßfaktor

S_Z Anlauffaktor (Anlauf- und Temperaturfaktor sind abhängig von der Kupplungskonstruktion)

S_t Temperaturfaktor

M_{AS} Stoßdrehmoment des Antriebsmotors (z. B. max. Anlaufmoment bzw. Kippmoment eines Drehstrommotors)

- Drehmoment infolge Schwingungserregung beim Durchfahren der Resonanz (Anfahren)
- Dauer-Wechseldrehmoment infolge periodischer Schwingungserregung bei Betriebsdrehzahl
- Überprüfung der am Wellenverlagerungen der zu kuppelnden Wellen resultierenden zusätzlichen Kupplungsbelastungen: Axiale Wellenverlagerungen ergeben statische Zusatzkräfte, radialer Wellenversatz und Winkelabweichungen ergeben zusätzlich periodische Wechselbelastungen der Kupplung.

Nähere Angaben siehe [34]. Die Auslegung nach dieser Norm ist zwar aufwendig, führt jedoch zur wirtschaftlichsten Kupplungsgröße.

5.8.2 Kraftschlüssige Kupplungen

Kraft- oder reibschlüssige Kupplungen (siehe Abb. 5.98) wandeln das eingebrachte Drehmoment in ein Reibmoment um, das über fest aneinandergepresste Reibflächen übertragen wird. Sein Wert begrenzt die Leistungsfähigkeit der Kupplung, anders als bei formschlüssigen Kupplungen, deren Kupplungsmoment durch die Festigkeit bestimmt wird. Gleichzeitig kann diese intrinsische Drehmomentbegrenzung dadurch ausgenutzt werden, dass die Reibkupplung als Sicherheitskupplung verwendet wird.

An- und Abtrieb von Reibungskupplungen können unterschiedliche Drehzahlen haben. Damit können sie als Schaltkupplung, Anlaufkupplung usw. eingesetzt werden, die auch unter Last oder bei unterschiedlichen Drehzahlen geschaltet werden können.

Abb. 5.98 Reibschlüssige
Sicherheitskupplung. (Quelle:
Chr. Mayr GmbH & Co. KG)

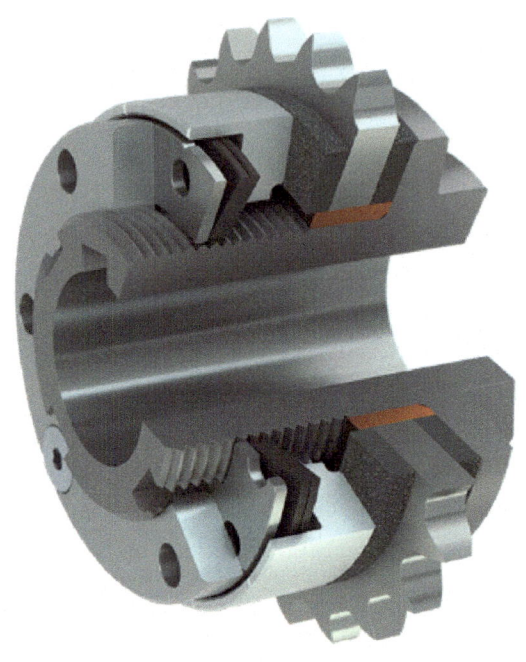

Ein Nachteil ist der Verschleiß der Reibflächen und die entstehende Reibungswärme beim
Rutschen der Reibflächen.

5.8.2.1 Bauformen

Bevorzugte Reibkörper bei den reibschlüssigen Kupplungen sind Scheiben bzw. Lamellen
aus Stahl oder, für größere Drehmomente, Kegelkörper. Die Reibflächen bleiben entweder
belagfrei und laufen dann meist in Öl, oder sie laufen trocken und sind dann mit Reibbelägen
ausgestattet. Als Materialpaarungen kommen bei nasslaufenden Kupplungen Stahl/Stahl,
Stahl/Papier und Stahl/Sinterbronze zum Einsatz, bei trockenlaufenden Kupplungen Stahl/-
Sinterbronze oder Stahl/organischer Belag.

Trockenlaufende Kupplungen haben eine höhere Reibungszahl und kommen somit mit
geringeren Anpreßkräften aus. In Öl laufende Kupplungen werden dort eingesetzt, wo ein
geringer Verschleiß erforderlich ist, wo die Wärmeabführung gesteigert werden soll oder an
Stellen, die man nicht mit Sicherheit ölfrei halten kann.

Ein wesentlicher Vorteil der in Öl laufenden Kupplungen ist die geringere Streuung der
Reibungszahlen gegenüber der trockenen Reibung. Dies ist damit zu begründen, dass z. B.
bei organischen Reibbelägen die obere Reibschicht sich chemisch, hauptsächlich durch Tem-
peratureinflüsse, verändert. Zusätzlich wirken die Umgebungseinflüsse wie z. B. die Luft-
feuchtigkeit auf den Reibbelag. Dies kann zu einer höheren oder niedrigeren Reibungszahl

führen; in der Praxis kann sie gegenüber der Nennreibungszahl um den Faktor 2 schwanken. Bei in Öl laufenden Stahllamellen (die praktisch immer keinen Reibbelag haben) herrschen abgesehen von der Temperatur definierte Umgebungsbedingen vor. Werkstoffveränderungen der Reibpartner während des Betriebes können ausgeschlossen werden, so dass die Streuungen der Reibungszahlen wesentlich kleiner sind.

Nach der Anzahl und Art der Reibkörper unterscheidet man Einscheibenkupplungen mit einer oder zwei Reibflächen, Mehrscheibenkupplungen und Kegelkupplungen.

Einscheibenkupplung

Die Einscheibenkupplung (Abb. 5.99) wird vorzugsweise in der Bauart mit Luftspalt ausgeführt, bei der die Reiboberflächen magnetisch nicht durchflutet sind und deshalb nichtmetallische Beläge erhalten können. Im Aufbau ähnelt sie den vollbeaufschlagten Scheibenbremsen. Die Hauptvorzüge dieser Kupplung sind die günstigere Wärmeabgabe und damit höhere energetische Belastbarkeit und die vollständige Trennung der Reibkörper nach dem Abschalten, so dass kein Rest- bzw. Leerlaufdrehmoment auftritt.

Der Gewindering (Abb. 5.99, Nr. 11) ist der Einstellring für die Kupplungskraft. Ist er stark angezogen, bringen die Federn eine hohe Anpresskraft auf.

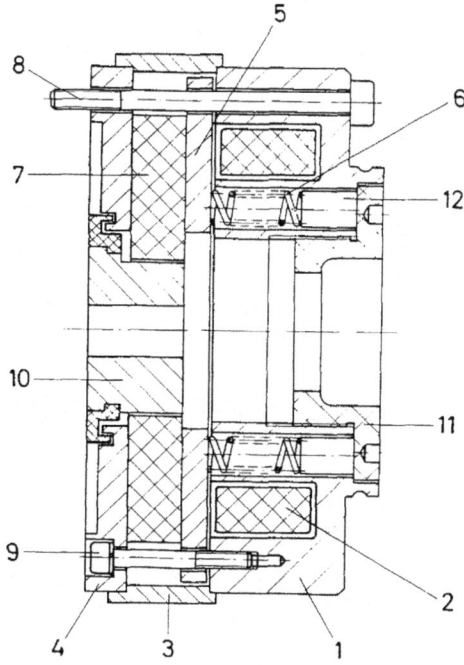

Abb. 5.99 Schnittbild einer Einscheiben-Federdruck-Kupplung mit Gleichstrom-Lüftmagnet mit Einstellring für das Kupplungsmoment (1 Magnetgehäuse, 2 Spule, 3 Abstandsring, 4 Aufnahmeflansch, 5 Anker, 6 Federn, 7 Reibscheibe, 8, 9 Schrauben, 10 Mitnehmer, 11 Gewindering, 12 Druckbolzen. (Quelle: ohne Verfasser)

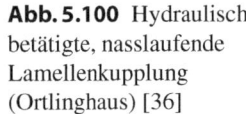

Abb. 5.100 Hydraulisch
betätigte, nasslaufende
Lamellenkupplung
(Ortlinghaus) [36]

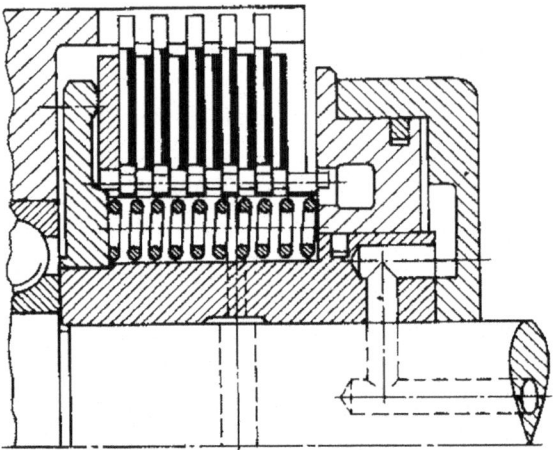

Lamellenkupplung

Lamellenkupplungen kann man sich als „parallelgeschaltete Einscheibenkupplungen" vorstellen. Sie haben mehrere gestapelte Reibflächen und können damit größere Drehmomente übertragen. Deswegen können sie auch kleiner und günstiger gebaut werden. Da sich die Lamellen aber im Leerlauf aufgrund der Reibung in den Lamellenführungen nicht soweit trennen, dass ein Luftspalt vorhanden ist, laufen sie nicht völlig frei. Es treten Schleppmomente auf, die zu Energieverlusten durch Reibung und Erwärmung führen. Das gilt vor allem für Kupplungen mit einer großen Lamellenzahl und für die Lamellen in der Mitte des Lamellenpakets.

Lamellenkupplungen laufen meistens nass, da sie wegen ihrer kompakten Bauweise nur wenig Wärme speichern und abgeben können. Ein Beispiel ist in Abb. 5.100 dargestellt.

Kegelkupplungen

Für Kegelkupplungen gelten die gleichen, das Reibmoment vergrößernden geometrischen Gesetzmäßigkeiten wie für Kegelbremsen. Die Kegelkupplungen werden in der Regel als trocken laufende Doppelkegel-Kupplungen ausgeführt.

Infolge der kegeligen Ausbildung der Reibflächen werden die beiden Wellenenden selbstständig zentriert, so dass die Kupplung auch bei hohen Drehzahlen schlagfrei läuft.

5.8.2.2 Betätigung von schaltbaren Kupplungen

Die Anpress- bzw. Lüftkraft wird mechanisch, elektromagnetisch, hydraulisch oder pneumatisch aufgebracht und wirkt fast immer gegen eingebaute Federn. In Fördermaschinen müssen Kupplungen meistens fernbetätigt werden, und deswegen kommt hier selten eine mechanische Betätigung zum Einsatz (diese spielt ihre Stärken dort aus, wo kleine Kräfte und eine direkte Bedienung notwendig sind, wie z. B. beim Automobil).

Eine hydraulische Betätigung wird überwiegend mit Nasslauf der Lamellen kombiniert, weil austretendes Hydrauliköl bei trockenen Lamellen zum Durchrutschen der Kupplung führt. Hydraulisch geschaltete Kupplungen können bei kleiner Bauweise große Drehmomente übertragen. Nachteilig sind die notwendige Ölversorgung und die Trägheit durch die Viskosität der Flüssigkeit.

Elektromagnetische oder pneumatische Betätigungseinrichtungen herrschen bei Trockenlauf vor. Die pneumatische Betätigung arbeitet genauer und vor allem bei größeren Drehmomenten schneller als die elektromagnetische; erfordert jedoch einen größeren konstruktiven Aufwand für die Druckluftversorgung.

Elektromagnetisch betätigte Kupplungen haben nahezu immer Gleichstrommagnete. Die Schaltzeit einer derartigen Kupplung hängt von ihrer elektrischen Zeitkonstanten ab. Durch entsprechende Vorschaltgeräte kann die Zeitkonstante verkleinert werden (Schaltzeit um 3/100 s). Vorteilhaft ist die einfache Energiezufuhr und Steuerung.

5.8.2.3 Sicherheit und Zuverlässigkeit

Da bei allen Wellenkupplungen ein enger Zusammenhang zwischen ihrer Lebensdauer und der Größe der von ihnen auszugleichenden Lageabweichungen besteht, sollten diese durch geschickte, konstruktive Ausführung und genaue Montage stets so klein wie möglich gehalten werden. Unvorhergesehene Lageabweichungen führen zum frühzeitigen Ausfall der Kupplung und der angrenzenden Bauteile. Dies gilt vor allem für starre Kupplungen. Entsprechende Sicherheitsreserven sind bei der Konstruktion der Kupplung selber und der Wellen und Lager zu berücksichtigen.

Der Kraftfluß wird bei einer formschlüssigen Kupplung nur bei einem Bruch von tragenden Kupplungsteilen unterbrochen. Sie sind damit hinsichtlich der fehlerhaften Unterbrechung des Kraftstranges viel sicherer als die Reibkupplungen, bei denen schon ein Durchrutschen der Reibpaarung genügt, um eine Unterbrechung des Kraftstranges herbeizuführen. Reibkupplungen sind deswegen in den Fällen, in denen eine Unterbrechung des Kraftstranges zu Personen- oder schweren Sachschäden führen kann, nicht zulässig.

Bei Reibkupplungen, die zur Kraftbegrenzung eingesetzt werden (z. B. zur Schließkraftbegrenzung von Aufzugstüren mit Schwingenantrieb) muss darauf geachtet werden, dass die Maximalkraft im Betrieb die zulässige Kraft nicht überschreitet.

5.9   Zahnradgetriebe

Zahnradgetriebe sind die in fördertechnischen Antrieben bevorzugten Drehzahl- und Drehmomentwandler. Sie müssen an die Besonderheiten des Einsatzes, z. B:

- Aussetzbetrieb,
- regellose Belastung oder
- extreme klimatische Bedingungen

angepasst werden und möglichst geringe Eigenmassen aufweisen, weil sie die Gesamtmasse der Antriebe maßgebend bestimmen.

5.9.1 Bauarten der Zahnradgetriebe

Es lassen sich nach Tab. 5.22 zwei verschiedene Arten von Getrieben unterscheiden:

5.9.1.1 Wälzgetriebe

Stirnradgetriebe (Abb. 5.101a) Das Stirnradgetriebe hat einen sehr einfachen Aufbau, einen hohen Wirkungsgrad und niedrigen Verschleiß. Die Getriebestufen folgen horizontal, schräg oder vertikal aufeinander. Diese Getriebeart wird stets bevorzugt, wenn nicht zwingende Gründe dagegen sprechen.

Kegel-Stirnradgetriebe (Abb. 5.101b) Bei einem Kegelrad-Schraubengetriebe muss das Kegelritzel meist fliegend gelagert werden, wodurch Tragbild (die Fläche, die an der Kraft- und Momentenübertragung beteiligt ist), Übertragungsleistung und Laufruhe herabgesetzt werden.

5.9.1.2 Schraubwälzgetriebe

Beispielhaft wird für die Schraubenwälzgetriebe auf das Schneckengetriebe eingegangen.

Ein Schneckengetriebe kann mit einer beträchtlichen Stufenübersetzung ausgeführt werden und ist wegen des hohen Gleitanteils während der Bewegungsübertragung und des

Tab. 5.22 Bauarten von Zahnradgetrieben

Getriebearten		Anordnung der Zahnachsen	Abrollen der Zahnräder
Wälzgetriebe	Stirnradgetriebe	Parallel	In den Funktionsflächen tritt reines Wälzen auf
	Zahnstange	Parallel	
	Planetengetriebe	Parallel	
	Kegelradgetriebe	Schneiden sich	
Schraubwälzgetriebe (Hyperboloidgetriebe)	Stirnrad-Schraubgetriebe	Windschief	Räder verschrauben sich gegeneinander
	Kegelrad-Schraubgetriebe	Windschief	
	Schneckengetriebe	Windschief	

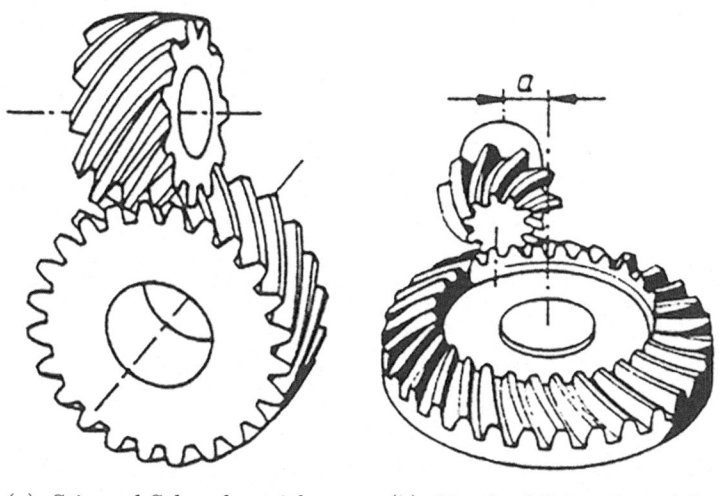

(a): Stirnrad-Schraubgetriebe   (b): Kegelrad-Schraubgetriebe

Abb. 5.101 Bauformen der Wälzgetriebe. (Quelle: ohne Verfasser)

kontinuierlichen Zahneingriffs grundsätzlich geräusch-ärmer als alle Getriebe mit Wälz-paarungen. Es weist aber einen größeren Verschleiß auf. Zu beachten ist der niedrigere Wirkungsgrad, auch kann bei größeren Übersetzungen eine Selbsthemmung auftreten. Hier eignen sich besser Schnecken-Stirnradgetriebe (Kombination von Stirnradstufen mit Schne-ckenradstufe) (Abb. 5.102).

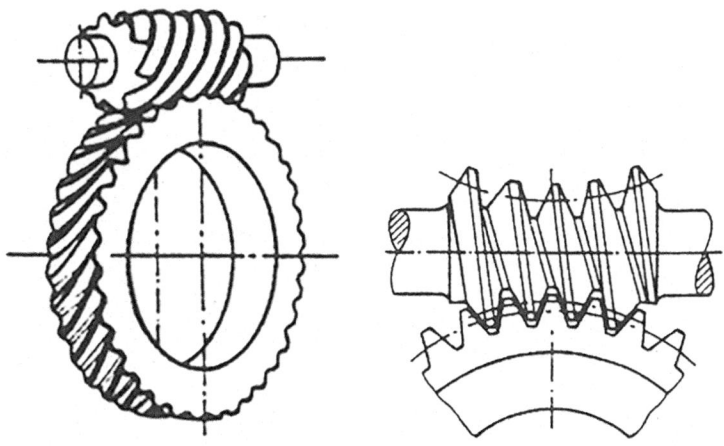

(a): Zylinderschnecken-Getriebe   (b): Globoidschnecken-Getriebe

Abb. 5.102 Bauformen der Schraubwälzgetriebe. (Quelle: ohne Verfasser)

5.9.1.3 Nachteile der Zahnradgetriebe
Siehe Tab. 5.23.

5.9.1.4 Vergleich verschiedener Zahnradpaarungen
Stirnräder sind außen- oder innenverzahnt mit geraden oder schrägen Zähnen bzw. Pfeil-verzahnung. Kegelräder erhalten vorzugsweise Gerad- oder Bogenverzahnung, nur selten Schrägverzahnung. Beim Schneckenradtrieb kann eines der beiden Räder zylindrisch, das andere globoidförmig, es können aber auch beide globoidförmig ausgebildet werden. Die Tab. 5.24 gibt einen Überblick über verschiedene Zahnradpaarungen. Die Tab. 5.24 zeigt die Lagedarstellung von Stirnradpaar, Kegelradpaar und Schneckenradpaar (Abb. 5.103).

Die Eigenschaften der Zahnradpaarungen werden außer von der Form auch von der Herstellungsart und -qualität bestimmt. Durch Hintereinanderschalten mehrerer gleichartiger oder verschiedener Zahnradpaare entstehen mehrstufige Zahnradgetriebe (z. B. Stirnrad-Schneckengetriebe). Sie unterscheiden sich in der Stufenzahl, der räumlichen Anordnung der Wellen, der Baugröße usw. In der Fördertechnik kommt man üblicherweise mit zwei bis vier Stufen aus.

Tab. 5.23 Nachteile der Zahnradgetriebe und Möglichkeiten des Ausgleichs

Nachteil	Verbesserungsmöglichkeiten
Konstante Übersetzung	• Stellstufe mit Schieberädern • Schaltkupplung • Reibradstufe • Hydraulische Wandler
Lärmentwicklung infolge Schwingungserregung	• Genauere Fertigung • Schalldämmung

Tab. 5.24 Zahnradpaarungen [23, S. 146]

Art	Lage der Wellen	Maximale Umfangs-geschwindigkeit in m/s	Stufenwirkungs-grad	Bereiche der Stu-fenübersetzungen
Stirnräder	Parallel in einer Ebene	50	0,93 … 0,99	1 … 8
Kegelräder	Schneidend in einer Ebene	40	0,90 … 0,98	1 … 5
Schneckenräder	Senkrecht zueinander, nicht in einer Ebene	25	0,50 … 0,96	5 … 50

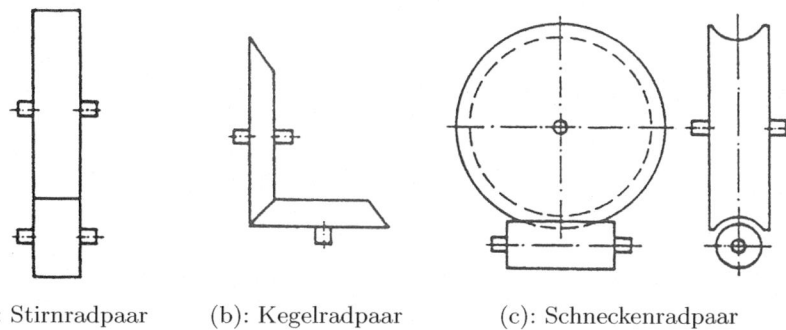

(a): Stirnradpaar   (b): Kegelradpaar   (c): Schneckenradpaar

Abb. 5.103 Lagedarstellung von Zahnradpaaren [23, S. 146]

5.9.1.5 Vergleich verschiedener Getriebearten

Die Abb. 5.104 zeigt einige Hauptbauformen von Getrieben. Die zusammengestellten Kenngrößen normaler Zahnradgetriebe (Tab. 5.25) machen deutlich, daß mit diesen Bauformen mit wenigen Ausnahmen alle Einsatzbereiche der Fördertechnik abgedeckt werden. Getriebe mit Leistungsverzweigung, d. h. Parallelschaltung mehrerer Getriebestränge und Summierung der Übertragungsleistung am Abtriebsrad sowie ein- bzw. mehrstufige Umlaufräderge-

Abb. 5.104 Bauformen von Getrieben im Vergleich [23, S. 146]

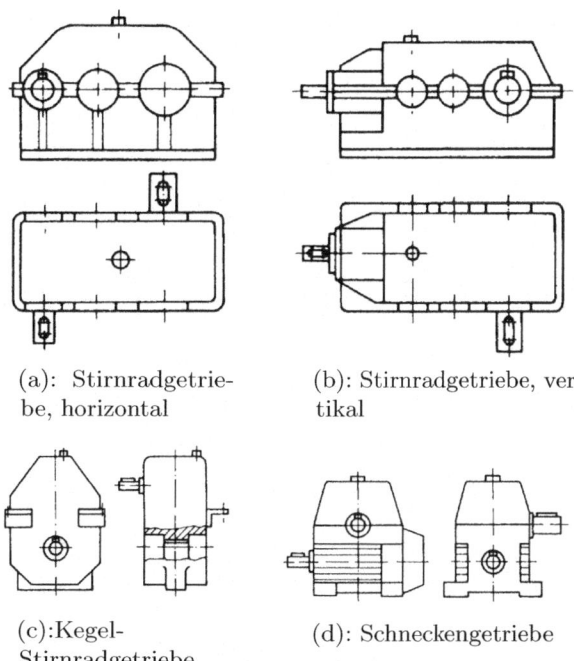

(a): Stirnradgetriebe, horizontal

(b): Stirnradgetriebe, vertikal

(c): Kegel-Stirnradgetriebe

(d): Schneckengetriebe

Tab. 5.25 Kenngrößen normaler Zahnradgetriebe [23, S. 147]

Getriebeart	Max. Übergangsleistung P_G [kW]	Gesamtübersetzung i_G	Masse/Leistungsverhältnis m_G/P_G [kg/kW]
Stirnradgetriebe	3000	1 … 800	1,8 … 0,4
Umlaufrädergetriebe	2000	3 … 13	1,0 … 0,2
Kegelradgetriebe	500	1 … 5	2,5 … 0,6
Kegel-Stirnradgetriebe	500	5 … 700	2,0 … 0,5
Schneckengetriebe	120	5 … 50	4,5 … 0,2
Schnecken-Stirnradgetriebe	100	40 … 280	10,0 … 4,0

triebe sind prinzipiell leichter und kleiner als unverzweigte Normalgetriebe gleicher Leistung; ihre Anwendung nimmt zu.

5.9.1.6 Verzahnungsformen

Im Maschinenbau wird sehr häufig die Evolventenverzahnung (siehe Abb. 5.105) verwendet, da die Herstellung der Zahnräder relativ einfach und kostengünstig ist. Getriebe mit Evolventenverzahnung sind überdies unempfindlich gegen Achsabstandsänderungen der Radpaare.

Triebstockverzahnungen (siehe Abb. 5.106) eignen sich besonders für große Raddurchmesser und Zahnstangengetriebe (z. B. für Schienenfahrzeuge an Steilstrecken). Sie sind wesentlich billiger als die entsprechenden Normalverzahnungen, erfüllen aber nicht so hohe Ansprüche an die Laufruhe und das Verschleißverhalten. Die Umfangsgeschwindigkeit der Ritzels soll deshalb 1 m/s nicht überschreiten. Eine weitere Verzahnungsform ist die Zykloidenverzahnung. Sie wird in der Fördertechnik wegen der hohen Anforderungen an die Fertigung und die geringe Robustheit nicht verwendet.

Abb. 5.105 Benennungen am außenverzahnten Stirnrad mit Evolventenverzahnung [36, G 123]

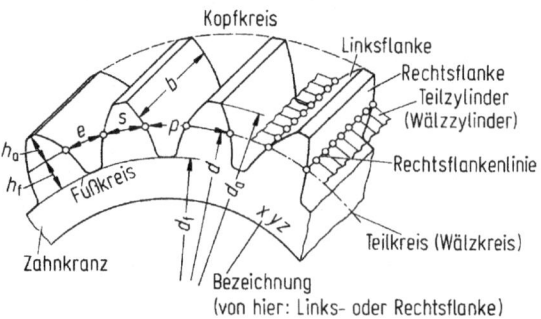

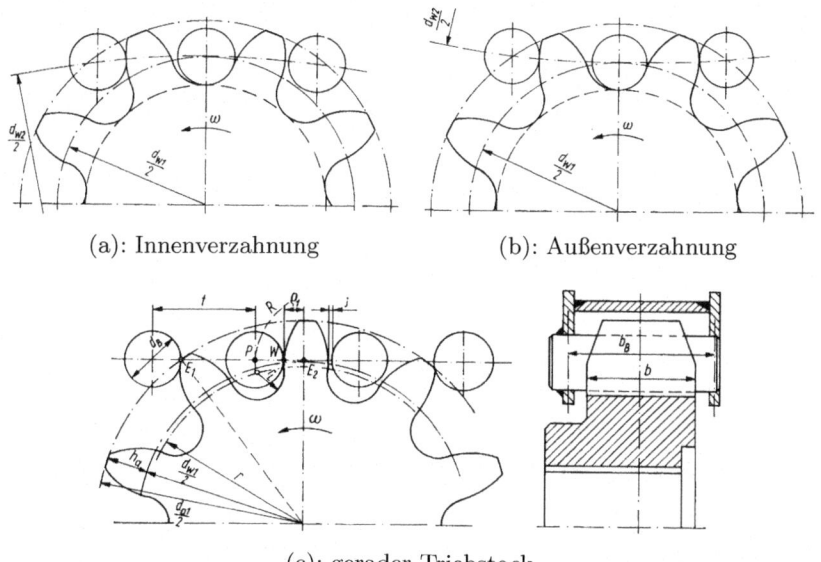

(a): Innenverzahnung   (b): Außenverzahnung

(c): gerader Triebstock

Abb. 5.106 Triebstockverzahnung [23, S. 157]

5.9.1.7 Grundgleichungen

Die wichtigsten Beziehungen in der Getriebetechnik (Abb. 5.107):

Übersetzung i

$$i = \frac{\omega_a}{\omega_b} = \frac{n_a}{n_b} = \frac{d_b}{d_a} = \frac{z_b}{z_a} > 1 \qquad (5.40)$$

$$i_{ges} = \prod_j i_j \qquad (5.41)$$

ω_a Winkelgeschwindigkeit Antrieb
ω_b Winkelgeschwindigkeit Abtrieb
n_a Drehzahl Antrieb
n_b Drehzahl Abtrieb
d_a Ritzeldurchmesser
d_b Raddurchmesser Abtrieb
z_a Zähnezahl Antrieb
z_b Zähnezahl Abtrieb

Abb. 5.107 Bezeichnungen an
ineinandergreifenden
Zahnrädern. (Quelle: IFT)
d_a Durchmesser treibendes Zahnrad
d_b Durchmesser getriebenes Zahnrad
n_a Drehzahl des treibenden Zahnrads
n_b Drehzahl des getriebenen Zahnrads

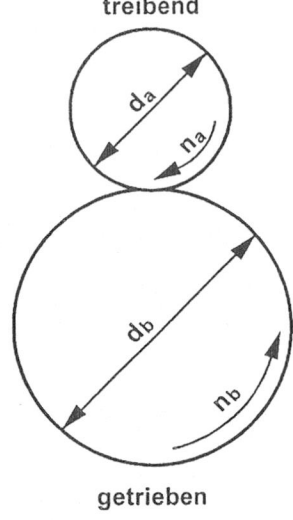

Leistung P

$$P = \omega \cdot M \qquad\qquad (5.42)$$

M Moment
ω Winkelgeschwindigkeit

Leistungsübertragung

$$P_b = \omega_b \cdot M_b = \omega_a \cdot M_a \cdot \eta_G = P_a \cdot \eta_G \qquad\qquad (5.43)$$

P_b Betriebsleistung
M_a Antriebsmoment
M_b Abtriebsmoment
η_G Gesamtwirkungsgrad des Getriebes
P_a Antriebsleistung

Gesamtwirkungsgrad η_G

$$\eta_G = \eta_Z \cdot \eta_L \cdot \eta_P \qquad\qquad (5.44)$$

η_Z Wirkungsgrad aus Verzahnungsverlusten
η_L Wirkungsgrad aus Ölreibung
η_P Wirkungsgrad aus Lagerreibung

5.9.2 Getriebe in der Fördertechnik

Die Entwicklungen in der modernen Leistungselektronik, d. h. in Steuerung und Regelung von elektrischen Maschinen, haben dazu geführt, dass heute häufig, sehr erfolgreich, versucht wird, auf bestimmte Getriebestufen, d. h. auf Untersetzungen, zu verzichten und direkt Elektroantriebe mit geregeltem Antrieb einzusetzen.

Daneben hat die Technologie der Hydraulikantriebe dafür gesorgt, dass die Verteilung von Kraft und Moment bei mobilen Maschinen (z. B. Fahrzeugkrane, Erdbewegungsmaschinen) nicht mehr durch mechanische Getriebestufen, sondern durch Hydrauliktriebe umgesetzt wird.

Daher wird von einem zentralen Antrieb, meistens Dieselmotoren ein Hydraulikmotor angetrieben der dann über eine Hydraulikpumpe die die Umsetzung von Kraft und Moment realisiert (entspricht einem hydrostatischen Antrieb mit verstellbaren Hydraulikpumpen und -motoren (siehe Abschn. 5.12, Ölhydraulik). Beide Entwicklungen (elektrische Antriebsmaschinen, Hydraulik) haben im Endergebnis dazu geführt, die früher weit verbreitete Verwendung von mechanischen Getrieben zu reduzieren. Dies gilt gerade auch im Bereich der Fördertechnik.

5.10 Antriebe mit Verbrennungsmotoren

5.10.1 Anwendung und Einsatzgebiet von Verbrennungsmotoren in der Fördertechnik

Der Verbrennungsmotor wird überall dort als Antriebsmaschine eingesetzt, wo der freizügige Einsatz des Fördermittels gefordert wird und der Antrieb deshalb von Energiezuführungsleitungen unabhängig sein muss:

- Flurförderzeuge
- Fahrzeugkrane
- Erdbewegungsmaschinen

Bei vielen Flurförderzeugen, bei den meisten Fahrzeugkranen, und Erdbewegungsmaschinen ist das der Fall. Unter Verbrennungsmotoren dominiert der schnelllaufende Dieselmotor aus Gründen der Wirtschaftlichkeit und Robustheit. Die Verbrennungsenergie kann mechanisch durch Kurbel- oder Rädergetriebe, elektrisch, hydraulisch oder pneumatisch übertragen werden.

Das Betriebsverhalten eines Verbrennungsmotors wird im Gegensatz zu einem E-Motor nicht von einer einzelnen Kennlinie, sondern von einem Kennlinienfeld angegeben. Neben Drehmoment und Drehzahl ist dabei die Drosselklappenstellung der Parameter zur Angabe des Leistungszustandes zur Beurteilung des optimalen Betriebspunktes. Zusätzlich sind in dieser Art der Darstellung aber noch 2 Werte in das Kennfeld aufgenommen worden:

1. Linien gleichen Brennstoffverbrauch
2. Linien gleicher Leistung

Abb. 5.108 zeigt das Diagramm des effektiven Mitteldrucks p_e über der Drehzahl n für unterschiedliche Drosselklappenöffnungen eines Ottomotors, wobei der effektive Mitteldruck p_e proportional zum Drehmoment M ist.

Im oberen Leistungsbereich (d. h. bei weit geöffneter Drosselklappe = großer Ansaugquerschnitt) erkennt man, dass über große Drehzahlbereiche nur geringe Druck- bzw. Drehmomentunterschiede vorliegen. Beispielsweise ändert sich bei einer Drosselklappenöffnung von 90° das Drehmoment im Drehzahlbereich n = 30 ... 50 $\frac{1}{sec}$ (entspricht n = 1800 ...3000 $\frac{U}{min}$) kaum. Weil eine Überlastbarkeit von der Kennlinie her nicht realisierbar ist, sind

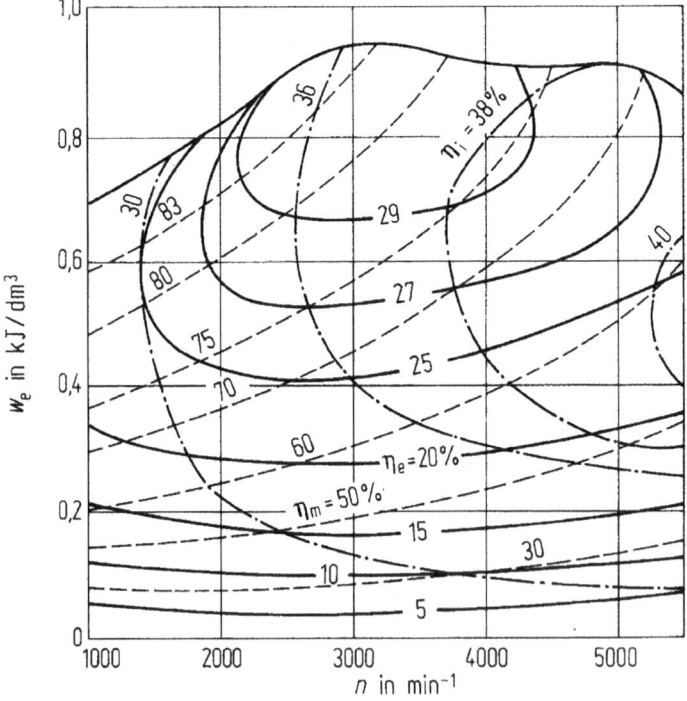

Abb. 5.108 Muscheldiagramm [30, P 72]
DK = const.; Drosselklappenstellung
b_e = const.; spezifischer Kraftstoffverbrauch
p_e effektiver Mitteldruck; $p_e \sim$ Drehmoment M

Schaltgetriebe oder hydrodynamische Drehmomentwandler und spezielle Anlaufkupplungen notwendig, um das „Abwürgen" des Motors bei Überlastung zu verhindern und das Motormoment an das erforderliche Abtriebsmoment anzupassen.

Meistens werden Dieselmotoren oder Treibgasmotoren, sehr viel seltener Benzinmotoren verwendet. Man kann zwischen stationären Motoren und Fahrzeugmotoren unterscheiden. Wenn Flurförderzeuge, z. B. Gabelstapler, sowohl im Außengelände als auch in Hallen und Gebäuden eingesetzt werden, ist der Einsatz von sog. Hybridantrieben sinnvoll. Hierbei handelt es sich um einen Doppelantrieb von Elektromotor (mit Batterie) und Verbrennungsmotor (Diesel). Zwischen diesen Antrieben kann je nach Anforderung umgeschaltet werden. Treibgasantriebe können im Innen- und Außenbereich verwendet werden.

Die stationäre Bauart mit mittleren Drehzahlen bis 1000 min^{-1} wird heute durch die schneller laufenden Fahrzeugdieselmotoren mit Drehzahlen von 1500 bis 3000 min^{-1} verdrängt. Diese haben eine leistungsbezogene Masse von 4,5 . . . 5,4 kg/kW und sind gegenüber den stationären Motoren mit einer leistungsbezogenen Masse von 27 . . . 34 kg/kW wesentlich leichter und kleiner. Der Brennstoffverbrauch der Dieselmotoren beträgt etwa 200 . . . 300 g/kWh bei einem unteren Heizwert des Brennstoffes von 40.000 kJ/kg.

Vor- und Nachteile von Verbrennungsmotoren:

- Geringer Raumbedarf
- kleines Eigengewicht
- stete Betriebsbereitschaft
- Freizügigkeit in den Bewegungen (gegenüber Elektromotoren)
- Unabhängigkeit vom elektr. Netz
- guter Wirkungsgrad
- nicht reversierbar (d. h. in der Drehrichtung umkehrbar)
- in geschlossenen Räumen unbrauchbar (giftige Abgase besonders bei Benzinmotoren)
- Motor muss für die Beschleunigungsleistung ausgelegt werden (läuft unter Last nicht an)
- höhere Wartungskosten (Motor empfindlicher und störanfälliger als Elektromotor)

Gegenüber dem elektrischen Antrieb ist der Dieselmotor schwerer und benötigt mehr Platz (Zusatzaggregate) als die für den elektrischen Antrieb verwendeten Asynchronmotoren. Es ist daher nicht möglich, für jeden der verschiedenen Triebwerke bei einem Fördermittel (z. B. für das Hubwerk, das Drehwerk, das Einziehwerk usw.) einen eigenen Motor vorzusehen, sondern der Dieselmotor wird als zentraler Antriebsmotor verwendet, von dem auf mechanischem oder hydrostatischem Weg die Leistung auf die einzelnen Triebwerke verteilt werden muss.

Da die Dieselmotoren nicht reversierbar, d. h. in ihrer Drehrichtung umkehrbar sind, hat diese Verteilereinrichtung auch noch die Aufgabe der Drehrichtungsumkehr für alle Triebwerke zu erfüllen.

Gelegentlich werden in kleineren Gabelstaplern 3-Zylinder-Motoren verwendet, in der Masse kommen allerdings 4-Zylinder-Ausführungen, bei schweren Fahrzeugen auch 6- und

8-Zylinder-Motoren zum Einsatz. Es handelt sich meist um wasser-, öl- oder luftgekühlte Industriemotoren.

5.10.2 Abgasreinigung

Neben der Weiterentwicklung und Optimierung des Verbrennungsvorganges im Zylinderraum versucht man die Abgasemission durch zusätzliche Maßnahmen zu verringern. Als Reinigungsgeräte werden Filter, Abgaswaschanlagen und Katalysatoren einzeln wie kombiniert verwendet.

Dieselmotoren erzeugen im Vergleich zu Otto-Motoren ein verhältnismäßig geringen Anteil an gasförmigen Abgasemissionen. Der Anteil an Partikeln im Abgas ist jedoch hoch. Bewusst werden heutzutage Dieselmotoren mit Vor- und Wirbelkammern eingesetzt, die in Hinsicht auf den Ausstoß von Kohlenmonoxid, Kohlenwasserstoff und Stickoxiden deutlich sauberer sind. Eine weitere Absenkung des Abgasausstoßes, vor allem von Rußpartikeln, erfolgt mit Hilfe von Rußfiltern. Rußfilter aus Aktivkohle absorbieren vorzugsweise Ruß und Schwefelverbindungen, wirken dagegen nicht auf Kohlenstoff.

Die Katalysatoren stellen die wichtigsten Abgasreinigungsanlagen dar, deren Wirkung von der Abgastemperatur abhängt. Zur katalytischen Zersetzung der Abgase werden Platin, Palladium, Vanadiumverbindungen oder keramische Stoffe eingesetzt. Dreiwege-Katalysatoren erlauben bei Flüssiggas- und Benzinmotoren mit Lambda-Regelung eine weitgehende Herabsetzung des Ausstoßes sowohl von Stickoxiden (NO_x), Kohlenoxiden (CO_x), als auch Kohlenwasserstoffe (CH_x).

5.10.3 Betriebsverhalten und Kenngrößen von Verbrennungsmotoren

Nutzleistung
Sie beträgt für einen Motor mit z Zylindern und einer Arbeitsspielfrequenz n_a:

$$P_e = M \cdot \omega = M \cdot 2 \cdot \pi \cdot n = p_e \cdot n_a \cdot V_h \cdot z \qquad (5.45)$$

P_e Nutzleistung
n_a Arbeitsspielfrequenz
z Anzahl der Zylinder
V_h Hubvolumen pro Zylinder mit $z \cdot V_h$ = Hubvolumen Gesamtmotor
p_e effektiver Mitteldruck

Beispiel 4-Takt-Motor: $n_a = n/2$, ein Arbeitsspiel umfasst zwei Umdrehungen der Kurbelwelle.

$$P_e = \dot{m} \cdot w_e = \dot{m} \cdot \frac{p_e}{\rho} \qquad (5.46)$$

$\dot{m}$ Massenstrom
w_e spezifische Arbeit
p_e effektiver Mitteldruck
ρ Dichte

5.11 Elektrische Antriebe

In diesem Kapitel wird exemplarisch auf die wichtigsten Grundlagen der elektrischen Maschinen, z. B. hinsichtlich Stromart, Vier-Quadranten-Betrieb, die wichtigste Ausführung als Gleichstrom- und Drehstrom-Asynchronmotoren auf die Funktion von Stromrichtern, Frequenzumrichtern etc. eingegangen.

Darüber hinaus werden zusätzlich die elektrischen Antriebe beschrieben, die im Feld der Fördertechnik und Materialflusstechnik heute deswegen von besonderer Bedeutung sind, weil sie spezielle Vorteile für fördertechnische Anwendungsgebiete haben oder häufig im Bereich Fördertechnik und Materialflusstechnik verwendet werden. Hier zu nennen sind insbesondere Schritt- und Servomotoren, Linearmotoren und der EC-Motor (Electronically Commutated Motor/Elektronisch Kommutierter Motor).

5.11.1 Allgemeines

Die an den Antrieb gestellten Bedingungen, wie:

- Betriebsbereitschaft,
- kräftiges Anzugsmoment,
- Überlastbarkeit und
- guter Wirkungsgrad in allen Lastbereichen (Voll- und Teillast, Leerlauf)

werden vom Elektromotor am besten erfüllt.

Er ist daher die häufigste Antriebsmaschine in der Fördertechnik und ideal geeignet für nahezu alle Anwendungen, von kleinsten Schneckenförderern bis zur Tagebau-Abraumförderbrücke mit einer Leistung von über 1000 kW.

Die wichtigsten Vor- und Nachteile elektrischer Antriebe sind:

Vorteile

- zentrale Erzeugung und einfache Zuleitung der Energie
- bauliche und betriebliche Anpassungsfähigkeit (Steuerverfahren)

- gute Wirtschaftlichkeit (Anpassung des Stromverbrauchs an die Arbeitsleistung
- große Betriebssicherheit
- Sauberkeit des Betriebes
- geringes Eigengewicht
- kräftiges Anlaufmoment (Anlauf unter Belastung möglich)
- hohe Überlastbarkeit
- in der Drehrichtung einfach umkehrbar
- Eignung für große Schalthäufigkeit
- Eignung zur generatorischen Bremsung (Entlastung von mechanischen Bremsen)
- Energierückgewinnung

Nachteile

- Empfindlichkeit und Gefährlichkeit des elektrischen Stromes
- Abhängigkeit vom elektrischen Netz (Kraftzentrale)
- Bei im Freien arbeitenden Kranen sind Schleifleitungen (Kabel) erforderlich (Abb. 5.109).

5.11.1.1 Stromarten
Drehstrom
Infolge der einfachen und wirtschaftlichen Energieübertragung vom Elektrizitätswerk zum Verbraucher werden heute fast ausschließlich Drehstromnetze zur Verfügung gestellt. Daher ist auch der sog. Drehstrom-Asynchronmotor der heute am häufigsten verwendete Elektromotor in der Antriebstechnik. Bis vor einigen Jahrzehnten konnten diese Maschinen jedoch nur für Antriebe eingesetzt werden, bei denen keine besonders hohen Anforderungen an die Steuerung gestellt wurden (relativ grobe Stufung). Mit der rasanten Entwicklung der Halbleitertechnik bzw. der elektronischen Frequenzumrichter können Drehstrom-

Abb. 5.109 Beispiel eines IE-Motors. (Quelle: SEW-EURODRIVE GmbH & Co KG)

Asynchronmotoren heute preiswert, feinfühlig und stufenlos geregelt werden, wobei derzeitig allerdings noch der Aufwand hierfür bei Drehstrommotoren größerer Leistung höher ist als der für Stromrichter zur Erzeugung von Gleichstrom aus dem Drehstromnetz.

Gleichstrom

Gleichstrom wird heute fast ausschließlich aus dem Drehstromnetz mit Hilfe von Halbleitergleichrichtern gewonnen und den Gleichstrommotoren zur Verfügung gestellt. Der elektronische Aufwand ist hierfür geringer als der für Frequenzumrichter für Drehstrommotoren. Gleichstrommotoren besitzen aufgrund ihrer Konstruktionsbauart eine sehr gute und feinfühlige Regelbarkeit.

5.11.1.2 Betriebsphasen, 4-Quadranten-Antrieb

Für die Auswahl und Dimensionierung von elektrischen Antriebsmotoren ist die Kenntnis des Betriebsverhaltens eine zwingende Voraussetzung. Das Betriebsverhalten kann durch folgende Betriebsphasen gekennzeichnet werden:

- Anlauf
- Beharrungsbetrieb
- Drehzahlverstellung
- Elektrische Bremsung

4-Quadranten-Antriebe

Zur Beurteilung des Betriebsverhaltens verschiedener Motorarten und ihrer Schaltungen sowie der Belastungsmomente durch die anzutreibende Arbeitsmaschine werden Drehzahl-Drehmoment-Diagramme verwendet. Da z. B. bei einem Kranhubwerk Belastungsmomente aus den 4 Betriebszuständen:

- Last-Heben/Beschleunigen,
- Last-Heben/Bremsen,
- Last-Senken/Beschleunigen (umgekehrte Drehrichtung zum Heben) und
- Last-Senken/Bremsen

auftreten können, muss das Drehzahl-Drehmoment-Verhalten von Motor und Steuerung (Regelung) für diese vier Betriebsphasen in den vier Quadranten des Drehzahl-Drehmoment-Diagrammes betrachtet werden. Zwei Beispiele werden in den Abb. 5.110 und 5.111 gezeigt.

Bei Hubwerken wirkt das Lastmoment immer in der selben Richtung (im Senksinne), weshalb sie überwiegend im I. und IV. Quadranten betrieben werden. Der II. Quadrant wird nur zum schnellen Abbremsen des Hubvorganges benötigt, der III. Quadrant dient zum Absenken von kleinen, nicht durchziehenden Lasten (leerer Haken) = Kraftsenken.

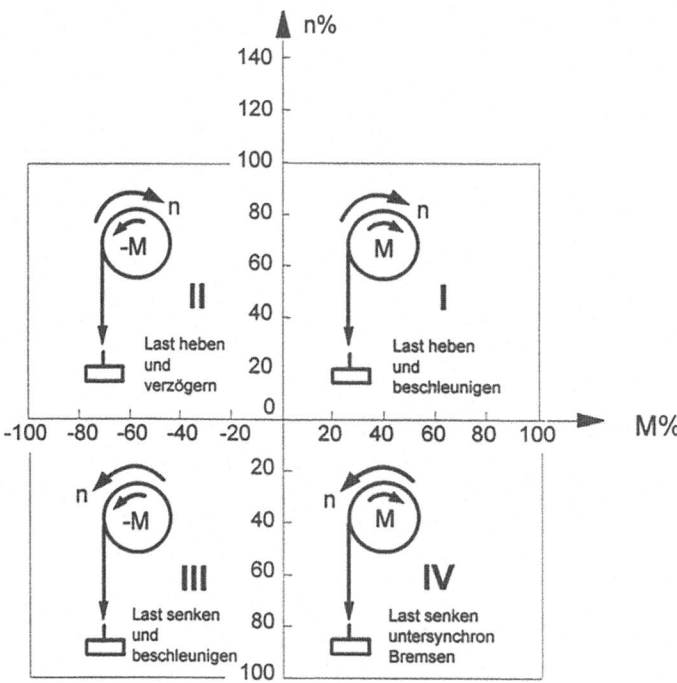

Abb. 5.110 4-Quadranten-Momentendiagramm für Hubwerksantriebe. (Quelle: ohne Verfasser)

(IV. Quadrant: generatorisches, übersynchr. Bremsen, Gegenstrombremsen und untersynchrones Bremsen.)

Auch Fahrantriebe arbeiten im 4-Quadranten-Betrieb (Abb. 5.111): Fahren nach rechts (I.) und Bremsen (II.), Fahren nach links (III.) und Bremsen (IV.). In der Ebene wirkt kein äußeres Moment, daher sind die Quadranten I/III und II/IV bis auf die Drehrichtung äquivalent.

Die heute im Bereich der Fördertechnik verwendeten Motoren sind folgende:

- Gleichstrommotor als
  - Reihenschlußmotor
  - Nebenschlußmotor
  - Doppelschlußmotor
  - Bürstenloser Gleichstrommotor
- Drehstrom-Asynchronmotor als
  - Schleifringläufermotor
  - Linearmotor
  - Kurzschlußläufer-(Käfigläufer-)Motor
- Drehstrom-Synchron-Motor

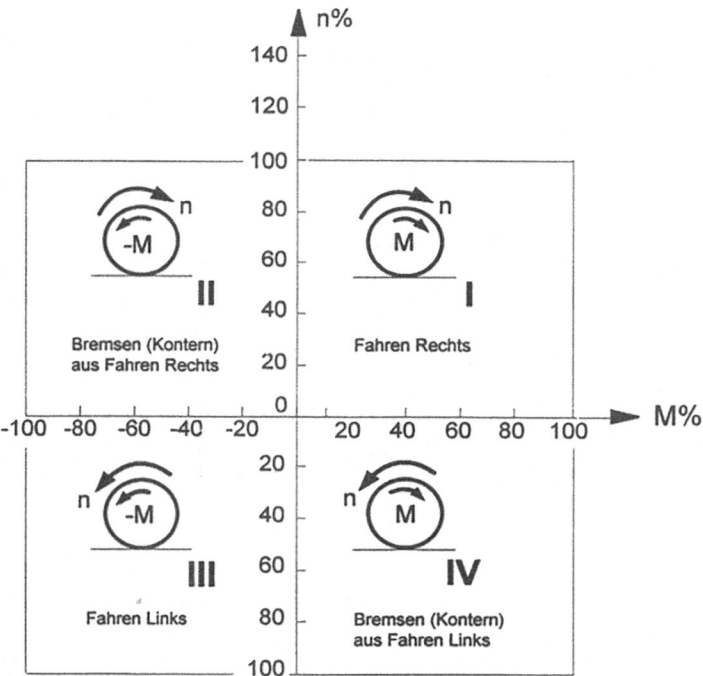

Abb. 5.111 4-Quadranten-Momentendiagramm für Fahrwerksantriebe. (Quelle: ohne Verfasser)

5.11.2 Gleichstrom-Motoren (GM) und ihr Betriebsverhalten

Der Gleichstrom-Motor besteht aus den feststehenden Ständer mit Polen und Erreger-wicklung (Feldwicklung) sowie dem umlaufenden Anker mit der Ankerwicklung und dem Kommutator, dem der Strom über feststehende „Bürsten" zugeführt wird. Je nach elektri-scher Schaltung von Ankerwicklung und Erregerwicklung (siehe Abb. 5.112) unterscheidet man zwei GM-Arten, den Gleichstrom-Reihenschluss- und den Gleichstrom-Nebenschluss-Motor.

Um einen stromdurchflossenen Leiter bildet sich ein Magnetfeld aus. Befindet sich dieser Leiter nun seinerseits in einem äußeren Magnetfeld, wechselwirken die beiden Felder und erzeugen eine resultierende Kraft auf den Leiter, der sich daraufhin bewegt (Lorenzkraft) (Abb. 5.113).

Bei einer Gleichstrommaschine (GM) wird im Ständer durch Gleichstrom ein konstantes Magnetfeld N/S gebildet. Der stromdurchflossene Leiter (Ankerwicklung) baut ebenfalls ein N/S-Feld auf. Beide Felder richten sich aus und bewegen dabei den Anker. Dessen Bewegung würde enden, sobald beide Magnetfelder ausgerichtet sind. Deswegen werden durch den Kommutator die Ständerwicklungen und damit das leitereigene Magnetfeld immer wieder umgepolt, so dass sich eine kontinuierliche Drehbewegung ergibt.

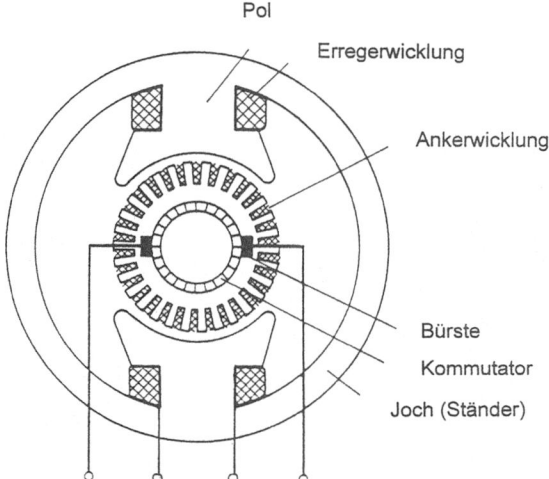

Abb. 5.112 Prinzipieller Aufbau eines Gleichstrommotors [23, S. 173]

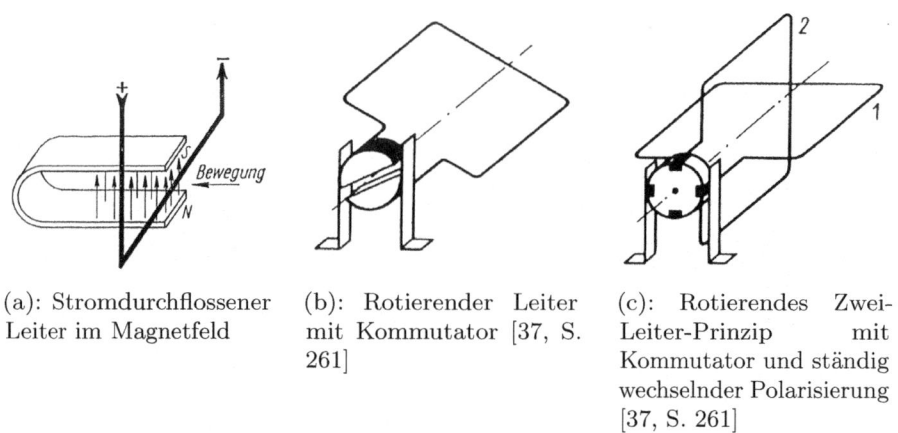

(a): Stromdurchflossener Leiter im Magnetfeld

(b): Rotierender Leiter mit Kommutator [37, S. 261]

(c): Rotierendes Zwei-Leiter-Prinzip mit Kommutator und ständig wechselnder Polarisierung [37, S. 261]

Abb. 5.113 Physikalisches Wirkprinzip eines Gleichstrommotors. **a** Stromdurchflossener Leiter im Magnetfeld (Quelle: ohne Verfasser); **b** Rotierender Leiter mit Kommutator [37, S. 261]; **c** Rotierendes Zwei-Leiter-Prinzip mit Kommutator und ständig wechselnder Polarisierung [37, S. 261]

5.11.2.1 Gleichstrom-Reihenschlussmotor (G-RSM)

Ankerwicklung und Erregerwicklung (Feldwicklung) sind in Reihe geschaltet.

Der Zusammenhang zwischen der Drehzahl n und dem Motordrehmoment M des Reihenschlussmotors lässt sich unter vereinfachenden Annahmen durch folgende Gleichung darstellen (Abb. 5.114):

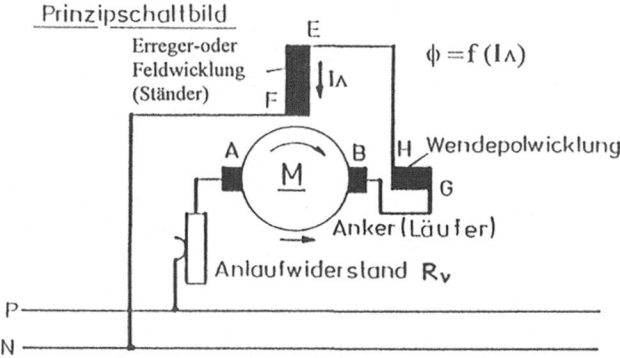

Prinzipschaltbild

Abb. 5.114 Schaltbild des Reihenschlussmotors i. A. a [38]

$$n = \frac{U}{c_1 \cdot \sqrt{M_d}} - \frac{R}{c_2} \qquad (5.47)$$

U Klemmenspannung (Netzspannung)
R Widerstand im Ankerkreis
c_1, c_2 Maschinenkonstante
M_d Drehmoment

wobei

$$M_d \sim \Phi^2 \sim I_A^2 \qquad (5.48)$$

I_A Ankerstrom (Ständerstrom)
Φ Induktionsfluß(Erregerfluß)

d. h. das Motorenmoment ist proportional dem Quadrat des Ankerstromes. Das Anlaufmoment M_A des Reihenschlussmotors kann bis zum 2,5-fachen (Erfahrungswert) des Nennmomentes betragen.

Entsprechend Gl. 5.47 ergibt sich der in Abb. 5.115 dargestellte Drehzahlverlauf (für U = konstant, R veränderlich). Daraus wird ersichtlich, dass der Reihenschlußmotor seine Drehzahl dem Belastungsmoment anpaßt. Bei einem Hubwerk werden z. B. große Lasten langsam, kleine schnell gehoben. Durch Reduzieren der Klemmenspannung U oder durch Erhöhen des Widerstandes R bei gegebenem Lastmoment kann die Motordrehzahl reduziert werden. Bei kurzgeschlossenem Widerstand R nimmt die Drehzahl mit dem Drehmoment ab (Reihenschlussverhalten).

Regelkurven

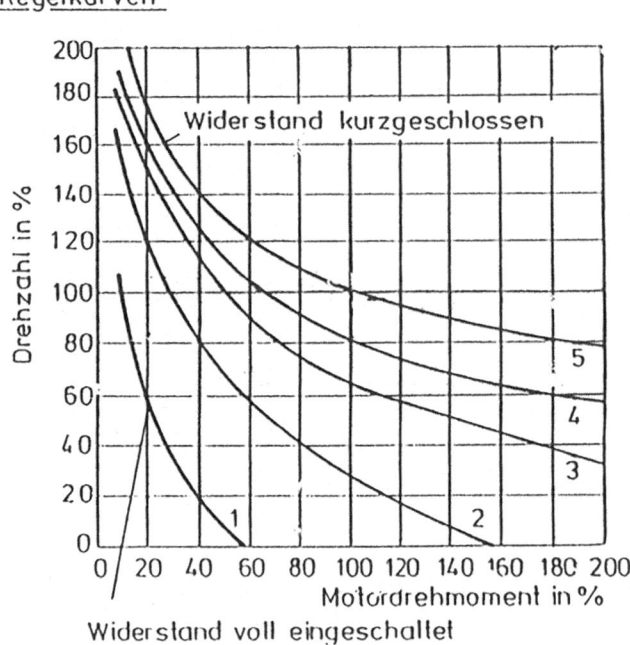

Abb. 5.115 Regelkurven des Reihenschlussmotors. (Quelle: ohne Verfasser)

Bei batteriegetriebenen Fahrzeugen erfolgt die Spannungsänderung durch Pulsweiten-steuerung, d. h. nicht die volle Spannung, sondern nur Pulsteile der Spannung kommen beim Motor an.

Die Bedeutung des G-RSM nimmt ab, weil die Maschinen relativ teuer sind und heute die Drehzahländerung über Frequenzumrichter einfacher möglich ist. Sie werden verwendet als Motoren für Fahrantriebe z. B. von Flurförderzeugen oder von Stückgut-Hafenkranen.

5.11.2.2 Gleichstrom-Nebenschlußmotor (G-NSM)

Die Erregerwicklung der G-NSM liegt parallel zur Ankerwicklung. Heute werden meist „fremderregte" Motoren mit getrennter Gleichspannungsquelle für Erregerspannung U_e und Ankerspannung U eingesetzt; P_1 und N_1 der Erregerwicklung liegen an einer getrennten eigenen Spannungsquelle U_e (Abb. 5.116).

Bei Maschinen kleinerer Leistung werden auch anstelle der Erregerwicklung permanent-magnetische Ständer verwendet, um das Magnetfeld für den Induktionsfluß Φ zu erzeugen. Das von der Erregerwicklung (bzw. Permanentmagneten) erzeugte Erregerfeld und damit der Induktionsfluss Φ ist konstant und unabhängig vom Drehmoment (Abb. 5.117).

Abb. 5.116 Schaltbild des Nebenschlussmotors i. A. a [38]

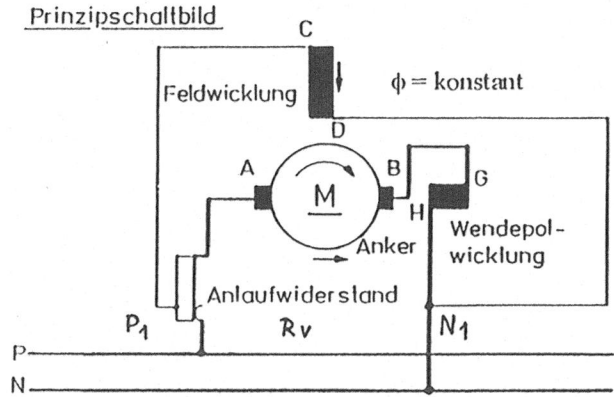

Abb. 5.117 Regelkurven des G-NSM. (Quelle: ohne Verfasser)

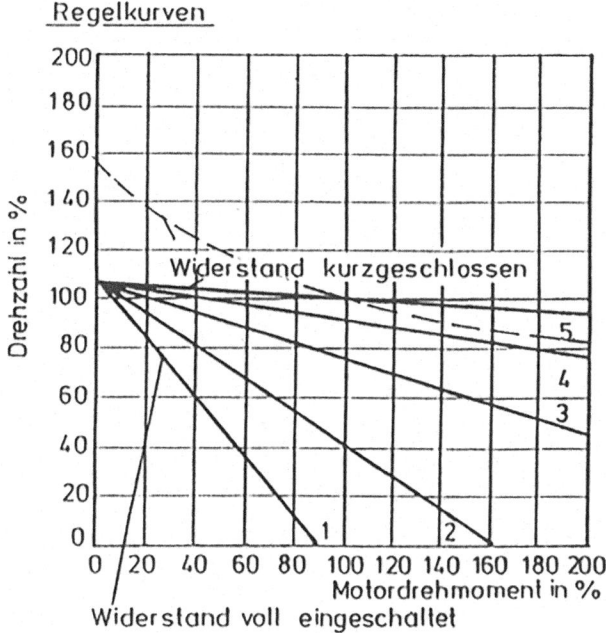

Den Zusammenhang zwischen Drehzahl und Drehmoment gibt die Beziehung wieder:

$$n = \frac{U}{c_1 \cdot \Phi} - M_d \frac{R}{c_2 \cdot \Phi^2} = n_0 - M_d \frac{R}{c_2 \cdot \Phi^2} \qquad (5.49)$$

U Spannung
c_1, c_2 Maschinenkonstante
Φ Induktionsfluss

M_d Drehmoment
R Widerstand im Ankerstromkreis
n_0 Leerlaufdrehzahl (für $M_d = 0$)

Ferner ist

$$M_d \sim I_A \qquad\qquad (5.50)$$

I_A Ankerstrom

Aus Gl. 5.49 geht hervor, dass die Drehzahl (bei konstantem Moment) auf drei verschiedene Arten verändert werden kann:

- Spannungssteuerung: Veränderung der Ankerkreisspannung U (Abb. 5.118)
- Feldsteuerung: Veränderung des Erregerflusses Φ (Abb. 5.121)
- Widerstandssteuerung: Verändern der Widerstände R_v im Ankerkreis. (Abb. 5.122)

Bei kurzgeschlossenem Widerstand R im Ankerkreis nimmt die Drehzahl mit dem Drehmoment nur wenig ab (schwach geneigte Gerade = Nebenschlussverhalten).

Spannungssteuerung
Bei der Spannungssteuerung wird die Drehzahl durch Veränderung der Ankerspannung U verändert. Dies kann z. B. durch einen Gleichstromgenerator erfolgen, wie dies bis in die

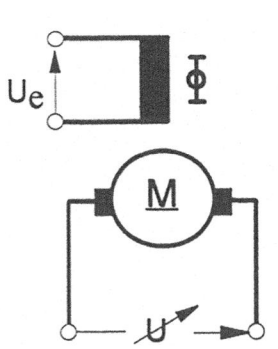

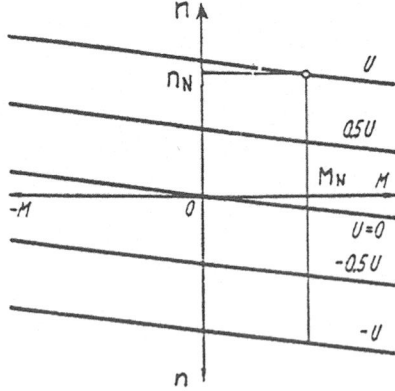

(a): Schaltbild einer einfachen Spannungssteuerung i. A. a [38]

(b): Regelkurven Spannungssteuerung [Quelle: ohne Verfasser]

Abb. 5.118 Spannungssteuerung

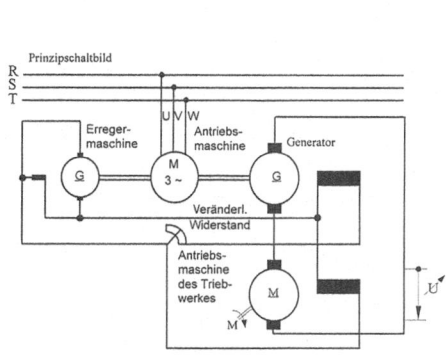

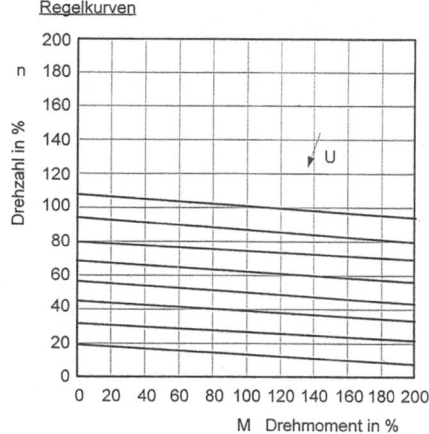

(a): Schaltbild der Ward-Leonard-Steuerung i.A.a [38]

(b): Regelkurven Ward-Leonard-Steuerung [Quelle: ohne Verfasser]

Abb. 5.119 Ward-Leonard-Steuerung

1980er-Jahre üblicherweise mit „Ward-Leonard-Antrieben" also sog. „rotierenden Umformern" realisiert wurde (Abb. 5.119).

Bei modernen geregelten Gleichstromantrieben wird die veränderliche Gleichspannung von Stromrichtern geliefert. Diese bestehen aus Thyristoren in Mehrfach-Brückenschaltung und erzeugen aus dem vorhandenen Drehstromnetz (U_s) eine sehr gut geglättete Gleichspannung (U_d). Man spricht hier auch vom „statischen Umformer" (Abb. 5.120, 5.121 und 5.122).

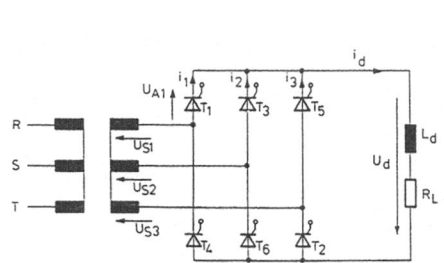

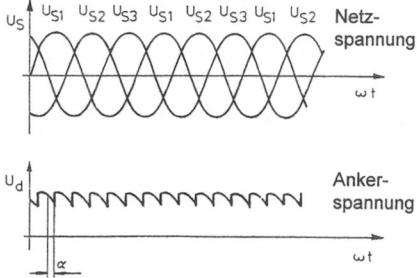

(a): Schaltbild einer gesteuerten Sechs-Puls-Brücke i.A.a [38]

(b): Vergleich zwischen Netzspannung und geglätteter Ankerspannung [Quelle: ohne Verfasser]

Abb. 5.120 Statischer Umformer mit Sechspulsbrücke

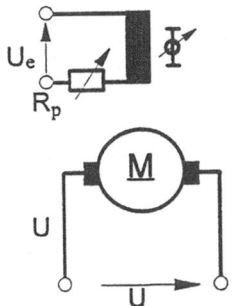
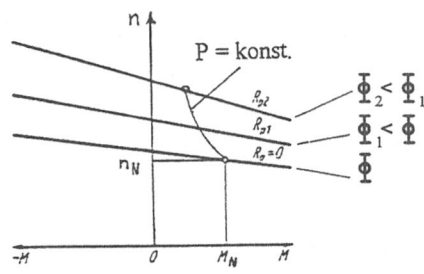

(a): Schaltbild einer Feldsteuerung i.A.a [38]

(b): Regelkurve Feldsteuerung [Quelle: ohne Verfasser]

Abb. 5.121 Feldsteuerung

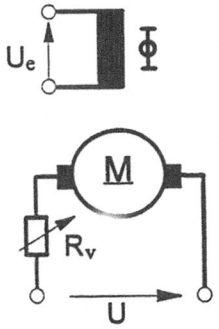

(a): Schaltbild einer Wi-
derstandssteuerung i.A.a
[38]

(b): Regelkurve Widerstandssteuerung
[Quelle: ohne Verfasser]

Abb. 5.122 Widerstandssteuerung

Feldsteuerung (Feldschwächung)

Mittels Vorwiderständen R_P, oder mit heute meist verwendeten elektronisch gesteuerten
Umrichtern, kann der Erregerfluß Φ durch Verändern des Erregerstromes in der Erregerwicklung des Ständers einer fremderregten G-NSM geändert werden. Da die Motoren für den
Nenn-Betriebspunkt üblicherweise so ausgelegt sind, dass die Sättigung des Eisens schon
voll ausgenutzt wird (= Erregerfluß Φ), kann Feldsteuerung nur in Richtung Schwächung
des Feldes erfolgen: $\Phi_1 < \Phi$, $\Phi_2 < \Phi_1$.

Nach Gl. 5.49 hat diese Reduzierung von Φ (Feldschwächung) eine Drehzahlerhöhung
zur Folge:

$$n = \frac{1}{\Phi} \tag{5.51}$$

Regelung im Feldschwächebereich führt also stets zur Drehzahlerhöhung!

Da die Motorleistung P_N (Nennleistung) bei Dauerbetrieb konstant bleiben muss, weil die Leistung z. B. aus Gründen der Temperaturbegrenzung nicht beliebig erhöht werden kann (wegen Motorerwärmung), muss bei über n_N gesteigerter Drehzahl das zugehörige Drehmoment reduziert werden (Leistungshyperbel):

$$P = M_N \cdot n_N = \text{konstant} \tag{5.52}$$

Für dynamische Zustände (d. h. beim Beschleunigung und Bremsen) sind jedoch kurzzeitig höhere Leistungen nutzbar.

Widerstandssteuerung (Vorwiderstände R)

Die Steuerungsmöglichkeit über Vorwiderstände wird nur bei einfachen und älteren nicht elektronisch geregelten Gleichstromantriebe verwendet (heute nur noch von geringer Bedeutung), um beim Anlauf des Motors die Anlaufströme zu begrenzen (die ohne Anlaufwiderstand das 10- bis 20-fache des Nennstromes betragen würden). Durch zusätzliche Vorwiderstände R_v im Ankerkreis sinkt (bei konstanter Spannung U) die Motordrehzahl. Die Kennlinien „fächern" um die Drehzahl n_0 (bei $M = 0$). Je größer der Vorwiderstand, desto steiler ist der Drehzahlabfall. Der Wirkungsgrad verschlechtert sich mit zunehmendem R_V (Wärmeverluste in den Vorwiderständen). Die Vorwiderstände werden bei diesem Anlassverfahren während des Anlaufes nacheinander kurz geschlossen. Es entsteht eine stufenförmige Anlaufkennlinie (Abb. 5.123).

Diese Art der Steuerung hat heute in der Praxis nur noch untergeordnete Bedeutung.

Abb. 5.123 Kennlinie des Anlaufs bei Widerstandssteuerung. (Quelle: ohne Verfasser)

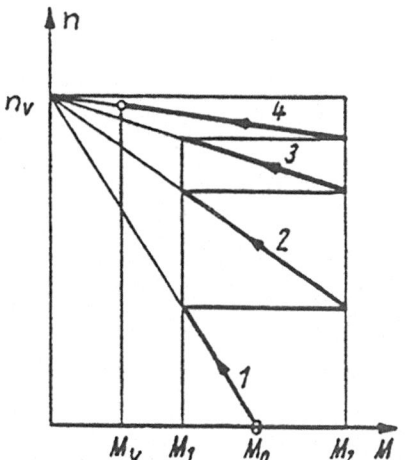

Geregelte Antriebe mit Gleichstrom-Nebenschlussmotor

Der elektronisch geregelte Gleichstromantrieb bedient sich sowohl der Spannungsregelung (Ankerspannung U) als auch der Feldschwächung (Erregerfluß Φ).

Gleichstromantriebe werden für Fördermittel mit hohen Anforderungen an Drehzahlgenauigkeit, Drehzahlstellbereich, Positioniergenauigkeit und stoßfreie Betriebsweise eingesetzt. Überwiegend werden geregelte Antriebe verwendet.

Derartige Antriebe erlauben stufenlose Regelungen in allen vier Quadranten. Die Ist-Werterfassung der Geschwindigkeit erfolgt z. B. durch eine Tachomaschine, die Wegerfassung z. B. durch Wegaufnehmer. Die Regelung erfolgt über Spannungsregelung (über Stromrichter) oder über Feldregelung (Konstanthaltung und Feldschwächung über elektronische Feldspeisegeräte).

Verwendet werden diese Antriebe überall, wo hohe Anforderungen an Geschwindigkeit, Antriebs- und Umschlagsleistung, Positionierung und Automatisierung gestellt werden. Beispiele sind Lagerplatz- und Manipulatorkrane, Krane für Stranggießanlagen, Verladebrücken, Uferentlader, Greifer-Schiffsentlader sowie Container-, Werft- und Schwerlastkrane (Abb. 5.124).

5.11.2.3 Gleichstrom-Doppelschlußmotor (Kompoundmotor)

Dieser Motor besitzt eine Feldwicklung in Reihe zum Ankerkreis und eine zweite Feldwicklung parallel zum Ankerkreis bzw. mit Fremderregung aus Spannungsquellen für den Erregerkreis. Dieser Motor hat ein Betriebsverhalten, das sich aus der Kombination des Verhaltens von G-RSM und G-NSM ergibt. Derartige Motoren werden z. B. als Radnabenantriebe von fahrerlosen Transportsystemen (FTS) und Elektrogabelstaplern verwendet (Abb. 5.125).

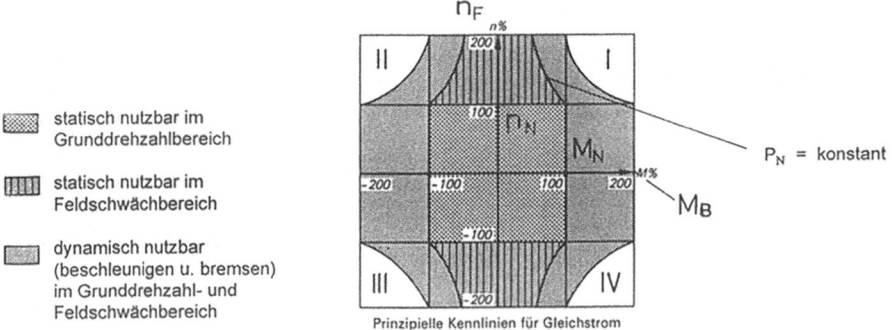

Abb. 5.124 Kennlinien bzw. Arbeitsbereiche in den vier Quadranten („Statisch nutzbar" bedeutet für den Beharrungszustand (d. h. ohne Beschleunigungen bzw. Bremsungen) nutzbar; „dynamisch nutzbar" bedeutet kurzzeitig, d. h. zum Beschleunigen und Bremsen nutzbar. M_N Nennmoment ($\hat{=}100\%$), M_B Beschleunigungsmoment, n_N Nenndrehzahl ($\hat{=}100\%$), n_F Max. Drehzahl (Feldschwächung)). (Quelle: ohne Verfasser)

Abb. 5.125 Schaltbild
Doppelschlussmotor i. A. a [38]

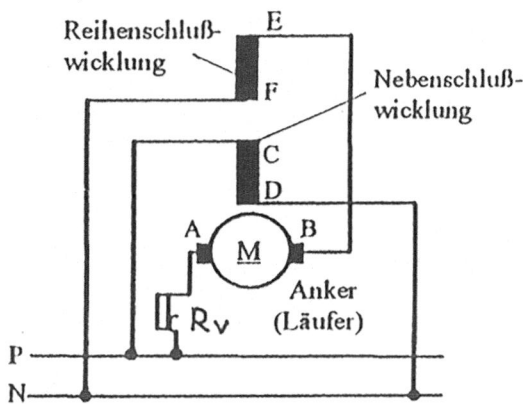

5.11.2.4 EC-Motor

Der bürstenlose Gleichstrommotor (BLDC-Motor – brushless DC Motor oder electronically commutated Motor – EC-Motor) basiert nicht auf dem Gleichstrommaschinenprinzip, sondern ist aufgebaut wie eine Drehstrom-Synchronmaschine mit Permanentmagneterregung. Durch eine spezielle Schaltung wird die Drehstromwicklung so angesteuert, dass sie ein drehendes magnetisches Feld erzeugt, welches den permanenterregten Rotor mitzieht. Durch diese Ansteuerung ist das Regelverhalten von EC-Motoren ähnlich wie bei einer Gleichstrom-Nebenschlusssmaschine.

Die EC-Kennlinie gleicht ebenfalls der Kennlinie des Gleichstrom-Nebenschlussmotors, wobei die Drehzahl nicht von der Spannung, sondern von der Frequenz der speisenden Wechselspannung abhängt, d. h. die Drehzahl steigt wie bei einem Asynchronmotor mit der Frequenz.

Die Einsatzbereiche von EC-Motoren sind vielfältig und liegen im Bereich von Antrieben wie Ventilatoren, Antrieben in Akkuschraubern, Kompressoren, Stelleinrichtungen in Form von Servomotoren, bis hin zu Antriebssystemen für Werkzeugmaschinen wie Drehmaschinen. Aufgrund der bürstenlosen Technologie bietet sich im Vergleich zum herkömmlichen Gleichstrommotor ein nahezu verschleißfreier Einsatz.

Aufbau und Kommutierung

Bei gängigen EC-Motoren ist der Rotor mit Permanentmagneten bestückt. Der feststehende Stator umfasst die Spulen, die von einer elektronischen Schaltung zeitlich versetzt angesteuert werden, um ein Drehfeld entstehen zu lassen, welches ein Drehmoment am permanent erregten Rotor verursacht. Meistens werden EC-Motoren, wie bei Drehstrom-Motoren, mit drei Phasen ausgeführt.

Die Kommutierung des EC-Motors erfolgt unabhängig von der Rotorposition, Rotordrehzahl und Momentenbelastung des Rotors, somit liegt im Prinzip nur ein herkömmlicher Synchronmotor bzw. eine Art des Schrittmotors vor. Dabei wird ein Frequenzumrichter

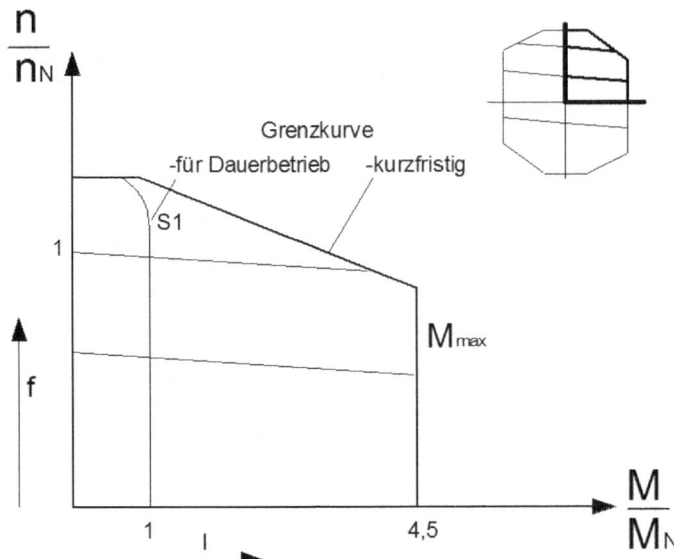

Abb. 5.126 Kennlinie EC-Motor (M_N Nenndrehmoment, M_{max} maximales Drehmoment, N_N Nenndrehzahl, f Frequenz, I Strom, $S1$ Dauerbetrieb). (Quelle: IFT)

mit Blockkommutierung eingesetzt, bei dem der Zwischenkreis direkt mit einer variablen Gleichspannung gespeist werden kann und auf diese Weise die Drehzahl des Motors steuert.

Das stellt eine Form der direkten Rückkopplung dar, womit die Frequenz und bei manchen Systemen auch die Amplitude in Abhängigkeit von der Position und Drehzahl des Rotors verändert werden. Die elektronische Kommutierung wird damit zu einem Regler, und die Art der Erzeugung des Drehfeldes bestimmt damit wesentlich die Charakteristik des EC-Motors (Abb. 5.126).

5.11.3 Drehstrom-Asynchronmotoren

Bei Drehstrom-Asynchronmotoren unterscheidet man grundsätzlich entsprechend der Läuferausführung zwischen

- Schleifringläufermotoren
- Linearmotoren und
- Kurzschluß-(Käfigläufer-)Motoren

5.11.3.1 Schleifringläufermotor

Schleifringläufermotor gehören zu den elektrischen Motoren der Bauart Drehstrom-Asynchronmotoren und zeichnet sich dadurch aus, dass die Läuferwicklung nicht kurzgeschlossen, sondern nach außen geführt ist. Ohne Frequenzumrichter ist am vergleichbaren Kurzschlussläufermotor das Anlaufmoment zu gering; im Gegensatz dazu kann dies beim Schleifringläufer durch eine Erhöhung des Widerstandes im Läuferkreis verbessert werden. Über Schleifringe werden die Kontakte der Läuferwicklung nach außen geführt und (je nach geforderter Motordrehzahl und Momentenbelastung) über Stufenschalter unterschiedliche Widerstände zugeschaltet. Somit kann eine einfache Drehzahlsteuerung realisiert werden.

Schleifringläufermotoren wurden viele Jahrzehnte dort als Antriebsmaschinen angewendet, wo hohe Anlaufmomente (sanftes Anlaufen unter hoher Last) bei gleichzeitig niedrigem Anlaufstrom gefordert wurden. Nachteilig wirkt sich die lange Anlaufphase aus, wodurch sich der Schleifringläufer weniger für den Kurzzeitbetrieb eignet und im Vergleich zu Käfigläufermotoren ein geringerer Wirkungsgrad bei niedrigen Drehzahlen ergibt.

Mittlerweile werden die Schleifringläufer nahezu vollständig durch mit elektronischen Frequenzumrichtern betriebene konventionelle Asynchronmotoren mit Kurzschlussläufer ohne Schleifringe ersetzt, da durch die variable Frequenz und das somit steuerbare Drehfeld auch mit einem herkömmlichen Kurzschlussläufer hohe Anlaufmomente erzielbar sind und dabei der Nachteil der wartungsintensiven Schleifringe und deren Abnutzung vermieden wird.

5.11.3.2 Linearmotor

Linearmotor sind vom Aufbau her als abgewickelter Asynchron- oder als abgewickelter EC-Motor zu verstehen und setzt sich aus einem bestromten Primärteil (Stator) und aus einem Sekundärteil (Rotor) zusammen.

Die Funktionsweise des Linearmotors entspricht der des Drehstromasynchron- bzw. des EC-Motors. Hierbei entsteht aber kein Drehfeld mit der Synchrondrehzahl n_S, sondern ein Wanderfeld mit der Synchrongeschwindigkeit v_S. Anstatt eines Drehmomentes und einer Drehzahl erhält man beim Linearmotor eine Kraft und eine Geschwindigkeit. Die Kennlinien sind zum jeweiligen rotatorischen Antrieb identisch, wobei die Achsenbezeichnung entsprechend geändert werden muss.

Der Primärteil (Stator) des asynchronen Linearmotors ist aus geschichteten Eisenblechen aufgebaut. In das Blechpaket sind die Wicklungen eingebracht, die als dreiphasige Drehstromwicklung ausgeführt sind. Vom Aufbau her entspricht diese einem aufgeschnittenen Asynchronmotor. Auf dem Primärteil sind Kühlkörper aufgebracht, die je nach Leistung fremdbelüftet oder flüssigkeitsgekühlt ausgeführt sind. Der Sekundärteil (Rotor) besteht aus einem Metallkörper, in den, ähnlich einem abgewickelten Kurzschlusskäfig des Asynchronmotors, kurzgeschlossen Stäbe aus Aluminium oder Kupfer eingebracht sind. Das Sekundärteil erwärmt sich im Betrieb durch die Ströme, die im Kurzschlusskäfig fließen (Abb. 5.127).

Abb. 5.127 Prinzipieller Aufbau Linearmotor. (Quelle: ohne Verfasser)

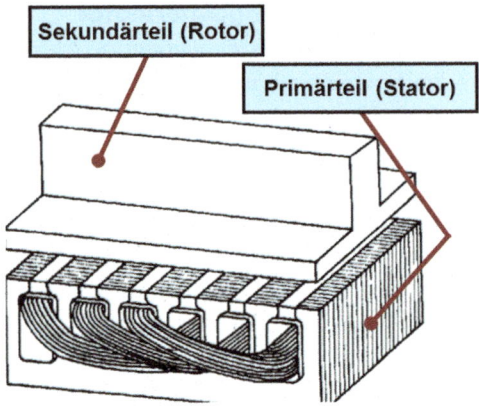

Einsatzbereiche

Linearmotoren können dort eingesetzt werden, wo lineare Vorschubbewegungen erforderlich sind. Mit diesen Direktantrieben wird unmittelbar ein lineares geradliniges Verfahren ermöglicht und nicht wie bei herkömmlichen Systemen erst über rotatorische Elektromotore und Getriebe eine translatorische Bewegung erzeugt. Deshalb werden diese Direktantriebe in Werkzeugmaschinen und Bearbeitungszentren als Positioniersysteme sowie in Plasma-, Laser- und Wasserstrahlschneidanlagen verwendet.

Aufgrund ihrer hohen Beschleunigung und Verfahrgeschwindigkeit werden Linearmotoren für Bahnantriebe (Transrapid, Achterbahnen) eingesetzt. Da Rotor und Stator aufgrund des Magnetfeldes keinerlei Berührung haben, ist dieses System frei von mechanischer Reibung und somit auch nicht verschleißbehaftet, was den Einsatz in sehr reinen Umgebungen ermöglicht.

Durch den Einsatz von Permanentmagneten als Stator werden Linearmotoren auch in Haushalts-Elektro-Kleingeräten wie elektrischen Zahnbürsten und elektrischen Rasierern eingesetzt.

5.11.3.3 Kurzschlußläufer-Motor (KLM)

Kurzschlußläufer-Motor stellen die einfachste und unempfindlichste Bauart aller elektrischen Motoren dar und ist demzufolge auch am weitesten verbreitet. Durch die immer preiswertere elektronische Steuer- und Regelungsmöglichkeit erobert er immer größere Einsatzbereiche bei Fördertechnik-Antrieben.

Im Ständer sind dreiphasige Drahtwicklungen in Blechpaketnuten eingelegt (Abb. 5.128). Der Läufer besitzt anstelle der Drahtwicklungen Aluminiumstäbe, die über die beiden stirnseitigen Kurzschlussringe leitend miteinander verbunden sind (daher Kurzschluss- oder Käfigläufer). Auch die Stäbe liegen in genuteten Blechpaketen aus Dynamoblech.

Werden die Ständerwicklungen an das 3-phasige Netz angeschlossen, so bildet sich ein mit einem ganzzahligen Anteil (je nach Polpaarzahl) der Netzfrequenz umlaufendes Dreh-

Abb. 5.128 Drehstrom-Asynchronmotor mit Oberflächenbelüftung [39, S. 222]

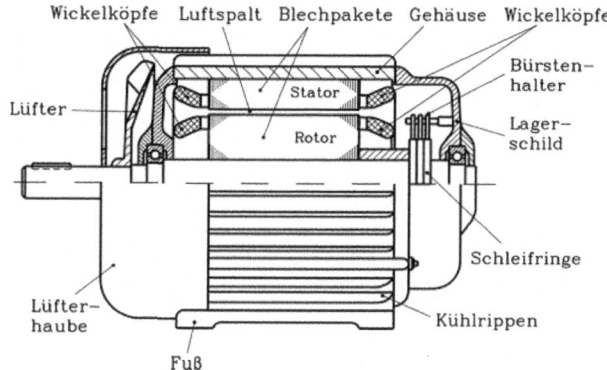

feld aus, das bestrebt ist, den Läufer mitzunehmen. Belastet man den Läufer, so entsteht ein sogenannter Schlupf s zwischen der Läufer-Drehbewegung und dem umlaufenden Drehfeld ($n_{\text{Läufer}} < n_{\text{Drehfeld}}$) im Ständer (daher auch die Bezeichnung Asynchron-Motor). Durch diesen Schlupf werden im Käfigläufer Spannungen induziert, die mit zunehmendem Schlupf wachsen. Diese induzierten Spannungen bewirken in den kurzgeschlossenen Läuferstäben („Wicklungen") einen Strom, der ein Motormoment zur Folge hat. Der Motor erzeugt also nur dann ein Drehmoment, wenn Schlupf vorhanden ist ($s = 0 \Rightarrow M_d = 0$).

KLM sind bei gleicher Leistung kleiner, billiger und einfacher als Gleichstrommotoren. D-KLM werden auch als sog. Konusläufermotoren bzw. Verschiebeläufermotor hergestellt.

Drehzahl-Drehmoment-Kennlinien der KLM
Abb. 5.129 zeigt den typischen Drehmomentverlauf in Abhängigkeit der Drehzahl. Der Drehzahlbereich von 0 bis zum Erreichen des Kipppunktes M_K soll schnell durchfahren

Abb. 5.129 Drehmomenten-Drehzahl-Verlauf eines KLM. (Quelle: ohne Verfasser)

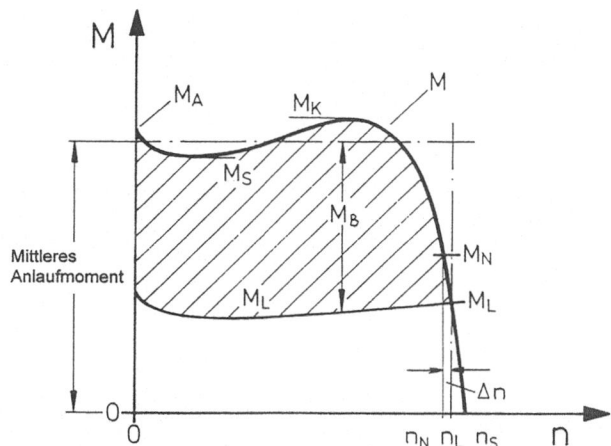

werden, da in diesem Anlaufbereich der Wirkungsgrad aufgrund erhöhter Erwärmung ungünstig ist.

Die sog. Synchrondrehzahl n_s ist durch die Netzfrequenz (Drehfrequenz) und die Polzahl, d. h. Anzahl für Wicklungen von 2 … 12 Polpaare, bestimmt:

$$n_s = \frac{60 \cdot f}{p} \left[\frac{U}{min} \right] \tag{5.53}$$

f Netzfrequenz [Hz]
p Polpaarzahl

Der Schlupf s als Differenz zwischen dieser Synchrondrehzahl (des umlaufenden Drehfeldes) und der Läuferdrehzahl infolge Momentenbelastungen ergibt sich aus

$$s = \frac{n_s - n}{n_s} \tag{5.54}$$

Bei Nenndrehmoment M_N und Nenndrehzahl n_N ist der Nennschlupf

$$s_N = \frac{n_s - n_N}{n_s} \tag{5.55}$$

Die kennzeichnenden Werte z. B. für Anzugsmoment M_A, Kippmoment M_K (jeweils bezogen auf das Nennmoment M_N) sind in den Motorlisten angegeben. KLM werden vorzugsweise direkt am Netz eingeschaltet (Abb. 5.130).

Abb. 5.130 Drehmomentkennlinien und Stromverlauf für KLM. (Quelle: ohne Verfasser)

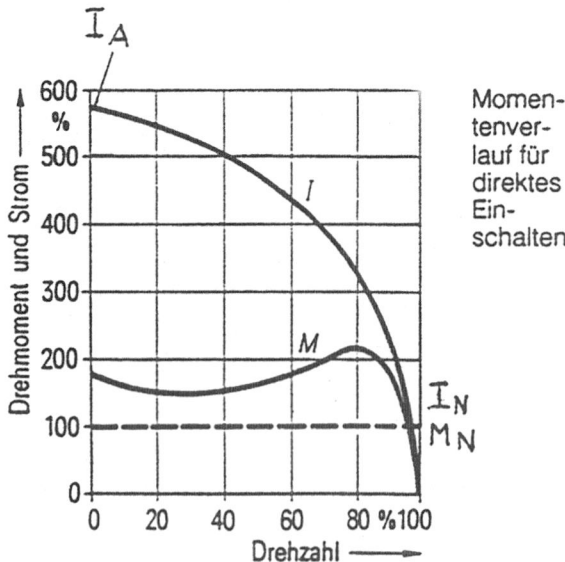

$$I_A = (4 \ldots 7) \cdot I_N \tag{5.56}$$

I_A Anzugsstrom (bei M_A)
I_N Nennstrom (bei M_N)

bei

$$M_N = \frac{9550 \cdot P_N}{n_N} \left[Nm \right] \tag{5.57}$$

P_N Listen-Nennleistung [kW]
n_N Nenndrehzahl [U/min]
M_N Nennmoment

Anlauf

Anzugsmoment M_A und Anzugsstrom können durch die Bauform des Käfigläufers (Abb. 5.131) bzw. Schaltungsmaßnahmen (Abb. 5.132) beeinflußt werden. Unterschiedliche Stabformen (Nutformen) eines Käfigläufers ergeben unterschiedliche Drehzahl-Drehmoment-Kennlinien.

• Beispielsweise zeichnet sich der Widerstandsläufer durch ein hohes Anzugsmoment aus (hier kein Kippmoment durch besondere Aluminiumlegierung der Stäbe).

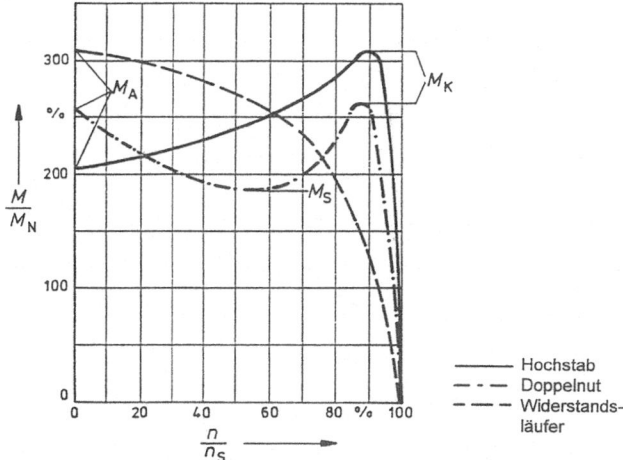

Abb. 5.131 Einfluss der Läuferstabausbildung auf die Drehmomentkennlinien eines KLM. (Quelle: ohne Verfasser)

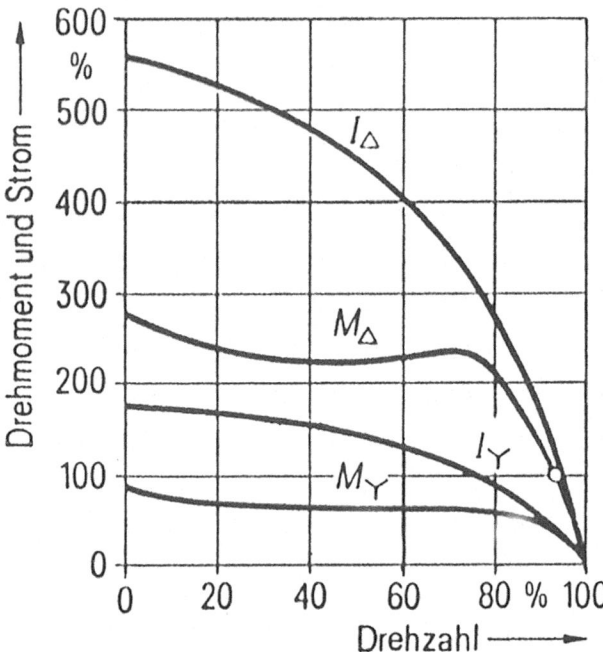

Abb. 5.132 Kennlinien KLM für Stern- und Dreieckschaltung (Y Stern, △ Dreieck). (Quelle: ohne Verfasser)

- Bei Kurzschlussläufermotoren kann der hohe Anlaufstrom deutlich verringert werden, wenn er beim Anlauf in Sternschaltung geschaltet ist und nach dem Hochlauf in Dreieckschaltung umgeschaltet wird.

Dabei ist der Anlaufstrom bei Sternschaltung (Y , Abb. 5.133a) nur noch 1/3 des bei △ -Schaltung fließenden Stroms, jedoch auch das vom Motor abgegebene Moment nur 1/3 des

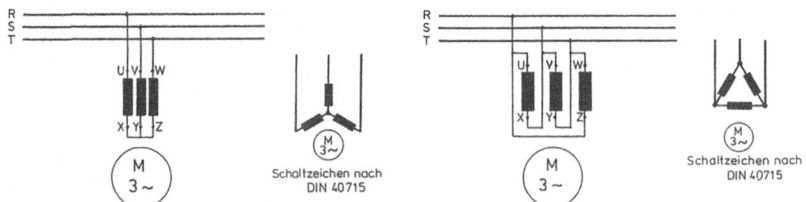

(a): In Stern geschaltete Ständerwicklung

(b): In Dreieck geschaltete Ständerwicklung

Abb. 5.133 Schaltmöglichkeiten des KLM i. A. a [38]

bei Δ -Schaltung (Abb. 5.133b) verfügbaren Moments. Stern-Dreieckschaltung ist daher nur für solche Antriebe möglich, wenn das Triebwerk (Fördermittel) mit geringem Lastmoment hochlaufen kann. Die Umschaltung Stern-Dreieck darf erst nahe der Betriebsdrehzahl erfolgen.

In Abb. 5.134a ist das Lastmoment zu groß, deshalb ist auch der Anlaufstrom mit $I = 3 \cdot I_N$ zu groß. Der Unterschied der beiden Diagramme ist, dass in Abb. 5.134a der Schaltpunkt von Stern auf Dreieck zu weit vom Betriebspunkt entfernt ist. Dies führt dazu, dass der Anlaufstrom zwischen Stern- und Dreieckschaltung in Abb. 5.134a um den Faktor 3 (von 100 auf 300 s) größer ist und in Abb. 5.134b nur um 1,8.

Konventionelle Drehzahlverstellung von KLM
Die Drehzahl eines KLM stellt sich im Beharrungszustand, d. h. Betriebszustand ohne Bremsung oder Beschleunigung auf den Wert ein, bei dem das Lastmoment M_L gleich dem Motormoment ist. Im Bereich der Nenndrehzahl verläuft die Kennlinie sehr steil, d. h. eine Drehmomentschwankung hat nur eine geringe Drehzahländerung Δn zur Folge (siehe Abb. 5.129). Dieses nahezu lastunabhängige Drehzahlverhalten bezeichnet man als „Nebenschlussverhalten", da es ähnlich ist wie beim G-NSM. Um die Drehzahl für ein vorliegendes Lastmoment verändern zu können (steuern/regeln), um z. B. bei einem Kranhubwerk schwere Lasten mit sehr kleiner Geschwindigkeit positionieren zu können, sind folgende Möglichkeiten für KLM gegeben:

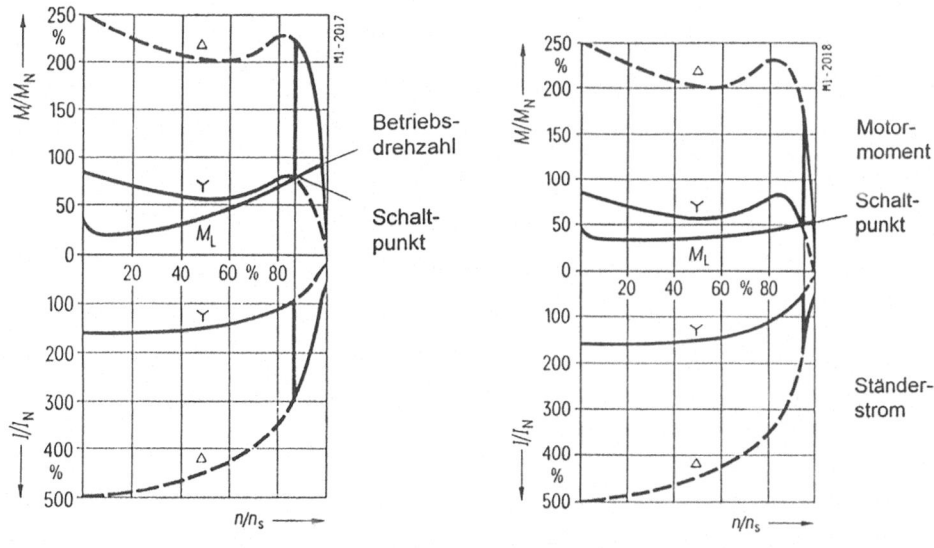

(a): Ungünstiger Stern-Dreieck-Anlauf   (b): Richtiger Stern-Dreieck-Anlauf

Abb. 5.134 Stern-Dreieckanlauf bei unterschiedlichem Lastmoment. (Quelle: ohne Verfasser)

- Polumschaltung
- Spannungsänderung
- Frequenzänderung (mit Spannungsänderung)

Polumschaltbare KLM

Aus der Gleichung zur Bestimmung der Synchrondrehzahl eines Drehstrom-Asynchrommotors

$$n_s = \frac{60 \cdot f}{p} \tag{5.58}$$

p Polpaarzahl

geht hervor, dass durch Änderung der Polpaarzahl p (der jeweils 3-phasigen) Ständerwicklung die Synchrondrehzahl (Drehzahl, auf die der unbelastete Motor zustrebt) verändert werden kann. Beispielsweise sind die Synchrondrehzahlen eines 8/4-poligem Motor:

$$\text{8-polig: } n_{s8} = \frac{60 \cdot 50}{8/2} = 750 \text{ min}^{-1} \tag{5.59}$$

$$\text{4-polig: } n_{s4} = \frac{60 \cdot 50}{4/2} = 1500 \text{ min}^{-1} \tag{5.60}$$

Polumschaltbare KLM sind für gleiches Drehmoment M_N in beiden Stufen (z. B. 8-polig; 4-polig) ausgelegt. D. h. die Leistung P_N der hochpoligen (langsamen) Stufe ist kleiner als die der niederpoligen (schnellen) (Abb. 5.135):

$$\frac{P_{N4}}{P_{N8}} = \frac{n_4 \cdot M_N}{n_8 \cdot M_N}, \tag{5.61}$$

da $n = \frac{60 \cdot f}{p}$ eingesetzt wird, d. h. $n \approx \frac{1}{p}$.

$n_8 \quad = 0{,}5 \cdot n_4$

$M_N \quad = $ konst., da z. B. Last weiterhin gehoben werden muss

$P_{N8} = 0{,}5 \cdot P_{N4}$

Drehzahlsteuerung und -regelung von D-KLM mit Hilfe von Stromrichtern
Moderne hochwertige Gleichstromantriebe können mit Hilfe von elektronischen Stromrichtern und Regeleinrichtungen durch getrenntes

- Ändern der Ankerspannung (Läuferspannung) und
- Ändern des Erregerflusses (fremderregte Ständerwicklung)

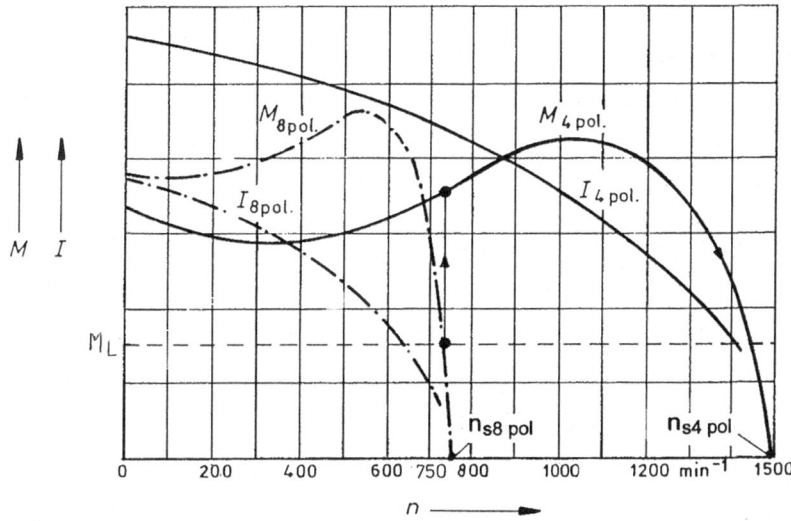

Abb. 5.135 Drehmomenten- und Stromkurven eines 8/4-polig umschaltbaren Drehstromkäfigläu-fermotors (f=50 Hz). (Quelle: ohne Verfasser)

stufenlos geregelt werden. Im Regelkennfeld der 4 Quadranten ist jede Drehzahl-Drehmomentkombination realisierbar. Heute findet sich noch eine breite Anwendung z. B. in Verladebrücken, Containerkranen, Kernkraftwerkskranen und automatischen Kranen. Gleichstrommotoren sind aber teuer und relativ schwer, die Regelelektronik dagegen vergleichsweise weniger aufwendig.

Mit der technischen Weiterentwicklung der Stromrichtertechnik können auch die robusten, leichten und billigen D-KLM elektronisch gesteuert bzw. geregelt werden. Diese Technik wird in zunehmendem Maße Gleichstromantriebe ersetzen.

Damit können mit KLM im Stromrichterbetrieb folgende typischen Anforderungen erfüllt werden.:

- Große Hub- oder Fahrgeschwindigkeiten regelbar auf Geschwindigkeit bis gegen Null ($V_{min}/V_{Nenn} = 1 : 50$ bis $1 : 100$)
- Drehmomentunabhängige Drehzahl einstellbar
- Kleine Lasten können mit großem v, große Lasten mit kleinem v bewegt werden ($P \sim M \cdot n$)
- Ruckfreies Anfahren ($\frac{da}{dt} = 0$ mit Beschleunigung a)
- Beschleunigung und Verzögerung regelbar
- Exakter Motorgleichlauf für Gruppenantriebe erzielbar
- Hebezeuge mit hohen Anforderungen an Drehzahlgenauigkeit, Drehzahlstellbereich und Umschlagsleistung
- Genaue Positionierung

- Mechanische Schonung
- Automatisierbarkeit von Kranen
- Störungssicher bei erschwerten Betriebsbedingungen infolge von Umwelteinflüssen (robuster Motor)

Die Abb. 5.136 und 5.137 zeigen, wie entweder durch Spannungsänderung (Abb. 5.136) oder durch Frequenzänderung (Abb. 5.137) jeweils eine Beeinflussung der Kennlinien eines KLM möglich sind.

$$f_1 = \text{konstant} \tag{5.62}$$

$$M \sim U_1^2(1 - n) \tag{5.63}$$

Durch Änderung der Ständerspannung erfolgt eine Verschiebung der Kennlinien parallel zur Drehzahlachse. Der Kennlinienverlauf (mit bzw. ohne ausgeprägtem Kippmoment) ist dabei davon abhängig, ob ein großer oder kleiner Läuferwiderstand vorliegt.

Kleiner Läuferwiderstand   Großer Läuferwiderstand

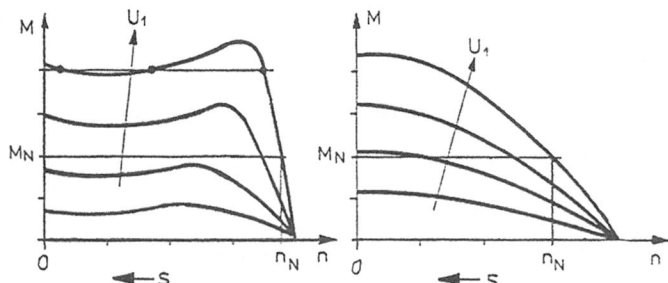

Abb. 5.136 M-n-Kennlinien von KLM bei Änderung der Ständerspannung U_1 bei konstanter Frequenz f_1 (Drehstromsteller). (Quelle: ohne Verfasser)

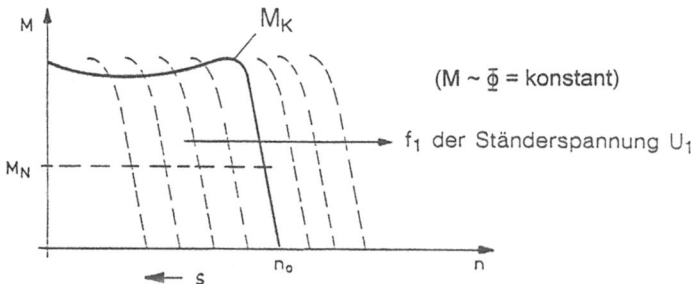

Abb. 5.137 M-n-Kennlinien von KLM bei Änderung der Ständerspannungsfrequenz f_1 und konstantem Kippmoment bzw. konstantem Fluss ϕ. (Quelle: ohne Verfasser)

$$\vec{M} \sim \vec{\phi} \cdot \vec{I}_2 \text{ mit} \tag{5.64}$$

$$\phi \sim \frac{U_1}{f_1} \text{ Erregerfluss} \tag{5.65}$$

I_2 Läuferstrom
M_K konstant

$$n \sim f_1 \tag{5.66}$$

Durch Änderung der Ständerspannungsfrequenz erfolgt eine Verschiebung der Kennlinien parallel zur Drehmomentenachse.

Stromrichterarten

Die Stromrichter allgemein sind elektronisch arbeitende Geräte, über die der Energieaustausch zwischen speisendem Drehstromnetz und elektrischer Maschine erfolgt. Ihre Bauteile für Leistungs- und Regelelektronik sind elektrisch steuerbare Ventile aus Halbleitern (Transistoren und Thyristoren).
   Dabei gilt die Definition:

Stellen Umformung, die nur eine Spannungsänderung bewirkt, die Frequenz bleibt konstant
Richten Umformung, die Frequenzänderung bewirkt.

Drehzahlverstellung durch Spannungsänderung

Wird die zugeführte Ständerspannung U_1 eines D-KLM durch Phasenanschnittsteuerung (gesteuerte Thyristoren) bei konstanter Netzfrequenz f_1 verringert, so gilt:

$$M \sim U_1^2 (1 - n) \tag{5.67}$$

und damit

$$n \sim \frac{U_1^2 - M}{U_1^2} \tag{5.68}$$

d. h. die Verringerung der Spannung führt (bei konstantem Nennmoment) zu abnehmenden Drehzahlen. Die Drehzahländerung wirkt sich besonders stark bei KLM mit Widerstandsläufern aus. Man bezeichnet diese Spannungsänderung ohne Frequenzänderung als „Stellen", Steuergeräte dieses Typs sind sog. „Drehstromsteller".
   Nachteilig sind die im unteren Drehzahlbereich unvermeidlichen hohen Stromwärmeverluste im Läufer, ein Vorteil ist dagegen die günstige elektronische KLM-Steuerung. Zum Einsatz kommt diese Technik vor allem bei einfachen Fördermittelantrieben kleiner Leistung. Der Regelbereich liegt dabei bis $n \leq 60\%$ von n_N.

Drehzahlsteuerung und -regelung von KLM mit Frequenzumrichtern

Wird entsprechend der Drehzahlgleichung

$$n = n_s(1 - s) = \frac{60 \cdot f_1}{p} \cdot (1 - s) \qquad (5.69)$$

$$\frac{60 \cdot f_1}{p} = n_s \qquad (5.70)$$

p Polpaarzahl

die Frequenz f_1 der dem Ständer zugeführten Spannung U_1 durch Frequenzumrichter geändert, so ergeben sich die in Abb. 5.137 dargestellten Drehzahl-Drehmoment-Kennlinien.

Da für das Motormoment gilt

$$\vec{M} \sim \vec{\Phi} \cdot \vec{I_2} \text{ und} \qquad (5.71)$$

$$\Phi \sim \frac{U_1}{f_1} \qquad (5.72)$$

Φ Erregerfluss (magn. Fluss)
f_1 Frequenz der Ständerspannung
I_2 Läuferstrom
U_1 Ständerspannung

muss bei Frequenzverstellung gemäß Gl. 5.72 immer auch die Spannung U_1 verstellt werden, wenn der Erregerfluss ϕ und damit nach Gl. 5.71 auch das Motorenmoment bei veränderter Drehzahl konstant bleiben soll.

Wird z. B. nach Abb. 5.138 im Frequenzbereich $f_1 = 0 \ldots 50$ Hz das Verhältnis $U/f_1 =$ konstant geregelt ($U_N =$ Nennspannung, z. B. 230 V in Δ-Dreieckschaltung), so entwickelt der Motor in diesem Bereich ein konstantes Moment. Wird ab der sog. Eckfrequenz (= Motor-Nenn- bzw. Bemessungsfrequenz) von 50 Hz die Spannung U_N nicht weiter erhöht, sondern konstant gehalten, so wird der Erregerfluss ϕ abnehmen.

Unterhalb der Nenn- bzw. Bemessungsfrequenz $f_{Eck} = f_N$ liegt der Bereich, in dem der Motor ein konstantes Drehmoment entwickelt ($U/f =$ konstant). Bei der Bemessungsfrequenz ist die Bemessungsspannung erreicht. Man nennt diesen Punkt Eckfrequenz. Ab hier arbeitet der Motor im Feldschwächebereich, d. h. er entwickelt ein fallendes Drehmoment mit steigender Drehzahl.

Genau wie beim G-NSM spricht man hier von Feldschwächung; ab $f_1 = 50$ Hz fällt mit steigender Frequenz (d. h. steigender Motordrehzahl) das Motormoment, s. Abb. 5.139. Dabei ist wie bei G-NSM wieder $P_N \approx M \cdot n \approx$ konstant (Leistungshyperbel).

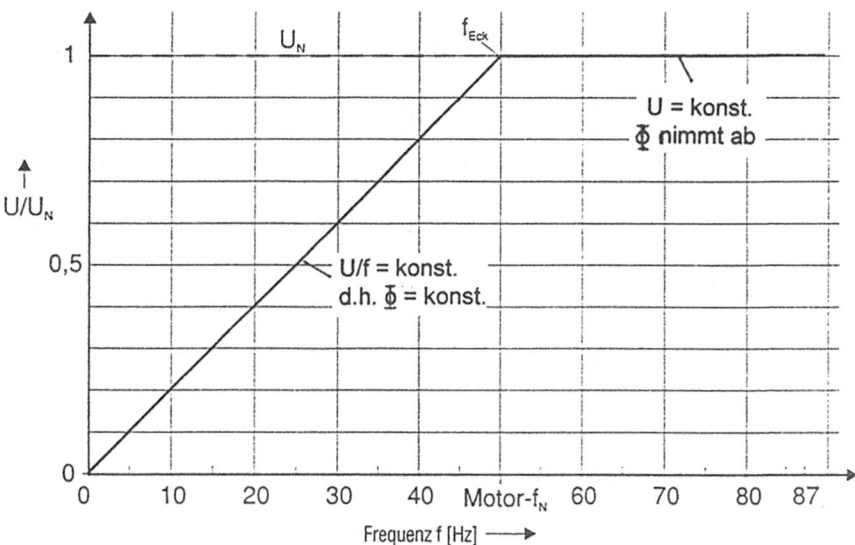

Abb. 5.138 U-f-Kennlinie (U_N Motornenn-/Bemessungsspannung = Netzfrequenzspannung, f_{Eck} Eckfrequenz (= Motornenn- bzw. Bemessungsfrequenz = f_N)) Frequenzumrichterantrieb mit Eckfrequenz 50 Hz. (Quelle: ohne Verfasser)

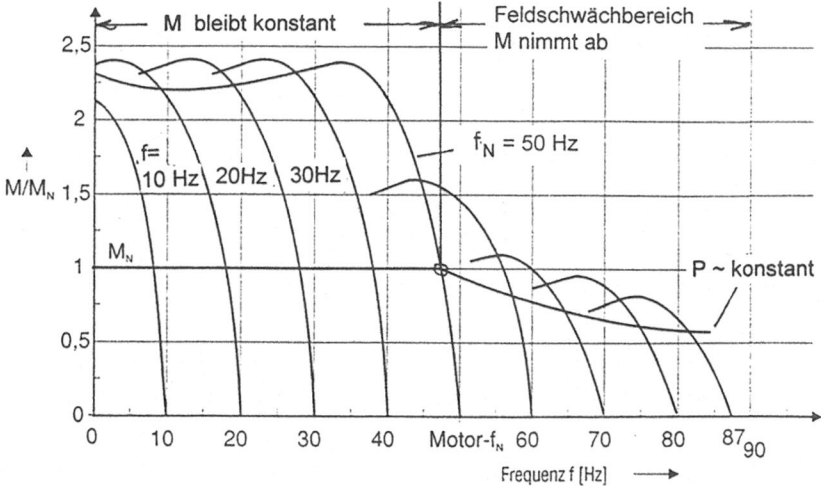

Abb. 5.139 Betriebskennlinie $M/M_N = f(n)$ eines D-KLM am Frequenzumrichter mit einer Kennlinie (Gemäß Abb. 5.138. M_N Nenn- bzw. Bemessungsmoment, f_N Bemessungsfrequenz des Motors.). (Quelle: ohne Verfasser)

Generatorisches Bremsen

Generatorisches Bremsen ergibt sich dann, wenn die Motorläufer-Drehzahl n größer ist als die Synchrondrehzahl n_s des Drehfeldes ($n > n_s$).

Bei einem polumschaltbaren Motor, mit beispielsweise 8/2-poliger Wicklung, ist für die hochpolige Wicklung ($p = 8$) die Synchrondrehzahl nur noch ein Viertel der 2-poligen Wicklung. Wird dieser beim Senkvorgang zunächst 2-polig eingeschaltete KLM auf die 8-polige Wicklung umgeschaltet, so kann damit generatorisch bis auf ein Viertel der Senkgeschwindigkeit bei 2-poliger Wicklung abgebremst werden (siehe Absatz 5.11.3.3, Polumschaltbare KLM). Eine Verringerung der Synchrondrehzahl ergibt eine Erweiterung des generatorischen Bremsbereiches, da

$$n_{s,8-polig} = \frac{n_{s,2-polig}}{4} \tag{5.73}$$

ist.

Da die Synchrondrehzahl

$$n_s \sim \frac{f}{p} \tag{5.74}$$

f Netzfrequenz bzw. Drehfeldfrequenz
p Polpaarzahl

ist, kann derselbe Effekt, durch Verringerung der Synchrondrehzahl bis unter die gewünschte Motordrehzahl generatorisches Bremsen zu erzielen, durch Absenken der Drehfeld-Frequenz f erzielt werden. Durch stetige Reduktion der Synchronfrequenz mit Hilfe des Frequenzumrichters bleibt dieser generatorische Zustand bis nahezu zum Stillstand erhalten, d. h. der frequenzumrichtergesteuerte (-geregelte) KLM-Antrieb bremst mit konstantem Bremsmoment generatorisch bis zum Stillstand!

Somit ist mit KLM mit Frequenzumrichtern wie beim Gleichstrom-NSM ein Vier-Quadrantenantrieb möglich, bei dem bis zu den „Nennwerten" jede Drehzahl für jedes Moment einstellbar ist und bei dem für kurzzeitige Beschleunigungs- und Bremsvorgänge auch eine deutlich über der Nennleistung liegende Leistung $P = M \cdot n$ möglich ist.

5.11.3.4 Schrittmotor

Die Definition und Beschreibung der Schrittmotoren erfolgt wegen der Kürze und Präzession als Zitat aus dem Buch [40, S. 329 ff.].

Der Schrittmotor stellt im Prinzip eine sehr hochpolige, permanenterregte Synchronmaschine dar, wobei auch die von Synchronmaschinen bekannten Probleme eines schwingungsfähigen Systems 2. Ordnung auftreten [41]

- mechanische Überlastung lässt die Maschine außer Tritt fallen und
- Momentenänderungen regen den Rotor zu Drillschwingungen an.

Im Betrieb werden die Motorwicklungen über Wechselrichter mit variabler Steuerfrequenz und bestimmten Schaltsequenzen aus einem Spannungszwischenkreis gespeist. Ziel des Betriebs ist die exakte Ausführung der vorgegebenen Schrittzahl bei variabler Drehzahl. Die Größe des Schrittwinkels a ist allgemein bestimmt durch die Strangzahl m und die Polpaarzahl p des Motors

$$\alpha = \frac{360°}{2 \cdot n \cdot p} \tag{5.75}$$

Die charakteristische Eigenschaft des Motors – das schrittweise Drehen der Motorwelle – erreicht man über das schrittweise Weitertakten des elektronisch erzeugten Drehfeldes. Eine volle Umdrehung der Motorwelle setzt sich aus einer definierten Anzahl von Einzelschritten zusammen. Es gibt Motoren mit 2, 3, 4 und 5 Strängen (Phasen) und Schrittzahlen von 8 bis 500 Vollschritten je Umdrehung. Im Halbschrittmodus verdoppelt sich die Schrittzahl. Der Schrittmotor weist folgende positive Eigenschaften auf:

- kostengünstig durch einfachen und wartungsfreien Aufbau,
- schrittgenaue Positionierung ohne Rückmeldung durch Vorgabe der Steuerimpulszahl,
- hohes Drehmoment auch bei kleinen Drehzahlen oder im Einzelschrittmodus,
- hohes Haltemoment im erregten Ruhezustand.

Von einigen Watt bis zu einigen Kilowatt Leistung wird dieses gesteuerte System bei Positionierantrieben eingesetzt. Es ist zwar sehr kostengünstig, hat aber einen schlechten Wirkungsgrad und ist nur für Anwendungen mit geringen Störmomenten geeignet.

5.11.4 Frequenzumrichter

Die häufigste Bauart von Frequenzumrichtern für KLM ist der sog. Zwischenkreisumrichter. Aus dem Drehstromnetz wird ein Gleichspannungsnetz als sog. Zwischenkreis erzeugt. Durch Wechselrichter wird eine dreiphasige Spannung mit veränderlichem Betrag und veränderlicher Frequenz erzeugt.

Es gibt zwei prinzipielle Schaltungsarten für Zwischenkreisumrichter:

- Strom-Zwischenkreisumrichter
- Spannungs-Zwischenkreisumrichter

Der Strom-Zwischenkreisumrichter erfordert zwar einen geringeren Stromrichteraufwand, ist aber nur für Einzelmotorantriebe einsetzbar und muss auf den Motor abgestimmt werden.

Daher werden heute überwiegend Spannungs-Zwischenkreisumrichter als Pulsumrichter eingesetzt. Deren Vorteile sind:

- Es ist eine Regelung bis zum Stillstand möglich und
- es sind Mehrmotorenantriebe möglich, da das erzeugte Gleichspannungs-Zwischennetz unabhängig von den versorgten Motoren ist (z. B. Mehrmotoren-Fahrwerksantriebe).

Der Leistungsteil eines Frequenzumrichters gliedert sich in folgende Hauptbaugruppen:

1. Ungesteuerter bzw.gesteuerter Gleichrichter
2. Gleichspannungs-Zwischenkreis, bestehend aus Kondensatorgruppen
3. Dreiphasiger Transistorwechselrichter. Dieser erzeugt aus der Gleichspannung des Zwischenkreises mittels Pulsweitenmodulation eine Wechselspannung variabler Frequenz. Das Prinzip der Pulsweitenmodulation ist in Abb. 5.141 dargestellt (durch die Pulsung erreicht man eine Spannung- und Frequenzänderung).
4. Beim zuvor beschriebenen generatorischen Bremsen im Vier-Quadrantenbetrieb gibt der KLM die Bremsleistung an den Frequenzumrichter zurück. Dadurch wird die Zwischenkreisspannung (Kondensator) über die Nennspannung hinaus aufgeladen. Bei Motorleistungen bis ca. 75 kW begrenzt und überwacht ein Bremschopper die Zwischenkreisspannung (Chopper = periodischer Ein-/Ausschalter). Überschüssige Bremsenergie wird in einem am Bremschopper angeschlossenen ohmschen Bremswiderstand geleitet. Es entsteht Verlustwärme.

Insbesondere bei Frequenzumrichtern für KLM größerer Leistung (ab 60 bis 75 kW) ist die generatorische Bremsung über Bremschopper und Bremswiderstände unwirtschaftlich. Daher wird in diesen Fällen der Gleichrichterteil mit zwei unabhängigen Gleichrichterbrücken ausgeführt (Abb. 5.140b):

- eine sechspulsige gesteuerte Gleichrichtereinheit (für jede der drei Phasen zwei Gleichrichter: $3 \cdot 2 = 6$) für motorische Momentenrichtung (Einspeiseeinheit)
- eine sechspulsige gesteuerte Gleichrichtereinheit für generatorisches Bremsen (Rückspeiseeinheit),

wodurch der verlustbehaftete Bremschopper entfällt und die gesamte Bremsenergie ins Netz zurückgegeben werden kann. Man spricht hier auch von Nutzbremsung (z. B. Siemens Masterdrive). Diese Ausführung der Frequenzumformer ist allerdings teurer als diejenige mit Bremschopper.

Bei der Pulsweiten-Modulation nutzt der Wechselrichter die Gleichspannung des Zwischenkreises, um durch Rechteckpuls (Steuerung der Höhe und Brücke der Pulse) eine sinusförmige effektive Spannung (siehe die gestrichelte Linie, Abb. 5.141) zu erzeugen. Es ändert sich je nach Größe der Pulse die Höhe von U und auch die Frequenz.

Abb. 5.140 Spannungs-
Zwischenkreis-Umrichter
(Pulsumrichter) als
Frequenzumrichter für
Drehstrom-Käfigläufermotoren
(KLM) i. A. a [38]

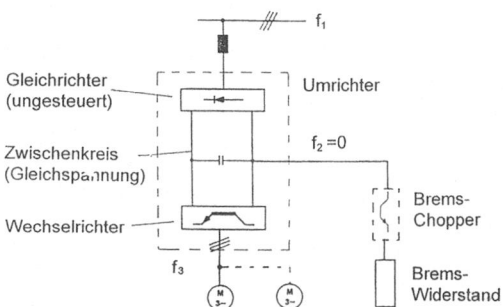

(a): Spannungs-Zwischenkreis-Umrichter (mit Bremschopper)

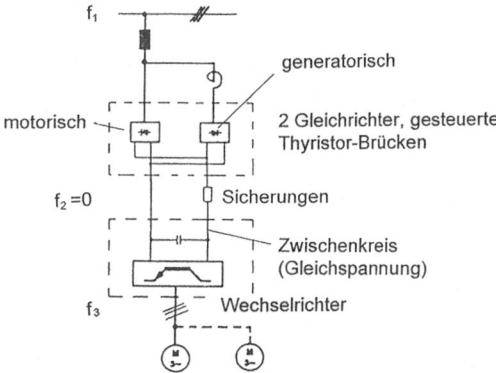

(b): Spannungs-Zwischenkreis-Umrichter mit Rückführung der generatorischen Bremsenergie ins Netz

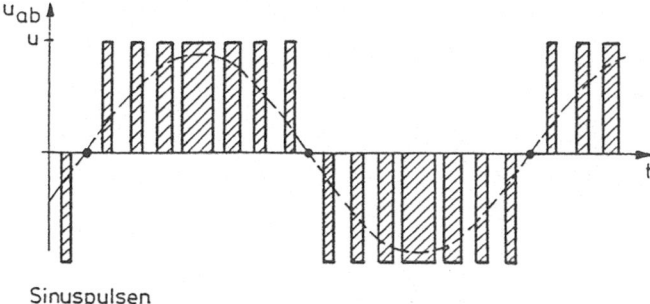

Sinuspulsen

Abb. 5.141 Pulsweiten-Modulation für Wechselrichter (PWM). (Quelle: ohne Verfasser)

5.11.5 Betriebsarten und Dimensionierung elektrischer Antriebe

Die Auswahl bzw. Nachrechnung eines Elektromotors für einen bestimmten Einsatzfall
hängt nicht nur von seiner mechanisch erforderlichen Leistung, sondern auch von den thermischen Belastungen ab. Daher sind folgende Parameter zu untersuchen bzw. zwischen
Motorhersteller und Betreiber festzulegen:

- Betriebsart
- Relative Einschaltdauer
- Zahl der Schaltungen/Stunde
- Beharrungsleistung
- Beschleunigungsleistung bzw. Bremsleistung
- Thermische Leistung

5.11.5.1 Betriebsarten
Als erstes ist zumeist die Benutzungshäufigkeit zu klären bzw. das zeitabhängige Lastmoment abzuschätzen, d. h. ob Dauer- oder aber Aussetzbetrieb vorliegt. Detailliert sind die
verschiedenen Betriebsarten in [42] festgelegt.

Dauerbetrieb
Ein Betrieb mit konstantem Belastungszustand, dessen Dauer ausreicht, den thermischen
Beharrungszustand zu erreichen. Weitere wesentliche Merkmale des Dauerbetriebes sind:

- Kontinuierlicher (stetiger) Materialfluss über längere Zeit
- Die Motorwahl erfolgt vorzugsweise nach der Volllastbeharrungsleistung
- Der Maschinensatz hat in der Regel ein Triebwerk. Bei größeren Dauerförderern können
  mehrere gleichartige Triebwerke eingesetzt werden.

Beispiele: Gurt- und Plattenbandförderer, Schneckenförderer und Schneckenrohrförderer,
Becherwerke, Kettenförderer, Rollenförderer, Mehrgefäßbagger, Umlaufseilbahnen usw.
   Die Einschaltzeit t_e des Motors muss größer als $3 \cdot T_L$ sein, nur dann wird der thermische Beharrungszustand erreicht. Die Nennleistung des Motors für Dauerbetrieb ist so zu
bemessen, dass die Endtemperatur ϑ_e der zulässigen Wicklungstemperatur entspricht.

Aussetzbetrieb
Der Aussetzbetrieb setzt sich aus einer Folge gleichartiger Spiele zusammen, von denen
jedes eine Zeit mit konstanter Belastung und eine Pause umfasst, wobei der Anlaufstrom
die Erwärmung nicht merklich beeinflusst (die Spieldauer ist im allgemeinen so kurz, dass
der thermische Beharrungszustand nicht erreicht wird). Weitere wesentliche Merkmale:

- Periodische Wiederholung eines Arbeitsspieles vom Aufnehmen der Last bis zur Lastabgabe und Rückführung des leeren Lastaufnahmemittels zum Ausgangsort
- Bei der Motorwahl ist die thermische Mittelleistung maßgebend
- Der Anlauf erfolgt mit Belastung
- Der Maschinensatz besteht aus mehreren Einzeltriebwerken (Hub-, Fahr-, Dreh-, Wipp- und Schwenkwerke).

Beispiele sind z.B. Winden, Krane, Verladebrücke, Containeranlagen, Personen- und Lastaufzüge, Eingefäßbagger usw.

Hier muss die Einschaltzeit $t_e < 3 \cdot T_L$ sein, denn die theoretische Endtemperatur ϑ_e darf nicht erreicht werden. Die nachfolgende Pausenzeit t_p ist jedoch auch kleiner als $3 \cdot T_{St}$, so dass sich der Motor nicht auf Umgebungstemperatur abkühlt. Es stellt sich ein mittlerer Beharrungswert ϑ_{mittel} ein, um den die Temperatur pendelt, der jedoch unter der theoretischen Endtemperatur ϑ_e liegt. Als Spieldauer wird im Normalfall ≤ 10 min. angesetzt.

Die Nennleistung des Motors bei Aussetzbetrieb ist höher als bei Dauerbetrieb.

5.11.5.2 Relative Einschaltdauer

Die relative Einschaltdauer ED in % gibt an, wie viel Prozent der Dauer eines gesamten Arbeitsspieles ein Motor (Hubmotor, Fahrmotor, Drehmotor, Wippmotor) im Aussetzbetrieb tatsächlich eingeschaltet ist.

$$\text{Relative Einschaltdauer } ED = \frac{t_e}{t_e + t_p} \cdot 100\,\% = \frac{t_e}{t_s} \cdot 100\,\% \qquad (5.76)$$

t_e Arbeitszeit
t_p Pausenzeit
t_s Spielzeit

Die Spielzeit t_s, bestehend aus der Arbeitszeit (Einschaltzeit des Motors) t_e und der Pausenzeit t_p (Motor stromlos) soll 10 min nicht überschreiten. 40 % ED heißt also zum Beispiel 4 min eingeschaltet, 6 min Pause oder 2 s eingeschaltet, 3 s Pause, nicht aber 40 min eingeschaltet und 60 min Pause (Abb. 5.142).

Die Erwärmung bei Elektromotoren steigt mit dem Quadrat der Stromstärke, also etwa auch mit dem Quadrat der Leistung. Unter dieser Annahme und bei $n =$ konstant kann geschrieben werden:

$$P_1^2 \cdot ED_1 = P_2^2 \cdot ED_2 \qquad (5.77)$$

P Leistung
ED relative Einschaltdauer

Abb. 5.142 Leistungs- und
Wicklungstemperaturverlauf
eines Motors im Aussetzbetrieb
ohne Einfluss des
Anlaufvorgangs (S3) (t_p
Pausenzeit, T_{St} thermische
Zeitkonstante des stehenden
Motors). (Quelle: ohne
Verfasser)

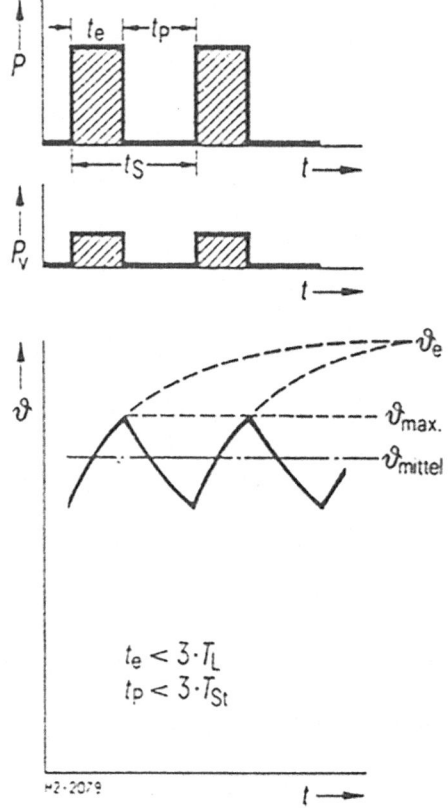

Diese Formel wird benutzt, um die Listenleistung für eine bestimmte ED auf die Leistung
für eine andere ED umzurechnen. Bei einer geringeren relativen Einschaltdauer kann der
Motor stärker beansprucht werden, d. h. der Motor kann größere Leistungen abgeben, da er
eigentlich für eine höhere relative Einschaltdauer ausgeführt wurde. Ist P_2 die Listenleistung
des Motors bei einer ED_2, so darf der gleiche Motor bei einer ED_1 belastet werden mit der
Leistung

$$P_1 = P_2 \cdot \sqrt{\frac{ED_2}{ED_1}}. \tag{5.78}$$

In den Motorlisten für Aussetzbetrieb werden die technischen Daten für Motoren für 15,
25, 40, 60 % ED angegeben. Liegt die für den Einsatzfall berechnete ED zwischen diesen
Listenwerten, rechnet man nach Gl. 5.78 hoch.

5.11.5.3 Schalthäufigkeit

Bei jedem Schaltvorgang eines E-Motors ergibt sich hoher Einschaltstrom. Dies gilt besonders für direkt am Netz betriebene KLM. Daher muss bei der Motorauswahl auch die Zahl der Einschaltungen beachtet werden, um die dabei auftretende zusätzliche Motorerwärmung in zulässigen Grenzen zu halten.

Die Schalthäufigkeit (= Schaltungen pro Stunde) wird z. B. nach [43] für Krane berechnet.

Die Schalthäufigkeit wird mit der folgenden allgemeinen Formel angegeben:

$$c = d_c + q \cdot d_i + r \cdot f \tag{5.79}$$

c Schaltvorgänge pro Stunde
d_c Anzahl vollständiger Anläufe pro Stunde
q Faktor für Tippschaltungen. $q = 0,1 \ldots 0,25$ für SLM, $q = 0,5$ für KLM
d_i Anzahl Tippschaltungen pro Stunde
r Faktor $r = 0,8$ für SLM, $r = 3$ für KLM
f Anzahl elektrischer Bremsungen pro Stunde

In der Praxis könnte zusammen mit den Tippschaltungen (z. B. für die Feinpositionierung) ein Gesamtspiel so wie Abb. 5.143 aussehen.

Ein volles Spiel eines Kranhubwerkes besteht aus den Teilen

- Heben mit Last (I),
- Senken mit Last (II),
- Heben des leeren Hakens (III) und
- Senken des leeren Hakens (IV)

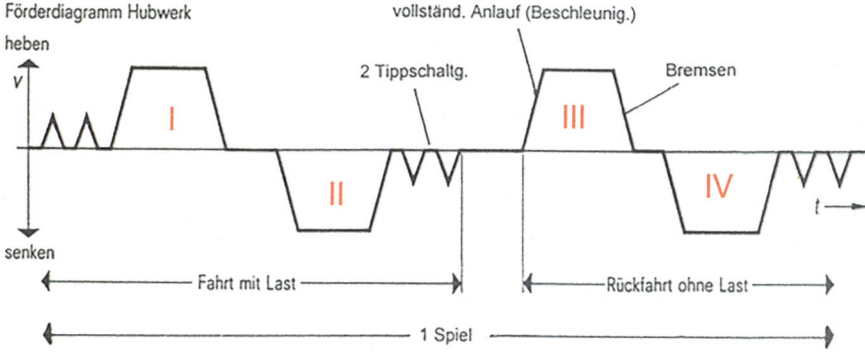

Abb. 5.143 Förderdiagramm Hubwerk. (Quelle: ohne Verfasser)

5.11.5.4 Erforderliche Motorgröße

Für die Wahl der Größe eines Motors können drei verschiedene Leistungen maßgebend sein:

- die Volllastbeharrungsleistung,
- die Beschleunigungsleistung oder
- die thermische Leistung.

Die Volllastbeharrungsleistung ist jene Leistung, die bei voller Last und bei voller Geschwindigkeit vom Motor abgegeben werden muss, um die Bewegung des Triebwerkes im Beharrungszustand aufrecht zu erhalten.

Antriebsmotoren der Fördertechnik werden meistens im Aussetz-Betrieb eingesetzt. Bei jedem Einschalten des Motors muss das ganze Triebwerk beschleunigt werden. Jener Teil der vom Motor abzugebenden Leistung, der zur Beschleunigung verwendet werden kann, ist die Beschleunigungsleistung. Sie ist diejenige Leistung, die erforderlich ist, um das Triebwerk in der geforderten Anlaufzeit auf die Beharrungsgeschwindigkeit zu beschleunigen.

Der Motor muss so dimensioniert werden, dass er in der Lage ist, während der Anlaufzeit diese Beschleunigungsleistung zusätzlich abzugeben.

Die thermische Leistung ist diejenige konstante Leistung, die während einer bestimmten Einschaltzeit vom Motor abgegeben werden kann, ohne dass die Temperatur in seinen Wicklungen über einen bestimmten, für die Isolation noch ertragbaren Wert ansteigt.

Darüber hinaus sind z. B. die Betriebsbedingungen bei Hubwerken und Fahrwerken oder z. B. Förderbandantrieben sehr unterschiedlich, so dass für die Motorenauslegung unterschiedliche Größen maßgeblich sind (Abb. 5.144).

Bei Hubwerken wird das erforderliche Motormoment im wesentlichen von der Last beim Heben mit konstanter Geschwindigkeit = Volllastbeharrungsmoment bestimmt. Die Motormomente sind beim Heben und Senken wegen der Wirkungsgrade unterschiedlich. Da auf Lastfahrt Heben/Senken meist eine Fahrt mit leerem Haken oder leerem Lastaufnahmemittel folgt, wiederholt sich ein Hubwerkspiel häufig erst nach vier Teilzyklen.

Bei Fahrwerken ist das Beharrungsmoment, das sich aus den Fahrwiderständen ergibt, meist wesentlich geringer als das Lastmoment bei Hubwerken. Infolge der großen Eigenmasse von z. B. Containerkranen ist der Anteil für Beschleunigen und Bremsen wesentlich höher (Abb. 5.145), weshalb bei der Auslegung von Fahrwerksmotoren meist das Anfahrmoment von ausschlaggebender Bedeutung ist.

Bei Fahrwerken wiederholt sich ein Spiel nach zwei Teilzyklen. Wenn der Nutzlasteinfluss gegenüber dem Eigengewicht des Fördermittels klein ist, auch bereits nach 1 Teilzyklus: „Fahren nach rechts mit Nutzlast" entspricht dann etwa „Fahren nach links, ohne Nutzlast".

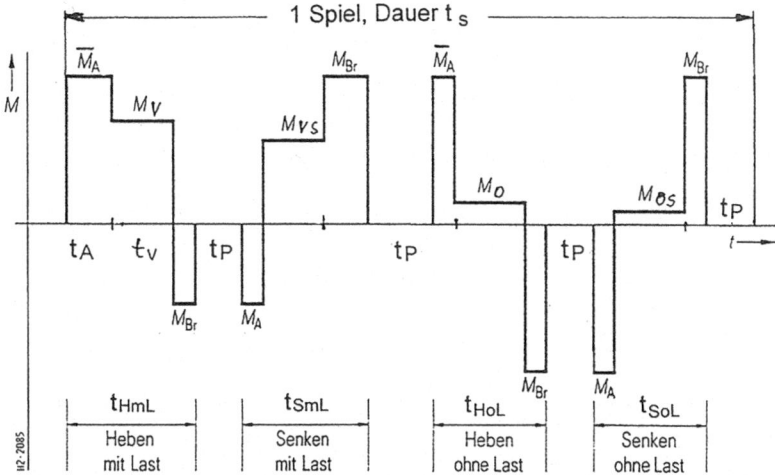

Abb. 5.144 Beispiel Hubwerk: Ein Spiel = Heben/Senken mit/ohne Last ($\bar{M}_A$ Mittlere Anfahrmomente, M_{Br} Bremsmomente, M_V, M_O Beharrungsmoment Heben, M_{VS}, M_{OS} Beharrungsmoment Senken, t_{HmL} Hub mit Last, t_{SmL} Senken mit Last, t_{HoL} Hub ohne Last, t_{SoL} Senken ohne Last, $t_e = T_{HmL} + t_{SmL} + t_{HoL} + t_{SoL}$ Motoreinschaltzeit, t_p stromlose Pause, t_e Motoreinstellzeit). (Quelle: ohne Verfasser)

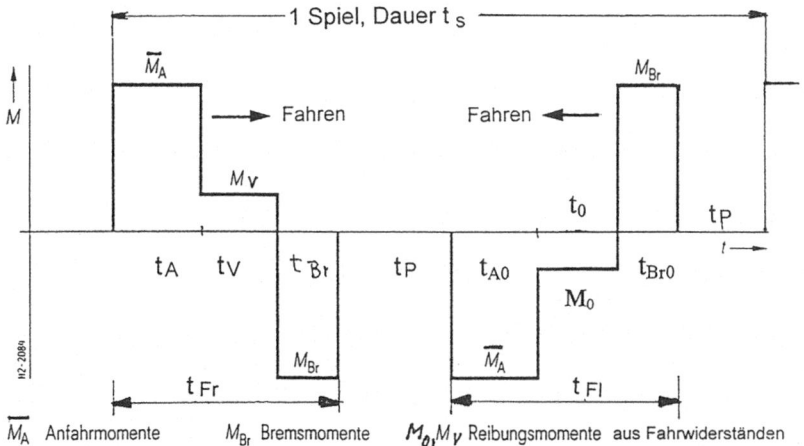

Abb. 5.145 Typischer Verlauf des Motormoments bei Fahrwerken eines Krans über ein Spiel (Beispiel Fahrwerk: Ein Spiel = Fahren nach rechts mit Last, zurück ohne Last (ohne Windeinfluss). $t_e = t_{Fr} + t_{Fl} \approx 2t_{Fr}$ Motoreinschaltzeit). (Quelle: ohne Verfasser)

5.12 Ölhydraulik

Man versteht unter dem Begriff „Hydraulik" die Übertragung und die Steuerung von Kräften und Bewegungen mittels Flüssigkeit. Die als Energieübertragungsmedium verwendete Flüssigkeit ist in den meisten Fällen Mineralöl, kann aber auch eine synthetische Flüssigkeit, Wasser oder eine Öl-Wasser-Emulsion sein.

Hydrostatik Mechanik ruhender Flüssigkeiten
Hydrodynamik Mechanik strömender Flüssigkeiten

Spezielle Eigenschaften der Hydraulik:

- Große Kräfte (Drehmomente) bei kleinem Bauvolumen, d. h. große Leistungsdichte
- Die Bewegung kann unter Volllast aus dem Stillstand heraus erfolgen
- Die stufenlose Beeinflussung (Steuerung sowie Regelung) von Geschwindigkeit, Drehmoment, Hubkraft usw. sind relativ einfach zu erreichen
- Einfacher Überlastschutz
- Für schnelle kontrollierbare Bewegungsabläufe ebenso wie für extrem langsame Präzisionsbewegungen geeignet
- Relativ einfache Energiespeicherung
- Im Zusammenhang mit hoher Wirtschaftlichkeit sind zentrale Antriebssysteme möglich, verbunden mit dezentraler Umformung der hydraulischen Energie zurück in mechanische Energie

Grundlegende Vor- und Nachteile der Ölhydraulik im Vergleich zu mechanischer und elektrischer Energieübertragung:

- Dynamik:
    - Außerordentlich schnelles Schalten und Umsteuern
    - Schnelles Beschleunigen und Abbremsen
    - Hervorragend geeignet für intermittierenden Betrieb
- Kinematik:
    - Fortfall eines Untersetzungsgetriebes
    - Einfache Umwandlung einer Drehbewegung in eine geradlinige und umgekehrt
- Leistungsdichte:
    - Günstige Abführung der Verlustwärme mit dem Stoffstrom (im Gegensatz zur Elektrizität)
    - Daher große Leistungsdichte und Verminderung der Abmessungen des eigentlichen Geräts
- Kraftwirkung:
    - Sehr große Kraftwirkung mit einfachen Elementen auf kleinem Raum bei geringem Gewicht

- Arbeitsflüssigkeit:
  - Abdichtschwierigkeiten und Leckverluste durch das flüssige Arbeitsmedium erfordern hohe Fertigungsgenauigkeit
- Änderung der Eigenschaften der Arbeitsflüssigkeit:
  - Änderung der Zähigkeit und damit Veränderung der Leckverluste und der Strömungsverluste mit der Temperatur
  - Elastizität des Hydrauliköls und des Kreislaufes
- Wirkungsgrad:
  - Meistens geringerer Wirkungsgrad als der einer mechanischen Übertragung
  - Ungefähr gleichwertig dem der elektrischen Übertragung

Aus betrieblicher und anwendungsspezifischer Sicht hat die hydrostatische Übertragung die folgenden Vor- und Nachteile:

- Anordnung:
  - Freizügige Anordnung der Glieder (besser als mechanisch, schlechter als elektrisch)
- Bedienung und Steuerung:
  - Einfache zentrale Bedienung von einem beliebigen Ort
  - Stufenlose Steuerbarkeit der Übersetzung
- Überwachung:
  - Einfache Kontrolle der wirkenden Kraft (Manometer)
  - Einfacher Überlastschutz (Sicherheitsventil)
- Steuerung:
  - Empfindlichkeit gegen Verschmutzung oder Luft im Öl: Ursache von Schaltverzögerungen, Druckstößen, Schwingungen und ungleichem Vorschub
- Feuergefahr:
  - Feuergefahr und Explosionsgefahr bei Undichtigkeiten
- Anwendungsgrenze:
  - Stockpunkt und Verdampfungspunkt der Arbeitsflüssigkeit

5.12.1 Grundlagen der fluidischen Energieübertragung

5.12.1.1 Energieübertragung durch Flüssigkeiten

Die spezifische Energie eines Fluides wird durch die Bernoulli-Gleichung beschrieben (dieser Energiesatz sagt, auf strömende Flüssigkeiten angewendet, dass sich die Gesamtenergie eines Flüssigkeitsstromes nicht ändert, sofern nicht Energie von außen zugeführt oder nach außen abgeführt wird):

$$e = h + \frac{c^2}{2} + g \cdot z \qquad (5.80)$$

e spezifische Energie
h spezifische Enthalpie
c Strömungsgeschwindigkeit
z geodätische Höhe

Differenz zwischen zwei Zuständen:

$$e_2 - e_1 = w_m = h_2 - h1 + \frac{c_2^2 - c_1^2}{2} + g(z_2 - z_1) \tag{5.81}$$

w_m spezifische Arbeit [W/m]

Aus der Bernoulli-Gleichung ergibt sich der Formelansatz zur Leistungsübertragung bei hydraulischen Auslegern mit

$$P = \frac{dE}{dt} = \dot{m}\,\Delta h_{12} = \dot{V}\,\Delta p_{12} \tag{5.82}$$

P Leistung
$\dot{m}$ Massenstrom
Δh_{12} Enthalpiedifferenz
$\dot{V}$ Volumenstrom
Δp_{12} Druckdifferenz

5.12.1.2 Hydraulikflüssigkeiten

Als Betriebsflüssigkeiten werden Mineralöle, wasserhaltige Flüssigkeiten und wasserfreie Syntheseprodukte verwendet.

H   Die ungenormten Grundöle H kommen nicht mehr in der Hydraulik zum Einsatz
HL   Hydrauliköl nach DIN 51524, enthält Wirkstoffe zur thermischen Beständigkeit, Luftausscheidung, Säurebindung
HLP Hydrauliköl nach DIN 51524 enthalten Additive gegen Abrieb unter hohem Druck
HLPD Enthalten zusätzlich Wasserbindungsadditive/Emulgatoren)

Schwer entflammbare Flüssigkeiten:

HFA 5 % Öl und 95 % Wasser (Bohröl)
HFB Wasser-Öl-Emulsion mit bis zu 60 % Wasser

HFC wässrige Polymerlösungen (z. B. Polyethylenglykol), bei Kfz als Frostschutz / Bremsflüssigkeit, Entfrostungsmittel für Startbahnen

HFD wasserfreie Flüssigkeiten, unbrennbar wegen des chemischen Aufbaus (teuer; Einsatz in der Flugzeughydraulik)

5.12.1.3 Ordnung der Fluidgetriebe

Nach der Wirkungsweise kann man drei Arten von Fluidgetrieben unterscheiden:

Leistungstriebe Sie übertragen Leistung vom Erzeugungs- zum Wirkungsort. Wichtig ist ein guter Wirkungsgrad in weitem Übersetzungsbereich (Beispiel: Fahrantrieb).

Krafttriebe Sie sollen große Kräfte/Momente am Wirkungsort liefern, der Wirkungsgrad tritt zurück (Beispiel: Pressen, Scheren, Spannzeuge).

Vorschubtriebe Sie haben die Aufgabe gegen meist nur kleine Kräfte Vorschubbewegungen mit hoher Stell- und Geschwindigkeitsgenauigkeit zu erzeugen. Der Wirkungsgrad ist meist ohne Bedeutung (Beispiel: Vorschubgetriebe an Werkzeugmaschinen).

5.12.2 Bauelemente hydrostatischer Getriebe

Ein hydraulischer Antrieb setzt sich aus einer Reihe von Bauelementen zusammen, deren wichtigste sind:

- Hydropumpe
- Arbeitszylinder
- Hydromotor
- Rohr- und Schlauchleitungen
- Verbindungselemente
- Steuer- und Regelorgane (Ventile, Schieber)
- Ölbehälter
- Drucköl speicher
- Filter
- Wärmetauscher

5.12.2.1 Hydropumpen

Abb. 5.146 zeigt eine Übersicht über die gängigen Bauformen von Hydropumpen.

Pumpenkennwerte und Leistungsbilanz

Das Verdrängungsvolumen (meist angegeben in cm^3/U) errechnet sich aus den geometrischen Daten der Pumpe. Der *theoretische Förderstrom* V_{th} ergibt sich zu

Verdränger-element	Umlaufverdrängermaschinen		Verdränger-element	Hubverdrängermaschinen	
	Benennung	Schematische Darstellung		Benennung	Schematische Darstellung
Zahn	Außenzahnrad-maschine	1 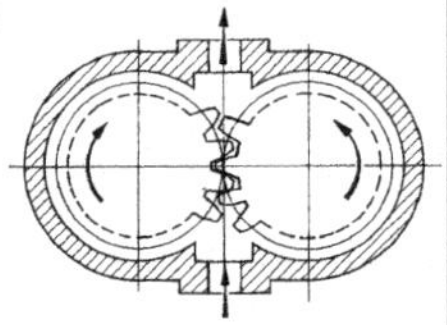	Kolben	Radialkolbenmaschine mit innerer Kolbenabstützung	6 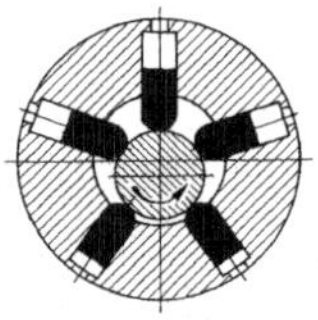
	Innenzahnrad-maschine	2^a) 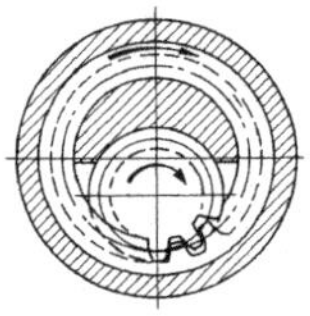		mit äußerer Kolbenabstützung	7 
	Zahnring-(Gerotor-)maschine	3^a) 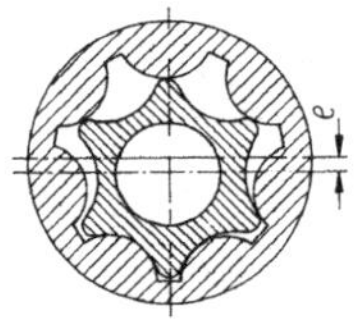			8 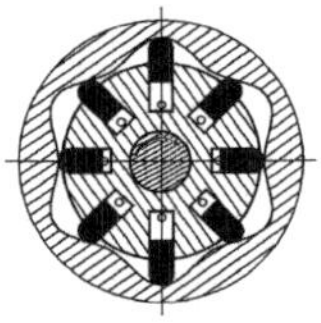
Schraube	Schrauben-maschine	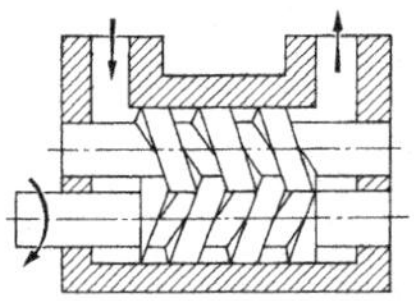 4		Schrägscheiben-maschine	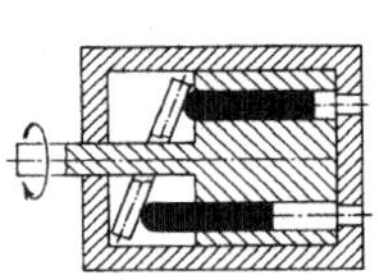 9
Flügel	Flügelzellen-maschine	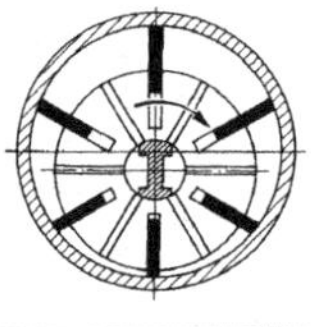 5		Schrägachsen-maschine	10 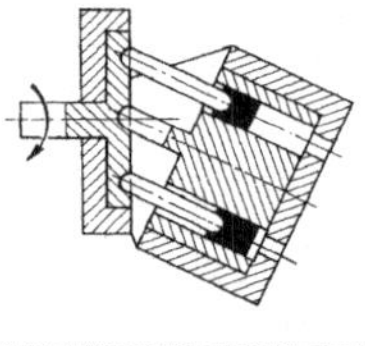

^{a)} Die Einrichtung zur Verbindung der Verdrängerräume mit der Saug- und der Druckleitung ist bei den Bauarten 2,3,6 und 8-10 nicht dargestellt.

Abb. 5.146 Bauformen von Hydropumpen [30, H5]

$$\dot{V}_{th} = n \cdot V_h \qquad (5.83)$$

n Drehzahl
V_h Verdrängervolumen pro Pumpendrehung
$\dot{V}_{th}$ Volumenstrom, theoretisch

Tatsächlich wird die zugeführte mechanische Antriebsleistung durch verschiedene Einflüsse reduziert:

a) Reibungsverluste (Triebwerk, Verdrängungselemente)
b) hydraulische Verlustleistung (Strömungsverluste und die (sehr kleine) Kompressionsarbeit)

Die mechanische Antriebsleistung wird durch diese Einflüsse auf die sogenannte Verdrängungsleistung P_{th} reduziert. Es ergibt sich der hydraulisch-mechanische-Wirkungsgrad

$$\eta_{hm} = \frac{P_{th}}{P_m} \qquad (5.84)$$

η_{hm} hydraulisch, mechanisch
P_{th} Verdrängerleistung
P_m mechanische Antriebsleistung

c) Die Druckdifferenz Δp verursacht einen Leckvolumenstrom $\dot{V}_V$ infolge der Spalte, wodurch der Verdrängungsvolumenstrom auf den *tatsächlichen Förderstrom* $\dot{V}$ reduziert wird:

$$\dot{V} = \dot{V}_{th} - \dot{V}_V \qquad (5.85)$$

$\dot{V}_{th}$ Verdränger- bzw. Hubvolumenstrom
$\dot{V}_V$ Leckvolumenstrom
und dabei den Leistungsverlust $P_{V,V}$ bewirkt:

$$P_{V,V} = \dot{V}_V \cdot \Delta p = P_{th} - P_h \qquad (5.86)$$

P_{th} Verdrängungsleistung
P_h hydraulische Pumpenleistung

Der volumetrische Wirkungsgrad ergibt sich aus:

$$\eta_{vol} = \frac{P_h}{P_{th}} \qquad (5.87)$$

Die Bilanz der Wandlung mechanischer Antriebsleistung in die hydraulische Pumpenleistung wird im Gesamtwirkungsgrad zusammengefaßt:

$$\eta_t = \frac{P_h}{P_m} = \eta_{hm} \cdot \eta_{vol} \qquad (5.88)$$

η_t Gesamtwirkungsgrad
η_{vol} volumetrischer Wirkungsgrad

Im nachfolgendem werden nun die in Abb. 5.146 dargestellten Pumpentypen im Detail dargestellt:

Umlaufverdrängerpumpen

Zahnradpumpen Zu den wichtigsten gehören die Zahnradpumpen (siehe Abb. 5.146). Sie sind die verbreitetsten Pumpen für einfache Anwendungen in der Mobilhydraulik und für stationäre Anwendungen. Sie werden in sehr großen Stückzahlen hergestellt. Man unterscheidet in

- Außenzahnradpumpen
- Innenzahnradpumpen

Außenzahnradpumpen bestehen im wesentlichen aus zwei ineinandergreifenden Zahnrädern, von denen das eine angetrieben, das andere mitgenommen wird.

Das Drucköl wird bei Rotation der Zahnräder in den Zahnlücken zwischen Zahnrad und Gehäusemantel gefördert. Sobald an der Saugseite ein Zahn die entsprechende Zahnlücke verlässt, entsteht infolge der Volumenvergrößerung im Saugraum ein Unterdruck, der das Öl ansaugt. Im Druckraum verdrängt der in der Zahnlücke eingreifende Zahn die Flüssigkeit in den Druckstutzen. Das im Zahngrund nach dem Eingriff verbleibende sogenannte Quetschöl wird über seitliche Nuten in der Gehäusewand ebenfalls zum Druckraum geleitet.

Infolge der Verdrängung des Öls beim Eingriff der Zähne in die Zahnlücken entstehen druckseitig bei Zahnradpumpen relativ hohe Förderstrom- und Druckpulsationen und in ihrer Folge Geräusche. Eine Vergrößerung der Zähnezahl würde Verbesserungen in dieser Hinsicht schaffen. Da das Verdrängungsvolumen aber eine konstante Größe ist, würden mehr Zähne auch eine größere Bauweise zur Folge haben.

Flügelpumpe Bildung des Verdrängungsvolumens durch Relativbewegung von Rotor und Stator (vgl. Abb. 5.146). Vorteile gegenüber den Zahnradpumpen sind:

- geringere Förderstrompulsation
- geringere Geräuschentwicklung
- besonders niedriges Leistungsgewicht (0,4 bis 0,6 kg/kW)
- einfacher Aufbau
- höhere zulässige Drehzahlen

Flügelpumpen gewinnen wegen dieser Vorteile zunehmend an Bedeutung.

Treibschieberpumpen (Flügelzellenpumpe) Die Abb. 5.147 zeigt eine konstruktiven Ausführung einer Flügelzellenpumpe.

In der Flügelzellenpumpe werden die Verdrängungsräume von radial angeordneten, durch Fliehkraft oder Öldruck nach außen an die innere Gehäusewand gedrückten, verschiebbaren

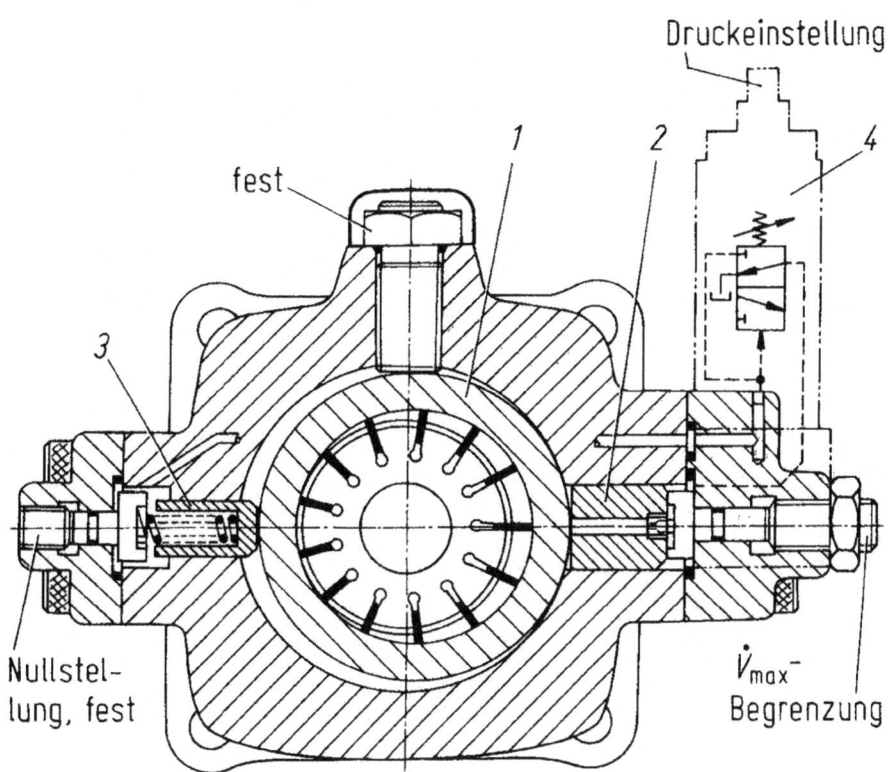

Abb. 5.147 Flügelzellenpumpe (1 Hubring, 2 und 3 Stellkolben, 4 Druckregler) [30, H7]

Flügeln erzeugt. Es werden also Zellen gebildet, die sich bei jedem Umlauf erweitern und verengen. Steuernuten in den seitlichen Innenwänden des Gehäuses führen die Flüssigkeit zu bzw. ab. Durch Änderung der Exzentrizität ist das Verdrängungsvolumen zu verstellen.

Schraubenpumpen Schraubenpumpen bestehen aus dem Gehäuse, einer angetriebenen Schraubenspindel und einer (oder mehreren) Gegenspindeln, die von der Antriebsspindel in Rotation versetzt werden. Das Öl wird zwischen zwei Zahnflanken der Spindel, der Gegenspindel und dem Gehäuse gefördert. Im Gegensatz zu den Zahnradpumpen geschieht dies jedoch nicht absätzig in den Zahnlücken, sondern permanent in dem nicht unterbrochenen Förderraum, durch den das Öl in axialer Richtung verdrängt wird. Infolgedessen arbeiten Schraubenpumpen völlig pulsationsfrei. Da Radialkräfte vermieden und Axialkräfte ausgeglichen werden können und da Massenkräfte durch oszillierende Massen fehlen, können Schraubenpumpen mit hohen Drehzahlen und sehr laufruhig betrieben werden. Nachteilig ist, dass sie nur einen begrenzten Arbeitsdruck bis zu etwa 200 bar erlauben, und infolge größerer Reibung einen geringeren Wirkungsgrad haben (Abb. 5.148).

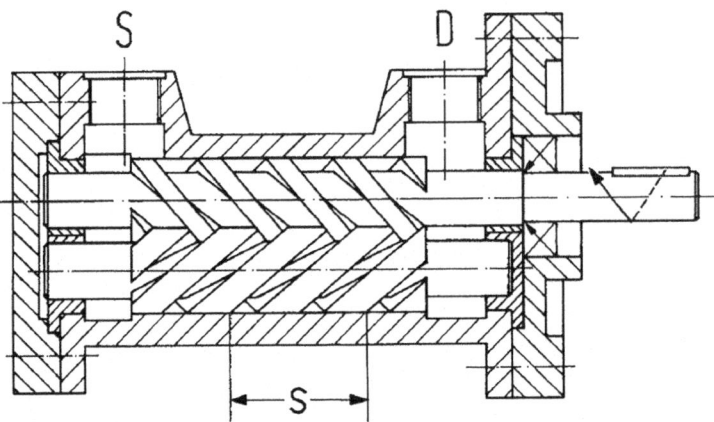

Abb. 5.148 Schraubenspindelpumpe [44, S. 77]

Hubverdrängerpumpen (Kolbenpumpen)
Diese Pumpen weisen gegenüber den Umlaufverdrängermaschinen zwei wesentliche Vorteile auf:

- niedrigere Leckverluste (gute Abdichtung der zylindrischen Passungen)
- Ausführung als Verstellpumpe möglich (Änderung der Triebwerksgeometrie)

Die Pumpen werden vorzugsweise mit ungerader Zylinderzahl (7, 9) ausgeführt. Bei einer geraden Anzahl von Zylindern kann es dazu kommen, dass an den Nuten von Saug- und Druckseite die gleiche Anzahl von Zylindern (parallel) anliegt und somit und es somit zu einer Strompulsation führt.

Radialkolbenpumpen Bei Radialkolbenpumpen sind die Zylinder in radialer Richtung sternförmig zur Antriebswelle angeordnet. Die Bewegung der Arbeitskolben erfolgt in radialer Richtung (siehe Abb. 5.149). Diese Maschinen können daher kürzer bauen als Axialkolbenpumpen, haben dafür aber einen größeren Durchmesser.
Bei Rotation der Exzenterwelle wird durch eine axiale Bohrung in der Welle Öl angesaugt, durch radiale Bohrungen nach außen geschleudert und durch Kanäle dem Saugventil zugeführt. Das Öl gelangt anschließend von den einzelnen Pumpenelementen durch Kanäle im Gehäuse zum Druckanschluss. Durch die Exzentrizität e des Rotors wird die Fördermenge geregelt (bei $e = 0$ ist die Fördermenge auch Null).

Axialkolbenpumpen Axialkolbenpumpen sind Verdrängungsmaschinen, in welchen die Zylinder parallel zur Drehachse einer Zylindertrommel angeordnet sind. Die Umsetzung der Antriebsdrehbewegung in eine Kolben-Hubbewegung erfolgt nach drei verschiedenen Grundprinzipien:

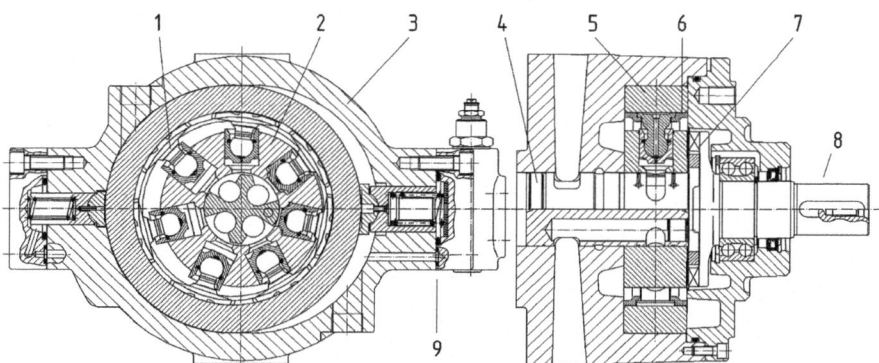

Abb. 5.149 Radialkolbenpumpe im Steuerzapfen sind die Schlitze und Bohrungen zum Öl-Ein- bzw. Auslass untergebracht (1 Kolben-Gleitschuh-Elemente, 2 Zylinderstern, 3 Gehäuse, 4 Steuerzapfen, 5 Gleitring, 6 Niederhalter, 7 Kreuzscheibenkupplung, 8 Antriebswelle, 9 Fläche) [44, S. 67]

- Schrägachsenpumpen
- Schrägscheibenpumpen
- Taumelscheibenpumpen

Schrägachsenpumpen Hierbei wird die Zylindertrommel über die Kolben und diese wiederum über den Triebflansch angetrieben. Die Zylindertrommel wird aus der Achse der Antriebswelle geschwenkt. Das Verdrängungsvolumen verändert sich mit dem Schwenkwinkel (Abb. 5.150).
Vor- und Nachteile:

- Infolge der Kraftabstützung an der Treibscheibe (entspr. Triebflansch) keine systembedingten Querkräfte auf Kolben und Zylinder.
- Infolge der dadurch bedingten geringeren Kolbenreibung hat diese Bauart ein sehr gutes Anlaufverhalten.
- Es sind relativ große Schwenkwinkel ($\alpha_{max} = 25°$–$40°$) und damit Kolbenhübe gegenüber Schrägscheibenpumpen ($\alpha_{max} = 15°$–$18°$) möglich.
- größerer Herstellungsaufwand (Kolbenstangenführung, Gelenk des Schwenkgehäuses, zweites Gehäuse)
- höhere Strömungsverluste (längere Kanäle mit Krümmungen)
- größerer Bauraum

Schrägscheibenpumpen Hierbei wird die Zylindertrommel angetrieben, wobei sich die darin geführten Kolben ebenfalls in Drehung versetzen. In axialer Richtung wird die Bewegung der Kolben von einer im Gehäuse gelagerten Schrägscheibe bestimmt, welche um die Senkrechte der Antriebsachse geschwenkt wird. Das Verdrängungsvolumen verändert sich mit dem Schwenkwinkel (Abb. 5.151).

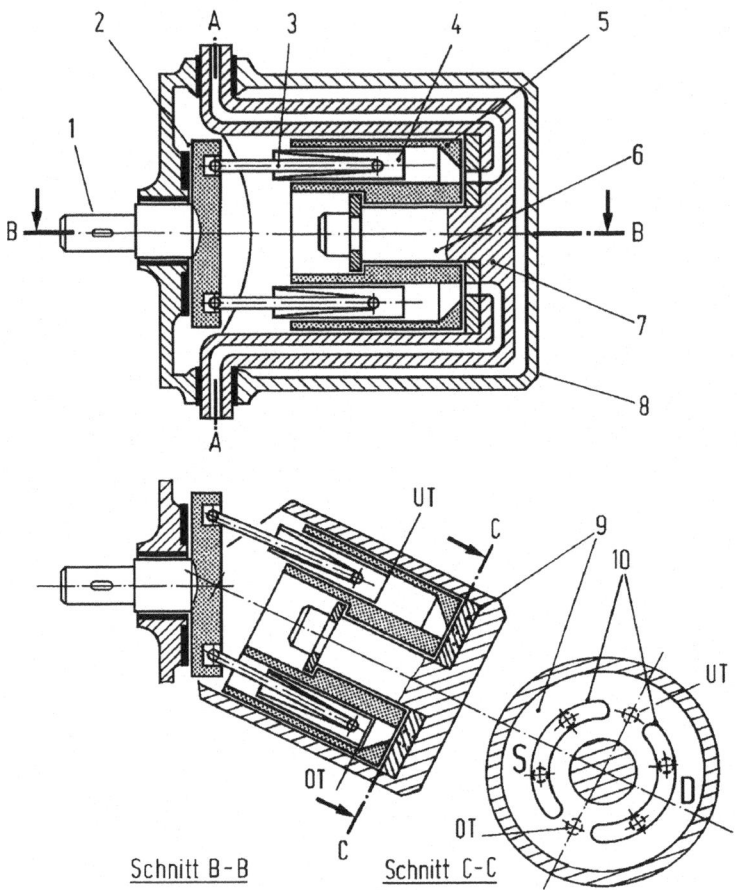

Abb. 5.150 Schrägachsenpumpe (1 Triebwelle, 2 Triebscheibe, 3 Pleuelstangen, 4 Kolben, 5 Zylinder-block, 6 Drehzapfen, 7 Schwenkgehäuse, 8 Außengehäuse, 9 Steuerscheibe, 10 Druck- und Saugniere) [44, S. 60]

Taumelscheibenpumpen Hierbei wird von der Antriebswelle eine Taumelscheibe angetrieben, welche ihre axiale Bewegung auf die nicht rotierenden Kolben überträgt. Die Kolben werden über Federn an die Schrägscheibe gedrückt. Zwischen den sich gegeneinander bewegenden Teilen Kolben und Taumelscheibe überträgt ein Axiallager die Druckkräfte (Abb. 5.152).

Reihenkolbenpumpen Reihenkolbenpumpen sind in der Fördertechnik wenig verbreitet. Sie sind einerseits für sehr hohe Drücke, andererseits aber nur für relativ kleine Fördermengen geeignet. Sie kommen zum Einsatz in Dieseleinspritzanlagen, als Verstellpumpen mit Schrägkantensteuerung.

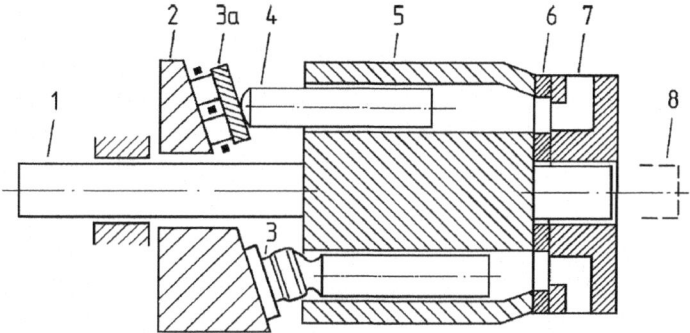

Steuerscheibe 6 und Anschlüsse 7 um 90° versetzt gezeichnet

Abb. 5.151 Schrägscheibenpumpe [44, S. 63]

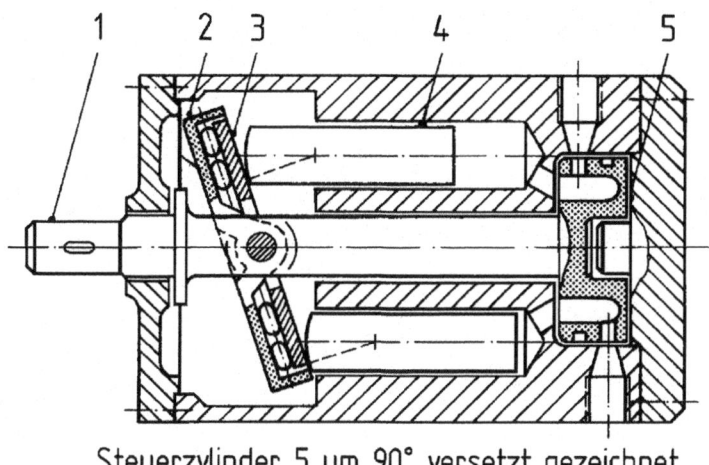

Steuerzylinder 5 um 90° versetzt gezeichnet

Abb. 5.152 Taumelscheibenpumpe (1 Welle, 2 Taumelscheibe, 3 Wälzscheibe, 4 Kolben, 5 Steuerzylinder) [44, S. 65]

5.12.2.2 Hydromotoren

Ist im Primärteil eines hydrostatischen Antriebs das wichtigste Bauelement die Pumpe, so ist es im Sekundärteil der Arbeitszylinder bzw. der Hydromotor.

Hydromotoren werden nach der Ausgangsbewegung unterschieden in

- Schubmotoren (Zylinder)
- Drehmotoren (Ölmotoren)
- Schwenkmotoren (begrenzter Drehwinkel)

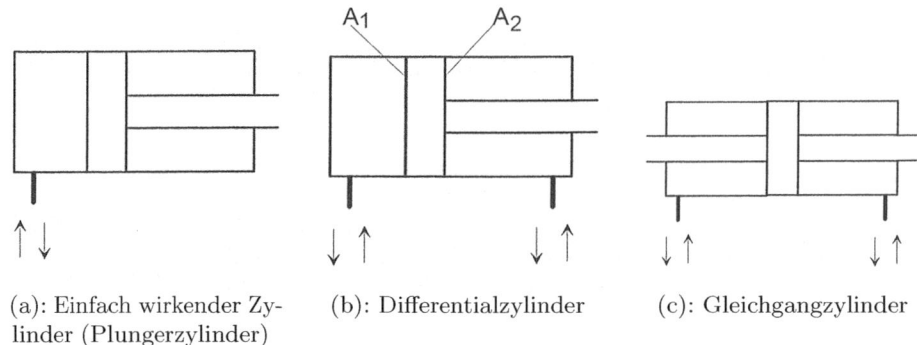

(a): Einfach wirkender Zy-　　(b): Differentialzylinder　　(c): Gleichgangzylinder
linder (Plungerzylinder)

Abb. 5.153 Bauformen von Schubmotoren [45]

Die Hydromotoren haben in der Regel konstantes Hubvolumen, nur in Ausnahmefällen werden Verstellmaschinen verwendet.

Schubmotoren
Diese werden als einfach wirkende Zylinder und doppelt wirkende Zylinder (Differential-zylinder) gebaut. Der Kolben des einfach wirkenden Zylinders (Abb. 5.153a) kann nur eine Kraft in einer Richtung ausüben. Die Rückführung des Kolbens muss über äußere Kräfte erfolgen (z. B. Gewichtskräfte).

Beim doppelt wirkenden Zylinder (Differentialzylinder, Abb. 5.153b) ist die wirksame Kolbenfläche links ($A1$) wesentlich größer als die als die Ringfläche rechts ($A2$). Dadurch ergeben sich die folgenden Beziehungen.

Es gilt:

$$p = \frac{F}{A} \tag{5.89}$$

p　Druck
A　Fläche
F　Kraft

Da der Druck p gleichermaßen auf die Flächen A_1 und A_2 wirkt, gilt

$$p = \frac{F_1}{A_1} = \frac{F_2}{A_2} \tag{5.90}$$

und damit

$$A_1 > A_2 \Longrightarrow F_1 > F_2 \tag{5.91}$$

Es gilt weiter

$$\dot{V} = A \cdot v \Leftrightarrow A = \frac{\dot{V}}{v} \qquad (5.92)$$

$\dot{V}$ Volumenstrom

v Geschwindigkeit

Eingesetzt:

$$p = \frac{F \cdot v}{\dot{V}} \qquad (5.93)$$

$$p \cdot \dot{V} = F \cdot v \qquad (5.94)$$

Somit ist:

$$F_1 \cdot v_1 = F_2 \cdot v_2 \Longrightarrow \frac{F_1}{F_2} = \frac{v_2}{v_1} \qquad (5.95)$$

Zusammengefasst gilt also beim Differentialzylinder:

$$A_1 > A_2 \text{ und } F_1 > F_2, \text{ wodurch folgt } v_2 > v_1 \qquad (5.96)$$

Der Kolben eines Differenzialzylinders vollführt also seinen Hub von links nach rechts mit kleiner Geschwindigkeit und großer Kraft (Krafthub) und umgekehrt von rechts nach links mit großer Geschwindigkeit und kleiner Kraft (Leerhub).

Soll die Kraftwirkung nach beiden Seiten gleich sein, so wird die Kolbenstange in gleicher Stärke auch durch den zweiten Zylinderdeckel hindurchgeführt (Gleichgangzylinder: $A_1 = A_2$; Abb. 5.153c).

Drehmotoren (Ölmotoren)

Sollen Bewegungen über längere Wege mit hydraulischen Mitteln erzeugt werden, so eignet sich der Arbeitszylinder nicht, weil er dann zu lang werden würde. In solchen Fällen treibt die Pumpe über das Drucköl einen Ölmotor an, der dann wiederum über mechanische Triebwerksteile die Bewegung erzeugt. Der hydraulische Antrieb mit Ölmotor ist deshalb aufwendiger als der mit Arbeitszylinder.

Es gibt für Ölmotoren grundsätzlich die gleichen Bauarten wie für Pumpen. Werden sie mit Drucköl beschickt, so erzeugen sie ein Drehmoment.

Schwenkmotoren

Diese arbeiten mit begrenzten Drehwinkeln (max. 270°) und erzeugen die Drehbewegung z. B. aus einer geradlinigen Kolbenbewegung über Getriebe (Zahnstangenbauweise, siehe Abb. 5.154). Einsatz z. B. im Vorrichtungsbau oder Montage, wenn definierte und begrenzte Schwenkwinkel erforderlich sind.

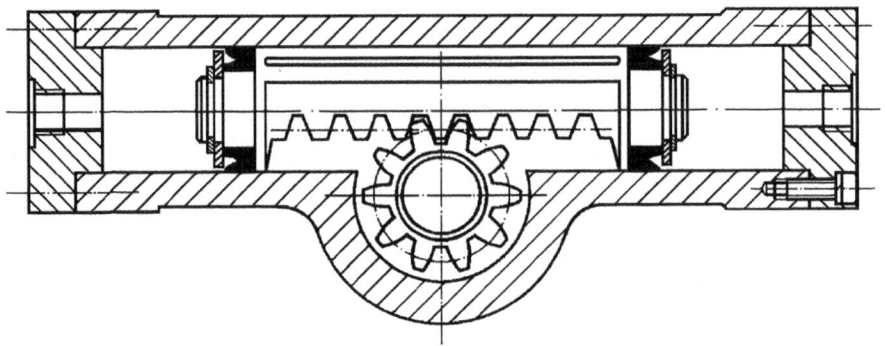

Abb. 5.154 Schwenkmotor [44, S. 104]

5.12.2.3 Hydroventile

Hydroventile sind im hydraulischen Leistungsfluss zwischen Pumpen und Motoren einge-schaltete Elemente mit unstetiger (Schaltventile) oder stetiger Wirkungsweise (Stellventile). Sie werden nach ihrer Funktion eingeteilt:

Wegeventile   Lenken des Ölstroms
Druckventile   Druckbedingte Funktion
Sperrventile   Vorgabe einer Stromrichtung
Stromventile   Beeinflussung des Volumenstromes

Wegeventile

Die Aufgabe der Wegeventile ist es, verschiedene hydraulische Leitungen gegeneinander abzusperren oder freizugeben und laufend wechselnde Leitungsverknüpfungen herzustellen. Auf diese Weise wird die Wirkungsrichtung von Drücken und Volumenströmen beeinflusst und somit der Verbraucher (Zylinder oder Hydromotor) bezüglich Start, Stop und Bewe-gungsrichtung gesteuert.

Schaltstellungen und Anschlüsse   Die Zahl der Anschlüsse und der Schaltstellungen eines Wegeventils wird bei der Benennung vorangestellt; beispielsweise hat ein „3/2-Wegeventil" (Abb. 5.155b) drei Anschlüsse und zwei Schaltstellungen. Jede mögliche Schaltstellung wird durch ein Quadrat dargestellt. Pfeile und Striche innerhalb des Quadrats machen die Verknüpfung zwischen den Anschlüssen deutlich. Das gesamte Schaltzeichen besteht aus mehreren aneinandergereihten Quadraten, die dann die jeweilige Schaltstellung mit den möglichen Durchfluss- bzw. Sperrstellungen zeigt.

Betätigung der Wegeventile   Wegeventile werden durch äußere Schaltbefehle in ihre ver-schiedenen Schaltstellungen gebracht, d. h. betätigt. Die Art der Betätigung des Wegeven-

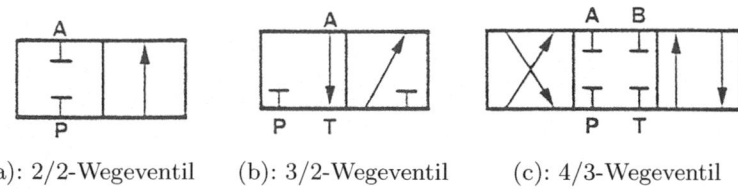

(a): 2/2-Wegeventil   (b): 3/2-Wegeventil   (c): 4/3-Wegeventil

Abb. 5.155 Schaltstellungen und Anschlüsse von Wegeventilen (P Druckanschluss (Pumpe), T Rücklaufanschluss (Tank), A/B Arbeitsanschlüsse (Verbraucher), L Lecköl) [45]

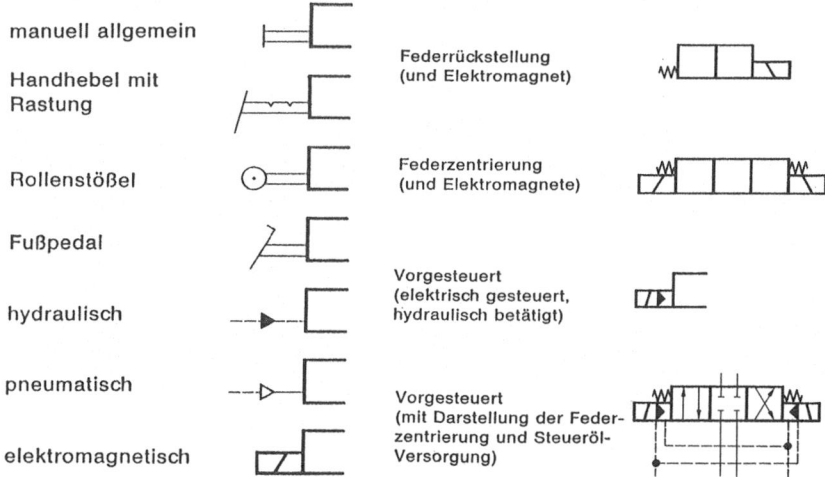

Abb. 5.156 Betätigungsmechanismen der Wegeventile i. A. a. [45]

tils wird ebenfalls im Schaltzeichen ausgedrückt. Die wichtigsten Betätigungsarten zeigt Abb. 5.156.

Bauarten von Wegeventilen Von der Bauart unterscheidet man nach Sitz- und Schieberventil, welches noch nach Längs- und Drehschieber unterschieden wird (Abb. 5.157 und 5.158).

Sitzventile Sie kommen zum Einsatz für Halte- oder Spannfunktionen. Dem Vorteil der absoluten Dichtigkeit stehen die Nachteile gegenüber, dass sie große Schaltkräfte erfordern. Bei direkter Betätigung sind sie nur für kleine Durchflussströme geeignet, und komplexe Wegenventil-Funktionen erfordern eine hohe Anzahl von Ventilelementen (Abb. 5.159).

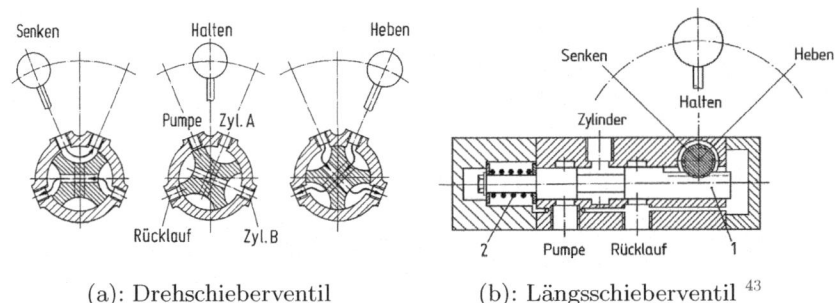

(a): Drehschieberventil   (b): Längsschieberventil [43]

Abb. 5.157 Bauarten von Wegeventilen. (1 Ventilschieber, 2 Druckfeder) [44, S. 115 f.]

Abb. 5.158 Formen von Sitzen bei Sitzventilen [44, S. 116 f.]

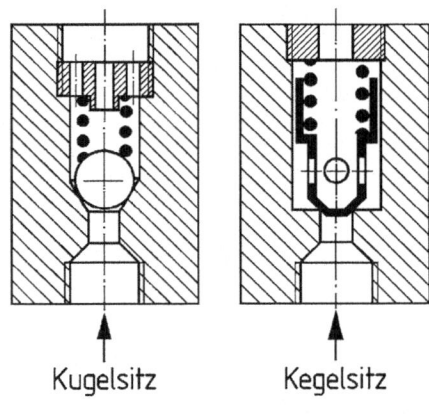

Abb. 5.159 Schaltbild Sitzventil [45]

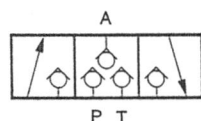

Die Abb. 5.159 erklärt sich wie folgt:

Linker Kasten   Der Verbraucher A (Kolben) erhält Öldruck von P und fährt aus.
Mittlerer Kasten   In Nullstellung ist A nicht mit P oder T verbunden, der Kolben bewegt
                   sich nicht.
Rechter Kasten   Von A fließt Öl zurück in den Tank, der Kolben fährt ein.

Drehschieberventile Beim Drehschieberventil erfolgt die Lenkung des Ölstromes über Kanäle, die in einen drehbaren Kolben eingearbeitet sind. Da zum Umschalten eine Rotationsbewegung erforderlich ist, wird diese Bauart vorwiegend nur bei Handventilen angewandt (Abb. 5.160).

Abb. 5.160 Schaltbild
Drehschieberventil [45]

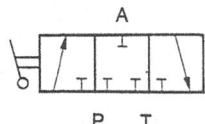

Längsschieberventile Dies ist die weitaus häufigste Bauform von Wegeventilen. In einer zylindrischen Gehäusebohrung mit mehreren Ringnuten, entsprechend der Anzahl der Ventilanschlüsse, bewegt sich ein Ventilschieber (Ventilkolben). Dieser hat an seinem Umfang ebenfalls verschiedene Ringnuten, so dass sich je nach Position des Schiebers unterschiedliche Verknüpfungen zwischen den Anschlüssen ergeben. Die geradlinigen Schaltbewegungen sind geeignet für elektromagnetische, hydraulische, pneumatische und mechanische Betätigung.

Um Platz und Rohrleitungen zu sparen, werden mehrere zur Steuerung einer Anlage erforderliche Wegeventile zusammen mit dem Druckbegrenzungsventil zu einem kompakten Ventilblock zusammengefasst (Abb. 5.161).

Linker Kasten   P → B offen, A → T offen (entspricht Schieber rechts in Abb. 5.157b)
Mittlerer Kasten   alle Verbindungen abgesperrt (Schieber in Mittelstellung)
Rechter Kasten   P → A offen, B → T über oberen Kanal offen (Schieber links)

Druckventile
Kennzeichnend für diese Ventile ist ihre Funktion, indem beim Erreichen eines meist durch Federspannung vorgegebenen Drucksollwertes Wege geschaltet werden.

Man unterscheidet in:

Druckbegrenzungsventil Dieses Ventil hat in erster Linie die Aufgabe, den Druck in der Anlage zu begrenzen und so die einzelnen Komponenten und Leitungen vor Bersten und Überlastung zu schützen. Diese Begrenzung erfolgt dadurch, dass das zunächst geschlossene Ventil beim Erreichen des vorgegebenen Druckes öffnet und den überschüssigen Förderstrom der Pumpe zum Tank abführt (Abb. 5.162).

Druckminderventil Während das Druckbegrenzungsventil den gesamten Betriebsdruck in einer Anlage auf ein bestimmtes Niveau begrenzt, ist es die Aufgabe eines Druckminderventils, den Druck in einem bestimmten Zweig für einen bestimmten Verbraucher zu reduzieren.

Abb. 5.161 Schaltbild
Längsschieberventil [45]

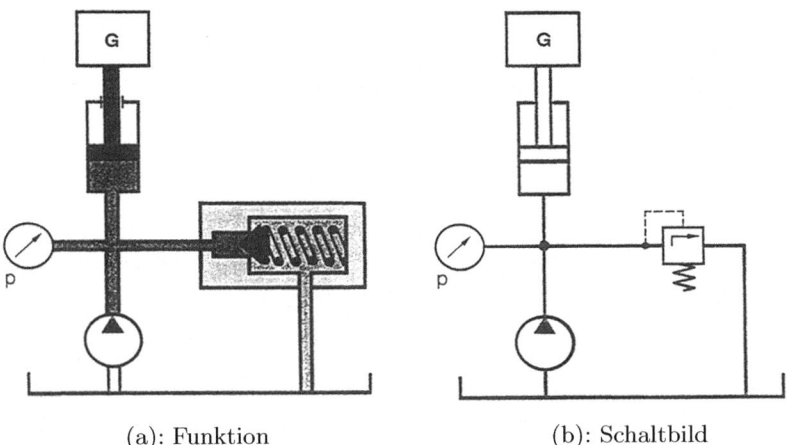

(a): Funktion   (b): Schaltbild

Abb. 5.162 Druckbegrenzungsventil i. A. a. [45]

Druckschaltventile Diese geben bei Erreichen des Einstelldruckes Stromwege für weitere Arbeitsabläufe frei.

Sperrventile

Sperrventile haben die Aufgabe, einen Volumenstrom in einer Richtung zu sperren, und gestatten in der Gegenrichtung freien Durchfluss. Sie werden daher auch als Rückschlagventile bezeichnet. Die Absperrung soll absolut leckfrei sein, weshalb diese stets in Sitzbauweise ausgeführt wird. Als Dichtelemente werden Kugeln, Kegel und Ventilteller verwendet (s. auch Abb. 5.158), am häufigsten ist aber die Bauweise als Patrone (Abb. 5.163).

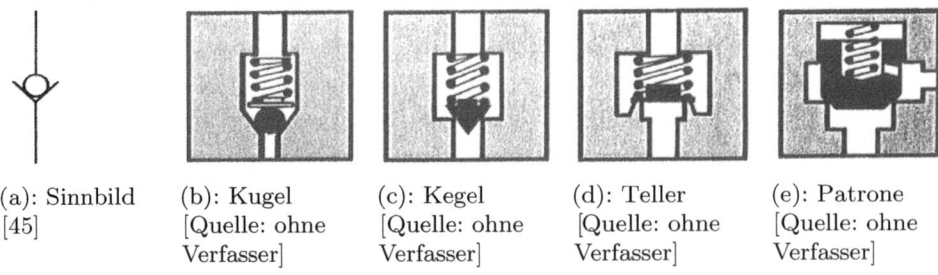

(a): Sinnbild   (b): Kugel   (c): Kegel   (d): Teller   (e): Patrone
[45]   [Quelle: ohne   [Quelle: ohne   [Quelle: ohne   [Quelle: ohne
                  Verfasser]   Verfasser]   Verfasser]   Verfasser]

Abb. 5.163 Bauformen von Sperrventilen

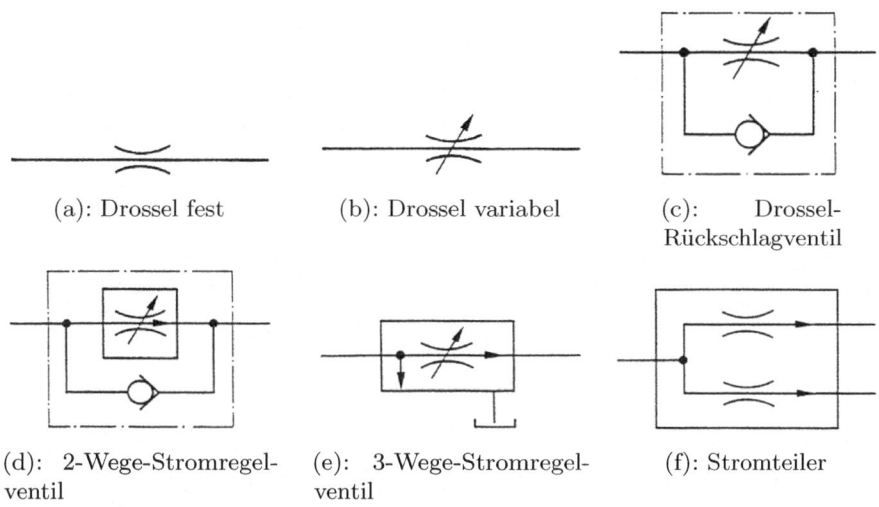

(a): Drossel fest   (b): Drossel variabel   (c):   Drossel-Rückschlagventil

(d): 2-Wege-Stromregel-ventil   (e): 3-Wege-Stromregel-ventil   (f): Stromteiler

Abb. 5.164 Stromventile (Symbolzeichen) [45]

Stromventile

Die Aufgabe der Stromventile ist es, den Volumenstrom durch Veränderung eines Drossel-querschnittes zu beeinflussen, um so Geschwindigkeiten von Zylindern und Hydromotoren zu steuern. Die Abb. 5.164 zeigt eine Übersicht über verschiedene Stromventile in Form ihrer Symbolzeichen. Je nach erzielbarer Genauigkeit der Regelung des Volumenstromes unterscheidet man zwischen Drosselventilen und Stromregelventilen.

Stromregelventile ermöglichen die Verwendung von günstigen Konstant-Volumenpumpen. Mit ihnen ist außerdem der Ausgleich von dynamischen Schwankungen der Last möglich, ohne dass davon die Pumpe beeinflusst wird (Abb. 5.165).

Drosselventile An einer Drosselstelle besteht ein quadratischer Zusammenhang zwischen Durchfluss Q (entspricht $\dot{V}$) und dem Druckgefälle Δp gemäß der Beziehung

$$Q^2 \sim \Delta p \tag{5.97}$$

Ändert sich also der Zulauf- oder Ablaufdruck an einer Drossel, so ergibt sich eine Druckdif-ferenz Δp und somit ein veränderlicher, druckabhängiger Durchflußstrom Q (Abb. 5.166).

2-Wege-Stromregelventile Wird an einem Verbraucher eine konstante Geschwindigkeit unabhängig von der Last gefordert (z. B. bei Pressen), so ist ein Stromregelventil einzuset-zen. Dessen Kennlinie zeigt einen geraden Verlauf, d. h. der Durchflussstrom ist unabhängig von der anliegenden Druckdifferenz.

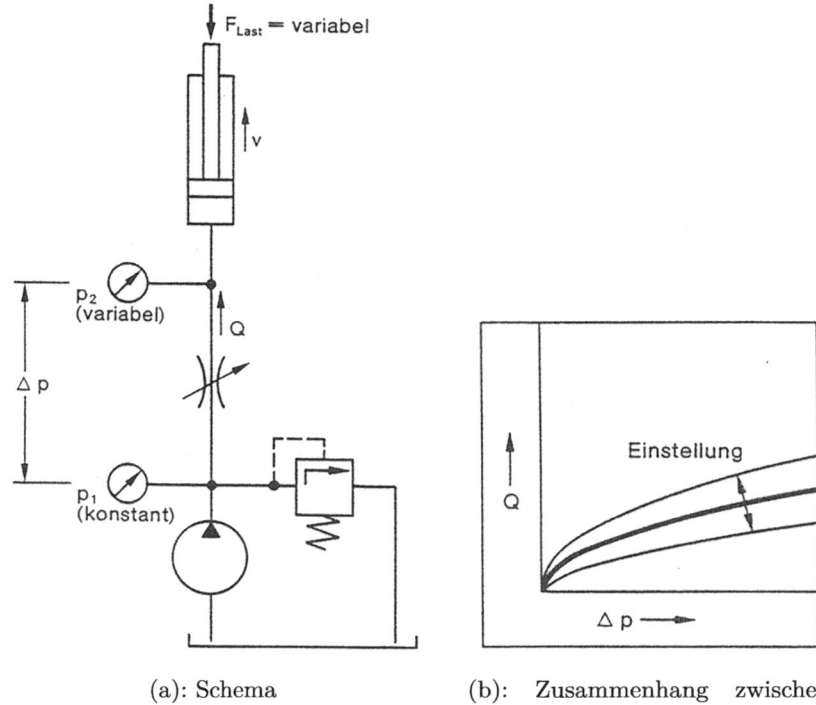

(a): Schema

(b): Zusammenhang zwischen Durchfluss Q und Druckgefälle Δp: $Q^2 \sim \Delta p$

Abb. 5.165 Drosselventil i. A. a. [45]

Das Ziel des Stromregelventils ist es, den Volumenstrom konstant zu halten und über $\dot{V} = A \cdot v$ (bei konstanter Ventilfläche A) auch die Geschwindigkeit v konstant zu halten. Trotz steigendem Δp (d. h. Druckdifferenz an der Drossel $p_2 - p_1$) wird durch die Kombination von Druckwaage und Messdrossel der Volumenstrom $\dot{V}$ konstant gehalten.

Die gewünschte Unabhängigkeit vom Lastdruck wird dadurch erreicht, dass man der eigentlichen Messdrossel eine zweite variable Drosselstelle (Drosselwaage) in Reihe schaltet, welche sich automatisch verändert, sobald Druckdifferenzschwankungen an der Messdrossel auftreten. Diese werden damit sofort korrigiert und der Durchflussstrom bleibt konstant.

Tritt z. B. eine Erhöhung der Last auf, so steigt p_3 an. Diese Druckerhöhung würde auch auf den Zulaufdruck p_1 zurückwirken, was nicht gewollt ist. Dadurch, dass aber der Drosselquerschnitt automatisch weiter öffnet, wird p_2 angehoben und wieder auf einen konstanten Wert korrigiert.

3-Wege-Stromregelventile In dieser Version liegt die Druckwaage nicht in Reihe, sondern parallel zur Messdrossel. Die Wirkungsweise ist ähnlich wie beim 2-Wege-Ventil. Der von

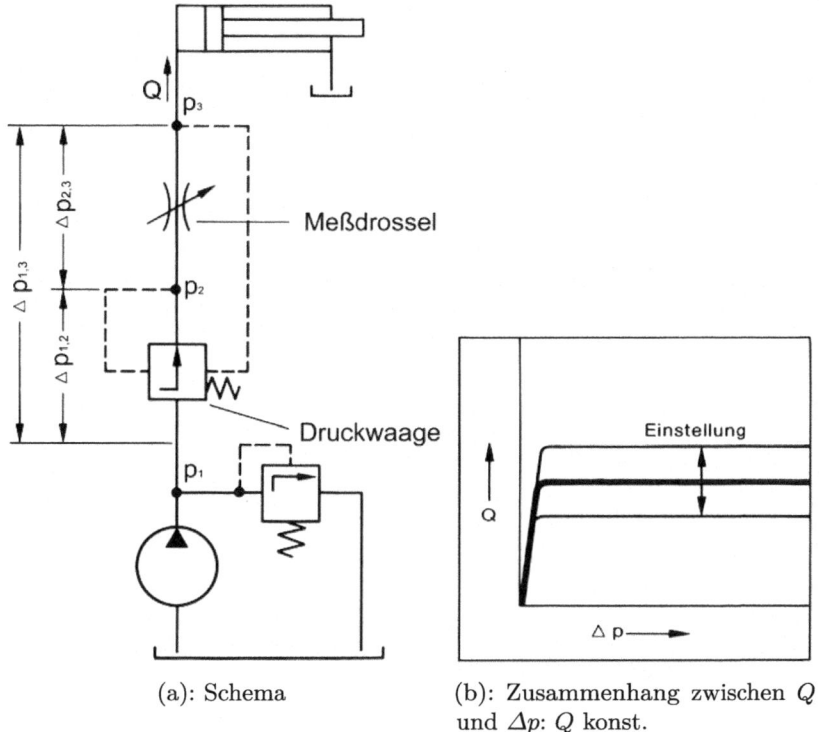

(a): Schema

(b): Zusammenhang zwischen Q und Δp: Q konst.

Abb. 5.166 2-Wege-Stromregelventil i. A. a. [45]

der Pumpe geförderte Überschussstrom kann über den dritten Anschluss für weitere Verbraucher genutzt oder zum Tank abgeleitet werden.

Die Wirkungsweise wird anhand der Abb. 5.167 deutlich: Wenn der Druck der Messdrossel steigt, steigt auch der Druck an der Waage. Der Zylinder fährt nach links und sperrt damit den Strom Q_3 ab. Beim Hauptstrom Q_2 wird der Volumenstrom konstant gehalten. Der Reststrom Q_3 kann parallel für andere Aggregate verwendet werden.

5.12.2.4 Hydraulikzubehör
Rohr- und Schlauchleitungen

Die hydraulische Verbindung einzelner oder miteinander verbundener Hydrogeräte erfolgt durch Rohrleitungen oder auch Schlauchleitungen. Um die Strömungsverluste klein zu halten, müssen die Leitungen möglichst gerade verlegt und die Strömungsgeschwindigkeit klein gewählt werden. Folgende mittlere Geschwindigkeiten können als Richtwerte betrachtet werden:

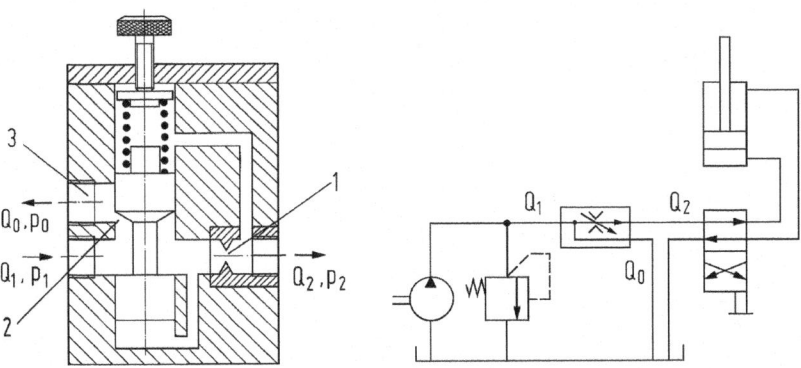

Abb. 5.167 3-Wege-Stromregelventil (1 Messblende, 2 Überschussstrom (Reststrom), 3 Anschluss) [44, S. 144]

Saugleitungen   0,5 bis 1,5 m/s
Druckleitungen   1,5 bis 6 m/s (selten bis 10 m/s)
Rücklaufleitungen 2 bis 3 m/s

Folgende Bauformen kommen dabei zum Einsatz:

Rohrleitungen Es werden fast ausnahmslos nahtlose Präzisionsstahlrohre nach DIN 2391 aus St 35.4 (Feinkorngüte) eingesetzt. Diese Rohre können von Hand mit einfachen Biegemaschinen gebogen werden, ohne dass der Querschnitt dabei flachgedrückt wird. Die erforderliche Wanddicke der Rohre gegen Innendruck kann nach DIN 2413 berechnet werden.

Schlauchleitungen Ändert ein Arbeitselement während des Betriebes seine Lage, oder liegt ein räumlich ungünstiger Leitungsverlauf vor, so muss der Ölstrom durch Schläuche erfolgen. Sie dienen zugleich der Geräusch- und Schwingungsdämpfung. Die Schläuche sind heute durch die Verwendung von synthetischen Kautschukmischungen weitgehend ölfest und mit entsprechenden Textil- und Metallgeflechten für Nenndrücke bis 400 bar, bei kleineren Nennweiten sogar bis 780 bar, erhältlich. Man unterteilt die Schläuche nach ihrer Verwendung in

Niederdruckschläuche bis 30 bar
Hochdruckschläuche bis 200 bar
Höchstdruckschläuche über 200 bar

Verbindungselemente

Rohrverschraubungen Die Rohre werden bis zu Außendurchmessern von 42 mm mit lösbaren Rohrverschraubungen verbunden. Bei Rohren größerer Außendurchmesser (bzw. extremen Belastungen) werden Flanschverbindungen verwendet.

Anforderungen an die Rohrverschraubungen:

- einfache Montage
- Möglichkeit der wiederholten Montage und Demontage
- kein zusätzlicher Druckverlust
- absolute Betriebssicherheit auch bei Druckstößen, Schwingungen und starken Temperaturschwankungen

Aus der Vielzahl der Rohrverschraubungssysteme wird in der Vorlesung lediglich auf die Schneidringverschraubung eingegangen (Abb. 5.168):

Sie besteht aus einem Gewindestutzen mit Innenkonus, einem gehärteten Schneid- und Keilring und einer Überwurfmutter. Beim Anziehen der Überwurfmutter (2) wird der harte Schneidring (3) zwischen den Innenkonus (1) des Gewindestutzens und das Stahlrohr getrieben, bis der Ring mit der scharfen Kante einen sichtbaren Bund am ganzen Umfang des Stahlrohres aufwirft. Durch das Verkeilen des Schneidringes zwischen Rohrwand und Innenkonus wird ein übermäßiges Einschneiden vermieden und gleichzeitig ein zuverlässiger Verschluss hergestellt.

Dichtungen Die Dichtungen gehören sowohl für den Konstrukteur als auch für den Betreiber von Hydraulikgeräten zu den wichtigsten Bauelementen. Bei der Auswahl sind die folgenden Gesichtspunkte zu beachten:

- möglichst gute Dichtwirkung (geringe Lecköverluste)
- bei dynamischen Dichtungen möglichst geringe Reibkräfte (z. B. zwischen Kolben und Zylinder)
- möglichst gute Dauerhaltbarkeit (gegenüber mechanischen und chemischen Beanspruchungen)

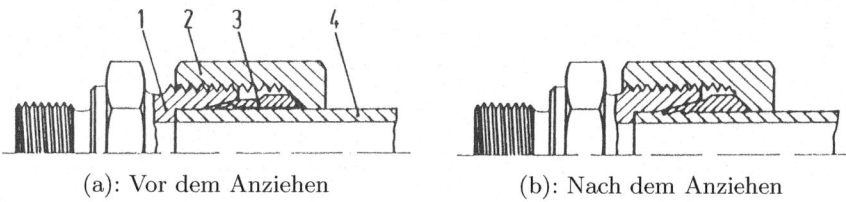

(a): Vor dem Anziehen   (b): Nach dem Anziehen

Abb. 5.168 Schneidringverschraubung (Ermeto-Progressiv-Ring) (1 Gewindestutzen mit Innenkonus, 2 Überwurfmutter, 3 Schneidring, 4 Rohr) [44, S. 144]

Man unterscheidet statische und dynamische Dichtungen:

Statische Dichtungen Ruhende Dichtungen, d. h. Dichtungen, die nicht bewegt werden.
Sie kommen z. B. bei Flanschen oder Lager- und Gehäusedeckeln, sowie bei langsam
laufenden Wellen vor.
- Flachdichtungen aus Papier oder metallischen Werkstoffen (als Deckelabdichtungen)
- O-Ring; wichtigste statische Dichtung

Dynamische Dichtungen Die Abdichtung bewegter Bauteile ist ungleich schwieriger als
die ruhender Teile. Häufig in der Ölhydraulik verwendete dynamische Dichtungen sind
(Abb. 5.169):

Mantelringdichtung Die M. und die
Nutringdichtung sind *Kolbendichtungen.* Sie laufen trocken und sind daher Verschleiß
unterworfen. Die N. kommt zum Einsatz bei höheren Kolbengeschwindigkeiten.
Dachmanschettendichtung Die D. ist eine *Kolbenstangendichtung.* Sie wird oft verwendet bei harten, mit Schwingungen behafteten Einsatzbedingungen und kleinen Kolbengeschwindigkeiten. In der Ölhydraulik wird sie eher selten eingesetzt, dafür aber in
der Wasserhydraulik bei sehr hohen Drücken (fünf Manschetten!), wenn Linear- und
Schraubbewegungen abzudichten sind. Anders als die M. und N. läuft sie nicht trocken,
weil sich bei der Dachmanschettendichtung zwischen den Manschetten kleine Flüssig-
keitspolster befinden.
Gleitringdichtung Die G. kann sowohl als Kolben-, als auch als Kolbenstangendichtungen
eingesetzt werden. Die Bauweise ist eine Kombination von einem O-Ring mit einem
sog. Gleitring. Dabei wird der O-Ring von dem elastischen Gleitring an die zu dichtende
Fläche gepresst. Die Leckage der für bis zu 600 bar geeigneten Dichtungen ist gering. Die
mögliche Bewegungsgeschwindigkeit liegt hier höher als 0,2 m/s (Grenze für normalen
O-Ring).

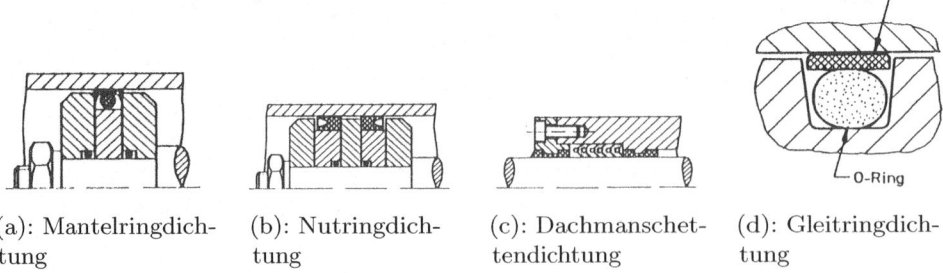

(a): Mantelringdich-   (b): Nutringdich-   (c): Dachmanschet-   (d): Gleitringdichtung   tung   tendichtung   tung

Abb. 5.169 Dynamische Dichtungen für Kolben und Kolbenstange [44, S. 166]

Ölbehälter

Aufgaben von Ölbehältern sind

- Druckflüssigkeit aufnehmen,
- Wärmeenergie aufnehmen (über die Behälterwände),
- Schmutz- und Wasserbeimengungen abscheiden (setzen sich am Boden ab, Ansaugstutzen oberhalb),
- ungelöste Luft abscheiden (Luftleitsieb u. Entlüftungsstutzen),
- die turbulent zurückfließende Flüssigkeit beruhigen (Beruhigungsblech).

Bauarten von Ölbehältern:

Offene Behälter (Abb. 5.170) gebräuchlichste Bauart, Masse der Hydraulikanlagen wird
mit offenen Behältern ausgerüstet
Geschlossene Behälter (Abb. 5.171) Anwendung bei kleineren Ölvolumina, z. B. für Anlagen in der Fahrzeugtechnik oder im Flugzeugbau

Druckölspeicher (Hydrospeicher)

Hydrospeicher haben die Aufgabe, ein bestimmtes Ölvolumen aus der Hydraulikanlage
unter Druck aufzunehmen und es bei Bedarf der Anlage wieder zuzuführen. Im Detail kann
dies zu folgenden Zwecken geschehen:

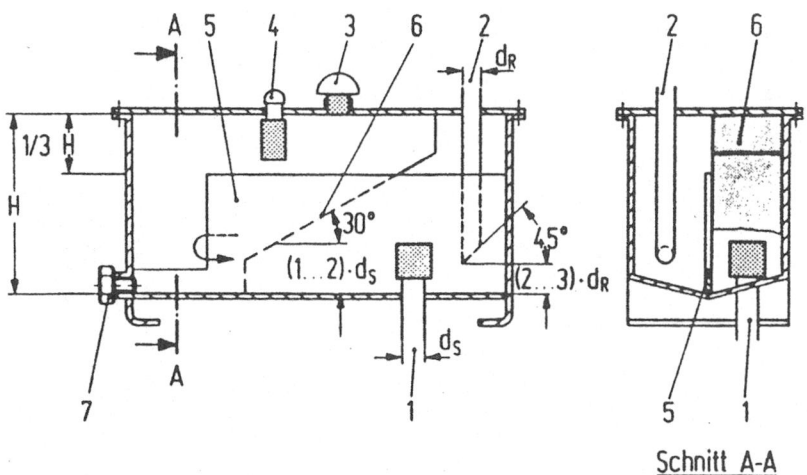

Abb. 5.170 Offener Ölbehälter (1 Ansaugstutzen, 2 Rücklaufrohr, 3 Entlüftungsstutzen, 4 Öleinfüllstutzen, 5 Beruhigungsblech, 6 Luftleitsieb, 7 Ölablassstutzen) [44, S. 169]

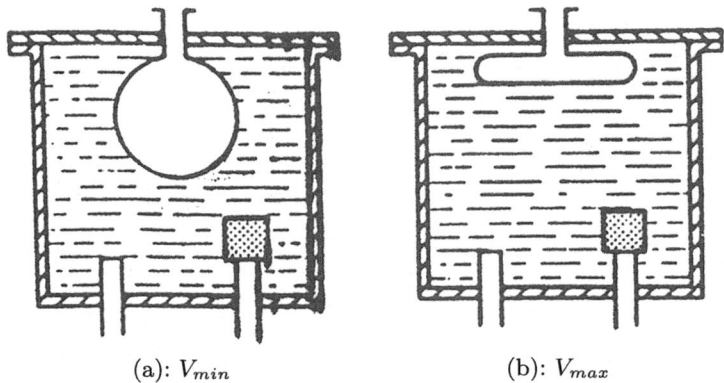

(a): V_{min} (b): V_{max}

Abb. 5.171 Geschlossener Ölbehälter [44, S. 169]

- Bereitstellung eines Ölvolumenstroms für kurzzeitigen Spitzenbedarf
- Ausgleich von Leckö, lverlusten und von Volumenänderungen infolge von Temperatur-oder Druckschwankungen.
- Bereitstellung von Energie für Notfälle (z. B. um einen begonnenen Arbeitstakt bei Ausfall der Pumpe zu Ende zu führen)
- Dämpfung von Druckstößen (Schockabsorber)

Bauarten (Abb. 5.172):

- Kolbenspeicher
- Membranspeicher
- Blasenspeicher

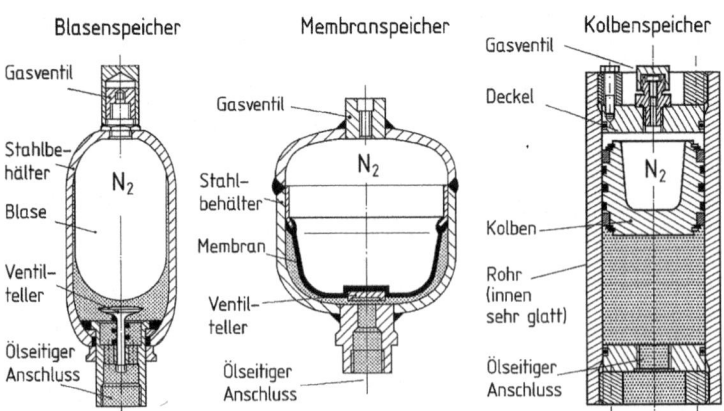

Abb. 5.172 Bauformen der Hydrospeicher [44, S. 177]

Filter

In hydraulischen Systemen werden Filter benötigt, um Fremdkörper zu entfernen, die sich im Ölkreislauf befinden (z. B. Verschmutzungen, metallischer Abrieb etc.), damit Beschädigungen von Anlagenteilen vermieden werden. Die meisten Filterelemente werden in Form von Filtereinsätzen hergestellt, die dann in entsprechende Gehäuse eingesetzt werden. Man unterscheidet:

Oberflächenfilter Filter mit konstanten Poren-, Maschen- oder Spaltweiten, die nur Schmutzteilchen durchlassen, die kleiner sind als die angegebene absolute Filterfeinheit.

- Spaltfilter (Filterfeinheit 25 bis 500 μm); Teilchen kleiner als 25 μm passieren den Filter
- Siebfilter (Filterfeinheit 5 bis 100 μm)

Tiefenfilter Enthalten Poren unterschiedlicher Größe, die vereinzelt noch Schmutzteilchen hindurchlassen, welche größer sind als die angegebene mittlere Filterfeinheit. Sie bestehen aus meist in mehreren Schichten zusammengepressten Faserstoffen auf Zellulose-, Kunststoff-, Glas- oder Metallbasis. Auch Filter aus Sintermetall sind Tiefenfilter.

- Sintermetallfilter (mittlere Filterfeinheit 1 bis 50 μm)
- Faserstofffilter (mittlere Filterfeinheit 0,5 bis 30 μm)
- Magnetfilter, am Boden des Ölbehälters zusätzlich eingesetzt.

Einsatzarten

Saugfilter (siehe Abb. 5.173b) Zum Schutz der Pumpe. Einsatz bis zu Korngrößen von 70 μm; entsprechend großmaschige Drahtgeflecht-Siebe. Falls der Filter völlig verstopft ist, saugt die Pumpe nur noch Luft an und es besteht Kavitationsgefahr.

Hochdruckfilter (siehe Abb. 5.173c) Sie erfassen auch den in der Pumpe entstehenden Abrieb und werden insbesondere zum Schutz von empfindlichen Folgegeräten eingesetzt (z. B. Servoventilen).

Rücklauffilter (siehe Abb. 5.173a) Die Schmutzteilchen werden bei Verwendung von Rücklauffiltern erst dann erfasst, nachdem sie alle Geräte einer Anlage durchlaufen haben, so dass Schäden nicht auszuschließen sind.

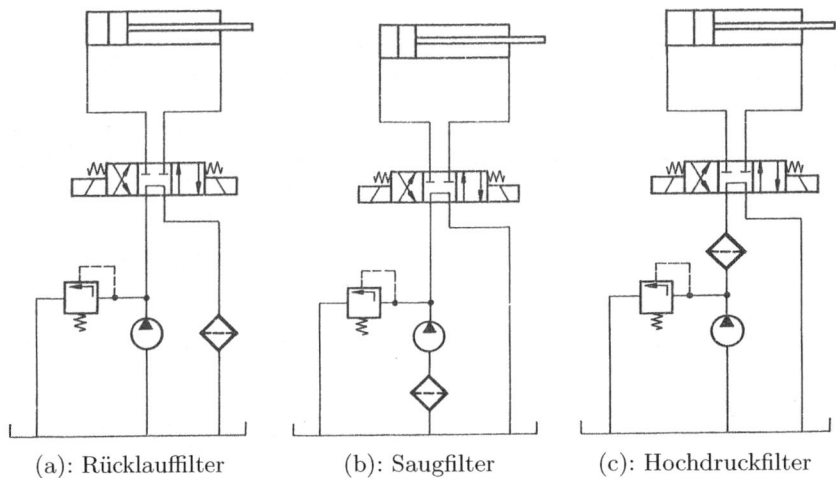

(a): Rücklauffilter   (b): Saugfilter   (c): Hochdruckfilter

Abb. 5.173 Anordnung von Filtern im Kreislauf i. A. a. [45]

Wärmetauscher

Wärmetauscher sind Geräte, die einer Hydraulikflüssigkeit Wärme zuführen (heizen, nur erforderlich bei Anlagen, die bei tiefen Temperaturen = hohen Viskositäten anlaufen müssen) oder entziehen (kühlen). Sie sorgen für eine günstige Betriebstemperatur (etwa 60°C ⇒ günstiger Viskositätsbereich ⇒ optimaler Wirkungsgrad; zudem nehmen die Dichtungen bei hohen Temperaturen Schaden).

5.12.3 Aufbau und Funktion der Hydrogetriebe

5.12.3.1 Hydrokreise

Ein hydrostatischer Antrieb wird aus einem System von Bauelementen gebildet, das von der Druckflüssigkeit im Kreislauf durchströmt wird. Man unterscheidet grundsätzlich den offenen Kreislauf und den geschlossenen Kreislauf (Abb. 5.174).

Offener Kreislauf Die einfachere Anordnung ist der offene Kreislauf. Hier wird das Öl von der Pumpe aus dem Behälter angesaugt und unter Druck dem Arbeitszylinder oder dem Ölmotor zugeführt. Das Öl fließt dann, wenn es seine Druckenergie abgegeben hat, drucklos wieder in den Ölbehälter zurück. Der offene Kreislauf hat den Nachteil, dass eine Änderung des Energiestromes vom Antreiben zum Bremsen nur unter Schwierigkeiten zur realisieren ist.

Geschlossener Kreislauf Beim geschlossenen Kreislauf wird das drucklose Öl, das den Hydromotor verlässt, direkt der Saugseite der Pumpe zugeleitet. Wegen der Lecköl-verluste und um ständig einen Teil des erwärmten Öls im Kreislauf zu erneuern, wird

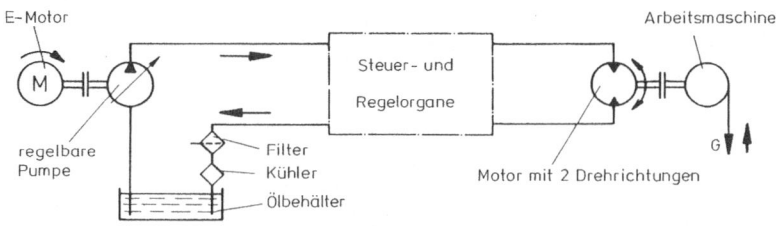

(a): offener Kreislauf

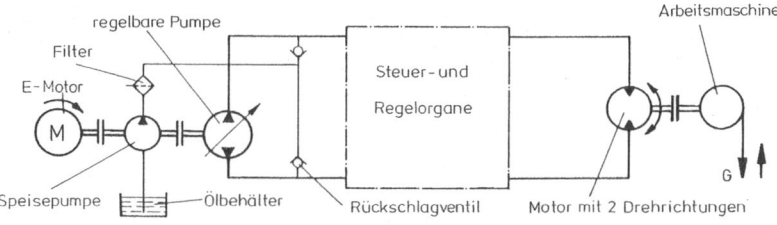

(b): geschlossener Kreislauf

Abb. 5.174 Hydrostatische Leistungsübertragung i. A. a. [45]

durch eine Speisepumpe dauernd eine kleine Ölmenge (etwa 10 % des Förderstromes) in die Saugleitung (Niederdruckleitung) der Pumpe gedrückt. Das überschüssige Öl wird durch ein Überstromventil in den Behälter zurückgeführt. Der Vorteil des geschlossenen Kreislaufs ist, dass der von der Pumpe zum Motor führende Energiestrom bei gleichbleibender Schwenkrichtung von Primär- und Sekundärteil und bei unverändertem Drehsinn sich umkehren kann, d. h. bei treibender Last (Motor) bremst die elektromotorisch angetriebene Pumpe generatorisch.

5.12.3.2 Steuerung von Hydrokreisen
Die beiden wichtigsten Arten der Steuerung von Hydrokreisen sind:

Verstellgetriebe Primärverstellung Die von Null bis Maximum verstellbare Pumpe speist einen Konstantmotor (größte Verbreitung)

Sekundärverstellung Pumpe liefert konstanten Förderstrom, Motor ist verstellbar

Verbundverstellung Beide Maschinen sind verstellbar, Verstellung erfolgt nacheinander oder gleichzeitig gegenläufig.

Stromteilgetriebe Für kleinere Leistungen (< 5 kW) sind Hydrogetriebe mit billigen Konstantpumpen und -motoren kostengünstiger, deren Arbeitsgeschwindigkeit durch Ableiten eines Teilstromes aus dem Ölkreislauf gesteuert wird.

Der hydraulische Schaltplan

Ein hydraulischer Schaltplan zeigt den Aufbau eines Hydraulik-Kreislaufes. Die einzelnen Hydrogeräte sind dabei durch Bildzeichen dargestellt und entsprechend miteinander verbunden. Die Leitungsverbindungen werden als Linien gezeichnet.

Anhand des Schaltplanes kann man den Funktionsablauf eines Hydrosystems erkennen. Bei umfangreicheren Schaltplänen ist meist noch ein Arbeitsablaufdiagramm vorhanden, um den exakten zeitlichen Arbeitsablauf einer Anlage oder Maschine entnehmen zu können.

Beispiel: Schaltplan zum Betätigen eines Differentialzylinders Eine Pumpe (1)(Abb. 5.175) mit konstantem Förderstrom saugt Flüssigkeit aus einem Behälter an und verdrängt sie weiter in das angeschlossene System. Bei Mittelstellung des handbetätigten Wegeventils (4) ist ein nahezu druckloser Umlauf der Hydraulikflüssigkeit von der Pumpe zum Tank (2) gewährleistet. Die Mittelstellung wird durch die beiden Federn erreicht (federzentriert). Mit Betätigen des Wegeventils (4) in seine linke Schaltstellung (antiparallele Pfeile) gelangt die Druckflüssigkeit in den Kolbenraum des Zylinders (5). Die Kolbenstange fährt aus. Die Ausfahrgeschwindigkeit richtet sich nach der Pumpenfördermenge Q und der Zylindergröße (Kolbenfläche) A:

$$\text{Ausfahrgeschwindigkeit } v = \frac{\pm Q}{A} \qquad (5.98)$$

Abb. 5.175 Hydraulischer Schaltplan (1 Pumpe und Arbeitsmaschine, 2 Tank, 3 Druckbegrenzungsventil, 4 4/3-Wegeventil, 5 Arbeitszylinder, 6 Manometer) [45]

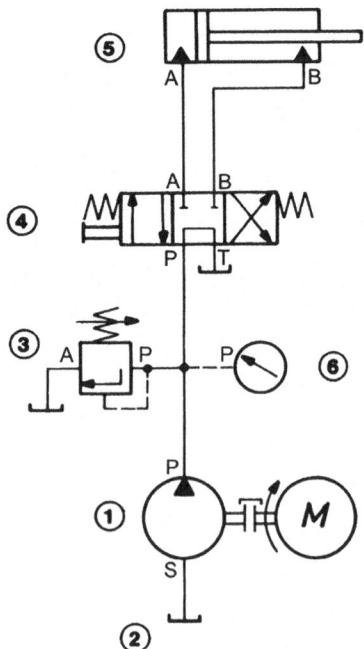

Die Größe der verfügbaren Kraft an der Kolbenstange ist dabei abhängig von der Kolbenfläche und dem maximal zulässigen Systemdruck. Dieser maximale Systemdruck und damit die Belastbarkeit des Hydrosystems wird am Druckbegrenzungsventil (3) eingestellt.

$$F_{max} = p_{max} \cdot A \qquad (5.99)$$

Die Höhe des tatsächlich vorhandenen Druckes, bestimmt durch den zu überwindenden Widerstand am Verbraucher, kann am Manometer (6) abgelesen werden.

Beispiel: Hydrokreise Ein hydrostatischer Antrieb wird aus einem System von Bauelementen gebildet, das von der Druckflüssigkeit im Kreislauf durchströmt wird. Man unterscheidet grundsätzlich den offenen und geschlossenen Kreislauf (Abb. 5.176).

Beispiel: Gabelstapler Die Abb. 5.3 zeigt einen Vierrad-Gabelstapler auf Basis eines dieselhydraulischen Antriebs. Alle Funktionen (Lenken, Fahren, Last heben und senken etc.) sind über hydraulische Antriebe geregelt.

Die Abb. 5.177 gibt im Detail die Realisierung der Funktionen für Fahrantrieb und zwei Nebenantriebe als Schaltbild an.

Abb. 5.176 Offener Kreislauf (1 Pumpe, 2 Hydromotor, 3 Begrenzungsventil, 4 Filter, 5 Behälter) [45]

Abb. 5.177 Hydrostatischer Antrieb eines Gabelstaplers (1 Antriebsräder, 2 Radantriebe, 3 Einspeisung, 4 Arbeitshydraulik, 5 Stromregler, 6 Rückschlagventil, 7 Lamellenbremsen, 8 Motoren, 9 Zahnradpumpe, 10 Zahnradpumpe, 11 Verstellpumpe, 12 Antriebsmotor, 13 Saugfilter, 14 Ölbehälter). (Quelle: IFT)

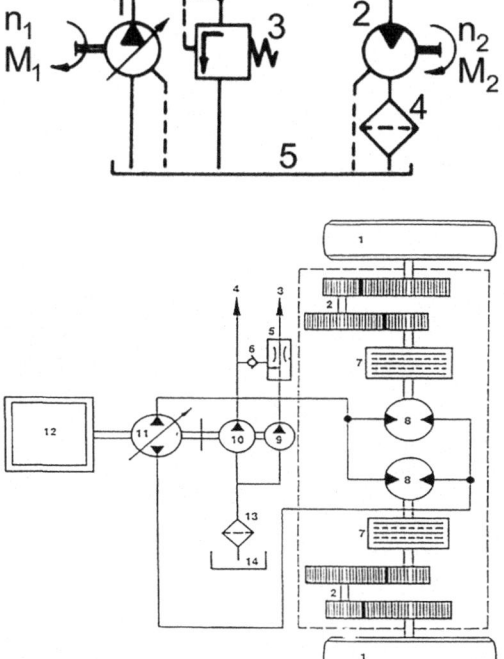

5.12.4 Hydrodynamische Leistungsübertragung

Im Gegensatz zur hydrostatischen Leistungsübertragung wird die Energieübertragung hier nicht über den Druck der in Umlauf gesetzten Flüssigkeiten, sondern durch ihre Geschwindigkeit bewirkt. Es werden verwendet:

- Hydrodynamische Kupplungen
- Hydrodynamische Wandler
- Hydrodynamische Bremsen

Auf weitere Einzelheiten speziell der Leistungsübertragung soll hier nicht weiter eingegangen werden, sondern auf spezielle Fachbücher verwiesen werden (z. B. Dubbel).

5.12.5 Pneumatische Antriebe

Die Druckluft hat als Energieträger gegenüber dem Öl zwar den Vorteil, dass sich Undichtigkeiten im Rohrleitungssystem nicht so unangenehm bemerkbar machen, dagegen aber den Nachteil, dass (vor allem aus Sicherheitsgründen) mit relativ niedrigen Drücken gearbeitet werden muss, nämlich mit Drücken zwischen 5 und 10 bar (max. 12 bar). Wegen der niedrigen Drücke bauen die Antriebe für Druckluft wesentlich größer und aufwendiger als die hydrostatischen Antreibe ($p = F/A$). Die Erzeugung von Druckluft ist außerdem mit hohen Energieverlusten verbunden und daher sehr teuer.

Der pneumatische Antrieb wird daher in erster Linie dort eingesetzt, wo bereits aus anderen Gründen Druckluft vorhanden ist. Deshalb findet man Fördermittel mit Druckluftantrieb vor allem im Bergbaubetrieb, wo auch Abbaumaschinen und andere Geräte mit Druckluft betrieben werden (Explosionsgefahr!).

Druckluft mit dem üblichen Betriebsdruck von 6 bar, wie sie normalerweise in Werkstätten zur Verfügung steht, wird zum Antrieb von Drucklufthebezeugen verwendet. Druckluftantrieb wird ferner verwendet für Steuerungszwecke, z. B. bei Fördermitteln (Bagger, Fahrzeugkrane). Überhaupt hat der Druckantrieb zur Automatisierung vieler in der Produktion notwendiger Handhabungsvorgänge außerordentliche Bedeutung erlangt, weil hierbei meist nur kleine Energiemengen (kleine Kräfte bei kleinen Wegen) benötigt werden.

Vor- und Nachteile:

- Schnelles Arbeiten infolge hoher Strömungsgeschwindigkeiten (in Leitungen bis 40 m/s) und kleiner Masse der Druckluft.
- Kleine Undichtigkeiten sind bedeutungslos.

- Unempfindlich gegenüber Temperaturschwankungen (aber: Vereisungsgefahr)
- geringerer Leitungsaufwand, da Luft nach Energieabgabe an den Steuerventilen abgeblasen wird
- Infolge der Elastizität der Luft ist die Anwendung auf Triebe mit begrenzter Endlagengenauigkeit begrenzt.
- Durch den niedrigen Betriebsdruck (bis ca. 12 bar) nur zur Übertragung kleiner Leistungen geeignet.

5.13 Neue Antriebssysteme

Auf Basis der weiteren Bemühungen in Richtung elektrobetriebener PKW gibt es jetzt seit einiger Zeit auch Bemühungen

- Baumaschinen,
- Kommunalfahrzeuge,
- Landmaschinen,
- Flurförderzeuge,
- etc.

im Sinne von Klimaschutz und Emissionsminderung zu optimieren.

Bisher dominierten bei den oben aufgelisteten Maschinen und Fahrzeugen für den Antrieb mechanische und hydraulische Baugruppen. Für die oben aufgeführten Maschinen und Fahrzeuge stehen wir bei den elektrischen Antrieben (und auch den elektrischen Aktoren) noch am Anfang einer Entwicklung, es soll aber hier ausdrücklich auf die Zukunftsmöglichkeiten hingewiesen werden. Bereits in den 50er Jahren [46]. hat es erste Prototypen zum Beispiel von sogenannten Hochlöffelbaggern gegeben, die Elektroantriebsmotoren hatten und über ein Schleppkabel mit Strom versorgt wurden. Für den elektrischen Antrieb ohne Kabel sind die Akkuleistungen bis heute noch nicht ausreichend. Auf der Bauma-Messe München 2016 hat allerdings der koreanische Hersteller BobCat einen elektrischen Mikrobagger mit einem Einsatzgewicht von einer Tonne auf Basis eines Lithium-Ionen-Akkus vorgestellt, welcher über ein Stromkabel innerhalb einer Stunde aufgeladen werden konnte. [46]

Auf der Baumaschinenmesse Intermat 2015 ist außerdem von der Firma Wacker Neuson ein 100 % elektrischer Radlader mit einem Schaufelinhalt von $0,2\,\text{m}^3$ vorgestellt worden. Er besitzt zwei Elektromotoren – einen Elektromotor für den Fahrantrieb und einen zweiten Elektromotor für den Antrieb der Arbeitshydraulik. Der zwei Tonnen schwere Radlader ist mit einem Blei-Säure-Akkumulator ausgestattet, der über einen Stromanschluss mit 400 V oder 230 V innerhalb von maximal fünf Stunden aufgeladen wird und demzufolge kabellos arbeitet.

Der Schwerpunkt der Forschung und Entwicklung wird in den nächsten Jahren auf Basis der Ausführungen von Prof. Dr.-Ing. Alfred Ulrich [47] darauf liegen, die Lebensdauer und Leistungsfähigkeit von Batterien und Akkus zu erhöhen. Im oben angeführten Artikel werden klar und deutlich die Vorteile der Elektrifizierung von mobilen Bau-, Land- und Fördertechnikmaschinen beschrieben:

- Höhere Wirkungsgrade sowie Überlastbarkeit von elektrischen Motoren gegenüber hydraulischen Lösungen
- Verschleißarmut und stark reduzierter Wartungsaufwand
- Umweltfreundlicher Betrieb, da keine Leckagen wie bei Hydraulikantrieben auftreten können
- Wegfall von Verrohrungen
- Nach Ausführungen von Prof. Ulrich werden hydraulische Antriebe bei dieser Gruppe von Maschinen und Fahrzeugen in der Zukunft durch elektrische Antriebe ersetzt. Dabei gilt:

„bei allen rotatorischen Antrieben, wo das Gewicht und der Bauraum eine untergeordnete Rolle spielen. Beispiele hierfür sind Schwenkantriebe beim Bagger, die Antriebe einer Vibrationswalze oder eines Straßenfertigers. Bei allen Hubbewegungen, bei denen hohe Kräfte und Verstellgeschwindigkeiten gefordert werden und das Gewicht des Aktors eine maßgebliche Rolle spielt, könnten Hydrauliklösungen beispielsweise nicht durch Hubspindelmotoren ersetzt werden."

Für weiterführende Literatur zu diesem Themengebiet ist das Buch [48] empfehlenswert. Hier sind Beiträge zur Fachtagung unter dem Thema „Hybride und energieeffiziente Antriebe für mobile Arbeitsmaschinen" abgedruckt.

Literatur

1. Niemann G (2005) Maschinenelemente, 4., bearb. Aufl. Springer, Berlin
2. Feyrer K (2016) Drahtseile: Bemessung, Betrieb, Sicherheit, 3., bearbeitete und erweiterte Aufl., Springer Vieweg, Berlin, 561 S
3. Feyrer K et al (1990) Stehende Drahtseile und Seilendverbindungen. expert-Verl., Ehningen bei Böblingen, 201 S

4. DIN Deutsches Institut für Normung e. V. (1984a) Hanf-Seile. DIN Deutsches Institut für Normung, Berlin

5. DIN Deutsches Institut für Normung e. V. (1984b) Polyamid-Seile. DIN Deutsches Institut für Normung, Berlin

6. DIN Deutsches Institut für Normung e. V. (1984c) Polypropylen-Seile; Sorte 2. DIN Deutsches Institut für Normung, Berlin

7. Jacobs M, van Dingenen J (1991) Leichtfasern für Hochleistungsseile. Drahtwelt 77(3):30–33

8. Vogel W, Feyrer K (1991) Hochfestes Faserseil beim Lauf über Seilrollen. Draht 42(11):814–818

9. o. V. (20019) Digital-visuelle Seilkontrolle ist praxisreif. Seilbahnen Int Juli:70–71

10. Winter S, Finckh-Jung A, Wehking K-H (2011) Safe use of ropes. In Proceedings of the OIPEEC Conference 2011 165–179

11. Vogel W, Wehking K-H (2004) Neuartige Maschinenelemente in der Fördertechnik und Logistik. Hochfeste, laufende Faserseile. In: E-Journal der Wissenschaftlichen Gesellschaft für Technische Logistik (WGTL)

12. Norm DIN EN 12385 (Januar 2009) Drahtseile aus Stahldraht

13. Norm DIN 3071 (Juli 1972) Drahtseile aus Stahldrähten – Spiral-Rundlitzenseil 36 × 7, *drehungsfrei* – zurückgezogen

14. Wehking K-H (2014) Kontakt & Studium. Bd. 673: Laufende Seile: Bemessung und Überwachung. mit 21 Tabellen, 4. Aufl. expert-Verl., Renningen

15. Norm DIN 15020 (1974) Hebezeuge: Grundsätze für Seiltriebe, Berechnung und Ausfürung

16. DIN Deutsches Institut für Normung e. V. (2000) Geräte zur Parküberwachung von Fahrzeugen: Parkscheinautomaten – Technische und funktionelle Anforderungen. DIN Deutsches Institut für Normung, Berlin

17. Norm 3608 (2015) Gurtförderer für Schüttgut: Fördergurt

18. Wennekamp T (2008) Berichte aus dem ITA. Bd. 2008,1: Tribologische und rheologische Eigenschaften von Fördergurten: Zugl.: Hannover, Univ., Diss., 2008. PZH Produktionstechn. Zentrum, Garbsen

19. Wittel H, Muhs D, Jannasch D, Voßiek J (2013) Roloff/Matek Maschinenelemente. 21. Springer Vieweg, Wiesbaden

20. Hoffmann K (1983) Fördertechnik 1. 7. Aufl. Oldenbourg, Munich

21. DIN Deutsches Institut für Normung e. V. (2013) Rundstahlketten: ein tolierte Hebezeugketten – Teil 3. DIN Deutsches Institut für Normung, Berlin

22. Rachner, H-G (1962) Konstruktionsbücher. Bd. 20: Stahlgelenkketten und Kettentriebe. Springer, Berlin. http://dx.doi.org/10.1007/978-3-642-50982-7

23. Scheffler M (2013) Grundlagen der Fördertechnik – Elemente und Triebwerke. Softcover reprint of the original 1. Aufl. 1994. Vieweg & Teubner, Wiesbaden. (Fördertechnik und Baumaschinen)

24. Wehking K-H (1986) Forschungsberichte zur industriellen Logistik. Bd. 30: Untersuchungen zur Optimierung von horizontal arbeitenden Trogkettenförderern: Zugl.: Dortmund, Univ., Diss., 1986. Inst. für Logistik, Dortmund

25. Norm DIN 536-2 Dezember (1974) Kranschienen, Form F (flach): Maße, statische Werte, Stahlsorten

26. Norm DIN 5902 (November 1995) Laschen für rillenlose Breitfußschienen - Maße und Stahlsorten
27. Norm DIN 15070 (Dezember 1977) Krane: Berechnungsgrundlagen für Laufräder – (zurückgezogen)
28. Norm DIN 15002 (April 1980) Hebezeuge. Lastaufnahmeeinrichtungen, Benennungen
29. Norm DIN 15003 (Februar 1972) Hebezeuge. Lastaufnahmeeinrichtungen, Lasten und Kräfte, Begriffe
30. Grote K-H, Feldhusen J (2011) Dubbel: Taschenbuch für den Maschinenbau. 23., neu bearbeitete und erweiterte Aufl, Springer Vieweg, Berlin
31. Pfeifer H (1977) Grundlagen der Fördertechnik. Vieweg+Teubner, Wiesbaden
32. Norm DIN 116 (1971) Scheibenkupplungen: Maße. Drehmomente, Drehzahlen
33. Norm DIN 740–1 (August 1986) Antriebstechnik: Nachgiebige Wellenkupplungen: Anforderungen, Technische Lieferbedingungen
34. Norm DIN 740-2 August 1(986) Antriebstechnik: Nachgiebige Wellenkupplungen: Begriffe und Berechnungsgrundlagen
35. Norm TGL 11753/02 (Februar 1962) Wellen-Kupplungen: Größenauswahl nach Betriebsfaktoren
36. Grote K-H, Bender B, Göhlich D (Hrsg) (2018) Dubbel – Taschenbuch für den Maschinenbau. Springer Vieweg, Berlin
37. Dobrinski P, Krakau G, Vogel A, Dobrinski-Krakau-Vogel (1976) Physik für Ingenieure: Mit 456 Bildern, 49 Tafeln, 138 Versuchen, 49 Beispielen, 299 Aufgaben und einer mehrfarbigen Spektraltafel, 4., neubearb. und erw. Aufl. Teubner, Stuttgart
38. Norm DIN EN 60617 (1997) Graphische Symbole für Schaltpläne
39. Binder A (2017) Elektrische Maschinen und Antriebe: Grundlagen, Betriebsverhalten, 2. Aufl. Springer, Berlin. http://dx.doi.org/10.1007/978-3-662-53241-6
40. Jünemann R, Beyer A (1988) Steuerung von Materialfluß- und Logistiksystemen: Informations- und Steuerungssysteme, Automatisierungstechnik. Springer, Berlin. (Logistik in Industrie, Handel und Dienstleistungen)
41. Brosch PF (1992) Moderne Stromrichterantriebe: Arbeitsweise drehzahlveränderlicher Antriebe mit Stromrichtern, 2., korrigierte und erw. Aufl. Vogel, Würzburg. (Vogel-Fachbuch)
42. Norm DIN EN 60034-1 (Februar 2015) Drehende elektrische Maschinen – Teil 1: Bemessung und Betriebsverhalten (IEC 2/1768/CD:2014). – Auch als VDE 0530-1 geführt
43. Norm FEM 1.001 (Oktober 1998) Rules for the design of hoisting appliances
44. Matthies HJ, Renius KT (2014) Einführung in die Ölhydraulik: Für Studium und Praxis, 8., überarb. und erw. Aufl. Springer Vieweg, Wiesbaden
45. Norm DIN ISO 1219 (2018) Fluidtechnik: Graphische Symbole und Schaltpläne – Teil 1: Graphische Symbole für konventionelle und datentechnische Anwendungen
46. Minet S, electrive.net (Hrsg) (2016) Baumaschinen auf dem Weg zur Elektromobilität?!

47. Fuchs A (2012) Elektrische Antriebslösungen werden nicht gefördert: Interview mit Prof. Dr.-Ing. Alfred Ulrich. ATZoffhighway 2012:22–27

48. Wissenschaftlicher Verein für Mobile Arb,Wissenschaftlicher Verein für M (Hrsg) (2019) Karlsruher Schriftenreihe Fahrzeugsystemtechnik. Bd. 67: Hybride und energieeffiziente Antriebe für mobile Arbeitsmaschinen : 7. Fachtagung, 20. Februar 2019, Karlsruhe. KIT Scientific Publishing, Karlsruhe

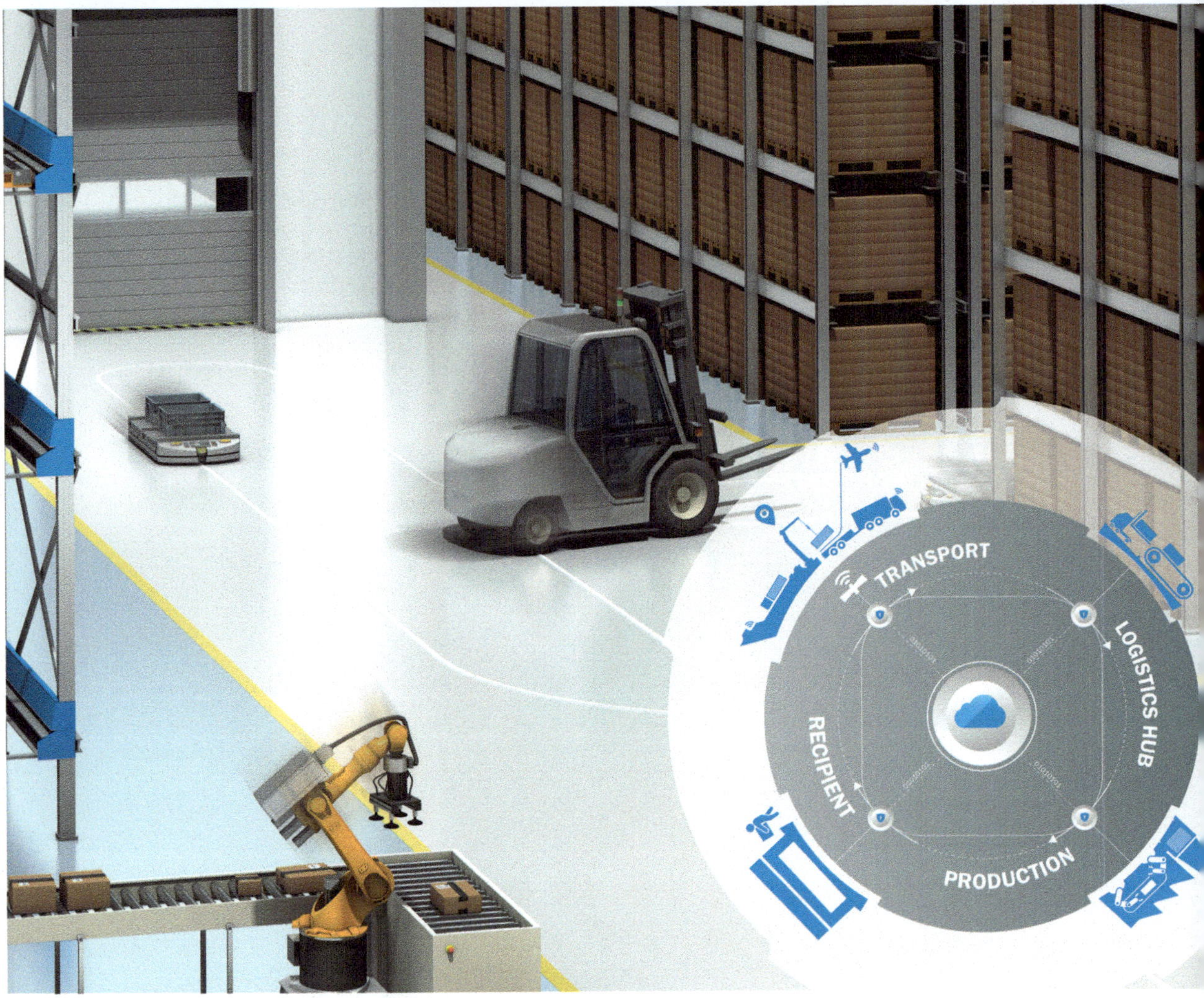

LOGISTIK SMARTER GEDACHT.

THIS IS **SICK**

Sensor Intelligence.

Materiallager, die ihren Bestand in Echtzeit erfassen. Shuttles, die sich über Aufträge abstimmen. Transportsysteme, die selbstständig ihre Route organisieren. Intelligente Sensorlösungen von SICK treiben die Vernetzung in Fertigung und Logistik voran. Sie überwachen Objekte, analysieren die Daten und stellen sie in Echtzeit zur Verfügung – entlang der gesamten Supply Chain. Das macht Prozesse transparenter, effizienter – und vor allem smarter. Wir finden das intelligent. www.sick.com/smart-logistics

Konstruktionselemente der Elektrotechnik (Sensorik, Aktorik, Steuerung, Regelung)

6

Karl-Heinz Wehking und Markus Schröppel

6.1 Einleitung

Zu Beginn des Kapitels über die Themengebiete Sensorik, Aktorik, Automatisierung des Materialflusses (Steuerungs- und Regelungstechnik) sei darauf hingewiesen, dass hier für die Erstellung des Textes und auch der Abbildungen, Tabellen, Skizzen etc. auf folgende Hauptquellen zurückgegriffen wurde:

- Vorlesungsmaterialien Materialflussautomatisierung des Institutes für Fördertechnik und Logistik der Universität Stuttgart (von Dipl.-Ing. Markus Schröppel und Dr. rer. nat. Martin Krebs von der Firma viastore, Lehrbeauftragter)
- das im Springer Verlag erschienene Buch Steuerung von Materialfluss- und Logistiksystemen von R. Jünemann und A. Beyer, 2. Auflage im Jahr 1998 [1]
- das im Springer Verlag erschienene Buch Automatische Identifikation für Industrie 4.0 von H. Hippenmeyer und T. Moosmann, 1. Auflage im Jahr 2016 [2]
- Fotos, Skizzen, Tabellen von Firmen und Unternehmen aus diesem Arbeitsbereich

In diesem Kapitel geht es um die Vermittlung von ersten Basisinformation und Basiswissen in den Bereichen Sensorik, Aktorik, Steuerungs- und Regelungstechnik als Hintergrundwissen zur Automatisierung von Förder-, Lager und handhabungstechnischen Maschinen (siehe Abb. 6.1). Dieses Kapitel soll ausdrücklich nicht als wissenschaftliche Abhandlung verstanden werden, sondern als Handwerkszeug für die Automatisierung, wobei hier sicherlich nicht auf alle heute vorhanden Entwicklungen und Tendenzen eingegangen werden konnte.

Dieses Teilkapitel beschäftigt sich nicht mit der Informations- und Steuerungstechnik, also den IT-Themen der Logistik (siehe Teil A, Informations- und Steuerungssysteme, Band 2).

Bearbeitet werden hier in diesem Teilkapitel die operative Materialflussebene und deren Automatisierung (d.h. Steuerung und Regelung), also der Bereich der förder-, lager- und

© Springer-Verlag GmbH Deutschland, ein Teil von Springer Nature 2020
K.-H. Wehking, *Technisches Handbuch Logistik 1*,
https://doi.org/10.1007/978-3-662-60867-8_6

handhabungstechnischen Maschinen und Einrichtungen. Den Zusammenhang der unterschiedlichen Ebenen und der unterschiedlichen Qualität dieser Funktionen bezüglich des Materialflusses zeigt die Abb. 6.1.

In Abb. 6.1 wird dargestellt, wie die Unterschiede zwischen Materialfluss-, Logistik- und Managementebene sind und welche Qualität die jeweilige Teilfunktion im dispositiven bzw. im operativen Bereich hat.

Der technische Aufbau von Materialflusssystemen setzt sich aus einer Vielzahl von Komponenten zusammen, die wie folgt klassifiziert werden:

- maschinenbauliche Komponenten der Förder- und Lagertechnik wie Rollenförderer, Bandförderer, Regalbediengeräte
- sensorische Komponenten, siehe vorne
- aktorische Komponenten (elektrisch, pneumatisch, hydraulisch). Diese werden hier nicht weiter ausgeführt, es wird verwiesen auf Abschn. 5.11, Elektrische Antriebe und Abschn. 5.12, Ölhydraulik
- steuerungstechnische Komponenten (Steuerungstechnik, Regelungstechnik)
- Komponenten der informationstechnischen Kopplung, z. B. Netzwerke, Feldbus etc.
- Komponenten zum Bedienen und Beobachten, z. B. Bedieneroberfläche, Aufträge, Meldungen etc.

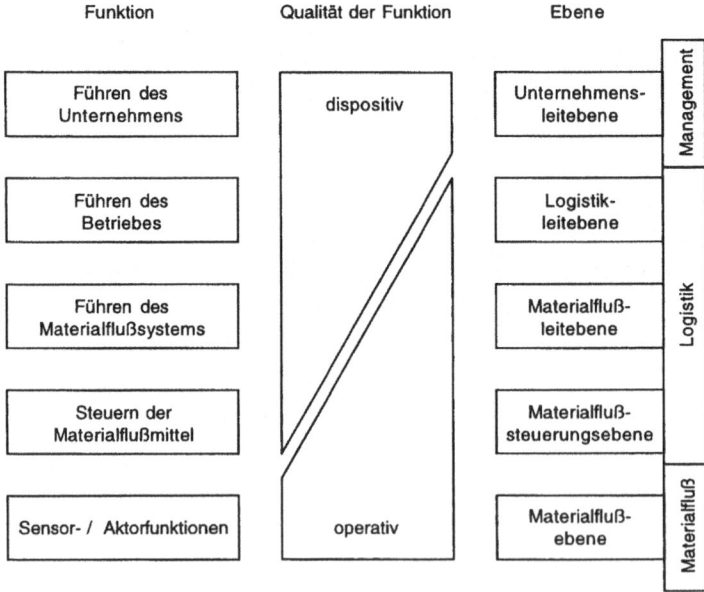

Abb. 6.1 Funktionaler Einfluss der Hierarchieebenen auf den Materialfluss, in Anlehnung an das Ebenenmodell [1, S. 28]

Den elementaren Zusammenhang zwischen Informations-, Steuerungs- und Kommunikationstechnik stellt die Abb. 6.2 dar. Das Zusammenspiel der drei Komponenten (Information-, Steuerungs-, und Kommunikationstechnik) führt zu einem automatischen Informationsfluss und zum automatischen Materialfluss beides zusammen ergibt im Verbund dann die automatischen Logistik und Materialflusssysteme.

Die in den letzten Jahrzehnten gravierende Entwicklung von Leistungsfähigen IT-Systemen umfasst natürlich auch die Information und Kommunikationstechnik. Sie sind heute Garant für leistungsfähige Unternehmen (siehe [3, S. Y2])

Die Maschinen und Einrichtungen der Fördertechnik, der Materialflusstechnik und der Logistik sollen heute, so weit wie möglich, nicht mehr manuell bedient sein, sondern als teilautomatisierte oder automatisierte Anlagen gebaut werden.

Diese Forderung nach vollautomatischen Geräten und Einrichtungen macht es notwendig, neben der maschinenbaulichen Konstruktion zusätzlich Steuer- und Regelsysteme zu integrieren. Diese Systeme bestehen aus Bauelementen der Sensorik, Aktorik, Steuer- und Regelungstechnik. Sowohl der Ingenieur in der Entwicklung (Konstruktion) als auch der Betriebsleiter im Einsatz und bei der Überwachung von Anlagen müssen über ein notwendiges Grundwissen in diesem Bereich verfügen. Aus diesem Grund wurden in das Kap. 5, Konstruktionselemente Maschinenbau/Fördertechnik auch diese elektro- und informationstechnischen Bauteile aufgenommen.

In diesem Zusammenhang sei aus dem Buch Steuerung von Materialfluss- und Logistiksystemen [1, S. 5] das nachfolgende Zitat ausdrücklich hervorgehoben: „Im Sinne der unternehmerischen Zielsetzung muss als wirtschaftliches Ziel immer der kostenoptimale Betrieb eines Materialflusssystems im Vordergrund stehen. Generell anzustreben in allen Materialflussprozessen – sieht man ab von produktionstechnisch bedingten oder organisatorisch

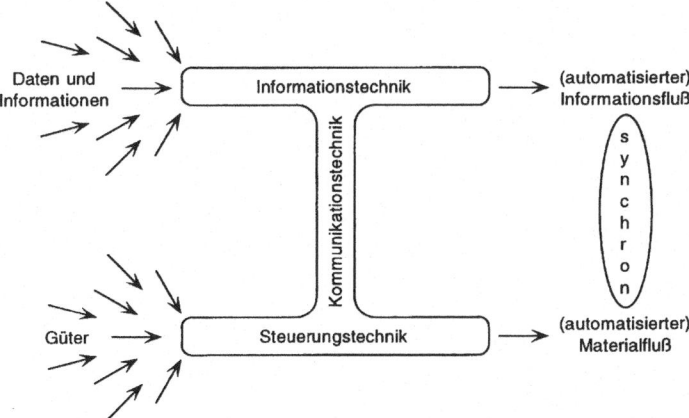

Abb. 6.2 Informations-, Steuerungs- und Kommunikationstechnik als Fundament moderner Logistik und automatisierter Materialflusssysteme [1, S. 13]

definierten Wartezeiten – sind möglichst kurze Durchlaufzeiten bei minimalen Beständen."
„Die Koordination von Materialfluss und Informationsfluss ist hierbei eine Hauptaufgabe, die es immer wieder aufs Neue zu lösen gilt. Erreichen lässt sich dies mit unterschiedlichen Methoden und Verfahren organisatorischer und technischer Art."

Eine Klassifizierung von Sensoren kann unter einer Vielzahl unterschiedlicher Kriterien und Gliederungsschemen erfolgen. Grundsätzlich gibt es zur Klassifizierung aber eine Vielzahl von verschiedenen Kriterien wie beispielsweise nach den Kategorien taktil/nicht-taktil, binär/analog, Art der Messgröße etc.

Im nachfolgenden Teil dieses Kapitels werden die folgenden Typen von Sensoren beschrieben:

- Näherungsschalter
  - induktive Elemente
  - kapazitive Elemente
  - optische Elemente
  - Ultraschallsensoren
- Lasersensoren
- CCD-Sensoren
- Identifikationssysteme
  - Barcode
  - RFID
- Sensoren für Navigation und Sicherheitssysteme

Kern der nachfolgenden Kapitel sind also die Beschreibungen der Basiselemente.

In Teil A, Informations- und Steuerungssysteme, Band 2 wird dieser Bereich dann erweitert durch Anwendungstheorie und Beispiele im Bereich der Informations- und Steuerungssysteme, Materialfluss- und Logistiksysteme. Zu diesem Kapitel gehören dann auch einschlägige Beispiele von Materialflusssystemen bis hinauf in die Welt von ERP-Systemen etc.

Die in diesem Kapitel beschriebenen Hardwarekomponenten dienen dazu, Steuerungs- und Regelungssysteme aufzubauen. Auf den physikalischen und elektrotechnischen Hintergrund der Komponenten wird hier nicht im Detail eingegangen.

Mit den nachfolgenden Begriffsklärungen soll eine knappe Charakterisierung erfolgen. Der Begriff „Steuern" ist in DIN IEC 60050-351 [4] genormt:

„Vorgang in einem System, bei dem eine oder mehrere variable Größen als Eingangsgrößen andere variable Größen als Ausgangsgrößen aufgrund der dem System eigenen Gesetzmäßigkeiten beeinflussen. (..) Kennzeichen für das Steuern ist der offene Wirkungsweg oder ein geschlossener Wirkungsweg, bei dem die durch die Eingangsgrößen beeinflussten Ausgangsgrößen nicht fortlaufend und nicht wieder über dieselben Eingangsgrößen auf sich selbst wirken." [4]

Analog zum Begriff „Steuern" ist auch der Begriff „Regeln" nach DIN IEC 60050-351 [4] genormt:

> „Vorgang, bei dem fortlaufend eine variable Größe, die Regelgröße, erfasst (gemessen), mit einer anderen variablen Größe, der Führungsgröße, verglichen und im Sinne einer Angleichung an die Führungsgröße beeinflusst wird. (..) Kennzeichen für das Regeln ist der geschlossene Wirkungsablauf, bei dem die Regelgröße im Wirkungsweg des Regelkreises fortlaufend sich selbst beeinflusst."

Die Abb. 6.3 zeigt in Form von Blockschaltbilder der Unterschied von Steuerungskette und Regelkreis

An zwei Anwendungsbeispielen aus dem Bereich Materialfluss- und Logistiksysteme kann man den Unterschied zwischen diesen Definitionen deutlich machen:

Bei einem Rollenstetigförderer wird am Anfang eine Palette auf den Rollenförderer(siehe Unterabschnitt 9.4.5, Aufgeständerte Unstetigförderer) gesetzt. Über einen Näherungsschalter wird die Palette erkannt und setzt danach den Antrieb des Rollenförderers in Betrieb. Die Palette wird zum Ende des Rollenförderers transportiert und hier über einen weiteren Näherungsschalter dann die Anlage abgestellt. Es handelt sich um ein reines Steuerungssystem.

Bei einem fahrerlosen Transportsystem ist ein Kern der Gesamtautomatisierung des FTS die Regelung der Fahrsteuerung (siehe Unterabschnitt 9.4.4, Automatische Flurförderzeuge) oder, genauer, die Spurfolgeregelung. Der Lenkwinkel der Räder wird dadurch festgelegt, dass eine Antenne die Abweichung der Fahrtrichtung vom Leitdraht misst, die Abweichung als Regelgröße in die Regelung eingibt und eine mögliche Änderung des Lenkwinkels daraus berechnet wird. Ziel der Regelungseinheit ist es, möglichst exakt dem verlegten Leitdraht zu folgen und die Abweichung so klein wie möglich zu halten.

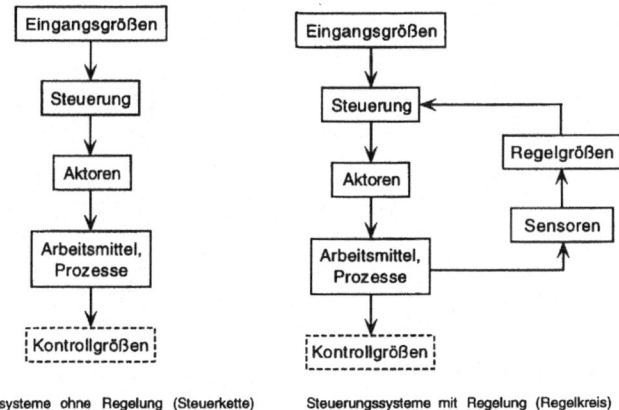

Abb. 6.3 Aufbau von Steuerungssystemen ohne und mit Regelung [1, S. 113]

Im Gegensatz zu Informationssystemen (siehe Teil A, Informations- und Steuerungssysteme, Band 2), die vorrangig strategische, administrative und dispositive Aufgaben unterstützen, werden Steuerungs- und Regelungssysteme zur operativen Steuerung bzw. Regelung von Maschinen und Einrichtungen der Materialfluss- und Logistiksysteme eingesetzt.

6.2   Sensorik

In diesem Teilkapitel wird exemplarisch auf wesentlichen Sensortypen die in einem automatisierten Materialflusssystem Anwendung finden eingegangen. Der nachfolgende Text hat nicht den Anspruch auf Vollständigkeit aller Sensortypen. Die Abb. 6.4 zeigt den automatisierten Materialfluss mittels Rollenbahntechnik und diversen Endschaltern, Lichtschranken und Identifizierungselemente (siehe die roten Kreise in Abb. 6.4).

6.2.1   Allgemeines

Ein Sensor ist ein technisches Bauelement mit der Aufgabe, die von einem Ereignis oder einem Zustand beeinflusste physikalische Messgröße aufzunehmen und in eine verarbeitbare Signalgröße umzuwandeln.

Den Zusammenhang zwischen Prozess, Messgröße, Sensorelement, Signalaufbereitung und Eingangssignal in Richtung Steuerung kann man aus der Abb. 6.5 entnehmen.

Abb. 6.4 Beispiel automatisierter Fördertechnik. (Quelle: SICK AG)

Abb. 6.5 Allgemeine Struktur eines Sensorsystems [1, S. 255]

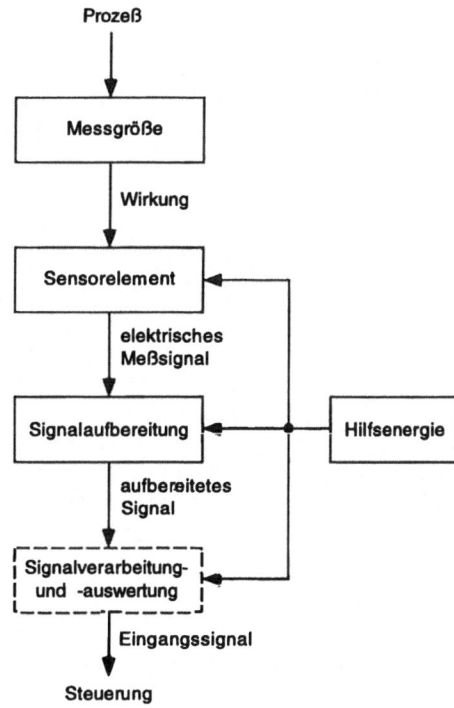

6.2.2 Näherungsschalter

Zur Gruppe der Näherungsschalter gehören unter anderem induktive, kapazitive und optische Sensoren sowie Sensoren auf Ultraschallbasis.

Gemeinsames Kennzeichen dieser hier beschriebene Näherungsschalter ist berührungsloses Arbeiten, was wesentliche Vorzüge für die Fördertechnik, die Materialflusstechnik und die Logistik hat. Heutzutage werden fast ausschließlich solche Näherungsschalter eingesetzt, da sich daraus wesentliche Vorteile ergeben:

- hohe Lebensdauer (vollelektronischer Aufbau, keine verschleißbaren Komponenten)
- keine Wartung (keine mechanisch bewegten Teile)
- kontaktloser Schaltausgang (kein Kontaktprellen)
- hohe Betätigungsgeschwindigkeit
- hohe Schaltfrequenz
- keine Betätigungskraft (rückwirkungsfrei)
- hohe Schutzart

Der hohe Automatisierungsgrad beispielsweise von vollautomatischen Hochregallägern, d. h. von den automatischen Regalbediengeräten und Förderstrecken oder von fahrerlosen

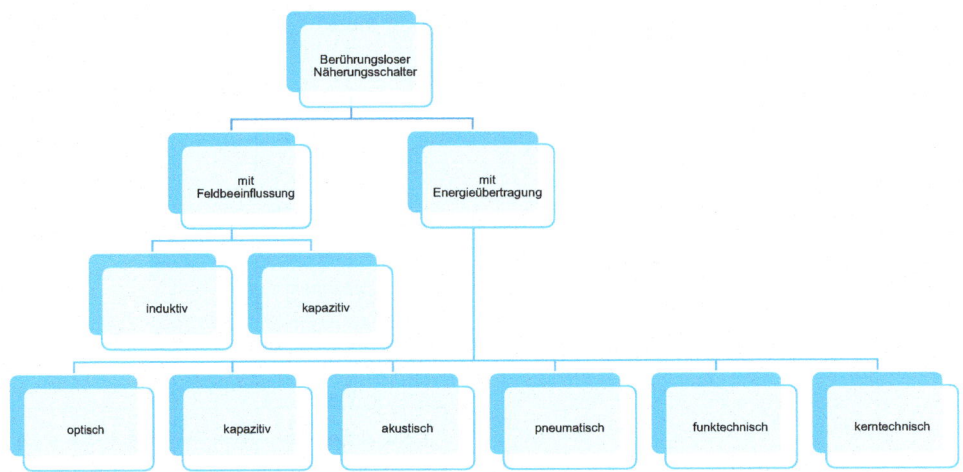

Abb. 6.6 Strukturierung von Näherungsschaltern. (Quelle: IFT)

Transportsystemen, stellt hohe Anforderungen an die technische Zuverlässigkeit der eingesetzten Sensorikbauteile. Konventionelle mechanisch betätigte Steuerelemente wie Schalter
stellen somit in dieser Hinsicht eine Schwachstelle dar und werden zunehmend deshalb
durch die berührungslosen Näherungsschalter besetzt.

Für die Strukturierung von Näherungsschaltern ist die Abb. 6.6 hilfreich. Man erkennt,
dass berührungslose Näherungsschalter sich in zwei Hauptgruppen unterscheiden, nämlich mit Energieübertragung oder mit Feldbeeinflussung. Bei der Feldbeeinflussung unterscheiden wir induktive und kapazitive Näherungsschalter, bei der Strukturierung mit Energieübertragung wird unterteilt in optische, akustische, pneumatische, funktechnische und
kerntechnische Näherungsschalter.

Für den hier interessierenden Bereich von Materialfluss- und Logistiksystemen sind im
Wesentlichen Näherungsschalter mit Feldbeeinflussung (induktiv, kapazitiv) sowie optische
(Lichtschranken) und akustische (Ultraschall) relevant. Die anderen Prinzipien werden im
Wesentlichen nur in sehr speziellen Anwendungen eingesetzt.

6.2.2.1 Induktive Sensoren

Induktive Näherungsschalter reagieren auf elektrisch leitfähige (also metallische) Materialien. Sie enthalten keine mechanisch betätigten Verschleißteile und sind daher unempfindlich
gegen Umwelteinflüsse. Sie können entsprechend ihrem Wirkprinzip überall dort eingesetzt
werden, wo metallische Objekte zu detektieren sind; ungeeignet sind sie hingegen beispielsweise, um Holzpaletten oder Kunststoffpaletten zu detektieren.

Abb. 6.7 zeigt einige induktive Näherungsschalter. Das Sensor- und damit das Messprinzip eines induktiv arbeitenden Sensors beruht auf der Indizierung von Wirbelströmen in einem elektrischen Leiter, der sich in einem magnetischen Wechselfeld befindet.

Das aktive Element besteht aus einer Spule mit Ferritkern, der das elektromagnetische Feld zur aktiven Fläche richtet, die meist mit einer Kunststoffkappe zum Schutz abgedeckt ist. Ein leitendes Objekt aus Metall muss sich der aktiven Fläche bis auf den Schaltabstand s annähern, damit der Schaltvorgang des Sensorelementes initiiert wird. (siehe Abb. 6.8)

Das magnetische Wechselfeld wird mittels einer Spule erzeugt, die zu einem Schwingkreis gehört (siehe Abb. 6.9). Gelangt ein elektrisch leitendes Objekt in das Magnetfeld, so werden in ihm Wirbelströme induziert, die dem Schwingkreis Energie entziehen. Ein Energieentzug durch die leitenden Objekte im magnetischen Wechselfeld ist wiederum gleichbedeutend mit einer Vergrößerung des Verlustwiderstandes und einer Minderung der Schwingungsamplitude.

Bei Initiatoren ist dem Oszillator ein Komparator nachgeschaltet. Unterschreitet die Schwingungsamplitude einen bestimmten Wert, spricht der Komparator an und löst über die Endstufe ein Ausgangssignal aus. Der Initiator schaltet. Die Zusammenwirkung ist in dem Blockschaltbild eines induktiven Näherungsschalters (siehe Abb. 6.9) angegeben.

Abb. 6.7 Induktive Näherungsschalter. (Quelle: ohne Verfasser)

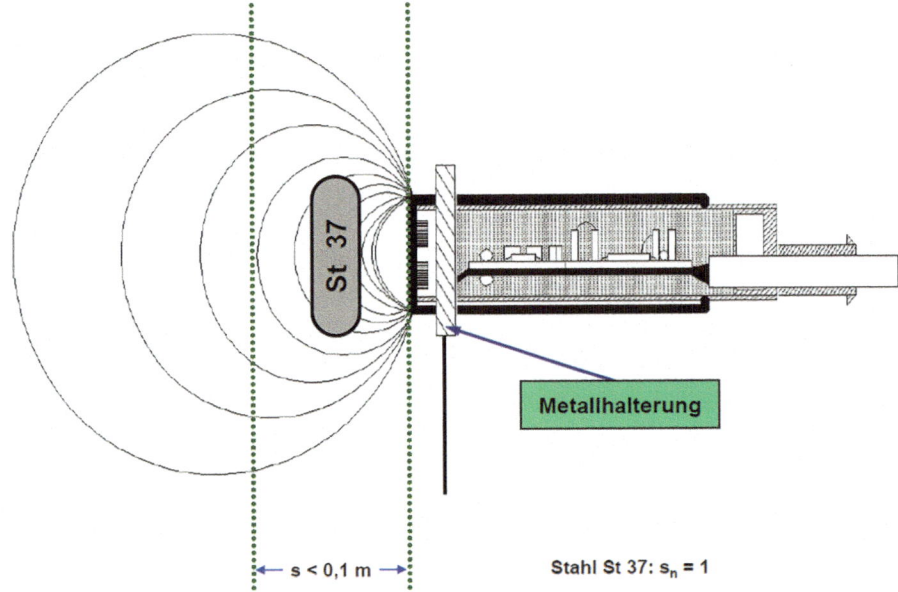

Abb. 6.8 Schematische Funktion eines induktiven Näherungsschalters. (Quelle: ohne Verfasser)

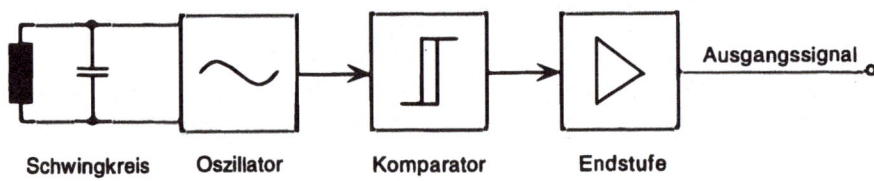

Abb. 6.9 Blockschaltbild eines induktiven Näherungsschalters [1, S. 267]

Abb. 6.8 zeigt einen handelsüblichen Näherungsschalter. Der sogenannte Ferritkern ist so geformt, dass der größte Teil der Magnetfeldlinien in ihm geführt wird. Nur in Messrichtung (siehe Bild linker Teil) ist der Kern offen, so dass die Feldlinien hier ungehindert aus dem Gehäuse austreten können und von dem Näherungsschalter ein Messfeld bilden. Mit zunehmendem Abstand vom Schalter nimmt die Flussdichte des Magnetfeldes immer mehr ab, so dass die Empfindlichkeit für ein Messobjekt immer kleiner wird. Im Bild ist der Schaltabstand mit <0,1 m angegeben, jedenfalls wenn das Schaltobjekt aus einfachem Baustahl S235 besteht (als Referenzmaterial wird grundsätzlich Stahl S235 herangezogen). Die maximale Schaltfrequenz f liegt bei diesen Ausführungen bei $f = 5000\,\mathrm{Hz}$.

Tab. 6.1 Korrekturfaktoren für verschiedene Metalle bei Verwendung induktiver Näherungsschalter

Baustahl S235	$s_n = 1$
Gusseisen GJL	$s = 1{,}1s_n$
Edelstahl V2A	$s = 0{,}85s_n$
Nickel Ni	$s = 0{,}85s_n$
Messing Ms	$s = 0{,}5s_n$
Aluminium Al	$s = 0{,}4 - 0{,}5s_n$
Kupfer Cu	$s = 0{,}3 - 0{,}4s_n$

Gängige Schaltabstände liegen bei bis zu 5 cm. Tab. 6.1 gibt die unterschiedlichen Schaltabstände, abhängig vom Material, in Form eines Korrekturfaktors s an im Vergleich zum Referenzwert s_n[1] von S235. Hierbei ist allerdings zu berücksichtigen, dass die meisten Materialien einen geringeren Schaltabstand als das Referenzmaterial Stahl S235 aufweisen und daher schlechter detektierbar sind.

Das Ansprechverhalten des Näherungsschalters hängt im Wesentlichen ab von

- Material des Messobjektes
- Abstand zum Sensor
- Form und Größe des Messobjektes.

6.2.2.2 Kapazitive Sensoren

Kapazitive Näherungsschalter eignen sich auch zur Detektion von nichtmetallischen Gegenständen, beispielsweise auch von Flüssigkeiten in einem Kunststoffbehälter. Erfasst werden können durch kapazitive Näherungsschalter also Metalle, Glas, Kunststoffe, Holz (Paletten) oder Flüssigkeiten wie Wasser. Sie arbeiten, genauso wie induktive Sensoren, berührungslos.

Der wesentlichste Nachteil von kapazitiven Sensoren ist, dass sie eine höhere Empfindlichkeit gegenüber Umwelteinflüssen, wie z. B. Tauwasser auf dem Sensor, aufweisen, was bei Konstruktion und Einsatz berücksichtigt werden muss.

Die Funktionsweise eines kapazitiven Sensors lässt sich in Anlehnung an das Buch Steuerung von Materialfluß- und Logistiksystemen [1, S. 268 ff.], wie folgt beschreiben.

Das aktive Element eines kapazitiven Sensors ist ein Kondensator, der aus einer aktiven Elektrode und einem geerdeten Becher besteht. Das elektrische Feld des Kondensators reicht bei dieser Geometrie bis außerhalb des Gehäuses. Kommt nun ein Gegenstand in den aktiven Bereich des Sensors, also in das Feld, steigt die Kapazität des Kondensators und damit die Kreisverstärkung.

---

[1] s_n ist der normierte Bezugsschaltabstand welcher sich beim Material Stahl S235 ergibt.

Tab. 6.2 Korrekturfaktoren für verschiedene Materialien bei Verwendung kapazitiver Näherungssensoren

Material	Stärke (mm)	Korrekturfaktor
Metall	1	$s = 1 s_n$
Wasser	–	$s = 1 s_n$
Glas	4	$s = 0,7 s_n$
PVC/Nylon	4	$s = 0,6 s_n$
Karton	4	$s = 0,2 s_n$
Holz	10	$s = 0,2 - 0,7 s_n$

Der Kondensator ist Teil einer RC-Oszillatorschaltung.[2] Unterschreitet der detektierte Gegenstand den Schaltabstand s_n, wird die Kreisverstärkung größer als 1 und der Oszillator schwingt an. Seine Ausgangsspannung wird gleichgerichtet, gefiltert und durch eine Störimpulsausblendung geschickt. Wird also nun ein Gegenstand detektiert, dann liegt am Ausgang ein Signal an.

Tab. 6.2 gibt an, wie groß die Erhöhung der Kapazität durch ein Messobjekt ausfällt. Dabei wird in der Tabelle auch angegeben, dass dies vom Abstand und der Dielektrizitätskonstante des Mediums abhängig ist. So lässt sich mit Metall ein deutlich höherer Schaltabstand realisieren als z. B. mit Materialien, die aus Karton bestehen. Materialien mit sehr geringer Dichte und geringer Dielektrizitätszahl – wie beispielsweise Styropor oder Schaumstoff – lassen sich mit einem kapazitiven Näherungsschalter praktisch nicht detektieren.

6.2.2.3 Optische Sensoren

Lassen sich Objekte mit induktiven oder kapazitiven Näherungsschaltern nicht erfassen oder ist der gewünschte Schaltabstand zu gering, so verwendet man häufig optische Näherungsschalter.

Zur großen Gruppe der optischen Sensoren gehören unterschiedliche Sensortypen, die jeweils für spezielle Aufgaben konzipiert sind und im Nachfolgenden strukturiert und im Detail vorgestellt werden. Diese optischen Sensoren werden auch optische Schalter genannt. Die Gemeinsamkeit der optischen Sensoren ist, dass – ausgehend von einer Lichtquelle – ein Sensorelement der unterschiedlichen Bautypen geschaltet wird. Optische Schalter arbeiten nach dem Prinzip der Energieübertragung, als Sender werden häufig Laserdioden oder Leuchtdioden, auch im Infrarotbereich, verwendet.

Man unterscheidet grundsätzlich in folgende optische Sensoren:

---

[2]Ein Oszillator ist eine Schaltung, die nach dem Anlegen einer Gleichspannung als Betriebsspannung selbsttätig ein periodisches Ausgangssignal erzeugt. Die Schaltung muss die unvermeidlichen Verluste selbst ausgleichen können, da sonst nur eine gedämpfte, abklingende Schwingung entsteht.

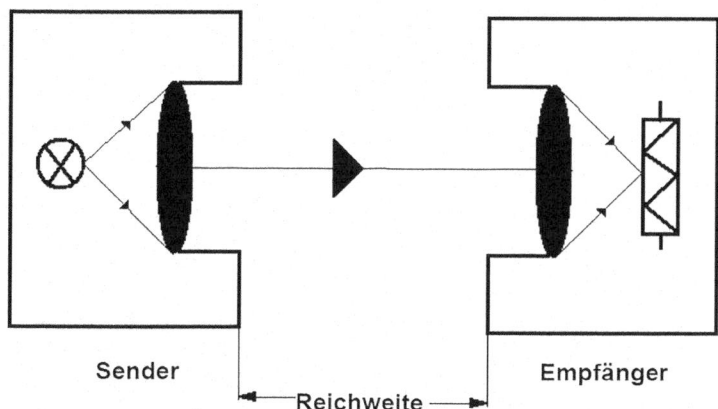

Abb. 6.10 Funktionsprinzip einer Einweglichtschranke. (Quelle: ohne Verfasser)

Einweglichtschranke

Abb. 6.10 zeigt den Funktionsaufbau einer Einweglichtschranke. Diese Einweglichtschranken sind dadurch gekennzeichnet, dass auf der einen Seite (linker Teil des Bildes) der Sender als Lichtstrahl erzeugt wird und auf der anderen Seite (rechter Teil) der Empfänger das Lichtsignal detektiert. In den Strahlengang eingeführte Gegenstände führen zu einer Unterbrechung des Empfangssignals. Mit einer Einweglichtschranke kann beispielsweise die Ankunft eines Produktes auf einem Stetigförderer (z. B. Rollenförderer) signalisiert werden und dann der Antrieb abgeschaltet werden. Die Nachteile einer solchen Einweglichtschranke sind, dass die optischen Achsen zwischen Sender und Empfänger genau justiert werden müssen und dass das Gerät aus zwei separat zu montierenden und zu verkabelnden Teilen besteht.

Reflexionslichtschranke

Den Funktionsaufbau einer Reflexionslichtschranke zeigt die Abb. 6.11. Im Gegensatz zur Einweglichtschranke sind hier Sender und Empfänger in einem Gehäuse vereinigt, was eine separate Verkabelung erspart. Dies geht jedoch zu Lasten der maximal erreichbaren Messstrecke. Aus Abb. 6.11 erkennt man, dass zur Reflexion sogenannte Triplexspiegel und Glasperlenreflexionsfolien verwendet werden, die das einfallende Licht unabhängig vom Einfallswinkel in die gleiche Richtung zurückwerfen.

Nach Abb. 6.11 kann die Funktion beschrieben werden: Licht wird – ausgehend von einer Laserdiode – durch einen einseitig durchlässigen Spiegel auf eine Sammellinse geworfen, die den Strahlengang parallel richtet. Der Reflektor ist so gestaltet, dass er den ankommenden Lichtstrahl in die gleiche Richtung zurückwirft. Der zurückreflektierte Lichtstrahl wird durch die Sammellinse gebündelt und durch den Umlenkspiegel mit Brennpunkt auf das Fotoelement gerichtet und schaltet damit.

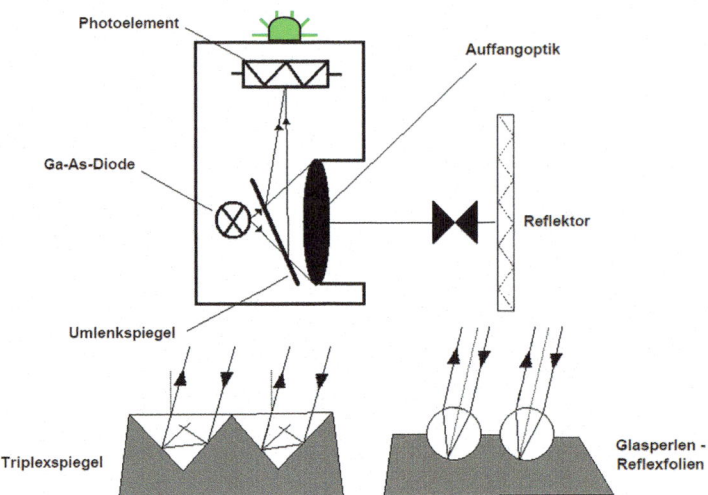

Abb. 6.11 Funktionsprinzip der Reflexionslichtschranke. (Quelle: ohne Verfasser)

Reflexionslichttaster

Der Reflexionslichttaster wird in Abb. 6.12 gezeigt. Wie man aus Abb. 6.12 erkennt, sind der grundsätzliche Aufbau und die Elemente des Reflexionslichttasters und der Reflexionslicht-schranke identisch. Der Unterschied zwischen beiden besteht darin, dass die Reflexions-lichtschranke einen fest montierten Reflektor verwendet, der Reflexionslichttaster dagegen die Lichtreflexion am zu detektierenden Element misst. Dies könnte beispielsweise ein Stückgutkarton oder eine Palette sein.

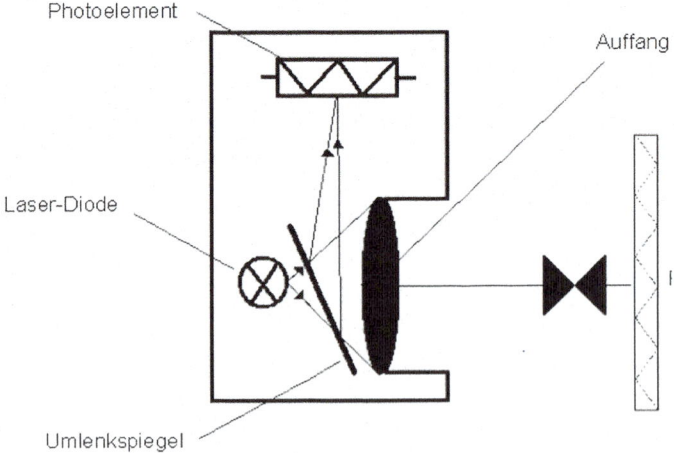

Abb. 6.12 Funktionsweise eines Reflexionslichttasters. (Quelle: ohne Verfasser)

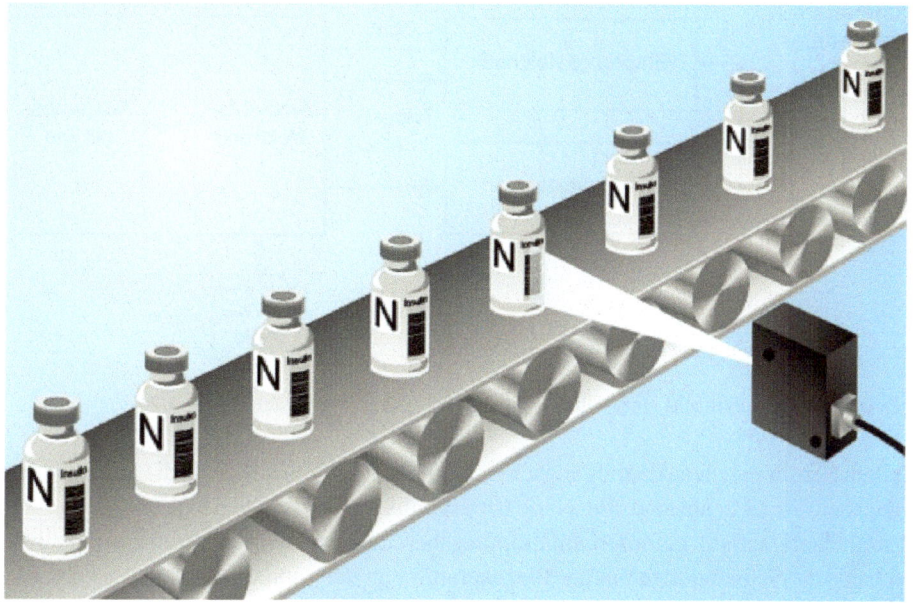

Abb. 6.13 Einsatz eines Reflexionslichttasters in einer Flaschenbefüllanlage. (Quelle: ohne Verfasser)

Besonders geeignet für Reflexionslichttaster ist Infrarotlicht. Von besonderer Wichtigkeit ist hier außerdem die sogenannte Fremdlichtunterdrückung. Um trotz vieler Fremdlichtquellen eine hohe Zuverlässigkeit des Lichttasters zu erreichen, kann man das Licht gepulst codieren, also mit einem individuellen Code versehen; der Empfänger erkennt somit eindeutig, dass es sich um ein Sendesignal handelt. Eine sehr typische Anwendung von Reflexionslichttastern zeigt die Abb. 6.13; bei einer Flaschenbefüllanlage werden einzelne Flaschen durch den Lichttaster detektiert.

6.2.2.4 Ultraschallsensoren

Ultraschallsensoren gehören zu den akustischen Sensoren und eignen sich zur Abstandsmessung oder zur Anwesenheitskontrolle von Objekten aus beliebigen Materialien. Das Messprinzip beruht auf einer Messung der Laufzeit von ausgesendeten Ultraschallsignalen (Abb. 6.14).

Sowohl der Sender als auch der Empfänger eines Ultraschallsensors arbeiten nach dem piezoelektrischen Prinzip. Sie bestehen aus einer Piezokeramik, die auf einer Auskoppelungsschicht ausgebracht ist. Man spricht auch allgemein von einem Ultraschallwandler. Im Sendebereich wird dabei eine an die Piezokeramik angelegte Wechselspannung in eine mechanische Schwingung umgewandelt, die über die Auskopplungsschicht entsprechend

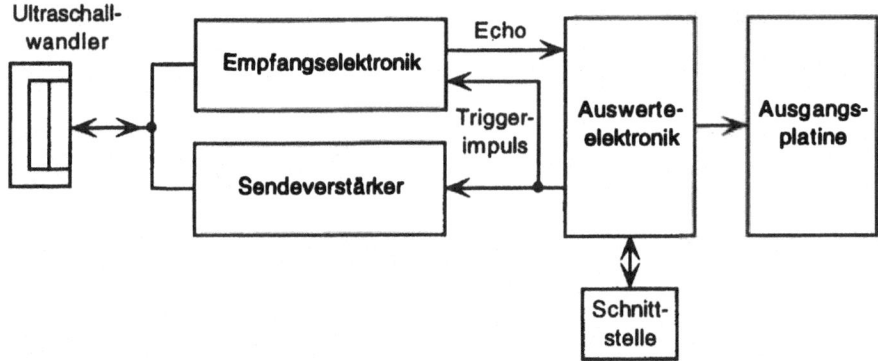

Abb. 6.14 Blockschaltbild eines Ultraschallsensors im Einkopfsystem [1, S. 271]

der dem Sensor eigenen Abstrahlungscharakteristik als Schallwellen an die umgebende Luft abgegeben wird. Für abstandsmessende Ultraschallsensoren ist dabei eine möglichst schmale Abstrahlcharakteristik gefordert. Im Empfangsbereich verursachen auftretende Schallwellen mechanische Schwingungen in der Piezokeramik, an der dann eine von den mechanischen Schwingungen hervorgerufene Wechselspannung anliegt.

Ultraschallsensoren mit nur einem Ultraschallwandler heißen Einkopfsysteme. Im Gegensatz zu kapazitiven und induktiven Sensoren lassen sich mit Ultraschallsensoren Objekte in weiteren Entfernungen (mehrere Meter) detektieren. Mit Ultraschallsensoren, insbesondere mit Einkopfsystemen, lassen sich jedoch keine Objekte im ausgesprochenen Nahbereich erfassen.

Ein Beispiel für eine Anwendung von Ultraschallsensoren in Materialflusssystemen ist die Lageerkennung von Objekten in einem automatischen Kommissionierlager. Der Ultraschallsensor liefert hier einen Scan der Abstände zwischen den Objekten und dem Sensor.

„Die Abb. 6.15 ist ein Scann, längs eines Lagerfaches in einem Regal bei dem 2 gleiche Kartons, allerdings in unterschiedlicher Tiefe eingelagert sind. Durch die vom Ultraschallsensor gelieferte Information ist es nun aber möglich den Karton zu greifen, auch wenn deren Positionszufuhr unbekannt war. Darüber hinaus liefert der Scan die Zusatzinformation, ob zwischen den beiden Kartons eine weitere Einlagerung möglich ist oder nicht."

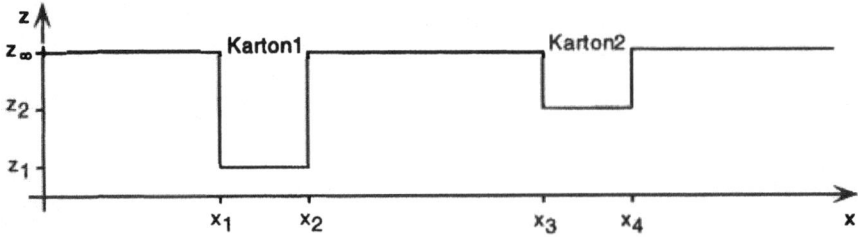

Abb. 6.15 Scan längs eines Lagerfaches [1, S. 274]

6.2.3   Lasersensoren

Zunächst sei bemerkt, dass Lasersensoren eigentlich zur Gruppe der optischen Sensoren gehören (siehe Unterunterabschnitt 6.2.2.3, Optische Sensoren). Diese weiteren Sensoren werden aber in einem selbstständigen Kapitel bearbeitet, da Lasersensoren erheblich komplexer und aufwendiger, als die bisher beschriebene einfache optische Sensoren aufgebaut sind. Lasersensoren haben also eine Sonderstellung. Die Abb. 6.16 zeigt einen personensichereren Kollisionsschutzscanner.

Laserbasierte Sensoren haben in Materialflusssystemen die folgenden Einsatzgebiete:

- Distanzsensor
- Konturvermessungssensor
- Kollisionsschutzsensor
- Navigationssensor
- Barcodelaser

Aus diesem Grund gibt es eine große Anzahl unterschiedlicher technischer Ausführungen, laserbasierter Systeme.

Auf den physikalischen Hintergrund und die technische Ausführung wird im nachfolgenden an dem Beispielen Distanzsensor, Navigationssensor bzw. Laserscanner beispielhaft eingegangen.

Bei dem Verfahren der optischen **Distanzmessung** mittels Licht (siehe Abb. 6.17), wird Licht von einer Laserquelle ausgesandt und von dem zu messenden Objekt reflektiert und dieses reflektierte Licht im Laser wieder eingefangen. Durch einen Vergleich von ausgesen-

Abb. 6.16 Sicherheits-
Laserscanner für mobile
Applikationen. (Quelle: SICK
AG)

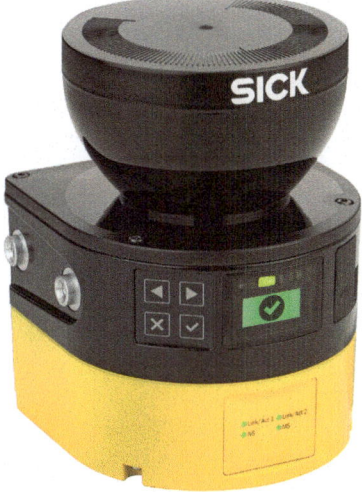

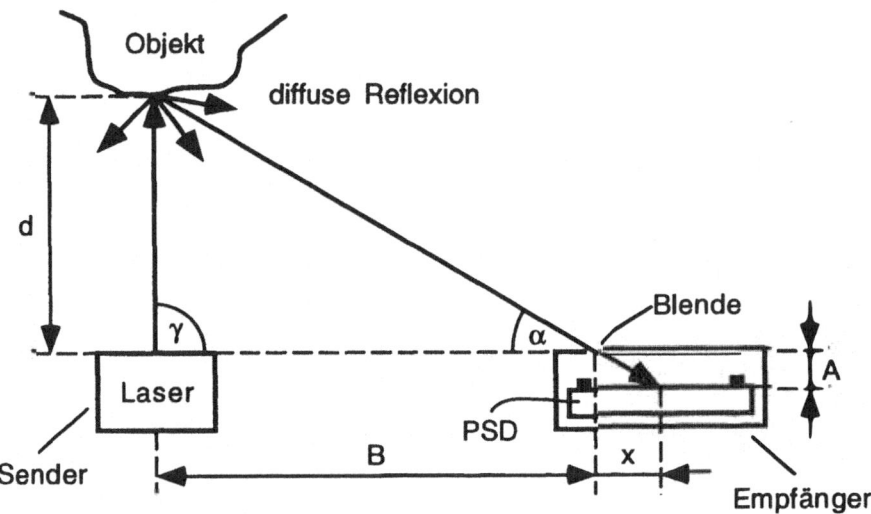

Abb. 6.17 Distanzmessung mittels optischer Triangulation [1, S. 274]

deten und empfangenem Licht bezgl. der Empfangsgeometrie (Triangulationsverfahren), Laufzeit oder Phasenlage, kann auf den Abstand des Objektes geschlossen werden.

Bei der Verwendung von Lasersensoren zur **Lasernavigation** erfolgt eine Umgebungsvermessung z. B. in einer Industriehalle zur Standortbestimmung des fahrerlosen Transportfahrzeuges. Die Abb. 6.18 zeigt diese Situation.

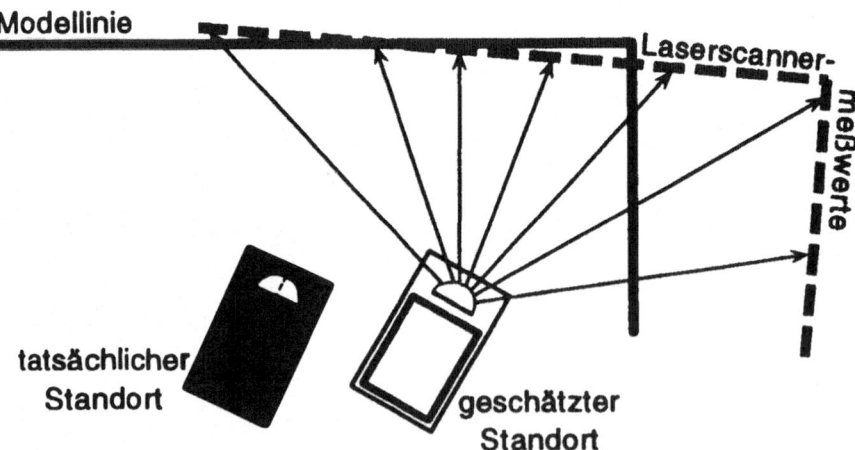

Abb. 6.18 Umgebungsvermessung mittels Laserscanner zur Standortbestimmung von fahrerlosen Transportfahrzeugen [1, S. 297]

Bei dieser Form der Navigation werden die durch Laserscanner, welche am Fahrzeug angebrachten sind, aufgenommenen Messwerte verarbeitet und damit eine Karte der Umgebung errechnet. Da ein Fahrzeug in der Regel nur einen Teil der Umgebung sehen kann, wird die Karte inkrementell aufgebaut. Durch die Umherbewegung des Fahrzeuges in der Umgebung entsteht somit eine immer genauere Kartierung der Umgebung. Basierend auf diesen Kartendaten kann sich dann das Fahrzeug durch Wiedererkennung von Mustern in seiner Umgebung orientieren. Dieses Navigationsform wird als SLAM Verfahren (Simultaneous Localization and Mapping) bezeichnet.

Eine preiswertere Methode ist die **Lasernavigation** mit Hilfe künstlicher Landmarken. Dazu werden im Aktionsbereich des FTF an verschiedenen Positionen reflektierende Codierungen angebracht, die mittels des Laserscanners erkannt werden können. Aus der Distanz und Identität von mindestens 3 Codierungsmarkern kann die Position und die Orientierung berechnet werden.

Das dritte technische Beispiel (neben Distanz- und Navigationssensoren) zum Thema Lasersensoren, sind die Laserscanner zur Identifikation von Barcodes.

6.2.3.1 Laserscanner zur Identifikation

Einfache Laserscanner
Die Abb. 6.19 gibt den grundsätzlichen Aufbau eines einfach Laserscanners an. Die Laserdiode wirft einen durch das Objektiv gebündelten Laserstrahl auf einen Polygonspiegel, der sich mit fester Geschwindigkeit dreht. Der Polygonspiegel spiegelt den Laserstrahl an seiner Oberfläche. Durch die Drehung des Polygonspiegels ist eine definierte, sich ständig wiederholende Ablenkung des Laserstrahls die Folge.

Der Laserstrahl wandert als kleiner Lichtpunkt immer wieder mit hoher Geschwindigkeit über den Barcode. Je nach Drehzahl und Anzahl des Spiegels ergeben sich somit 100 bis 800 Scans pro Sekunde. Das menschliche Auge erfasst dies als Lichtstreifen auf dem Barcode (Trägheit des menschlichen Auges). Die unterschiedlichen Reflexionen der dunklen Codestriche und der hellen Lücken werden über das Spiegel-Linse-System auf einen fotoelektrischen Empfänger gebündelt, verstärkt und als elektrisches Signal umgewandelt.

Laserscanner erlauben durch die scharfe Strahlbündelung eine relativ hohe Tiefenschärfe und sind in der Lage, Low-Density-Codes noch auf eine Entfernung von 1,5 m zu lesen.

Laserscanner (siehe Abb. 6.20) werden heute nicht nur als fest installierte Systeme angeboten, sondern auch als mobile Laserpistolen.

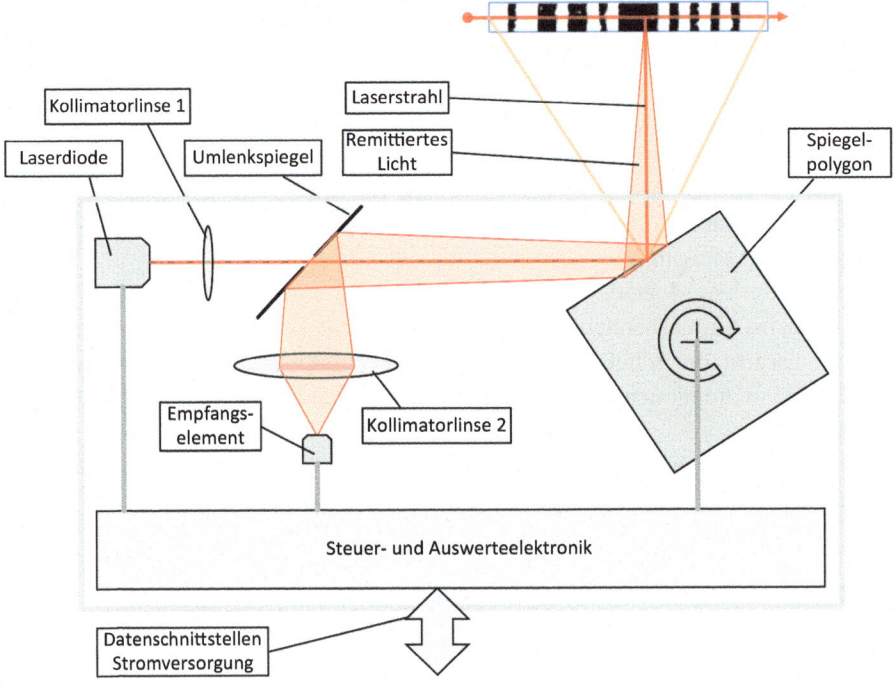

Abb. 6.19 Prinzip Laserscanner [2, S. 48]

Abb. 6.20 Handlesegerät im
Einsatz [2, S. 34]

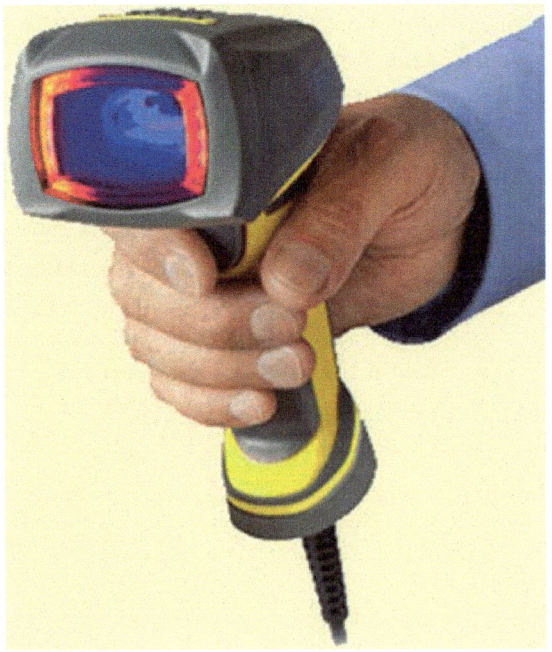

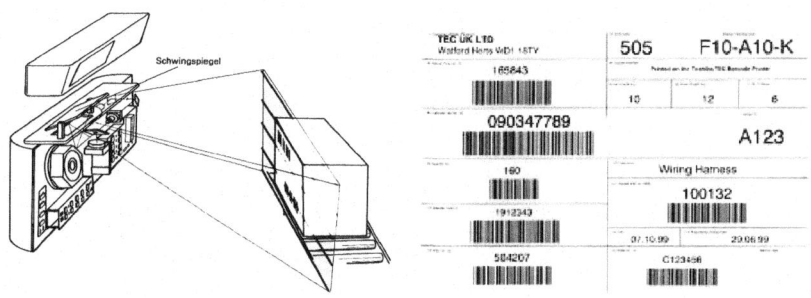

(a): Prinzip Flächenscanner   (b): Odette Label

Abb. 6.21 Flächenscanner. (Quelle: ohne Verfasser)

Fächerscanner

Die Abb. 6.21a zeigt das Prinzip eines Fächerscanner. Ein solcher Fächerscanner kann beispielsweise ein Odette-Label (Label mit mehreren Barcodes, siehe Abb. 6.21b) in einem Durchgang lesen und alle angebrachten Barcodes erfassen.

Ein Fächerscanner ist ein modifizierter herkömmlicher Laserscanner. Die Modifikation gegenüber einem herkömmlichen Laserscanner stellt ein montierter Schwingspiegel dar. Er ist so angetrieben, dass er mit fester Frequenz den Laserstrahl in der Scanhöhe ablenkt. Ein so ausgerüsteter Laserscanner kann Etiketten lesen, egal in welcher relativen Höhe zum Scanner sie auf dem Paket angebracht sind. Ebenfalls möglich ist das Lesen von Odette-Labels.

Einstrahlscanner/Mehrstrahlscanner

Eine weitere Differenzierung der am Markt erhältlichen Laserscanner ist mit der Unterscheidung zwischen Einstrahl- und Mehrstrahlscannern möglich.

Bei Einstrahlscannern ist der Polygonspiegel achsparallel montiert. Der Scanner wird eingesetzt, wenn bei einer Förderstrecke die Barcodestriche parallel zur Förderrichtung und somit die Leserichtung im rechten Winkel zur Förderstrecke steht. Die Striche sind also waagerecht, der Laserstrahl ist senkrecht orientiert – siehe dazu Abb. 6.22.

Vorteil: Der Barcode muss nicht genau in einer bestimmten Höhe platziert werden. Diese Anordnung wird in der Praxis relativ häufig realisiert, da der Barcode den Laserstrahl auf jeden Fall passieren muss.

Bei Mehrstrahlscannern ist der Polygonspiegel um einen Winkel α versetzt montiert – er „taumelt" (siehe Abb. 6.22). Es entsteht so auf einer relativ kleinen Fläche ein Rasterscan mit acht bis 10 projizierten Lichtstrahlen. Dieses Prinzip wird eingesetzt, wenn die Striche des Barcodes senkrecht zur Förderrichtung angebracht sind. Durch den Rasterscan wird gewährleistet, dass die Barcodes in der Höhenlage eine gewisse Toleranz aufweisen können.

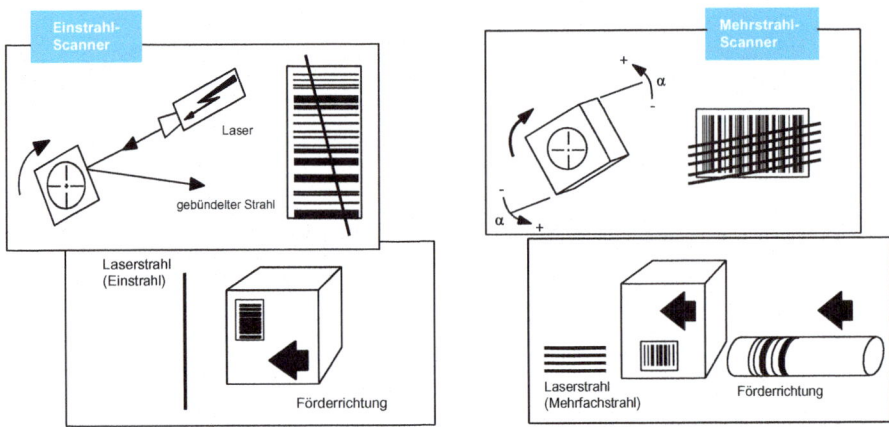

Abb. 6.22 Einstrahlscanner/Mehrstrahlscanner. (Quelle: IFT)

Bei allen dargestellten Prinzipien tritt generell ein Problem auf: Die Etiketten müssen eine definierte Ausrichtung relativ zur Förderrichtung aufweisen – entweder parallel oder senkrecht. Um Barcodes beliebig ausgerichtet an der Ware anbringen zu können gibt es drei Techniken:

- 90°-Scanneranordnung. Zwei Laserscanner werden dabei jeweils um 90° versetzt angeordnet.
- T-Barcode-Etikett. Der Barcode ist einmal normal und einmal um 90° versetzt aufgedruckt. Vorteil: Nur ein Laserscanner wird benötigt. Allerdings wird ein höherer Platzbedarf für das Etikett benötigt.
- Omnidirektionaler Scanner. Den höchsten technischen Aufwand stellt ein omnidirektionaler Scanner dar. Dieser Scanner projiziert ein komplettes Gitter an Strahlen und erfasst dadurch zuverlässig Barcodes in jeder Lage. Das projizierte Gitter sieht dabei je nach Laserscanner unterschiedlich aus.

Die eben beschriebenen drei Techniken sind in Abb. 6.23 dargestellt.

Omnidirektionale Laserscanner

Die Abb. 6.24 zeigt verschiedene Rosettenformen eines omnidirektionalen Laserscanners. Die dargestellten Laserkreuze unterscheiden sich im Wesentlichen durch die Anzahl Scans je Orientierung und die Anzahl Orientierungen der Scans.

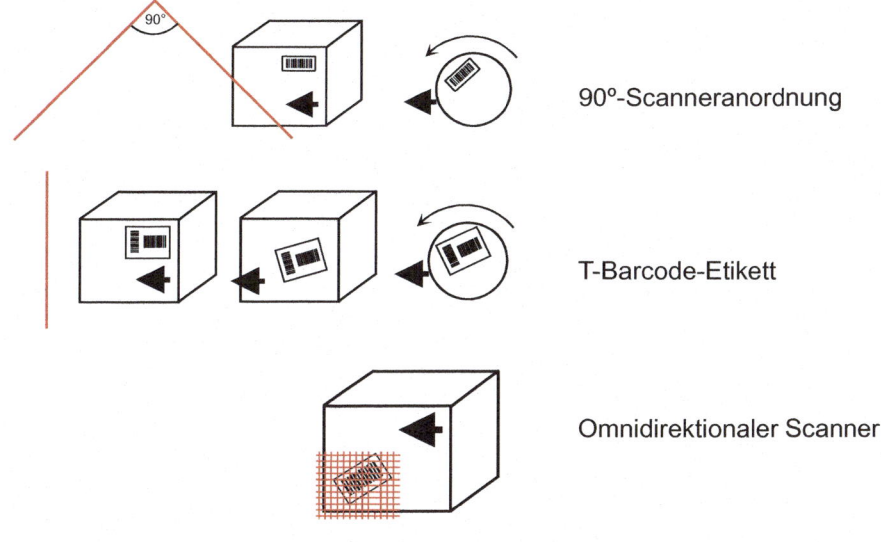

90°-Scanneranordnung

T-Barcode-Etikett

Omnidirektionaler Scanner

Abb. 6.23 Leseanordnungen. (Quelle: IFT)

Abb. 6.24 Omnidirektionale Laserscannermuster. (Quelle: IFT)

6.2.4   CCD-Sensoren

Wie auch bei den Lasersensoren handelt es sich hier prinzipiell um weitere optische Sensoren. Der sogenannte CCD (charge couplet devices) ist ein Halbleiterchip mit entweder einer Zeile oder einer Matrixförmigen Anordnung lichtempfindlicher Elemente. Diese Elemente werden, auch als Pixel bezeichnet. Diese CCD-Sensoren werden in Kameras eingebaut, weswegen diese Kamerasysteme auch als CCD-Kameras bezeichnet werden.

Zusammen mit dem Objekt bilde die CCD-Kamera ein optoelektronisches Bildaufnahmesystem. Das Aufbauschema eines Bildverarbeitungssystemes zeigt die Abb. 6.25.

Die Anwendung der industriellen Bildverarbeitung erstreckt sich entsprechend Tab. 6.3 auf 4 Dimensionen. Hinsichtlich der Anwendung werden also Zeilenkamera und Matrixkameras unterschieden.

CCD-Kameras werden in schwarz/weiß und in Farbversionen angeboten.

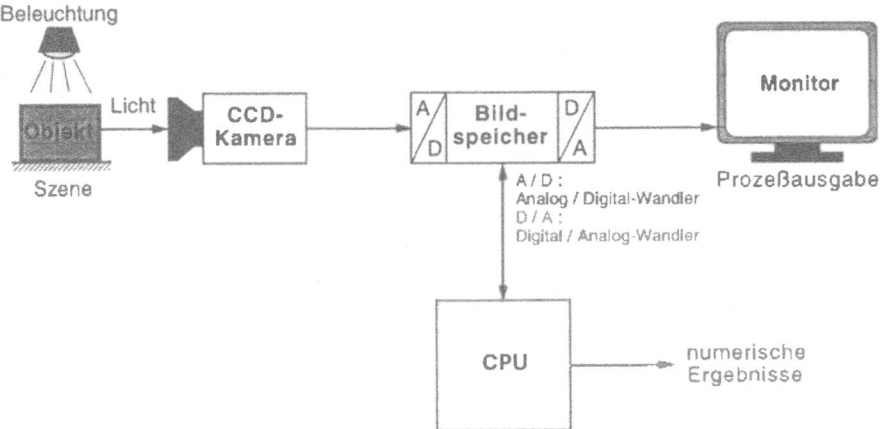

Abb. 6.25 Aufbauschema eines Bildverarbeitungssystems [1, S. 301]

Tab. 6.3 Anwendungen der industriellen Bildverarbeitung

Dimension	Beispielanwendungen	Sensor
0: Punkt	• Identifizierung von Objekten anhand des Grauwertes oder der Farbe ausgewählter Punkte	Zeilen-/Matrixkamera
1: Linie	• Barcodelesung • automatische Sichtprüfung von Endlosmaterialien	Zeilenkamera
2: Fläche	• Konturkontrolle • Vollständigkeitskontrolle • Objekterkennung • Vermessung der Position und Drehlage von Objekten	Matrixkamera
3: Raum	• 3D-Vermessung von Objekten • Autonome Navigation	2 Matrixkameras (Stereoskopie)

Abb. 6.26 zeigt eine schematische Darstellung der Bildverarbeitung mit den Eingangs- und Ausgangssignalen der einzelnen Verarbeitungsstufen. Die Vorverarbeitung der digitalisierten Bildquelle dient der Signalaufbereitung zwecks Bildverbesserung. Das Ziel der Bildsegmentierung ist die Unterteilung des Bildes in informationsrelevante Regionen. Dazu wird das Bild in der Regel in Objektbereiche und Hintergrund zerlegt.

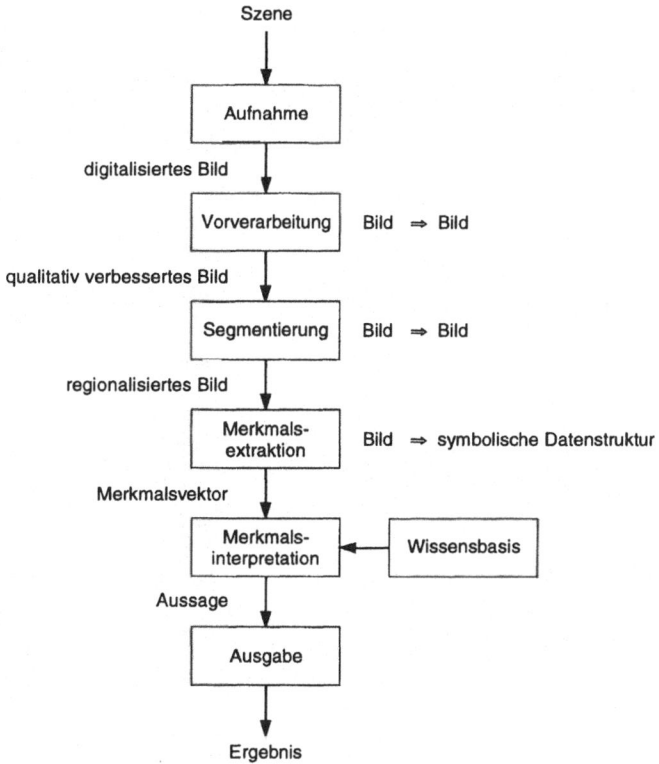

Abb. 6.26 Schematische Darstellung der digitalen Bildverarbeitung [1, S. 302]

Bei der Merkmalsextration werden folgende Merkmale berücksichtigt:

- Größe und Form
- Signifikante Kanten, Radien, gerade Stücke der Objektaußen-und der Objektinnenkonturen
- Lage und Größe eingeschlossener Teilsegmente des Objektes
- Textur

Die inhaltliche Auswertung des Bildes erfolgt in der Phase der Merkmalsinterpretation.

Die häufigsten Anwendungen der Bildverarbeitung in Materialfluss und Logistiksystemen gelten der Bestimmung der Identität, Positionierung und Orientierung von Objekten, insbesondere die indirekte Identifikation auf Grund von Objektkennzeichnungen, wie Strichcodes, Stanzcodes, Prägecodes, Schriftzeichen (Klarschrift, OCR) und die direkte Identifikation von Objekten an Hand von ihrer charakteristischen, natürlichen Merkmale, wie Größe, Form und Oberfläche an Warenverteilstationen oder zur Bestückung von Verarbeitungsmaschinen sind als Einsatzfälle zu benennen.

Weitere Einsatzfälle in denen neben der Objekterkennung z. B. auch die Objektlage (auf Position und Orientierung) erforderlich ist, sind das Palettieren und das Depalettieren von z. B. Paketen. Hierzu gehört das Anwendungsgebiet des Robotereinsatzes.

Wegen der Wichtigkeit in der Praxis wird auf das Lesen von Barcode mit CCD-Kameras nochmal ergänzend eingegangen.

Zunehmend verbreitet sind Kamerasysteme zum Lesen eines Barcodes. Für zweidimensionale Barcode werden grundsätzlich Kamerasysteme zum Lesen benötigt. Die eingesetzten CCD-Kameras bestehen wie oben beschrieben im Wesentlichen aus lichtempfindlichen Elementen, die im Brennpunkt einer Linse angebracht sind. Durch die schnelle interne Abtastung der einzelnen Punkte (Pixel) wird ein Strichcode in ein Punktraster (Pixelraster) aufgelöst. Eine gewisse minimale Pixelanzahl, z. B. vier Pixel, muss die Projektion eines schmalen Striches ergeben, um aufgelöst und erkannt zu werden. Der Code, der von einem CCD-Sensor aufgenommen wird, wird in einen elektrisch-binären Impulszug umgewandelt. Die mit CCD-Kameras erzielbaren Leseabstände (mehrere Meter) liegen oberhalb denen von Laserscannern. Dies ist der wesentliche strategische Vorteil, warum solche Kamerasysteme heute in automatischen Identifikationssystemen eingesetzt werden.

Abb. 6.27 zeigt den prinzipiellen Aufbau einer CCD-Kamera zum Lesen eines Barcodes.

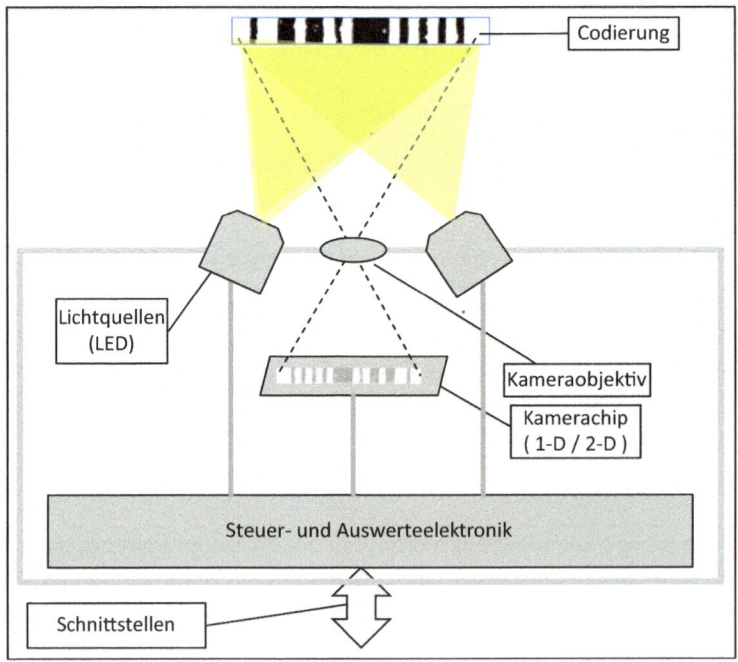

Abb. 6.27 Kameraaufbau [2, S. 53]

6.3 Identifikationssysteme

In Materialflusssystemen und Logistiksystemen, vor allen Dingen wenn sie automatisiert sind, ist es wichtig, die einzelnen Objekte und Güter wie Paletten, Kleinladungsträger etc. automatisch zu identifizieren. Die Abb. 6.28 aus der Vorlesung Wehking/Schröppel zeigt das Problem des Fehlbestandes. Ein Fehlbestand löst Materialanforderungen beim Zuliefe-rer aus, wenn lieferbar gibt es eine Lieferankündigung. Nach der Anlieferung erfolgt die Warenkontrolle und bei positiven Verlauf die Prüfung der EDV technischen Vereinnahmung der Ware in den Bestand. In der Regel erfolgt danach die Zuweisung eines Lagerplatzes an Hand von definierten Kriterien durch die EDV und auf der physischen Ebene erfolgt die Einlagerung der Waren in das Lager und einer Aktualisierung der Daten. Im Nachfolgenden soll die Notwendigkeit von Identifizierungssystemen zunächst noch allgemein beschrieben und charakterisiert werden.

Materialflusssysteme und Logistiksysteme benötigen zu ihrer Steuerung und Regelung Informationsflusssysteme. Ein physischer Warenstrom ist auf seinem Weg von der Quelle zur Senke immer begleitet von einem dazugehörenden Informationsstrom. Dabei ist die enge Verknüpfung zwischen Ware und Information von großer Bedeutung, weshalb auto-matische Identifizierungssysteme wichtig sind. Die Abb. 6.28 zeigt den Zusammenhang zwischen Ware und Information und damit die Interaktion zwischen physischem Waren-fluss und Informationssystem.

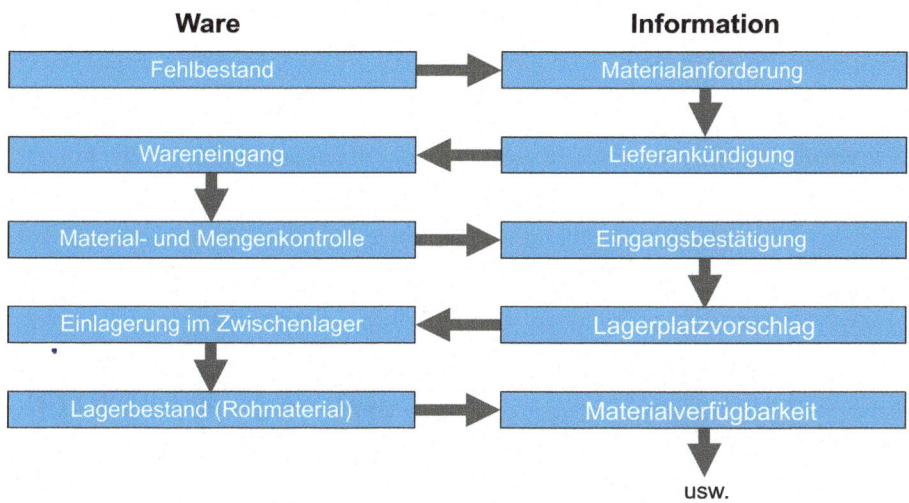

Abb. 6.28 Zusammenhang zwischen Ware und Information im logistischen Prozess. (Quelle: IFT)

Für die geforderten automatischen Identifikationssysteme sind in der praktischen Anwendung besonders wichtig die Strichcode-, also Barcode-Systeme und die RFID-(Radio Frequency Identification)-Systeme, die im Nachfolgenden im Detail beschrieben werden.

Bevor dies erfolgt ist es notwendig darauf hinzuweisen, dass bei der Steuerung der Ware von der Quelle zur Senke innerhalb des physischen Warenflusses, zwischen einer direkten und einer indirekten Zielsteuerung zu unterscheiden ist.

Bei der indirekten Zielsteuerung läuft die Information im EDV-System „mit der Ware mit" auf einer Abtastung eines an der Transporteinheit oder am Fördergut angebrachten Datenträgers zur Zielbestimmung wird dabei verzichtet. Die indirekte Zielsteuerung ermöglicht es neben Daten zur Zielverfolgung reine Bestandsdaten mitzuführen. Diese Daten werden als Information parallel zum Förderfluss mit getaktet und „reisen so mit der Ware". In der übergeordneten Bestandsführung erfolgt nach erfolgreicher Übergabe oder Einlagerung ein weiterreichen der Daten. Durch indirekte Zielsteuerung werden hohe Fördergeschwindigkeiten und schnellere Materialdurchlaufzeiten ermöglicht. Manuelle Eingriffe z. B. das herausnehmen von Ware aus dem Förderstrom, können allerdings dazu führen, dass die gesamte Anlage fehlerhaft arbeitet.

Anwendung findet die indirekte Zielsteuerung vor allem im innerbetrieblichen Bereich. Die direkte Zielsteuerung bedient sich in der Regel eines am Fördergut angebrachten Datenträgers. Durch den aufgebrachten Datenträger z. B. Barcode oder RFID kann dem Objekt eindeutig ein Ziel zugeordnet werden.

Die direkte Zielsteuerung ist in ihren Fördergeschwindigkeiten naturgemäß stärker begrenzt, da Strichcode oder elektronische Datenträger nur bis zu einer bestimmten Fördergeschwindigkeit gelesen werden können. Andererseits ist durch das Aufbringen von Datenträgern eine höhere Betriebssicherheit gegeben. Die direkte Zielsteuerung bedient sich direkter oder indirekter Codierung. Enthält der am Fördergut angebrachte Code eine vollständige Zielinformation, so nennt man dies direkte Zielsteuerung mit direkter Codierung. Ein Postpaket würde in diesem Fall beispielsweise die gesamte Adresse des Empfängers enthalten (siehe Abb. 6.29a). Hat die am Fördergut angebrachte Codierung nur eine kennzeichnende Funktion, so nennt man dies direkte Zielsteuerung mit indirekter Codierung. Ein Postpaket würde in diesem Fall lediglich die Auftragsnummer codiert enthalten. Erst eine Datenbank kann die Auftragsnummer dann einem Ziel zuordnen (siehe Abb. 6.29b).

(a): MaxiCode   (b): Code 128

Abb. 6.29 MaxiCode bzw. Code 128 als Beispiel für die Erklärung direkter und indirekter Codierung. (Quelle: ohne Verfasser)

Bezüglich der Ausfallsicherheit in einem Materialflusssystem bietet die direkte Zielsteuerung mit direkter Codierung das höchste Maß an Sicherheit. Nach einem Totalausfall der Anlage kann an Hand der an den Fördergütern angebrachten Zielinformationen die Anlage neu angefahren werden, selbst wenn Daten in der EDV gelöscht wurden oder zeitweise nicht zur Verfügung stehen. Bringt man zusätzlich die gesamte Zielinformation in Textform (also für den Menschen lesbar) an der Ware an, kann im Notfall auch von Hand sortiert und transportiert werden.

Die direkte Zielsteuerung mit indirekter Codierung erkennt durch Lesen des an der Ware angebrachten Codeträgers, um welches Fördergut es sich handelt. Sie arbeitet auch dann noch fehlerfrei, wenn jemand etwas aus dem Warenfluss entnimmt und nach einem Totalausfall der Anlage. Solange die in der EDV abgelegten Daten zugänglich sind, die dem an der Ware angebrachten Code (z. B. Auftragsnummer) ein Ziel zuordnen, arbeitet die direkte Zielsteuerung mit indirekter Codierung fehlerfrei.

6.3.1   Barcode-(Strichcode)-Systeme

In Abb. 6.30 ist eine Auswahl von Barcodesystemen, die heute in der Praxis Verwendung finden, dargestellt.

Unterschieden wird in ein- und zweidimensionale Barcodes. Zu den eindimensionalen Barcodes zählen beispielsweise der EAN-13 (Abb. 6.30a) und der 2/5 Interleaved (Abb. 6.30b). Zu den zweidimensionalen Barcodes gehören beispielsweise der Maxi-Code (Abb. 6.30e) oder die Data-Matrix (Abb. 6.30f). Bei den Barcodes in Abb. 6.30c und Abb. 6.30d handelt es sich im Prinzip um eine Zwischenform. Dabei sind einzelne Barcodezeilen übereinander angeordnet um so größere Datenmengen codieren zu können. Solche Barcodes werden auch als Stapelcodes bezeichnet.

Der Barcode ermöglicht eine maschinelle Lesung von Daten. Er besteht aus einem Binärcode, der durch eine bestimmte Anzahl von schwarzen parallelen Strichen (= Balken) auf einem hellen Untergrund (= Lücken) dargestellt ist. Barcodes unterscheiden sich in ihrer Darstellungsform (Anzahl und Breite der Striche) und in der Codierung (einfache und komplexe Codierung).

Die Barcodes werden von Kameras oder Laserscannern gelesen.

Die außerordentlich große Verbreitung von Barcodes im Feld der Materialflusstechnik und Logistik ergibt sich durch die wesentlichen Vorteile. Diese sind:

Vorteile
- Schnelle Erfassung
- Kostengünstiges Datenträgermedium (<1 Ct. pro Etikett)
- Ausschließen von Fehlern bei Dateneingabe über Tastatur
- Höhere Manipulationssicherheit als bei manueller Dateneingabe
- Schnelle und kostengünstige Erstellung von Datenträgern (d. h. der Etiketten)

(a): EAN-13

(b): 2/5 Interleaved

(c): Codablock

(d): PDF 417

(e): Maxi-Code

(f): Data-Matrix

Abb. 6.30 Beispiele der wichtigsten Barcodesysteme. (Quelle: IFT)

- Durch Kombination von Text- und Ziffernfolgen ist eine Redundanz erzielbar.
- hohe Zuverlässigkeit
- Leseraten von ca. 99,5 %

Ein Nachteil von Barcodes liegt in der Schwierigkeit verschmutzte oder beschädigte Barcodeetiketten noch lesen zu können. Die Abb. 6.31 stellt dies anschaulich dar.

Nachteile

(a): Ein EAN-13-Strichcode mit Verschmutzung

(b): Ein durch Verschmutzung teilweise unlesbarer Codablock

Abb. 6.31 Lesbarkeit von Barcodes bei Verschmutzung. (Quelle: ohne Verfasser)

In Abb. 6.31 ist ein weit verbreiteter eindimensionaler Barcode EAN-13 dargestellt (siehe Abb. 6.31a). Er enthält 12 Nutzziffern. Die letzte Ziffer (hier die 2) ist die sogenannte Prüfziffer. Der EAN-13 weist die Besonderheit auf, dass dort die Information auch noch in Klarschrift an der Unterseite des Barcodes angebracht ist. Wenn der Strichcode nicht lesbar ist, kann z. B. die Kassiererin oder derjenige, der den Barcode liest und handhabt, auch die Ziffernfolge von Hand eingeben. Der Strichcode enthält genau die Information, die unten in Klarschrift noch einmal angegeben ist. In Abb. 6.31b ist ein zweidimensionaler Barcode, ein sogenannter Codablock, dargestellt. Er codiert ein Vielfaches mehr an Informationen durch einfaches Stapeln von mehreren Barcodes übereinander, ist dadurch aber prinzipiell anfällig gegenüber Verschmutzungen. Im Vergleich der beiden Abbildungen (siehe Abb. 6.31) kann man entnehmen, dass der Verschmutzungspunkt (schwarzer Kreis) bei dem EAN-13 beim Lesen kein Problem darstellt, was hingegen bei dem 2D- Barcode Codablock der Fall ist.

Die Abb. 6.32 zeigt den grundsätzlichen Aufbau eines eindimensionalen Barcodes. Er besteht aus Ruhezone, Start-Margin, Message – also der aufzunehmenden Information, Stopp-Margin und Ruhezone. Ruhezonen sind notwendig, um zusammen mit den Start- und Stoppzeichen dem Lesegerät den Barcode eindeutig zu signalisieren und die Information zu geben „Jetzt wird ein Barcode gelesen". Das Startzeichen ist eine spezielle Strich-Lücken-

Ruhe-zone	Start-Margin	Message	Stop-Margin	Ruhe-zone

Checksum

Abb. 6.32 Aufbau eines eindimensionalen Barcodes. (Quelle: IFT)

Kombination, die immer am Anfang des Barcodes steht. Das Startzeichen stellt sicher, dass wirklich ein Barcode gelesen wird und nicht eine zufällige Sequenz von reflektierendem Fremdlicht. Beim Erkennen dieses Startzeichens beginnt der Decoder, den Impulszug des Scanners zu verarbeiten.

Die Message enthält die eigentliche Information. Die Syntax ist dabei durch den Codetyp festgelegt. Syntax ist somit die Art und Weise, wie Zeichen (A, B, C, 1, 2, 3) mit Strich-Lücken-Kombinationen codiert werden. Das Stoppzeichen (Stop-Margin) ist eine spezielle Strich-Lücken-Kombination, die am Ende des Barcodes steht. Der Decoder erkennt, dass der kommende Code empfangen wurde, prüft und übersetzt die Message. Damit der Barcode auch von rechts nach links gelesen werden kann, sind Start- und Stoppzeichen nicht symmetrisch aufgebaut. Wird der Code also in der falschen Richtung gelesen, erkennt der Decoder dies und dreht die Zeichenfolge automatisch um. Die Checksumme, das heißt die sogenannte Prüfziffer, ist ein optionales Zeichen und dient der Überprüfung auf Lesefehler. Sie ist für die meisten Codetypen definiert. Stimmt die gelesene Prüfziffer nicht mit der vom Decoder errechneten Zahl überein, so wird der Code nicht übertragen und der Barcode muss erneut gelesen werden.

Eine oder gegebenenfalls auch mehrere Prüfziffern werden in der Praxis in fast allen Barcodes verwendet, um Lesefehler auszuschließen. Eine Prüfziffer dient dabei nur dazu, Fehler zu erkennen, nicht sie zu korrigieren. Bei eindimensionalen Barcodes reichen dazu ein bis zwei Prüfziffern völlig aus. Die Prüfziffer wird über entsprechende Berechnungsverfahren aus dem Inhalt des Barcodes (Message) errechnet.

Neben den Prüfziffern, die nur dazu in der Lage sind den korrekten Lesevorgang zu überprüfen, gibt es bei Barcodes auch Fehlerkorrekturmechanismen. Diese Fehlerkorrekturmechanismen sind in der Lage die im Barcode gespeicherte Information auch bei teilweise nicht mehr gegebener Lesbarkeit (verschmutzt, beschädigt) wiederherzustellen. Dies spielt vor allem bei den 2D-Barcodes eine sehr große Rolle, da diese aufgrund ihrem filigranen Aufbau deutlich anfälliger gegenüber Verschmutzungen sind. Die einfachste Form der Fehlerkorrektur sind Redundanzen im Barcode, d. h. die gleiche Information wird mehrfach an verschiedenen Stellen im Barcode gespeichert. Bei manchen Barcodes nimmt die Redundanz bis zu 50 % des Speicherinhaltes des Barcodes ein. Komplexere Fehlerkorrekturmechanismen basieren auf Algorithmen, die es erlauben den nicht mehr lesbaren Bereich des Barcodes wieder zu errechnen. Diese leistungsstarken Algorithmen erlauben zum Beispiel Data Matrix Codes eine automatische Fehlerkorrektur, selbst wenn bis zu 30 % des Barcodes beschädigt oder verschmutzt und somit nicht mehr lesbar sind.

Es folgt eine tabellarische Aufstellung der Elemente und Aufbau Merkmale eines Barcodes:

Strich Dies sind die dunklen Elemente eines Barcodes.
Lücke Dies sind die hellen Elemente eines Barcodes.
Element so werden die Grundelemente des Barcodes, also Striche und Lücken, bezeichnet.
Modul Der Modul beschreibt das schmalste Element eines Barcodes. Dies kann entweder
    der schmalste Strich oder die schmalste Lücke sein.

Ruhezone unterdrückte Raum vor dem Start- und hinter dem Stoppzeichen. Die Ruhezone ist notwendig für das eindeutige Erkennen von Anfang und Ende des Barcodes durch das Lesen System.

Start- und Stoppzeichen Ein Barcode beginnt und endet mit definierten Start- und Stoppzeichen. Dies ermöglicht die folgerichtige Lesbarkeit. Des Weiteren kann über das Start- und Stoppzeichen der Codetyp erkannt werden.

Radio/Strichbreitenverhältnis Verhältnis von breitem Strich zu schmalem Strich oder von breiter Lücke zu schmaler Lücken Abb. 6.33 zeigt ein Strichbreitenverhältnis von 1:3 was häufig verwendet wird. Durch dieses Verhältnis ist eine hohe Datensicherheit gegeben.

Diskreter Code So wird ein Barcode bezeichnet der nur aus verschiedenen dicken Strichen gebildet wird. Die Lücken zwischen den Strichen sind gleich breit und enthalten keine Information. Abb. 6.33 zeigt Einen 2/5 industriellen Barcode als Beispiel für einen solchen diskreten Code.

Fortlaufender Code ein Barcode der aus unterschiedlichen breiten Strichen und Lücken aufgebaut ist. Die Lücken werden somit als Informationsträger verwendet (siehe Abb. 6.34).

Selbst überprüfende Codes Ein Barcode der aufgrund seines Aufbaus und seines vorgegebenen Algorithmus die Überprüfung jedes Zeichen zulässt. Der Prüfalgorithmus erkennt jedoch nur ein Verhältnis innerhalb eines Zeichens. Treten zwei oder mehr Veränderungen auf, kann es zu Substitutionsfehlern kommen. Beispiel für einen solche Barcode ist der 2/5 Interleaved (siehe Abb. 6.33). Bei diesem Barcode besteht jede Ziffer in der Barcodedarstellung aus fünf Elementen, dabei sind zwei der Elemente breit und drei schmal. Wird eines der fünf Elemente eines Zeichens falsch gelesen, erkennt der Decoder den Fehler. Um die Sichtbarkeit von 2/5 Interleaved weiter zu erhöhen, ist eine Prüfziffer im Barcode enthalten.

Abb. 6.33 Terminologie am Beispiel eines 2/5 industriellen Barcodes. (Quelle: IFT)

Abb. 6.34 Codebeispiel EAN-13. (Quelle: IFT)

Abb. 6.35 Auswahl eindimensionalen Barcodes. (Quelle: IFT)

Die Abb. 6.35 zeigt verschiedene eindimensionalen Barcodes und deren Eigenschaften. Diese Darstellung erhebt keinen Anspruch auf Vollständigkeit. Für die Materialflusstechnik und die Logistik sind die Barcodes auf der linken Seite und in der Mitte der Abb. 6.35 von besonderer Bedeutung. Die Barcodes auf der rechten Seite (alle EAN-Familie) werden vor allen Dingen im Handel eingesetzt. Bekannt sind sie von Produktverpackungen im Einzelhandel.

Im Folgenden wird eine Auswahl verschiedener Barcodes im Detail exemplarisch gezeigt. Die Abb. 6.36 zeigt ein Codebeispiel eines 2/5-Industrial-Barcodes. Abb. 6.36 zeigt links und rechts die Ruhezone, dann das Start- und das Stoppzeichen, was nicht identisch und damit nicht symmetrisch ist, danach die eigentlichen Datenzeichen, die aus fünf Strichen (zwei breiten und drei schmalen Strichen) bestehen. Die Lücken sind bei diesem Barcodetyp alle gleich breit und enthalten keine Informationen. Es liegt hier ein Strichbreitenverhältnis von 1:3 vor, das heißt die sogenannte Ratio ist 1:3. Die Eigenschaften des 2/5-Industrial-Barcodes lassen sich wie folgt charakterisieren:

Es handelt sich um einen gut lesbaren numerischen Barcode (Darstellung 0 bis 9) – der Code ist einfach zu drucken, es sind Drucktoleranzen von $\pm15\,\%$ zulässig. Der Code ist selbstüberprüfend, immer zwei breite und drei schmale Elemente pro Zeichen. Als wesentlicher Nachteil ist die geringe Informationsdichte (z. B. 4,2 mm pro Zeichen bei einer Modulbreite von 0,3 mm) anzugeben.

Ein weiteres Codebeispiel zeigt die Abb. 6.34. Es handelt sich hier um einen sogenannten EAN-13-Code.

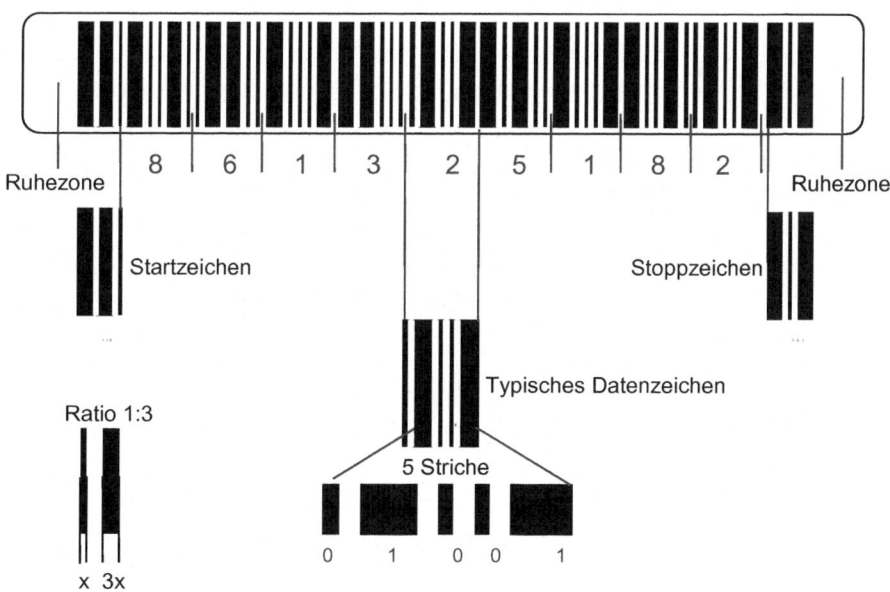

Abb. 6.36 2/5-Industrial-Barcode. (Quelle: IFT)

Die Abb. 6.34 enthält die folgenden Informationen:

- Länderkennziffer
- Betriebsnummer des Herstellers
- Artikelnummer des Herstellers
- Prüfziffer

Der EAN-13 codiert 12 Ziffern +1 Prüfziffer. Die ersten beiden Ziffern stehen dabei für das Land, die nachfolgenden 5 Ziffern für den Hersteller und die letzten 5 Ziffern bezeichnen das Produkt. Zur Berechnung der Prüfziffer wird das Verfahren Modulo 10/Gewichtung 3 eingesetzt.

Die Landesbezeichnung (die ersten 2 der 13 Ziffern) zeigt, in welchem Land der Strichcode beantragt wurde. In der Regel ist dies der Sitz des Herstellers oder des Händlers. Dies ist nicht zwingend gleichbedeutend mit dem Herstellungsland. Die nächsten 5 Ziffern bezeichnen den Hersteller und die letzten 5 Ziffern das Produkt, gefolgt von einer Prüfziffer. Mit dem EAN-13 lassen sich somit pro Land bis zu 100.000 Produkte von 100.000 Herstellern bezeichnen.

Dies ist für Deutschland nicht ausreichend und deshalb standen 1996 die Landeskennziffern 40 bis 43 für Deutschland. Mittlerweile sind noch die 44, die 20 sowie die 28 für Deutschland.

Der EAN-Code ist im Gegensatz zum zuvor behandelten Industrial 2/5 in mehreren Punkten ein untypischer Barcode.

Der EAN-13 verfügt über eine vergleichsweise aufwendige Codierung. Das Mittelzeichen teilt den Barcode in 2 Blöcke, die Randzeichen sowie das Mittelzeichen sind jeweils identisch. Aus der Codierung ergibt sich die richtige Leserichtung des Barcodes von links nach rechts.

Ein Nachteil dieses Barcodes ist, dass er ungeeignet für Materialflusssteuerung ist, da eine Abstandslesung nicht vorgesehen ist.

Die Abb. 6.37 stellt die vier wichtigsten zweidimensionalen Barcodes dar. Es existieren darüber hinaus noch eine größere Anzahl anderer 2D-Barcodes, die aber immer einer der beiden obigen Kategorien, also Stapelcodes oder Matrixcodes, zuzuordnen sind.

Bei den Stapelcodes wird durch das Stapeln mehrerer Zeilen in einem Barcode die Anzahl der gespeicherten Zeichen deutlich erhöht.

Zum Lesen von Stapelcodes können leicht modifizierte Laserscanner verwendet werden. Um die Anfälligkeit gegenüber Verschmutzungen zu begrenzen verfügt beispielsweise der Codeblock 256 in jeder Zeile über eine eigene Fehlerkorrektur, die kleine Schäden erkennen und korrigieren kann. Im Stapelcode PDF417 lassen sich bis zu 1108 Bytes verschlüsseln, davon zwischen zwei und 500 Bytes zur Fehlerkorrektur.

Die sogenannten Matrixcodes wie die Beispiele MaxiCode und DataMatrix benötigen eine aufwendige Lesetechnik. Hierfür werden üblicherweise Kamerasysteme und nicht Laserscannerpistolen eingesetzt. Die speicherbare Datenmenge liegt bei diesen Matrixcodes

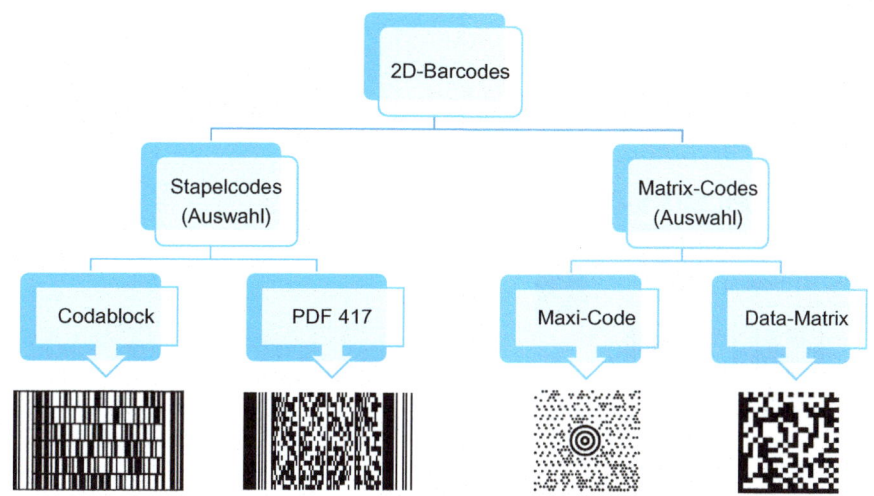

Abb. 6.37 Auswahl zweidimensionalen Barcodes. (Quelle: IFT)

mindestens um den Faktor 15 höher als bei gleich großen eindimensionalen Barcodes. Sie enthalten sehr sichere, anspruchsvolle Fehlerkorrekturalgorithmen, die den Dateninhalt bei Beschädigungen des Gesamtcodes von bis zu 25 % rekonstruieren lassen.

Ein wichtiger Hinweis zur praktischen Anwendung ist die Tatsache, dass MaxiCodes seit 1989 bei dem amerikanischen Paket- und Kurierdienst UPS zur schnellen Identifizierung, Verfolgung und Sortierung von Paketen entwickelt werden. Dieser MaxiCode hat eine feste Größe von 25,4 mm × 25,4 mm (dies ergibt sich aus dem amerikanischen Maß 1 Inch × 1 Inch). In der sich so ergebenden Fläche von 645 mm^2, sprich einem Quadrat-Inch können 144 Symbolzeichen, das heißt 93 ASCII-Zeichen und 138 Ziffern codiert werden. Im Mittelpunkt des Codes befindet sich das Suchmuster, das aus drei konzentrischen Kreisen (siehe Abb. 6.37 Maxi-Code) besteht. Um das Suchmuster herum sind in 33 Reihen 866 wabenförmige Sechsecke angeordnet. Die Abb. 6.38 zeigt nun das komplette Paketlabel, das von UPS verwendet wird. Dieses besteht aus drei Code-Elementen:

- MaxiCode
- Code 128; codiert die Empfangs-Postleitzahl
- Code 128; codiert die UPS-Tracking-Nummer für die Sendungsverfolgung.

Neben den drei Barcodes sind auf dem Label in Klarschrift nochmals alle Informationen, die sich auf dem MaxiCode befinden, aufgedruckt. Demzufolge kann der Fahrer eines UPS-Auslieferungs- oder Annahmefahrzeuges durch Lesen der unterschiedlichen Codes alle Informationen erhalten und bei Zerstörung der Codes durch den Klarschrifttext immer noch auf alle Informationen zugreifen.

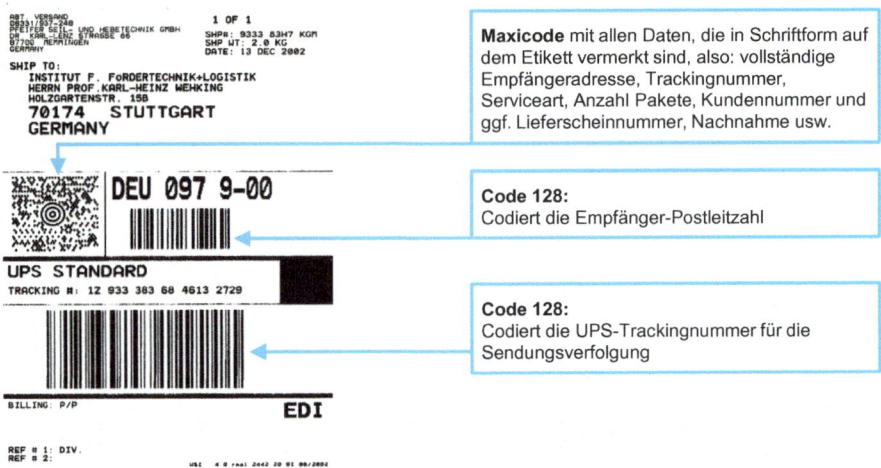

Maxicode mit allen Daten, die in Schriftform auf dem Etikett vermerkt sind, also: vollständige Empfängeradresse, Trackingnummer, Serviceart, Anzahl Pakete, Kundennummer und ggf. Lieferscheinnummer, Nachnahme usw.

Code 128:
Codiert die Empfänger-Postleitzahl

Code 128:
Codiert die UPS-Trackingnummer für die Sendungsverfolgung

Abb. 6.38 Beispiel UPS Paketlabel. (Quelle: IFT)

Für das Lesen der Barcodes sind Barcode-Lesesysteme notwendig. Den prinzipiellen Aufbau zeigt die Abb. 6.39. Es besteht aus vier Komponenten, die im Nachfolgenden kurz beschrieben werden.

- Komponente 1: Sensor. Der Sensor empfängt das diffuse reflektierte Licht der Strich-Lücken-Sequenz und wandelt die Hell-Dunkel-Folgen in elektrische Signale um.
- Komponente 2: Die optische Abtastung erfolgt meistens mittels eines Laserscanners oder einer sogenannten CCD-Kamera (charge-coupled device).
- Komponente 3: Decoder. Der Decoder digitalisiert die elektrischen Signale des Sensors und wertet diese aus. Die decodierten Zeichen werden am Ausgang des Decoders für das übergeordnete Datenverarbeitungssystem zur Verfügung gestellt und an den zugeordneten Rechner gesendet.
- Komponente 4: Rechner. Der Rechner empfängt die gesendeten Daten, verarbeitet sie selbstständig und leitet sie weiter.

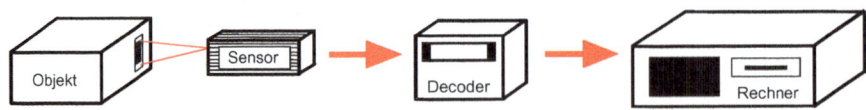

Abb. 6.39 Elemente eines Barcode-Lesesystems. (Quelle: IFT)

Bezüglich der sogenannten Codequalität sind die Anforderungen an die Etiketten von besonderer Bedeutung. Zu nennen sind hier

- Gute Haftfähigkeit der Druckfarbe
- Verschleißfestigkeit
- Beständigkeit gegenüber Öl und Wasser
- Lichtechtes Etikett (Verhinderung von Vergilbungseffekten)
- Einhaltung der Toleranzen beim Druck gemäß Codespezifikation
- Hohes Kontrastverhältnis und ausreichendes Reflexionsvermögen
- Keine größeren Flecken oder Lücken im Druck (Flecken bestimmter Größe in einer Lücke werden vom Scanner als schmale Striche erkannt)

Im Zusammenhang mit der sogenannten Codequalität tauchen auch immer wieder die Begriffe High-, Medium- und Low-Density-Code auf. Sie kennzeichnen die Codedichte und bestimmten damit in gewissem Maße auch das Druckverfahren mit. Die Unterscheidung erfolgt dabei nach einer minimalen Strichstärke = Breite der schmalsten Strichcodes.

- Ultra-high density Code (minimale Strichstärke <0,19 mm)
- High density Code (0,19 mm < Strichstärke <0,24 mm)
- Medium density Code (0,24 mm < Strichstärke <0,30 mm)
- Low density Code (0,30 mm < Strichstärke <0,50 mm)

Die unterschiedlichen Druckverfahren werden mit der Abb. 6.40 gegenüberstellend wiedergegeben. In der Praxis häufig Verwendung finden Thermodruckverfahren, da die Thermodrucker leise und schnell arbeiten. Unterschieden wird in Thermodruck und Thermotransferdruck.

Gelesen werden Barcodes vor allem mit Laserscannern oder Kamerasystemen.

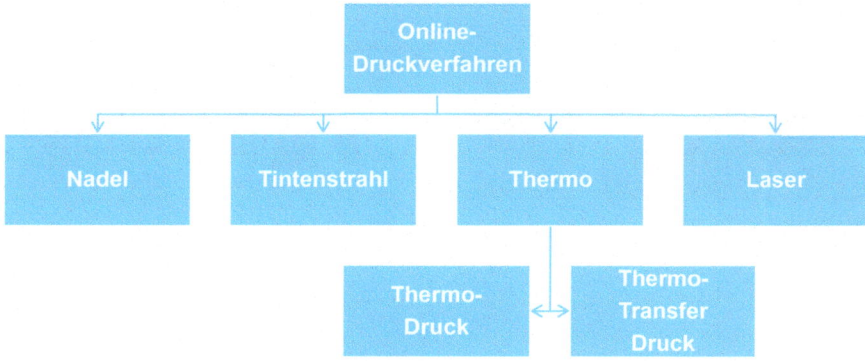

Abb. 6.40 Code-Druckverfahren. (Quelle: IFT)

6.3.2   RFID-Identifizierungssysteme

Die RFID-Technologie (Radio Frequency Identification) bietet die Möglichkeit, Objekte berührungslos auf Basis elektromagnetischer Wechselfelder zu identifizieren und zu erfassen, auch wenn sie in Bewegung sind und, im Gegensatz zu den Barcodesystemen, keine optische Sichtverbindung zu den Objekten besteht. Zum Speichern bzw. zum Austausch der Objektdaten dient ein elektronischer Datenträger, im Wesentlichen bestehend aus einem Mikrochip und einer Antenne, der als Transponder oder Tag bezeichnet wird. Der Begriff Transponder ist ein englisches Kunstwort und setzt sich zusammen aus den Begriffen Transmitter (Sender) und Responder (Antwortgeber).

Elektronische Datenträger zählen neben Barcodes zu den in der Industrie ebenfalls eingesetzt Elementen zur Kennzeichnung und Identifikation von Objekten. Dennoch steht der breite Einsatz dieser Techniken, nach Einschätzung von Fachleute, erst noch bevor. Ein Großteil der heutigen Identifizierungssysteme ist immer noch barcodebasiert. Am Markt sind unterschiedliche Systeme vertreten mit unterschiedlichen Übertragungstechnologien. Die Abb. 6.41 zeigt unterschiedliche Transpondertypen.

Bei den Transpondern gibt es aktive Systeme, die auf eine eigene Batterie zurückgreifen, und passive Systeme, die keine eigene Batterieversorgung haben. Darüber hinaus gibt es als dritte Anwendung semiaktive Transponder:

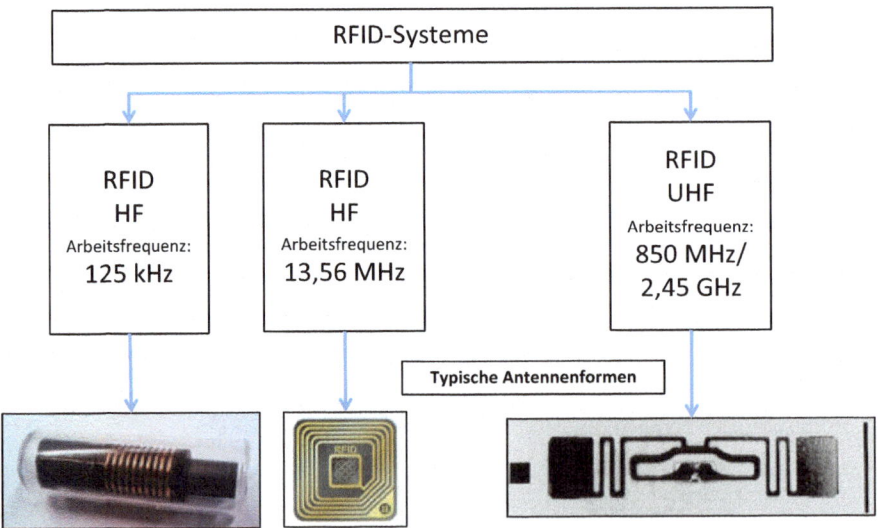

Abb. 6.41 Bauformen elektronischer Transponder [2, S. 24]

- Aktive Transponder verfügen über eine eigene Batterieversorgung und senden per Funk ihre Dateninformationen einem Empfänger zu. Mit der Energie aus der Stützbatterie können die Daten in flüchtigen RAM-Speichern aufbewahrt werden.
- Passive Datenträger verfügen nicht über eine eigene Stromversorgung; die gesamte Energie zum Betrieb muss deshalb dem elektromagnetischen Lesefeld entnommen werden. Sie verfügen über sogenannte nichtflüchtige Speicher (EEPROM[3] bzw. FRAM[4]).
- Semiaktive Datenträger besitzen eine Batterie, deren Stromversorgung aber lediglich dem Erhalt des Datenspeichers dient. Die zur Nachrichtenübertragung benötigte Energie bezieht ein semiaktiver Datenträger aus dem elektromagnetischen Feld der Leseeinheit, er verhält sich also wie ein passiver Datenträger.

Passive Datenträger werden am häufigsten eingesetzt, da sie am kostengünstigsten sind und keine Lebensdauerproblematik wegen der Batterie vorliegt. Aufgrund staatlicher Regelungen sind RFID-Systemen definierte Frequenzbereiche, die auch die maximale Sendeleistung vorgeben, zugeordnet. RFID-Systeme arbeiten im Wesentlichen in vier Frequenzbereichen:

Langwellenfrequenzbereich 9–135 kHz Hier spricht man von induktiven Systemen. Diese Transponder können bei geringer Reichweite <1 m und geringer Datenübertragungsrate eingesetzt werden.

Kurzwellenfrequenzbereich 3–30 MHz Typische Frequenzen solcher Systeme liegen bei 6,78 MHz, 13,56 MHz, 27,125 MHz, 40, 680 MHz. Diese Systeme erreichen mittlere Reichweiten im Bereich weniger Meter und mittlere Übertragungsraten.

Ultrahochfrequenzbereich 0,3–3 GHz Typische Frequenzen solcher Hochfrequenz-RFID-Systeme liegen bei 433,920 MHz, 868 MHz, 415 MHz und 2,45 GHz. Hier können sehr hohe Lesegeschwindigkeiten bei Reichweiten mehrere Meter (bei semiaktiven Transpondern sogar 100 m) erreicht werden.

Mikrowellen Frequenzbereich >3 GHz solche Mikrowelle-RFID-Systeme arbeiten bei 5,8 GHz Oder 24,125 GHz. Sie werden eingesetzt, wenn sehr hohe Lesegeschwindigkeiten benötigt werden.

Die Wahl der Frequenz für ein RFID-System hängt von den Anforderungen ab, die an das System gestellt werden. Die folgende Auflistung gibt die Vor- und Nachteile für hohe Frequenzen im Detail an.

---

[3]EEPROM: Electrically Erasable Programmable Read-Only Memory.
[4]FRAM: Ferroelectric Random Access Memory.

Vorteile
- Maximaler Leseabstand vergrößert sich mit höherer Frequenz.
- Hohe Frequenzen ermöglichen kleine Baugrößen der Antenne im Datenträger und der Leseantennen.
- Übertragbare Datenmenge und Lesegeschwindigkeit steigen bei hohen Frequenzen

Nachteile
- Reflexion der Wellen an der Oberfläche und Absorption in Wasser nimmt im hochfrequenten Bereich stark zu. Personenerkennung mit Mikrowellensystemen ist nur schlecht möglich, da der Körper Wasser enthält und die Mikrowellen absorbiert. Zutrittssysteme, bei denen der Benutzer die Karte am Körper trägt, sind somit im Mikrowellenbereich schlecht zu realisieren.

Elektronische Datenträger, das heißt Transponder, können entweder als Datenträger mit Festcode oder als frei programmierbare Datenträger ausgeführt werden. Die folgende Aufzählung gibt die wichtigsten Charakteristika eines Datenträgers für Festcode an:

- Programmierung erfolgt in der Fertigung (z. B. fortlaufende Nummern).
- Unterscheidbar nach Informationsgehalt in Datenträger mit 1 Bit, 1 Byte und mehr als 1 Byte.
- Bestehen aus elektronischen Schwingkreisen mit definierter Resonanzfrequenz
- Der Schwingkreis wird über die Sendeantenne der Leseeinheit angeregt und das Zeit und Frequenzverhalten gemessen. Jedem Ansprechverhalten ist eine Ziffer/Ziffernfolge zugewiesen.
- Als Speicherbausteine kommen meist ROM oder EEPROM Halbleiterelemente zum Einsatz.
- Bei ROM Bausteinen wird die Ziffer/Ziffernfolge bereits bei Herstellung des Bausteins vergeben. Der Anwender kann diese also nicht selbst wählen.
- Bei EEPROM Bausteinen wird die Ziffernfolge in der Regel beim Hersteller kundenspezifisch nach der Bauteilherstellung eingeprägt.
- Leistungsdaten eines typischen Festcodedatenträgers sind:
  - 64 Bit Festcode, davon 44 Bit Nutzinformation (entspricht 17.600 Mrd. Codiermöglichkeiten) und 20 Bit zur Fehlerkorrektur
  - Die Programmierung erfolgt bei der Waferfertigung
  - Chipfläche: $1\,\text{mm}^2$
  - Lesezeit: 8,5 ms.

Die folgende Aufzählung zeigt die wesentlichen Charakteristika eines frei programmierbaren Datenträgers:

- Lesen, Schreiben und Löschen der gespeicherten Daten möglich.
- Speicher: EEPROM-, RAM- oder FRAM-Bausteine.
- Spannungsversorgung bei RAM Bausteinen mittels Lithium Batterie. Lebensdauer des Datenträgers somit direkt von der Lebensdauer der Batterie abhängig.
- EEPROM und FRAM Speicherbausteine sind nichtflüchtige Speicher. Energieversorgung somit nur beim Lesevorgang (Schreib-/ Löschvorgänge) notwendig. Lebensdauer durch die Anzahl der Löschvorgänge begrenzt in der Regel 10.000
- Technische Unterschiede zu festcodierten Datenträgern nur in der Speichertechnik (und ggf. der Stromversorgung des programmierbaren 256 Bit Datenträgers
- Eine Vergrößerung des Speichers ist lediglich eine Frage des Bedarfs (Preis der Chipfläche)
- Das Schreiben von 30 Bit auf den Datenträger ist bei einer Fördergeschwindigkeit von maximal 3 m/s möglich.

Die wichtigsten Anwendungsbeispiele für elektronische Datenträger sind:

- Anwendung für Zutrittskontrollen
- Warensicherung im Kaufhaus, z. B. an Textilien
- Kfz-Wegfahrsperren
- Kennzeichnung von Werkzeugen
- Kennzeichnung von Transportbehältern, Paletten und Containern
- Kennzeichnung von Waren in Produktion und Handel
- Bodenadressen für fahrerlose Transportsysteme.

Die Leistungsfähigkeit von elektronischen Datenträgern ist von ihren Leistungsklassen abhängig. Hier unterteilt man drei Leistungsklassen.

1. Low End Systeme
   - Einfache Datenträger mit Festcode
   - Meist mit einem mehrere Bytes langen Festcode ausgerüstet.
   - Frequenzbereich <135 kHz oder 2,45 GHz.
   - Maximaler Leseabstand vergleichsweise hoch.
   - Kleine Bauform und kostengünstig zu produzieren.
   - Für viele Anwendungen hervorragend geeignet.
   - Geeignet, um Strichcodesysteme zu ersetzen.
   - Immer noch höhere Kosten von Transpondern im Vergleich zum Barcode.

2. Systeme mittlerer Leistungsfähigkeit
   - Frei programmierbare Datenträger mit 16 Byte bis ca. 32 kByte Speichergröße.
   - Diese Systeme werden auf allen Frequenzen betrieben, die ihnen generell zur Verfügung stehen. Insbesondere auf 135 kHz, 13,56 MHz, 27, 125 MHz und 2,45 GHz.
   - Die meisten am Markt angebotenen Systeme sind dieser Kategorie zuzuordnen.

3. High End Systeme
   - Frei programmierbare Datenträger mit kryptologischen Funktionen.
   - Datenstromverschlüsselung und Authentifizierung.
   - Speicherplatz von wenigen Bytes bis zu 64 kBytes
   - Diese Systeme werden vorwiegend auf 13,56 MHz betrieben.
   - Der Einsatz von Mikroprozessoren lässt komplexe Algorithmen zur Verschlüsselung zu.
   - Für sicherheitssensible Bereiche geeignet. Vergleichsweise teuer.

Der Aufbau eines Lesesystems für RFID-Datenträger wird in der Abb. 6.42 dargestellt. Sobald ein RFID-Datenträger in den Lesebereich eines Lesesystems (siehe Abb. 6.42) sich hineinbewegt, wird der Schwingkreis im Datenträger durch die von der Leseeinheit ausgesandten elektromagnetischen Welle (Energieversorgung für den elektronischen Datenträger) angeregt und schwingt in einer nur für diesen Datenträger charakteristischen Weise. Dieses Verhalten (d. h. Zeit- und Frequenzverhalten, Resonanzfrequenz) wird von der Leseeinheit interpretiert und eine entsprechende Ziffernfolge zugewiesen. Die Abb. 6.42 zeigt, wie auf ein Fördergut ein elektronischer Datenträger aufgebracht wurde.

Ein wichtiges Unterscheidungsmerkmal bei Transpondern ist die Art der eingesetzten Antennen. Dies soll an den Beispielen eines Transponders im Frequenzbereich von 13,56 MHz und 868 MHz (siehe Abb. 6.43) geschildert werden.

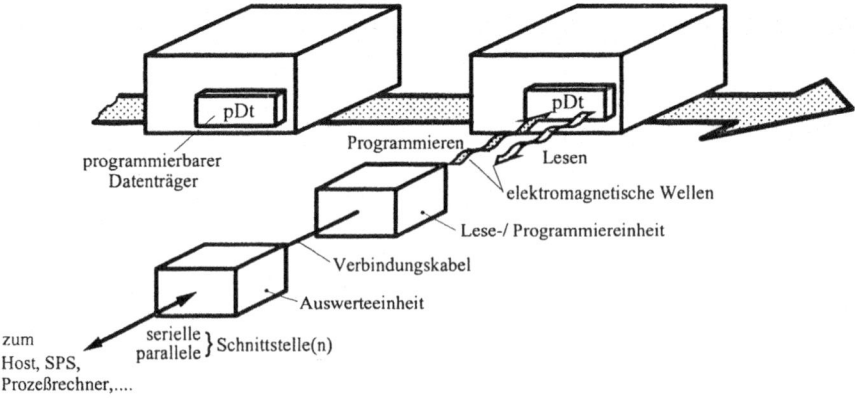

Abb. 6.42 Lesen eines RFID-Datenträgers. (Quelle: ohne Verfasser)

Die Abb. 6.43 zeigt die beiden sogenannten Smart Label mit dem jeweiligen spezifischen Frequenzbereich. Bei den 13,56 MHz Smart Labels werden induktiv gekoppelte passive Transponder verwendet. Ein Lesegerät erzeugt durch Antennenspulen ein elektromagnetisches Feld, welches die Antennenspule des Transponders durchdringt und seine Spannung induziert. Die Antenne ist ineinander gewickelt (Antennenspule), um die notwendige Fläche zum Empfang der durch das elektromagnetische Feld verursachten Induktionsspannung bereitstellen zu können. In der Mitte der Antenne ist der eigentliche Datenspeicher untergebracht. Mit zunehmender Frequenz nimmt die Anzahl der Spulen- bzw. der Antennenfläche ab. Beispielsweise hat ein 135 kHz Transponder 1000 Windungen, ein 13,56 MHz zehn Windungen. Der Grund liegt darin, dass mit steigender Frequenz die Energiedichte des magnetischen Feldes und somit der Wirkungsgrad zwischen Antennenspule und Lesegerät des Transponders steigt. Die im Transponder induzierte Spannung steigt proportional an, d. h. mit geringerer Antennenfläche kann die gleiche Energie zum Betrieb des Transponders aufgenommen werden.

Das 868 MHz Smart Label arbeitet mit Ultrahochfrequenz (UHF). Es wird keine Antennenspule, sondern eine sogenannte Dipol-Antenne verwendet. Die optimale Länge einer solchen Antenne ist in Resonanz die Hälfte der Wellenlänge des speisenden hochfrequenten Wechselstroms. Eine Verkürzung oder Verlängerung der Stäbe hat somit eine Änderung der Resonanzfrequenz zur Folge. Dipol-Antennen erzeugen bei Speisung mit hochfrequentem Wechselstrom elektromagnetische Wellen zur Übertragung von Daten an das Lesegerät. Die hierbei erzielten Reichweiten sind höher als bei der Verwendung von Antennenspulen. Die Abb. 6.44 zeigt programmierbare 256 Bit Datenträger. Eine Vergrößerung des Speichers ist dabei lediglich eine Frage des Bedarfs, d. h. des Preises der Chipfläche. Das Schreiben von 30 Bit auf den Datenträger ist bei einer Fördergeschwindigkeit von maximal 3 m/s möglich. Im

(a): Smart Label (13,56 MHz) [5]   (b): Smart Label (868 MHz) [6]

Abb. 6.43 Beispiele von Antennenformen

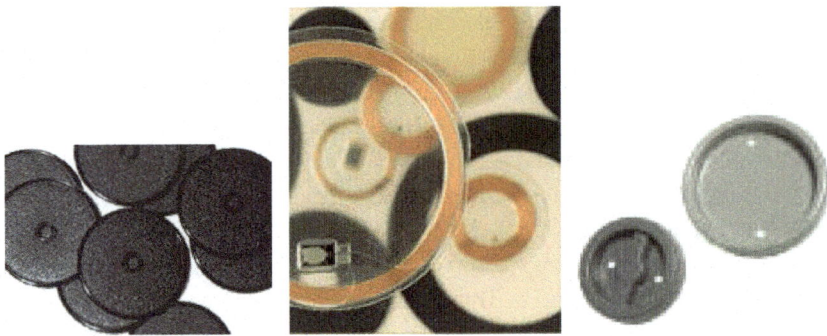

Abb. 6.44 Beispiele von frei programmierbaren Datenträgern. (Quelle: ohne Verfasser)

Gegensatz zu den frei programmierbaren Transpondern stehen die sogenannten Transponder mit Festcode. Sie bestehen aus ROM-Bausteinen bzw. aus EEPROM-Bausteinen.

Bei ROM-Bausteinen wird die Ziffer/Ziffer-Folge bereits bei der Herstellung des Bausteins vergeben, der Anwender kann dies also nicht selbst wählen. Bei EEPROM-Bausteinen wird die Ziffernfolge in der Regel beim Hersteller kundenspezifisch nach der Bauteilherstellung eingeprägt.

Die RFID-Technik hat große und wichtige Potentiale im Materialfluss, beispielsweise im Wareneingang und im Warenausgang. Im Vergleich zu Barcodes ist eine Ausrichtung des RFID-Transponders auf einer logistischen Einheit (Karton, Beutel, Kunststoffbox, Blister, etc.) nicht erforderlich.

Ziel des RFID-Einsatzes in Materialfluss und Logistik ist die Optimierung der Logistikprozesse. Zu nennen sind hier

- Minimierung von Durchlaufzeiten,
- Reduzierung von Beständen,
- Verringerung von Schwund,
- Verminderung von Inventuren.

Darüber hinaus ermöglicht der RFID-Einsatz verbesserte Leistungen für den Kunden, wie beispielsweise Tracking and Tracing, aber auch Speicherung von Prozessdaten sowie das Überschreiben von Daten und Informationen während des Prozesses auf den Transponder.

Das IFT besitzt ein eigenes RFID-Labor, mit dem für die jeweiligen Produkte, die getaggt werden sollen, die richtigen RFID-Elemente, die dazugehörende optimierte Antenne und vor allen Dingen die Software ausgewählt werden können. Einer der Versuchsstände lässt auch die automatische Prüfung und den Test von Pulk-Erkennungen bei unterschiedlichen Fahrgeschwindigkeiten (von 0 bis 10 $\frac{m}{s}$) zu.

6.4   Automatisierungstechnik (Steuern und Regeln von Materialflusssystemen)

Die Aufgaben, die im folgenden Kapitel beschrieben und erklärt werden, sind am besten mit der Überschrift „Automatisierungstechnik" definiert. Automatisierungstechnik erfolgt durch Steuerungs- und Regelungssysteme. Es wird hier unterschieden in klassische analoge Steuerungstechnik (Messen, Steuern und Regeln) und automatische.

6.4.1   Steuern und Regeln

Zu Beginn des Abschn. 6.1, Einleitung ist bereits auf die Begriffe Steuern und Regeln ganz allgemein eingegangen worden. Im Sinne der Elektrotechnik und Regelungstechnik werden hier nun zusätzlich die Definitionen der DIN 19226 für die Steuerung und für die Regelung definiert. Zur Erklärung dient in diesem Zusammenhang die Abb. 6.3 „Die Steuerung ist der Vorgang in einem System, bei dem eine oder mehrere Größen als Eingangsgrößen, andere Größen als Ausgangsgrößen aufgrund der dem System eigentümlichen Gesetzmäßigkeiten beeinflussen. Kennzeichen für das Steuern ist der offene Wirkungsablauf über das einzelne Übertragungsglied oder die Steuerkette".

Dieser Zusammenhang wird im Abb. 6.45 beschrieben. Die Definition der Regelung lautet nach Jünemann /Beyer [1, S. 119], entsprechend DIN 19226: „Die Regelung ist ein Vorgang, bei dem eine Größe, die zu regelnde Größe (Regelgröße), fortlaufend erfasst und mit einer anderen Größe, der Führungsgröße, verglichen und abhängig vom Ergebnis dieses Vergleiches im Sinne einer Angleichung an die Führungsgröße beeinflusst wird. Der sich dabei ergebende Wirkungsablauf befindet sich in einem geschlossenen Kreis, dem sogenannten Regelkreis." Den Unterschied zwischen Steuerung und Regelung zeigt die Abb. 6.3.

Zur weiteren Erklärung dient die Abb. 6.46.

Aus dem Regelkreis kann man entnehmen, dass der Regler den Regelalgorithmus, bestehend aus Führungs-, Regel- und ggf. Zustandsgrößen, eine Einstellung des Stellgliedes, die das zu regelnde System, im Sinne einer Angleichung der Regelgröße an die Führungsgröße, beeinflusst.

„Die Regelgröße bzw. die Zustandsgrößen müssen natürlich gemessen werden, um deren Messwert dem Regler als Eingangsgröße zur Verfügung zu stellen." [1, S. 120] Die Abweichungen der Regelgröße von der Führungsgröße, die ja vom Regler ausgeregelt und optimiert werden soll, treten auf, wenn sich entweder der Wert der Führungsgröße oder – durch das

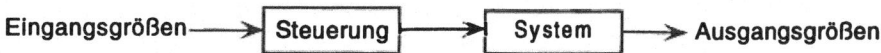

Abb. 6.45 Offene Wirkungskette bei der Steuerung [1, S. 112]

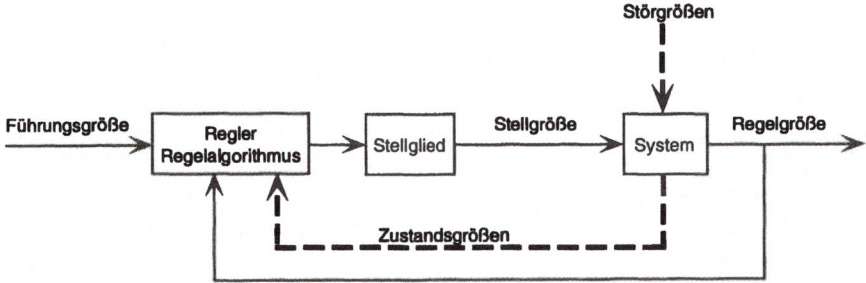

Abb. 6.46 Geschlossener Regelkreis [1, S. 119]

Einwirken von äußeren Störungen – der Wert der Regelgröße ändert. „Der anzustrebende Idealfall einer sogenannten 1:1-Abbildung zwischen Führungs- und Regelgröße ist bei realen Systemen in der Praxis nicht zu erreichen, da reale Systeme immer ein Übertragungsverhalten mit Zeitverzögerung aufweisen. Das Ziel der Regelung muss es aber sein, sich dem Idealfall einer 1:1-Abbildung möglichst weit anzunähern." [1, S. 120]

Die Steuerung und Regelung der Materialflussprozesse ist für die operative Arbeit der Logistik von extremer Bedeutung. Im Teil A, Informations- und Steuerungssysteme, Band 2 wird hierauf eingegangen, die von dort entnommene Abb. 6.47 zeigt den Zusammenhang zwischen den IT-Systemen der Unternehmensleitung und Unternehmensführung der Prozessmanagementebene mit dem Warehouse Management System etc. und der eigentlichen

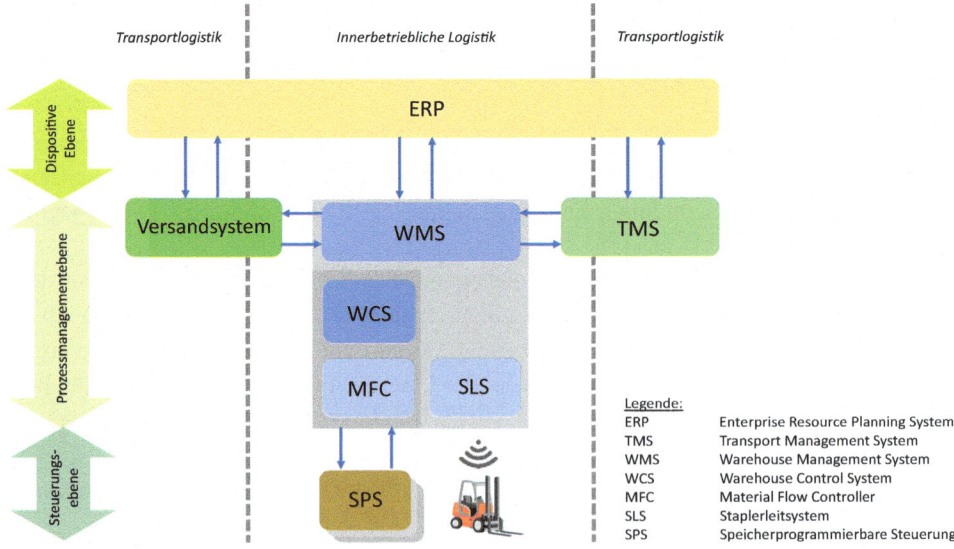

Abb. 6.47 IT-Systeme für Materialfluss und Logistik. (Quelle: Dipl.-Ing. Tech. Informatik Wolfgang Albrecht)

Steuerungsebene der förder-, lager- und handhabungstechnischen Maschinen und Einrichtungen des Materialflusses.

„Typische Steuerungsaufgaben in Materialflusssystemen sind die Zielsteuerung und die Positionierungssteuerung von Fördermitteln wie Regalbediengeräten, Elektrohängebahnsystemen, automatischen Flurförderzeugen, automatischen Verteilfahrzeugen etc. Eine weitere Steuerungsaufgabe ist die Bahnsteuerung oder die Punkt-zu-Punkt-Steuerung des Greifers eines Handhabungsmittels wie beispielsweise eines Roboters. Am Beispiel von fahrerlosen Transportsystemen werden die operativen, dispositiven und administrativen Teile des Steuerungssystems herausgestellt." [1, S. 105] Es handelt sich hierbei um die Aufgaben

- Antriebssteuerung (Fahrmotoren, Bremsen etc.),
- Lenksteuerung,
- Positioniersteuerung,
- Steuerung Lastaufnahmemittel (z. B. Rollenbahnen).

Weitere Steuerungskomponenten, die einen Betrieb des automatischen Flurförderzeuges ermöglichen, sind die Zielsteuerung und die Fahrkurssteuerung. Die Definition und die Anforderungen an die Steuerung des Materialflusses sind, wie man erkennt, von höchster Bedeutung.

Kern der Realisierung der Steuerungs- und Regelungssysteme sind die sogenannten Automatisierungsgeräte. Nach Beyer/Jünemann, Seite 154, versteht man hierunter alle mikroprozessbasierten Rechnersysteme, die für die Materialflusssteuerung eingesetzt werden.

Die Gliederung der rechnergestützten Automatisierungsgeräte gibt die Tab. 6.4 wieder.

Automatisierungsgeräte müssen im Vergleich zur allgemeinen DV-Ausrüstung höheren Anforderungen genügen, da sie die nachfolgenden Kriterien erfüllen müssen:

- Echtzeitbedingung
- Prozessschnittstellen
- Datenschnittstellen
- Bedienung
- Schutzart
- Ausfallsicherheit
- Notstrategien
- Sicherheit

Tab. 6.4 Gliederung rechnergestützter Automatisierungsgeräte [1, S. 154]

Automatisierungsgeräte			
Speicher- programmierbare Steuerungen SPS	Industrie Personal Computer IPC	Modulare Systeme	Mikrocontroller Systeme

„Je näher die Steuerungsebene dem eigentlichen Prozess angesiedelt ist, desto größer muss die Flexibilität und Ausfallsicherheit im Aufbau der Automatisierungsgeräte für diese Ebene sein." [1, S. 155]

Auf der untersten Steuerungsebene von Materialflusssystemen, d. h. beispielsweise der Antriebssteuerung von förder-, lager- und handhabungstechnischen Maschinen, sind demzufolge Automatisierungsgeräte gefordert, die sich flexibel mit entsprechenden Prozessschnittstellen für die jeweilige Aufgabenstellung konfigurieren lassen und mit geeigneten Datenschnittstellen ausgerüstet werden können, um in einen Verbund mit anderen Automatisierungsgeräten und übergeordneten Steuerungen und DV-Systemen treten zu können.

Bei den Automatisierungsgeräten sind heute die speicherprogrammierbaren Steuerungen (SPS) und die Industrie-PCs von besonderer Bedeutung, weshalb sie im nachfolgenden breiter dargestellt werden.

6.4.1.1 Speicher-programmierbare Steuerungen (SPS)

Im Jahre 1968 wurde von der Hydromatic Division der General Motors Corporation das Konzept einer Speicher-programmierbaren Steuerung erarbeitet. Ziel war es von bis dahin speziell für jede Aufgabe fest verdrahteten Steuerungssystemen weg zu kommen hin zu einer gleichbleibenden Hardware die per Software auf die jeweiligen Aufgaben angepasst werden kann. Diese frei programmierbaren Systeme arbeiteten universell und völlig unabhängig von der zu realisierenden Prozessaufgabe.

Die Vorteile einer SPS-Technik lassen sich wie folgt charakterisieren:

- Verschleißfreiheit
- kleiner Baumaße
- Steuerungsfunktionen sind schnell und einfach änderbar
- vereinfachte Fehlerdiagnose
- große Leistungsfähigkeit

Bei speicher-programmierbaren Steuerungen muss man nach dem Speichertyp unterscheiden in

- RAM (Random Access Memory) – Speicher mit wahlfreiem Zugriff, Schreib-Lese-Speicher,
- ROM (Read Only Memory) – Festwertspeicher, nur Lese-Speicher,
- EPROM (Erasable Programmable ROM) – löschbarer Festwertspeicher,
- EEPROM (Electrical Erasable Programmable ROM) – elektrisch löschbarer Festwertspeicher.

Eine speicher-programmierbare Steuerung kann demzufolge allgemein definiert werden als ein elektrisches Betriebsmittel, das mit einer Anwender-orientierten Programmiersprache gemäß seiner jeweiligen Steuerungsaufgabe programmierbar ist. Das Programm kann in einem Programmspeicher frei programmierbar (RAM), austausch-programmierbar (ROM) abgelegt werden. Heute ist es üblich, die Verwendung von RAMs zur Speicherung des Anwenderprogramms und der Einsatz von ROMs meist spannungsausfallsicheren EPROMs für die geräteinternen Betriebsfunktionen auszustatten.

Mit Hilfe von Programmbausteinen wird ein Steuerungsproblem in mehrere kleine Teilaufgaben zerlegt und durch Aufruf von weiteren Unterprogrammen, Funktions- und Programmbausteinen zu einer strukturierten Steuerungsaufgabe zusammengesetzt. Die Aufgabe einer SPS besteht darin, einzelne Vorgänge im Arbeitsprozess einer förder-, lager- und handhabungstechnischen Maschine oder einer Materialflussanlage nach einem durch Programmierung festgelegten Ablauf miteinander zu koordinieren und damit die Automation eines Arbeitsprozesses möglich zu machen. Grundsätzlich muss man entsprechend Abb. 6.48 bei Steuerungen zwischen Verknüpfungssteuerungen und Ablaufsteuerungen unterscheiden. Nach der DIN 19237 ist eine Verknüpfungssteuerung eine Steuerung, die den Signalzuständen der Eingangssignale bestimmte Ausgangssignale im Sinne der Booleschen Verknüpfungen zuordnet (Wenn-Dann-Befehle). Nach der gleichen DIN-Norm 19237 ist die Ablaufsteuerung definiert als eine Steuerung mit einem zwangsläufig schrittweisen Ablauf, bei der die Weiterschaltung von einem Schritt auf den programmgemäß folgenden abhängig von der Weiterschaltbedingung erfolgt.

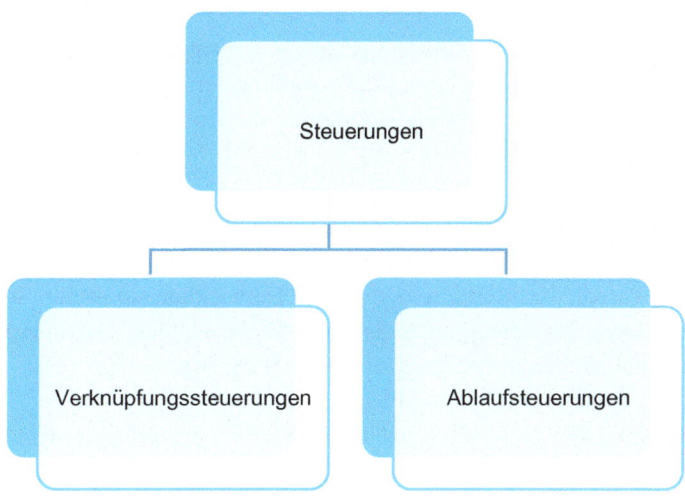

Abb. 6.48 Steuerungsarten. (Quelle: IFT)

6.4.1.2 Industrie Personal Computer

Der Personal Computer (PC) wurde in erster Linie für den Einsatz im Bürobereich konzipiert, was sich in seiner Architektur niederschlägt, da er für die interaktiven Arbeiten an Bildschirmarbeitsplätzen entwickelt wurde und sich in diesem Punkt von einer speicherprogrammierbaren Steuerung (SPS) unterscheidet.

Der hier interessierende industrietaugliche PC, der sogenannte IPC, zeichnet sich im Vergleich zum Büro-PC durch folgende Merkmale aus:

Aufbau Der IPC häufig ist für den Einsatz in 19-Zoll-Aufbausystemen konzipiert; er verfügt über ein leistungsfähiges Rückwand-Bus-System und lässt sich ähnlich einer SPS mit verschiedenen Einschubkarten bestücken.

Bus-System „Das Bus-System für den IPC zeichnet sich gegenüber den in Büro PCs üblichen Bus-Systemen durch eine höhere mechanische Stabilität und die elektrische Auslegung zur Aufnahme von n Einschubkarten aus." [1, S. 163]

Echtzeit „Damit ein IPC Steuerungsaufgaben übernehmen kann, muss er eine Echtzeitanforderung des zu steuernden Prozesses erfüllen, d. h. er muss ein deterministisches Zeitverhalten aufweisen. Die Arbeitsweise eines IPCs hängt neben der Architektur im Wesentlichen von der Software und deren Möglichkeiten ab. Vergleichbar zur SPS wird auch hier zwischen Anwenderprogrammen und Betriebssystem differenziert, mit dem Unterschied, dass die Systemprogramme bei der SPS ein fester proprietärer Bestandteil derselben sind, während beim IPC mehrere Alternativen an Betriebssystemen zur Auswahl stehen. Beim IPC sind, wie bei der SPS, zyklische, zeitgesteuerte, interruptionsgesteuerte Programmsteuerungen realisierbar. Dabei wird das Anwenderprogramm in der Regel in mehrere Teilaufgaben strukturiert, die als selbständige Prozesse – sogenannte „Tasks" – gestartet werden. Das Betriebssystem übernimmt die Verwaltung der Tasks, teilt die Prozesszeit nach Prioritäten, bearbeitet Interrupts und koordiniert die Kommunikation zwischen den einzelnen Aufgaben." [1, S. 164]

„Zur Programmierung von Steuerungssystemen auf PC-Basis werden zahlreiche, meist Windows-basierte, Entwicklungstools angeboten. Die Programmsprachen sind beispielsweise C, C++, Pascal, Basic etc. und spezielle Entwicklungstools für Steuerungen auf IPC-Basis. Die letzteren werden auch als Soft-SPS bezeichnet. Die Idee hier ist es, die SPS-Funktionalität auf einem IPC nachzubilden." [1, S. 168]

Resumee und Trends zum Thema SPS und IPC

Der IPC wird die SPS nicht verdrängen. Bei den SPS-Steuerungen steht die Steigerung der Prozessleistung im Vordergrund. Es gibt hier eine Reihe von Marktanbietern. Besonders hervorgehoben sei hier die SIMATIC S7, die zunächst in Deutschland, dann aber auch weltweit den SPS-Markt beherrscht. Über diese SPS besteht heute ein weit verbreitetes Wissen im Bereich der SPS-Programmierung vom Facharbeiter bis hin zum Ingenieur.

Als besonderen Vorteil für IPCs muss die reine DV-Anlage mit hohen Prozessleistungen, Massenspeichern, hohem Standard an der Visualisierung genannt werden. Als Contra für

IPCs muss aufgeführt werden: Einzelprozessorlösung, Kommunikation mit Schnittstellenbeziehung wird vom Prozessor geleistet, was das Echtzeitverhalten stört.

Hinsichtlich der Automatisierung des Materialflusses sei am Schluss der nachfolgende Erfahrungssatz der Praktiker zitiert:

„Software ist nicht alles, aber ohne Software ist Automatisierung nichts!"

Literatur

1. Jünemann R, Beyer A (1998) Steuerung von Materialfluß- und Logistiksystemen: Informations- und Steuerungssysteme, Automatisierungstechnik. Springer, Berlin, (Logistik in Industrie, Handel und Dienstleistungen)
2. Hippenmeyer H (2016) Automatische Identifikation für Industrie 4.0. Springer, Berlin
3. Grote K-H, Bender B, Göhlich D (Hrsg) (2018) Dubbel – Taschenbuch für den Maschinenbau. Springer Vieweg, Berlin
4. Norm DIN IEC 60050-351 (2014) Internationales Elektrotechnisches Wörterbuch: Teil 351: Leittechnik
5. ABCard® Plastikkarten GmbH Smart Label MIFARE® Classic 1K. https://cardmart.de/rfid/rfid-tagslabels/44/smart-label-mifare-classic-1k?gclid=EAIaIQobChMI4uPlodKl5AIVkOJ3Ch3ptwR0EAQYAiABEgLtYvD_BwE
6. Transoplast GmbH Transponderetikett 868 MHz: für Rückverfolgung. https://www.transoplast.de/produkte/sonstige-und-zubehor/transponderetikett-868-mhz---fur-ruckverfolgung-.aspx

Teil C
Systemtechnik der Materialflussmittel für Stückgüter

Zusammenfassung

Das Kapitel C konzentriert sich im Wesentlichen auf Stückgüter die für die Bereiche der Fördertechnik, Materialflusstechnik, Intralogistik und technischer Logistik von Bedeutung sind. Der Fokus liegt hier auf den Arbeits- und Aufgabengebieten der entsprechenden Materialflussmittel (Maschinen, Einrichtungen, Verkehrsmittel, etc.). Dies umfasst auf rund 500 Seiten sehr detailliert die Bereiche Verpackungstechnik und Ladeeinheitenbildung, Lagertechnik, Fördertechnik (Stetig- und Unstetigförderer), Sorter- und Kommissioniertechnik, Verkehrstechnik, Handhabungstechnik, Montagetechnik, Umschlagstechnik.

Verpackungstechnik und Ladeeinheitenbildung 7

Karl-Heinz Wehking

7.1 Einleitung

Die Verpackung als logistische Komponente hat im Verlauf ihrer geschichtlichen Entwicklung einen Bedeutungswandel erlebt. Zu Beginn erfüllte sie lediglich die Aufgabe, die enthaltene Ware vor Umwelteinflüssen und Schäden zu schützen. Mit dem Einzug logistischer Betrachtungsweisen in das Unternehmen wurde dann auch die Verpackungstechnik als Komponente des Material- und Informationsflusses unter neuen Gesichtspunkten betrachtet und mit erweiterten Aufgabengebieten betraut.

Augenfälligstes Merkmal zum Beispiel ist die optische Verpackungsgestaltung, die in der Regel zu einer Produktaufwertung führen soll; durch den Aufdruck von Barcodes oder anderer Möglichkeiten der Identifikation und Nachverfolgung wird sie außerdem ein Teil des Informationsflusses. Zudem greift in jüngster Zeit die Frage der Entsorgung bzw. die Entsorgungslogistik (siehe Unterunterabschnitt 2.3.1.4, Horizontaler Aufbau der Unternehmenslogistik/Entsorgungslogistik) verstärkt in technische und organisatorische Abläufe der Verpackungstechnik und Ladeeinheitenbildung ein.

Zu diesen neuen Randbedingungen kommt weiterhin eine wesentlich erhöhte wirtschaftliche Bedeutung der Verpackung hinzu. So werden pro Jahr für Packmittel und Packhilfsmittel allein in Deutschland über 30 Mrd. € aufgewandt. Sieht man hier die Entwicklung der letzten Jahrzehnte, so lässt sich für Deutschland eine Verzehnfachung des Produktionswertes für Packmittel und Packhilfsmittel seit 1960 feststellen.

Unter Einbeziehung aller genannten Punkte stellt die umfassende Umstrukturierung der Verpackungstechnik und Ladeeinheitenbildung sowie die Neuformulierung der Anforderungen an die Verpackung und Ladeeinheitenbildung eine zwangsläufige Folge dar. Zur Realisierung einer optimalen Verpackung ist eine aufgabengerechte Beachtung aller ihrer möglichen Teilfunktionen zu gewährleisten.

Nur bei einer durchgehenden Planung und Gestaltung der Verpackung ist es möglich, allen Anforderungen aus den genannten Funktionsbereichen gerecht zu werden. Die Zuordnung

© Springer-Verlag GmbH Deutschland, ein Teil von Springer Nature 2020
K.-H. Wehking, *Technisches Handbuch Logistik 1,*
https://doi.org/10.1007/978-3-662-60867-8_7

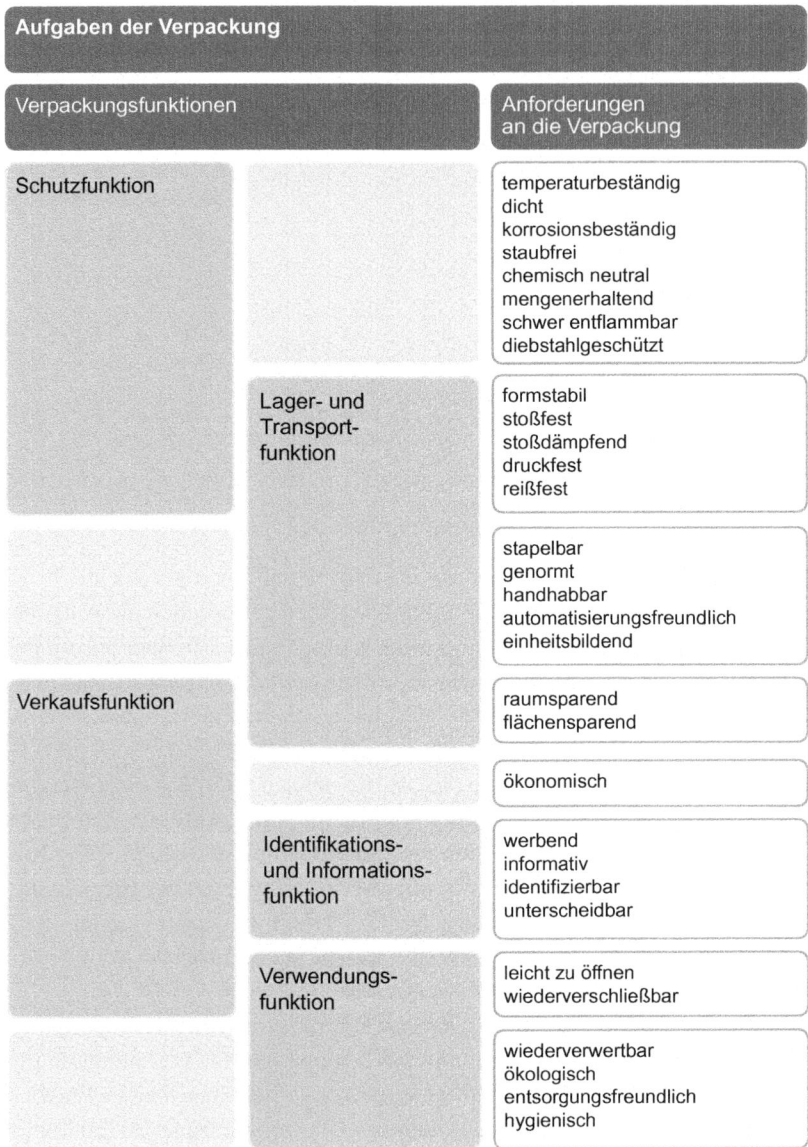

Abb. 7.1 Verpackungsfunktionen [1, S. 21]

dieser vielfältigen Anforderungen an die Verpackung zu einzelnen Funktionsbereichen zeigt Abb. 7.1. Hierbei wird deutlich, dass viele der erwähnten Eigenschaften in mehreren Funktionsbereichen vorhanden sein müssen. Die Erfüllung aller in Abb. 7.1 erwähnten Anforderungen an die Verpackung kann nur über eine integrierte, ganzheitliche Betrachtungsweise realisiert werden.

Zum Erreichen eines logistikgerechten Materialflusses und zur Minimierung der Handhabungsvorgänge innerhalb der Transportkette sollte die Gestaltung und Logistik der Güter an folgendem Leitsatz ausgerichtet werden:

Ladeeinheit = Produktionseinheit = Lagereinheit = Transporteinheit = Verkaufseinheit

Dieser Leitsatz, das trotz seines idealisierenden Inhaltes eine große Bedeutung besitzt, gibt das Ziel der Verpackungstechnik und Ladeeinheitenbildung wieder. Eine vollständige Umsetzung dieser Forderung ist jedoch in aller Regel nicht immer zu erzielen.

7.2 Systematik und Begriffsbestimmungen

Die in der Verpackungstechnik und Ladeeinheitenbildung benutzten Begriffe werden häufig nicht eindeutig verwendet. Mit den folgenden Begriffsklärungen sollen Missverständnisse ausgeräumt und ein Überblick über die Systematik des Feldes Verpackungen und Ladeeinheiten geschaffen werden. Die Verpackungstechnik wird im Folgenden synonym mit dem Begriff „Techniken der Packstückbildung" verwendet.

Das Verpacken beinhaltet alle Tätigkeiten zur Bildung einer Verpackung. [2] definiert Verpacken wie folgt:

> „Verpacken ist das Herstellen einer Packung/eines Packstückes durch Vereinigung von Packgut und Verpackung unter Anwendung von Verpackungsverfahren mittels Verpackungsmaschinen bzw. -geräten oder von Hand."

Dazu gehören nach [2] die folgenden Verpackungsverfahren:

- Aseptisches Verpacken
- Aufrichten
- Einschlagen
- Formen
- Füllen
- Verschließen
- Folieren und
- Sichern.

> „Eine Verpackung ist ein allgemeiner Begriff für die Gesamtheit der von der Verpackungswirtschaft eingesetzten Mittel und Verfahren zur Erfüllung der Verpackungsaufgabe. Sie ist im engeren Sinne der Oberbegriff für die Gesamtheit der Packmittel und Packhilfsmittel." (nach [2])

> „Ein Packstück ist das Ergebnis von Packgut und Verpackung und ist besonders für den Einzelversand geeignet." (nach [2])

Oftmals werden die Begriffe Packstück und Packung synonym verwendet. Die zusätzliche Anforderung, dass das Packstück für den Einzelversand geeignet sein soll, unterscheidet das Packstück von der Packung, die ansonsten ebenso aus Packgut und Verpackung besteht.

Die Verpackungstechnik muss gegenüber der *Ladeeinheitenbildung* abgegrenzt werden. Die Ladeeinheitenbildung beinhaltet das Zusammenfassen von einzelnen Stückgütern und Packstücken zur rationelleren Handhabung, Lagerung und Beförderung. Dabei gelangen im allgemeinen Ladehilfsmittel zum Einsatz.

„Ladeeinheiten sind Güter, die zum Zwecke des Umschlags durch einen Ladungsträger zusammengefasst sind."

„Der Ladungsträger ist ein tragendes Mittel zur Zusammenfassung von Gütern zu einer Ladeeinheit."

„Eine Ladung ist eine Menge von Gütern oder Ladeeinheiten je Transportmitteleinheit."

„Ein Stückgut ist ein individualisiertes Gut, das stückweise gehandhabt wird und stückweise in die Transportinformation eingeht [3]."

Dabei kann Stückgut sowohl verpackt als auch unverpackt sein. Packstücke sind ebenfalls Stückgüter. Aber auch eine Ladeeinheit wird als Stückgut bezeichnet, da es der Definition nach [3] genügt.

7.3   Ziele von Verpackungstechnik und Ladeeinheitenbildung

Die Technik der Packstück- und Ladeeinheitenbildung muss vielfältige Tätigkeitsbereiche abdecken. Sie muss mithelfen, einen logistikgerechten Material- und Informationsfluss innerhalb der Transportkette zu verwirklichen, und vorhandene Rationalisierungspotentiale konsequent ausschöpfen.

In diesem Zusammenhang geht es um die Auswahl von Packstoffen, Packmitteln, Packhilfsmitteln, Ladehilfsmitteln und Ladeeinheitensicherungsmitteln, die Gestaltung und Optimierung der Verpackung, die Dimensionierung von Verpackungssystemen sowie die Bildung von Ladeeinheiten. Es sind Verpackungsverfahren auszuwählen, Verpackungsmaschinen und Maschinen zur Ladeeinheitenbildung zu entwickeln und einzusetzen und Verpackungsanlagen zu planen und zu realisieren.

Die Verpackungstechnik und Ladeeinheitenbildung hat in zunehmendem Maße natürlich auch vom Einsatz von EDV-Technik und entsprechender Software beeinflusst. Stichworte sollen hier die EDV-gestützte Packmittelauswahl, die programmgestützte Ladeeinheitenbildung sowie die Simulation der Transportbelastungen an Packstücken erwähnt sein.

Die im Nachfolgenden angesprochenen Problemfelder der Verpackung und Ladeeinheitenbildung für unterschiedlichste Güter (Stückgut, Schüttgut, Flüssigkeiten, Gase) zeigen die stark gewachsene Bedeutung der Verpackungstechnik und Ladeeinheitenbildung innerhalb der Materialflusskette vom Lieferanten zum Kunden. Berücksichtigt werden müssen hier die Funktionsschritte

- Verpackung
- Ladeeinheitenbildung
- Ladeeinheitensicherung und
- Ladungssicherung.

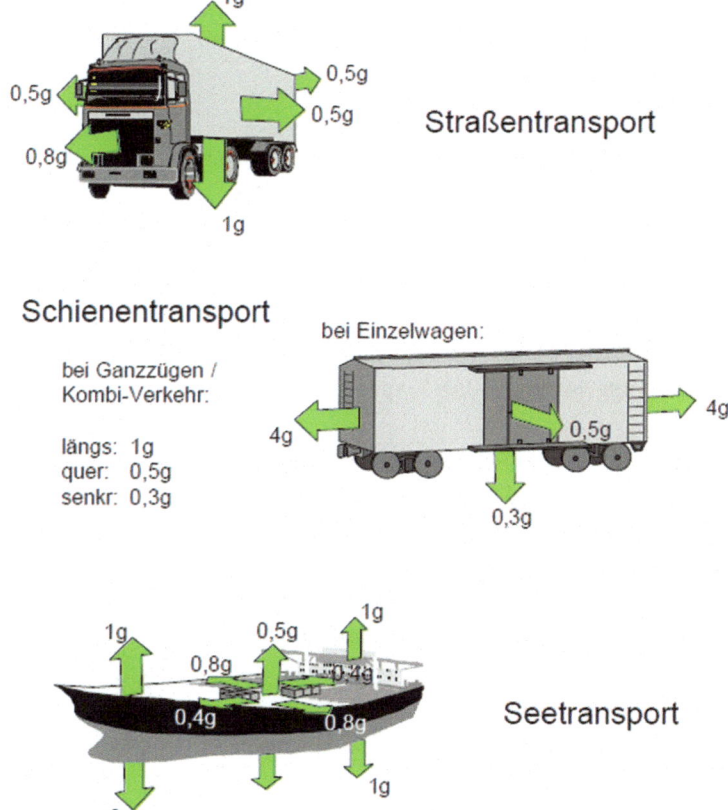

Abb. 7.2 Beschleunigungswerte beim LKW-, Bahn- und Schiffstransport. (Quelle: Vorlesungsunterlagen Prof. Jansen TU Dortmund)

Für die richtige Auswahl und Dimensionierung der Verpackungen sowie die optimale Gestaltung der Ladeeinheitenbildung im Hinblick auf Ladungssicherung ist besonders auf die statischen und dynamischen mechanischen Belastungen hinzuweisen. Das sind während der Bewegung auftretende Schwingungen, aber vor allem Beschleunigungen bei Lkw-, Bahn- und Schiffstransport (siehe Abb. 7.2).

Die Abb. 7.2 zeigt exemplarisch die maximalen Belastungen durch Brems- und Beschleunigungsvorgänge bei Straßentransport, Schienentransport und Seetransport. Bezüglich der Beschleunigungen und Bremsvorgänge ist zwischen der Wirkung Längs-/Querrichtung oder senkrecht zu unterscheiden. Darüber hinaus sei erwähnt, dass beim Schienengüterverkehr bei normalen Wagenladungen während der Rangiervorgänge mit Verzögerungskräften in Höhe der vierfachen Gewichtskraft (also 4 g) gerechnet werden muss.

Neben den mechanischen Belastungen muss aber auch auf temperatur- und feuchtigkeitsabhängige Festigkeits- und Stabilitätseigenschaften bei Transport-, Umschlag- und Lagervorgang und den zu erwartenden Klimaverhältnissen (international, weltweite Supply Chains) hingewiesen werden.

7.4　Verpackungen

An die Verpackung wurden lange Zeit ausschließlich Anforderungen des Warenschutzes gestellt, da beim Transport von Gütern häufig Schäden auftreten. War sie zuvor als lästiges Erfordernis im Anschluss an den Produktionsprozess eingeordnet, avancierte sie nun zum integrierten Prozess in der Produktion von Gütern.

Bei den Verpackungen werden drei Verpackungsarten unterschieden:

Transportverpackungen Der Schwerpunkt ihrer Funktion ist der Schutz der Ware und die Möglichkeit zum Handling auf dem Transportweg.

Umverpackungen Sie ermöglichen die Bündelung von Einzelverpackungen und ggf. eine Präsentation im Laden. Eine Schutzfunktion üben sie nicht notwendigerweise aus.

Verkaufsverpackungen Sie dienen der Haltbarkeit und dem Schutz der Ware auf dem Weg bis zum Endverbraucher. In der Regel sind Produktinformationen und eine werbliche Gestaltung aufgebracht.

Die Verpackung setzt sich systematisch zusammen aus den Elementen

- Packstoff (Unterabschnitt 7.4.1, Packstoff),
- Packmittel (Unterabschnitt 7.4.2, Packmittel) und
- Packhilfsmittel (Unterabschnitt 7.4.3, Packhilfsmittel).

7.4.1 Packstoff

Packstoffe sind Werkstoffe und Faserstoffe, aus denen Verpackungskomponenten (Packmittel und Packhilfsmittel) hergestellt werden. (nach [2])

Man differenziert die Packstoffe nach Werkstoffklassen in Glas, Holz, Keramik, Kunststoff, Metall, Papier, Karton, Pappe sowie textile Packstoffe. Für die Auswahl des Packstoffs gelten die folgenden Kriterien:

- Verfügbarkeit
- Wirtschaftlichkeit
- stabile Preisentwicklung
- Packgutverträglichkeit (z. B. darf die Verpackung von Lebensmitteln keine gesundheitsgefährlichen Stoffe enthalten)
- Verbraucherakzeptanz
- Umweltverträglichkeit.

Einen besonderen Stellenwert innerhalb der Verpackungstechnik besitzen Papier, Karton und Pappe, die in Wert und Menge mit über 40 % den größten Anteil am Marktvolumen der Pack- und Packhilfsmittel einnehmen. Dies liegt vor allem in ihrem günstigen Preis, der hohen Widerstandsfähigkeit und der guten Recyclingfähigkeit begründet.

Ein besonders gutes Verhältnis zwischen Widerstandsfähigkeit und Gewicht weist dabei die Wellpappe auf (Abb. 7.3). Wellpappe entsteht durch das Zusammenfügen von ein oder mehreren Lagen eines gewellten Papiers zwischen glatten Lagen eines anderen Papieres. Im Gegensatz zu vielen anderen Packstoffen besitzt Wellpappe dabei auch eine gute stoßdämpfende Eigenschaft. Die Vollpappe ist dagegen massiv und ist entweder einlagig, mehrlagig (gegautscht, d. h. im feuchten Zustand ohne Klebstoffe verbunden) oder mehrschichtig (zusammengeklebt) hergestellt worden. Vollpappe zeichnet sich dadurch aus, dass sie eine hohe Druckfestigkeit besitzt, z. T. unempfindlich gegenüber Feuchtigkeit ist und aufgrund der glatten Oberfläche direkt bedruckbar ist. Nachteilig ist im Gegensatz zur Wellpappe natürlich das höhere Gewicht.

Neben den klassischen Packstoffen aus den oben genannten Werkstoffen gibt es für spezifische Anforderungen mittlerweile Spezialverpackungen. Zu nennen sind hier beispielsweise sogenannte ESD-Schutzverpackungen (ElectroStatic Discharge). Sie schützen empfindliche elektronische Bauteile vor elektrischen Spannungsfeldern, indem diese Verpackungen selbst antistatisch sind und zusätzliche Ableit- und Abschirmschichten aufweisen.

Eine weitere Spezialverpackung sind sogenannte VCI-Verpackungen (Vapour Corrosion Inhibitors). Hierbei wird der Verpackung eine Folie beigegeben, die das zu schützende Gut umschließt. Die VCI-Moleküle legen so einen temporären unsichtbaren Schutzfilm über das Produkt.

Abb. 7.3 Wellpappe. (Quelle: Storopack)

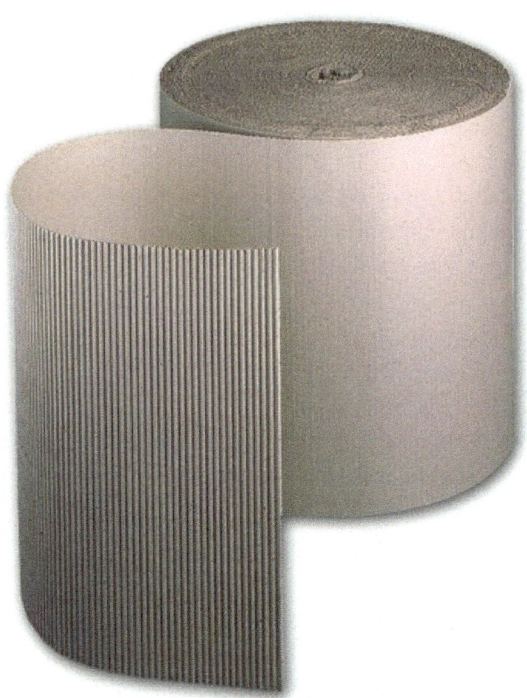

Darüber hinaus gibt es weitere Schutzverpackungen, vor allen Dingen im Hinblick auf Erschütterungen und Vibrationen, aber auch auf auslaufende Flüssigkeiten. Auch für Gefahrguttransporte und Medikamententransport werden Spezialverpackungen verwendet.

7.4.2 Packmittel

> „Ein Packmittel ist eine Verpackungskomponente, die den Hauptbestandteil der Verpackung bildet, zur Aufnahme von Packgut bestimmt ist und dem teilweisen oder vollständigen Umschließen oder Zusammenfassen des Packguts dient" [2]

Zum Verpacken wird eine Fülle von Packmitteln (Erzeugnis aus Packstoff zum Umhüllen des Packguts) eingesetzt. Die Abb. 7.4 zeigt eine Auswahl der in [2] beschriebenen Packmittel:

Bei Mehrwegsystemen finden sehr häufig Behälter aus Kunststoff Anwendung, entsprechend Abb. 7.5, bei denen die Behälter klappbar sind, es sich um Dreh-Stapel-Behälter oder um Behälter mit Klappdeckel handelt. Zusammengelegt oder ineinander gestapelt nehmen die Behälter als Leergut ein wesentlich geringeres Volumen ein. Drehstapelbehälter sind im leeren Zustand durch eine Drehung um 180° nestbar.

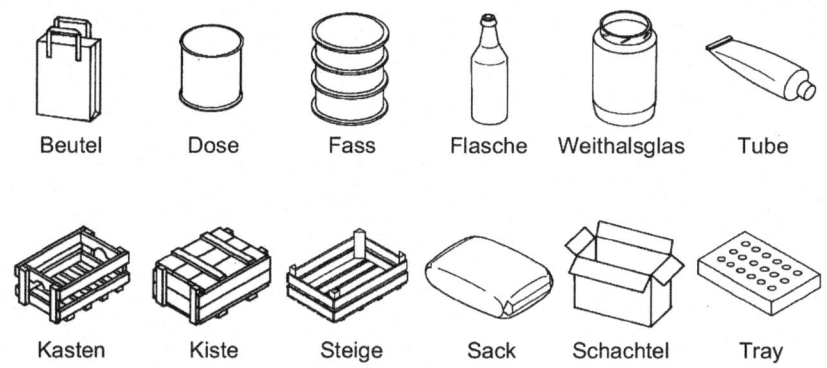

Abb. 7.4 Übersicht Packmittel [4, S. 18]

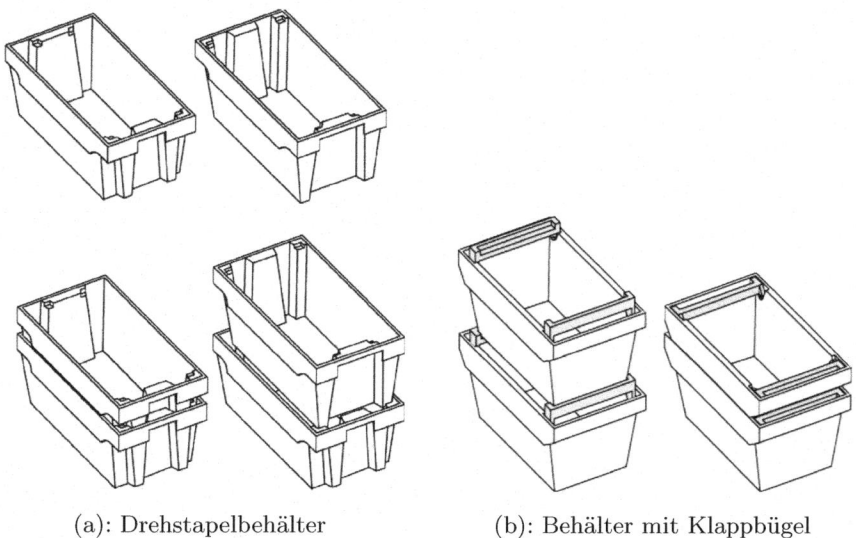

(a): Drehstapelbehälter   (b): Behälter mit Klappbügel

Abb. 7.5 Packmittel für Mehrwegsysteme [4, S. 19]

7.4.3   Packhilfsmittel

„[Ein Packhilfsmittel ist eine] Verpackungskomponente, die zusammen mit dem Packmittel die Gesamtheit der Funktionen einer Verpackung erbringt." [2]

Packhilfsmittel ist ein Sammelbegriff für Hilfsmittel, die zusammen mit Packmitteln zum Verpacken einer Packung/eines Packstückes dienen. Sie können ggf. auch allein, z. B. beim Bilden einer Versandeinheit verwendet werden. Die große Gruppe der Packhilfsmittel wird unterteilt in

- Verschließhilfsmittel (Klebeband, Heftklammern usw.)
- Kennzeichnungsmittel (Barcode, Papieretiketten, RFID-Transponder)
- Schutzmittel (Schutzglas, Trockenmittel, Flammschutzmittel usw.)
- Sicherungsmittel (Warnzettel, Siegel etc.)
- Polstermittel (Styropor, Schaumstoff, Luftkissen etc.).

Auf die Polstermittel soll im Hinblick auf den Schutz beim Transport weiter eingegangen werden.

Füll- und Polstermaterialien dienen dazu, Ladungseinheiten auf ihrem Transportweg vom Hersteller oder Lieferanten zum Empfänger oder Kunden zu schützen. Dominierend sind hier aus Kostengründen Pappe und Kartonagenmaterialien. Produkte werden zum Beispiel in Kartonmaterial eingeschlagen oder durch Pappecken und -kanten geschützt. Wellpappe besteht ebenfalls aus Pappe, kommt jedoch eher zum Ausstopfen und zum Schutz z. B. bei kratzempfindlichen Produkten zum Einsatz.

Ebenfalls als Füll- und Polstermaterial eingesetzt werden die sogenannten Luftpolster und Luftpolsterkissen, auch zum Füllen von Zwischenräumen, siehe Abb. 7.6. Diese Füll- und Polstermaterialien sind üblicherweise aus Polyethylen hergestellt, weshalb sie Stoß- und Druckkräfte besser kompensieren. Unterschiede zu den Papp- und Kartonmaterialien liegen im höheren Preis und in der schlechteren Recyclingfähigkeit. Abb. 7.6 zeigt darüber hinaus auch noch Luftpolsterkissen und Packschaum.

Zu den Füll- und Polstermaterialien gehört darüber hinaus Polystyrol, bekannt auch unter dem Namen Styropor. In Abb. 7.7 ist ein solches Beispiel für ein Elektrogroßge-

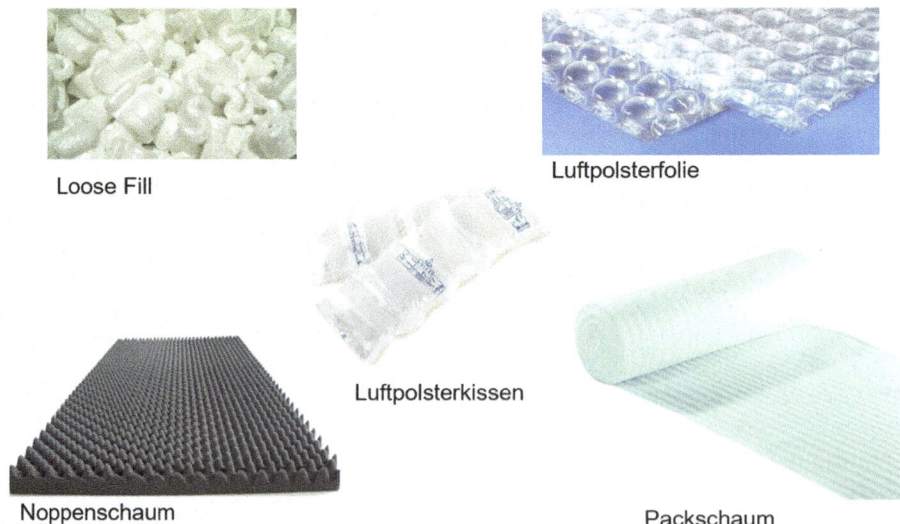

Loose Fill

Luftpolsterfolie

Luftpolsterkissen

Noppenschaum

Packschaum

Abb. 7.6 Füll- und Polstermaterialien. (Quelle: ohne Verfasser)

Abb. 7.7 Verpackung aus
Polystyrol. (Quelle:
Storopack)

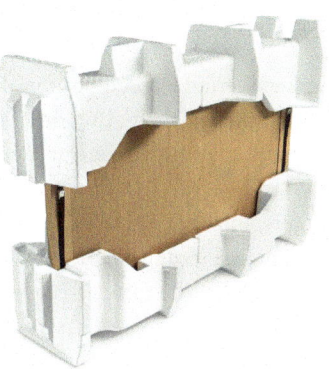

rät (Flachbildfernseher) gezeigt. Das Material lässt sich sehr flexibel dem Ladegut, also der Transporteinheit, anpassen. Es vereinigt die Funktionen Polstermaterialien, Stoßschutz, Vibrationsschutz und Fixierung des Produktes in idealer Weise bei gleichzeitig sehr geringem Eigengewicht. Die Verwendung von Polystyrol verlangt jedoch relativ komplizierte Verpackungseinrichtungen.

Ein weiteres Füll- und Polstermaterial stellen sogenannte Zweikomponenten-Schaummaterialien dar. Die Abb. 7.8 zeigt die Anwendung. Zwei flüssige Komponenten verbinden sich zu einem Polyurethan-Verpackungsschaum, der eine ideale Funktion für die Aufgaben Polstern, Ausfüllen und Fixieren darstellt. Der Polyurethan-Verpackungsschaum kann bis zum 280-fachen seines Flüssigkeitsvolumens expandieren, wobei die Ausdehnung nach 15 bis 25 s abgeschlossen ist.

(a): Ausschäumen der Umverpackung   (b): Ausgehärteter Schaum als Nega-
                                       tivform des Packguts

Abb. 7.8 Verpackungsschaum zum Auspolstern eines Maschinenteils. (Quelle: Storopack)

7.5   Ladeeinheitenbildung

Ladeeinheiten werden nur für einen begrenzten Zeitraum gebildet. Ihre Bildung ist zwar mit einem zusätzlichen Aufwand verbunden, dafür weisen sie aber auch wesentliche Vorteile gegenüber Packstücken auf. Diese liegen in dem rationellen Umschlag innerhalb der Transportkette durch die Bildung größerer Stückgüter, in der kostengünstigen Einsetzbarkeit von Lager-, Förder-, Verkehrs- und Handhabungsmitteln sowie insgesamt in der Materialflusskostenreduzierung und Lieferserviceerhöhung.

Die Ziele, die mit der Bildung von Ladeeinheiten verfolgt werden, sind:

- Optimale Auslastung der eingesetzten Ladungsträger
- Optimale Ausnutzung der Transporträume
- Beschleunigter Umschlag
- Stapelfähigkeit zur Lagerung (sofern möglich)
- Schutz der Packgüter vor Umgebungseinwirkungen, beschädigungsfreier Transport

7.5.1   Abstimmung der Maße von Verpackungen und Ladehilfsmitteln

Ein Zusammenhang zwischen Verpackung und Ladungsträger/Ladehilfsmittel ergibt sich auch aus der bereits formulierten Forderung (siehe Abschn. 7.1)

Ladeeinheit = Produktionseinheit = Lagereinheit = Transporteinheit = Verkaufseinheit

Um diesem Ziel näherzukommen, werden die Abmaße (Grundfläche und Höhe) von Verpackungen und Ladungsträgern aufeinander abgestimmt. Angestrebt ist ein effizientes und lückenloses Bepacken der Ladungsträger.

Das international genormte Grundmodul („1 M") beträgt 400×600 mm und wird als Maßsprung in einem definierten Modulsystem nach [5] angewendet. Beispielsweise sind z. B. Palettenmaße nach diesem Grundmodul ausgerichtet. Ähnliches gilt für den Binnencontainer und den Wechselbehälter. Dabei wird sehr häufig die optimale Stapelhöhe einer Palette mit 1800 mm als Ziel angegeben. Nur so können raum- und flächensparende Ladeeinheiten und Ladungen gebildet werden. Auch für den universellen Einsatz von Verpackungsmaschinen und Handhabungsmitteln ist diese Modularisierung der Verpackung unverzichtbar.

7.5.2   Ladungsträger und Ladehilfsmittel

Synonym zu Ladungsträger wird der Begriff Ladehilfsmittel verwendet, der noch universellerer Natur ist, da es auch umschließende und abschließende Ladehilfsmittel gibt.

Wie bereits vorne in Abschn. 7.1, Einleitung geschildert sind die Aufgaben der Verpackungstechnik und Ladeeinheitenbildung gemeinsam zu sehen. Die Ladeeinheitenbildung beinhaltet das Zusammenfassen von Stückgütern und Packstücken zur rationellen Handhabung, Lagerung und Beförderung von Gütern. In diesem Zusammenhang sind einige wichtige Begriffe in diesem Teilkapitel hierzu noch zu definieren.

Ladehilfsmittel lassen sich einteilen in die folgenden Gruppen:

mit tragender Funktion
- Dienen zur Aufnahme von Stückgütern lediglich mit einer Auflage
- In der Regel für Güter mit mittleren bis großen Abmessungen geeignet
- Die Verwendung von zusätzlichem Sicherungsmitteln ist die Regel

Beispiel: Europalette (Abb. 7.9a) und Chemiepaletten (Abb. 7.9b)

mit tragender und umschließender Funktion
- Nehmen mit zusätzlichen geschlossenen oder durchbrochenen Wänden Stückgüter auf
- insbesondere für kleine oder ungleichförmige Güter geeignet
- Die Verwendung von zusätzlichen Sicherungsmitteln ist nur z. T. notwendig

Beispiel: Gitterbox (Abb. 7.24)

mit tragender, umschließender und abschließender Funktion
- Dienen der Aufnahme von Stückgütern, Schüttgütern, Flüssigkeiten und Gasen
- Schließen das Produkt von allen Seiten ab
- Konzipiert für Packgüter, die erst mittels Ladungsträgern handhabbar und über große Entfernungen mit vielen Umschlägen transportiert werden können
- geeignet für Packgüter mit besonderen Schutzansprüchen

Beispiel: ISO-Container 40 und 20 Fuß (Abb. 7.29)

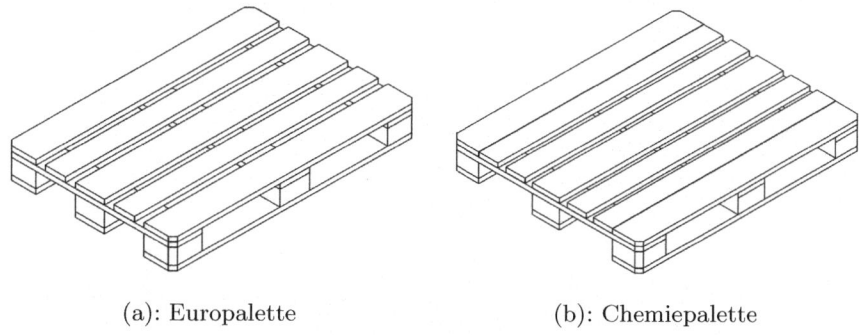

(a): Europalette   (b): Chemiepalette

Abb. 7.9 Ladungsträger aus Holz [4]

7.5.3   Ladehilfsmittel

Zur Bildung von Ladeeinheiten steht eine Reihe von Hilfsmitteln zur Verfügung. Eine Auswahl der wichtigsten Ladehilfsmitteln wird in Abb. 7.10 gezeigt.

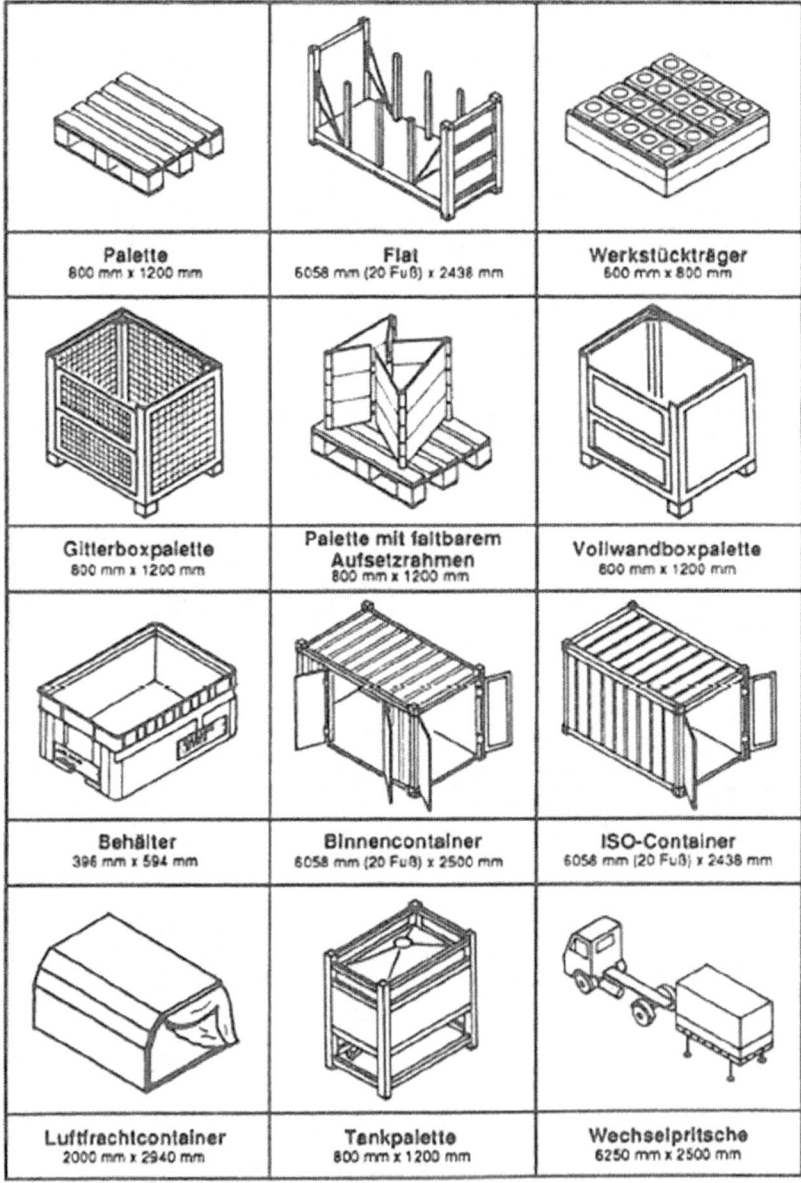

Abb. 7.10 Beispiele wichtiger Ladehilfsmittel [6, S. 134]

Wie bereits gezeigt, werden die Ladehilfsmittel/Ladungsträger eingeteilt in die drei Gruppen

- tragende Ladehilfsmittel (Unterunterabschnitt 7.5.3.1, Tragende Ladehilfsmittel)
- umschließende Ladehilfsmittel (Unterunterabschnitt 7.5.3.2, Umschließende Ladehilfsmittel)
- abschließende Ladehilfsmittel (Unterunterabschnitt 7.5.3.3, Abschließende Ladehilfsmittel)

Entsprechend dieser Gliederung werden diese nun im Nachfolgenden im Detail vorgestellt.

7.5.3.1 Tragende Ladehilfsmittel

Paletten mit tragender Funktion sind in vielfaltigsten Formen (Flachpalette [7], Rungenpalette [8], Rollpalette), Abmessungen (1000 mm × 1200 mm, 800 mm × 1200 mm, 600 mm × 800 mm, 400 mm × 600 mm) und aus unterschiedlichen Materialien (Holz, Kunststoff, Metall) bekannt. Häufige Bauformen sind:

- Einweg-/Einmalpalette
- Europalette
- Stahlflachpalette
- Fasspalette

Am häufigsten sind in der Bundesrepublik Deutschland die Europoolpalette oder Europalette aus Holz mit den Abmessungen 800 mm × 1200 mm und die sogenannte Chemiepalette (Industriepalette) mit den Abmessungen 1000 mm × 1200 mm verbreitet.

In den USA werden häufig Paletten mit dem Grundmaß 40 × 48 inches (1016 × 1219 mm), in Asien mit 1100 × 1100 mm und in Großbritannien mit 1200 × 1000 mm verwendet.

Eine Stapelbarkeit ist je nach Gut gegeben. Flachpaletten der Abmessungen 600 mm × 800 mm, 800 mm × 1200 mm und 1000 mm × 1200 mm sind in [7] genormt.

Abb. 7.11 zeigt beispielhaft Paletten mit tragender Funktion.

Die Europalette ist heute in Deutschland die bedeutendste Palettenart überhaupt. Die meisten Behälter- und Packungsgrößen sind auf die Europalette hin optimiert, um die Grundfläche einer Europalette optimal auszunutzen.

Als Größenordnung sei angemerkt, dass innerhalb des europäischen Europalettenpools ungefähr 350–500 Mio. Paletten im Einsatz sind.

Eine Europalette weist eine Tragfähigkeit von einer Tonne auf (Nennlast). Im Stapel beträgt die zusätzliche Auflast der untersten Palette maximal vier Tonnen, wenn sie sich auf einer ebenen, horizontalen und starren Fläche befindet und die Auflast horizontal und vollflächig aufliegt.

Abb. 7.11 Tragende
Ladehilfsmittel. (Quelle: ohne
Verfasser)

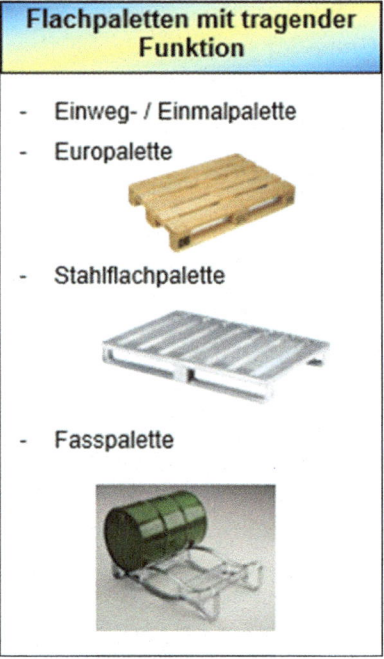

Bei Einsatz von Paletten muss – gerade bei automatisierten Materialflusssystemen (z. B. Hochregallager, Hochregallager mit Lagervorzone) – schon beim Wareneingang auf den ordnungsgemäßen Zustand der gelieferten Palette geachtet werden, um Störungen z. B. durch das Verklemmen einer beschädigten Holzpalette von vornherein zu vermeiden.

Europaletten dürfen nur von zugelassenen Herstellern produziert und repariert werden. Europaletten sind mit dem Kennzeichen EPAL gekennzeichnet.

Zum Thema der Paletten und damit speziell der Europaletten gehören die Aufgaben der Palettierung und Depalettierung, das heißt genauer der automatischen Palettierung und Depalettierung von Paletten. Die Europalette mit ihrem Grundmaß von 800×1200 mm ist, wie aus der Abb. 7.12 aufgebaut. Das heißt, man kann eine optimale Flächen- und Volumenausnutzung auf Basis von Modulmaßen (z. B. von Kartons oder Boxen) entsprechend der Abb. 7.12 erreichen.

Die Erzeugung der automatischen Palettierung erfolgt auf Basis von Packmustersoftware, das heißt die einzelnen Ladegüter – z. B. Kartons – werden mittels Algorithmen zu einer optimalen Volumenstapelung generiert (siehe Abb. 3.10 im Band 2). Diese automatische Palettierung gilt natürlich für Stückgüter. Bei Schüttgütern ist eine Palettierung nur für festgelegte Sackgrößen möglich.

Abb. 7.12 Modulare
aufgebaute Paletten [4, S. 47]

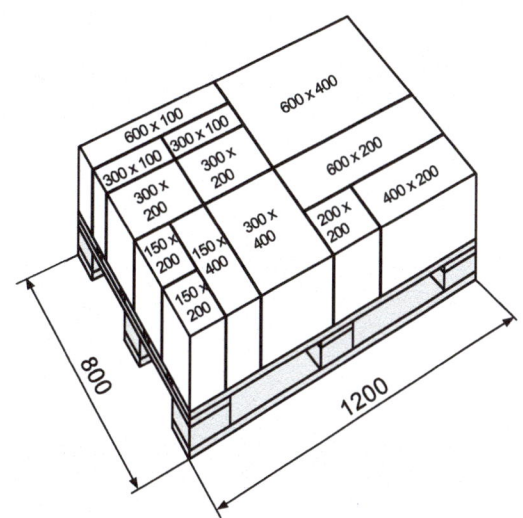

Abb. 7.13 Palettierung von
Kartons auf Stellplätze (A, B,
C, mit Lagerpalette). (Quelle:
BEUMER Group GmbH & Co.
KG)

Die Abb. 7.13 zeigt die automatische Palettierung von Stückgutkartons mittels eines Roboters. Bei der automatischen Palettierung von Säcken (besonders, wenn es sich um hohe Leistungen handelt) sind aufwendige Palettierautomaten (siehe Abb. 7.14) notwendig. Bei diesen Automaten erfolgt zunächst die Vereinzelung der Säcke (siehe Abb. 7.14 linke Seite hinten), die Drehung der Säcke (siehe Abb. 7.14 linke Seite vorne) zur Erzeugung einer Verbundstapelung (siehe Abb. 7.37, Verbundstapelung [4, S. 48]), das Aufschieben

Abb. 7.14 Palettierung von Säcken auf Paletten mittels Palettierautomat. (Quelle: BEUMER Group GmbH & Co. KG)

mehrerer Säcke zu einer Lage auf einer Palette und anschließend das Umziehen der kompletten Palette mit Säcken mittels einer Schrumpffolie. Die fertige Palette kann dann über einen Gabelstapler gehandhabt werden.

Am Markt gibt es für die Palettierung von Kartonware darüber hinaus natürlich noch weitere Systeme. Das von der Firma FLEXLINK angebotene Robotersystem stellt eine standardisierte Palettierzelle dar, die sehr kompakt und schnell zu installieren ist (allerdings nur für Kartonware bis 8 kg Gewicht). Die Abb. 7.15 zeigt diese Palettierzelle, die aus einem Zuführungs-Rollenförderer (auf dem sich die zu palettierenden Kartons befinden), der eigentlichen Robotereinheit, dem Sauggreifer, der gesamten Elektro- und Steuerungstechnik und der für den Sauggreifers notwendigen Pneumatikeinheit (Unterdruck) sowie den Bereitstellplätzen für die zu palettierende Kartonware besteht.

Wichtig hervorzuheben ist, dass diese Palettierzelle keine Schutzumhausung hat, da es sich um einen kollaborativen Roboter (siehe Unterabschnitt 12.6.2, Robotereinsatz ohne trennende Schutzeinrichtungen) handelt. Dies kann dadurch realisiert werden, dass der Roboter bei Berührung durch eine Person automatisch in Stillstand versetzt wird. Die Anord-

Abb. 7.15 Palettierzelle für Kartonware. (Quelle: FlexLink Systems GmbH)

nung der Zuführungsrollenbahn für die Kartonware und die Anordnung der Paletten kann in vier unterschiedlichen Konfigurationen erfolgen (siehe Abb. 7.16). Die beschriebene Kommissionierzelle kann über den Rollenförderer mittels Personal mit Kartonware befüllt werden oder aber – wie in der Abb. 7.17 gezeigt – mit Stetigförderern der Kartonageneinheit direkt verbunden sein (dann Vollautomatikbetrieb).

Da die gesamte Einheit (inklusive Vakuumpumpe) kompakt ausgerichtet ist, ist die Palettierzelle leicht an andere Standorte zu versetzen.

Die Durchsatzleistung ergibt sich zu maximal 8 Kartons pro Minute.

Bei dem Thema Depalettierung geht es um den genau umgekehrten Vorgang (das heißt eine fertige Europalette mit Waren z. B. Kartons, Treys etc.) wird von der obersten bis zur untersten Lage wieder depalettiert, beispielsweise durch einen Roboter, so dass jede einzelne Ladungseinheit vereinzelt werden kann.

Diese Aufgabe der Depalettierung erhält einen besonderen Stellenwert (und ist auch eine besondere technische und betriebswirtschaftliche Herausforderung), wenn die sortenreinen Paletten, zum Beispiel mit Trays aus dem Lebensmittelbereich, entsprechend den Nachschubbestellungen der Supermärkte zu beliefern sind. Ein Lebensmittelmarkt bestellt als Nachschubware im Normalfall nicht eine ganze sortenreine Palette mit Waren des Typs X (z. B. Schokoladentafeln, sondern y Trays mit n Schokoladentafeln). Diese Trays auf den sortenrein angelieferten Paletten müssen also vereinzelt werden. Diese Aufgabe wird heute durch sogenannte Order Picking Machinery vollautomatisch erledigt.

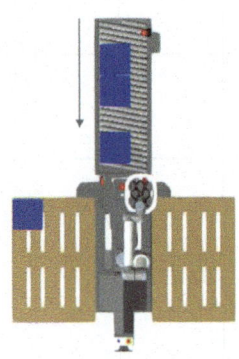

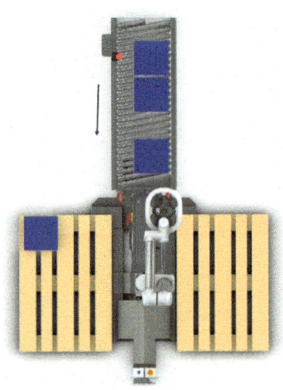

(a): Zuführung mittig – links, Kartons in Förderrichtung rechts

(b): Zuführung mittig – rechts, Kartons in Förderrichtung links

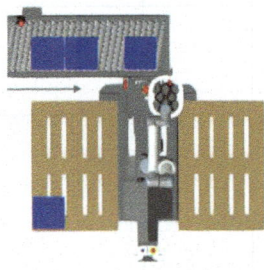

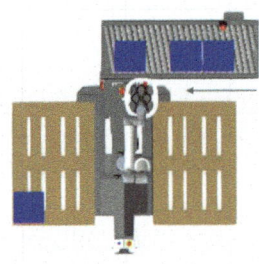

(c): Zuführung links, Kartons in Förderrichtung rechts

(d): Zuführung rechts, Kartons in Förderrichtung links

Abb. 7.16 Standard Konfigurationen (Zuführung/Kartons). (Quelle: FlexLink Systems GmbH)

Die ersten Großeinrichtungen entstanden in den 2000er Jahren (durch die Firma Witron). Zur Darstellung und Erklärung wird hier Bezug genommen auf Fotomaterial der Firma SSI Schäfer und eine Veröffentlichung der Zeitschrift Business Logistic [9, S. 16 f.].

Das vollautomatische Kommissioniersystem (interne Bezeichnung Schäfer: Case Picking) wird in den Distributionszentren beispielsweise des Lebensmittelhandels zur Bereitstellung der von den einzelnen Läden angeforderten Nachschubmengen der unterschiedlichsten Produkte eingesetzt. Insgesamt wird unterschieden in 7 Prozessschritte, die nachfolgend zunächst chronologisch angegeben werden.

1. Lagerung der Paletten
2. Depalettierung der einzelnen Lagen der Paletten
3. Pufferung einzelner Lagen
4. Vereinzelung einzelner Cases aus einer Lage

Abb. 7.17 Anbindung Kartonstetigförderer (Produktion) an Roboter. (Quelle: FlexLink Systems GmbH)

5. Filiallayoutgerechte Sequenzierung
6. Automatisierte Palettierung (auf die Zulieferpalette oder den Rollcolli der Lebensmittelfiliale)
7. Auslieferung der Nachschubwaren an die Filiale per Lkw

Zu Prozessschritt 1 – Lagerung der sortenreinen Produktpaletten Diese stammen von dem Zulieferer und werden üblicherweise in einem automatischen Lager, z. B. Hochregallager, eingelagert, siehe Abb. 7.18.

Zu Prozessschritt 2 – Depalettierung in einzelnen Lagen Die sortenreinen Paletten werden aus dem Hochregallager zu einem Roboter-Depalettierungsarbeitsplatz transportiert, und hier werden die einzelnen Lagen depalettiert, siehe Abb. 7.19.

Zu Prozessschritt 3 – Pufferung einzelner Lagen Die Pufferung erfolgt in einem Lager (z. B. Flachbodenregale mittel eines Manipulators automatisch).

Zu Prozessschritt 4 – Vereinzelung einzelner Cases aus einer Lage Pakete, Trays, etc. einer Sorte eines Produktes sind in einer Lage zusammengefasst, diese werden durch Beschleunigungsbänder und Rollenbahnen zu einzelnen Auslieferungsprodukten (z. B. einzelner Pakete) vereinzelt (Abb. 7.20).

Abb. 7.18 Lagerung der sortenreinen Produktpaletten. (Quelle: SSI Schäfer)

Abb. 7.19 Depalettierung in einzelnen Lagen. (Quelle: SSI Schäfer)

Prozessschritt 5 – Filialgerechte Sequenzierung Die Abb. 7.21 zeigt, wie unterschiedliche geordnete Nachschubwaren – in diesem Beispiel Dosen, Flaschen und Pappkartons – sequenziert werden.

Prozessschritt 6 – automatisierte Palettierung Die Abb. 7.22 zeigt, wie die filialgerecht sequenzierten Produkte über eine Handhabungseinheit zu einer auf Palette befindlichen Nachschubeinheit des Ladens gestapelt werden.

Abb. 7.20 Vereinzelung einzelner Cases aus einer Lage. (Quelle: SSI Schäfer)

Abb. 7.21 Filialgerechte Sequenzierung. (Quelle: SSI Schäfer)

Prozessschritt 7 – Auslieferung Die für die Belieferung der Filiale kommissionierten
Ware steht auf einer Europalette und wird zur Transportsicherung mit einer Folie
umschrumpft. Für die optimierte Anlieferung in den Filialläden ist natürlich die Bildung dieser Anlieferungspalette mit einer möglichst hohen Packungsdichte notwendig,
um Frachtraum und damit Frachtkosten zu minimieren. Hierfür eingesetzt werden spezifische Stapelprogramme wie sie beispielsweise in Abb. D.3.10 zu sehen ist.

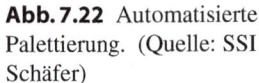
Abb. 7.22 Automatisierte
Palettierung. (Quelle: SSI
Schäfer)

Diese Case Picking Maschinen beschleunigen die Gesamtabläufe und erzeugen eine volu-
menoptimierte, schonende Packqualität. In Summe führt dies zu einem Wettbewerbsvor-
sprung, da die bisherigen manuellen Kommissioniersysteme durch dieses Automatiksystem
ersetzt werden können.

7.5.3.2 Umschließende Ladehilfsmittel

Die Abb. 7.23 strukturiert die umschließenden Ladehilfsmittel. Die wichtigsten Vertreter
werden im Nachfolgenden im Detail geschildert.

In *Gitterboxpaletten* (auch: Euroboxpaletten, Abb. 7.24) werden gewöhnlich nicht stapelbare Kleingüter gelagert. Sie besitzen drei feste Gitterwände und eine geteilt abnehmbare
oder herunterklappbare Vorderwand. Ihre Abmessungen entsprechen denen der Flachpalette (800 mm × 1200 mm und 1000 mm × 1200 mm [11]) bei einer Innenhöhe von 800 mm.
Belastbar sind sie mit 1,0 bis 1,5 t Gewicht. Sie sind stapelbar, kranbar, können mit Gabelstaplern bewegt werden und laufen auf Ketten- und Rollenförderern.

Die Tauschbedingungen gelten analog zur Europalette.

Abb. 7.23 Umschließende
Ladehilfsmittel. (Quelle: ohne
Verfasser)

Behälterpaletten mit tragender und umschließender Funktion

- Palette mit Aufsetzrahmen

- Gitterboxpalette

- Vollwand-Boxpalette

- Stapelgestell
- Langgutstapelgestell
- Rollbehälter

Abb. 7.24 Gitterboxpalettele.
(Quelle: Erwin Berger e.K)

   Flachpaletten können für nicht stapelbares, druckempfindliches Gut mit Bügeln, Aufsetz-
und Aufsteckrahmen (Abb. 7.25) versehen werden, so dass eine fünffache Stapelung möglich ist. Diese Aufsetzrahmen sind meist faltbar bzw. zusammenklappbar ausgelegt und in
verschiedenen Höhen lieferbar.

   Paletten mit seitlich geschlossenen Aufsetzrahmen besitzen ähnliche Charakteristika wie
Gitterboxpaletten, sie verwandeln Flachpaletten in abschließende Ladehilfsmittel. Wenn der

Abb. 7.25 Aufsetzrahmen für Flachpaletten. (Quelle: ohne Verfasser)

Abb. 7.26 Rollcontainer/Rollboxen.
(Quelle: Erwin Berger e.K)

Aufsetzrahmen abnehm- und faltbar ausgeführt ist, kann er für den Leertransport abgenommen werden und ermöglicht damit einen wesentlich größeren Raumnutzungsgrad.

Rollcontainer werden in Abb. 7.26 dargestellt. Sie werden sehr häufig im Lebensmittelhandel parallel zu Europaletten eingesetzt, für die Lieferung von Waren an die Filialen. Der Boden besteht meist aus einer Kunststoffpalette oder Gitterkonstruktion und hat die Außenmaße 720×815 mm. Als Aufbau dienen z. T. klappbare Metallseitenwände an zwei bzw.

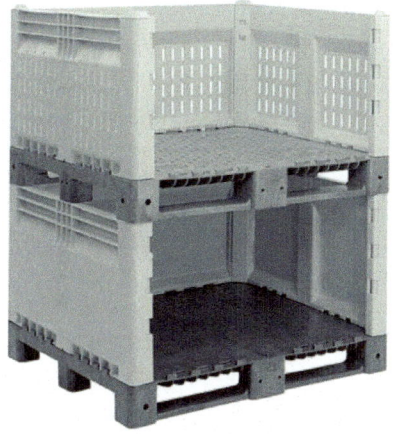 

(a): Klappboxen   (b): Kunststofftank auf Kunststoffpaletten

Abb. 7.27 Klappboxen. (Quelle: Erwin Berger e.K)

drei Seiten. Die Seitenwände können z. T. umgeklappt werden, so dass leere Rollcontainer platzsparend ineinander gestapelt werden können. In der Praxis werden die nicht klappbaren Rollcontainer mit zwei Seitenwänden auch oft paarweise ineinander gestellt, das heißt ein Rollcontainer normal auf den Rollen am Boden und der andere Rollcontainer auf den Kopf gestellt.

Die Abb. 7.27 zeigt in Abb. 7.27a eine Klappbox, d. h. Kunststoffpaletten mit faltbaren Wänden, die beim Rücktransport platzsparend zusammengeklappt werden. In Abb. 7.27b ist ein Kunststofftank auf einer Kunststoffpaletten (mit bis zu 1000 L Flüssigkeit) dargestellt.

Behälter sind ebenfalls umschließende Ladehilfsmittel, die häufig in Form von Kunststoffbehältern oder Lagersichtkästen in der Lager- und Fördertechnik eingesetzt werden.

Die Ausführungen, Größen und Konstruktionen von Behältern sind außerordentlich vielfältig. Für viele Branchen gibt es Spezialbehältnisse, z. B. für Obst und Gemüse oder Fleischwaren im Lebensmittelhandel. Von besonderer Bedeutung sind allerdings die sogenannten KLT („Kleinladungsträger") der Automobilindustrie. Ausgehend von einer Initiative des VDA (Verband der Automobilindustrie) wurde ein Mehrwegsystem genormter Ladungsträger etabliert. Mit ihnen wird die Verbindung zwischen Zulieferer und Automobilendmontage (Hersteller) realisiert. KLT bestehen aus Polypropylen und werden mittlerweile branchenübergreifend verwendet.

KLT können formschlüssig gestapelt werden. Die Stapelfüße der einzelnen KLT und ggf. eine Abdeckplatte können somit als Ladungssicherung bereits ausreichen. Entsprechend Tab. 7.1 gibt es die KLT-Behälter mit drei verschiedenen Grundflächen und in vier

Tab. 7.1 Abmaße KLT

$300 \times 200 \times 147$	$400 \times 300 \times 147$	$600 \times 400 \times 147$
$300 \times 200 \times 174$	$400 \times 300 \times 174$	$600 \times 400 \times 174$
	$400 \times 300 \times 213$	$600 \times 400 \times 213$
	$400 \times 300 \times 280$	$600 \times 400 \times 280$

verschiedenen Basishöhen. KLT-Behälter ermöglichen eine optimale Ausnutzung der Europalettengrundfläche von 1200×800 mm.

Der KLT ist auf die spezifischen Anforderungen im Automobilbereich ausgelegt und für verschiedene Formen der manuellen und der automatischen Handhabung geeignet. KLT gibt es mittlerweile in verschiedenen Ausführungsformen (sogenannter Klassik-KLT, redesigned KLT, redesigned light KLT, Falt-KLT etc.). Abb. 9.106 (im Unterunterabschnitt 9.4.4.3, Beispiele für Bauformen von FTS) zeigt sieben KLTs der Größe 400×600 mm Grundfläche in zwei Lagen auf einer Europalette gestapelt, dass die KLT aufgrund ihrer Modulreihen sich formschlüssig stapeln lassen, wobei sich KLT mit kleinerer Grundfläche auf KLT der nächstgrößeren Grundfläche stapeln lassen. Abschließend sei die große Bedeutung von KLT in der Automobil- und Automobilzuliefererindustrie noch einmal damit unterstrichen, dass etwa 30 Mio. Stück KLT auf dem Markt vorhanden sind.

7.5.3.3 Abschließende Ladehilfsmittel

Für die Supply Chains in Deutschland, Europa und weltweit von besonderer Bedeutung sind die abschließenden Ladehilfsmittel, die eine tragende, umschließende und abschließende Funktion in sich vereinen. Dabei schließen sie den Inhalt nach allen Seiten, also auch nach oben, ab. Damit können sie Stückgut, Schüttgut, Flüssigkeiten und Gase aufnehmen, und sind besonders geeignet für Packgüter mit besonderen Schutzansprüchen. Diese Transporthilfsmittel sind für Packgüter konzipiert, die erst mittels Ladungsträgern handhabbar gemacht und über große Entfernungen mit vielen Umschlägen transportiert werden können.

Container als Großbehälter (bis zu 80 m³) stellen abschließende Ladehilfsmittel dar. Man unterscheidet je nach Rauminhalt Klein-, Mittel- und Großcontainer. Großcontainer können bis zu 14 Europaletten in einer Ebene aufnehmen, wobei Paletten- und Containermaße leider häufig nicht modular aufeinander aufbauen. Beim Umschlagen von Containern ist kein Umsetzen der Ladung erforderlich.

Gründe für die Einführung der Container waren:

- verstärkter internationaler Warentransport
- Bau von großen Zentrallagern
- rascher Güterumschlag und möglichst kurze Standzeiten der außerbetrieblichen Transportmittel

- Beförderung von Waren durch ein oder mehrere Transportmittel ohne zwischengeschaltetes Umladen des Inhaltes
- Witterungsschutz für die transportierten Güter
- robuste Beschaffenheit und daher häufig wiederverwendbar
- für den mechanischen Umschlag geeignet
- auf einfaches Be- und Entladen hin konstruiert

Binnencontainer

Binnencontainer sind Ladehilfsmittel aus Metall, die von dauerhafter Beschaffenheit und somit wiederholt einsetzbar sind. Sie sind in 10, 20, 30 und 40 Fuß Länge genormt [12]. Binnencontainer besitzen im Gegensatz zu ISO-Containern neben der Hecktür eine oder mehrere Seitentüren. Durch die Form der Eckbeschläge können Binnencontainer mit den gleichen Umschlagmitteln wie ISO-Container gehandhabt werden. Binnencontainer verlassen Europa nicht.

ISO-Container

ISO-Container gibt es in vier Hauptausführungen: 10, 20, 30 und 40 Fuß Länge (und heute auch 45 Fuß Länge) [13]. Der Standard-Container hat eine Außenhöhe von 2,59 m, der High-Cube-Container 2,90 m und der Half-Height-Container (wenig verbreitet) 1,30 m. Sie besitzen nur eine Hecktür und sind somit schwieriger zu beladen. ISO-Container werden weltweit eingesetzt, vor allem auf Containerschiffen (vgl. Unterunterabschnitt 11.1.2.3, Verkehrsmittel im Binnen- und Seeschifffahrtsverkehr).

Der ISO-Container wird heute weltweit für den Transport verschiedenster Güter eingesetzt und ist der am weitesten verbreitete, größte Transportbehälter. Er lässt sich auf verschiedenen Verkehrsträgern transportieren, eine Vielzahl von Umschlagsanlagen und Fördermitteln sind speziell für ihn konzipiert worden. Schiffe für den Transport von ISO-Überseecontainer haben die früher eingesetzten Stückgutfrachter nahezu vollständig verdrängt.

Wie entscheidend heute der weltweite Containerumschlag ist, zeigt Abb. 7.28. Die Grafik beruht auf dem sogenannten „twenty-foot equivalent". Dieses Maß entspricht einer Containereinheit zu 20 Fuß; demnach entspricht ein 40-Fuß-Container zwei TEU.

Abb. 7.29 zeigt den Aufbau eines ISO-Containers. Der Rahmen und die Bodenquerträger sind aus Stahlprofilen gefertigt, die Wände werden aus verschiedenen Materialien (Stahlblech, Alu, Sperrholz mit GFK) hergestellt. Aufgrund der Kostenverteiler hat sich der Werkstoff Stahl weltweit durchgesetzt. Anders als der Binnencontainer hat der ISO-Container hat nur an den Stirnseiten Türen. Binnencontainer sind manchmal auch mit sogenannten Gabelstaplertaschen zur Aufnahme durch Gabelstapler ausgerüstet.

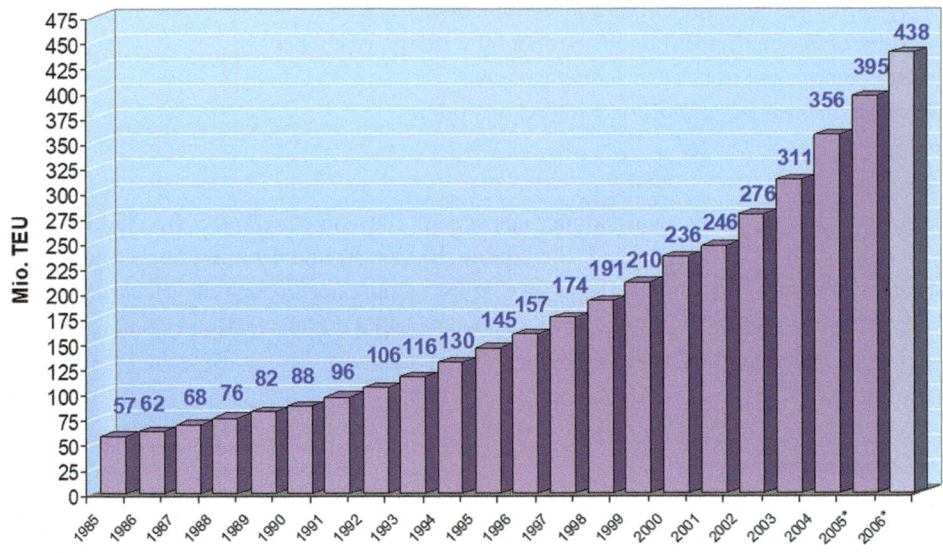

* 2006 vorläufige Schätzung

Abb. 7.28 Weltweiter Containerumschlag in den Häfen in den Jahren 1985–2006 in Mio. TEU. (Institut für Seeverkehrswirtschaft, Logistik (ISL))

Die verschiedenen Bauformen von ISO-Container sind in der folgenden Aufzählung dargestellt.

- Abmessungsorientierte Bauweise
  - Standart-Container 20' und 40'
  - High-Cube-Container 40'
  - Half-Height-Container 20' und 40'
- Öffnungsorientierte Bauweise
  - Open-Top-Container 20' und 40'
  - Flat-Container 20' und 40'
  - Plattform-Container 20' und 40'
  - Schüttgut-Container 20' und 40'
  - Open-Side-Container 20' und 40'
- Ladungsorientierte Bauweise
  - Belüfteter Container 20'
  - Tank-Container 20'
  - Kühl-Container 20' und 40'
  - Isolierter Container 20' und 40'

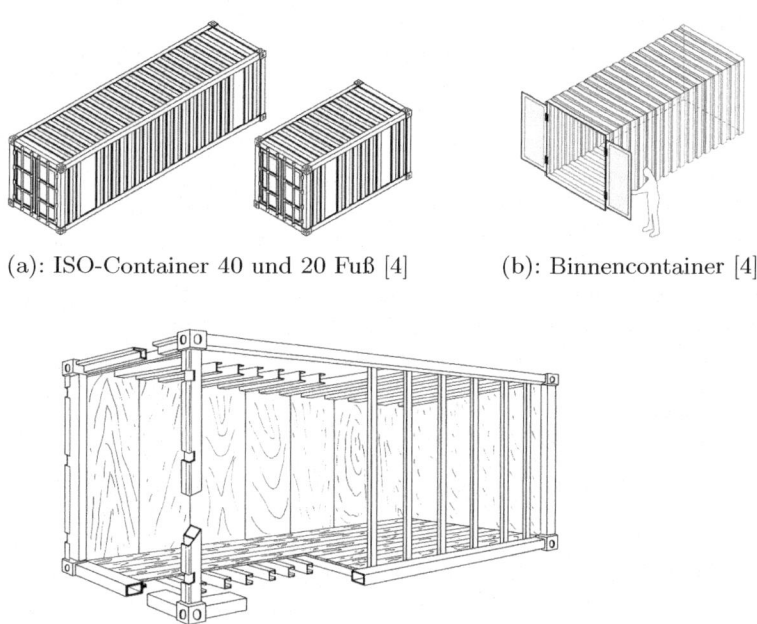

(a): ISO-Container 40 und 20 Fuß [4] (b): Binnencontainer [4]

(c): Prinzipieller Aufbau eines Containers [14]

Abb. 7.29 Aufbau eines ISO-Containers

Bei dem sog. Ladungsoritenierten Containern sind beispielsweise zu nennen:

Schüttgut-Container Er hat im Dach drei Einfüllöffnungen und zwei seitliche Ausschüt-
töffnungen.

Belüfteter Container Er verfügt über eigene Lüftungsöffnungen.

Kühlcontainer Zum Transport verderblicher Ware. Er verfügt über ein integriertes Kühlaggregat.

Isolierter Container Er verfügt im Gegensatz zum Kühlcontainer nicht über ein eigenes
Kühlaggregat. Er ist deshalb auf die Versorgung mit Kaltluft durch das Bordsystem des
Schiffs bzw. auf ein stationäres Kühlsystem im Hafen angewiesen. Ebenfalls möglich:
so genannte „Clip-on-Units". Der isolierte Container weist aufgrund des Fehlens eines
eigenen Kühlsystems einen größeres Nutzvolumen auf.

Tankcontainer Er hat die Bodengrundfläche eines Containers und ist durch eine Träger-
konstruktion zu allen Seiten geschützt. Im Innern ist ein zylinderförmiger Großtank
eingebaut. Handhabung wie einen normalen Container (Spreader)

Abb. 7.30 Handhabung von ISO-Containern. (Quelle: ohne Verfasser)

Die Handhabung von Containern erfolgt im Normalfall über die Eckbeschläge (siehe Abb. 7.30, [15]). Jeder ISO-Container verfügt als Eckbeschlag über insgesamt 8 sog. corner fittings. An diesen Eckbeschlägen wird der Container von automatischen Greifgeschirren gegriffen und aufgenommen, den sog. Spreadern (siehe auch Abschn. 5.7.1.4, Containergeschirr (Spreader)).

Der Top-Spreader ist ein automatisches Krangeschirr, das für den Umschlag in Häfen oder Bahnhöfen in der Regel an einem Portalkran angebracht ist. An einem rechteckigen Rahmen sind nach unten weisende Drehzapfen angebracht, die in die nach oben weisenden Löcher der oberen Eckbeschläge eingreifen und dann mit Hilfe einer Hydraulik um 90 Grad gedreht werden. Der Container ist nun fest mit dem Top-Spreader verbunden und kann angehoben werden. Die meisten Spreader sind hydraulisch verstellbar, so dass sie Container verschiedener Längen umschlagen können. Top-Spreader sind in der Regel für die Aufnahme von leeren oder beladenen Containern konzipiert (Abb. 7.31).

Seitenspreader (siehe auch Abb. 7.32b) werden meistens für die Aufnahme und den Umschlag leerer Container ausgeführt. Dafür werden sie angebaut an Container-Staplern oder Reach-Stackern (siehe auch Unterabschnitt 9.4.3, Flurförderzeuge).

Frontspreader, die an der Stirnseite des Containers angreifen, sind nur zum Transport leerer Container zugelassen.

Die DIN/ISO-Normen setzen bestimmte Mindestanforderungen für die Belastbarkeit von Containern. Demzufolge müssen sich sechs mit den zulässigen Maximalgewicht beladene Container übereinander stapeln lassen. Die aktuelle Belastbarkeit moderner Container ist zumeist höher, da ein deutlicher Trend zu immer größeren Containerschiffen besteht. Bei

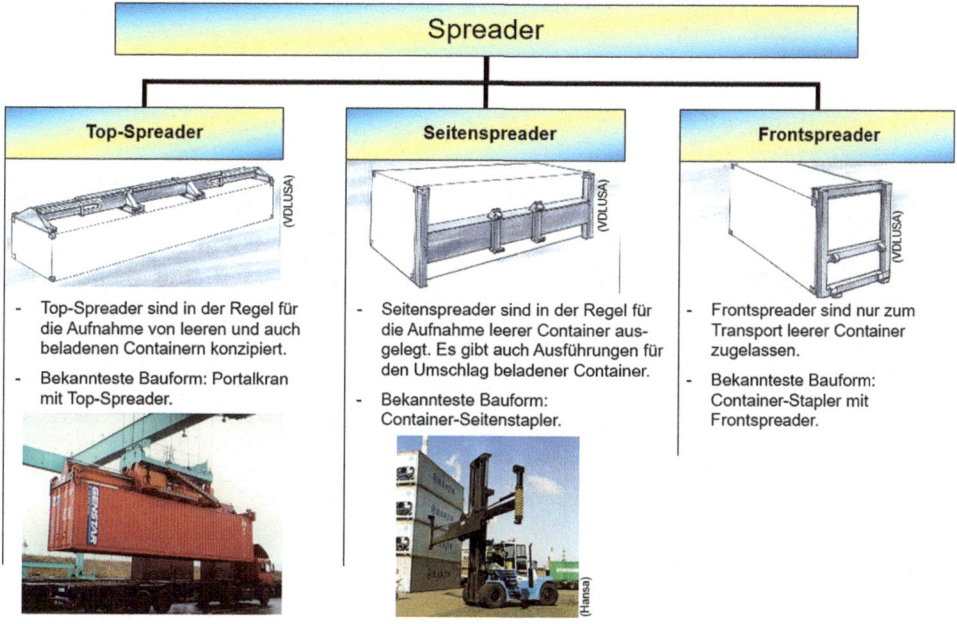

Abb. 7.31 Bauformen von Spreadern. (Quelle: ohne Verfasser)

mehr als neunfacher Stapelung (bei großen Containerschiffen bis zu zwölf Ebenen) dürfen nur noch teilbeladene Container geladen werden. Abb. 7.32c zeigt den inneren Stauraum eines Containerschiffs. Durch die Führungsschienen ist eine sicherer Stapelung der Container gewährleistet.

Luftfrachtcontainer

Im Luftverkehr werden zwar auch Container befördert (Abb. 7.33a), diese sind aber auf die Bedürfnisse im Luftverkehr ausgelegt und nicht intermodal im Sinne des kombinierten Verkehrs. Die hohen Kosten für Anschaffung und Betrieb von Flugzeugen macht eine optimale Ausnutzung der Laderäume (Abb. 7.33b, ein sehr niedriges Containergewicht und eine ausgefeilte Ladungssicherung notwendig).

Gegenwärtig erfolgen nur rund 2 % bis 3 % der weltweiten Warenbewegungen als Luftfracht. Nach Schätzungen der OECD macht dies jedoch über ein Drittel des Warenwertes des Welthandels aus. Zudem weist der Luftfrachtbereich mit 6 % pro Jahr ein überdurchschnittlich starkes Wachstum auf.

Luftfrachtcontainer lassen sich in zwei Klassen unterscheiden, die Main-Deck- und die Lower-Deck-Container [17]. In der Bundesrepublik sind die gängigsten die 10- (2930 mm × 2280 mm) und 20-Fuß-Main-Deck-Container (5940 mm × 2280 mm) sowie die LD3- (1440 mm × 1460 mm) und LD7-Lower-Deck-Container (2000 mm × 2940 mm). Abb. 7.10

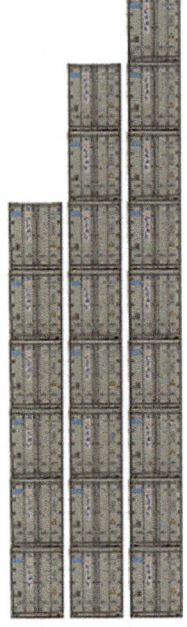

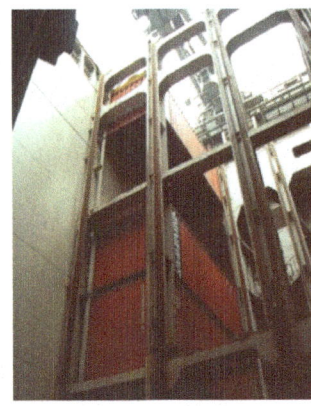

(a): Visualisierung   (b): Stapeln leerer Container   (c):   Führungsschienen   für
der Stapelhöhe   mit Reach-Stackern   Container im Schiffsrumpf
                                                            von Containerschiffen

Abb. 7.32 Stapelung von ISO-Containern. (Quelle: ohne Verfasser)

(links unten in der Abbildung) zeigt einen LD7-Container, der aus Gründen der Gewichts-
ersparnis seitlich offen ist. Beim Transport wird diese Öffnung durch Planen bzw. Netze
gesichert. Alle Luftfrachtcontainer bestehen aus Leichtmetall. Aus diesem Grund scheiden
die durch ein hohes Behältergewicht gekennzeichneten Binnen- und ISO-Container für den
Lufttransport aus. Zudem ist für Luftfracht eine Anpassung der Containerform an die Form
der Flugzeugladeräume (je nach Hersteller und Typ des Flugzeugs) notwendig (Abb. 7.33).
Verwiesen wird hier auch auf Abb. 9.121, Anwendung von Elektro-Hängebahn zum Transport von Luftfrachtcontainern [Quelle: BEUMER Group GmbH & Co. KG].

Tankpaletten
Tankpaletten (siehe Abb. 7.10) sind Spezialpaletten für flüssige, gasförmige und teilweise auch schüttbare Güter. Sie besitzen häufig genormte Maße (800 mm × 1200 mm und
1000 mm × 1200 mm) und sind stapelfähig [18]. Unterschiedlich zu Europaletten ist ihr
konstruktiver Aufbau mit einem festwandigen Behältnis.

Abb. 7.33 Container für
Luftfracht. (Quelle: ohne
Verfasser)

(a): Beladen des Flugzeugs

(b): Container innerhalb des Flugzeugrumpfs (Container an Rumpfform des Flugzeugtyps angepasst)

Wechselaufbauten

Wechselaufbauten (vgl. Unterabschnitt 11.1.4, Verkehrsorganisation und kombinierter Verkehr) sind Ladehilfsmittel, die direkt von Verkehrsmitteln, in der Regel Lastkraftwagen, aufgenommen werden können. Dabei werden die Wechselaufbauten von den LKW unterfahren und können durch eine Höhenverstellung an den Standfüßen der Wechselaufbauten aufgenommen bzw. abgesetzt werden. Durch Wechselaufbauten ist der direkte Umschlag der Ladeeinheit von einem Verkehrsmittel auf ein anderes ohne Be- und Entladung der Güter möglich. Sie erlauben weiterhin die kostengünstige und platzsparende Pufferung. Geschlossene Wechselaufbauten werden als Wechselbehälter bezeichnet und sind nach [19] genormt. Zusätzlich existiert eine Vielzahl verschiedener Wechselaufbauten, wie Wechselkoffer (Abb. 7.34), Wechselpritschen, Wechseltankaufbauten etc. (vgl. Unterunterabschnitt 11.1.2.1, Verkehrsmittel im Straßenverkehr).

Zum Schienentransport im kombinierten Verkehr muss die Wechselbrücke bahngeprüft sein. Die Abb. 7.35 zeigt die Handhabung der Wechselbrücken mittels Greifzangen vom

Abb. 7.34 Wechselkoffer. (Quelle: Fahrzeugwerk Bernard KRONE GmbH & Co. KG)

Abb. 7.35 Handhabung Wechselkoffer mit Top-Spreader mit Greifzange. (Quelle: Fahrzeugwerk Bernard KRONE GmbH & Co. KG)

Lkw- auf den Bahntransport. Wechselbrücken haben regulär die Eckbeschläge nur an der Unterseite der Wechselbrücke.

Im Bereich der Bodenträger verfügt die Wechselbrücke über ISO-Eckbeschläge oder Aufnahmelöcher im Raster der 20'-ISO-Container für Bolzen zur Befestigung an Straßen- und Schienenfahrzeugen. Greifkanten an den Bodenträgern der Wechselbrücke ermöglichen einen Umschlag mit Kränen (Greifzangen) und schweren Flurförderfahrzeugen. Diese Art des Umschlags ist im Vergleich zum Top-Lifting-Umschlag mit Spreader mit einem höheren Zeitaufwand verbunden und bedingt durch fehlende verriegelte und gesicherte Verbindung der Greifzangen zu den Greifkanten ein erhöhtes Sicherheitsrisiko.

Raumausnutzung

Bis heute gibt es keine durchgängige Modularisierung der Abmessungen von Paletten, Binnen- und ISO-Containern, Wechselbehältern, Lkw- sowie Eisenbahnwaggonladeflächen.

So ergibt sich bei der Beladung eines 20-Fuß-Binnencontainers mit den maximal möglichen 14 Europaletten lediglich ein Flächennutzungsgrad von 95,3 %. Bei einem 40-Fuß-Binnencontainer liegt dieser sogar nur bei 93,7 %. Ähnliche Probleme ergeben sich bei den Abmessungen der Ladeflächen von LKW oder Eisenbahnwagen. In Tab. 7.2 sind die Außenmaße und die lichten Innenmaße gängiger Binnen- und ISO-Container sowie Anhänger und Wechselaufbauten dargestellt. Hierbei wird mit einer Ladetoleranz von 5 mm pro Palettenseite gerechnet. Die angegebenen Flächennutzungsgrade zeigen die Notwendigkeit einer gegenseitig abgestimmten)| Modularisierung auf [5].

Tab. 7.2 Problematik der unterschiedlichen Abmessungen von Ladehilfsmitteln und Verkehrsmitteln (Quelle: ohne Verfasser)

	Außenmaße [mm]		Lichte Innenmaße [mm]		Paletten 800 × 1200 mm		Paletten 1000 × 1200 mm	
	Länge	Breite	Länge	Breite	Max. Anzahl	Flächen-nutzungsgrad (%)	Max. Anzahl	Flächen-nutzungsgrad (%)
Binnencontainer	12.192	2500	12.000	2440	28	93,7	22	91,8
	6058	2500	5900	2440	14	95,3	10	84,9
ISOcontainer	12.192	2438	11.998	2330	24	84,1	21	91,8
	6058	2438	5867	2330	11	78,9	10	89,4
Wechselbehälter	6250	2500	6100	2425	15	99,4	12	99,1
	7150	2500	7050	2425	17	97.5	14	100,0
LKW-Anhänger	8300	2500	8200	2425	20	98,6	16	98,3
LKW-Sattelanhänger	12.500	2500	12.400	2425	30	97,8	24	97,5

7.6   Ladungssicherung

Die Begriffe „Ladungssicherung" und „Ladeeinheitensicherung" werden in der Praxis häufig nicht eindeutig differenziert. Für eine klare Abgrenzung gelten folgende Definitionen:

Unter *Ladungssicherung* wird das Sichern von Ladungsgütern (z. B. Maschinen, palettierte Ladeeinheiten oder auch lose Stückgüter) auf Transportmitteln in Containern bzw. Wechselbrücken etc. verstanden.

Der Begriff *Ladeeinheitensicherung* beschreibt die Sicherung einer aus Packstücken gebildeten Ladeeinheit auf einem Ladungsträger, z. B. einer Palette. Die Abb. 7.36 gibt den Zusammenhang zwischen Verpackung, Ladeeinheitensicherung, Ladungssicherung und Transportmittel wieder.

Die Ladeeinheitensicherung beginnt bereits bei der Bildung einer Ladeeinheit. In vielen Fällen kann durch Auswahl eines geeigneten Ladehilfsmittels und zweckmäßigem Aufbau die Ladeeinheit effektiv gegen äußere Einflüsse geschützt werden (mechanische Einwirkungen aus Transport und Handhabung, aber auch Schutz vor klimatischen, chemischen oder biologischen Einflüssen).

Als rein organisatorische Maßnahme bietet sich zur Bildung stabiler Transporteinheiten in vielen Fällen allein die geeignete Stapelung der Packungen, nämlich die so genannte Verbundstapelung (Abb. 7.37) an.

Wo der Aufbau der Ladeeinheit nicht genug Sicherheit bietet, kommen Ladeeinheitensicherungsmittel zum Einsatz. Sie werden oftmals zusammen mit Ladehilfsmitteln eingesetzt. Insgesamt haben sich drei Verfahren durchgesetzt, die an der fertiggestellten Ladeeinheit zum Einsatz kommen:

- das Umreifen,
- das Schrumpfen und
- das Stretchen bzw. Umwickeln.

Abb. 7.36 Zusammenhang Verpackung, Ladeeinheitenbildung, Ladungssicherung und Transport. (Quelle: IFT)

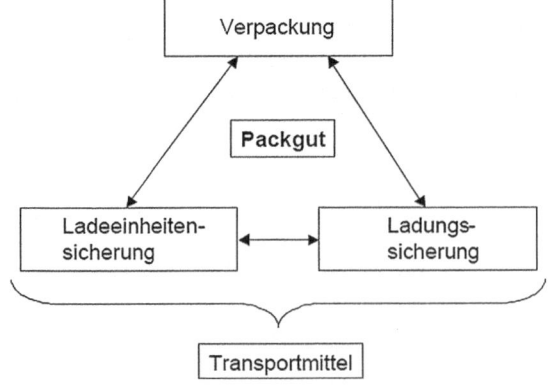

Abb. 7.37 Verbundstapelung
[4, S. 48]

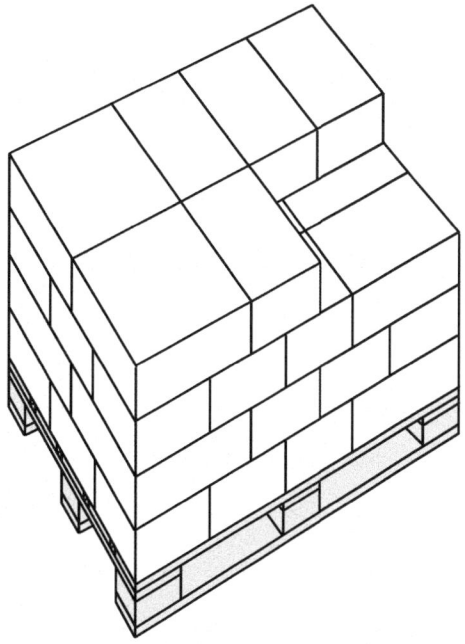

Man kennt auch Ladeeinheiten ohne Ladehilfsmittel, wie z. B. ein Gebinde von Säcken, das nur über den Einsatz des Ladeeinheitensicherungsmittels Schrumpffolie zu einer Ladeeinheit formiert wurde.

7.6.1 Umreifen

Beim *Umreifen* (Abb. 7.38) wird die Ladeeinheit durch das Umschlingen mit Umreifungsbändern aus Kunststoff oder Metall umwickelt. Die im Umreifungsband wirkende Zugkraft wirkt als nach innen gerichtete Druckkraft auf die Packstücke und verhindert somit das Verrutschen.

Beim Umreifen gelangen häufig Hilfsmittel wie Winkel oder Kantenschützer zum Einsatz. Sie verhindern Beschädigungen der Ware durch die relativ hohen Zugkräfte des Umreifungsbandes.

Umreifungsbänder aus Metall haben hohe Festigkeit und sind geeignet zur Sicherung von schweren und stabilen Gütern. Umreifungsbänder aus Kunststoff sind vielfältiger einsetzbar, da sie sich Form- und Längenänderungen der Packstücke besser anpassen können als Metallbänder. Kunststoffbänder haben eine hohe Elastizität und sind geeignet für Güter, die während des Transportes zu Setzvorgängen neigen. Außerdem sind Kunststoffbänder einfacher zu verarbeiten und kostengünstiger.

Abb. 7.38 Beispiele für
Umreifungstechniken. (Quelle:
Storopack)

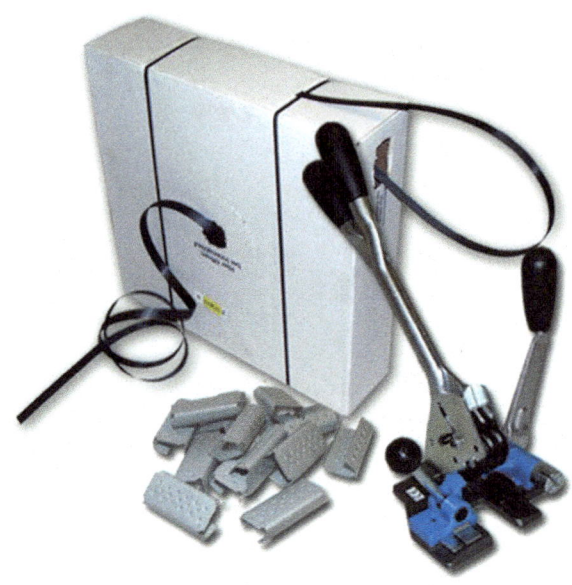

Vorteilhaft beim Umreifen ist insbesondere das komplette Umfassen der Ladeeinheit, was eine sichere Verbindung von Ladegut und Ladehilfsmittel garantiert.

7.6.2 Schrumpfen und Stretchen

Beim *Schrumpfen* [20] wird eine Kunststofffolie (Dicke ca. 25–150 μm) über die Ladeeinheit gezogen. Diese wird anschließend einer Wärmebehandlung bei 180 bis 220°C durch eine Schrumpfanlage (siehe Abb. 7.39[1]) ausgesetzt. Der Vorgang des Rückschrumpfens beim Erkalten des Folienmaterials erhöht die Stabilität des Packstückverbundes. Neben Umwicklungsfolien werden verbreitet auch Schläuche oder Hauben aus Kunststofffolie eingesetzt.

Vorteile des Schrumpfvorganges liegen in der universellen Verwendbarkeit dieses Verfahrens, die problemlos auch bei unregelmäßig geformten Ladeeinheiten angewandt werden kann. Ein weiterer Vorteil ist die Durchsichtigkeit der Kunststofffolie, die eine einfache optische Kontrolle des Ladeguts erlaubt. Es gibt allerdings auch schwarze Schrumpffolie, die u. a. oftmals wegen ihrer diebstahlverhütenden Eigenschaft verwendet wird. Weiterhin interessant am Schrumpfen ist die Möglichkeit der erfolgreichen Transport- und Ladeeinheitensicherung auch schwerer Packstücke durch Formschluss mit der Palette. Zudem kön-

---

[1] Abb. 7.39a hier Ausführung als halbautomatischer Arbeitsablauf, Leistung 30 Paletten pro Stunde. Aufnahme und Abgabe durch Gabelstapler. Wärmemittel Propangas. Abb. 7.39b hier automatischer Arbeitsablauf auf vollautomatische. Durchsatz 20 Paletten pro Stunde. Erwärmungsmittel Erd- oder Flüssiggas oder Strom. Zuführung Paletten durch Rollenförderer.

(a): Palettenschrumpfanlage (b): Haubenschrupfanlage

Abb. 7.39 Beispiele von Ladeeinheitensicherung durch Schrumpfen. (Quelle: Humboldt Verpackungstechnik GmbH)

nen Ladeeinheiten, die mittels Schrumpfhauben oder Schrumpfschläuchen mit Deckblatt wasserdicht gesichert wurden, begrenzte Zeit im Freien lagern. Hierbei ist jedoch auf Kondenswasserbildung bei Temperatur- und Luftfeuchtigkeitsschwankungen zu achten.

Nachteilig hingegen ist der erhöhte Peripherieaufwand (Wärmequellen in Form von Schrumpföfen, Schrumpfrahmen oder Schrumpftunnel) zu erwähnen. Zudem können eventuelle Beeinträchtigungen der Qualität oder gar Beschädigungen der Ware bei der Wärmebehandlung auftreten.

Bei der Ladeeinheitensicherung mit Stretchfolien (Dicke ca. 17–50 µm), die oftmals auch als *Stretchen* [20] bezeichnet wird, wird die Kunststofffolie nicht erwärmt, sondern lediglich um die palettierte Einheit gewickelt. Zumeist wird dabei die Ladeeinheit mit Hilfe eines Drehtisches so oft gedreht, bis die von Rollen abgewickelte Stretchfolie die Ladeeinheit ausreichend sicher umschließt. Es finden jedoch auch Einrichtungen Verwendung, bei denen die Ladeeinheit feststeht und die Folie wendelförmig um die Ladeeinheit bewegt wird.

Die zum Stretchen nötige Vorspannung der Kunststofffolie erlaubt lediglich das Sichern stabiler Packungsverbände, die u. a. durch hohe Reibwerte begünstigt werden. Das Stretchen bietet sich, ähnlich wie das Umreifen, erst bei mittlerer bis hoher Anfallhäufigkeit der Ladeeinheitenbildung als geeignet an. Demgegenüber sind schon bei seltenen Auftragseingängen Umschrumpfungen mittels manuell bedienter Heißluftgebläse möglich.

Die wesentlichen Vorteile von Stretchfolien zur Ladeeinheitensicherung sind ähnlich wie bei Schrumpffolien die universelle Anwendbarkeit. Ladeeinheiten beliebiger Form und

Abb. 7.40 Stretch-Anlagen. (Quelle: Storopack)

Maße können hiermit gesichert werden. Das Ladegut wird nicht punktuell oder streifenför-
mig auf Druck beansprucht, und Stretchfolien können auch für wärmeempfindliche Gütern
verwendet werden (Abb. 7.40).

   Zudem können Ladeeinhietne die mittels Schrumpfhauben oder Schrumpgschläuchen
mit Deckblatt wasserdicht gesichert werden, sind aber nur begrenzte Zeit im Freien zu
lagern. Beim Einsatz von konventionellen Folien ist dabei auf Kondenswasserbildung durch
Temperatur- und Luftfeuchtigkeitsschwankungen zu achten. Um diesem entgegenzuwir-
ken, können speziell gelochte oder makroperforierte Stretchfolien eingesetzt werden. Diese
ermöglichen eine gute Zirkulation und damit ein schnelles Auskühlen, Trocknen oder Gefrie-
ren von palettierten Produkten.

7.7 Verpackungsmaschinen, Verpackungslinien

Die Verpackung der Stück- und Schüttgüter sowie der Flüssigkeiten und Gase erfolgt in der Regel über spezielle Verpackungsmaschinen. Nach [21] sind Verpackungsmaschinen Einheiten, die eines oder mehrere der folgenden Verfahren durchführen, aus denen sich das Verpacken zusammensetzt:

- Form-Maschinen
- Füll-Maschinen
- Verschließ-Maschinen
- Füll-Verschließ-Maschinen
- Form-Füll-Verschließ-Maschinen.

Maschinen, die nur für das Herstellen von Verpackungsmaterial oder Verpackungszubehör dienen und nicht einen integralen Teil einer Verpackungsmaschine oder einer Verpackungslinie darstellen – wie Maschinen zur Fertigung von Dosen, Flaschen und Faltschachteln, zählen nicht zu den Verpackungsmaschinen. In der Regel handelt es sich um Maschinen zur Herstellung von Packmitteln.

Es sei an dieser Stelle ausdrücklich erwähnt, dass Verpackungsmaschinen für die Entwicklung der Verpackungswirtschaft hinsichtlich Rationalisierung und Kostensenkung eine herausragende Rolle spielen. Der deutsche Verpackungsmaschinenbau zählt zu den ältesten der Welt und hat eine Spitzenreiterposition.

Verpackungsmaschinen sind zumeist für hohe Stückzahlen dimensioniert. Nach [22] werden Verpackungsmaschinen nach technologischen und funktional-technischen Gesichtspunkten klassifiziert. Eine technologische Einteilung erfolgt in drei Hauptgruppen:

- Maschinen zum Herstellen von Verbraucherverpackungen (also Verpackungen, die in dieser Form direkt zum Verbraucher gelangen),
- Maschinen zum Herstellen von Transportverpackungen (Verpackungen, die nur für den Transport der Güter notwendig sind) und
- Maschinen zum Herstellen von Ladeeinheiten.

Beispielhaft seien folgende Verpackungsmaschinen genannt:

- Dosen-Füll-Maschinen
- Flaschen-Füll-Maschinen
- Flaschen-Verschließ-Maschinen
- Schachtel-Füll-Verschließ-Maschinen
- Tuben-Füll-Verschließ-Maschinen
- Einschlag-Maschinen (z. B. für Schokolade, Kekse, Bonbons, Butter)

- Flachbeutelmaschinen (z. B. für Wurst- und Käseaufschnitt)
- Palettier- und Depalettiermaschinen
- Umreifungs-, Schrumpf- und Stretchmaschinen.

Im Zuge der verstärkten Automatisierung werden zur Verpackung häufig nicht Einzelmaschinen eingesetzt, sondern mehrere Maschinen werden zu einer Verpackungslinie verkettet. Verpackungslinien können sehr umfangreich sein und zahlreiche Verpackungsvorgänge einschließen wie:

- Herstellen, Sichern und Kennzeichnen von Einzelverpackungen, Verpacken in Sammelpackungen, Palettieren, Kennzeichnung und Sicherung der Ladung
- Entpalettieren von Flaschenkästen, Entnahme von Flaschen, Reinigen, Füllen, Verschließen, Etikettieren, Einpacken in Flaschenkästen, Palettieren.

Literatur

1. ten Hompel M, Schmidt T, Nagel L, Jünemann R (2007) Materialflusssysteme: Förder- und Lagertechnik, 3., völlig neu bearbeitete Aufl. Springer, Berlin, IX, 388 S. http://dx.doi.org/10.1007/978-3-540-73236-5
2. Norm DIN 55405 Dezember 2014. Verpackung – Terminologie – Begriffe
3. Norm DIN 30781-1 Mai 1989. Transportkette; Grundbegriffe
4. ten Hompel M, Schmidt T, Dregger J (2018) Materialflusssysteme: Förder- und Lagertechnik, 4. Aufl. Springer Vieweg & VDI-Buch, Berlin
5. Norm DIN 55510-3 November 2005. Verpackung – Modulare Koordination im Verpackungswesen – Teil 2: Regeln und Maße
6. Jünemann R (1989) Materialfluss und Logistik: systemtechnische Grundlagen mit Praxisbeispielen. Springer, Berlin, XI, 762 S. http://www3.ub.tu-berlin.de/ihv/000131070.pdf
7. Norm DINEN 13698 Januar 2004. Produktspezifikation für Paletten – Teil 1: Herstellung von 800 mm x 1200 mm-Flachpaletten aus Holz; Deutsche Fassung EN 13698-1:2003
8. Norm DIN 15142-1 Februar 1973. Flurfördergeräte. Boxpaletten, Rungenpaletten, Hauptmaße und Stapelvorrichtungen
9. BUSINESS+FINANZEN: INTERVIEW: Unser Ansatz ist ein anderer (2014) Nr. 4, S 16–17
10. Arnold D (2006) Intralogistik: Potentiale, Perspektiven, Prognosen. Springer & VDI-Buch, Berlin
11. Norm DIN 15155 Dezember 1986. Paletten; Gitterboxpalette mit 2 Vorderwandklappen. zurückgezogen 3/2009, kein Bedarf mehr
12. Norm DIN 15190-101 April 1991. Frachtbehälter; Binnencontainer; Hauptmaße, Eckbeschläge, Prüfungen
13. Norm DIN ISO 668 Oktober 1999. ISO-Container der Reihe 1 – Klassifikation, Maße, Gesamtgewichte (ISO 668:1995). zurückgezogen 04/2014
14. Zebisch H-J (1980) Fördertechnik. Vogel, Würzburg (Kamprath-Reihe kurz und bündig)
15. Norm ISO 1161 Juli 2016. ISO-Container der Reihe 1 – Eck- und Zwischenbeschläge – Anforderungen

16. Norm ISO 1496-1 Juli 2013. Frachtcontainer der Serie 1 – Spezifikationen und Prüfungen – Teil 1: Allgemeine Frachtcontainer für allgemeine Anwendung

17. Kratz B (1985) Möglichkeiten der Gestaltung des Materialflusses auf Verkehrsflughäfen: e. Analyse aus techn. u. ökonom. Sicht. Centaurus-Verlagsgesellschaft, Pfaffenweiler, S 140 (Schriftenreihe ‚Logistik, Transport, Materialfluss' des Vereins der Wirtschaftsingenieure für Transportwesen ; 1)

18. Norm VDI 4460 März 2003. Mehrwegtransportverpackungen und Mehrwegsysteme zum rationellen Lastentransport

19. Norm DINEN 284 Januar 2007. Wechselbehälter – Nicht stapelbare Wechselbehälter der Klasse C – Maße und allgemeine Anforderungen; Deutsche Fassung EN 284:2006

20. Norm VDI 3968 Blatt 4 Januar 1994. Sicherung von Ladeeinheiten; Schrumpfen 6

21. Norm DINEN 415-1 Oktober 2014. Sicherheit von Verpackungsmaschinen – Teil 1: Terminologie und Klassifikation von Verpackungsmaschinen und zugehörigen Ausrüstungen; Deutsche Fassung EN 415-1:2014

22. Dietz G, Steinbach, M (Hrsg) (1985) Verpackungstechnik, 1. Aufl. Fachbuchverl., Leipzig, 480 S (Wissensspeicher für Technologen). UB Vaihingen

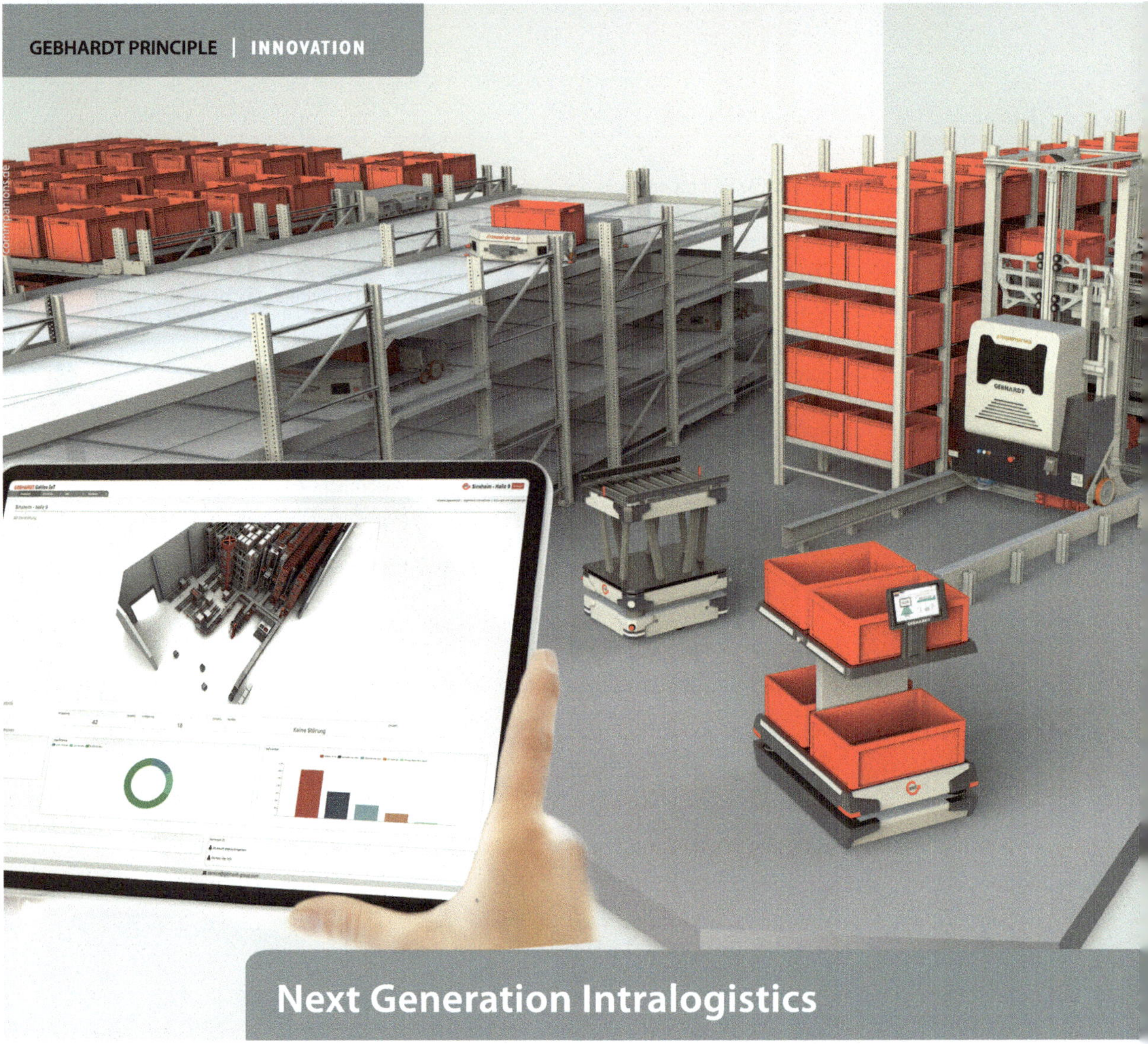

Lagertechnik

8

Karl-Heinz Wehking

8.1 Einleitung

Lagern (oder auch Speichern) ist der Vorgang des Aufbewahrens von Lagergut, oder allgemeiner „jedes geplante Liegen des Arbeitsgegenstandes im Materialfluss" [1]. Dieser Vorgang findet in einem Lager statt, das definiert ist als ein „Raum bzw. eine Fläche zum Aufbewahren von Stück- und/oder Schüttgut, das mengen- und/oder wertmäßig erfasst wird" [1].

Während des Lagerns erfährt das Lagergut keine weitere Behandlung. Es wird nur an einem bestimmten Ort gespeichert, bis es andernorts weiter bearbeitet werden kann (z. B. in der Montage oder Kommissionierung). Damit ist Lagern eine rein passive Operation.

Die zum Lagern verwendeten *Lagersysteme* bestehen aus den Komponenten

- Lagertechnik, in diesem Kapitel beschrieben
- Lagerorganisation (Abschn. 8.6, Lagerorganisation)
- Informationsflussmittel (Teil A, Informations- und Steuerungssysteme, Band 2)
- Fördermittel zum Ein- und Auslagern und in der Lagervorzone (Kap. 9, Fördertechnik)
- ggfs. stationäre oder mobile Handhabungsmittel (Kap. 12, Handhabungstechnik)

Die Lade- und Verpackungseinheiten werden in diesem Zusammenhang nicht betrachtet. Sie wurden bereits unter Kap. 7, Verpackungstechnik und Ladeeinheitenbildung systematisiert.

8.2 Aufgabe der Läger

Läger sind Komponenten in einem Materialflusssystem, die die Aufgaben

- Bevorratung,
- Puffer und/oder
- Verteilung

© Springer-Verlag GmbH Deutschland, ein Teil von Springer Nature 2020
K.-H. Wehking, *Technisches Handbuch Logistik 1,*
https://doi.org/10.1007/978-3-662-60867-8_8

übernehmen können. Damit ist ihre vorrangige Aufgabe, je nach Typ, die Überbrückung einer Zeitdauer oder der Wechsel der Zusammensetzungsstruktur zwischen Zu- und Abgang [2].

Vorratsläger dienen dem zeitlichen Entkoppeln von Materialeingang und -bedarf. Charakteristisch für Vorratsläger ist die dabei mögliche Unregelmäßigkeit von Zu- und Abgängen zu überbrücken. Die Umschlagshäufigkeit ist dabei niedriger als in Pufferlägern. Zwischen zwei Belieferungen stellen Vorratsläger kontinuierlich Material für die Produktion bereit und können damit auch Bedarfsschwankungen ausgleichen. Gleichermaßen nehmen auch Vorratsläger (i. d. R. quasi-kontinuierlich) gefertigte Produkte auf und speichern diese, bis sie (i. d. R. intervallisch) zur Distribution abgeholt werden.

Pufferläger sitzen häufig zwischen verschiedenen Arbeitsschritten der Produktion, wo sie deren Geschwindigkeitsdifferenzen und Unregelmäßigkeiten (durch Pausen, Standzeiten etc.) ausgleichen und/oder die Zeit zwischen Bearbeitungsschritten überbrücken. Typisch für Pufferläger ist eine relativ konstante Ein- und Auslagerungsrate, die dabei allerdings auf hohem Niveau liegen kann.

Verteilläger haben neben der Bevorratung und Zeitüberbrückung noch die weitere Aufgabe, die Ladeeinheiten durch Kommissionierung (siehe Kap. 10, Sortier- und Kommissioniertechnik) neu zusammenzusetzen. Im Handel sind die meisten Läger als Verteilläger angelegt, beispielsweise in Zentral- und Auslieferungslägern (Unterunterabschnitt 2.3.1.3, Horizontaler Aufbau der Unternehmenslogistik: Distributionslogistik). In der Industrie kommen Verteilläger dort zum Einsatz, wo von Ladeeinheiten (bspw. von Rohmaterial oder Zukaufteilen) nur Teilmengen gebraucht werden.

Verteilläger haben ebenfalls eine zeitlich relativ konstante Ein- und Auslagerungsrate; diese kann aber auf sehr unterschiedlichem Niveau liegen.

Die in der Vergangenheit häufig mit dem Begriff Lager verbundene Betrachtung der statischen Langzeitbevorratung in zentralen Großlägern hat sich gewandelt zu einer dynamischen Herangehensweise. Läger gelten heute als elementare Teile eines Materialflusssystems und sind, auch räumlich, oft eng mit der Produktion verbunden. Durch computergesteuerte Lagerverwaltung ist es möglich, die Verweildauer von Ladeeinheiten und damit den Umfang der Bestände und Produktionspuffer in den Lägern zu minimieren.

Der Trend der vergangenen zwei Jahrzehnte geht zu kleineren Lägern. Just-in-Time besagt in diesem Kontext, dass anstelle von Vorrats- und Verteillägern heute Pufferläger zum Einsatz kommen, deren Bestände systematisch minimiert werden. Der angestrebte Zustand ist:

- kleine Rohmaterial- und Zukaufteileläger
- Zulieferer beschicken die Produktion direkt
- minimale Fertigteileläger
- fertige Ware wird sofort zu Abnehmer transportiert.

Die Voraussetzung dafür, diesem Ziel nahe zu kommen, ist eine ausgeprägte auftragsbezogene Serienfertigung, wie sie beispielsweise im Automobilbau üblich ist. Die meisten Betriebe, insbesondere solche mit Einzelfertigung von Produkten, wird auf Läger in ihren Materialflusssystemen auch in Zukunft nicht verzichten können. Hier besteht Optimierungspotential nur in einer steigenden Automatisierung des Materialflusses.

Ein typischer Bestandteil des Lagers ist die Lagervorzone (siehe Abb. 8.1), in der elementare Aufgaben wie Kommissionieren, Palettieren, Verpacken, Etikettieren, Bereitstellen, Sortieren etc. verrichtet werden. Die zu lagernden Güter werden in der Lagervorzone angeliefert und von dort aus auch abgeholt, wenn sie wieder ausgelagert werden. Für den Transport von der Vorzone ins Lager werden je nach Lagertyp Stetig- und/oder Unstetigförderer eingesetzt. Auf die Besonderheiten der Lagervorzone in Abhängigkeit des Lagertyps wird hier jedoch nicht näher eingegangen.

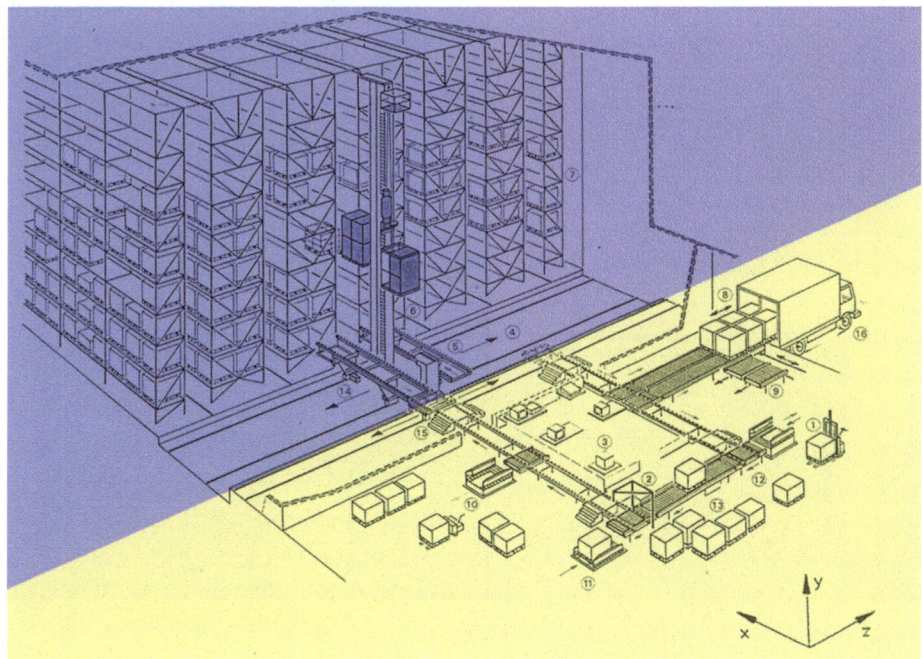

Abb. 8.1 Lagerzone (blau) und Lagervorzone (gelb) (1 Paletten-Auf- und Abgabe, 2 Palettenprüfeinrichtung, 3 Identifikationspunkt, 4 Einlagerungsebene, 5 Umsetzbrücke, 6 Regalbediengerät, 7 Hochregallager, 8 Automatische LKW-Be- und Entladung, 9 Stauplätze für LKW-Ladung, 10 Ausschleusung Fehlerpaletten, 11 Palettenaufgabe, 12 Rollenhubtisch, 13 Rollenförderer, 14 Tragkettenförderer, 15 Verteiler, 16 LKW mit Tragkettenförderer.). (Quelle: ohne Verfasser)

8.3   Systematik der Läger

Man kann Läger nach den nachfolgenden drei Kriterien systematisieren:

- Lagerbauart
- Lagergut
- Lagermittel

Bei den Lagerbauarten (siehe Abb. 8.2) unterscheidet man die Grundtypen Freiläger, Tank- oder Siloläger und Gebäudeläger. Dabei ist die Lagerbauform entscheidend von der Art der Güter abhängig, die eingelagert werden.

8.3.1   Freiläger

Freiläger haben keine feste Umhüllung (siehe Abb. 8.3). Ihre Abmessungen werden durch den Wirkungsbereich der eingesetzten Fördertechnik (z. B. Kranbahn) begrenzt. Sie eignen sich nur für die Lagerung von Schüttgütern oder witterungsunempfindlichen Stückgütern und sind insbesondere für die Bodenlagerung von Schwergut (z. B. Brammen oder Knüppel) geeignet. Um Verunreinigungen des Lagergutes zu vermeiden sollte der Lagerboden mit einem staub- und schmutzsicheren Belag versiegelt sein. Freiläger sind flächenintensiv, aber günstig hinsichtlich der Investitionskosten.

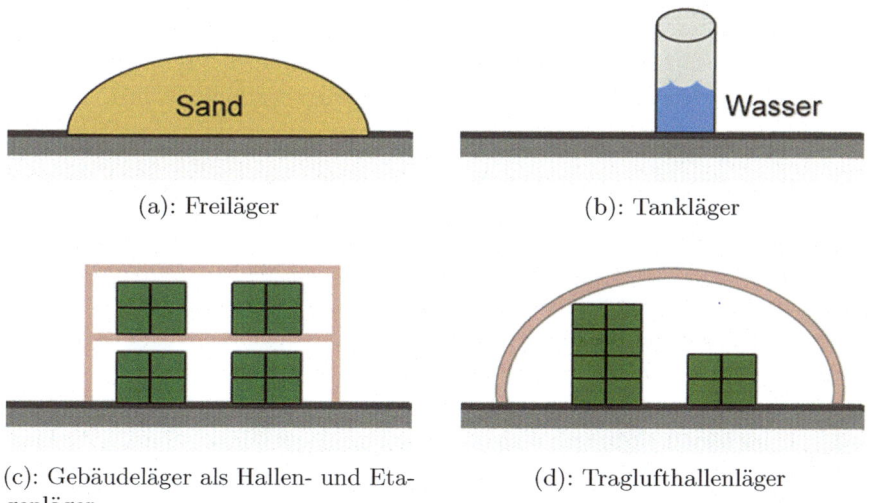

(a): Freiläger   (b): Tankläger

(c): Gebäudeläger als Hallen- und Eta-   (d): Traglufthallenläger
genläger

Abb. 8.2 Lagerbauarten. (Quelle: ohne Verfasser)

(a): Freilager in einem holzverarbeiten-   (b): Freilager für abgepackte Güter
den Betrieb

Abb. 8.3 Beispiele von Freilagern. (Quelle: ohne Verfasser)

8.3.2 Silo- und Tankläger

Die zweite Lagerbauart sind Silo, Bunker und Tankläger. Diese gehören nicht zur Gruppe
der Stückgutläger, die in diesem Kapitel betrachtet werden, sollen aber zur Abgrenzung kurz
genannt werden. Silo, Bunker und Tanklager eignen sich für die Lagerung von Schüttgütern,
Flüssigkeiten und Gasen. Als Baustoffe kommen i. A. Stahl und Beton in Betracht. Die
Abb. 8.4 zeigt typische Formen.

Bei den Bunkerbauarten wird unterschieden in Hoch- und Tiefbunker (Abb. 8.5). Bunker
über Flur werden als Hochbunker bezeichnet. Sie sind günstiger herzustellen als Tiefbunker
(unter Flur) und werden deshalb häufiger eingesetzt. Tiefbunker finden nur dann Verwendung, wenn der Einsatz von Hochbunkern aus Platz- oder Sicherheitsgründen nicht möglich
ist, oder wenn eine schnelle Entladung des Transportmittels erforderlich ist.

8.3.3 Gebäudeläger

Die dritte Lagerbauart sind die Gebäudeläger, wobei hier auf die Hallen- und Etagenlä-
ger besonders eingegangen werden soll. Empfindliche Stückgüter müssen in schützenden
Gebäuden gelagert werden. Abb. 8.6 zeigt die grundsätzlichen Bauarten Flachlager, Hochflachlager, Etagenlager und Hochregallager.

Lagergebäude können ein- oder mehrgeschossig ausgeführt sein und sind meistens feste
Gebäude. Je nach ihrer Höhe teilt man sie ein in Flachläger (Höhe ≤ 7 m), hohe Flachläger
(≤ 12 m) und Hochläger (> 12 m, bis zu 45 m und höher). Flachläger können mit oder ohne
Regale ausgeführt sein; hohe Flachläger haben meistens Regale, da die Stapelfähigkeit
von Ladeeinheiten begrenzt ist. Beide Typen können als statische oder dynamische Läger
ausgebildet sein (vgl. Unterabschnitt 2.3.5, Statische und dynamische Lagerung).

(a): Silolager   (b): Bunkerlager

(c): Tanklager

Abb. 8.4 Beispiele von Silo-, Bunker- und Tanklagern. (Quelle: ohne Verfasser)

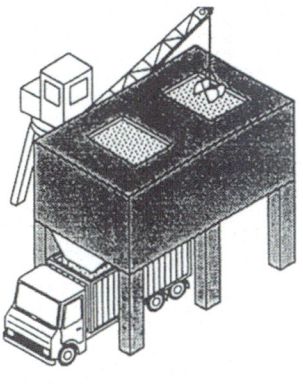 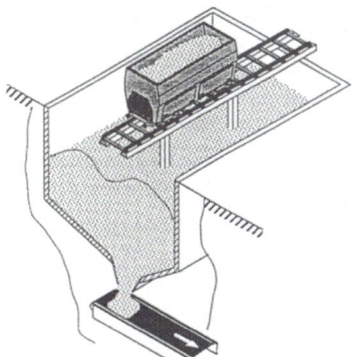

(a): Hochbunker   (b): Tiefbunker

Abb. 8.5 Hoch- und Tiefbunker. (Quelle: ohne Verfasser)

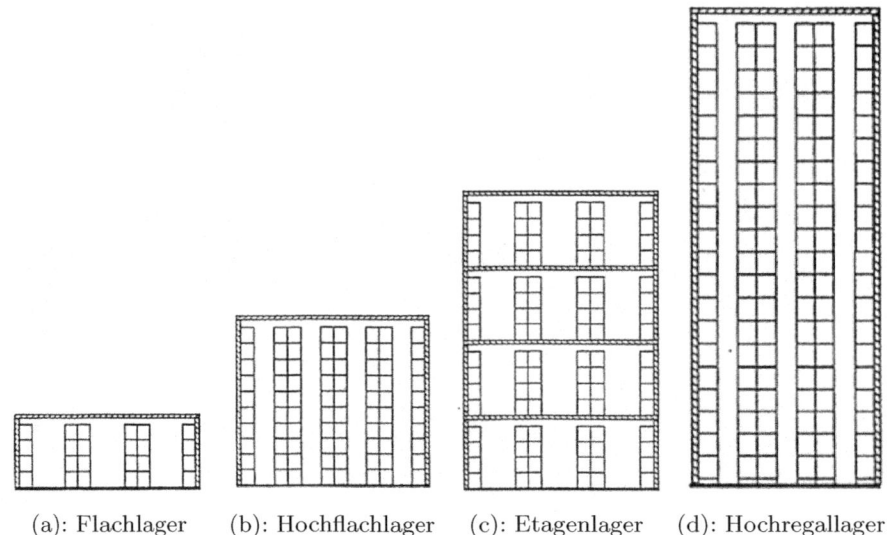

(a): Flachlager   (b): Hochflachlager   (c): Etagenlager   (d): Hochregallager

Abb. 8.6 Bauarten von Gebäudelägern. (Quelle: ohne Verfasser)

Hochläger sind meistens als Hochregalläger gebaut. Überwiegend werden sie als statische Läger genutzt, es können aber auch Läger mit dynamischen Lagermitteln betrieben werden. Die Unterscheidung zwischen hohen Flach- und Hochlägern ist relevant bei Regallägern hinsichtlich der eingesetzten Fördertechnik.

Hochregallager können in Silobauweise erstellt sein, d. h. das tragende Gerüst des Gebäudes ist das Regalsystem, das zum Wetterschutz eine Verkleidung erhält (Abb. 8.7). Das Gerüst des Regalsystems wiederum wird direkt auf der Fundamentplatte errichtet. Solche Gebäude sind Einzweckbauten, die nicht anderweitig für Umschlag oder Produktion genutzt werden können. Der Vorteil ist, dass die Lagermittel nicht (wie sonst häufig) an die Restriktionen des Gebäudes angepasst werden müssen, sondern die bauliche Anlage um die lagertechnischen Anforderungen herum entwickelt wird.

[3] definiert Hochregalläger als eingeschossige Anlagen

• mit fest eingebauten Regalen,
• automatischen Bediengeräten und
• einer Bauhöhe von mindestens 12 m.

Der Einsatzbereich von Hochregallägern ist nicht auf bestimmte Warengruppen oder Fertigungsbereiche beschränkt. Hochregalläger können in jedem Fertigungs- und Verteilsystem eingesetzt werden und zeichnen sich durch einen hohen Automatisierungsgrad aus.

Lagergebäude (Flachläger) mit mehreren Stockwerken werden als Etagenlager bezeichnet. Sie haben den Vorteil, die zur Verfügung stehende Grundstücksfläche besser auszunutzen

Abb. 8.7 Hochregallager in Silobauweise. (Quelle: ohne Verfasser)

als eingeschossige Bauten. Dem steht der Nachteil gegenüber, dass die Ladeeinheiten zum Ein- und Auslagern vertikal transportiert werden müssen, wofür zusätzliche Vertikalförderer (Lastenaufzug) vorgehalten werden müssen und was zu einem Engpass im Betriebsablauf werden kann.

8.3.4 Systematik der Lagermittel

Die Bauform kann ebenfalls nicht das alleinige Kriterium für die Untergliederung der verschiedenen Läger darstellen, da zahlreiche Lagermittel für eine Verwendung in mehreren Bauformen gleichermaßen geeignet sind. Daher ist es sinnvoll, Läger nach den verwendeten Lagermitteln zu systematisieren (Abb. 8.8).

Man unterscheidet zwischen Lägern ohne Regale (Bodenlagerung, Abb. 8.9) und mit Regalen (Regallagerung, Abb. 8.10). Beide Möglichkeiten können außerdem als Kompaktlagerung konfiguriert werden, d. h. alle Ladeeinheiten sind als kompakter Block aufgestellt, oder als Zeilenlagerung, wobei Zwischenräume zur Bedienung frei bleiben. Während Bodenlagerung i. d. R. eine statische Lagerform darstellt, können bei der Regallagerung statische und dynamische Lagermittel zum Einsatz kommen.

In Lägern mit Bodenlagerung stehen die Ladeeinheiten auf dem Boden und damit in der gleichen Ebene. Nur wenn die Einheit es zulassen, können sie gestapelt und damit in

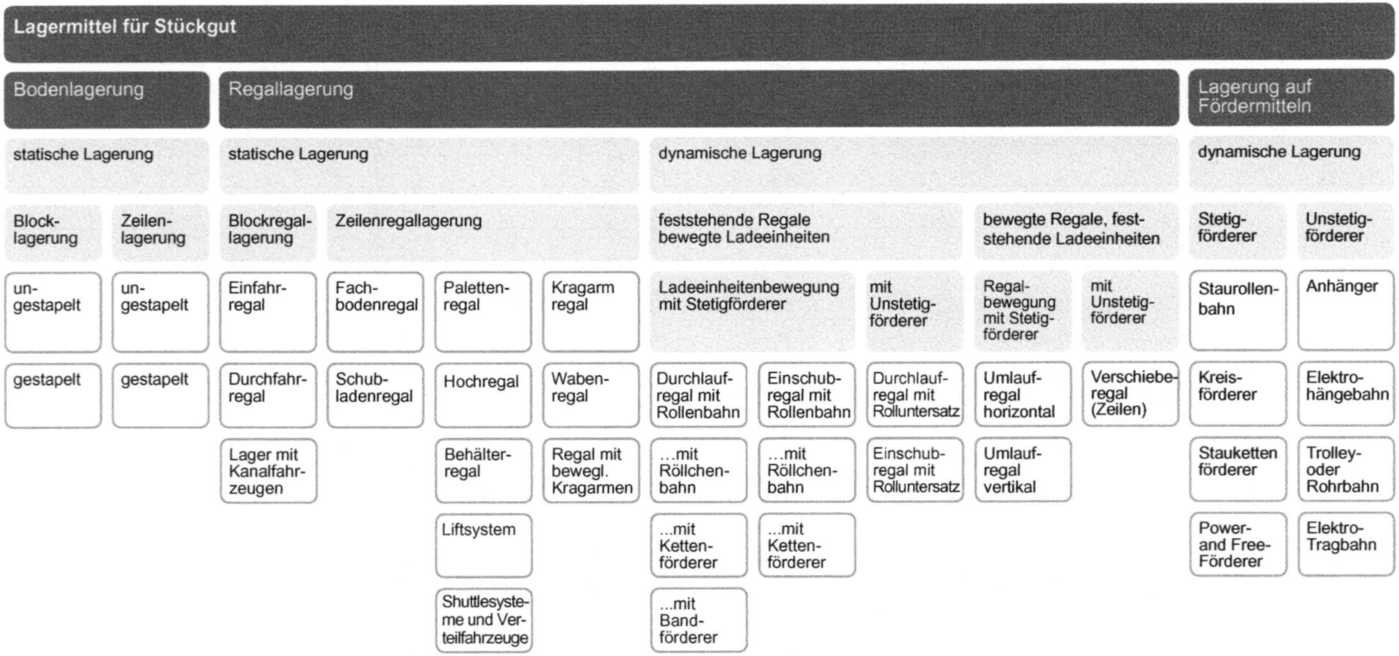

Abb. 8.8 Systematik der Lagermittel für Stückgut [4, S. 58]

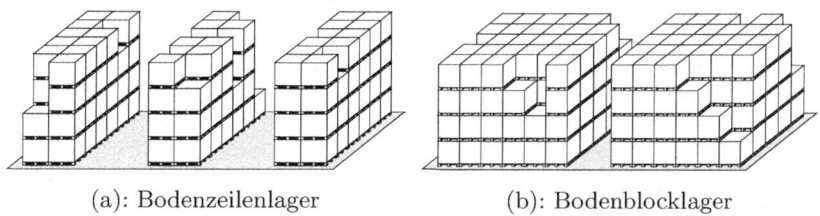

(a): Bodenzeilenlager   (b): Bodenblocklager

Abb. 8.9 Bodenlagerung [4, S. 63]

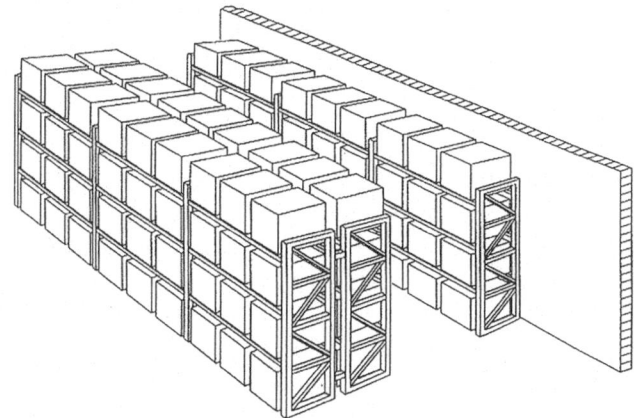

Abb. 8.10 Regallagerung. An der Wand ein Einzelregal, im Raum ein Einfachdoppelregal, das von beiden Seiten zu bedienen ist. (Quelle: ohne Verfasser)

mehreren Ebenen aufgestellt sein. Bei Regallagerung stehen die Ladeeinheiten prinzipiell in mehreren Ebenen.

Palettenregale dienen zur Aufnahme palettierter Lagereinheiten, sie können auch mehrgeschossig oder verfahrbar ausgeführt werden. Palettenregale werden entweder durch Gabelstapler oder durch Stapelkrane bedient. Regalbediengeräte werden in der Regel nur bei Hochregalpalettenlägern eingesetzt.

8.3.5 Statische und dynamische Lagerung

Statisch bedeutet im Fall von Lägern, dass die eingelagerten Einheiten an einem Platz im Lager verbleiben, bis sie wieder ausgelagert werden. In dynamischen Lägern können die Ladeeinheiten nach dem Einlagern ihre Position ändern. Das kann erfolgen durch Bewegung der Ladeeinheit alleine (z. B. durch Nachrutschen), Bewegung mit Regal oder Bewegung auf einem Fördermittel.

8.4   Einsatz von Fördermitteln im Lager

Die Fördermittel im Lager werden nach ihrer Aufgabe kategorisiert.

Die Hauptaufgabe der Fördermittel ist das *Ein- und Auslagern*. Die entsprechenden Maschinen bezeichnet man auch als Lagerbediengeräte.

Eine weitere Gruppe sind die Fördermittel *als Bestandteil dynamischer Lagermittel*. Sie übernehmen die Bewegung von Ladeeinheiten oder Regalen in dynamischen Lägern. Analog zur Gliederung der Fördermittel allgemein (vgl. Abb. 8.8) gibt es hier stetige/unstetige und aufgeständerte/flurfreie/flurgebundene Fördermittel. Beispielsweise findet man aufgeständerte Stetigförderer in Einschub- oder Durchlaufregallägern, flurfreie Stetigförderer wie den Kreisförderer in horizontalen Umlaufregallägern, flurgebundene Unstetigförderer als Fahrschemel in Verschieberegallägern, und aufgeständerte Unstetigförderer wie Satelliten in Kanalregallägern.

Eine weitere wichtige Gruppe stellen die Fördermittel *zum Verteilen, Kommissionieren etc.* dar, die eine Untermenge der Fördermittel zum Ein- und Auslagern bzw. der Fördermittel in der Lagervorzone (siehe Abb. 8.1 gelbe Zone) bilden. Ähnliche Aufgaben erfüllen die *Fördermittel in der Lagervorzone*. Sie bilden den Übergang zu weiteren Teilen des Materialflusssystems.

Die letzte Gruppe stellen *Fördermittel mit Lagerfunktion* dar, die gleichermaßen beide Funktionen Lagern und Fördern (außerhalb der schon angesprochenen Bereiche) erfüllen. Sie finden vorrangig als Pufferläger (vgl. Abschn. 8.2, Aufgabe der Läger) Verwendung.

8.5   Lagermittel

Im folgenden Kapitel sollen auf der Basis der zuvor beschriebenen Lagersystematik die verschiedenen Lagermittel für Stückgüter mit ihren typischen Einsatzgebieten vorgestellt werden .

Die Abb. 8.17, 8.18, 8.19, 8.20, 8.21, 8.22 und 8.23 zeigen in Anlehnung an die vorgestellte Lagermittelsystematik beispielhafte Darstellungen wichtiger Lagermittel.

8.5.1   Bodenlagerung

Bodenlagerung ist die denkbar einfachste Lagermethode. Nach wie vor ist sie eine hochflexible und kostenminimale Möglichkeit, Ladeeinheiten zu lagern. Sie ist in den Unternehmen immer noch sehr verbreitet und soll deshalb in die Betrachtung einbezogen werden. Bis auf wenige Ausnahmen wird sie vor allem bei stapelfähigen Ladeeinheiten angewendet, um auf mehreren Ebenen übereinander lagern und die Hallenhöhe nutzen zu können. Die Bodenlagerung kann in Form einer Block- und einer Zeilenlagerung ausgeführt werden (siehe Abb. 8.9).

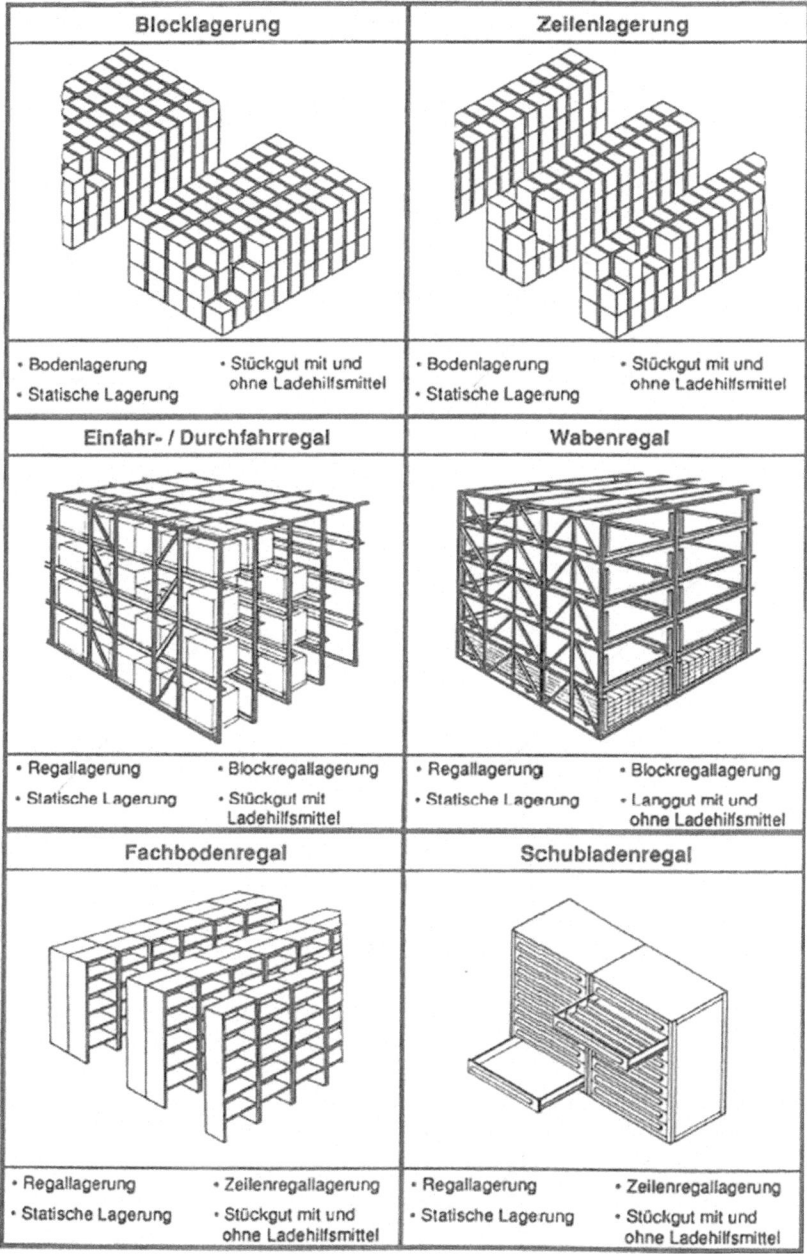

Abb. 8.11 Beispielhafte Darstellung wichtiger Lagermittel – Statische Lagerung Teil I [5]

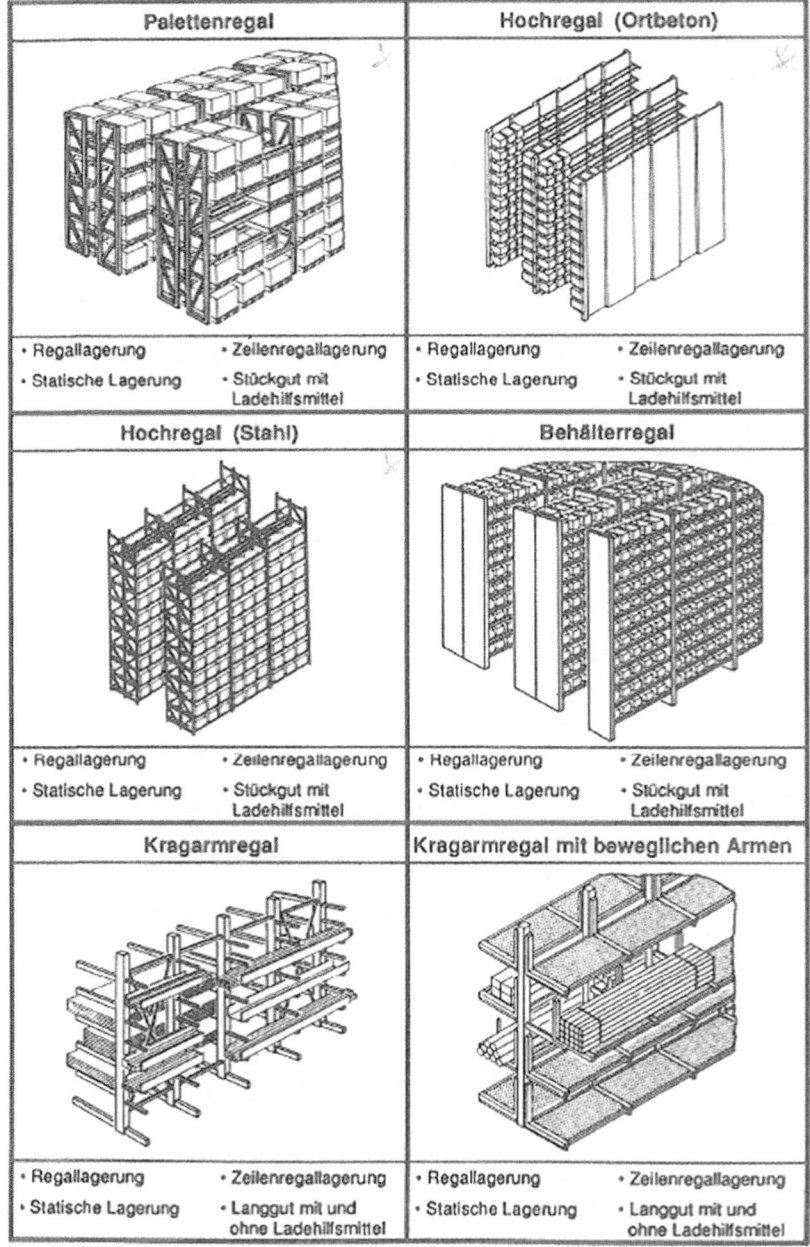

Abb. 8.12 Beispielhafte Darstellung wichtiger Lagermittel – Statische Lagerung Teil II [5]

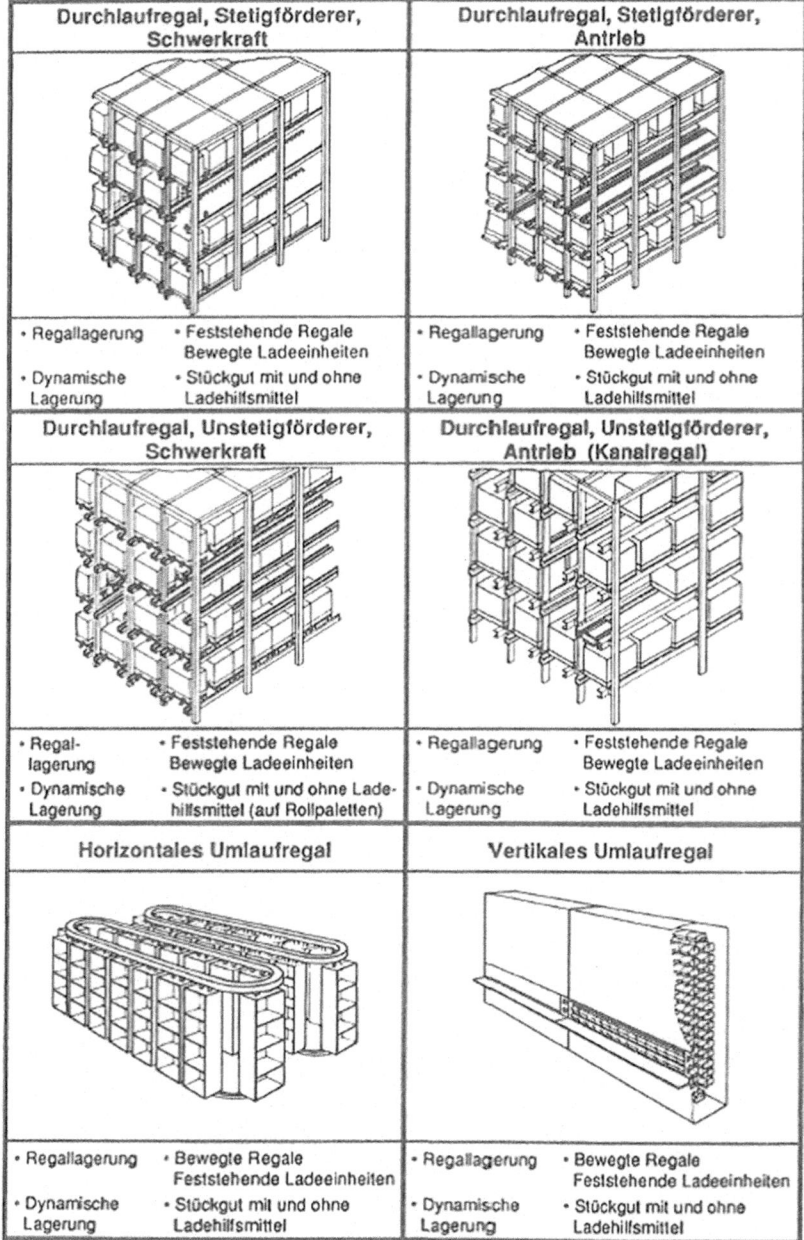

Abb. 8.13 Beispielhafte Darstellung wichtiger Lagermittel – Dynamische Lagerung Teil I [5]

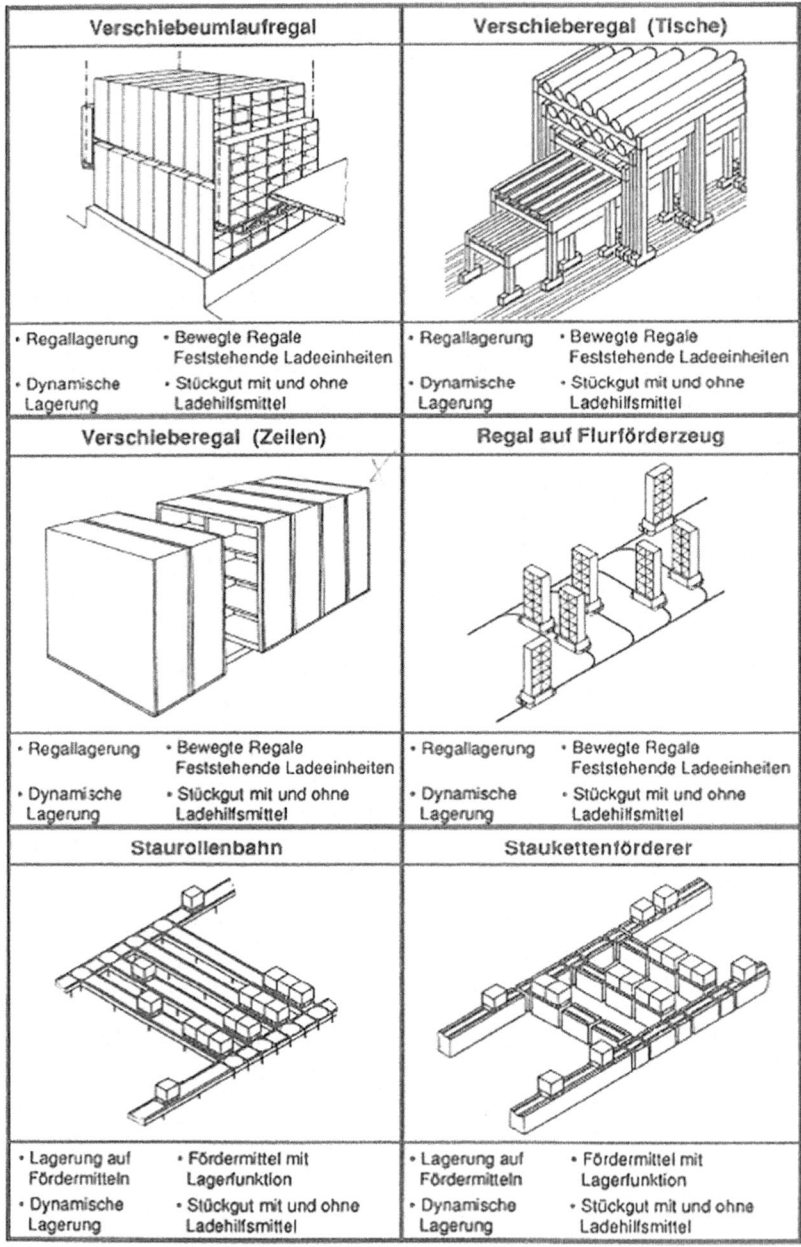

Abb. 8.14 Beispielhafte Darstellung wichtiger Lagermittel – Dynamische Lagerung Teil II [5]

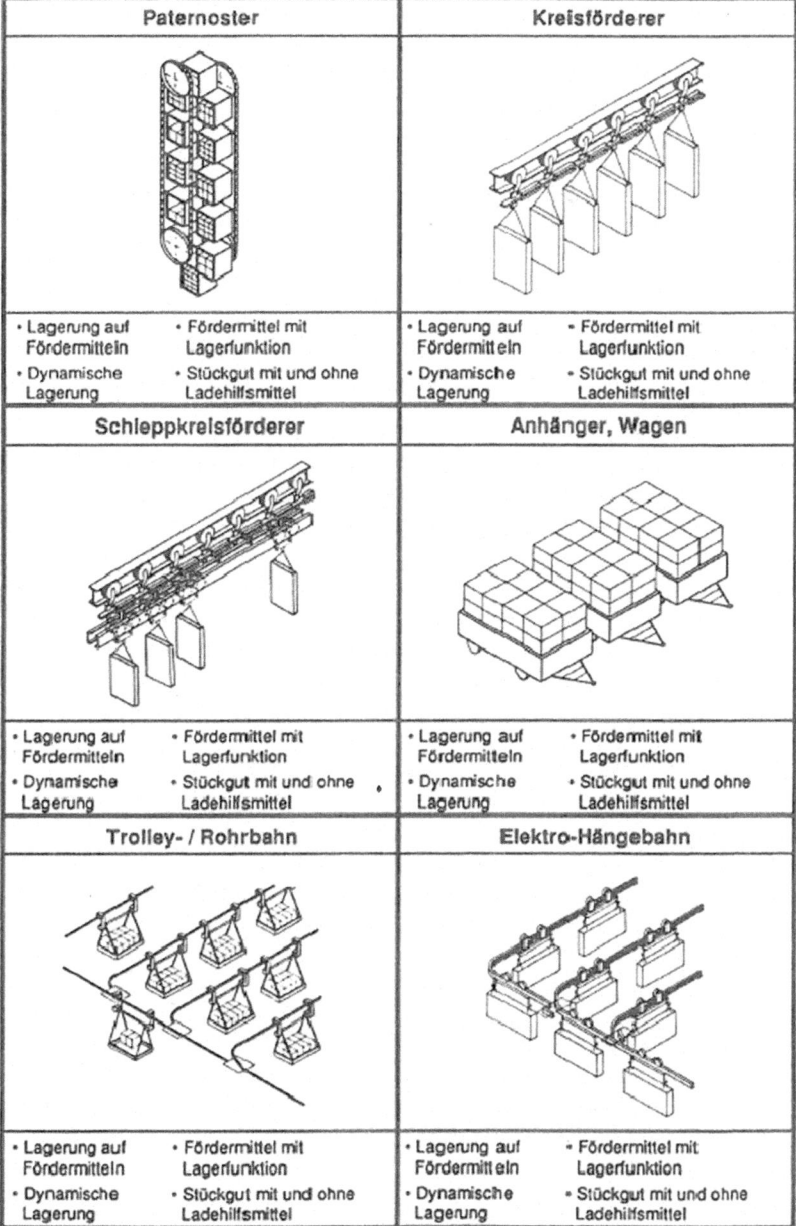

Abb. 8.15 Beispielhafte Darstellung wichtiger Lagermittel – Dynamische Lagerung Teil III [5]

Einsatzfälle der Blocklagerung: Lagerung von großen Mengen pro Artikel bei geringer Artikelzahl und unterschiedlichen Umschlagsleistungen (z. B. Getränkevertriebsläger).

Einsatzfälle der Zeilenlagerung: Wird ein Direktzugriff auf mehr Ladeeinheiten als beim Blocklager gewünscht, bevorzugt man eine Zeilenanordnung der Ladeeinheiten, die auf dem Boden in Zeilen übereinandergestapelt werden.

8.5.2 Statische Regallagerung

Empfindliche Güter und solche, die nicht stapelbar sind, muss man entweder mit stapelbaren Ladehilfsmitteln ausstatten oder sie in Regalen lagern. Gleiches gilt, wenn man größere Höhen im Lager realisieren will. Für die Ausführung der Regale hat die Deutsche Gesetzliche Unfallversicherung DGUV eine Richtlinie aufgestellt [6].

Zur Festlegung einer einheitlichen Qualität hat der RAL Ausschuss für Lieferbedingungen und Gütesicherung das Regelwerk [7] herausgegeben.

8.5.2.1 Blockregallagerung
Die Regallagerung im Block wird auch Blocklager mit Regalen genannt. Hierzu gehören Einfahr-/Durchfahrregale und Wabenregale (Abb. 8.11).

Einfahr-/Durchfahrregal
Ein Einfahrregal besteht aus mehreren parallelen, wandartigen „Stehern", an denen auf verschiedenen Höhen Konsolen befestigt sind. Zwischen den Stehern ist genug Platz dafür, dass ein schmaler Stapler einfahren kann (daher der Name), der das Ein- und Auslagern übernimmt. Die Ladeeinheiten müssen so breit sein, dass sie den Platz zwischen den Stehern überbrücken und jeweils am Rand auf den Konsolen aufliegen; das kann z. B. dadurch erreicht werden, dass Ladeeinheiten auf Europaletten (siehe Abschn. 7.5, Ladeeinheitenbildung) gepackt werden. Diese Ladeeinheiten stehen hintereinander in der Regaltiefe und auf mehreren Ebenen übereinander.

Die Ladeeinheiten werden im Einfahrkanal, von hinten beginnend, mit einer Beschickung pro Regalfeld von oben nach unten eingelagert. Die Auslagerung erfolgt dann beim Einfahrregal von vorn beginnend (lifo) und beim Durchfahrregal von der anderen Seite (fifo) (vgl. Abschn. 8.6, Lagerorganisation), siehe Abb. 8.16. Die Abb. 8.17 zeigt ein realisiertes Einfahrregal.

Der Vorteil von Einfahr- und Durchfahrregalen ist der hohe Volumennutzungsgrad, der gegenüber dem Bodenblocklager nur durch den Bauraum der Regalkonstruktion gemindert wird. Ein- und Durchfahrregale eignen sich nur für die Paletten-Ganzmengenverwaltung. Ein direkter Zugriff auf Einzellagereinheiten ist nur durch aufwendiges Umstapeln möglich.

Einsatzfälle: Lagerung von kleineren Mengen pro Artikel bei geringeren Artikelzahlen und unterschiedlicher Umschlagsleistung.

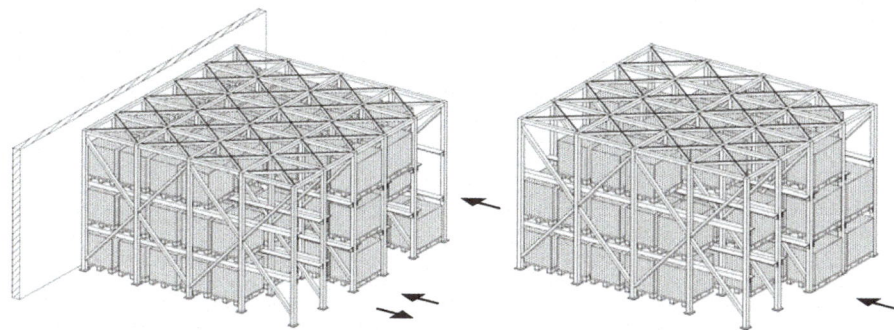

Abb. 8.16 Einfahr- und Durchfahrregal, Schema [4, S. 73]

Abb. 8.17 Beispiel eines Einfahrregallagers. (Quelle: Jungheinrich AG)

Wabenregal

Wabenregale dienen vorrangig zur Kompaktlagerung von Langgut, in Ausnahmefällen auch von Tafelmaterial. Das Gut liegt in mehreren Feldern mit relativ kleiner Höhe und Breite übereinander und nebeneinander. Die Feldtiefe variiert je nach Anforderungen bis zu sechs Metern. Langgut liegt bei kleineren Anlagen üblicherweise ohne Ladehilfsmittel in den Feldern, bei größeren Anlagen mit höheren Leistungsanforderungen werden die Profile in Kassetten gelegt.

Die Abb. 8.18 zeigt Wabenregale, manuell bedient. Die Abb. 8.19 zeigt ein automatisch bedientes Wabenregal (automatisches Kasettenlaser) und als ein sogenanntes Kassettenlager.

Der große Vorteil von Wabenlager ist ihre sehr übersichtliche Fachanordnung, so dass das Lagergut leicht identifiziert werden kann. Durch die kompakte Lagerung hat es auch einen hohen Volumennutzungsgrad.

Abb. 8.18 Wabenregal
manuell bedient. (Quelle: ohne
Verfasser)

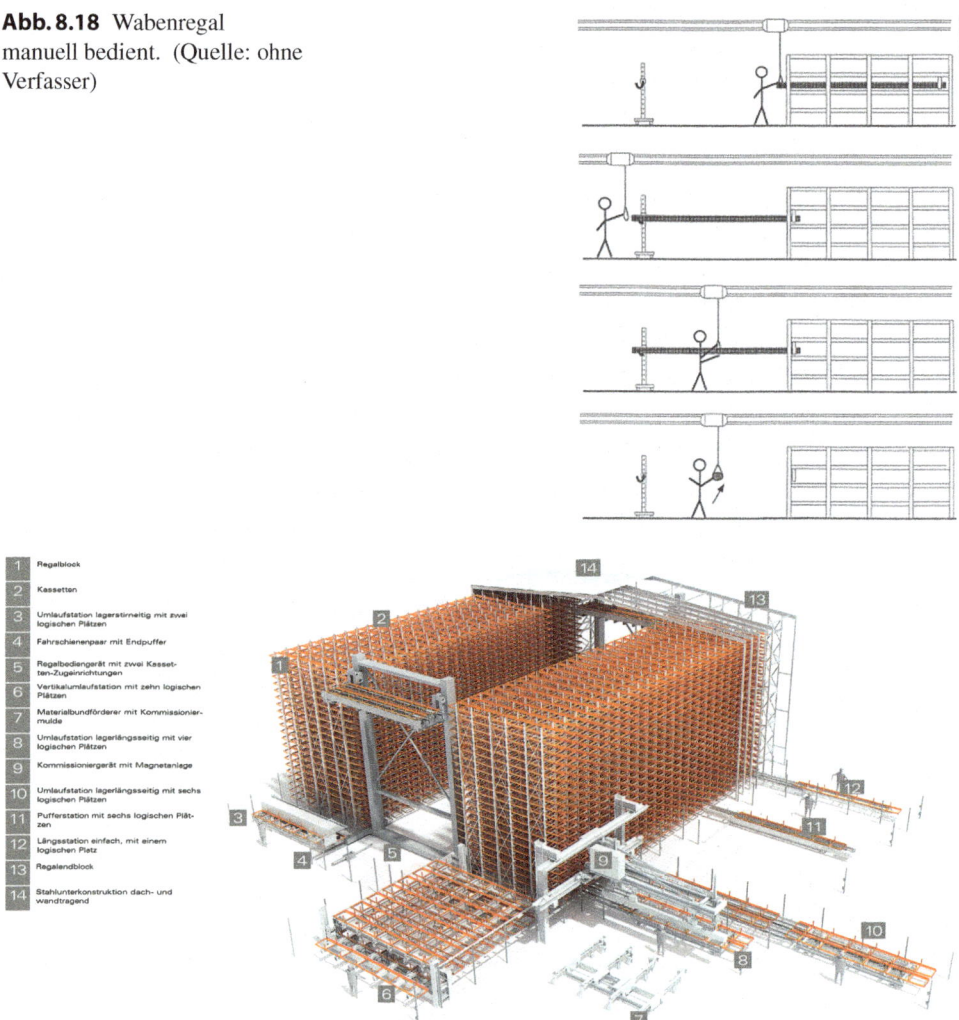

Abb. 8.19 Wabenregal automatisch bedient (Hier ist ein vollautomatisches Lager bestehend aus Regalblock, Langgut-Lagerkassetten, Pufferplätzen, Regalbediengerät für Kassetten und Kommissioniergerät mit Magnetanlage.). (Quelle: KASTO Maschinenbau GmbH & Co. KG)

Einsatzfälle: Lagerung von kleinen bis mittleren Mengen pro Artikel bei großer Artikelanzahl.

Zeilenregallagerung

Die Regallagerung in Zeilen wird auch Zeilenlager mit Regalen genannt (Abb. 8.11 und 8.12). Sie ist die am häufigsten in der Industrie eingesetzte Lagerform mit Regalen und besteht aus Doppelregalen, die durch einen Bediengang getrennt sind. Man unterscheidet bei der Regallagerung in Zeilen die folgenden Ausprägungsformen: Fachbodenregal, Schubladenregal, Palettenregal, Hochregal, Behälterregal, Kragarmregal und Kragarmregal mit beweglichen Kragarmen.

Fachbodenregal

Die Ladeeinheiten lagern auf festen Fachböden, die in einem Regal in mehreren Ebenen übereinander montiert sind. Diese Böden bestehen aus Metall oder Holz und sind seitlich an Seitenwänden oder Stehern befestigt. Je nach Ausführung können sie z. B. in einem Lochraster in verschiedenen Höhen eingehängt werden. In [7] sind die Güte- und Prüfbestimmungen für Fachbodenregale aufgeführt.

Die Abb. 8.20 zeigt Ausführungsformen von Fachbodenregalen.

Einsatzfälle: Lagerung von kleinen bis mittleren Mengen pro Artikel bei großer möglicher Artikelanzahl und -art. Lagerung nicht palettierter Artikel, Kleinteile, aber auch sperriger Teile. Eine manuelle Einzelentnahme ist sinnvoll und üblich.

Abb. 8.20 Beispiele für Fachbodenregale. (Quelle: SSI Schäfer)

(a): Fachbodenregal

(b): Zur besseren Nutzung der Raumhöhe werden manuell bediente Fachbodenregale mehrgeschossig gebaut (Podestanlagen)

Schubladenregal

Ähnlich wie bei der Regallagerung lagert das Gut auf Fachböden, die übereinander montiert sind. Allerdings sind hier die Böden einzeln ausfahrbar, womit sie i. d. R. in den Bediengang hineinragen (Abb. 8.11). Damit sind sie von oben für eine Beschickung und Entnahme von Lagergut zugänglich, wodurch eine hohe Volumennutzung und gute Übersichtlichkeit gegeben ist.

Einsatzfälle Lagerung von kleinen bis mittleren Mengen pro Artikel bei großer Artikelanzahl und -art. Lagerung von nicht palettiertem Stückgut und Kleinteilen, aber auch von Langgut. Bei Stückgutlagerung manuelle Einzelentnahme üblich, bei Langgutlagerung Unterstützung durch Fördermittel.

Palettenregal

Palettenregale sind Lagermittel, in denen Stückgut auf Ladehilfsmitteln gelagert wird. Man unterscheidet zwischen Einplatz- und Mehrplatzsystemen (Abb. 8.21). Hochregale sind Palettenregale verschiedener Ausprägungen, die sich durch eine Höhe von mehr als 12 m auszeichnen (vgl. Abschn. 8.3, Systematik der Läger) [8]. In [7] sind die Güte- und Prüfbestimmungen für Palettenregale aufgeführt.

Im Mehrplatzsystem erfolgt eine Lagerung von mehreren Ladeeinheiten nebeneinander auf zwei Auflageträgern, die z. B. in einem Lochraster an den Stehern eingehängt werden, in einem Lagerfeld. Im Einplatzsystem wird lediglich eine Ladeeinheit pro Feld gelagert, die häufig auf an den Stehern angebrachten Winkelprofilen steht.

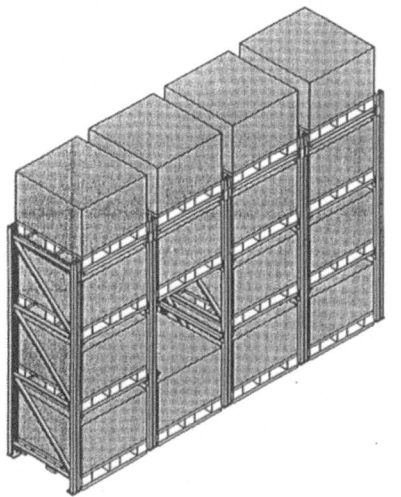 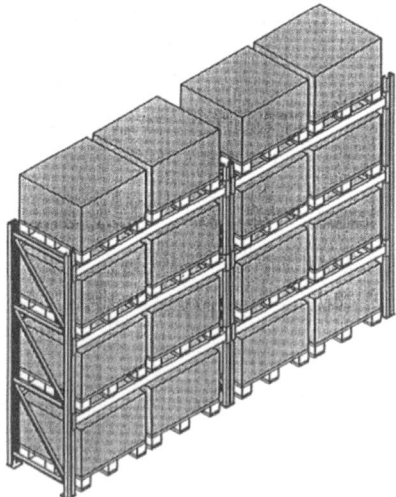

(a): Einplatzsystem (Quertraversen)   (b): Mehrplatzsystem (Längstraversen)

Abb. 8.21 Beispiele für Palettenregale. (Quelle: ohne Verfasser)

Ladeeinheiten werden grundsätzlich mit Ladehilfsmitteln gebildet, meistens mit Europaletten (800 mm × 1200 mm), Chemiepaletten (1000 mm × 1200 mm) oder Gitterboxen (800 mm × 1200 mm) (vgl. Abschn. 7.5, Ladeeinheitenbildung).

Einsatzfälle: Nach Lagerung von großen Mengen, wie Artikeln bei zahlreichen Artikeln und Sortimenten. Häufigste Lagerart in Industrie und Handel.

Behälterregal

Behälterregale werden auch Kleinteile- oder Kompaktlager genannt. Typische Ladeeinheiten sind Behälter, Kästen, Kassetten oder Tablare. Es gibt Behälterregale für nur einen Behältertyp und Behälterregale für mehrere Behältertypen. Die Behälter (oder andere Ladehilfsmittel mit der gleichen Funktion) werden auf Fachböden oder Konsolen in mehreren Ebenen übereinander gelagert, in Ausnahmefallen auch hintereinander (Abb. 8.12). Man kennt auch hier Einplatz- und Mehrplatzsysteme. Häufig sind Behälterläger verkleidet, um Zugriffe von außen zu vermeiden (Diebstahlschutz). Wenn in einem Behälterlager insgesamt verschiedene Behältertypen zum Einsatz kommen, wird der Lagerbereich oft in Felder mit gleichen Typen gegliedert. Die Gerüste, an denen Fachböden und Konsolen aufgehängt sind, erlauben durch ein Aufhängelochraster jederzeit eine Änderung der Konfiguration und damit eine flexible Reaktion auf Schwankungen bei der Anzahl je Behältertyp.

Die Abb. 8.22 zeigt ein manuelles und ein automatisches Behälterlager.

Einsatzfälle: Lagerung von Kleinteilen in großer Artikelanzahl mit begrenzter Menge pro Artikel, häufig für Kommissionierzwecke.

(a): Manuell bedient   (b): Automatisch Bedient

Abb. 8.22 Behälterlager

Kragarmregal

Kragarmregale dienen zur Lagerung von Langgut und Ringmaterial. Die Anordnung der Regale erfolgt wie bei den Einfachpalettenregalen zeilenweise, so dass auf jeden Artikel freier Zugriff besteht. Langgutläger werden durch Seiten- bzw. Vierwegstapler oder Kräne bedient. Für die Kranbedienung ist es erforderlich, dass entweder der Kran mit einem speziellen Lastaufnahmemittel, einem sogenannten Langgutlift ausgerüstet ist, oder die Kragarme ausfahrbar sein müssen (Ausnahme Stapelkran). Abb. 8.23 zeigt ein Beispiele.

Kragarmregale bestehen aus mittig angeordneten Stehern, an denen die herausragenden Arme fest oder beweglich angebracht sind. Kragarmregale gibt es in ein- und doppelseitiger Ausführung. Die Grundeinheit eines Regals bilden zwei Ständer, die durch einen angeschraubten Horizontalverband fest miteinander verbunden werden. Die Steher sind auf Ständerfüßen fest angeschweißt. Zur Erhöhung der Standsicherheit werden die Ständerfüße am Boden verdübelt. Jedes dritte Regalfeld muss zusätzlich durch einen Kreuzverband versteift werden. Die Güte- und Prüfbestimmungen für Kragarmregale sind in [7] festgelegt.

Einsatzfälle: Lagerung von Langgut in kleinen bis mittleren Mengen je Artikel bei kleiner bis großer Artikelanzahl.

Abb. 8.23 Beispiele für Kragarmregale. (Quelle: Erwin Berger e.K)

8.5.3 Dynamische Regallagerung

In dynamischen Lägern können die Ladeeinheiten nach der Einlagerung ihre Position im Lager ändern. Das kann erfolgen durch Bewegung der Ladeeinheit, Bewegung mit Regal oder Bewegung auf einem Fördermittel (siehe hierzu Abb. 8.13, 8.14 und 8.15).

8.5.3.1 Feststehende Regale, bewegte Ladeeinheiten

Bei Systemen aus dieser Gruppe der dynamischen Regallagerung stehen die Regale fest, aber die Ware bewegt sich innerhalb der Regale. Die Ladeeinheiten werden (i. d. R. sortenrein) in sogenannten Lagerkanälen gelagert, in denen sie (je nach Lagermittel) auf Stetig- oder Unstetigförderern bewegt werden (Abb. 8.13). Sie bewegen sich dabei im Inneren des Regals selbständig von der Einlagerungs- zur Auslagerungsstelle.

Einschub- und Durchlaufregale
Je nachdem, ob die Regalblöcke einseitig oder beidseitig bedient werden, bezeichnet man sie als Einschubregalläger (Ein- und Auslagerung erfolgen von der gleichen Seite) oder Durchlaufregalläger (Auslagerungsseite gegenüber der Einlagerung). Der Antrieb erfolgt entweder elektrisch oder durch Schwerkraft, wofür die Kanäle um 3–5 % geneigt gebaut werden. Nach dem Antriebsprinzip und nach dem eingesetzten Fördermittel werden die dynamischen Läger in die folgenden Typen unterschieden:

- Durchlauf-/Einschubregal, Stetigförderer, Schwerkraft
- Durchlauf-/Einschubregal, Stetigförderer, Antrieb
- Durchlauf-/Einschubregal, Unstetigförderer, Schwerkraft
- Durchlauf-/Einschubregal, Unstetigförderer, Antrieb

Diese verschiedenen Ausführungen von feststehendem Regal und bewegter Lagereinheit können nach Abb. 8.8 und 8.13 gegeneinander abgegrenzt werden. Auf die einzelnen Komponenten einer solchen Anlage wird in Abb. 8.24 am Beispiel eines Durchlaufregals mit schwerkraftgetriebenem Stetigförderer näher eingegangen. Bei der hier gezeigten Ausführung erfolgt die Bewegung durch Schwerkraft, bei gleichem Systemaufbau könnte aber auch eine angetriebene Rollenlaufbahn eingesetzt werden. Schwerkraftbetriebene Regale werden bevorzugt, da sie einen geringeren Investitions- und Wartungsaufwand erfordern.

Einsatzfälle: Der Einsatz von Einschub- oder Durchlaufregalen ist bei begrenzter Artikelanzahl mit hoher Zugriffshäufigkeit sinnvoll, sie werden daher sehr häufig in manuell bedienten Kommissionierlägern mit begrenzter Artikelzahl eingesetzt. Da in jedem Kanal nur ein Artikeltyp gelagert werden kann, steigt die potentiell ungenutzte Fläche mit zunehmender Artikelzahl.

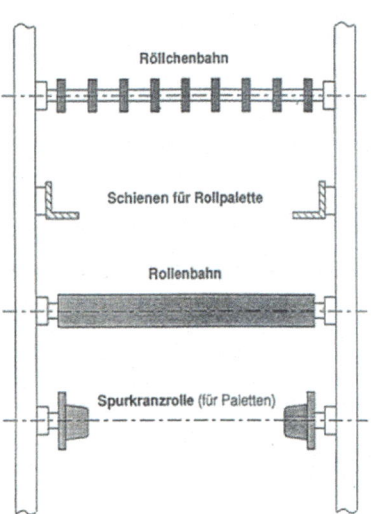

(a): Praxisbeispiel Durchlaufregal   (b): Rollelemente in Durchlaufregalen
(Schwerkraft) für Kunststoffbehälter   [Quelle: ohne Verfasser]
[Quelle: SSI Schäfer]

Abb. 8.24 Durchlaufregal

Bei der Schwerkraftförderung werden, Rollen, Röllchen und Spurkranzrollen als Tragmittel verwendet. Voraussetzung für die Nutzung von Einschub- und Durchfahrregalen sind geeignete Ladehilfsmittel wie Paletten, Kästen etc.

Bei Durchlaufregalen erfolgt die Entnahme, also z. B. die Kommissionierung der Ware, von vorne und die Nachschubzuführung im hinteren Teil des Regals; damit sind Entnahme und Nachschub voneinander getrennt und hinsichtlich des Materialflusses optimiert. Die Abb. 8.25 zeigt ein Durchlaufregal mit Schwerkraftantrieb mit einem Regalbediengerät zur automatischen Versorgung der Nachschubeinheiten.

8.5.3.2 Satelliten- und Shuttleläger

Satellitenläger
Satellitenläger sind eine Form von Lagermitteln, bei denen die Lagereinheiten ebenfalls hintereinander im Regal stehen (Tunnelläger), aber nicht permanent auf Un-/Stetigförderern (Abb. 8.26). Stattdessen stehen sie auf zwei horizontal verlaufenden Schienenprofilen und können von kleinen, sich selbständig bewegenden Fahrzeugen, den sogenannten Satelliten, unterfahren werden. Diese Satelliten können die Lagereinheiten durch Anheben aufnehmen und entlang des Kanals bewegen.

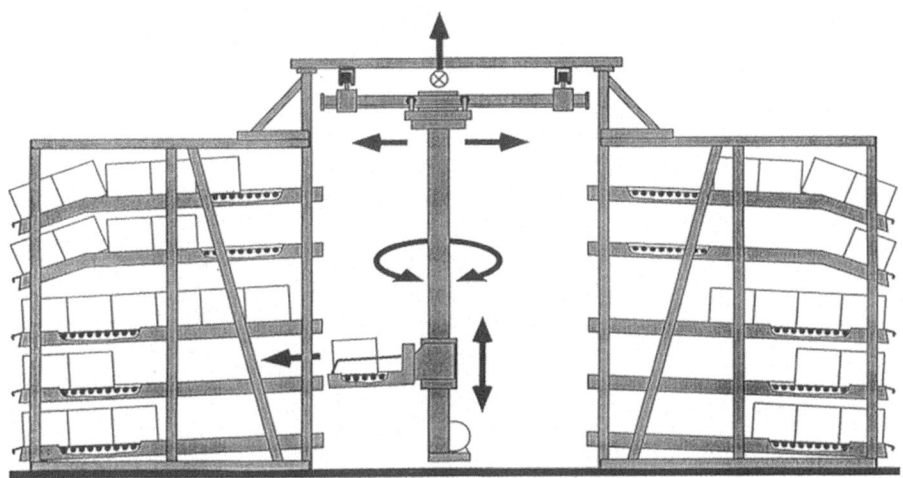

RFZ = Regalförderzeug

Abb. 8.25 Durchlaufregal mit automatischem Nachschub durch Regalförderzeug. (Quelle: ohne Verfasser)

Die Satellitenfahrzeuge wiederum werden mit Aufzügen oder Trägerfahrzeugen, die sich vor der Regalfront bewegen können, von einem Kanal zum andern umgesetzt (siehe Abb. 8.26). Wesentliches Merkmal der Technologie ist die weitgehende Trennung von Horizontaltransport und Vertikaltransport [9].

Man unterscheidet Satelliten mit Kabelanschluss, bei denen das Trägerfahrzeug während der Operation der Satelliten vor dem Kanal verharren muss, und autonome, batteriegespeiste Satelliten, bei denen das Trägerfahrzeug zwischenzeitlich andere Aufgaben erfüllen kann. Dies wirkt sich erheblich zugunsten der erbringbaren Umschlagsleistung aus.

Einsatzfälle: Lagerung von Artikeln in kleiner bis mittlerer Anzahl, aber mittlerer bis großer Menge pro Artikel (sog. monostrukturierte Palettenläger).

Shuttleläger

Shuttleläger sind eine Weiterentwicklung der Satellitenläger und konnten sich in den letzten zehn Jahren stark verbreiten. Sie werden aktuell in vielen Unternehmen eingesetzt und auch von einer großen Anzahl von Unternehmen hergestellt. Dies zeigt die große Bedeutung dieses neuen automatischen Lagertyps.

Waren früher die Satelliten noch technisch oder logisch an die Aufzüge bzw. Trägerfahrzeuge gebunden, so sind in den Shuttlelägern die Satelliten, hier Shuttles genannt, unabhängig unterwegs und können z. B. auch die Regalzeile wechseln. Außerdem werden gleichzeitig mehrere Shuttles genutzt.

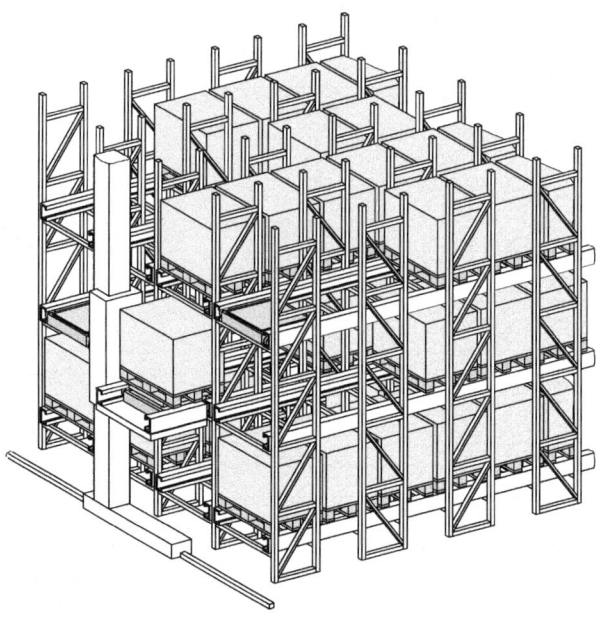

(a): Satellitenlager mit Regalbediengerät (sog. monostrukturierte Palettenläger [4, S. 77])

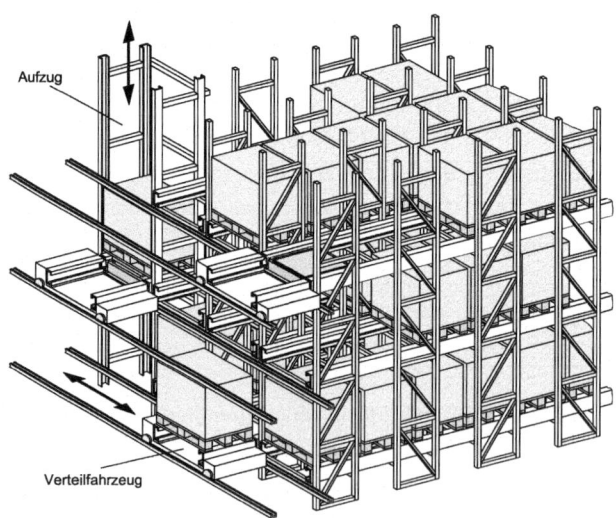

(b): Satellitenlager mit Verteilfahrzeug (sog. monostrukturierte Palettenläger [4, S. 78])

Abb. 8.26 Satellitenlager

Shuttle-Systeme zeichnen sich durch eine weitgehende Trennung des vertikalen und horizontalen Transports aus. Die Gründe für die schnelle Verbreitung der Shuttle-Systeme sind insbesondere im hohen Durchsatz, der hohen Flexibilität und dem im Vergleich zu Regalbediengeräten geringeren Energiebedarf zu finden.

Der Begriff Shuttle-Systeme ist nicht exakt definiert. Daher wird im Folgenden zunächst eine Einordnung der Systeme vorgenommen. Nach [9] werden die Begriffe Shuttle-Fahrzeug und Shuttle-System wie folgt beschrieben:

> Ein Shuttle-Fahrzeug bezeichnet ein „(Horizontal-)Fahrzeug eines Shuttle-Systems, geeignet zur Ein- und Auslagerung und zum Transport von leichten Stückgütern." Ein Shuttle-System besteht „aus üblicherweise mehreren Shuttle-Fahrzeugen, dem Regalbau, mindestens einem Vertikalförderer (Lift), der Steuerung sowie gegebenenfalls einem zusätzlichen Fördersystem, dem Brandschutz und Sicherheitseinrichtungen."

Shuttle-Systeme können weiterhin in Systeme mit Behälter- und mit Fahrzeuglift eingeteilt werden. Behälterlifte können nur Ladeeinheiten transportieren, wohingegen Fahrzeuglifte Shuttles ohne und mit aufgeladenen Behältern transportieren. Abb. 8.27 zeigt einen typischen Aufbau eines Shuttle-Systems mit einem Lift pro Gasse, Abb. 8.28 zeigt die Lagerkonfiguration eines Shuttle-Systems mit Behälterlift (links) und Fahrzeuglift (rechts).

Systeme mit Behälterliften nutzen häufig pro Gasse zwei Lifte. In der Regel wird dann ein Lift zur Einlagerung eingesetzt, ein Lift zur Auslagerung. Bei Behälterliften ist pro

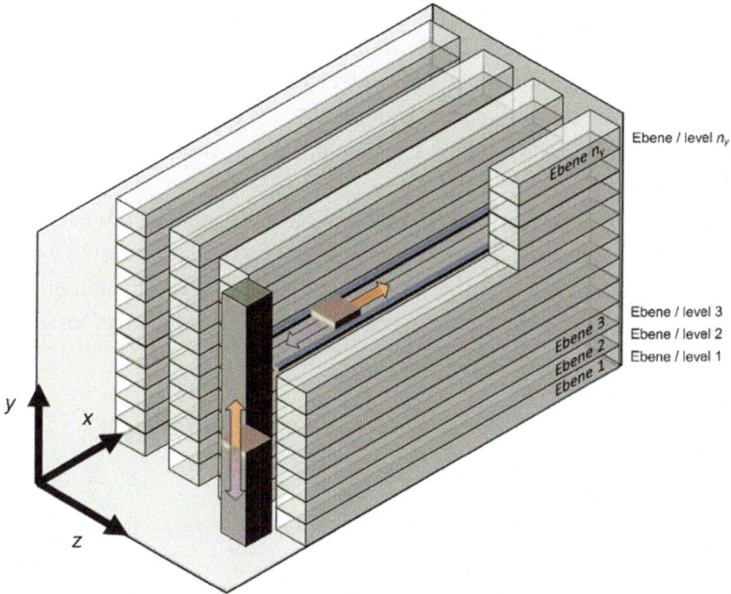

Abb. 8.27 Shuttle-System mit einem Lift pro Gasse [9, S. 6]

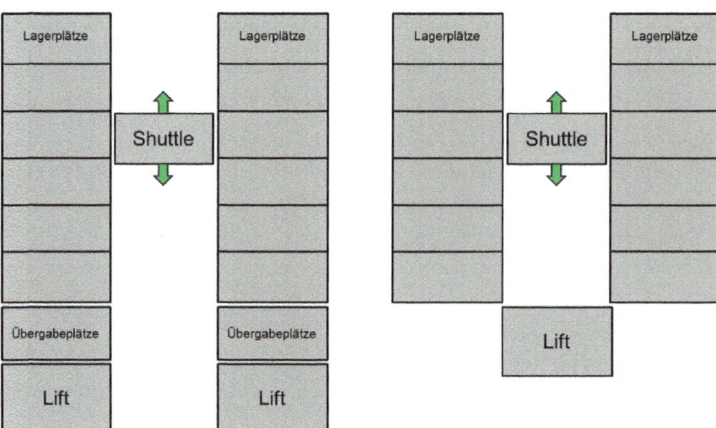

Abb. 8.28 Shuttle-System mit Behälterlift (links) und Fahrzeuglift (rechts). (Quelle: IFT)

Gasse und Ebene ein Shuttle-Fahrzeug erforderlich. Zur weitgehenden Entkopplung von horizontalem und vertikalem Transport dienen Übergabeplätze.

Fahrzeuglifte transportieren Shuttles und ermöglichen so deren Ebenenwechsel. Dadurch kann die Anzahl der im System vorhandenen Shuttles variiert werden, da nicht zu jedem Zeitpunkt in jeder Ebene ein Shuttle erforderlich ist. Häufig wird ein Fahrzeuglift pro Gasse eingesetzt, der Doppelspiele ausführt. Der horizontale und vertikale Transport ist weniger stark entkoppelt als bei Systemen mit Behälterlift, da keine Übergabeplätze möglich sind. Dadurch können durchsatzmindernde Wartezeiten entstehen.

Daneben gibt es weitere, bisher noch weniger häufig verbreitete Lagerkonfigurationen, wie Shuttlesysteme mit schwenkbaren Transporträdern oder zusätzlichem Seitenfahrwerk und freiverfahrbaren Shuttel-Systemen die auch in der Lagervorzone agieren können (siehe Abb. 13.7 im Band 2).

Die Lagertiefe in Shuttle-Systemen kann einfach- oder mehrfachtief sein.

Abb. 8.29 stellt die Funktionselemente eines Shuttlesystems dar. Dabei werden die Funktionselemente von Shuttlesystemen in Lägern und – da Shuttle auch außerhalb des Lagers arbeiten – in Materialflusssystemen untergliedert durch die Unterscheidung in

1. die eigentlichen Shuttle,
2. die Vorrichtungen zum Wechsel zwischen Gassen und Ebenen und
3. die Lagerkonfiguration.

Eine Systemkategorisierung kann, basierend auf den Bewegungsdimensionen der Shuttle-fahrzeuge, erfolgen [10]:

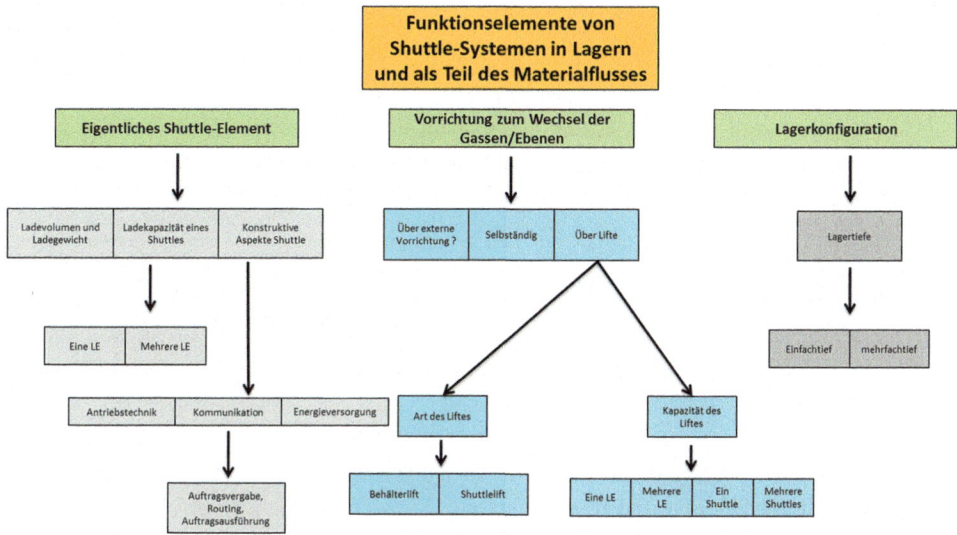

Abb. 8.29 Systematisierung Shuttle-Systeme. (Quelle: IFT)

Gassengebunden (Abb. 8.30a) Gassengebundene Systeme zeichnen sich dadurch aus, dass die Fahrzeuge mittels Fahrzeugliften die Ebene wechseln, aber mangels Quergängen ihre Gasse nicht verlassen können. Damit sind sie in der Bewegungsfreiheit zweidimensional.

Ebenengebunden (Abb. 8.30b) Systeme mit Behälterliften ermöglichen keinen Ebenenwechsel der Fahrzeuge. Diese sind damit an ihre zugeordnete Ebene gebunden. Ein Gassenwechsel wird über einen oder mehrere Quergänge ermöglicht. Hierbei sind verschiedene Ausprägungen, von einem Quergang an der Stirnseite des Regals bis hin zu

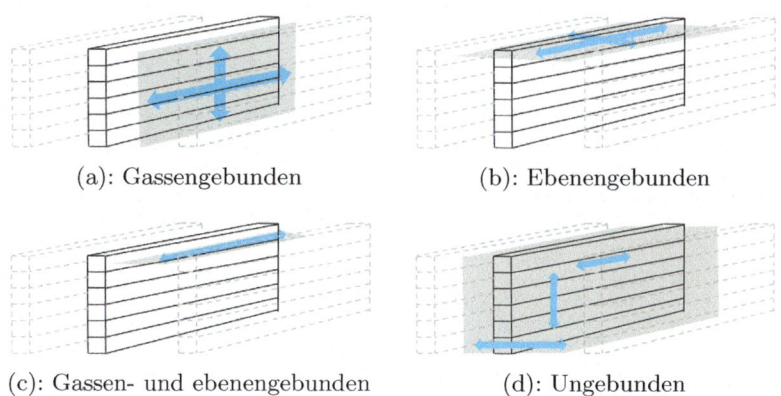

(a): Gassengebunden   (b): Ebenengebunden

(c): Gassen- und ebenengebunden   (d): Ungebunden

Abb. 8.30 Kategorisierung von Shuttle-Systemen anhand ihrer Freiheitsgrade. (Quelle: ohne Verfasser)

Quergängen nach jedem Lagerfach, möglich. Da sich die Shuttles in der gesamten Ebene bewegen können, sind diese Systeme auch zweidimensional.

Gassen- und ebenengebunden (Abb. 8.30c) Bei Behälterliften ohne Quergänge sind die Fahrzeuge sowohl auf ihrer Ebene als auch in dem ihnen zugeordneten Gang gebunden. Ein Lagerplatz kann nur durch eine bestimmte Kombination von Lift und Shuttle-Fahrzeug angefahren werden. Die Bewegungsfreiheit ist auf eine Dimension eingeschränkt.

Ungebunden (Abb. 8.30d) Das Gegenteil hiervon stellen dreidimensionale Systeme mit Fahrzeugliften und Quergängen dar. Jedes Fahrzeug kann damit jeden Lagerplatz anfahren und der Durchsatz des Systems kann bis zu einem gewissen Grad, an welchem die Blockiereffekte der Fahrzeuge überwiegen, durch das Einschleusen weiterer Fahrzeuge erhöht werden.

Das Einsatzgebiet von Shuttle-Systemen ist die Lagerung und Pufferung von Lagereinheiten wie Behältern, Paletten und Kartonagen etc. Sie werden auch für die Realisierung der Kommissionieraufgabe Ware zum Mann (WZM).

Zum Abschluss dieses Teilkapitels sind eine Reihe von zusätzlichen Fotoaufnahmen verschiedener Shuttlesysteme von verschiedenen Herstellern angegeben. Bei der Abb. 8.31 handelt es sich um ein Shuttle für Kleinboxen. Man erkennt auf dem Bild mittig das Shuttle und rechts die Zu- bzw. Abführung der Boxen (Abb. 8.32).

In Abb. 8.33 wird ein Palettenshuttle gezeigt, mit dem die Shuttletechnologie auch auf Palettenhandhabung erweitert wird. Dieses neuartige Shuttle ist im Vergleich zum Paletten-RGB nicht fest einer Realgasse zugeordnet. Das Shuttle kann selbständig die Regalgassen wechseln. Über Senkrechtförderer können die Shuttles die Ebene ebenfalls wechseln. Die Flexibilität erstreckt sich außerdem bis in die Lagervorzone. Die Shuttles sind in der Lage, entweder mit oder ohne zusätzliche Fördertechnik das Regal über Vertikalförderer zu verlassen, um die Ware vom Lagerplatz bis in die Vorzone zu den Arbeitsplätzen zu transportieren.

Abb. 8.31 Shuttel für Kleinboxen. (Quelle: GEBHARDT Fördertechnik GmbH)

Abb. 8.32 Shuttel für Kommissionierkisten. (Quelle: Swisslog)

Abb. 8.33 Shuttel für Paletten. (Quelle: GEBHARDT Fördertechnik GmbH)

Die Abb. 8.34 zeigt ein Shuttle für Palettenlagerung (Kartons auf Paletten) und -handhabung. Dieses Shuttle fährt von Gasse zu Gasse und von Ebene zu Ebene.

Die Abb. 8.35 zeigt die Frontansicht eines typischen Multishuttlesystems mit drei Gängen und doppeltiefen Regalen. Ein Doppel-Heber-Liftmodul sorgt für den Materialfluss auf jeder Regalebene. Ebenfalls auf der Abb. zu erkennen ist die Zu- bzw. Abführung der Boxen zum Multishuttle.

AutoStore Lagersysteme

Dieses sehr neue Lagersystem gehört ebenfalls zur Gruppe der feststehenden Regale, mit bewegten Ladeeinheiten (siehe oben). Ein erster Prototyp dieses neuartigen Systems ist im Jahre 2002 entstanden. Die erste kommerzielle Auslieferung und Installation erfolgte dann im Jahre 2005. Oktober 2019 gab es von diesem System insgesamt etwa 380 Installationen in 30 Ländern.

Die Abb. 8.36 zeigt den Grundaufbau. Spezielle Lagerbehälter – sogenannte Bins – werden übereinander gestapelt gelagert. Über der obersten Behälterebene befindet sich ein Verfahrnetz, dass von Profilschienen getragen wird für die Robotereinheiten, die beliebig in x- und y-Richtung verfahren können. In der Mitte, im Vordergrund des Bildes ist die Ein- und Ausschleusung für die Bins zu erkennen.

Abb. 8.34 Shuttel für Palettenlagerung und -handhabung (Shuttel verfährt von Gasse zu Gasse und von Ebene zu Ebene). (Quelle: Kardex AG)

(a): Shuttel verfährt von Ebene zu Ebene

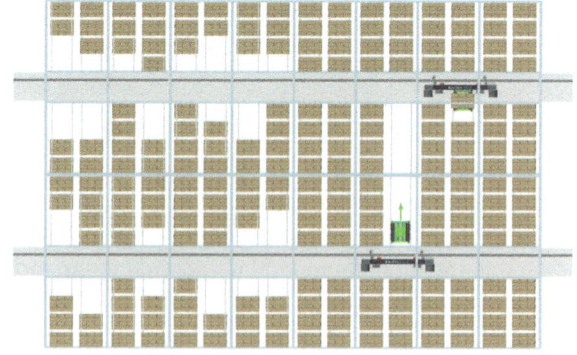

(b): Shuttel verfährt von Gasse zu Gasse

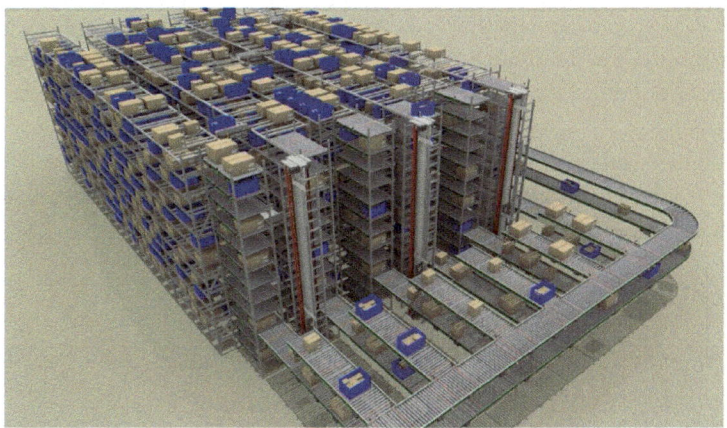

Abb. 8.35 Multi-shuttle. (Quelle: Dematic GmbH)

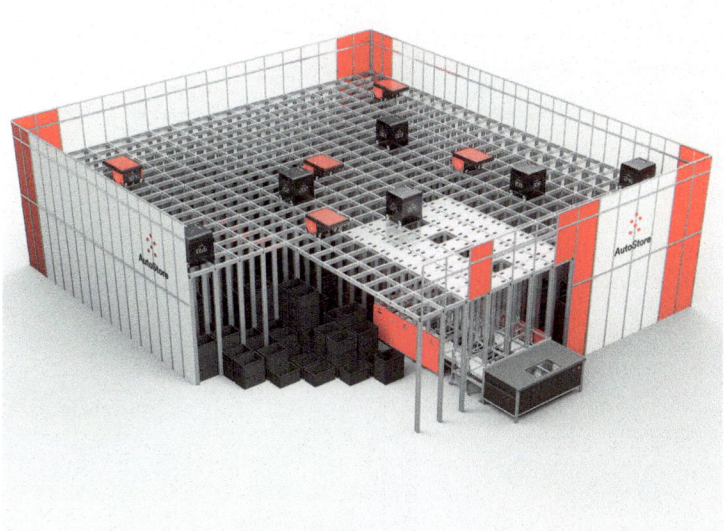

Abb. 8.36 Beispielhafte AutoStore Installation. (Quelle: AutoStore System GmbH)

Die Abb. 8.37 zeigt beispielhaft, wie die Robotereinheit 134 die Bins mittels Stahlbändern in den Schacht ein- bzw. aus dem Schacht auslagert. Hierdurch ergibt sich eine extrem hohe Lagerdichte, da es keine Lagergassen und Lagergänge gibt. Die Anordnung der Lagerfläche ist sehr flexibel.

Es gibt mittlerweile drei Arten von Bins unterschiedlicher Höhen, die Abb. 8.38 zeigt den Bin der Höhe 425 mm. Je nach Bin-Höhe können 13, 16 oder 24 Bins in einem Stapel übereinander gelagert werden. Die maximale Last ist 30 kg, das Leergewicht des Bins beträgt z. B. 5 kg.

Abb. 8.37 Ein- und Auslagerung der Lagerbehälter mittels Roboter (über Stahlbänder). (Quelle: AutoStore System GmbH)

Abb. 8.38 Bin 425 mm Höhe. (Quelle: AutoStore System GmbH)

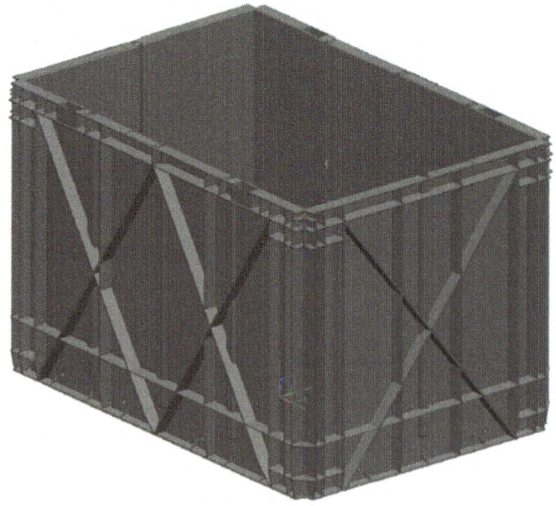

Abb. 8.39 Handhabung der Bins mittels Roboter. (Quelle: AutoStore System GmbH)

Die Abb. 8.39 zeigt den Aufsetzrahmen mit Führungen und Klemmeinrichtungen sowie die vier (Stahl-)Hebebänder zur Handhabung der Bins.

Die Ein- und Auslagerung in das Lager erfolgt vollautomatisch. Für die Kommissionierung nach dem Prinzip Ware-zum-Mann arbeitet das System analog zu Automatischen Kleinteileläger (Groß-AKL) oder zu Shuttlelagersystemen.

8.5.3.3 Bewegte Regale, feststehende Ladeeinheiten

In diese Kategorie fallen horizontale und vertikale Umlaufregale, Verschiebeumlaufregale, Verschieberegale und Regale auf Flurförderzeugen. Die Güte- und Prüfbestimmungen für verfahrbare Regale und Schränke sind in [7] zu finden.

Horizontales Umlaufregal

Das Gut lagert in Fachboden- oder anderen Regalen (Abb. 8.40), die entlang von Schienen seitlich bewegt werden können. Die Regale sind dazu mit Laufwerken ausgestattet, die in Schienen in der Decke und am Boden geführt und über eine Endloskette angetrieben werden. Häufig werden mehrere Kreisläufe parallel angetrieben.

Einsatzfälle: Lagerung von kleinen bis mittleren Mengen je Artikel, bei mittlerer bis großer Artikelanzahl; vor allem in Kommissionierlägern für Kleinteile.

Abb. 8.40 Horizontales
Umlaufregal [4, S. 91]

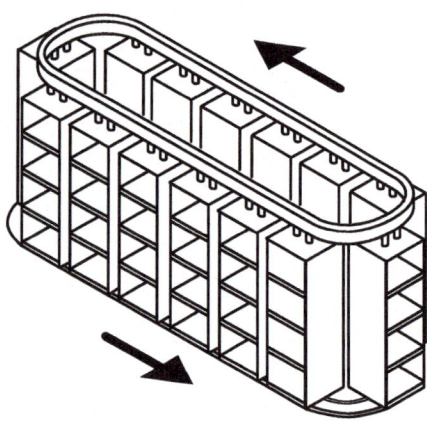

Vertikales Umlaufregal (Paternosterregal)

Das Gut lagert auf sogenannten Lastschaukelwannen, die drehbeweglich zwischen zwei vertikal verlaufenden, elektrisch angetriebenen Kettensträngen montiert sind. Die Wannen können unterteilt sein, um verschiedene Artikel in der gleichen Wanne lagern zu können. Paternosterregale sind häufig von außen verkleidet, um Lagergut und Benutzer zu schützen.

Einsatzfälle: Lagerung von kleinen bis mittleren Mengen pro Artikel bei mittlerer bis großer Artikelanzahl und mittlerer Umschlagsleistung, vor allem für die Lagerung von Kleinteilen (siehe Abb. 8.41). Für Lang- und Schwergut findet das Prinzip aus Kostengründen nur mit wenigen Ausnahmen, wie z. B. der Teppichlagerung im Handel, Verwendung.

Abb. 8.41 Paternosterregal für
Kleinteile-Lagerung. (Quelle:
Kardex Remstar)

Verschiebeumlaufregal

Verschiebeumlaufregale ähneln Paternosterregalen, mit dem Unterschied, dass hier nicht einzelne Fächer, sondern ganze Regaleinheiten am Stück bewegt werden. In Abb. 8.14 wird ein vertikales Verschiebeumlaufregal dargestellt. Die Einheiten sind in zwei Ebenen übereinander aufgehängt und können entlang dieser Ebene bewegt werden; die obere Ebene bewegt sich dabei gegenläufig zur unteren. Jeweils an den Kopfseiten des Lagers können die Einheiten dann durch vertikale Bewegung die Ebene wechseln und auf der anderen Ebene „zurück fahren". Dadurch entsteht eine Umlaufbewegung, die einen Zugriff auf alle Regalblöcke ermöglicht.

Verschiebeumlaufregale kann man als Kombination aus Umlauf- und Verschieberegalen betrachten. Sie können vertikal oder horizontal konzipiert werden. In der Praxis kommen sie nur noch selten vor, weil mit ihnen nur eine schlechte Umschlagsleistung zu erreichen ist. Ihre platzsparenden Eigenschaften machen sie aber für Archive interessant, wo eine hohe Umschlagsleistung keine Rolle spielt.

Einsatzfälle: Lagerung von mittleren Mengen pro Artikel bei mittlerer Artikelanzahl von leichten bis schweren Gütern.

Verschieberegal

Verschieberegale bewegen sich mitsamt ihrem Inhalt. Damit können sich mehrere Regaleinheiten den zur Bedienung notwendigen Raum (bei Regalzeilen den Bedienergang) teilen.

Hierbei gibt es Anlagen, in denen vertikale Lagerebenen (Regalzeilen) oder in denen horizontale Lagerebenen (Tische) jeweils horizontal verschoben werden (Abb. 8.14). Verschieberegale, bei denen horizontale Lagerebenen horizontal verschoben werden, bestehen aus mehreren verschachtelten Lagertischen, die übereinander angeordnet sind. Jeder dieser Lagertische ist mit Rädern und Einzelantrieben ausgerüstet und verfährt auf zwei eigenen, am Boden verlaufenden Schienen. Diese Bauform kommt in der Praxis nur noch selten vor.

Anders ist dies bei den nächsten Lagermitteln, nämlich den verschiebbaren vertikalen Lagerebenen (Regalzeilen).

Sie stellen eine Kombination dar aus dem Platzbedarf von Blocklagerung und der Bedienbarkeit von Zeilenlagerung. Die typischen Regalarten wie Fachboden-, Kragarm- oder Palettenregale können verwendet werden. Sie sind beweglich aufgestellt und können so verschoben werden, dass neben dem aktuell bedienten Regal eine Gasse frei gemacht werden kann (in Abb. 8.42 wird die praktische Anwendung in der Aktenarchivierung gezeigt). Die zu diesem Zeitpunkt nicht bedienten Regale bilden zwei Blöcke links und rechts der Gasse.

Die Regale sitzen auf Fahrschemeln und werden auf Fahrschienen horizontal bewegt. Der Antrieb erfolgt manuell oder automatisch; dabei sind elektrische Einzelantriebe oder ein Sammelantrieb über Ketten mit Mitnehmern möglich.

Einsatzfälle: Lagerung von mittleren Mengen pro Artikel bei mittlerer bis hoher Artikelzahl. Erste Realisierungen mit manueller Bedienung dienten der Aufbewahrung von Akten und Büchern in Bibliotheken. Es folgten Anwendungen bei Schwergut, wo mit Stapelkranen ein- und ausgelagert wird, und bei Artikeln mit geringer Umschlaghäufigkeit wie Gesenken, Werkzeugen oder Ersatzteilen, die mit Staplern ein- und ausgelagert werden.

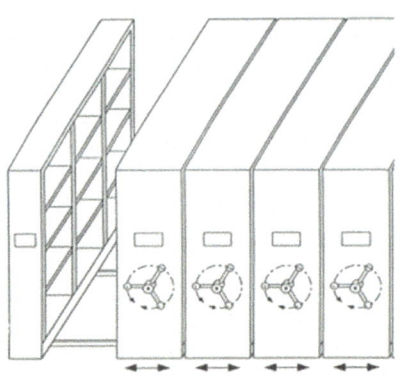

(a): Schematische Darstellung [Quelle: (b): Anwendungsbeispiel [Quelle: SSI
ohne Verfasser]   Schäfer]

Abb. 8.42 Verschieberegal zur z. B. Aktenarchivierung

Regale auf Flurförderzeugen

Das Gut lagert in Fachbodenregalen oder Behälterregalen, die auf automatischen Flurförderzeugen oder schienengeführten Wagen angeordnet und dadurch mobil sind (Abb. 8.43a).
Sie können auch transportiert und an bestimmten Orten in der Produktion flexibel abgestellt
werden. Die Entnahme ist in der Regel manuell, die Befüllung vor allem beim Behälterregal erfolgt häufig bereits automatisch. Hauptvorteil ist die Möglichkeit zur Einplanung von
dezentralen Puffern an den Arbeitsplätzen.

   In den letzten Jahren hat es auf diesem Gebiet interessante Weiterentwicklungen gegeben.
Ausgehend von der drastischen Zunahme des E-Commerce und der erhöhten Anforderung
an Kommissionierleistungen in diesem Bereich wurden spezielle Systeme auf Basis von
Fahrerlosen Transportsystemen entwickelt, bei denen Regale zu Puffer- oder Kommssionier-
bereichen transportiert werden und auch wieder zurückgeführt werden (siehe Abb. 8.43).

8.5.4   Lagerung auf Fördermitteln

Viele Anwendungsbereiche haben keine klare Trennung mehr zwischen den Funktionen
Fördern und Lagern. Häufig bleibt das Lagergut nur für eine kurze Zeit in Lägern; diese haben
nur noch die Aufgabe des Pufferns und kaum noch der Zeitüberbrückung oder Bevorratung.
Beispiele dafür sind die Krankenhauslogistik, Kleiderspeditionen oder Kühlhauslagerung.
Dabei ist es sinnvoll, das Lagergut gleich auf dem Fördermittel zu lagern (Abb. 8.14 und
8.15).

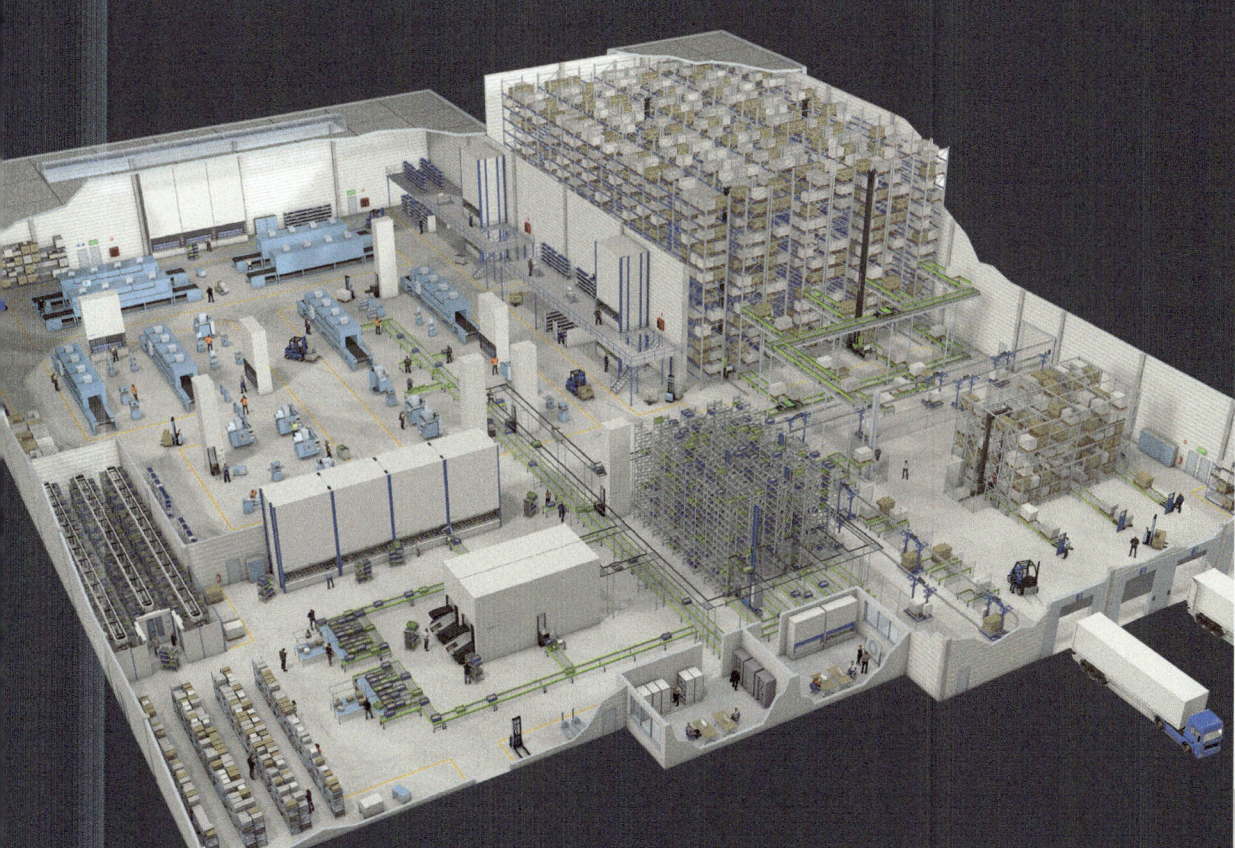

(a): Regal auf Transportfahrzueg

(b): Transportfahrzeug

Abb. 8.43 Transport und Handhabung von Regalen mittels CarryPick-System. (Quelle: Swisslog)

Analog zur allgemeinen Systematik der Fördermittel (vgl. Abschn. 9.2, Systematik der Fördermittel) unterscheidet man auch hier zwischen Stetig- und Unstetigförderern mit Lagerfunktion. In der industriellen Fertigung kommen häufig Stetigförderer Abschn. 9.3, Stetigförderer zum Einsatz (Bandförderer, Staurollenbahnen, Kreisförderer), aber auch Unstetigförderer Abschn. 9.4, Unstetigförderer (Elektrohängebahnen, Rohrbahnen für hängende Kleidung (Trolleybahnen), schienengeführte Wagen) sowie FTF Unterunterabschnitt 9.4.4.1, Baugruppen von FTF und Förderer mit zusätzlicher Handhabungsfunktion kommen zum Einsatz.

8.6   Lagerorganisation

Die Lagerorganisation und das Lagermanagement fasst die Aufgaben der Disposition und Administration der Vorgänge im Lager zusammen, also die Überwachung, Steuerung, Verwaltung und Aufzeichnung aller Bewegungen und Positionen der Güter. Die Lagerorganisation gibt hierbei die Struktur (Aufbau und Ablauf) des Lagers vor.

Die wichtigste Aufgabe der Lagerorganisation und des Lagermanagements ist die Überwachung (Disposition) und Verwaltung (Administration) aller Abläufe und Zustände im Lagerbereich. Die Lagerorganisation gibt hierbei die Struktur (Aufbau) und den Ablauf des Lagerbetriebs vor. Eine gute Lagerorganisation/-management gewährleistet eine unternehmensspezifisch optimale Lieferbereitschaft auf einer wirtschaftlichen Grundlage.

Damit hat die Qualität der Lagerorganisation und des Lagermanagement den größten Einfluss auf die Qualität der gesamten Lagertätigkeit, also darauf, ob und unter welchen Bedingungen die benötigten Waren in der benötigten Quantität und Qualität für die nachfolgenden Prozessschritte (Produktion, Kommissionierung, Versand etc.) zur Verfügung gestellt werden können. Die Kernaufgabe der Lagerorganisation ist es dabei, unter Einhaltung wirtschaftlicher Randbedingungen die bestmögliche Lieferbereitschaft zu sichern.

Mängel in der Organisation/im Management verursachen finanziellen, personellen, materiellen und zeitlichen Zusatzaufwand z. B. durch Umlagerungen, Suche nach Lagergut, abgelaufene Ware oder gegenseitige Blockaden.

In der Lagerorganisation sind dabei eine große Anzahl von Regelungen, Vorschriften und Einrichtungen zusammengefasst, die alle das Ziel der Erfüllung der Lageraufgaben haben. Damit ist sie im Bereich der Unternehmenshierarchie (vgl. Unterabschnitt 2.3.2, Vertikaler Aufbau der Unternehmenslogistik) auf der Logistik-Ebene angesiedelt. Sie untergliedert sich dabei in eine sogenannte Aufbauorganisation (siehe Unterabschnitt 8.6.2, Aufbauorganisation), die den Rahmen für die Verteilung der Kompetenzen und Arbeitsaufgaben vorgibt; und eine Ablauforganisation (siehe Unterabschnitt 8.6.3, Ablauforganisation), die auf jeder Ebene der Aufbauorganisation eine zeitliche und räumliche Abfolge von Arbeitsschritten und Aufgaben vorgibt.

Der Einsatz automatischer Lager- und Fördermittel allein reicht nicht aus, um die Integration in das Materialflusssystem zu realisieren und die Lageraufgabe optimal zu erfüllen. Es bedarf vielmehr einer organisatorischen Einbettung der Läger in ein Gesamtkonzept, also einer Lagerorganisation und einer Steuerung der Läger.

In diesem Zusammenhang sind die Textteile des Teil A, Informations- und Steuerungssysteme, Band 2, z. B. zum Thema Warehouse-Management-Systeme (WMS) (siehe Abschn. 3.2, Warehouse Management System (WMS) im Band 2) von besonderer Bedeutung und Wichtigkeit.

8.6.1 Kenngrößen und Anforderungen an die Lagerorganisation

Eine Vielzahl von Randbedingungen und Anforderungsmerkmalen beeinflussen und bestimmen die Lagerorganisation/Lagermanagement. Die wichtigsten Kenngrößen sind im Nachfolgenden angegeben. Diese Größen bestimmen die Struktur, Auslegung und Planung des Lagers, welche wiederum Einfluss auf die Lagerorganisation haben. Allerdings könnte sich auch die Lagerorganisation aufgrund unternehmerischer Entscheidungen ändern, ohne dass sich die hier benannten Größen ändern, weil z. B. ein neuer Besitzer aus grundsätzlichen oder strategischen Gründen eine andere oder geänderte Lagerorganisation festlegt, ohne dass die Kennzahlen sich verändert haben.

Wichtige Kenngrößen sind bspw.:

- Statische Größen
  - Artikelanzahl
  - ABC-Artikelverteilung
  - Gesamtdurchschnittsbestand
  - Anzahl Paletten/Artikel
  - Lagerkapazität
  - Lagerplatzkapazität
  - Kosten/Artikel
  - ABC-Kostenverteilung
  - Durchschnittliche Gesamtbestandskosten
  - Durchschnittliche Bestandskosten/Artikel
- Dynamische Größen
  - Wareneingänge/Tag
  - Warenausgänge/Tag
  - Umlagerungen/Tag
  - Umschlag/Jahr
  - Auftragszahl/Tag
  - Positionen/Auftrag
  - Positionen/Tag
  - Zugriffe/Position
  - Gewicht/Zugriff
  - Gesamtzahl der Artikel im täglichen Zugriff
  - Gesamtumschlagskosten
  - Kosten/Lagerbewegung

Man kann diese Größen weiter gliedern nach Zustands- und Bewegungsgrößen sowie Kostengrößen.

Zustandsgrößen Hierzu zählen die Artikel- und die Bestandsstruktur.

Die Artikelstruktur besteht aus der Anzahl der Artikel und ihrer Umschlaghäufigkeit. Hierfür werden Artikel in drei Klassen gegliedert: A-Artikel haben den höchsten, B-Artikel einen mittleren und C-Artikel den niedrigsten Umschlag.

Die Bestandsstruktur besteht aus dem durchschnittlichen Gesamt- und dem durchschnittlichen Ladeeinheitenbestand (Anzahl Ladeeinheiten pro Artikel).

Zustandsgrößen sind statische Größen. Zu ihnen kann außer den bereits genannten noch die Lager-(platz-)kapazität gezählt werden.

Bewegungsgrößen Hierzu zählen Umschlag- und Auftragsstruktur. Die Umschlagstruktur besteht aus den Warenein- und -ausgängen, den Umlagerungs- und anderen Vorgängen im Lager und dem Umschlag; jeweils angegeben pro Zeiteinheit. Diese Angabe kann über einen längeren Zeitraum gemittelt erfolgen oder mit einer detaillierten Verteilung, die auch eine Betrachtung der Spitzenwerte erlaubt.

Die Auftragsstruktur besteht aus der Anzahl der Aufträge pro Tag und der Anzahl der Positionen pro Auftrag. Sofern im Lager kommissioniert wird, kommen noch Daten über z. B. Kommissionieranteil, Zugriffe je Position, Gesamtzahl der Artikel oder auch Gewicht pro Zugriff hinzu.

Bewegungsgrößen sind dynamische Größen.

Kostengrößen Hierzu zählen Aussagen über die Kosten, die pro Lagerbewegung oder im gesamten Umschlag entstehen, aber auch über die Kosten von Bestand pro Artikel (unter besonderer Berücksichtigung der Einteilung nach A-, B- und C-Artikeln) oder Gesamtbestand. Alle diese Kosten werden in hohem Maße von der Lagerorganisation beeinflusst.

Weitere Herausforderungen an die Lagerorganisation ergeben sich, wenn Änderungen umgesetzt werden müssen. Gefordert ist eine hohe Flexibilität, um auf z. B. Änderungen der Artikel- oder Umschlagstruktur reagieren zu können, oder auf Umbauten und Erweiterungen des Lagers. Im Voraus ist es schwierig, zukünftige Änderungen und später aufkommende Anforderungen mit einzuplanen. Für die hier notwendige Flexibilität muss die gewählte Rechnerkapazität und das eingesetzte Softwarepaket daher von vornherein ausreichend dimensioniert oder aber modular aufgebaut und problemlos erweiterbar konzipiert werden.

8.6.2 Aufbauorganisation

Die Aufbauorganisation im Lager beschreibt eine hierarchische Struktur, in der die Kompetenzen und Aufgaben festgeschrieben sind. Klassisch besteht diese Struktur aus folgenden Ebenen:

- Auf der obersten Ebene ein Meister,
- auf der zweiten Ebene ein Lagerverwaltungsangestellter,
- im Lager dann ein Vorarbeiter
- und auf der untersten Ebene dann Lagerarbeiter.

Ein ganz ähnlicher Aufbau ergibt sich in vielen modernen Lägern, die vollautomatisiert betrieben werden. Anstelle der menschlichen Arbeitskräfte sind hier Rechner und Maschinen im Einsatz:

- Auf der obersten Ebene ein Lagerverwaltungsrechner (entsprechend dem -angestellten),

- darunter eine gemeinsame Steuereinheit ($\hat{=}$ Vorarbeiter) für
- die Regalbediengeräte ($\hat{=}$ Arbeiter) und anderen Maschinensteuerungen auf der ausführenden Ebene.

Diesem ist in der Regel ein Warehouse Management System (WMS) (siehe Abschn. 3.2, Warehouse Management System (WMS) im Band 2) zu- oder übergeordnet, der dem Verwaltungsangestellten im manuell bedienten Lager entspricht.

Der Austausch zwischen den Ebenen erfolgt hier über ein lokales Netzwerk. An die Stelle des „klassischen" Meisters kann hier eine weitere Rechnerebene treten, die neben dem Lagersystem auch Produktion, Transport oder andere im Materialfluss vor- und nachgelagerte Aufgaben steuert und koordiniert.

Durch die heute wesentlich erweiterten IT-Hilfsmittel uns weiterer Technologien hat und wird sich die oben beschriebene klassische Aufbauorganisation verändern.

8.6.3 Ablauforganisation

Die Ablauforganisation legt den zeitlichen Ablauf der Arbeitsvorgänge, die auf den verschiedenen Ebenen der Aufbauorganisation stattfinden, fest. Häufig werden dabei die Tätigkeiten, die auf der untersten Ebene stattfinden (bspw. die Steuerung der Regalbediengeräte), nicht mehr zur Organisation gezählt. Gemäß der Aufgabenbeschreibung liegen die Haupttätigkeiten im Rahmen der Lagerorganisation auf den überlagerten Ebenen der Disposition und der Administration. Wichtige im Rahmen dieser Tätigkeitsfelder anfallende Arbeitsvorgänge sind:

- Disposition
  - Verwaltung von Lagerbeständen und -plätzen
  - Steuerung der Förder- und Hilfsmittel (Behälter, Paletten, Packstoffe etc.)
  - Disposition des Lagerpersonals
  - Auftragsentgegennahme und -verwaltung nach Artikeln, Mengen, Quellen und Senken sowie Zeitpunkten für die Ein- und Auslagerung
  - Bildung lagerinterner Aufträge unter Berücksichtigung unterschiedlicher Lagerstrategien
  - Zuordnung von Aufträgen zu Fördermitteln für die Ein- und Auslagerung
  - Auftragsübermittlung an die jeweiligen Fördermittel
- Administration
  - Fakturierung
  - Kostenstellenbelastung
  - Bereitstellung von Daten
  - Durchführung der Inventur
  - Überwachung von Bestellaufträgen und allgemeine Kontrolle der Durchführung

Bei der Bereitstellung von Daten (in Form von Statistiken) unterscheidet man unternehmensinterne Daten (z. B. Statistiken über die Umschlagshäufigkeit einzelner Artikel oder Artikelgruppen) und externe Daten (z. B. Warenbegleitpapiere wie Frachtbriefe oder Lieferscheine).

8.6.4 Identifizierung von Lagerobjekten (inkl. Kommunikation)

Um die zuvor aufgezeigten Leistungen der Lagerorganisation erfüllen zu können, müssen zwei Grundvoraussetzungen erfüllt sein. Sämtliche Objekte, die mit dem System Lager in Berührung kommen, müssen durchgängig, einheitlich und eindeutig identifizierbar sein. Das bedeutet, dass Artikel, Hilfsmittel, Fördermittel, Lagerplätze und alle weiteren beteiligten Komponenten, unabhängig von persönlichem Fachwissen und Erfahrungen, und vor allem bei komplexen Systemen, automatisch unterscheidbar sind. Dazu müssen sie mit Identifikationsmerkmalen ausgestattet sein.

Die zweite wesentliche Voraussetzung bildet die Kommunikationsfähigkeit. Die aufgezeigten Leistungen, vor allem auf der dispositiven Ebene, machen den Austausch umfangreicher Daten erforderlich, etwa um Fördermitteln die Auftragsdaten Artikel, Menge, Startort des Transportes (Quelle), Zielort des Transportes (Senke) und Zeitpunkt der Ein- und Auslagerung zu übermitteln. Dabei kommt es grundsätzlich nicht auf die Art und Weise der Identifizierbarkeit und der Datenübertragung an (manuell, drahtlos, rechnergestützt oder automatisch). Vielmehr ist von Bedeutung, dass sie unternehmensspezifisch ausreichend erfüllt werden.

8.6.5 Lagerbestands- und -platzverwaltung

Um ein Lager bewirtschaften zu können, bedarf man der ständig aktuellen Information, wo welcher Artikel lagert bzw. welche Lagerplätze noch frei sind. Das bedingt eine durchgängige Verwaltung sämtlicher Bestände und der zugehörigen bzw. verfügbaren Lagerplätze. Nur so ist einerseits die Einlagerung weiterer Güter und andererseits die anforderungsgerechte Auslagerung und Bereitstellung von benötigten Gütern möglich.

An dieser Stelle wird ausdrücklich nochmals auf Teil A, Informations- und Steuerungssysteme, Band 2 verwiesen, der aus dem Blickwinkel von Softwaresystemen, Steuerungs- und Informationssystemen dieses Thema ebenfalls betrachtet.

Neben Orts- und Mengendaten sind Statusdaten erforderlich, die den Zustand eines gelagerten Artikels oder des entsprechenden Lagerplatzes beschreiben. Typische Statusdaten für die Einlagerung sind beispielsweise Aussagen über die Stapelfähigkeit eines Artikels im Blocklager oder die Sperrung eines Artikels für die Qualitätskontrolle. Typische Statusdaten für die Auslagerung sind das Einlagerungsdatum oder die Reservierung für einen Auftrag.

8.6.6 Lagersteuerung

Aufbauend auf den Daten der Bestände, Lagerplätze und des Status der Artikel, hat die Lagersteuerung die Aufgabe, die Bewirtschaftung des Lagers durchführbar zu machen und umzusetzen. Sie ist auf der dispositiven Ebene angeordnet und wird als ein Organisationselement verstanden, welches die Ausführung der an das Lager übermittelten Ein-und Auslagerungsaufträge lenkt.

Dazu muss sie ein Lagerabbild über Bestände und Plätze durch Verbuchung der Zu- und Abgänge führen, die an das Lager übermittelten Aufträge entgegennehmen und verarbeiten und die Aufträge lagerintern den entsprechenden Fördermitteln zuordnen.

Sie verfolgt dabei das Ziel, einen möglichst optimalen Betriebsablauf zu gewährleisten. Die Zielsetzungen für den optimalen Betriebsablauf können dabei durchaus konkurrieren. Dies ist am Beispiel der Forderung nach möglichst schneller Auftragsdurchführung, die viele Fördermittel bedingt, und der Forderung nach einer Fördermittel- und damit Kostenminimierung nachzuvollziehen.

Die Lagersteuerung übernimmt demnach im Rahmen der Lagerorganisation gemeinsam mit der Bestands- und Platzverwaltung die Funktion der dispositiven Verwaltung. Ihre wichtigste Aufgabe ist das Auslösen der Ein- und Auslagerungen und im Zusammenhang damit die Auswahl geeigneter Lagerplätze. Man unterscheidet dabei zwischen der sogenannten Lagerplatzauswahl bei der Einlagerung, d. h. Bestimmen freier Plätze mit Eignung für den Artikel hinsichtlich Tragfähigkeit und Lagergutabmessungen, und Lagerplatzauswahl bei der Auslagerung, d. h. Bestimmen des Platzes bspw. auf Grund des ältesten Einlagerungsdatums („First in, first out", „FiFo"). Für die Lagerplatzvergabe existieren verschiedene Strategien (siehe hierzu Tab. 8.1).

8.6.6.1 Lagerbewirtschaftungsstrategien

In der Lagerbewirtschaftungsstrategie sind die Entscheidungen darüber zusammengefasst, wie die Lagerplätze ausgewählt und vergeben werden sowie auf welchen Wegen im Lager die Ein- und Auslagerung erfolgt. Ziele sind dabei die Minimierung der Lagerbedienwege, das Vermeiden der gegenseitigen Behinderung mehrerer Bediener, eine gleichmäßige Auslastung der Lagerkapazität und das Vermeiden einer Überalterung der eingelagerten Güter. Die Auswahl der Strategie für ein Lager ist daher von höchster Bedeutung für die Ausführung, insbesondere für Auswahl und Dimensionierung der technischen Systemelemente, insbesondere der eingesetzten Softwaresysteme (siehe Teil A, Informations und Steuerungssysteme, Band 2). Strategiefestlegung und die Dimensionierung an der technischen Elemente beeinflussen sich gegenseitig.

Die wichtigste Eingangsgröße für die Auswahl einer Strategie ist die Wahl der Übergabeorte (Anlieferung und Abholung) [11]. Sinnvoll ist es, beide Übergaben in der Nähe voneinander durchzuführen, um Leerfahrten bei Doppelspielen zu vermeiden. Üblicherweise finden Anlieferung und Abholung deswegen an der gleichen Seite des Lagers statt; in

Tab. 8.1 Lagerbewirtschaftungsstrategien. (Quelle: Prof. Dr. Christian Kille)

Strategie		Kurzbeschreibung		Vorteile
Lagerplatz-vergabestrategien	Feste Lagerplatz-vergabe	Festplatzlagerung	Fester Lagerplatz für jeden Artikel	Zugriffssicherheit bei Verlust der Vollplatzdatei
	Freie Lagerplatz-vergabe innerhalb fester Bereiche	Zonung	Lagerung der Ladeeinheiten entsprechend der Umschlaghäufig-keit	Erhöhte Umschlagsleis-tung
		Querverteilung	Lagerung mehrerer Ladeeinheiten eines Artikels über mehrere Gänge	Zugriffssicherheit bei Ausfall eines Fördermittels
	Vollständig freie Lagerplatzver-gabe	Chaotische Lagerung	Lagerung der Ladeeinheiten auf beliebigen freien Lagerplätzen	Erhöhte Ausnutzung der Lagerkapazität
Ein- und Auslage-rungsstrategien		FiFo	Zuerst eingelagerte Einheiten werden zuerst wieder ausgelagert	Vermeidung von Alterung
		Mengenan-passung	Auslagerung von vollen und angebrochenen Ladeeinheiten entsprechend der Auftragsmenge	Erhöhte Raumnutzung, weniger Rücklagerungen
		Wegoptimierte Ein- und Auslagerung	Auslagerung der Ladeeinheiten eines Artikels mit dem kürzesten Bedienweg	Minimierte Fahrwege
		LiFo	Zuletzt eingelagerte Einheiten werden zuerst ausgelagert	Minimieren von Umlagerungs-bewegungen

Ausnahmefällen und bei Lägern mit hoher Umschlagsleistung können auch zwei über Eck liegende Seiten bedient werden, damit es nicht zu gegenseitigen Behinderungen kommt. Die wichtigsten Strategien zur Lagerbewirtschaftung sind in Tab. 8.1 skizziert.

Dabei unterscheidet man bei der Lagerplatzvergabe zwischen einer festen Lagerplatzvergabe, einer freien Lagerplatzvergabe innerhalb fester Bereiche und einer vollständig freien Lagerplatzvergabe (auch chaotische Lagerung genannt). Zwei typische Beispiele für die freie Lagerplatzvergabe innerhalb fester Bereiche bilden die Zonung (auch ABC-Verteilung genannt) und die Querverteilung:

Zonung Bei der Zonung werden die Artikel nach ihrer Umschlagshäufigkeit unterteilt (Schnell-, Langsamdreher) und entsprechend nah oder fern vom Ein- und Ausgangspunkt des Lagers angeordnet, um Bedienwege und damit Zeit zu sparen.

Querverteilung Bei der Querverteilung werden mehrere Ladeeinheiten eines Artikels über mehrere Gänge verteilt, um eine Zugriffssicherung auch bei Ausfall eines fest installierten Fördermittels gewährleisten zu können.

Bei der Ein- und Auslagerung differenziert man zwischen den folgenden Prinzipien:

First in – first out (Fifo) Zuerst eingelagerte Lagereinheiten werden zuerst wieder ausgelagert, zur Vermeidung von Alterung.

Last in – first out (LiFo) Resultiert bei vielen Lagermitteln (z. B. beim Einschubregallager) aus der Systemtechnik.

Mengenanpassung Hierbei werden volle und angebrochene Ladeeinheiten entsprechend der Auftragsmenge auch unter Inkaufnahme einer Abweichung vom FiFo- oder LiFo-Prinzip ausgelagert, um eine erhöhte Raumnutzung und im Kommissionierlager eine Senkung der Rücklagerungen zu erreichen.

Die Strategien der Lagerplatzvergabe und der Ein- und Auslagerung sind durchaus kombinierbar. So geht beispielsweise eine Festplatzlagerung häufig mit dem Lifo- und eine chaotische Lagerung häufig mit dem Fifo-Prinzip einher. Es finden jedoch auch andere Kombinationen Verwendung.

8.6.7 Warehouse Management Systeme (WMS)

Bevor hier auf dieses Thema eingegangen wird, sei verwiesen auf Abschn. 3.2, Warehouse Management System (WMS) im Band 2, der sich auch mit WMS-Systemen grundsätzlich und im Detail beschäftigt. In dem jetzt folgenden Teilkapitel wird nur ein verkürzter Einblick als Marktübersicht der WMS-Systeme gegeben.

8.6.7.1 Definition und Abgrenzung

Nach [12] werden Warehouse Management Systeme (WMS) definiert als Systeme, die die Steuerung, Kontrolle und Optimierung komplexer Lager- und Distributionssysteme zum Gegenstand haben. Das ist eine umfangreichere Definition als für Lagerverwaltungssysteme, welche im Kern die Verwaltung von Mengen und ihren Lagerorten zur Aufgabe haben. Somit stellen die WMS durch die ergänzenden Methoden und Mittel zur Kontrolle von Systemzuständen, sowie einer Auswahl an Betriebs- und Optimierungsstrategien eine Erweiterung der bisherigen Lagerverwaltungssysteme dar. In der Praxis werden die beiden Begriffe des Lagerverwaltungssystems und des Warehouse Management Systems oft synonym verwendet.

8.6.7.2 Aufbau und Funktionen eines WMS

In [13] ist festgelegt, welche Funktionen ein IT-System erfüllen muss, um als WMS bezeichnet werden zu können. Ziel hierbei ist es, die Systeme so zu gestalten, dass eine maßgeschneiderte Lösung aus Standard-Komponenten entsteht, welche die „individuellen Geschäftsprozesse funktional abdeckt, ohne dabei eine (teure) Individual-Lösung zu sein" [12]. Daraus ergibt sich ein modularer Aufbau, welcher sich aus Kern- und Zusatzfunktionen zusammensetzt.

Die Kernfunktionen gehören zum minimalen Umfang eines WMS und unterstützen alle notwendigen Prozesse vom Wareneingang bis zum Warenausgang, sowie lagerrelevante Verwaltungsprozesse.

Die Zusatzfunktionen sind Ergänzungen zu den Kernfunktionen und werden nach Bedarf der einzelnen Kunden aktiviert. Der modulare Aufbau erlaubt es dem Anwender, einzelne Module zu installieren und bedarfsgesteuert zu erweitern. Abb. 8.44 gibt eine Übersicht über die einzelnen Module.

Über standardisierte Schnittstellen können zudem neben angrenzende Systeme, wie das ERP-System, Managementsysteme oder Produktionsplanung- und steuerungssysteme, auch Erweiterungsmodule, wie z. B. RFID-Software verbunden werden. Die Erweiterungsmodule sind eigenständige Softwarepakete, welche aufgrund ihrer Neutralität mit nahezu jedem WMS verknüpft werden können.

8.6.7.3 Marktübersicht

Die im WMS-Markt aktiven Anbieter lassen sich in drei Kategorien unterteilen:

Suite-Anbieter (ERP[1]-Anbieter) Sie stellen mit 48 % den größten Anteil der Anbieter. Hierbei ist das WMS Teil einer Software-Suite, welche aus einer Vielzahl an Modulen, wie z. B. Finanzbuchhaltung, Controlling, Einkauf, Lagerverwaltung besteht. Kernge-

---

[1]Enterprise Resource Planning

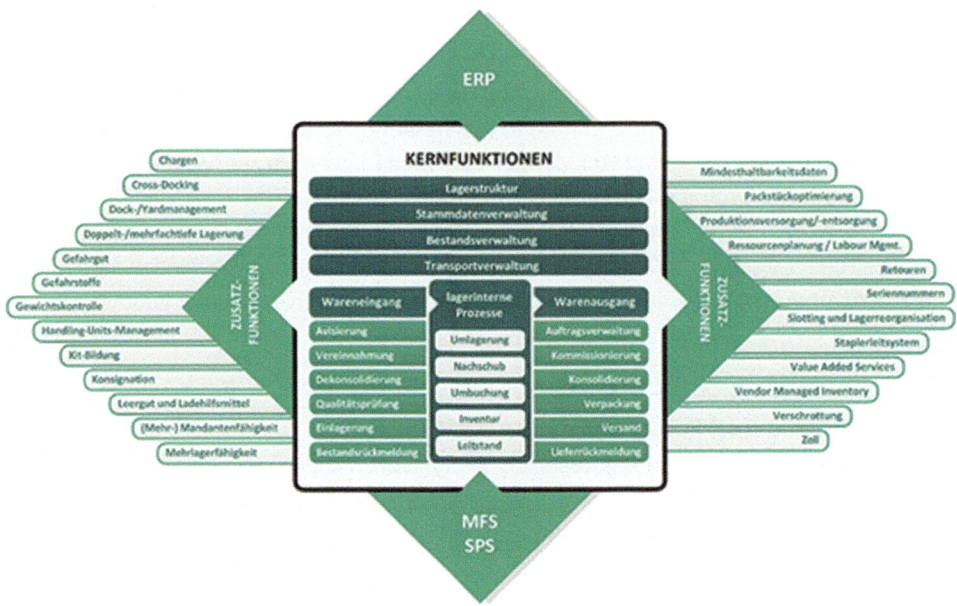

Abb. 8.44 Modularer Aufbau und Kernfunktionen eines WMS [13]

schäft sind manuelle und teilautomatische Läger mit eher einfacheren Abläufen. Suite-Anbieter erzielen rund 63 % des gesamten WMS-Umsatzes.

Lagertechnik-Anbieter Sie legen mit ihren Lagerverwaltungssystemen den Fokus auf die Strategien zur Steuerung und Optimierung der Lagertechnik, wodurch der Umfang der Software meist geringer ausfällt, als der der anderen Anbieter. Aus diesem Grund wird es häufig nicht als eigenständiges Produkt angeboten, sondern als Komponente eines anderen WMS genutzt. Auf hochautomatisierten Lägern mit komplexen Abläufen und vor allem der Verkauf der Lagertechnik liegt hierbei der Fokus. Damit erzielen diese Anbieter etwa 27 % des Umsatzes mit WMS.

„Pure" WMS-Anbieter Sie kennzeichnen sich dadurch, dass sie ausschließlich WMS und andere lagerrelevante Software anbieten. Oftmals bestehen lose Kooperationen mit ERP- oder Lagertechnik-Anbietern, um die Angebotsbreite zu erhöhen und Synergieeffekte zu erzielen. Das Kerngeschäft besteht dabei aus der Unterstützung komplexer Abläufe innerhalb manueller und hochautomatischer Läger. Ihr Anteil am Gesamtumsatz mit WMS beträgt nur rund 10 %.

Aus den Umsatzanteilen der einzelnen Anbietertypen wird ersichtlich, dass die Suite-Lösung durch ihre erhöhte Integration in unternehmens- und standortübergreifende Module die weit-verbreitetste Möglichkeit ist, das WMS umzusetzen.

8.6.8 Messung der Qualität der Lagerorganisation

Die Güte der gewählten und festgelegten Lagerstrategien, Lagersteuerung und Lagerverwaltung ist anhand unterschiedlicher Kriterien messbar. Man unterscheidet dabei unternehmensexterne und -interne Kenngrößen. Der Lieferservicegrad (entspricht dem Lieferbereitschaftsgrad), die Bestelldauer (entspricht der Auftragsdurchlaufzeit) und die Anzahl der auftretenden Retouren bzw. Reklamationen werden als externe Kenngrößen herangezogen. Als unternehmensinterne Kenngrößen stehen die Zahl der anfallenden Arbeitsvorgänge und der damit verbundene Arbeitsaufwand, der Dokumentationsaufwand (Listen, Belege etc.), die Transparenz bei der Auftragsabwicklung, die Abhängigkeit von Wissen und Erfahrung des Personals, die auftretenden Lagerverluste durch Schwund und die verursachten Betriebskosten zur Verfügung.

8.6.9 Ziele und Ergebnisse der Lagerorganisation

Prinzipiell besteht die ganze Logistik aus einem parallelen Fluss von Material und Informationen. Dem eigentlichen Materialfluss zeitlich voraus gehen die Auftragsdaten, mit der Ware mit laufen Informationen über die Identifikation des Transportguts, und hinter dem Materialfluss verbleibt eine Spur von Daten, die in eine Statistik einfließen können.

Das Ziel ist nun, den Informationsfluss automatisch mitlaufen zu lassen und manuelle Tätigkeiten in Datenerfassung und -verarbeitung zu minimieren. Das wird dadurch erreicht, dass in den Materialfluss Kontrollen integriert werden wie Konturenkontrollen von Ladehilfsmitteln und Ladeeinheiten, Prüfung von Beleg- und Artikelnummern durch z. B. Prüfziffern, automatisches Erfassen von Strichcodes auf der Ladeeinheit, aber auch Fach-belegt- und Lastaufnahmemittel-belegt-Kontrollen.

8.7 Auswahlkriterien und Vergleich von Lagermitteln

Hinsichtlich der Auswahl der jeweils richtigen Lagerorganisation inklusive Lagerplatzverwaltung und Steuerung ist der Hinweis notwendig, dass hier immer eine Einzelprüfung der bevorstehenden Lagerrealisierung und oder Lagerplanung notwendig sind. Diese Planung muss auch eine Kostenerfassung und eine Nutzwertanalyse beinhalten, eine Einzelfallprüfung lässt sich hier nicht verhindern.

Im Nachfolgenden werden daher hier allgemein Kriterien zur Festlegung von Lagerbauformen und Lageranlagen angegeben.

Die wichtigsten Kriterien angegeben für die Entscheidung über Lagerbauformen und -anlagen sind:

- Gewicht, Form und Größe von Lagergut und Ladehilfsmittel
- Weitere Eigenschaften des Lagerguts

- Anzahl der verschiedenen Artikel
- Menge je Artikel
- Zahl der täglichen Ein- und Auslagerungen

Die ersten zwei Kriterien fließen in die Entscheidung von Lagermitteln und Lagerhilfsmitteln ein. Die Zahl der Ein- und Auslagerungen dagegen ist eine Randbedingung bei der Wahl von Lagerorganisation und Lagerbedientechnik.

Um die Vor- und Nachteile der verschiedenen Logistik-Bedientechniken (Lagermittel) zu vergleichen, ist wegen der großen Anzahl eine allgemeine Aussage nicht angebracht. Hier wird immer eine Einzelprüfung von Leistungsdaten, Kosten inklusive einer Nutzwertanalyse angezeigt sein, damit die speziellen Anwenderanforderungen berücksichtigt werden. Im Folgenden ist eine kurze Erläuterung der Bestimmungskriterien und ihres Einflusses auf die Wahl der Lagermittel aufgeführt:

Automatisierungsgrad Der A. ermöglicht eine Aussage über die Integrierbarkeit der Lagermittel in ein automatisches Materialflusssystem. Um ihn einschätzen zu können, muss man die möglichen Lagerbedientechniken und -strategien mit betrachten.

Flexibilität bei Artikelmengenänderung ist im Gegensatz zur Flexibilität bei Umschlags- änderungen, die stark von der Lagerbedientechnik beeinflusst wird, abhängig von den gewählten Lagermitteln. Der gleichfalls wichtigen Flexibilität bei Änderung des Durch- schnittsbestandes wird mit dem Bestimmungskriterium Erweiterungsfähigkeit Rechnung getragen.

Direktzugriff auf jede Ladeeinheit besagt, dass kein Umlagerungsaufwand erforderlich sein darf, um eine beliebige Ladeeinheit zu entnehmen. Er ist nicht für alle Lagermittel realisierbar. Ein Direktzugriff auf jede Artikelsorte ist abweichend davon auch für Block- /Zeilenläger und Durchlauf-/Einschubregalläger möglich.

First in – first out (Fifo) ist eine Lagerbedienstrategie (vgl. Abschn. 8.6, Lagerorganisa- tion), die sich ebenfalls auf die einzelnen Ladeeinheiten bezieht. Sie ist nicht für jedes Lagermittel realisierbar. Häufig ist jedoch ein eingeschränktes Fifo, bei dem Ladeein- heiten mit demselben Einlagerungsdatum in beliebiger Reihenfolge ausgelagert werden können, ausreichend. Dieses eingeschränkte Fifo kann beispielsweise auch mit Block- /Zeilenlägern oder Einschubregallägern realisiert werden.

Chaotische Lagerung ist eine Lagerplatzvergabestrategie (vgl. Abschn. 8.6, Lagerorgani- sation), der eine vollständig freie Platzvergabe zugrunde liegt. Entsprechend lagern an einem Lagerplatz in zeitlicher Folge verschiedene beliebige Artikel. Eine chaotische Lagerung ist mit vielen Lagermitteln nicht zu verwirklichen. Bei Einsatz einer manu- ellen Lagerbedienung oder bei manueller Kommissionierung von ohne Ladehilfsmittel gelagertem Lagergut (z. B. beim Fachboden- oder Schubladenregal) wird sie ebenfalls nicht verwendet.

Eignung für eine automatische Kommissionierung gibt einen Anhaltswert, ob die verschiedenen Lagermittel sich für automatische Kommissionierung nach dem heutigen Stand der Technik eignen. Die Raumnutzung, hier als Quotient von Lagergutvolumen (incl. Ladehilfsmittel) und Lagergesamtvolumen (für weitere Volumennutzungsgrade vgl. [14]), gibt Aufschluss, wie weitgehend ein vorgegebenes Gebäude genutzt wird.

Raumnutzung wird neben der Flächennutzung stark durch die Höhennutzung beeinflusst. Daher resultieren die häufig schlechten Werte beispielsweise bei der Bodenlagerung aus der begrenzten Stapelbarkeit der Ladeeinheiten und damit aus der unzureichenden Nutzung der Raumhöhe. Bei den Fachbodenregalen sind sie im Unterschied dazu eine Folge aus dem häufig ungünstigen Füllungsgrad der Fächer und entsprechend einer ungenügenden Nutzung der Fachhöhe.

Flächennutzung hier als Quotient von Lagergutfläche und Lagergesamtfläche (für weitere Flächennutzungsgrade vgl. [14]), gibt Aufschluss, wie weitgehend eine vorgegebene Grundfläche genutzt wird. Sie wird wesentlich geprägt durch die Flächen, die zur Lagerbedienung benötigt werden und die als Verlustflächen gerechnet werden müssen. Eine wichtige Größe stellen in diesem Zusammenhang die Lagerbedienwege und deren Gangbreite dar (vgl. Unterabschnitt 9.4.1, Flurgebundene Unstetigförderer, Abb. 9.89).

In [16] wird aufgezeigt, wie durch eine günstige Verteilung des Lagergutes unter Berücksichtigung der Bedienungshäufigkeit unproduktive Wegstrecken minimiert werden können. In [16] wird dargestellt, wie die Gangbreite in Lägern von der verwendeten Lagerbedientechnik beeinflusst wird und wie durch eine entsprechende Gestaltung der Wege für Kurvenfahrten die Lagerbedienwege verkürzt werden können. Die Flächennutzung und die Raumnutzung stellen für den Planer zur Abschätzung der Wirtschaftlichkeit wichtige Größen dar [8].

Organisation mit Datenverarbeitung ermöglicht ähnlich dem Automatisierungsgrad eine Aussage über die Integrierbarkeit in automatische Materialflusssysteme.

Erweiterungsfähigkeit von Lagermitteln erlaubt eine Aussage bezüglich der Flexibilität bei Änderung des Durchschnittbestandes. Sie ist bei statischer Lagerung grundsätzlich gegeben. Bei dynamischer Lagerung hingegen ist sie bei Durchlauf- und Einschubregalen nur eingeschränkt und bei Umlauf- und Verschieberegalen gar nicht möglich.

Höhen- oder Längenbegrenzung ist meist durch eine begrenzte Stapelfähigkeit (Block-/Zeilenläger) oder durch begrenzte Staudruckfähigkeit (Durchlauf-/Einschubregalläger) der Ladeeinheiten bedingt.

Zusätzlich benötigte Fördertechnik zum Ein- und Auslagern soll verdeutlichen, dass durch Einsatz dynamischer Läger der Einsatz der Fördermittel für die Ein- und Auslagerung vermindert werden kann.

Notbetrieb bei Betriebsstörungen von Lagermittel oder Lagerbedientechnik berücksichtigt, in welchen Lagersystemen bei Ausfall der Lagerbedientechnik oder der Antriebe des Lagermittels (dynamische Lagermittel) eine Möglichkeit zur Ein- und Auslagerung im Notbetrieb besteht.

Zugriffsdauer schließlich gibt Aufschluss über die Spieldauer bei der Ein- und Auslagerung. Sie ist bei der Bodenlagerung und beim Einfahr-/Durchfahrregal vor allem dann groß, wenn umgelagert werden muss. Weitere wichtige Größen sind der Investitions- und Wartungsaufwand, die Störungsanfälligkeit und Unfallgefährdung und die Lagergutbelastung.

8.7.1   Leistungs- und Kostengrößen

Die Leistungs- und Kostendaten von Lägern sind wesentlich geprägt durch die Lagerkapazität und die eingesetzten Fördermittel zum Ein- und Auslagern. Allgemeingültige Aussagen lassen sich infolge der Vielfalt möglicher Kombinationen und Ausprägungen nicht treffen. Konkrete Einzelfallbetrachtungen sind daher hier notwendig.

Literatur

1. Norm VDI 2411 Juni 1970. Begriffe und Erläuterungen im Förderwesen. (zurückgezogen)
2. Baumgarten H, Bliesener M (Hrsg) RKW-Handbuch Logistik: integrierter Material- u. Warenfluss in Beschaffung, Produktion u. Absatz; ergänzbares Handbuch für Planung, Einrichtung u. Anwendung logist. Systeme in d. Unternehmenspraxis. Schmidt, Berlin. Losebl. Ausg. S
3. Norm VDI 2697 Juli 1972. Hochregalanlagen mit regalabhängigen Förderzeugen; Planungsstufen. (zurückgezogen)
4. ten Hompel M, Schmidt T, Dregger J (2018) Materialflusssysteme: Förder- und Lagertechnik, 4. Aufl. Springer Vieweg & VDI-Buch
5. Jünemann, R (1989) Materialfluss und Logistik: systemtechnische Grundlagen mit Praxisbeispielen. Springer, Berlin, XI, 76 S. http://www3.ub.tu-berlin.de/ihv/000131070.pdf
6. Norm BGR 234 DGUV Regel 108-007 September 2006. BG-Regel – Lagereinrichtungen und -geräte
7. Norm RAL-RG 614 April 2014. Lager- und Betriebseinrichtungen – Gütesicherung
8. Jünemann R (1971) Systemplanung für Stückgutläger. Krausskopf, Mainz, 159 S
9. Norm VDI 2692 Blatt 1 März 2015. Shuttle-Systeme für kleine Ladeeinheiten
10. Schloz F, Kriehn T, Wehking K-H, Fittinghoff M (2017) Durchsatzoptimierung von Shuttle-Systemen durch situationsabhängige Lagerstrategien. In: Logistikmanagement. Beiträge zur LM 2017, Universität Stuttgart, S 249–257
11. Krippendorff H, Lueger O, Ehrhardt A (1971) Lexikon der Fabrikorganisation und Fördertechnik: A–Z, 4., vollst. neu bearb. u. erw. Aufl. Dt. Verl.-Anst., Stuttgart, XI, 508 S
12. Definition WMS/LVS, Was ist ein WMS bzw. LVS? (2016). http://www.warehouse-logistics.com/de/definition-wms-lvs.html. Zugegriffen: 6. Jan. 2017
13. Norm VDI 3601 September 2015. Warehouse-Management-Systeme
14. Norm VDI 2488 Juli 1969. Ermittlung von Lagerkennzahlen zur Flächen- und Raumnutzung. (zurückgezogen)

15. Scheffler M (1970) Einfuehrung in die Foerdertechnik: Foerdermittel, Funktion und Einsatz; mit 38 Tab. Fachbuchverl., c., Leipzig, 450 S
16. Großmann G, Krampe H, Ziems D (1986) Technologie für Transport, Umschlag und Lagerung im Betrieb, 2., bearb. Aufl. Verl. Technik, Berlin, 344 S

Sensoren zur Navigation von fahrerlosen Transportfahrzeugen (FTF)

GÖTTING

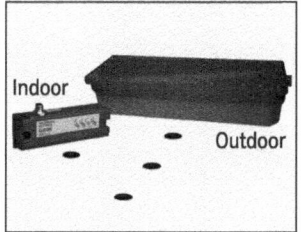

Transponder

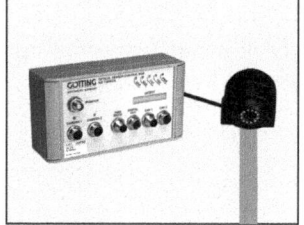

Optisch

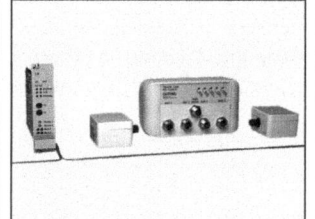

Leitdraht

55 kHz - 5,8 GHz

Datenfunk

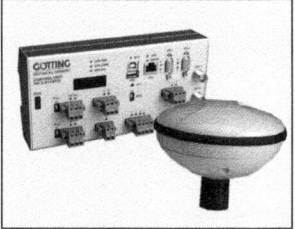

GPS/GNSS

Gyro

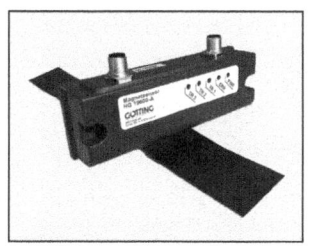

Magnetsensor

Velodyne LiDAR®

KATE Klein-FTF

Zum Transport von Kleinladungsträgern, mit Hubtisch, als Unterfahrschlepper, ...

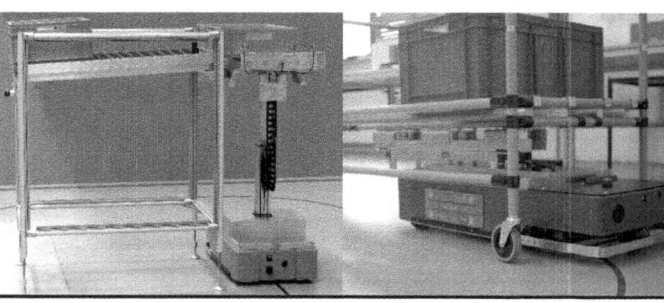

Autonome Serienfahrzeuge, z. B.

Gabelstapler

Elektroschlepper

Radlader

LKW

Fördertechnik

9

Karl-Heinz Wehking

9.1 Aufgaben der Fördertechnik

Zu Beginn einige Definitionen und Abgrenzungen

Fördern ist nach VDI 2411 [1] „das Fortbewegen von Arbeitsgegenständen oder Personen in einem System".

Fördertechnik ist die Technik des Fortbewegens „von Gütern in beliebiger Richtung über begrenzte Entfernungen durch technische Hilfsmittel" einschließlich der Lehre über die Fördermittel und ihrer durch sie aufgebauten Systeme.

Fördermittel sind Transportmittel, die innerhalb von örtlich begrenzten und zusammenhängenden Betriebseinheiten (beispielsweise innerhalb eines Werkes, eines Lagers, eines Flughafens) verfahren. Transportmittel dienen zur Ortsveränderung von Personen und/oder Gütern (DIN 30781-1) [2] (Kap. 11, Verkehrstechnik).

Förderanlagen sind Fördermittel mit örtlich begrenztem Arbeitsbereich.

Fördergutstrom ist die Fördermenge pro Zeiteinheit, gemessen an bestimmten Stationen oder in bestimmten Bereichen. Er ist abhängig von der Fördertechnik und von der Kapazität der Fördermittel.

9.1.1 Aufgaben der Fördertechnik

Fördermittel sind Arbeitsmittel für den innerbetrieblichen Materialfluss. Neben ihrer Hauptaufgabe, dem Fördern, können sie im Betrieb weitere Aufgaben erfüllen wie

- Verteilen,
- Sammeln,

© Springer-Verlag GmbH Deutschland, ein Teil von Springer Nature 2020   511
K.-H. Wehking, *Technisches Handbuch Logistik 1,*
https://doi.org/10.1007/978-3-662-60867-8_9

- Puffern (Lagern) von Ladeeinheiten (vgl. Kap. 7, Verpackungstechnik und Ladeeinheitenbildung),
- Terminieren (Erbringen einer Förderleistung zu einer bestimmten Zeit) und
- Kommissionieren (vgl. Abschn. 10.3, Kommissioniersysteme).

Im Unterschied zu anderen Arbeits- oder Betriebsmitteln sind sie durch ihre Dynamik charakterisiert und erfüllen Aufgaben im Sinne einer Verkettung von funktional zusammenhängenden Bereichen, wie beispielsweise Transporte zwischen einzelnen Arbeitsvorgängen, zwischen Lager und Produktion, von der Produktion zum Versand und andere mehr.

Das Fördern stellt eine der wichtigsten Funktionen des Materialflusses dar. Nur durch geeignete Disposition und auf das Artikelspektrum zugeschnittene Fördermittel kann man bei gleichzeitiger Minimierung der Bestände die Artikel mit der Strategie *Just-in-Time (JIT)* oder *Just-in-Sequence (JIS)* bereitstellen und gleichzeitig die Durchlaufzeiten verkürzen. Vor dem Hintergrund einer sich verschärfenden Wettbewerbssituation wird dem Fördern weiterhin auch zukünftig ein besonders hoher Stellenwert zuzuordnen sein.

Charakterisiert werden Förderprozesse durch die unterschiedliche Fortbewegung des Fördergutes. Die die Förderprozesse bewirkenden Fördermittel sind durch ihre Förderleistung gekennzeichnet, die häufig durch die Begriffe Fördermenge, -masse oder -volumen beschrieben wird und nach [3] genauer durch die Bezeichnung Massen- oder Fördergutstrom gekennzeichnet wird. Man unterscheidet dabei in Abhängigkeit von der Fortbewegung des Gutes zwischen einem kontinuierlichen Fördergutstrom (Schüttgut auf Stetigförderern), einem diskret kontinuierlichen Fördergutstrom (Stückgut auf Stetigförderern) und einem unterbrochenen diskreten Fördergutstrom (Schütt- oder Stückgut auf Unstetigförderern).

Die Fördertechnik unterscheidet die Fördergüter prinzipiell in

- Stückgut und
- Schüttgut.

Stückgut und Schüttgut müssen grundsätzlich unterschiedlich behandelt werden und haben unterschiedliche Gruppen von Eigenschaften, die in Tab. 9.1 gegenübergestellt werden.

Für die richtige Auswahl der Förderer sind natürlich die physikalischen Umweltbedingungen, also das Klima (Sahara, Grönland, Tropen etc.) oder der Einsatz im Innen- oder Außenbereich von entscheidender Bedeutung. Ebenfalls für die Auswahl entscheidend sind die möglichen fertigungsbedingten Umgebungseinflüsse wie Staub und Temperatur, wie sie beispielsweise in Steinbrüchen, Lackierereien oder Hochöfen auf das Fördergut einwirken.

Für den richtigen, d. h. wirtschaftlich sinnvollen, Einsatz der Fördertechnik sind natürlich die Investitionskosten, die Betriebskosten und die Wartungskosten von herausragender Bedeutung. Darüber hinaus müssen geltende Gesetze und Verordnungen berücksichtigt werden. Dabei liefern die nachfolgend angegebenen Normen und Richtlinien Hinweise zu verschiedenen Themen.

Tab. 9.1 Gegenüberstellung von Schütt- und Stückgut. (Quelle: ohne Verfasser)

Schüttgut	Stückgut
Stückige, körnige oder staubförmige Güter, charakterisiert beispielsweise durch Schüttdichte	In Anzahl und Größe erfassbar, i. d. R. verpackt, z. B. Kisten, Säcke
Dichte, Korngröße, flüssig/fest, stumpf/abrasiv,…	Größe, Gewicht, Form, Anzahl, Art des Ladehilfsmittels (ja/nein),…
Temperatur, Besonderheiten, Empfindlichkeit	Temperatur, Besonderheiten, Empfindlichkeit, Verpackung
Gesetze, Vorschriften, Verordnungen (z. B. für Gefahrgut), Normen	

- Normen (DIN, ISO, CE[1] etc.)
  - Vorgaben für Konstruktionselemente
  - Sicherheitsfaktoren etc.
  - Kompatibilität von Ladehilfsmitteln, Bauteilen etc.
  - uvm.
- und Richtlinien (VDI, VDE, FEM[2] etc.)
  - Vorgaben für Ladungssicherung
  - Richtlinien zu Computersimulationen
  - einen Methodenkatalog
  - uvm.

Außerdem sind geltende Arbeitsschutzbestimmungen sowie die Vorgaben der Berufsgenossenschaften, Bauverordnungen zu beachten.

---

[1] DIN = Deutsches Institut für Normung; ISO = International Organization for Standardization; CE = Communauté Européenne, deutsch: Europäische Gemeinschaft.

[2] VDI = Verein Deutscher Ingenieure; VDE = Verband der Elektrotechnik Elektronik Informationstechnik e. V.; FEM = Fédération Européenne de la Manutention, deutsch: Europäische Vereinigung der Förder- und Lagertechnik.

9.2   Systematik der Fördermittel

Die Systematik der Fördermittel wird in der Literatur häufig nach Bauformen vorgenommen
[4–9]. Bei der Entwicklung zukünftiger Fördertechniken wird jedoch weniger die Technik
zur Erfüllung einer Einzelfunktion im Vordergrund stehen, sondern vielmehr der Anwen-
dungsgedanke mit der Zielsetzung, Materialflussmittel zu erhalten, die in verschiedenen
Einsatzbereichen Materialflussfunktionen optimal erfüllen können. Daher sollte eine Gliederung der Fördermittel nicht ausschließlich anhand technischer, sondern vielmehr anhand
verschiedener systemtechnischer Kriterien hinsichtlich des Einsatzfalles und der Aufgabenstellung erfolgen. Dabei werden im Schema (siehe Abb. 9.1) etwaige Überschneidungen
und Mehrfachnennungen von einigen Fördermitteln bewusst in Kauf genommen, um die
Fördertechnik unter systemtechnischen Gesichtspunkten gliedern zu können.

Zur Bestimmung der Gliederungskriterien müssen einige generelle Zielrichtungen für
die Gestaltung zukünftiger Fördersysteme berücksichtigt werden. Von größter Bedeutung
wird in Zukunft neben der Leistungsfähigkeit die Flexibilität der Fördermittel sein, weshalb
sich eine deutliche Tendenz bei Neuplanungen von den heute weit verbreiteten Stetigförderern zu den flexibleren Unstetigförderern abzeichnet. Der Trend geht dabei in den letzten
Jahrzehnten klar von manuell bedienten zu automatischen Systemen.

Reinhardt Jünemann hat 1989 prognostiziert [10], dass bei den unstetigen Fördermitteln
in der Zukunft drei wesentliche Stoßrichtungen die Fördertechnik der nächsten Jahre prägen
werden. Diese Prognose hat sich bewahrheitet und ist auch noch nicht abgeschlossen.

Zum Ersten werden flurgebundene, frei verfahrbare und vollautomatische Flurförderzeuge, erweitert um Funktionen der Pufferung beziehungsweise der Handhabung (vgl.
Abschn. 9.3, Stetigförderer), eingesetzt werden.

Zum Zweiten wurde damals vorhergesagt, dass aufgeständerte Fördermittel in Form von
autonomen, damals „Satellitenfahrzeuge" genannten Förderern verstärkt angewandt werden. Diese Entwicklung hat sich vollumfänglich bestätigt, was am Beispiel der sogenannten
Shuttlefahrzeuge im Lagerbereich deutlich gezeigt werden konnte. Zum damaligen Zeitpunkt gab es Verteil- und Kanalfahrzeuge als technische Idee; heute ist es so, dass Shuttlefahrzeuge einen wesentlichen Anteil an der Automatisierung der Lagertechnik gefunden
haben. Dies ist auch der Grund, weshalb in dem entsprechenden Kap. 8, Lagertechnik heute
eine erhebliche Erweiterung zur Beschreibung der Shuttletechnik vorgenommen wurde.

Die dritte Richtung bilden flurfreie Unstetigförderer wie Elektrohängebahnen (EHB), die
gleichfalls zum Fördern oder zum Zweck der Handhabung nutzbar sind (vgl. Abschn. 9.4,
Unstetigförderer). Sie stellen ebenso wie Flurförderzeuge für andere Arbeitsmittel nur eine
sehr geringe Hindernisbildung dar.

Vor dem beschriebenen Hintergrund soll als grundlegendes Unterscheidungsmerkmal
weiterhin der kontinuierliche oder unterbrochene Fördergutstrom durch *stetige* oder *unstetige* Fördermittel Verwendung finden, um dem vorrangigen Kriterium der Flexibilität Rechnung zu tragen. *Stetigförderer* erzeugen einen kontinuierlichen (Schüttgut) oder
diskret kontinuierlichen (Stückgut) Fördergutstrom und arbeiten während eines längeren

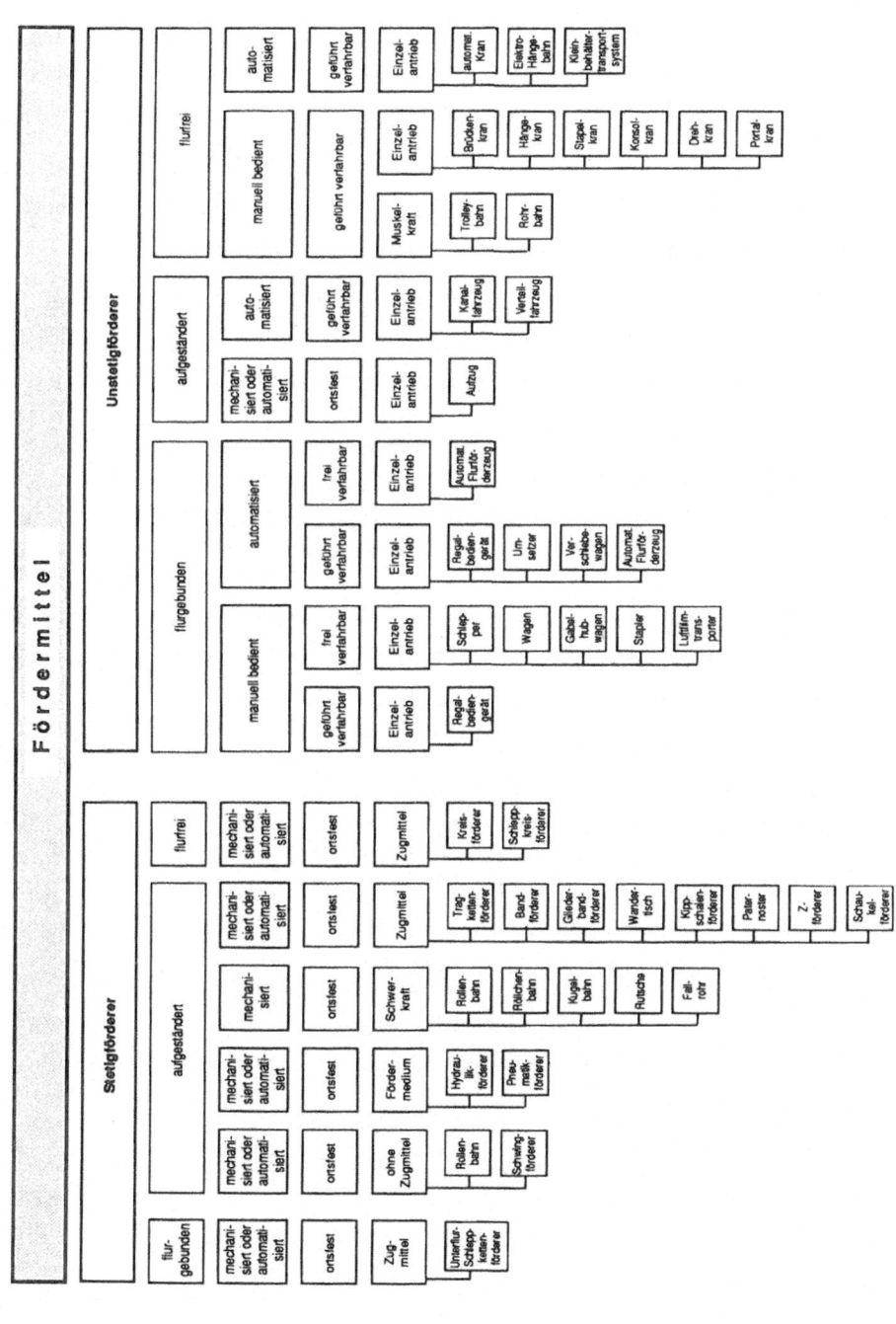

Abb. 9.1 Systematik der Fördermittel [10, S. 192]

Zeitabschnittes, wobei ihre Antriebe, falls vorhanden, im stationären Dauerbetrieb laufen und ihre Tragorgane nicht einzeln angetrieben werden. Ihre Be- und Entladung erfolgt während des Betriebes, ihre Lastaufnahmemittel sind dabei stets (Rollenbahnen, Bandförderer etc.) oder nahezu stets (Kreisförderer, Schleppkreisförderer etc.) annahme- oder abgabebereit Stetigförderer sind grundsätzlich mit ortsfesten Einrichtungen wie Schienen, Ständern o.ä. versehen, was ihre Flexibilität einschränkt und für andere Arbeitsmittel häufig ein Hindernis darstellt.

Unstetigförderer hingegen erzeugen einen unterbrochenen Fördergutstrom und arbeiten in einzelnen Arbeitsspielen mit definierten Spielzeiten [23]. Ihre Antriebe laufen im Aussetz- oder Kurzzeitbetrieb, da ihre Be- und Entladung während des Stillstandes erfolgt. Entsprechend sind ihre Lastaufnahmemittel häufig nur an bestimmten Stellen lastaufnahme- und abgabebereit; Zeiten für Lastfahrten, Leerfahrten, Anschlussfahrten und Stillstandszeiten unterschiedlicher Längen wechseln einander ab. Bei Unstetigförderern hat meist jedes Tragorgan einen Eigenantrieb. Ausnahmen bilden die Schlepper. Unstetigförderer können mit und ohne ortsfeste Einrichtungen realisiert sein und weisen entsprechend Unterschiede in der Flexibilität und im Grad ihrer Hindernisbildung auf.

In der Vergangenheit und weiter in der Zukunft wurden und werden in zunehmendem Maße automatische Fördersysteme mit einer großen Zahl von Unstetigförderern (beispielsweise Fahrerlose Transportsysteme oder Elektro-Hängebahn-Anlagen) realisiert. In diesen Systemen kann durch ein Hintereinanderschalten vieler Unstetigförderer auf Förderstrecken mit nur einer Förderrichtung, auf denen also ein Pendelverkehr ausgeschlossen ist, bezüglich des Förderprozesses und der Durchsatzleistung ein *Quasi-Stetigförderer* verwirklicht werden. Vereint sind dann die Vorteile der Stetigförderer, wie beispielsweise ihre große Förderleistung mit den Vorteilen der Unstetigförderer, wie z. B. große Flexibilität und geringe Hindernisbildung. Für die Art des Förderprozesses ist es unerheblich, ob das Fördergut auf hundert Schaukeln eines Schaukelförderers von einem gemeinsamen Zugmittel oder auf hundert Elektro-Hängebahnfahrwerken mit Einzelantrieb transportiert wird.

Durch die Entwicklungsarbeiten in den Jahren 2007 bis 2016 hat das Karlsruher Institut für Technologie (ehemals Universität Karlsruhe) am Institut für Fördertechnik und Logistiksysteme die Entwicklung des sogenannten KARIS (Kleinskaliges Autonomes Redundantes Intralogistik System) als Pilotprojekt durchgeführt. Hierbei handelt es sich um einzelne Förderelemente, die als Unstetigförderer einzeln KLT, also Kleinladungsträger, der Automobilindustrie transportieren können, wobei diese Elemente aber auch zu einer kontinuierlichen Stetigförderstrecke verbunden werden können.

Die Abb. 9.2 zeigt den Aufbau.

Diese Veränderung der Begriffe Stetig- und Unstetigförderer infolge der verschiedenen Einsatzmöglichkeiten und der daraus resultierende fließende Übergang zwischen ihnen werden ihre Bedeutung als Gliederungskriterium zukünftig gegebenenfalls einschränken. Daher müssen in Zukunft in einer anwendungsorientierten Gliederung der Fördermittel Kriterien, die durch den Einsatzfall und von der Aufgabe her bestimmt sind, verstärkt herangezogen werden. Solche Kriterien sind beispielsweise die Förderebene, auf der die Güter transportiert

(a): KARIS als Stetigförderer mit n Elementen   (b): KARIS als Unstetigförderer

(c): Beispiel für den Einsatz des KARIS (theoretische Pilotstudie)

Abb. 9.2 Das KARIS-System, entwickelt am KIT. (Quelle: KIT)

werden, die Verfahrebene, auf der sich die Verfahrbewegung vollzieht, und der Bedienungsraum, in dem die Fördermittel transportieren, d. h. der vom Fördermittel bedient wird.

Gemäß diesen Kriterien können Fördermittel flurgebunden, aufgeständert und flurfrei fördern oder verfahren und entsprechend eingeordnet werden. Sie können einen stabförmigen (geführt verfahrbare Fördermittel ohne Hubeinrichtung, z. B. Verschiebewagen), einen vertikal scheibenförmigen (geführt verfahrbare Fördermittel mit Hubeinrichtung, z. B. Regalbediengerät), einen horizontal scheibenförmigen (frei verfahrbare Fördermittel ohne Hubeinrichtung, z. B. Schlepper und Wagen) oder einen quaderförmigen (frei verfahrbare Fördermittel mit Hubeinrichtung, z. B. Stapler) Bedienungsraum aufweisen.

Bei den Stetigförderern stellt die *Förderebene* das wichtigste Gliederungskriterium dar, da bei ihnen infolge ihrer ortsfesten Anordnung nicht von Verfahrebenen gesprochen werden kann. Eine Zuordnung zu den einzelnen Förderebenen ist in der Regel eindeutig, wobei zwischen flurgebunden, aufgeständert und flurfrei unterschieden werden kann. In einigen Fällen ist eine Mehrfachzuordnung denkbar, da einige Fördermittel alternativ auf verschiedenen Niveaus angeordnet werden können (beispielsweise Rollenbahnen, die sowohl aufgeständert als auch flurfrei von der Hallendecke herabhängend eingesetzt werden). In diesen Fällen erfolgt die Zuordnung entsprechend der heute hauptsächlichen Einsatzfälle.

Bei Unstetigförderern wird ebenfalls in der Regel zunächst einmal die *Förderebene* als wichtigstes Kriterium herangezogen. Unstetigförderer sind häufig mit Hubeinrichtungen ausgerüstet (Regalbediengeräte, Stapler, Krane) und weisen beispielsweise einen vertikal scheibenförmigen oder quaderförmigen Bedienungsraum auf. Somit fördern sie nicht auf einer definierten Förderebene. Deshalb wird zu ihrer Klassifizierung eine bevorzugte Förderebene (z. B. bei Portalkranen die flurfreie Ebene) oder, wenn keine *Vorzugs-Förderebene* zugeordnet werden kann, die *Verfahrebene* (beispielsweise bei Regalbediengeräten und Staplern) zu Hilfe gezogen.

Als *flurgebunden* werden Fördermittel bezeichnet, wenn sie Verkehrswege am Boden nutzen oder über Einrichtungen verfahren, die im Boden eingelassen sind (z. B. beim Unterflurschleppkettenförderer). Der Boden ist dabei in der Regel sowohl Verfahrebene als auch Förderebene für das Gut, welches sich oberhalb oder seitlich des Fördermittels befindet. Im Normalfall resultieren entsprechend keinerlei Hindernisse für andere Fördermittel durch ortsfeste Einrichtungen, wenn das Fördermittel selbst sich an einem anderen Ort befindet. Einen Grenzfall bilden Fördermittel, die auf am Boden angeordneten Schienen verfahren, welche leicht erhaben gegenüber dem Bodenniveau sind (z. B. Regalbediengeräte, Verschiebewagen etc.). Sie werden ebenfalls zu den flurgebundenen Fördermitteln gezählt, obwohl ihre Schienenträger für andere, ihre Fahrtrasse kreuzende Fördermittel eine gewisse Behinderung darstellen können.

Fördermittel, die sich in definierter Höhe über dem Boden mit Stützen *aufgeständert* befinden (Stetigförderer) oder in aufgeständerten Schienen verfahren (Unstetigförderer), können als aufgeständert bezeichnet werden. Sie verfahren und operieren entsprechend grundsätzlich in einer definierten Höhe über dem Hallenboden, wobei das Fördergut sich sowohl oberhalb (wie z. B. bei Rollenbahn, Bandförderer etc.) als auch unterhalb des Fördermittels (z. B. beim Schaukelförderer) befinden kann. Sie sind durch ortsfeste Einrichtungen gekennzeichnet und bilden stets ein Hindernis für andere Fördermittel. Sie werden daher häufig in Bereichen eingesetzt, in denen keine anderen Fördermittel operieren. Sie können auf verschiedenen Höhenniveaus angeordnet sein (z. B. Schaukelförderer, Z-Förderer, Paternoster) und dadurch in ihrer Hinderniswirkung durch Verlauf über beispielsweise Fahrwegen auf einem höheren Niveau eingeschränkt werden.

Flurfreie Fördermittel schließlich sind an der Hallendecke befestigt (Stetigförderer, wie z. B. Kreisförderer, Schleppkreisförderer), verfahren auf an der Hallendecke befestigten Schienen (Unstetigförderer, wie beispielsweise Elektro-Hängebahn, Kleinbehältertransportsystem, Hängekran), auf mit wenigen Stützen an der Hallenwand angeordneten Schienen (beispielsweise Brückenkran etc.), oder auf Schienen, die mit einigen wenigen Stützen auf dem Boden aufgeständert sind. Sie sind dadurch gekennzeichnet, dass die Förderebene oberhalb der eigentlichen Arbeitsebene in der Fabrik angeordnet ist. Für die Verfahrebene gilt in der Regel, jedoch nicht zwangsläufig das gleiche. Ein Gegenbeispiel sind Drehkrane und Portalkrane. Drehkrane sind zwar in der Regel auf dem Hallenboden aufgeständert, die

Verfahrebene der Katze und die bevorzugte Förderebene sind flurfrei angeordnet, weshalb Drehkrane als flurfrei eingeordnet werden. Ähnliches gilt für Portalkrane. Ihre Verfahrbewegung über die Stützen ist flurgebunden ausgeführt. Ihre bevorzugte Förderebene ist jedoch eindeutig flurfrei, weshalb auch Portalkrane als flurfreie Fördermittel eingestuft werden. Das Gut wird bei flurfreien Fördermitteln in der Regel hängend transportiert und befindet sich entsprechend unterhalb des Fördermittels. Flurfreie Fördermittel sind ausnahmslos durch ortsfeste Einrichtungen gekennzeichnet, bilden aber dennoch nur in Ausnahmefällen Hindernisse (z. B. Elektro-Hängebahnschienen für einen Kraneinsatz), wenn ihre Förderebene oberhalb der Arbeitsebene angeordnet ist.

Von wesentlichem Einfluss auf die Integrierbarkeit der Fördermittel in automatische Materialflusssysteme ist der *Automatisierungsgrad der Fördermittelbedienung,* der daher als weiteres Unterscheidungsmerkmal dient. In der Systematik nach Abb. 9.1 sind hauptsächlich Fördermittel aufgeführt, bei denen die Fortbewegung des Fördergutes ohne menschliches Einwirken erfolgt (Ausnahmen bilden Trolley- und Rohrbahn).

Als *manuell bedient* werden Fördermittel bezeichnet, wenn die Fahrzeugführung und -steuerung durch den Menschen geschieht (Lenken, Bremsen, Beschleunigen etc.).

Mechanisiert sind Fördermittel, die ohne direktes Einwirken des Menschen operieren, die lediglich einer einfachen Steuerung (Start, Stopp etc.) bedürfen und bei denen keine operativen Entscheidungen getroffen werden.

Als *automatisiert* schließlich werden Fördermittel bezeichnet, wenn nicht nur die Förderbewegung, sondern auch die komplexe Steuerung ohne Einwirken des Menschen erfolgt, d. h. wenn der Mensch lediglich Überwachungsfunktion innehat und die eigentliche Steuerung von einem Rechner durchgeführt wird. Automatisierte Fördermittel können operative Entscheidungen treffen und werden zukünftig unter Einsatz von Sensoriksystemen zu autonomen Fördermitteln ausgebaut. Sie bedürfen in abnehmendem Maße einer übergeordneten Rechnersteuerung und können zunehmend Aufgaben des Leitrechners selbst übernehmen.

Im Abb. 9.1 sind die manuell bedienten Flurförderzeuge, Schlepper, Wagen, Gabelhubwagen, Stapler und Luftfilmtransporter in der Spalte *automatisiert* zu *automatischen Flurförderzeugen* zusammengefasst worden. Das gleiche gilt für die verschiedenen Krane wie Brückenkrane, Hängekrane, Stapelkrane, Konsolkrane, Portalkrane und Drehkrane, die zu automatischen Kranen zusammengefasst werden.

Für Stetig- wie Unstetigförderer ist auf allen vorgenannten Verfahrebenen zur Beurteilung der Flexibilität und des Grades der Hindernisbildung der *Grad der Beweglichkeit* von großer Wichtigkeit. Er erlaubt eine Aussage, ob Fördermittel *ortsfest* sind und somit lediglich einen eng begrenzten Wirkraum abdecken können oder ob sie *geführt oder frei verfahrbar* sind. *Geführt verfahrbare bzw. linienverfahrbare* Fördermittel sind vor allem für Streckenverbindungen geeignet und weisen einen stabförmigen oder vertikal scheibenförmigen Bedienungsraum auf. *Frei verfahrbare* Fördermittel sind besonders für einen flächendeckenden Einsatz geeignet. Sie haben einen horizontal scheibenförmigen oder quaderförmigen Bedienungsraum.

Stetigförderer sind grundsätzlich ortsfest ausgeführt, was eine geringe Flexibilität bei Layoutänderungen und einen hohen Hindernisgrad zur Folge hat.

Unstetigförderer sind mit Ausnahme des Aufzuges alle verfahrbar ausgeführt. Die meisten Unstetigförderer sind jedoch lediglich geführt verfahrbar. Dies gilt für alle aufgeständerten und flurfreien Unstetigförderer. Bei den flurgebundenen Unstetigförderern lässt sich die Gruppe der manuell bedienten Flurförderzeuge auskoppeln, die eine freie Verfahrbarkeit aufweist und somit einen sehr hohen Grad an Flexibilität ermöglicht. Zukünftig werden neben diesen manuell bedienten Flurförderzeugen zunehmend auch Automatische Flurförderzeuge, die losgelöst vom Leitdraht verfahren können, Verwendung finden.

Diese Prognose von Jünemanns [10] hat sich in vollem Umfange bewahrheitet. Es gibt heute eine große Anzahl von Flurförderzeugen automatisiert, insbesondere die große Gruppe der fahrerlosen Transportsysteme, die mit den verschiedensten Leitlinien- oder leitlinienlosen Navigationsverfahren arbeiten. Hier sei auf das Unterabschnitt 9.4.4, Automatische Flurförderzeuge verwiesen, wo diese Entwicklung in breitem Umfang jetzt geschildert wird.

Einige der frei verfahrbaren, manuell bedienten Fördermittel wie Wagen oder Schlepper finden auch geführt verfahrbar auf Schienen Verwendung. Sie sollen in diesem Zusammenhang jedoch nicht weiter verfolgt werden. Wesentlich für den Planer von Materialflusssystemen und für die Integrierbarkeit in automatische Systeme ist die Steuerbarkeil der Fördermittel, die eng mit der *Antriebsart* und der Art der Kraftübertragung verknüpft ist. So kann man grundsätzlich unterscheiden zwischen *motorischem Antrieb, Schwerkraftantrieb* und *Muskelkraftantrieb,* der bei den hier betrachteten Systemen jedoch von untergeordneter Bedeutung ist.

Stetigförderer werden in der Regel mit *motorischem Antrieb* (meistens Elektromotoren) angetrieben, wobei die Kraft *mit Zugmitteln* auf mehrere Tragorgane übertragen wird. Alternativ gibt es motorische Antriebe *ohne Zugmittel* wie bei Rollenbahnen und Schwingförderern oder *mit Fördermedium* wie bei Hydraulik- und Pneumatikförderern. Parallel zu den motorischen Antrieben werden Stetigförderer auch häufig mit *Schwerkraftantrieb* realisiert, vor allem wenn es sich um kurze Verbindungsbahnen oder parallele Stichbahnen zur Pufferung handelt.

Unstetigförderer verfügen in der Regel über *Einzelantriebe*. Eine Ausnahme bilden Schlepper, da ihre Anhänger nicht angetrieben sind. Unstetigförderer sind nur in Ausnahmefällen durch Muskelkraft angetrieben (z. B. Trolley- und Rohrbahn).

Grundsätzlich kann man motorisch angetriebene Fördermittel (vor allem bei Verwendung von Elektromotoren) einfacher automatisch steuern als mit Schwerkraft oder Muskelkraft angetriebene, da die Bewegung jederzeit start- und abbrechbar ist.

Von systemtechnischem Interesse bei der Lastübergabe und bei Umschlagvorgängen (vgl. Kap. 14, Umschlagtechnik) ist eine Unterscheidung des Verhaltens der Fördermittel in aktiv und passiv. Tendenziell lässt sich feststellen, dass Stetigförderer meist passiv sind (Ausnahmen bilden Rollenbahnen mit Anschlussstationen, Schaukelförderer etc.) und dass Unstetigförderer in der Regel aktiv sind (Ausnahmen bilden Plattformwagen, Anhänger etc.). Eine detaillierte Untergliederung gibt [11].

In der Literatur wird häufig die *Hauptförderrichtung* als Unterscheidungsmerkmal genannt. Da nur wenige Fördertechniken wie Aufzüge, Hebezeuge oder Paternoster eine reine vertikale Hauptförderrichtung, die meisten Fördertechniken jedoch eine horizontale oder schräge Hauptförderrichtung aufweisen, soll sie keine Berücksichtigung finden.

Anhand der in Abb. 9.1 aufgeführten Gliederung der Fördermittel können die eingangs vorgestellten Tendenzen und Trends der Fördermittelentwicklung noch einmal verdeutlicht werden.

Der Einsatz von Stetigförderern, die zumeist aufgeständert ausgeführt sind, wird abnehmen. Stetigförderer bilden infolge ihrer ortsfesten Anordnung Hindernisse für andere Fördermittel und weisen eine mangelnde Flexibilität auf. Verstärkt zum Einsatz kommen werden flurgebundene oder flurfreie Unstetigförderer, die flexibel einsetzbar sind und geringere Hindernisse für andere Arbeitsmittel darstellen.

In Abb. 9.3 ist eine Abgrenzung der verschiedenen Begriffe, die im Zusammenhang mit der Materialflussfunktion *Fördern* Verwendung finden, aufgezeigt. Je nach Art des Förderers bilden Stahlbau (Rahmen oder Gestelle), Fahrwerke, Antriebe (Motoren, Getriebe, Zugmittel) und Steuerung zuzüglich eventueller Lastaufnahmemittel *Fördermittel*. Durch Einbeziehung der Förderwege bzw. deren Stahl- und Betonbau (Fahrwege, Fundamente, Abhängevorrichtungen, Schienen) erhält man die jeweilige *Fördertechnik*. Diese wiederum wird durch Hinzunahme der Organisation und der Informationsmittel sowie gegebenenfalls durch Einbeziehung von speziell auf die Fördertechnik ausgerichteten Lastübergabestationen oder auf dem Förderer angeordnete Handhabungsmittel zu einem *Fördersystem* ausgeweitet.

In den folgenden beiden Kapiteln werden auf der Basis der beschriebenen Fördermittelsystematik verschiedene Fördermittel vorgestellt und ihren wichtigsten Einsatzgebieten zugeordnet. Wie bereits bei der Erstauflage des Buches ist auch bei der Neuauflage der Schwerpunkt der Fördermittel auf den Bereich der Stückgutförderer ausgerichtet. Allerdings wird bei dieser Neuauflage bei den Beschreibungen der Einzelförderer, wie z. B. bei Bandförderern oder Schwingungsförderern, die sich auch zur Förderung von Schüttgütern eignen, die Schüttgutförderung mit beschrieben. Dies ist im Sinne eines umfassenden Handbuches notwendig und hilfreich.

Im Abschn. 9.5 – werden häufig eingesetzte Fördermittel anband wichtiger Bestimmungskriterien wie Automatisierbarkeit, Flexibilität oder Hindernisbildung beispielhaft verglichen. Für typische Leistungsdaten werden darüber hinaus auf der Basis von Erfahrungswerten ihre Investitions- und Betriebskosten betrachtet.

Wie man aus diesem Kapitel entnehmen kann, ist die im Abb. 9.1 gewählte Systematik der Fördermittel in Stetig- und Unstetigförderer mit den weiteren Strukturierungen

- flurgebunden
- aufgeständert
- flurfrei und manuell, mechanisiert, automatisch sowie
- ortsfest, frei verfahrbar, geführt verfahrbar

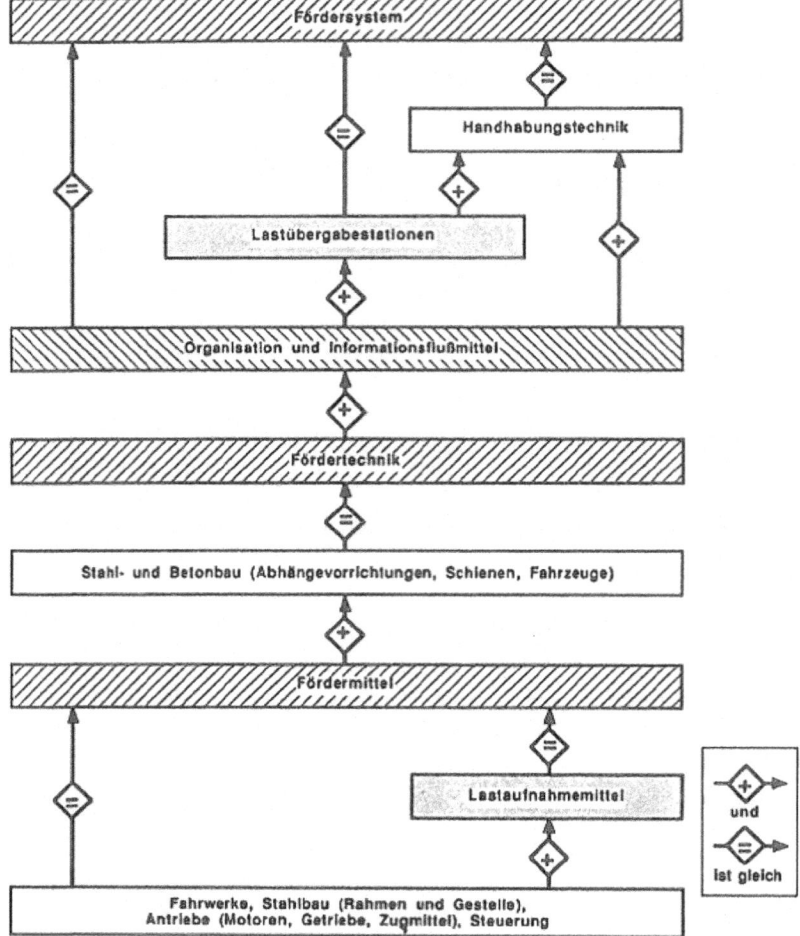

Abb. 9.3 Aufbau von Fördersystemen [10, S. 200]

außerordentlich hilfreich und zielführend.

Entsprechend aber dem Anspruch dieses Buches, auch als Handbuch für das Feld der Fördertechnik, Intralogistik und Technischen Logistik zu dienen, soll im Nachfolgenden zusätzlich eine andere, aber klassische Strukturierung [12] ebenfalls vorgestellt werden, weil sie häufig (gerade in älterer Literatur und Fachbüchern) gewählt wird.

Die nachfolgende Abb. 9.4 zeigt, dass hier die Stetigförderer in mechanische Förderer und in Strömungsförderer eingeteilt werden. Wir beschäftigen uns im Weiterfolgenden ausschließlich mit den mechanischen Förderern, die Unterteilung erfolgt dann weiter mit umlaufendem Zugmittel und ohne Zugmittel.

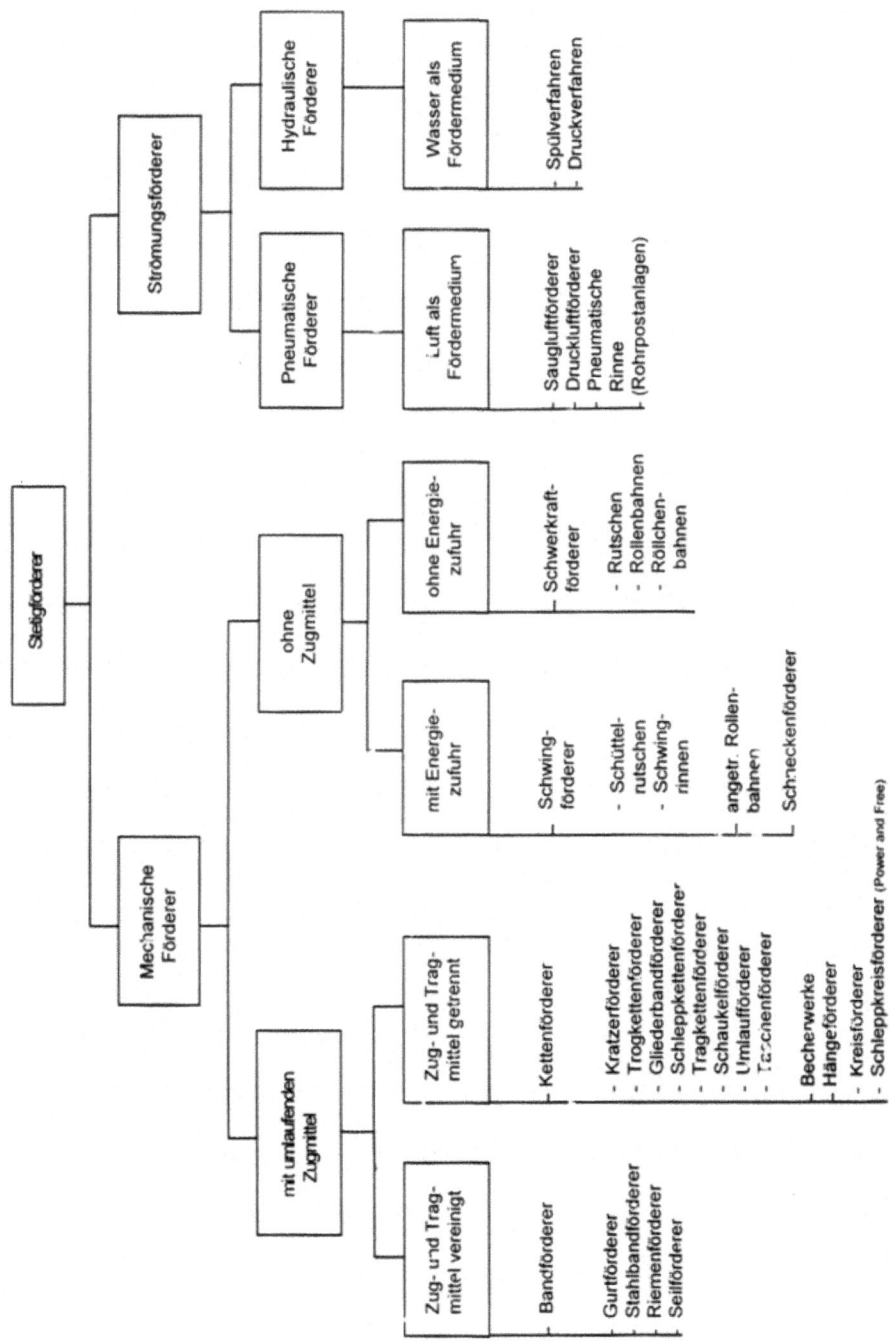

Abb. 9.4 Gliederung der Stetigförderer nach dem Funktionsprinzip [12]

Bei den umlaufenden Zugmitteln wird unterschieden, ob Zug- und Tragmittel vereinigt sind oder Zug- und Tragmittel getrennt sind. Bei den mechanischen Förderern ohne Zugmittel wird unterschieden in die Einteilung mit Energiezufuhr oder ohne Energiezufuhr. Die Zuordnung der einzelnen Stetigförderer entnehmen Sie ebenfalls dem Abb. 9.4.

9.3   Stetigförderer

Im nachfolgenden Textteil wird jetzt zunächst als Übersicht auf die Gruppe der Stetigförderer mit Definition, beispielhafte Bilddarstellung der wichtigsten Stetigförderer, Vor- und Nachteile, Berechnung des Volumenstroms und der Nennleistung eingegangen.

Stetigförderer [13] sind in flurgebundener, aufgeständerter und flurfreier Ausführung realisiert. Sie sind in der Regel mechanisiert oder automatisiert, was ihre Integration in unterschiedliche Materialflusssysteme erlaubt. Stetigförderer sind meist ortsfest, wodurch wenig Flexibilität bei Layoutänderungen (Kursänderung und Änderung der Zahl der Haltestellen) und oft eine Behinderung anderer Fördermittel oder Arbeitsmittel entsteht. Layoutänderungen bedeuten in der Regel Änderungen des Maschinenbaus und der Steuerung der Förderer. Entsprechend verfügen Stetigförderer auch über eine sehr eingeschränkte Erweiterungsfähigkeit.

Sie weisen allgemein ein günstiges Verhältnis des Eigengewichtes zur geförderten Nutzlast von häufig <1 auf. Außerdem sind sie in der Mehrzahl mit Zugmitteln wie beispielsweise Ketten versehen und werden elektrisch angetrieben. Über kürzere Strecken können sie günstig unter Nutzung der Schwerkraft eingesetzt werden.

Beim Be- und Entladevorgang bleiben Stetigförderer meist passiv, was häufig aktive Umschlagmittel erforderlich macht (vgl. Kap. 14, Umschlagtechnik). In einzelnen Fällen ist der Entladevorgang auch aktiv (z. B. Rollenbahn), so dass auf die Verwendung aktiver Umschlagmittel verzichtet werden kann. Daher ist die Zahl der Be- und Entladestellen bei schweren Ladeeinheiten infolge der Notwendigkeit von Umschlagmitteln meist definiert, während sie bei leichten Ladeeinheiten entlang der Förderstrecke beliebig sein kann.

Die Abb. 9.5, 9.6 und 9.7 zeigen in Anlehnung an die im Abb. 9.1 vorgestellte Fördermittelsystematik beispielhafte Darstellungen wichtiger Stetigförderer.

Das Einsatzgebiet von Stetigförderern ist der Transport von großen bis sehr großen Stück- und Schüttgutmengen auf wenigen, meist längeren Wegen zu immer gleichen Orten. Der Einsatz ist möglich in der ganzen Fabrik, im Warenlager, in der Lagervorzone, in der Produktion, im Versand und vor allem zwischen den einzelnen Bereichen.

Stetigförderer finden überall dort wirtschaftliche Verwendung, wo

- große Mengen
- gleichbleibender Fördergüter
- auf gleichbleibenden Wegen

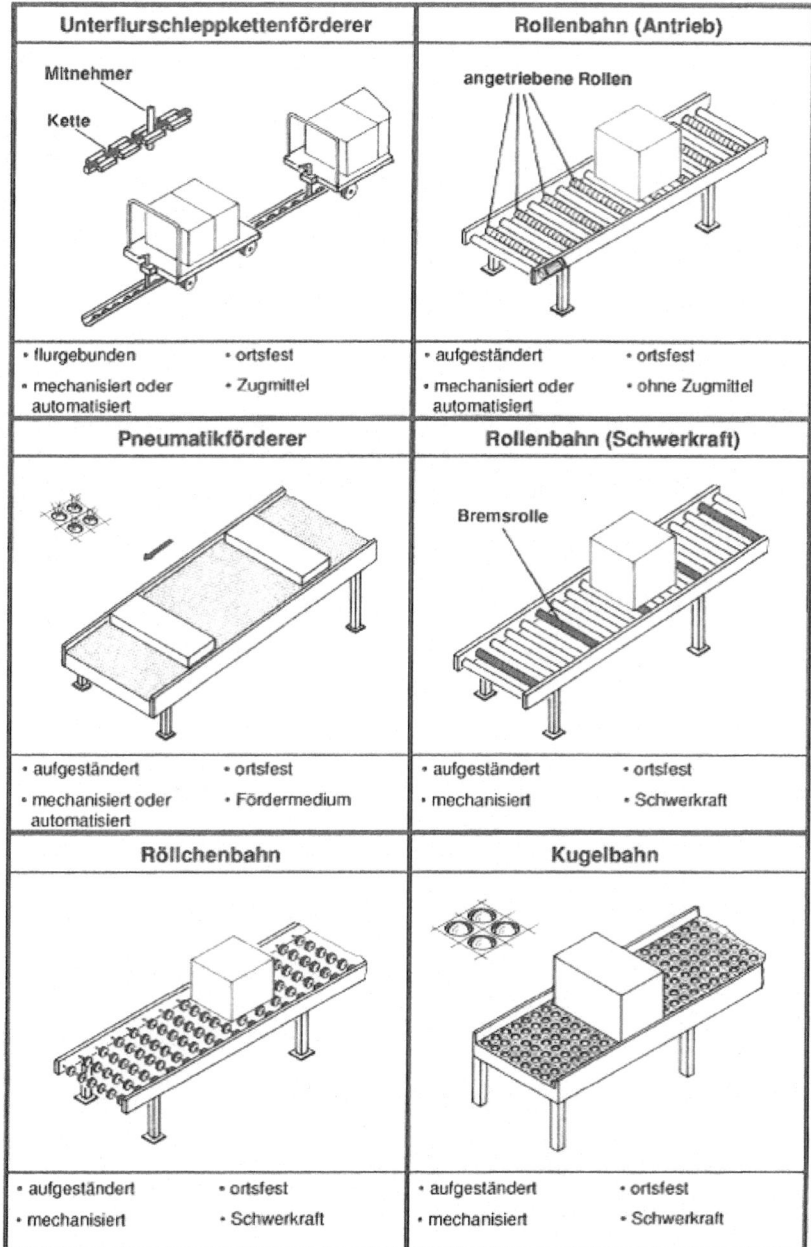

Abb. 9.5 Beispielhafte Darstellung wichtiger Fördermittel, Stetigförderer Teil I [10, S. 202]

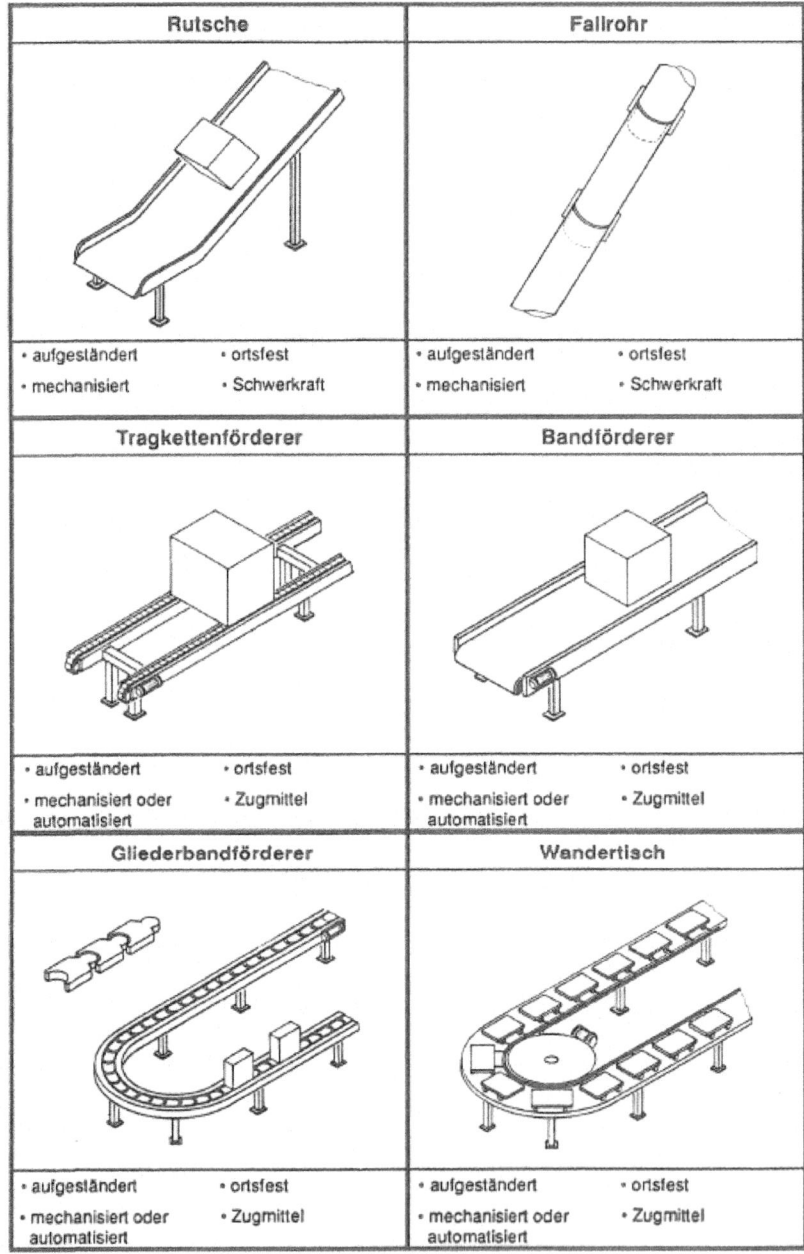

Abb. 9.6 Beispielhafte Darstellung wichtiger Fördermittel, Stetigförderer Teil II [10, S. 203]

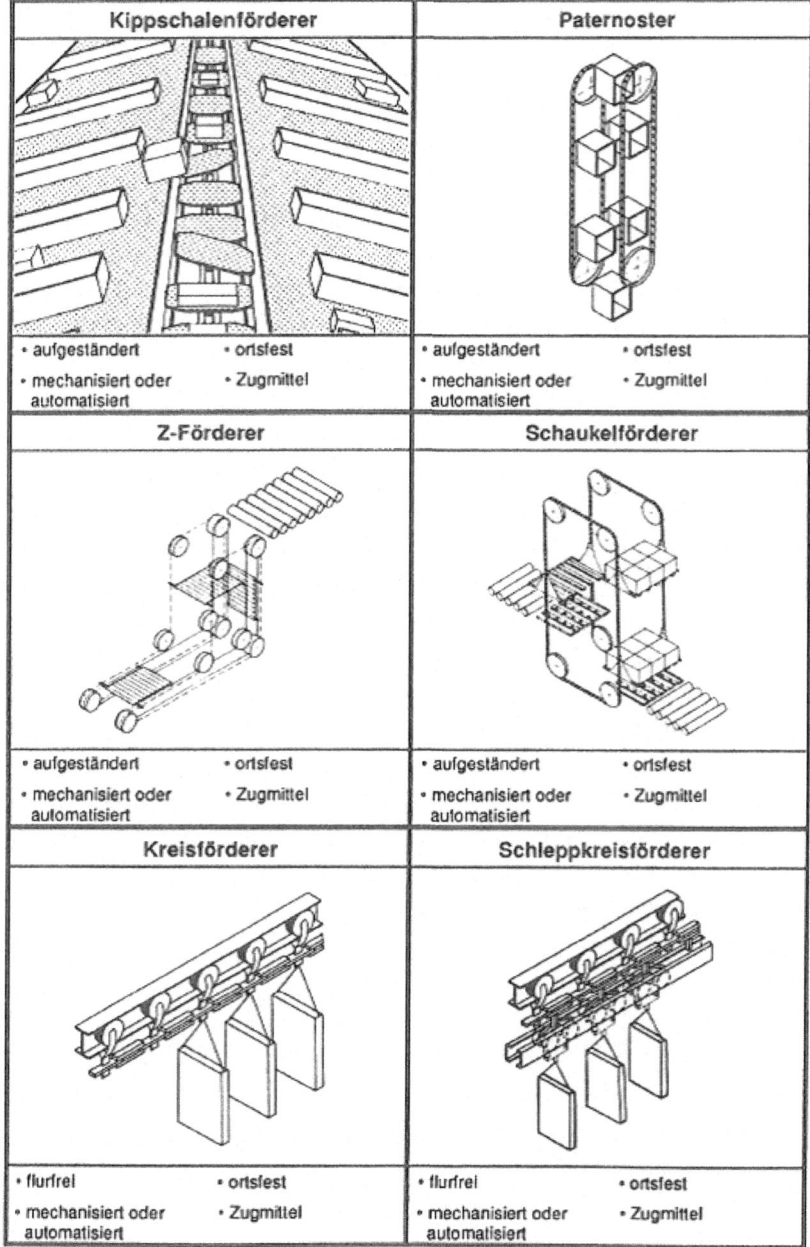

Abb. 9.7 Beispielhafte Darstellung wichtiger Fördermittel, Stetigförderer Teil III [10, S. 204]

gefördert werden müssen. Die Fördermenge je Zeiteinheit (Förderstrom) ist bei Stetigförderern unabhängig von der Förderlänge, wenn der Anlaufvorgang einmal abgeschlossen ist, das heißt der stationäre Betriebszustand mit der vorgegebenen Geschwindigkeit erreicht ist.

Neben ihren fördertechnischen Aufgaben übernehmen Stetigförderer häufig auch Zusatzfunktionen wie z. B.

- Mischen oder Trennen des Fördergutes (z. B. Schneckenförderer oder pneumatische Förderer)
- Zwischenpuffern durch Aufstauen des Fördergutes
- Verteilen auf verschiedene Ziele (z. B. Stückgutförderer und Stückgutverteilanlagen).

Die Vor- und Nachteile von Stetigförderern sind der nachfolgenden Auflistung zu entnehmen.

Vorteile
- einfacher und übersichtlicher Aufbau,
- einfache Wartung,
- günstiges Verhältnis zwischen Nutz- und Totlast, deshalb
- geringer spezifischer Energiebedarf bei Dauerbetrieb,
- große Fördergutströme unabhängig von der Förderlänge,
- hohe Betriebssicherheit und
- gleichmäßig fließender Fördergutstrom.

Nachteile
- meist nur Linienführung (waagerecht, geneigt, senkrecht, horizontal gekrümmt),
- für schwere Einzellasten nicht geeignet,
- schlechter Wirkungsgrad bei Teillasten und
- relativ hoher Verschleiß.

Einsatzfälle Transport von großen bis sehr großen Stück- und Schüttgutmengen auf wenigen, verschiedenen, meist längeren Wegen zu immer gleichen Orten. Einsatz in der ganzen Fabrik, im Warenlager, in der Lagervorzone, in der Produktion, im Versand und vor allem zwischen den einzelnen Bereichen.

Im Nachfolgenden werden einige theoretische Grundlagen zur Ausführung von Stetigförderern ausgeführt. Hiermit sind Dimensionierungen von Stetigförderern in allgemeiner Form möglich. Es sei an dieser Stelle allerdings darauf hingewiesen, dass es eine Reihe von Normen, Richtlinien und Vorgehensschritten sowie für bestimmte Förderer (wie beispielsweise Bandförderer) detaillierte Vorschriften und Berechnungsgrundlagen zur Dimensionierung gibt, die diese allgemeinen theoretischen Ausführungen wesentlich ergänzen und daher in der Praxis verwendet werden.

Zunächst einmal muss in Schüttgut- und Stückgutförderung unterschieden werden (vgl. Tab. 9.1). Die Leistungsdaten von Stückgutstetigförderern sind erheblich von der Größe und dem Gewicht der einzelnen Stückgüter abhängig. Schwere Stetigförderer für Stückgüter bis zu 2 t fördern mit Geschwindigkeit bis zu 0,5 m/s und besitzen Förderleistungen von bis zu 500 Paletten pro Stunde. Die Fördergeschwindigkeit von leichten Stückgutstetigförderern – das Gewicht der Güter liegt hier bei unter 100 kg und die Kantenlänge beträgt weniger als 600 mm – liegt bei maximal 2,5 m/s und es ergibt sich eine maximale Förderleistung von bis zu 8000 Stück (z. B. Pakete) pro Stunde auf einem Förderer.

Die Fördermengen für Schütt- und Stückgut berechnen sich über unterschiedliche Ansätze:

Schüttgut

Volumenstrom bei kontinuierlicher Förderung:

$$\dot{V} = A \cdot v \qquad \left[\frac{m^3}{s} \right] \qquad (9.1)$$

Volumenstrom bei pulsierender Förderung:

$$\dot{V} = \frac{V_{\text{Einzelgefäß}}}{c} \cdot v \cdot \psi \qquad \left[\frac{m^3}{s} \right] \qquad (9.2)$$

Massenstrom:

$$\dot{m} = \dot{V} \cdot \rho_s \qquad \left[\frac{kg}{s} \right] \qquad (9.3)$$

A Füllquerschnitt bei kontinuierlicher Förderung [m^2]
v Fördergeschwindigkeit $\left[\frac{m}{s} \right]$
c Abstand (Teilung) der Einzelgefäße [m]
ψ Füllungsgrad der Gefäße
ρ_s Schüttdichte des Fördergutes $\left[\frac{kg^3}{m} \right]$

Stückgut

Massenstrom:

$$\dot{m} = \frac{m}{c_{st}} \cdot v \qquad \left[\frac{kg}{s} \right] \qquad (9.4)$$

Stückgutstrom:

$$\dot{m}_{st} = \frac{v}{c_{st}} \qquad \left[\frac{\text{Stück}}{s} \right] \qquad (9.5)$$

m Füllquerschnitt bei kontinuierlicher Förderung [kg]
c_{st} Fördergeschwindigkeit [m]

Bei den Fördermengen für Schüttgut müssen die Schüttdichten berücksichtigt werden. Einige typische Schüttdichten sind in Tab. 9.2 wiedergegeben.

Für die Anwendung ebenfalls von besonderer Bedeutung ist die Berechnung der Antriebsleistungen von Stetigförderern. Die unterschiedlichen Berechnungsschritte werden im Nachfolgenden angegeben.

Die Antriebsleistung *P* [W] eines Stetigförderers mit Zugmittel ergibt sich aus dem Gesamtwiderstand F_W [N] und der Band- bzw. Kettengeschwindigkeit $v \left[\frac{m}{s}\right]$.

$$P = F_W \cdot v \tag{9.6}$$

Der *Gesamtwiderstand* F_W eines Stetigförderers, der bei Förderern mit Zugmittel der Umfangskraft F_U am Antriebsdurchmesser (z. B. Trommel, Kettenrad) entspricht, errechnet sich aus dem Reibungs- und Hubwiderstand:

$$F_W = F_U = F_{WR} + F_{WH} \tag{9.7}$$

Tab. 9.2 Typische Schüttdichten von Schüttgütern (in t/m³). (Quelle: ohne Verfasser)

Bauxit	1,20–1,36
Braunkohle	0,65–0,65
Eisenerz	1,60–3,20
Flugasche	0,64–0,70
Gips (Pulver)	1,12–1,28
Graphit	0,35–0,35
Gummi	0,40–0,48
Getreide	0,33–0,33
Holzspäne	0,16–0,48
Kaffeebohnen	0,40–0,40
Kartoffeln	0,75–0,75
Koks	1,00–1,00
Sand (trocken)	1,50–1,60
Sand (feucht)	1,80–1,90
Salz	1,00–1,20
Stahlspäne	1,60–2,40

F_W Umfangskraft aus allen Bewegungswiderständen, die von der Antriebstrommel im stationären Betrieb zu überwinden sind

F_U Umfangskraft

F_{WR} Reibungswiderstand

F_{WH} Hubwiderstand

Beim Fördern des Massenstromes auf die Höhe h entsteht der *Hubwiderstand:*

$$F_{WH} = m\prime_{FG} \cdot g \cdot h \qquad (9.8)$$

h \qquad Förderhöhe (Höhendifferenz zwischen Gutaufnahme und Gutabgabe) [m]

$m\prime_{FG} = \frac{\dot{m}}{v}$ auf die Längeneinheit bezogene Fördergutlast (Streckenlast) [kg/m]

Reibungswiderstand bspw. durch Lager der Tragrollen oder durch die Gutaufgabe:

$$F_{WR} = f_{ges} \cdot L \cdot g \cdot (m\prime_F + m\prime_{FG}) \qquad (9.9)$$

f_{ges} Gesamtreibungszahl (abhängig vom Förderer)

L \qquad Horizontalprojektion der Förderanlage [m]

$m\prime_F$ auf die Längeneinheit bezogene Eigenlast des Förderers, die Reibungskräfte erzeugt (z. B. Gewicht des Bandes, der Tragrollen,...)

Gesamtwiderstand

$$F_W \widehat{=} F_U = f_{ges} \cdot L \cdot g \cdot (m\prime_F + m\prime_{FG}) \pm m\prime_{FG} \cdot g \cdot h \qquad (9.10)$$

$+$ bei Aufwärtsförderung

$-$ bei Abwärtsförderung

Für die Auslegung des Antriebsmotors ist die *Nennleistung P_N* maßgebend:

$$P_N \widehat{=} P_V = \frac{F_W \cdot v}{\eta} \qquad (9.11)$$

$$P_N = \frac{1}{\eta} \times \frac{W}{t} = \frac{1}{\eta} \times \frac{F \times S}{t} = \frac{F \times V}{\eta} \qquad (9.12)$$

η Wirkungsgrad

F Kraft [N]

s Weg [m]

v Geschwindigkeit $\left[\frac{m}{s}\right]$

Die Berechnung der Nennleistung P_N gilt nur für konstante Last ohne Beschleunigung und Verzögerung. In der Regel kann daher für P_N auch P_V gesetzt werden. P_V ist die Volllastbeharrungsleistung; ggf. ist die Anlaufleistung jedoch zu überprüfen (Beschleunigung).

9.3.1 Flurgebundene Stetigförderer (Unterflurschleppkettenförderer)

Man unterscheidet zwei Grundprinzipien. Nach dem ersten Prinzip läuft eine Kette mit Mitnehmern dauernd in einer im Boden eingelassenen Schiene um (siehe Abb. 9.5). Nicht angetriebene Fahrzeuge werden mit Mitnehmern manuell in die Kette eingekoppelt und dann transportiert. In Systemen nach dem zweiten Prinzip sind lediglich an den Fahrzeugen Mitnehmer befestigt, die in entsprechende Öffnungen in die umlaufende Kette eingesteckt werden. Verzweigungen sind mit nur einer Kette nicht möglich, es müssen dann mehrere Kettensysteme nebeneinander angeordnet und die Fahrzeuge umgekoppelt werden.

Unterflurschleppkettenförderer müssen bereits bei der Gebäudeerstellung eingeplant werden, da ihre nachträgliche Einbringung nicht wirtschaftlich möglich ist. Entsprechend sind sie nur mit sehr hohem Aufwand erweiterbar.

Abb. 9.8 zeigt beispielhaft Anwendungsfelder.

Da die Fahrzeuge im mechanisierten oder automatischen Betrieb laufen und meist ohne Sicherheitssensorik eingesetzt werden, müssen ihre Fahrwege frei von anderen Arbeitsmitteln sein. Sie sollten keine Kreuzungspunkte mit anderen Fördermitteln aufweisen. Besondere Vorsicht ist in Bereichen geboten, in denen sich gleichzeitig Arbeitspersonal aufhält, wie beispielsweise bei der Be- und Entladung. Die Fahrzeuge verfügen nicht über Notstoppbügel und werden von der Kette über eventuelle Hindernisse hinweggezogen. Nicht gesichert sind sie meist auch gegen unplanmäßiges Auskoppeln, was besonders an Steigungen ein erhebliches Sicherheitsrisiko darstellt.

Einsatzfälle von Unterflurförderern sind die Warenverteilung, z. B. in Speditionen. Trotz ihrer großen Puffer- und Staufähigkeit werden sie heute nur noch selten eingesetzt.

9.3.2 Aufgeständerte Stetigförderer

9.3.2.1 Aufgeständerte Stetigförderer ohne Zugmittel

Rollenbahn

Rollenbahnen (DIN 15201 [13]) sind Stetigförderer ohne Zugmittel und werden ausschließlich zum Stückguttransport verwendet (siehe Abb. 9.9). Sie bestehen aus vielen

Abb. 9.8 Beispielhafte Einsatzgebiete von Unterflurförderern. (Quelle: Dematic GmbH)

hintereinander angeordneten, frei drehbaren, zwischen zwei Stahlprofilen befestigten Tragrollen. Die Tragrollen müssen länger als das Fördergut breit sein und einen Achsabstand von weniger als der Hälfte der Stückgutlänge aufweisen, damit deren Auflage auf mindestens zwei Rollen zu jedem Zeitpunkt gewährleistet ist. Rollenbahnen sind mit und ohne Antrieb ausgeführt. Die angetriebenen Rollenbahnen werden formschlüssig über Ketten oder kraftschlüssig mit Riemen bewegt, wobei jede einzelne Rolle oder aber auch nur jede dritte oder vierte Rolle angetrieben sein kann.

Dabei übernehmen die Rollen sowohl Antriebs- als auch Tragfunktionen. Beim Untergurtantrieb wird der Riemen durch Druckrollen an die Unterseite der Tragrollen gepresst. Bei Keilriemen- oder Kettenantrieben werden die Rollen mit Keilriemenscheiben oder Kettenrädern versehen. Als Antriebe dienen Trommel- oder Getriebemotoren, wobei Trommelmotoren staub- und wasserdicht gekapselt ausgeführt werden können.

Die Abb. 9.10 zeigt einen sogenannten schweren Rollenförderer. Als Rollgang werden hier Rollenbahnen mit einzeln angetriebenen Rollen bezeichnet. Auch hier reicht es in der Regel aus, jede zweite bis dritte Rolle anzutreiben. Diese Förderer dienen zum Transport von schweren Gütern.

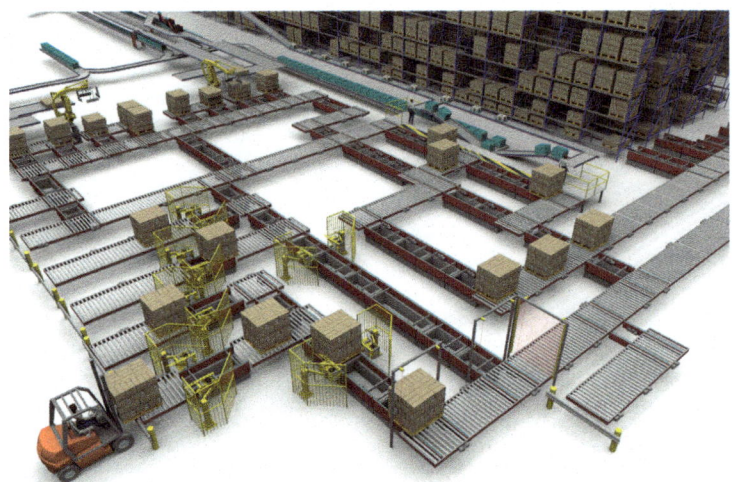

Abb. 9.9 Rollenbahnen zum Palettentransport in einer Lagervorzone. (Quelle: Dematic GmbH)

Zu den angetriebenen Rollenbahnen zählen auch Staurollenbahnen, die neben der Förderfunktion ein druckarmes Stauen der auf der Förderstrecke befindlichen Stückgüter ermöglichen. Die Bauarten unterscheiden sich hinsichtlich der Funktionsweise (über Kette angetriebene Tragrollen/mit Reibbandantrieb/Stauförderer mit Staurollen). Das Abb. 9.11 zeigt die Funktion mit Staurollen.

Die seitlichen Rollenketten treiben über Kettenritzel den Gleitlagerblock und damit auch über Reibschluss die durch das Fördergut belasteten Tragrollen an. Beim Stauen bleibt der Rollenmantel stehen (das Gleitlager rutscht auch am Rollenmantel durch). Die Staudruckkraft entspricht dem Reibungswiderstand der Staurollen längs der Staulänge. Dieser Förderer hat eine einfache Bauweise, er ist wegen der stetig wachsenden Staudruckkraft jedoch nur bis zu mittleren Belastungen und Staulängen geeignet. Der Vorteil liegt in der Möglichkeit,

Abb. 9.10 Schwerer Rollenförderer (1 Stehlagergehäuse, 2 Tragkonstruktion, 3 Elastische Kupplung, 4 Getriebemotor) [14, S. 274]

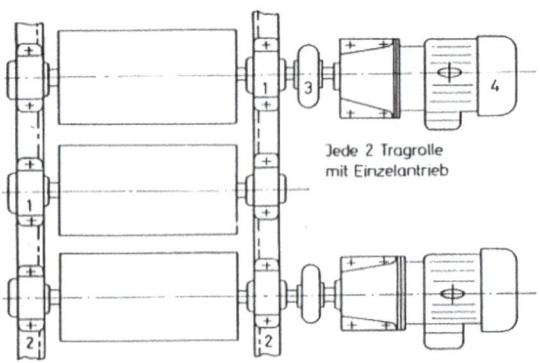

Jede 2 Tragrolle mit Einzelantrieb

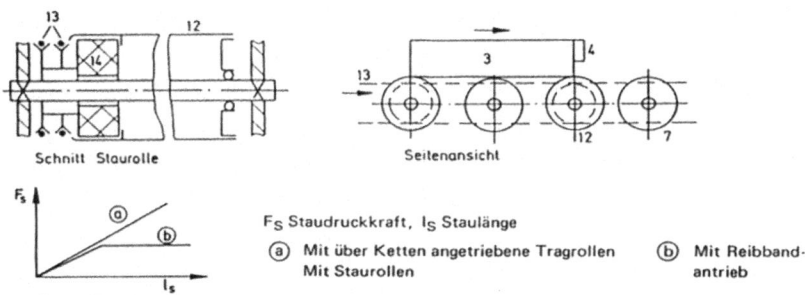

Abb. 9.11 Staurollenbahn (3 Fördergut [Kiste] 4 Sperre, 7 Tragrolle, 12 Staurolle, 13 Rollenkette, 14 Gleitlager). (Quelle: ohne Verfasser)

auch leicht ansteigend zu fördern; er benötigt jedoch durch die Schaltgestänge einen höheren Aufwand an Bau- und Wartungskosten.

Rollenbahnen werden fast ausnahmslos nach dem Baukastenprinzip gefertigt und in kompletten Baugruppen geliefert. Sie setzen sich aus den Funktionsgruppen Rollkörper (Achsen, Lagerung, Abdichtung), Träger- bzw. Rahmenkonstruktion und Aufständerung bzw. Aufhängung zusammen. Neben Geraden gibt es Bögen, Ein- und Ausschleusweichen, Drehtische (vgl. Abb. 9.17a), für Rollen mit Schwerkraftantrieb, dort werden für die Bauart Röllchenförder), Verschiebewagen, Hub- und Absenk- sowie Transfereinrichtungen. Rollenbahnen sind meist aufgeständert, können aber auch flurfrei unter der Hallendecke hängend angebracht werden.

Rollenbahnen eignen sich nur für einen Transport von Stückgütern mit mindestens einer ebenen Fläche oder von genormten Ladehilfsmitteln (Paletten), da sonst kein störungsfreier Ablauf gewährleistet ist. Aufgeständerte Rollenbahnen werden im angetriebenen Durchlaufregallager, in der Lagervorzone, in der Produktion und im gesamten Betrieb beispielsweise bei Arbeiten nach dem Fließprinzip für eine stetige Stückgutbewegung, von Arbeitsplatz zu Arbeitsplatz und zum Be- und Entladen von Straßenfahrzeugen, Eisenbahnwagen, Schiffen und Flugzeugen eingesetzt. Flurfreie Rollenbahnen werden beispielsweise über längere Entfernungen ohne Be- und Entladevorgang z. B. zur Verbindung zweier Werksbereiche, wie beispielsweise Produktion und Fertigwarenlager, eingesetzt.

Schwingförderer

Schwingförderer sind ebenfalls Stetigförderer ohne Zugmittel. Nach DIN 15201 [13] unterscheidet man zwischen Schüttelrutschen und Schwingrinnen. Mehrere mit Exzentern rotierende Massen (Unwuchtmotoren) oder elektromagnetische Vibratoren versetzen die Förderer in impulsartige Schwingungen, die das Fördergut, Schüttgut oder Stückgut wie kleine Einzelteile, Schrauben etc. periodisch in eine Richtung weiterbefördern. Das Fördergut bewegt sich dabei auf einer glatten Fläche, die häufig u-förmig ausgeformt ist.

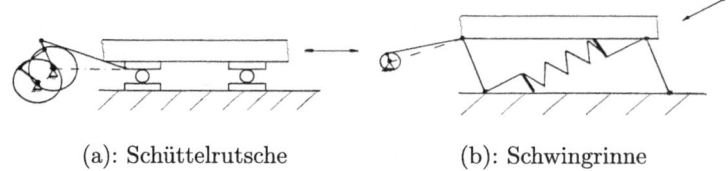

(a): Schüttelrutsche   (b): Schwingrinne

Abb. 9.12 Schüttelrutsche und Schwingrinne. (Quelle: ohne Verfasser)

Schüttelrutschen nutzen die Schwerkraft, wobei die impulsartigen Schwingungen nach dem Gleitprinzip den Wert der negativen Fallbeschleunigung nicht erreichen. Das Gut wird entsprechend durch Überwindung der Reibkraft bewegt (siehe Abb. 9.12a).

Schwingrinnen Bei Schwingrinnen hingegen wird die negative Fallbeschleunigung bei Nutzung des Mikrowurfprinzips überschritten. Auf diese Art und Weise können auch Steigungen überwunden werden (Siehe Abb. 9.12b).

Zu beachten ist, dass die von Schwingförderern in den Boden abgeleiteten Schwingungen häufig Störquellen für andere Arbeitsmittel darstellen und der entstehende Lärm eine Belästigung für den Menschen bedeutet. Vorteilhaft ist, dass bei Abschaltvorgängen kein Nachlauf stattfindet.

Einsatzfälle Hauptsächlich für Schüttgut eingesetzt, für Stückgutförderung von untergeordneter Bedeutung. Vereinzelung von ungeordnet gepufferten Kleinteilen und Bereitstellung in der Maschinenperipherie von Handhabungsgeräten in Form von Zuteil-, Dosier- und Beschickungseinrichtungen (Abb. 9.13).

Abb. 9.13 Prinzipdarstellung eines Vibrationswendelförderer [10, S. 412]

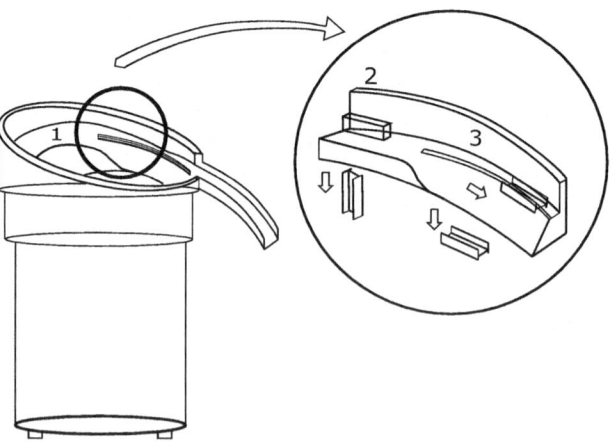

Vorteile von Schwingförderern
- Einfache und billige Konstruktion (mit Ausnahme des Antriebes)
- geringe Wartungskosten
- hohe Betriebssicherheit
- keine unmittelbare Berührung des Fördergutes mit Maschinenteilen (z. B. Antriebsräder, Lagerschmierstellen)
- keine verschleißanfälligen Bauteile

Nachteile
- kleine Förderlängen
- geräuschvoller Gang
- Belastung der Bauteile (Rinne, Antrieb) durch hohe dynamische Kräfte

9.3.2.2 Aufgeständerte Stetigförderer mit einem Fördermedium

Hydraulikförderer
Hydraulikförderer sind Stetigförderer mit einem Fördermedium und meist geschlossenen Rohrleitungssystemen mit Durchmessern bis zu 1,5 m. In ihnen wird mit Wasser fließfähig gemachtes Schüttgut oder Stückgüter in Kapseln von mehreren Metern Länge mit Hilfe eines Fördermediums transportiert.

Bei der Spülförderung in offenen Rinnen (hydraulische Rinne) wird dem Gemisch eine Anfangsgeschwindigkeit erteilt. Danach fließt das Gemisch allein durch die Wirkung des Gefälles (bis 5°) vorwärts. Je rauer die Rinne und je größer das Korn, die Dichte des Fördergutes und der Förderstrom sind, desto größer muss die Neigung der Rinne ausgeführt werden um einen Stau zu vermeiden. Am Ende der Rinne befinden sich Abscheidevorrichtungen (Siebe, Klärbecken), die das Gut von der Trägerflüssigkeit trennen. Es handelt sich selten um geschlossene Kreisläufe, man arbeitet häufig mit verlorenem Fördermedium.

Einsatzgebiete Förderung von landwirtschaftlichen Produkten (z. B. Kartoffeln, Zuckerrüben), die während der Förderung gleichzeitig gereinigt werden. Diese Kombination vereint die Vorteile der beiden zuvor genannten Anlagen (leichte Gutaufnahme an mehreren Stellen, Transport über längere Förderstrecken zu verschiedenen Abgabestellen). Allerdings ist der Bauaufwand recht groß. Weltweit gibt es relativ wenige Anlagen. Dieser Typ von Förderer hat eine untergeordnete Bedeutung in der Anwendung.

Vor- und Nachteile von Hydraulikförderern Vorteile
- große Förderlängen bis 400 km
- hoher Massenstrom bis 500 t/h
- niedrige Betriebskosten
- staubfreie Förderung
- mit der Förderung kombinierbare verfahrenstechnische Prozesse (z. B. Aufbereiten, Löschen, Waschen)

Nachteile
- hoher Wasserverbrauch
- Beschränkung auf bestimmte Fördergüter
- hohe Baukosten

Hydraulische Förderer werden vor allem dort eingesetzt, wo mit dem Fördervorgang Arbeitsgänge verbunden sind, die Wasser oder andere Flüssigkeiten benötigen.

Pneumatikförderer

Pneumatikförderer sind gleichfalls Stetigförderer mit einem Fördermedium. Man unterscheidet geschlossene und offene Pneumatikförderer. Geschlossene Pneumatikförderer sind als geschlossene Rohrsysteme ausgeführt, in denen das Gut durch Druckluft oder durch Kombination von Druck- und Saugluft gefördert wird.

Offene Pneumatikförderer bestehen aus Gleitprofilen mit Luftausströmdüsen, die meist geneigt angeordnet sind. Der Vortrieb des Fördergutes wird in der Regel durch Schwerkraft bewirkt, die Überwindung der Haftreibung durch das Ausströmen von Luft, so dass das Fördergut auf einem Luftfilm gleitet.

Die wichtigsten technischen Erklärungen und die Leistungsdaten werden im Folgenden vorgestellt.

Saugluftförderanlagen Bei Förderern dieser Art (siehe Abb. 9.14) befindet sich der Luftverdichter am Ende der Anlage. Das von der Saugdüse aufgenommenen Fördergut wird über die Förderleitung in den Abscheider gesaugt und dort von dem Luftstrom getrennt. Um die abgegebene Luft restlos von Staubteilchen zu befreien, ist zusätzlich hinter dem Abscheider ein Filter eingebaut. Sauganlagen zeichnen sich besonders durch vollkommene Staubfreiheit sowie einfache Gutaufnahme aus, welche an mehreren Stellen gleichzeitig erfolgen kann. Sie sind wegen des begrenzten Druckes nur für kleinere Förderlängen und leichtere, gut fließende Fördergüter wie Getreide, Sägespäne, Kohlenstaub usw. geeignet.

Leistungswerte/charakteristische Daten
- Förderlänge bis 200 (500) m
- Maximaler Unterdruck bis 0,5 bar
- Förderhöhe bis 30 m
- Maximale Korngröße bis 20 mm
- Fördermenge bis 100 (500) t/h

Druckluftförderanlagen Diese Anlagen (siehe Abb. 9.14) arbeiten mit höherem Druck. Der Luftverdichter befindet sich hier am Anfang der gesamten Anlage. Das über die Aufgabeeinrichtung in die Rohrleitung eingegebene Fördergut wird unter Überdruck zu dem Abscheider geführt. Häufig wird die Förderluft nach dem Abscheiden nicht ins Freie gegeben, sondern wieder dem Gebläse zugeführt (Umluftanlagen). Filteranlagen können dann entfallen. Druckluftanlagen gestatten die Verbindung von einer Aufgabestelle mit mehreren Abgabestellen und sind wegen des höheren Druckes auch für größerer Förderlängen und schwerere Fördergüter wie Kaffee, Asche, Zement, Kalk und Sand geeignet.

Leistungswerte/charakteristische Daten
- Förderlänge bis 500 (2000) m
- Maximaler Förderdruck bis 4(10) bar
- Förderhöhe bis 100 m
- Maximale Korngröße bis 60 mm
- Fördermenge bis 100 (500) t/h

Saug-/Druckluftförderanlagen (siehe Abb. 9.14) Dies stellt eine kombination der vorher erklärten beiden anderen Förderprinzipien dar. Es vereinigt die Vorteile der beiden anderen Prinzipien (leichte Gutaufnahme, gleichzeitig an mehreren Stellen, transport über längere Fördersrecken, verschiedene Abgebestellen). Der Bau- und Investitionsaufwand ist allerdings hoch.

Je nach der Gutkonzentration im Luftstrom [6, S. 308], die durch das Mischungsverhältnis μ gekennzeichnet wird $\left(\mu = \frac{\text{Massenstrom des Fördergutes}}{\text{Massenstrom der Luft}}\right)$, unterscheidet man grundsätzlich die folgenden drei Förderarten (vgl. Abb. 9.15):

Flugförderung Die Luftgeschwindigkeit v_L ist größer als die Gutgeschwindigkeit v ($v_L = 10\ldots40\,\text{m/s}$). Das Mischungsverhältnis μ ist niedrig bis mittel ($\mu = 5\ldots60$), die Rohrleitung ist nur lose mit dem Fördergut gefüllt. Die Flugförderung ist für pulverför-

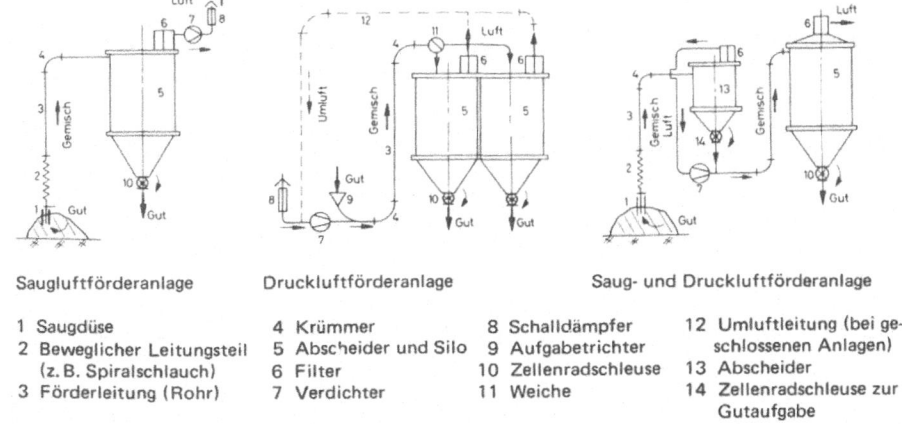

Saugluftförderanlage   Druckluftförderanlage   Saug- und Druckluftförderanlage

1 Saugdüse	4 Krümmer	8 Schalldämpfer	12 Umluftleitung (bei ge-
2 Beweglicher Leitungsteil	5 Abscheider und Silo	9 Aufgabetrichter	schlossenen Anlagen)
(z. B. Spiralschlauch)	6 Filter	10 Zellenradschleuse	13 Abscheider
3 Förderleitung (Rohr)	7 Verdichter	11 Weiche	14 Zellenradschleuse zur
			Gutaufgabe

Abb. 9.14 Pneumatische Förderanlage [6, S. 309]

Abb. 9.15 Strömungsformen
pneumatischer Rohrförderung.
(Quelle: ohne Verfasser)

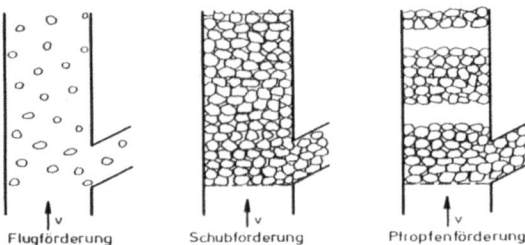

Flugförderung   Schubförderung   Pfropfenförderung

mige bis kleinstückige, nicht backende Schüttgüter geeignet. Durch die hohen Luft- und
Gutgeschwindigkeiten besteht die Gefahr der Gutbeschädigung (Kornbrüche).

Schubförderung Die Gutkonzentration liegt bei dieser Förderart sehr viel höher (Mischverhältnis $\mu > 200$), die Luftgeschwindigkeit $v_L = 0{,}5\ldots5$ m/s ist sehr niedrig; sie entspricht
in etwa der Gutgeschwindigkeit. Die Schub- und Fließgeschwindigkeit ist für feuchte,
staubförmige bis körnige, auch backende oder breiige Fördergüter geeignet. Wegen des
hohen Druckabfalls in der Leitung kann sie nur über kurze, möglichst gradlinige Förderstrecken erfolgen.

Pfropfenförderung Bei backenden und breiigen Fördergütern ergibt sich oft eine diskontinuierliche Förderung des Fördergutes, die so genannte Pfropfenform.

Bei geschlossenen Pneumatikförderern ist das Austragen des Schüttgutes und damit die
Trennung von Schüttgut (Feststoff) und Luft (Gas) besonders wichtig. Hierfür gibt es zwei
Wirkprinzipien (Totalabscheider, Umlenkabscheider), siehe Abb. 9.16.

Einsatzfälle Geschlossene Pneumatikförderer werden in der Regel zum Schüttguttransport
(Schiffsentladung, Granulatbeförderung) eingesetzt. Diese Art von Pneumatikförderern wird
sehr häufig eingesetzt. Sie hat folgende Vor- und Nachteile:

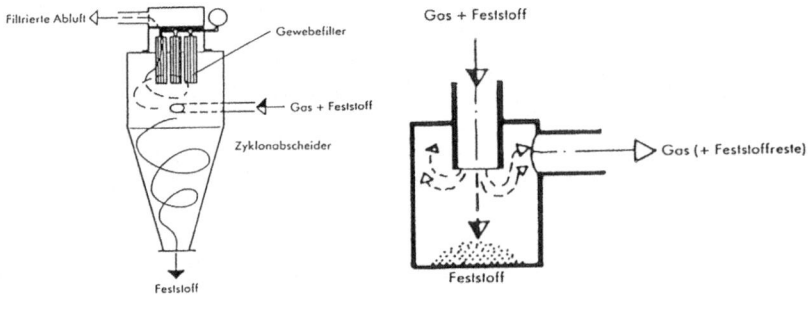

(a): Totalabscheider   (b): Umlenkabscheider

Abb. 9.16 Wirkprinzipien von Schüttgutabscheidern. (Quelle: ohne Verfasser)

Vorteile

- Abgeschlossener Fördervorgang ohne Gutverlust
- weitgehende Staubfreiheit
- Geringe Anlage- und Wartungskosten (in der Förderstrecke keine beweglichen Teile)
- einfacher Aufbau
- geringer Raumbedarf (räumliche Führung möglich)
- Möglichkeit einer vollautomatischen Steuerung.

Nachteile

- hoher Leistungsbedarf (Energiekosten), evtl. zusätzliche Aufbereitungskosten
- nur für bestimmte Fördergüter geeignet
- starker Verschleiß bei schleißenden Gütern
- Lärmbelästigung, Verstopfungs- und Explosionsgefahr.

9.3.2.3 Aufgeständerte Stetigförderer unter Nutzung der Schwerkraft

Rollen-, Röllchen- und Kugelbahn
Alle diese Förderer werden ausschließlich zur Stückgutförderung verwendet. Schwerkrafttrollenbahnen sind aufgebaut wie angetriebene Rollenbahnen, aber ohne Antrieb und Kraftübertragungselemente (Ketten, Riemen) ausgeführt. Röllchenbahnen weisen anstelle von durchgehenden Tragrollen an den Stahlprofilen angebrachte Scheibenrollen auf (hier müssen sämtliche transportierten Stückgüter die gleiche Breite aufweisen) oder bestehen aus vielen quer zur Fahrbahn auf Achsen einzeln gelagerten, gegebenenfalls versetzt angeordneten Scheibenröllchen.

Röllchenbahnen fördern leichte Stückgüter, während Rollenbahnen vor allem für schwere Güter geeignet sind. Rollenbahnen und Röllchenbahnen sind geneigt, falls sie die Schwerkraft nutzen, und horizontal angeordnet, falls sie manuell bedient werden oder angetrieben sind.

Wie bei angetriebenen Rollenbahnen wird auch bei Schwerkrafttrollenbahnen und Röllchenbahnen die Gesamtanlage aus Baukastenelementen zusammengesetzt. Das Abb. 9.17 zeigt die verschiedenen Baukasten-Ausführungen von Rollen-, Röllchen- und Kugelbahnen.

Bei geneigten Rollenbahnen wird die Fördergeschwindigkeit durch spezielle Bremsrollen (Fliehkraftbremse/Fliehkraftkupplung) kontrolliert. Die Gewichte der geförderten Stückgüter müssen ähnlich sein, da sonst stark unterschiedliche Fördergeschwindigkeiten zum Stehenbleiben oder zu Zusammenstößen der Fördergüter führen können. Rollenbahnen haben in der Regel nur eine Förderrichtung und werden selten im Reversierbetrieb eingesetzt.

Bei der Röllchenbahn werden die Tragrollen durch schmale in Kugellagern gelagerte Röllchen aus Stahl, Leichtmetall oder Kunststoff, die auf dünnen in den Seitenwangen eingespannten Achsen laufen, ersetzt. Auch die Röllchenbahnen können mit Hilfe von Weichen, Abweisvorrichtungen, Kurven und Ausziehstücken zu umfangreichen und komplizierten

a) Kurven und Weichen für Rollenbahnen und Rollenförderer

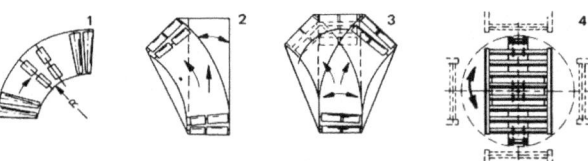

1 Kurve mit kegeligen oder kurzen zylindrischen Tragrollen, 2 Weiche, links 45°, 3 3-Wegeweiche, 4 Drehweiche (Drehtisch),

b) Röllchenbahnen – Bahn, Kurven und Weichen

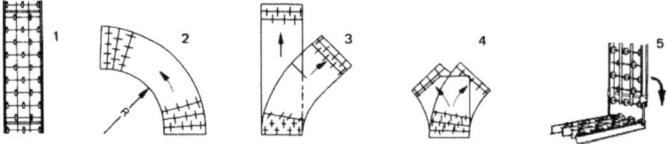

1 Gerades Bahnstück, 2 Bogenstück, 3 Weiche, rechts 45° , 4 Y-Weiche, 5 Durchgangsstück (auch als Klappweiche),6 Rolle, 7 Rollenachse

Ausschleusen bei Weichen (3 bzw. 4) durch Anheben der in Kurvenrichtung stehenden Röllchen

c) Bauelement von Kugelbahn

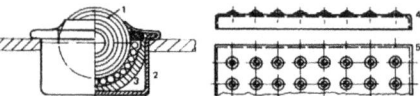

1 Tragkugel
2 Gehäuse
3 Kugelschale mit kleinen
   Gegenkugeln
4 Kugeltisch (Schnitt)
5 Kugeltisch (Draufsicht)

Tischfläche als gekantete
Stahlplatte

Abb. 9.17 Bauelemente von Rollen-, Röllchen- und Kugelbahnen [15, S. 262]

Förderstrecken ausgebaut werden. Kurven sind gegenüber der Röllchenförderer einfacher zu realisieren.

Dem prinzipiellen Aufbau einer Röllchenbahn zeigt die Abb. 9.18.

Die Entscheidung beim Einsatz von Rollen- und Röllchenförderern ergibt sich aus dem Gewicht der Stückgüter: Rollenbahnen werden für Stückgüter von 100 bis maximal 2500 kg eingesetzt, bei Röllchenbahnen liegt das Stückgutgewicht viel geringer und ist begrenzt auf maximal 500 kg.

Typische Anwendungsfälle für Schwerkraft-Rollenbahnen (aber sinngemäß auch für Schwerkraft-Röllchenbahnen) sind:

- Lager-Zu- und Abführungen
- Postverteilzentren
- Lebensmittelverarbeitende Industrie
- Montagelinien in der Elektronikindustrie
- Maschinenverkettungen in der Automation
- Fertigungsanlagen in allen Branchen
- Versandlinien in allen Branchen
- Verpackungslinien für alle Produkte

Abb. 9.18 Röllchenbahn [16,
S. 142]

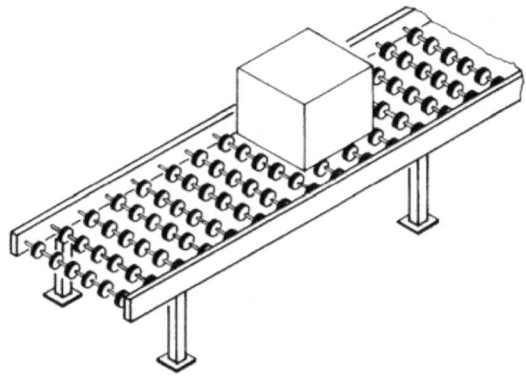

- Kommissioniersysteme pharmazeutischer Großverteiler
- Palettentransport im Getränkevertrieb
- Koffer- und Behältertransporte auf Flughäfen (Cargo Handling)
- Kassentische in Supermärkten
- etc.

Kugelbahnen bestehen aus vielen hinter- und nebeneinander angeordneten, auf einem Blech zwischen zwei Stahlprofilen gelagerten, beliebig verdrehbaren Kugeln und erlauben daher beliebige Förderrichtungen (Abb. 9.19). Sie sind horizontal oder leicht geneigt angeordnet und werden in der Regel manuell bedient.Einsatz als Einzelarbeitstisch oder als Teil einer Fördereinrichtung, zwischen Rollen- oder Röllchenbahnen an Verteil-, Dreh- oder Kreuzungspunkten oder bei Quer- und Längstransport von Paletten.

In der Anwendung unterscheidet man Standardausführungen mit einer Traglast bis 250 kg und Massivausführungen für Lasten über 250 kg. Als Richtwert für die Traglasten je Kugelrolle gilt: 20 kg bei Laufkugeldurchmesser 16 mm, bis 500 kg bei Laufkugeldurchmesser 60 mm.

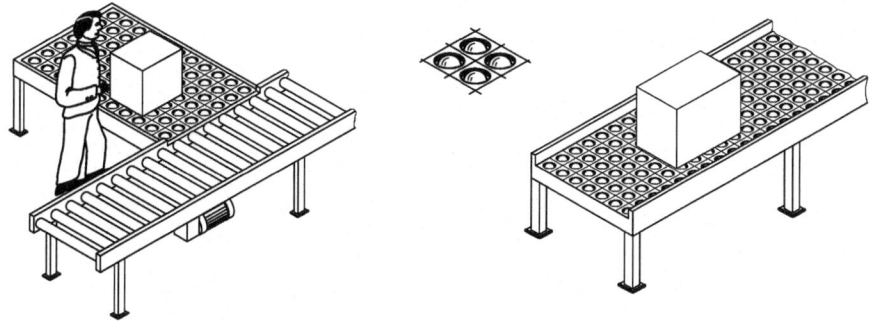

Abb. 9.19 Kugelbahn in Kreuzung mit Rollenförderer und eine einfache Kugelbahn [16, S. 143]

Einsatzfälle Rollenbahnen und Röllchenbahnen sind geeignet für Fördergut mit ebenen und hinreichend festen Auflageflächen. Sie werden unter Nutzung der Schwerkraft in Durchlauf- und Einschubregallägern sowie im Montagebereich, Verpackungsbereich, Warenausgang, Be- und Entladebereich eingesetzt. Rollenbahnen finden beispielsweise in der Nahrungs- und Getränkeindustrie, in Gießereien und Walzwerken, in Lägern, Versandhäusern und Postämtern, in der Möbel- und Holzplattenindustrie Verwendung, Kugelbahnen beim Sortieren oder in der Peripherie von Handarbeitsplätzen.

Rutschen, Wendelrutsche
Bei diesen Stetigförderern wird das Fördergut nicht getragen, sondern es gleitet durch die Schwerkraft auf einer Förderbahn. Rutschen sind offene oder geschlossene Rinnen mit rechteckigem oder abgerundetem Querschnitt, Fallrohre sind als geschlossene Rohre ausgebildet. Rutschen können gerade oder wendelförmig ausgeführt werden. Sowohl Rutschen als auch Fallrohre können teleskopförmig gestaltet werden. Die Gewichte der geförderten Stückgüter müssen ähnlich sein, damit es nicht zu Staus oder Zusammenstößen beim Fördervorgang infolge unterschiedlicher Geschwindigkeiten kommt (Abb. 9.20).

Vorteile von Schwerkraftförderern
- Einfache Bauart
- fast keine Wartung
- hohe Betriebssicherheit
- kein Antrieb
- preiswert

(a): Wendelrutsche   (b): Stabrutsche (auch   (c): Rutsche
                                    Körberrutsche genannt)

Abb. 9.20 Rutschen, Wendelrutschen, Stabrutsche. (Quelle: Krampe GmbH & Co. KG)

Nachteile
- großer Gleitverschleiß
- Neigungswinkel abhängig vom Fördergut
- Rutschgeschwindigkeit nicht genau kontrollierbar
- abhängig vom Neigungswinkel und Reibwert μ zwischen Fördergut und Rutsche (μ schwankt mit Material, Feuchtigkeitsgrad, Rutschgeschwindigkeit)

Einsatzfälle Wendelrutschen werden zum Vertikaltransport bei der Kommissionierung im Lager (in Verbindung mit Regalbediengeräten) oder von einem Stockwerk in ein darunterliegendes Stockwerk (beispielsweise für Sackgut) eingesetzt. Gerade Rutschen zur geneigten Abwärtsförderung finden beispielsweise hinter Kippschalenförderern in der Kommissionierzone Verwendung. Bevorzugtes Fördergut sind Päckchen und Pakete, beispielsweise in Sortieranlagen der Post, aber auch andere Stückgüter. Fallrohre und geschlossene Rutschen werden wegen der hohen Fallgeschwindigkeit und der Fördergutbelastung selten zum Stückguttransport, sondern in der Regel zum Schüttguttransport verwendet.

9.3.2.4 Aufgeständerte Stetigförderer mit Zugmittel

Kettenförderer
Diese Gruppe von Förderern umfasst mechanische arbeitende Förderer, bei denen Zug- und Tragmittel getrennt sind. Hierzu gehören:

- Tragkettenförderer
- Kratzerförderer
- Gurtbandförderer
- Trogkettenförderer
- Wandertisch und Kippschalenförderer
- Schaukelförderer
- Kettenbecherwerke

Diese Stetigförderer sind für Schüttgut- oder Stückgutförderung anwendbar.

Vor- und Nachteile der Kettenförderer Vorteile
- Eignung zur Aufnahme großer Zugkräfte bei kleinen Umlenkradien
- einfaches Auswechseln beschädigter Kettenteile
- Unempfindlichkeit gegenüber scharfkantigem oder aggressivem Gut

Nachteile
- geringe Fördergeschwindigkeit (0,1 …1,5 m/s)
- geräuschvoller Gang

- große Eigenmasse (wegen der kleinen Fördergeschwindigkeit sind große Förderquerschnitte erforderlich).

Tragkettenförderer

Tragkettenförderer (VDI 3598 [17]) sind Stückgutförderer mit einer oder mehreren Ketten als Zug- und Tragorgan zugleich, falls notwendig, mit Mitnehmern. Sie sind je nach Ausführung geeignet für waagerechte bis senkrechte Förderung auch von langen oder sperrigen Gütern.

Heute sind die wichtigsten Tragkettenförderer aus zwei oder drei längs verlaufenden Stahlprofilen aufgebaut, auf denen die Ketten als Zug- und Tragorgan entlanglaufen (Abb. 9.6 und 9.21). Sie können geradeaus fördern und haben zur Richtungsänderung einen Drehtisch oder eine unterlagerte Hubsenkstation mit um 90° gedreht angeordneten Ketten. Die Abb. 9.21 wird zur Förderung von palettierter Ware verwendet.

Kratzerförderer

Kratzerförderer dienen ausschließlich der Schüttgutförderung. Sie sind Kettenförderer mit Kratzern als Mitnehmer, die das Fördergut in einzelnen Haufen, meist in einem Trog oder einer Rinne, vorwärts schieben und umwälzen (Abb. 9.22).

Die Rinnen sind aus Stahlblech (gelegentlich Holz) gefertigt und nach oben offen. Die an der ein- oder zweisträngigen Kette befestigten Mitnehmer (Scheiben oder Stege) schieben das Fördergut schrappend vor sich her, wobei die Mitnehmer und Ketten über die Kettenrollen oder auch über gesondert angebrachte Tragrollen abgestützt werden. Die Rückführung des Leertrums kann ober- oder unterhalb der Förderrinne erfolgen.

Kratzerförderer/Strebkettenförderer

Strebkettenförderer (auch Panzerförderer genannt) stellen eine Sonderbauart der Kratzerförderer dar und werden bevorzugt im Bergbau eingesetzt (Abb. 9.23). Zwei an den Seiten umlaufende hochfeste Rundstahlketten sind durch flache Mitnehmer (Stege) verbunden.

Abb. 9.21 TGW
Tragkettenförderer. (Quelle:
Ohne Verfasser)

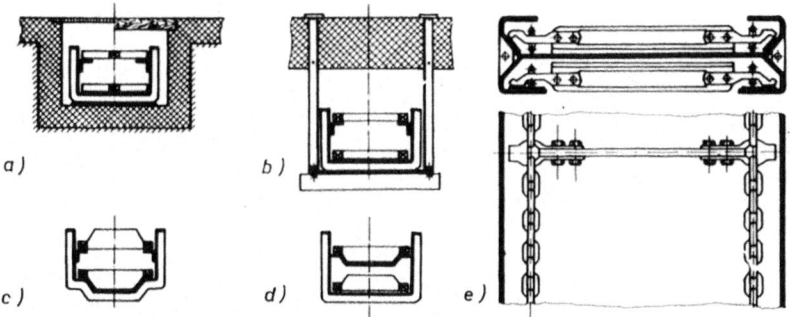

a) Rinne für Einstrangkette mit Stegkratzern (unter Flur)
b) Rinne für Zweistrangkette mit Stegkratzern (unter Decke)
c) Rinne untenliegend für Zweistrangkette mit Plattenkratzern
d) Rinne obenliegend für Zweistrangkette mit Plattenkratzern
e) Rinne für Strebförderung im Bergbau

Abb. 9.22 Rinnenquerschnitte von Kratzerförderern. (Quelle: ohne Verfasser)

Dadurch wird die im Bergbau außerordentlich vorteilhafte niedrige Gesamtbauhöhe von nur 150 bis 200 mm erreicht. Die beiden Ketten und der Mitnehmer gleiten auf der Förderrinne und liegen ständig im Fördergut. Das hat hohen Verschleiß und größere Antriebsverluste zur Folge.

Kratzerförderer dienen zur Förderung schwieriger und sperriger Güter, wie Stroh, Holzschnitzel, Drehspäne usw. bei rauen, schmutzigen Betriebsverhältnissen (Kohle-, Kali-, Erzbergbau, in chemischen Fabriken, auf Lagerplätzen).

Trogkettenförderer
Nach DIN 15201 [13] sind Trogkettenförderer (siehe Abb. 9.24[3]) Kettenförderer mit im Fördergut laufender Kette mit oder ohne Mitnehmer im geschlossenen, auch gasdichten Trog. Der Trogkettenförderer fördert das Gut nahezu ohne Umwälzung.

Trogkettenförderer können für die waagrechte bis senkrechte Förderung von gut rieselfähigen Schüttgütern eingesetzt werden. Der Förderquerschnitt ist dabei um ein Vielfaches größer als die Mitnehmereinrichtung. Das Fördergut wird dabei ohne Umwälzung transportiert. Nach der Wirkungsweise und der Formgebung der Mitnehmer sind zu unterscheiden:

- Waagrechte und leicht geneigte (bis 30° Neigung)
- und steile sowie senkrechte Trogkettenförderer.

---

[3]Im Volumenbereich V_1 stützt sich das Schüttguts auf den Mitnehmers der Kette (hier Buchsenkette) ab.

Abb. 9.23 Strebkettenförderer. (Quelle: ohne Verfasser)

Einsatzbereiche des Trogkettenförderers
- Lebensmittelindustrie
- Lager- und Umschlagsbereich
- Spanplattenindustrie
- Zement-, Kalk- und Gipsindustrie
- Umweltschutzbereich
- Klärwerksanlagen
- Chemische Industrie
- Stahl- und Hüttenindustrie

Beispiele von Fördergütern
- Mehl, Mischfutter, Kleie
- Getreide, Sojaschrot, Fischmehle
- Holzschnitzel, Holzspäne
- Zementklinker, Gips, Kalkpulver
- Filterstäube
- Filterschlamm und Sände
- Schwefel, Soda, Phosphor
- Eisenerze, Kohle, Formsand

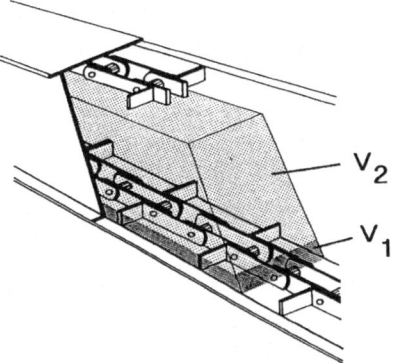

(a): Der viel größere Volumenbereich V_2 ergibt sich durch Ausnutzung der inneren Reibung des Schüttgutes sog. en-Masse Förderung. Die Gesamtfördermenge ergibt sich aus $V_1 + V_2$.

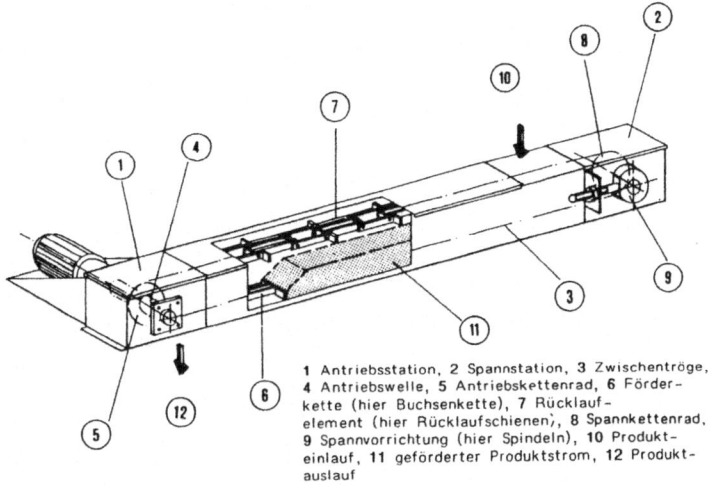

1 Antriebsstation, 2 Spannstation, 3 Zwischentröge, 4 Antriebswelle, 5 Antriebskettenrad, 6 Förderkette (hier Buchsenkette), 7 Rücklaufelement (hier Rücklaufschienen), 8 Spannkettenrad, 9 Spannvorrichtung (hier Spindeln), 10 Produkteinlauf, 11 geförderter Produktstrom, 12 Produktauslauf

(b): Prinzipieller konstruktiver Aufbau eines horizontal arbeitenden Trogkettenförderers

Abb. 9.24 Trogkettenförderer [18, S. 153]

Gliederbandförderer

Gliederbandförderer sind Fördermittel für Schüttgut oder Stückgut, die aus einer Kette als Zugorgan und an der Kette befestigten, stumpf gestoßenen oder sich überdeckenden Platten, Trögen oder Kästen als Tragorganen (Abb. 9.6) bestehen. Durch eine direkte Kopplung der genannten Tragorgane kann die Kette als Zugorgan auch entfallen. Als Zugmittel werden

Laschen- oder Buchsenketten mit Tragrollen und Laschen zur Befestigung der Tragorgane in Zweistrangausführung verwendet. Die Tragorgane werden wegen ihres Gewichtes häufig über die Kettenrollen oder über an der Tragkonstruktion befestigte Zusatzrollen abgestützt. Angetrieben werden Gliederbandförderer durch Getriebemotoren über Kettenräder oder -sterne, wobei bei längeren Bändern auch mehrere Antriebe Verwendung finden.

Das Abb. 9.25 zeigt zwei Ausführungen.

Wandertische und Kippschalenförderer

Beide Förderer sind eine Sonderform der Gliederbandförderer. Wandertische (Abb. 9.6) weisen als Glieder starre Plattformen und Kippschalenförderer (Abb. 9.7) um circa 30° quer zur Förderrichtung seitlich abkippbare Plattformen auf. In beiden Fällen sind die Plattformen nicht überdeckend und nicht direkt gekoppelt, sondern an dem kontinuierlich umlaufenden Zugmittel (Ketten) angebracht. Beim Wandertisch wird das Fördergut häufig mit Pushern auf vorgelagerte Bahnen befördert. Beim Kippschalenförderer (siehe Abb. 9.26) sind die Plattformen seitlich drehbar und lassen das Fördergut unter Nutzung der Schwerkraft abgleiten. Kippschalenförderer nehmen das Fördergut in der Regel zentral am Anfang auf und verteilen es dezentral. Sie werden sehr häufig in der Sortiertechnik eingesetzt, siehe auch Abschn. 10.2, Sortiertechnik. Wandertische können es kontinuierlich dezentral am gesamten Umfang aufnehmen und abgeben.

Wandertische sind in der Fließfertigung als Montage- oder Zubringerförderer gebräuchlich (Abb. 9.27).

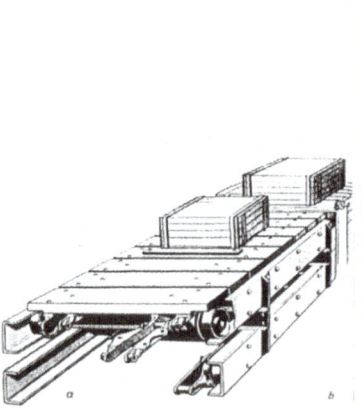

(a): Plattenband für Stückgüter   (b): Trog- bzw. Becherzellenband
                                         für Schüttgut

Abb. 9.25 Gliederbandförderer. (Quelle: ohne Verfasser)

Abb. 9.26 Kippschalenförderer. (Quelle: BEUMER Group GmbH & Co. KG)

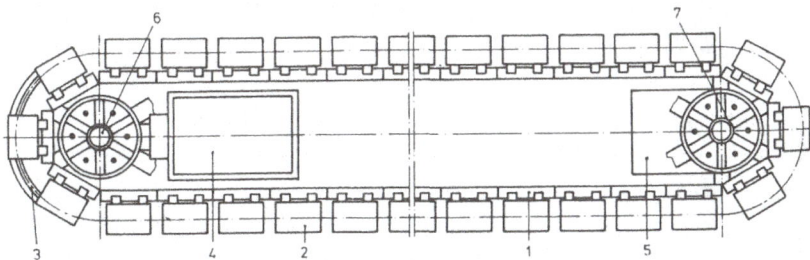

Abb. 9.27 Prinzip eines horizontal umlaufenden Wandertische (Draufsicht) [19, S. 108]

Einsatzfälle Gliederbandförderer mit Platten (Plattenbandförderer) sind für schwere oder heiße Stückgüter, für Förderstrecken mit zahlreichen Kurven (beispielsweise im Flughafenbereich an den Gepäckbändern) oder in der Fließfertigung gebräuchlich. Gliederbandförderer mit Trögen oder Kästen (Trog- oder Kastenbandförderer) werden meist zur Schüttgutförderung von heißen, stark schleißenden, aggressiven Fördergütern verwendet, wobei Kastenbandförderer auch für eine Steilförderung (Steigungswinkel bis 60°) Verwendung finden.

Paternoster

Paternoster (Umlaufförderer) sind Stückgutförderer mit an zwei in einer Ebene versetzt
angeordneten, parallel laufenden Kettensträngen und pendelfrei hängenden Tragorganen,
deren Ladeflächen durch diese Führung waagerecht bleiben (Abb. 9.7). Sie sind für eine
waagerechte bis senkrechte Förderung geeignet.

Einsatzfälle Verbinden von Stockwerken in Waren-, Versand- und Bürohäusern. Wegen der
Unfallgefahr beim Ein- und Aussteigen dürfen sie für Personentransporte nicht mehr gebaut
werden. Es gibt in Deutschland heute nur noch etwa 200 bestandsgeschützte Anlagen. Sie
werden durch Treibscheiben- und Hydraulikaufzüge ersetzt.

Z-Förderer

Z-Förderer sind Stückgutförderer mit biegsamen Plattformen, die an zwei parallel verlaufenden Kettensträngen befestigt sind und so geführt werden, dass sie stets in der Horizontalen
verbleiben (Abb. 9.7). Die Hauptförderrichtung ist sowohl waagerecht als auch senkrecht.
Der Förderer kann bei der senkrechten Rückführung sehr platzsparend eingesetzt werden,
indem die Plattformen in der Vertikalen geführt werden, wobei sie allerdings dann kein Gut
befördern können.

Einsatzfälle Horizontaler und vertikaler Transport von größeren oder auch sperrigen Lasten.

Schaukelförderer

Schaukelförderer sind Stückgutförderer mit in zwei Ebenen parallel verlaufenden Zwei-
strangketten als Zugorgan und pendelnden oder geführten Gehängen als Tragorganen
(Abb. 9.7). Tragorgane können Platten, Kästen oder Becher sein. Sie bleiben in allen Ausführungen waagerecht. Schaukelförderer eignen sich für eine horizontale, aufsteigende und
vertikale Förderrichtung. Die Lastübergabe erfolgt in der vertikalen Abwärtsbewegung und
kann, falls die Schaukeln als offene Roste ausgeführt sind, durch Kopplung mit beispielsweise Rollenbahnen einfach und selbsttätig durchgeführt werden. An den Transportbehältern
oder Schaukeln können Zieleinrichtungen angebracht werden, mit deren Hilfe der Fördervorgang automatisiert abläuft (Abb. 9.28).

Einsatzfälle Transport von Ladeeinheiten (Paletten) und von größeren oder besonders sperrigen Stückgütern in Etagenlagern und Produktionsgebäuden über mehrere Etagen.

Kettenbecherwerke

Nach DIN 15201 [13] sind Becherwerke Schüttgutförderer mit Bechern als Tragorgane,
die das Gut schöpfen oder bei denen durch Zuteiler die Becher gefüllt und an bestimmten Abwurfstellen geleert werden. Als Zugorgane dienen Ketten oder Gurte. Sie sind für
senkrechte bis waagerechte Förderung geeignet.

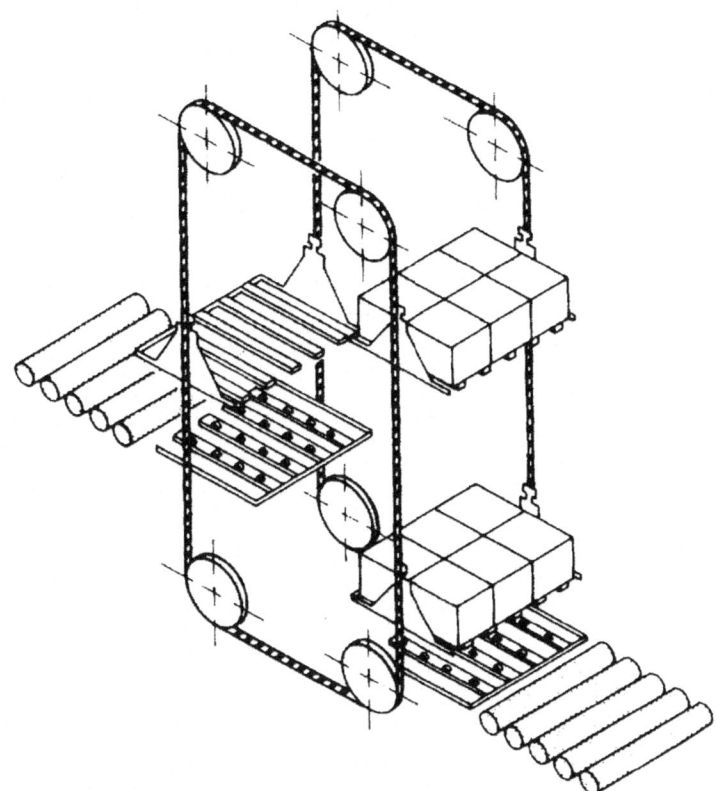

Abb. 9.28 Schaukelförderer [20, S. 114]

Ihre Anwendung finden Becherwerke in allen Industriezweigen zur Höhenüberwindung bzw. bei Pendelbecherwerken zur kombinierten Höhen- und Streckenüberwindung mit kurzen Förderwegen.

Das Fördergut wird von den starr am Zugmittel befestigten Bechern aufgenommen. Die Aufgabe des Fördergutes erfolgt an der unteren, die Abgabe an der oberen Umlenkstelle. Als Zugmittel werden Gummibänder oder Rundstahl- bzw. Buchsenketten verwendet. Als Bechermaterial werden Stahl, Leichtmetall, Kunststoff oder Gummi eingesetzt. Becherform und Material hängen jeweils von der Art des jeweiligen Fördergutes ab.

Der Antrieb des Becherstranges erfolgt an einer Umlenkstelle über einen Getriebemotor, der mit einer Rücklaufsperre zu versehen ist, damit bei Betriebsunterbrechung wegen der Verstopfungsgefahr kein Becherrücklauf entsteht (Abb. 9.29).

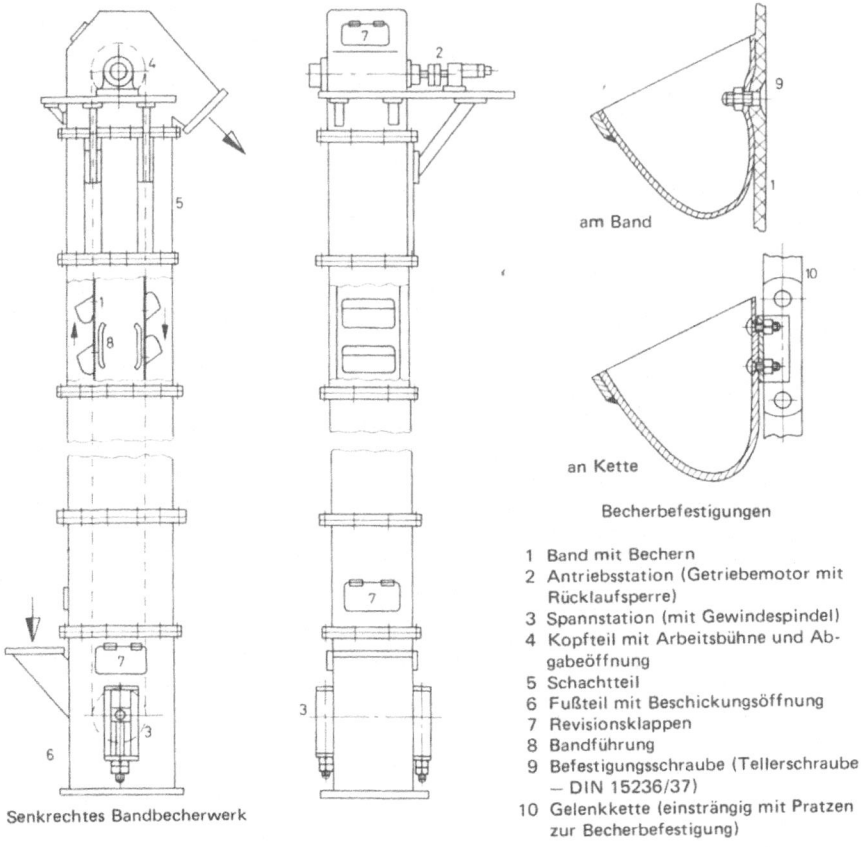

am Band

an Kette

Becherbefestigungen

1 Band mit Bechern
2 Antriebsstation (Getriebemotor mit
   Rücklaufsperre)
3 Spannstation (mit Gewindespindel)
4 Kopfteil mit Arbeitsbühne und Ab-
   gabeöffnung
5 Schachtteil
6 Fußteil mit Beschickungsöffnung
7 Revisionsklappen
8 Bandführung
9 Befestigungsschraube (Tellerschraube
   – DIN 15236/37)
10 Gelenkkette (einsträngig mit Pratzen
   zur Becherbefestigung)

Senkrechtes Bandbecherwerk

Abb. 9.29 Senkrechtbrechwerk [19, S. 263]

Das eigentliche Förderelement besteht aus zwei Buchsenketten (oder Stahlgliederketten bzw. einem Gurt/Band), zwischen denen über durchgehenden Achsen die Becher pendelnd aufgehängt sind (Abb. 9.30).

Bandförderer

Bandförderer (VDI 2326 [21], DIN 22101 [22]) sind nach DIN 15201 [13] Stetigförderer mit Bändern (Gurt, Stahlband, Drahtgurt, Seile, Riemen), die zugleich Trag- und Zugfunktionen übernehmen (Abb. 9.6). Die Bänder werden von geraden oder muldenförmigen Tragrollen geführt oder gleiten auf glatter Unterlage. Sie sind umlaufend über mindestens zwei Trommeln, von denen eine mit einem Antrieb und die zweite mit einer Spannvorrichtung versehen sein muss, gespannt und angetrieben (Kraftübertragung entsprechend der Eytelweinschen Gleichung). Wegen des Kraftschlusses ist eine Vorspannung der Bänder erforderlich, die

Abb. 9.30 Becheraufhängung an Kette. (Quelle: BEUMER Group GmbH & Co. KG)

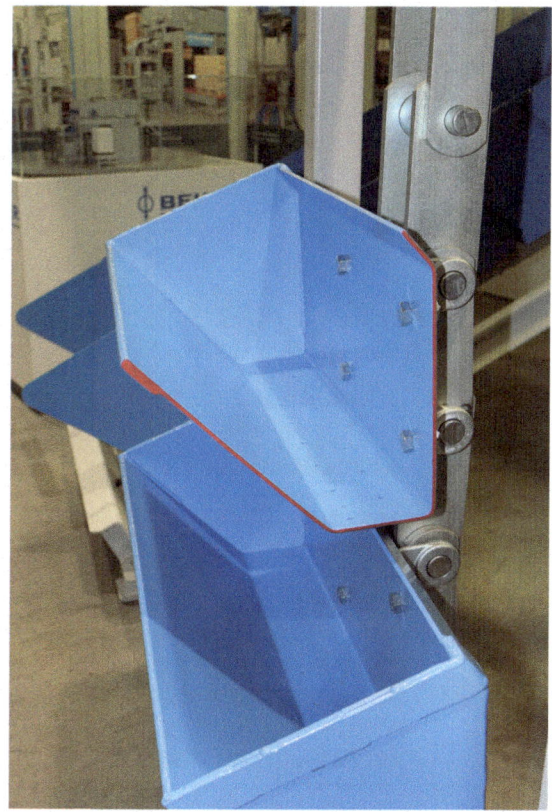

den Durchhang der Bänder zwischen den Tragrollen weitgehend vermeidet. Die Bandbreite ist dabei in der Regel größer als die Gutbreite.

Abb. 9.31 zeigt eine typische Anwendung zum Stückguttransport auf einem Gurtband. Die Abb. 9.33a zeigt einen Bandgurtförderer für den Schüttguttransport (Hauptanwendung).

Wie aber schon erwähnt, können aber auch Stahlbandseile als Riemen verwendet werden. Das Abb. 9.32 zeigt einen Seilförderer.

Seilförderer dienen zum Fördern von Teilen, die in Teilbereichen nicht aufliegen dürfen, oder an ganz speziellen Auflagepunkten gefördert werden müssen. Sie eignen sich zum Fördern von großen gebogenen Teilen wie z. B. bei Tiefziehteilen.

Bandförderer für die Schüttgutförderung

Bandförderer sind überwiegend Schüttgut-Stetigförderer und werden in der Regel für Förderlängen bis 300 m eingesetzt. Überland wurden aber auch Bandanlagen bis 100 km Länge realisiert. Mit Bandförderern werden Förderströme bis zu 40.000 t/h erreicht, bei Gurtbreiten von über 3 m und Bandgeschwindigkeiten von 5 m/s. Wegen der hervorragenden Eigenschaften sowie der großen Einsatzvielfalt eines Bandförderers ist er einer der

Abb. 9.31 Bandförderer für die Stückgutförderung. (Quelle: Vanderlande Industries B.V.)

Abb. 9.32 Parallele Seile als Zug- und Tragorgan. (Quelle: ohne Verfasser)

wichtigsten Schüttgut-Stetigförderer. Die Basiskomponenten von Bandförderern sind in der Abb. 9.34 dargestellt. Bandförderer werden in der Regel für waagerechte oder geneigte, geradlinige Förderung eingesetzt; daneben gibt es auch Sonderbauarten für steile und kurvenförmige Förderung (Abb. 9.33b).

Für die Tragrollen gibt es unterschiedliche Ausführungsformen, siehe Abb. 9.35.

Auch für die Gurte gibt es verschiedene Ausführungsformen: Glatte Gurte für den Transport in der Horizontalen und profilierte Gurte (siehe Abb. 9.36b) zur Steilförderung von Schüttgut (siehe Abb. 9.36a).

Vor- und Nachteile von Bandförderern Vorteile
- universelle Verwendbarkeit für Stück- und Schüttgüter
- hohe Fördergeschwindigkeit und Fördermenge bei relativ geringen Antriebsleistungen
- niedrige Investitions-, Bedienungs- und Wartungskosten
- einfache Bauweise und geringer Verschleiß

Abb. 9.33 Bandförderer für die Schüttgutförderung. (Quelle: BEUMER Group GmbH & Co. KG)

(a): Bandförderer (überdacht) für Schüttgutförderung

(b): Bandförderer für Überlandförderung (Kurvengängig)

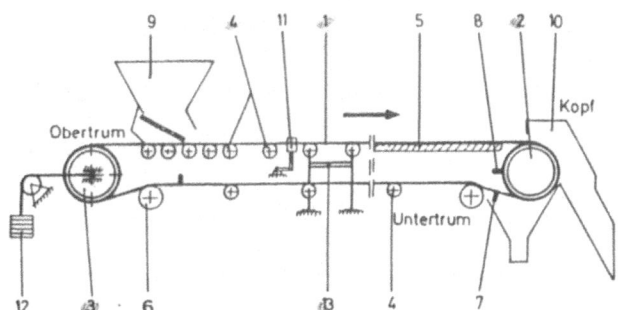

1. Band	5. Gleitblech	9. Aufgabevorrichtung
2. Antriebstrommel	6. Ablenkrolle	10. Abgabevorrichtung
3. Umlenktrommel	7. Bandreiniger	11. Gradlaufeinrichtung
4. Tragrolle	8. Trommelreiniger	12. Spannvorrichtung
		13. Traggerüst

Abb. 9.34 Basiskomponenten von Bandförderern. (Quelle: ohne Verfasser)

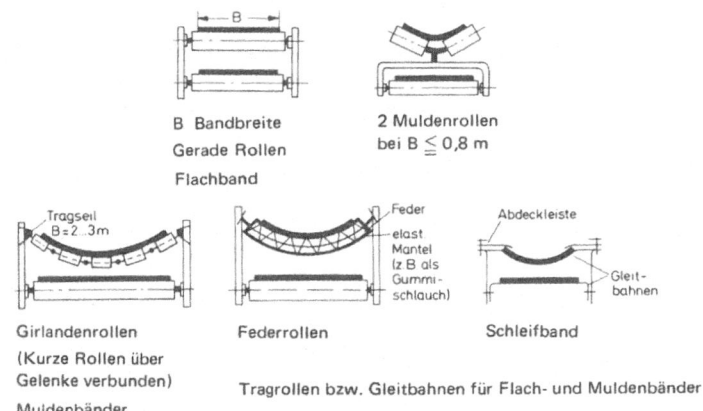

Abb. 9.35 Bauformen von Tragrollen für Bandförderer [14, S. 229]

- weitgehende Schonung des Fördergutes
- große Förderlängen auch bei schwer belasteten Bändern durch Stahlseileinlagen erreichbar

Nachteile
- allgemein nur geradlinige Linienführung (für horizontal verlaufende Kurven Sonderkonstruktionen notwendig)
- ansteigende Förderung beschränkt (bis auf Sonderformen)

- hoher Verschleiß des Bandes (besonders bei scharfkantigem Fördergut wie Erz, Stein, usw.)

Einsatzfälle Bandförderer finden in vielen Bereichen Verwendung. Auf ihnen können zahlreiche verschiedene Stückgüter mit geringem bis mittlerem Gewicht sowie Schüttgüter fast aller Art transportiert werden. Sie werden vorrangig für waagerechte oder leicht geneigte und für geradlinige Fördervorgänge eingesetzt. Für steile Förderung werden profilierte Gurte, Spezialgurte und Deckbänder benutzt. Bandförderer mit Stahlband werden eingesetzt, wenn besondere chemische oder hygienische Ansprüche des Fördergutes vorliegen (z. B. in der Lebensmittelindustrie), wenn harte Gegenstände in Bädern oder Trockenöfen oder zähe, klebrige Güter befördert werden. Drahtgurt-Bandförderer finden Verwendung für sehr heißes Fördergut, für Kühl-, Wasch- und Entwässerungsaufgaben sowie zum Transport von Lebensmitteln.

(a): Steilförderung mit einem profilierten Gurt

(b): Profilierter Fördergurt, Detail

Abb. 9.36 Bauformen von Fördergurten für Bandförderer für die Steilförderung. (Quelle: ohne Verfasser)

9.3.3 Flurfreie Stetigförderer

9.3.3.1 Kreisförderer

Kreisförderer [23] sind Stückgutförderer, bei denen das Fördergut von Gehängen getragen wird, die entweder an Rollenlaufwerken, die mit Ketten fest miteinander verbunden sind, oder an einer mit Rollen versehenen Einstrang-Kette befestigt sind (Abb. 9.7). Die Rollenlaufwerke nehmen dabei neben dem Gehänge mit dem Fördergut auch das Gewicht der Kette auf. Die Rollen laufen auf L-, U-, T-Profilen oder in Schlitzrohren und sind zur Vermeidung von Laufgeräuschen aus Kunststoff oder mit Kunststoffbelag versehen. Man unterscheidet dabei zwischen Außenlaufwerken, bei denen die Rollen außerhalb, und Innenlaufwerken, bei denen die Rollen innerhalb der Laufbahn geführt werden. Die Laufbahn ist in der Regel aus Stahl, nur in Sonderfällen aus Aluminium oder Kunststoff und meist über Zugstäbe an der Deckenkonstruktion abgehängt.

Die Abb. 9.37 zeigen den Grundaufbau eines Einstrang-Kreisförderer (mit sog. Steckketten (siehe Abb. 9.37, Pos. 3) – beweglich bis 15°).

Die Tragorgane sind permanent mit dem Zugorgan (Kette) verbunden und bewegen sich demzufolge auch mit dessen Geschwindigkeit, die auch während der Gutaufgabe bzw. -abnahme unverändert bleibt. Als Zugorgan dient die eine vorhandene Kette, die als raumbewegliche Kette eine Linienführung sowohl mit horizontalen als auch mit vertikalen Richtungsänderungen gestattet.

Als Zugmittel finden geschmiedete Steckketten, Stahlbolzenketten, geprüfte lehrenhaltige, langgliedrige Rundstahlketten, Buchsenketten, Kardangelenkketten oder auch Seile oder Stahlbänder Verwendung. Ihr Antrieb erfolgt alternativ an einer horizontalen Ablenkstelle mit Kettenrädern (Seilscheiben etc.) oder auf der Strecke durch stationäre, unterlagerte Schleppkettenantriebe.

Die Förderbahn kann horizontal, ansteigend oder vertikal verlaufen, wobei Förderer mit größerer Länge oder zur Überwindung größerer Höhen häufig mit mehreren Antrieben ausgerüstet werden. Entsprechend ermöglichen Kreisförderer eine nahezu beliebige Linienführung.

Abb. 9.37 Grundaufbau eines Einstrag-Kreisförderers (mit sog. Steckketten – beweglich bis 15°) [19, S. 53]

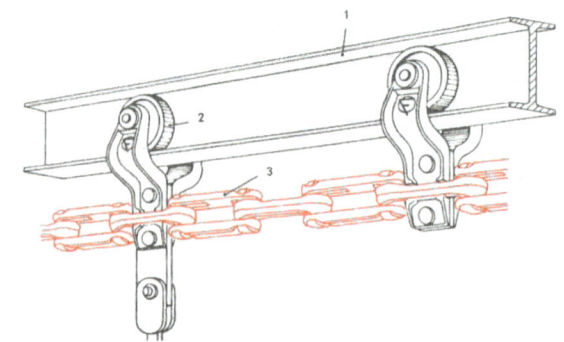

Die Gehänge zur Aufnahme des Fördergutes können vielgestaltig sein und werden dem Fördergut angepasst. Sie sind entsprechend als Plattformen, Schalen, Behälter, Gabeln, Haken und andere mehr ausgeführt. An den Gutaufnahme- und -abgabestellen wird die Laufbahn nach unten gezogen, während sie sonst in der Regel oberhalb des Arbeitsfeldes läuft und entsprechend keine Bodenfläche beansprucht.

Die Fördergutaufnahme kann durch manuelle Beschickung und auch selbsttätig erfolgen, indem das Fördergut beispielsweise von einer am Boden angeordneten Staurollenbahn durch Ein- oder Unterfahren des Gehänges aufgenommen wird. Die Abgabe erfolgt in der Regel selbsttätig durch Kippen des Gehänges, durch Abstreifen des Fördergutes an Anschlägen oder durch Absetzen (Abb. 9.38).

Kreisförderer finden Verwendung für Förderaufgaben in der Verfahrenstechnik (chemische Industrie), in Produktionswerken vor allem in rauer und aggressiver Umgebung wie bei der Spritz-, Tauch- und Wärmebehandlung sowie in Montagewerken, beispielsweise der Automobilindustrie, zum Bereitstellen von Anbauteilen. Sie werden weiterhin in Lager- und Versandhäusern als Umlaufpuffer mit zyklischem Zugriff auf die einzelnen Fördereinheiten eingesetzt.

Abb. 9.38 Praxiseinsatz eines Einstangen-Hängeförderern. (Quelle: ohne Verfasser)

9.3.3.2 Schleppkreisförderer (sog. Power- and Freeförderer bzw. Zweibahn-Kreisförderer)

Schleppkreisförderer [24] sind Stückgutförderer, bei denen das Fördergut von Gehängen getragen wird, die an Rollenlaufwerken befestigt sind (siehe Abb. 9.7). Im Unterschied zum Kreisförderer (siehe Abb. 9.39a) laufen bei Schleppkreiselförderern Abb. 9.39b diese Lastlaufwerke in einer unterhalb der Kreisförderbahn getrennt angeordneten zweiten Lastlaufbahn. Sie werden ein- und auskuppelbar über Mitnehmernocken an der Kreisförderkette bewegt, die in Mitnehmerklinken an den Laufwerken greifen und eine formschlüssige, jederzeit trennbare Verbindung herstellen. Sie tragen entsprechend nur das Gewicht der Gehänge mit dem Fördergut und nicht das Gewicht der Kette. Dieses wird von den Kettenlaufwerken auf der Kreisförderbahn aufgenommen. Die Rollen der Laufwerke sind bei geringeren Traglasten häufig kunststoffbeschichtet, um die Arbeitsgeräusche zu vermindern.

Abb. 9.39b zeigt den Aufbau eines Power-and-Freeförderers (Zweibahn-Kreisförderers). Die obenliegende Kreisförderbahn und die darunterliegende (selten auch danebenliegende) Führungs- oder Lastlaufbahn bilden eine Einheit. Die Laufbahnen bestehen aus I-, C- oder Sonderprofilen, wie z. B. Schlitzrohren. Ihre Abhängung erfolgt wie auch bei den Kreisförderern über Zugstäbe an der Deckenkonstruktion. Als Zugmittel finden bei kleinen und mittleren Förderlasten und -strecken Rundstahlketten, und ansonsten Steckbolzen- oder Kreuzgelenkketten, Verwendung. Ihr Antrieb erfolgt über verzahnte Kettenräder an Umlenkstellen von mehr als 90° oder bei längeren Förderstrecken an geraden horizontalen Abschnitten über besondere kurze Schleppketten, deren Mitnehmer in die Lastkette eingreifen und diese vorwärts bewegen. Lange und schwer belastete Schleppkreisförderer werden mit mehreren

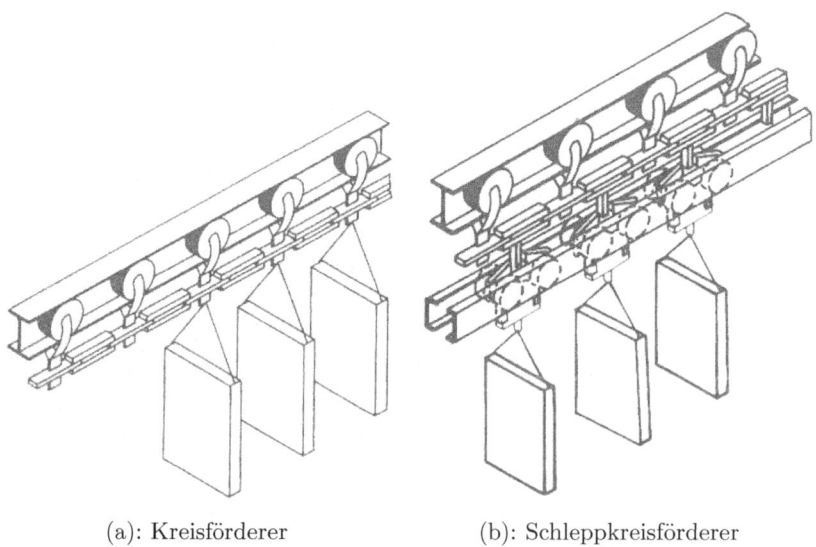

(a): Kreisförderer   (b): Schleppkreisförderer

Abb. 9.39 Kreisförderer und Schleppkreisförderer [20, S. 117]

Antrieben ausgerüstet, wobei deren gleichmäßige Belastung problematisch sein kann. Für die Gehänge gilt das beim Kreisförderer Aufgeführte. Der Ein- und Auskuppelvergang der Laufwerke geschieht alternativ über das örtliche Anheben oder Absenken der Lastlaufbahn, durch zeitliches Herausfahren über Weichen oder durch klappbare Mitnehmer an den Ketten- oder Lastlaufwerken. Ihre Betätigung kann über an der Lastlaufbahn befestigte Anschläge erfolgen.

Schleppkreisförderer können anders als Kreisförderer mit Weichen ausgeführt sein. Sie ermöglichen damit den Übergang der Laufwerke auf mehrere Förderkreisläufe oder auf antriebslose Pufferbahnen, die oft nur einen Schwerkraftantrieb erfordern.

Nicht angekoppelte Laufwerke können mit Hub- und Senkstationen auf einer kurzen Strecke der Führungsbahn auf verschiedene Höhenniveaus befördert werden. Dies kann beispielsweise an Arbeitsstationen erforderlich sein, wenn die oberhalb des Arbeitsfeldes verfahrenden Einheiten durch Absenken auf Flurniveau gebracht werden können und so eine Abnahme von den Gehängen entfallen kann.

Die Abb. 9.40 zeigt, wie man eine Traverse mit Vor- und Nachwagen von der Powerkette trennt und damit die Traversen vereinzeln oder aufstauen kann.

Fährt das Laufwerk gegen einen Stopper oder gegen die Kufe eines stehenden Laufwerks, wird der Auflaufhebel angehoben und dadurch Mitnehmerklinke und Rückhalteklinke abgesenkt. Die Mitnehmer der Power-Kette überfahren nun berührungslos das stehende Laufwerk. Öffnet der Stopper, fällt der Auflaufhebel wieder nach unten und die Klinken des Laufwerks steigen hoch. Der Mitnehmer schleppt das Laufwerk weiter.

Zum Einsatz kommen Schleppkreisförderer im flurfreien Transport von Stückgütern bei vielen Variationen der Linienführung; oftmals vorrangig wegen der hervorragenden Pufferfähigkeit in der Maschinenbau- und Automobilindustrie. Aber auch in Krankenhäusern werden sie für Versorgungsaufgaben eingesetzt.

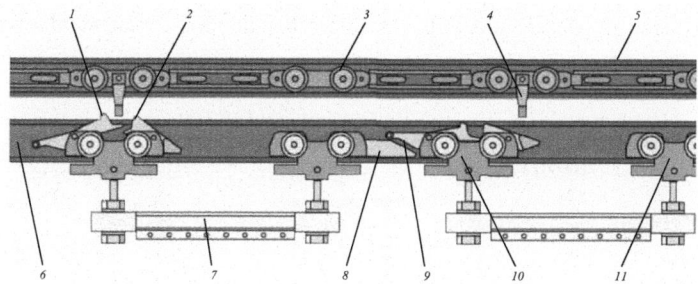

1 Mitnehmer-Nocke, 2 Rückhalt-Klinke, 3 Power-Kette, 4 Ketten-Mitnehmer, 5 Power-Schiene, 6 Free-Schiene, 7 Last-Traverse, 8 Auflauf-Kufe, 9 Auflauf-Hebel, 10 Vorläufer, 11 Nachläufer

Abb. 9.40 Power- und Free Förderer Funktionsaufbau für Trennung von Powerkettelaufwagen [25, S. U 80]

Power-and-Free-Förderer bieten (im Gegensatz zu den vergleichbaren Elektrobahnen) insbesondere bei folgenden Einsatzfällen funktionelle und wirtschaftliche Vorteile:

- bei hoher Förderleistung, d. h. bei dichter Wagenfolge
- bei Fördersystemen mit hoher Speicherkapazität, d. h. wenn viele Wagen im Einsatz sind
- bei Fördersystemen mit vielen Höhenunterschieden
- bei hoher Umgebungstemperatur (Grenztemperatur lt. Eisenmann: 250 °C)
- bei starkem Schmutzanfall
- bei feuchter und aggressiver Atmosphäre
- in Fabrikationsräumen mit Explosionsgefahr.

können

9.4   Unstetigförderer

In diesem Kapitel wird auf Klassifizierung und Struktur von Unstetigförderern eingegangen (vgl. Abb. 9.1 im Abschn. 9.2, Systematik der Fördermittel). Unstetigförderer sind durch eine aussetzende, intermittierende Förderung gekennzeichnet, wobei im allgemeinen Last- und Leerfahrten mit unterschiedlichen Spielzeiten unterschieden werden [26]. Sie sind in flurgebundener, aufgeständerter und flurfreier Ausführung vorhanden und sowohl automatisiert als auch manuell bedient ausgeführt. Die Automatisierung ist schwieriger als bei Stetigförderern zu realisieren, der Ingenieuraufwand für Planung und Steuerung ist deutlich höher. Dennoch wird die Automatisierung in letzter Zeit weiter vorangetrieben, da der hohe Anteil manueller Bedienung zur Zeit noch erhebliche Kosten verursacht. Unstetigförderer sind selten ortsfest, sondern meist geführt oder frei verfahrbar. Entsprechend bilden sie in weit geringerem Ausmaß Hindernisse für andere Fördermittel (eine Ausnahme bilden aufgeständerte Unstetigförderer) und weisen größere Arbeitsräume (wie beispielsweise Stapler oder Kran) auf.

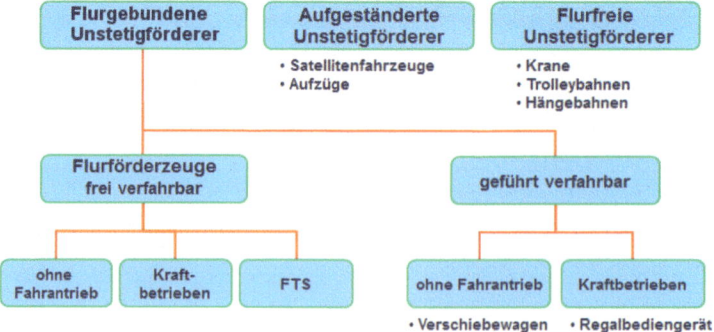

Abb. 9.41 Übersichtsschema der behandelten Unstetigförderer FTS [43]

Zur weiteren Strukturierung dient das Abb. 9.41, mit dem die wichtigste Gruppe der Flurförderzeuge weiter unterteilt wird.

Unstetigförderer sind gekennzeichnet durch eine hohe Anpassungsfähigkeit an zahlreiche Förderaufgaben, eine große Flexibilität bei Layoutveränderungen und eine gute Erweiterungsfähigkeit. Sie weisen gegenüber Stetigförderern meist ein ungünstigeres Verhältnis des Eigengewichtes zur beförderten Nutzlast (von in der Regel größer als eins) auf. Ihre Tragorgane sind zumeist einzeln angetrieben, was eine gewisse Autonomie der Förderer ermöglicht. Im Unterschied zu Stetigförderern ist die Lastaufnahme und -abgabe in der Regel aktiv (eine Ausnahme bilden beispielsweise Schlepper), weshalb keine zusätzlichen Arbeitsmittel für den Umschlag erforderlich sind (vgl. Kap. 14, Umschlagtechnik). Die Zahl der Be- und Entladestellen ist meist definiert, vor allem, wenn spezielle Lastübergabestationen erforderlich sind.

Die Abb. 9.42, 9.43, 9.44, 9.45, 9.46, 9.47 und 9.48 zeigen in Anlehnung an die im Abb. 9.1 ausgeführte Fördermittelsystematik beispielhafte Darstellungen wichtiger Unstetigförderer.

Einsatzfälle

Transport von kleinen bis mittleren Stückgutmengen auf verschiedenen, teilweise beliebigen Wegen zu vielen, häufig auch wechselnden Orten (wenn keine speziellen Lastübergabestationen erforderlich sind). Einsatz in der gesamten Fabrik, im Wareneingang, im Lager und der Lagervorzone, in der Produktion, im Versand, zur Be- und Entladung von Verkehrsmitteln und auch zur Verbindung von verschiedenen Bereichen.

9.4.1 Flurgebundene Unstetigförderer

Entsprechend der Abb. 9.41 sei hier unter den flurgebundenen Unstetigförderern zunächst die Untergruppe der geführt verfahrbaren Unstetigförderern behandelt. Dies umfasst

- die Regalbediengeräte
- die kurvengängigen Regalbediengeräte
- die AKLs (automatische Kleinteilelager bzw. Kommissionierlager)
- die Umsetzer
- und die Verschiebewagen.

9.4.1.1 Regalbediengerät

Regalbediengeräte (RBG) werden häufig auch Regalförderzeuge (RFZ) [27] genannt, obwohl die Regalförderzeuge eine übergeordnete Gruppe der Fördermittel darstellen.

Regalbediengeräte sind Fördermittel zur manuellen (Abb. 9.42) oder automatischen (Abb. 9.44) Bedienung von Regalfächern einer Lageranlage. Sie sind in der Regel

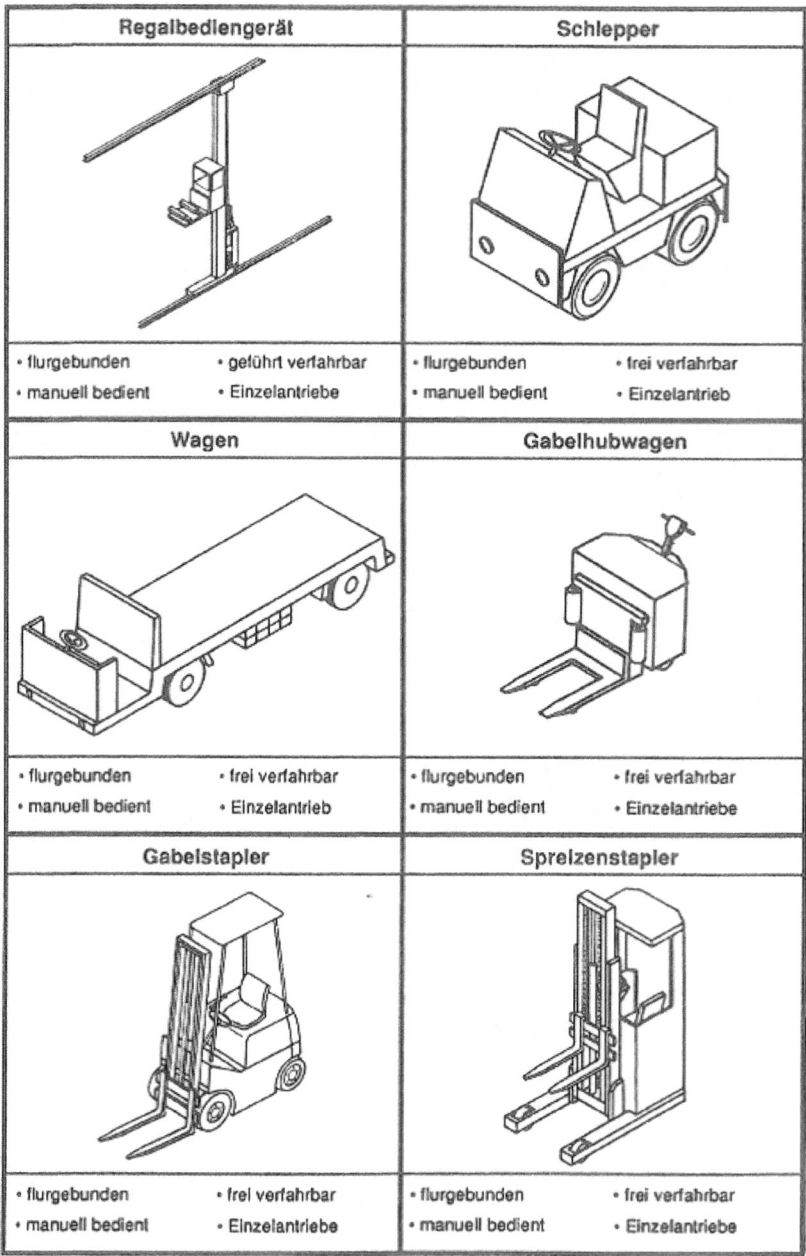

Abb. 9.42 Beispielhafte Darstellung wichtiger Fördermittel, Unstetigförderer (Teil 1) [10]

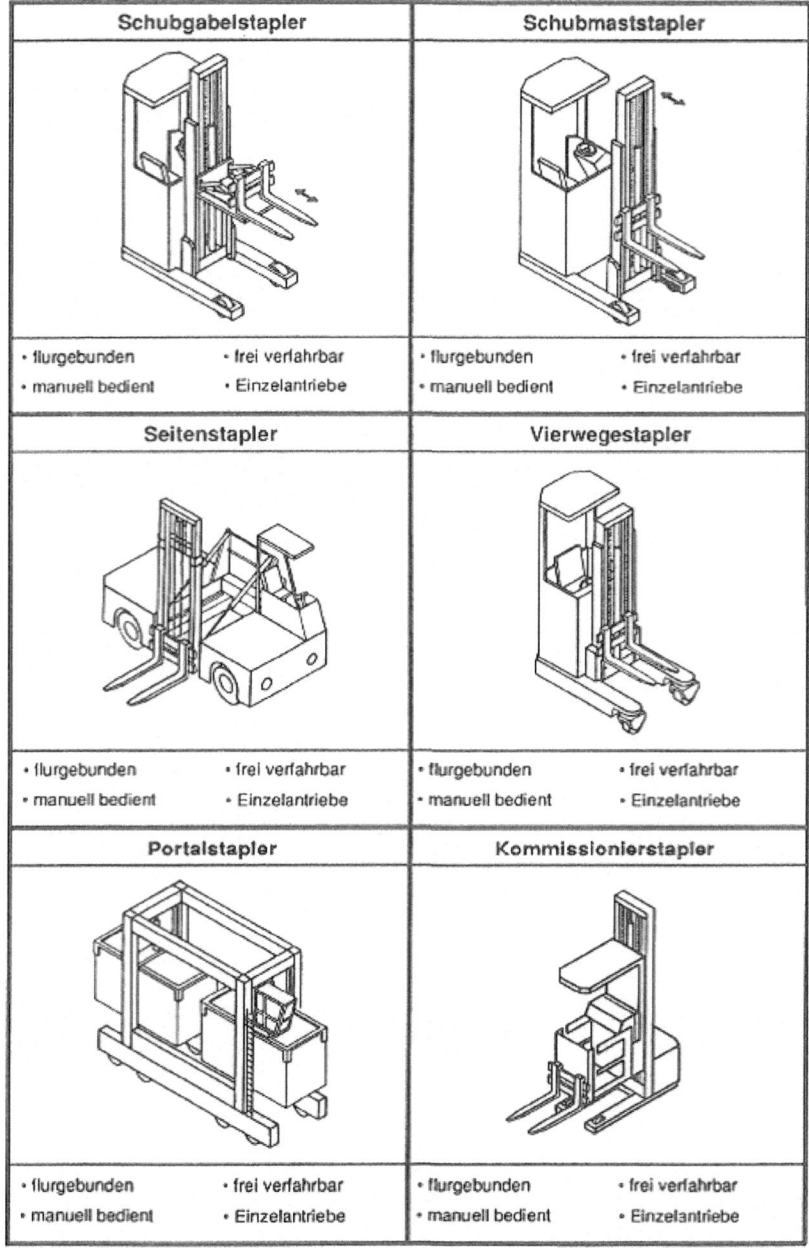

Abb. 9.43 Beispielhafte Darstellung wichtiger Fördermittel, Unstetigförderer (Teil 2) [10]

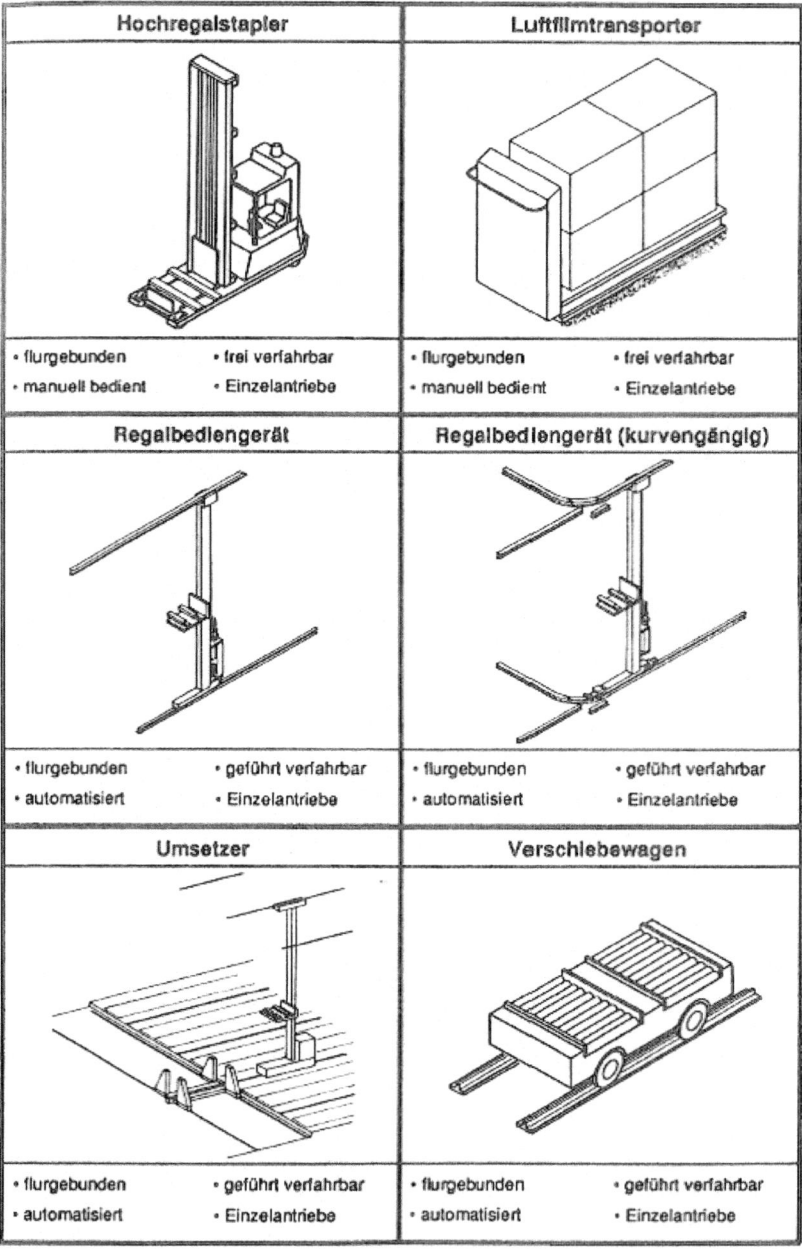

Abb. 9.44 Beispielhafte Darstellung wichtiger Fördermittel, Unstetigförderer (Teil 3) [10]

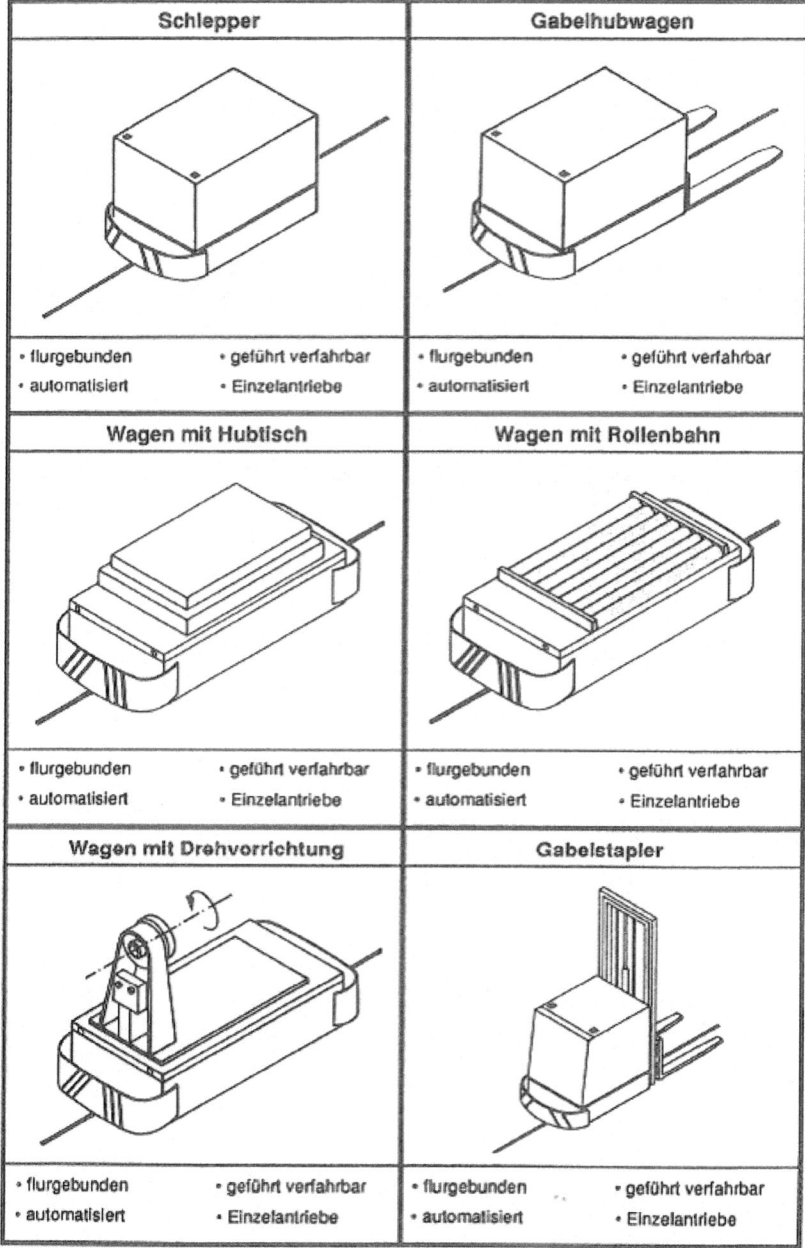

Abb. 9.45 Beispielhafte Darstellung wichtiger Fördermittel, Unstetigförderer (Teil 4) [10]

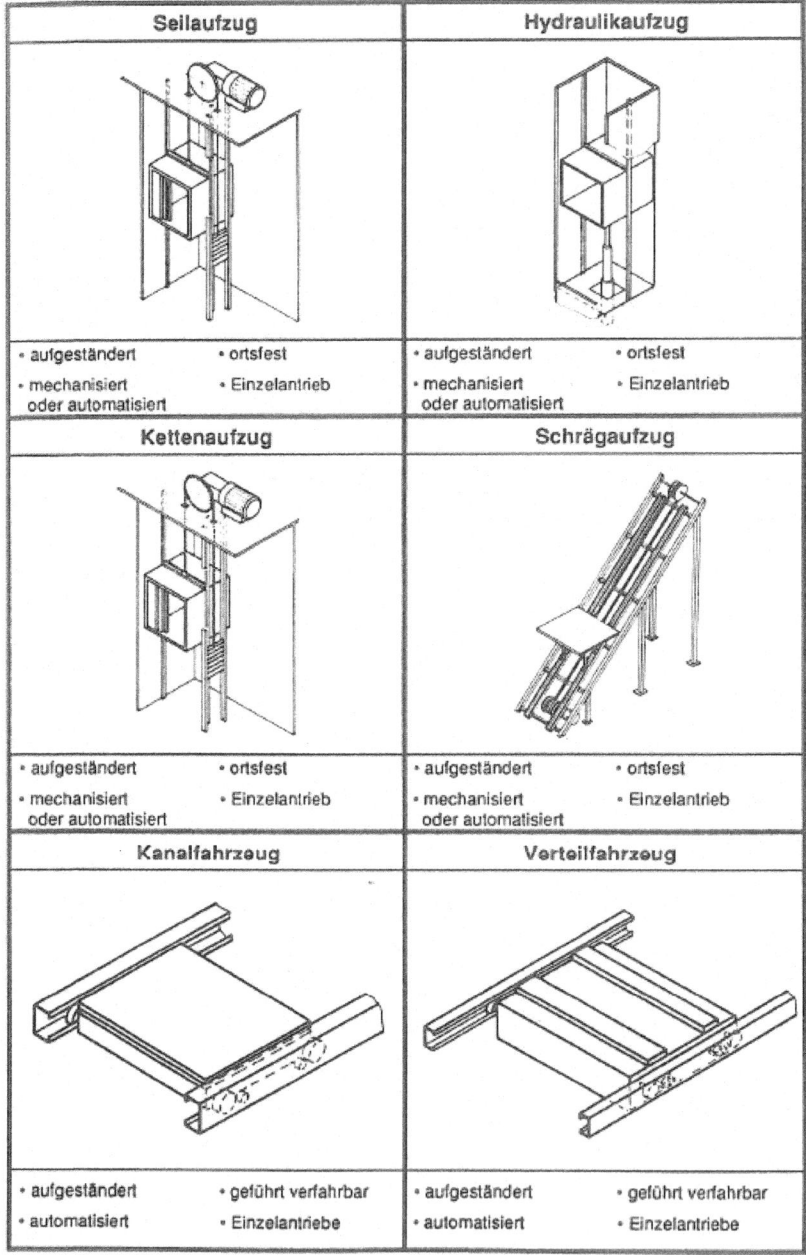

Abb. 9.46 Beispielhafte Darstellung wichtiger Fördermittel, Unstetigförderer (Teil 5) [10]

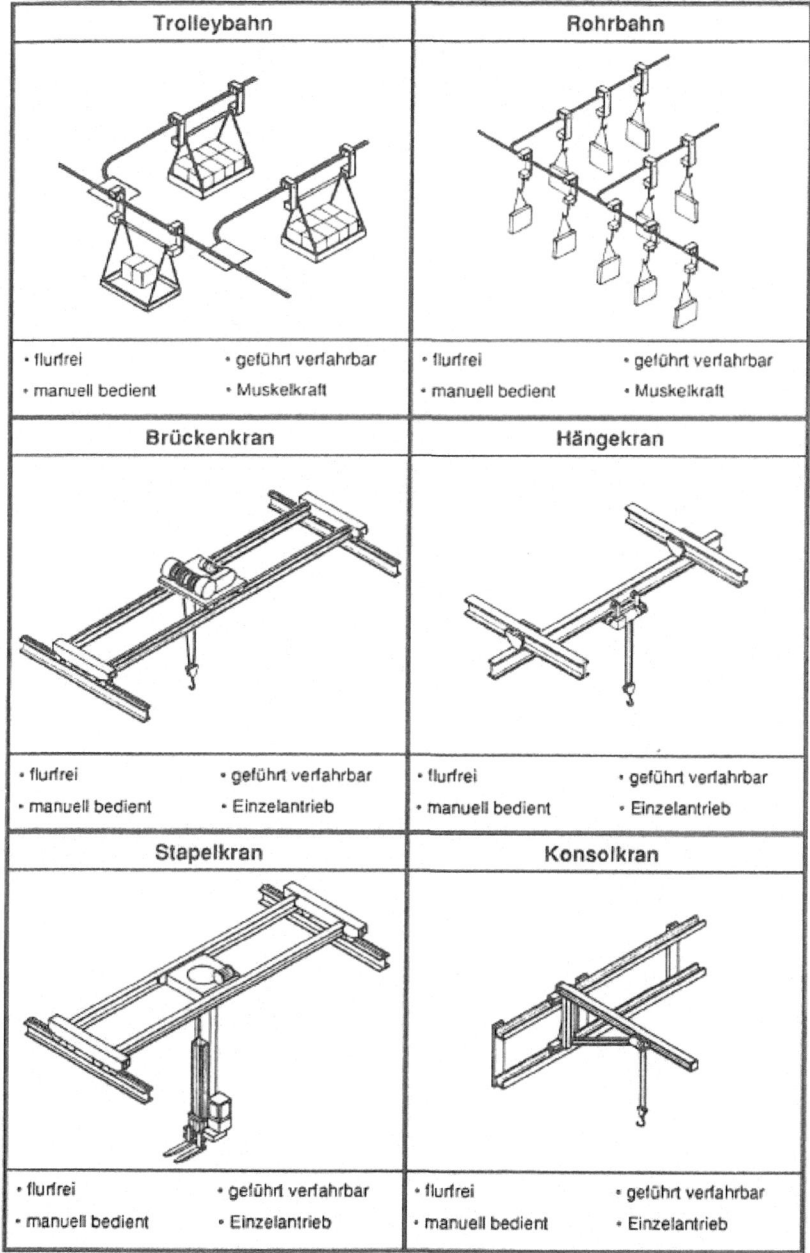

Abb. 9.47 Beispielhafte Darstellung wichtiger Fördermittel, Unstetigförderer (Teil 6) [10]

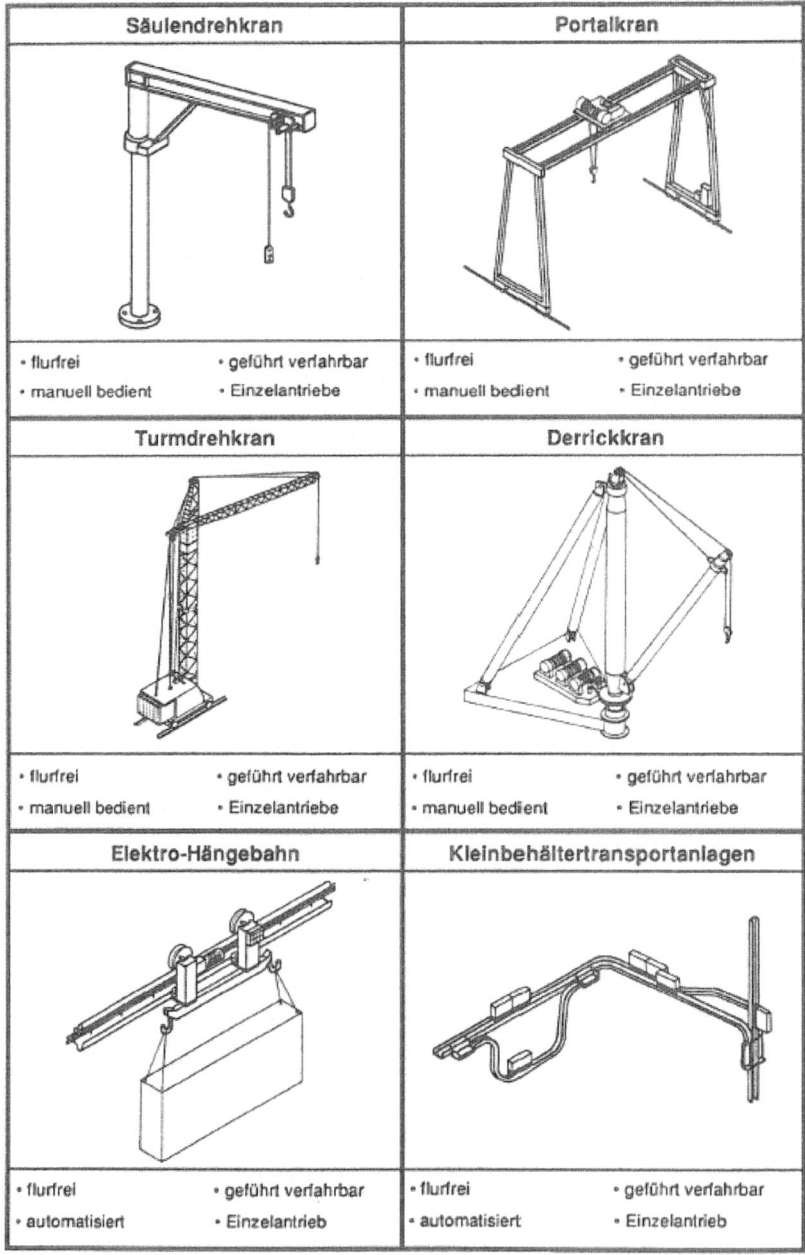

Abb. 9.48 Beispielhafte Darstellung wichtiger Fördermittel, Unstetigförderer (Teil 7) [10]

bodenverfahrbar und schienengeführt. Lediglich in Ausnahmefällen, vornehmlich in älteren Anlagen, sind sie hängend oder an den Regalen verfahrbar angebracht. In jedem Fall sollten sie an der Regaloberkante oder an der Decke geführt werden. Sie sind entsprechend in hohem Maße in das Gebäude integriert bzw. vor allem im Hochregallager als Einheit zwischen Lagermittel und Gebäude ausgeführt. Eine Verfahrbarkeit in die Lagervorzone oder die Produktion ist nicht gegeben und auch nicht sinnvoll (ungünstiges Verhältnis von Eigengewicht und Nutzlast).

Die wesentlichen Baugruppen von RBG sind Fahrwerk, Mast, Hubwagen, Steuerung, Hubwerk und Lastaufnahmemittel (Abb. 9.49). Die Steuerung eines RBG kann manuell von einer mitfahrenden Bedienperson oder vollautomatisiert erfolgen.

Regalbediengeräte werden in ihrer Bauart nach der Anzahl der Maste in Ein- oder Zweimastgeräte untergliedert (siehe Abb. 9.50), wobei die Mastkonstruktion vorwiegend als geschlossenes Kastenprofil ausgeführt ist. Bodentraverse und Hubwagen sind geschweißte

Abb. 9.49 Baugruppen eines Regalbediengeräts. (Quelle: DAMBACH Lagersysteme GmbH & Co. KG)

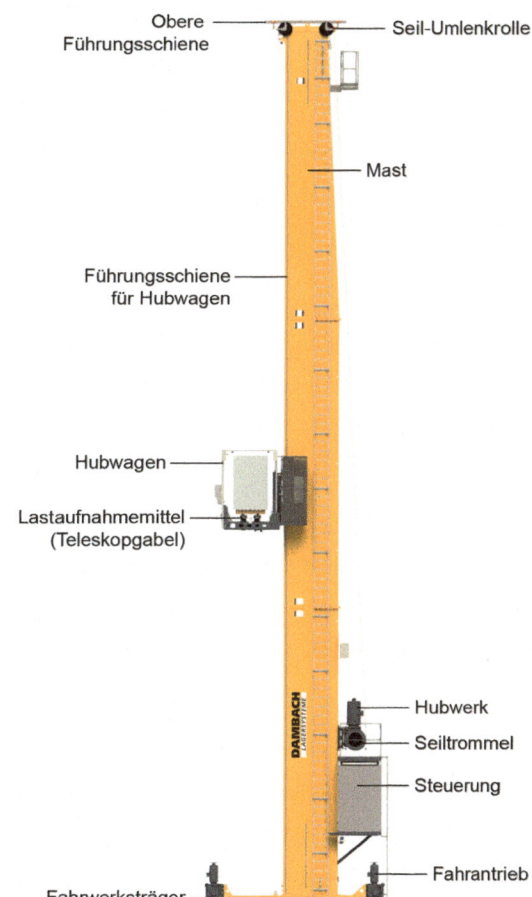

(a): Automat. Klein-   (b): Kommissionierge-
teilelager (AKL)   rät
Traglast 300 kg   Traglast 300 kg

(c): Automat. RBG   (d): Automat. RBG   (e): Automat. RBG
für Hochregal   für Hochregal   für Hochregal
Traglast 1200 kg   Traglast 2400 kg   Traglast 4000 kg

Abb. 9.50 Bauformen (Ein-Mast- und Zwei-Mastgeräte). (Quelle: Kardex AG)

Blechkonstruktionen. Die Antriebe zum Fahren, Heben und zum Bewegen des Lastaufnahmemittels sind in der Regel elektrisch, wobei die Stromzuführung über Schleppkabel, sowohl unter der Decke hängend als auch am Boden verlaufend, oder über Schleifleitungen erfolgt. Das Fahrwerk ist in der Bodentraverse gelagert und besteht in der Regel aus einer angetriebenen und einer nicht angetriebenen Laufradeinheit. Die Laufräder sind meistens ohne Spurkränze ausgeführt. Weiterhin verfügen Regalbediengeräte über einen Hubwagen, der sich entlang der Säulen auf und ab bewegt und das Lastaufnahmemittel trägt. Als Hubwerke werden speziell konstruierte Hubwinden oder serienmäßige Elektroseilzüge eingesetzt.

Grundsätzlich können RBG nach ihrer Größe und Traglast in AKL, Kommissioniergeräte und in RBG für Hochregallager unterschieden werden. Die Mastform richtet sich dann ebenfalls nach der Traglast. Ab ca. 5t wird das Doppelmastsystem eingesetzt. Für besonders schwere Lasten (Betonteile) werden auch 4-Mast-Systeme gefertigt.

Als Lastaufnahmemittel kommen in RBG überwiegend Teleskopgabeln, Schwenkschubgabeln sowie Schub-/Zugeinrichtungen für Kleinteileladungsträger etc. zum Einsatz (siehe Abb. 9.51).

Einsatzfälle

Ein- und Auslagerung von Gütern auf möglichst genormten Ladehilfsmitteln, bevorzugt Europaletten, Chemiepaletten, Euro-Gitterboxen oder Behälter, die in einem Palettenregal-, Hochregal- oder Behälterregallager (vgl. Unterabschnitt 8.5.2, Statische Regallagerung) stehen. Einsatz im Kommissionierlager als Fördermittel für Personen oder in neuesten Entwicklungen für Kommissionierroboter (Spielzeitberechnung nach [28] oder [29]).

Regalbediengeräte (RBG) haben 3 klassische Einsatzbereiche:

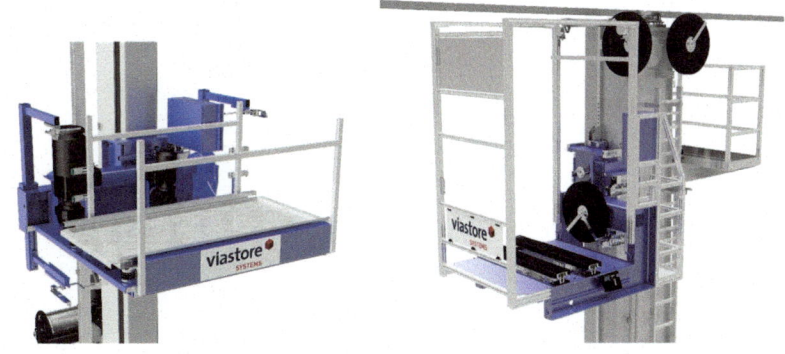

(a): Tabelarverschiebeinheit (Ziehtechnik)　　　　　(b): Teleskopgabel

Abb. 9.51 Zwei Beispiele von Lastaufnahmemitteln von RBG. (Quelle: viastore SYSTEMS GmbH)

- Ein- und Auslagerung von Gütern auf möglichst genormten Ladehilfsmitteln, bevorzugt Europaletten, Euro-Gitterboxen oder Behälter für Kleinteile (KLT-Kästen), die in einem Hochregal- oder Behälterregallager (Kleinteilelager) stehen
- Einsatz im Kommissionierlager als Fördermittel für Personen (Person zur Ware, siehe Absatz 10.3.3.4, Person-zur-Ware-Kommissionierung) und
- im vollautomatischen Kleinteilelager (Ware zur Person, siehe Absatz 10.3.3.4, Ware-zur-Person-Kommissionierung).

9.4.1.2 Kurvengängiges Regalbediengerät

Um die Beschränkung auf einen Gang zu umgehen, wurden die Fahrwerke bei einigen Regalbediengeräten so gelagert, dass sie kurvenförmigen Schienenverläufen folgen und Weichen passieren können (Abb. 9.44). Dabei muss auch die an der Decke oder der Oberkante der Regale befindliche Führung in die Lagervorzone erweitert und mit Weichen ausgestattet werden (Abb. 9.52).

Einsatzfälle

Lagervorzone eines Regallagers; Verteilen oder Sammeln von Ladeeinheiten mit Ladehilfsmitteln auf einzelne oder von einzelnen Lagergassen; Transport innerhalb der Produktion oder zwischen zwei Bereichen; Verbinden von Stetigförderern wie Rollenbahnen oder Kettenförderern und Übersetzen von Stückgütern von einem auf den anderen Förderer.

Abb. 9.52 Kurvengängiges RBG. (Quelle: DAMBACH Lagersysteme GmbH & Co. KG)

9.4.1.3 AKLs (automatische Kleinteilelager bzw. automatische Kommissionierlager)

Werden zur Ein- und Auslagerung kleiner Artikel oder geringen Mengen bevorzugt eingesetzt. Die Lagergüter werden in Behältern z. B. KLT oder auf Tabellaren bevorzugt der Größe 400×600 gehandhabt. Durch die geringen Stückgewichte ist eine einfache Lagerfachbedienung möglich. In vielen Fällen wird die Lagereinheit in das Lagerfach hineingeschoben bzw. aus dem Fach herausgezogen. Das Lastaufnahmemittel greift dazu in einen Griff oder eine Leiste des Behälters. Diese Behälterlager werden auch Kasten-, Karton- oder Tabellarlager bezeichnet. Diese Behälterlage werden durch automatische Kleinteilelagergeräte (AKLs) für die Ein- und Auslagerung bedient. Die Abb. 9.53 zeigt ein AKL mit Lagervorzone (Lagervorzone realisiert durch Rollenfördertechnik).

Auf dieser Abbildung erkennt man, dass diese AKL bedienten Behälterlager sehr kompakt bauen, sie lassen auch eine Doppeltiefelagerung zu. In diesem Fall werden dann Kombiteleskope oder Greifer zur Bedienung der Ladeeinheiten verwendet.

Die hohe durchschnittliche Beschleunigung beim Heben und Senken sorgt für sehr kurze Zykluszeiten.

AKL-Lager werden in Höhen von 8 bis 12 m maximal über 20 m gebaut und eingesetzt. Die Nutzlasten liegen zwischen 50 und 300 kg. Sie sind auch tiefkühltauglich bis $-30\,°C$

9.4.1.4 Umsetzer

Eine andere Möglichkeit, ein Regalbediengeräte in mehreren Regalgängen einsetzen zu können, bieten Umsetzer (Abb. 9.54). Sie dienen zum Transport der Regalbediengeräte beim Gangwechsel. Umsetzer nehmen das komplette Gerät auf, das an einer Regalstirnseite aus dem Regalgang herausfährt, und verfahren es an der Regalfront entlang vor einen anderen Gang. Die Umsetzer sind schienenverfahrbar und werden über Schleppkabel mit Energie

Abb. 9.53 AKL mit Lagervorzone (realisiert durch Rollenfördertechnik). (Quelle: Swisslog)

Abb. 9.54 RBG-Umsetzer.
(Quelle: Kardex AG)

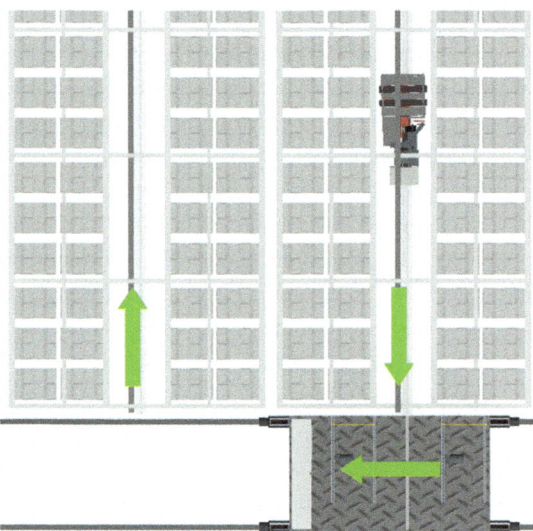

versorgt. Sie haben als Lastaufnahmemittel eine rechtwinklig zu ihrer Verfahrachse verlaufende weitere Schiene zur Aufnahme des Regalbediengerätes.

Einsatzfälle
In Palettenlägern mit geringer Umschlagsleistung, falls ein Gerät pro Gasse nicht ausgelastet ist.

9.4.1.5 Verschiebewagen

Verschiebewagen sind ähnlich wie Umsetzer in der Lagervorzone (siehe Abb. 8.1) vor der Regalfront von Regallägern, also sehr häufig vor RBG-Einheiten, angeordnet. Sie transportieren jedoch keine Fördermittel, sondern Fördergut.

Verschiebewagen bestehen aus einem Rahmen, der die Räder und Antriebe trägt, und einem Lastaufnahmemittel (wie in Abb. 9.55). Sie verfahren auf Schienen. Das Lastaufnahmemittel richtet sich nach der angrenzenden Fördertechnik und kann als Rollenbahn, Kettenförderer oder Teleskopgabel ausgeführt sein.

9.4.2   Leistungsnachweis von Regalbediengeräten

Der Leistungsnachweis, d. h. die Durchsatzleistung von Paletten-Ein- und Auslagerung pro Zeiteinheit von RBG in Hochregallagern erfolgt entweder durch Simulation oder vereinfacht mit Hilfe von genormten Testspielen (nach [28] oder nach [29]):

Abb. 9.55 Verschiebewagen
mit Anbindung an
Rollenförderer. (Quelle:
Kardex AG)

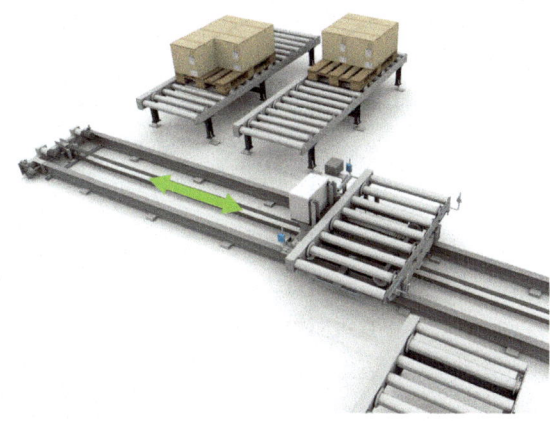

Die Belastungssituation eines Lagers wird normalerweise durch vollständige Simulationen aller möglichen Bewegungen erfasst. Um diese Berechnung zu vereinfachen, wurden in [28] genormte Testspiele festgelegt. Die Normpunkte wurden definiert zu

P1 1/5 L 2/3 H, d. h. 1/5 der Lagerlänge und 2/3 der Lagerhöhe
P2 2/3 L 1/5 H, d. h. 2/3 der Lagerlänge und 1/5 der Lagerhöhe

Mit Hilfe dieser Punkte kann für ein Lager mit gegebener Länge und Höhe die Ein- und Auslagerungsleistung ermittelt werden.

9.4.2.1 Spielzeit

Die Spielzeit beschreibt den Zeitbedarf, welcher für ein Arbeitsspiel (Bewegungsablauf eines Unstetigförderers, der gleich oder ähnlich bei jedem Vorgang wiederkehrt) benötigt wird. Er enthält neben produktiven auch unproduktive Zeitanteile.

Die Spielzeit wird definiert als die Summe aus konstanten Zeitwerten und veränderlichen Wegzeiten. Sie ergibt sich aus den technischen Gegebenheiten des jeweiligen Regal-Bedien-Gerätes (RBG) und den Wegen, welche dieses in x, y und z-Richtung innerhalb des Lagers zurücklegt [29, S. 6]. Die Abb. 9.56 zeigt die Parameter der Spielzeitberechnung.

Die mittlere Spielzeit ist ein statistischer Durchschnittswert, welcher durch die mittlere Fahrzeit (gleichmäßiges Anfahren aller Regalfächer innerhalb eines Betrachtungszeitraums) bestimmt ist [29, S. 6].

Diese ergibt sich aus den Parametern:

$$w = \frac{H}{L} \cdot \frac{v_x}{v_y} \tag{9.13}$$

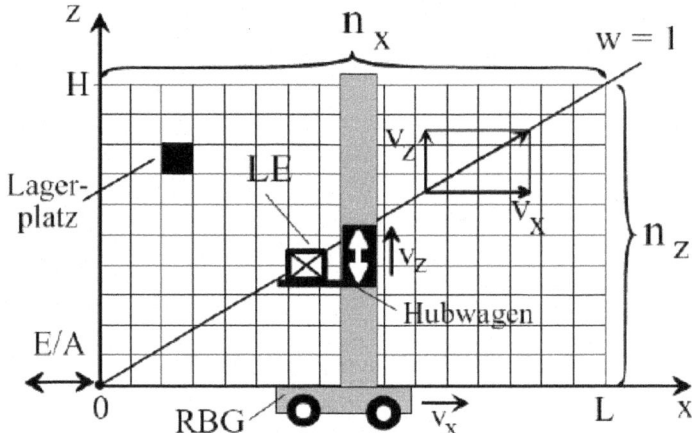

Abb. 9.56 Parameter der Spielzeitberechnung von RBG (A Auslagerungspunkt, E Einlagerungs-punkt, LE Lagereinheit, n_x und n_z mögliche Koordinaten in jeweiliger Achsenrichtung, x und z Achsenrichtungen) [29]

w Diagonale des Lagers (in der Literatur auch als a angegeben)
H, L Höhe und Länge des zu bedienenden Lagers
v_x, v_z Geschwindigkeit des RBG in x- und z-Richtung

Im Fall von w = 1 entspricht der Vektor des RBG der Diagonalen des Lagers.

Einzel-/Doppelspiel
Von einem Einzelspiel wird dann gesprochen, wenn eine separate Ein-oder Auslagerung getätigt wird. Es können somit die Fälle „Einlagern" und „Auslagern" unterschieden werden. Dadurch, dass die Ein- und Auslagerungsprozesse jeweils einzeln ablaufen, ergeben sich Leerfahrten (Abb. 9.58a).

Werden Ein- und Auslagerung miteinander verbunden, nennt man dies Doppelspiel. Das RBG fährt hierbei beladen von Punkt E zu Lagerplatz 1, legt Objekt 1 ab (Einlagerung), fährt zu Lagerplatz 2, nimmt hier Objekt 2 auf und fährt mit diesem zum Ausgangspunkt zurück (Auslagerung, Abb. 9.58b).

Spielzeitberechnung Regelbediengerät nach FEM[4] 9851 [29]
Sowohl die direkte experimentelle Bestimmung der mittleren Spielzeiten verschiedener Einzel- und Doppelspiele, als auch die Berechnung der mittleren Doppelspielzeiten gestalten sich schwer und sind mit erheblichem Aufwand verbunden. Zur Reduzierung dieses

---

[4]FEM: Fédération Européenne de la Manutention (Europäische Vereinigung der Förder- und Lagertechnik).

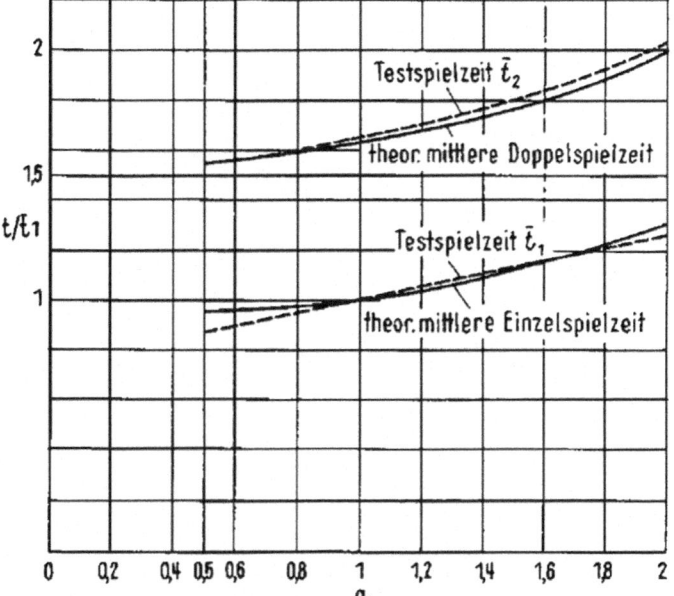

Abb. 9.57 Zusammenhang Testspielzeit und mittlere Spielzeiten. (Quelle: ohne Verfasser)

Aufwands wurden sogenannte Testspiele definiert, welche mit den mittleren Spielzeiten weitgehend übereinstimmen (Abb. 9.57) bzw. wo die Abweichungen sehr gering sind.

Anhand derer wurden Formeln zur Berechnung der Einzel- und Doppelspielzeiten in Abhängigkeit der jeweiligen Ein- und Auslagerungspunkte entwickelt. Dafür werden im Lager zwei Punkte als Referenz angefahren. In Abhängigkeit davon ist die Lage der Ein- und Auslagerungspunkte zu wählen.

Mit diesen Annahmen werden in [29] sechs Fälle unterschieden, dabei sind die Fälle 1 und 2 als Beispiel berechnungstechnisch angegeben und die Fälle 3 bis 6 genannt:

1. Ein-/Auslagerungspunkt liegt am unteren Eckpunkt des Regals (Abb. 9.58); $E = A = (0, 0)$, $P1 = P1E$ und $P2 = P2A$ ist definiert wie auf Abschn. 9.4.2.
   Für die mittleren Spielzeiten von Einzel- und Doppelspiel gilt hier:

$$\text{Einzelspiel: } t_{m1} = \frac{1}{2}(t_{P1} + t_{P2}) + t_{01} \qquad (9.14)$$

$$\text{Doppelspiel: } t_{m2} = t_{P1E:P2A} + t_{02} \qquad (9.15)$$

2. Einlagerungspunkt am linken Eckpunkt, Auslagerpunkt am rechten Eckpunkt (Abb. 9.59); $E = (0, 0)$ und $A = (L, 0)$. Außerdem gilt: $P1E = P'1A = \left(\frac{1}{5}L, \frac{2}{3}H\right)$ und $P2E = P'2A = \left(\frac{2}{3}L, \frac{1}{5}H\right)$.
   Die Spielzeiten berechnen sich nach den folgenden Formeln:

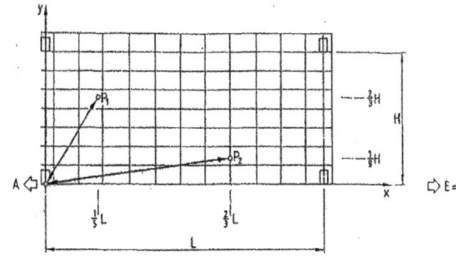 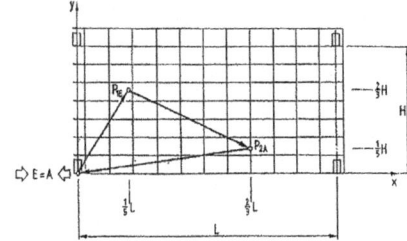

(a): Fall 1: Spielzeit Einzelspiel   (b): Fall 1: Spielzeit Doppelspiel

Abb. 9.58 Fall 1, Einzel-/Doppelspiel [29, S. 8]

$$\text{Einzelspiel, Einlagerung: } t_{m1} = \frac{1}{2} \cdot (t_{P1E} + t_{P2E}) + t_{01} \tag{9.16}$$

$$\text{Einzelspiel, Auslagerung: } t_{m2} = \frac{1}{2} \cdot (t_{P'1A} + t_{P'2A}) + t_{01} \tag{9.17}$$

$$\text{Doppelspiel: } t_{m2} = \frac{1}{2} \cdot (t_{P1E;P2A;A;E} + t_{P'1E;P'2A;A;E}) + t_{02} \tag{9.18}$$

3. Ein-/Auslagerpunkt vertikal verschoben
4. Ein-/Auslagerpunkt horizontal verschoben
5. Einlagerungspunkt am linken Eckpunkt, Auslagerpunkt vertikal verschoben
6. Auslagerpunkt am linken Eckpunkt, Einlagerungspunkt horizontal verschoben

Dabei unterschieden sich die Koordinaten in x und y-Richtung je nach Lage des zugehörigen Ein- bzw. Auslagerungspunktes.

Die zuvor genannten Fälle basieren alle auf der Höhe bzw. Länge des Lagers und auf der Lage des Ein-bzw. Auslagerungspunktes. Soll die Spielzeit für größere Ladungen oder Fördereinheiten, welche zwei oder mehr Ladungen transportieren können, bestimmt werden, werden zusätzliche Parameter, wie z. B. die Tiefe der Ladung, benötigt. Abgesehen davon, kann es passieren, dass kein direkter Zugriff auf die Ladung möglich ist, weil z. B. ein anderes Gut diesen behindert.

Abweichungen zwischen den erwarteten und tatsächlichen Spielzeiten können sich aus folgenden Faktoren ergeben:

• den Maßen der Ladung
• der Menge an Ladung
• der eingesetzten Spannung
• der Beschleunigung
• den Lagerstrukturen etc. [29, S. 13]

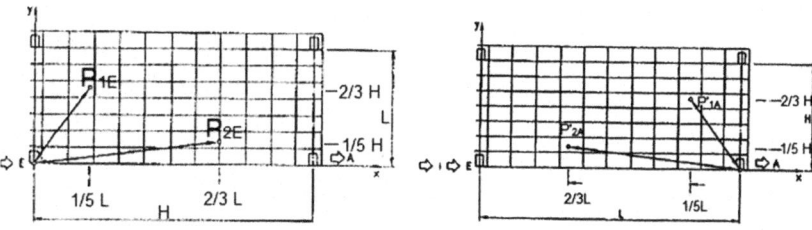

(a): Fall 2: Spielzeit Einzelspiel Einlagerung

(b): Fall 2: Spielzeit Einzelspiel Auslagerung

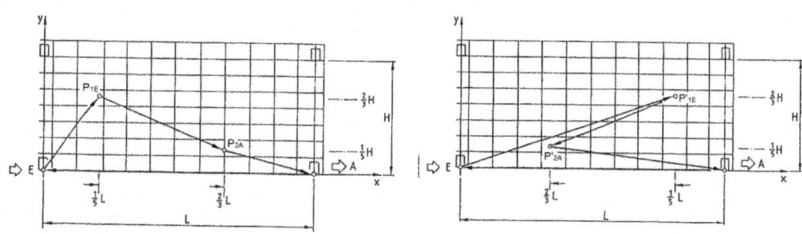

(c): Fall 2: Spielzeit Doppelspiel Einlagerung

(d): Fall 2: Spielzeit Doppelspiel Auslagerung

Abb. 9.59 Fall 2, Ein-/Auslagerung, Einzel-/Doppelspiel [29, S. 8]

9.4.2.2 Optimierungsansätze

Optimierungsansätze ergeben sich aus den zuvor vorgestellten variablen Faktoren innerhalb der Spielzeitberechnung. Im folgenden Abschnitt sollen einige Maßnahmen vorgestellt werden, wie die variablen Wegzeiten der Spielzeit optimiert, also verkürzt, werden können. Dabei wird eine Unterscheidung in technische und organisatorische Maßnahmen vorgenommen.

Es wird angenommen, dass bevorzugt Doppelspiele innerhalb des Lagers durchgeführt werden, da diese von Grund auf effizienter gestaltet sind (keine Leerfahrten), als Einzelspiele. Unter Umständen müssen Einzelspiele durchgeführt werden, z. B. wenn die Beschickung und Kommissionierung innerhalb eines Lagers zeitlich getrennt werden. Jedoch können auch in diesem Fall die Rückfahrten zur Durchführung optimierender Reorganisationsmaßnahmen in Anspruch genommen werden.

Technische Optimierungsmaßnahmen

Die hier vorgestellten Maßnahmen beruhen auf Veränderungen hinsichtlich technischer Eigenschaften, mit denen die Spielzeiten reduziert werden.

Eine mögliche Maßnahme zur Optimierung der Spielzeiten ist der Einsatz von schnelleren Regalbediengeräten. Die Veränderung der Geschwindigkeit, wirkt sich auf die Umschlagleistung des jeweiligen Regalbediengeräts aus. Die Abb. 9.60 verdeutlicht dies. Die erhöhte Geschwindigkeit bewirkt eine verkürzte Wegzeit und somit sind, im Vergleich zu einem

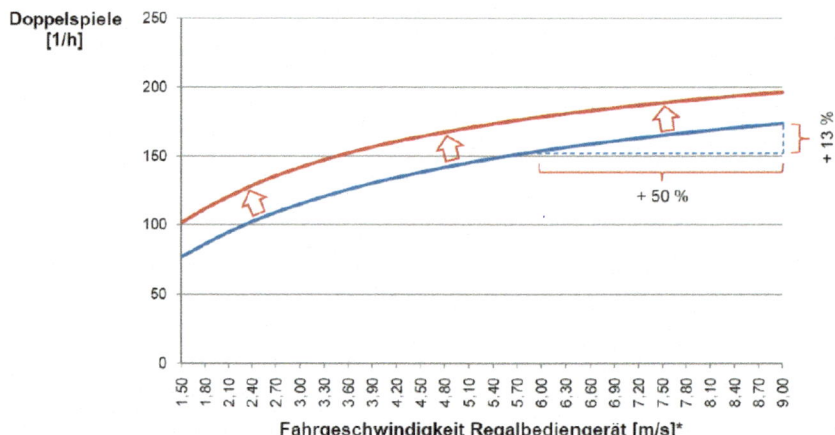

Abb. 9.60 Umschlagleistung in Abhängigkeit von der Geschwindigkeit eines RBG. (Quelle: ohne Verfasser)

langsameren RBG, mehr Doppelspiele im selben Zeitabschnitt möglich. Demnach steigt die Umschlagsleistung.

Eine weitere Möglichkeit zur Verkürzung der (Gesamt-) Spielzeiten, ist die Einrichtung von dynamischen Übergabeplätzen. Die Fahrten des RBG von und zum E-/A-Punkt tragen einen hohen Anteil an der gesamten Fahrzeit. Durch dynamische Übergabeplätze, welche auf Stetigförderern basieren, werden die einzelnen Transportprozesse entkoppelt und parallelisiert (Abb. 9.61).

Das RBG ist nur noch für den Ein- und Auslagerungsvorgang sowie um die Zurücklegung der kürzesten Strecken zwischen dem Förderband und den aktiven Lagerplätzen zuständig, wohingegen das Zurücklegen von horizontalen Strecken, z. B. vom Lagerpunkt zum Auslagerungspunkt, von Stetigförderern übernommen wird. Somit findet eine Kombination von stetiger und unstetiger Förderung statt. Die Fahrzeit pro Doppelspiel wird deutlich verkürzt und die Umschlagsleistung steigt.

Organisatorische Optimierungsmaßnahmen

Ein weiterer Ansatz besteht in der grundsätzlichen Ausgestaltung des Lagers. Hierbei geht es vorwiegend um die Verkürzung/Minimierung der zu fahrenden Strecken und somit der Verringerung der benötigten Fahrzeiten bei Ein- und Auslagerung. Damit verbundene Strategien basieren auf der optimalen Zuordnung des Lagerplatzes innerhalb des Lagers. Es kann entweder eine Zone, Gasse oder ein Lagerplatz vorgegeben werden, in welche die Ladung eingelagert werden kann. In den ersten beiden Fällen ergibt sich der Lagerplatz nach den jeweils verfügbaren freien Plätzen innerhalb des vorgegebenen Bereichs.

WIR GESTALTEN ZUKUNFT!

Materialflusstechnik und Intralogistiksysteme analog und digital

Die Linde Material Handling GmbH, ein Unternehmen der KION Group, ist ein weltweit führender Hersteller von Gabelstaplern und Lagertechnikgeräten sowie Anbieter von Dienstleistungen und Lösungen für die Intralogistik. Mit einem Vertriebs- und Servicenetzwerk in mehr als 100 Ländern ist das Unternehmen in allen wichtigen Regionen der Welt vertreten.

Für seine Kunden entwickelt Linde Lösungen entlang der gesamten Materialflusskette. Neben „Stahl und Eisen" zunehmend Software für das Flottenmanagement, Automatisierungslösungen,

Fahrerassistenzsysteme sowie mobile Apps zur Lokalisierung von Fahrzeugen oder für den Customer Service.

Das Fahrzeugangebot umfasst 80 Baureihen und 6.000 Ausstattungsvarianten. Auf Basis dieses Baukastensystems fertigt Linde für jeden Anwender die exakt auf seine Anforderungen zugeschnittenen Fahrzeuge und Flotten. Individuelle Erweiterungen, sogenannte „Customized Options", machen rund 45 Prozent der Aufträge bei Linde aus.

→ www.linde-mh.de

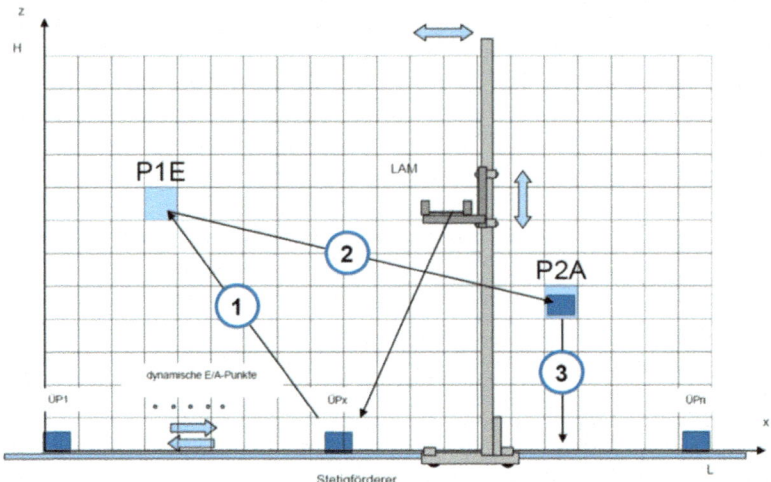

Abb. 9.61 Dynamische Übergabe des Lagerguts vom RBG an einen Stetigförderer. (Quelle: Prof. Günthner, fmL TUM)

Eine konkrete Möglichkeit ist die Einteilung des Lagers in Zonen, welche auf den mittleren Fahrzeiten zu den Übergabepunkten beruht. Dabei werden diejenigen Lagerfächer mit den kürzesten mittleren Fahrzeiten, mit den Artikeln belegt, welche die höchste Anfahrhäufigkeit haben. Dadurch ergibt sich eine verbesserte Bereitstellung der Lagereinheiten.

Sollte bei der Einlagerung kein oder nicht genügend Lagerplatz innerhalb der bevorzugten Gasse oder Zone für die Einheit vorhanden sein, kann mithilfe von Umlagerungen zu einem späteren Zeitpunkt der optimale Lagerplatz trotzdem erreicht werden. Zu bevorzugen sind Umlagerungen in Zeiten mit geringer Auslastung der RBG (Nacht, Wochenende etc.) [30].

9.4.3 Flurförderzeuge

In diesem Unterkapitel werden nach Abb. 9.62 die große und wichtige Gruppe der frei verfahrbaren flurgebundenen Unstetigförderer dargestellt.

Flurförderzeuge [9, 31] sind gleislose, überwiegend innerbetrieblich verwendete Fahrzeuge mit oder ohne Einrichtungen zum Heben oder Stapeln von Lasten. Sie stellen die im innerbetrieblichen Einsatz bekannteste und am weitest verbreitete Form der Fördertechnik dar. Flurförderzeuge sind in der Regel manuell bediente, in den letzten Jahrzehnten durch die Entwicklung automatischer Flurförderzeuge zunehmend auch automatisierte Unstetigförderer. Als Antriebsformen finden heute sowohl der Mensch mit seiner Muskelkraft als auch Elektro-, Diesel- und Gasmotoren Verwendung.

Im Rahmen des innerbetrieblichen Transports, vor allem innerhalb von Gebäuden, stehen die elektrisch angetriebenen Flurförderzeuge im Vordergrund, obwohl auch gasangetriebene

Abb. 9.62 Einteilung der
Flurförderzeuge. (Quelle: ohne
Verfasser)

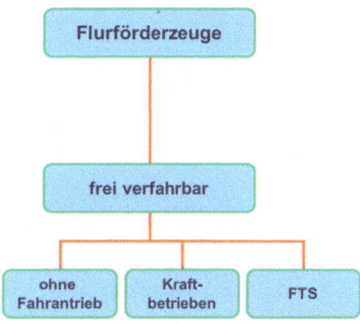

Stapler bei einem kombinierten Innen-Außeneinsatz Verwendung finden. Außerhalb von
Gebäuden werden vornehmlich dieselbetriebene Flurförderzeuge eingesetzt. Von Menschen
gezogene Flurförderzeuge (Gabelhubwagen u. a.) sollen nicht weiter betrachtet werden.

Seit etwa dem Jahre 2005 haben dann beispielsweise im Bereich der fahrerlosen Transportfahrzeuge neue Entwicklungen gegriffen wie beispielsweise am IFT der Universität
Stuttgart, hin zu kleinen, außerordentlich preisgünstigen fahrerlosen Transportsystemen. Zu
nennen sind hier Entwicklungen der sogenannten zellularen Fördertechnik am IML in Dortmund, Entwicklungen des Systems KARIS am KIT (Karlsruhe) und die Entwicklungen des
sogenannten Doppelkufensystems oder des KaTe-Systems am IFT der Uni Stuttgart.

Bei den beiden letztgenannten Fahrzeugen geht es um den automatischen Transport von
Paletten (Heben, Senken und Transportieren), beim KaTe-System um das Transportieren
von Kleinladungsträgern der Automobilindustrie (vor allen Dingen 400×600 mm).

Das Doppelkufensystem hat einen Zielpreis von lediglich 30.000 EUR, das KaTe-System
von 5000 EUR. Verglichen mit den früher sehr teuren FTS-Lösungen in der Größenordnung
zwischen 100.000 und 150.000 EUR ist hier ein wirklich neuer Technologie- und damit
Kostensenkungseffekt sichtbar. Hierauf wird später im Bereich der fahrerlosen Transportsysteme noch einmal im Detail eingegangen (siehe Unterunterabschnitt 9.4.4.1, Baugruppen
von FTF).

Man gliedert die Flurförderzeuge sinnvollerweise nach ihrer Bauart in Schlepper, Wagen,
Gabelhubwagen, Stapler und Hochregalstapler. Ein zweites Gliederungskriterium stellt der
Bedienerstatus dar, wobei zwischen mitgehendem Bediener, mitfahrendem Bediener und
bedienungslos unterschieden werden kann. Zur Spielzeitermittlung wichtiger Flurförderzeuge kann [32] hinzugezogen werden.

Aus der Vielzahl der Flurförderzeuge wurden bisher Schlepper, Wagen, Gabelhubwagen, Gabelstapler, Spreizenstapler, Hochregalstapler sowie einige andere Sonderfahrzeuge
automatisiert. Bei der folgenden Abhandlung der Flurförderzeugtypen wird jeweils darauf hingewiesen, inwieweit die einzelnen Flurförderzeugtypen bereits automatisiert wurden
bzw. inwieweit sie ausschließlich manuell bedient werden.

Eine weitere in der Praxis häufig benutzte Aufgliederung der Flurförderzeuge zeigt
die Abb. 9.63. Hier wird unterschieden, ob das Flurförderzeug ohne Fahrantrieb ist oder

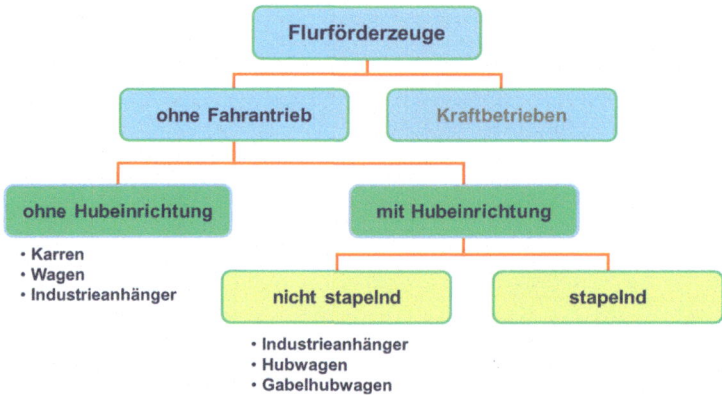

Abb. 9.63 Übersichtsschema Flurförderzeuge. (Quelle: ohne Verfasser)

kraftbetrieben wird und ob es ohne oder mit Hubeinrichtung (und hier stapelnd oder unstapelnd) arbeitet.

Die charakteristischen Vor- und Nachteile von Flurförderzeugen können wie folgt angegeben werden:

Vorteile
- freizügiger Einsatz in allen Betriebsbereichen
- weder ortsfest, noch an Schienen gebunden, dadurch keine Störungen durch festverlegte Gleise
- große Beweglichkeit und Wendigkeit
- flexible und vielseitige Nutzung des gleichen Gerätes
- Fahren in schmalen Gängen mit engen Kurvenradien möglich
- verhältnismäßig niedrige Betriebskosten bei großen Hubhöhen, Tragfähigkeiten und Zugkräften
- bei Verwendung von Ladeeinheiten, Ersparnis an Umladevorgängen
- geringe Anlagekosten
- leichtes Anpassen an Betriebsumstellungen
- durch Stapler gute Ausnutzung hoher Räume
- durch Anbaugeräte ergeben sich fahrbare Arbeitsmaschinen.

Nachteile
- beschränkte Ladefähigkeit
- größerer Fahrwiderstand der Räder verglichen mit Schienenfahrzeugen
- ungeeignet zur stetigen Förderung
- Aufzüge mit hoher Tragkraft und großen Abmessungen bei Stockwerksbauten erforderlich (schweres Grundgerät, Batterie)

- Einsatz ist abhängig von der Bodenbeschaffenheit und -belastbarkeit
- Jedes Fahrzeug muss eigens ausgebildetes Personal haben oder automatisch gesteuert werden (wobei dafür Rechnerüberwachung notwendig ist, um über den augenblicklichen Standort sowie den aktuellen Stand informiert zu sein)

Einsatzfälle Unstetiger und horizontaler oder auch vertikaler Stückguttransport in Wareneingang, Produktion, Lager, Lagervorzone und Versand in Produktionsbetrieben sowie in Warenverteilzentren. Manuell bedient vor allem, wenn sich die Förderwege laufend ändern; automatisch, wenn sich in Netzen lediglich die Zielorte ändern. Bevorzugter Einsatz bei kleinen und mittleren Entfernungen, großen Trag- oder Schlepplasten und bei geringem bis mittleren Durchsatz unterschiedlicher Fördergüter auf Ladehilfsmitteln wie Paletten und Behältern.

Im Nachfolgenden werden nun die einzelnen Typen von Flurförderzeugen im Detail vorgestellt.

9.4.3.1 Schlepper, Plattformwagen und selbstfahrende Module

Schlepper dienen zum Horizontaltransport von Anhängern und fahren üblicherweise vorwärts (Abb. 9.42, 9.45 und 9.64b). Schlepper haben in der Regel keine eigene Lastplattform und kommen mit dem Fördergut nicht direkt in Berührung. Sie bestehen aus einem Rahmen, der die Antriebe und Räder, die Batterie und gegebenenfalls die Steuerung aufnimmt. Schlepper sind in der Regel Zweiachser und weisen häufig, vor allem bei automatischer Ausführung, eine Dreiradgeometrie auf, wobei vorn ein gelenktes Antriebsrad und hinten zwei starre Räder angeordnet sind. Vierrädrige Fahrzeuge werden überwiegend manuell von einem sitzenden (oder stehende) Fahrer bedient. Im Vergleich zu anderen Flurförderzeugen weisen Schlepper eine geringere Wendigkeit auf und benötigen somit bei Kurvenfahrten mehr Platz. Bei der Be- und Entladung sind Schlepper auf Personal oder andere Fördertechniken angewiesen. Anhänger sind zumeist Plattformwagen oder Handgabelhubwage.

    (a): Schlepper   (b): Schlepper   (c): Plattformwagen

Abb. 9.64 Schlepper und Plattformwagen. (Quelle: Jungheinrich AG)

Abb. 9.65 Selbstfahrendes
Schwerlastmodul (ohne
Schlepper/Zugmaschine).
(Quelle: TII Group)

Als Wagen (Plattformwagen, siehe Abb. 9.43 und 9.64c) werden solche Fahrzeuge bezeichnet, die die Last auf einer nicht hebbaren Plattform oder einem nicht hebbaren Lastträger befördern. Letzterer kann z. B. auch eine Rollenbahn oder ein Kettenförderer sein, mit dem der Wagen ein Transportgut z. B. von einem entsprechenden Stetigförderer an einer Übergabestelle übernehmen kann. Der Antrieb ist ähnlich wie bei Schleppern (Hinterachsenantrieb, Vorderrad-Achsschenkellenkung) ausgeführt. Allen Wagen ist gemeinsam, dass sie das Fördergut nur in einer bestimmten Höhe übernehmen bzw. übergeben können (z. B. Ladehöhe der Plattform), da sie keine Hubeinrichtung besitzen.

Selbstfahrende Module (Abb. 9.65) und Schwerlastanhänger sind häufig mit einer Hydraulik zur Achshöhenverstellung ausgestattet, die je nach Verstellweg auch als Hubfunktion verwendet werden kann. Der Anhänger oder Selbstfahrer wäre dann ein Flurfördermittel (kraftgetrieben) mit Hubeinrichtung. Durch die Hubfunktionen können (neben Unebenheiten auf dem Transportweg) dann auch aufgebockte Lasten unterfahren und ohne Kraneinsatz aufgenommen werden.

Im Gegensatz zum fahrerlosen Transportsystem (siehe Unterabschnitt 9.4.4, Automatische Flurförderzeuge) muss hier stets Bedienpersonal vorhanden sein. Die Module werden in der Regel über eine Fernbedienung gesteuert.

Zum Einsatz kommen Schlepper und Plattformwagen im horizontalen Transport von laufend anfallendem Fördergut über lange Strecken mit relativ wenigen Haltestellen im inner- und zwischenbetrieblichen Einsatz.

9.4.3.2 Routenzüge

Schlepper, wie sie in Abb. 9.64 dargestellt sind, werden sehr häufig mit den unterschiedlichsten Anhängern für Routenzugtransporte in der Produktion eingesetzt. Sie transportieren von einem zentralen Lager oder einer zentralen Annahmestelle Gitterboxen, Paletten, KLTs oder allgemein alle möglichen Materialien, die für die Produktion oder die Endmontage notwendig sind, zu den einzelnen Arbeitsplätzen.

Abb. 9.66 Routenzug. (Quelle: Linde Material Handling GmbH)

Die Abb. 9.66 zeigt eine Ausführungsform eines solchen Routenzugs. Diese Routenzüge sind entstanden, als man – beginnend in der Automobilindustrie – die Forderung der gabelstaplerlosen Fabrik umgesetzt hat. Die Alternative hierzu war die Einrichtung der hier jetzt dargestellten Routenzüge.

Diese Routenzüge unterscheiden sich nicht nur durch den eingesetzten Typ von Flurförderzeug, das heißt von unterschiedlichen Schleppervarianten, sondern vor allen Dingen durch völlig unterschiedliche Routenzuganhänger. Der Lehrstuhl für Fördertechnik, Materialfluss und Logistik (fml) der Technischen Universität München hat im Rahmen des Forschungsprojektes „IntegRoute" eine systematische Marktübersicht deutschsprachiger Hersteller von Routenzügen durchgeführt und dies in [33] veröffentlicht, im nachfolgenden Text wird aus dieser Veröffentlichung berichtet. Für die über zwanzig deutschsprachigen Hersteller alleine wurden 127 verschiedene Modelle von Routenzuganhängern abgebildet. Im Rahmen des Forschungsprojektes sind diese Typen klassifiziert worden in die Gruppen

- Plattformwagen
- Regalwagen
- Flexible Transportplattformen
- E-Frame
- usw.

Die größte Vielfalt von technischen Realisierungsformen bietet sich bei den Ein- und Ausschubkonzepten für die Behälter in die Anhänger. Bei etwa 25 % der am Markt verfügbaren Anhängertechniken ist dank der „Beidseitigkeit" die Bereitstellung von Großladungsträgern (GLT) auf beiden Seiten des Fahrweges möglich, ohne dass der Anhängerverband umfahren werden muss. Der Vergleich der für die Anhänger angebotenen Lenkkonzepte zeigt zwei klar am weitesten verbreitete Lösungen. Unter den 35 % der Anhänger mit aktiver Lenkung ist der Großteil mit einer Achsschenkellenkung ausgestattet, bei den 65 % der Anhänger mit passivem Lenksystem ist knapp die Hälfte aller Lösungen mit zwei und zwei hinteren Bockrollen ausgestattet.

Bei den Nutzlasten ist zu erkennen, dass 95 % der Anhänger ein Gewicht von mindestens 500 kg tragen können und 45 % der Fahrzeuge dann auf 1000 kg beschränkt sind. Nur 12 % sind in der Lage, Ladungsträger von mehr als 1500 kg zu bewegen.

9.4.3.3 Gabelhubwagen

Gabelhubwagen sind Fördermittel, die für einen Horizontaltransport von auf dem Boden stehenden Ladeeinheiten mit Ladehilfsmitteln wie Europaletten, Chemiepaletten, Euro-Gitterboxen, Rollcontainer oder ähnliche geeignet sind (Abb. 9.42 und 9.67). Sie bestehen aus zwei Gabeln, die jeweils mit einer nicht angetriebenen, nicht gelenkten Rolle abgestützt sind und einem Rahmen, welcher die Mechanik oder Hydraulik für den Hubvorgang, den Antrieb, die Lenkung, die Batterie sowie im automatisierten Fall die Steuerung aufnimmt. Gabelhubwagen sind ausnahmslos Dreiradfahrzeuge. Sie unterfahren das Ladehilfsmittel und heben es um circa 100 mm an. Sie können Lasten grundsätzlich nur vom Boden aufnehmen und auf dem Boden absetzen und tragen sie innerhalb ihrer Radbasis.

Man unterscheidet eine manuell bediente Version mit mitgehender oder mitfahrender Person, die den Wagen über eine Deichsel lenkt, und eine automatische Version. Gabelhubwagen können vorwärts und rückwärts fahren. Bei der Lastaufnahme müssen sie im automatischen Fall mit reduzierter Geschwindigkeit arbeiten, da die Sicherheitseinrichtungen nur auf Schleichfahrt ausgelegt sind (vgl. Unterunterabschnitt 9.4.4.2, Navigation und Sicherheitssysteme). Gabelhubwagen nehmen in der Regel nur eine Palette auf, können jedoch durch Verwendung verlängerter Gabeln auch zwei Paletten gleichzeitig befördern.

Angetriebene Gabelhubwagen (im Gegensatz zu Einfachgabelhubwagen ohne Antrieb, die von einer Person geschoben oder gezogen werden) sind ebenfalls Dreiradfahrzeuge, wobei das Antriebsrad gelenkt ist und zusammen mit dem Fahrmotor eine kompakte Antriebseinheit bildet.

Abb. 9.67 Gabelhubwagen (mit Fahrantrieb). (Quelle: Linde Material Handling GmbH)

Die Lenkung erfolgt bei mitgehendem Bediener über eine Deichsel mit integrierten Steuerelementen oder bei Fahrersitzbedienung über Lenkmotor und Kettenantrieb, der auf die Antriebseinheit wirkt. Die Gabelrollen werden über eine elektrisch angetriebene Hydraulikpumpe, Hydraulikzylinder und Hebelgestänge betätigt, wodurch der Gabelhub von 100 mm entsteht. Die Tragfähigkeiten dieser Geräte liegen im Bereich bis maximal 3000 kg, die Fahrgeschwindigkeiten betragen bei mitgehendem Bediener 6 km/h, bei Geräten mit Fahrersitzbedienung bis 10 km/h.

Zum Einsatz kommen Gabelhubwagen im horizontalen Stückguttransport bei kurzen Transportwegen und mittlerer Transportfrequenz auf Bodenniveau im gesamten Betrieb. Gefördert werden Güter auf Ladehilfsmitteln wie Europaletten, Chemiepaletten, Gitterboxen, Behälter mit Füßen oder ähnlichem. Bevorzugter Einsatz ist der Palettentransport zwischen Arbeitsplätzen und bei beengten Platzverhältnissen (im Container, in LKW oder Eisenbahnwagen).

9.4.3.4 Stapler

Stapler sind Flurförderzeuge (mit Hubeinrichtung), die mit einer Plattform, einer Gabel oder einem anderen Lastträger, die Lasten selbständig aufnehmen, transportieren und bis zu einer ausreichenden Höhe anheben können, um sie zu stapeln und zu entstapeln bzw. sie in Regale einzulagern und daraus zu entnehmen [34, 35]. Stapler sind für eine Lastaufnahme bzw. -übergabe von palettiertem, auf Flur gelagertem Fördergut ebenso geeignet, wie für die Handhabung von Fördergut, das auf Stetigförderern oder in Regalen gelagert ist.

Man unterscheidet folgende Ausfertigungen von Staplern:

- Gabelstapler,
- Spreizenstapler,
- Schubstabler,
- Mehrwegstapler (Vierwegstapler),
- Seitenstapler, (Schmalgangstapler, Hochregalstapler)
- Kommissionierstapler und
- Portalstapler.

Die Baugruppen von Staplern werden in Abb. 9.68 dargestellt.

Der am häufigsten verwendete und bekannteste Stapler ist der Gabelstapler.

Gabelstapler (auch als Frontgabelstapler bezeichnet)

Gabelstapler nehmen das Fördergut freitragend, außerhalb ihrer Radbasis, mit frontal an einem Hubgerüst befestigten Gabeln auf und heben es an. Um die Lastaufnahme zu erleichtern, wird das Hubgerüst hierzu um 3° nach vorn geneigt. Im angehobenen Zustand wird das Hubgerüst um 8° bis 10° nach hinten geneigt, um ein Abrutschen des Fördergutes während der Fahrt zu vermeiden. Die Hubbewegung sowie der Neigungsvorgang erfolgen in der Regel hydraulisch.

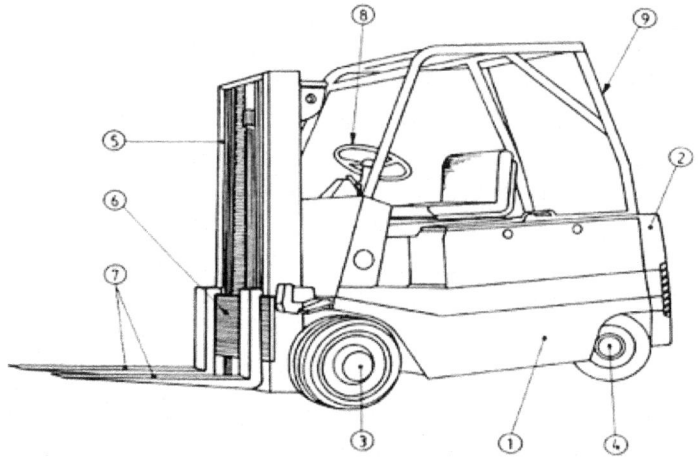

Abb. 9.68 Baugruppen eines Gabelstaplers (1 Rahmen, 2 Gegengewicht, 3 Antriebsachse, 4 Lenkachse, 5 Hubgerüst, 6 Gabelträger, 7 Gabelzinken, 8 Lenkrad, 9 Fahrerschutzdach) [35]

Bei elektromotorisch angetriebenen Staplern ist ein getrennter Antriebsmotor für die Hydraulikanlage vorgesehen, der nur bei der Hubbewegung eingeschaltet wird.

Bei Staplern mit verbrennungsmotorischem Antrieb ist die Hydraulikpumpe mit dem Fahrzeugmotor gekoppelt und läuft ständig mit. Dazu wird, wenn keine Hubbewegung erfolgt, der Druckkreislauf kurzgeschlossen. Die leistungsstarken Dieselmotoren ermöglichen dabei eine höhere Hubgeschwindigkeit als die leistungsschwächeren, batteriebetriebenen Antriebe, vor allem bei großen Hublasten.

Da das Hubgerüst mit der Last vor den Vorderrädern der Stapler angeordnet ist, sind Gabelstapler am hinteren Fahrzeugende mit einem Gegengewicht versehen. Dies ist erforderlich, damit der Stapler beim Bremsen nicht kippt, und damit die lenkenden Hinterräder nicht zu sehr entlastet werden. Dazu wird konstruktiv häufig die Fahrzeugbatterie entsprechend im hinteren Fahrzeugteil angeordnet.

Als Antriebsmotoren bei Staplern werden bei großen Tragfähigkeiten Verbrennungsmotoren (Treibgas oder Diesel) eingesetzt, bei kleineren Tragfähigkeiten werden batteriegespeiste Elektromotor.

Stapler mit Verbrennungsmotoren werden mit stufenlos wirkenden hydrodynamischen Getrieben (Drehmomentwandler) oder mit hydrostatischen Antrieben ausgerüstet. Bei letzteren wirkt eine vom Verbrennungsmotor angetriebene Hydropumpe (Schrägscheibenbauart) auf zwei Radnabenantriebe mit Hydromotoren und Planetenradsätzen.

Elektrisch betriebene Stapler sind auch dort einsetzbar, wo Diesel-Stapler wegen der Abgase draußen bleiben müssen: in geschlossenen Räumen. Und noch ein Aspekt lässt die Elektrostapler gegenüber ihren Verwandten punkten, im Gegensatz zu den herkömmlichen Gabelstaplern sind sie äußerst leise.

(a): Vierrad-Stapler (mit Gegenge-   (b): Dreirad-Stapler
wicht)

Abb. 9.69 Drei- und Vierradstapler. (Quelle: Linde Material Handling GmbH)

Die meisten Stapler haben ein Drei- oder Vierradfahrwerk (siehe Abb. 9.69) in Rahmen-
bauweise und sind aus abgekanteten Leichtbauprofilen, Rohren und Blechen zusammen-
geschweißt. Sie weisen auf der dem Hubgerüst zugewandten Vorderseite starre ungelenkte
Räder auf und sind hinterachsgelenkt, wobei man zwischen einer Drehschemel- und einer
Achsschemellenkung unterscheidet.

Stapler in Dreirad-Ausführung sind leichter, kostengünstiger und haben kleinere Wen-
dekreisradien, wodurch sie beweglicher sind.

Die Vierrad-Ausführung hat ein sichereres Fahrverhalten und kann größere Lasten aufnehmen.

Bei beiden Ausführungen werden verschiedene Reifentypen verwendet. Aus dem früher
häufig verwendeten Vollgummi ist inzwischen vielfach die Luftbereifung geworden; nicht
selten werden auch Superelastikreifen, also Vollgummireifen für mehrteilige Luftreifen-
felgen, verwendet. Da die Räder beim Vierradstapler größer sind als beim Dreiradstapler,
werden Fahrbahnstöße sehr gut abgefedert. Das dient sowohl der Schonung der Last als
auch der des Fahrers.

Die Hubeinrichtung eines Gabelstaplers besteht aus einem ein- oder mehrteiligen Hubgerüst, in dem der Gabelträger geführt wird, der die Gabelzinken oder Anbaugeräte trägt.
Es gibt die folgenden Bauarten:

- Einfachgerüste
- Mehrfachhubgerüste als
  - Zweifachhubgerüste mit normalem Freihub (Duplexmast)
  - Zweifachhubgerüste mit Sonderfreihub
  - Dreifachhubgerüste (Triplexmast)
  - Vierfachhubgerüste

Bei einem Einfachhubgerüst hängt der Gabelträger an zwei Hubketten (meist Rollenketten). Diese laufen über 2 Kettenrollen, die an der Traverse des Hubzylinderkolbens befestigt

sind und am anderen Ende mit dem Fahrzeugrahmen oder dem Hubzylinder fest verbunden sind. Durch Aus- oder Einfahren des Hubkolbens wird die Traverse und damit der Gabelträger gehoben oder abgesenkt. Durch diese „Einscherung" (zweisträngiger Flaschenzug) der Hubketten bewegt sich der Gabelträger bzw. die Last mit der doppelten Geschwindigkeit (v_H) wie der Hubkolben (v_K).

Die erreichbare Hubhöhe der Last (h_3) ist etwa doppelt so groß wie der Kolbenhub (siehe Abb. 9.70). Zum leichteren Aufnehmen und Abgeben der Last ist das Hubgerüst mit Neigezylindern um 3° bis 6° nach vorne neigbar, während es zum Fahren um 10° bis 16° nach hinten geneigt wird, um ein Verrutschen der Last nach vorne zu verhindern. Mit Gabelstaplern werden je nach Einsatzfall Lasten in Höhen von 2 bis 12 m angehoben und z. B. in Regale eingestapelt. Zur wirtschaftlichen Erfüllung dieser Aufgaben gibt es unterschiedliche Hubgerüstbauarten [35, 36].

Aus den diversen Hubgerüstbauarten der Aufzählung (siehe oben) soll mit Hilfe der Abb. 9.70 und 9.72 exemplarisch auf drei typische Ausführungsformen im Detail eingegangen werden.

Einfachhubgerüste (Abb. 9.70) bestehen aus dem meist neigbarem Grundrahmen, in dem der Gabelträger geführt und durch einen einfach wirkenden Hydraulikzylinder über einfach eingescherte Hubketten bewegt wird. Die Bauhöhe h_1 ist größer als die erreichbare Hubhöhe h_3. Sie werden daher meist für Arbeiten im Freien eingesetzt, wo keine niedrigen Durchfahrtshöhen beachtet werden müssen. Einfachhubgerüste sind leichter als Mehrfachhubgerüste.

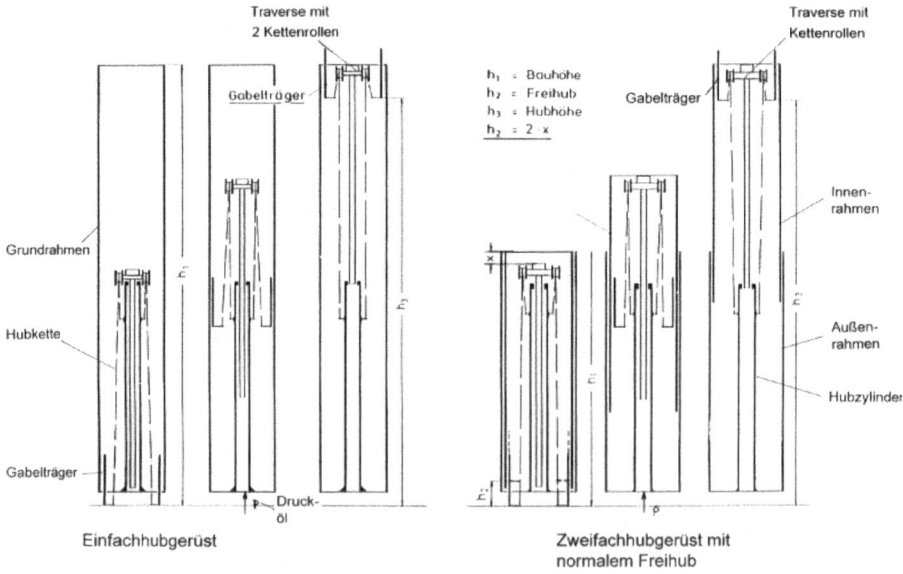

Abb. 9.70 Hubgerüstbauarten bei Gabelstaplern. (Quelle: ohne Verfasser)

Das Zweifachhubgerüst (Abb. 9.70) mit normalem Freihub (Duplex-Hubgerüst) besteht aus einem Außenrahmen und einem Innenrahmen. Wenn der Kolben des einfachwirkenden Hubzylinders, der die Traverse mit den Kettenrollen trägt, um das Maß x ausfährt, wird zunächst nur der Gabelträger mit den Gabeln um das Maß h_2, den sog. Freihub, angehoben. Dieser beträgt wegen der zuvor beschriebenen Ketteneinscherung (Gabel) $h_2 = 2 \cdot x$ (Kolben). Mit diesem Freihub (üblicherweise 150 bis 500 mm) kann die Last transportiert werden, ohne dass der Innenmast angehoben wird. Die Bauhöhe h_1 des Hubgerüstes bleibt erhalten, was im Hinblick auf niedrige Tordurchfahrten wichtig ist. Erst bei weiterem Ausfahren des Hubzylinderkolbens wird auch der Innenrahmen von diesem mit angehoben. Der Gabelträger ist im Innenrahmen geführt und bewegt sich wie zuvor beschrieben mit der doppelten Kolbengeschwindigkeit nach oben bis zur Hubhöhe h_3. Bei gleicher Hubhöhe beträgt die Bauhöhe des Zweifachhubgerüstes nur etwas 60 % eines Einfachhubgerüstes. Zweifachhubgerüste werden am häufigsten eingesetzt und für die verschiedenartigsten Lagerarbeiten verwendet. Bei der dargestellten Hubgerüstbauform ist die Sicht des Staplerfahrers durch den mittig angeordneten Hubzylinder samt Hubketten eingeschränkt.

Die Abb. 9.71 zeigt einen Gabelstapler mit Zweifachhubgerüst. (mit Hubsyslinder, Hubkette, Neigezylinder, Gabelträger etc.).

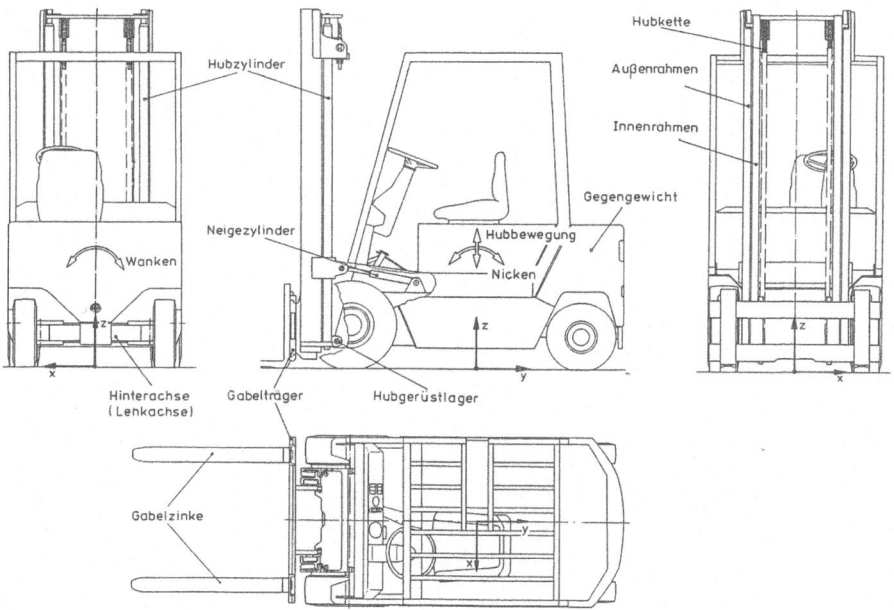

Abb. 9.71 Gabelstapler mit Zweifachhubgerüst mit Hubsyslinder, Hubkette, Neigezylinder, Gabelträger etc.) [37, S. 67]

Abb. 9.72 Dreifachhubgerüst
mit normalem Freihub.
(Quelle: ohne Verfasser)

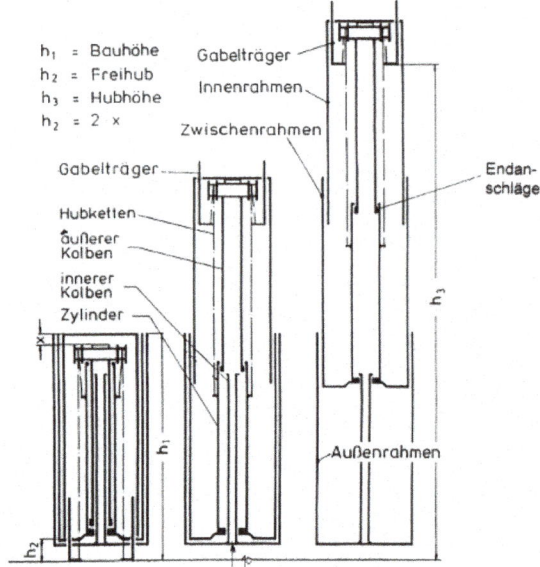

Beim Dreifachhubgerüst (Triplexhubgerüst, Abb. 9.72) mit normalem Freihub ist neben Außen- und Innenrahmen noch ein Zwischenrahmen vorhanden. Hier ist ein Teleskopzylinder erforderlich, der zwei in entgegengesetzter Richtung ausfahrende Kolben besitzt. Die relativ schweren Dreifachhubgerüste werden für große Hubhöhen eingesetzt, wenn beim Lasttransport auch niedrige Durchfahrtshöhen passiert werden müssen. Für Hochregalstapler mit Hubhöhen bis zu 14 m werden auch Vierfachhubgerüste eingesetzt.

Es gibt auch Gabelstaplerbauformen, bei denen anstelle des Hubgerüstes „Gelenkarme" als Hubeinrichtung verwendet werden (Abb. 9.73) [35]. Beispiele sind Stapler mit Teleskopsystem für veränderliche Reichweite (z. B. Containerhandling, s.g. Reach-Stacker) oder auch Radlader mit Gestängesystem für Horizontalführung einer Lastgabel.

Abb. 9.73 Gabelstapler mit
teleskopierbarem Gelenkarm.
(Quelle: Konecranes Lifttrucks
AB)

(a): 4-fach Gabel / Doppelpalettenga-bel [Quelle: Jungheinrich AG]

(b): Teleskopgabel [Quelle: Junghein-rich AG]

(c): Ballenklammer [Quelle: Linde Ma-terial Handling GmbH]

(d): Drehbare Rollenklammer [Quelle: Linde Material Handling GmbH]

Abb. 9.74 Beispiel von Anbaugeräte für Gabelstapler

Um die Einsatzbreite von Staplern zu vergrößern, werden häufig sogenannte Anbaugeräte (Abb. 9.74) verwendet. Anbaugeräte sind Einrichtungen, die an Gabelstaplern als Lastträger angebracht werden und das „Manipulieren" der Last erleichtern sollen [38, 39]. Sie können anstelle der beiden Gabelzinken in die Aufnahmenuten des Gabelträgers eingehängt werden, wozu keine Werkzeuge erforderlich sind. In [40] sind die entsprechenden Anschlussmaße für ISO-Gabelträger und Anbaugeräte von Staplern genormt.

Stapler sind die mit Abstand am häufigsten eingesetzten Fördermittel und bedürfen, da sie heute noch weitgehend manuell bedient eingesetzt werden, einer konstruktiven Gestaltung unter ergonomischen Gesichtspunkten. Dies gilt beim Gabelstapler vor allem für die Sitzposition des Fahrers und die Sichtverhältnisse, die nur in möglichst geringem Umfang durch die vor dem Fahrer angeordnete Mastkonstruktion beeinträchtigt werden dürfen. Im Unterschied zu anderen Fördermitteln für die Lagerbedienung, wie z. B. Regalbediengeräten, können Stapler das Lager verlassen. Ihr Arbeitsbereich umfasst auch die Lagervorzone und die Produktion. Dadurch können Umschlagvorgänge eingespart werden. Restriktionen bei der Layoutplanung sind hierbei, dass Türen und Tore auf die Staplerhöhe ausgerichtet werden müssen. Rampen sind zu vermeiden, da dies die Batterie der Stapler sehr stark belastet.

Neben einem Einsatz in der Produktion können Stapler auch im Versand zur Be- und Entladung von LKW und Eisenbahnwagen Verwendung finden. Dies geschieht sowohl von der Seite auf Flurniveau als auch durch Befahren des LKW bzw. Eisenbahnwagens über Rampen. Entsprechend müssen Tragfähigkeit und Laderaumabmessungen des Verkehrsmittels und Staplergewichte und -abmessungen in Einklang gebracht werden. Das gilt auch für die Bodenfreiheit der Stapler, die ein Befahren über Rampen gewährleisten muss.

Zum Einsatz kommen Stapler bei der Kombination von horizontalem Stückguttransport mit Stapelarbeiten im gesamten Betrieb. Gefördert werden Güter auf Ladehilfsmitteln wie Europaletten, Chemiepaletten, Gitterboxen oder Einzelteile bzw. bei anderen Anbaugeräten die entsprechenden Güter. Bevorzugter Einsatz ist unter anderem das Palettenein- und -auslagern in bzw. aus Regalen. Seit etwa einem Jahrzehnt werden Stapler verstärkt in Automatische Staplerleitsysteme (ASL) bzw. Staplerassistenzsysteme zur Bedienung von Lägern eingebunden.

Im Folgenden werden jetzt die wichtigen Typen von Staplern, die nicht zur Gruppe der Gabelstapler gehören, im Detail beschrieben, um ihre Vor- und Nachteile sowie die typischen Anwendungsfälle vorzustellen.

Spreizenstapler

Spreizenstapler nehmen das Fördergut mit starren Gabeln, die an einem nicht neigbaren Hubmast befestigt sind, so auf, dass der Schwerpunkt innerhalb ihrer Radbasis liegt (Abb. 9.75). Die Vorderräder sind in seitlich am Fördergut vorbeikragenden Spreizen - das sind Radarme mit in der Regel 900 mm Innenabstand - starr, nicht angetrieben und nicht gelenkt angebracht. Spreizenstapler sind daher bei einer Bodenaufnahme oder -abgabe lediglich für Ladeeinheiten, welche zwischen die vorgezogenen Spreizenfüße passen, geeignet. Dies sind zum Beispiel längsstehende Europaletten, während querstehende Europaletten nicht aufgenommen werden können. Bei Bodenlagerung und bei Regallagerung muss für das Einfahren der Füße zum Aufnehmen oder Abgeben der Last auf der Flurebene ein entsprechender Raum von etwa 200 mm zwischen den Ladeeinheiten vorhanden sein. Spreizenstapler werden drei-oder vierrädrig ausgeführt, wobei die Antriebsachse stets auf der lastabgewandten Seite liegt. Es gibt sie in manuell bedienter und automatischer Version. Die Abb. 9.75 zeigt eine typische Ausführungsform.

Gemäß den zuvor aufgezeigten Nachteilen ergibt sich ein eingeschränkter Einsatz gegenüber Gabelstaplern beispielsweise in Lägern.

Schubgabelstapler

Schubgabelstapler (siehe Abb. 9.76) sind Stapler mit Radarmen und prinzipiell ähnlich aufgebaut wie Spreizenstapler. Sie besitzen ebenfalls einen starren, nicht neigbaren Mast, sind jedoch anstelle der starren Gabeln mit einer meist hydraulisch betätigten Teleskopgabel ausgerüstet, die zur Lastaufnahme nach vorne ausgefahren werden kann, bis sich die Gabeln unter der Ladeeinheit (Palette) befinden. Die meisten Geräte haben ein vulkollanbereiftes Dreiradfahrwerk, mit hinterem gelenktem Antriebsrad.

Abb. 9.75 Spreizenstapler. (Quelle: Linde Material Handling GmbH)

Abb. 9.76 Schubgabelstapler. (Quelle: Linde Material Handling GmbH)

Wie Gabelstapler nehmen sie die Last außerhalb der Radbasis vor den Radarmen auf (Abb. 9.76), ziehen sie danach jedoch zum Fahren in Richtung Fahrzeugschwerpunkt zurück, sodass der Lastschwerpunkt etwa über den Vorderrädern in den Radarmen liegt. Dadurch verkürzt sich die Gesamtlänge des beladenen Fahrzeuges um etwa eine halbe Palettenlänge. Diese Verschieben der Last geschieht dabei entweder durch Verschieben der Gabel gegenüber dem feststehenden Hubgerüst oder durch Verschieben des gesamten Hubgerüstes über Rollen in den Radarmführungen. Die erste Bauform bezeichnet man als Schubgabelstapler, die zweite, weit häufiger eingesetzte, als Schubmaststapler.

Längsstehende Paletten können sie vom Boden aufnehmen und zwischen die Radarme ziehen, wenn der Innenabstand größer als 800 mm ist. Querstehende Paletten müssen zunächst mit ausgefahrener Schubgabel außerhalb der Radbasis je nach Staplerbauform um etwa 300–350 mm angehoben werden, um danach über die Radarme und deren Räder zurückgezogen werden zu können.

Bei den Schubgabelstablern müssen zwei Funktionsausführungen unterschieden werden. Die Abb. 9.77 zeigt einen Schubmaststapler bei dem der ganze Mast (zur Aufnahme oder Abgabe der Palette) verschoben wird.

Bei dem Schubgabelstapler (siehe Abb. 9.78) werden die zur Gabelzinken Scherengabel ein- und ausgefahren.

Zum Einsatz kommen Schubmaststapler bei der Kombination von horizontalem Stückguttransport und Stapelarbeiten, bei größerem Anteil der letzteren Tätigkeit im gesamten Betriebsbereich.

Bevorzugter Einsatz bei Stapelung im Blocklager und für die Be- und Entladung von LKW- bzw. Eisenbahnwagen. Der Grund dafür ist die große Reichweite der Gabel. So kann bequem auch in der zweiten Reihe oder mittig auf einem LKW geladen werden, wenn ein Zwischenraum zum Unterfahren da ist. Eine Einlagerung ist auch ohne Einfahrräume für die Spreizen möglich. Gefördert werden Güter auf Ladehilfsmitteln wie Europaletten, Chemiepaletten, Gitterboxpaletten oder Behälter mit Füßen.

Seitenstapler

Seitenstapler sind eine Kombination eines Plattformwagens mit schmaler Fahrerkabine und eines mittig, quer zur Fahrzeuglängsachse eingebauten Schubmaststaplers (Abb. 9.79). Zur Lastaufnahme fährt der Stapler in Vorwärtsfahrt bündig neben die aufzunehmende Ladeeinheit, fährt den Schubmast rechtwinklig zur Fahrtrichtung in abgesenkter Stellung seitlich heraus, bis sich die Gabel unter der Ladeeinheit befindet, hebt diese an und zieht sie im angehobenen Zustand mit dem Mast wieder zurück. Beim Transport liegt das Fördergut in Fahrzeuglängsrichtung auf der Plattform und stützt sich auf der gesamten Ladefläche ab. Seitenstapler sind in der Regel vierrädrig und können vor- und rückwärts fahren. Bis heute sind sie nur manuell bedient im Einsatz.

Über Tasteneingabe kann der Bediener verschiedene Lenkbetriebsarten wählen wie z. B. Normalfahrt, Querfahrt, Diagonalfahrt, Hundegang (=Traversieren), Drehen auf der Stelle, die dann von der Lenkelektronik selbsttätig gesteuert werden. Der wesentliche Vorteil der

Abb. 9.77 Schubmaststapler.
(Quelle: Jungheinrich AG)

Abb. 9.78 Funktionsweise
eines Schubgabelstaplers.
(Quelle: Jungheinrich AG)

Abb. 9.79 Seitenstapler. (Quelle: HUBTEX Maschinenbau GmbH & Co. KG)

Seitenstapler ist der, dass die Last seitlich aufgenommen wird und längs auf dem Fahrzeug liegend in beide Richtungen transportiert werden kann.

Seitenstapler (auch Quergabelstapler genannt) gehören zu den Flurförderzeugen, die überwiegend dort eingesetzt werden, wo Langguttransport stattfindet; das ist größtenteils in der Holzindustrie und Stahlrohrproduktion. Da Langguttransport immer im Außenbereich stattfindet, sind diese Fahrzeuge mit einem Verbrennungsmotor (Diesel oder Gas) und mit Luftbereifung ausgestattet. Für Geräte bis sechs Tonnen Tragfähigkeit gibt es optional die Möglichkeit auf Superelastik Bereifung zu wechseln.

Einsatzfälle: Seitliches Be- und Entladen von LKWs und offenen Eisenbahnwagen. Ein- und Auslagerung sowie Transport von Langgut vor allem außerhalb der Fabrikhallen im Freien. Gefördert werden Güter auf Ladehilfsmitteln wie Paletten, Gitterboxpaletten, Behälter mit Füßen, vor allem aber loses Langgut oder Langgut in Kassetten.

(Hoch-)Regalstapler/Schmalgangstapler

Mit diesen Namen werden Stapler bezeichnet, die in Regallägern bei einer Stapelhöhe bis zu 12 m zum Ein- und Auslagern ganzer Ladeeinheiten eingesetzt werden, wenn mittlere bis schwere Gewichte bei relativ geringer Umschlagsleistung aus mehreren Gassen ein- bzw. ausgelagert werden sollen und eine Verfahrbarkeit der Fördergeräte in die Lagervorzone oder in die Produktion gewünscht ist.

In der Praxis werden diese Geräte häufig als „Hochregalstapler" oder „Schmalgangstapler" bezeichnet. Die Bezeichnung Hochregalstapler ist an sich irreführend, weil man unter Hochregallagern Lager mit bis zu 45 m Höhe versteht, die nur mit schienengebundenen Regalbediengeräten bedient werden können. Die treffendere Bezeichnung Schmalgangstapler deutet an, dass der Stapler in Regalgängen fährt, die nur wenig breiter sind als das Fahrzeug mit der aufgenommenen Last [41] (Abb. 9.80).

Schmalgangstapler sind innerhalb der Gruppe der Seitenstapler genormt; ihre genaue Bezeichnung richtet sich nach dem verwendeten Lastaufnahmemittel wie Schwenkschubgabel oder Teleskopgabel (siehe Abb. 9.81).

Abb. 9.80 Regalstapler (Schmalgangstapler). (Quelle: Linde Material Handling GmbH)

Abb. 9.81 Teleskopiereinheit.
(Quelle: Jungheinrich AG)

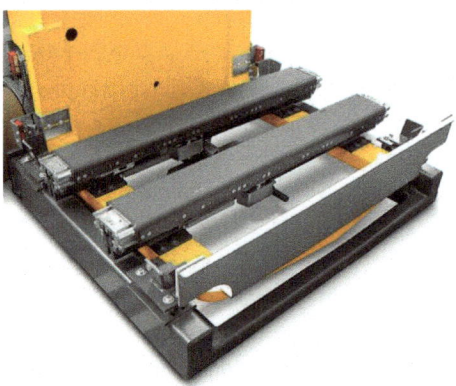

Bei einem Seitenstapler mit Schwenkschubgabel kann diese senkrecht zur Fahrtrichtung längs des Gabelträgers verfahren und um 90° aus der Mittelstellung (Gabel parallel zur Fahrtrichtung) zum Regal hin schwenken (Gabel senkrecht zur Fahrtrichtung). Beim Ein- und Auslagern schwenkt die Gabel zunächst in Richtung auf das Regalfach. Dann verfährt sie seitlich in Gabelrichtung in das gewünschte Fach. Durch Heben (beim Auslagern) oder Senken (beim Einlagern) des gesamten Lastaufnahmemittels wird die Palette mit der Last angehoben oder abgesetzt. Die Schwenkbarkeit der Gabeln ermöglicht sowohl eine Ein- und Auslagerung in Fahrtrichtung, als auch eine Ein- und Auslagerung auf den einander gegenüberliegenden Regalseiten.

Seitenstapler, die mit diesem Lastaufnahmemittel ausgerüstet sind, werden auch als Dreiseitenstapler bezeichnet. Seitenstapler mit Schwenkschubgabel können Ladeeinheiten vom Boden aufnehmen, müssen jedoch für den Schwenkvorgang (beispielsweise von Paletten) breitere Lagergassen haben.

Anstelle der Schwenkschubgabel werden seltener auch sogenannte C-Gabeln als Lastaufnahmemittel für Dreiseitenstapler eingesetzt. Diese werden heute aber wegen ihrer aufwendigen und schweren Konstruktion kaum noch verwendet.

Wenn Paletten nur rechts und links in eine Regalgasse gestellt werden sollen, reicht ein Regalstapler mit Teleskopgabel aus (siehe Abb. 9.88). Verwendet man anstelle der Schwenkschubgabel eine mehrteilige, nach beiden Regalseiten ausfahrbare Teleskopgabel, kann die Gangbreite kleiner sein. Allerdings kann hiermit eine Palette nicht in Gangrichtung vom Boden aufgenommen werden. Seitenstapler mit diesem Lastaufnahmemittel werden daher auch als Zweiseitenstapler bezeichnet.

Vierwegestapler
Vierwegestapler sind im Prinzip Schubmaststapler, bei denen sich jedoch alle vier Räder um 90° drehen lassen (Abb. 9.82). Sie können daher auch als Seitenstapler Verwendung finden. Die Gabelweite kann hydraulisch verstellbar sein. Die Stapler werden in der Lagergasse über Rollen, die sich an den Regalen abstützen, geführt. Vierwegestapler sind bis heute nur

Abb. 9.82 Vierwegestapler.
(Quelle: Combilift)

manuell bedient im Einsatz. Durch ihre Radgeometrie und -lenkbarkeit sind sie sehr wendig, können auf der Stelle drehen und seitlich verfahren.

Sie kommen zum Einsatz für Ladeeinheiten mit Paletten und Langguttransport bei kleineren Gangbreiten, vorzugsweise im Lagerbereich.

Mitnehmestapler

Um Lkw-Be- und Entladungen unabhängig von der Verfügbarkeit von Staplern am Lieferort zu realisieren, sind die in Abb. 9.83 dargestellten Mitnahmestapler entwickeln worden. Diese Fahrzeuge sind bauartgezogen Spreizenstapler und mit einem Hubgerüst oder einem Teleskoparm ausgerüstet. Es handelt sich um dieselmotorische Antriebe, wobei die eingebaute Hubeinrichtung gleichzeitig zum Hochziehen des Mitnehmestaplers am Lkw-Heck – siehe Abb. 9.83 – benutzt wird.

Portalstapler/Portalhubwagen

Portalstapler (Abb. 9.84) oder Portalhubwagen nehmen das Fördergut von oben innerhalb ihrer Radbasis auf, wobei Portalstapler durch ihre Höhe eine mehrlagige Stapelmöglichkeit gewähren. Portalhubwagen können im Gegensatz dazu das Gut (z. B. Schwerlasten wie Werkzeugmaschinen) nur vom Boden aufnehmen, anheben und wieder absetzen (Abb. 9.85).

Das Gut wird mit Lastaufnahmemitteln aufgenommen und hängt beim Transport unter dem Gerät. Zur Lastaufnahme oder -abgabe fahren sowohl Portalstapler als auch Portalhubwagen über das Fördergut (Container).

Portalstapler werden zum Containerumschlag (Transport und Stapeln) eingesetzt, um z. B. Container, die mit schienengebundenen Containerkranen aus Schiffen entladen wurden, auf Freiflächen der Kaianlagen zu stapeln oder um Container im kombinierten Verkehr zwischen Bahn und Lkw umzuschlagen.

Portalstapler können mit Fahrgeschwindigkeit von 24 km/h beladen verfahren und bis zu drei Seecontainer der Höhe $9\frac{1}{2}$ Fuß übereinander stapeln und trotzdem noch überfahren („1-über-3" oder „4-hoch"). Es sind auch 1-über-2- Geräte weit verbreitet, welche die Fahrgeschwindigkeit von 30 km/h erreichen.

Abb. 9.83 Mitnehmstapler
[20, S. 146]

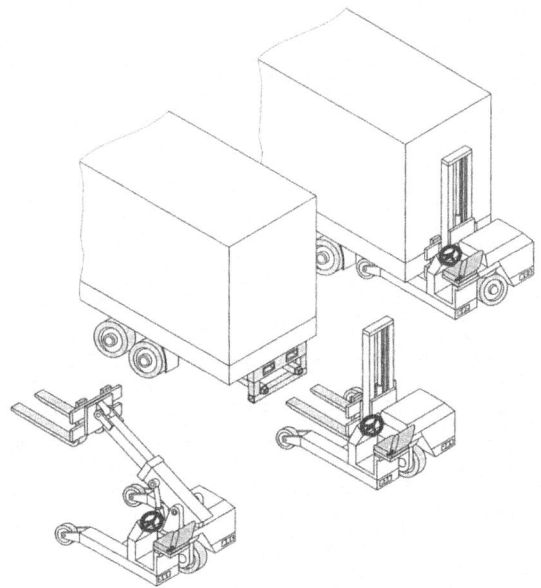

Für Betriebe mit kleineren Transportaufkommen beim Containertransport und in denen Lasten auch im innerbetrieblichen Transport durch Fabriktore und in Hallen transportiert werden müssen, bieten sich Portalstapler mit veränderbarer Bauhöhe an. Beim Transport von Containern oder anderen Ladungen ist der Rahmen des Portalstaplers auf die kleine Bauhöhe von nur 4,7 m abgesenkt. Diese kleinen Geräte werden allerdings seltener, das heißt in kleineren Stückzahlen, weltweit eingesetzt. Zum Stapeln von 2 Containern kann das Gerät über die hydraulisch teleskopierbaren Säulen auf eine Bauhöhe von 8,2 m angehoben werden. Auch das Aufnehmen der Lasten erfolgt durch Austeleskopieren der Säulen. Dadurch kann dieser Portalstapler auch als Portalhubwagen eingesetzt werden.

Die Portalstapler sind im Normalfall mit acht Rädern ausgerüstet. Sie haben in der Regel eine mechanische Federung und in einigen Fällen sind die Portalstapler mit Lenkhilfen für die Fahrt im Stapel oder über Bahnwaggons ausgerüstet. Die Geradeausfahrt ist auf den fahrerbedienten Geräten nicht automatisiert.

Zum Einsatz kommen Portalstapler im horizontalen Stückguttransport im Freilager, vor allem in Häfen. Gefördert werden beim Portalhubwagen Güter auf Spezialpaletten, große und sperrige Lasten, Langgut und Container, beim Portalstapler vorzugsweise Container auf Spezialpaletten große, sperrige Lasten, Langgut und Container, beim Portalstapler vorzugsweise Container. Bei den heutigen modernen Containerhäfen werden vor allen Portalstapler im Automatikbetrieb, d. h. ohne Fahrerkabine und ohne Fahrer (siehe Abb. 9.84b) verwendet.

In diesem Zusammenhang sei darauf verwiesen, dass bei den modernen automatischen Portalstaplern als Lastaufnahmemittel Spreader eingesetzt werden. Am gebräuchlichsten

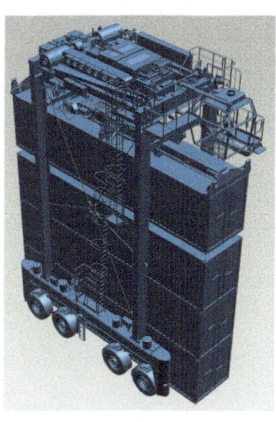 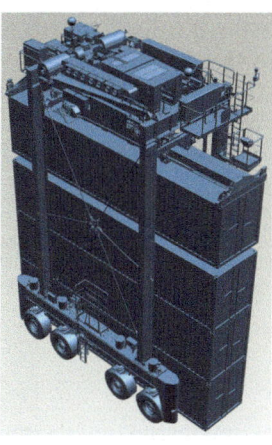

(a): Tragfähigkeit 40 Tonnen für Container bis 40 Fuß, Allradlenkung mit Fahrer

(b): Wie bei Abb. 9.84a, aber ohne Fahrerkabine für Vollautomatikbetrieb

(c): Im Betrieb (mit Fahrer)

Abb. 9.84 Portalstapler. (Quelle: Konecranes GmbH)

Abb. 9.85 Portalhubwagen
mit Fahrerkabine und Fahrer
(zur Containeranlieferung an
die Containerbrücken).
(Quelle: Konecranes GmbH)

sind heute Teleskopspreader, welche den Abstand zwischen den drehbaren Hammerkopfbolzen, die zur Aufnahme des Containers in den Eckbeschlägen eintauchen und durch Drehen verriegelt werden, auf die genormten Containerlängen (10, 20, 30, 40 Fuß) anpassen können. Hebezeugseitig sind die Spreader je nach Anwendung (Containerbrücke, Stapelkran, Portalstapler oder Portalhubwagen) verschieden ausgeführt (siehe hierzu auch Unterunterabschnitt 5.7.1.4, Containergeschirr [Spreader]).

Neben den Portalstaplern gibt es die Portalhubwagen, wie sie in Abb. 9.85 dargestellt sind. Diese Fahrzeuge überfahren die Container und nehmen die Last von oben auf. Früher sind diese Fahrzeuge vor allen Dingen eingesetzt worden, um großvolumige Werkzeugmaschinen oder schwere Lasten vom Boden aufzunehmen und z. B. in eine Werkhalle zu verfahren[5]. In letzter Zeit werden diese Portalhubwagen aber vermehrt auch auf Hafenanlagen im Containerumschlag verwendet. Automatische Portalhubwagen der heutigen neuesten Generation belegen nur unwesentlich mehr Grundfläche als ein AGV (automated guided vehicle) für den Outdoorbetrieb des Containertransportes (siehe Abb. 9.86).

Sie haben aber im Gegensatz zu einem FTS den Vorteil, dass sie die Last als Portalhubwagen selbständig aufnehmen. Daher stellt diese Art des Horizontaltransportes auf Containerhäfen (mittels Portalhubwagen) trotz der höheren Stückkosten eine interessante Alternative dar, weil fahrerlose Transportsysteme den Einsatz von Containerbrücken, Aufnahme des Containers von einem Containerstapel und Abgabe an ein fahrerloses Transportsystem notwendig machen.

Kommissionierstapler

Kommissionierstapler (siehe Abb. 9.87) haben neben den Lastaufnahmemitteln mit seitlich wirkenden Teleskopgabeln zusätzlich einen Bedienstand, der gemeinsam mit dem Last-

---

[5]Dieser Typ von Portalhubwagen wir auch heute noch eingesetzt und hat keine Stapelfunktion.

Abb. 9.86 AGV vorne mit Container unter Schiffsbrücke, hinten Leertransport. (Quelle: Konecranes GmbH)

aufnahmemittel an einem nicht neigbaren Hubgerüst vertikal verfahrbar ist (Primärhub) (Abb. 9.87a). Oftmals ist das Lastaufnahmemittel relativ zur Fahrerkabine noch einmal verfahrbar (Sekundärhub siehe Abb. 9.87), um so dem Kommissionierer das Ablegen der Ware zu erleichtern. Das Lastaufnahmemittel befindet sich zu Beginn eines Kommissionierauftrages in der obersten Stellung des Sekundärhubes. Es wird bei fortschreitender Kommissionierung relativ zur Fahrerkabine abgesenkt.

Kommissionierstapler werden drei- und vierrädrig gebaut. Bei großer Hubhöhe bietet die Vierradausführung die erwünschte Standsicherheit. Die Lenkgeometrie (meist Servolenkung) der beiden gelenkten Räder wird dabei so ausgebildet, dass ein Lenkeinschlag der beiden Räder von 90° erreicht wird. Dadurch wird ein Drehen auf der Stelle wie bei Dreirad-Fahrzeugen ermöglicht.

Kommissionierstapler werden im Regallager zum Ein- und Auslagern ganzer Ladeeinheiten, vor allem aber zum Kommissionieren von Kleinteilen eingesetzt. Die Fahrzeuge können in mehreren Gassen operieren und sind regalunabhängig. Innerhalb der Lagergasse werden die eingefahrenen Geräte entweder mechanisch zwangsgeführt oder sind induktiv geführt, außerhalb der Lagergassen sind sie frei verfahrbar.

Einsatzfälle: Im Regallager zum Ein- und Auslagern ganzer Ladeeinheiten, vor allem aber zum Kommissionieren von Kleinteilen. Die Fahrzeuge können in mehreren Gassen operieren und sind regalunabhängig.

Neben den Fahrergebundenen bzw. Kommissionierergebundenden Staplern gibt es jetzt erst erfolgreiche Ansätze Stapler ähnliche Systeme (aber ohne Fahrer) auch zur automatischen Kommissionierung zusammen mit Kommissionierpersonal (welches weiter manuell arbeitet) einzusetzen (siehe Abschn. 12.8.2, Einsatz mobiler Roboter)

9.4.3.5 Einfluss der Staplerbauart auf die Arbeitsgangbreite

Die vorgenannten Staplertypen werden unter anderem auch eingesetzt, um Ladeeinheiten aus Regalen oder vom Boden aufnehmen oder absetzen zu können. Dazu sind bei vielen Staplern Fahrtrichtungsänderungen um 90° notwendig, während einige die Ladeeinheiten durch

Abb. 9.87 Kommissionierstapler
mit Schwenkschubgabel.
(Quelle: Linde Material
Handling GmbH)

(a): im Ruhezustand

(b): im Betrieb

geeignete Lastaufnahmemittel ohne Änderung der Fahrtrichtung übernehmen können. Die resultierende erforderliche Arbeitsgangbreite ist entsprechend für die verschiedenen Stapler sehr unterschiedlich. Sie ist für die Größe der Verlustfläche bzw. des Verlustvolumens beispielsweise im Lager von großer Bedeutung und bestimmt direkt den Flächennutzungsgrad bzw. Volumennutzungsgrad (vgl. Abschn. 8.7, Auswahlkriterien und Vergleich von Lager-

Abb. 9.88 Kommissionierstapler mit Schwenkschubgabel und Sekundärhub. (Quelle: Jungheinrich AG)

mitteln). In Abb. 9.89 sind die verschiedenen Arbeitsgangbreiten (Ast_3) für verschiedene Staplerbauarten dargestellt. Gabelstapler in Dreirad- und in Vierradausführung, Spreizenstapler, Schubgabel- und Schubmaststapler müssen zur Lastübernahme oder -abgabe im Arbeitsgang in der Regel eine 90°-Drehung vollführen. Ihre Arbeitsgangbreiten unterscheiden sich infolge der Fahrwerks- und Lenkgeometrie in Abhängigkeit von den verschiedenen Wenderadien (W_a). Sie benötigen daher grundsätzlich eine deutlich größere Arbeitsgangbreite als Vierwegestapler, Kommissionierstapler oder Hochregalstapler.

In einem Regallager mit mehreren Regalgängen, das von Flurförderzeugen wie Gabelstapler, Schubmaststapler oder Seitenstaplern bedient wird, wird die gesamte zur Verfügung stehende Lagerfläche umso besser ausgenützt, je schmaler die Regalgänge gehalten werden können. Die von den Ffz bediente Arbeitsgangbreite hängt ab von

- der Bauart des Ffz
- vom Wenderadius W_a des Ffz (d. h. von der Fahrzeuglänge und der Lenkungsart) und
- von der Lastbreite (Palette längs oder quer eingelagert).

Am Beispiel „Gabelstapler in Vierradausführung" (Abb. 9.89) sollen die benötigten Maße exemplarisch und im Detail vorgestellt werden.

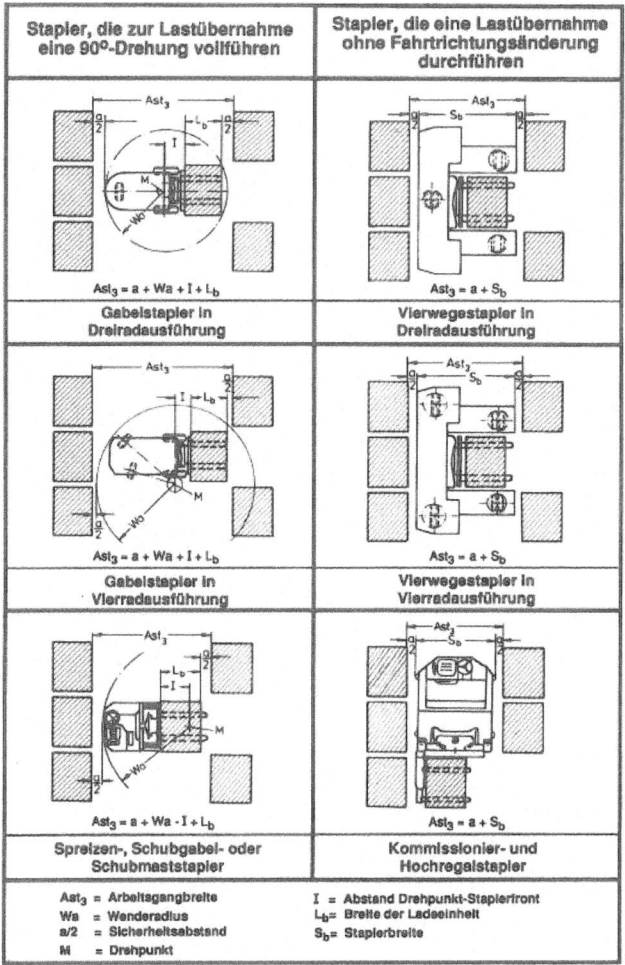

Abb. 9.89 Einfluss der Staplerbauart auf die Arbeitsgangbreite [10, S. 240]

Bei diesem Ffz ist die Vorderachse angetrieben, die hintere Pendelachse über Achsschenkellenkung gelenkt. Der Fahrzeugdrehpol M bei Kurvenfahrt ergibt sich als gemeinsamer Schnittpunkt aller verlängerten Radachsen. Er liegt somit auf jeden Fall auf der Vorderachslinie und zwar dort, wo die Radachslinie der beiden Hinterräder gemeinsam die Vorderachslinie treffen. M liegt meist außerhalb der Spurweite und günstigstenfalls auf dem kurveninneren Vorderrad. Der Wenderadius W_a ergibt sich als Kreisbogen im M

(Fahrzeugdrehpol) als Abstand zum entferntesten Punkt am Fahrzeugheck. Bei einer geringen Lastbreite ergibt sich die Gangbreite A_{st} gem. Abb. 9.89:

$$A_{st} = W_a + x + l_6 + a \tag{9.19}$$

A_{st} Arbeitsgangbreite
W_a Wenderadius
x Abstand Drehpunkt-Staplerfront
l_6 Breite der Ladeeinheit
$a/2$ Sicherheitsabstand

Die Gleichung gilt nur (siehe Abb. 9.90), wenn $b_{12}/2 \leq b_{13}$. Dies trifft z. B. meist für eine
Palette 800×1200 mm zu, die quer in das Regelfach gestapelt wird ($b_{12} = 800$ mm).

Vierwegestapler, Kommissionierstapler und *Hochregalstapler* können eine Lastübernahme
bzw. -übergabe ohne Fahrtrichtungsänderung durchführen (siehe Abb. 9.89). Sie zeichnen sich durch eine durchweg geringere erforderliche Arbeitsgangbreite aus. Vierwegestapler weisen jedoch wiederum in der Regel eine höhere erforderliche Arbeitsgangbreite
als Kommissionier- und Hochregalstapler auf, da bei ihnen die Ladeeinheiten neben dem
Fahrerstand/-sitz angeordnet sind. Bei Kommissionierstaplern und Hochregalstaplern wird
die Arbeitsgangbreite im Wesentlichen durch die Breite der Ladeeinheiten zuzüglich eines
Sicherheitsabstandes von je 100 mm beidseitig bestimmt. Lediglich beim Hochregalstapler
mit Schwenkschubgabel kommen noch geringe systemtechnische, für den Schwenkvorgang bedingte Freiräume dazu, weshalb er eine etwas ungünstigere Arbeitsgangbreite als
der Hochregalstapler mit Teleskopgabel besitzt.

Abb. 9.90 Vierrad-
Gabelstapler hinten
Pendelachse mit
Achsschenkellenkung, vorne
Antriebsachse (Geringe
Lastbreite) [42]

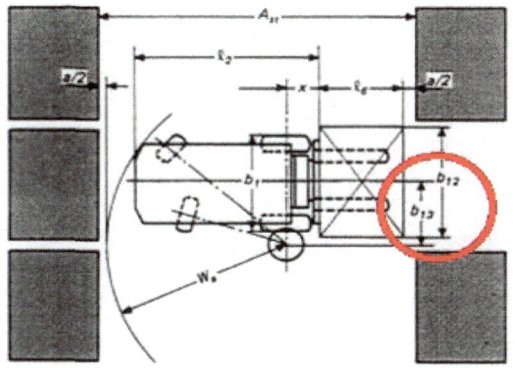

9.4.4 Automatische Flurförderzeuge

Innerhalb der kraftbetriebenen Flurförderzeuge (Abb. 9.91) sind im Sinne der Flexibilität und Wandelbarkeit, aber besonders hinsichtlich der Automatisierung die Fahrerlosen Transportsysteme äußerst interessant.

Die Tab. 9.3 zeigt anhand von verschiedenen Flexibilisierungskriterien im Vergleich von manuellen Gabelstaplern, automatischen Stetigförderern, Power-und-Free-Förderern, Elektrohängebahnen, Kranen und FTS, welche Vorteile FTS mit sich bringen.

FTS haben größte Anpassungsfähigkeit aller automatischen Fördermittel an die Förderaufgabe vor allem hinsichtlich der Automatisierung.

Unter Fahrerlosen Transportsystemen (FTS) werden nach [43] innerbetriebliche, flurgebundene Fördersysteme für den Warentransport mit automatisch geführten Fahrzeugen verstanden. Derartige Transportsystem bestehen im Wesentlichen aus:

- Fahrerlosen Transportfahrzeugen (FTF)
- der Bodenanlage und
- der Steuerung.

Fahrerlose Transportfahrzeuge sind flurgebundene Fördermittel mit eigenem Fahrantrieb, die automatisch geführt und gesteuert zum Ziehen/Schieben, Tragen/Heben/Stapeln/Einlagern von Transportgut mit oder ohne Ladehilfsmittel eingesetzt werden [43].

Automatische Flurförderzeuge [44] werden in Fahrerlosen Transport-Systemen (FTS) eingesetzt. Sie sind automatisch geführt und bewegen sich je nach Führungsprinzip entlang bestimmter Linien oder frei verfahrbar ohne direktes menschliches Einwirken fort. Häufig werden sie durch einen übergeordneten Rechner gesteuert, disponiert und verwaltet. Sie werden in Form von Schleppern, Wagen oder Gabelhubwagen für Transportvorgänge und in Form von Staplern für Stapel- und Transportvorgänge gebaut.

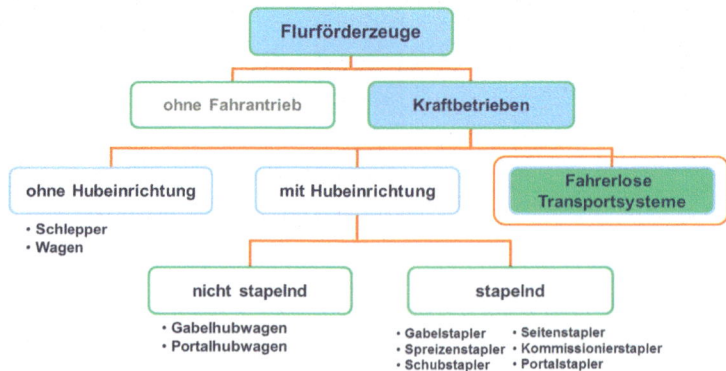

Abb. 9.91 Übersichtsschema der behandelten Flurförderzeuge. (Quelle: ohne Verfasser)

Tab. 9.3 Flexibilitätskriterien für die Systemauswahl automatisierter Fördermittel (Quelle: ohne Verfasser)

Flexibilitätskriterien	Manuell	Automatisch			
	Stapler	Stetigförderer	P+F-Hängebahn	Kran	FTS
Integrationsfähigkeit in bestehende Strukturen	++	o	o	−	++
Transport unterschiedlicher Güter	++	o	o	+	+
Layout-Änderungen	++	−	−	−	++
Verlagerbarkeit des Fördersystems	++	−	−	−	++
Anpassung an wechselnde Leistungen im Netz	++	−	+	−	++
Änderung der Förderreihenfolge	++	o	o	++	++
Anpassung an wechselnden Automatisierungsgrad	−	−	o	−	++

++ sehr gut
+ gut
o neutral
− schlecht

Die Abb. 9.91 zeigt eine Übersicht verschiedener Bauformen von FTF zur Verkettung von Fertigungseinrichtungen und Montagearbeitsplätzen, für reine Förderaufgaben bis hin zur Lagerbedienung und Kommissionierung. Die konstruktive Gestaltung der FTF ist daher sehr unterschiedlich und richtet sich nach dem vorgesehenen Einsatzfall.

Die Abb. 9.92 geht bei den verschiedenen Bauformen auf die FTS ein, die für die Automatikfunktion von fahrerlosen Systemen eigens entwickelt und konstruiert wurden. Daneben hat es aber in den letzten Jahren speziell bei den Herstellern von Flurförderzeugen Aktivitäten geben, bisher nicht automatische Fahrzeuge (d. h. Flurförderzeuge mit Fahrer) durch zusätzliche Navigations-, Steuerungs-und Sicherheitseinrichtungen zu fahrerlosen Automatiksystemen zu entwickeln.

Die Abb. 9.93 zeigt ein solches Fahrzeug in einer Beladungssituation.

Die Abb. 9.94 zeigt eine Reihe von verschiedenen Staplern (insgesamt 6 Typen, die von bisherigen Serienfahrzeuge [mit Fahrer], zu jetzt fahrerlosen automatischen Stapler [ohne Fahrer] eingesetzt werden können).

Lastziehende FTF		Lasttragende FTF		Sonder-FTF
Anhängerschlepper	Unterfahrschlepper	ohne bodenebene Lastaufnahme	mit bodenebener Lastaufnahme	Den Sonder-FTF werden alle Fahrerlosen Transportfahrzeuge zugerechnet, die nicht den beschriebenen Gruppen oder Gruppenkombinationen zugeordnet werden können, wie beispielsweise FTF mit Handhabungsfunktionen (leitliniengeführte mobile Industrieroboter).
Anhängerschlepper sind Fahrerlose Transportfahrzeuge, die zum Ziehen von rollenden Lastträgern eingesetzt werden.	Unterfahrschlepper sind Fahrerlose Transportfahrzeuge, die rollende Lastträger unterfahren und diese mittels Verriegelungen mitnehmen.	Diese FTF werden zum horizontalen Transport von Lasten oder zur Verkettung von Fertigungseinrichtungen in der mechanischen Fertigung und Montage eingesetzt. Zur Aufnahme der Last sind die FTF mit geeigneten Lastaufnahmemitteln versehen.	Diese FTF werden zum horizontalen oder horizontal/vertikalen Transport von Lasten, z. B. zur Lagerbedienung, oder zur Verkettung von Fertigungseinrichtungen eingesetzt. Zur Aufnahme der Last sind die FTF mit geeigneten Lastaufnahmemitteln ausgerüstet.	
				 Ullrich, Fahrerlose Transportsysteme

*) Einsatz bei Heidelberger Druckmaschinen

Abb. 9.92 Bauformen von FTF [43]

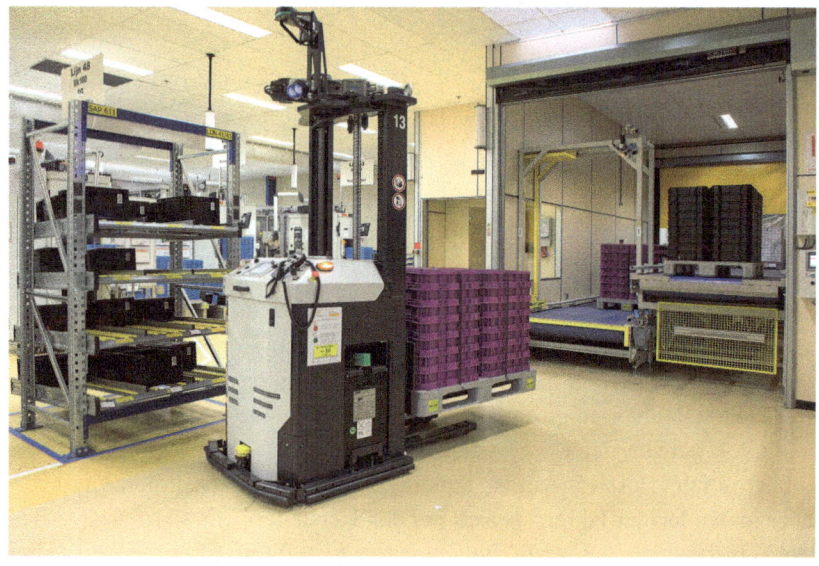

Abb. 9.93 Serienurförderzeug jetzt in der Funktion eines automatisches FTS. (Quelle: Dematic GmbH)

Abb. 9.94 6 unterschiedliche Typen von automatischen fahrerlosen Flurförderzeugen. (Quelle: Jungheinrich AG)

9.4.4.1 Baugruppen von FTF

Die Hauptbaugruppen von FTF werden im Folgenden kurz vorgestellt :

Rahmen Der Rahmen der Fahrzeuge besteht aus modular aufgebauten Stahlblechkonstruktionen, die mit Blechen oder Kunststoffplatten mit Glasfaserverstärkung verkleidet sind.

Fahrwerk Die Eigenschaft fahrloser Transportfahrzeuge werden gekennzeichnet durch die Radanzahl, welche maßgeblich die Standsicherheit der Fahrzeuge bestimmt, sowie durch die Anzahl und Lenkungsart der gelenkten Räder, welche die Hüllkurven des FTF auf dem Fahrkurs bestimmt. Die Fahrwerkskonzepte haben Auswirkungen auf den Kurvenradius, die Standsicherheit und das Kippverhalten von FTF.

    Fahrerlose Transportfahrzeuge werden in der Regel als Drei- oder Vierrad- Fahrzeuge ausgeführt (können aber auch wesentlich mehr Räder haben). Die Radanordnung erfolgt üblicherweise in der in Abb. 9.95 dargestellten Weise in Dreieckanordnung, Rechteckanordnung und Rautenanordnung, wobei die im Bild dargestellten fünf verschiedenen Radtypen verwendet werden. Die Standsicherheit eines Fahrzeuges gegen seitliches Kippen ist umso größer, je größer der Abstand a zwischen dem Gesamtschwerpunkt S (Fahrzeug mit/ohne Last) und der gestrichelt dargestellten Kippkante ist. In der Abb. 9.95 ist z. B. zu erkennen, dass Dreiradfahrzeuge eine geringere Standsicherheit aufweisen, als Vierradfahrzeuge gleicher Spurweite mit Rechteckanordnung der Räder.

Antrieb Üblicherweise werden batteriebetriebene Elektroantriebe eingesetzt. Im Zusammenhang mit der Entwicklung von Schwerlast-FTF werden im Außenbereich auch dieselhydraulische Antriebe eingesetzt.

Sehr moderne, leistungsstarke FTF arbeiten nicht mehr mit Bleibatterien, sondern auf Basis von Lithiumionen-Batterien, die eine sehr hohe Leistungsdichte haben, verhältnismäßig schnell geladen und auch zwischengeladen werden können.

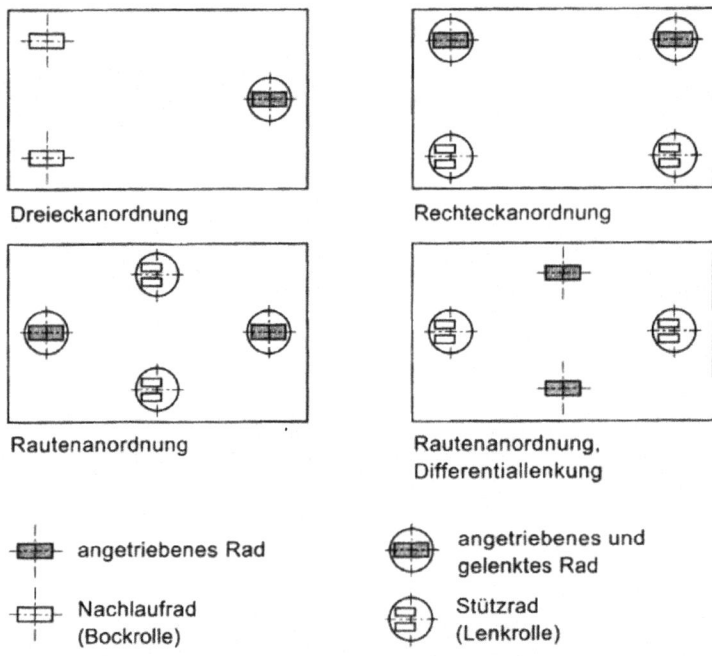

Abb. 9.95 Beispiele gebräuchlicher Fahrwerkskonzepte von FTF [20, S. 128]

Lastaufnahmemittel FTF können mit Aufsätzen bestückt werden, die auf verschiedene
Weise Lasten aufnehmen können oder dem FTF erlauben, verschiedene Aufgaben zu
übernehmen. Die gebräuchlichsten Aufbauten und Verwendungen sind in Abb. 9.96 dargestellt.

Steuerungselektronik Da FTF ohne menschliche Steuerung unterwegs sind, müssen die
Aufgaben der Ziel- und Wegfindung, aber auch der Kollisionsvermeidung von einer Steu-
erelektronik übernommen werden. Die dafür verwendeten Komponenten und Techniken
sind in Unterunterabschnitt 9.4.4.2, Navigation und Sicherheitssysteme beschrieben.

Die Abb. 9.97 zeigt einige Ausführungsformen von fahrerlosen Transportfahrzeuge.

Abb. 9.96 Lastaufnahmemittel
von FTF

(a): FTF mit Hubgabel (b): FTF mit Paletten-
[Quelle: Dematic GmbH] übergabe und
Teleskoppalettenübergabe
[Quelle: Dematic GmbH]

(c):   Unterfahr-FTF (d): Unterfahr-FTF im
[Quelle: Linde Material Einsatz [Quelle: Lin-
Handling GmbH] de Material Handling
GmbH]

(e): Autonomes Fahrer- (f):   Einsatzbeispiel
loses Transportsystem [Quelle: GEBHARDT
[Quelle: GEBHARDT Fördertechnik GmbH]
Fördertechnik GmbH]

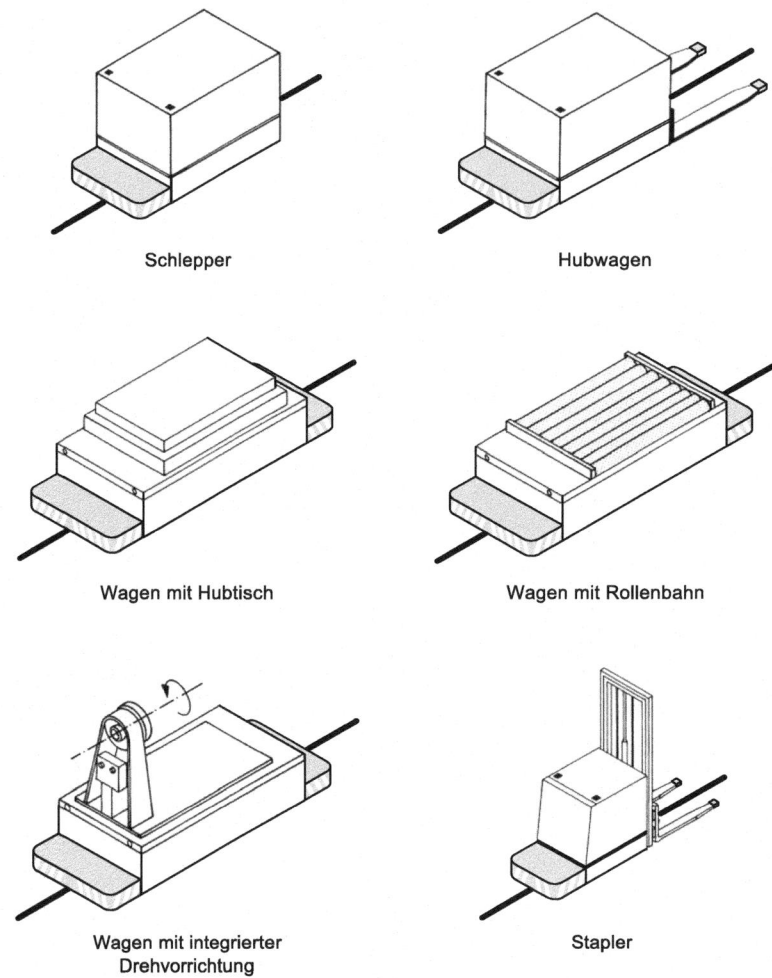

Schlepper   Hubwagen

Wagen mit Hubtisch   Wagen mit Rollenbahn

Wagen mit integrierter   Stapler
Drehvorrichtung

Abb. 9.97 Beispielhafte Darstellung einiger Fahrerloser Transportfahrzeuge [16, S. 211]

9.4.4.2 Navigation und Sicherheitssysteme

Fahrzeugführung

Es gibt zwei Hauptprinzipien der automatischen Führung von Flurförderzeugen. Die Führung kann entlang von Leitlinien erfolgen, die auf dem Parcours angebracht oder im Boden verlegt sind, oder entlang programmierter Fahrwege mit Hilfe von im Fahrzeugrechner abgelegten Umweltmodellen geschehen (leitlinienlose Führung).

Zu den erstgenannten Verfahren zählen die mechanische Führung (heute nicht mehr üblich), die induktive Führung, die optische Führung, die magnetische Führung, die Füh-

Abb. 9.98 Möglichkeiten der Fahrzeugführung [45]

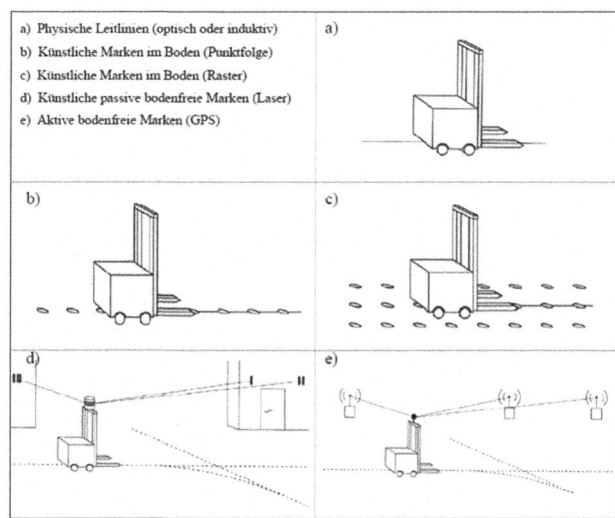

a) Physische Leitlinien (optisch oder induktiv)
b) Künstliche Marken im Boden (Punktfolge)
c) Künstliche Marken im Boden (Raster)
d) Künstliche passive bodenfreie Marken (Laser)
e) Aktive bodenfreie Marken (GPS)

rung mittels RFID Transpondern, oder Mischformen. Sie orientieren sich an festen Linien oder Markierungen, die im Bereich der Fahrbahn installiert werden. Die Abb. 9.98 zeigt Möglichkeiten der Leitlinienführung (a, b, c) und der leitlinienlosen Führung (d, e)

Nach dem Prinzip der leitlinienlosen Führung arbeiten die Verfahren der Koppelnavigation und der Trägheitsnavigation, die Führung mit scannenden Lasern und Positionsbaken, die Führung mit Ultraschall und die Führung mit Bildverarbeitungssystemen (siehe Abschn. 6.2, Sensorik). Sie nutzen programmierte Verfahrwege oder im Fahrzeugrechner gespeicherte Modelle der Umwelt. Dabei wird mit einer Kombination eines auf die Umwelt bezogenen Messsystems wie Laser, Ultraschall oder Bildverarbeitungssystem und eines relativen Messsystems gearbeitet. Letzteres kann beispielsweise nach dem Prinzip der Koppelnavigation arbeiten, bei der die zurückgelegte Strecke und der Lenkwinkel aufgenommen werden, oder nach dem Prinzip der Trägheitsnavigation, bei der durch Kursabweichung bedingte seitliche Beschleunigungen gemessen werden.

Fahrerlose Transportsysteme, die komplett ohne Leitlinien geführt werden, blieben bis etwa 2010 auf relativ wenige Einsatzfälle beschränkt. Dagegen ist die leitlinienlose Führung über begrenzte Streckenteile weit verbreitet. Solche Teilstrecken, die mit im Fahrzeugrechner hinterlegter Bahnbeschreibung durchlaufen werden, sind z. B. Kurven, Spurwechsel innerhalb des Anlagenlayouts oder Nebenstreckenverläufe zu Übergabestellen. Der Wechsel des FTF von einer Führungsart zur anderen wird durch entsprechende Fahrbefehle der Anlagensteuerung ausgelöst.

Die fünf wichtigsten Navigationsarten werden im Folgenden kurz beschrieben.

Navigation durch Leitdrahtsysteme (induktive Spurführung) Beim *aktiv induktiven* Verfahren fahren die Fahrzeuge an einem zuvor im Boden eingelassenen, stromdurchflossenen

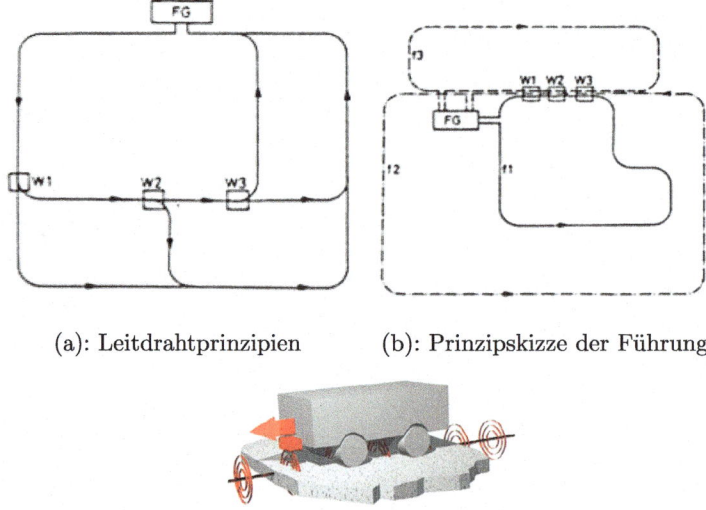

(a): Leitdrahtprinzipien   (b): Prinzipskizze der Führung

(c): Empfang der Drahtsignale im
Fahrzeug

Abb. 9.99 Leitdrahtsysteme. (Quelle: Götting KG)

Leitdraht entlang, der entlang der möglichen Fahrwege des FTF verbaut ist (Abb. 9.99a, b). Bei dieser Spurführung müssen die Transportwege vorher genau geplant werden. Nachträgliche Änderungen sind mit einem erheblichen Aufwand verbunden.

Am Fahrzeug werden an der Unterseite zur Leitspur zwei Spulen in einem Winkel von 90° in einem bestimmten Abstand hintereinander angebracht, in die durch den Wechselstrom der Leitlinie eine Spannung induziert wird (Abb. 9.99c). Eine Abweichung zur Leitspur wird durch Spannungsdifferenzen zwischen diesen Spulen ausgemacht. Diese werden dann als Lenkinformation an den Lenkmotor geleitet, der entsprechend einlenkt, bis die Spannungswerte der Spulen identisch sind.

Vorteile dieser Variante sind die Unempfindlichkeit gegen Verschmutzung, sowie die einfache Fahrzeugsteuerung durch die bewährte Technik. Nachteilig ist dagegen die Störanfällig wegen möglichem Leitdrahtbruch und die Inflexibilität bei Änderung der Routenwege, da der Draht in einer Bodennut verlegt werden muss.

Bei der magnetischen Spurführung wird ein Metallband auf den Boden geklebt, dass mittels eines Sensors an der Unterseite des FTF erkannt wird. Die Kanten des Metallbands werden zur Navigation detektiert. Statt einer metallischen Leitlinie können auch Magnetbänder verwendet werden.

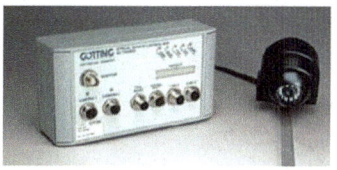 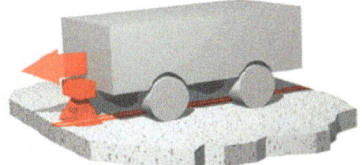

(a): Kamerasensor   (b): Prinzip der optischen Linienführung

Abb. 9.100 Optische Leitsysteme. (Quelle: Götting KG)

Die *passiv-induktive* Leitspur wird häufig bei einfachen Layouts in der Serienmontage verwendet. Nachteilig an dieser Spurführung ist die Abnutzung und Zerstörung der Leitlinie.

Navigation durch optische Leitlinien Das Navigationsverfahren durch optische, passive Leitlinien wird durch das Anbringen eines Farbstrichs oder durch das Kleben einer Folie (Kontrastband) mit deutlichem Farbkontrast zum Boden, ermöglicht, an dem sich das FTF orientiert. Dabei erfasst die Kamera (Abb. 9.100a) die Kanten der Leitlinie (Abb. 9.100b), wodurch die Steuerung Signale für den Lenkmotor errechnet. Diese preiswerte Methode kann einfach und schnell in Betrieb genommen werden. Nachteilig ist die Störanfälligkeit aufgrund möglicher Abnutzungen, Beschädigungen und Zerstörungen der Farbstriche oder der Folie, sowie die Inflexibilität der Routenführung. Allerdings verursacht das Aufkleben der optisch passiven Leitlinie viel weniger Aufwand als die Verlegung eines Drahtes für eine induktive Führung.

Navigation durch Stützpunkte, Rasternavigation Die Rasternavigation wird durch optische oder magnetische Raster im Boden ermöglicht. Hierzu muss der Boden zuvor aufwendig vorbereitet werden, indem z. B. Magnete verlegt werden, die dem FTF eine Orientierung bieten (Abb. 9.101). Inkrementalgeber sind an den Rädern und der Lenkung der FTF zur Positionsbestimmung angebracht. Programmierte, aneinandergekoppelte Referenzpunkte in Form von Barcodes oder RFID-Chips im Boden werden von den Fahrzeugen angefahren. Der Vorteil dieser Variante besteht in der freien Navigation und der Flexibilität innerhalb des Rasterbereichs. Außerdem ist das Layout rein softwaremäßig anpassbar. Aufgrund von Fehlerakkumulation durch Unebenheiten und Verschmutzungen sind häufig zusätzliche Stützpunkte/Marken im Boden, in Form von Dauermagneten oder Transpondern, notwendig. Mit Einschränkungen bezüglich der Bodenfreiheit und des Zustands des Bodens ist ebenfalls zu rechnen.

Abb. 9.101 Magnet- bzw. Transpondernavigation. (Quelle: Götting KG)

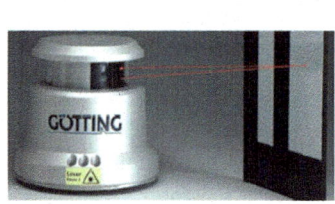   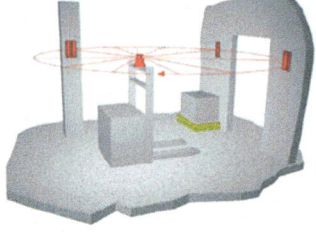

(a): Laserscanner mit Reflektor   (b): Prinzipskizze

Abb. 9.102 Lasersysteme. (Quelle: Götting KG)

Navigation durch Laser Dargestellt in Abb. 9.102 ist die Navigation mittels Laserscanner und Reflektormarken. Bei dieser Form der Navigation werden in Sichthöhe des Lasers-canners Reflektormarken in der Halle angebracht deren Position vermessen wird. Durch Messung des Abstandes zu den verschiedenen Reflektoren kann somit das FTF seine Position und Ausrichtung im Raum errechnen.

Ein weiteres Verfahren ist das SLAM-Verfahren (Simultaneous Locating and Mapping). Bei diesem Verfahren erstellt das FTF eine Karte seiner Umgebung und bestimmt gleich-zeitig seine Pose (räumliche Lage) durch Abschätzung. Durch Kenntnisse der Umgebung kann sich das FTF mit Hilfe von Sensoren wie Ultraschall und LIDAR (light detection and ranging)[6] (Abb. 9.102a) orientieren. Relative Positionen von Objekten und Hindernissen werden gemessen (Abb. 9.102b), wodurch sich mit Hilfe der eigenen bekannten Position auch die absolute Position der Objekte bestimmen lässt und in die Karte eingetragen wird.

---

[6]LIDAR ist eine dem Radar verwandte Methode zur optischen Abstandsmessung. Statt der Radio-wellen wie beim Radar werden Laserstrahlen verwendet.

Bei der Cloud-Navigation des IPA (Fraunhofer-Institut für Produktionstechnik und Automatisierung) werden mithilfe des eigens entwickelten Software-Moduls „Coorperative Longterm-SLAM" Informationen über die Umgebung durch die im Raum installierten Laserscanner und die Sensoren aller FTF gesammelt und daraus eine fortlaufend aktualisierte Karte erstellt. Der cloudbasierte Navigationsserver errechnet aus diesen Daten die Routenkarten für jedes einzelne Fahrzeug. Über die Cloud können sich die FTF auch miteinander abstimmen um im Falle sich kreuzender Routen zweier FTF Staus und Kollisionen zu vermeiden. Vorteil der Cloud-Navigation ist, dass die Lokalisierungsgenauigkeit um bis zu 75 % zunimmt, die zurückgelegten Fahrwege durch die kooperative Pfadplanung um bis zu 20 % verkürzt werden und der reibungslose Verkehr an Kreuzungspunkten eine Zeitersparnis von 25 % bringt. Außerdem kommen die einzelnen FTF mit weniger Sensoren und Rechenleistung aus, da sie keine rechenintensiven Navigationsalgorithmen ausführen müssen. Vorhandene FTS lassen sich durch die Cloud-Navigation jederzeit nachrüsten, indem die Cloud-Lösung am Einsatzort als eine Art Leitrechner implementiert wird.

Navigation durch GPS Die Navigation durch GPS (Satelliten-Navigation, Abb. 9.103a) ist ein Funkverfahren mit Laufzeitmessung, das vor allem im Freien oder unbebautem Gelände geeignet ist, da stets „freie Sicht" zu den Satelliten bestehen muss (Abb. 9.103b). Dabei muss ein nach oben freier Öffnungswinkel von 15° vorhanden sein. Eine hohe Fahr- und Positioniergenauigkeit ist nur mit großem technischen Aufwand realisierbar. Die Vorteile liegen in der Flexibilität des Systems und der Freiheit von ortsfesten Installationen.

Für den FTS-Einsatz wird die Satellitennavigation in Form des dGPS (differential Global Positioning System) eingesetzt. Hier findet ein zusätzlicher, stationär fest installierter GPS-Empfänger Verwendung, mit dessen Hilfe der sich zeitlich ändernde Fehler ermittelt wird, der dem GPS-System eigen ist. Dadurch können zeitgleich die fahrenden GPS-Empfänger auf den FTF exakte Positionen ermitteln.

Indoor-Navigation: Ultra-Wideband, Bluetooth und WLAN-Ortung Bei der Indoor-Navigation ist das Ultra-Wideband eine gute Möglichkeit für eine Positionsbestimmung,

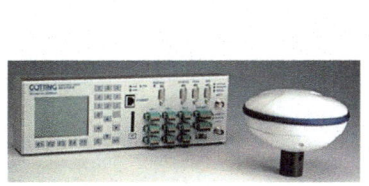
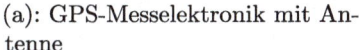
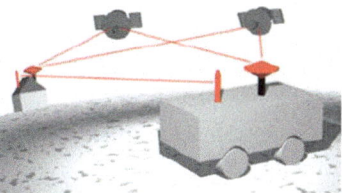

(a): GPS-Messelektronik mit Antenne   (b): Prinzipskizze

Abb. 9.103 GPS-Navigationssystem. (Quelle: Götting KG)

insbesondere in der Produktion und Logistik, wo eine Genauigkeit von bis zu 10 cm gefragt ist. Durch die Benutzung eines extrem großen Frequenzbereichs mit einer Bandbreite von mindestens 500 MHz und das Arbeiten mit einer niedrigen Sendeleistung, deren Signale nur spezielle UWB-Empfänger (Ultra-wideband-Empfänger) erkennen können, werden bereits belegte Frequenzbereiche nicht gestört.

Durch Funktechnologien, wie beispielsweise WLAN-Verbindungen, kommunizieren FTF-Leitsteuerungen mit peripheren Einrichtungen, wie zum Beispiel Türen, Toren, Aufzügen und Fördersystemen. Die Steuerung der Fahrzeuge wird auch oft an Systeme zur Produktionsplanung (PPS) oder Lagerverwaltung (LVS) angeschlossen. Durch moderne Sensoren und Steuerungstechniken soll in Zukunft gewährleistet werden, dass jedes FTF von anderen FTF Informationen zu Lage, Verkehrsblockierungen oder neue bzw. zugestellte Wege erhält. Zudem sollen FTF berechnen können, welches der Fahrzeuge für einen bestimmten Auftrag geeignet ist und sich autonom Routen suchen soll. Eine direkte Kommunikation zwischen FTF und peripheren Einrichtungen wird über Infrarot- und Bluetooth Schnittstellen realisiert.

Die dritte Art der Kommunikation (die hier noch angesprochen werden soll) ist, dass periphere Einrichtungen selbst mit Sensoren ausgestattet sind, wodurch sie, beispielsweise durch Kontaktschleifen im Boden, nahende fahrerlose Transportfahrzeuge erkennen und entsprechend darauf reagieren können.

Systemsteuerung und Koordination
Grundsätzlich muss man zwischen zentraler und dezentraler Steuerung in Fahrerlosen Transportsystemen unterscheiden. Die *zentrale* Steuerung hat einen Zentralrechner (Host), der sämtliche Aufgaben wie Fahrzeugdisposition, Wahl der Warteposition für nicht beladene Fahrzeuge, Kommunikation mit den Fahrzeugen und Ansteuern der Lastübergabestationen und Ladestation durchführt. In *dezentral* gesteuerten Systemen besteht ebenfalls ein Zentralrechner, aber die untergelagerte Ebene ist unterteilt in mehrere getrennte Substationen – sogenannten Anlagensteuerungen –, die, entlang des Fahrkurses angeordnet, jede für sich ein definiertes Gebiet kontrollieren. Ihre Aufgabe ist die Leitung der Fahrzeuge zum Ziel oder zum Nachbargebiet, die Verkehrskontrolle und Vorfahrtenregelung, die Kommunikation zum Fahrzeug, zum Zentralrechner und zu den anderen Substationen. Üblicherweise werden komplexe Systeme mit einer großen Fahrzeuganzahl dezentral, weniger komplizierte Systeme mit nur wenigen Fahrzeugen zentral gesteuert. In *autonomen* Systemen dagegen ist die Steuerung komplett in die FTF verlagert, die ohne äußere Steuerung sich selbst orientieren, untereinander und mit Lastübergabe- und Ladungseinrichtungen kommunizieren und ihre Aufträge verwalten.

Sicherheitseinrichtungen
Es gibt vorgeschriebene Sicherheitseinrichtungen für FTS, die dem Personenschutz dienen. Da fahrerlose Transportfahrzeuge (häufig) dieselben Wege wie Personen und andere För-

dermittel benutzen, müssen mindestens über die gesamte Breite des FTF und der Last in jeder Fahrtrichtung wirksame Sicherheitseinrichtungen installiert werden.

Es muss gewährleistet werden, dass die Fahrzeuge anhalten, bevor feste Teile des Fahrzeugs und/oder der Last auf Personen oder ein Hindernis treffen. Es ist jedoch auch möglich, mehrere Warnbereiche anzulegen: Bevor es zu einem Nothalt kommt, könnte beispielsweise in der ersten Zone lediglich die Geschwindigkeit des Fahrzeugs reduziert werden. In der zweiten Zone könnten akustische und/oder visuelle Signale (Abb. 9.104a) Personen warnen, ehe es dann in der dritten Zone zu einem Notstopp kommt. Im Notfall können zusätzlich noch Trittleisten, die in Fahrtrichtung oder auch an den Seiten des Fahrzeugs montiert werden, zum Einsatz kommen, damit ein Notstopp durchgeführt werden kann.

Diese Sicherheitseinrichtungen können taktil oder berührungslos arbeiten. Taktile Schutzeinrichtungen wie Softschaumbumper (Abb. 9.104b) oder Kunststoffbügel werden innerhalb von Gebäuden heutzutage nur noch selten eingesetzt. Die meisten FTF verfügen über Infrarot-/Laserscanner für den Personenschutz und die Hinderniserkennung (Abb. 9.104c). Eine weitere Variante berührungsloser Sicherheitseinrichtung für Personen sind Ultraschallsensoren. Diese senden einen Schallimpuls aus, der von Objekten reflektiert wird, die sich im Wellenfeld befinden. Sensoren erkennen dabei den reflektierten Schall, und aus der Laufzeit zwischen Aussenden des Impulses und Detektion des Echos kann der Objektabstand berechnet werden.

Da der Einsatz von Laserscannern bei verschiedenen Wetterbedingungen komplizierter und der Aufwand für eine Zulassung hoch ist, werden diese berührungslosen Varianten nur bei Indoor-FTF verwendet. Außerhalb von Gebäuden sind FTF mit großen mechanischen Notaus-Bügeln ausgestattet. Die zusätzlich angebrachten Sensoren sollen die Bumper lediglich unterstützen.

Ein Nachteil taktiler Sicherheitseinrichtungen ist der Verschleiß durch äußere Beschädigung. Zudem kann bei dieser Variante im Gegensatz zu FTS, die mit berührungslosen Systemen arbeiten, kein Warnbereich gestaltet werden, um Notstopps zu vermeiden.

(a): Warnblinker   (b): Sicherheitsbumper   (c): Laser zur Fahrweg-
                                               überwachung (Hindernis-
                                               se)

Abb. 9.104 FTF-Sicherheitseinrichtungen

Für Sicherheitseinrichtungen an FTF ist eine Risikoanalyse gemäß Maschinenrichtlinie 2006/42/EG erforderlich. In der Risikoanalyse wird das erforderliche Performance-Level bestimmt. Je höher die von der Anlage ausgehende Gefahr ist, desto performanter müssen die Sensoren sein. Die Einteilung erfolgt in die Level A-E; ein Laserscanner beispielsweise bietet, je nach Art der Anwendung bis zu Performance-Level D. Die Einhaltung der Kriterien wird in vordefinierten Szenarien überprüft.

Zusätzlich zu Sicherheitseinrichtungen, die einen Nothalt einleiten können, sind auch Warneinrichtungen vorgeschrieben. Diese geben Informationen über die bevorstehenden Bewegungen des FTF und ermöglichen Personen eine Reaktion (z. B. können sie zur Seite gehen, wenn ein FTF auf sie zufährt). Zu diesen Warneinrichtungen gehören optische Signale zur Erkennung der Fahrt des FTF, Anzeigen für die Fahrtrichtungsänderung („Blinker"), oder akustische Signale bei Rückwärtsfahrt.

9.4.4.3 Beispiele für Bauformen von FTS

In Abb. 9.105 werden vier FTS-Systeme gezeigt (als Praxisbeispiel), mit denen die Bandbreite von Konstruktionen und Ausführungsformen wiedergegeben werden soll.

Darüber hinaus hat sich das Institut für Fördertechnik und Logistik der Universität Stuttgart mit seiner Abteilung Maschinenentwicklung und Materialflussautomatisierung unter anderem auch auf das Feld der fahrerlosen Transportsysteme konzentriert. Seit 2007 ist eine ganze Reihe von spezifischen Entwicklungen im Sinne von maschinenbaulicher Konstruktion, Vollautomatisierung, Navigation und Hinderniserkennung sowie allgemeine Sensorikaufgaben bei der Entwicklung von FTS-Systemen betrieben worden. Hierbei ging es nicht nur um die Anwendung modernster Technologie, sondern auch darum, die Zielpreise dieser Systeme im Vergleich zu bisherigen normalen FTS-Fahrzeugen (Größenordnung zwischen 100.000 und 150.000 EUR pro Fahrzeug) drastisch zu senken. Auf drei der hier durchgeführten Entwicklungen soll beispielhaft mit Hilfe der Abb. 9.106 eingegangen werden:

1. Entwicklung eines Klein-FTS-Fahrzeugs zum Transport von KLTs 400×600 mm (Abb. 9.106a); gemeinsames Forschungsprojekt (gefördert durch das BMBF) mit der Firma Götting in Niedersachsen. Ziel war es hier, ein absolut einfaches FTS mit der Verkaufszielgröße von 5000 EUR pro Fahrzeug zu entwickeln, mit dem der Transport von KLTs (Kleinladungsträger) von A nach B möglich wird. Dieses System ist sowohl mit einem Zwischenrahmen realisierbar, so dass der KLT in Greifhöhe eines Bedieners platziert wird, als auch ohne die Mittelkonsole. Heute wird dieses System von der Firma Götting aber auch von der Firma SSI Schäfer (hier unter der Bezeichnung FTS WEASEL) vertrieben.

2. Die Abb. 9.106b zeigt die Entwicklung von einem Doppelkufensystem, bei dem zwei voneinander getrennte Kufen eine Europalette unterfahren können, diese Europalette dann mit einer eigenen Hubeinrichtung um 2 cm anheben können und danach die Euro-

(a): Automatische Hubwagen zum Transport von Paletten

(b): FTS in der Fertigung, hier zum Transport von Rohkarossen in einem Automobilwerk

(c): Transport eines Stahl-Coils (30 t) mit Palette

(d): Dieselbetriebenes FTS zum Transport von Übersee-Containern im Hafen

Abb. 9.105 Beispiele für den Einsatz Fahrerloser Transportsysteme [45]

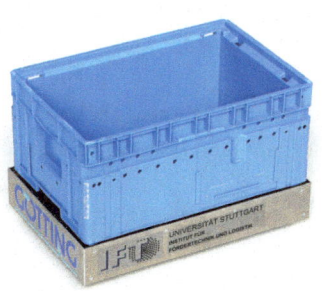 

(a): Klein-FTF zum Transport von Kleinladungsträgern

(b): Doppelkufensystem, bestehend aus zwei getrennten nicht verbunden Kufen

Abb. 9.106 Zwei Beispiele von FTS-Fahrzeugsystemen, die am Institut für Fördertechnik und Logistik der Uni Stuttgart entwickelt wurden. (Quelle: IFT)

Abb. 9.107 Drehschemel. (Quelle: IFT)

palette mit Last verfahren können. Dieses System lässt einen omnidirektionalen Betrieb vorwärts/rückwärts/ seitwärts/drehend/traversierend zu. Der Zielpreis dieses Systems in der Konstruktion lag bei 25.000 bis 30.000 EUR. Dieser Preis konnte im Wesentlichen durch ein maschinenbauliches Patent realisiert werden, mit dem es möglich ist, den Lenk-betrieb, den Fahrbetrieb und den Hub- und Senkbetrieb mit nur einer Antriebseinheit zu realisieren. Dieser patentierte Drehschemelantrieb zeigt die Abb. 9.107. Die Räder sind angetrieben vorwärts, rückwärts, werden gelenkt rechts, links und können sich um 360° mehrfach drehen, womit eine Hubspinden dann die Kufen anhebt bzw. absenkt. Fazit: Die Funktionen Lenken, Heben/Senken und Fahren werden durch die selben Antriebe ausgeführt.

Dieses System ist unter dem Namen Doppelkufen am IFT entwickelt worden die Rechte sind mit Vertrag vom Jahre 2013 an die Firma Eisemann übertragen worden. Eisemann bezeichnet das System heute als Logimover.

3. Ebenfalls hingewiesen werden soll auf die seit 2016 im Projekt ARENA2036[7] geführten Konzepte und Prototypenrealisierungen des IFT von einem sogenannten Montage- und Logistik Groß-FTF (siehe Abb. 9.108) bzw. Universal-FTS (mit Regalmodul für KLTs, siehe Abb. 9.109) mit dem die wandlungsfähige, flexible Automobilproduktion der Zukunft für die Stückzahl 1 erreicht werden soll.

---

[7]Hierbei steht ARENA für Active Research Environment for the Next Generation of Automobiles und die Zahl 2036 für das selbige Jahr, an dem die Erfindung des Automobils 150 Jahre Jubiläum feiert.

Abb. 9.108 Groß-FTF. (Quelle: IFT)

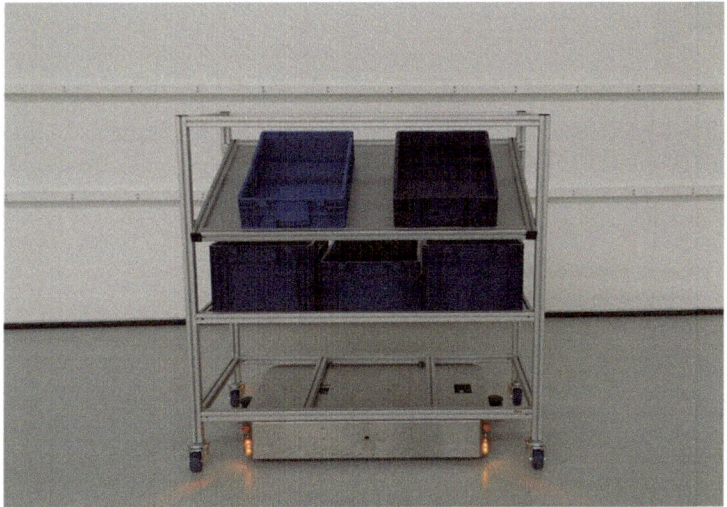

Abb. 9.109 Universal-FTF zum verfahren und bereitstellen von Modulrahmen für KLTs. (Quelle: IFT)

Hintergrund ist mit diesen Fahrzeugen die heutige Fließbandfertigung zu ersetzen (siehe Abb. 9.110). In dem durch Just-in-Realtime Zulieferungen das Groß-FTS mit seinen mitfahrenden Monteuren mit allen Montageteilen durch ein Klein-FTS bzw. ein neues automatisches Riegelsystem versorgt wird (siehe Kap. 14, Forschungsprojekt ARENA2036 im Band 2).

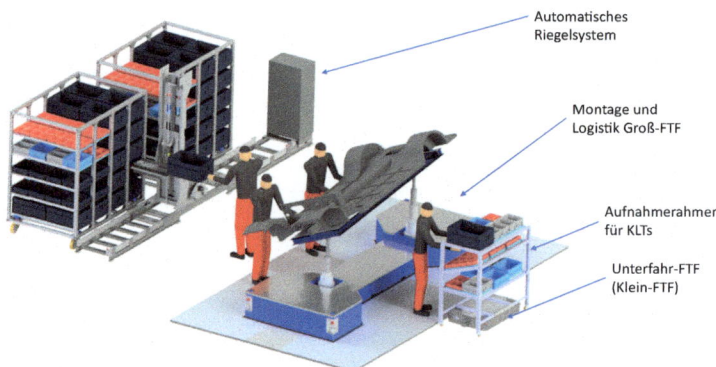

Automatisches
Riegelsystem

Montage und
Logistik Groß-FTF

Aufnahmerahmen
für KLTs

Unterfahr-FTF
(Klein-FTF)

Abb. 9.110 Produktionsversorgung PKW-Montage der Zukunft. (Quelle: IFT)

9.4.5 Aufgeständerte Unstetigförderer

Zu den Unstetigförderern gehören als sogenannte aufgeständerte Unstetigförderer auch die Last- und Personenaufzüge.

9.4.5.1 Last- und Personenaufzüge

Nach der zu befördernden Last unterscheidet man Personenaufzüge und Lastaufzüge, und nach Art des Antriebs und des Tragmittels werden darüber hinaus Treibscheibenaufzüge mit Seilen als Tragmittel und Hydraulikaufzüge mit Hydraulikzylinder als Tragmittel unterschieden.

In neuester Zeit gibt es auch neuer Ansätze für Tragmittel wie

- hochfeste Faserseile, z. B. aus Aramid (Schindler Aufzüge, Schweiz)
- Kohlefasergurte (Kone, Finnland)
- Riemenantriebe (Schindler)
- Linearantriebe (ThyssenKrupp Aufzüge, Deutschland)

Hochfeste Faserseile, z. B. aus Aramid, haben den Vorteil, dass die Lebensdauer um wesentliche Faktoren (3, 5, 6, im Einzelfall 30) höher ist als die Lebensdauer von Stahlseilen. Darüber hinaus haben sie ein um 70 bis 80 % reduziertes Gewicht pro laufendem Meter.

Bei den Ansätzen, als Tragmittel Riemen einzusetzen, spielt vor allen Dingen die Laufruhe, aber auch das reduzierte Drehmoment aufgrund reduzierter Krümmungsradien/Biegeverhältnisse eine wesentliche Rolle.

Bei den oben genannten neuartigen Linearantrieben weicht man von den üblichen Tragmitteln völlig ab und setzt im Schacht Linearmotoren ein.

Alle Ansätze sollen Lebensdauererhöhungen, Gewichtsreduktion im Schacht und damit vor allem nochmals wesentlich höhere Bauhöhen von Personenaufzügen (800 m und mehr) zulassen. Im Nachfolgenden wird nur die Basistechnik von Hydraulik- und Treibscheibenaufzügen und deren übliche Anwendungen vorgestellt; für neueste Entwicklungen sei auf die entsprechende Literatur verwiesen.

9.4.5.2 Lastaufzüge

Bei den Last- und Schwerlastaufzügen geht es darum, in allen Bereichen, aber vor allen Dingen im Produktionsbereich den vertikalen Transport von Rohware, Halbzeugen und Zulieferteilen in die Produktion zu gewährleisten oder umgekehrt die fertigen Produkte, wie z. B. Autos (siehe Abb. 9.111) in vertikaler Ebene zu fördern. Die Verwendung von Lastaufzügen hat sich in den letzten Jahrzehnten allerdings deutlich verringert, weil beispielsweise bei modernen Produktionsanlagen, wie z. B. der Automobilindustrie in der Endmontage, eingeschossige Hallenbauten verwendet werden, die eine vertikale Zu- und Abförderung nicht mehr notwendig machen.

Für Lastenaufzüge wird häufig hydraulische Technik verwendet. Ein Betrieb mit schweren Lasten (bis zu 50 t Nutzlast) ist möglich, ebenso der Bau von großen Kabinen (bis zu 100 m^2 Grundfläche).

9.4.5.3 Personenaufzüge

Von wesentlich größerer Bedeutung weltweit sind dahingehend Personenaufzüge, die für die Beförderung von Personen in Häusern, vor allen Dingen in Hochhäusern, eingesetzt sind.

Abb. 9.111 Lastenaufzug. (Quelle: GEBHARDT Fördertechnik GmbH)

Für dieses Gebiet werden sowohl Treibscheibenaufzüge als auch seltener Hydraulikaufzüge (technische Erklärung weiter unten) eingesetzt.

Beim vertikalen Transport von Personen in Gebäuden, besonders Hochhäusern, ist die Aufgabenstellung, möglichst hohe Personenförderleistungen zu erreichen, diese ressourcenschonend einzusetzen und natürlich immer höhere Gebäudeförderhöhen zu realisieren. Hier spielen die Fragen der Minimierung des Schachtraumes und der Reduzierung der Gewichte, z. B. bei Treibscheibenaufzügen also der Seile, eine wichtige Rolle.

Darüber hinaus ist die eingesetzte Steuerungstechnik für die Personenaufzüge von besonderer Bedeutung. Die früher fast ausschließlich verwendete Rufsteuerung (Person steht im Erdgeschoss und ruft einen Aufzug) wird heute ergänzt durch die Zielwahlsteuerung (Person wählt vor Fahrtbeginn das Zielgeschoss aus) oder völlig neue Technologien wie beispielsweise die von ThyssenKrupp im Jahre 2003 eingeführte sogenannte Twin-Technologie, bei der in einem Förderschacht zwei Personenkabinen parallel betrieben werden. Mit diesen Konzepten können Aufzuggruppen effizienter betrieben werden. Auf diese speziellen Technologien und Weiterentwicklungen kann hier nicht eingegangen werden, verwiesen wird hier auf Spezialliteratur [46, 47].

Im Nachfolgenden werden jetzt nur die grundsätzlichen technischen Realisierungsmöglichkeiten eines treibscheiben- bzw. eines hydraulikbetriebenen Aufzuges wiedergegeben.

Treibscheibenaufzüge

Die Abb. 9.112 zeigt den grundsätzlichen Aufbau eines Treibscheibenaufzuges, bei dem der Antrieb im Seitenbereich des Aufzuges schon mit einer modernen sogenannten Direktantriebstechnik (ohne Getriebe, Übersetzung und Antrieb rein elektrisch frequenzgeregelt) realisiert ist. Man erkennt das Gegengewicht und die eigentliche Kabine sowie die Türen.

Vor der Markteinführung der Direktantriebstechnik (siehe Abb. 9.113a) wurden über lange Jahrzehnte Treibscheibenaufzüge mit einem Antrieb bestehend aus Elektromotor und Getriebe eingesetzt (siehe Abb. 9.113b). Hier bei handelt es sich um Treibscheibenaufzug mit Antriebsmotor und -getriebe.

Die nachfolgenden Faustwerte gelten allgemein für Treibscheibenaufzüge.

- große Hubhöhen möglich (bis 400 m)
- hohe Geschwindigkeiten möglich
- bis zu 5 m/s Standard, über 10 m/s bis 16 m/s in Hochhäusern
- v. a. bei hoher Nutzungsfrequenz geeignet

Für die oben genannten neuen Antriebskonzepte gelten Hubhöhen von 800 m (und mehr) und Geschwindigkeiten bis 16 m/s als Zielgrößen.

Abb. 9.112 Moderner Treibscheibenaufzug mit Direktantrieb. (Quelle: Schindler Deutschland AG & Co. KG)

(a): Treibscheibenaufzug Direktantrieb nur Motor ohne Getriebe (b): Treibscheibenaufzug ältere Bauart Antrieb mit Motor und Getriebe

Abb. 9.113 Antriebe von Treibscheibenaufzüge. (Quelle: Schindler Deutschland AG & Co. KG)

Hydraulikaufzüge

Für Personenaufzüge in Gebäuden mit wenigen Stockwerken und geringen Geschwindigkeiten (z. B. Privathäusern) werden Hydraulikaufzüge eingesetzt. Die Hydraulikkabine ist in Abb. 9.114 dargestellt. Die Personenkabine wird durch Hydraulikzylinder, die von einer Hydraulikpumpe mit Hydrauliksammelbecken angetrieben werden, vertikal auf und ab

Abb. 9.114 Hydraulikaufzug.
(Quelle: Schindler Deutschland
AG & Co. KG)

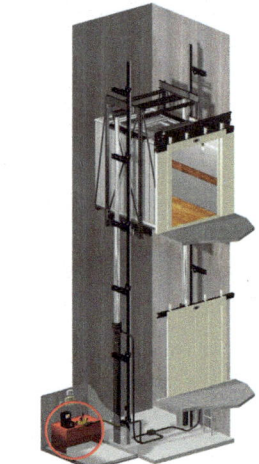

Hydraulikeinheit

bewegt. Der konstruktive Aufbau ist einfacher, das Einsatzgebiet ist aber wegen ihrer geringen Geschwindigkeit und der geringen Stockwerkshöhen begrenzt. Die Einsatzhäufigkeit kann mit 20 % abgeschätzt werden.

Charakteristische Eigenschaften von Hydraulikaufzügen sind:

- sehr günstig
- sehr leise
- weniger Bauteile als Seilaufzug
- weniger Wartungsaufwand
- Verwendung bei kleinen Hubhöhen (bis 20 m)
- Maschinenraum flexibel
- geringe Geschwindigkeit (vmax = 1 m/s)

9.4.5.4 Satelittenfahrzeuge

Entsprechend der Gliederung und Nomenklatur des alten Buches Jünemann aus dem Jahr 1989 gehören zu den aufgeständerten Unstetigförderern auch die Satelliten- und Kanalfahrzeuge.

Wie im Unterunterabschnitt 8.5.3.2, Satelliten- und Shuttleläger bereits ausgeführt sind Satelliten- und Kanalfahrzeuge die Vorgängertechnologie der heutigen Shuttlefahrzeuge.

Zum Erscheinen des Buches Materialflusstechnik und Logistik 1989 [10] gab es die Shuttletechnologie in dieser Form nicht. Im Absatz 8.5.3.2, Shuttleläger wird erläutert, dass die heutige Shuttletechnologie unterscheidet zwischen gassengebundenen, ebengebundenen, gassen- und ebengebundenen und ungebundenen Shuttlefahrzeugen. Bei den ersten 4 Typen handelt es sich also um Fördertechnikfahrzeuge, die Aufgeständerte und Unstetigförder darstellt. Bei der letzten Gruppe, nämlich den ungebundenen Shuttlefahrzeugen kann das Fahrzeug sowohl im Lagerregal, als aufgeständert, als auch im Bodenbereich, also Flurgebunden, arbeiten.

Bei den hier nun beschriebenen Satellitenfahrzeugen handelt es sich um Unstetigförderer in Form von Lagermitteln, denen die Lagereinheit hintereinander im Regal stehen (Tunnelläger) aber nicht permanent auf Unstetig/Stetigförderern, siehe hierzu Abb. 8.26.

9.4.5.5 Kanalfahrzeuge

Kanalfahrzeuge sind von flacher Bauart. Sie bestehen aus einem Rahmen, welcher Batterie, Steuerung- und Antrieb aufnimmt und einem Lastaufnahmemittel. Das meist aus einer oder mehreren Hubplattformen besteht (Abb. 9.115)

Allgemein können sie in Schienen in beliebiger Höhe über den Boden verfahren und werden mit mindestens 4 Rädern (gegebenenfalls mehr) angetrieben und ausgeführt. Damit können Sie beim Überwechsel vom Trägerfahrzeug in den Lagerkanal den Sicherheitsspalt zwischen Regal und Trägerfahrzeug überwinden. Zur Lastaufnahme fahren sie unter das Fördergut, heben dieses an und verfahren es über Regelbediengeräte oder Aufzüge ggf. weiter über Verschiebewagen oder Drehweichen bis zum Ablagerugpunkt. Einsatzfälle sind Tunnellager bzw. Hochregalblocklager, sowie Lagervorzone und Produktion.

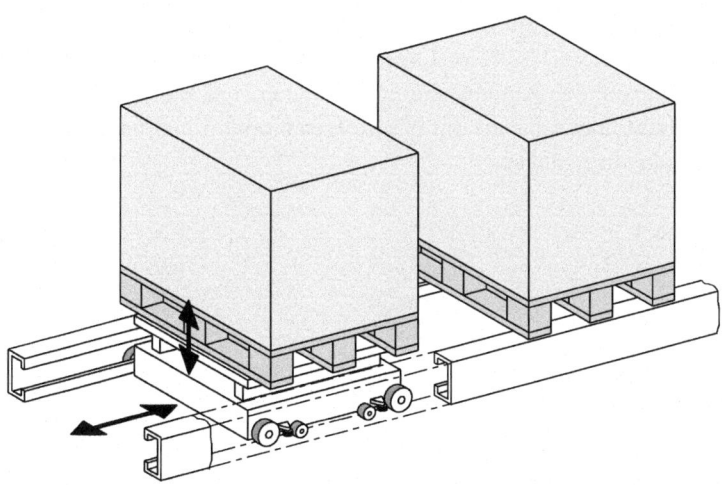

Abb. 9.115 Kanalfahrzeug [20, S. 162]

9.4.6   Flurfreie Unstetigfördere

9.4.6.1 Krane

Im vorderen Teil dieses Kapitels sind in den Abb. 9.47 und 9.48 eine ganze Reihe von unterschiedlichen Kranen und anderen flurfreien Fördermitteln, angefangen von einem Brückenkran (Abb. 9.47) bis zur Elektrohängebahn (Abb. 9.48) bzw. Kleinbehältertransportanlagen (Abb. 9.48) dargestellt. Auf das Kapitel der flurfreien Förderzeuge soll hinsichtlich der Krane nur rudimentär eingegangen werden, weil es ansonsten den zur Verfügung stehenden Umfang der beiden Bände völlig sprengen würde. Hier wird verwiesen auf das alten Buch Jünemann Materialfluß und Logistik aus dem Jahre 1989 oder entsprechende Fachliteratur im Kranbereich. Im Nachfolgenden wird nur allgemein und beispielhaft auf die verschiedenen Krane und Krantypen eingegangen. Krane (nach DIN) sind Hebezeuge für den vertikalen und horizontalen Transport von Stück- oder Schüttgut. Wichtige Ausführungen sind :

- Brückenkrane
- Hängekrane
- Stapelkrane
- Konsolkrane
- Drehkrane
- Portalkrane
- Etc.

Krane werden in der Regel in Montage-, Fertigungs- und Lagerhallen sowie in Gießereien, aber auch bei der Be- und Entladung von Eisenbahnwagen und Lkw eingesetzt. Typische Aufgaben von Kranen sind im Kern Lagerbedienung und Stückguttransport. Neuere Entwicklungen zielen auf eine Automatisierung der Krane hin, die dann sehr ähnliche Eigenschaften wie Portalroboter haben. Im Nachfolgenden wird nun beispielhaft nur auf zwei Typen von Kranen eingegangen.

- Brückenkrane
- Portalkrane

Brückenkrane

Die Abb. 9.116 zeigt einen typischen Brückenkran mit offenen Windwerk, bestehend im Grundaufbau aus der Brückenkonstruktion, dem Fahrwerk, dem Hubwerk, den Antrieben und weiteren elektrischen Einrichtungen. Die Brückenträger stützen sich an beiden Enden über Kopfträger, in denen die Laufräder und Fahrantriebe der Kraftfahrzeuge gelagert sind, auf an den Wänden oder auf Stützen fest angebrachten Kranlaufbahnen ab. Die Brückenträger befinden sich oberhalb der Kranlaufbahnen und erstrecken sich von einer Laufbahn zur anderen Laufbahn über die gesamte Fabrikhalle. Sie tragen eine Laufkatze, die das Hubwerk und den Antrieb zum Verfahren der Laufkatzen umfasst .

Abb. 9.116 Brückenkran:
Verladebrücke [10, S. 165]

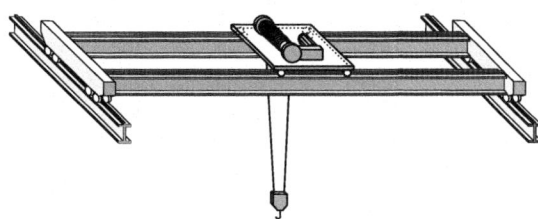

Abb. 9.117 Portalkran [10, S. 174]

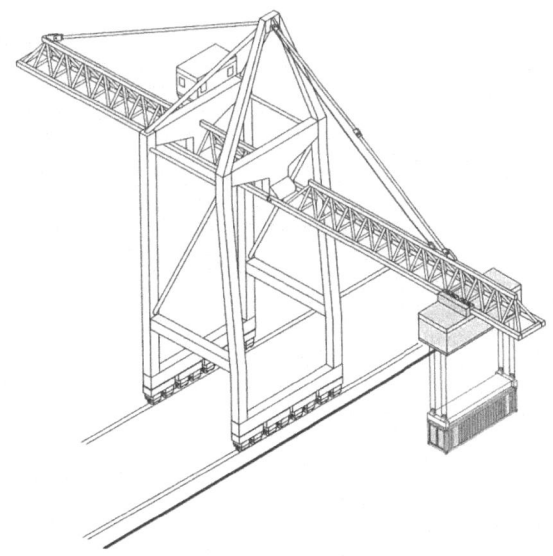

Portalkrane

Portalkrane arbeiten meistens im Freien; sie sind gekennzeichnet durch eine Brücke, die sich über Stützen auf der bodenebenen Fahrbahn abstützt. Brücke und Stützen bilden dabei ein Portal, siehe Abb. 9.117.

Sie sind in der Regel schienengeführt und können über lange Strecken mit allerdings relativ niedriger Geschwindigkeit verfahren.

9.4.6.2 Trolleybahn und Rohrbahn

Die Abb. 9.118 und 9.119 zeigen, dass bei diesen Systemen unter der Decke ein Netz von zum Teil parallel verlaufenden und durch Abzweigungen verknüpften Laufbahnelementen angebracht ist. Bei den Trolleybahnen sind diese z. B. Winkel oder E-Profile, bei den Rohrbahnen als Rundprofile ausgeführt.

An diesen Laufbahnen werden Lastgehänge nicht angetrieben bewegt, die Gehänge können mit Rollen oder mit Gleitelementen (Rohrbahn) versehen sein. Dieses System lässt mittels parallelverlaufenden Trassen, die Pufferung von Material zu, die Bahnen werden

Abb. 9.118 Trolleybahn [20,
S. 164]

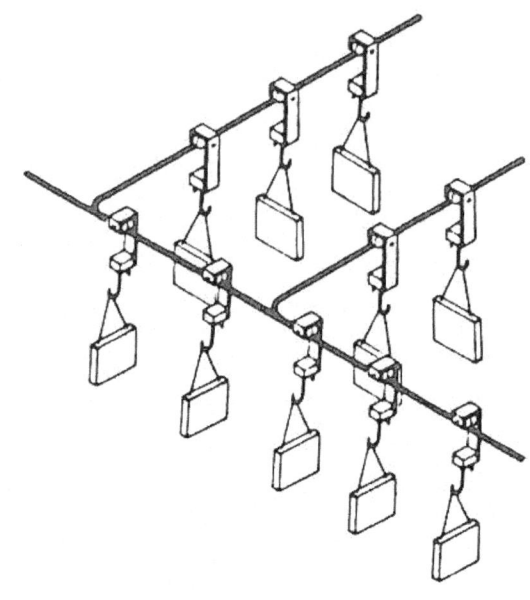

Abb. 9.119 Rohrbahn [20,
S. 164]

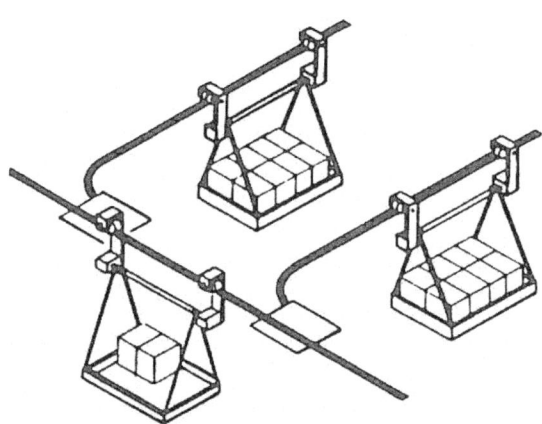

häufig geneigt verlegt, um die Schwerkraft für die Bewegung zu nutzen. Bei horizontal-
verlaufenden Abzweigungs-und Verbindungstrassen werden die Gehänge meist manuell
verschoben.

Einsatzfälle sind die Kombination von Lager-und Fördersystem für Hängende Ware (z. B.
aus der Bekleidungsindustrie, bei Trollibahnen oder aus dem Bereich der Kühlhäuser zur
Lagerung und Transport von Tierhälften).

9.4.6.3 Elektro-Hängebahn/Einschienen-Hängebahn

Elektro-Hängebahnsysteme dienen der flurfreien schienengebundenen Horizontalbewegung von Lasten und transportieren die Fördergüter flurfrei (siehe Abb. 9.48). Sie bestehen aus einem an der Hallendecke abgehängten oder an aufgeständerten Stützen befestigten Schienennetz mit Geraden, Kurven, Weichen, Kreuzungen, Drehscheiben, Hub- und Senkstationen, aus zahlreichen Einzelfahrwerken und der Systemsteuerung. Die Schienen werden in der Regel als Spezialprofil ausgeführt (Abb. 9.120).

Man unterscheidet Innen- und Außenläuferprofile mit ebener oder profilierter Lauffläche. Innenläuferprofile sind durch geschlossene Querschnitte, die unten offen sind, gekennzeichnet. Die Fahrwerke werden teilweise oder ganz vom Profil umschlossen. Entsprechend befinden sich die Laufräder und Führungsrollen innerhalb der Profile.

Bei Außenläuferprofilen umschließen die Fahrwerke die Laufschienen. Sie werden weiter in Ober- oder Unterläufer unterschieden, die entsprechend auf dem Ober- oder Unterflansch der Profile verfahren. Bei ebenen Laufflächen werden zylindrische Laufrollen in den Fahrwerken, bei profilierten Laufflächen wird eine konvex/konkave Laufrad-Schiene-Kombination eingesetzt.

Die Schienen können aus kaltgewalztem Stahl oder stranggepreßtem Aluminium ausgeführt sein. Stahlschienen können höhere Gewichte tragen, erlauben entsprechend eine größere freitragende Länge und bedürfen daher einer geringeren Anzahl von Abhängevorrichtungen von der Hallendecke. Ihre größere Masse bedingt allerdings eine aufwendigere Tragkonstruktion. Aluminiumschienen können in beliebigen Querschnittsformen mit hoher Genauigkeit hergestellt werden. Die Energiezuführung erfolgt über am Schienenprofil angebrachte Schleifleitungen, die bei Innenläufern innerhalb und bei Außenläufern außerhalb der Fahrschienenprofile angeordnet sind.

Die Einzelfahrwerke sind aus einem Fahrgestell mit Laufrädern und Führungsrollen, einem Getriebemotor und einer Steuerung aufgebaut. In der Standardversion besteht ein Elektro-Hängebahnfahrzeug aus einem solchen angetriebenen Fahrwerk und einem nicht angetriebenen Nachläufer, die durch eine drehbar gelagerte Traverse verbunden sind. Direkt unterhalb der Traverse sind unterschiedliche Lastaufnahmemittel angehängt. Bei besonders schweren oder langen Lasten werden über Traversen mehrere Einzelfahrwerke miteinander verbunden. Die Fahrwerke können bei entsprechender Gestaltung des Kranbrückenträgers auf dem Untergurt der Brücke von Hängekranen verfahren. Als Lastaufnahmemittel finden

Abb. 9.120 Elektro-Hängebahn [20, S. 176]

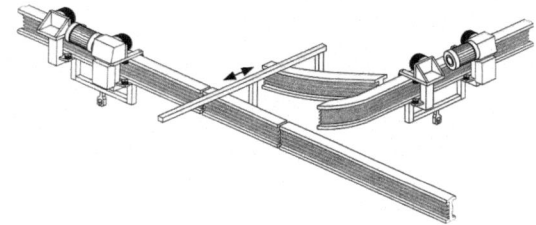

Abb. 9.121 Anwendung von Elektro-Hängebahn zum Transport von Luftfrachtcontainern. (Quelle: BEUMER Group GmbH & Co. KG)

je nach Einsatzfall Lasthaken, Greifer, Schaukeln, Plattformen und Gondeln Verwendung. Darüber hinaus kommen zahlreiche Sonderkonstruktionen, wie beispielsweise elektrische Hubwerke für den Montageeinsatz, zur Anwendung. Die Abb. 9.121 zeigt z. B. einen Transport von Luftfrachtcontainern (in dieser Abbildung ist zu erkennen, dass im offen Teil der Aluminiumschiene gelb Stromabnehmer für Strom- und Datenübertragung eingebaut sind).

Elektro-Hängebahnsteuerung

Für den Elektro-Hängebahnbetrieb lassen sich ähnlich wie bei Automatischen Flurförderzeugen zentrale und dezentrale Steuerungskonzepte einsetzen. Dabei kann eine Ziel-, eine Fahrzeug- und eine Antikollisionssteuerung unterschieden werden. Zielsteuerungen führen die Elektro-Hängebahnfahrzeuge dem Produktions- oder Montageprozeß bedarfsgerecht auf beliebigen Wegen zu. Bei einer zentralen Zielsteuerung übernimmt der übergeordnete Rechner die alleinige Verwaltung, Disposition und Steuerung der Fahrzeuge. Bei dezentralen Steuerungskonzepten übernehmen die Fahrzeuge selbst oder Schienennetzelemente (Verzweigungen, Hub- Senkstationen, etc.) untergeordnete Steuerungsfunktionen, während der übergeordnete Rechner nur noch administrative Aufgaben besitzt.

Die Fahrzeugsteuerungen setzen die von der Systemsteuerung kommenden Signale in Fahrzeugbewegungen in Form von Anfahren, Geschwindigkeit halten, Stoppen oder Positionieren um.

Elektro-Hängebahnsysteme können in verschiedenen Automatisierungsgraden vom früheren Handbetrieb mit mitgeführter Zielkennzeichnung (über Reiter, heute unüblich) bis hin zur zentral gesteuerten Transportverfolgung aufgebaut werden.

Abb. 9.122 EHB
Stapelbetrieb/Blockbetrieb.
(Quelle: ohne Verfasser)

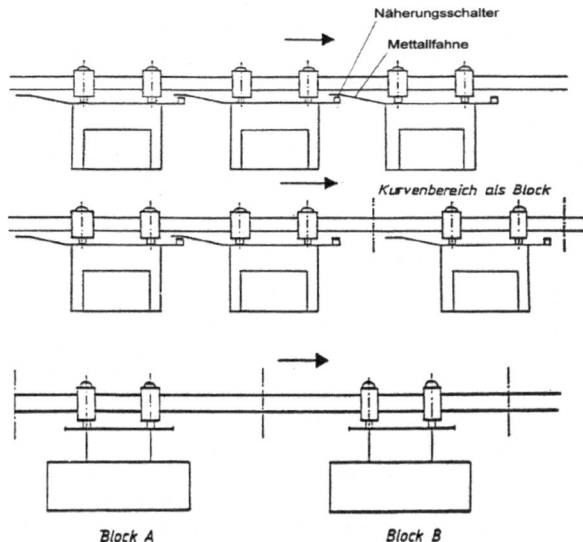

Die Informations- und Datenübertragungs zum und vom Fahrzeugrechner erfolgt über die Steuerleitungen der Stromschiene (Abb. 9.122).

Für kollisionsfreien Betrieb hintereinander fahrender EHB-Fahrzeuge sorgt die „Blockstreckensteuerung" der Prozessebene, die einen Streckenabschnitt für ein Fahrzeug erst frei gibt, wenn ihn das vorausfahrende Fahrzeug verlassen hat. Für den sogenannten Stapel- oder Pufferbetrieb sind die Fahrzeuge vorne mit berührungslos arbeitenden Näherungsschaltern ausgerüstet, die bei erreichen der am Fahrzeugheck angebrachten metallischer Schaltfahne des Vorgängerfahrzeuges den Fahrbetrieb abschalten

Einsatzfälle Elektro-Hängebahnen sind universelle Fördermittel und einsetzbar in allen Unternehmensbereichen vom Wareneingang, Lager, Kommissionierbereich bis zum Versand, wo keine Gefahrgüter (explosive oder aggressive Stoffe) verarbeitet werden. Sie dienen zur Ver- und Entsorgung von Produktions- und Lagerstätten, zur Verbindung von Produktionsbereichen und zur Verknüpfung mehrerer unabhängiger Transportkreisläufe: Ihr Haupteinsatzfeld ist auf Fahrstrecken mit geringen bis mittleren Durchsatzleistungen, die schnell überwunden werden müssen. Elektro-Hängebahnen werden in der Elektro-, Textil- und Lebensmittelindustrie sowie in Krankenhäusern (Container) und vor allen Dingen in der Automobilindustrie (Karosseriemontage) verwendet.

9.4.6.4 Kleinbehältertransport

Die Abb. 9.48 zeigt das Systembild von Kleinbehältersystemen. Sie bestehen aus beliebigen im Raum, angeordneten zum Teil Aufgeständerten oder an der Wand befestigten, zumeist jedoch aufgehängten Schienennetzen mit graden Kurven, verdrillten Fahrbahnstücken, Loopings und Ausschleusestationen, sowie aus zahlreichen einzelnen angetriebenen, über Stromschienen gespeisten Fahrwerken. Die Fahrwerke sind formschüssig und mit den Schienen verbunden. In den horizontalen Strecken werden die Kleinbehälter-Transportsysteme durch Reibräder angetrieben, auf den vertikal verlaufenden Abschnitten wechselt der Reibradantrieb automatisch auf einen Zahnradantrieb. Transporte werden mit den Fahrwerken in der Regel Behälter, die zu mindestens bis 10 kg Masse umfassen ausgeführt.

Diese Systeme wurden früher vor allen Dingen für den Transport von Akten und Dokumenten benutzt und sind heute in Zeiten des Internet und der Digitalisierung von Schriftstücke und Akten eigentlich nur noch als Altanlagen vorhanden.

9.5   Auswahlkriterien und Systemvergleich

9.5.1   Eingangsgrößen

Die Menge der Eingangsgrößen zur Fördermittelauswahl in den verschiedenen Systemen ist sehr umfangreich. Voraussetzung für eine Auswahl ist eine detaillierte Transporthäufigkeitsmatrix mit einer Aufstellung aller Haltepunkte, eine Schnittstellen- und Topologiebeschreibung sowie eine Auflistung der Gebäuderestriktionen (beispielsweise Deckentragfähigkeit). Darüber hinaus bedarf es zahlreicher weiterer Größen wie Gewicht und Abmessungen der Ladeeinheiten, der notwendigen Transportleistung und nicht zuletzt einer Festlegung, wie exakt der Fördervorgang einzelner Stückgüter verfolgt werden muß.

Dennoch wird für die Fördermittel eine Möglichkeit gegeben, wichtige Vor- und Nachteile der einzelnen Fördertechniken einander vergleichend gegenüber zustellen.

Die Vorgehensweise entspricht dem Verfahren der Nutzwertanalyse. Die Beurteilungen zu den aufgeführten Bestimmungskriterien haben entsprechend keinen allgemein gültigen Charakter, sondern dienen als Muster. Sie müssen im konkreten Fall vom jeweiligen Anwender nachvollzogen werden, um den unterschiedlichen Bewertungen unter verschiedenen Aspekten Rechnung zu tragen. Es empfiehlt sich dabei, noch eine Gewichtung der verschiedenen Bestimmungskriterien vorzunehmen, um ihrer unterschiedlichen Bedeutung gerecht zu werden.

Im Folgenden ist eine kurze inhaltliche Darstellung der Bestimmungskriterien aufgeführt.

- Der *Automatisierungsgrad* ermöglicht eine Aussage über das notwendige Maß manuellen Eingreifens und den damit verbundenen Personalaufwand. Er erlaubt weiterhin eine Aussage über die Möglichkeiten einer kontrollierten Materialflußverfolgung der einzelnen Stückgüter.

- Die *Integrierbarkeit in automatische Materialflusssysteme* hängt eng mit dem Automatisierungsgrad zusammen. In der Regel gilt, je höher der Automatisierungsgrad, desto besser ist die Integrierbarkeit der Fördermittel. Doch auch Fördertechniken mit einem niedrigen Automatisierungsgrad (wie beispielsweise Rutschen) können integrierbar sein. Schwierig ist bei ihnen lediglich die Verfolgung der einzelnen Ladeeinheiten oder Packstücke. Manuell bediente Fördermittel wie Drehkrane oder Flurförderzeuge können zumindest teilweise integriert werden, wenn die Fahrer beispielsweise durch Infrarotdatenkommunikation Fahranweisungen erhalten.

- Die *Flexibilität bei Layoutänderung* ermöglicht eine Aussage, welcher Aufwand für die Änderungen der Topologien oder der Fahrwege betrieben werden muß.

- Die *Flexibilität bei Änderung der Förderleistung* zeigt auf, welche Fördertechniken problemlos, beispielsweise durch Zukauf eines weiteren Gerätes, auch größere Stückzahlen pro Zeiteinheit bewältigen können und welche – einmal ausgelegt – nur schwierig auf Steigerungen des Güteraufkommens reagieren können.

- Die *Flexibilität bei Änderung des Transportgutes* schließlich gibt Aufschluß darüber, ob die Fördermittel nur Ladeeinheiten mit bestimmten Abmessungen oder auf bestimmten Ladehilfsmitteln (beispielsweise Europaletten) befördern können.

- Die Kenntnis des *Flächenbedarfs für Transportstrecken* ermöglicht eine Aussage, wieviel der Hallenfläche ausschließlich oder teilweise von der Fördertechnik belegt wird. Dabei wird berücksichtigt, wenn beispielsweise bei Flurförderzeugen eine Mehrfachnutzung der Fläche möglich ist.

- Der Grad der *Hindernisbildung* verdeutlicht, inwieweit die Fördertechniken nicht nur auf Bodenniveau sondern auch im Raum Hindernisse für andere Fördertechniken oder Arbeitsmittel bilden.

- Mit der *umkehrbaren Förderrichtung* soll kenntlich gemacht werden, ob es sich bei den Fördertechniken um Einbahnstraßen handelt oder ob auf einer Trasse in beiden Richtungen gefördert werden kann.

- Die Fähigkeit zum *Überwinden von Steigungen* kann vor allem in mehrgeschossigen Gebäuden von großem Interesse sein und macht ansonsten häufig zusätzlich erforderliche Vertikalförderer wie beispielsweise Aufzüge überflüssig. Aber auch die Fähigkeit zu einer ansteigenden Verfahrbewegung auf mehrere Höhenniveaus innerhalb einer Halle, niedrig an den Maschinen, hoch über Verfahrwegen, kann von Vorteil sein, wenn dadurch Hubstationen eingespart werden können.

- Ein geringer *Aufwand bei Verzweigungen* ist vornehmlich bei komplexen Systemen wichtig. Benachteiligt sind hier beispielsweise auch die flurfreien Stetigförderer (Kreisförderer, Schleppkreis-Förderer), da sie ein umlaufendes Zugmittel haben. An Verzweigungen müssen Zusatzantriebe installiert werden.

- Die *Stau- und Pufferfähigkeit* der Fördermittel gibt Aufschluss, inwieweit sie als Fördermittel mit Lagerfunktion (vgl. Unterabschnitt 8.5.4, Lagerung auf Fördermitteln) eingesetzt werden können.

- Die Aussage, ob eine *Lastübergabe an der gesamten Transportstrecke* möglich ist, stellt ein Auswahlkriterium der Fördermittel in Abhängigkeit der Transporthäufigkeitsmatrix und der Zahl der Haltestellen dar.

- *Anforderungen an den Baukörper* können ein Erfordernis besonderer Bodenqualitäten (beispielsweise bei automatischen Flurförderzeugen) oder besonderer Tragfähigkeiten der Stützen (beispielsweise bei Brückenkranen) oder besonderer Tragfähigkeit der Dachkonstruktion (beispielsweise bei Hängekranen und Elektro-Hängebahnen) oder ähnliches mehr darstellen.

- Der *Personalbedarf* gibt einerseits Aufschluß über den Automatisierungsgradund andererseits über die zu erwartenden Betriebskosten. Er ermöglicht darüber hinaus eine Aussage über die Abhängigkeit vom Faktor Arbeitspersonal (Krankheit, Fehlbedienung).

- Der *Steuerungsaufwand* zeigt zum einen den Komplexitätsgrad der Anlage auf und gibt darüber hinaus einen Hinweis auf die benötigte Steuerungshard- und -software. Ein schwarzer Kreis bedeutet hier geringer Steuerungsaufwand.

- Die *Möglichkeit der Organisation mit Datenverarbeitung* hingegen verdeutlicht, inwieweit die Fördertechnik automatisch zu steuern bzw. inwieweit der Mensch als Steuerungsglied erforderlich ist. Als günstig wird eine weitgehende Möglichkeit der Organisation mit Datenverarbeitung betrachtet.

- Mit dem Begriff *Erweiterungsfähigkeit* wird ausgesagt, wie einfach eine bestehende Fördertechnik auf angrenzende Bereiche ausgedehnt werden kann. Hier müssen Maschinenbau und Steuerungstechnik beachtet werden. Fördertechniken sind schlecht erweiterbar, wenn ein komplettes neues Fördermittel neben das bestehende zu installieren ist.

- Der *Notbetrieb bei Störungen* ist von wesentlichem Einfluß auf die Verfügbarkeit der Fördertechnik und ermöglicht, daß auch in automatischen Systemen eine gewisse Grundlast im Notfall gefahren werden kann.

- *Investitionsbedarf* und *Wartungsaufwand* bestimmen die Wirtschaftlichkeit der Fördermittel.

9.5.2 Leistungs- und Kostengrößen einiger wichtiger Fördermittel

Die Leistungs- und Kostendaten von Fördermitteln sind wesentlich geprägt durch den jeweiligen Einsatzfall. Kenngrößen von besonderem Einfluss sind dabei das Gewicht und die Abmessungen der Ladeeinheiten sowie die erforderliche Durchsatzleistung.

Hinsichtlich der Bestimmung der Investitions- und Betriebskosten ist eine allgemeine Aussage und Berechnung nicht zielführend. Hier sind im jeweiligen Einzelfall Angebotsanfragen bei Herstellern, Wartungsdienstleistern sowie bei den eigenen Service- und Wartungsbereichen notwendig. Für eine umfassende betriebswirtschaftliche Beurteilung der

Kostensituation sind auch die Abschreibungs- und die Zinskosten sowie die Lohnkosten etc. zu berücksichtigen.

Literatur

1. Norm VDI 2411 (Juni 1970) Begriffe und Erläuterungen im Förderwesen (zurückgezogen)
2. Norm DIN 30781-1 (Mai 1989) Transportkette; Grundbegriffe
3. Scheffler M (1980) Fördermittel und ihre Anwendung für Transport, Umschlag, Lagerung: mit 38 Tab., 1. Aufl. Fachbuchverl., Leipzig, 410 S
4. Hoffmann K, Krenn E, Stanker G (1994) Maschinensätze, Fördermittel, Tragkonstruktionen, 3. Aufl. Oldenbourg, Wien, 298 S
5. Martin H (1978) Förder- und Lagertechnik, 1. Aufl. Vieweg, Braunschweig, VIII, 329 S
6. Pfeifer H (1989) Grundlagen der Fördertechnik, 5., verb. Aufl., Vieweg, Braunschweig, VIII, 371 S. http://swbplus.bsz-bw.de/bsz018504205cov.htm
7. Reitor G (1979) Foerdertechnik: Hebezeuge, Stetigfoerderer, Lagertechnik; mit 62 Uebungsbeisp. Hanser, Muenchen, 713 S
8. Scheffler M (1970) Einfuehrung in die Foerdertechnik: Foerdermittel, Funktion und Einsatz; mit 38 Tab. Fachbuchverl., 450 S
9. Norm VDI 2366 (Februar 1963) Gliederung der Fördermittel (zurückgezogen)
10. Jünemann R (1989) Materialfluss und Logistik: systemtechnische Grundlagen mit Praxisbeispielen. Springer, Berlin, XI, 762 S. http://www3.ub.tu-berlin.de/ihv/000131070.pdf
11. Ziems D (1973) Probleme und Methoden der Projektierung von Fördersystemen. VEB Verlag Technik, Berlin, 2, Forschungsbericht, Lehrbrief
12. Pajer G, Kuhnt H, Kurth F (1988) Stetigförderer, 5., stark bearb. Aufl. Verl. Technik, Berlin, 424 S
13. Norm DIN 15201-1 (April 1994) Stetigförderer; Benennungen
14. Pfeifer H (1977) Grundlagen der Fördertechnik. Vieweg+Teubner Verlag, Wiesbaden
15. Martin H, Römisch P, Weidlich A (2008) Materialflusstechnik: Auswahl und Berechnung von Elementen und Baugruppen der Fördertechnik, 9., verbesserte und aktualisierte Aufl. Friedr. Vieweg & Sohn Verlag|GWV Fachverlage GmbH, Wiesbaden (Viewegs Fachbücher der Technik). http://dx.doi.org/10.1007/978-3-8348-9456-4
16. Ten Hompel M, Schmidt T, Dregger J (2018) Materialflusssysteme: Förder- und Lagertechnik, 4. Aufl. Springer Vieweg, Berlin (VDI-Buch)
17. Norm VDI 5398 (November 1974) Übersichtsblätter Stetigförderer; Tragkettenförderer (zurückgezogen)
18. Wehking K-H (1986) Forschungsberichte zur industriellen Logistik. Untersuchungen zur Optimierung von horizontal arbeitenden Trogkettenförderern: Zugl.: Dortmund, Univ., Diss., 1986, Bd. 30. Inst. für Logistik, Dortmund
19. Zebisch H (1980) Fördertechnik. Vogel-Verl., Würzburg (Kamprath-Reihe kurz und bündig)
20. Jünemann R, Schmidt T (2000) Materialflußsysteme: Systemtechnische Grundlagen; mit 36 Tabellen, 2. Aufl. Springer, Berlin (Logistik in Industrie, Handel und Dienstleistungen)
21. Norm VDI 2326 (Juni 1979) Übersichtsblätter Stetigförderer; Gurtförderer für Stückgut (zurückgezogen)

22. Norm DIN 22101 (Dezember 2011) Stetigförderer – Gurtförderer für Schüttgüter – Grundlagen für die Berechnung und Auslegung
23. Norm VDI 2328 (Dezember 1981) Übersichtsblätter Stetigförderer; Gurtförderer für Stückgut (zurückgezogen)
24. Norm VDI 2334 (November 1988) Übersichtsblätter Stetigförderer; Schleppkreisförderer (zurückgezogen)
25. Grote K-H, Bender B, Göhlich D (Hrsg) (2018) Dubbel – Taschenbuch für den Maschinenbau. Springer Vieweg, Berlin
26. Großeschallau W (1984) Materialflussrechnung: Modelle und Verfahren zur Analyse und Berechnung von Materialflußsystemen. Springer, Berlin, VIII, 222 S. http://swbplus.bsz-bw.de/bsz009758097cov.htm
27. Norm VDI 2361 (Dezember 1993) Regalbediengeräte (regalabhängig) (zurückgezogen)
28. Norm VDI 3561 (Juli 1973) Testspiele zum Leistungsvergleich und zur Abnahme von Regalförderzeugen
29. Norm FEM 9.851 (Juni 2003) Regalbediengeräte – Leistungsnachweis für Regalbediengeräte – Spielzeiten
30. Sommer T (2015) Entwicklung und Bewertung von Lagerstrategien zur Steigerung der Energieeffizienz in automatischen Hochregallagern unter Beachtung des Umschlags. Institut für Foerdertechnik und Logistik, Stuttgart, XV, 195 S
31. Norm ISO 5053-1:2015 (Dezember 2015) Flurförderzeuge – Terminologie und Klassifizierung – Teil 1: Flurförderzeugtypen
32. Norm VDI 2391 (Mai 1982) Zeitrichtwerte für Arbeitsspiele und Grundbewegungen von Flurförderzeugen (zurückgezogen)
33. Günthner WA, Keuntje C, Wuddi PM (2017) Die Vielfalt der Routenzüge. Hebezeuge Fördermittel 2017(1–2), 18–20
34. Norm VDI, 3586 (November 2007) Flurförderzeuge – Begriffe. Kurzzeichen, Beispiele
35. Norm DIN ISO 5053 (August 1994) Kraftbetriebene Flurförderzeuge – Begriffe (zurückgezogen)
36. Norm VDI 3615 (Juli 1978) Hubgerüst-Konstruktionen (und Benennungen) für Gabelstapler (zurückgezogen)
37. Beisteiner F (1994) Kontakt & Studium Konstruktion. Stapler: Beanspruchungen, Betriebsverhalten und Einsatz: mit 122 Bildern und 35 Literaturstellen, Bd. 439. expert-Verl., Renningen-Malmsheim
38. Norm DIN 15136 (Oktober 1957) Flurförderzeuge; Anbaugeräte für Stapler und Lader, Benennungen (zurückgezogen)
39. Norm VDI 3578 (September 2008) Anbaugeräte für Gabelstapler (Lastaufnahmemittel)
40. Norm DIN 15173 (April 1986) Flurförderzeuge; Gabelträger und Anbaugeräte für Stapler; Anschlußmaße für ISO-Gabelträger (zurückgezogen)
41. Borcherdt U (1994) Spielzeitermittlung für Flurförderzeuge zur Regalbedienung mit von der Hubhöhe abhängiger Fahrgeschwindigkeit. Universität Stuttgart, Hochschulschrift, Stuttgart, 135 S
42. VDI Verein Deutscher Ingenieure e. V. (2018) Typenblätter für Flurförderzeuge. Berlin
43. Norm VDI 2510 (Oktober 2005) Fahrerlose Transportsysteme (FTS)
44. Norm VDI 3562 (Juni 1974) Übersichtsblatt; Fahrerlose Flurförderzeuge (zurückgezogen)
45. Ullrich G (2014) Fahrerlose Transportsysteme: eine Fibel – mit Praxisanwendungen – zur Technik – für die Planung; mit zahlr. Tab., 2., überarb. und erw. Aufl. Springer Vieweg, Wiesbaden, XI, 244 S. http://deposit.d-nb.de/cgi-bin/dokserv?id=4421080&prov=M&dok_var=1&dok_ext=htm

46. Unger D (2015) Aufzüge und Fahrtreppen: ein Anwenderhandbuch, 2., vollst. neu bearb. Aufl. Springer Vieweg, Berlin, XIII, 302 S. http://swbplus.bsz-bw.de/bsz43004044xcov.htm
47. Lenzner V (2012) Aufzugstechnik: Grundlagen und Entwicklung, Komponenten und Systeme, Richtlinien und Normen, Planung und Betrieb, 2., bearb. und aktual. Aufl., Vogel, Würzburg, 348 S. http://deposit.d-nb.de/cgi-bin/dokserv?id=4053436&prov=M&dok_var=1&dok_ext=htm

Sortier- und Kommissioniertechnik

10

Karl-Heinz Wehking

10.1 Einleitung

Die Themen Lagertechnik, Fördertechnik, Ladeeinheitenbildung, Verkehrs-, Handhabungs- und Montagetechnik wurden schon vor Jahrzehnten (zum damaligen Stand der Technik) detailliert in [1] beschrieben. In den vergangenen drei Jahrzehnten haben darüber hinaus sowohl die Sortiertechnik als auch die damit verwandte Kommissioniertechnik gleichermaßen einen großen wirtschaftlichen Bedeutungszuwachs und wesentliche technische Änderungen und Weiterentwicklungen erfahren. Ihre Aufgaben haben bei vielen Anwendungen, insbesondere in Distributionszentren, eine Schlüsselfunktion.

Das ist der Grund dafür, dass diesen Techniken hier ein eigenes Kapitel unter den Materialflussmitteln gewidmet wird, in dem sie im Detail unter allen Gesichtspunkten (Technik, Organisation etc.) vorgestellt werden sollen.

Wie am Beispiel der Sortiersysteme (Abschn. 10.2, Sortiertechnik) leicht darstellbar ist, bestehen diese Anlagen nicht nur aus der eigentlichen Sortiertechnik, sondern aus einer Reihe von zusätzlichen vor- und nachgestellten Funktionen, die durch fördertechnische Einrichtungen geschaffen werden, weshalb dieses Kapitel mit der Fördertechnik in eine Reihe gestellt wurde.

10.2 Sortiertechnik

10.2.1 Sortiersysteme

Sortiersysteme haben, ebenso wie die in Abschn. 10.3, Kommissioniersysteme vorgestellten Kommissionierungssysteme, bei vielen Aufgaben eine Schlüsselfunktion inne. Insbesondere Distributionszentren weisen seit Jahren einen steigenden Automatisierungsgrad auf. Sortier- und Verteiltechnik sind im Allgemeinen keine alleinstehenden Maschinen und

© Springer-Verlag GmbH Deutschland, ein Teil von Springer Nature 2020
K.-H. Wehking, *Technisches Handbuch Logistik 1*,
https://doi.org/10.1007/978-3-662-60867-8_10

Einrichtungen, sondern bilden in den meisten Anwendungsfällen zusammen mit vor- und nachlaufenden Funktionen, die durch fördertechnische Einrichtungen erfüllt werden, ein kompaktes System zur Sortierung. Dabei ist der Sorter (in seinen verschiedenen technischen Ausführungen) zwar das wichtigste Systemelement, aber die die Eingabe der zu sortierenden Güter, die Vorbereitung der Güter zum Sortieren, die Identifizierung der Güter und die Ausgabe der Güter sind technisch und organisatorisch (siehe Unterabschnitt 10.2.3, Funktionsstufen und Ablauf eines Sortiervorganges) ebenfalls zu berücksichtigen und zu realisieren. Dies ist der Hintergrund für die Kapitelüberschrift „Sortiersysteme" und der Grund, warum die Sortiertechnik der Fördertechnik zugeordnet wurde.

Am Markt der Sortiersysteme gibt es für die dort verwendeten Maschinen und Einrichtungen häufig unterschiedlich Bezeichnungen und Name. Der nachfolgende Text benutzt daher weitestgehend die Bezeichnungen aus [2], um eine entsprechende Klarheit zu erreichen und nicht die Bezeichnungen der verschiedenen Hersteller z. B. von Sortern zu benutzen.

Das Sortieren großer und breiter Sortimente mit hohen Geschwindigkeiten gehört zu den anspruchsvollsten Aufgaben der Logistik. Der Ursprung solcher Stückgutsortiersysteme lag zu Beginn des 20. Jahrhunderts im Bereich der Brief- und Paketsortierung und war Vorreiter für die Entwicklung der heutigen sogenannten Sortertechnologie.

Vor der Einführung dieser Technologie arbeitete man mit manuellen Briefsortiersystemen, wie sie in Abb. 10.1 als Sortierfächer oder Handverwurf dargestellt werden. Die erreichbaren Sortierleistungen waren hier mit bis zu 1000 Einheiten pro Stunde relativ hoch, jedoch waren die Fehlwürfe stark von der persönlichen Leistungsfähigkeit und der Motivation der einzelnen Mitarbeiter in der Sortierung abhängig.

Die Abb. 10.2 zeigt die Entwicklung der Sortierleistungen von 1950 aufsteigend. Heute werden maximale Leistungen von über 40.000 Sortierungen pro Stunde erreicht.

Eine klare, technisch eindeutige Definition ergibt sich erst mit Erscheinen von [3]:

„Stückgutsortiersysteme sind Anlagen bzw. Einrichtungen zum Identifizieren von in ungeordneter Reihenfolge ankommendem Stückgut aufgrund vorgegebener Unterscheidungsmerkmale und zum Verteilen auf Ziele, die nach dem jeweiligen Ergebnis festgelegt werden." [3, S. 29].

10.2.2 Einsatzbereiche von Stückgutsortiersystemen

Der Einsatzbereich für Stückgutsortiersysteme ist heutzutage sehr vielfältig. Fast alle Prozesse der Warenentstehung und -verteilung erfordern an den unterschiedlichsten Stellen der Wertschöpfungskette eine Sortierung von Stückgütern. Aus [2] und [4] können die Haupteinsatzgebiete für Stückgutsortiersysteme wie folgt eingegrenzt werden:

- Produktionssysteme
- Distributionssysteme mit Lager und Kommissionierung
- KEP-Dienste
- Crossdocking im Handel.

Abb. 10.1 Manuelle Briefsortierung. (Quelle: Museum für Kommunikation Frankfurt)

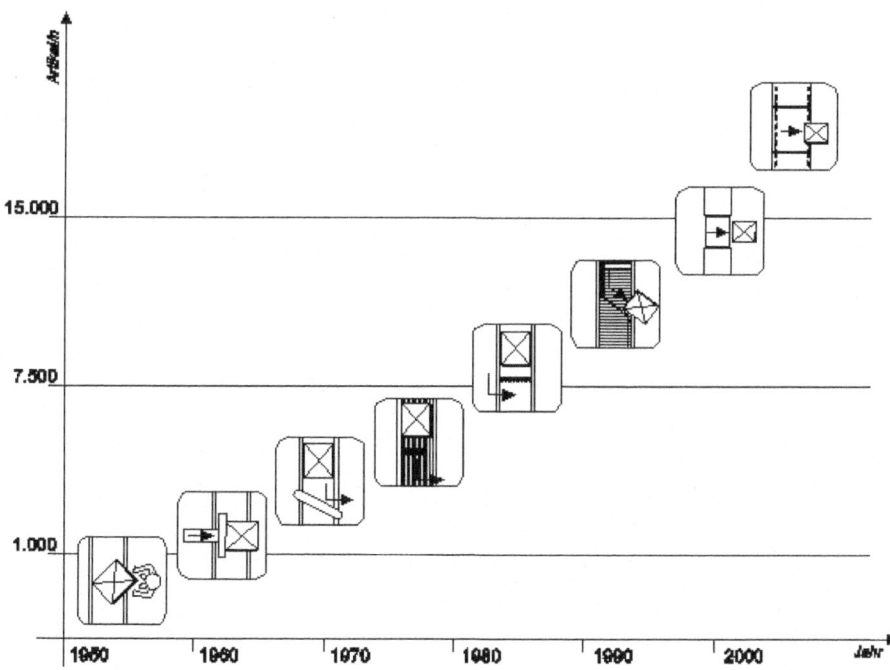

Abb. 10.2 Entwicklung der Sortierleistung [2]

Ergänzend sind hierzu allerdings noch

- der Gepäckumschlag bei Flughäfen
- die Briefsortierung

als Spezialanwendungen zu nennen.

Die obigen vier Haupteinsatzgebiete werden wegen ihrer logistischen Bedeutung hier kurz vorgestellt.

10.2.2.1 Einsatzgebiet Kurier-, Express- und Paketdienste (KEP-Dienste)

Die so genannte KEP-Branche gehört zu den Leistungstreibern für die Sortiersysteme. Zu dieser Branche gehören die Kurierdienste, die Expressdienste und die Paketdienste. Teilweise werden diese Dienste auch von einem Unternehmen angeboten.

Die entscheidende Abgrenzung der Kurierdienste gegenüber den Express- und Paketdiensten sind die permanente Begleitung von Sendungen und die individuelle Transportgestaltung. Hiermit wird eine besondere Sicherheit in der Transportkette verbunden.

Zum Bereich der Expressdienste gehören beschleunigte Paketverkehre mit verbindlichen Zustellzeiten, die Sendungen in der Regel über Umschlagszentren an ihr Ziel befördern. Kennzeichnend für diesen Bereich sind Sammeltransporte. Expressdienstleister befördern gegenüber Paketdienstleistern größere Stückgüter bis hin zu Komplettladungen.

Signifikantes Merkmal der Paketdienste ist die sich häufig aus dem Straßen- und Schienenverkehr ergebende Laufzeit. Paketdienste sind Systemdienstleister, die durch eine ausgeprägte Standardisierung, die generell auf das vom jeweiligen Anbieter benutzte System zugeschnitten ist, die schnelle Beförderung sicherstellen.

Es wird ersichtlich, dass in der Praxis eine große Bandbreite von Sortierleistungen benötigt wird, die durch entsprechende Systeme in verschiedenen Leistungsbereichen erfüllt werden müssen.

10.2.2.2 Einsatzgebiet Cross Docking und Transshipment

Als Cross Docking (siehe Abb. 10.3) wird der Umschlag vorkommissionierter Sendungen und artikelreiner Paletten bezeichnet.

Unter Transshipment versteht man den Umschlag nicht vorkommissionierter Ware.

Die beiden Begriffe werden hier erwähnt, weil Sortertechnik beim Cross Docking eine große Rolle spielt. Ziele des Cross Dockings sind Reduzierung der Lagerhaltungskosten, Reduzierung der Anzahl der Prozessschritte (z. B. Befüllen von Bestellkartons), zielorientierte Beladung von Paletten mit Kartons oder routenoptimierte Beladung von LKWs mit Paletten.

Wareneingang   Warenausgang

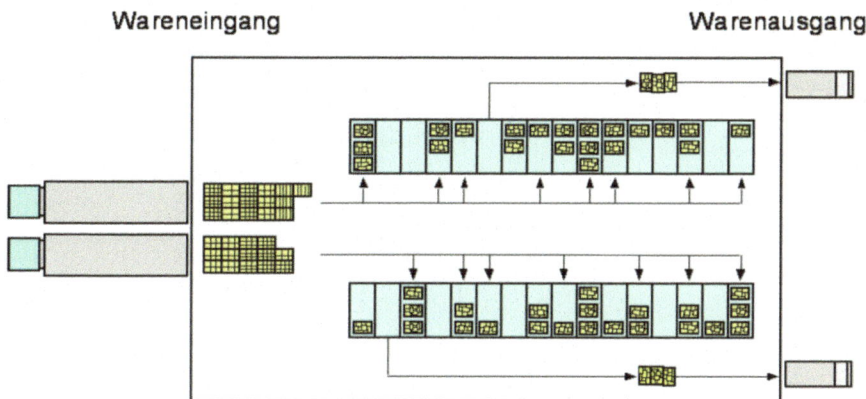

Abb. 10.3 Cross Docking: Umschlag vorkommissionierter Ladungsträger [5, S. 238]

10.2.2.3 Einsatzgebiet Produktionssysteme

Unter dem Begriff „Produktionssysteme" fallen die ganzen Einsatzfälle in der Industrie. Aufgrund der Breite dieses Begriffes gibt es hier eine große Anzahl an Anwendungsfällen; beispielsweise werden Sortersysteme in der Pkw-Produktion eingesetzt und hier Einzelteile oder Baugruppen entsprechend dem Produktionsprogramm sortiert und anschließend den Fertigungs- und Montagestufen zugeführt.

Ein Beispiel für einen völlig anderen Anwendungsbereich ist die Getränkeindustrie mit ihren relativ hohen Anforderungen bei der Sortierung von Leergutkästen und -flaschen. Beispielsweise wird in [2, S. 14] angegeben, „dass für die Kastensortierung vorwiegend Pushersysteme mit Leistungen um 3500 Kästen pro Stunde eingesetzt werden, bei der Flaschensortierung geht die Zahl bis zu 50.000 Flaschen pro Stunde."

10.2.2.4 Einsatzgebiet Distributionssysteme mit Lager und Kommissionierung

Distributionssysteme mit Lager- und Kommissionieraufgaben werden häufig auch als Logistikzentren bezeichnet. Aufgabe dieser Logistikzentren ist die Bündelung insbesondere in den Bereichen Beschaffung, Warenannahme, Bestandsoptimierung und Distribution. Diese Distributionssysteme haben Lager- und Kommissionieraufgaben sowie Sortier- und Verteilfunktionen. Der Funktionsablauf in einem Logistikzentrum wird mit der Abb. 10.4 wiedergegeben. Man erkennt, dass im Zentrum dieser Distributionssysteme das Sortiersystem steht.

Weitere Einsatzgebiete der Logistikzentren sind beispielsweise der Einsatz zur Retourenbearbeitung, was in wichtigen Anwendungsbereichen beispielsweise der Textilindustrie, im Schuhbereich, aber auch allgemein im E-Commerce-Bereich eine sehr umfängliche Aufgabe darstellt.

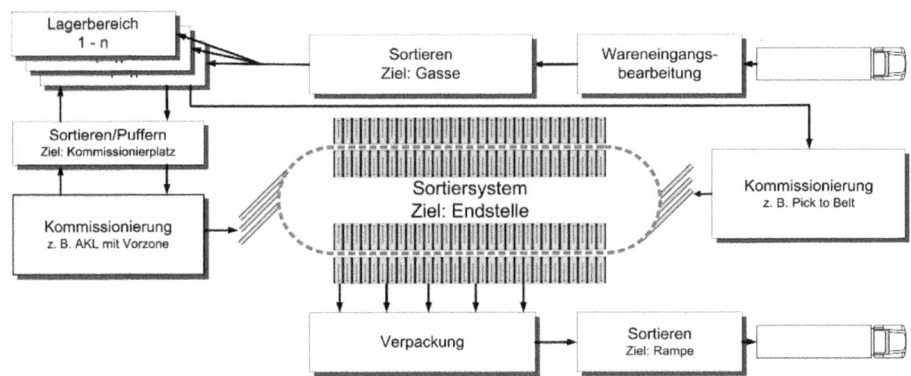

Abb. 10.4 Abläufe in einem Logistikzentrum [2, S. 12]

Ergänzend zur Abb. 10.4 sei darüber hinaus aus [2] noch folgende wichtige Einsatzbe-
dingung für den Betrieb von Sortern in Logistikzentren zitiert:

> „Die Anzahl der Kundenaufträge ist in der Regel höher als die Zahl der Endstellen im Sorter.
> Daher werden die Endstellen dynamisch verwaltet und in Echtzeit den Aufträgen oder Sortier-
> zielen zugeordnet. So ist es möglich, dass sich bereits Sortiergüter auf dem Sorter befinden,
> denen noch keine Endstelle zugeordnet werden konnte. Daher werden für diese Aufgaben
> häufig Sorter in Ringstruktur eingesetzt." [2, S. 12].

10.2.3 Funktionsstufen und Ablauf eines Sortiervorganges

Nachfolgend wird jetzt der Ablauf eines Sortiervorganges mit seinen unterschiedlichen
Funktionsstufen dargestellt. Augenfälliges Merkmal eines Sortiersystems ist natürlich der
Verteilstrang mit der jeweiligen Verteiltechnik (die später im Detail vorgestellt wird). Eine
sichere Systemfunktionalität des Sortiervorganges erfordert aber auch vor- und nachgeschal-
tete Systemelemente. Es lassen sich die im Folgenden zusammenfassend dargestellten fünf
Systemelemente strukturieren, die dann einzeln detailliert erläutert werden sollen.
    Ablauf eines Sortiervorganges:

1. Eingabe der zu sortierenden Güter in das System
2. Vorbereitung der Güter zur Sortierung
   - Ausrichten
   - Sammeln

3. Identifizierung der Güter, z. B. durch Barcodeidentifizierung oder OCR (optical character recognition)
4. Sortieren und
5. Ausgabe der sortierten Güter

Nach dem Verlassen des Sortiersystems werden die Güter eingelagert, kommissioniert oder umgeschlagen oder direkt zum Versand freigegeben.

10.2.3.1 Zu 1.: Eingabe der zu sortierenden Güter in das System

Hier muss man je nach den Gegebenheiten der Anwendersituation unterscheiden in

- Anlieferung der Güter mit Fahrzeugen, wobei die Güter dann entweder manuell entladen werden oder mechanisierte Hilfsmittel, wie beispielsweise ein Gabelhubwagen oder ein Gabelstapler, verwendet werden.
- Bei Anlieferung loser Stückgüter mit Flurfördermitteln wird unterschieden in manuelle Entladung mit Gabelstapler oder mechanische Entladung zum Beispiel mit Kippvorrichtung.
- Anlieferung mit Stetigförderern; hier wird auch unterschieden in manuelle Entladung und mechanisierte Entladung, zum Beispiel über Abweiser.

10.2.3.2 Zu 2.: Vorbereitung der Güter zur Sortierung

Die Systemeingabe der Güter in den eigentlichen Sorter bedeutet die Angleichung der Arbeitscharakteristik des Sorters mit dem vorgeschalteten fördertechnischen System des jeweiligen Anwenders. Beispielsweise müssen pulsierende Eingangsströme in die konstante Arbeitsweise des Verteilsystems in Einklang gebracht werden.

Die effiziente Arbeitsweise eines automatisierten Systems kann im Allgemeinen dadurch unterstützt werden, dass die Freiheitsgrade der zu bearbeitenden Objekte begrenzt werden (Ausrichtung der „kreuz und quer" liegenden Pakete, damit Sortiervorgang möglich wird), was auch auf Verteiltechniken zutrifft. Je nach Ausführung des Systems gehören zu dieser Funktionsgruppe von Sortier- und Verteilsystemen daher folgende Tätigkeiten: Vereinzeln, Ausrichten für einen präzisen Ausschleusevorgang, ggf. Aufbringen von Zusatzinformationen, Gewichtserfassung, Maßnahmen zur Vermeidung von Überlastung des Sortiersystems.

Die Einschleuseeinheit ist eine Anordnung von Förderelementen für das Einschleusen von Gütern in einen Sorter. In der Regel kommt eine Start- bzw. Stoppeinschleusung zum Einsatz, bei der das Sortiergut dem Sorter in der Einschleuseeinheit über Takt- und Beschleunigungsbänder zugeführt wird. Neue kontinuierliche Einschleusungen erfolgen durch Synchronisation der Bandgeschwindigkeiten (Folge: höhere Einschleusleistung).

Die Abb. 10.5 zeigt die Einschleusungsmöglichkeiten. Die Einschleusung kann entweder direkt *manuell* (Abb. 10.5a), *manuell auf ein Beschleunigungsband* (Abb. 10.5b) oder *automatisch* aus einem anderen System per Band auf ein Beschleunigungsband (Abb. 10.5c)

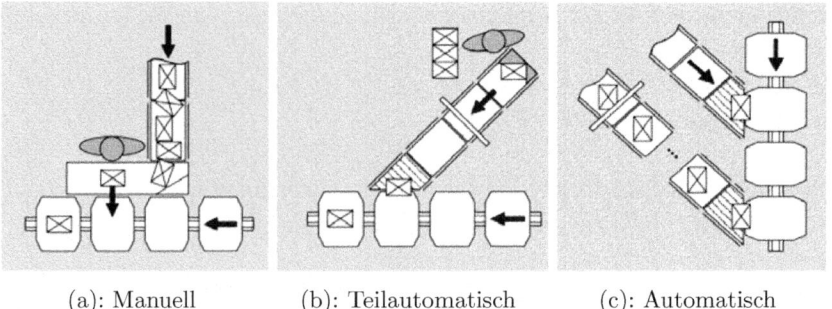

(a): Manuell   (b): Teilautomatisch   (c): Automatisch

Abb. 10.5 Vorbereitung der Güter zur Sortierung [2, S. 38]

erfolgen. Beschleunigungsbänder dienen der Anpassung (Synchronisation) der Bandgeschwindigkeiten, damit eine reibungslose Übergabe der Güter erfolgen kann.

Zur Vorbereitung der Güter zur Sortierung gehört auch das Vereinzeln der Produkte, um
dadurch eine Einzelerfassung und -identifizierung überhaupt zu ermöglichen. Neben dem
Vereinzelungsvorgang ist dabei auch ein Ausrichten der Produkte notwendig.

Beispielhaft wird in der Abb. 10.6 ein Schema für eine einfache mechanische Lösung
zum Zusammenführen, Vereinzeln und Ausrichten von Gütern gezeigt.

Die beiden Gutströme (1 + 2) in Abb. 10.6 laufen getaktet oder ungetaktet in Linienan-
ordnung, die unterschiedlichen Förderer (1, 2, 3, 4) sorgen für die Funktionserfüllung der
obigen drei Aufgaben.

Die Schrägrollenförderer 2, 3 und 4 besitzen zusätzlich kegelförmige Rollen. Die Güter
auf der Seite des größeren Rollendurchmessers (oben) bewegen sich daher schneller und
können selbst bei Berührung mit einem Teil, welches sich bereits entlang der Begrenzungs-
schiene bewegt, dieses überholen und die in Bewegungsrichtung liegende nächste Lücke
belegen. Der Durchsatz der vorgestellten Konfiguration beträgt je nach Stückgutgröße bis
zu 8000 Teile pro Stunde [6].

Durch die Linearanordnung der Funktionen wird allerdings mehr Strecke verbraucht, als
die Skizze vorgibt. Der Bereich muss so ausgelegt sein, dass am Ende der Strecke alle Güter
die gewünschte Position und Orientierung, auch bei ungünstigen Parametern, mit Sicherheit

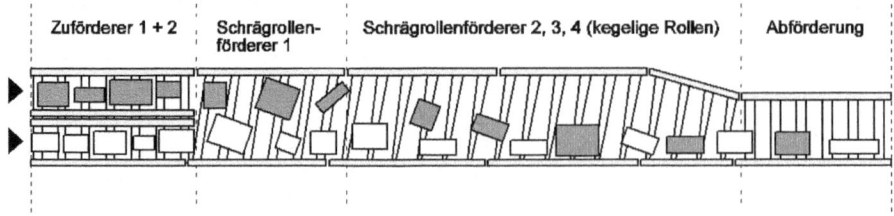

Abb. 10.6 Vereinzelung und Ausrichtung von Gütern ohne Kreislauf [2, S. 31]

erhalten. Hierfür wird viel Platz benötigt. Als Alternative zur Linearanordnung bietet sich daher ein Kreislauf an, der Güter, die am Ende des Prozesses nicht in der gewünschten Form vereinzelt werden konnten, wieder zurückführt.

Eine weitere Aufgabe der Vorbereitung der Güter zur Sortierung besteht im Erkennen und Unterscheiden der verschiedenen Stückgüter. Man unterscheidet hier nach natürlichen Unterscheidungsmerkmalen und nach sortenspezifischen Zusatzinformationen.

Bei den natürlichen Unterscheidungsmerkmalen gibt es die manuelle Erkennung durch das Bedienpersonal nach dem Erscheinungsbild des Stückgutes oder die mechanische Unterscheidung durch Messvorrichtungen für Volumen und/oder Gewicht.

Sortenspezifische Zusatzinformationen kann man manuell erfassen durch Lesen der Zusatzinformationen oder maschinell, beispielsweise durch mechanische Abtastung oder magnetische oder elektrische oder optoelektronische Lesegeräte.

10.2.3.3 Zu 3.: Identifizierung der Güter

Die Identifizierung des Sortiergutes erfolgt üblicherweise via Barcode oder RFID und in wenigen Fällen per Klarschrifterkennung. Die Scannung kann an unterschiedlichen Positionen (z. B. Abb. 10.7) im Sortierkreislauf erfolgen. Je früher die Scannung erfolgt, desto eher besteht die Möglichkeit, bei Fehllesungen zu reagieren; zudem ist die Fördergeschwindigkeit bei der Gutaufgabe in der Regel geringer als auf der Förderstrecke.

10.2.3.4 Zu 4.: Sortieren

Hier geht es jetzt um die Kernfunktion einer Sorteranlage. Eine solche Sorteranlage muss systematisch und methodisch geplant werden. Nachfolgend werden die Grundlagen beziehungsweise die Vorgehensweisen für die Auswahl eines geeigneten Sortersystems vorgestellt. Die Vorgehensweise ist unter Umständen iterativ anzuwenden.

Die nachfolgende Aufstellung gibt analog zu [2] die Planungsschritte wieder:

a) allgemeine Auswahlkriterien für Sortiersysteme
b) Anordnung der Sortierstrecken
c) Bauformen von Sortierern
d) Systematik der Verteiltechniken
e) Durchsatz von Sortierern
f) Marktanalyse der verfügbaren Sortierer.

Im Folgenden werden die Arbeitsumfänge der Planungsschritte umrissen:

Auswahlkriterien für ein Sortiersystem
Die nachfolgend angegebenen Auswahlkriterien müssen gegeneinander abgewogen werden. Häufig ist es hier notwendig, Kompromisse einzugehen, da einzelne Anforderungen gegebenenfalls divergieren.

Abb. 10.7 Automatische
Identifizierung. (Quelle:
Vanderlande Industries B.V.)

- Sortiergutdaten
  - Abmessung
  - Form (Ebenheit des Bodens, Schnüre, etc.)
  - Gewicht
  - Art der Verpackung
  - Stoßempfindlichkeit
  - große Streuung in der Länge
  - sonstige Eigenschaften
- Leistung (St./h); Hochleistungssortiersysteme über 4000 Stück/h
- bauliche Gegebenheiten, Fläche, Raumgeometrie
- Kostenbetrachtung (Life-Cyle-Cost vs. Invest-Cost)
- Verfügbarkeitsanforderungen
- Geräuschpegel.

Anordnung der Sorterstrecken

Verteilsysteme können in Linien-, Ring- oder Kreisstruktur angeordnet werden (siehe Abb. 10.8).

Bei der Anordnung in Linienstruktur erfolgt die Gutzuführung und -verteilung auf einer geraden Strecke. Je nach Verteilprinzip wird der Förderer ggf. am Ende der Strecke vertikal umgelenkt. Die technisch aufwändige Verteilstrecke kann dadurch kurz ausgeführt werden. Nicht ausgeschleuste Güter müssen über zusätzliche Standardfördertechnik zur Aufgabestelle am Anfang der Verteilstrecke zurück gefördert und erneut aufgegeben werden.

Bei der Anordnung in Ringstruktur wird der Verteilparcours zu einem endlosen, horizontal umlaufenden Kreislauf zusammengeschlossen. Die Endstellen und insbesondere die Aufgabestellen können an beliebiger Stelle des Kreislaufs angeordnet werden. Können Sortiergüter an der vorgesehenen Endstelle nicht ausgeschleust werden, so können sie ohne erneute Identifikation und Zuführung auf dem Verteilkreislauf verbleiben und bei der nächsten Passage in die Endstelle abgegeben werden. Gegenüber der Linienstruktur ist bei dieser Anordnung eine lange und kostenintensive Verteilstrecke erforderlich.

Die Ringstruktur erlaubt die Rezirkulation der Güter. Die Güter, die nicht sofort ausgeschleust werden können, erreichen automatisch wieder die Einschleuseposition, um danach die Ringstruktur erneut zu durchlaufen.

Hinsichtlich einer ersten Bewertung sei hier auf [7, S. 57] verwiesen.

„Die Entscheidung hinsichtlich Ring- oder Linienstruktur ist im Gegensatz zur Rotationsstruktur nicht zwangsläufig eine Vorentscheidung bezüglich der verwendeten Technik. Obwohl sich raumgängige Techniken wie Quergurt- oder Kippschalensorter besonders für den Aufbau in einer geschlossenen Ringstruktur eignen, können theoretisch auch mehrere linienförmig strukturierte Sorter zu einem geschlossenen Ring verbunden werden. Andererseits sind Quergurt- und Kippschalensorter in vertikaler Bauweise auch der Linienstruktur zuzuordnen."

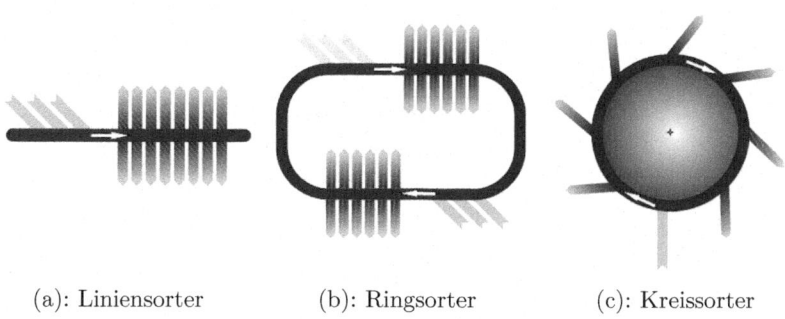

(a): Liniensorter   (b): Ringsorter   (c): Kreissorter

Abb. 10.8 Strukturvarianten von Sorterstrecken [2, S. 60]

Die charakteristischen Merkmale der drei Struktur Varianten sind:

- Linienstruktur
  - Gutzuführung auf gerader Strecke zu Beginn
  - nicht ausgeschleuste Güter (auf Grund voller Endstrecken) müssen aufwendig zur Aufgabeseite zurückgeführt werden
- Ringstruktur
  - End- und Aufgabestellen an beliebiger Stelle
  - bei vollen Endstrecken Verbleib des Gutes im Kreislauf
- Kreisstruktur
  - Einschleusung in ein rotierendes System
  - nicht ausgeschleuste Güter durchlaufen das System erneut

Für die Konstruktive Ausführung von Sortern sind mit der Abb. 10.9 für die in der Praxis besonders häufig vorkommenden Linear- und Ringsorter je eine beispielhaft Ausführungskonstruktion angegebe. Für weiter Ausführungen, wird auf das Unterabschnitt 10.2.5, Konstruktionstypen von Sortern verwiesen.

Bauformen

Die unterschiedlichen Bauformen der Sortiersysteme entstehen im Wesentlichen durch die Variation und Kombination der drei Parameter

- Belegung
- Lastaufnahme
- Ausschleusung

eines Sortiersystems. Die nachfolgende Aufstellung (Tab. 10.1) zeigt die drei Parameter Belegung, Lastaufnahme und Ausschleusung.

Die Belegung eines Sorters kann fest oder variabel sein. Bei den Lastaufnahmen gibt es verschiedene Möglichkeiten der Lastaufnahmeelemente, genauso wie es verschiedene Möglichkeiten der Ausschleusung gibt. Die hier gezeigten Beispiele sind unvollständig.

Tab. 10.1 Gebräuchliche Kombinationen verschiedener Bauformen von Sortiermaschinen-Funktionsgruppen

Belegung	Lastaufnahme	Ausschleusung
• Fest	• Gurt	• Pop-Up
• Flexibel	• Mehrfachgurt	• Abweisschuhe
	• Kette	• Quergut
	• Schale	• Kippschalen
		• Pusher
		• Puller
		• Schwenkabweiser

Abb. 10.9 Ausführungsbeispiele
für Linien- und Ringsorter.
(Quelle: ohne Verfasser)

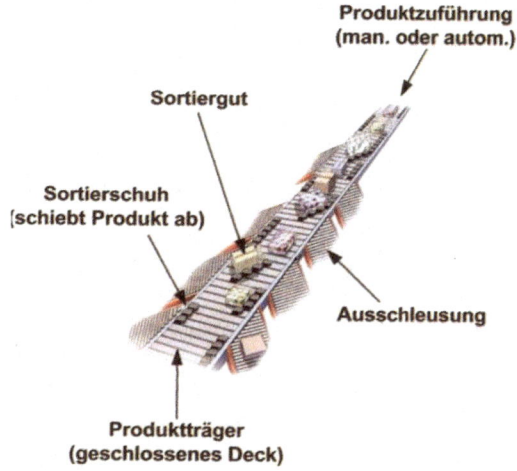

(a): Liniensorter

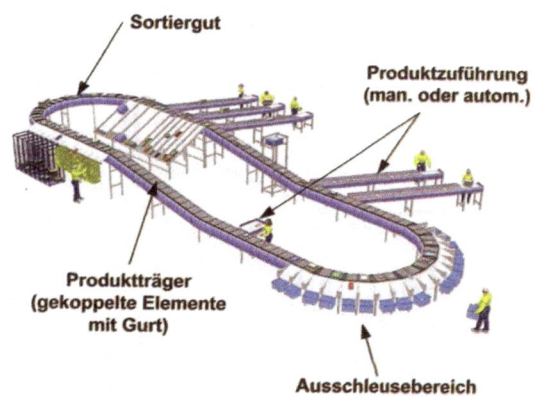

(b): Ringsorter

Systematik der Verteiltechnik

Das Verteilprinzip lässt sich nach der Art der Belegung der Verteilstrecke beschreiben. Bei Sortern mit Einzelplatzbelegung ist der Verteilförderer in diskrete Abschnitte (Schalen) aufgeteilt, die jeweils ein einzelnes Stück aufnehmen. Die theoretische Verteilleistung wird durch die Schalenteilung und die Fördergeschwindigkeit definiert.

Bestimmte Anlagen lassen darüber hinaus auch die virtuelle Zusammenschaltung mehrerer Einzelsegmente zur Aufnahme überlanger Sortiergüter zu.

Bei Ablagen mit freier Belegung ist der Verteilförderer beliebig belegbar und lässt dadurch eine Optimierung des Stückgutabstandes zu, was insbesondere bei einem stark variierenden Gutspektrums vorteilhaft sein kann, sofern ein entsprechendes Steuerungssystem vorhanden ist.

Aus der Abb. 10.10 kann man erkennen, dass sowohl bei Systemen der Einzelplatzbelegung als auch bei Systemen der freien Belegung es unterschiedliche Ausschleusemechanismen der Verteiltechnik gibt.

Bei heutigen Systemen werden folgende Prinzipien genutzt:

Zu- und abfördernde Systeme Das Sortiergut liegt auf einem Fördermittel auf und wird durch Verfahren des Fördermittels ausgeschleust. Die Ausschleusung ohne Relativbewegung zum Fördermittel ermöglicht eine präzise und gutschonende Übergabe. (Quergutsorter, Tragschuhsorter, Ringsorter)

Abweisende Systeme Das Sortiergut wird durch ein separates Element vom Fördermittel abgeschoben. Der Formschluss zwischen Sortiergut und Ausschleuseelement garantiert ein sicheres Ausschleusen, je nach Ausführung kann das Sortiergut dabei erheblich beansprucht werden. (Kammsorter, Brushsorter, Schiebeschuhsorter, Pusher, Abweiser)

Kraftfeldbasierte Systeme Die Systeme nutzen zur Ausschleusung die Erdbeschleunigung, teilweise auch Zentrifugalkräfte, und können dadurch die Anzahl erforderlicher Antriebe reduzieren. Diese Ausschleusemethode ist auch von den Guteigenschaften (Gewicht, Dichte, Schwerpunktlage, Gleiteigenschaften) abhängig und nicht für alle Güter einsetzbar. (Kippschalensorter, Drehsorter).

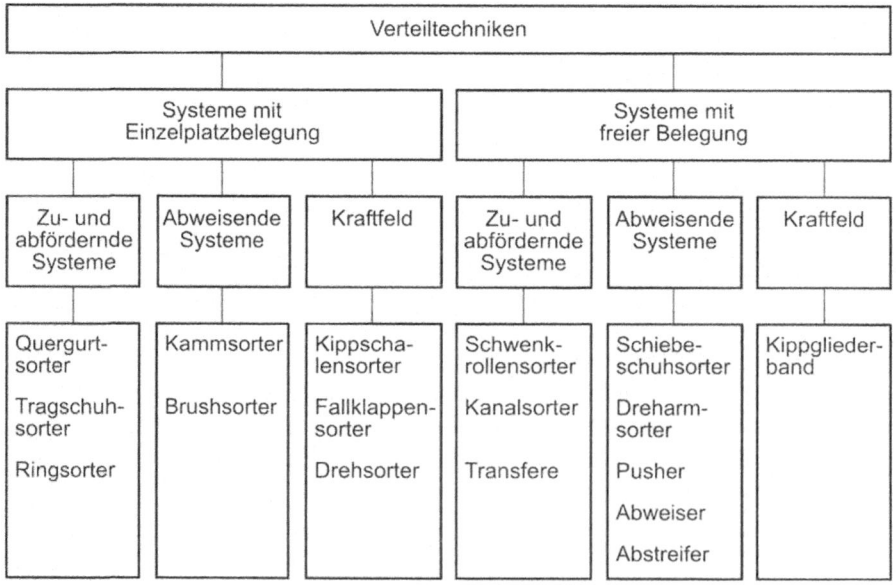

Abb. 10.10 Systematik der Verteiltechniken [2, S. 60]

Die in Abb. 10.11 dargestellte Systematik der Verteiltechniken lässt sich besser verstehen und nachvollziehen, nachdem die einzelnen unterschiedlichen Sortertechnologien im späteren Teil dieses Kapitels im Detail vorgestellt worden sind. Bezüglich der Durchsatzleistungen wird auf die Systematik aus [2, S. 63] wie folgt zurückgegriffen:

„Für automatische Sortiersysteme ergeben sich drei Leistungsbereiche, denen mit der Abb. 10.11 typische technische Lösungen zugeordnet sind. Diese relativ grobe Klassifizierung erlaubt eine schnelle Zuordnung eines Sorters, da sich in diesen Klassen auch der technische Aufwand und die Investitionskosten widerspiegeln." [2, S. 63]

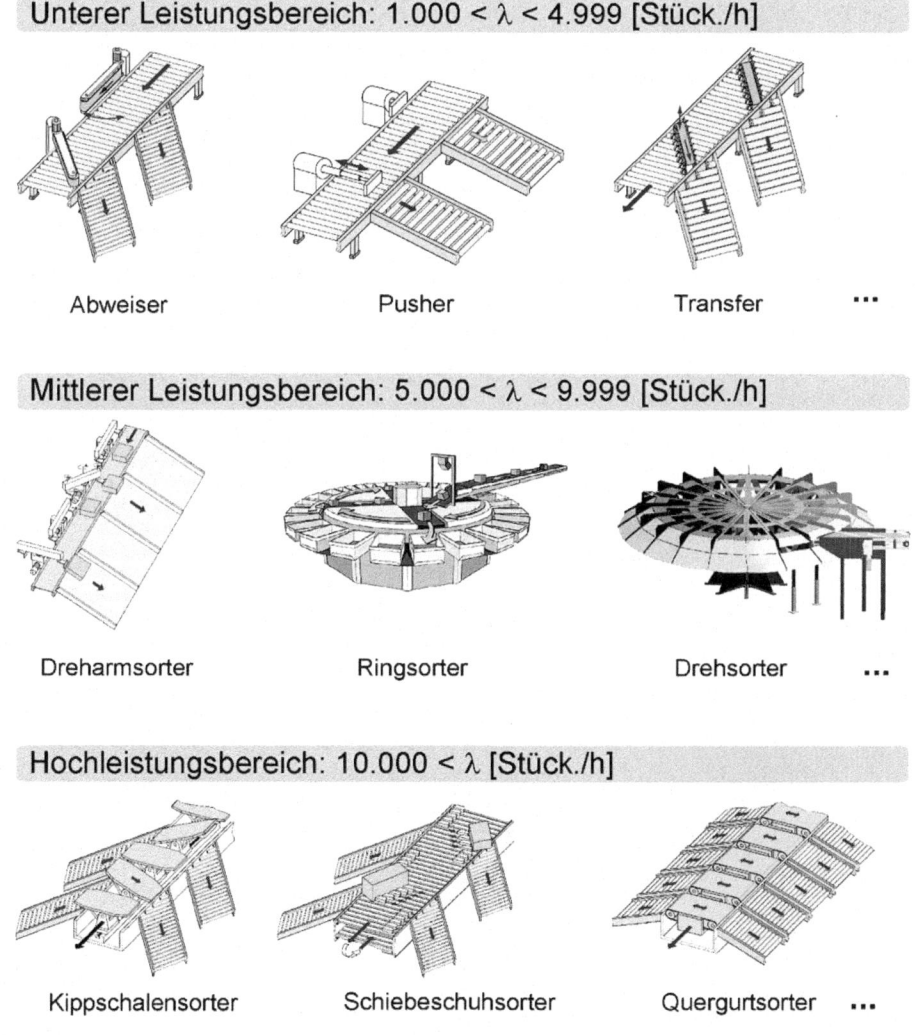

Unterer Leistungsbereich: 1.000 < λ < 4.999 [Stück./h]

Abweiser   Pusher   Transfer   ⋯

Mittlerer Leistungsbereich: 5.000 < λ < 9.999 [Stück./h]

Dreharmsorter   Ringsorter   Drehsorter   ⋯

Hochleistungsbereich: 10.000 < λ [Stück./h]

Kippschalensorter   Schiebeschuhsorter   Quergurtsorter   ⋯

Abb. 10.11 Leistungsorientierte Systematik [2, S. 58]

Mit der nachfolgenden Abb. 10.12 erfolgt die Angabe von Durchsätzen von Sortierverfahren, unterschieden nach den verschiedenen Sortertechniken, den Konstruktionen und ihrem Durchsatz in Stück pro Stunde. Die Skalierung des Durchsatzes geht von 0 bis über 15.000 Stück pro Stunde und man erkennt die unterschiedlichen Leistungsbereiche der verschiedenen Konstruktionen. Wie oben bereits erwähnt werden diese Konstruktionen im späteren Text im Detail vorgestellt.

Marktanalyse der verfügbaren Sorter
Nach [2] können die angebotenen Sorter auf dem internationalen Markt mit dem nachfolgen Kuchendiagramm (siehe Abb. 10.13) angegeben und charakterisiert werden. Aus dem Diagramm ist zu erkennen, dass die größte Marktdurchdringung Kippschalensorter und Quergurtsorter haben (15 %); danach folgen Schiebeschuhsorter (mit 10 %), Quergurtsorter mit 9 % und Rollenhubtische mit 7 %.

Abb. 10.12 Durchsatz von Sortierverfahren. (Quelle: ohne Verfasser)

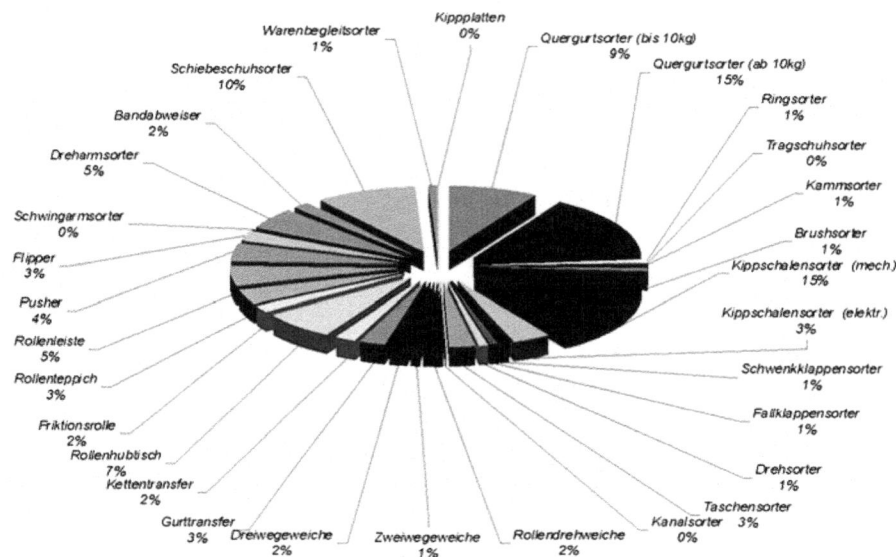

Abb. 10.13 Marktanalyse der verfügbaren/angebotenen Sorter [7, S. 112]

10.2.4 Vorstellung der verschiedenen Sortertechniken

Man kann Sorter hinsichtlich ihrer Topologie in drei Varianten unterscheiden:

- Linientopologie
- Ringtopologie
- Kreistopologie

Der wichtigste Vertreter der Linientechnologie sind die Kippschalensorter. Die herausragende Anwendung der Ringtopologie ist der Quergutsorter und ein Beispiel für die Kreistechnologie ist der Drehsorter.

10.2.5 Konstruktionstypen von Sortern

Es ist hier versucht worden, die wichtigsten Ausführungsform von Sorten vorzustellen. Diese erfolgt unabhängig von ihrer Marktdurchdringung. Hierzu wird auf Absatz 10.2.3.4, Marktanalyse der verfügbaren Sorter verwiesen. Besonders häufig in der Praxis werden Quergurtförder-, Kippschalen- und Schiebesorter eingesetzt. Viele andere Sorter haben untergeordnete Bedeutung (siehe Abb. 10.13 <1 %). Weshalb in diesem Kapitel nicht auf alle Ausführungen von Abb. 10.13 eingegangen wird was dazu führt, dass diese Aufstellung unvollständig ist. Es sei an dieser Stelle nochmals auf die Habilitationsschrift von Jodin [2] verweisen, auf die sich die nachfolgenden Konstruktionsbeschreibungen Bezug nehmen.

Im Nachfolgenden werden jetzt verschiedene Typen von Sortern jeweils mit erklärendem Text und einem charakteristischen Bild vorgestellt.

10.2.5.1 Quergurtsorter

Quergurtsorter (siehe Abb. 10.14 sowie 10.15) eignen sich speziell für die schonende Sortierung von kleinen Einheiten, beispielsweise Kleidungsstücke, Kosmetikartikeln, Büchern oder Umschlägen. Kompakte Gurtförderer, die quer zur Förderrichtung auf Trägern montiert

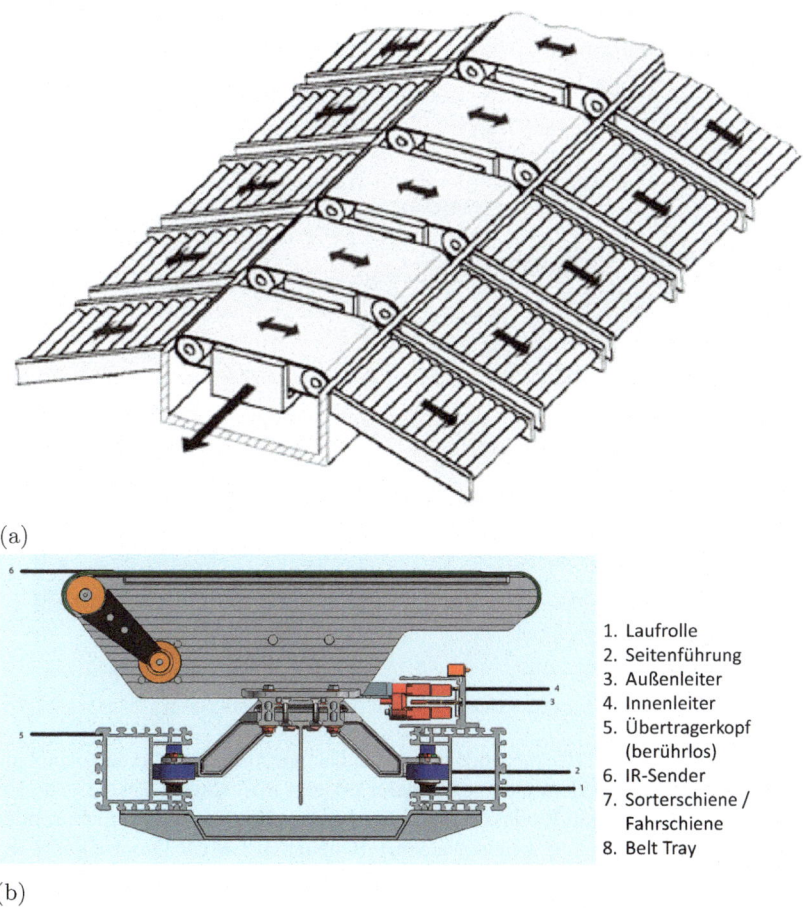

(a)

1. Laufrolle
2. Seitenführung
3. Außenleiter
4. Innenleiter
5. Übertragerkopf (berührlos)
6. IR-Sender
7. Sorterschiene / Fahrschiene
8. Belt Tray

(b)

Abb. 10.14 Quergurtförderer Prinzip und Aufbau
a Quergurtförderer Prinzipbild (Der eigentliche Gurt (belttray) ist die Nummer (8). Die Stromzuführung erfolgt berührungslos über Außenleiter, Innenleiter und den eigentlichen berührlosen Überträgerkopf (Element Außenleiter (3), Innenleiter (4), Übertragerkopf (5). Die Kommunikation erfolgt über ein Infrarotsender (6). Die Sorterschiene bzw. Fahrschiene ist die Nummer (7).) [2, S. 61]
b Funktionserklärung von Quergurtförderer (Einzelelement). (Quelle: BEUMER Group GmbH & Co. KG)

(a): Quergurtförderer mit Ausschleusebereich

(b): Quergurtförderer mit Einschleusebereich

Abb. 10.15 Quergurtförderer (Rechts und links ist der Quergutförderer zu erkennen und in der Mitte der Ausschleusebereich. Auf dem Quergurtförderer erkennt man sowohl Pakete unterschiedlicher Größe, als auch folienverpackte Produkte. Bei diesem Quergutförderer kann ein Gurt oder bei größeren Produkten auch zwei Gurte belegt werden.). (Quelle: BEUMER Group GmbH & Co. KG)

sind, ermöglichen das sichere Sortieren einer breiten Palette von Produkten. Sogar Lippenstifte und Hemden lassen sich ebenso problemlos sortieren wie Bücher oder Zeitungsstapel. Dabei wird das Fördergut ohne jegliche Gefahr der Beschädigung sortiert.

Die Führung erfolgt über eine Trägerkette. Diese Flexibilität erlaubt die Anpassung der Linienführung an alle besonderen Bedürfnisse und räumlichen Gegebenheiten. Die Gurtförderer können an jeder gewünschten Position die Ausschleusung aktivieren. Selbst in Kurven ist das Ausschleusen möglich.

Die Anzahl und der Abstand der Sortierausgänge werden allein durch die Baubreite der Sortierausgänge bestimmt. Zwecks Raumeinsparung und Verdoppelung der Sortierausgänge können auch Doppelausgänge eingesetzt werden, wobei die Beschickung des jeweiligen Ausgangs automatisch angesteuert wird.

Charakteristische Merkmale:

- Sicheres Sortieren einer breiten Palette von Produkten
- Sortierung ohne jegliche Gefahr der Beschädigung
- kompakte Gurtförderer, die quer zur Förderrichtung auf Trägern montiert sind und eine Ausschleusung an jeder gewünschten Position erlauben

10.2.5.2 Ringsorter

Der Ringsorter (siehe Abb. 10.16) ist ein Kommissionier- und Verteilsystem. Durch seinen einfachen mechanischen Aufbau ist das System bei hoher Verfügbarkeit und Laufruhe funktional. Angetriebene rotierende Speichenbänder ermöglichen das sichere Sortieren vielfältiger Produkte.

Am Umfang des Ringsorters sind die Endstellen als Sortierziele in optimaler Form angeordnet. Sammelrutschen zum manuellen Umpacken des Sortierguts. Behälter, Kartons etc. für die Direktsortierung in Lager- oder Versandbehälter sowie technische Sonderlösungen wie doppeltiefe Endstellen oder Stapeleinrichtungen. Der Ringsorter ermöglicht, je nach Anforderung, eine Reihe von unterschiedlichen Betriebsarten.

Die Verteilleistung des Ringsorters steigt linear mit der Anzahl der Speichenbänder. Durch den modularen Aufbau kann die Anzahl der Speichenbänder entsprechend der geforderten Leistung ausgewählt werden. Für Anwendungen, bei denen ein einzelner Ringsorter nicht ausreicht, können mehrere Sorter kombiniert werden. Zur Erhöhung der Anzahl der Ziele können die Endstellen auch in mehreren Etagen angeordnet werden.

Charakteristische Merkmale:

- Angetriebene rotierende Speichenbänder ermöglichen das sichere Sortieren vielfältiger Produkte.
- Am Umfang des Ringsorters Endstellen als Sortierziele in optimaler Form; Sammelrutschen zum manuellen Umpacken des Sortierguts in Behälter, Kartons etc. für die Direktsortierung in Lager- oder Versandbehälter.

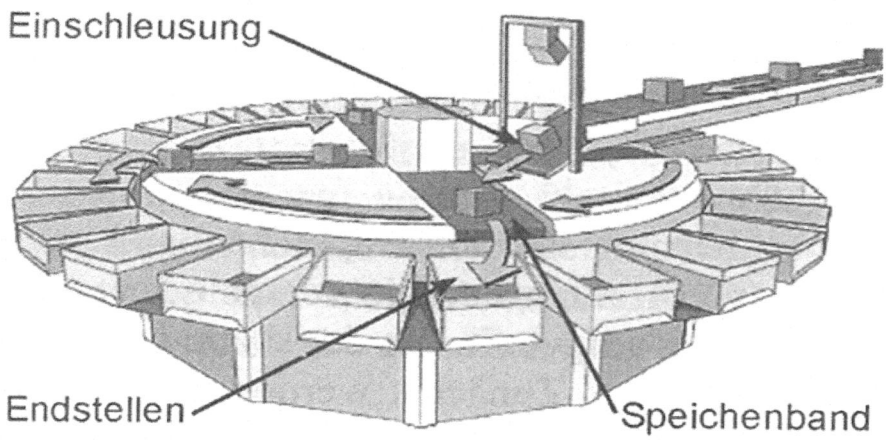

Einschleusung

Endstellen   Speichenband

Abb. 10.16 Ringsorter schematisch [2, S. 67]

10.2.5.3 Kammsorter

Der Kammsorter (Abb. 10.17) ist besonders geeignet, um flache Güter wie Bild- und Tonträger, Bücher und Textilien zu sortieren. Auf Grund der besonderen Funktionsweise ist es mit dieser Sortiermaschine möglich, das Sortiergut direkt gestapelt an der Endstelle bereitzustellen.

Verkettete Fahrwagen, raumgängig auf Schienen geführt, tragen dabei gabelförmige Schalen. An den Ausschleusstationen werden Kämme aufgestellt, deren Zinken in die betreffenden Gabeln eingreifen und das auf den Gabeln liegende Sortiergut abstreifen. Die Sortierung erfolgt häufig direkt in Behälter oder Versandkartons. Kammsorter können ein breites Spektrum von Gütern inkl. biegeschlaffer Teile sortieren.

10.2.5.4 Brushsorter

Der Brushsorter[1] (Abb. 10.18) setzt durch seinen zielgenauen Abwurf bei gutschonendem Transport völlig neue Maßstäbe in der Sortiertechnik unterschiedlichster Güter. Das verblüffend einfache und doch bekannte Wirkprinzip der Umkehrung von Kehrblech und Handfeger auf einer raumgängigen Bahn angeordnet sichert hier den Erfolg. Die Energie zur Ausschleusung wird aus der Translationsbewegung des Sorters gewonnen. Über eine ansteuerbare Weiche erfolgt das Ausschleusen.

10.2.5.5 Kippschalensorter

Kippschalensorter (sehr verbreitet, Abb. 10.19) werden zum Sortieren von Stückgütern aller Art im Wesentlichen in Distributionszentren, Fracht-Hubs und bei der Sortierung von

---

[1]Brush, dt. Bürste

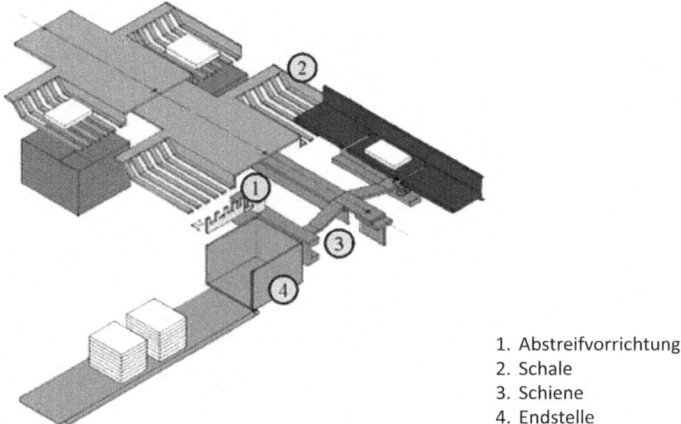

1. Abstreifvorrichtung
2. Schale
3. Schiene
4. Endstelle

Abb. 10.17 Kammsorter [2, S. 69]

Fluggepäck sowie im Versandhandel eingesetzt. Durch Abkippen der jeweiligen Schale wird das Fördergut in den Zielausgang befördert. Die Sortierleistung hängt bei diesem Sorter ausschließlich von der Schalenteilung und der Fördergeschwindigkeit ab. Die Fördergutaufgabe auf die einzelnen Kippschalen kann entweder vollautomatisch mit sogenannten Einschussbändern oder auch manuell durch Auflegen der Ware erfolgen.

Der Kippschalensorter ist aus auf Trägern montierten Kippelementen, die über spezielle Fahrwagen miteinander verbunden sind, aufgebaut. Dabei erlauben die Freiheitsgrade des Fahrwagens, den Sorter in der Linienführung an die örtlichen Gegebenheiten anzupassen.

Wie oben erwähnt, haben Kippschalensorter eine besonders große Bedeutung und Verbreitung. Zentrales Bauelement bei dieser Art von Sorter sind die sogenannten Kippschalen, genauer der Kippmechanismus. Er besteht aus dem Kippgelenk und dem Kippantrieb. In [2, S. 141] wird dies wie folgt beschrieben:

Abb. 10.18 Brushsorter
[7, S. 77]

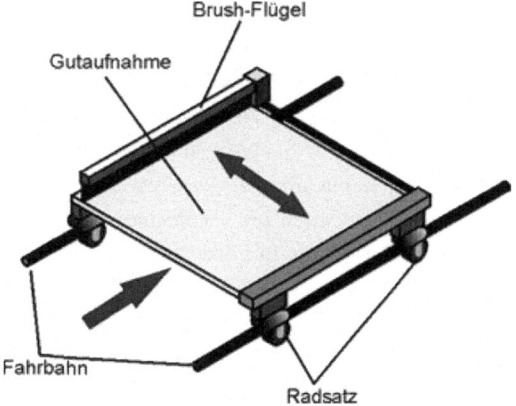

Abb. 10.19 Kippschalensorter. (Quelle: BEUMER Group GmbH & Co. KG)

„Das Kippgelenk verbindet Fahrwagen und Kippschale. Während die Kippschale beim Einschleusen und Transport fest arretiert ist und keinen besonderen Anforderungen unterliegt,
hat die Bewegung der Kippschale für den Ausschleusevorgang eine besondere Bedeutung. Es
lassen sich drei Bewegungsarten des Kippelementes unterscheiden:

- Eindimensionale Bewegung, die Kippschale sitzt starr auf dem Fahrwagen, der Abwurf
  erfolgt durch die Schwerkraft nach dem Wegschwenken einer Guthaltevorrichtung.
- Zweidimensionale Bewegung in der Ebene, die Kippschale wird in der Regel um eine zum
  Geschwindigkeitsvektor des Fördermittels parallele Achse geschwenkt.
- Dreidimensionale Bewegung im Raum, die Kippschale wird um eine in Förderrichtung
  geneigte Achse geschwenkt."

Die Abb. 10.20 zeigt ein Klappen-Kippelement, welches zur Gruppe der oben beschriebenen
eindimensionalen Bewegung der Kippschale gehört.

Der dargestellte Mechanismus besteht aus drei Elementen, von denen die Äußeren zum
feststehenden mittleren Element hin geklappt werden können. Beim Einschleusen stehen alle
drei Klappen waagrecht, je nach geplanter Abgaberichtung, wird nach der Einschleusung
das Außenelement der Abgabestelle hochgeklappt und die Schale langsam in die Richtung
geneigt. [2] Diese Systeme haben in der heutigen Praxis nur noch eine untergeordnete
Bedeutung waren aber für die Entwicklung der neuen Kippschalensysteme Vorläufer.

Bei Mechanismen mit zweidimensionale Bewegung kippen die Kippelemente um eine
unterhalb der Schale in Förderrichtung verlaufende Achse. Hier kann man vier Funktions-
varianten unterscheiden. Die Abb. 10.21 zeigt beispielhaft eine zweidimensionale Kippbewegung um eine seitliche Kippachse. Hierdurch ergibt sich eine relativ einfache Mechanik,
die allerdings nur bei gut rutschenden Gütern realisiert werden kann.

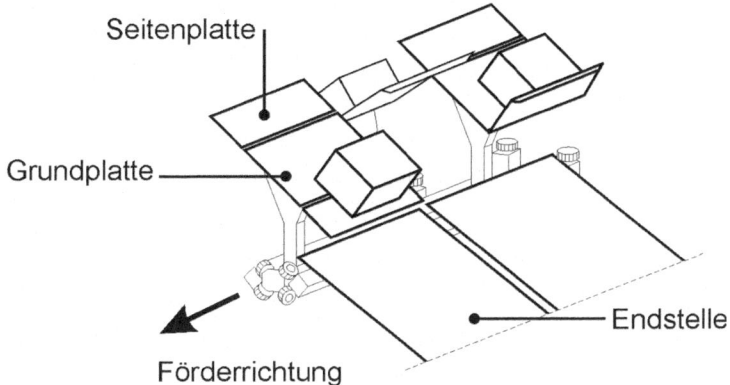

Abb. 10.20 Klappen-Kippelement [2, S. 129]

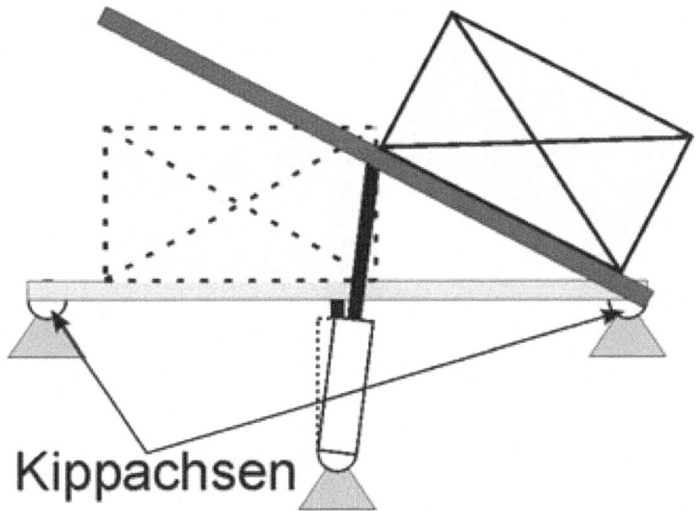

Abb. 10.21 Zweidimensionale Kippbewegung [2, S. 131]

Die dreidimensionale Bewegung im Raum wird realisiert durch mechanische oder elektrisch ausgeführte Kippbewegungen. Sie zeichnen sich durch eine räumliche in Förderrichtung geneigte Kipprichtung aus. Entscheidend ist, dass sich neben einer gut schonenden Bewegung deutlich geringerer Endstellenbreiten ermöglichen lassen. Bei den mechanischen Kippantrieben wird die Auslenkung einer Führungsrolle des bewegten Kippmechanismus durch eine an jeder Anschleuseposition fest mit dem Tragrahmen verbundene Weiche realisiert.

Mit der Legende zu Abb. 10.22 kann die Funktion wie folgt beschrieben werden.

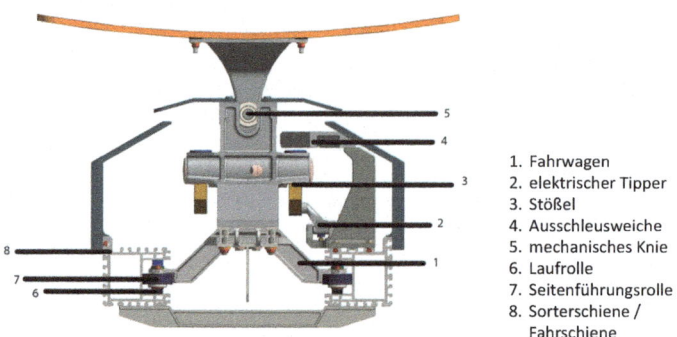

1. Fahrwagen
2. elektrischer Tipper
3. Stößel
4. Ausschleusweiche
5. mechanisches Knie
6. Laufrolle
7. Seitenführungsrolle
8. Sorterschiene /
   Fahrschiene

Abb. 10.22 Tilt-Tray. (Quelle: BEUMER Group GmbH & Co. KG)

Der Fahrwagen hat die Nummer (1), diese Sorte Schiene die Nummer (8), die Führung- und Leitrollen die Nummer (6) und (7). Die eigentliche Kippsschale wird hier mechanisch nach rechts oder links betätigt. Ausgelöst wird dies durch den sogenannten elektrischen Tipper (2). Er betätigt mit seiner Laufrolle den Stößel, welcher in der Ausschleusweiche geführt wird, und damit wird die Bewegung für den mechanischen Kippvorgang ausgeführt. Die Ausschleusweiche hat die Nummer (4). Die Nummer 5 ist das mechanische Knieelement. Da die Kippschale nach rechts und links auskippen kann, ist der Stößel (3) rechts und links angeordnet.

Die elektrischen Kippschalenantriebe, die bei ein- oder zweidimensionalen Schalenbewegungen eingesetzt werden, ermöglichen eine universelle Einstellbarkeit von Kippwinkel und Kippverlauf. Hierdurch wird die Abwurfgenauigkeit an den Endstellen erhöht, allerdings macht das elektrisches Schaltelement eine Stromversorgung notwendig.

Mit der Legende aus Abb. 10.23 kann auch die Funktion des elektrisch geschalteten Sorters beschrieben werden.

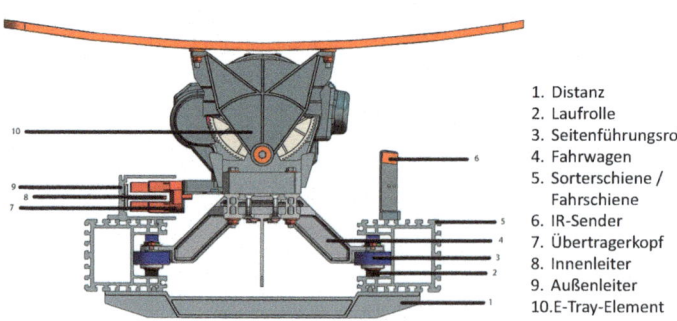

1. Distanz
2. Laufrolle
3. Seitenführungsrolle
4. Fahrwagen
5. Sorterschiene /
   Fahrschiene
6. IR-Sender
7. Übertragerkopf
8. Innenleiter
9. Außenleiter
10. E-Tray-Element

Abb. 10.23 E-Tray. (Quelle: BEUMER Group GmbH & Co. KG)

In der Abb. 10.23 ist ein elektrisch geschalteter Kippschaltensorter zu erkennen. Er besteht aus dem sogenannten Distanzstück (Bodenplatte) (1), dem Fahrwagen (4) und dem E-Drehelement (10) sowie der Sorterschiene (5). Der Fahrwagen wird in der Sorterschiene durch Laufrollen und Seitenführungsrollen geführt. Die Stromversorgung erfolgt berührungslos durch Innenleiter, Außenleiter und Übertragerkopf. Im oben beschriebenen E-Drehelement verbirgt sich ein Motor inklusive Getriebe, der die Bewegung der Kippschale steuert. Das E-Drehelement erhält seinen Kippbefehl durch einen Infrarotsender (6).

Charakteristische Merkmale von Kippschalensortern:

- Durch das Abkippen der jeweiligen Schale wird das Fördergut in den Zielausgang befördert.
- Einsatzgebiete:
  - Stückgüter in Warenumschlagszentren
  - Fluggepäck
  - Versandhandel

10.2.5.6 Drehsorter

Der Drehsorter besteht aus einem rotierenden, kegelstumpfförmigen Teller, der die Stückgüter auf die um den äußeren Rand des Drehtellers angeordneten Endstellen verteilt. Jedes Segment des Tellers besteht aus einer schwenkbar angebrachten Klappe (also Kippschale), die das Fördergut zunächst aufnimmt, und einer zusätzlichen mitrotierenden Gleitfläche. Diese Gleitbahn ermöglicht durch die erhöhte Radialbewegung der Stückgüter eine geringe Endstellenbreite. Die Fördergüter werden von außen über ein Bandfördersystem sequentiell den einzelnen Segmenten des Drehtellers zugeführt. Dazu wird die jeweilige Klappe an der Aufgabestation horizontal gestellt. Direkt nach der Aufgabe wird sie soweit abgesenkt, dass die untere Kante unterhalb der Gleitbahn liegt. Dadurch bildet sich eine Anlagekante, die das Fördergut bis zur Abgabe an der Ziel-Endstelle zurückhält. Der Abwurf erfolgt, indem die Klappe soweit angehoben wird, dass das Fördergut ungehindert nach außen rutschen kann. Durch die kombinierte Wirkung von Schwerkraft und Zentrifugalbeschleunigung wird das Fördergut gegen den äußeren Tellerrand getrieben. Die Betätigung der Ausschleusung erfolgt mit einem entsprechenden zeitlichen Verzug, um die Drehwinkeländerung während der Rutschzeit zu kompensieren und die Fördergutbewegung derart zu synchronisieren, dass sich das Fördergut bei Erreichen der unteren Drehtellerkante exakt vor der gewünschten Endstelle befindet (Abb. 10.24).

Er kann für Sortiergüter von der Größe einer CD bis zu einer Grundfläche von 400 mm × 400 mm und Gewichte von bis zu 30 kg eingesetzt werden.

Charakteristische Merkmale:

- Keine prinzipiellen Einschränkungen in Bezug auf das Fördergut
- Jedes Segment des Tellers besteht aus schwenkbarer Klappe
- Durch Radialbewegung geringere Breite der Endstelle nötig

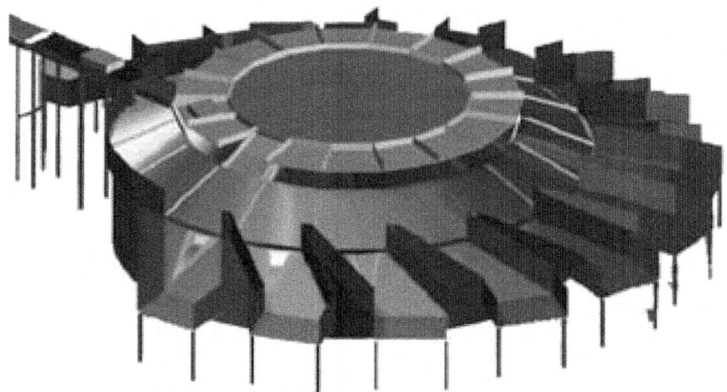

Abb. 10.24 Drehsorter [2, S. 79]

10.2.5.7 Schwenkrollensorter (auch Pop-up-Sorter genannt)

Eine der variantenreichsten Sortergruppen ist die Gruppe der Schwenkrollensorter (Abb. 10.25). Alle Sorter dieser Bauart haben eines gemeinsam: Der Ausschleusevorgang wird durch Anheben (Pop-up) eines richtungsändernden, angetriebenen Transferelementes realisiert, wobei der Transfer, der Antrieb und der Ausschleusewinkel variieren kann. Übliche Transferelemente sind Röllchenteppiche und diverse Rollenanordnungen. Schwenkrollensorter eignen sich für Fördergut mit ebener und fester Unterseite, wie beispielsweise Kartons, Pakete und Behälter.

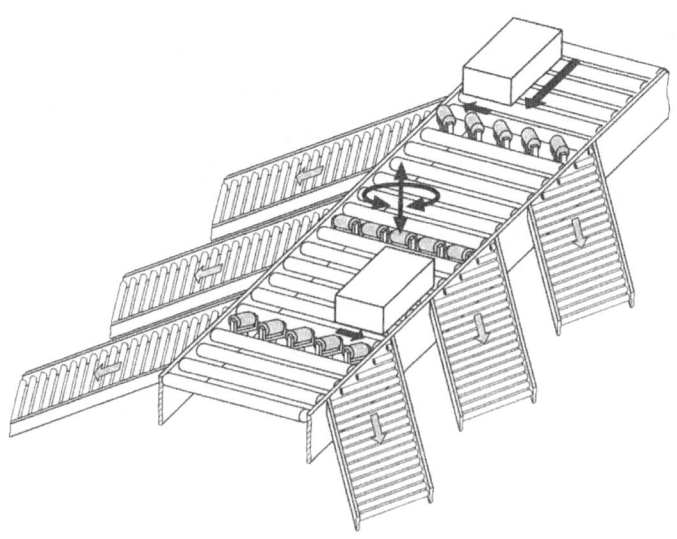

Abb. 10.25 Schwenkrollensorter Prinzipbild [2, S. 90]

10.2.5.8 Schiebeschuhsorter

Schiebeschuhsorter (sehr verbreitet, Abb. 10.26) sind Universalsorter. Sie sortieren genau (Ausnahmen stellen Produkte <150 mm sowie Güter mit losen Schlaufen) und unabhängig von Produktabmessungen, Karton- und Behälterformen. Dieser Hochgeschwindigkeitssorter verteilt die Waren mit sogenannten Sortierschuhen, die nach rechts und links über den Sorter gleiten können. An den Ausschleusestellen werden – durch die Sortersteuerung gesteuert – Weichen aktiviert und eine Gruppe von Sortierschuhen gleitet quer über den Sorter und schiebt ruckfrei und sanft die Waren in den entsprechenden Zielausgang.

Die Anzahl der Sortierschuhe innerhalb einer Gruppe wird in Abhängigkeit der Länge des Fördergutes automatisch bestimmt. Der Ausschleusvorgang ist sehr exakt und erlaubt kleinste Endstellen-Teilungen. Die gerippte, aus extrudierten Aluminiumkettengliedern bestehende Sorteroberfläche erlaubt selbst den Transport und die Sortierung instabiler und mit Schrumpffolien verpackter Einheiten.

Die Schiebeschuhsorter ist eine Linear-Struktur-Sorter-Einheit d. h. die „Aluminium Tragekette" läuft gerade endlos um.

Charakteristische Merkmale:

- Universalsorter: sortiert unabhängig von Produktabmessungen, Karton- und Behälterformen
- Hochgeschwindigkeitssorter
- verteilt die Waren mit sog. Sortierschuhen, die nach links oder rechts über den Sorter gleiten können
- die Anzahl der Sortierschuhe innerhalb einer Gruppe wird in Abhängigkeit der Länge des Fördergutes automatisch bestimmt

Abb. 10.26 Schiebeschuhsorter. (Quelle: Vanderlande)

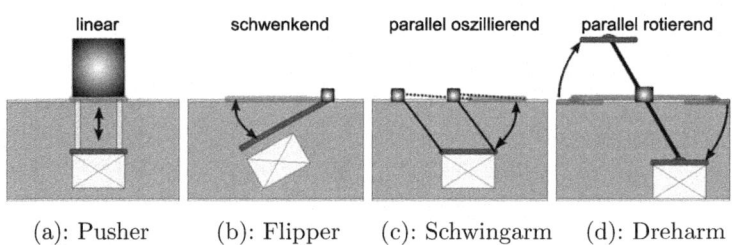

(a): Pusher   (b): Flipper   (c): Schwingarm   (d): Dreharm

Abb. 10.27 Abweisende Systeme [2, S. 94]

10.2.5.9 Abweisende Sorter

Bei dieser Funktionsweise von Sortern wird das gut durch ein abweisendes Element quer aus dem Hauptförderstrom (aus dem Rollen oder Band Förderer, etc.) ausgeschleust. Nach [2] werden die Ausschleusebewegung nach vier Arten unterschieden (siehe Abb. 10.27).

Da das Fördergut beim Ausschleusen plötzliche mit der quer zur Förderrichtung wirkenden Kraft des Pushers oder Pullers beaufschlagt wird und zusätzlich die Haftreibung zwischen Fördergut und Band überwunden werden muss, eignet sich dieses Verfahren nur für robustes Fördergut.

Da nach einem Ausschleusevorgang der Pusher oder Puller wieder in die Ausgangsposition zurückgebracht werden muss, können mit solchen Systemen nur mittlere Sortiergeschwindigkeiten erreicht werden.

Der Schwenkarm funktioniert nach einem ähnlichen Prinzip. An der Endstelle, an der ein Gut ausgeschleust werden soll, wird der Arm als Barriere quer zur Transportrichtung ausgefahren. Das Fördergut prallt gegen den Arm und wird an ihm zur Endstelle geleitet.

Abb. 10.28 Dreharmsorter [2, S. 96]

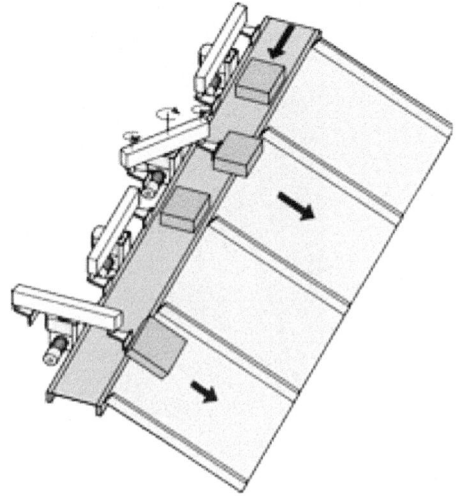

Die nachfolgende Abb. 10.28 zeigt das Prinzipbild der praktischen Ausführung eines Dreharmsorters (Flipper).

10.2.5.10 Vertikalsorter

Vertikalsorter werden eingesetzt einen Materialstrom in zwei oder drei Richtungen zu verzweigen. Dies wird durch Zwei-Wege-Weichen bzw. Drei-Wege-Weichen realisiert. Die Abb. 10.29 zeigt die Schaltstellungen der Weichen.

Die typische Leistung einer Zwei-Wege-Weiche liefert 4000 Einheiten pro Stunde, bei Drei-Weg-Weichen 3000 Einheiten pro Stunde. Betrachtet man die Durchsätze muss man berücksichtigen, dass die Leistung nur durch ein Schaltelement bewältigt werden muss.

Die Abführbänder sind platzsparend vertikal übereinander angeordnet. Da die Anzahl der Sortierausgänge je Element auf maximal drei begrenzt ist, wird dieser Sorter in der Regel als Vorsorter eingesetzt. Die einzelnen Vertikal-Sortierelemente sind kaskadierbar und nutzen so ideal die Raumhöhe.

10.2.5.11 Fallklappensorter

Fallklappensorter haben entsprechend Abb. 10.30 den nachfolgend geschilderten Aufbau und werden für Sortiergüter wie Zeitschriften, biegeschlaffe Produkte (Pullover, Hemden, etc.), Dokumente, Tonträger aber auch Güter mit relativ kleiner Geometrie eingesetzt.

Die Güter dürfen nicht stoßempfindlich sein (Ausschleusung durch Schwerkraft). Der konstruktive Aufbau ist relativ einfach (siehe Abb. 10.30). Die Gutaufnahme erfolgt in

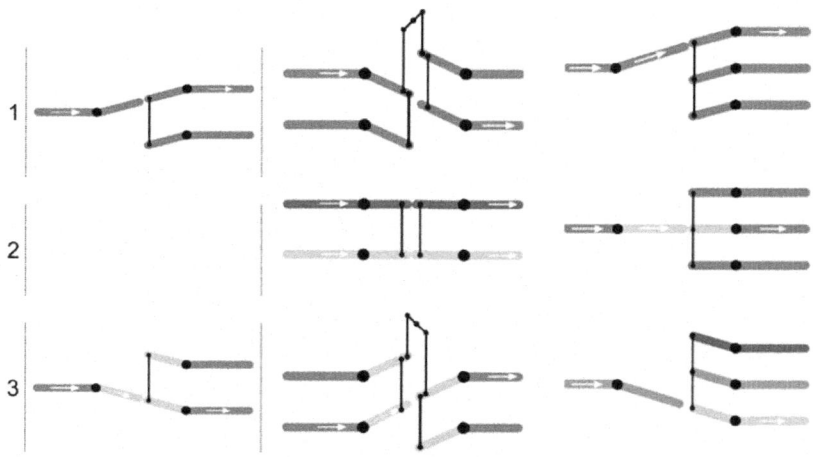

(a): Ein Förderstrom auf zwei Linien   (b): Zwei Förderströme auf zwei Linien   (c): Ein Förderstrom auf drei Linien

Abb. 10.29 Schaltstellungen der Weichen eines Vertikalsorters [2, S. 85]

Abb. 10.30 Fallklappensorter
Prinzpbild [2, S. 71]

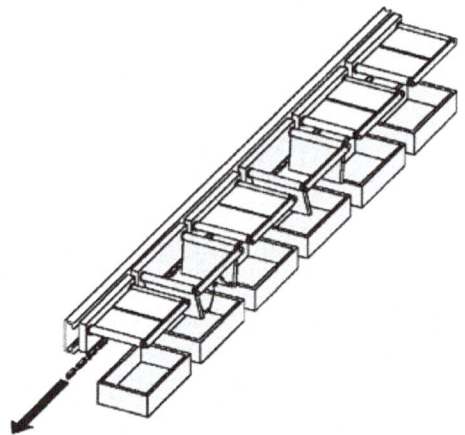

rechteckigen Kästchen oder Schalen deren Boden eine klappenartige Öffnung besitzt. Durch öffnen des Klappenmechanismus erfolgt die Ausschleusung des Gutes mittels Schwerkraft.

Die Gutaufnahmeschale wird mittels Schiene geführt und angetrieben.

Die Abb. 10.31, 10.32 und 10.33 zeigen die praktischen Ausführungen.

10.2.5.12 Taschensorter

Mit diesem Titel werden zwei unterschiedliche Arten von Sortern angesprochen. Nach Buch Jodin ist dies der Sammelbegriff für Groß-Brief-Sortieranlagen im Postbereich. Hier dürfen die Sortergüter nur die Maße $13 \times 6{,}75 \times 3$ Zoll (d. h. $330\,\mathrm{mm} \times 171\,\mathrm{mm} \times 762\,\mathrm{mm}$) haben [8]. „Diese Sorter bestehen aus einer vertikal umlaufenden Kette und Taschen mit Bodenklappen zur Abgabe des Sortiergutes." [2, S. 74]

Abb. 10.31 Einschleusung des Gutes in den Halteklappensorter (manuelle Einschleusung). (Quelle: Dürkopp Fördertechnik GmbH)

Abb. 10.32 Beispiel Linienverlauf eines Fallklappensorter. (Quelle: Dürkopp Fördertechnik GmbH)

Abb. 10.33 Ausschleusebereich Fallklappensorter (hier in Kundenkartons). (Quelle: Dürkopp Fördertechnik GmbH)

Im Marktbereich der Logistik und speziell des Handelsbereiches (z. B. Textilherstellung und -verteilung) hat sich der Begriff der Sortertaschen (oder alternativ der Begriff Taschensorter) für die Sortierung von

- folierten Textilien,
- Hängeware,
- Schuhen,
- Büchern,
- etc.

Abb. 10.34 Taschensortersystem. (Quelle: Dürkopp Fördertechnik GmbH)

oder allgemein formuliert für die Sortierung für „alles, was in eine Einkaufstasche passt" etabliert.

Die Abb. 10.34 zeigt einen solchen Sorter, der aus den Sortertaschen zur Aufnahme der Güter und den Aluminiumführungsschienen besteht.

Die eigentlichen Taschen (z. B. aus Polyestergewebe) sind über sogenannte Rolladapter und RFID-Tags zur Identifizierung (und damit zur Steuerung des Taschensorters) mittels Edelstahlrahmen mit den Aluminiumschienen verbunden (siehe Abb. 10.34 und 10.35).

Der Prozessablauf dieses Sortiertypes lässt sich wie folgt beschreiben:

Die erste Station ist im Normalfall der sogenannte Vorpuffer, in dem ein Sortierlauf von ein oder mehreren Stunden Länge gesammelt wird. Mit dem Abruf der Bestellgüter bewegen sich dann die Sortertaschen zum sogenannten Sequenzsorter. Nach Abschluss des mehrstufigen Sortierprozesses befinden sich alle Artikel genau in der vorgegebenen Reihenfolge und können den Packarbeitsplätzen zugeführt werden. Die Befüllung der Taschen (inklusive Scannung der Produkte) erfolgt über halbautomatische Aufgabestationen (siehe Abb. 10.36).

Die Entnahme der Güter (für einen Kundenauftrag) erfolgt manuell, so wie diese in Abb. 10.37 dargestellt ist.

Eine Besonderheit ist, dass diese Sortertaschen auch für die Sortierung von hängender Textilware benutzt werden können (siehe Abb. 10.38). Dabei wird die hängende Ware mit dem Kleiderbügel an den Rolladapter (mit RFID-Tag, siehe Abb. 10.35) eingehängt.

10.2.6 Endstellen

Nachdem die Güter, die sortiert und verteilt werden müssen, durch eine der oben dargestellten Sortertechniken sortiert wurden, steht als nächste Aufgabe der Auswahl der richtigen

Endstelle und deren Dimensionierung an. Die Endstellen dienen also zur Aufnahme der aussortierten Güter. An den Endstellen kann eine spezifische Verpackung für die Endprodukte erfolgen oder einfach die Bereitstellung zum Versand. Diese Bereitstellung kann als Einzelkartonware oder palettiert auf einer Palette oder einem anderen Ladungsträger erfolgen.

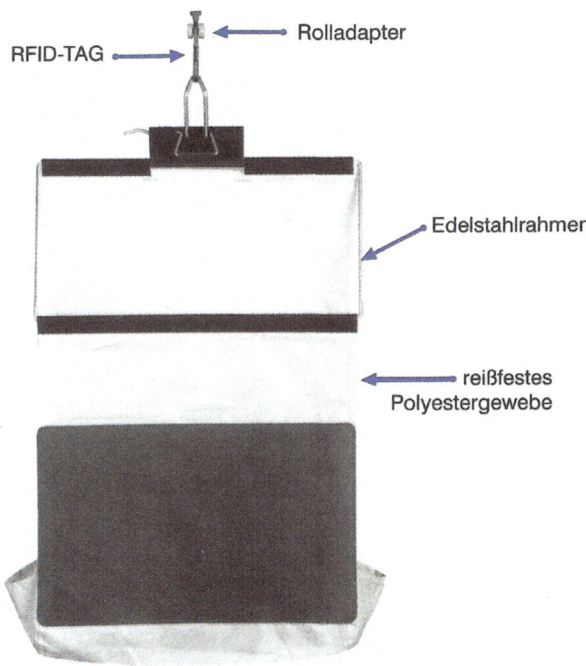

Abb. 10.35 Beispiel einer Tasche für das Taschensortersystem. (Quelle: Dürkopp Fördertechnik GmbH)

Abb. 10.36 Aufgabe der Güter in das Sortiersystem. (Quelle: Dürkopp Fördertechnik GmbH)

Abb. 10.37 Entnahme der Güter für einen Kundenauftrag (aus einer oder mehreren Sortertaschen) und zur Vorbereitung in ein Versandkarton. (Quelle: Dürkopp Fördertechnik GmbH)

Abb. 10.38 Sortersystem der Firma Dürkopp für den Einsatz bei hängender Ware und Sortertaschen. (Quelle: Dürkopp Fördertechnik GmbH)

Den prinzipiellen Aufbau einer Endstelle zeigt die Abb. 10.39.

Insgesamt gibt es zur Ausschleusung die nachfolgend aufgeführten Möglichkeiten:

- Rutschen (ebene Rutschen, Stufenrutschen, Wendelrutschen)
- Rollenbahnen (angetrieben, gebremst)
- Röllchenbahnen
- Gurtförderer
- Behälter, Wannen
- Säcke
- Versandkartons

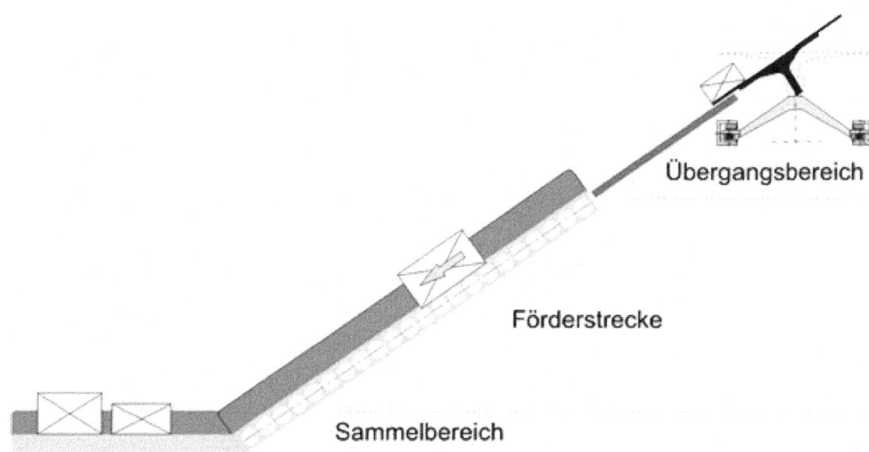

Übergangsbereich

Förderstrecke

Sammelbereich

Abb. 10.39 Prinzipieller Aufbau einer Endstelle [2, S. 47]

An Endstellen werden hohe Anforderungen hinsichtlich der Investitionskosten gestellt (sie machen bis zu 50 % des Gesamtwertes in der Mechanik aus). Daher ist es wichtig, für einen gewählten Einsatzfall die geeignete Endstellentechnik auszuwählen und richtig zu dimensionieren. Bezüglich der Systemintegration der Endstellen ist die Anbindung an die anschließenden Prozesse zu beachten. In diesem Zusammenhang spricht man von aktiven und passiven Endstellen:

Aktive Endstellen wie Rollenbahnen und Gurtförderer unterstützen eine automatische Handhabung.

Passive Endstellen (oftmals Rutschen und Behälter) werden durch Mitarbeiter entleert und vor dem nächsten Sortierauftrag freigegeben. Diesem Arbeitsabschnitt kommt eine besondere Bedeutung zu, da die Reihenfolge der zu bedienenden Endstellen und Wege zwischen den Endstellen zu optimieren sind. Um die begrenzte Ressource Packpersonal sinnvoll einzusetzen, werden häufig optische Zusatzmeldungen vorgesehen und gegebenenfalls geeignete Bedienstrategien definiert.

Die vielfältigen technischen Anforderungen an Endstellen sind:

- Die geforderte Auftragsmenge muss sicher gespeichert werden.
- Die Güter müssen bei jedem Füllungsgrad nach einem Stillstand sicher weitergefördert werden.
- Die Güter müssen schnell vom Sorter abgezogen werden, um möglichst viele Güter unmittelbar hintereinander in dieselbe Endstelle ausschleusen zu können.
- Die Geschwindigkeit in den Endstellen und der resultierende Staudruck dürfen nicht zu groß sein.

- Geringer Platzbedarf.
- Leichte Entleerung durch das Packpersonal (ergonomische Greifhöhe, kein Stoßen der Güter).

10.2.7   Einsatz- und Auswahlkriterien für Sortier- und Verteilsysteme

Nach [2, S. 18] gelten die in Abb. 10.40 ausgeführten vier Einsatz- und Auswahlkriterien.

Der erste Punkt sind die systemspezifischen Kriterien. Diese ergeben sich maßgeblich aus dem Einsatzbereich des Sortersystems und können mit zwei Kennwerten charakterisiert werden, nämlich der erforderlichen effektiven Sortierleistung der Fördergeschwindigkeit des Verteilförderers, der maßgeblich die Sortierleistung beeinflusst. Hier gibt es allerdings einen Konflikt, da höhere Geschwindigkeiten natürlich zu höheren Durchsätzen führen, gleichzeitig aber der Energiebedarf, der Verschleiß, die Geräuschentwicklung etc. sich verschlechtern.

Die gutspezifischen, organisatorischen und übergreifenden Kriterien erklären sich aus Abb. 10.40.

Einsatz- und Auswahlkriterien

systemspezifisch	gutspezifisch	organisatorisch	übergreifend
Sortierleistung	Form	Betriebsart	Flächenbedarf
Fördergeschwindigkeit	Abmessung	Art der Zuführung	Bauraum
Länge des Verteilförderers	Festigkeit	Personaleinsatz	Kosten
Endstellenanzahl	Gewicht		Geräuschemissionen
Ausschleuspositionen	Schwerpunktlage		Erweiterungsfähigkeit
Endstellenanordnung	Reibverhalten		Raumgängigkeit
Speicherkapazität			Verfügbarkeit
			Energieeffizienz

Abb. 10.40 Einsatz- und Auswahlkriterien für Sortier- und Verteilsysteme [2, S. 16]

10.2.8 Leistungsüberlegungen und Berechnungsansätze

Bei den bisherigen Betrachtungen und Ausführungen zu Sortersystemen und speziell zur Leistung von Sortern ist immer davon ausgegangen worden, dass es nur einen Einschleusungsbereich am Sorter gibt. Die Leistung, das heißt die Durchsatzleistung, von Sortern kann aber wesentlich dadurch gesteigert werden, dass mehrere Einschleusbereiche realisiert werden. Im Nachfolgenden wird hier auf die Ausführungen aus Jodin [2, S. 43–47] Bezug genommen und die wesentlichsten Ausführungen zur Leistungssteigerung zusammenfassend wiedergegeben.

Die Grundüberlegung zur Leistungssteigerung zum Beispiel bei einem Ringsorter entsprechend Abb. 10.41 ist es, die Einschleusungen nicht nur an einer Stirnseite, sondern an beiden Stirnseiten anzuordnen. Aus Abb. 10.41 erkennt man, dass hiermit eine Leistungssteigerung der Durchsatzleistung möglich ist. Damit dies realisiert werden kann, wird der Sorter während eines Umlaufes mehrfach belegt, sofern das Sortiergut vor dem Erreichen des nächsten Einschleusbereiches ausgeschleust werden kann.

„Die maximale Einschleusleistung liegt, sofern die Güter jeweils vor der nächsten Einschleusung ausgeschleust werden, bei 200%. Für den theoretischen Fall, dass alle Sortiergüter einer Einschleusung erst hinter der nächsten Einschleusung ausgeschleust werden, liegt die Leistung bei 100%, da die zweite Einschleusung keine freie Position auf dem Verteilförderer vorfindet. Zwischen diesen beiden Extremen kann sich der Leistungsgewinn durch einen zweiten Einschleusebereich bewegen." In der Abb. 10.41 ist eine praxisrelevante Leistungssteigerung von 100 % (Abb. 10.41a) auf 133 % (Abb. 10.41b) als Beispiel angegeben.

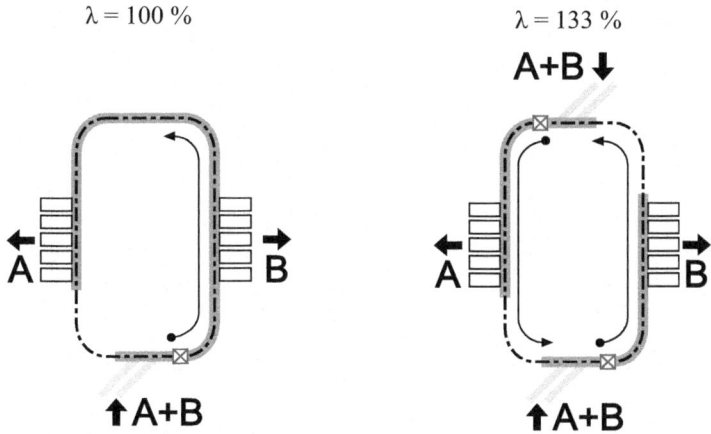

(a): Einfacheinschleusung eines Ring-   (b): Doppeleinschleusung eines Ringsorters   sorters

Abb. 10.41 Systemdurchsatz in Abhängigkeit von der Einschleusung [2, S. 41]

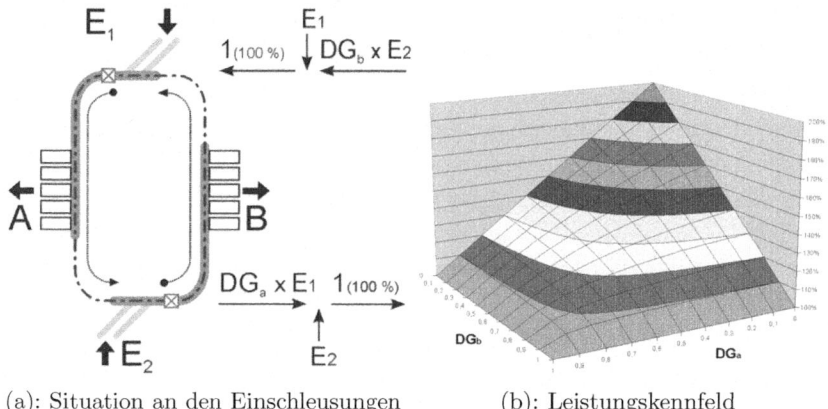

(a): Situation an den Einschleusungen   (b): Leistungskennfeld

Abb. 10.42 Leistungssteigerung durch einen zweiten Einschleusbereich [2, S. 42]

Die Abb. 10.42b zeigt das hierzu gehörende Leistungsdiagramm. Die Herleitung der relativ komplexen Berechnungsformel (siehe Gl. 10.1) ist [2, S. 45–46] zu entnehmen. Aus dem Diagramm erkennt man: Je mehr Güter direkt nach der Einschleusung ihre Zielstelle erreichen, desto höher wird der Leistungszuwachs.

$$E_1 = DG_b \cdot \left(\frac{1 - DG_a}{1 - DG_a \cdot DG_b} \right) \tag{10.1}$$

DG_b Durchschleusgrad
E_1 Einschleusbereich 1
E_2 Einschleusbereich 2

Für die Dimensionierung von Sortern sind umfangreiche Berechnungen notwendig. Im Nachfolgenden werden nur die absoluten Basisformeln angegeben. Weitere Details sind den entsprechenden Fachbüchern zu entnehmen, wie beispielsweise [2].

Die fördertechnische Leistung in der Stückgutfördertechnik berechnet sich ganz allgemein aus der Anzahl der Fördereinheiten pro Zeiteinheit, bezogen auf eine Förderstrecke. Bei Sortern wird dies als maximaler Durchsatz $\lambda_{Sort,max}$ bezeichnet, die entsprechende Formel lautet:

$$\lambda_{Sort,max} = \frac{v_K \cdot c \cdot 3600}{s_{Sort,min}} \left[\text{Stück/h} \right] \tag{10.2}$$

v_k Fördergeschwindigkeit des Verteilförderers [m/s]
c Anzahl paralleler Tragmittel
$s_{Sort,min}$ minimaler Sortiergutabstand [m]

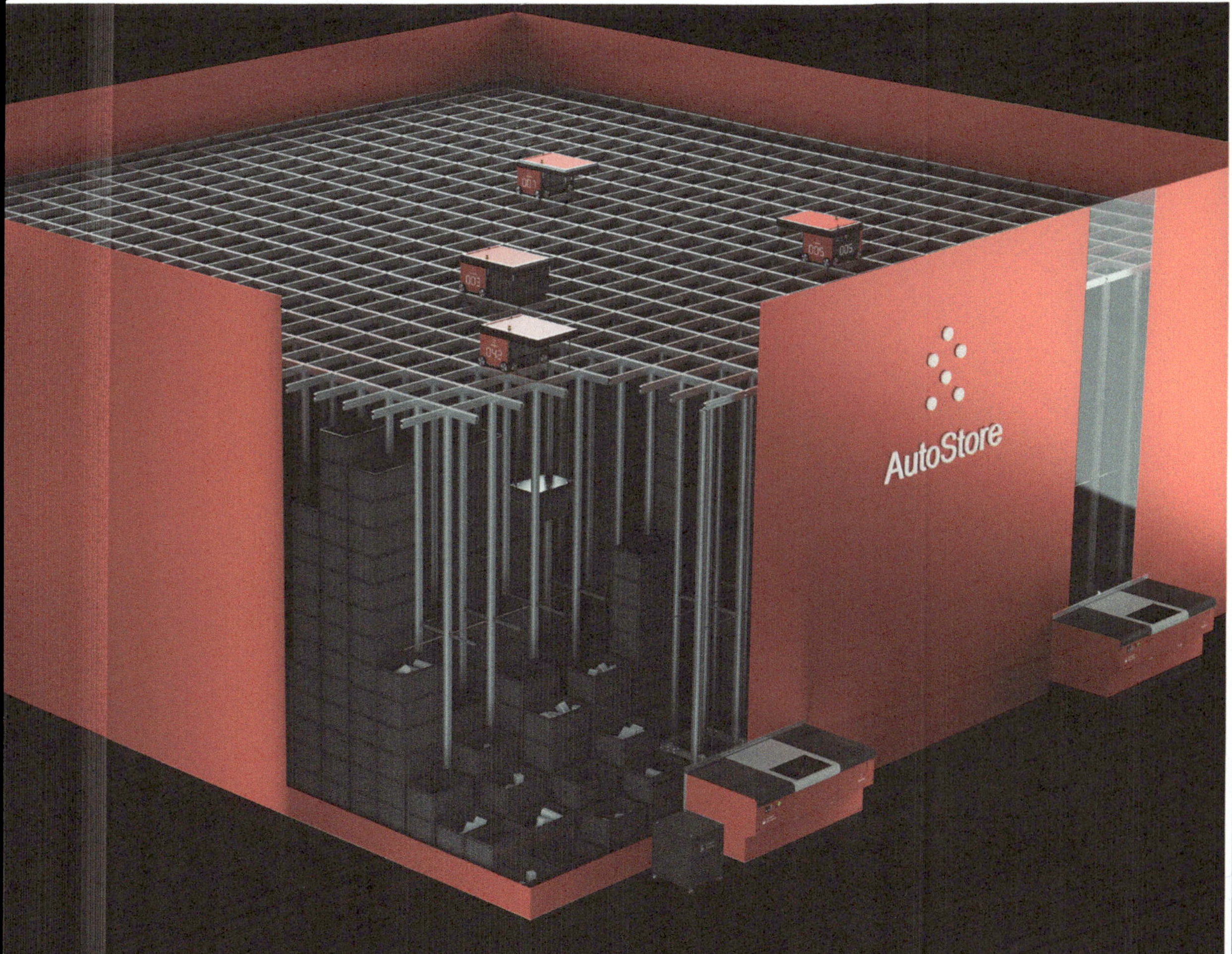

Raum Neu
Definiert

Einige der besten Distributionszentren auf der Welt wurden mit AutoStore automatisiert. Dieses einfache und elegante Konzept reduziert den Flächenbedarf um bis zu 75% und erhöht gleichzeitig drastisch die Durchsatzleistung.

**Zwei Jahrzehnte Innovationen.
Zu Ihren Diensten.**

Das schnellste ASRS
pro Quadratmeter

Unschlagbare
Betriebszeit ohne
Stillstand

Maßgeschneidert für
jede Anwendung

Wachsen im
laufenden Betrieb

Ultrahohe-
Lagerdichte

Der zweite wichtige Dimensionierungsparameter ist die Antriebsleistung, die sich ganz allgemein berechnet mit der folgenden Formel:

$$P = F_W \cdot v_K \left[\text{W} \right]$$ (10.3)

P Antriebsleistung des Fördermittels [W]

F_W Gesamtwiderstandskraft [N]

v_K Geschwindigkeit des Verteilförderers oder Kettengeschwindigkeit [m/s]

Mit der Antriebsleistung kann man dann auch die sogenannte Volllastbeharrungsleistung des Motors unter Berücksichtigung des Wirkungsgrades berechnen. Hierfür gilt die Formel (10.4).

$$P_M = P_L = \frac{P}{\eta_{Ant}} \left[\text{W} \right]$$ (10.4)

P_M Motornennleistung [W]

P_L Volllastbeharrungsleistung [W]

η_{Ant} Gesamtwirkungsgrad des Antriebs [–]

Bei der oben angegebenen Berechnung der Antriebsleistung benötigt man den Gesamtwiderstand des Förderers. Dieser ergibt sich entsprechend Formel (10.5) aus dem Gesamtreibungswiderstand und dem Steigungswiderstand.

$$F_W = F_R + F_{St} \left[\text{N} \right]$$ (10.5)

F_W Gesamtwiderstandskraft [N]

F_R Gesamtreibungswiderstand [N]

F_{St} Steigungswiderstand [N]

Bei dem Gesamtwiderstand ist zwischen Hauptwiderstand und Nebenwiderständen zu unterscheiden.

10.3   Kommissioniersysteme

Die Kommissioniertechnik hat in den letzten Jahrzehnten eine wichtige Weiterentwicklung und starke Optimierung (sowohl in der manuellen als auch in der automatischen Kommissionierung) erfahren. Dabei muss festgestellt werden, dass die Kommissioniersysteme heute einen breiteren Umfang ausmachen und in vielen Bereichen der Materialflusstechnik und Logistik systembestimmend und von großer wirtschaftlicher Bedeutung sind.

Es sei an dieser Stelle auch auf den Abschn. 3.3, Funktionsbereiche eines WMS im Band 2 verwiesen.

10.3.1 Definition und Vorstellung der Grundfunktionen des Kommissionierens

Kommissionieren ist das Zusammenstellen von Teilmengen (Artikel) aus einer bereitgestellten Gesamtmenge (Sortiment) aufgrund von Bedarfsinformationen (Aufträge). Dabei findet eine Umformung eines lagerspezifischen in einen verbrauchsspezifischen Zustand statt.

Es wird in diesem Kapitel von Kommissioniersystemen gesprochen, weil es neben dem eigentlichen Kommissioniervorgang, der Entnahme der Entnahmeeinheit durch den Kommissionierer[2], nach [9] eine Reihe von unterschiedlichen Grundfunktionen gibt:

- Vorgabe der Transportinformation (für Güter und/oder Kommissionierer)
- Transport der Güter zum Bereitstellort
- Bereitstellung der Güter
- Bewegung des Kommissionierers zum Bereitstellort
- Vorgabe der Entnahmeinformationen
- Entnahme der Entnahmeeinheiten durch den Kommissionierer
- Abgabe der Entnahmeeinheiten
- Quittierung des Entnahmevorgangs bzw. der Entnahmevorgänge
- Transport der Sammeleinheiten zur Abgabe der Sammeleinheiten
- Vorgabe der Transportinformationen für die angebrochene Bereitstelleinheit
- Transport der angebrochenen Bereitstelleinheit.

Diese Grundfunktionen werden später im Detail vorgestellt (siehe Unterabschnitt 10.3.3, Materialflusssystem).

Unter dem Begriff *Kommissionierer* wird dabei sowohl die Person verstanden, die den Kommissioniervorgang ausführt, als auch das System bestehend aus der Person und ihren technischen Hilfsmitteln, wie z.B. Kommissionierstapler oder Greifer. Darüber hinaus können unter dem Begriff auch autonom arbeitende Kommissionierautomaten, wie etwa Kommissionierroboter, verstanden werden.

---

[2]Natürlich gelten alle Informationen auch für Kommissioniererinnen. Ausschließlich aus Gründen der Lesbarkeit wird im Text auf die weiblichen Formen verzichtet.

10.3.1.1 Bestandteile eines Kommissioniersystems

Kommissioniersysteme bestehen aus

- einem materialflusstechnischen,
- einem informationstechnischen und
- einem organisatorischen

Teilsystem, die zusammen das Kommissioniersystem ausmachen. Diese drei Teilsysteme werden nachfolgend beschrieben.

10.3.2 Organisationssystem

Bei der Organisation von Kommissioniersystemen muss man unterscheiden in

Aufbauorganisation Die Aufbauorganisation ist abhängig von den physikalischen Eigenschaften der Güter, von der Umschlagstechnik und/oder von den Identifikationsmerkmalen oder den eingesetzten Identifikationssystemen. Die Infrastruktur ist abhängig von der Menge der zu kommissionierenden Teile und ggf. von der Größe der Kommissionierzonen.

Ablauforganisation Die Ablauforganisation bestimmt, wie ein Kommissionierauftrag die Kommissionierzonen durchläuft und wie der Kommissionierauftrag zusammengestellt wird. Bei der Ablauforganisation wird nach der Kommissionierart, das ist die Art, wie die Aufträge in Kommissionierlisten umgewandelt werden, unterschieden. Hier unterscheidet man in auftragsorientierte Kommissionierung, das heißt der Auftrag entspricht einer Kommissionierliste, und in eine artikelorientierte Kommissionierung; hierbei werden Artikel für mehrere Aufträge gleichzeitig kommissioniert und eine Verdichtung der Aufträge angestrebt. Für die Ablauforganisation ist auch die Zonenorientierung der Kommissionierzonen von entscheidender Bedeutung. Hier wird unterschieden zwischen einer

- einheitlichen Zonenorientierung, d. h. alle Aufträge werden nach der gleichen Kommissionierart abgewickelt, und einer
- gemischten Zonenorientierung, d. h. Aufträge werden nach unterschiedlichen Kommissionierarten abgewickelt (zum Beispiel, wenn man völlig unterschiedliche Kommissionierprodukte hinsichtlich Volumen, Gewicht etc. hat).

Betriebsorganisation Die Betriebsorganisation befasst sich mit der Einlastungsreihenfolge von Kommissionieraufträgen. Dabei können Faktoren wie Dringlichkeit, Auftragsgröße und -struktur sowie die Versandart berücksichtigt werden, um die Auslastung in der Kommissionierung sowie die Termintreue zu optimieren.

Auf wichtige Einzelheiten der Organisationssysteme für die Kommissionierung wird im Nachfolgendem (mit einem besonderen Schwerpunkt auf die Aufbauorganisation) eingegangen.

10.3.2.1 Aufbauorganisation/Zoneneinteilung

Die Aufbauorganisation stellt als Basis die Struktur innerhalb des Kommissioniersystems dar. Sie beruht auf einer gründlichen Analyse des Sortiments und dessen Eigenschaften. Darauf aufbauend werden die Anforderungen bezüglich Kapazität und Leistung an das Kommissioniersystem festgelegt.

Da die Systeme unterschiedliche Schwerpunkte und Charakteristika aufweisen, ist es empfehlenswert Bereiche für differente Artikel einzurichten. Diese Bereiche werden Zonen genannt. Kommissionierzonen fassen eine Gruppe Artikel mit ähnlichen Eigenschaften zusammen. Sie sind somit räumliche Einheiten, in welchen eine darauf abgestimmte Kommissioniertechnik angewandt werden kann. Dabei wird zwischen einzonigen und mehrzonigen Systemen unterschieden.

In einzonigen Kommissioniersystemen wird für alle Produktgruppen dieselbe Technik und somit das selbe Kommissionierprinzip verwendet. Hierbei bestehen keine organisatorischen Zonen. Mehrzonige Systeme hingegen verwenden entweder verschiedene Teilsysteme/Kommissionierprinzipien für unterschiedliche Produktgruppen, oder verfügen über organisatorische Zonen (z. B. abgegrenzte Arbeitsbereiche, ABC-Zonung).

Im Nachfolgenden werden einzelne Teilprozesse der Aufbauorganisation beschrieben.

10.3.2.2 Sammeln

Bei den Kommissionierverfahren müssen grundsätzlich einstufige Kommissionierung und zweistufige Kommissionierung unterschieden werden.

Einstufige Kommissionierung Hier erfolgt die Kommissionierung durch direkte Zuordnung von Artikeln zu Auftragspositionen der Bestellung; im einfachsten Fall können die Kundenaufträge, ergänzt durch Lagerplatzangaben, vom Kommissionierer direkt als Entnahmeliste genutzt werden.

Zweistufige Kommissionierung ("Batch-Kommissionierung") Hier erfolgt die Zuordnung von Artikeln zu Kundenauftragspositionen erst im zweiten Schritt in einem Sortiervorgang. Im ersten Schritt wird artikelbezogen kommissioniert; das heißt die Artikelpositionen aller Aufträge werden gebündelt und Artikel für Artikel, nicht Kundenauftrag für Kundenauftrag, abgearbeitet.

Der Vorteil der zweistufigen Kommissionierung liegt darin, dass alle in einer größeren Auftragsmenge auftretenden identischen Artikel in einem einzigen Kommissioniervorgang gepickt werden können, d. h. die Bereitstelleinheit ist nur einmal anzusteuern oder zum Entnahmeplatz zu befördern. Es können sowohl die Wegzeiten als auch die Greifzeiten erheblich reduziert werden.

Dieser Vorgang setzt die Sammlung mehrerer Kundenaufträge in Auftragsstapeln („Batches") voraus. Nachdem die gesamten im Auftragsstapel entnommenen Einheiten gesammelt wurden, erfolgt im zweiten Schritt die Verteilung einzelner Entnahmeeinheiten auf die Kundenaufträge. Diese Technik ist nur sinnvoll, wenn Massenkommissionierung vorliegt, d. h. viele Positionen in jeweils großen Mengen.

Beim Batch-Kommissionieren müssen weiter zwei Arten unterschieden werden:

fixed batch bezeichnet die Abarbeitung einer Auftragsliste in Abschnitten oder Arbeitspaketen fixierter zeitlicher Länge oder Größe. Der resultierende Batchwechsel dient zum konsolidierten Abschluss des Vorgangs, bedingt jedoch den Nachteil einer nicht kontinuierlichen Abarbeitung.

floating batch kontinuierliches Abschließen und Hinzufügen von Kommissionieraufträgen, z. B. beim Sortereinsatz, so dass die Summe der durchschnittlich gleichzeitig in Bearbeitung befindlichen Aufträge möglichst hoch ist.

Die nachfolgende Aufstellung zeigt die Vor- und Nachteile der Batch-Kommissionierung auf:

- Mehrere Auftragspositionen pro Kommissionierposition
- Kürzere Wegzeiten
- Kürzere Kommissionierzeiten
- Geringere Fehlerrate bei automatischer Sortierung
- Mehr Fördertechnik
- Kompliziertere Materialflusssteuerung

10.3.2.3 Entnahme

Die Entnahme beschreibt den Zugriff des Kommissionierers auf die Güter. Dabei kann zum einen zwischen manueller, mechanisierter und automatischer Entnahme unterschieden werden:

- Manuelle Entnahme: Durchführung durch Menschen
- Mechanisierte Entnahme: Durchführung durch Mensch mit Geräte-Unterstützung
- Automatische Entnahme: Selbständig, ohne Mensch

Ergänzend kann eine Unterscheidung in auftrags- und artikelorientierte Entnahme gemacht werden.

- Artikelorientierte Entnahme: Zugriff auf einen Artikel erfolgt gleichzeitig für mehrere Aufträge
- Auftragsorientierte Entnahme: Artikel werden für jeden Auftrag einzeln entnommen

Einen speziellen Fall der Artikelentnahme stellt die inverse Kommissionierung dar. Diese bezeichnet den Vorgang der Entnahme, wenn die Bestellmenge nahezu einer ganzen Bereitstellungseinheit entspricht. Die nicht benötigte Menge wird abkommissioniert und im Kommissionierbereich gelassen oder wieder eingelagert. Dies erspart aufwendiges Abpacken der Bestellmenge.

10.3.2.4 Abgabe

Nach der Entnahme der Güter, werden diese in einem Sammelbehältnis oder auf ein Förderband abgelegt.

Auch in diesem Fall gibt es wieder einige Differenzierungsmöglichkeiten:

- Statische Abgabe: Abgabe in einen unbewegten Behälter
- Dynamische Abgabe: Abgabe erfolgt auf ein sich in Bewegung findendes Fördermittel (z. B. Stetigförderer)
- Zentrale Abgabe: fest definierter Abgabeort
- Dezentrale Abgabe: Abgabe erfolgt an unterschiedlichen Orten

Ebenso wie bei der Entnahme können zusätzlich die auftragsorientierte und die artikelorientierte Abgabe unterschieden werden:

- Auftragsorientierte Abgabe: Der entnommene Artikel wird unmittelbar in einen zum Auftrag gehörenden Sammel- oder Versandbehälter gelegt
- Artikelorientierte Abgabe: nachfolgende Sortierung und Zuordnung zu Aufträgen notwendig

10.3.2.5 Auftragssteuerung

Die Betriebsorganisation innerhalb der Kommissioniersysteme ist auftragsgesteuert [10, S. 40]. Sie befasst sich mit der zeitlichen Reihenfolge, in welcher die ankommenden Aufträge bearbeitet werden.

Dies kann generell mit Optimierung und ohne Optimierung erfolgen:

Ohne Optimierung werden die Aufträge nach ihrer zeitlichen Ankunftsreihenfolge sequenziell bearbeitet. Werden die Aufträge in einer vorher geplanten Reihenfolge bearbeitet, setzt dies die Optimierung voraus. Hierbei werden zudem der Personaleinsatz, sowie die Systemleistung bestimmt. In der Praxis ist dies der häufigste Fall. Zu beachten sind dabei Faktoren wie z. B. saisonale Schwankungen der Auftragsmenge, Auslastung der Kapazität, Personalbestand oder Priorisierung von Kunden.

10.3.2.6 Zusammenfassung

Die Tab. 10.2 erfasst die wichtigsten Aufgaben und Hintergründe der Aufbau-Ablauf und Betriebsorganisation komprimiert zusammen.

10.3.3 Materialflusssystem

Wie immer besteht auch die Kommissionier-Logistik aus den 2 Teilbereichen

- des Physischen Materialflusses und
- des Informationsfluss.

Im Nachfolgenden werden die Physischen Materialflusssystem der Kommissionierung beschrieben. Danach erfolgt im Abschn. 10.3.4 die Beschreibung der Informationsflusssysteme.

Tab. 10.2 Morphologischer Kasten Organisationssystem [9]

Teilsysteme	Kriterien	Realisierungsmöglichkeiten		Bestimmungs-faktoren (Beispiele)
Aufbau-organisation	Zonenaufteilung	Einzonig	Mehrzonig	Artikel-eigenschaft, bauliche Gegebenheiten
Ablauf-organisation	Sammeln	Nacheinander	Gleichzeitig	Durchlaufzeit, Mengendurchsatz
	Entnahme	Artikelorientiert	Auftragsorientiert	Zugriffshäufigkeit
	Abgabe	Artikelorientiert	Auftragsorientiert	Auftragsgröße, Auftragsvolumen
Betriebs-organisation	Auftrags-steuerung	Ohne Optimierung	Mit Optimierung	Personalbedarf, Versandart, Systemleistung

10.3.3.1 Grundfunktionen der Kommissionierung

Im Nachfolgenden werden jetzt die wesentlichen Grundfunktionen erklärt, systematisiert und strukturiert. Dies erfolgt nach folgenden Gliederungspunkten:

- Bewegung der Güter[3] zur Bereitstellung
- Bereitstellung
- Fortbewegung des Kommissionierers zur Bereitstellung
- Entnahme der Güter durch den Kommissionierer
- Transport der Güter zur Abgabe
- Abgabe der Güter
- Transport der Kommissioniereinheit[4] zur Abgabe
- Abgabe der Kommissioniereinheit
- Rücktransport der angebrochenen Ladeeinheit

Entsprechend der VDI-Norm 3590-1 [9] sind die Grundfunktionen der Kommissionierung hinsichtlich der Realisierungsmöglichkeiten, der betreffenden Materialflusseinheit und mit Beispielangaben in der Abb. 10.43 zusammengefasst.

10.3.3.2 Bewegung der Güter zur Bereitstellung

Den ersten Vorgang, der dem Materialfluß in einem Kommissioniersystem zugehörig ist, bildet die Bewegung der Güter zur Bereitstellung. Darunter wird die Bewegung verstanden, die speziell für den vorliegenden Kommissionierauftrag ausgeführt wird. Diese Bewegung ist je nach Ausführungsform des Kommissioniersystems notwendig. Beispielhaft ist hier eine dem Hochregal vorgelagerte Kommissionierzone zu nennen, der die palettierten Artikel auftragsgerecht über ein Regalbediengerät zugeführt werden. Die erste Realisierungsalternative in der Bewegung der Güter zur Bereitstellung lautet somit keine Bewegung (bei Person-zur-Ware-Kommissionierung) oder Bewegung.

Weiterhin kann die Bewegung der Güter zur Bereitstellung nach der Dimension der Fortbewegung in die Alternativen ein-, zwei- und dreidimensional unterschieden werden. Die eindimensionale Bewegung wird häufig über Rollenbahnen, vermehrt jedoch auch durch verfahrbare Automatische Flurförderzeuge abgewickelt. Ein Regalbediengerät führt durch die gleichzeitige Horizontal- und Vertikalbewegung eine zweidimensionale Verfahrbewegung aus. Dreidimensionale Verfahrbewegungen, wie sie z. B. in Blocklagern vorkommen, können beispielsweise durch Stapelkrane realisiert werden.

Eine dritte wichtige Unterscheidung bezüglich des Materialflusses bei der Bewegung der Güter zur Bereitstellung kann durch die Varianten manuell, mechanisiert oder automatisiert

---

[3]Da Kommissioniervorgänge sehr häufig in Distributionssystemen des Handels durchgeführt werden, findet synonym der Begriff Ware Verwendung.

[4]Eine Kommissioniereinheit ist eine Ladeeinheit, die den kommissionierten Auftrag oder Teilauftrag erhält.

MATERIALFLUSS-SYSTEM					
Vorgang	Realisierungsmöglichkeiten			Materialfluß-einheit	Beispiele
Transport der Güter zur Bereitstellung		findet statt		Beschickungs-einheit	Palette Behälter Tray/Tablar
	findet nicht statt	eindimensional	zweidimensional	dreidimensional	
		manuell	mechanisch	automatisch	
Bereitstellung	statisch		dynamisch	Bereitstell-einheit	Palette Behälter, Schachtel Tray/Tablar
	zentral		dezentral		
	geordnet		ungeordnet		
Bewegung des Kommissionierers zur Bereitstellung		findet statt		Sammel-einheit	Palette Behälter, Schachtel Tray/Tablar
	findet nicht statt	eindimensional	zweidimensional	dreidimensional	
		manuell	mechanisch	automatisch	
Entnahme der Güter durch den Kommissionierer	manuell	mechanisch		automatisch	Entnahme-einheit	Schachtel Bündel, Packung Einzelteil
	ein Teil pro Zugriff		mehrere Einzelteile je Zugriff		
Transport der Güter zum Abgabeort		findet statt		Sammel-einheit	Palette/Behälter Schachtel Tray/Tablar
	findet nicht statt	eindimensional	zweidimensional	dreidimensional	
		manuell	mechanisch	automatisch	
Abgabe	statisch		dynamisch	Sammel-einheit Versandeinheit	Palette Behälter, Schachtel Tray/Tablar
	zentral		dezentral		
	geordnet		ungeordnet		
Rücktransport der angebrochenen Ladeeinheiten		findet statt		Beschickungs-einheit	Palette Behälter Tray/Tablar
	findet nicht statt	eindimensional	zweidimensional	dreidimensional	
		manuell	mechanisch	automatisch	

Abb. 10.43 Materialflusstechnische Grundfunktionen der Kommissionierung mit ihren alternativen Realisierungsmöglichkeiten [9]

erfolgen. Nach [9] wird eine *manuelle* Bewegung vollständig durch den Menschen, ohne Hilfsmittel, ausgeführt. Eine *mechanisierte* Fortbewegung erfolgt unter Zuhilfenahme von Geräten, die der Mensch bedient. Eine *automatisierte* Bewegung erfolgt mit vollständig automatischen Fördermitteln ohne menschlichen Eingriff. Die technische Umsetzung der Bewegung der Güter zum Bereitstellungspunkt kann über eine Vielzahl von Fördermitteln erfolgen (vgl. Kap. 9, Fördertechnik). Stetigförderer, wie Rollenbahnen, Kettenförderer und Kreisförderer, sowie Unstetigförderer, wie Elektrohängebahnen, Regalbediengeräte, Automatische Flurförderzeuge und Stapler, werden gleichermaßen verwendet.

10.3.3.3 Bereitstellung der Güter

Die Bereitstellung der Güter kann statisch oder dynamisch erfolgen, was im Besonderen für automatisierte Kommissioniersysteme von Belang ist. Bei der statischen Bereitstellung befinden sich die Güter während des Entnahmevorganges im Ruhezustand. Auch die Bereitstellung durch Fördermittel, wie Rollenbahnen oder Automatische Flurförderzeuge, auf denen sich die Güter während der Entnahme in Ruhe befinden, wird als statisch definiert.

Sind die zu kommissionierenden Güter jedoch während des Entnahmevorganges in Bewegung, so spricht man von einer dynamischen Bereitstellung.

Die Bereitstellung wird weiterhin gemäß Abb. 10.43 in zentral/dezentral sowie geordnet/teilgeordnet/ungeordnet unterschieden. Da zukünftig verstärkt Roboter und Automaten den Kommissionierbereich erschließen, ist eine Differenzierung der Bereitstellung hinsichtlich des Ordnungszustandes sinnvoll. Diese Alternative ist gerade für automatisierte oder auch mechanisierte (d. h. mit technischen Hilfsmitteln ausgestattete und vom Menschen gesteuerte) Kommissioniersysteme charakteristisch, da hiervon die Art der Sensorik abhängig ist, die zur Lageerkennung und Bahnverfolgung der bereitgestellten Güter notwendig ist.

Eine geordnete Bereitstellung liegt vor bei hinsichtlich Position und Orientierung genau definierten Gütern (z. B. Getränkeflaschen in einem Behälter, also aufrecht stehend an einem festen Platz). Eine teilgeordnete Bereitstellung weist entweder eine definierte Position oder Orientierung auf (z. B. aufrecht stehende Getränkeflaschen, die jedoch bezüglich der Position ungeordnet auf einem Förderband bewegt werden). Als ungeordnet hingegen wird die Bereitstellung bezeichnet, wenn weder Position noch Orientierung festgelegt sind (z. B. Getränkeflaschen, die sich stehend und liegend ungeordnet in einem Behälter befinden).

Die Bereitstellung wird als dezentral bezeichnet, wenn die Güter an verschiedenen Orten bereitgestellt werden. Der Kommissionierer muss sich also zum Gut begeben (Prinzip Person-zur-Ware), beispielsweise in einem Regalgang hin- und herlaufen. Dies kann auch bei der Bereitstellung durch mehrere Fördermittel an verschiedenen Bereitstellpunkten der Fall sein. Von zentraler Bereitstellung ist äquivalent dann zu sprechen, wenn das Gut zum Kommissionierer kommt (Prinzip Ware-zur-Person). Es muss ein zentraler Bereitstellungspunkt im Kommissioniersystem vorhanden sein.

Aus technischer Sicht kann die Bereitstellung der Güter zum einen direkt in den Regalfächern eines Kommissionierlagers erfolgen. Gut dafür geeignet sind z. B. Palettenlager, Behälterlager, Fachbodenlager, Durchlaufregallager, Kragarmlager und Umlauflager (vgl. Kap. 8, Lagertechnik. Dabei kann die Kommissionierung direkt im Lager, in der Lagervorzone oder in einem eigenen Kommissionierlager erfolgen. Erfolgt die Kommissionierung in der Lagervorzone, müssen die Ladeeinheiten in diesen Bereich transportiert werden. Nach der Entnahme werden die angebrochenen Ladeeinheiten entweder in das Lager zurückbefördert, oder sie verbleiben bis zur erneuten Entnahme in einem gesonderten Anbruchlager.

Alternativ können aber auch die Fördermittel, die auch die Bewegung der Güter zur Bereitstellung übernehmen, die eigentliche Bereitstellung darstellen.

10.3.3.4 Fortbewegung des Kommissionierers zur Bereitstellung

Abhängig davon, ob die Bereitstellung zentral oder dezentral ausgeführt ist, gestaltet sich auch die Fortbewegung des Kommissionierers zur Bereitstellung. Gilt das Prinzip Ware-zur-Person, ist nach Abb. 10.43 keine Fortbewegung notwendig. Wird jedoch nach dem Prinzip Person-zur-Ware verfahren, ist die Fortbewegung des Kommissionierers notwendig. Diese kann in Anlehnung an die Bewegung der Güter zur Bereitstellung in die Alternativen ein-/zwei-/dreidimensional sowie manuell/mechanisiert/automatisiert unterschieden werden.

Die Fortbewegung des Kommissionierers zur Bereitstellung stellt einen Bereich der Kommissionierung dar, in dem für den Menschen sehr viele technische Hilfsmittel entwickelt wurden. Für die Fortbewegung des Kommissionierers in der Ebene werden in erster Linie nicht angetriebene Handwagen, Gabelhubwagen (angetrieben und nicht angetrieben) sowie angetriebene Kommissionierwagen mit Fahrerstand verwendet. Letztere werden zur Entlastung des Kommissionierers von der Lenktätigkeit in der Regalgasse vielfach induktiv oder mechanisch zwangsgeführt. Für die zweidimensionale Fortbewegung des Kommissionierers vor einem Hochregal werden häufig Regalbediengeräte und Kommissionierstapler eingesetzt.

Person-zur-Ware-Kommissionierung

Bei der Person-zur-Ware-Kommissionierung bewegt sich der Kommissionierer entsprechend Abb. 10.46 an einer Regalzeile, entnimmt aus den Kartons das zu kommissionierende Produkt und legt es in eine Sammelbox (scannt das Produkt), die auf einem Rollenförderer platziert ist und von ihr entlang der Regalzeile weiterbewegt wird.

eine weitere Anordnung für Personen zur Waresysteme bilden sogenannte Tunnelsysteme mit Durchlaufregalen, entsprechend der Abbildung Abb. 10.44

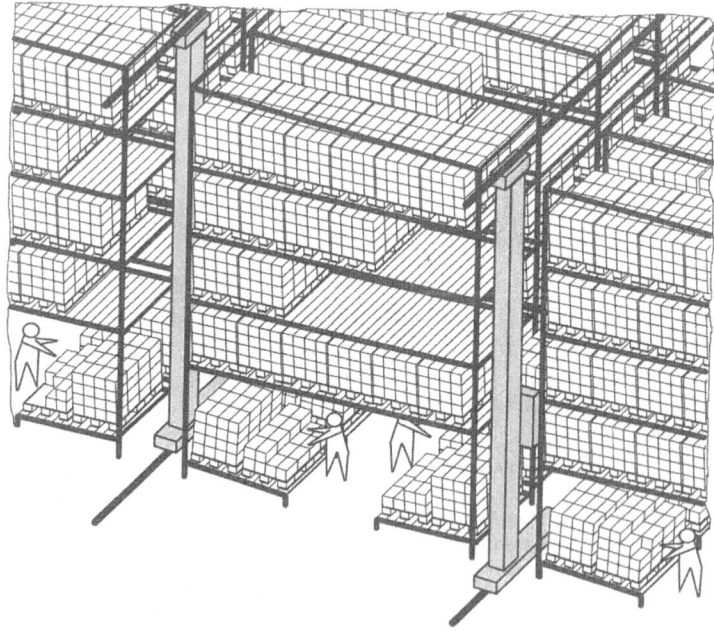

Abb. 10.44 Tunnelsystem mit Durchlaufregal [5, S. 241]

Bei Tunnelsystemen werden auf Basis von Palettenregalen in der untersten Ebne die Ware von Kommissionierern entnommen, die Nachschubware befindet auf den Ebenen oberhalb der Kommissionierzone, Die Nachschubware wird durch ein Regalbediengerät auf die unteren Ebenen zur Kommissionierung transportiert. Die Tunnellagersysteme mit Durchlaufregal sind natürlich platzsparend. Eine weitere Möglichkeit der Gestaltung der Kommissionierplätze bei dem Prinzip Mann zur Ware bilden sogenannten Kommissioniernester (siehe Abb. 10.45)

Bei den sogenannte Kommissioniernestern wird der sonst üblich hohe Wegezeitanteil in die manuellen Kommissionierungen dadurch minimiert, dass entsprechend der Abbildung ein Einzelner Kommissionierer in dem C-förmig angeordneten Bereitstellungsregal ohne große Wege schnell Kommissioniergriffe ausführen kann. Hiermit sinkt der Wegezeitanteil und steigt die Kommissionierleistung. Bei solchen Kommissioniernestern können bis zu 1000 Picks pro Stunde und Person erreicht werden [5, S. 241]. Kommissioniernester werden beschränkt auf kleine Entnahme, Volumina und kleine Entnahmemengen (Abb. 10.46).

Das Prinzip Person-zur-Ware kann auch mit technischen Hilfsmitteln realisiert werden. Die Abb. 10.47 zeigt beispielsweise einen Kommissionierer auf einem Regalbediengerät, wodurch auch die Höhenkoordinate für die Kommissionierung im Regal genutzt wird.

Die Abb. 10.48 zeigt Kommissionierfahrzeuge in zwei verschiedenen Ausführungsformen.

Kommissionierfahrzeuge sind in der Regel mit einem einfach zu erreichenden Sitz- oder Stehplatz sowie mit einem Informationssystem für den Bediener ausgestattet.

Im Jahre 2016, ist erstmalig von der Firma Still ein autonom fahrendes Flurförderzeug siehe Abb. 10.49, 10.50 und 10.51.

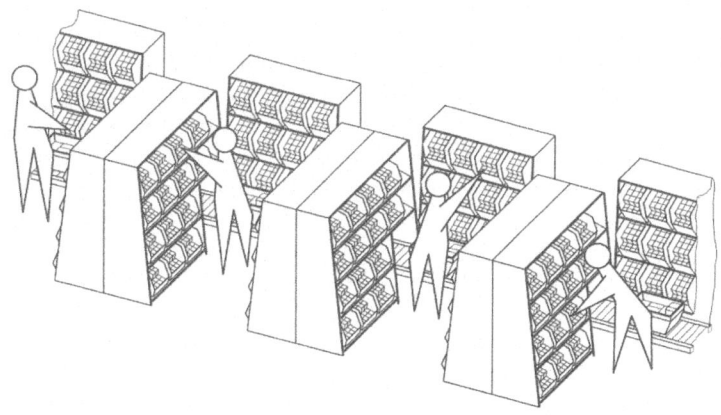

Abb. 10.45 Kommissioniernester [5, S. 242]

Abb. 10.46 Person-zur-Ware-Kommissionierung mittels Pick-to-Light-Technik. (Quelle: Vander-lande Industries B.V.)

entwickelt worden und in den den Markt gebracht worden. Bei diesem Flurförderzeug wird die zu kommissionierende Ware auf einer Palette, die vom Fahrzeug bewegt wird, manuell kommissioniert wird. Der horizontal Kommissionierer erkennt seinen Kollegen aus Fleisch und Blut und folgt ihn eigenständig auf Schritt und Tritt. Das autonome Flurförderzeug übernimmt dabei alle Fahrprozesse, so dass sich das Lagerpersonal auf die eigentliche Pick-Tätigkeit konzentrieren kann.

Abb. 10.47 Kommissioniererin auf Kommissinierstapler mit Schwenkgabel. (Quelle: Linde Material Handling GmbH)

Das Fahrzeug weicht Hindernissen aus und stoppt bei Bedarf um Kollisionen zu vermeiden. Die entsprechenden Sicherheitszonen sind in Abb. 10.50. Die Kommunikation der Kommissionierer lenkt und leitet das Fahrzeug. Über die Fernbedienung am Oberarm des Kommissionierers (siehe Abb. 10.51) lässt sich das Fahrzeug anhalten und zum Kommissionierer delegieren.

(a): Hochhubkommissionierer   (b): Hochhubkommissionierflurförder-
                                   fahrzeug mit Gabelzinken

Abb. 10.48 Zwei Ausführungen von Kommissionierflurförderfahrzeuge. (Quelle: Jungheinrich AG)

Zum Abschluss dieses Teilkapitels, werden im Nachfolgen die Vor- und Nachteile des Prinzipes Mann-zur-Ware dargestellt:

Vorteile
- Minimaler technischer Aufwand
- Einfache, ohne DV realisierbare Organisation
- Gleichzeitige Bearbeitung von diversen Auftragstypen möglich (Eil-, Teil-, Einzel- bzw. Serienaufträge)
- Hohe Flexibilität gegenüber Durchsatzschwankungen und Sortimentsveränderungen
- Eignung für die gesamte Sortimentpalette (klein, groß, schwer, sperrig)

Nachteile
- Lange Wege für den Kommissionierer bzw. für verwendete Geräte
- Großer Grundflächenbedarf (Warenbereitstellung, Kommissioniergassen, räumliche Trennung von Beschickung und Entnahme)
- Schwieriges Nachschub- und Leergutmanagement

Bewegt sich der Kommissionierer zu den Bereitstellplätzen, bestehen folgende Möglichkeiten:

Abb. 10.49 Flurförderzeug zur Kommissionierung Person-zur-Ware (Fahrzeug folgt autonom dem Kommissionierer). (Quelle: STILL GmbH)

- Der Kommissionierer geht zu Fuß mit einem Handwagen zur Aufnahme der Ware von Platz zu Platz
- Der Kommissionierer fährt ebenerdig mit einem Horizontalkommissioniergerät (HKG) oder einem speziellen Pick-Mobil zu den Bereitstellplätzen.
- Der Kommissionierer fährt auf einem Vertikalkommissioniergerät (VKG), das sich in einer additiven Fahr- und Hubbewegung horizontal und vertikal fortbewegt.

Abb. 10.50 Sicherheitszonen beim autonomen Kommissionierfahrzeug. (Quelle: STILL GmbH)

• Der Kommissionierer befindet sich auf einem Regalbediengerät (RBG), das sich gleichzeitig horizontal und vertikal fortbewegen kann.

In den ersten drei Fällen ist die Fortbewegung des Kommissionierers eindimensional
(vor/zurück, Abb. 10.52a, b), im letzten zweidimensional (vor/zurück und hoch/runter,
Abb. 10.52c).

Abb. 10.51 Fernbedienung. (Quelle: STILL GmbH)

(a): Eindimensionale Fort- (b): Eindimensionale Fort- (c):   Zweidimensionale
bewegung, zentrale Abga- bewegung, dezentrale Ab- Fortbewegung,   zentrale
be   gabe   Abgabe

Abb. 10.52 Bewegungsmuster des Kommissionierers bei statischer Bereitstellung und manueller Entnahme [11, S. 732]

Die im Rahmen eines Person-zur-Ware-Kommissioniersystems anwendbaren Wegstrategien lassen sich in folgende sechs Varianten unterteilen (siehe Abb. 10.53):

Schleifengangstrategie ohne Überspringen Der Kommissionierer geht, beginnend mit der ersten, durch alle Gassen, auch wenn sich nicht in jeder Gasse ein Artikel des Kommissionierauftrags befindet. Nachdem er sich so mäandrierend durch das gesamte Lager bewegt hat, kehrt er zur Basis zurück, um den Kommissionierauftrag abzuschließen.
Schleifengangstrategie mit Überspringen Diese Strategie unterscheidet sich von der vorher genannten dadurch, dass Gassen, in denen sich keine Artikel des Kommissionierauftrags befinden, übersprungen werden können. Der zurückgelegte Weg kann dadurch reduziert werden.

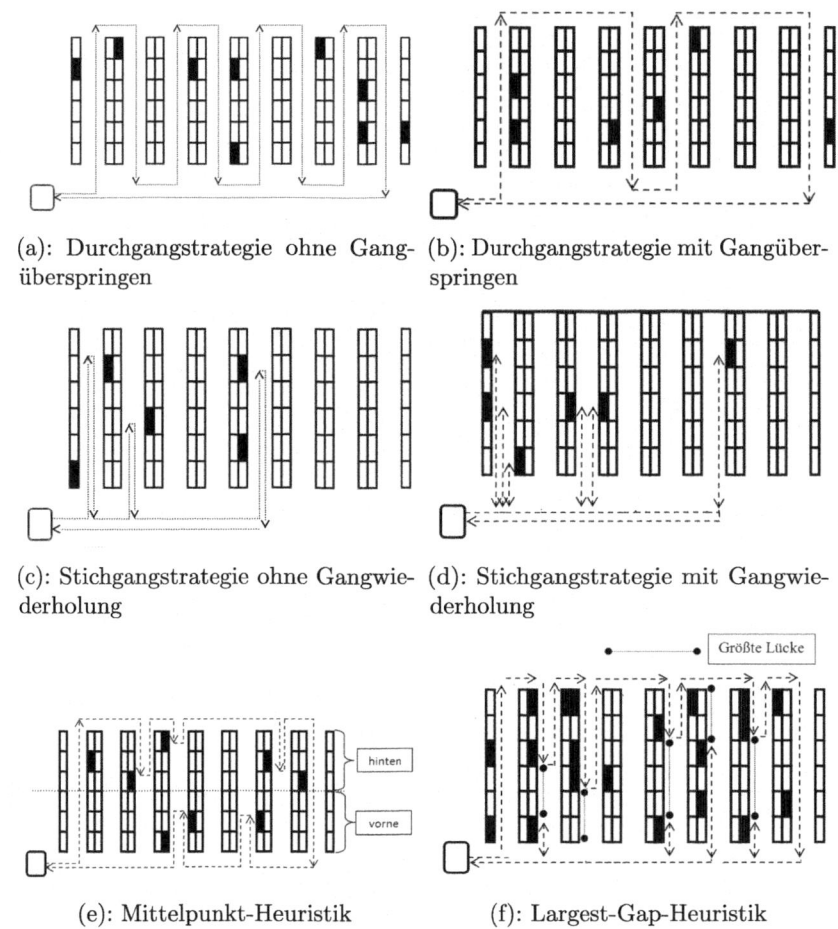

(a): Durchgangstrategie ohne Gang-   (b): Durchgangstrategie mit Gangüber-
überspringen   springen

(c): Stichgangstrategie ohne Gangwie- (d): Stichgangstrategie mit Gangwiederholung   derholung

(e): Mittelpunkt-Heuristik   (f): Largest-Gap-Heuristik

Abb. 10.53 Wegstrategien des Kommissionierers in der manuellen Person-zur-Ware-Kommissionierung. (Quelle: IFT)

Stichgangstrategie ohne Gangwiederholung Die Stichgangstrategie in Form einer Durchgangstrategie wird angewandt bei hohen Positionsanzahlen je Auftrag. Sie bietet sich an, wenn ein Gangwechsel nur an einer Stirnseite möglich ist, weil z. B. auf der anderen Stirnseite die Nachschubgeräte zur Neubeschickung der Kommissionierfächer verkehren.

Stichgangstrategie mit Gangwiederholung Der Kommissionierer bewegt sich überwiegend entlang der Stirnseite der Regale und betritt nur die Gassen, in denen sich Artikel befinden, die er entnehmen muss. Bei dieser Strategie werden die Artikel des Kommissionierauftrags, die sich in derselben Gasse befinden, einzeln zur Stirnseite der Regale transportiert.

Diese Strategie muss angewendet werden, wenn die Kommissioniergänge so schmal sind, dass ein Kommissioniergerät nicht hineinfahren kann und daher die Entnahmemenge nach der Entnahme aus dem Regalfach zu Fuß zum Gang gebracht werden muss. Diese Strategie kommt auch zum Einsatz, wenn sich mehrere Kommissionierer innerhalb einer Gasse gegenseitig behindern. Dem Vorteil der Platzeinsparung durch schmale Gänge steht der Nachteil längerer Wegzeiten wegen der Gangwiederholung gegenüber.

Mittelpunkt-Heuristik Hierbei handelt es sich um eine Sonderform der Stichgangstrategie. Der Kommissionierer bewegt sich entlang der Stirnseite der Regale und betritt die Gassen, in denen für seinen Kommissionierauftrag relevante Artikel entnommen werden müssen. Allerdings nimmt er nur die Artikel der ersten Hälfte der Gasse auf und begibt sich dann zur Stirnseite zurück. Die Artikel der zweiten Hälfte werden den Regalen entnommen, nachdem sich der Kommissionierer auf die Rückseite der Regale begeben hat.

Largest-Gap-Heuristik Die Largest-Gap-Heuristik ist vergleichbar mit der Mittelpunkt-Heuristik, unterscheidet sich jedoch dadurch, dass der Kommissionierer nicht bis zur Mitte der Gasse geht, sondern bis er auf die größte Lücke stößt. Die Lücke ist der Abstand zwischen zwei Entnahmeorten innerhalb derselben Gasse. Die noch nicht entnommenen Artikel der Gasse werden auf dem Rückweg über die Rückseite der Regale der jeweiligen Gasse entnommen.

Ware-zur-Person-Kommissionierung

Bei der Ware-zur-Person-Kommissionierung wird für jede Position eines Auftrages eine Bereitstelleinheit mit Hilfe eines automatischen Fördersystems (Regalbediengerät, Shuttle, automatisches Kleinteile-Lager AKL, etc.) vom Lagerplatz zur Kommissionierzone gefördert.

Am Beispiel einer AKL-Kommissioniereinhiet wird die Vorgehensweise exemplarisch geschildert. Der Kommissionierer entnimmt die geforderte Anzahl Artikel (Abb. 10.54), quittiert die Entnahme und lässt den Rest der Bereitstelleinheit, d. h. die nicht entnommenen Artikel, wieder einlagern. Die Ein- und Auslagerung erfolgt bei AKL i. d. R. mittels Doppelspiel.

Die nachfolgende Aufstellung zeigt die Vor- und Nachteile des Prinzips Ware-zur-Person.

Vorteile
- Hohe Kommissionierleistung
- Einfache Realisierbarkeit des Pick-and-Pack Prinzips
- Geringerer Grundflächenbedarf (Fortfall der Kommissioniergassen)
- Einfaches Leergutmanagement

Abb. 10.54 Ware-zum-Mann
(WZM) mittels automatischem
Kleinteilelager. (Quelle:
Kardex AG)

Nachteile
- Hohe Investitionen für automatische Lager- und Bereitstellsysteme und Fördertechnik
- Eingeschränkte Flexibilität bei schwankenden Leistungsanforderungen

Automatische Kommissionierung

Wie oben bereits ausgeführt, erfolgt die Kommissionierung nicht nur durch Menschen mit oder ohne technische Hilfsmittel (Regalbediengerät, AKL, Kommissionierstapler etc.), sondern auch durch Kommissionierautomaten und -roboter, wie z. B. Schachkommissionierer für Medikamentenschachteln bzw. Kommissionierroboter für größere Packstücke. Die Abb. 10.55 zeigt ein Schachkommissionierer bei dem Medikamentenpackungen durch den Automaten auf das Band und dann in die Versandkiste des Kunden gegeben werden.

Die Abb. 10.56 zeigt zwei moderne Flächenportalroboter, wobei die Abb. 10.56a die Kommissionierung von Quaderförmigen Paketen unterschiedlicher Größe für unterschiedliche Produkte zeigt (dabei Kommissioniert der Roboter auf eine im Bild nicht zu erkennende

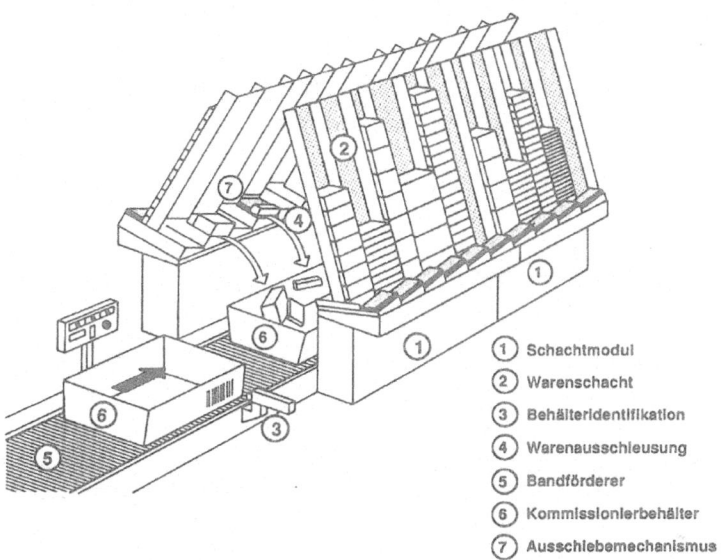

1 Schachtmodul
2 Warenschacht
3 Behälteridentifikation
4 Warenausschleusung
5 Bandförderer
6 Kommissionierbehälter
7 Ausschiebemechanismus

Abb. 10.55 Schachtkommissionierer [1, S. 677]

in der mittleren Schiene verlaufende Palette) und die Abb. 10.56b zeigt einen Ausschnitt aus der Getränkelogistik, genauer vom Handling und der Kommissionierung von Bierkisten.

Bei beiden Anwendungen ist die eigentliche Robotereinheit ein Portalroboter, der über die Fläche verfahren kann. Die Greifer sind jeweils auf die spezifische Kommissionieraufgabe (Pakete bzw. Bierkisten) angepasst.

Bei der Abb. 10.56b erfolgt die Zu-und Abführung der Bierkisten über Stetigförderer, die rechts und links von der Abbildung zu erkennen sind. Das Handling der Flaschen erfolgt mittels Roboter.

Die Abb. 10.57 zeigt die 2. Generation eines Roboters zum sogenannten Lose Picking, Hier geht es um die Kommissionierung von Nachschubware für Handelsketten, wie hier des Lebensmittelhandels, wobei der in der Mitte abgebildete Roboter einzelne Nachschubmengen (in Kartons) Trays oder geschrumpfte Getränkeflaschen automatisch greift und nach rechts auf die sogenannte Ladennachlieferungspalette sofort automatisch stapelt, dass ein Ladungssicherer Transport möglich ist. Hierfür wird eine spezifische Software zur Stapelung verwendet, die auch die Reihenfolge der Stapelung angibt.

Die Abb. 10.58 zeigt ebenfalls wie rasant sich die automatischen Kommissioniersysteme weiterentwickelt haben. Dargestellt ist ein selbstständig arbeitender Roboter, der ohne Umzäunung selbstständig und automatisch Produkte aus einem Quellbehälter, siehe links, zunächst identifiziert und dann greift, an diesem Beispiel ein Badeschuh, diesen über ein Identifizierungsgerät führt, vorne Mitte, und dann das Produkt dem Kundenkarton links (Zielbehälter) einlegt.

(a): Flächenportalroboter für Kartons

(b): Flächenportalroboter für Getränkelogistik

Abb. 10.56 Fächenportalroboter. (Quelle: RO-BER Industrieroboter GmbH)

An dieser Stelle sei auf das Abschn. 7.5, Ladeeinheitenbildung verwiesen.

Nach dem relativ langen Ausführungen zu manueller und automatischer Kommissionierung wenden wir uns entsprechend der Gliederung des Unterabschnitt 10.3.3, Materialflusssystem dem Thema der Grundfunktion, diesmal mit dem Unterunterabschnitt 10.3.3.6, Transport der Güter zur Abgabe bis zum Unterunterabschnitt 10.3.3.10, Rücktransport der angebrochenen Ladeeinheit beschäftigen, um diese Aufgaben abzuschließen.

Abb. 10.57 Loses Picking. (Quelle: Vanderlande Industries B.V.)

Abb. 10.58 Smart Item greift Einzelteile. (Quelle: Vanderlande Industries B.V.)

10.3.3.5 Entnahme der Güter durch den Kommissionierer

Die Entnahme der Güter durch den Kommissionierer, also die Vereinzelung von Bereitstellungseinheiten zu Entnahmeeinheiten, kann in den Alternativen manuell, mechanisiert und automatisiert erfolgen. Eine manuelle Entnahme erfolgt durch den Menschen, eine automatisierte verläuft selbsttätig durch entsprechende Automaten und ohne menschlichen Eingriff. Bei der mechanisierten Entnahme werden vom Menschen gesteuerte Hilfsmittel (Greifer, Hebemittel, aber auch Krane) eingesetzt, wobei sich die Steuerungsbefehle auf elementare Eingaben wie Start oder Stop reduzieren.

Die Entnahme wird aber auch wesentlich durch das Entnehmen von Einzelstückgütern oder Sammelstückgütern geprägt. Sammelstückgüter sind zu einer Greifeinheit zusammengeschlossene Einzelstückgüter. Das Zusammenfassen der Einzelstückgüter zu Sammelstückgütern kann über die Verpackung oder über die Verwendung von Ladehilfsmitteln geschehen. Man begegnet Sammelstückgütern beispielsweise im Behälterlager, wo oftmals nicht stapelfähige Güter oder Kleinteile in speziellen Behältern gelagert werden. Diese ermöglichen zudem eine einfachere Automatisierung des Kommissioniervorganges.

Die Entnahme wird heutzutage in den meisten Fällen noch manuell realisiert. Die Ursachen für den geringen Mechanisierungs- und Automatisierungsgrad liegen in der großen Artikel- und Sortimentsvielfalt sowie in den großen Abmessungs- und Lageabweichungen sowohl bei den Gütern als auch bei der Bereitstellung. Technische Hilfsmittel zur Automatisierung der Entnahme können Roboter, Abzugseinrichtungen sowie Ausschleusvorrichtungen sein.

10.3.3.6 Transport der Güter zur Abgabe

Einige Kommissioniersysteme weisen keinen gesonderten Transport der entnommenen Güter zum Abgabeort auf, da der Kommissionierplatz und der Punkt der Abgabe räumlich direkt nebeneinander liegen. Daher wird bei den Realisierungsmöglichkeiten des Transports der Güter zur Abgabe in Abb. 10.43 in die Alternativen kein Transport und Transport unterschieden. Der mögliche Transport kann anschließend vom Kommissionierer selbst oder von einem zusätzlichen, nicht dem Kommissionierer zugehörigen Fördermittel erfolgen. Häufig werden zum Transport in horizontaler Richtung Stetigförderer wie Rollenbahnen, Gurtförderer und Kreisförderer verwendet, aber auch Vertikalförderer (Paternoster, Aufzüge etc.) finden Eingang in Kommissioniersysteme. Diese Fördermittel sind zwar ortsfest ausgeführt, können dafür jedoch für größere Förderleistungen – auch über den Lagerbereich hinaus – eingesetzt werden. Unstetigförderer, wie Automatische Flurförderzeuge oder Elektrohängebahnen, werden in jüngster Zeit infolge der logistikgerechten und flexiblen Gestaltung des Materialflusses vermehrt verwendet.

10.3.3.7 Abgabe der Güter

Nach Abb. 10.43 unterscheidet man zwei Formen der Abgabe in einem Kommissioniersystem, die Abgabe der Güter und die Abgabe der Kommissioniereinheit. Eine Abgabe der Güter liegt in jedem Kommissioniersystem vor. Dazu gibt der Kommissionierer die Güter entweder zur Bildung einer Kommissioniereinheit auf ein Ladehilfsmittel ab; dann muss im Anschluss an die Fertigstellung des Kommissionierauftrages auch eine Abgabe der Kommissioniereinheit erfolgen. Alternativ werden die Güter auf spezielle Fördermittel abgegeben.

Wie schon bei der Bereitstellung, so werden auch bei der Abgabe der Güter die alternativen Realisierungsmöglichkeiten statisch/dynamisch, zentral/dezentral sowie geordnet/teilgeordnet/ungeordnet unterschieden.

Eine direkte Übergabe der Güter an ein während der Abgabe in Bewegung befindliches Fördermittel, das den weiteren Transport der kommissionierten Güter übernimmt, wird als dynamische Abgabe bezeichnet.

Die Abgabe auf in Ruhe befindliche Arbeitsmittel wird als statisch bezeichnet. Gibt es zwei oder mehrere räumlich getrennte Abgabeorte, so liegt eine dezentrale Abgabe vor, die sich von der zentralen Abgabe mit nur einem Abgabeort unterscheidet.

Die Unterscheidungsmöglichkeiten hinsichtlich des Ordnungszustandes der Güter wurden schon bei der Bereitstellung behandelt. Die Abgabe ist also bezüglich der alternativen Realisierungsmöglichkeiten als die Bereitstellung mit entgegengesetztem Vorzeichen zu bezeichnen.

In nahezu allen Kommissioniersystemen erfolgt die Abgabe auf Fördermittel oder auf Ladehilfsmittel, die von Fördermitteln transportiert werden. Dies sind zum einen die Fördermittel, die schon unter dem vorigen Punkt „Transport der Güter zur Abgabe" genannt wurden, zum anderen werden spezielle Fördermittel, wie beispielsweise Kommissionierstapler oder Kommissionierwagen, verwendet.

10.3.3.8 Transport der Kommissioniereinheit zur Abgabe

In vielen Fällen verlassen die Güter nicht sofort das Kommissioniersystem, sondern werden auf Ladehilfsmitteln als Teilauftrag oder Auftrag gesammelt. Erst nachdem der Teilauftrag bzw. Auftrag vervollständigt worden ist, erfolgt die Abgabe der sogenannten Kommissioniereinheit. Hierzu kann ein vorheriger Transport der Kommissioniereinheit zum Abgabeort notwendig sein.

Die alternativen Realisierungsmöglichkeiten des Transports der Kommissioniereinheit zur Abgabe entsprechen denjenigen, die unter dem Punkt Transport der Güter zur Abgabe (Unterunterabschnitt 10.3.3.6, Transport der Güter zur Abgabe) bereits diskutiert wurden.

10.3.3.9 Abgabe der Kommissioniereinheit

Die Beendigung des Kommissioniervorganges stellt häufig die Abgabe der Kommissioniereinheit dar. Hier werden die gleichen Realisierungsmöglichkeiten wie bei der Abgabe der Güter (vgl. dort) unterschieden. Auch der eventuelle Rücktransport angebrochener Bereitstelleinheiten gehört noch zum Kommissioniervorgang.

10.3.3.10 Rücktransport der angebrochenen Ladeeinheit

Im Falle der Bewegung der Güter zur Bereitstellung gibt es nach der Entnahme unterschiedliche Wege, die angebrochene Ladeeinheit zu behandeln. Bleibt diese bis zur vollständigen Entnahme aller Artikel am Bereitstellplatz, so findet kein Rücktransport statt. Oftmals erfolgt aber direkt nach der Entnahme der Rücktransport der angebrochenen Ladeeinheit in das Lager oder in ein Anbruchlager. Die bei der Wahl des Rücktransportes getroffene Entscheidung kann in hohem Maße die Wirtschaftlichkeit eines Kommissioniersystems bestimmen und sollte daher gründlich geplant werden.

Der Rücktransport selber kann dann in Anlehnung an die oben angegebenen Begriffsbestimmungen ein-, zwei- und dreidimensional sowie manuell, mechanisiert oder automatisiert erfolgen.

Die Bestandteile des Kommissioniersystems bilden sich aus einem Materialflusstechnischem, einem informationstechnischen und einem Organisatorischen Teilsystem. Im nachfolgenden Kapitel wir nun das Informationsflusssystem näher vorgestellt (siehe Unterunterabschnitt 10.3.1.1, Bestandteile eines Kommissioniersystems).

10.3.4 Informationsflusssystem

Der Einheit von Material- und Informationsfluss muss auch bei der Kommissionierung Rechnung getragen werden (vgl. Teil A, Informations- und Steuerungssysteme, Band 2). Um Kommissioniersysteme systemtechnisch und aufgabengerecht zu gestalten, wird in [9] der Informationsfluss hinsichtlich seiner alternativen Realisierungsmöglichkeiten beschrieben. Der Informationsfluss bei der Kommissionierung kann demzufolge in vier Teile zerlegt werden (siehe Tab. 10.3):

1. Aufbereitung der Informationen
2. Weitergabe der Informationen
3. Verfolgung der Informationen (Soll-Ist-Vergleich der Güter)
4. Quittierung (Vollzugsmeldung)

10.3.4.1 Aufbereitung der Informationen

Die Aufbereitung der Informationen kann in gesammelter und stapelweiser Form *(Batch)* erfolgen oder aber in Echtzeit *(Realtime)* unmittelbar nach Auftragseingang. Bestehen keine hohen Anforderungen an den Informationsfluss im Kommissioniersystem, wird in stapelweiser Form gearbeitet. Mit Rechnerunterstützung werden die Aufträge z. B. eines Tages gesammelt. Zum Zeitpunkt der Informationsverarbeitung sind nur die aktuellen Bestands- und Bewegungsdaten bekannt, spätere Änderungen können nur bei der nächsten Aufbereitung einfließen. Typisches Beispiel für eine stapelweise Kommissionierung ist die Beschickung einer in Serie produzierenden Montagelinie.

Tab. 10.3 Morphologischer Kasten. „Informationssystem" [9]

Vorgang	Realisierungsmöglichkeiten		
	Vorbereitung der Kommissionierung		
Auftrags-erfassung	manuell	manuell/ automatisch	automatisch
Auftrags-aufbereitung	Teilauftrag	Einzelauftrag	Auftragsgruppen
	keine	manuell	manuell/ automatisch	automatisch
Weitergabe	ohne Beleg	mit Beleg	
	Einzelposition	mehrere Positionen	
	Durchführung der Kommissionierung		
Quittierung	je Entnahmeeinheit	je Position	alle Positionen
	manuell	manuell/ automatisch	automatisch

Sind jedoch Änderungen in der Auftragsreihenfolge schon bei der Auftragsdurchführung notwendig, so ist ein Echtzeitbetrieb erforderlich. Hier werden die Bestände und Bewegungen im Kommissioniersystem laufend aktualisiert und abgearbeitet. Der Echtzeitbetrieb ermöglicht zudem die Verfolgung spezieller Kommissionierstrategien, die Reduzierung der Auftragsdurchlaufzeiten und die Erhöhung der Systemverfügbarkeit.

In diesem Zusammenhang sei auf die Dissertation von Herrn Dr. Logemann am IFT zum Thema *Methodik zur Planung und Steuerung der Kommissionierung in der logistischen Produktion des Versandhandels* [12] hingewiesen, der sich mit der rechnerisch gestützten Optimierung des Batchbetriebes beschäftigt hat.

10.3.4.2 Weitergabe der aufbereiteten Daten

Die Weitergabe der aufbereiteten Daten der Kommissionierung kann indirekt (offline), also ohne direkte Kommunikation mit dem Kommissionierrechner, oder mit direktem Zugriff (online) auf den Rechner erfolgen.

Die Weitergabe der Informationen prägt wesentlich den Ablauf der Kommissionierung. Die Auftragslisten werden bei der indirekten Informationsweitergabe (offline) an beispielsweise einem zentralen Ort ausgegeben, Rückmeldungen an die Informationsaufbereitung sind dann jedoch nicht möglich.

Die direkte Weitergabe der Information erlaubt eine hohe Flexibilität und Verfügbarkeit des Kommissionierungssystems. Änderungen können schon während des Kommissioniervorganges berücksichtigt werden. Dies kann beispielsweise über mobile Datenterminals geschehen, die auch die papierlose Auftragsquittierung ermöglichen (vgl. Absatz 10.3.4.4, Beleglose Kommissionierung).

10.3.4.3 Verfolgung

Die Verfolgung beinhaltet einen Soll-Ist-Vergleich (z. B. Zählvorgang, Identifikation des Lagerortes, Identifikation des Artikels) der für den Kommissionierablauf relevanten Informationen. Dies kann personell (z. B. manuelle Verfolgung mittels einer Liste) oder geregelt (automatische Verfolgung über einen Rechner) erfolgen. Die personelle Verfolgung des Soll-Ist-Vergleiches ist dann notwendig, wenn die Artikel nicht automatisch erfasst werden können oder wenn die Artikel gewichts- oder formmäßig innerhalb des Sortiments nicht unterscheidbar sind. Dies kann ebenso der Fall sein, wenn der Artikel auf Grund seiner Beschaffenheit nicht codierbar ist.

Eine geregelte Verfolgung ist bei der automatischen Erfassung des Soll-Ist-Vergleiches möglich. Dies ist bei zählbaren, automatisch handhabbaren Stückgütern der Fall.

10.3.4.4 Quittierung

Die Quittierung, also die Meldung von Auftragsvollzug und Bereitschaft für den nächsten Vorgang, kann entweder direkt vom Arbeitspersonal durchgeführt oder automatisch ausgelöst werden. Für den Fall, das eine bewusste Kontrolle der Entnahme erforderlich ist, wird diese aktiv vom Arbeitspersonal quittiert. Dies kann beispielsweise die Eingabe in ein Datenterminal oder das Abhaken der Positionen auf der Auftragsliste sein. Liegt die Fehlerquote innerhalb zulässiger Grenzen, ist die selbsttätige Quittierung möglich, beispielsweise bei einer automatischen Entnahme oder durch Zähler an den Förderstrecken des Kommissioniergutes.

Hierfür gibt es unterschiedliche technische Hilfsmittel, die dem Kommissionierer seine Arbeit erleichtern. Man unterscheidet in beleglose und belegbehaftete Kommissionierung.

Belegbehaftete Kommissionierung

Hierunter fallen u. a. die klassische Kommissionierliste und das sogenannte Kommissionierbrett. Die belegbehaftete Kommissionierung ist im Vergleich zu den beleglosen Kommissionierverfahren besonders fehleranfällig. Das liegt daran, dass bei der belegbehafteten Kommissionierung keine rechnergestützten Fehlervermeidungsmechanismen genutzt werden können. Eine Selbstkontrolle durch den Kommissionierer wird oft mittels Abhaken der einzelnen Positionen einer Pickliste, und die Quittierung beispielsweise durch Abzeichnen der abgeschlossenen Kommissionierliste realisiert. Jedoch ist diese Methode im Vergleich zur automatisierten Fehlermeldung durch ein Endgerät ineffektiv.

Die belegbehaftete Kommissionierung lässt grundsätzlich eine freie Bestimmung der Pickreihenfolge durch den Kommissionierer zu. Somit können die Vorteile einer automatisch optimierten Pickreihenfolge, z. B. zur Wegreduzierung, nicht genutzt werden, und es findet keine Berücksichtigung von Eilaufträgen oder Artikeleigenschaften wie Masse und Stapelbarkeit statt. Ebenfalls wird die Auswertung von Kommissionierdaten beträchtlich erschwert, wenn keine Zeitstempel automatisch erzeugt werden.

Trotz dieser Nachteile kann mittels einer belegbehafteten Kommissionierung ein funktionsfähiges Kommissioniersystem bei minimaler informationstechnischer Ausstattung und somit zu geringen Investitionskosten realisiert werden. Die belegbehaftete Kommissionierung wird vorwiegend in kleineren Unternehmen angewendet, wobei deren Anteil aufgrund von immer kostengünstigeren und anwenderfreundlicheren Cloud-Lösungen und Endgeräten rückläufig ist.

Die wesentlichen mit dem belegbehafteten Kommissionierverfahren verbundenen Vor- und Nachteile sind folgende:

- günstige Vorbereitung (Ausfertigung des Belegs)
- einfache Umsetzung
- für fast alle Kommissionierverfahren einsetzbar
- Selbstkontrolle des Kommissionierers wird durch Abhaken der einzelnen Positionen ermöglicht, ebenso Quittierung durch Abzeichnen
- Ausführung von Nebenfunktionen, bspw. Auszeichnung Entnahmeeinheiten mit verschiedensten Informationen (z.B. Preisauszeichnung), ist während des Kommissionierens möglich, was in der Summe Arbeitsschritte einsparen kann
- Vorbereitung und Ausdruck der Listen benötigen nicht reduzierbare Grundzeiten
- Totzeitanteil zur Identifizierung der nächsten Entnahmeposition und für Handling der Liste relativ hoch
- unflexibel, da kurzzeitige Änderungen nur problematisch durchzuführen sind (nicht einsetzbar für Verfahren, die schnelle Adaption des Kommissionierverhaltens auf wechselnde Systemzustände erfordern, wie bspw. das Batchverfahren)
- Nachkontrolle notwendig (relativ große Fehlerwahrscheinlichkeit gegenüber beispielsweise Pick-by-Voice)

Beleglose Kommissionierung

Die beleglose Kommissionierung hat sich gegenüber der belegbehafteten Kommissionierung weitgehend durchgesetzt. Dabei kommen mobile und/oder stationäre Endgeräte zum Einsatz. Der Kommissionierer erhält die Entnahmeinformationen auf mobilen Endgeräten via Infrarot oder Funk (online), in anderen Fällen auch via Dockingstations (offline), visuell über LCD-Anzeigen oder akustisch (Pick-by-Voice). Die Online-Verfahren bieten die Möglichkeit der Erfassung des Bearbeitungsfortschrittes und so die Grundlage zur Anpassung der Auftragssteuerung an das Systemverhalten (Systemlast und -kapazität). Außerdem können Bestandsabweichungen sofort erfasst werden und kurzfristig in den Kommissionierprozess eingeplant werden.

Bei einem stationären Terminal handelt es sich um festinstallierte Monitore (online), die die Entnahmeinformationen anzeigen. Solche Terminals werden i.d.R. an zentralen Kommissionierstellen, z.B. an Ware-zur-Person-Kommissionierstationen eingesetzt. Stationäre Terminals kommen überwiegend bei der Ware-zur-Person-Kommissionierung sowie auf Fahrzeugen zum Einsatz. Sie bestehen aus einem Anzeigemedium wie einem Monitor, einem Eingabemedium wie beispielsweise einer Tastatur und einem Modul zur Verarbeitung der Informationen und zum Austausch mit einem Datenverarbeitungssystem wie dem Warehousemanagementsystem (WMS) Abschn. 3.2, Warehouse Management System (WMS) im Band 2.

Die beleglose Kommissionierung bietet eine Reihe von Vorteilen, ist jedoch mit Investitionskosten verbunden. In den letzten Jahren hat sich eine Reihe von wesentlichen technologischen Entwicklungen etabliert, die die bedeutendsten Technologien in der Person-zur-Ware-Kommissionierung darstellt. Diese werden im folgenden erläutert:

Pick-by-Scan Mobile Terminals, auch mobile Datenerfassungsgeräte (MDE) genannt, sind funktionell mit stationären Terminals vergleichbar, unterscheiden sich von ihnen aber hinsichtlich ihrer Mobilität. Als Eingabemedium besitzen sie in der Regel einen Barcodescanner, mit dem Artikel- oder Lagerplatzinformationen gelesen werden können, sowie eine Tastatur und/oder Touchscreen (Abb. 10.59).

Pick-by-Voice Pick-by-Voice-Systeme sind sprachgesteuert und teilen dem Kommissionierer die zur Kommissionierung notwendigen Informationen akustisch mit. Das System fragt i. d. R. analog Prüfnummern ab, die der Kommissionierer vorliest, um Kommissioniervorgänge zu bestätigen und die nächsten Informationen freizuschalten. Der Kommissionierer trägt einen kleinen mobilen PC und einen Headset inklusive Mikrofon und kann

(a): Abscannen eines Artikels mittels Pick-by-Scan

(b): Abscannen eines Lagerplatzes mittels Pick-by-Scan

Abb. 10.59 Pick-by-Scan-Verfahren. (Quelle: IFT)

(a):   Lagerplatzfindung   und   - (b): Mobiler PC und Headset zur Kom-
bestätigung mittels Pick-by-Voice   missionierung mittels Pick-by-Voice

Abb. 10.60 Pick-by-Voice-Verfahren. (Quelle: IFT)

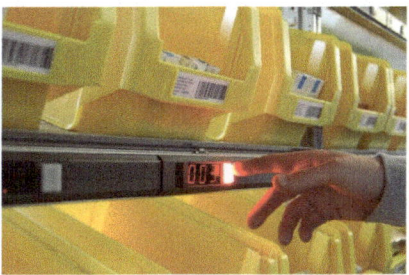

(a): Leuchten zur Lagerfindung mittels   (b):   Entnahmebestätigung   mittels
Pick-by-Vision   Pick-by-Light

Abb. 10.61 Pick-by-Light-Verfahren. (Quelle: IFT)

somit stets beidhändig arbeiten (Abb. 10.60). Was zu einer Produktivitätssteigerung des kommissionierens führt.

Pick-by-Light Mittels eines Pick-by-Light-Systems kann der Kommissionierer rechnerge-
stützt arbeiten, ohne dass er ein Endgerät mit sich führen muss. Dabei zeigen optische
Anzeigen an den Regalfächern die Entnahmeorte sowie die jeweils zu entnehmende
Menge an (Abb. 10.61). Mit Pick-by-Light kann der Kommissionierer grundsätzlich

Abb. 10.62 Pick-by-Vision-
Verfahren: Datenbrille zur
Informationsübertragung
mittels Pick-by-Vision.
(Quelle: IFT)

immer beidhändig arbeiten und muss sich mit der Koordinatensystematik im Lager nicht beschäftigen. Dies spart Zeit und verringert die Anzahl der konzentrationsbedingten Fehler. Pick-by-Light-Systeme bieten sich insbesondere für lernende Kommissionierer an, die mit den Lagerkoordinaten und mobilen Endgeräten nicht vertraut sind. Sie sind jedoch pro Lagerplatz deutlich teurer in der Investition als z. B. Pick-by-Scan-Systeme, und nicht ohne weiteres erweiterbar oder umkonfigurierbar.

Pick-by-Vision Pick-by-Vision stellt eine neue und noch nicht weit verbreitete Kommissioniertechnologie dar, die sich aber sehr schnell entwickelt. Dabei wird dem Kommissionierer die Entnahmeposition und -menge direkt im Sichtfeld angezeigt. Der Scan der Barcodes erfolgt über eine integrierte Kamera. Der Kommissionierer kann weitestgehend beidhändig arbeiten und hat alle relevanten Informationen stets im Blickfeld. Die Integration von Augmented Reality in das Pick-by-Vision-System, um dem Kommissionierer z. B. Wegpfeile zur verbesserten Navigation in Echtzeit direkt in das Sichtfeld einzublenden, ist ein Gegenstand der aktuellen Forschung (Abb. 10.62).

Die beleglosen Kommissioniertechnologien bieten bessere Möglichkeiten der Quittierung eines Auftrages. Sofern die Weitergabe der Entnahmepositionen jeweils einzeln erfolgt, lässt sich jede Entnahmeeinheit oder jede Position separat überprüfen bzw. quittieren. Allerdings ist der damit verbundene Zeitaufwand zu beachten, der bei der Quittierung der einzelnen Entnahmeeinheit sehr hoch ist.

Die Tab. 10.4 zeigt die Fehlerraten der verschiedenen beleglosen Kommissionierverfahren. Wie man erkennt, sind die Fehlerraten relativ klein.

Die wesentlichen Vor- und Nachteile der beleglosen Kommissionierung sind:

Vorteile
- Reduzierung der unproduktiven Zeitanteile beim Kommissionieren (z. B. für Informationsaufnahme)
- Qualitätsverbesserung durch Reduzierung der Fehlerquote (z. B. falscher Artikel)

Technisches Hilfsmittel	Durchschnittliche Fehlerrate
Pick-by-Voice	0,08 %
Beleg	0,35 %
Pick-by-Scan	0,37 %
Pick-by-Light	0,40 %
Pick-by-Vision	Unbekannt

Tab. 10.4 Fehlerraten bei Verwendung verschiedener belegloser Kommissionierverfahren. (Quelle: ohne Verfasser)

- Erhöhung der Flexibilität für Eilaufträge, Nachschieben von Auftragspositionen
- Reduzierung der Betriebskosten für Drucker, Papier, etc.

Nachteile
- Hohe Investitionskosten
- z. T. erhebliche Abhängigkeit von Technologielieferanten und hohe Lizenzkosten
- erhöhte Komplexität und Verluste bei einem Ausfall

10.3.5 Kommissionierleistung

10.3.5.1 Brutto-Kommissionierleistung
Die Leistungsinhalte des Kommissionierens bestehen nach [13] aus drei Teilkomponenten:

1. Grundleistung. Zur Grundleistung gehören das Entnehmen der Artikelmenge und das Zusammenstellen der Auftragsmengen.
2. Vorleistung zum Kommissionieren. Diese gewährleisten eine unterbrechungsfreie Kommissionierung. Zu diesem Aufgabenblock gehört die Vorbereitung der Aufträge, die Bereitstellung des Sortimentes, die Beschickung der Bereitstellplätze und die Disposition von Nachschub und Beständen.
3. Die dritte Komponente sind die sogenannten Zusatzleistungen zur eigentlichen Kommissionierung.

   Je nach Aufgabenstellung können dies sein:

   - Preisauszeichnung, Koordinierung und Etikettierung der Waren
   - Verpacken der Warenstücke oder Gebinde
   - Aufbau und Ladungssicherung der Versandeinheiten
   - Kennzeichnung und Etikettierung der Versandeinheiten.

10.3.5.2 Kommissionierfehler

Für die Beurteilung von Kommissioniersystemen ist einerseits die Produktivität, das heißt die Anzahl der entnommenen Einheiten pro Mitarbeiter und Stunde, und andererseits die Kommissionierqualität entscheidend. Unter Kommissionierqualität versteht man die Anzahl der korrekt und termingerecht ausgeführten Positionen oder Aufträge in Relation zur Gesamtzahl der Positionen oder Aufträge einer Periode.

Kommissionierfehler sollten so weitgehend wie überhaupt nur möglich vermieden werden. Gründe für die Entstehung von Fehler sind

- Ware wird aus falscher Bereitstelleinheit entnommen (Typenfehler)
- falsche Menge (Mengenfehler)
- fehlerhafte Teile werden entnommen
- Posten vergessen oder im Folgeprozess verloren gegangen (Auslassungsfehler)
- Ware nicht in Ordnung (Zustandsfehler)

Die Abb. 10.63 zeigt verschiedene Typen von Kommissionierfehlern mit ihrer prozentualen Zuordnung.

Wie man aus Abb. 10.63 erkennt, ist der häufigste Fehler der sogenannte Mengenfehler mit 46 %. Bei diesem Fehler entnimmt der Kommissionierer die falsche Anzahl an Artikeln und legt sie ab. Die falsche Ware wird daraufhin versandt oder der Produktion zugeführt. Außer Kundenunzufriedenheit oder Problemen in der Produktion ergibt sich noch ein Problem daraus, dass im Buchhaltungssystem die Ware ausgebucht wurde und der tatsächliche Bestand nicht mehr mit dem registrierten Bestand übereinstimmt. Insgesamt führt dieser Mengenfehler zu Zeit- und Geldverlust.

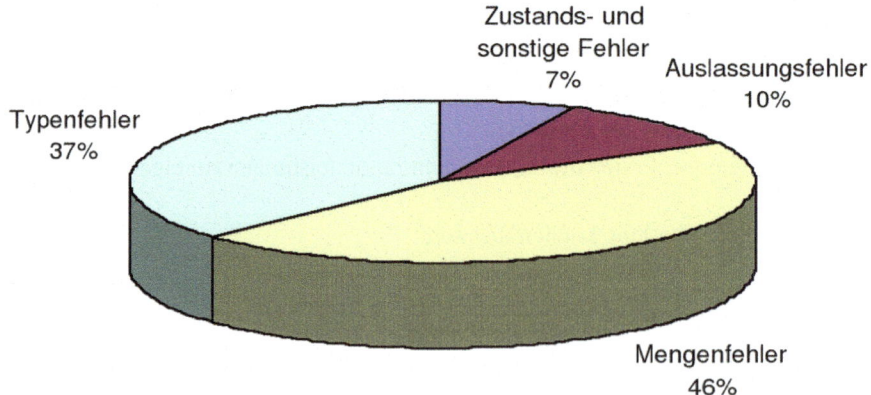

Abb. 10.63 Arten der Kommissionierfehler und ihre Häufigkeit [14]

10.3.5.3 Berechnung der Kommissionierzeit

Bezüglich der Dimensionierung von Kommissionierbereichen, der Berechnung der Kommissionierzeit und der Kommissionierleistung wird auf [15, S. 783–791] verwiesen. Hier sei vereinfachend nur auf die Berechnung der Kommissionierzeit (t_k) eingegangen. Die Kommissionierzeit ist abhängig von den nachfolgend aufgeführten Einflussparametern:

- Größe, Struktur und räumliche Verteilung des Bestandes
- Größe und Artikelstruktur des Kommissionierauftrages
- Konzept des Kommissioniersystems
- Technische Einrichtungen des Kommissioniersystems
- Informationsbereitstellung beim Kommissionieren
- Organisation des Kommissioniervorgangs (Strategien)

Die Berechnung der Kommissionierzeit (t_k) erfolgt über die unten angegebene Formel. In die Berechnung fließen ein: die Basiszeit, die Totzeit, die Greifzeit und die Wegzeit. Im Allgemeinen sind die Wegzeiten die wichtigste Berechnungskomponente.

$$t_k = t_0 + \sum_{r=1}^{n}(t_{t,r} + tg, r + t_{l,r}) \qquad (10.6)$$

t_0 Basiszeit, unabhängig von Anzahl der Positionen, z. B. Bereitstellung eines Kommissionierbehälters

$t_{t,r}$ Totzeit, z. B. für Lesen, Suchen, Zählen, Korrigieren

$t_{g,r}$ Greifzeit für physische Materialbewegung

$t_{l,r}$ Wegzeit für Bewegung des Kommissionierers oder der Ladeeinheit

10.3.5.4 Leistung

Die Leistung in der Kommissionierung wird häufig in Form von einer Arbeitsmenge, häufig Entnahmen, Positionen oder Aufträge, die durch die Dauer der Bearbeitung dividiert wird, angegeben. Da die Auftragsinhalte in der Kommissionierung eine signifikante Heterogenität aufweisen können, ist deren Differenzierung bei der Leistungsbewertung zielführend. Insbesondere bei der operativen Personaleinsatzplanung und Leistungsbewertung individueller Kommissionierer ist eine entsprechend differenzierte Vorgehensweise essentiell. Grundsätzlich erfolgt die quantitative Leistungsbewertung in der Kommissionierung unter dem Einsatz entsprechender Kennzahlensysteme. Dabei spielt der Abgleich von Soll- und Ist-Zeiten eine wesentliche Rolle. Soll-Zeiten werden i. d. R. mittels Systeme vorbestimmter Zeiten oder anhand von Werten aus Benchmarking-Studien oder internen Datenerhebungen.

10.3.5.5 Einflüsse auf die Leistung

Die nachfolgende Aufstellung gibt Hinweise hinsichtlich der Effizienz von Kommissioniervorgängen, und zwar anhand der Fragestellung: „Was macht Kommissioniervorgänge schnell?".

Vorteile

- Einfache, transparente Prozesse
- Eindeutige, einfache Bedienvorgaben
- Kurze Wege
- Ergonomischer, ermüdungsfreier Arbeitsplatz (optimale Greifhöhe)
- Beide Hände frei (Pick by Voice)
- Motivationsanreize
- Synergiefaktor nutzen (1 Griff für mehrere Artikel)

Nachteile

- Lange Wege zwischen den Entnahmen
- Mehrere unterschiedliche Greifobjekte in einem Behälter
- Palettierung der Ware
- Bücken zum Erreichen der Ware
- Aufwendiges Handling, manuelle Pickliste, manuelle Erfassung der Produkte
- Überlastung vor- und nachgeschalteter Prozesse
- exakte Positionierung der Artikel wegen Toleranzanforderungen der nachgeschalteten automatisierten Prozesse
- Produkt nicht auffindbar
- Produkt nicht im Bestand
- Zerbrechliche Produkte und Verpackungen

10.3.6 Beispiele für verschiedene Kommissionierverfahren

Es werden fünf Kommissionierverfahren unterschieden:

10.3.6.1 Manuelles zentrales Kommissionieren mit statischer Bereitstellung

Die Abb. 10.64 zeigt eine Kommissionierzone, durch die sich ein Kommissionierer auf einem Flurförderzeug zu den einzelnen Bereitstellplätzen bewegt und dort die Kommissionieraufträge erledigt. Der Kommissionierer beginnt mit einer leeren Palette auf dem Flurförderzeug (z. B. Handgabelhubwagen) und bewegt sich durch die einzelnen Lagerreihen und entnimmt aus den Regalen von den dort angesiedelten Paletten die Ware und legt diese entsprechend der Bestellung auf seine Palette. Ist er fertig, so wird die volle Palette am Stellplatz der Basis zum Versand übergeben. Dieser Typ der manuellen zentralen Kommissionierung mit statischer Bereitstellung ist besonders geeignet, wenn ein breites Sortiment an kleinvolumigen Artikeln vorliegt.

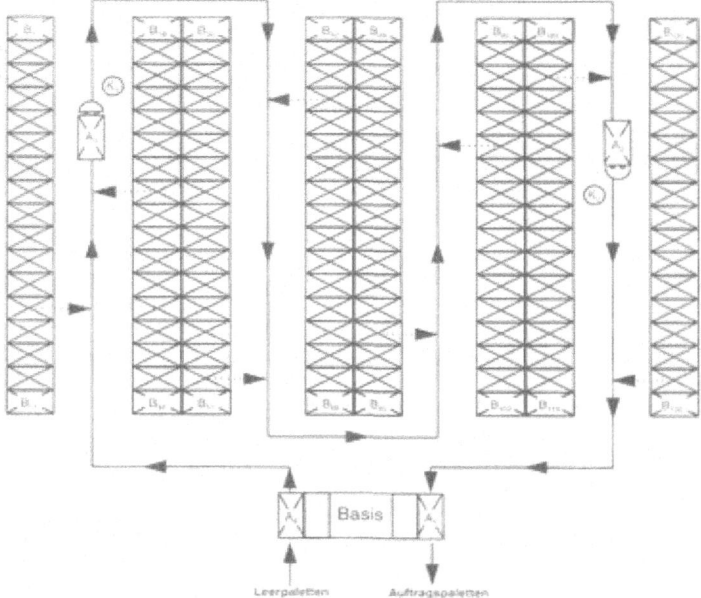

Abb. 10.64 Manuelles zentrales Kommissionieren mit statischer Bereitstellung [11, S. 718]

Die nachfolgende Aufstellung zeigt die Vor- und Nachteile dieses Verfahrens:

Vorteile
- minimaler technischer Aufwand
- einfache Organisation
- kurze Auftragsdurchlaufzeit
- gleichzeitige Bearbeitung von Aufträgen unterschiedlicher Priorität möglich (Eilaufträge)
- hohe Flexibilität bei Durchsatzschwankungen oder Sortimentsveränderungen (z. B. Weihnachten, mehr Personal notwendig)[5]
- für alle Arten von Waren geeignet

---

[5]Die Anzahl der Kommissionierer kann je nach Auftragssituation vergrößert werden. Das allerdings nur bis zu dem Punkt, an dem sich die Kommissionierer auf der vorhandenen Wegfläche gegenseitig im Weg stehen.

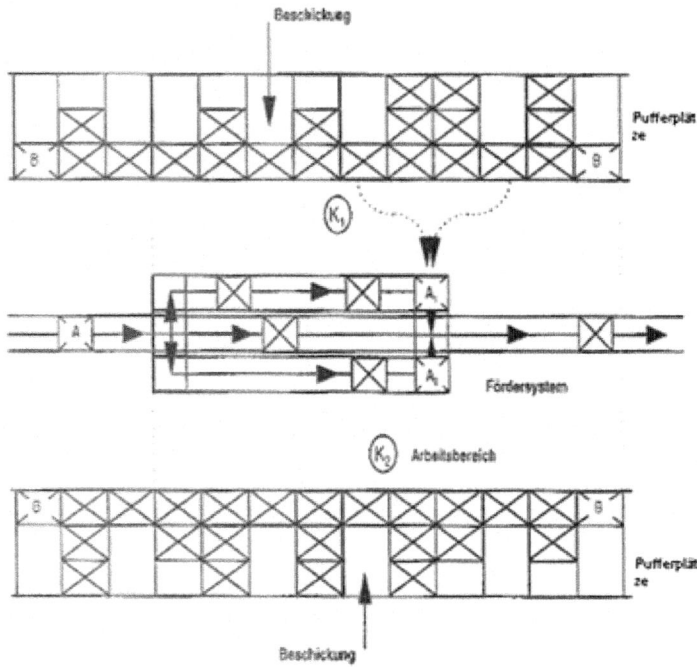

Abb. 10.65 Manuelles dezentrales Kommissionieren mit statischer Bereitstellung [11, S. 720]

Nachteile

- bei breitem Sortiment großer Platzbedarf
- bei großen Artikelbeständen räumlich getrenntes Reservelager erforderlich[6]
- Probleme der Nachschubsteuerung

10.3.6.2 Manuelles dezentrales Kommissionieren mit statischer Bereitstellung

Auch beim dezentralen Kommissionieren haben die Bereitstelleinheiten einen festen Platz, die Kommissionierer arbeiten jedoch in dezentralen Arbeitsbereichen, in denen sich eine bestimmte Anzahl von Zugriffsplätzen zur Kommissionierung befindet. Den prinzipiellen Aufbau zeigt die Abb. 10.65.

---

[6]Der Raum für jeden einzelnen Artikel im Kommissionierlager ist festgelegt und kann für große Bestände nicht kurzfristig erweitert werden. Es ist wünschenswert, diesen reservierten Platz gering und damit die Wege für die Kommissionierer kurz zu halten.

Die Aufträge laufen (mit oder ohne Sammelbehälter) nacheinander auf einer Fördertechnik oder mit einem automatischen Flurförderzeug die betreffenden Kommissionierzonen an. Dort halten sie, bis die geforderte Warenmenge entnommen und abgelegt ist. Danach läuft der Auftrag zu einem nachfolgenden Kommissionierer, der den Bereitstellplatz für die nächste Auftragsposition bedient.

Diese manuelle dezentrale Kommissionierung mit statischer Bereitstellung ist besonders gut für Hochleistungskommissionieraufgaben bei kleinvolumigen Waren geeignet. Die Vor- und Nachteile werden im Nachfolgenden angegeben:

Vorteile
- kurze Wege und kontinuierliches Arbeiten
- höhere Pickleistung des Kommissionierers

Nachteile
- gegenseitige Abhängigkeit der Kommissionierer
- geringe Flexibilität im Bereich Leistung
- räumliche Trennung von Beschickung und Entnahme
- hoher Grundflächenbedarf (Fördersystem, Kommissioniergassen)
- räumlich getrenntes Reservelager bei großen Artikelbeständen

10.3.6.3 Manuelles stationäres Kommissionieren mit dynamischer Bereitstellung

Der prinzipielle Aufbau ist aus der Abb. 10.66 zu erkennen. Beim stationären Kommissionieren mit dynamischer Bereitstellung – bei manueller Entnahme kurz „Ware zur Person"

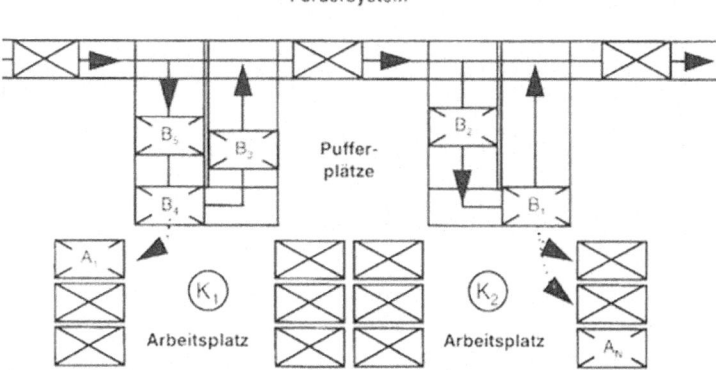

Abb. 10.66 Manuelles statisches Kommissionieren mit dynamischer Bereitstellung (K_1: Kommissionierer 1) [11, S. 722]

genannt – findet der Greifvorgang an einem festen Kommissionierarbeitsplatz statt. Die Bereitstelleinheiten mit den angeforderten Artikeln werden aus einem Bereitstelllager über eine Fördertechnik ausgelagert und an den Kommissionierarbeitsplätzen solange bereitgestellt, bis die benötigte Warenmengen entnommen sind. Die Bereitstellung der Ware ist dynamisch.

Bei einer Einzelauftragsbearbeitung befinden sich im Ablagebereich des Kommissionierers die Sammel- oder Versandbehälter jeweils für nur einen Auftrag.

Bei einer einstufigen Serienbearbeitung sind mehrere Behälter für die Aufträge einer Serie ablagegünstig aufgestellt. Der Kommissionierer legt nach Vorgaben einer Anzeige die entnommenen Warenmengen für die einzelnen Aufträge in die angewiesenen Sammelbehälter ab. Fertig befüllte Sammelbehälter werden mit einem Flurförderfahrzeug oder von einem Fördersystem zum Versand gebracht.

Bei zweistufiger Kommissionierung werden bei jeder Bereitstellung die Artikelmengen für mehrere externe Aufträge, die zu einem Sammelauftrag gebündelt sind, gemeinsam entnommen und auf ein Abfördersystem gelegt, das sie zur zweiten Kommissionierstufe oder über einen Sorter in die Packerei befördert. Die nach den Entnahme in den Bereitstelleinheiten verbleibenden Restmengen werden in beiden Fällen zum nächsten Kommissionierarbeitsplatz weiterbefördert oder wieder eingelagert.

Dieses Verfahren ist besonders gut geeignet, wenn es sich um ein breites Sortiment mit Serienbearbeitung handelt (das heißt Chargen mit weitgehend gleichen kleinen Artikeln). Das Grundprinzip ist bereits vorne auf der Abschn. 10.3.3.5 dargestellt worden.

Die Vor- und Nachteile können wie folgt angegeben werden:

Vorteile
- keine Wege für Kommissionierer
- ergonomische Arbeitsplatzgestaltung
- hohe Kommissionierleistung
- kompaktes Reserve- bzw. Bereitstelllager
- optimal gesicherte Warenbestände, da Schutz gegen unautorisierten Zutritt

Nachteile
- hohe Investitionen für automatisches Lager- und Bereitstellsystem
- hohe Kosten pro Bereitstellvorgang
- unflexibel bei Schwankungen der Leistungsanforderung
- in Umlauf-/Paternosterlagern nur begrenztes Platzangebot

10.3.6.4 Manuelles inverses Kommissionieren mit dynamischer Bereitstellung

Die Abb. 10.67 zeigt die Grundstruktur des Verfahrens. Der Prozess des inversen Kommissionierens ist dem Prinzip nach die zeitliche Umkehr oder Inversion des konventionellen Kommissionierprozesses, wobei die Rollen der Versandeinheiten und der Bereitstelleinheiten vertauscht sind. Da die Kommissionierer die Auftragsbehälter einer Serie im Verlauf ihrer Arbeit umkreisen, wird das Verfahren im Handel auch als *Kommissionierkreisel* oder *Kommissioniertango* bezeichnet.

Die Kommissionierer holen die Bereitstelleinheiten von einem Bereitstellplatz, der von einer Fördertechnik aus dem Lager versorgt wird, bewegen sich zu den angegebenen Auftragsplätzen, entnehmen die geforderten Warenmengen aus den Bereitstelleinheiten und legen sie in die Auftragsbehälter. In den Bereitstelleinheiten verbleibende Restmengen werden für die nächste Auftragsserie verwendet oder wieder eingelagert.

Beim inversen Kommissionieren haben die Auftragsbehälter für die Dauer der Befüllung einen festen Ort. Der Greifvorgang findet am Auftragssammelplatz statt. Die Kommissionierer kommen mit den Bereitstelleinheiten zu den Auftragsplätzen. Die Warenbereitstellung ist also wie beim stationären Kommissionieren dynamisch. Die Auftragsablageplätze mit den Sammelbehältern, Paletten oder Versandbehältern einer Auftragsserie sind nebeneinander auf dem Boden oder auf einem geeigneten Gestell platzsparend und wegoptimal angeordnet.

Abb. 10.67 Manuelles inverses Kommissionieren mit dynamischer Bereitstellung [11, S. 725]

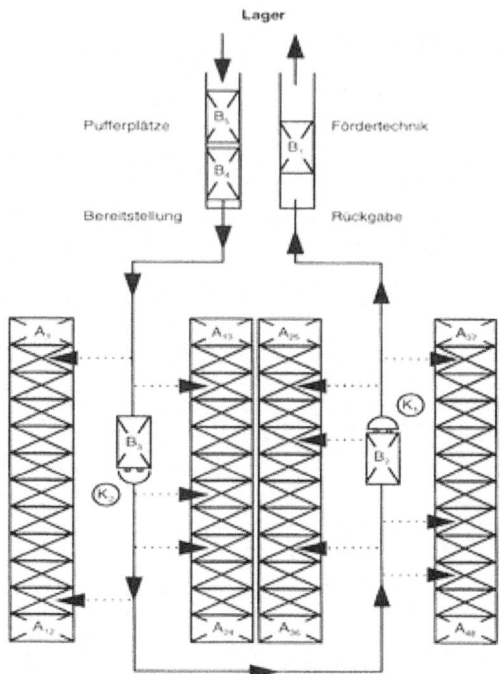

Beispiel: Bei der Abfertigung von Massensendungen (immer derselbe Paketinhalt) z. B.
bei besonderem Marketingaktionen (. . . Preissenkung) für bestimmte unterschiedliche Artikel ist dieses Verfahren sinnvoll. Der Kommissionierer holt am Lager eine Palette mit Gut
ab und verteilt die Güter während er durch die Gassen geht in die Pakete. Aus diesem Grund
heißt das Verfahren auch *invers,* denn der Kommissionierer geht nicht mit dem zu füllenden
Karton ins Lager zu den Gütern, sondern die Güter kommen zu den leeren Kartons.

Die Vor- und Nachteile des manuellen inversen Kommissionierens mit dynamischer
Bereitstellung zeigt die nachfolgende Aufstellung:

Vorteile
- kurze Wege
- hohe Leistung der Kommissionierer
- flexibel bei Sortimentsänderungen
- integriertes Bereitstellungs- und Reservelager
- keine Kommissioniergassen
- geringer Platzbedarf

Nachteile
- hoher Aufwand für ein Aus- und Rücklagern der Bereitstelleinheiten
- durch Auftragsserien lange Auftragsdurchlaufzeiten

10.3.6.5 Automatische Kommissionierung mit statischer Bereitstellung
Die Abb. 10.68 zeigt den Grundaufbau eines Kommissionierroboters.

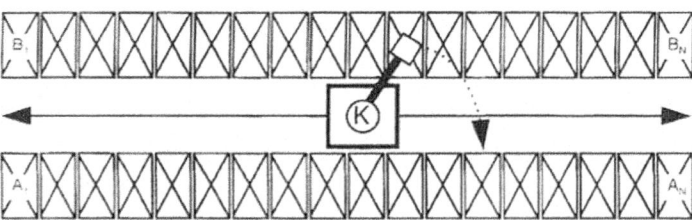

Abb. 10.68 Automatische Kommissionierung mit statischer Bereitstellung [11, S. 726]

Beim mobilen Kommissionieren mit statischer Bereitstellung sind die Zugriffsplätze mit den Bereitstelleinheiten und die Auftragsabgabeplätze mit den Auftragsbehältern stationär angeordnet. Zwischen diesen Plätzen bewegt sich ein Roboter, also ein automatisches Kommissioniergerät. Dieses Kommissionierverfahren eignet sich vor allem für das automatische Kommissionieren mit einem verfahrbaren Kommissionierroboter oder einem Portalroboter.

Der Einsatz eines Roboters ist im Allgemeinen nur bei großen Durchsatzmengen, vielen Gebinden pro Position oder hoher, gleichmäßiger Auslastung im Mehrschichtbetrieb wirtschaftlich. Da die Voraussetzungen nur selten gegeben sind, ist das vollautomatische Kommissionieren relativ wenig verbreitet. Ein Erfahrungswert der Praxis sagt, dass heute Kommissionieraufgaben immer noch zu 70 bis 80 % durch manuelles Kommissionieren ausgeführt werden. Dies ist auch der der Hintergrund, weshalb im Nachfolgenden auf die manuelle Kommissionierung und vor allen Dingen die hier eingesetzten technischen Hilfsmittel im Detail eingegangen wird.

Literatur

1. Jünemann R (1989) Materialfluss und Logistik: systemtechnische Grundlagen mit Praxisbeispielen. Springer, Berlin, XI, 762 S. http://www3.ub.tu-berlin.de/ihv/000131070.pdf
2. Jodin D, ten Hompel M (Hrsg) (2012) Sortier- und Verteilsysteme: Grundlagen, Aufbau, Berechnung und Realisierung, 2., neu bearb. Aufl. Springer, Berlin, XX, 242 S 185 Abb, digital. http://nbn-resolving.de/urn/resolver.pl?urn=10.1007/978-3-642-31290-8. (Druckausgabe)
3. Norm VDI 3619 Oktober 2015. Sortier- und Verteilsysteme für Stückgut
4. Norm VDI 3312 Januar 2003. Sortieren im logistischen Prozess. (zurückgezogen 10/2015)
5. Jünemann R, Schmidt, T (2000) Materialflußsysteme: Systemtechnische Grundlagen; mit 36 Tabellen, 2. Aufl. Springer, Berlin (Logistik in Industrie, Handel und Dienstleistungen)
6. Radtke A (2000) Beitrag zur Entwicklung optimaler Betriebsstrategien für Sortiersysteme, Universität Dortmund, Fakultät Maschinenbau, Diss
7. ten Hompel M, Jodin D (2006) Sortier- und Verteilsysteme: Grundlagen, Aufbau, Berechnung und Realisierung, 1. Aufl. Berlin: Springer & VDI-Buch. http://site.ebrary.com/lib/alltitles/docDetail.action?docID=10183008
8. GBI (Hrsg) (2005) Entertainment sorter. GBI, Deerfeld Beach
9. Norm VDI 3590-1 Juli 2002. Kommissioniersysteme – Systemfindung
10. ten Hompel M, Heidenblut, V (2011) Taschenlexikon Logistik: Abkürzungen, Definitionen und Erläuterungen der wichtigsten Begriffe aus Materialfluss und Logistik, 3., bearb. u. erw. Aufl. Springer, Berlin, VI, 361 S. http://deposit.d-nb.de/cgi-bin/dokserv?id=3838537&prov=M&dok_var=1&dok_ext=htm
11. Gudehus T (2012) 2: Netzwerke, Systeme und Lieferketten, Studienausg. der 4., aktualisierten Aufl. Springer Vieweg & VDI-Buch, Berlin
12. Logemann U (2007) Methodik zur Planung und Steuerung der Kommissionierung in der logistischen Produktion des Versandhandels
13. Arnold D, Isermann H, Kuhn A, Tempelmeier H, Furmans K (Hrsg) (2008) Handbuch Logistik, 3. Aufl. Springer, Berlin, XXXIV, 1137 S, digital. http://nbn-resolving.de/urn/resolver.pl?urn=10.1007/978-3-540-72929-7

14. Lolling A (2003) Analyse der menschlichen Zuverlässigkeit bei Kommissioniertätigkeiten, Universität Dortmund. Diss., Januar
15. Gudehus T (2012) Logistik 2: Netzwerke, Systeme und Lieferketten, Studienausgabe der 4. Aufl. Springer, Berlin, XIX, 587 S, digital

DÜRKOPP
FÖRDERTECHNIK
Member of KNAPP Group KNAPP

06101

EcoPocket

duerkopp.com

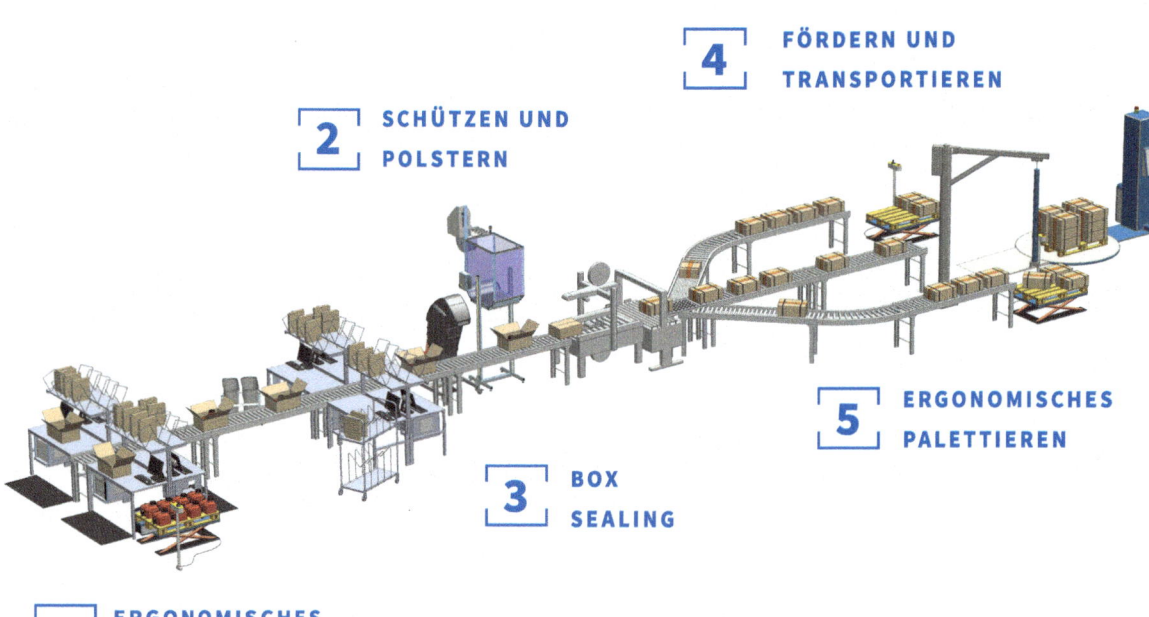

Verkehrstechnik

11

Karl-Heinz Wehking und Hans-Jörg Hager

Verkehrsmittel sind Transportmittel für Fahrten, Reisen und Versandvorgänge, die über den Bereich eines Haushaltes, eines Werkes im Unternehmen, eines Lagers, eines Flughafens usw. hinausgehen. Transportmittel dienen der Ortsveränderung von Personen und/oder Gütern nach DIN 30781-2 [1].

Die Verkehrstechnik ist der Teil der Transporttechnik, der sich auf das räumlich unbegrenzte Fortbewegen von Personen und Gütern bezieht, einschließlich der Lehre über Verkehrsmittel. In diesem Zusammenhang grenzt sich die genutzte Definition von der Verkehrstechnik als Wissenschaft der Verkehrsplanung und des Verkehrsablaufs ab.

11.1 Aufgabe der Verkehrstechnik

Zwischen Gütererzeugung und Güterverbrauch stehen Güterumlauf und Güterverteilung. Sie werden vorwiegend nicht durch Industrie, Handwerk oder Landwirtschaft, sondern durch Verkehrsunternehmen und durch den Handel bewirkt. Im Rahmen des Güterumlaufes und der Güterverteilung sind dabei Transportleistungen zu erbringen, um Rohmaterialien, Halbfertig- oder Fertigerzeugnisse vom Ort der Gewinnung oder Herstellung zum Ort des Verbrauchs zu befördern.

In diesem Kapitel soll der Sektor des Güterumlaufs und des ihn bewirkenden Verkehrs betrachtet werden. Unter Verkehr sollen im Weiteren Vorgänge zur Raum- und Zeitüberbrückung von Gütern, Personen (sowohl als Operand als auch als Operator) und Fahrzeugen verstanden werden [2]. Dabei werden alle Umschlags- und Lagervorgänge und die damit in Zusammenhang stehenden organisatorischen Maßnahmen sowie Steuerungs- und Informationsprozesse eingeschlossen. Der Verkehr wird in Verkehrssystemen abgewickelt. Von Transport wird in diesem Zusammenhang gesprochen, wenn die Raumkoordinaten von Gütern oder Personen mit manuellen oder technischen Mitteln verändert werden [2], meist unter Zuhilfenahme hierfür geeigneter Informations- und Kommunikationstechnologien.

© Springer-Verlag GmbH Deutschland, ein Teil von Springer Nature 2020
K.-H. Wehking, *Technisches Handbuch Logistik 1*,
https://doi.org/10.1007/978-3-662-60867-8_11

Die Transportleistung ist, der Transportdefinition entsprechend, die Ortsveränderung von Gütern und Personen pro Zeiteinheit und wird als Produkt aus befördertem Gewicht und der Transportentfernung in Tonnenkilometern (tkm) gemessen.

Im Weiteren erfolgt eine Konzentration auf den Güterverkehr und die Güterverkehrstechnik, da der Personenverkehr und die damit verbundene Verkehrstechnik für den Materialfluss nicht relevant sind.

In Abb. 11.1 ist ein Überblick über die gängige Güterverkehrstechnik dargestellt. Der Güterverkehrstechnik werden in der Abbildung die verschiedenen Verkehrswege und Verkehrsmittel zugeordnet. Dabei sind nur Verkehrsmittel aufgeführt, die eine Ladung aufnehmen können, also keine Schlepp- oder Zugmittel wie Zugmaschinen, Lokomotiven oder Schubschiffe.

Die Wahl des Verkehrsweges beeinflusst die zu nutzenden Verkehrsmittel, da diese technisch auf die Verkehrswege abgestimmt sein müssen. Verkehrswege lassen sich einteilen in

- Gelände
- Straßen
- Schienen
- Rohrleitungen
- Wasserstraßen und
- Luftwege.

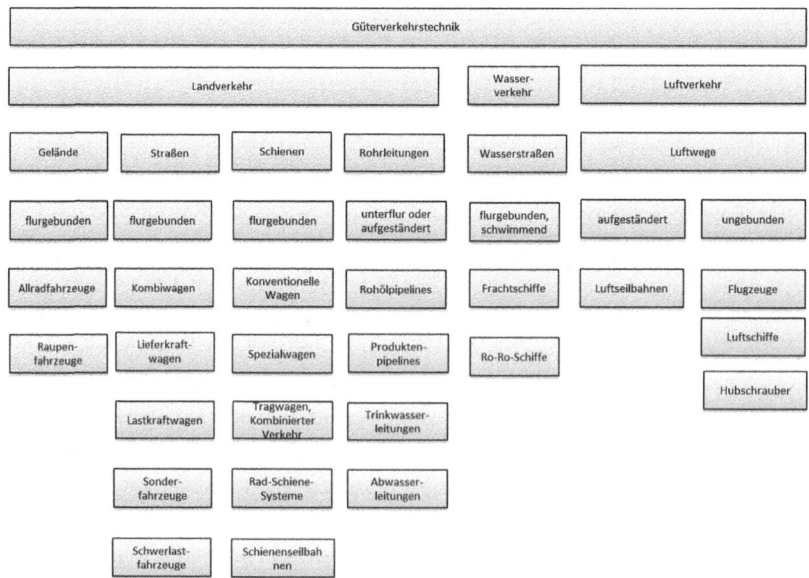

Abb. 11.1 Systematische Güterverkehrstechnik nach [3, S. 314]

Verkehrsmittel der genannten Verkehrswege stellen Kraftfahrzeuge, Eisenbahnen, Binnen- und Seeschiffe sowie Flugzeuge dar. Sie können in Analogie zu den Fördermitteln (vgl. Abschn. 9.2, Systematik der Fördermittel) flurgebunden oder aufgeständert (hängend oder stehend) verfahren. Darüber hinaus können sie beispielsweise im Falle von Rohrleitungs- netzen unterflur verlaufen oder wie im Falle von Schiffen schwimmen. Im Unterschied zur Systematik der Fördermittel wird die Kategorie flurfrei nicht gewählt, da es sich bei Ver- kehrssystemen nicht wie bei Fördersystemen um geschlossene Systeme handelt. Entspre- chend kann auch keine Hallendecke o.ä. einbezogen werden, an der die Systeme abgehängt werden. Zwar sind Flugzeuge im Sinne des Wortes flurfrei, da weder flurgebunden noch aufgeständert, damit ist aber ein anderer Zusammenhang gemeint als in Fördersystemen. In die Kategorie aufgeständert fallen die Luftseilbahnen.

Die Gesamtheit der aufeinander abgestimmten Technologien innerhalb des Verkehrs- wesens, mit denen Transportleistungen erbracht werden können, werden Verkehrsträger genannt [4]. Es kann eine systemorientierte Einteilung der Verkehrsträger anhand der Ver- kehrswege in Schiffsverkehr mit den Unterkategorien Binnenschifffahrt, Küstenschifffahrt und Seeschifffahrt, Landverkehr mit der Unterscheidung in Straßen- und Eisenbahnverkehr sowie Leitungsverkehr und in den Luftverkehr erfolgen [5].

Die verschiedenen in diesem Zusammenhang verwendeten Begriffe sind in Abb. 11.2 gegeneinander abgegrenzt. Je nach Art des Verkehrsmittels bilden Fahrwerke, Aufbauten, Rümpfe, Antriebe und Steuerung gegebenenfalls in Verbindung mit einer Fördertechnik (bei- spielsweise Krane auf Schiffen zum Stauen der Ladung) Verkehrsmittel. Die Verkehrstech- nik ergibt sich durch die Einbeziehung der Verkehrswege. Die Verkehrstechnik wiederum bildet zusammen mit ihrer Organisation und den Informationsflussmitteln, gegebenenfalls im Zusammenspiel mit Umschlagknoten (Orte, an denen ein Wechsel zwischen Verkehrs- mitteln untereinander oder zu anderen Arbeitsmitteln erfolgt und an denen die Möglichkeit der Pufferung von Ladeeinheiten besteht), und einer dort installierten Umschlagtechnik Verkehrssysteme.

Jede „...Folge von technisch und organisatorisch miteinander verknüpften Vorgängen, bei denen Personen oder Güter von einer Quelle zu einem Ziel bewegt werden", wird als Transportkette bezeichnet (vgl. Abschn. 1.2, Begriffsbestimmungen) [2]. Bei Betrachtung einer Lieferkette (engl. Supply Chain) und der Lieferantenpyramide können die Quellen und Ziele Erstlieferanten (Tier 1) oder Sublieferanten (Tier n) sowie Elemente des eigenen Logistiknetzwerkes sein und die Verbindungen über viele Stufen gehen. Transportketten (siehe Abb. 11.3) können ein- und mehrgliedrig aufgebaut sein, wobei sich eine mehrglied- rige von einer eingliedrigen Transportkette dadurch unterscheidet, dass der Transport nicht im Direktverkehr, sondern unter Wechsel der Verkehrsmittel durchgeführt wird. Unterteilt werden kann eine mehrgliedrige Transportkette weiter nach gebrochenem und kombiniertem Verkehr, wobei im kombinierten Verkehr kein Wechsel des Transportbehältnisses stattfin- det und somit keine Umladevorgänge anfallen. Bei mehrgliedrigen Transportketten können drei Phasen unterschieden werden. Die erste, ein sogenannter Flächenverkehr, ist ein Vor- lauf von mehreren Quellen zu einem Sammelpunkt. Die zweite Phase, ein sogenannter

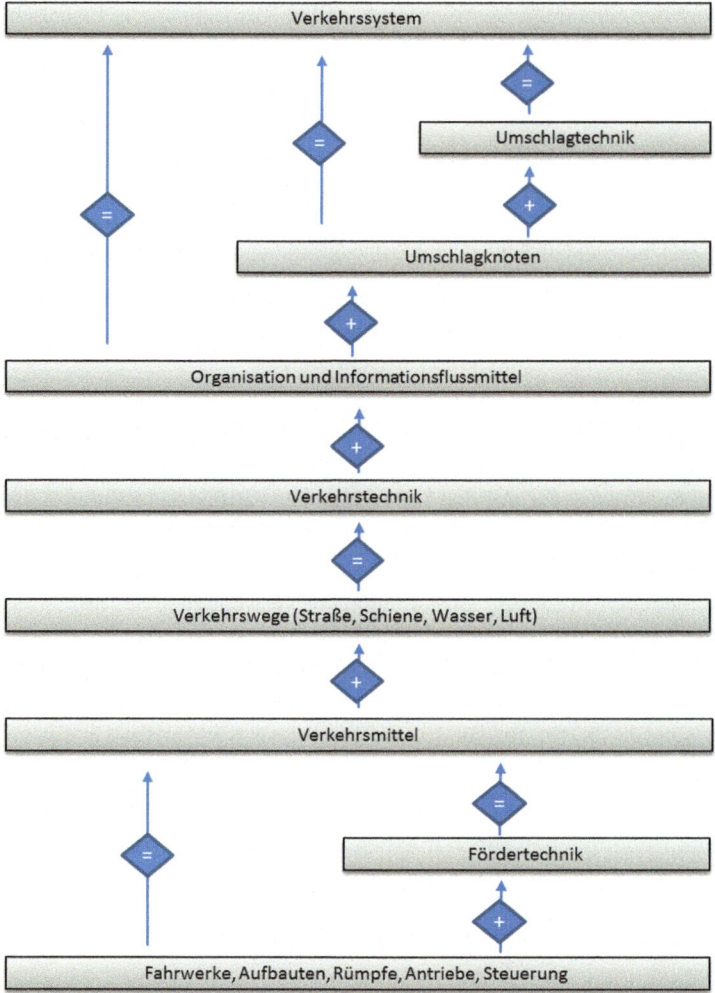

Abb. 11.2 System Verkehr: Bestandteile überarbeitet [6]

Streckenverkehr, ist der Hauptlauf vom Sammelpunkt zu einem Verteilpunkt. Vom Verteilpunkt zu den Senken findet die dritte Phase, der Nachlauf statt, der wiederum als Flächenverkehr einzustufen ist [7].

Die angesprochene technische Verknüpfbarkeit sowohl des Materialflusses als auch des Informationsflusses bedingt, dass die technischen Bestimmungsgrößen aller Glieder einer Transportkette aufeinander abgestimmt werden. Damit sind in erster Linie die transporttechnischen Eigenschaften der Güter und damit die Nutzung einheitlicher Ladeeinheiten bzw. Transportbehältnisse gemeint, die einen Einsatz verschiedener Verkehrs-, Förder- und Handhabungsmitteln ermöglicht. Ziel der organisatorischen Verknüpfung ist die zeitliche

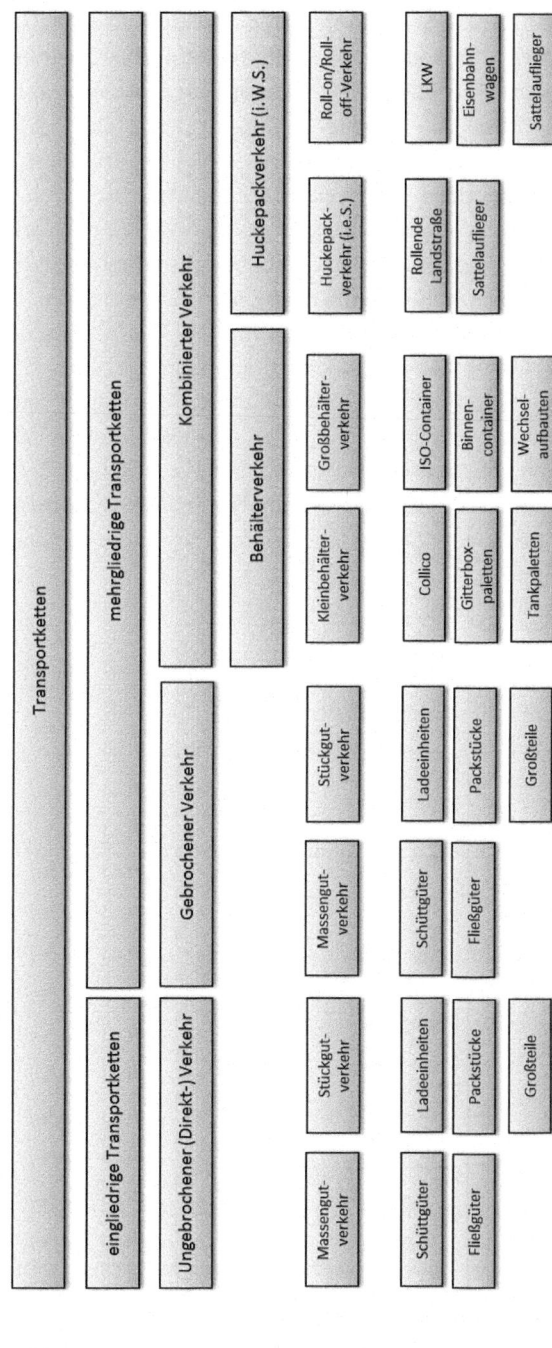

Abb. 11.3 Übersicht Transportketten überarbeitet [6]

Verkürzung des Güterumschlags und, damit verbunden, die Reduzierung der Materialfluss-kosten. Dies umfasst die Notwendigkeit und das Ziel der Prozesskostensenkung.

So konnte die Liegezeit von Schiffen in Häfen durch die Nutzung von standardisierten Containern und den darauf abgestimmte Umschlagmittel trotz der immer größer werden-den Schiffe verkürzt werden. Allein am Hamburger Hafen konnten im Jahr 2016 Güter mit einer Kapazität von 8,9 Mio. TEU (Twenty-foot Equivalent Unit; Frachteinheit, die einem 20-Fuß-ISO-Container entspricht) umgeschlagen werden [8]. Bei der Luftfracht verkürzen Flugzeuge zwar die Transportzeit, die erreichten Zeitvorteile verlieren aber bei kurzen bis mittleren Transportdistanzen, wie sie beispielsweise in Mitteleuropa vorliegen, häufig ange-sichts des Umschlages und des anschließenden Landtransportes an Bedeutung oder werden sogar als sog. Luftfrachtersatzverkehr vollständig per LKW gefahren.

An dieser Stelle sei ausdrücklich darauf hingewiesen, dass die entscheidenden Verkehrs-träger für die Globalisierung der Logistik und damit für die weltweite Realisierung der Supply Chain der Seeverkehr und die Luftfracht darstellen. Wegen der großen Bedeutung der Supply Chain für die Verkehrstechnik seien an dieser Stelle einige grundsätzlichen Anmerkungen eingefügt und außerdem verwiesen auf den Abschn. 1.2, Begriffsbestimmun-gen, in dem die allgemeine Definition des Supply Chain Managements (SCM) und den Teil A, Informations- und Steuerungssysteme, Band 2 sowie die nachfolgende allgemeinen Zieldefinitionen erfolgen.

Wichtige Ziele des SCM sind:

- Reduktion der Liefer- und Durchlaufzeiten
- Erhöhung der Termintreue bis hin zum Maximum
- Erlangen einer resilienten (robusten) Supply Chain
- Vermeidung des Bullwhip-Effekts[1]

Um diese Ziele zu erreichen ist es notwendig, Vorgaben als Erfolgsfaktoren bei der Reali-sierung von SCM einzuhalten:

- Verbesserte Planungskoordination
- Partnerschaft und Vertrauen
- Integrierte Informationssysteme

---

[1]Der Bullwhip-Effekt beschreibt das Phänomen, dass kleine Änderungen (bspw. leichte Steigerung der Nachfrage) in der Lieferkette, beginnend beim Endkunden, zu jeweils größeren Reaktionen (höhere Bestellmenge) beim jeweils vorgelagerten Akteur führen, der sich damit absichern will. Damit schaukeln sich Schwankungen in Richtung des Beginns der Lieferkette (Produzent) auf.

11.1.1 Systematik der Verkehrsmittel

Eine Systematik der Verkehrsmittel kann Abb. 11.1 entnommen werden, in der Verkehrsmittel den verschiedenen Verkehrszweigen zugeordnet sind. Das Feld der unterschiedlichen
Techniken ist sehr weit gestreut. Daher wird auf eine allgemeine weiterführende Systematik
verzichtet. Stattdessen wurden für die Hauptverkehrswege Straße, Schiene, Wasser, Luft
einzelne Systematiken erstellt und den jeweiligen Kapiteln vorangestellt.

In Abb. 11.4 ist die Entwicklung der Transportleistung in Deutschland, eingeteilt in Verkehrsträger nach den fünf Verkehrswegen Straße, Schiene, Luftweg, Binnenwasserstraßen
und Rohrleitungen zu sehen. Zu erkennen ist dabei ein Anstieg der gesamten Transportleistung, wobei der größte Anteil auf eine höhere Transportleistung des Straßenverkehrs
zurückzuführen ist.

11.1.2 Verkehrsmittel

11.1.2.1 Verkehrsmittel im Straßenverkehr

Die Straßen des überörtlichen Verkehrs haben zusammengenommen eine Länge von
230.082 km. Hierzu zählen Bundesautobahnen (12.994 km), Bundesstraßen (38.303 km)
Landesstraßen (86.850 km) und Kreisstraßen (91.936 km) [10]. Bei einer Fläche Deutschlands von 357.168 km^2 ergibt sich eine Netzdichte ohne Gemeindestraßen von 0,64 km/km^2.
Die Straßengüterverkehrsleistung in Europa belief sich nach Angaben des Statistischen

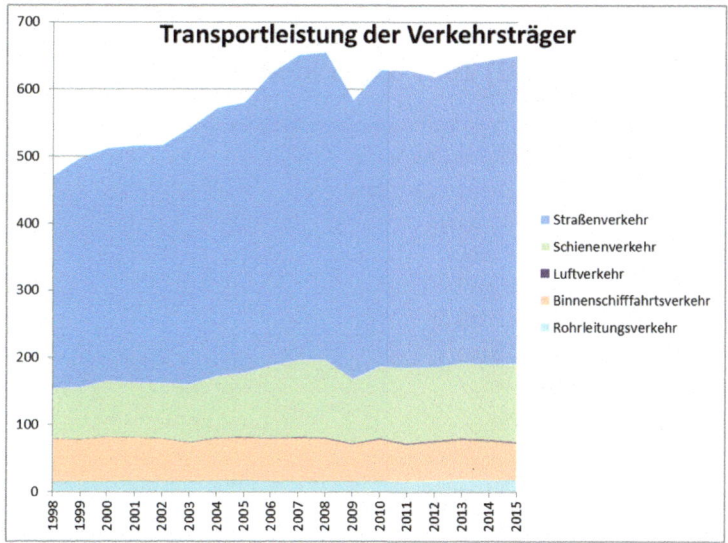

Abb. 11.4 Transportleistung in Mrd. tkm in den letzten zwei Jahrzehnten [9]

Amtes der Europäischen Union (Eurostat) 2015 auf 1768 Mrd. tkm. Hierbei entfielen 315 Mrd. tkm auf Deutschland, gefolgt von Polen (261 Mrd. tkm) und Spanien (209 Mrd. tkm), wobei jeweils nur die Fahrzeuge betrachtet wurden, die in dem jeweiligen Land registriert sind [11]. In Deutschland wurden 64,7 % des Güterverkehrs auf der Straße abgewickelt [12]. Einer Studie des Bundesministeriums für Verkehr und digitale Infrastruktur (BMVI) zufolge belief sich die Straßengüterverkehrsleistung im Jahr 2015 auf 459 Mrd. tkm. Hauptunterschied zu den Eurostat-Werten ist, dass auch Fahrzeuge mit in die Betrachtung einbezogen werden, die im Ausland registriert sind. In Deutschland waren 2016 2,8 Mio. LKW und 194.000 Sattelzugmaschinen zugelassen [9].

Seit 2005 sind die Autobahnen und ein bestimmter Teil der Bundesstraßen für LKW ab 12 t zulässigem Gesamtgewicht kostenpflichtig. Im Oktober 2015 wurde die Mautpflicht auf Fahrzeuge ab 7,5 t ausgeweitet und seit dem Jahr 2018 ist die Maut auf alle Bundesstraße ausgeweitet worden. Der Mautsatz pro Kilometer richtet sich nach der Achsanzahl des LKW und der Schadstoffklasse. Beispielsweise beläuft sich der Mautsatz für einen 3-Achser mit der Schadstoffklasse Euro 2 auf 18,6 Cent, während der eines 3-Achsers mit der Schadstoffklasse Euro 6 dagegen nur 11,3 Cent beträgt [13]. Die Einnahmen durch die LKW-Maut beliefen sich im Jahr 2015 auf 4,4 Mrd. EUR, wovon 2,9 Mrd. EUR in Bundesautobahnen und 371 Mio. EUR in Bundesstraßen investiert wurden [14].

Abb. 11.5 zeigt die zehn europäischen Länder mit den meistgefahrenen mautpflichtigen Kilometern auf deutschen Straßen im Jahr 2016. Hierbei liegt Polen deutlich vor Tschechien und Rumänien. Die Fahrleistung deutscher mautpflichtiger Fahrzeuge lag bei 19,2 Mrd. km, die Gesamtfahrleistung betrug 32,5 Mrd. km.

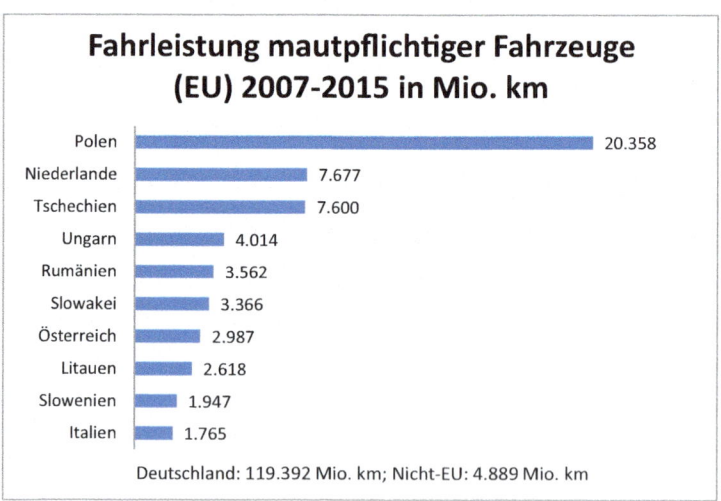

Abb. 11.5 Fahrleistung mautpflichtiger Fahrzeuge [15]

Es können folgende Formen des Straßengüterverkehrs unterschieden werden:

Nach §1 des Güterkraftverkehrsgesetzes (GüKG) wird **Güterkraftverkehr** definiert als „. . .die geschäftsmäßige oder entgeltliche Beförderung von Gütern mit Kraftfahrzeugen, die einschließlich Anhänger ein höheres zulässiges Gesamtgewicht als 3,5 t haben" [16].

Dabei wird von **Werkverkehr** gesprochen, wenn der Güterkraftverkehr von den Unternehmen selbst für die Erledigung eigener Aufgaben durchgeführt wird. Hierbei darf der Transport keine Hauptaufgabe des Unternehmens sein [16].

Die Unterteilung in Güternah- bzw. Güterfernverkehr unterliegt heutzutage keiner gesetzlichen Regelung mehr. Vor Inkrafttreten des Tarifaufhebungsgesetzes 1993 und der damit verbundenen Deregulierung des Güterverkehrs galten die folgenden Definitionen:

Als **Güternahverkehr** galt jede Beförderung von Gütern mit Kraftfahrzeugen in einem Umkreis von 50 km (ab 1992 75 km) Luftlinie vom Ortsmittelpunkt des Fahrzeugstandortes, die für Dritte unter Nutzung öffentlicher Verkehrswege durchgeführt wurde. Der Güternahverkehr unterlag nicht der Konzessionierung durch die Verkehrsbehörden.

Als **Güterfernverkehr** galt jede Beförderung von Gütern mit Kraftfahrzeugen, die für Dritte unter Nutzung öffentlicher Verkehrswege durchgeführt wurde und über die Grenze der Nahzone hinausging oder außerhalb der Nahzone lag. Der Güterfernverkehr unterlag in der Bundesrepublik der Konzessionierung (Bezirks-Konzessionen, unbeschränkte Konzessionen, internationale Konzessionen).

In der Neufassung des Güterkraftverkehrsgesetzes 1998 entfällt diese Unterteilung, stattdessen erfolgt nur noch eine Unterscheidung in den gewerblichen Güterkraftverkehr und den Werkverkehr. Im allgemeinen Sprachgebrauch werden die Begriffe Güternah- und Güterfernverkehr weiterhin verwendet, allerdings losgelöst von einer definierten Entfernungsgrenze. Vor allem in Statistiken findet jedoch häufig eine Unterteilung in Nahverkehr (bis 50 km), Regionalverkehr (51 bis 150 km) und Fernverkehr (über 150 km) statt.

Die Aufgaben des Nahverkehrs liegen neben dem Transport ganzer Ladungen im Verkehrsraum in der Sammlung von Gütern innerhalb von Ballungsräumen und Industriegebieten sowie in der Zusammenstellung von Touren für den Fernverkehr. Dabei wird das Transportgut auch an andere Verkehrsmittel wie Bahn, Schiffe oder Flugzeuge übergeben. Analog dazu gehören auch das Verteilen der Güter in Ballungsräumen und eine Direktlieferung zum Verbraucher zu den Aufgaben des Nahverkehrs. Heute ist damit natürlich auch der ganze Bereich der KEP-Dienste (Kurier-, Express- und Paketdienste) (siehe Unterunterabschnitt 10.2.2.1, Einsatzgebiet Kurier-, Express- und Paketdienste (KEP-Dienste)) zu verstehen. Entsprechend bildet der Nahverkehr einen Flächenverkehr und führt den Vor- und Nachlauf zum Fernverkehr durch.

Ein besonderes Augenmerk bei den Aufgaben des Nahverkehrs ist die sog. „Last Mile" zu widmen. Hierunter wird die schlussendliche Belieferung des Endkunden (z. B. Verbraucher, Märkte, Handel, Industrie, etc.) verstanden. Dies wird ausgeführt durch

- KEP-Dienste (siehe Unterunterabschnitt 10.2.2.1, Einsatzgebiet Kurier-, Express- und Paketdienste (KEP-Dienste))

- Stückgut-Spedition
- Werksverkehr
- etc.

Die Last-Mile-Belieferung entscheidet (aus Sicht des Kunden) wesentlich über

- Einhaltung der Qualitätsanforderungen
- Einhaltung der Termin
- Minimierung der Kosten

Der Fernverkehr hingegen hat sein Hauptaufgabengebiet zwischen Ballungsräumen und Industriegebieten und ist als Streckenverkehr einzustufen. Er kommt außer beim kombinierten Verkehr und beim Fährverkehr nicht mit anderen Verkehrsmitteln in Berührung.

Beim Straßengüterverkehr sei darauf hingewiesen, dass die Baustellenverkehr (Straßengebäude, Industriebau, etc.) im Vergleich zum Stückgutverkehr und den KEP-Aufgaben einer großen Verkehrsanteil ausmachen.

Der Straßengüterverkehr hat sich wegen seiner Wettbewerbsvorteile in Preis und Leistungsfähigkeit (Flexibilität, Schnelligkeit) anfangs hauptsächlich auf Kosten des Schienengüterverkehrs erheblich ausgeweitet. Im Nahverkehr wird seine Zeitüberlegenheit gegenüber der Eisenbahn mit ihren sehr hohen Stillstandszeitanteilen an der Gesamttransportzeit besonders deutlich. Diese Zeitüberlegenheit ist auch eine Folge des im Vergleich zum Schienennetz erheblich dichteren Straßennetzes und der damit verbundenen Fähigkeit für einen umfassenden Flächenverkehr. Beim Vergleich der Güterverkehrsleistung des Jahres 2015 lässt sich feststellen, dass im Straßenverkehr seit 2000 eine Steigerung der Leistung um 33 % und im Eisenbahngüterverkehr um 41 % stattgefunden hat [9].

Im Fernverkehr sind die Transportgeschwindigkeiten der Verkehrsmittel im Straßenverkehr gegenüber der Eisenbahn geringer, werden aber durch das Vermeiden von Rangier- und Umschlagvorgängen häufig ausgeglichen. Dadurch sind die Transporte mit Verkehrsmitteln des Straßengüterverkehrs häufig schneller, womit sich die Priorität des Straßengüterverkehrs gegenüber dem Schienenverkehr, mit Ausnahme von sog. Ganzzügen, erklärt.

Nach DIN 70010 [17] können die Straßenfahrzeuge gemäß Abb. 11.6 eingeteilt werden.

Ein **Kraftfahrzeug** (Kfz) wird als „Maschinell angetriebenes Straßenfahrzeug" [17] definiert, wobei ein Kraftwagen zwei- oder mehrspurig ist. Ein **Nutzkraftwagen** ist ein Kraftwagen, der für den Transport von Personen bzw. Gütern ausgelegt oder für einen speziellen Einsatz gebaut ist. Dabei sind Personenkraftwagen ausgeschlossen. Diese zeichnen sich dadurch aus, dass sie insbesondere für den Transport für Personen ausgelegt sind und weniger als neun Sitzplätze besitzen.

Von Personenkraftwagen abgeleitete Fahrzeuge, die auch für den Gütertransport genutzt werden können, sind der Nutzkraftwagen-Kombi (Kombiwagen), bei welchem die hinteren Sitze entfernt werden können, um die Ladefläche zu vergrößern sowie der Spezial-Personenkraftwagen und der Mehrzweck-Personenkraftwagen. Die genannten Fahrzeuge zeichnen sich dadurch aus, dass ein gelegentlicher Gütertransport leicht möglich ist.

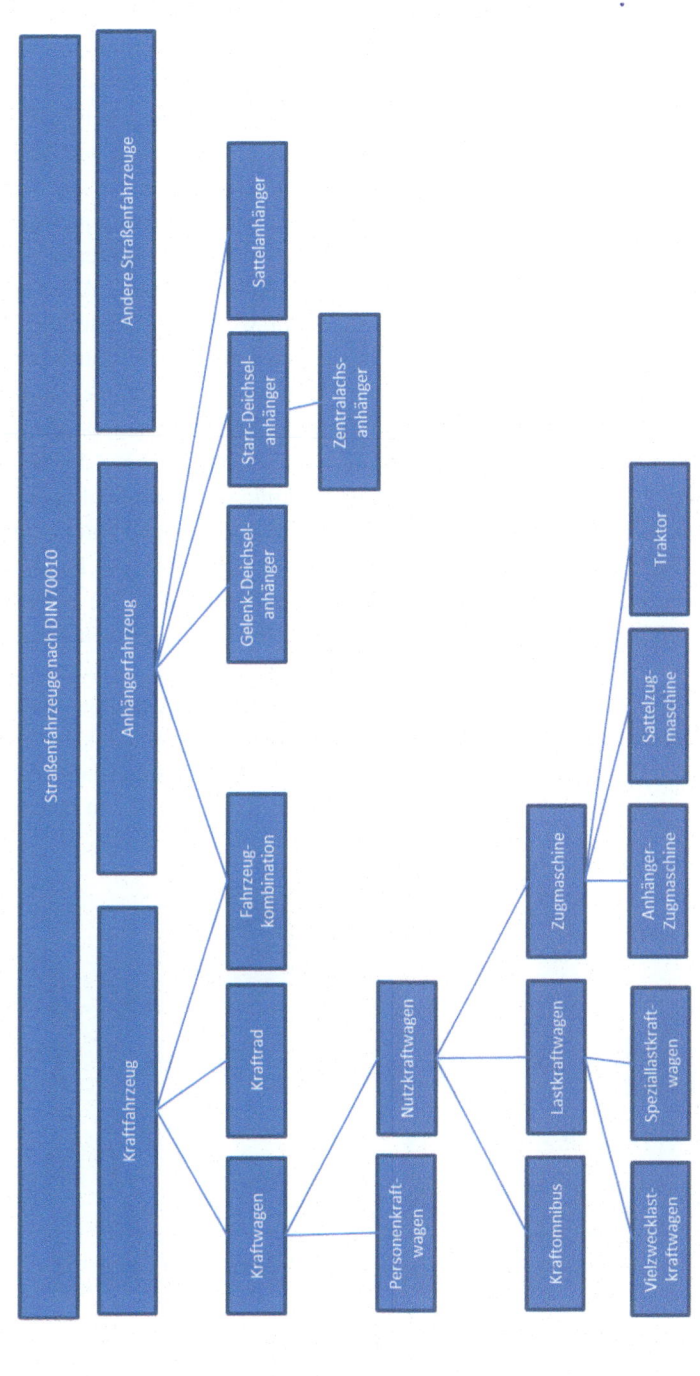

Abb. 11.6 Straßenfahrzeuge [17]

Lieferkraftwagen auch Lieferwagen oder Kastenwagen genannt, zeichnen sich durch einen Fahrzeugaufbau aus, bei welchem der Lade- und der Insassenraum eine Einheit bilden. Dabei ist es erforderlich, dass eine geeignete Rückhalteeinrichtung und im Laderaum angebrachte Zurrpunkte vorhanden sind, die den Fahrer bei einer Verschiebung der Ladung sichern [18]. Eine besondere Ausprägung bei den Lieferkraftwagen der KEP-Dienstleister ist die Ausgestaltung des Transportraumes zur Aufnahme der Pakete, wie Abb. 11.7 zeigt.

Ein **Lastkraftwagen (LKW)** ist definiert als „Nutzkraftwagen, der nach seiner Bauart und Einrichtung zum Transport von Gütern bestimmt ist". Zugmaschinen sind Nutzkraftwagen, deren Zweck das Ziehen von Anhängerfahrzeugen ist. Im weiteren Verlauf werden die Fahrzeuge des Gütertransports, insbesondere Lastkraftwagen und Anhängerfahrzeuge, sowie Fahrzeugkombinationen weiter betrachtet. Zur weiteren Unterteilung dieser Fahrzeuge können die EG Fahrzeugklassen herangezogen werden [19]. Zur Klasse N werden dabei diejenigen Fahrzeuge gezählt, die für den Gütertransport geeignet sind und mindestens 4 Räder besitzen. Die Klasse wird weiter unterteilt nach der zulässigen Gesamtmasse der Fahrzeuge. Dabei erfolgt eine Unterteilung in die Klasse N_1 bis 3,5 t, N_2 von 3,5 t bis 12 t und N_3 über 12 t. Aufgrund der EU-Führerscheinklassen empfiehlt sich eine weitere Unterteilung der Klasse N_2. Die Führerscheinklasse B befugt zum Fahren von Fahrzeugen bis 3,5 t, die Klasse C1 zu leichten Nutzfahrzeugen bis 7,5 t. Für das Fahren von schweren Nutzfahrzeugen über 7,5 t wird die Klasse C benötigt [20]. Die Umstellung in die EU-Führerscheinklassen erfolgte 1999. Die heutige, für Privatpersonen gängige Klasse B entsprach vor der Änderung der umfangreicheren Klasse 3. Insbesondere war das Fahren von Fahrzeugen bis zu 7,5 t erlaubt. Durch die sog. Besitzstandregelung erhalten die Besitzer der Führerscheinklasse 3 beim Umtausch in die neue Führerscheinklassen automatisch unter anderem die Erlaubnis für die Klassen B, BE, C1 und C1E und sind dementsprechend berechtigt, Fahrzeuge bis 7,5 t bzw. Fahrzeugkombinationen bis 12 t zu fahren [21].

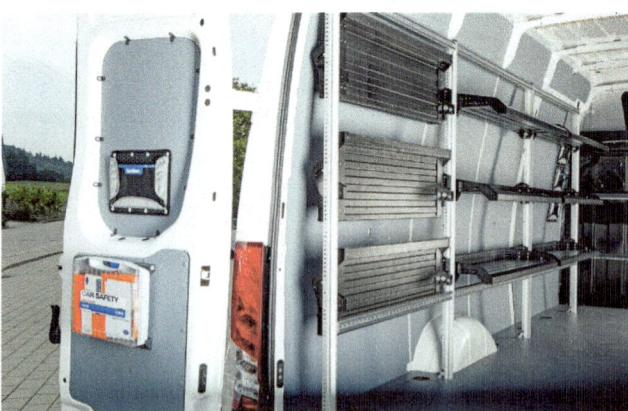

Abb. 11.7 Einrichtung des Laderaums in einem Lieferwagen eines KEP-Anbieters. (Quelle: Sortimo International GmbH)

Nach der Straßenverkehrs-Zulassungs-Ordnung (StVZO) wird das zulässige Gesamtgewicht durch die Anzahl der Achsen bestimmt. Somit sind Fahrzeugkombinationen mit bis zu 40 t Gesamtgewicht bzw. im kombinierten Verkehr bis zu 44 t Gesamtgewicht möglich. Die maximale Länge beträgt 16,50 m bei Sattelkraftfahrzeugen bzw. 18,75 m bei Zugmaschinen mit Anhänger [22]. Transporte, die diese Werte übertreffen, sind genehmigungspflichtig. Unterschieden werden kann dabei in Großraumtransporte, die die gesetzliche Breiten-, Höhen- oder Längenlimitierung überschreiten, Schwertransporte, die durch ein höheres als das zulässige Gesamtgewicht gekennzeichnet sind und die Kombination beider Arten, bei welcher sowohl das Gewicht als auch die Abmessungen über den gesetzlichen Werten liegen.

Seit 2017 dürfen auch sog. Lang-LKW auf bestimmten Strecken, dem Positivnetz, eingesetzt werden. Die Abb. 11.8 zeigt einen Lang-LKW wie er derzeit in Deutschland eingesetzt wird. Die Gewichtsbeschränkung bleibt dabei erhalten. Werden diese LKW optimal ausgelastet, kann eine höhere Effizienz und eine Kraftstoffersparnis von 15 % bis 25 % erreicht werden [23]. Außerdem fährt dies natürlich auch zu einer Reduzierung von Fahrten. Abb. 11.9 zeigt die verschiedenen Ausprägungsformen der Lang-LKW nach der Verordnung über Ausnahmen von straßenverkehrsrechtlichen Vorschriften für Fahrzeuge und Fahrzeugkombinationen mit Überlänge (LKWÜberlStVAusnV) [24].

Neben der Gesamtmasse, können die Fahrzeuge auch nach den zu transportierenden Gütern unterschieden werden. Vielzwecklastkraftwagen (Abb. 11.10) sind für den Transport verschiedener Güter geeignet. Beispiele dafür sind LKW mit Pritsche oder Kofferaufbau.

Speziallastkraftwagen (Abb. 11.11) sind für die Beförderung spezieller Güter und für spezifische Einsatzzwecke ausgelegt. Beispiele hierfür sind LKW für den Transport von Flüssigkeiten, Containern, Fahrzeugen oder zu kühlenden Gütern [17].

Abb. 11.8 Lang-LKW als Sattelzug mit Zentralachsanhänger. (Quelle: Fahrzeugwerk Bernard KRONE GmbH & Co. KG)

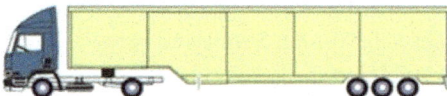

(a): Sattelzugmaschine mit Sattelanhänger (Sattelkraftfahr-zeug) bis zu einer Gesamtlänge von 17,80 Metern (Typ 1, verlängerter Sattelauflieger; Versuch um sieben Jahre verlängert.)

(b): Sattelkraftfahrzeug mit Zentralachsanhänger bis zu einer Gesamtlänge von 25,25 Metern (Typ 2; Versuchsver-längerung um ein Jahr)

(c): Lastkraftwagen mit Untersetzachse und Sattelanhän-ger bis zu einer Gesamtlänge von 25,25 Metern (Typ 3; Aufhebung der Befristung)

(d): Sattelkraftfahrzeug mit einem weiteren Sattelanhän-ger bis zu einer Gesamtlänge von 25,25 Metern (Typ 4; Aufhebung der Befristung)

(e): Lastkraftwagen mit einem Anhänger bis zu einer Ge-samtlänge von 24,00 Metern (Typ 5; Aufhebung der Befris-tung)

Abb. 11.9 Typen von Lang-LKW [25]

(a): Schüttgut-Kipper   (b): Pritsche mit Planenaufbau

(c): Kofferaufbau

Abb. 11.10 Vielzweck-Lastkraftwagen. (Quelle: Daimler AG)

(a): Kühlkoffer-Aufbau   (b): Aufbau für die Auslieferung von Getränken

(c): Tankaufbau

Abb. 11.11 Spezial-Lastkraftwagen. (Quelle: Daimler AG)

Die Abb. 11.12 zeigt für den Straßengüterverkehr zwei LKW für den Containertransport (20 Fuß und 40 Fuß) und Abb. 11.13 eine sogenannte Wechselbrücke. Verwiesen wird hier auf das Kap. 14, Umschlagtechnik in dem der Umschlag von LKW auf Bahn und Schiff weiter dargestellt wird.

Abb. 11.12 LKW Containertransport (2×20 Fuß Container). (Quelle: Fahrzeugwerk Bernard KRONE GmbH & Co. KG)

Abb. 11.13 Wechselbrücke. (Quelle: Fahrzeugwerk Bernard KRONE GmbH & Co. KG)

Abb. 11.14 Starrdeichselanhänger.
(Quelle: Böckmann
Fahrzeugwerke GmbH)

Lkw-Anhänger stehen ebenso wie Lastkraftwagen mit verschiedenen Spezifikationen zur Verfügung, die den Anforderungen an den Transport verschiedener Güter angepasst sind. Sie können jedoch nicht nur nach dem Verwendungszweck sondern auch nach Art der Verbindung mit dem Zugfahrzeug eingeteilt werden.

Starrdeichselanhänger (siehe Abb. 11.14) besitzen eine oder mehrere Achsen, die starr mit dem Anhängerrahmen verbunden sind und somit keine Lenkeinrichtung haben. Sie werden unter anderem für den Transport relativ kleiner Massen verwendet. Pferdetransportanhänger und Wohnwagen sind zumeist als Starrdeichselanhänger ausgeführt.

Dem gegenüber besitzen **Drehdeichselanhänger** (siehe Abb. 11.15) mindestens zwei Achsen, von denen die vordere über einen Drehschemel mit dem Anhängerrahmen verbunden ist. Auf diese Weise wird ein vorteilhaftes Lenkverhalten der gesamten Fahrzeugkombination erreicht, sowie durch die Entlastung der Anhängerkupplung ein höheres Gesamtgewicht ermöglicht. Anders als bei den lenkbaren Achsen von Zugmaschinen ist die Vorderachse eines Drehdeichselanhängers starr und wird durch die Zuggabel in Position gebracht.

Sattelanhänger (siehe Abb. 11.16) bilden gemeinsam mit der Sattelzugmaschine das Sattelkraftfahrzeug [22]. Sie besitzen keine Vorderachse, sondern werden über die Aufliegerplatte mit der Sattelzugmaschine verbunden. Aufgrund der besseren Kräfteverteilung eigenen sie sich damit zum Transport großer Massen.

Dollyachsen (siehe Abb. 11.17) können anstelle einer Sattelzugmaschine unter die Aufliegerplatte von Sattelanhängern geschoben werden. Sie können über eine Anhängerkupplung zum Beispiel mit einem Stapler oder einem Traktor verbunden werden, was das Rangieren der Sattelanhänger ermöglicht. Des Weiteren werden Dollyachsen im Straßenverkehr eingesetzt, wenn Sattelanhänger von anderen Fahrzeugen, wie etwa Lkw, gezogen werden.

Abb. 11.15 Drehdeichselanhänger. (Quelle: Anssems.com Deutschland GmbH)

Abb. 11.16 Sattelanhänger mit Sattelzugmaschine [26]

Abb. 11.17 Dollyachse. (Quelle: Fahrzeugwerk Bernard KRONE GmbH & Co. KG)

Im Bereich der Werksverkehre bzw. auf Logistikflächen werden seit längerem bereits Outdoor-FTS eingesetzt. Die Abb. 11.18 zeigt einen serienmäßigen LKW, der von der Firma Götting zu einem fahrerlosen LKW umgerüstet worden ist. In der Front des Fahrzeugs erkennt man den Sicherheitsbumper und auf der linken Seite seitlich ebenfalls ein Sicherheitselement für seitlichen Schutz von Personen. Mittig an der Frontseite des Fahrzeugs ist der Laser zur Vorfeldnavigation für Hindernisse (Gegenstände, Personen, Fahrzeuge) im Fahrvorfeld des FTS-LKWs zu erkennen.

Abb. 11.18 Fahrerloser LKW. (Quelle: Götting KG)

11.1.2.2 Verkehrsmittel im Schienenverkehr

Im Schienenverkehr in der Bundesrepublik Deutschland ist 2015 eine Transporttonnage von circa 367 Mio. t, was rund 8,1 % des Gesamtgütertransportaufkommens entspricht, befördert worden [27], wobei hierfür von Seiten der Deutschen Bahn AG und der nicht bundeseigenen Eisenbahnen etwa 119.000 (Angabe von 2010) Güterwagen zur Verfügung standen [28]. Mit rund 116.632 Mio. tkm lag die erbrachte Verkehrsleistung bei circa 17,5 % der Gesamtleistung aller Verkehrsträger[2] [27].

Die Eisenbahn ist in der Regel im Ganzzugverkehr, im Einzelwagenverkehr und im kombinierten Verkehr einsetzbar. Beim Ganzzugverkehr werden komplette Züge von einem Versender zu einem Empfänger verbracht und die Eisenbahn kann hier ihre Stärke in Bezug auf Wirtschaftlichkeit und Schnelligkeit ausspielen. Dem gegenüber werden beim Einzelwagenverkehr einzelne Güterwagen in Rangierbahnhöfen gesammelt, als ganzer Zug zu einem Zielrangierbahnhof versendet und von dort aus auf die verschiedenen Empfänger verteilt. Auf diese Weise wird eine Versorgung der Fläche sichergestellt, wobei die für die Zugbildung und -auflösung notwendigen Handlungen die Transportzeit verlängern (siehe Unterabschnitt 14.4.4, Ablauf der Zugbildung an Rangierbahnhöfen). Hier ist allerdings anzumerken, dass der Einzelwagenverkehr eine stark abnehmende Bedeutung hat. Eine Zwischenform stellt der Waggongruppenverkehr dar, bei welchem Waggongruppen verschiedener Kunden zu Zügen für eine Generalrichtung (z. B. Nord/Süd) zusammengestellt werden.

---

[2]Es sei allerdings ausdrücklich daruaf hingewiesen, dass das Angebot an Eisenbahnwaggons aus der Menge der DB-Waggons sowie wesentliche aus privaten Anbietern wie z. B. VTG AG oder Transwaggon AG (Schweiz) zusammensetzen.

Beim kombinierten Verkehr übernimmt die Eisenbahn den Hauptlauf innerhalb einer von verschiedenen Verkehrsträgern bestrittenen Transportkette. Somit wird versucht, die Vorteile der verschiedenen Verkehrsträger in Bezug auf Wirtschaftlichkeit, Flexibilität und Umweltfreundlichkeit zu vereinen [29].

Die Eisenbahn wird häufig in mehrgliedrige Transportketten in Verbindung mit dem LKW integriert, um ihre Vorteile im Langstreckenverkehr zu nutzen. Dies gilt besonders für den kombinierten Verkehr (vgl. Unterabschnitt 11.1.4, Verkehrsorganisation und kombinierter Verkehr). Dazu werden automatische Umschlaganlagen (Krananlage, Umschlagsbahnhöfe) benötigt, die Wartezeiten an Verzweigungs- und Zusammenführungspunkten in der Transportkette und an den Schnittstellen zu anderen Verkehrsmitteln (z. B. des Straßenverkehrs) minimieren und zeitaufwendige Rangiervorgänge vermeiden (vgl. Kap. 14, Umschlagtechnik). Die Bahn ist heute mehr als nur ein Glied in der Transportkette. Zum Beispiel über die Firma Kombiverkehr GmbH & Co KG (Gegründet 1969, seit 2002 hält die DB 50 % der Anteile) werden LKW von den Umschlagsbahnhöfen zu den Endkunden durchgeführt

So bietet DB Schenker als logistische Gesamtleistung unter Einbeziehung einer LKW-Flotte und der beschriebenen Umschlagbahnhöfe einen Haus-zu-Haus-Verkehr an.

Offene Wagen

Offene Wagen (Abb. 11.19) zählen zu den gebräuchlichsten Wagenbauarten der Deutschen Bahn. Sie können – differenziert nach Einsatzzweck – als kastenförmige Wagen mit Holz- oder Stahlfußboden mit Türöffnungen an den Seitenwänden, als Wagen mit Schwerkraftentladung und als Wagen mit einer Seitenkippvorrichtung ausgeführt sein. Die Ladelänge beträgt 8760–14500 mm, die Ladebreite liegt bei 2760 mm.

Einsatzfälle: Transport großer Mengen witterungsunempfindlicher Stückgüter (Ballen, Collis, Fässer, Rundholz oder Stabeisen) und von Schüttgut wie Kohle, Erz, Schrott, Sand, Schotter und Holz über weite Entfernungen.

Flachwagen

Flachwagen (Abb. 11.20) werden mit Seitenborden oder –wänden ausgeführt, die umgelegt und für die Beladung über Kopf- bzw. Seitenrampen befahren werden können. Die möglichen Ladehöhen liegen zwischen 450 mm und 2005 mm, die Ladelängen betragen

Abb. 11.19 Offene Güterwagen [30]

(a) Flachwagen mit Planenverdeck [31]

(b) Flachwagen mit (Seiten-)Rungen [32]

Abb. 11.20 Flachwägen

9500–21614 mm. Für den Transport von Containern, Wechselbehältern, Lastkraftwagen und Sattelzügen werden spezielle Bauarten bereitgehalten. Flachwagen machen bei der DB etwa 40 % des Wagenbestandes aus.

Einsatzfälle: Beförderung witterungsunempfindlicher Güter mit großem Raumbedarf wie zum Beispiel Hölzer, Rohre, Stahl und große Stückgüter. Einsatz im Rahmen der „Rollenden Landstraße" und zum Container- und Wechselbehältertransport.

Gedeckte Wagen

Gedeckte Wagen (Abb. 11.21) gehören ebenfalls zu den häufigsten bei der Deutschen Bahn eingesetzten Güterwagen. Sie haben bei einer Ladelänge von 12774–22866 mm, einer Ladebreite von 2580–2900 mm und einer Ladehöhe an den Seitenwänden von circa 2300 mm einen kastenförmigen Laderaum mit Tonnendach. Es gibt bei der Deutschen Bahn gedeckte Wagen mit Schiebewänden, spezielle gedeckte Autotransportwagen sowie gedeckte Wagen mit Temperaturbeeinflussung.

Einsatzfälle: Transport verschiedenartiger Güter in Säcken, Kisten, Kartons, auf Ladehilfsmitteln aller Art verpackt oder unverpackt, als Ladeeinheiten oder nicht.

(a) Zweiachsiger, großräumiger Schiebewandwagen [33]

(b) Schiebewagen mit Seitenplane [34]

Abb. 11.21 Gedeckte Güterwagen

Wagen mit öffnungsfähigem Dach

Die Wagen mit öffnungsfähigem Dach der Deutschen Bahn (Abb. 11.22) existieren zum einen als Schüttgutwagen mit schlagartiger und dosierbarer Entladung mit Fassungsvermögen von 32 − 90 m³ und zum anderen als Kastenwagen mit zusätzlichen Seitentüren mit Ladelängen von 12350–14492 mm und Ladebreiten von 2650–2780 mm.

Einsatzfälle: Beförderung witterungsempfindlicher schwerer Stückgüter wie Ton und Rea-Gips sowie nässeempfindlicher Schüttgüter wie Zement, Aluminiumoxid, Mehl, Zucker und Salz.

Spezialwagen

Für den Transport von Gütern mit speziellen Anforderungen werden besondere Güterwagen verwendet, wie zum Beispiel Kesselwagen für den Transport von flüssigen und gasförmigen Gütern, Tiefladewagen für die Beförderung von Fahrzeugen (Abb. 11.23) und hohen Gütern [36].

11.1.2.3 Verkehrsmittel im Binnen- und Seeschifffahrtsverkehr

Zur Binnenschifffahrt zählt die Schifffahrt auf den Wasserstraßen im Binnenland, also auf Flüssen, Kanälen und Seen. Unter Seeschifffahrt wird sowohl die Küsten- als auch die Hochseeschifffahrt verstanden.

In der Binnenschifffahrt der Bundesrepublik ist 2015 eine Transportmenge von 221 Mio. t, das sind rund 4,9 % des Gesamtgütertransportaufkommens, befördert worden. Mit circa 55.315 Mio. tkm lag die erbrachte Verkehrsleistung bei rund 8,3 % der Gesamtleistung aller Verkehrsformen [27].

Abb. 11.22 Drehgestellwagen mit Rolldach (Plane) [35]

Abb. 11.23 Spezialwagen für den Transport von Automobilen [37]

Die Binnenschifffahrt ist prädestiniert für den Transport von Gütern im Massengutverkehr. Selten eingesetzt wird sie für den Transport von Packstücken und Paletten im Stückgutverkehr. Der Containertransport ist vergleichsweise häufig anzutreffen. In großem Umfang werden heute Massengüter und Schüttgut über große Entfernungen transportiert, wo Binnenschiffe relativ preisgünstig eingesetzt werden können. Mit der Nutzung künstlicher Wasserstraßen sinkt jedoch dieser Kostenvorteil. Binnenschiffe sind an ein stark begrenztes Wasserstraßennetz gebunden, dessen Weitmaschigkeit dazu führt, dass in der Binnenschifffahrt eine Vielzahl der Transporte im gebrochenen Verkehr – also unter Einbeziehung anderer Verkehrsmittel – erfolgen müssen. Das führt zu erhöhten Kosten und zu Transportzeiten, die infolge der geringen Transportgeschwindigkeiten ohnedies schon relativ lang sind. Hauptwettbewerber der Binnenschifffahrt ist der Schienenverkehr, wobei die niedrigen Transportkosten der wesentliche Vorteil gegenüber der Eisenbahnkonkurrenz sind.

Die Seeschifffahrt hat im Vergleich zum Luftfrachtverkehr niedrigere Transportkosten bei hohen Transportzeiten. Der Seeschifffahrtsbereich hat zwei wesentliche Haupteinsatzgebiete:

1. den Massenguttransport von Schüttgütern wie beispielsweise Getreide, Kohle, Erz etc.
2. den weltweiten Transport von Gütern auf Containerbasis mit hochmodernen Containerschiffen, sowohl für den See- als auch für den Binnenschiffstransport.

Im Nachfolgenden werden die wichtigsten heute noch von Bedeutung befindlichen Typen von Schiffen vorgestellt.

Schubschiffe
Schubschiffe sind Motorschiffe, die zur Fortbewegung eines Schubverbandes dienen. Sie können bis zu sechs starr miteinander verbundene Schubleichter (auch Bargen genannt) schieben (Vereinbarung zwischen den Niederlanden und der Bundesrepublik Deutschland

für den Schiffsverkehr auf dem Niederrhein) und werden ausschließlich in der Binnenschiff-fahrt eingesetzt. Schubleichter sind in der Regel antriebslos und werden von den Schubschif-fen in einem Schubverband geschoben. In einigen Ausführungen sind sie mit einem kleinen Hilfsantrieb versehen, um innerhalb des Verbandes kleine Ortsveränderungen durchführen zu können (Abb. 11.24).

Frachtschiffe

Frachtschiffe sind die am häufigsten eingesetzten Schiffe. Sie werden in der Binnen- und See-schifffahrt eingesetzt, verfahren aber selten in Binnengewässern und auf hoher See zugleich. Wichtige Frachtschiffe sind Schütt- oder Stückgutfrachter, Tanker, Containerschiffe und Feeder in konventioneller Bauart.

Schüttgutfrachter

Schüttgutfrachter (Abb. 11.25) sind häufig eingesetzten Verkehrsmittel in der Binnen- und Seeschifffahrt. Sie sind als selbstangetriebene Motorschiffe ausgeführt und werden auf den

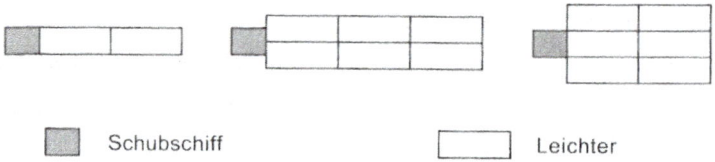

Abb. 11.24 Bildung eines Schubverbandes [3, S. 323]

Abb. 11.25 Schütt- und Massengutseeschiff [38]

Binnengewässern, im Küstenverkehr sowie auf hoher See eingesetzt. Gemäß ihrer Bezeichnung sind sie entweder für einen Schüttgut- oder für einen Stückguttransport geeignet. Die Abb. 11.25 zeigt einen Hochsee-Schüttgutfrachter.

Stückgutfrachter
Stückgutfrachter waren früher das wichtigste Seehafentransportmittel. Sie wurden zum Tarnsport von Stückgütern jeglicher Art (Fässer, Paletten, Collies, Lockmotiven, Werkzeugmaschinen, etc.) verwendet. Sie hatten für den Umschlag eigenes Ladegeschirr und benötigten zum Verstauen und Sichern im Schiffsrumpf der verschiedenen Stückgüter eine große Anzahl an Dockarbeitern

Die Abb. 11.26 zeigt einen solchen alten Stückgutfrachter. Die Stückgutfrachter sind heute von den Containerschiffen fast vollständig verdrängt und werden fasst ausschließlich nur noch für Spezialtransporte eingesetzt.

Tanker
Tanker (Abb. 11.27) sind Frachtschiffe für den Fließguttransport. Das Gut – zumeist Rohöl oder raffinierte Ölprodukte – lagert im gesamten Schiffsrumpf in gekammerten Tanks. Tanker werden aufgrund ihrer außerordentlichen Längen besonders verwindungsfähig gebaut. Sie sind als Binnen- und als Hochseeschiffe ausgeführt, fahren aber in der Regel nicht gleichzeitig in beiden Gewässertypen.

Containerschiffe
Containerschiffe (Abb. 11.28) sind offene Frachtschiffe, deren Containereinstellplatzanzahl in den vergangenen Jahrzehnten stetig gewachsen ist. Während Containerschiffe der ersten

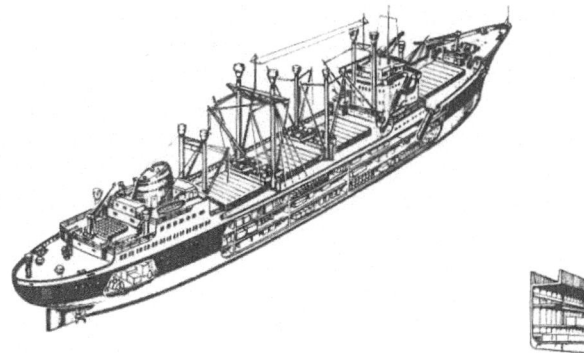

Abb. 11.26 Stückgutfrachter [3, S. 323]

Abb. 11.27 Tankschiff [39]

Abb. 11.28 Containerschiff [42]

Generation bis 1968 Tragfähigkeiten bis zu 1400 TEU[3] aufwiesen, sind die Tragfähigkeiten der Schiffe bis in die 1980er Jahre auf bis zu 4500 TEU angewachsen. Im Jahr 2019 werden

---

[3]TEU = Twenty-foot Equivalent Unit, auch „Standardcontainer": Einheit zur Beschreibung der Ladekapazität von Schiffen. 1 TEU entspricht einem Container der Länge 20 Fuß (6,06 m); ein 40-Fuß-Container belegt den Platz von 2 TEU.

Schiffe mit einer Kapazität von über 13.000 TEU in Dienst genommen [40], der Rekord liegt bei 23.000 Standardcontainer bei der MSC Gülsün (2019) mit 400 m Länge, 61,5 m Breite und einer Kapazität von 225.000 t.

Charakteristisch für Containerschiffe ist, dass die Laderäume mit senkrechten, zellenförmigen Führungsschächten für die Container ausgestattet sind, die sowohl unter als auch über Deck gestapelt werden. Containerschiffe werden meist auf hoher See eingesetzt. Es gibt aber auch reine Binnencontainerschiffe.

Feeder

Feeder sind Frachtschiffe, die für den Containertransport im Kurzstrecken- und Zubringerdienst im Nahbereich einer kontinentalen Hafenkette konzipiert sind. Sie sind deutlich kürzer als Containerschiffe und können wesentlich weniger Einheiten befördern.

Roll on – Roll off- Schiffe

Für die Beförderung von Verkehrsmitteln des Straßen- und Schienenverkehrs existieren Spezialschiffe in Sonderbauart. Sie werden im sogenannten *Roll-on-Roll-off-Verkehr* (Ro-Ro-Verkehr) eingesetzt, bei dem Landfahrzeuge streckenweise von Seeschiffen transportiert werden. Da der Ro-Ro-Verkehr während des Transportes Verkehrsmittel wie LKW, Eisenbahnwagen und Sattelauflieger anderweitigen Nutzungen vorenthält, erreicht er seine Wirtschaftlichkeit vorrangig auf kurzen Strecken. Typische Ro-Ro-Verkehrsgebiete sind daher das Mittelmeer, die Nord- und Ostsee, die Irische See, die Karibik und das Gebiet der großen Seen (in Nordamerika).

Ro-Ro-Schiffe unterscheiden sich durch zwei Charakteristika von anderen Schiffen. Diese sind die Laderaumgestaltung sowie der Zugang zu den Laderäumen über Rampen. Die Schiffe sind meist über schiffseigene Laderampen mit dem Kai verbunden. Innerhalb der Schiffe werden die Ladeeinheiten über bewegliche Rampen und Fahrstühle befördert. So wird der übliche Vertikaltransport beim Be- und Entladen durch Horizontaltransporte ersetzt. Man untergliedert Ro-Ro-Schiffe gemäß ihrer Primärfunktion in *Fähren* und *Frachter.*

Fähren

Fähren sind Motorschiffe, die Personen und Verkehrsmitteln dazu dienen, Wasserstrecken zu überbrücken. Man kann zwischen Fähren auf Binnengewässern und Seefähren unterscheiden. Nach der Art der beförderten Verkehrsmittel können sie sie darüber hinaus in Auto-, Eisenbahn- und Mehrzweckfähren untergliedert werden.

Frachter

Frachter sind Motorschiffe, die dem Gütertransport dienen, wobei sich die hier betrachteten Frachter durch die Art des Transportguts, nämlich *rollbare Einheiten,* auszeichnen. Sie werden ebenfalls sowohl auf Binnengewässern als auch auf hoher See eingesetzt. In Abhängigkeit des beförderten Transportgutes können sie in Frachter für fabrikneue PKW,

Frachter für Sattelauflieger und Frachter für Roll-Flats (Rolluntersätze (Transporthilfsmittel) zur Bewegung von schweren Lasten) mit Containern oder mit Schwergut unterteilt werden. Von besonderer Wichtigkeit ist ihre Funktion als Auto-Carrier. So erfolgen Auto- sowie Militärtransporte mit Ro-Ro-Schiffen.

11.1.2.4 Zukünftige Entwicklungen an der Nahtstelle von Schifffahrts- und Landverkehr

Der Charakter der heute weltweit vorhandenen Containerhäfen, wie sie beispielsweise in Hongkong, Hamburg und Shanghai bestehen, befindet sich derzeitig in einer gravierenden Veränderung. Das hier zu nennende Stichwort heißt „Maasvlaakte II". Hierbei handelt es sich um den in den letzten Jahren im Port of Rotterdam völlig neu eingerichteten Terminal MVII. Es ist ein durch Landaufschüttung gewonnenes Großareal, in dem auch die größten weltweit eingesetzten Containerschiffe direkt aus dem Seebereich in den Hafen einlaufen können und hier über technologisch völlig neue Containerhandhabungs-, Transport- und Lagereinheiten vollautomatisch entladen werden. Die Technologie ist so weitgehend, dass der gesamte Containerumschlag im neuen Hafen vollautomatisiert wurde und von einer einzigen Operationszentrale geführt und gelenkt wird. Die gilt auch für die Großcontainerbrücken am Seeschiff. Früher saßen die Kranfahrer im Portalkran und führten das Containerhandling vor Ort per Augenkontrolle durch. Jetzt sitzen die Containerkranfaher auch in der neuen Operationszentrale und führen über Kamerasysteme und Bildschirm (sowie zusätzliche Sensoren) die Containerbeladung und -entladung am Schiff durch.

Der Transport und die Handhabung erfolgen über vollautomatische Schwerlast-FTS (siehe hierzu auch Unterunterabschnitt 9.4.3.4, Stapler Portalstapler/Portalhubwagen), die 10-, 20- und 40-Fuß-Container aufnehmen können. Dieser neue Hafenbereich realisiert dann natürlich auch den ebenfalls weitestgehend automatisierten Umschlag von den Großcontainerschiffen auf die sogenannten Feederschiffe, die dann vom Rotterdamer Seehafen über Flüsse und Kanäle die Zulieferung zum Endkunden durchführen. Natürlich lässt der Hafen auch den Schienen- und Lkw-Verkehr der Container zu. Es ist zu erwarten, dass diese Vorreiterrolle des Hafens Rotterdam weltweit als Zukunftsvision übernommen wird. In diesem Zusammenhang sei ausdrücklich erwähnt, dass der Hafenbetrieb natürlich durch umfangreichste Software und Telematikprogramme unterstützt wird. In einem Fernsehbeitrag auf Arte vom 28. Juni 2019 wurde berichtet, dass die vollständige Realisierung dieses „Automatisierungsbetriebes" in etwa zwei Jahren realisiert werden kann und dass dann im Vergleich zu einen konventionellen Containerumschlaghafen (ähnlicher Größe) nur noch die Hälfte der Mitarbeiter notwendig sind.

11.1.2.5 Verkehrsmittel im Luftfrachtverkehr

Im Jahr 2015 wurden in Deutschland im Luftfrachtverkehr circa 4,4 Mio. t Güter befördert, was einem Anteil von ungefähr 0,1 % an der Gesamtgütertransportmenge entspricht. Gegenüber dem Jahre 1987 stellt dies mehr als eine Vervierfachung des Transportvolumens im Luftfrachtverkehr dar [27]. Innerhalb Deutschlands ist der Flughafen Frankfurt bei der Abwicklung von Gütertransporten mit Abstand führend und innerhalb der Europäischen Union nach dem Flughafen Paris Charles de Gaulle der zweitwichtigste Güterverkehrsflughafen. So wurden im Jahr 2015 am Frankfurter Flughafen etwa 2,2 Mio. t Güter und Post transportiert [43].

Flugzeugbauer bieten heute spezielle *Nur-Fracht-Flugzeuge* zum Kauf an, die in der Lage sind, große Massen mit einem Flug auch über große Strecken zu transportieren. Das größte nur Frachtflugzeug ist die Antonow, welche bis zu 250 t Nutzlast transporien kann. Durch die Einführung lärm- und schadstoffemissionsabhängiger Flughafenentgelte sollen Flugzeugbetreiber dazu animiert werden, ihre Flotte möglichst umweltschonend auszugestalten und somit einen entsprechenden Druck auf die Flugzeugbauer auszuüben [45, 46].

Als besondere Leistungsmerkmale der Flugzeuge sind ihre Transportschnelligkeit, -sicherheit und -häufigkeit, die Transparenz der Transportvorgänge und die außerordentlich kurzfristig mögliche Versanddisposition zu nennen. Durch diese Eigenschaften lässt sich das Lieferserviceniveau erhöhen. Dies wirkt sich allerdings erst bei größeren Entfernungen positiv auf die Lieferzeit aus, da Flugzeuge in der Regel im gebrochenen Verkehr eingesetzt werden. Letzteres erfordert ein Umladen und einen An-und Abtransport zu bzw. von den Flughäfen und kostet entsprechend Zeit.

Als wesentlicher Nachteil von Flugzeugen müssen die hohen Transportkosten im Linienverkehr betrachtet werden, die allerdings dadurch gesenkt werden, dass infolge der kurzen Transportzeit die Kapitalbindung während des Transportes erheblich kürzer ausfällt. Wesentliche Transportkosten können darüber hinaus durch Inanspruchnahme des *Spediteursammelgutverkehrs* eingespart werden. Hierbei werden viele Einzelsendungen zu Ladungen verdichtet und mit *Nur-Fracht-Flugzeugen* (und die sog. Belly-Fracht, bei dem ein Flugzeug im Unterdeck Fracht transportiert und dabei gleichzeitig noch Passagiere) befördert, wobei der Spediteur auch die *Frei-Haus-Lieferung* übernimmt.

Flugzeuge eignen sich zudem infolge ihrer Schnelligkeit und ihrer Fähigkeit, große Entfernungen zu überbrücken, besonders für kurzlebige Wirtschaftsgüter, wie Lebensmittel oder Schnittblumen, die in großem Maße der Gefahr des Alterns und Verderbens ausgesetzt sind. Besonders häufig werden Pharmaartikel und zeitkritische Ersatzteile per Luftfracht versendet. Generell für einen Einsatz von Flugzeugen spricht eine große räumliche Ausdehnung des zu beliefernden Marktes, eine schwierige Nachfragevorhersage, eine geringe Produktumschlagshäufigkeit und ein hoher Produktwert.

Anhand des eingesetzten Antriebs kann man im Luftverkehr Flugzeuge mit Strahltriebwerken und Propellerantrieb unterscheiden. Während der Einsatz der letzteren häufig auf Kurzstrecken geschieht, werden Flugzeuge mit Strahltriebwerken universell eingesetzt.

Das derzeit weltweit größte Passagierflugzeug ist der A380 der Firma Airbus. Er bietet maximal 853 Passagieren Platz und hat eine Reichweite von 15.200 km. Sein Frachtraum bietet Platz für Güter mit einem Gesamtvolumen von bis zu 184 m^3. Die große

Passagiertransportkapazität des A380 wird durch zwei übereinander liegende Passagier-decks ermöglicht. Vier Strahltriebwerke treiben den A380 an [47].

Für den Transport von sehr raumgreifenden Flugzeugteilen von verschiedenen Produkti-onsstätten in Europa zu den Orten der Endmontage in Toulouse und Hamburg setzt Airbus das eigens hierfür entwickelte Frachtflugzeug A300-600ST ein, das aufgrund seiner markanten Rumpfform auch „Beluga" genannt wird. Eine größere Version des „Belugas", „BelugaXL" (siehe Abb. 11.29) genannt, soll 2019 in Dienst genommen werden [44].

Standardlösungen für den Umbau von Passagier- zu Frachtflugzeugen bieten sowohl Airbus als auch Boeing ihren Kunden. Die Abb. 11.30 zeigt Passagier-, Mixed-, und Nur-frachtversion am Beispiel Boing 747–200.

Abb. 11.29 Airbus Beluga XL [48]

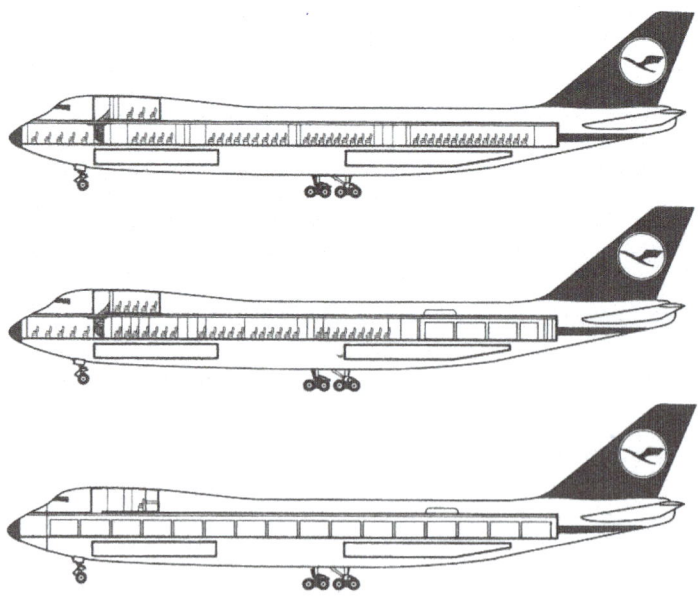

Abb. 11.30 Passagier-, Mixed-, und Nurfrachtversion am Beispiel Boing 747–200 [3, S. 326]

Eine Frachterversion der Boeing 747 („Jumbo-Jet") stellt die Boeing 747-8F dar. Sie hat eine maximale Nutzlast von 137 t und besitzt das für die Boeing 747 charakteristische Oberdeck. Sie wird wie der A380 von vier Strahltriebwerken angetrieben [49].

Ebenfalls für den Frachttransport eingesetzt werden Hubschrauber. Aufgrund ihrer geringeren Tragfähigkeit und Reichweite sind sie aber dem Flugzeug bei im Voraus planbaren Transporten großer Gütermengen unterlegen. Allerdings kommen Hubschrauber häufig zum Einsatz, wenn ein Transport unerwartet und mit hohen Anforderungen an Schnelligkeit und Präzision ausgeführt werden muss oder der Zielort für andere Verkehrsmittel nicht erreichbar ist (z. B. im Gebirge oder auf Bohrinseln). Bestimmte Logistikdienstleister haben sich auf diese Art des „Notfalltransports" spezialisiert.

In der Zukunft wird der Einsatz unbemannter Luftverkehrsmittel (sogenannte Drohnen) eine immer größere Rolle für den Gütertransport direkt zum Verbraucher spielen. So arbeiten zum Beispiel sowohl der Logistikdienstleister DHL als auch der Versandhändler Amazon („Amazon Prime Air") an Konzepten zur Integration unbemannter Luftverkehrsmittel in den unternehmenseigenen Distributionsprozess und führen auch bereits entsprechende Praxisversuche durch [50, 51].

Des Weiteren arbeiten verschiedene Hersteller an der Entwicklung moderner und leistungsstarker Luftschiffe. Sie sollen den Transport großer Gütermengen auch in nicht an das Straßennetz angebundenen Bereichen der Erde ermöglichen. Als mögliche Vorteile werden dabei angeführt, dass die entwickelten Luftschiffe weniger Treibstoff verbrauchen als Flugzeuge und sie für eine Landung nicht auf aufwendig ausgestattete Flugplätze angewiesen sind [52, 53].

11.1.3 Akteure im Güterverkehr

Im Folgenden werden Unternehmen beschrieben, die im Rahmen des außerbetrieblichen Materialflusses tätig sind. Die Hauptaufgaben in der außerbetrieblichen Transportkette sind das Transportieren, das Umschlagen und das Lagern. Somit können neben Transportunternehmen auch Umschlag- und Lagereiunternehmen zu den Akteuren im Güterverkehr gezählt werden.

Bei den nachfolgenden Begriffsbestimmungen sei ausdrücklich darauf hingewiesen, dass wegen ihrer Wichtigkeit dies im Handelsgesetzbuch (HGB) im Detail juristisch festgelegt ist [54].

11.1.3.1 Allgemeine Begrifflichkeiten

Verlader Unternehmen, die Transportdienstleistungen nachfragen und beauftragen, werden Verlader genannt. Als verladende Wirtschaft wird die Gesamtheit dieser Unternehmen verstanden. Abzugrenzen ist der Begriff somit von einem Verlader als Unternehmen, das Güter in ein Beförderungsmittel o. Ä. verlädt, wie er beispielsweise in der Gefahrgutverordnung (GGVSEB) genutzt wird.

Frachtführer Als Frachtführer wird ein Unternehmen bezeichnet, das sich verpflichtet, den Transport selbst durchzuführen. Während der Begriff Frachtführer im Straßenverkehr gebräuchlich ist, wird im Schiffsverkehr vom **Verfrachter** und im Luftverkehr von **Carrier** gesprochen. Durch den Frachtvertrag wird der Frachtführer zur Durchführung des Transports verpflichtet [55].

Frachtvermittler Ein Frachtvermittler führt im Vergleich zum Frachtführer den Transport nicht selbst durch. Auch werden keine weiteren Aufgaben wie Umschlag oder Lagerung angeboten. Der Frachtvermittler stellt die Verbindung zwischen dem Auftraggeber des Transports und dem Frachtführer her. Auftraggeber können zu diesem Zweck jedoch auch auf **Frachtbörsen** zurückgreifen. Dabei werden die zu transportierenden Güter und zur Verfügung stehenden Ladekapazitäten an einer Börse gehandelt. Meist handelt es sich um Onlineplattformen, welche sich über eine Provision pro vermitteltem Transport finanzieren.

Produzenten oder Händler können selbst als Akteure im Güterverkehr auftreten oder die Transportaufgabe an Dienstleister übergeben. Werden nur diese Dienstleister betrachtet, kann eine Einteilung anhand der angebotenen logistischen Basisdienstleistungen – Transport, Umschlag und Lagerung – erfolgen.

Akteure des Güterverkehrs, die Basisdienstleistungen als Kerngeschäft anbieten
Das Bundesamt für Güterverkehr unterteilt den Transport- und Logistikmarkt zum einen anhand des Umfangs der logistischen Dienstleistungen, zum anderen anhand der tatsächlichen Durchführung der Transporte oder deren Vergabe an externe Dienstleister. Unternehmen, die in der Regel mit eigenen Fahrzeugen befördern, sog. Transportorientierte Unternehmen, lassen sich einteilen in kleine und selbstfahrende Unternehmen, Nischenanbieter und traditionelle Fuhrunternehmen sowie heute die LKW-Flottenbetreiber [56].

Kleine und selbstfahrende Transportunternehmer haben bis zu zehn Fahrzeuge und eine geringe Anzahl an Beschäftigten. Unternehmen mit nur einem Beschäftigten gelten als selbstfahrende Unternehmer. Aufgrund der Homogenität der Transportleistung sind für diese Unternehmen eher geringe Renditen möglich.

Nischenanbieter Im Gegensatz dazu haben sich Nischenanbieter auf einzelne Transportdienstleistungen wie zum Beispiel Schwertransporte spezialisiert. Hierfür werden angepasste Transportmittel benötigt, aber auch höhere Transportentgelte erzielt.

Traditionelle Fuhrparkunternehmen besitzen zwischen 11 und 50 Fahrzeugen. Neben der Größe grenzt ein ständiger Kundenstamm mit längeren Geschäftsbeziehungen diese Unternehmen zusätzlich von den kleinen Transportunternehmen ab.
Hierbei handelt es sich um Unternehmen die große Anzahl von unterschiedlichen LKW's zur Verfügung haben und den Kunden zur Transportabwicklung anbietet.

Reeder Ein Reeder ist nach dem Seearbeitsgesetz ein Schiffseigentümer oder eine für den Betrieb des Schiffes verantwortliche Person oder Organisation [57]. Das Seehandelsrecht unterscheidet zwischen einem Reeder, welcher das ihm gehörende Schiff zum Erwerb einsetzt, und einem Ausrüster. Letzterer nutzt das Schiff ebenfalls für Erwerbszwecke, ist aber nicht Eigentümer [55]. **Reedereien** sind Großunternehmen, die für die Bereedung, also die personelle und technische Einsatzfähigkeit des Schiffes verantwortlich sind. Reedereien führen den Frachttransport durch. Die Annahme und Organisation der Transportaufträge, auch Befrachtung genannt, kann dabei an Befrachter oder Schiffsmakler übergeben werden. Ein **Befrachter** schließt mit dem Verfrachter, in der Regel der Reederei, den Frachtvertrag ab. Der Schiffsmakler kann dabei als vermittelnder Akteur zwischen dem Verfrachter und dem Befrachter tätig sein.

Partikuliere sind Klein-, Privat- oder Einzelschiffer mit eigenem Schiff. Sie sind als vertraglich gebundene Frachtführer für Verlader oder Reedereien tätig. Oft haben sie sich zu Genossenschaften oder Gesellschaften mit beschränkter Haftung zur Ladungsakquisition zusammengeschlossen. Bei der Küstenschifffahrt beispielsweise sind die Küstenschiffer in der Regel zugleich Eigner, Schiffsführer und Frachtführer, die ihre Schiffe über verschiedene Charterarten vermieten. Die Hochseeschifffahrt hingegen wird nur von Reedereien betrieben.

Umschlagsunternehmen können auf eine bestimmte Kombination von Verkehrsträgern wie die Verladung zwischen dem Straßen- und dem Schienentransport spezialisiert sein oder auf spezifische Güter, wie beispielsweise den Umschlag von Futtermittel oder Automobilen. Sie bieten anderen Logistikunternehmen oder den Verladern neben der reinen Umschlagsleistung häufig weitere Dienstleistungen wie das Umverpacken zur Sicherung der Ware im neuen Transportmittel oder das Stauen an. Im Bereich Containerumschlag in der Seefracht werden die Umschlagsleistungen in Deutschland von großen Unternehmen übernommen, die über die notwendigen Mittel verfügen, den Umschlag schnell durchzuführen, um die Liegezeiten der Schiffe möglichst gering zu halten. So werden beispielsweise drei der vier Containerterminals am Hamburger Hafen von der Hamburger Hafen und Logistik Aktiengesellschaft betrieben und der vierte von der EUROGATE GmbH & Co. KGaA, KG [58].

Lagerunternehmen übernehmen die Lagerung von Gütern im Auftrag anderer. Sie sind meist auf bestimmte Güterarten beschränkt, da diese die Lagertechnik und den Lagerraum stark beeinflussen. Der Lagerhalter wird durch den Lagervertrag zur Aufbewahrung und Lagerung des Gutes verpflichtet [55].

Verkehrsunternehmen, die die Basisleistungen kombiniert anbieten
Häufig werden Umschlags- und Lagerdienstleistungen in Kombination mit weiteren logistischen Leistungen angeboten. Somit kann dem Kunden ein umfangreiches Dienstleistungsbündel geboten werden. Je nach Ausgestaltung übernehmen die Dienstleister damit große Teile der Logistik. Das Bundesamt für Güterverkehr teilt diese Unternehmen in Internationale Logistikkonzerne, mittelständische Branchenspezialisten und sog. neue Logistikdienstleister ein.

Zu den Internationalen Logistikkonzernen zählen große Speditionen und internationale Kurier-, Express- und Paket-Dienstleister (KEP-Dienstleister siehe Unterunterabschnitt 10.2.2.1, Einsatzgebiet Kurier-, Expressund Paketdienste (KEP-Dienste)). Diese Unternehmen besitzen eigene Distributionszentren und Transportnetze und können ihren Kunden integrierte und internationale Lösungen bieten.

KEP-Dienstleister Rechtliche Unterscheidungskriterien der KEP-Dienstleister sind nicht vorhanden. Auch verschwimmen in der Praxis die Leistungen und Bezeichnungen der Dienstleister häufig bzw. werden die Leistungen kombiniert angeboten, wodurch eine praxisorientierte Abgrenzung ebenfalls nicht vorgenommen werden kann. Nach einer Unterscheidung anhand der Begrifflichkeiten werden mit einem **Kurierdienst** die Sendungen von einem Boten (Kurier) angenommen und von diesem auch an den Empfänger übergeben. Dies ist vor allem bei wertvollen und in der Regel kleineren Sendungen mit begrenzter Transportdistanz der Fall. **Paketdienste** führen dagegen Sendungsaufträge für größere, jedoch in Abmaßen und Gewicht begrenzte Sendungen aus. **Expressdienstleister** zeichnen sich durch eine möglichst schnelle Erledigung des Sendungsauftrags aus. Die KEP-Branche verzeichnete in den letzten Jahren, abgesehen von den Ausnahmejahren 2008 und 2009 (weltweite Wirtschaftskrise), ein ständiges Wachstum. Dabei erhöhte sich der Umsatz von ca. 10 Mrd. EUR im Jahr 2000 auf 17,4 Mrd. im Jahr 2015. Das Sendungsvolumen erhöhte sich in der gleichen Zeit von 1,7 auf 3 Mrd. Sendungen, wovon 83 % auf die Paketsendungen entfielen und 17 % auf Kurier- und Expresssendungen. Aufgeteilt nach Marktsegmenten kann festgestellt werden, dass 56 % der Sendungen in den Business-to-Consumer-Bereich (B2C), 37 % in den Business-to-Business (B2B) und 7 % in den Consumer-to-Consumer-Bereich (C2C) fallen.

Das Wachstum der Branche sowie der hohe Anteil an B2C-Sendungen sind auf den starken Onlinehandel zurückzuführen [59]. Im Jahr 2014 waren in Deutschland 13.618 Unternehmen im KEP-Bereich tätig, wovon ca. 73 % einen Gesamtumsatz von unter 250.000 EUR hatten [60]. Im Straßenverkehr ist der gewerbliche Transport von Gütern mit Verkehrsmitteln mit einem Gewicht von weniger als 3,5 t genehmigungsfrei. Dies ist insbesondere für KEP-Dienste von Vorteil. Transporte mit Fahrzeugen über 3,5 t Gesamtgewicht benötigen nach dem Güterkraftverkehrsgesetz eine Genehmigung durch eine Verkehrsbehörde sowie eine Transportversicherung. Große KEP-Dienstleister bieten zusätzliche Dienstleistungen wie das Orten (Tracking) und Nachverfolgen (Tracing) der Güter, Zwischenlagerungen oder das Retourenmanagement an.

Speditionen sind Verkehrsakteure, die durch den Speditionsvertrag verpflichtet sind, die Versendung des Gutes zu besorgen [55]. Damit können sie – anders als der Frachtführer – die Durchführung der Versendung an andere Akteure vergeben. Speditionen sind an keinen Verkehrsträger gebunden, vor allem kleinere Speditionen sind jedoch häufig auf bestimmte Verkehrsträger spezialisiert. Führt ein Spediteur den Transport durch, wird dies Selbsteintritt genannt und der Spediteur besitzt die Rechte und Pflichten eines Frachtführers [55]. Die eigentlichen Speditionstätigkeiten sind die Planung, Organisation und Steuerung des Güter- und Informationsflusses. Häufig übernehmen Spediteure auch die Durchführung von Materialflusstätigkeiten wie Puffern, Sortieren, Auszeichnen, Umpacken.

Mittelständische Branchenspezialisten haben ihre Prozesse und den Fuhrpark an die Bedürfnisse einer Branche angepasst. Um an den Ausschreibungen potenzieller Kunden teilnehmen zu können, wird häufig eine Fuhrparkgröße von 50 bis 150 Fahrzeugen benötigt. Viele dieser Unternehmen bieten ihren Kunden Mehrwertleistungen an, die durch hohe Investitionen ermöglicht werden. Um diese Investitionen zu tätigen, werden langjährige Dienstleistungsverträge (Kontrakte) abgeschlossen. Durch die Anpassung des Dienstleisters an die speziellen Bedürfnisse der Kunden entsteht eine beidseitige Abhängigkeit.

Neue Logistikdienstleister bezeichnet Unternehmen, die die gesamte Logistikkette oder Supply Chain des Kunden steuern. Sie besitzen keine eigenen Lager oder Fahrzeuge, sondern greifen auf externe Ressourcen zurück.

Sind die angebotenen Leistungsbündel der genannten Akteure an die Kundenbedürfnisse angepasst und liegen mehrjährige Vertragsverbindungen zwischen dem Dienstleister und dem Kunden vor, die ein erhebliches Geschäftsvolumen bilden, wird von **Kontraktlogistikern** gesprochen. In diesem Zusammenhang kann in Third Party Logistics (3PL) und Fourth Party Logistics (4PL) Service Provider eingeteilt werden. Während erstere die logistischen Leistungen mit eigenen Ressourcen erbringen, vergeben letztere die diese an Sub-Unternehmen und übernehmen nur die Koordination und Steuerung. Ein Lead Logistics Provider übernimmt Führungsaufgaben gegenüber weiteren logistischen Dienstleistern [61].

11.1.4 Verkehrsorganisation und kombinierter Verkehr

Neben der bereits genannten Einteilung in Werkverkehr und gewerblichen Güterkraftverkehr, kann grundsätzlich in zwei Verkehrsarten, den Tramp- und den Linienverkehr unterschieden werden. Dabei wird von **Trampverkehr** gesprochen, wenn die Verkehrsakteure erst bei Vorliegen eines Kundenauftrages tätig werden, von **Linienverkehr** hingegen, wenn vor dem Hintergrund einigermaßen konkreter Nachfrageerwartungen im Vorhinein die regelmäßige Bedienung bestimmter Routen geplant ist. Ein veröffentlichter Fahrplan ist dabei Ausdruck des verkehrsbetrieblichen Leistungsangebotes. Sind mehrere Verkehrsakteure an der Erbringung der Transportleistung beteiligt, sind zwei Ausprägungsformen möglich, der Stafetten- und der Begegnungsverkehr.

Beim **Stafettenverkehr** wird das Transportgut an Umschlagpunkten von einem Verkehrsakteur an einen zweiten zur Weiterbeförderung übergeben. Beim **Begegnungsverkehr** fahren die Verkehrsmittel zeitlich abgestimmt aufeinander zu und tauschen ihre Transportobjekte, wenn möglich in standardisierter Form (Container, Wechselaufbau), untereinander aus.

Überseeschiffe laufen aus ökonomischen Gründen oder aufgrund des Tiefganges nicht alle Zielhäfen der zu transportierenden Ware an. Stattdessen werden **Feeder-Transporte** eingesetzt. Kleinere Zubringerschiffe transportieren die Ladung von den Häfen der Überseelinien an die Zielhäfen weiter bzw. nehmen die Ware an den kleineren Häfen auf und transportieren sie zu den entsprechenden Häfen.

Kombinierter Verkehr ist ein „intermodaler Verkehr, bei dem der überwiegende Teil der in Europa zurückgelegten Strecke mit der Eisenbahn, dem Binnen- oder Seeschiff bewältigt und der Vor- und Nachlauf auf der Straße so kurz wie möglich gehalten wird" (Abb. 11.31). Ein intermodaler Verkehr ist durch die Nutzung von mindestens zwei Verkehrsträgern zum Transport derselben Ladeeinheit, dem Container oder Wechselbehälter, gekennzeichnet [62].

Grundgedanke des kombinierten Verkehrs ist die konsequente Zusammenfassung der verschiedenen Güter in Transportbehältnissen zu normierten Ladeeinheiten. Diese sollen eine Verknüpfungsbasis für die verschiedenen Verkehrsmittel und die einzelnen Transport-, Lager- und Handhabungsmittel bilden, die dann auf eine Bedienung dieser normierten Ladeeinheiten zurechtgeschnitten werden können. Eine Bildung von einheitlichen Ladeeinheiten ersetzt zeitaufwendige und schadensträchtige unmittelbare Umschlagvorgänge durch mittelbare, bei denen Transportgut und Transportbehältnisse zusammen umgeschlagen werden. Sie ermöglicht somit beim Be- und Entladevorgang einen höheren Mechanisierungs- und Automatisierungsgrad. Damit wird der Materialfluss beschleunigt, es werden schnellere Umschlagszeiten bei geringeren Frachtkosten erzielt, Transportschäden infolge der geringeren Umschlagsanzahl verringert und Verpackungskosten eingespart. Durch den Einsatz normierter Ladeeinheiten können darüber hinaus viele Güter, die andernfalls nur aufwendig transportiert werden könnten, einer automatisierten Materialflusstechnik zugänglich gemacht werden. Der kombinierte Verkehr bringt darüber hinaus eine Entlastung der Straße und gewährt eine erhöhte Sicherheit, was vor allem für Gefahrguttransporte von Interesse ist.

Das angestrebte Ziel des kombinierten Verkehrs ist die bessere Nutzung der vorhandenen Kapazitäten von Schienen, Binnenschifffahrverkehrswegen und dadurch eine Entlastung

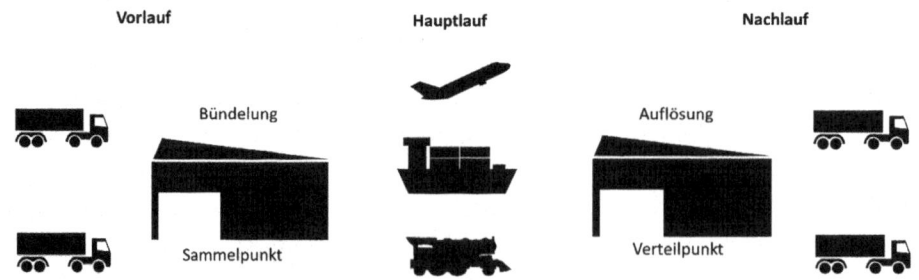

Abb. 11.31 Unterteilung der Transportvorgänge im kombinierten Verkehr. (Quelle: ohne Verfasser)

der Straßen mit positiver Auswirkung auf Verkehrsfluss, Umweltschutz und Verkehrssicherheit. Aus diesem Grund werden die Vorteile des Nahverkehrs, d. h. des LKWs mit denen des Fernverkehrs, d. h. Bahn, Schiff, Flugzeug, kombiniert. Bei den sogenannten mehrtägigen Transportketten findet ein Wechsel des Verkehrsmittels statt. Daher kann zwischen gebrochenem Verkehr und kombinierten Verkehr differenziert werden. In der Abb. 11.32 sind beispielhaft einige Transportketten im kombinierten Verkehr mit Containern, Wechselaufbauten und Sattelaufliegern skizziert.

Im Prinzip kann beim kombinierten Verkehr zwischen Behälterverkehr und Huckepackverkehr unterschieden werden.

Der **Behälterverkehr** kann durch Zusammenwirken aller zuvor aufgezeigten Verkehrsmittel bewerkstelligt werden. Der Vor- und Nachlauf in einer Transportkette im Behälterverkehr wird in der Regel über die Straße, der Hauptlauf über Schiene und Wasserwege oder durch die Luft abgewickelt. Am häufigsten findet sich die Kombinationen Straße-Schiene und Straße-Schiene-Hochsee. Der Behälterverkehr schließt dabei alle Verkehrssysteme ein, bei denen als vereinheitlichte Transportbehältnisse Kleinbehälter (Collico), Großbehälter (Container, Wechselaufbauten) und teilweise auch Paletten transportiert werden. Die Grenze zum konventionellen Verkehr ist fließend. Zwar können Europaletten, sofern sie beispielsweise eine definierte Höhe aufweisen, ebenfalls als Einheitsladeeinheiten betrachtet werden, der Schwerpunkt liegt jedoch auf umschließenden oder abschließenden Ladehilfsmitteln und dabei auf den Containern.

Beim Containertransport kann in einen Full Container Load (FCL) und einen Less Than Container Load (LCL) unterschieden werden. Bei FCL-Containern handelt es such um kompletten Ladungen eines Containers. Bei LCL sind es mehrere Teilladungen.

Huckepackverkehr beschreibt ursprünglich den Transport von LKW auf der Eisenbahn. Dabei werden Straßenverkehrsmittel über lange Strecken auf der Schiene befördert, wobei die auf großen Entfernungen im Verhältnis zum Straßenverkehr niedrigen Kosten der Eisenbahn genutzt werden. Der Begriff wird inzwischen generell für alle Verkehrssysteme verwendet, bei denen ein Verkehrsmittel ein anderes transportiert, so z. B. auch den Roll-on-Roll-off-Verkehr (LKW auf Schiff). Der Swim-in-Swim-out-Verkehr, bei welchem antriebslose Schiffe (Leichter) von größeren Schiffen transportiert werden, konnte sich nicht durchsetzen.

Im Zusammenhang mit dem Stichwort „kombinierter Verkehr" muss auf das Thema „kombinierter Verkehr zwischen Straße (Lkw), Bahn und Binnenschiff" eingegangen werden. Heute gibt es moderne softwaregestützte Hilfsmittel, die sich mit dem Thema „Inter Modal Traffic-InformationsSystem (IMTIS)" [63] beschäftigen. Diese Softwareentwicklung stammt von der Contargo-Gruppe und beschäftigt sich mit der Verbindung von ökonomischen, ökologischen und sozialem Nutzen von intermodalem Verkehr. Die Software unterstützt die Auswahl der jeweils richtigen intermodalen Verkehrsträger nicht nur unter dem Gesichtspunkt der Transport- und Frachtkosten, sondern auch hinsichtlich der Ökobilanzen. Als neutraler Dienstleister organisiert und führt Contargo trimodale Containertransporte

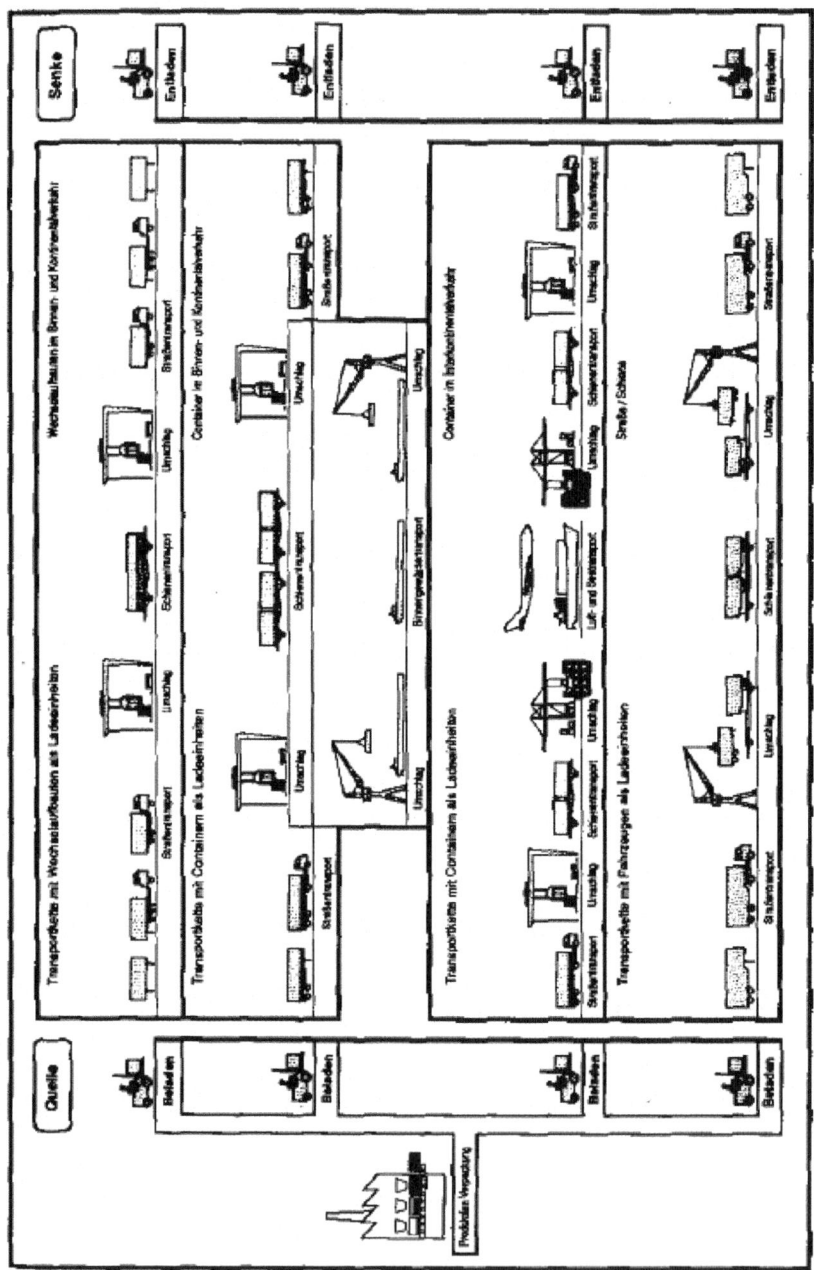

Abb. 11.32 Beispiel für technisch verknüpfte Transportketten im kombinierten Verkehr mit Containern, Wechselaufbauten und Sattelaufliegern [3, S. 329]

(Port-to-Door/Door-to-Port) zwischen den Seehäfen in Westeuropa und dem europäischen Hinterland durch. Dabei bietet das Unternehmen ein umfassendes Leistungsangebot aus einer Hand und ist Ansprechpartner für komplette Transportketten. Contargo verfügt selbst über ein dichtes Netzwerk eigener Terminals und eigener Transportlinien und verknüpft damit die Vorteile von Wasserstraße, Schiene und Straße zur Optimierung von Transportzeit und Kosten. Extrem kurze Umladezeiten, feste Routen und Fahrpläne sowie eine hohe Frequenz schaffen die Basis für schnelle, zuverlässige und effiziente Containertransporte.

Der mögliche Anwender und Kunde kann sich in die oben zitierte Software selbstständig einwählen, erhält eine komplette Angebotskalkulation und kann danach die Entscheidung treffen, der Firma den operativen Auftrag zu erteilen. Diese Art der Kundenunterstützung wird in Zukunft sicherlich weiter an Bedeutung im Bereich der Verkehrstechnik zunehmen.

11.1.5 Verkehrstelematik im Gütertransport

Zu Beginn dieses Teilkapitels sei ausdrücklich auch auf das Teil A, Informations- und Steuerungssysteme, Band 2 verwiesen, in dem auf das Thema Telematik ebenfalls eingegangen wird.

Der Begriff Telematik wird durch die Kombination der beiden Wörter Telekommunikation und Informatik gebildet und beschreibt ein Themengebiet, das durch die Verknüpfung von Kommunikations- und Datenverarbeitungssystemen entsteht [64].

Die Aufgabe der Verkehrstelematik liegt in der Informationsgewinnung zur Erfassung des Verkehrsflusses und individueller Fahrzeugdaten mit dem Ziel der optimierten Steuerung und Kontrolle einzelner oder mehrerer Verkehrsteilnehmer. Solche Systeme werden bei allen Verkehrsträgern eingesetzt.

Die Systeme, die sich mit dem gesamten Verkehrsfluss befassen, sind zum Beispiel Verkehrsschilder mit veränderbaren Geschwindigkeitsbeschränkungen oder je nach Verkehrslage beeinflussbare Ampelanlagen.

Im Folgenden werden Systeme beschrieben, die sich auf den Informationsaustausch zwischen Verkehrsakteuren wie Speditionen und den Verkehrsmitteln dieser Akteure – der Flotte – beziehen. Diese Systeme können auch unter dem Begriff Flottentelematik zusammengefasst werden.

Die Notwendigkeit eines Informationsmanagements im Güterverkehr allgemein liegt zum einen im Dienstleistungscharakter begründet. Da Dienstleistungen nicht lagerfähig sind, ist die Planbarkeit der Kapazitätsauslastung der eingesetzten Ressourcen erschwert. Zum anderen werden Verkehrsleistungen im Güterverkehr – vor allem bei mehrgliedrigen Transportketten – von mehreren Verkehrsakteuren durchgeführt [65].

Durch Systeme der Flottentelematik kann diesen Herausforderungen begegnet werden, indem die Geschäftsprozesse transparenter gestaltet, Disponenten sowie Fahrer entlastet und die Fahrzeuge effizienter eingesetzt werden können [66]. Durch das Zusammenwirken der dargestellten Systeme wird es ermöglicht, dass der kombinierte Verkehr und Transportketten über mehrere Verkehrsakteure und Verkehrsmittel effizient gestaltet werden können.

Die Teilsysteme in der Flottentelematik können anhand ihrer Zielsetzung in die Bereiche Steuerung, Kontrolle und Assistenzlösungen eingeteilt werden. Die Ziele der Kontrollsysteme sind, Auffälligkeiten zum Beispiel in Hinblick auf sicherheitsrelevante Fahrzeugeigenschaften an den Verkehrsakteur zu übermitteln und eine nachverfolgbare Datenbasis zu schaffen, mit welcher die Akteure die Einhaltung rechtlicher Vorschriften nachweisen können sowie die Verkehrssicherheit zu erhöhen. Zweck der Steuerungssysteme ist es, über aktuelle Informationen die Verkehrsmittel dahingehend zu steuern, dass optimierte Fahrwege ermöglicht und Leerfahrten oder Wartezeiten reduziert werden. Assistenzsysteme erleichtern dem Durchführenden des Transportes das Bedienen des Verkehrsmittels. Das Ziel ist es, die Verkehrssicherheit zu erhöhen. Während Kontrollsysteme die Sicherheit über das Sicherstellen der Verkehrstauglichkeit des Transportmittels erhöhen, unterstützen Assistenzsysteme den Bediener, wodurch eine geringere Belastung erreicht wird.

11.1.5.1 Telematik als Kontrollinstrument

Kontrollsysteme dienen dazu, den Verkehrsakteuren Informationen zu den Verkehrsmitteln und der Ladung zu geben. Ein wichtiger Aspekt ist dabei die Feststellung des aktuellen Standortes des Verkehrsmittels. Dies wird über die Ortung durch globale Navigationssatellitensysteme (engl. global navigation satellite system, GNSS) ermöglicht. Das momentan hauptsächlich genutzte NAVSTAR Global Positioning System (GPS) der USA soll zukünftig durch das hoffentlich exaktere europäische Galileo-System ergänzt werden. Zur Ortung wird ein Gerät im Fahrzeug benötigt (Tracker), das die gesendeten Informationen der Satelliten, die Sendezeit und die Position, unter Berücksichtigung der Signallaufzeit in Standortkoordinaten umwandelt. Die durch das Orten oder auch Tracking des Verkehrsmittels erhaltene Standortinformation wird an den Verkehrsakteur, beispielsweise die Spedition, oder direkt an den Versender übermittelt. Beim Tracking werden die Standortinformationen über einen Zeitraum erfasst, wodurch die Nachverfolgbarkeit der zurückgelegten Strecke ermöglicht wird. Die Satellitenortung über GNSS-Tracker ist innerhalb des Laderaums aufgrund des metallenen Aufbaus nicht möglich. Somit kann die Positionsbestimmung und Verfolgung einzelner Sendungen auf diese Weise nicht erfolgen.

Zur Sendungsverfolgung, häufig auch als Tracking und Tracing bezeichnet werden, werden die Wechsel der einzelnen Sendungen zwischen den Transportmitteln bzw. die erstmalige Be- und letztmalige Entladung festgehalten. Dies geschieht in der Regel über das manuelle Scannen von Barcodes oder der Nutzung von RFID- (radio-frequency identification) bzw. Wi-Fi-Tags, die beim Passieren einer Scanvorrichtung erfasst werden. Letztere können dank ihrer Verbindung mit dem Internet und eventuell eingebauter Sensortechnik Informationen über das verbundene Gut, die über den bloßen Standort hinausgehen, übermitteln können.

Die Informationen über die Scanvorgänge im Zusammenspiel mit den Standortinformationen des Verkehrsmittels ermöglichen eine lückenlose Sendungsverfolgung. Vor allem

KEP-Dienstleister bieten ihren Kunden häufig als zusätzliche Serviceleistung über das Internet einen direkten Zugriff auf diese Informationen an.

Neben den Tracking und Tracing-Systemen gibt es noch weitere Kontrollsysteme. So greifen Telematiksysteme direkt auf Fahrzeugdaten zu und ermöglichen so die Übermittlung und Überwachung der Achslasten, Kühlwasser- und Bremstemperaturen oder der Reifendrücke. Es ist auch die Einhaltung der Lenk- bzw. Ruhezeiten sowie mittelbar über den Kraftstoffverbrauch und das Bremsverhalten der Fahrstil des Fahrers ermittelbar. Weitere Systeme dienen der Ladungs- oder Diebstahlsicherung. So kann über die Übermittlung der Temperaturen im Laderaum ein ladungsgerechter Transport gewährleistet und über die Zustandsübermittlung des Tankdeckels ein nicht autorisierter Zugriff und damit ein möglicher Kraftstoffdiebstahl gemeldet werden. Die Speicherung, Verwaltung und Analyse dieser Informationen ist ein Service, der von vielen Telematikanbietern bereitgestellt wird, auch weil dies z. B. zum Flottenmanagement der LKW genutzt.

Trailer-Telematiksysteme sind Kontrollsysteme, die aktuelle Informationen über den Anhänger selbst oder die darin befindlichen Ladung bzw. Transportbedingungen bereitstellen und übertragen. Neben den bereits genannten Fahrzeuginformationen wird somit auch festgestellt, wo sich die einzelnen Trailer befinden bzw. welcher Trailer an die Zugmaschine gekoppelt ist.

11.1.5.2 Telematik als Steuerungsinstrument
Zur Verbesserung der Planung eingesetzte Telematiksysteme ermöglichen es, die Tourenplanung oder Routenberechnung anhand aktueller Informationen anzupassen. Unter Berücksichtigung von Daten zur momentanen Verkehrslage können Staus oder Straßensperrungen erfasst und die vorgegebene Strecke optimiert werden. Auftragsdaten können direkt an das Verkehrsmittel übertragen und dem Fahrer über den Bordcomputer angezeigt werden. Im Gegenzug kann der Fahrer seinerseits den Auftragsstatus melden.

11.1.6 Telematik als Assistenzinstrument

Im Verkehrsmittel können zahlreiche Systeme integriert sein, die dem Bediener eine bessere oder schnellere Übersicht über die Umgebungsbedingungen sowie Geschehnisse geben und ihn dadurch entlasten. Gängige Assistenzlösungen beim Gütertransport auf der Straße sind Navigationssysteme, die dem Fahrer Informationen über die zurückzulegende Strecke sowie das aktuelle Geschwindigkeitslimit geben. Weitere Systeme, die auch das Potenzial haben, die Sicherheit im Straßengüterverkehr zu erhöhen, sind vor allem Notbremsassistenten, die das Fahrzeug bei einem vom System erkannten zu nahen fahrenden oder stehenden Hindernis eine Notbremsung durchführen lassen [67]. In diese Kategorie fallen auch Assistenzsysteme, die Gegenstände oder Personen im toten Winkel bzw. beim Abbiegen erkennen, den Fahrer beim Verlassen der Spur warnen oder automatisch einen Abstand zum vorherfahrenden Fahrzeug halten.

In der Schifffahrt und der Luftfracht können sog. Autopiloten zumindest für einen bestimmten Bereich der Strecke die Steuerung des Verkehrsmittels übernehmen. Bei beeinträchtigter Sicht ist selbst die Landung eines Flugzeugs automatisiert möglich. Bei Nutzung eines Autopiloten hält das Schiff oder das Flugzeug selbstständig den Kurs, die Piloten bzw. Kapitäne haben dann eine Überwachungsfunktion. Im Straßengüterverkehr ist 2015 erstmals eine Testfahrt auf einer öffentlichen Straße mit einem selbstfahrenden LKW erfolgt, wobei der Fahrer jederzeit eingriffsbereit war. Der Einsatz eines serienmäßigen Fahrzeugs mit Autopiloten ist in Planung. Beispiele sind der Mercedes-Benz Future Truck 2025 oder die Konzeptstudie VisionX von Bosch [68, 69]. Der Fahrer soll in der Zukunft auf bestimmten Abschnitten der Strecke, insbesondere auf Autobahnen, seine Steuerungsfunktion an den Autopiloten abgeben und anderen Aufgaben, wie beispielsweise den organisatorischen Tätigkeiten in der Auftragsbearbeitung nachgehen. Durch entsprechende Änderungen im Straßenverkehrsgesetz wurde 2017 die Möglichkeit eröffnet, mit automatisierten Fahrzeugen auf deutschen Straßen unterwegs zu sein. Allerdings bleibt der Fahrer des Fahrzeugs letztlich verantwortlich und muss die Fahrsteuerung jederzeit übernehmen können [70].

Von diesen teilautonomen Systemen sind die vollständig vom Fahrer unabhängigen Systeme zu unterscheiden. So sind in der Luftfahrt unbemannte Verkehrsmittel, die vom Boden aus gesteuert werden, bereits im Einsatz. In der Schifffahrt existieren Konzepte zur Umsetzung des unbemannten Güterverkehrs [71, 72]. Auch im Bahnverkehr ist eine Ausweitung auf vollautomatisch fahrende Züge in Planung [73].

11.1.7 Auswahlkriterien, Kennzahlen und Systemvergleich

Allgemeinverbindliche Auswahlkriterien für eine Bewertung der verschiedenen alternativen Verkehrsmittel können angesichts der Komplexität der Faktoren nicht angegeben werden.

Es ist dennoch sinnvoll, die Verkehrsmittel hinsichtlich verschiedener Qualitätsmerkmale des Transports zu bewerten. Die nachfolgend beschriebenen Qualitätsmerkmale können zur Beschreibung des Qualitätsprofils von Verkehrsmitteln zu Hilfe genommen werden:

Die **Transportkosten** als betriebswirtschaftlich relevante Größe umfassen die betriebswirtschaftlichen Fixkosten sowie die variablen Kosten. Empirische Untersuchungen auf ausgewählten Relationen haben ergeben, dass auf diesen der Gütertransport mit Lkw teurer ist als der mit dem Binnenschiff und dieser wiederum höhere Kosten verursacht als der Transport mit dem Zug [74].

Die **Transportkapazität** beschreibt die nutzbare Größe des Laderaums und dessen Maße sowie die Nutzlast pro Transporteinheit. Der Laderaum eines LKW bietet je nach Größe Platz für 30 bis 45 Euro-Paletten. In einem 40-Fuß Container haben 25 Europaletten und auf einem Flachwagen für den Gütertransport je nach Ausprägung 30 oder 46 Stück Platz. Ein Standardwaggon für den Gütertransport auf der Schiene besitzt ein Ladevolumen von

$106\,m^3$ und bietet Platz für 36 Euro-Paletten oder 2 TEU. Dem gegenüber fasst ein Europa-Binnenschiff bis zu 60 TEU bei einem Ladevolumen von $4500\,m^3$ [75] und eine Boeing 777F hat einen Laderaum mit einem Volumen von $652,7\,m^3$ [76].

Die **Netzdichte** der Verkehrsinfrastrukturen ist ein Maß für die Fähigkeit zum direkten Transport. In Deutschland kann nahezu jeder Ort über die Straße erreicht werden. Allein die Dichte des überörtlichen Straßennetzes beträgt ungefähr $0,64\,km$ pro km^2. Demgegenüber beträgt die Dichte des Schienennetzes circa $0,11\,km$ pro km^2 und die des Wasserstraßennetzes etwa $0,02\,km$ pro km^2 [77].

Die **Fahrgeschwindigkeit** in Form der Maximal- oder Effektivgeschwindigkeit eines Verkehrsmittels ist ein Maß für die Möglichkeit zum schnellen Transport. Von der Lufthansa verwendete Frachtflugzeuge wie die Boeing 777F erreichen Höchstgeschwindigkeiten von knapp $900\,km/h$ [78]. Demgegenüber beträgt die gesetzlich vorgeschriebene Höchstgeschwindigkeit für Lkw auf Autobahnen in Deutschland $80\,km/h$ [79] und für Güterzüge $120\,km/h$ [80].

Als **Energiereichweite** wird der maximale Fahrweg mit einer Füllung des Energiespeichers bezeichnet. Dieser beträgt als Faustwert, beim Sattelzug LKW ungefähr $2500\,km$, bei Motorwagen $1800\,km$, beim Transport mit Schienenfahrzeugen ungefähr $1000\,km$ und bei Binnenschiffen etwa $350\,km$ pro Tag [75]. Frachtflugzeuge wie die Boeing 777F haben eine maximale Reichweite von ungefähr $9200\,km$ [81].

Die **Klimafreundlichkeit** eines Verkehrsmittels wird durch den Ausstoß von Treibhausgasen bestimmt. Dabei stellt sich der Zug als das klimafreundlichste Verkehrsmittel dar, da beim Zuggütertransport durchschnittlich $23,4\,g\ CO_2$-Äquivalente pro tkm ausgestoßen werden. Demgegenüber werden beim Binnenschiffstransport durchschnittlich 33,4, beim Transport mit Lkw 97,5 und beim Transport mit dem Flugzeug $1539,6\,g\ CO_2$-Äquivalente pro tkm ausgestoßen [82].

Literatur

1. Norm DIN 30781-2 (1989) Transportkette; Systematik der Transportmittel und Transportwege
2. Norm DIN 30781-1 (1989) Transportkette; Grundbegriffe
3. Jünemann R, Schmidt T (2000) Materialflußsysteme: Systemtechnische Grundlagen; mit 36 Tabellen, 2. Aufl. Springer, Berlin (Logistik in Industrie, Handel und Dienstleistungen)
4. Mehlhorn G (2001) Verkehr. Straße, Schiene, Luft. Ernst&Sohn, Berlin
5. Ammoser H, Hoppe M (2006) Glossar Verkehrswesen und Verkehrswissenschaften: Definitionen und Erläuterungen zu Begriffen des Transport- und Nachrichtenwesens. Institut für Wirtschaft und Verkehr, (Diskussionsbeiträge aus dem Institut für Wirtschaft und Verkehr)
6. Jünemann R (1989) Materialfluss und Logistik: systemtechnische Grundlagen mit Praxisbeispielen. Springer, Berlin, XI, 762 S. http://www3.ub.tu-berlin.de/ihv/000131070.pdf
7. Pfohl, H-C (Hrsg) (2018) Logistiksysteme: Betriebswirtschaftliche Grundlagen, 9. Aufl. Springer Vieweg, Berlin (SpringerLink : Bücher). (XIV, 437 S. 106 Abb, online resource). http://dx.doi.org/10.1007/978-3-662-56228-4

8. Hafen Hamburg Marketing e. V. (2017) Statistiken Hafen Hamburg. https://www.hafen-hamburg. de/de/statistiken. Zugegriffen: 6. Mai 2017
9. Bundesministerium für Verkehr und digitale Infrastruktur (2016) Verkehr in Zahlen 2016/2017. http://www.bmvi.de/SharedDocs/DE/Anlage/VerkehrUndMobilitaet/verkehr-in-zahlen-pdf-2016-2017.pdf?__blob=publicationFile. Zugegriffen: 7. Mai 2017
10. Bundesministerium für Verkehr und digitale Infrastruktur (2016) Längenstatistik der Straßen des überörtlichen Verkehrs. http://www.bmvi.de/SharedDocs/DE/Anlage/VerkehrUndMobilitaet/Strasse/laengenstatistik-2016-tabelle-1-9.pdf?__blob=publicationFile. Zugegriffen: 20. Jan. 2017
11. Eurostat/Europäische Kommission (2017) Straßengüterverkehr. http://ec.europa.eu/eurostat/tgm/refreshTableAction.do?tab=table&plugin=1&pcode=ttr00005&language=de. Zugegriffen: 6. Mai 2017
12. Eurostat/Europäische Kommission (2017) Güterverkehr nach Verkehrszweig. http://ec.europa.eu/eurostat/tgm/refreshTableAction.do?tab=table&plugin=1&pcode=tsdtr220&language=de. Zugegriffen: 31. Mai 2017
13. Toll-Collect GmbH (2017) Maut-Tarife. https://www.toll-collect.de/de/toll_collect/bezahlen/maut_tarife/maut_tarife.html. Zugegriffen: 20. Jan. 2017
14. VIFG VerkehrsInfrastrukturFinanzierungsGesellschaft mbH (2016) Geschäftsbericht 2015. Berlin. http://www.vifg.de/_downloads/corporate_governance/VIFG-Geschaeftsbericht-2015_web.pdf
15. Bundesamt für Güterverkehr Mautstatistik. Jahrestabellen 2016. https://www.bag.bund.de/SharedDocs/Downloads/DE/Statistik/Lkw-Maut/. Zugegriffen: 7. Mai 2017
16. Güterkraftverkehrsgesetz (GüKG) (2015)
17. Norm April (2001) Systematik der Straßenfahrzeuge – Begriffe für Kraftfahrzeuge, Fahrzeugkombinationen und Anhängefahrzeuge
18. Norm November (2011) Straßenfahrzeuge – Ladungssicherung in Lieferwagen (Kastenwagen) – Anforderungen und Prüfmethoden
19. (1970) Richtlinie des Rates zur Angleichung der Rechtsvorschriften der Mitgliedsstaaten über die Betriebserlaubnis für Kraftfahrzeuge und Kraftfahrzeuganhänger
20. (2006) Richtlinie 2006/126/EG des Europäischen Parlaments und des Rates vom 20. Dezember 2006 über den Führerschein
21. (2016) Verordnung über die Zulassung von Personen zum Straßenverkehr (Fahrerlaubnis-Verordnung – FeV)
22. (2017) Straßenverkehrs-Zulassungsordnung
23. Bundesamt für Straßenwesen (2016) Feldversuch mit Lang-Lkw. http://www.bast.de/DE/Verkehrstechnik/Fachthemen/v1-lang-lkw/v-lang-lkw-abschluss.pdf?__blob=publicationFile&v=2. Zugegriffen: 23. Jan. 2017
24. Bundesministerium der Justiz und für Verbraucherschutz (2011) Verordnung über Ausnahmen von straßenverkehrsrechtlichen Vorschriften für Fahrzeuge und Fahrzeugkombinationen mit Überlänge. http://www.gesetze-im-internet.de/lkw_berlstvausnv/index.html#BJNR614410011BJNE000200000. Zugegriffen: 23. Jan. 2017
25. Bundesministerium für Verkehr und digitale Infrastruktur (2017) Lang-LKW fahren dauerhaft auf geeigneten Strecken. http://www.bmvi.de/SharedDocs/DE/Artikel/LA/moegliche-fahrzeuge-und-fahrzeugkombinationen-mit-ueberlaenge.html. Zugegriffen: 23. Jan. 2017
26. Kässbohrer Sales GmbH; Kässbohrer Sales GmbH (Hrsg) (2017) Sattelauflieger: Patentierte Sicherheit mit vielen Optionen. https://www.kaessbohrer.com/de/produkte/sattelauflieger-579-c

27. Statistisches Bundesamt (2016) Zahlen und Fakten – Güterverkehr. https://www.destatis.de/DE/ZahlenFakten/Wirtschaftsbereiche/TransportVerkehr/Gueterverkehr/Tabellen/GueterbefoerderungLR.html. Zugegriffen: 23. Jan. 2017

28. Statistisches Bundesamt (2017) Fahrzeugbestand/Kraftfahrzeuge und Schienenbestand. https://www.destatis.de/DE/ZahlenFakten/Wirtschaftsbereiche/TransportVerkehr/UnternehmenInfrastrukturFahrzeugbestand/Tabellen/Fahrzeugbestand.html. Zugegriffen: 23. Jan. 2017

29. Janicki J (2011) Systemwissen Eisenbahn, 1. Aufl. Bahn Fachverlag, Berlin

30. DB Cargo AG; DB Cargo AG (Hrsg) (2016) Eanos-x 059: Gattung E. https://gueterwagenkatalog.dbcargo.com/en/gueterwagenkatalog/detail/detail/bauart/059/?tx_cyzkatalog_katalog

31. dybas – Die Bahnseite Kijls 450: Flachwagen mit Planenverdeck: Foto: Kijls 450, 338 4 091, Mannheim Rbf, 6.4.2002, Hans Ulrich Diener. https://www.dybas.de/dybas/gw/gw_k_4/g450.html. Zugegriffen: 27. Apr. 2016

32. DB Cargo AG; DB Cargo AG (Hrsg) (2016) Kbs 442: Gattung K. https://gueterwagenkatalog.dbcargo.com/de/gueterwagenkatalog/wagengattungen/gattung-k-flachwagen-mit-2-radsaetzen/detail/bauart/442/?tx_cyzkatalog_katalog

33. dybas – Die Bahnseite Hbbills 311": Zweiachsiger, großräumiger Schiebewandwagen: Foto: Hbbills 311, 41 80 247 6 176-3, Mannheim Rbf, 13.10.2001, Hans Ulrich Diener. https://www.dybas.de/dybas/gw/gw_h_3/g311.html. Zugegriffen: 27. Apr. 2016

34. dybas – Die Bahnseite Hbis-tt 293": Zweiachsiger, großräumiger Schiebewandwagen: Foto: Hbis-tt 293, 42 80 2261 192-8, Crailsheim, 13.7.2010, Niki Crnila. https://www.dybas.de/dybas/gw/gw_h_2/g293.html. Zugegriffen: 27. Apr. 2016

35. dybas – Die Bahnseite Tamns 895: Drehgestellwagen mit Rolldach: Tamns 895, 81 80 0803 121-8, mit geöffnetem und im Fangkorb abgelegtem Rolldach. https://www.dybas.de/dybas/gw/gw_t_8/g895.html. Zugegriffen: 17. Nov. 2016

36. DB Schenker AG (2011) Unsere Güterwagen (Güterwagenkatalog). https://www.dbcargo.com/file/rail-deutschland-de/7935804/EwKHikQF16LqUgORrXSriRpdgRk/5509814/data/gueterwagenkatalog_v2011.pdf. Zugegriffen: 20. Jan. 2017

37. DB Cargo AG; DB Cargo AG (Hrsg) (2016) Laaers 560: Gattung L. https://gueterwagenkatalog.dbcargo.com/de/gueterwagenkatalog/wagengattungen/kfz-transport/detail/bauart/560/?tx_cyzkatalog_katalog[search][selectedBranche]=&tx_cyzkatalog_katalog[search][selectedProduktart]=&cHash=8ad34c92480eca0e8fea60d94b8e2c9d

38. Port of Hamburg Yeoman Bridge. https://www.hafen-hamburg.de/en/vessel/yeoman-bridge-imo-8912302---27282

39. Port of Hamburg Aberdeen. https://www.hafen-hamburg.de/en/vessel/aberdeen-imo-9125736---22590

40. Schönknecht A (2009) Maritime Containerlogistik: Leistungsvergleich von Containerschiffen in intermodalen Transportketten. Springer, Berlin, (XIV, 146 S). http://dx.doi.org/10.1007/978-3-540-88761-4

41. American Bureau of Shipping (2017) ABS Record OOCL HONG KONG. https://www.eagle.org/safenet/record/record_vesseldetailsprinparticular?Classno=17264880. Zugegriffen: 7. Sept. 2017

42. idowa; Straubing; Germany (2019) ≪MSC Gülsün≫ misst 400 Meter: Größtes Containerschiff der Welt legt in Bremerhaven an. https://www.idowa.de/inhalt.msc-guelsuen-groesstes-containerschiff-laeuft-bremerhaven-an.6e9eb0ea-1f60-4953-b095-da394e405934.html

43. Eurostat/Europäische Kommission (2017) Beförderung von Fracht und Post im Luftverkehr nach den wichtigsten Flughäfen in den einzelnen Meldeländern. http://appsso.eurostat.ec.europa.eu/nui/show.do?dataset=avia_gooa&lang=de. Zugegriffen: 23. Jan. 2017

44. Airbus S.A.S. (2017) Beluga. http://www.airbus.com/aircraftfamilies/freighter/beluga/. Zugegriffen: 29. Mai 2017

45. Luftverkehrsgesetz. (2016) Fassung der Bekanntmachung vom 10. Mai 2007 (BGBl. I S. 698), das durch Artikel 1 des Gesetzes vom 28. Juni 2016 (BGBl.I S. 1548) geändert worden ist
46. Fraport AG (2017) Flughafenentgelte am Flughafen Frankfurt. http://www.fraport.de/content/fraport/de/misc/binaer/unternehmen/medien/publikationen/inforgrafiken/infografik-flughafenentgelte/jcr:content.file/entgelte-fraport-2017.pdf
47. Airbus S.A.S. (2017) A380/Technology. http://www.airbus.com/aircraftfamilies/passengeraircraft/a380family/innovation/. Zugegriffen: 21. Mai 2017
48. Airbus S.A.S. The BelugaXL airlifter is put through its paces. https://www.airbus.com/newsroom/events/belugaxl-flight-tests.html. Zugegriffen: 10. Aug. 2019
49. The Boeing Company (2015) More Payload - More Revenue.. http://www.boeing.com/commercial/freighters/#/design-highlights/747-8f/cargo-arrangements/. Zugegriffen: 29. Mai 2017
50. DHL GmbH (2014) Unmanned Aerial Vehicles in Logistics. A DHL perspective on implications and use cases for the logistics industry. https://www.dhl.de/content/dam/dhlde/images/ueber_uns/content/dhl_trend_report_uav.pdf. Zugegriffen: 23. Jan. 2017
51. Amazon Services LLC (2017) Amazon Prime Air. https://www.amazon.com/Amazon-Prime-Air/b?ie=UTF8&node=8037720011. Zugegriffen: 23. Jan. 2017
52. Hybrid Air Vehicles (2017) Airlander 10. https://www.hybridairvehicles.com/aircraft/airlander-10. Zugegriffen: 23. Jan. 2017
53. Lockheed Martin Corporation (2016) Hybrid Airship. http://www.lockheedmartin.com/us/products/HybridAirship.html. Zugegriffen: 23. Jan. 2017
54. Fleischer H (2018) dtv Beck-Texte im dtv. Bd. 5002: Handelsgesetzbuch: Mit Einführungsgesetz, Publizitätsgesetz und Handelsregisterverordnung : Textausgabe. 63., überarbeitete Aufl., Stand: 3. September 2018, Sonderausgabe. dtv & Beck, München
55. (2017) Handelsgesetzbuch
56. Bundesamt für Güterverkehr (2005) Marktbeobachtung Güterverkehr – Sonderbericht zum Strukturwandel im Güterkraftverkehrsgewerbe. https://www.bag.bund.de/SharedDocs/Downloads/DE/Marktbeobachtung/Sonderberichte/Sonderber_Strukturwandel.pdf?__blob=publicationFile. Zugegriffen: 19. Mai 2017
57. (2015) Seearbeitsgesetz
58. Hafen Hamburg Marketing e. V. (2017) Deutschlands größter Containerhafen. https://www.hafen-hamburg.de/de/container-terminals. Zugegriffen: 8. Mai 2017
59. (2016) Wirtschaftliche Kurier-, Express-, Paketdienste. Wachstumsmarkt & Beschäftigungsmotor. KEP-Studie 2016 – Analyse des Marktes in Deutschland. Eine Untersuchung im Auftrag des Bundesverbandes Paket und Expresslogistik e. V. (BIEK). Köln
60. Statistisches Bundesamt (2014) Strukturerhebung im Dienstleistungsbereich Verkehr und Lagerei. https://www.destatis.de/DE/Publikationen/Thematisch/DienstleistungenFinanzdienstleistungen/Branchenberichte/Verkehr5474104147004.pdf?__blob=publicationFile. Zugegriffen: 23. Jan. 2017
61. Schwemmer M (2016) Die Top 100 der Logistik – Deutschland. Deutscher Verkehrs-Verlag, Hamburg
62. United Nations (2001) Terminologie des kombinierten Verkehrs. New York
63. KG, Contargo GmbH & C. (2018) Intermodal Tariff Information System. https://imtis.contargo.net/web/. Zugegriffen: 20. Apr. 2018
64. Nora S, Minc A (1979) Die Informatisierung der Gesellschaft. Campus, Frankfurt, 278 S
65. Prockl G (2010) Informationsmanagement. In: Stölzle W, Fagagnini HP (Hrsg) Güterverkehr kompakt. de Gruyter, S 125–242

66. Dudek H-L, (2011) Köppel M „Telematik 2011", Ergebnisse einer Befragung von Telematiknutzern und Telematikinteressierten im Bereich Transport und Logistik/Duale Hochschule Baden-Württemberg Ravensburg. Duale Hochschule BW, Friedrichshafen. (Forschungsbericht)
67. Kühn M, Hannawald L (2015) Verkehrssicherheit und Potenziale von Fahrerassistenzsystemen. In: Winner H (Hrsg) Handbuch Fahrerassistenzsysteme – Grundlagen, Komponenten und Systeme für aktive Sicherheit und Komfort. Springer Vieweg, Wiesbaden , S 55–70
68. Daimler AG (2014) Design der Zukunft – der Future Truck 2025. https://www.mercedes-benz.com/de/mercedes-benz/design/design-der-zukunft-der-future-truck-2025/. Zugegriffen: 23. Jan. 2017
69. Robert Bosch GmbH (2016) Die Truck-Studie „VisionX" von Bosch zeigt den Lkw von 2026 schon heute. http://www.bosch-presse.de/pressportal/de/de/die-truck-studie-visionx-von-bosch-zeigt-den-lkw-von-2026-schon-heute-63168.html. Zugegriffen: 23. Jan. 2017
70. Presse- und Informationsamt der Bundesregierung (2017) Automatisiertes Fahren auf dem Weg. https://www.bundesregierung.de/Content/DE/Artikel/2017/01/2017-01-25-automatisiertes-fahren.html. Zugegriffen: 31. Aug. 2017
71. Fraunhofer Center for Maritime Logistics and Services (2016) Maritime unmanned navigation through intelligence in networks. http://www.unmanned-ship.org/munin/. Zugegriffen: 19. Mai 2017
72. DNV GL AS (2015) The ReVolt – A new inspirational ship concept. https://www.dnvgl.com/technology-innovation/revolt/. Zugegriffen: 19. Mai 2017
73. ZEIT ONLINE GmbH/nsc: Bahn plant autonome Züge (2016) ZEIT ONLINE. Zugegriffen: 19. Mai 2017
74. PLANCO Consulting GmbH; Bundesanstalt für Gewässerkunde (2007) Verkehrswirtschaftlicher und ökologischer Vergleich der Verkehrsträger Straße. Schiene und Wasserstraße, Schlussbericht
75. Gudehus T (2012) Logistik 1: Grundlagen, Verfahren und Strategien. Studienausgabe der 4. Aufl. Springer, Berlin (Etwa 660 S. 140 Abb, digital). http://swbplus.bsz-bw.de/bsz369428471cov.htm
76. The Boeing Company (2015) Boeing Freighter Family: Leading the Air Cargo Industry. http://www.boeing.com/commercial/freighters/index.page?cm_re=March_2015-_-Roadblock-_-777+Freighter/#/design-highlights/777f/cargo-arrangements/. Zugegriffen: 23. Jan. 2017
77. Statistisches Bundesamt (2016) Verkehrsmittelbestand und Infrastruktur. https://www.destatis.de/DE/ZahlenFakten/Wirtschaftsbereiche/TransportVerkehr/UnternehmenInfrastrukturFahrzeugbestand/Tabellen/Verkehrsinfrastruktur.html. Zugegriffen: 23. Jan. 2017
78. Deutsche Lufthansa AG (2017) Boeing 777F. https://www.lufthansagroup.com/de/unternehmen/flotte/lufthansa-cargo/boeing-777f.html. Zugegriffen: 23. Jan. 2017
79. (2016) Straßenverkehrsordnung
80. (2016) Eisenbahn-Bau- und Betriebsordnung
81. The Boeing Company (2015) 747-8F Characteristics. http://www.boeing.com/commercial/freighters/index.page?cm_re=March_2015-_-Roadblock-_-777+Freighter/#/design-highlights/characteristics/. Zugegriffen: 23. Jan. 2017
82. Umweltbundesamt (2012) Daten zum Verkehr. http://www.umweltbundesamt.de/sites/default/files/medien/publikation/long/4364.pdf. Zugegriffen: 23. Jan. 2017

Handhabungstechnik

12

Karl-Heinz Wehking

12.1 Handhabung durch Industrieroboter

12.1.1 Aufgabe der Handhabungsmittel

Im Verlauf der zunehmenden Automatisierung des Materialflusses mit seinen Hauptfunktionen Lagern, Fördern und Handhaben stellt die letztgenannte Aufgabe die aus technischer Sicht wohl größte Herausforderung dar. Gilt es doch, insbesondere die menschliche Hand mit ihren Fähigkeiten durch technische Mittel zu ersetzen.

Die Weiterentwicklung der Produktionsmittel und ihre fortgeschrittene Automatisierung haben dazu geführt, dass in den Produktionsprozessen die eigentlichen Hauptzeiten[1] kontinuierlich gesunken sind, während die Nebenzeiten[2] dadurch verstärkt in den Vordergrund traten. Nebenzeiten sind geprägt durch einen hohen Handhabungsanteil, der auf Grund steigender Lohnkosten sowie der Forderung nach hoher Produktqualität durch abgestimmte Konzepte reduziert und durch den Einsatz von Handhabungsmitteln automatisiert werden muss.

Das Handhaben unterscheidet sich von den anderen Funktionsbereichen des Materialflusses dadurch, dass nur geometrisch bestimmte Körper, zum Beispiel Stückgüter, in den Handhabungsprozess gelangen, bei denen nicht nur die Position, sondern auch die Orientierung im Raum vorgegeben ist.

Handhaben stellt nach [1] das Schaffen, definierte Verändern oder vorübergehende Aufrechterhalten einer vorgegebenen räumlichen Anordnung von geometrisch bestimmten Körpern in einem Bezugskoordinatensystem dar. Es können dabei weitere Bedingungen, wie z. B. Zeit, Menge und Bewegungsbahn, vorgegeben sein.

Den Funktionsbereichen des Handhabens, als da sind

---

[1]Zeit, in der ein unmittelbarer Fortschritt erzielt wird, z. B. ein Werkzeug ist im Eingriff.
[2]Hilfszeiten für Nebentätigkeiten, die nur mittelbar zum Erfüllen der Arbeitsaufgabe dienen.

© Springer-Verlag GmbH Deutschland, ein Teil von Springer Nature 2020
K.-H. Wehking, *Technisches Handbuch Logistik 1*,
https://doi.org/10.1007/978-3-662-60867-8_12

- das Speichern oder Halten
- das Verändern
- das Bewegen, also Schaffen und Verändern einer definierten räumlichen Anordnung,
- das Sichern, also das Aufrechterhalten einer definierten räumlichen Anordnung und
- das Kontrollieren

wurden in [1] weitere elementare Funktionen zugewiesen, mit denen unter Zuhilfenahme definierter Piktogramme jeder Handhabungsvorgang analysiert werden kann. Zweck dieser Analyse ist die Rationalisierung sowie die Vorbereitung einer Automatisierungslösung für die anstehenden Handhabungsvorgänge.

12.1.2 Industrieroboter zur Handhabung

Gemäß [1] wird beim Handhaben eine definierte Position eines geometrisch definierten Objekts geschaffen oder für einige Zeit aufrechterhalten.

Dies kann mithilfe von Industrierobotern erfolgen. Sie werden in zahlreichen Bereichen der Fertigung eingesetzt, unter anderem zur Handhabung, zur Montage oder zur Bearbeitung von Werkstücken sowie bei logistischen Aufgaben. Als Handhabungseinrichtung kommen Industrieroboter vor allem bei sich wiederholenden Tätigkeiten beispielsweise bei der Bestückung von Maschinen, bei der Palettierung oder beim Verpacken zum Einsatz.

Ein Industrieroboter stellt demnach eine mit Greifern und Werkzeugen ausgerüstete, frei programmierbare und sensorgeführte Handhabungseinrichtung dar, mit dessen Hilfe verschiedene Handhabungsaufgaben ausgeführt werden können.

12.2   Systematik der Industrieroboter

Eine Systematik der Industrieroboter wird in der Literatur sehr häufig nur nach dem kinematischen Aufbau oder nur nach dem jeweiligen Einsatzgebiet vorgenommen. Auch wenn sich bestimmte Kinematiken bevorzugt für verschiedene Einsatzgebiete empfehlen, so lässt sich dennoch ein direkter Zusammenhang zwischen Roboterkinematik und Einsatzgebiet des Roboters nicht ableiten.

Die stark gestiegene Bedeutung der Roboter als universelles Handhabungsmittel und die zukünftigen Entwicklungstendenzen in Richtung mobile Roboter lassen gerade unter dem Gesichtspunkt der Integration des Roboters in Materialflusssysteme eine unter systemtechnischen Kriterien überarbeitete Gliederung sinnvoll erscheinen. Bei dieser Systematik (Abb. 12.1) ist die Mobilität von Industrierobotern ein maßgebliches Unterscheidungsmerkmal. Man unterscheidet stationäre, also ortsfeste Roboter, und mobile Roboter, welche ihren Arbeitsraum durch die Integration in Fördersysteme wesentlich erweitern.

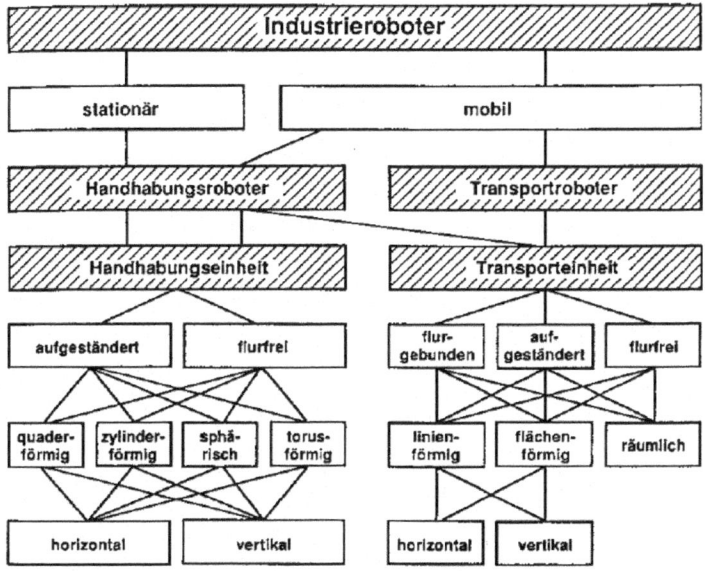

Abb. 12.1 Systematik der Industrieroboter [2, S. 343]

Die Bewegungsachsen eines Roboters dienen entweder der Handhabung oder dem Transport. Man spricht dann von Handhabungsachsen oder von Transportachsen (vgl. Abb. 12.1). Beide gelten jedoch nur unter der Voraussetzung einer freien Programmierbarkeit als Roboterachsen. Eine oder mehrere Handhabungsachsen bilden eine Handhabungseinheit. Analog bilden eine oder mehrere Transportachsen eine Transporteinheit.

Ein stationärer Roboter besteht u. a. aus einer Handhabungseinheit und besitzt im Gegensatz zu mobilen Robotern keine Transporteinheit. Hier wird ein stationärer Roboter daher auch als stationärer Handhabungsroboter bezeichnet. Ein mobiler Roboter hingegen basiert in jedem Fall auf einer Transporteinheit.

Man unterscheidet mobile Roboter nach mobilen Handhabungsrobotern und nach Transportrobotern. Besitzt ein mobiler Roboter nur Transport-, aber keine Handhabungsachsen, so handelt es sich um einen Transportroboter. Weist ein mobiler Roboter sowohl Handhabungs- als auch Transportachsen auf, so entscheidet der primäre Einsatzzweck über die Klassifizierung des mobilen Roboters in einen mobilen Handhabungs- oder in einen Transportroboter: Von einem Transportroboter spricht man, wenn der Transport der Güter trotz des Vorhandenseins von Handhabungsachsen im Vordergrund steht. Die Handhabungsachsen bzw. die Handhabungseinheit ist dann oftmals als Lastaufnahmemittel ausgeprägt. Liegt jedoch der Zweck des mobilen Roboters zur Hauptsache in der Handhabung – dies ist in der Regel erst bei drei oder mehr Handhabungsachsen der Fall – so handelt es sich um einen mobilen Handhabungsroboter.

12.2.1 Stationäre Roboter

12.2.1.1 Begriffsbestimmung

Signifikante Kenngrößen eines Roboters sind die Lage, Größe und Form seines Arbeitsraumes. Sie prägen die in Abb. 12.1 gezeigte Robotersystematik und dienen der Begriffsbestimmung von stationären und mobilen Robotern (Abb. 12.2). Stationäre Roboter besitzen einen Arbeitsraum, der nur verändert werden kann, wenn auch die maschinenbaulichen Komponenten, das heißt die Handhabungsachsen des Roboters, verändert werden. Der Arbeitsraum mobiler Roboter wird von der Integration in Fördersysteme und deren räumlichen Systemgrenzen, also den Transportachsen, bestimmt. Bei mobilen Robotern sind Veränderungen des Arbeitsraumes durch Schienenverlängerungen und zusätzliche Leitdrahtverlegungen oder aber durch andere Erweiterungen des Fördersystems möglich. Mobile Roboter mit leitlinienloser Verfahrbarkeit sind hinsichtlich ihrer Bewegungsfreiheit gegebenenfalls nur den Einschränkungen des Hallenlayouts unterworfen. Stationäre Roboter können in Anlehnung an die Systematik der Industrieroboter auch als stationäre Handhabungsroboter bezeichnet werden.

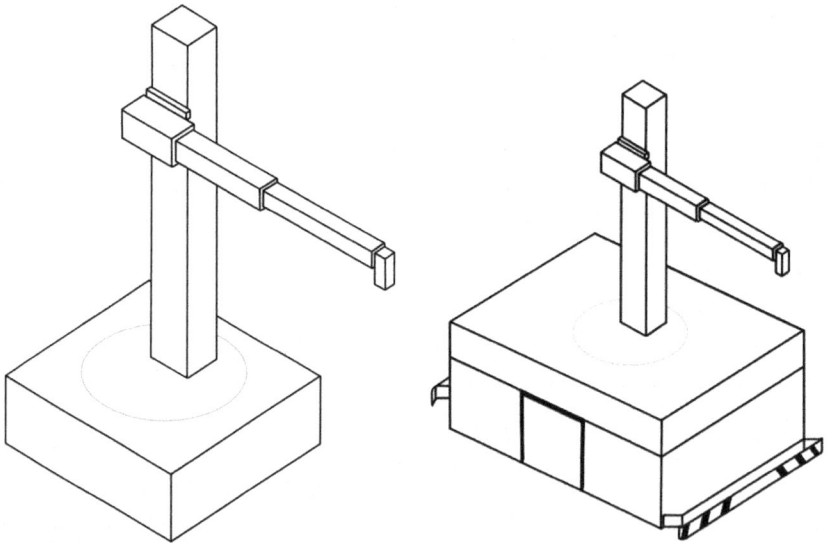

(a): Stationärer Roboter. Er besitzt einen Arbeitsraum, der nur verändert werden kann, wenn auch die maschinenbaulichen Komponenten des Roboters verändert werden

(b): Mobiler Roboter. Sein Arbeitsraum kann ohne konstruktive Änderungen durch die Integration in Fördersysteme wesentlich erweitert werden

Abb. 12.2 Abgrenzung des Arbeitsraums von stationären und mobilen Robotern [2, S. 356]

12.2.1.2 Arbeitsraum

Der mechanische Aufbau von Robotern lässt sich mit Hilfe kinematischer Ketten, also der Verknüpfung von rotatorischen und translatorischen Achsen zu einem Gesamtsystem, darstellen. Unter Zuhilfenahme eines räumlich festen Koordinatensystems reichen drei Translationsachsen und drei Drehachsen aus, um einen Körper beliebig im Raum zu positionieren. Somit sind Roboter mit mehr als sechs Freiheitsgraden kinematisch überbestimmt. Solche Geräte werden dennoch bei komplizierten Handhabungsaufgaben (z. B. in der Montage) benutzt. Vor allem mobile Roboter weisen unter Einbeziehung der Transportachsen oftmals mehr als sechs Freiheitsgrade auf. Die ersten drei Achsen eines stationären Roboters bzw. seiner Handhabungseinheit, auch Haupt- oder Handhabungsachsen genannt, tragen im Wesentlichen zur Bestimmung des Arbeitsraumes der Handhabungseinheit bei. Bei der Kombination von insgesamt drei rotatorischen bzw. translatorischen Achsen ergeben sich fünf markante Arbeitsräume, die die Grundlage zur Systematisierung der Handhabungseinheit und somit insbesondere zur Systematisierung von stationären Robotern bilden.

Abb. 12.3 verdeutlicht die fünf typischen Arbeitsräume eines stationären Roboters bzw. einer Handhabungseinheit, wobei jede Darstellung durch ein Systembild und die zugehörigen Achsbezeichnungen nach [3] ergänzt wird. Allerdings ist nicht nur die Anzahl der Dreh- und Translationsachsen kinematikbestimmend, sondern auch ihre Anordnung und Reihenfolge. So ist es möglich, dass bei gewissen Robotertypen trotz des Vorhandenseins zweier Drehachsen kein sphärischer, sondern ein zylinderförmiger Arbeitsraum entsteht. Dieses liegt in der Anordnung der beiden Drehachsen in einer Ebene begründet.

12.2.1.3 Komponenten eines stationären Roboters

Industrieroboter bestehen aus einer Vielzahl von Einzelkomponenten, die derart unterschiedliche Formen und Ausprägungen annehmen, dass der typische Roboter nicht vorzuweisen ist. Jedoch lässt sich jeder Roboter auf einige wenige Hauptkomponenten reduzieren. Ein stationärer Roboter weist in Analogie zu den Hauptkomponenten eines mobilen Roboters die Hauptkomponenten

- Handhabungseinheit
- Steuerung und Sensorik sowie
- Energieversorgung

auf. Die Handhabungseinheit besteht wiederum aus mehreren Einzelkomponenten. Die wichtigsten Einzelkomponenten der Handhabungseinheit sind der Antrieb, das Greiferführungsgetriebe (d. h. Greiferführung und Greiferarm), der Greifer und das Messsystem. In Abb. 12.4 sind in Form eines Blockschaltbildes skizzenhaft die wichtigsten Komponenten eines stationären Roboters mit ihren Hauptaufgaben und ihrem gegenseitigen Zusammenspiel aufgezeigt, wobei auf die Darstellung der Energieversorgung verzichtet wird.

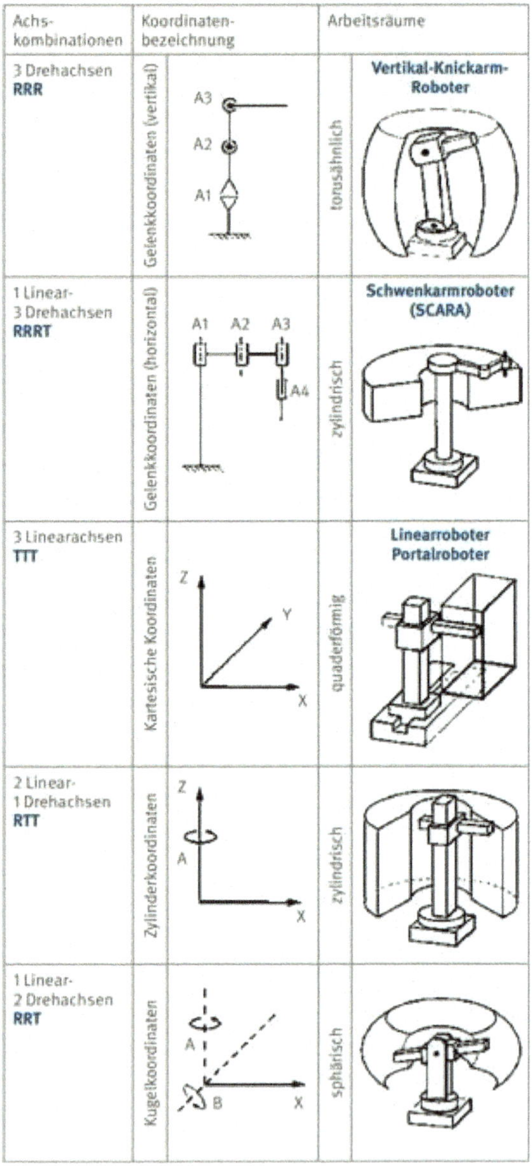

Abb. 12.3 Die typischen
Arbeitsräume von
Industrierobotern mit
Achskombinationen (R
Rotationsachse, T
Translationsachse) [2, S. 358]

Achs-kombinationen	Koordinaten-bezeichnung	Arbeitsräume
3 Drehachsen **RRR**	Gelenkkoordinaten (vertikal) — A3 A2 A1	**Vertikal-Knickarm-Roboter** — torusähnlich
1 Linear-3 Drehachsen **RRRT**	Gelenkkoordinaten (horizontal) — A1 A2 A3 A4	**Schwenkarmroboter (SCARA)** — zylindrisch
3 Linearachsen **TTT**	Kartesische Koordinaten — Z Y X	**Linearroboter Portalroboter** — quaderförmig
2 Linear-1 Drehachsen **RTT**	Zylinderkoordinaten — Z A X	zylindrisch
1 Linear-2 Drehachsen **RRT**	Kugelkoordinaten — A B X	sphärisch

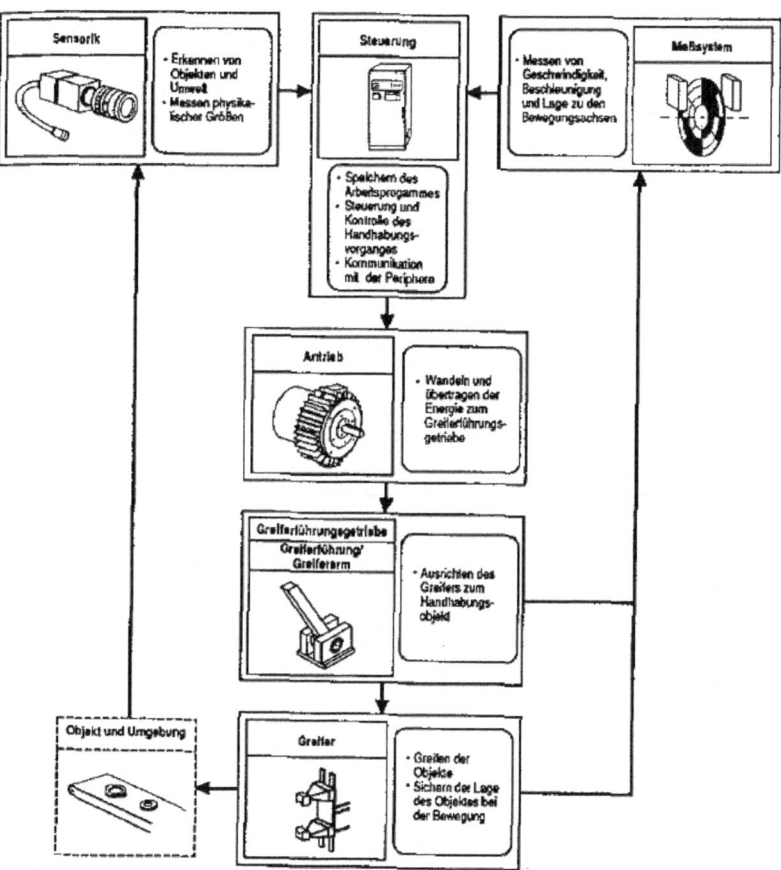

Abb. 12.4 Die wesentlichen Komponenten eines Roboters und ihr Zusammenspiel [2, S. 359]

12.2.2 Mobile Roboter

12.2.2.1 Bedeutung mobiler Roboter

Im Zuge der Weiterentwicklung der verschiedenen Haupt- und Einzelkomponenten von Robotern und der zunehmenden Erschließung auch neuer Einsatzgebiete ist die Mobilität von Robotern ein wichtiger Baustein auf dem Wege zu fortgeschrittenen Handhabungssystemen.

Seine Einsatzfelder wird der mobile Roboter als Bindeglied an den Schnittstellen des innerbetrieblichen Materialflusses zwischen Lager-, Förder- und Produktionsmitteln finden. Die zwischen den jeweiligen Arbeitsmitteln notwendigen Handhabungsvorgänge können zukünftig mehr und mehr von mobilen Robotern durchgeführt werden, die sich zum Handhabungsort bewegen, dort die erforderlichen Aufträge bearbeiten und anschließend für weitere Handhabungsvorgänge an anderen Schnittstellen der Materialflusskette zur Verfügung stehen. Durch die Systemeigenschaften eines mobilen Roboters ist jedoch nicht nur die vollautomatische und flexible Handhabung gewährleistet, sondern auch die logistikgerechte Ablaufgestaltung des Materialflusses. Das Erreichen der anzustrebenden, vollkommenen Produktionsflexibilität, also der Losgröße 1, ist sowohl von einer flexiblen Einsatzplanung als auch von flexiblen Organisationsstrukturen in der Materialflusskette abhängig. Im Zusammenhang mit den Zielgrößen der Logistik (minimale Bestände, geringe Durchlaufzeiten, optimaler Lieferservice und hohe Termintreue) geht es nicht nur darum, die Produktionsmittel maximal auszulasten.

Eine logistikgerechte Materialflusssteuerung mit einer optimalen Produktionsmittelauslastung kann in der Regel nicht durch eine starre Belegung der innerbetrieblichen Schnittstellen, wie zum Beispiel durch ortsfeste Roboter und ortsfeste Fördermittel erreicht werden. Vielmehr gilt es, bei den Elementen der innerbetrieblichen Transportkette, welche mobil gestaltet werden können, anzusetzen. Flexible Organisationsstrukturen können u. a. durch mobile Roboter, die zunehmend Funktionen des Lagerns, Förderns, Handhabens und Fertigens integrieren, realisiert werden. Dabei dient die Transporteinheit eines mobilen Handhabungsroboters in erster Linie der Abstimmung der Handhabungsaufgaben der Handhabungseinheit an die auftrags- und materialflussspezifischen Gegebenheiten, also dem Transport der Handhabungseinheit und nicht dem Materialtransport. Beim Einsatz im Lager, bei der Kommissionierung und Palettierung wird jedoch die Förderkapazität von mobilen Handhabungsrobotern, im Besonderen aber von Transportrobotern verstärkt genutzt. Die genannten Vorteile von mobilen Robotern sind beispielsweise:

- Erschließung neuer Tätigkeitsgebiete
- Maximale Flexibilität hinsichtlich der Einsatzplanung, der Organisation und der Materialflussstrukturen
- Maximale Auslastung von Roboter und Arbeitsmittel
- Erhöhung der Schichtzahl („Mannlose Schicht")
- Reduzierung der Kapitalbindung in Roboter und Arbeitsmittel bei Erhöhung der Betriebsstunden pro Tag
- Hoher Automatisierungsgrad
- Optimale Gestaltung des Materialflusses
- Extrem vergrößerter Arbeitsbereich des Roboters
- Erhöhte Wirtschaftlichkeit

Durch die Implementierung mobiler Materialflussroboter in die Fabrikhalle kann von der Beschaffung über die Produktion bis zur Distribution eine wesentliche Erhöhung von Flexibilität und Automatisierung sowie eine logistikgerechte Integration des Materialflusses erreicht werden. Der Einsatz von automatischen Flurförderzeugen, automatischen Staplern und mobilen Robotern auf der Basis automatischer Flurförderzeuge ermöglicht in Zukunft weitere strukturelle Veränderungen im innerbetrieblichen Materialfluss eines Produktionsunternehmens. Es wird deutlich, dass der Trend weg vom stationären zum mobilen Roboter verläuft. Die nächste Stufe in der Fabrik der Zukunft ist die vollkommen freie (die hinsichtlich der Entwicklungsarbeit bereits erreicht wurde), also leitlinienlose Verfahrbarkeit von mobilen Robotern, die so für unterschiedlichste Fertigungs-, Handhabungs- und Lagerfunktionen eingesetzt werden können.

12.2.2.2 Prinzipien der Mobilität

Es existieren eine Vielzahl von Fördermitteln, die die Basis für die Verfahrbewegung mobiler Roboter bilden können, beispielsweise:

- Automatische Flurförderzeuge,
- Fahrerlose Transportsysteme,
- Elektrohängebahnen,
- Regalbediengeräte und
- Automatische Verteilfahrzeuge

Zum mobilen Roboter führen zukünftig unterschiedliche Wege:

Ein stationärer Roboter wird auf eine Plattform montiert, die von einem handelsüblichen Fördermittel transportiert wird. Zu diesem Zweck ist das Fördermittel mit einem Lastaufnahmemittel versehen, über das der stationäre Roboter an einer Arbeitsstation abgesetzt werden kann. Während des Arbeitsvorganges des Roboters ist das Fördermittel für andere Transportaufgaben im innerbetrieblichen Materialfluss verfügbar. Nachdem der Roboter sein Arbeitsprogramm ausgeführt hat, wird er vom Fördermittel wieder aufgenommen und zur nächsten Arbeitsstation befördert. Dieses Prinzip der Mobilität ist durch einen relativ geringen Aufwand an konstruktiven Veränderungen von Handhabungseinheit und Transporteinheit gekennzeichnet und bietet sich vor allem dann an, wenn die Handhabungsvorgänge an einer Arbeitsstation vergleichsweise lange Zeiträume beanspruchen.

Für den Fall, dass der mobile Roboter an vielen Arbeitsstationen Handhabungsaufgaben kurzzeitig durchführen muss, ist es tendenziell vorteilhaft, Roboter und Fördermittel zu koppeln. Dies kann über die nachfolgend skizzierten Möglichkeiten geschehen.

Ein marktübliches Fördermittel wird mit einem herkömmlichen, stationären Roboter fest verbunden. Da die Standfläche der Handhabungseinheit geringer als die Transportfläche der Transporteinheit sein kann, besteht zudem die Möglichkeit des Materialtransports durch den mobilen Roboter. Dieses Prinzip der Mobilität ist als weniger vorteilhaft einzustufen, da die Möglichkeiten eines mobilen Roboters durch die Verwendung herkömmlicher Standardbaugruppen nur teilweise ausgeschöpft werden. Der mobile Roboter wird als integriertes Handhabungsmittel dimensioniert, dessen Systemkomponenten speziell auf die Mobilität des Roboters abgestimmt werden. Das heißt, dass Transporteinheit, Handhabungseinheit, Steuerung und Sensorik sowie Energieversorgung an das Aufgabenspektrum eines mobilen Roboters angepasst werden und unwirtschaftliche Teillösungen durch den Verzicht auf marktübliche Bauteile vermieden werden. Dieses Prinzip der Mobilität des Roboters ist für verschiedene Einsatzfälle zukünftig interessant.

Die Verfahrbewegung des mobilen Roboters im innerbetrieblichen Materialflusssystem muss durch ein geeignetes Wegenetz garantiert werden. Dafür gibt es folgende Möglichkeiten:

1. Der mobile Roboter benutzt nur Wege, die nicht von anderen Fördermitteln verwendet werden.
2. Der mobile Roboter verfährt auf Wegen, die er zusammen mit anderen Fördermitteln benutzen kann. Er wird somit in das Fördersystem integriert.
3. Der mobile Roboter ist bei geeigneter Navigationssensorik in der Lage, die gemeinsam mit den anderen Fördermitteln benutzen Wege zu verlassen und später eventuell wieder zu betreten.

Eine weitere Entwicklungsstufe ermöglicht, dass der mobile Roboter unter Beachtung geltender Sicherheitsvorschriften in die Lage versetzt wird, Handhabungsvorgänge nicht nur im Stillstand, sondern auch während der Verfahrbewegung auszuführen. Derartige mobile Roboter werden von verschiedenen Herstellern bereits auf dem Markt angeboten.

12.2.2.3 Komponenten eines mobilen Roboters

Mobile Roboter setzen sich aus vier verschiedenen Hauptkomponenten zusammen (siehe Abb. 12.5). Dieses sind die Handhabungseinheit, die Transporteinheit (z. B. Automatische Flurförderzeuge, Elektrohängebahnen, Regalbediengeräte, Automatische Verteilfahrzeuge), die Steuerung und Sensorik sowie die Energieversorgung. Letztere wird bei mobilen Robotern auf der Basis Automatischer Flurförderzeuge in der Regel durch Batteriepakete gewährleistet.

Mobile Roboter auf der Basis einer Elektrohängebahn oder eines Regalbediengerätes nutzen die Stromversorgung der Transporteinheit über Schleifleitungen bzw. Schleppkabel. Dies gilt ebenso für mobile Roboter mit einem automatischen Verteilfahrzeug als Transporteinheit; hier gibt es in aber auch Lösungen mit einer integrierten Energieversorgung über Batteriepakete. Weiterentwicklungen auf jedem der vier genannten Teilgebiete haben zu weiteren Innovationsschüben für mobile Roboter geführt, welche die Basis für einen breiten Einzug mobiler Roboter in die Fabriken sein werden.

Diese Moderne, mobile Roboter weisen sämtliche, grundlegenden Komponenten auf (siehe Abb. 12.5). Die Energieversorgung des Roboters ist dabei mittels hochleistungsfähiger Akkumulatoren für rund acht Stunden Bearbeitungszeit sichergestellt. Die Navigation des Fahrzeugs erfolgt mithilfe eingebauter Laserscanner, auf sämtliche Installationen im Umfeld des Einsatzbereichs kann verzichtet werden. Als Transporteinheit dient eine omnidirektional angetriebene Schwerlastplattform, auf der ein Standard-Industrieroboter als Handhabungseinheit installiert ist. Somit werden alle grundlegenden Funktionalitäten vereint, welche an einen mobilen Roboter für den industriellen Einsatz gestellt werden.

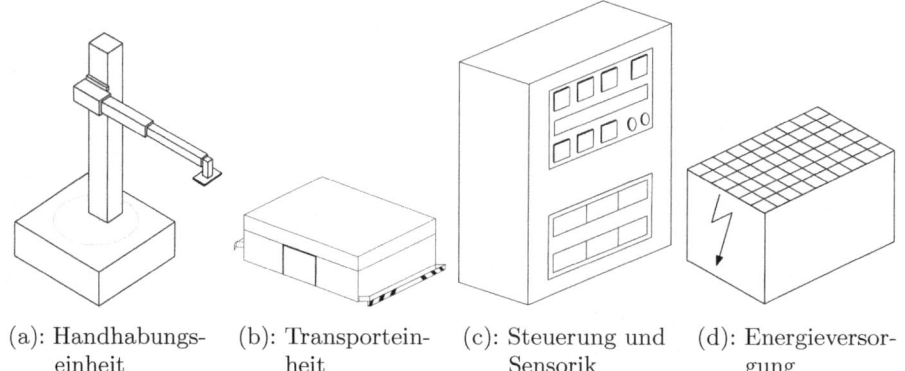

(a): Handhabungs-   (b): Transportein-   (c): Steuerung und   (d): Energieversor-
    einheit   heit   Sensorik   gung

Abb. 12.5 Hauptkomponenten eines mobilen Roboters [2, S. 366] (Diese Darstellung stammt aus dem Buch Diese Abbildung stammt aus dem [2]. Bei allen vier Komponenten haben sich z. B. bezüglich Größe, Gewicht und Leistungsfähigkeit wesentlich Veränderung und Verbesserungen ergeben. Vergleiche hier die neuen Abbildung und Entwicklungen.)

12.3 Mechanik und Kinematik

12.3.1 Grundbauarten

Im Folgenden werden verschiedene Grundbauarten von Robotern näher beschrieben.

12.3.1.1 Kartesischer Roboter

Kartesische Roboter, auch als Portalroboter bezeichnet, zeichnen sich vor allem durch ihre stabile und steife Konstruktion aus. Durch die drei rechtwinklig angeordneten Translationsgelenke besitzen sie einen quaderförmigen Arbeitsraum, der sehr groß dimensioniert sein kann. Die Bewegungsfreiheit ist durch die drei Gelenke jedoch eingeschränkt. Eingesetzt werden kartesische Roboter unter anderem zum Be- und Entladen von Werkzeugmaschinen, zum Kommissionieren und Palettieren sowie für einfache Montageaufgaben [4]. In Abb. 12.6 ist ein kartesischer Roboter dargestellt wie er als Portalroboter in der Logistik (hier zum Palettieren von unterschiedlichen Kartonagen verschiedener Kartongröße) verwendet wird. Eine weitergehende Erläuterung ist dem Kap. 10, Sortier- und Kommissioniertechnik zu entnehmen.

12.3.1.2 Sphärischer Roboter

Sphärische Roboter unterscheiden sich dadurch von kartesischen Robotern, dass eine oder zwei der drei Hauptachsen nicht als Linear- sondern als Rotationsachse ausgeführt werden. Der dadurch entstehende Arbeitsraum ist zylindrisch oder kugelförmig.

Abb. 12.6 Kartesischer Roboter/Portalroboter. (Quelle: RO-BER Industrieroboter GmbH)

12.3.1.3 SCARA-Roboter/Horizontalknickarmroboter

SCARA-Roboter (Selective Compliance Assembly Roboter Arm), die auch als Horizontal-Knickarmroboter bezeichnet werden (siehe Abb. 12.7), sind im Aufbau vergleichbar mit dem des menschlichen Arms und besitzen einen zylindrischen Arbeitsraum [5]. Die in der Regel aus vier Drehachsen bestehenden Roboter zeichnen sich durch einen im Verhältnis zum Arbeitsraum geringen Platzbedarf für die Standfläche und eine hohe Steifigkeit in vertikaler Richtung aus. Durch die hohe Horizontalgeschwindigkeit und die große Wiederholgenauigkeit eignen sich SCARA-Roboter für Montagetätigkeiten mit hohen Taktraten [4]. Nachteilig ist der eingeschränkte Arbeitsraum zu beurteilen.

[Quelle: Hirata Engineering Europe GmbH] Die Modelle der HIRATA AR-F Serie sind vierachsige SCARA-Roboter (siehe Abb. 12.7), die ideal für schnelle und flexible Montage- und Handhabungsaufgaben in unterschiedlichsten Bereichen geeignet sind. Vorteile des SCARA-Roboters gegenüber anderen Kinematiken, sind neben der im Verhältnis zu seinem Arbeitsraum kleinen Standfläche auch die hohe Steifigkeit des Roboterarms in vertikaler Richtung. Die hohe Horizontalgeschwindigkeit des SCARA-Roboters und die dadurch kurzen Pick- und Placezeiten sowie seine große Wiederholgenauigkeit zeichnen ihn ebenfalls aus.

12.3.1.4 Vertikal-Knickarmroboter

Vertikal-Knickarmroboter sind, auch aufgrund ihres verhältnismäßig großen kugelförmigen Arbeitsraums, die in der Industrie am weitesten verbreiteten Industrieroboter. Die universell einsetzbaren Roboter eigenen sich aufgrund der bis zu sechs verwendeten Achsen für vielfältige Aufgaben [4]. Häufig wird dieser Robotertyp in der Automobilmontage für Schweiß-, Montage oder Lackiertätigkeiten eingesetzt. In Abb. 12.8 ist ein solcher Vertikalknickarmroboter zu sehen.

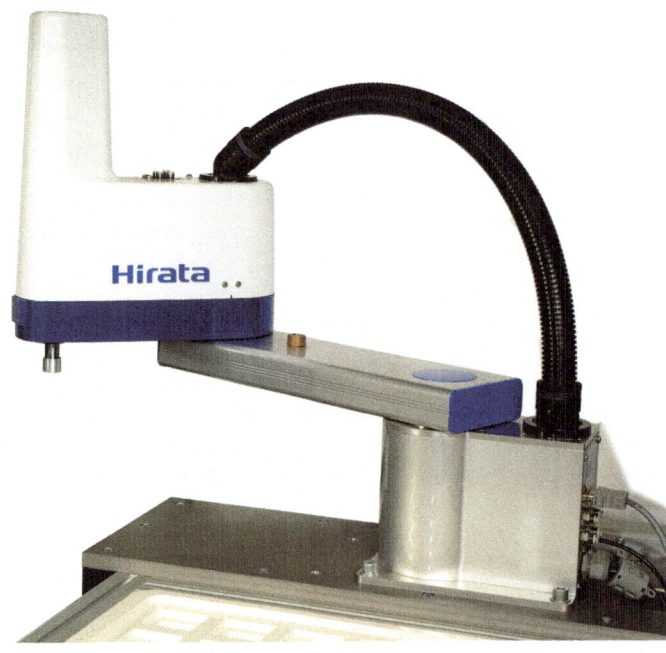

Abb.   12.7 SCARA-Roboter/Horizontalknickarmroboter.   (Quelle: Hirata   Engineering
Europe GmbH)

Abb. 12.8 Vertikalknickarmroboter.
(Quelle: Hirata Engineering
Europe GmbH)

12.3.1.5 Seilroboter

Ein Seilroboter basiert auf einem wiederum gänzlich anderen Prinzip. Bei dieser Bauart wird eine gewisse Anzahl von Seilen (meist 8 Seile und 8 Seilwinden) durch mehrere Winden angetrieben, wodurch ein Endeffektor im Raum bewegt werden kann (siehe Abb. 12.9). Eine freie und vollständig kontrollierbare Bewegung wird dadurch ermöglicht. Seilroboter zeichnen sich durch einen sehr großen Arbeitsraum und eine hohen Traglast aus [6]. Zudem arbeiten sie sehr energieeffizient, da sie aufgrund des minimalen Materialeinsatzes nur eine gering bewegte Masse besitzen. Durch Verknüpfung der großen Nutzlast, kurzer Taktzeiten sowie dem großen Arbeitsraum dank sehr langer Kantenlängen ergeben sich zahlreiche Einsatzbereiche in der Handhabung [7]. Zu nennen sind hierbei z. B. das Reinigen oder das Enteisen von Flugzeugen oder die Montage und Aufstellung großer Sonnen-Fotozellen.

12.3.1.6 Deltaroboter

Diese Bauart basiert auf einer Parallelkinematik. Mehrere Antriebe wirken dabei parallel in einer geschlossenen Kette auf den Endpunkt des Effektors ein. Es ergibt sich eine räumliche Parallelogrammführung der Arbeitsplattform. Vorteile des Deltaroboters sind seine hohe Wiederholgenauigkeit, seine hohe Verfahrgeschwindigkeit sowie sein geringer Platzbedarf. Daher kommt er vor allem bei Handlingsaufgaben zum Einsatz, beispielsweise in der Elektronik, der Feinmechanik sowie der der Lebensmittel- oder medizinisch-pharmazeutischen Industrie.

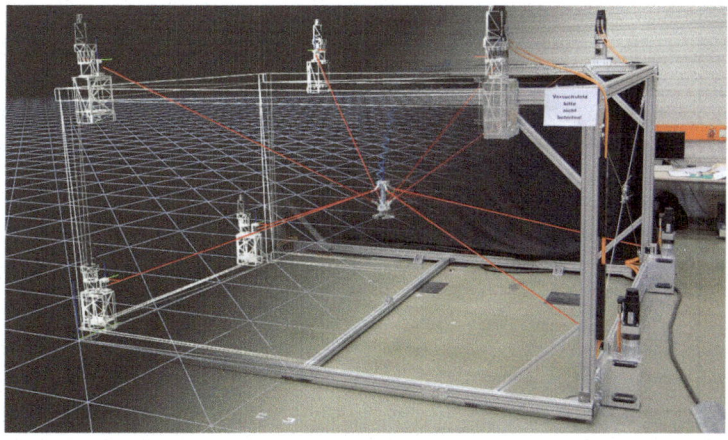

Abb. 12.9 Seilroboter [7]

12.3.2 Koordinatensysteme

Sämtliche Bewegungen und Aktivitäten eines Roboters erfolgen in einem definierten Raum, welcher mithilfe von Koordinaten beschrieben werden kann. Diese Koordinaten sind zur eindeutigen Darstellung von Bewegungsbahnen, Orientierungen und Positionen im Raum notwendig. Die erforderlichen Aktivitäten werden mittels dieser Daten in Programmen in Programmen gespeichert und Schritt für Schritt abgearbeitet [8].

Weltkoordinaten Das ursprüngliche Koordinatensystem, auf das sich andere Koordinatensysteme beziehen, wird als Weltkoordinatensystem bezeichnet. Das Koordinatensystem ist fest an den Roboter gebunden, liegt unveränderlich im Raum und wird durch drei orthogonale Achsen beschrieben. Alle anderen Koordinatensysteme hängen in der Regel vom Weltkoordinatensystem ab.

Basiskoordinaten Das Basiskoordinatensystem, auch als Raumkoordinatensystem bezeichnet, hat seinen Ursprung in der Aufstellfläche am Fußpunkt des Roboters.

Anwenderkoordinaten Das Anwenderkoordinatensystem kann vom Programmierer frei im Raum definiert werden. Rechnerisch bezieht sich das Anwenderkoordinatensystem auf das Weltkoordinatensystem.

Werkstückkoordinaten Das Werkstückkoordinatensystem wird vom Programmierer festgelegt und ist veränderbar. Dies ist der Tatsache geschuldet, dass jedes Werkstück unterschiedlich groß ist. Für unterschiedliche Werkstückformen muss das Koordinatensystem angepasst werden.

Handflanschkoordinaten Das Handflanschkoordinatensystem ist mit dem Effektor verbunden und mitbewegt. Es ist über die einzelnen Gelenkwinkel relativ zu den Basiskoordinaten festgelegt.

Werkzeugkoordinaten Das Werkzeugkoordinatensystem wird relativ zu den Handflanschkoordinaten definiert. Sämtliche Bewegungsbefehle beziehen sich im Werkzeugkoordinatensystem auf den Werkzeugarbeitspunkt (TCP).

In Abb. 12.10 werden die unterschiedlichen Koordinatensysteme dargestellt.

12.3.3 Bewegungssteuerung und -beschreibung

Um festzulegen wie sich der Roboterarm durch den Raum hin zu einer gewünschten Position bewegt, gibt es prinzipiell zwei Verfahren. Man unterscheidet zwischen Punkt- und Bahnsteuerungen. Punktsteuerungen sind dabei weitaus weniger komplex, da für das unkoordinierte Anfahren von Punkten relativ wenig Rechenaufwand erforderlich ist. Der Bewegungsverlauf zwischen Start- und Endpunkt ist willkürlich und nicht definiert. Bei der Bahnsteuerung bedarf es einer detaillierteren Koordination des Bewegungsablaufs. Die Bewegungen

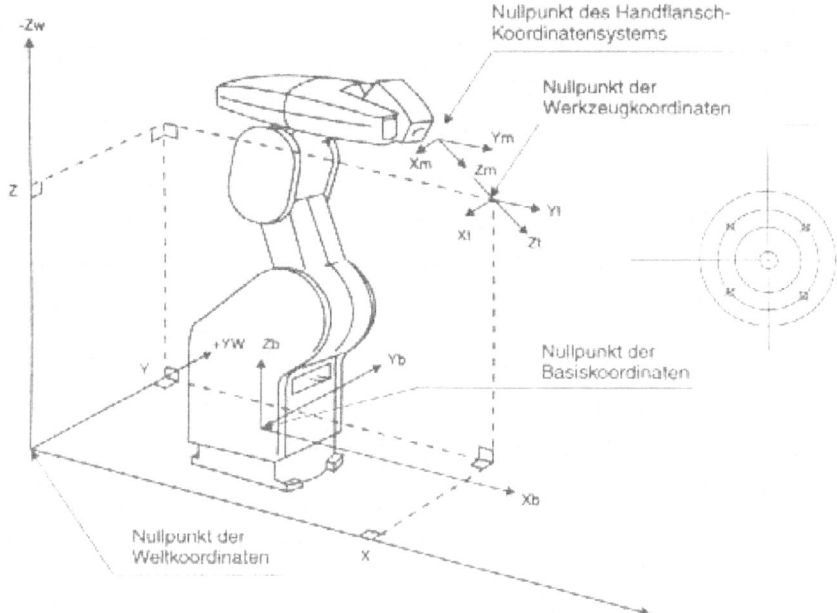

Abb. 12.10 Darstellung unterschiedlicher Koordinatensysteme [9]

der Achsen müssen dabei so aufeinander abgestimmt werden, dass der Effektor auf einer festgelegten Bahn mit konstanter Geschwindigkeit fortschreitet.

12.3.3.1 Punktsteuerung

Die älteste Steuerungsart für Roboter ist die Punktsteuerung, die auch als PTP-Steuerung (PTP = point to point) bezeichnet wird. Sie wird in Abb. 12.11 schemenhaft dargestellt. Bei dieser Art der Steuerung wird versucht, auf dem schnellsten, aber nicht zwangsläufig kürzesten, Weg von der Position 1 zur Position 2 zu gelangen.

12.3.3.2 Vielpunkt-Steuerung

Die Vielpunktsteuerung basiert auf der Punktsteuerung und zeichnet sich dadurch aus, dass nicht nur zwei Positionen vorgegeben werden, sondern eine Vielzahl von Punkten, an denen sich die Bewegungsfolge orientiert (s. Abb. 12.12). Die Punkte werden allerdings nicht exakt abgefahren, vielmehr dienen Sie zur groben Orientierung.

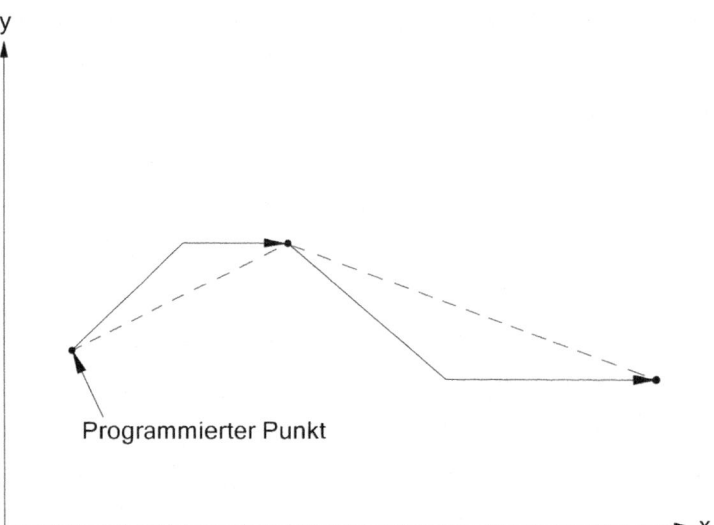

Abb. 12.11 PTP-Steuerung. (Quelle: IFT)

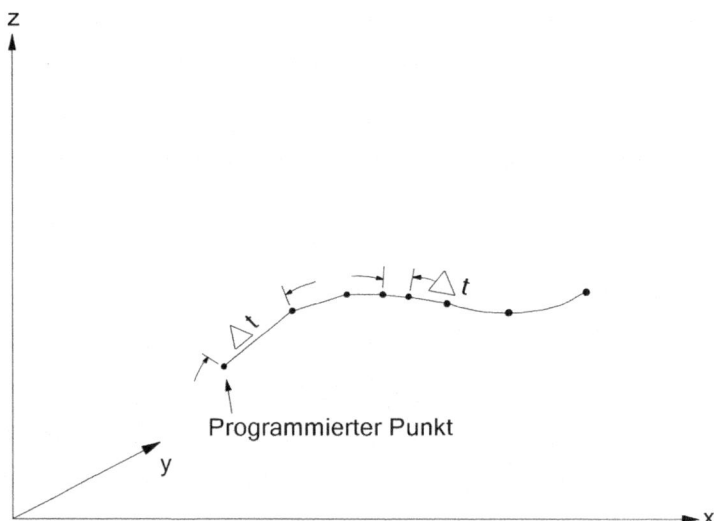

Abb. 12.12 Vielpunkt-Steuerung. (Quelle: IFT)

12.3.3.3 Bahn-Steuerung

Bei der Bahnsteuerung wird nicht nur Start- und Zielpunkt des Effektors des Roboters definiert, sondern auch seine exakte Bahn festgelegt. Diese exakte Bahn wird durch
Berechnung der auf der zurückzulegenden Wegstrecke liegenden Zwischenpunkte generiert.

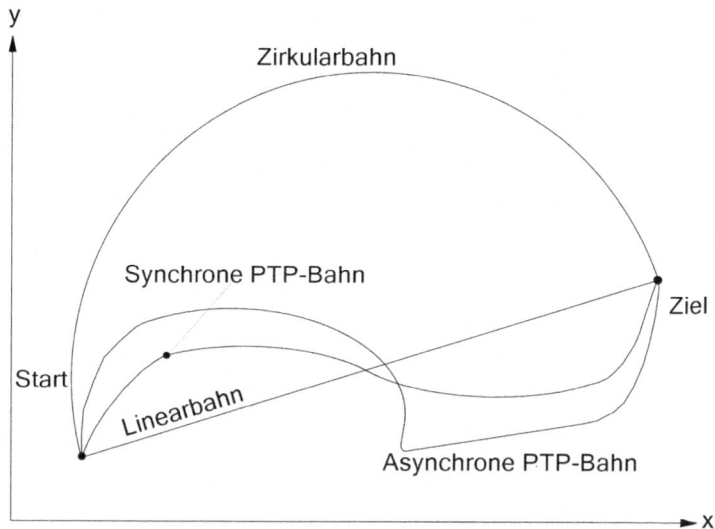

Abb. 12.13 Bahnsteuerung. (Quelle: IFT)

Dies geschieht durch eine Interpolation. Der Effektor bewegt sich dann entlang dieser Bahn von Position zu Position. Diese Form der Steuerung wird eingesetzt, um Problemstellungen zu lösen, bei denen der exakte Bahnverlauf maßgeblich ist. Der Effektor bewegt sich dabei bei der Linearinterpolation auf einer geraden Linie (Geradeninterpolation), bei der Zirkularinterpolation auf einer Kreisbahn (Kreisinterpolation) und bei einer Spline-Interpolation auf einer Kurve (vergleichbar mit einem Kurvenlineal). Linearbahn und Zirkularbahn werden in Abb. 12.13 veranschaulicht.

12.4   Greifertypen

Greifer lassen sich nach ihrem Wirkprinzip einteilen. Im Folgenden soll eine Auswahl der am meisten eingesetzten Endeffektoren gegeben werden.

12.4.1 Mechanische Greifer

Circa 80 % der industriell eingesetzten Greifer sind mechanische Greifer. Etwa knapp die Hälfte davon sind Parallelbackengreifer, rund ein Fünftel sind Winkelgreifer. Der Rest entfällt auf Drei- und Vierfingergreifer sowie auf Saugergreifer [10].

12.4.1.1 Winkelgreifer

Der Winkelgreifer stellt eine Bauform dar, bei dem sich die Backen bzw. Finger des Greifers zwangsgesteuert um einen oder zwei Drehpunkte bewegen. Der Öffnungswinkel des Winkelgreifers beträgt dabei jeweils rund 20°. Zur Übertragung der Kräfte gibt es verschiedene Möglichkeiten, so kann dies beispielsweise mittels eines Zahnradgetriebes geschehen (Abb. 12.14).

12.4.1.2 Parallelbackengreifer

Dieser Greifertyp erfordert am zu greifenden Werkstück parallele Griffflächen oder speziell ausgeformte Greifbacken. Parallelbackengreifer sind konstruktiv bedingt und aus getriebetechnischen Gründen tendenziell etwas größer dimensioniert als andere Bauformen. Die Verteilung der Greifkräfte ist bei diesem Greifertyp entlang des gesamten Hubwegs konstant (Abb. 12.15).

12.4.2 Magnetische Greifer

Zu greifende, magnetisierbare Werkstücke können an ein Greiforgan angezogen und auf diese Weise im Raum bewegt werden. Dabei wirkt ein magnetisches Feld, dessen Stärke von den vorhandenen Flächen sowie der geometrischen Beschaffenheit derselben abhängig ist.

Abb. 12.14 Winkelgreifer.
(Quelle: SCHUNK GmbH &
Co. KG)

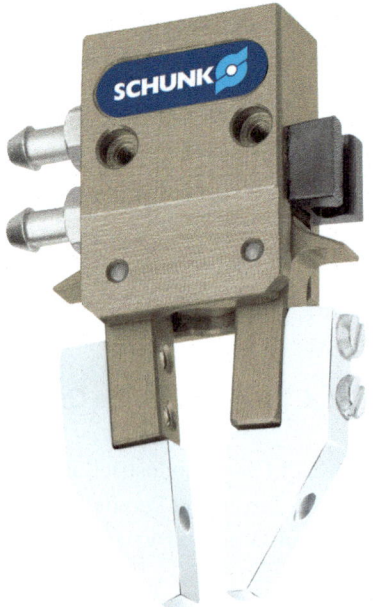

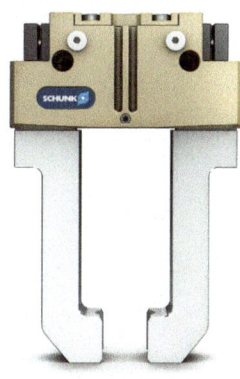

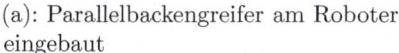

(a): Parallelbackengreifer am Roboter   (b): Parallelbackengreifer
eingebaut

Abb. 12.15 Parallelbrackenfreifer
a Parallelbackengreifer am Roboter eingebaut
b Parallelbackengreifer (Ein vergrößertes Stützmaß der Vielzahnführung und durchgängige Schmier-
stofftaschen in der Vielzahnführungskontur zeichnen diesen Parallelgreifer aus. Dank der Dauer-
schmierung ist der Greifer lebenslang wartungsfrei.). (Quelle: SCHUNK GmbH & Co. KG)

Durch dieses Feld wird das Anhaften des Werkstücks erreicht. Man unterscheidet zwischen
Permanentmagnetgreifer und Elektromagnetgreifer.

12.4.2.1 Permanentmagnetgreifer

Mithilfe eines Permanentmagnetgreifers ist ein ferromagnetischer Gegenstand sehr leicht
zu greifen. Er zeichnet sich durch seine einfache Bauweise aus. Zudem verbleibt das Werkstück, anders als beim Elektromagnetgreifer auch bei einem möglichen Stromausfall fest
am Werkstück. Dies wiederum bedingt, dass beim Permanentmagnetgreifer zum Abstreifen
des Werkstücks Zusatzeinrichtungen benötigt werden.

12.4.2.2 Elektromagnetgreifer

Bei diesem Greifertyp (siehe Abb. 12.16) wird zur Aufnahme eines magnetisierbaren Werkstücks ein Elektromagnet mit Strom durchflossen. Um das Werkstück abzugeben, wird der
Strom abgeschaltet. Durch dieses Prinzip sind zum Abstreifen des Greifobjekts, anders
als beim Permanentmagnetgreifer, keine Zusatzeinrichtungen vonnöten. Um gegen einen
möglichen Stromausfall abgesichert zu sein, sollte ein Elektromagnetgreifer mit Batterien
ausgestattet sein.

Abb. 12.16 Magnetgreifer (hier in Anwendung für Blechdosen). (Quelle: RO-BER Industrieroboter GmbH)

Generell kann gesagt werden, dass magnetische Greifer eher selten eingesetzt werden. Dies hat mehrere Gründe. Zum einen können bei schnellen Bewegungen des Roboters Werkstücke verrutschen, auch bleiben unerwünschte, magnetische Rückstände, wie zum Beispiel Späne am Greifer hängen. Darüber hinaus nimmt die Haltekraft des Magneten bei rauen oder öligen Werkstückoberflächen stark ab [11].

12.4.3 Pneumatische Greifer

Bei pneumatischen Greifern wird das ebenflächige Werkstück entweder durch das Saugprinzip oder über das Klemmen des Greifobjekts durch das Druckprinzip aufgenommen. Beim Einsatz dieses Greifertyps muss die Oberfläche des Werkstücks glatt, sauber, trocken und luftundurchlässig sein.

12.4.3.1 Vakuumgreifer

Beim Vakuumgreifer (Abb. 12.17) erfolgt das Aufnahme und Halten des Werkstücks auf Basis eines negativen Überdrucks [10]. Dichtelemente des Saugers sorgen dabei für eine Abgrenzung von diesem gegen den Umgebungsdruck, das Werkstück wird gegen die Dichtlippen des Vakuumsaugers gepresst.

Abb. 12.17 Vakuumgreifer (Der hier dargestellten Greifer ist in der Lage, die Greifbereiche in den Grenzen von 600 mm × 300 mm bis 800 mm × 2600 mm zu verändern.). (Quelle: RO-BER Industrieroboter GmbH)

12.4.4 Formschlüssiflge Greifer

Bei dieser Form wird zwischen Greifer und Werkstück durch Kneifen oder Einstechen in das Greifobjekt eine Kraft-Formpaarung hergestellt. Ein Halten wird letztlich durch eine Verhakung erreicht.

12.4.4.1 Nadelgreifer

Der Nadelgreifer ermöglicht, basierend auf oben beschriebenem Prinzip, nämlich der Herstellung einer Kraft-Formpaarung, formlabile und luftdurchlässige Werkstücke zu greifen. Er kommt beispielsweise bei Textilien oder Filz- und Schaumstoffen zum Einsatz. Die Anzahl und die Anordnung der Nadeln variiert je nach Ausführung. Das Ausfahren der Nadeln erfolgt über Druckluft, das Einfahren je nach Bauform über Federkraft oder wiederum Druckluft.

12.5 Bildverarbeitung in der Robotik

Bildverarbeitung zur Roboterführung liefert dem Roboter Informationen, wo sich das Bauteil befindet, das bearbeitet oder bewegt werden soll. Man erhält die Möglichkeit Prozesse zu automatisieren, ohne die Bauteile exakt positionieren und fixieren zu müssen. Dadurch wird Taktzeit eingespart.

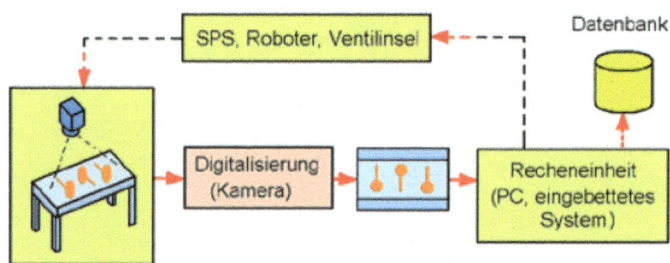

Abb. 12.18 Aufbau bildverarbeitender Systeme [12]

Die roboterbasierte Vereinzelung chaotisch bereitgestellter Objekte auf Basis des Einsatzes von Bildverarbeitung wird auch als „Griff in die Kiste" bezeichnet. Eine solche Vereinzelung ist oftmals nicht einfach, da selbst einfache Teile je nach Blickrichtung und Ausrichtung sehr unterschiedliche Konturen aufweisen können. Zudem kommt beim Griff in die Kiste erschwerend hinzu, dass sich die zu greifenden Teile in verschiedenen Tiefenlagen befinden, ungünstige Schatten werfen oder verschmutzt sein können. Auch kann auftreten, dass sich Teile in der Menge befinden, welche andersartig sind [12].

Die hierzu eingesetzten bildverarbeitenden Systeme sollten hinsichtlich des Einlernens neuer Teile für die Handhabung flexibel sein. Prinzipiell sind sie allesamt ähnlich aufgebaut und haben die grundlegende Aufgabe, die Realität abzubilden und zu digitalisieren. Die meisten Systeme nutzen hierfür eine Digitalkamera (siehe Unterabschnitt 6.2.4, CCD-Sensoren), mit deren Hilfe die dreidimensionale Umgebung mittels CCD[3]- oder CMOS[4]-Chips und geeigneter Hardware digitalisiert wird (Abb. 12.18). Im nächsten Schritt folgt dann die eigentliche Bildverarbeitung. Dabei wird ein zweidimensionales Bild der Szenerie generiert und in einem Bildverarbeitungsalgorithmus analysiert, um so beispielsweise eine Aussage über die Positionierung eines Objekts treffen zu können. In einem letzten Schritt erfolgt ein sog. Feedback. Je nach Anwendungsfall werden die erzielten Erkenntnisse unterschiedlich verwendet. In der Handhabungstechnik eignen sich die Ergebnisse zum Beispiel, um Robotern die Lage eines Werkstücks zu vermitteln [12].

12.6   Sicherheitseinrichtungen

Grundvoraussetzung für den Betrieb von Industrierobotern in der Produktion ist die Erfüllung von Sicherheitsrichtlinien und die Installation von Schutzeinrichtungen. Die Gesamtheit der Schutzmaßnahmen stellt dabei eine Kombination verschiedener Vorkehrungen dar. So können etwaige Gefährdungen bereits in der Konstruktionsphase durch den Konstrukteur beseitigt werden, beispielsweise durch eine Vergrößerung von Abständen zu potentiel-

---

[3]charge coupled device.

[4]complementary metal oxide semiconductor.

len Gefahrstellen. Gegen verbleibende Risiken können im nächsten Schritt trennende oder nicht trennende Schutzeinrichtungen eingebaut werden. Auf sie wird im Folgenden noch näher eingegangen werden. Solche Schutzeinrichtungen könnten durch Lichtvorhänge oder Schutztüren realisiert werden. Wenn auch auf diese Weise keine vollständige Beseitigung der Gefährdungen möglich ist, müssen hinweisende Maßnahmen angewendet werden. Diese systematische Vorgehensweise zur Festlegung von Schutzmaßnahmen wird beschreiben in [13] und [14].

12.6.1 Schutzeinrichtungen

Durch trennende Schutzeinrichtungen soll ein gewisser Raum abgegrenzt bzw. abgeschlossen werden, der Zugang zu diesem Raum soll absolut verhindert werden. Dabei muss sichergestellt sein, dass von den Schutzeinrichtungen selbst keine Gefährdung ausgeht. Dies ist insbesondere bei Roboterarbeitsplätzen von großer Bedeutung. Durch den Einsatz eines Industrieroboters kann zwar auf der einen Seite vermieden werden, dass sich der Werker im unmittelbaren Gefahrenbereich emittierender, energiereicher Arbeits- und Bearbeitungsprozesse befindet, was eine Reduzierung der Unfallgefährdung zur Folge hat. Auf der anderen Seite stellt der Industrieroboter selbst ein weiteres Gefahrenpotential im Produktionsprozess dar. Dies gilt vor allem bei Wartungs-, Instandhaltungs- und Programmierarbeiten. Trotz dieser Tatsache ist die Anzahl der Roboterunfälle verhältnismäßig gering. Eine durchgängige Kontrolle der Sicherheitsmaßnahme ist trotz allem dringend erforderlich [8].

Zu den Schutzmaßnahmen (Auswahl) einer Robotersteuerung gehören unter anderem:

- Vermeidung von Quetsch- und Scherstellen
- Überwachung der Schaltsysteme für Zustimmungsschalter, Notausschalter
- Geschwindigkeitsüberwachung im Einrichtbetrieb
- Einrichtung von Watchdog-Funktionen zur Identifizierung von Fehlfunktionen
- Spannungs- und Temperaturüberwachung.

12.6.2 Robotereinsatz ohne trennende Schutzeinrichtungen

Zur Sicherheit der Werker bestehen zahlreiche Normen und Vorschriften, an denen derzeit jedoch zahlreiche Änderungen vorgenommen werden. Nach heutigem Stand der Technik ist der Betrieb von Industrierobotern aus Sicherheitsgründen nur in abgesicherten Bereichen möglich. Momentan ist jedoch eine Entwicklung dahingehend zu beobachten, dass durch den Einsatz der sog. Safe Robot Technology (SRT) die Trennung zwischen Roboter und Bediener aufgelöst werden kann. Diese Technologie ermöglicht trotz Verzicht auf mechanische Achsbereichsüberwachung oder teure Schutzzäune, dass der Roboter stets innerhalb eines definierten Arbeitsraums arbeitet. Dies wird erreicht, indem sicherheitsrelevante Steue-rungsaufgaben direkt in die Robotersteuerung integriert werden. Diese Technologie erlaubt eine ideale Kombination der Stärken von Mensch (Sensorik) und Roboter (Arbeitsleistung).

Innerhalb weniger Millisekunden wird bei der SRT entschieden, ob der Roboter in einen gesperrten Bereich einfährt oder nicht. Dies geschieht, indem die aktuelle Position aller Achsen innerhalb kürzester Zeit mit konfigurierten Grenzwerten verglichen wird. Sobald eine Verletzung des zugelassenen Bereichs vorliegt, leitet der Roboter eigenständig den notwendigen Stopp ein.

Die Entwicklung hin zu einem „menschgeführten Roboter" ist in vollem Gange. Noch vor einiger Zeit war es unvorstellbar, dass ein Werker neben oder gar mit einem Roboter arbeitet. Beim menschgeführten Roboter kann dieser durch Einführung eines Führungsgriffs in Form eines Joysticks vom Menschen direkt bewegt werden. Auch kann in dieser Form die Programmierung des Roboters erfolgen. Die Kraft des Roboters und die Sinne des Menschen ergänzen sich beim menschgeführten Roboter also zu einem sehr effizienten System. Erstmals ist es demnach möglich, mit einem gleitenden Automatisierungsgrad zu produzieren. Während früher lediglich zwischen vollständiger Automatisierung und gänzlich manueller Tätigkeit differenziert werden konnte, können Roboter innerhalb des Prozesses nun individuell und ohne physische Zäune eingesetzt werden [15].

Diese direkte Zusammenarbeit zwischen Mensch und Roboter in gemeinsamen Arbeits-räumen wird auch als Mensch-Roboter-Kollaboration (MRK) bezeichnet und verlangt sehr hohe Sicherheitsanforderungen. Die eingesetzten Roboter müssen bei einer Kollaboration mit dem Menschen eine sichere Sensorik zur Arbeitsraumüberwachung sowie Sensoren zur Detektion von Kontakt zum Menschen aufweisen (siehe Abb. 12.27). Dieser Kontakt wird mittels taktiler Sensoren, die z. B. wie eine künstliche Haut auf dem Roboter aufgebracht werden, erkannt.

12.7 Programmiertechniken

Bei der Programmierung eines Roboters wird dessen Bewegungsablauf definiert. Dies geschieht zumeist mittels schneller Interpreter-Hochsprachen. Bei der Erstellung des Pro-gramms werden alle zur Realisierung dieses Bewegungsablaufes notwendigen Informa-tionen in einem Roboterprogramm hinterlegt. Dabei wird zwischen zwei grundsätzlichen Programmierverfahren unterschieden, die nachfolgend beschrieben werden sollen.

12.7.1 Offline-Verfahren

Bei dieser Form der Programmierung arbeitet der Programmierer zunächst ohne den Robo-ter. Erst später wird das Programm in die Robotersteuerung kopiert. Anders als bei einer Programmierung online direkt am Roboter, können auf diese Weise lange Standzeiten des

Roboters vermieden werden. Die Offline-Programmierung beruht auf der Verwendung von Robotersprachen [16].

12.7.1.1 Textuelle Verfahren

Die Programmerstellung mit textuellen Verfahren verläuft ähnlich wie die Programmierung von beispielsweise C- oder Pascal-Programmen. Der Programmcode wird unter Anwendung einer Programmiersprache mithilfe von Befehlen generiert. Diese Form der Programmierung eignet sich jedoch nur für erfahrenes Fachpersonal, da eine genaue Kenntnis der Roboterkinematik und eine präzise Beschreibung von Stellungen elementar sind.

12.7.1.2 Grafisch-interaktive Verfahren

Die Programmerstellung geschieht mit Hilfe einer Computersimulation des Roboters und seiner Bewegungen auf dem Monitor eines leistungsfähigen PC. Aus der CAD-Konstruktionszeichnung werden die Daten in ein Simulationssystem eingespielt. Demnach wird der Roboter inklusive seiner programmierten Bewegungen unter Einsatz eines leistungsfähigen Grafiksystems visualisiert. Durch optische Analyse der Bewegungen kann in der Folge auf Fehler im Programm geschlossen werden.

12.7.1.3 Akustische Verfahren

Die Erstellung des Programmes erfolgt hierbei über die natürliche Sprache unter Einsatz eines Mikrofons. Das System kann die eingesprochenen Befehle akustisch bestätigen; eine Kontrolle, ob der Befehl richtig erfasst wurde, wird möglich. Vorteil bei der akustischen Programmierung sind die Vermeidung von Eingabefehlern sowie die große Bewegungsfreiheit des Bedieners. Nachteilig zu erwähnen ist die relativ hohe Fehlerrate heutiger Spracherkennungssysteme.

12.7.2 Online-Verfahren

Bei jener Form der Programmierung erfolgt die Programmerstellung direkt am oder mit dem Roboter selbst. Man spricht hierbei auch von prozessnaher oder prozessgekoppelter Programmierung. Zur Erstellung des Programms muss der Roboter in seiner Arbeit unterbrochen werden [17].

12.7.2.1 Playback-Verfahren

Der Effektor, z. B. ein Farbspritzwerkzeug, wird mit der Hand entlang der gewünschten Bahn geführt. Entweder sind die Bremsen dabei gelöst oder eine Kraftregelung ist aktiv. In einem definierten Zeitraster werden die aktuellen Achsstellungen der durchfahrenen Positionen übertragen und so das Programm generiert.

Eine weitere Variante dieses Verfahrens ist die indirekte Führung des Roboterarms mittels eines Masterarms.

12.7.2.2 Teach-In-Verfahren

Bei der Teach-In-Programmierung führt der Programmierer den Roboter in markante, den Bewegungsablauf charakterisierende Stellungen. Dabei wird der Roboter nur selten unmittelbar von Hand, sondern meist mit Hilfe der Antriebe über ein Bediengerät Abb. 12.19 bewegt. Durch Betätigung einer Übernahmetaste werden die von den Wegmesssystemen des Roboters erfassten Stellungen gespeichert. Anschließend werden Parameter (Geschwindigkeit, Beschleunigung und Genauigkeit der Bewegung) sowie Funktionen (Greifer auf/zu, Werkzeugwechsel) programmiert. Während der Programmabarbeitung fährt der Roboter die abgespeicherten Stellungen unter Berücksichtigung der zugehörigen Parameter an und aktiviert die programmierten Funktionen.

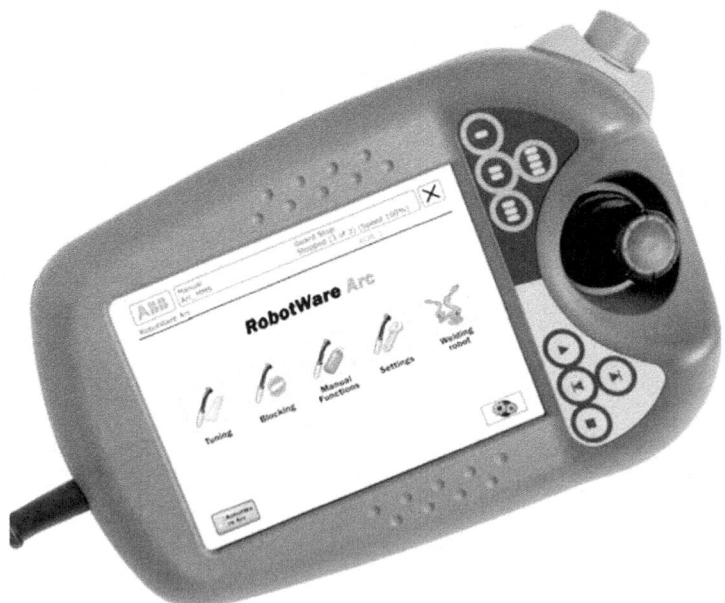

Abb. 12.19 Roboterprogrammierung mittels Teach-In-Verfahren [18, S. 381]

12.8 Einsatzgebiete im Materialfluss und der Logistik

12.8.1 Einsatz stationärer Roboter

12.8.1.1 Stationäre Roboter zur Palettierung und Depalettierung

Viele Industriezweige, wie etwa die Chemische Industrie, die Getränke- oder die Baustoffindustrie, setzen heute in den meisten Fällen Arbeitspersonal oder Automaten zum Palettieren und Depalettieren ein (siehe Kap. 7, Verpackungstechnik und Ladeeinheitenbildung). Zukünftig werden Roboter gegenüber diesen beiden Alternativen stark zunehmend an Bedeutung gewinnen, was auf folgende Ursachen zurückzuführen ist: Roboter sind flexibler einsetzbar als Automaten und können deshalb ein breiteres Aufgabenfeld abdecken. Roboter entlasten den Menschen von oftmals schwerer körperlicher Arbeit und leisten einen großen Beitrag zur Humanisierung der Arbeit. Bei kleinen und mittleren Palettierleistungen pro Arbeitsplatz sind Palettier- bzw. Depalettierautomaten nicht ausgelastet. Hier können Roboter wirtschaftlich eingesetzt werden.

Roboter zum Palettieren und Depalettieren sind in den meisten Fällen stationär ausgeführt, da die zu handhabenden Güter dem Roboter über Fördermittel zugeführt werden (siehe Kap. 7, Verpackungstechnik und Ladeeinheitenbildung). Ein Einsatz mobiler Roboter ist jedoch ebenfalls denkbar, wenn an unterschiedlichen Arbeitsplätzen palettiert wird. Palettierroboter müssen hohe Materialgewichte handhaben können und sehr hohe Bewegungsgeschwindigkeiten aufweisen, um gegen die beiden genannten Alternativen Mensch bzw. Automat konkurrieren zu können. Eine hohe Positioniergenauigkeit ist dabei allerdings oft nicht erforderlich. Abb. 7.13 zeigt einen stationär ausgeführten Palettierroboter zum Palettieren von Kartons.

12.8.1.2 Stationäre Roboter zur Montage

Ein weiteres Anwendungsgebiet stationärer Roboter ist die Montage. Wichtige Eigenschaften von Montagerobotern sind ihr vergleichsweise geringes maximales Handhabungsgewicht, ihre große Bahngeschwindigkeit bei relativ geringem Arbeitsraum und ihre hohe Positioniergenauigkeit. Neuere Entwicklungen weisen Direktantriebe ohne Getriebestufe zur Reduzierung der Massenträgheiten auf.

Oftmals werden Roboter mit mehreren Drehachsen zur Montage eingesetzt, wie z. B. SCARA-Roboter. Dabei wird durch die Anordnung der Drehachsen in einer Ebene ein zylinderförmiger Arbeitsraum gebildet. Unterstützt wird die Einsetzbarkeit von Montagerobotern durch spezielle Greifer, durch Greiferwechsel- und Sensoriksysteme.

12.8.1.3 Stationäre Roboter zur Kommissionierung

Die Kommissionierung (siehe Abschn. 10.3, Kommissioniersysteme) stellt eine bis heute noch nicht geschlossene Automatisierungslücke dar. Probleme liegen hierbei in der Bereitstellung der Güter, in dem großen geforderten Arbeitsbereich, in der Packstückhandhabung

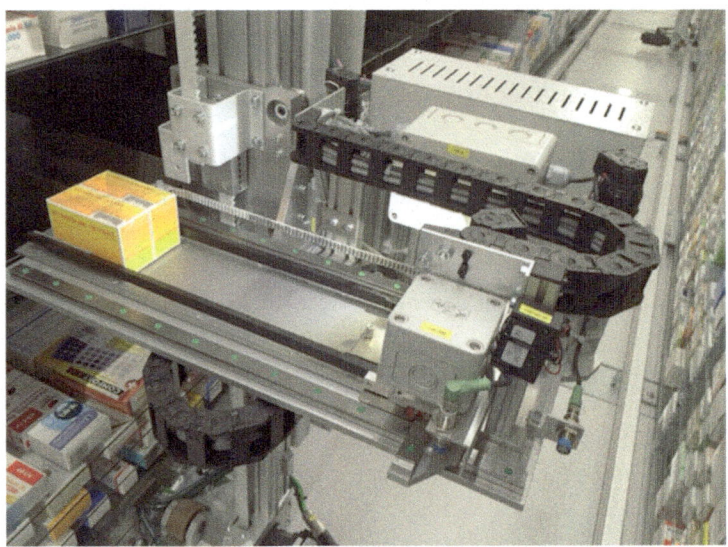

Abb. 12.20 Roboter zur Kommissionierung (Die Abb. 12.20 zeigt die Handhabungseinheit eines Roboters zur Be- und Entnahme von Arzneien aus den Regalfächern rechs und links vom Arbeitsgang des Roboters.). (Quelle: Apostore GmbH)

und in dem notwendigen Kommissionierleitsystem. Aus diesen Gründen sind Kommissionierlösungen mit Robotern heute noch begrenzt anzutreffen. Die zu kommissionierenden Artikel müssen wegen der in diesem Bereich noch nicht sehr weit fortgeschrittenen und oftmals teuren Sensorentechnik ähnliche Formen aufweisen und geordnet bereitgestellt werden.

Mobile Roboter können bei entsprechender Peripherie und einer übergeordneten Leitsteuerung Kommissionieraufgaben erfüllen, wie zum Beispiel schienengeführte Kommissionierroboter zur Kommissionierung größerer Packstücke oder zur Kommissionierung von Kleinteilen in der Pharmaindustrie. Eine solche Anwendung ist in Abb. 12.20 zu sehen. Der große Durchbruch der Robotertechnik in der Kommissionierung steht demnach noch bevor. Hierzu braucht es zum einen eine hochentwickelte Sensorik (z. B. Bildverarbeitung), zum anderen sind im Leitrechner abgelegte Informationen über die Artikelpositionen und -daten (das sog. Gedächtnis) notwendig.

12.8.1.4 Stationäre Roboter im Lagerbereich

Auf dem immer wichtiger werdenden E-Commerce-Markt suchen Unternehmen mit Omni-Channel-Lagern nach weiteren technischen Optimierungsmöglichkeiten. Sie stehen hier vor drei wesentlichen Problemen:

1. Höchstes Serviceniveau bei gleichzeitig steigenden Verbrauchererwartungen erfüllen.
2. Den immer höher werdenden Auftragsfrequenzen zu folgen.
3. Die wachsende Anzahl kleinerer Aufträge bei gleichzeitigem Arbeitskräftemangel zu meistern.

Auf der LogiMAT-Messe im Februar 2019 in Stuttgart hat zu diesen Herausforderungen die Firma Vanderlande das System Smart Item Robotics (kurz SIR) als erste Demonstratoreinheit vorgestellt. Mit Hilfe von SIR sollen Waren reibungslos und sicher abgefertigt werden, sodass keine Beschädigungen entstehen. Die Überwachung mehrerer dieser Roboterstationen soll durch einen Bediener erfolgen. Bei diesem System gibt es zwei Anwendungsmöglichkeiten:

1. Kommissionierung von Behälter zu Behälter Hier entnimmt der Roboter einzelne Produkte aus einem Lagerbehälter. Die entsprechenden Abmessungen werden während der Roboterbewegung ermittelt, um die Artikel vorsichtig in den richtigen Auftragskarton „abzulegen".
2. Bei der Kommissionierung von Produkten vom Band nimmt der Roboter einzelne Artikel aus dem Lagerbehälter und berücksichtigt ebenfalls die Abmessungen des Produktes, bevor es auf das Band gelegt wird.

Die Abb. 12.21 zeigt ein Demonstratorbild und gibt damit die Anwendungsmöglichkeit im Detail wieder. Auf der rechten Seite hinten in der Abbildung erkennt man einen Zuführungsrollenförderer, der die Produkte (in Kartons oder Kunststoffboxen) dem eigentlichen Roboter (siehe Abb. 12.21 Mitte bzw. Abb. 12.22) zuführt.

Abb. 12.21 Smart Item Robotics (SIR). (Quelle: Vanderlande Industries B.V.)

Abb. 12.22 Roboterarm mit Sauggreifer. (Quelle: Vanderlande Industries B.V.)

In dieser Zuführungskiste dürfen sich nur sortenreine Produkte befinden. Über den Bereit-stellplatz sind mehrere Kameras installiert (siehe Abb. 12.23), die den Inhalt des Behälters aus dem kommissioniert werden soll so aufnimmt, dass die Steuerung zur Aufnahme des Greiferarms mit Sauggreifer ausgerichtet wird um ein Produkt zu greifen. Danach fährt der Roboter mit dem Sauggreifer gesteuert über eine in der Mitte angeordnete zusätzliche Kamera den Greifer so weit, dass das Produkt in den Kundenkarton „eingeworfen" wer-den kann, wobei der Karton auf der linken Rollenbahn abgeführt wird. Danach verfährt der

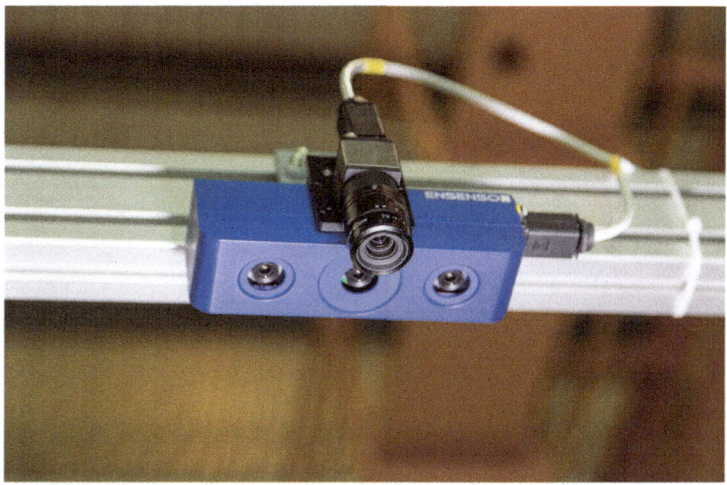

Abb. 12.23 SIR-Kameras. (Quelle: Vanderlande Industries B.V.)

Abb. 12.24 SIR greift in eine Kiste Produktbeispiel Eierschachteln. (Quelle: Vanderlande Industries B.V.)

Greifer weiter. Darüber hinaus ist eine dritte Kamera vorhanden, die das Produkt in den Kundenkarton der auf der Linken Rollenbahn abgeführt werden.

Die Abb. 12.24 und 12.25 zeigt unterschiedliche Produkte die vom Greifer mit seinem Saugsystem gehandhabt werden können.

Ein- und Auslagerungsvorgänge im Lager werden bisher nur vom Menschen oder von automatisierten Fördermitteln realisiert. Lösungen mit Robotern werden aber auch in diesem Bereich zukünftig weiter und mehr an Bedeutung gewinnen, da der Lagerzugriff in der

Abb. 12.25 SIR greift in eine Kiste Produktbeispiel Badeschuhe. (Quelle: Vanderlande Industries B.V.)

dritten Dimension, d. h. das Greifen in die Tiefe des Regales, möglich wird und zusätzliche Fördervorgänge entfallen können. Eine geordnete Bereitstellung, einheitliche Packstückformen und geringe Toleranzen stellen hier Voraussetzungen für den Einsatz von Robotern dar. Zur Lagerbedienung werden in Zukunft mehr und mehr mobile Roboter, insbesondere mobile Handhabungsroboter und Transportroboter verwendet. Dabei stellt auch schon ein Regalbediengerät mit Teleskopgabeln, dessen Achsen frei programmierbar sind, einen mobilen Roboter dar. Dieser Roboter weist jeweils zwei Transport- und Handhabungsachsen auf und kann als Transportroboter eingesetzt werden. Als Transportroboter zur Lagerbedienung können auch automatische Stapelkrane und automatische Stapler eingesetzt werden.

12.8.1.5 Stationäre Roboter zur Maschinenbedienung und -verkettung

Die Maschinenbedienung und -verkettung stellt ein typisches Aufgabengebiet für mobile, aber auch für stationäre Materialflussroboter dar. Hier bietet sich die Chance, das Arbeitspersonal aus dem Arbeitstakt der Maschine herauszunehmen und über einen auf allen Ebenen vollautomatisierten Materialfluss die Wettbewerbssituation des Unternehmens zu verbessern.

Aber auch Entwicklungen mobiler Roboter lassen sich heute schon zur Maschinenbedienung und -verkettung einsetzen. So wurden bereits in den 1990er Jahren speziell

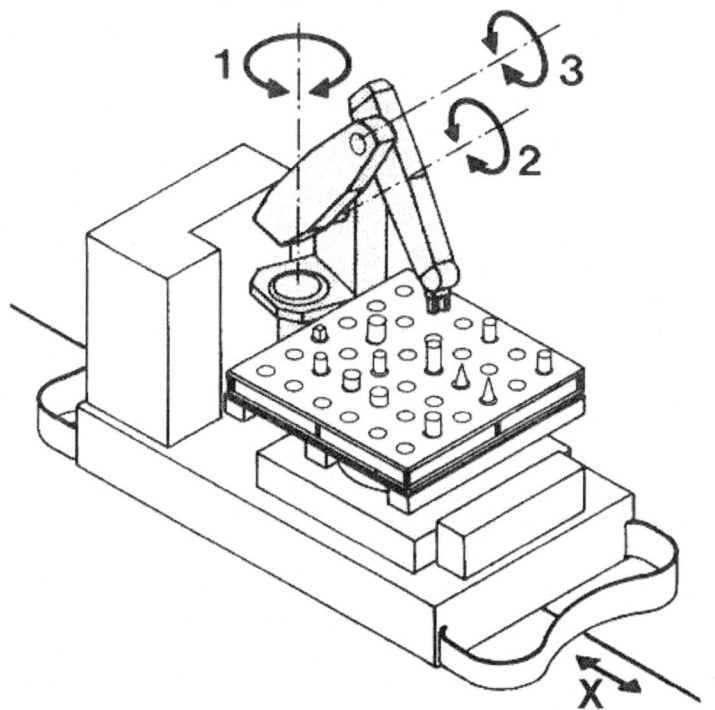

Abb. 12.26 Flurgebundener, mobiler Handhabungsroboter [19, S. 208]

für Werkzeugmaschinenbedienungen mobile Roboter (siehe Abb. 12.26) auf Basis von automatischen Flurförderzeugen/FTS (siehe auch Unterabschnitt 9.4.4, Automatische Flurförderzeuge) entwickelt. Dieser Roboter stellt einen linienförmigen, verfahrbaren mobilen Roboter dar.

12.8.2 Einsatz mobiler Roboter

Anders als die Industrierobotik ist das Feld der mobilen Roboter ein relativ junges Teilgebiet der Robotertechnik. Dennoch werden sie bereits in zahlreichen Bereichen unseres Lebens eingesetzt, so zum Beispiel als Rasenmähroboter oder als Reinigungsroboter [20]. Im Bereich der Produktion wird den mobilen Robotern vor allem bei der Werkzeugmaschinenbedienung und -verkettung und der Kommissionierung erhebliches Potential beigemessen. Auch ergeben sich vollkommen neue Einsatzbereiche, für die stationäre Roboter nicht geeignet sind: So ist ein Einsatz mobiler Roboter beispielsweise bei der Bearbeitung und Montage sehr großer Werkstücke möglich, auch die Übernahme ortsvariabler Messaufgaben ist umsetzbar.

Während im Bereich der Industrierobotik Kriterien wie Wiederholgenauigkeit, Kraft und Schnelligkeit von entscheidender Bedeutung sind, sind im Bereich der mobilen Roboter vor allem Flexibilität, Anpassungsfähigkeit und Selbstständigkeit relevant. Statt Befehlsfolgen zur Lösung einer wiederkehrenden Problemstellung, sollen dem mobilen Roboter Regeln vorgegeben werden, mit deren Hilfe er auftretende Probleme autonom bearbeiten kann. Basis hierfür bildet seine Wahrnehmung mittels Sensoren.

Ein Hemmnis zu einer flächendeckenden Nutzung mobiler Roboter ist derzeit noch die mangelnde Anpassungsfähigkeit an unterschiedliche Umgebungen. So sollten sie eine vorgegebene Aufgabe autonom lösen und selbstständig Entscheidungen treffen können. Hierzu soll es keiner Änderungen des softwaretechnischen Systems bedürfen, der Roboter soll selbstständig auf wechselnde Anforderungen und Problemstellungen seiner dynamischen Umwelt reagieren und sein Verhalten dementsprechend anpassen können. Voraussetzung hierfür ist die Entwicklung eines anpassungsfähigen, lernenden Roboters, der durch selbstständige Adaption an seine Umgebung mittels intelligenter Nutzung der Sensordaten gekennzeichnet ist.

In diesem Zusammenhang beschäftigt sich die Forschung derzeit intensiv mit dem Themengebiet der kognitiven Robotik, die Fähigkeit des autonomen Lernens steht hierbei im Vordergrund. Der mobile Roboter soll dabei in die Lage versetzt werden, zuvor erworbene Fähigkeiten zu generalisieren und zu bewerten und auf nicht vorhersehbare Situationen anzuwenden [21].

Auch bereitet die Einbettung mobiler Roboter in das Produktionsumfeld Schwierigkeiten. Aufgrund ihrer Mobilität ist die Kooperation mit sehr vielen anderen Einheiten in der Produktionsumgebung unabdingbar. Für eine Zusammenarbeit mehrerer selbstständig arbeitender Einheiten ist wiederum die Weiterentwicklung entsprechender, intelligenter Steuerungsmechanismen vonnöten.

12.8.2.1 Mobile Roboter zum innerbetrieblicher Transport

Ein potentielles Einsatzgebiet mobiler Roboter stellt der innerbetriebliche Transport dar. In diesem Zusammenhang unterscheiden sich mobile Roboter von fahrerlosen Transportsystemen (siehe Unterabschnitt 9.4.4, Automatische Flurförderzeuge) hinsichtlich mehrerer Eigenschaften. So existieren beispielsweise keine vordefinierten Fahrstrecken oder Leitlinien, durch die der Weg des Transportsystems eindeutig bestimmt ist. Während bei fahrerlosen Transportsystemen die Umwelt angepasst wird, muss bei mobilen Robotern die Umwelt mittels Sensoren erkannt werden. Die Navigation mobiler Roboter ist demnach weitaus komplexer, da sie aktiv auf Hindernisse reagieren müssen, ihre Bewegungen damit sehr dynamisch und nicht vorhersehbar sind [12].

12.8.2.2 Mobile Roboter zur Montage

Bereits 1983 entwickelte der Japaner Hirabayashi einen mobilen Roboter für Montageaufgaben. Dabei allerdings erfolgte die Führung des Roboters mittels Schienen, die Bewegung des Roboters war an das Vorhandensein eines Leitliniensystems gebunden.

Ein Roboter, der Montageaufgaben übernimmt und sich unabhängig von jeglichen Leitlinien fortbewegt, ist aktuell Gegenstand zahlreicher Forschungsprojekte und wird derzeit entwickelt. Von vereinzelten prototypischen Umsetzungen mobiler Roboter in der Montage kann bereits berichtet werden. So entwickelte das Unternehmen Henkel+Roth im Jahr 2011 einen mobilen Roboter, der in der Lage ist selbst schwer zu automatisierende Aufgaben, wie das Abblasen von Werkstück und Vorrichtung oder die korrekte Ausrichtung der Teile auszuführen [22].

So soll es schon bald möglich sein, dass autonome mobile Roboter und Menschen künftig in Produktionsanlagen Seite an Seite und gänzlich unabhängig von Schienen oder Leitlinien zusammenarbeiten. Eine Branche, in der solch eine Zusammenarbeit in Zukunft flächig Anwendung finden soll, stellt beispielsweise der Flugzeugbau dar. Hier sollen die mobilen Helfer die Fachkräfte beim Einbringen von Dichtmittel oder beim Messen/Prüfen unterstützen, ohne diese zu gefährden. Vor allem bei anstrengenden und monotonen Tätigkeiten sollen die mobilen Roboter zum Einsatz kommen und so Hand in Hand mit den Produktionsmitarbeitern arbeiten. Vorwiegend bei sperrigen Elementen, die sich nicht beliebig drehen und wenden lassen und damit nicht an einen herkömmlichen Industrieroboter angepasst werden können ist der Gebrauch mobiler Roboter in der Montage geplant. Im EU-Projekt VALERI haben Forscher und ihre Partner aus der Luftfahrtindustrie bereits gezeigt, dass die Zusammenarbeit zwischen mobilen Robotern und dem Menschen sehr gut funktioniert [23].

Die Mensch-Maschine-Kollaboration (MRK) übernimmt eine wesentliche Rolle in der Industrie 4.0. MRK-fähige Roboter wie der APAS (automatischen Produktionsassistenten), die direkt und sicher ohne zusätzliche Schutzhausung mit dem Menschen zusammenarbeiten, unterstützen den Menschen in seiner Rolle als Entscheider und Lenker der Industrie 4.0. Der der Mensch-Maschine-Kollaboration assistiert der Roboter dem Menschen. Das bedeutet: Die Maschine ersetzt nicht den Menschen, sondern ergänzt seine Fähigkeiten und nimmt ihm belastende Arbeit ab. Eine beispielhafte Vorreiterrolle haben hier z. B. die Firmen Kuka und Bosch. Der Roboter APAS (siehe Abb. 12.27) von Bosch (2018) stellt einen anwendungsoffenen Roboter dar. Er ermöglicht Flexibilität in der Produktion. Es handelt sich hierbei um ein zertifiziertes Mensch-Roboter -Zusammenarbeitssystem. Die Sicherheit zwischen Roboter und Mensch wird durch Sensorik erreicht, die Abb. 12.27 zeigt, dass der Manipulatorarm mit einer schwarzen Schutzhaut überzogen ist, die bei Annäherung eines Menschen einen Not-Stop erzeugt.

Das Beispiel APAS findet sowohl im stationären, als auch im mobilen Bereich Anwendung. Die Abb. 12.27 zeigt das APAS-System, die Abb. 12.28 mehrere APAS-Roboter in der Produktion.

Zum Schluss dieses Teilkapitels sein noch auf eine Entwicklung der Firma Pilz zum Thema „Service Robotik Module" verwiesen.

Auf der Messe automatica im Jahre 2018 in München hat Pilz ein eigenes Robotermodul mit einem FTS-Modul (Firma Neobotix) und damit eine mobile Robotereinheit gebildet (siehe Abb. 12.29). Hier ist aber noch ein „Schutzraum" notwendig.

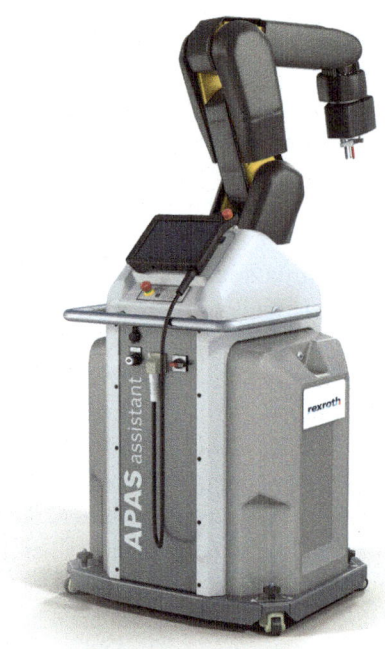

Abb. 12.27 Bosch Rexroth APAS – Mensch-Roboter-Zusammenarbeitssystem. (Quelle: Bosch Rexroth AG)

Abb. 12.28 Mehrere APAS-Systeme in der Produktion. (Quelle: Bosch Rexroth AG)

Abb. 12.29 Einsatzbereich von FTS in Kombination mit Manipulatoren in der Intralogistik. (Quelle: Pilz GmbH & Co. KG)

12.8.2.3 Mobile Roboter zur Kommissionierung

Das Startup-Unternehmen Magazino entwickelte im Jahr 2015 einen Roboter, der in der Lage ist, einzelne quaderförmige Objekte völlig autonom und ohne menschliches Zutun zu kommissionieren. Der mobile Roboter ist dabei mit dem Lagerverwaltungssystem verbunden. Dieses System sendet den Auftrag inklusive Zielort an den Roboter, der dann selbstständig die optimale Route berechnet. Durch in den Greifern eingebaute 2D- und 3D-Kameras scannt er dann den Inhalt des Regals, bis er das gewünschte Objekt findet. Aufgrund der exakten Produkt- und Positionserkennung werden auch ungeordnete Gegenstände erkannt und ein stückgenaues Handling ermöglicht. Der Roboter interagiert in Echtzeit mit seiner Umwelt, mithilfe eines Laser-Schutzfelds und Nachbereichssensoren kann er auf Hindernisse und spontan auftretende Behinderungen reagieren. Durch eine drehbare Hubsäule wird bezüglich der Regalhöhe ein Aktionsradius, ähnlich dem des Menschen erreicht. Darüber hinaus kann er mit verschiedenen Greifern kombiniert werden, so kann einem wechselnden Produktsortiment problemlos begegnet werden.

Die Abb. 12.30 zeigt nun eine Weiterentwicklung dieses mobilen Roboters in der Ausführung des Jahres 2019, wobei man hier die zeitparallele Arbeit von Kommissionierern, Kommissioniererinnen und dem mobilen Roboter der Firma Magazino sieht.

Die Abb. 12.31 zeigt die eigentliche Vakuumgreifertechnik mit dem das Gerät rechteckige oder quaderförmige Objekte (minimale Objektgröße 50×100 mm, maximale Objektgröße 390×290 mm, Objekthöhe 80–145 mm, Objektgewicht 0,25–5,8 kg automatisch greifen kann.

Die selbstfahrende und selbststeuernde Einheit hat integriert auch ein sogenanntes Rucksackregal mit einer Kapazität von 8–16 Objekten auf 8 Ebenen, siehe hierzu Abb. 12.32

Abb. 12.30 Mobiler Roboter zur Kommissionierung. (Quelle: Magazino GmbH)

Abb. 12.31 Detail der Vakuumgreiftechnik. (Quelle: Magazino GmbH)

Abb. 12.32 Mobiler Roboter
vom Typ Toru. (Quelle:
Magazino GmbH)

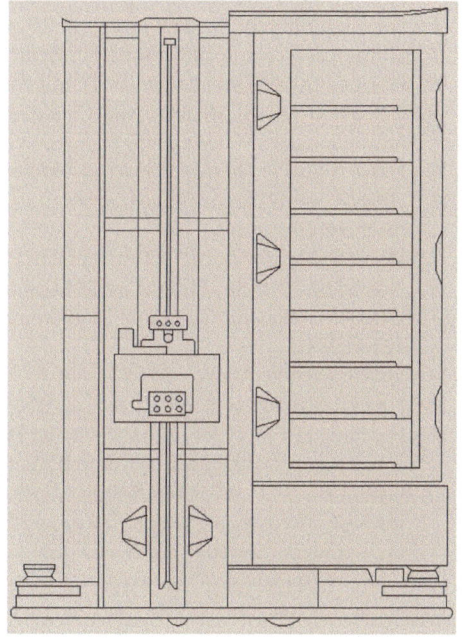

Dieses hier jetzt beschriebene Arbeitsprinzip, als Pick-by-Robot bezeichnet, soll das Personal bei der Kommissionierung unterstützen und im Hinblick auf nicht ergonomische und körperlich anstrengende Aufgaben entlasten. Die Mitarbeiter arbeiten dann Hand in Hand mit dem mobilen Kommissionierroboter. Auf lange Sicht betrachtet, soll der mobile Roboter in der Kommissionierung die inflexiblen und mit hohen Investitionskosten verbundenen Ware-zu-Mann-Systeme ablösen.

Literatur

1. Norm VDI 2860 Mai 1990. Montage- und Handhabungstechnik; Handhabungsfunktionen, Handhabungseinrichtungen; Begriffe, Definitionen, Symbole. (zurückgezogen 06/2016)
2. Jünemann R (1989) Materialfluss und Logistik: systemtechnische Grundlagen mit Praxisbeispielen. Springer, Berlin, XI, 762 S. http://www3.ub.tu-berlin.de/ihv/000131070.pdf
3. Norm VDI 2861 Blatt 1 Juni 1988. Montage- und Handhabungstechnik; Kenngrößen für Industrieroboter; Achsbezeichnungen. (zurückgezogen 06/2016)
4. Wenz M (2008) Automatische Konfiguration der Bewegungssteuerung von Industrierobotern. Logos, Berlin
5. Kiel E (2007) Antriebslösungen, 1. Aufl. Springer, Berlin
6. Sensorgeführt und flexibel montiert (2014) http://www.ipa.fraunhofer.de/seilroboter.html
7. „IPAnema" – ein hochdynamischer Seilroboter (2009) https://idw-online.de/de/news330864
8. Hesse S (2016) Grundlagen der Handhabungstechnik, 4. Aufl. Hanser, Wien
9. Czichos H (2015) Mechatronik: Grundlagen und Anwendungen technischer Systeme, 3., überarbeitete und erweiterte Aufl. Springer Vieweg, Wiesbaden (Lehrbuch)
10. Hesse S (2011) Greifertechnik: Effektoren für Roboter und Automaten, 1. Aufl. Hanser, Wien
11. Glossar zum Thema Industrierobotik (2010) http://www.robini-hannover.de/robini_glossar/magnetgreifer.html
12. Hesse S, Malisa V (2010) Taschenbuch Robotik – Montage – Handhabung. Hanser, Wien
13. Norm DINENISO 12100 März 2011 Sicherheit von Maschinen – Allgemeine Gestaltungsleitsätze – Risikobeurteilung und Risikominderung (ISO 12100:2010); Deutsche Fassung EN ISO 12100:2010
14. Industrieroboter. Januar 2015
15. Kief H, Roschiwal H, Schwarz K (2015) CNC-Handbuch 2015/2016. Hanser, Wien
16. Poschmann F-P (1988) CAD-Systeme bilden Basis für Offline-Programmierung. http://www.computerwoche.de/a/cad-systeme-bilden-basis-fuer-offline-programmierung,1157492
17. Gausemeier J (2014) Roboter. http://www.enzyklopaedie-der-wirtschaftsinformatik.de/lexikon/informationssysteme/Sektorspezifische-Anwendungssysteme/Produktionsplanungs--und--steuerungssystem/Computer-Integrated-Manufacturing-(CIM)/Rechnerunterstutzte-Fertigungsplanung-(CAP)/Roboter/index.html
18. Weck M, Brecher C (2006) Werkzeugmaschinen 4: Automatisierung von Maschinen und Anlagen, 6., neu bearbeitete Aufl. Springer & VDI-Buch, Berlin. https://doi.org/10.1007/978-3-540-45366-6. https://doi.org/10.1007/978-3-540-45366-6
19. Jünemann R, Schmidt T (2000) Materialflußsysteme: Systemtechnische Grundlagen; mit 36 Tabellen, 2. Aufl. Springer, Berlin (Logistik in Industrie, Handel und Dienstleistungen)
20. 15. Fachgespräch München (Veranst.) (2000) Autonome Mobile Systeme 1999. Springer, Berlin

21. Pischeltsrieder K (1996) Steuerung autonomer mobiler Roboter in der Produktion. Springer, Berlin
22. Mobiler Roboter beweist Teamgeist (2015) http://www.automationnet.de/index.cfm?pid=1702& pk=143276#
23. Mobile Roboter für den Flugzeugbau (2015) http://www.iff.fraunhofer.de/de/presse/ presseinformation/2015/mobile-roboter-fuer-den-flugzeugbau.html

Montagetechnik

13

Karl-Heinz Wehking

Die VDI-Richtlinie 2860 [1] definiert den Begriff *Montieren* wie folgt:

> Montieren ist die Gesamtheit aller Vorgänge, die dem Zusammenhau von geometrisch bestimmten Körpern dienen. Dabei kann zusätzlich formloser Stoff (z. B. Gleit- und Schmierstoffe, Kleber usw.) zur Anwendung kommen.

Die komplexe Struktur moderner industrieller Fertigprodukte macht zahlreiche räumlich und zeitlich voneinander getrennte Arbeitsgänge und Ausführungsfolgen des zugehörigen Montageprozesses notwendig.

Die Aufgabe des Materialflusses in der Montage ist daher eine systemgerechte Verknüpfung separater Fertigungseinrichtungen und Montageplätze. Auf Grundlage der kooperierender Teilsysteme soll ein Produktionsablauf maximaler Produktivität und Flexibilität und mit möglichst hohem Automatisierungsgrad gewährleistet sein. Aus diesen Gründen kommen in der Montagetechnik eine Vielzahl an Materialflusseinrichtungen zur Anwendung, die eigens auf die optimale Erfüllung von Montagevorgängen abgestimmt sind. Nachfolgend werden diese Handhabungseinrichtungen für die Montage beschrieben.

13.1 Systematik der Handhabungseinrichtungen

Handhabungseinrichtungen können entsprechend ihrer Primärfunktion in verschiedene Hauptgruppen unterteilt werden (Abb. 13.1). Es ist jedoch zu berücksichtigen, dass zahlreiche Funktionsträger auf Grund ihres handhabungstechnischen Potentials neben den ihnen zugeordneten Hauptfunktionen, wie z. B. das Ordnen, auch weitreichendere Aufgaben, wie z. B. das Speichern und Fördern, zu erfüllen vermögen. Ein Beispiel hierfür stellen

© Springer-Verlag GmbH Deutschland, ein Teil von Springer Nature 2020
K.-H. Wehking, *Technisches Handbuch Logistik 1*,
https://doi.org/10.1007/978-3-662-60867-8_13

Abb. 13.1 Handhabungseinrichtungen in der Montagetechnik. (In Anlehnung an die VDI-Richtlinie 2860 [2, S. 408]

Vibrationswendelförderer dar. Eine eindeutige funktionale Zuordnung aller Handhabungseinrichtungen ist demzufolge nicht in jedem Fall möglich. Die Grundfunktionen des Materialflusses Lagern, Fördern, und Handhaben können somit von einigen Einrichtungen gleichzeitig realisiert werden.

13.2 Speichereinrichtungen

„Speichereinrichtungen dienen im Materialfluss dem Aufbewahren stofflicher Vorräte.“[1] [3]

Hinsichtlich des Ordnungszustandes gespeicherter Werkstücke können Speichereinrichtungen in *Bunker* und *Magazine* unterteilt werden.

13.2.1 Bunker

Bunker dienen der Speicherung von Werkstücken in ungeordnetem Zustand. Der Hauptanwendungsbereich liegt in der Speicherung einfacher, unempfindlicher Werkstücke in großen Stückzahlen.

---

[1]Speichereinrichtungen stellen Lagermittel mit begrenzter Pufferfähigkeit dar. Sie nehmen oftmals andere Aufgaben als in der Lagertechnik wahr und dienen häufig der Aufbewahrung von Stückgütern mit geringen Abmessungen. Der Begriff *Speicher* hat sich speziell in der Montagetechnik durchgesetzt.

Abb. 13.2 Bunker mit
Schrägförderer zur Entnahme.
(Quelle: ohne Verfasser)

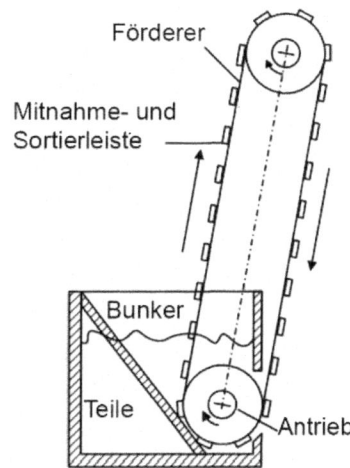

Wesentliche Ausführungsformen stellen Trommelbunker dar, aus denen die Werkstücke durch Fliehkraft oder formschlüssige Mitnahme geordnet ausgeschleust werden (Abb. 13.2). Oft verwendete Formen sind weiterhin Trichterbunker, bei denen die Entleerung mittels Schwerkraft erfolgt, sowie Zellenrad- und Schöpfsegmentbunker. Häufig werden Bunker mit speziellen Austragselementen verwendet, die für eine teilgeordnete Freigabe der Werkstücke sorgen. Man unterscheidet außerdem noch zwischen stillstehenden und bewegten Bunkern.

13.2.2 Magazine

Magazine dienen, im Gegensatz zum Bunker, der geordneten Speicherung von Werkstücken. Auf Grund ihrer konstruktiven Gestaltung sind Magazine in der Regel nur für ein bestimmtes Werkstück ausgelegt (Abb. 13.3) und können daher nur in Sonderfällen für Werkstücke ähnlichen Verhaltenstyps umgerüstet werden. Ihr Anwendungsbereich reicht von der starren bis hin zur losen Verkettung von Fertigungsanlagen und Montagezentren. Wesentli-

Abb. 13.3 Form angepasste
Schachtmagazine für
exemplarische
Werkstücktypen. (Quelle: ohne
Verfasser)

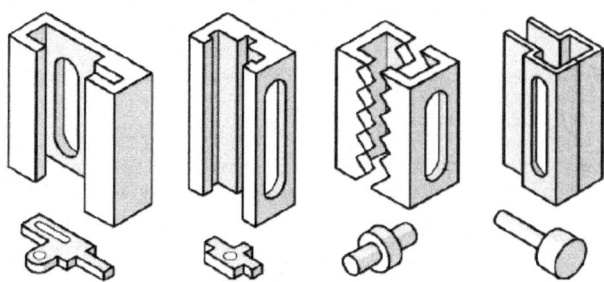

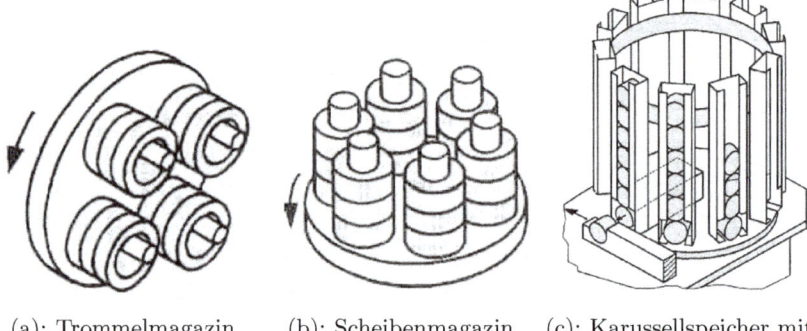

(a): Trommelmagazin   (b): Scheibenmagazin   (c): Karussellspeicher mit
                                                       Schachtmagazinen

Abb. 13.4 Beispielhaft drei Bauformen von Magazinen. (Quelle: ohne Verfasser)

Abb. 13.5 Palettenmagazin.
(Quelle: Willenbrock
Fördertechnik GmbH & Co.
KG)

che Ausführungsformen sind taktgebundene Kettenmagazine, bei denen die Werkstücke
linienförmig angeordnet sind, Trommelmagazine (Abb. 13.4a), bei denen sich die Werkstücke auf einem Kreisbogen befinden und durch das Drehen einer horizontal oder vertikal
(Abb. 13.4b) angeordneten Drehachse zur Entladestation transportiert werden, sowie auch
Stapel-, Schacht- (Abb. 13.4c) und Palettenmagazine (Abb. 13.5). Beim Magazinieren gehen
oftmals die Funktionen Speichern und Fördern nahtlos ineinander über. Es gibt Magazine
mit und ohne Werkstückbewegung.

13.3 Einrichtungen zum Verändern der Menge, Position und Orientierung

„Die räumliche Anordnung eines geometrisch bestimmten Körpers im Bezugskoordinatensystem ist definiert durch seine Orientierung und seine Position." [3]

Während die Position eines Körpers durch die translatorischen Freiheitsgrade des Bezugskoordinatensystems bestimmt ist, sind zur Festlegung seiner Orientierung weitere rotatorische Winkelbeziehungen zwischen einem körpereigenen und dem Bezugskoordinatensystem zu ermitteln. Handhabungseinrichtungen zur Veränderung der Position und Orientierung eines Körpers bewirken demgemäß eine Veränderung rotatorischer und translatorischer Koordinatenbeziehungen, so dass auf Grundlage dieser Abänderung eine neue geometrische Anordnung des Körpers im Raum erzeugt wird.

13.3.1 Zuführeinrichtungen

Zuführeinrichtungen unterscheiden sich hinsichtlich der Art ihres Bewegungsablaufes. Ist der Verlauf der Bewegungsbahn von der Anfangs- zu der Endposition bzw. von der Anfangs- zu der Endorientierung konstruktiv vorgegeben, so wird diese Art der Bewegung als *Führen* bezeichnet. Wesentliche Ausführungsformen derartiger Handhabungseinrichtungen stellen Pendelschrittförderer, Transfersysteme (Ketten- und Gliederbandförderer mit speziellen Werkstückträgern) sowie Roll- und Gleitkanäle dar.

Pendelschrittförderer bestehen aus einer Führungsbahn zur Aufnahme der Werkstücke sowie unterhalb der Führungsbahn angeordneten Hubkurbeltrieben. Durch die Aufwärtsbewegung der elektromotorisch, pneumatisch oder auch hydraulisch angetriebenen Hubbalken werden die Werkstücke kurzzeitig von der Führungsbahn abgehoben und nach einer dem Kurbelwinkel entsprechenden Horizontalbewegung wieder auf die Führungsbahn abgesetzt, so dass durch diese zyklische Bewegungsfolge eine Horizontalbewegung des Werkstücks in Förderrichtung bewirkt wird.

Auf Grund der werkstückspezifischen Aufnahmen und Schrittlängen, bietet die Verwendung von Pendelschrittförderern eine geringe Flexibilität. Haupteinsatzgebiet ist die taktabhängige Verkettung von Werkzeugmaschinen und Montagezentren, wobei Pendelschrittförderer neben der Führung noch für Speicherfunktionen eingesetzt werden können.

Ist der Verlauf der Bewegungsbahn indes während der Handhabung nicht eindeutig bestimmt, so spricht man von *Weitergabeeinrichtungen*. Bei dieser Art der Bewegung sind lediglich die Koordinaten der Endlagen festgelegt. Programmierbare Handhabungseinrichtungen, wie z. B. Industrieroboter, kommen in diesem Zusammenhang ebenso zur Anwendung wie Einlegegeräte. Obwohl Industrieroboter auf Grund ihrer freien Programmierbarkeit eine größere Flexibilität hinsichtlich ihrer Bewegungsabläufe und Bewegungsfolgen offerieren (vgl. Kap. 12, Handhabungstechnik), werden sehr häufig Einlegegeräte verwendet, da die Investitionskosten nicht so hoch veranschlagt werden müssen.

13.3.2 Ordnungseinrichtungen

Ordnungseinrichtungen haben die Aufgabe, ungeordnet angeliefertes Handhabungsgut zu ordnen und dem sich anschließenden Prozess zuzuteilen. Häufig eingesetzte Ausführungsformen sind die Vibrationswendelförderer sowie Tragketten- und Gliederbandförderer (vgl. Unterabschnitt 9.3.2, Aufgeständerte Stetigförderer).

Vibrationswendelförderer (Abb. 13.6) sind die bei Automatisierungslösungen bevorzugt verwendeten Ordnungseinrichtungen und bestehen aus einer Grundplatte mit Dämpfungselementen, Vibrationsmechanismen sowie einem mit Förderwendeln versehenen Teilbehälter zur Aufnahme des ungeordnet angelieferten Schüttgutes. Der in seiner Intensität regelbare Vibrationsmechanismus erzeugt die für den Ablauf des Ordnungsvorganges erforderliche Schwingungsenergie, wodurch die Werkstücke entlang der Förderwendel infolge erzwungener Mikrowurfbewegungen ausgetragen werden. Eingebaute Orientierungsschikanen entlang der ansteigenden Wendelrinne bewirken eine Zwangsausrichtung der Werkstücke, so dass diese in gewünschter Orientierung aus der Ordnungseinrichtung ausgeschleudert werden können. Hierbei wird häufig das formspezifische Werkstückverhalten ausgenutzt.

Der Anwendungsbereich von Vibrationswendelförderern umfasst die Bunkerung, Weitergabe und Ordnung kleiner und mittlerer Werkstücke hoher Stückzahlen [3]. Nachteilig beim Betrieb ist zum einen die mit der Mikrowurfbewegung verbundene Lärmentwicklung, die jedoch durch installierte schalldämpfende Hüllen auf ein Minimum gesenkt werden kann, und zum anderen die Schwingungseinführung in den Hallenboden, die sich auf empfindliche, benachbarte Produktionsmittel störend auswirken kann.

Abb. 13.6 Prinzipdarstellung eines Vibrationswendelförderers (1 Förderwendel, 2 Schikane für hochstehende Teile, 3 Schikane für flachliegende Teile) [2, S. 412]

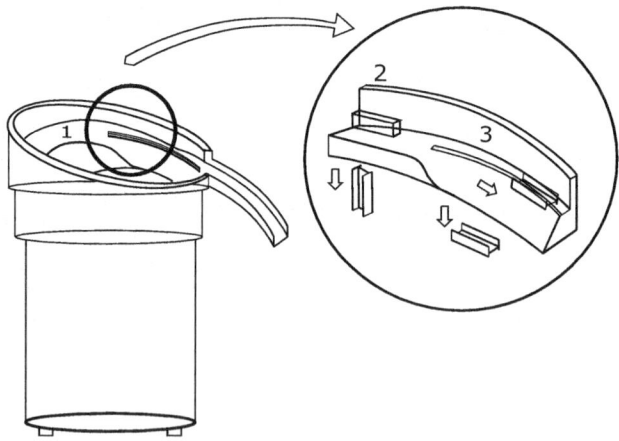

13.3.3 Zuteileinrichtungen

Zuteilen ist das Bereitstellen einer bestimmten Anzahl von Werkstücken. Wesentliche Aufgabe von Zuteileinrichtungen ist demzufolge die Teilung bzw. Vereinzelung geordnet zugeführter Werkstückströme, indem Werkstücke diskret freigegeben werden und der nachfolgende Objektstrom blockiert wird. Hinsichtlich der Ausführungsformen von Zuteileinrichtungen kommen Sperren, Schleusen, Schieber, Schnecken und Weichen (Abb. 13.7) zur Anwendung, die weitgehend zur Vereinzelung magazinierter Werkstücke (Abb. 13.8) eingesetzt werden. Häufig wird direkt aus Magazinen zugeteilt, wobei unterschiedliche Bewegungseinrichtungen der Zuteileinrichtungen verwendet werden (Abb. 13.9).

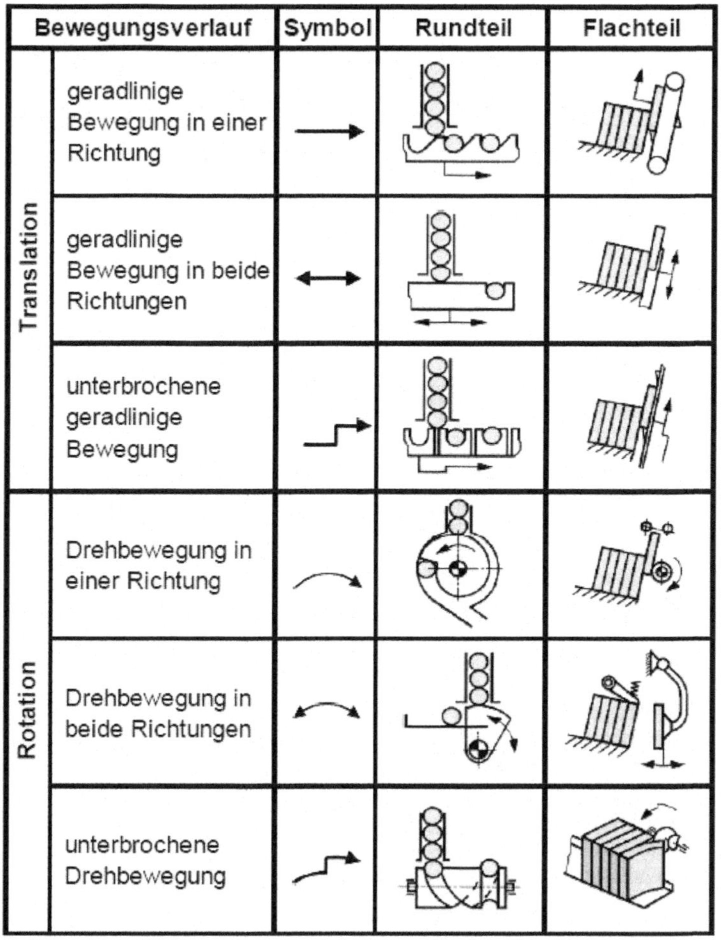

Bewegungsverlauf		Symbol	Rundteil	Flachteil
Translation	geradlinige Bewegung in einer Richtung			
	geradlinige Bewegung in beide Richtungen			
	unterbrochene geradlinige Bewegung			
Rotation	Drehbewegung in einer Richtung			
	Drehbewegung in beide Richtungen			
	unterbrochene Drehbewegung			

Abb. 13.7 Bewegungsverlauf bei Zuteilern. (Quelle: ohne Verfasser)

Abb. 13.8 Selbstschaltende
Weiche im Gleitkanal, die
ankommende Werkstücke zu
jeweils 50 % auf beide
abgehende Kanäle verteilt.
(Quelle: ohne Verfasser)

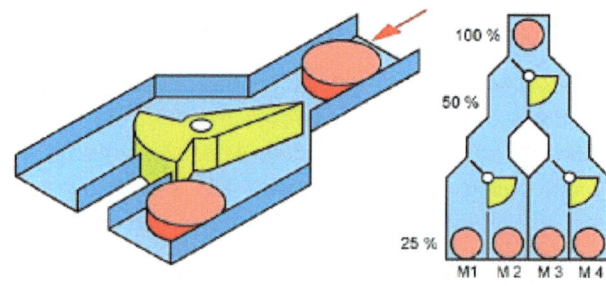

Abb. 13.9 Zuteiler auf der
Basis eines Standardgreifers.
(Quelle: ohne Verfasser)

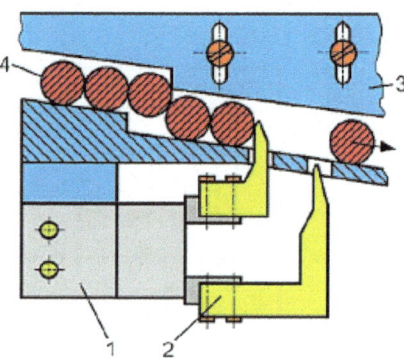

13.4 Spann- und Kontrolleinrichtungen

13.4.1 Spanneinrichtungen

Spanneinrichtungen dienen der zeitgebundenen Zuordnung und Sicherung eines Körpers
durch die kraft-, form- und stoffschlüssige Festlegung seiner Position und Orientierung.
Hinsichtlich ihrer Ausführungsform werden *Greifer* und *Spannvorrichtungen* differenziert.

13.4.1.1 Greifer

Greifer stellen das Bindeglied zwischen Handhabungsobjekt und Handhabungseinrichtung
dar. Ihre Aufgabe liegt in der Zuordnung des Handhabungspunktes zum zu greifenden
Objekt, in der Lastaufnahme, im Halten des Handhabungsobjektes während des Handha-
bungsvorganges sowie in der Abgabe nach Erreichen der Zielposition. Die Hauptanwen-
dungsgebiete liegen in der technischen Ankopplung an Einlegegeräte und Industrieroboter. Auf Grund der Vielzahl der Greiferarten und der hieraus resultierenden zahlreichen
Ausführungsformen müssen Greifer als eigenständige Systeme betrachtet werden und sind

demzufolge in Abhängigkeit handhabungstechnischer Einflussfaktoren auszuwählen. Man unterscheidet beispielsweise Magnetgreifer, Backengreifer, Fingergreifer, Sauggreifer und Abformgreifer (siehe Abschn. 12.4, Greifertypen). Da Handhabungsgeräte im Materialfluss äußerst flexibel sein müssen, kommen automatische Greiferwechselsysteme und Positioniersysteme zur Anwendung (Pick and Place). Bei Fördermitteln und insbesondere bei Hebezeugen gibt es viele weitere Greifersysteme, die hier aber nicht weiter betrachtet werden.

13.4.1.2 Spannvorrichtungen

Spannvorrichtungen dienen der handhabungsgerechten Positionierung und Lagefixierung von Werkstücken im Einflussbereich von Montagesystemen oder Fertigungseinrichtungen. Spannvorrichtungen verfügen in der Regel nur über einen oder zwei Freiheitsgrade, so dass ihre konstruktive Ausbildung in erheblichem Maße durch werkstückgeometrische Einflussgrößen bestimmt ist. Zur Anwendung gelangen oft pneumatische und hydraulische Sonderlösungen, aber auch elektromagnetische Spanner und Zangenspanner.

13.4.2 Kontrolleinrichtungen

Kontrolleinrichtungen werden zur Messung und Prüfung prozessspezifischer Abläufe eingesetzt (z. B. Form, Orientierung und Maße der Werkstücke). Hierbei wird die Abweichung vom Ist- zum Sollzustand erkannt, um anschließend durch geeignete Maßnahmen behoben zu werden. Bezugnehmend auf die Arbeitsweise werden berührende (taktile) und berührungsfreie (nicht-taktile) Kontrolleinrichtungen und Messsysteme unterschieden.

Die zahllosen Ausführungsformen können unter dem Oberbegriff *Sensorsysteme* (vgl. Kap. 6, Konstruktionselemente der Elektrotechnik [Sensorik, Aktorik, Steuerung, Regelung]) zusammengefasst werden.

Taktile Kontrolleinrichtungen werden in der Montage vorrangig eingesetzt. Als Vertreter sollen hier berührungsaktive Sensoren genannt werden. Sie dienen der Messung geometrischer und qualitativer Werkstückdaten und prüfen die Oberfläche Punkt für Punkt ab. Als Nachteil wiegen die Abnutzung der Sensoren und die Erfordernis eines stabilen Werkstücks.

Im Gegensatz dazu arbeiten optische Kontrolleinrichtungen berührungslos und können beispielsweise in Form von Photozellen die Position und Orientierung von Handhabungsobjekten erfassen. Entsprechende Systeme stellen auch z. B. CCD oder CMOS-Kameras (vgl. Abschn. 6.2, Sensoren) dar, die über Schnittstellen oftmals direkt an das Handhabungsgerät gekoppelt sind. Optische Messsysteme ermöglichen durch einen flächenhaften Scanansatz das digitale Abbilden der Werkstücke.

13.5   Einsatzgebiete montagetypischer Handhabungseinrichtungen und Flexible Montagezellen

Auf Grund der Abhängigkeit von Werkstückeinflussgrößen und der funktionalen Zuordnung von Handhabungseinrichtungen sind zur Systemkonzeption von Montagezentren sowohl das Aufgabenspektrum als auch die zu erwartenden Einsatzparameter eindeutig festzulegen, um so auf der Grundlage systemtechnischer Abgrenzungen Flexibilität und Produktivität montagetechnischer Produktionsabläufe zu gewährleisten.

13.5.1 Flexible Montagezellen

Ähnlich wie die Fertigung ist auch die Montage ein mehrstufiger Prozess, in dem die einzelnen Produktkomponenten nacheinander mehrere Montagestationen durchlaufen und sukzessive zu einem Endprodukt zusammengesetzt werden.

Beispiele für diesen Prozess stellt die Montage von Konsumgütern, wie z. B. von Waschmaschinen, Automobilen und Fernsehern, dar. Hier werden zunächst Einzelkomponenten wie beim Fernseher der Bildschirm, das Gehäuse und die Anschlüsse vormontiert und schließlich zu einem Fertigprodukt zusammengefügt.

Die einzelnen Montagestationen, die oftmals als Montagezellen oder Montagestraßen zusammengefasst werden, sollten in der Lage sein, möglichst viele Teilevarianten einer Produktfamilie zu montieren. In diesem Fall spricht man von flexiblen Montagezellen. Unter dem Gesichtspunkt der Produktivitätssteigerung und Durchlaufzeitverkürzung wird auch in der Montage die Automatisierung aller Arbeitsvorgänge angestrebt. Da sich der Montageprozess jedoch aus vielen Einzeloperationen zusammensetzt, die oft komplizierte Bewegungen der Handhabungsgeräte erfordern, werden für flexible Montagezellen Einlegegeräte und Roboter eingesetzt. Letztere verfügen über mehrere frei programmierbare Bewegungsachsen (Roboterachsen) und können so der anspruchsvollen Aufgabe der Montageautomation gerecht werden (vgl. Kap. 12, Handhabungstechnik).

Innerhalb einer Montagezelle kann zwischen produktneutralen Einrichtungen (Roboter, Fördermittel) und produktspezifischen Einrichtungen (Greifer, spezielle Fügeeinrichtungen etc.), die an das jeweilige Montageobjekt angepasst werden müssen, unterschieden werden. Das Vorhandensein der produktspezifischen Einrichtungen schafft dabei die Voraussetzung für einen flexiblen Einsatz von Industrierobotern. Hierzu zählen in erster Linie Greiferwechsel- und Sensorsysteme. Diese beiden wichtigen Teilkomponenten einer flexiblen Montagestation ermöglichen die Anpassung an unterschiedliche Montageaufgaben.

Die Werkstücke werden durch geeignete Fördermittel zu einer Montagezelle transportiert und dort von einer Sensorik erkannt, die die zu montierenden Teile erfasst. In vermehrter Form werden Bildverarbeitungssysteme, z. B. CCD-Kameras (siehe Unterabschnitt 6.2.4, CCD-Sensoren), in flexiblen Montagezellen eingesetzt. Das Bildverarbeitungssystem übermittelt die Lage und Form der verschiedenen Montageteile an ein Interface, das nach

Bildauswertung die Robotersteuerung veranlasst, das entsprechende Teil zu greifen. Vorher kann der geeignete Greifer ausgewählt werden und über ein Greiferwechselsystem zum Einsatz gelangen.

Da sich die Montage an die Fertigung anschließt, ist es von besonderer Bedeutung, dass das Bildverarbeitungssystem auch qualitative Fertigungsmängel der Werkstücke erkennt. Somit ist das frühzeitige Ausschleusen fehlerhafter Teile gewährleistet. Dies ist beispielsweise bei der Montage von Leiterplatten der Fall. Hier erkennt die Bildverarbeitung die Vollständigkeit der auf die Leiterplatten montierten Elektronikbauteile.

Der Einsatz von Robotern und anderen Handhabungsmitteln in den einzelnen flexiblen Montagezellen schafft jedoch zunächst nur automatisierte Insellösungen, die im Hinblick auf die Integration des gesamten Montagesystems in den innerbetrieblichen Materialfluss miteinander verbunden werden müssen. Die Verkettung automatisierter, flexibler Montagezellen kann ebenfalls durch automatisierte Fördermittel, beispielsweise durch Elektrohängebahnen, Automatische Flurförderzeuge, Tragkettenförderer etc. (vgl. Kap. 9, Fördertechnik) erfolgen, welche die Versorgung der flexiblen Montagezellen mit Montageeinheiten und auch deren Entsorgung übernehmen. Dadurch wird ein durchgängig automatisierter innerbetrieblicher Materialfluss erreicht. Montagezellen, automatisierte Montagelösungen und Montagestraßen werden heutzutage jedoch fast ausnahmslos in der Serienfertigung eingesetzt.

Es ist notwendig, die miteinander verbundenen Montagezellen hinsichtlich der individuellen Taktzeiten aufeinander abzustimmen. Hier ist eine übergeordnete Rechnersteuerung notwendig, die die Taktzeiten koordiniert und bei Abweichungen korrigierend eingreift. Diese Korrekturen liegen beispielsweise in der Veränderung der Arbeits- bzw. Transportgeschwindigkeiten.

Neben der Koordination des Informationsflusses zwischen den Montagezellen erfüllt der Rechner auch die Aufgabe des Informationsaustausches mit vor- und nachgelagerten Montagezellen. Dazu steuert er zwischengeschaltete Pufferstrecken, die die Funktion haben, Stauungen vor einzelnen Montagezellen aufzunehmen. Durch die beschriebene informationstechnische Integration der Montage in den übergeordneten Informationsfluss wird eine bedarfsgerechte und durchgehende Steuerung des möglichst kontinuierlich verlaufenden Materialflusses möglich.

Literatur

1. Norm VDI 2860 1982
2. Jünemann R (1989) Materialfluss und Logistik: systemtechnische Grundlagen mit Praxisbeispielen. Springer, Berlin, XI, 762 S. http://www3.ub.tu-berlin.de/ihv/000131070.pdf
3. Norm VDI 2860 (Mai 1990) Montage- und Handhabungstechnik; Handhabungsfunktionen, Handhabungseinrichtungen; Begriffe, Definitionen, Symbole (zurückgezogen 06/2016)

Umschlagtechnik

14

Karl-Heinz Wehking und Ruben Noortwyck

14.1 Systematik der Umschlagtechnik

Der Materialfluss innerhalb einer Transportkette ist von einem häufigen Wechsel der verschiedenen Arbeitsmittel geprägt. Diese Vorgänge werden als Umschlagen bezeichnet.

Umschlagvorgänge finden in der gesamten Transportkette sowohl im innerbetrieblichen als auch im außerbetrieblichen Bereich sowie an deren Schnittstelle statt. Dabei erfolgt ein Wechsel zwischen den Arbeitsmitteln:

- Lagermittel,
- Fördermittel,
- Handhabungsmittel,
- Verkehrsmittel und
- Produktionsmittel.

Auch Personen können Arbeitsmittel sein. Arbeitspersonal als Umschlagmittel hat beim Umschlagen noch eine große Bedeutung, da viele Vorgänge manuell ablaufen.

Die VDI-Richtlinie 2411 [1] beschreibt das nicht innerbetriebliche Umschlagen als das Wechseln des Verkehrsmittels beim Befördern von Gütern, gegebenenfalls über eine Zwischenlagerung.

Die DIN 30781 [2–4] definiert Umschlagen als „Gesamtheit der Förder- und Lagervorgänge beim Übergang der Güter auf ein Transportmittel, beim Abgang der Güter von einem Transportmittel und wenn Güter das Transportmittel wechseln".

Nach [5] ist Umschlagen „der Vorgang, bei dem Güter von einem logistischen System auf oder in ein anderes umgeschlagen werden."

Nach [6] ist Umschlagen „das Fortbewegen von Gütern durch Arbeitskräfte mit oder ohne Hilfe eines gesonderten Umschlagmittels zum Zwecke des Überwechselns

K.-H. Wehking, *Technisches Handbuch Logistik 1*,
https://doi.org/10.1007/978-3-662-60867-8_14

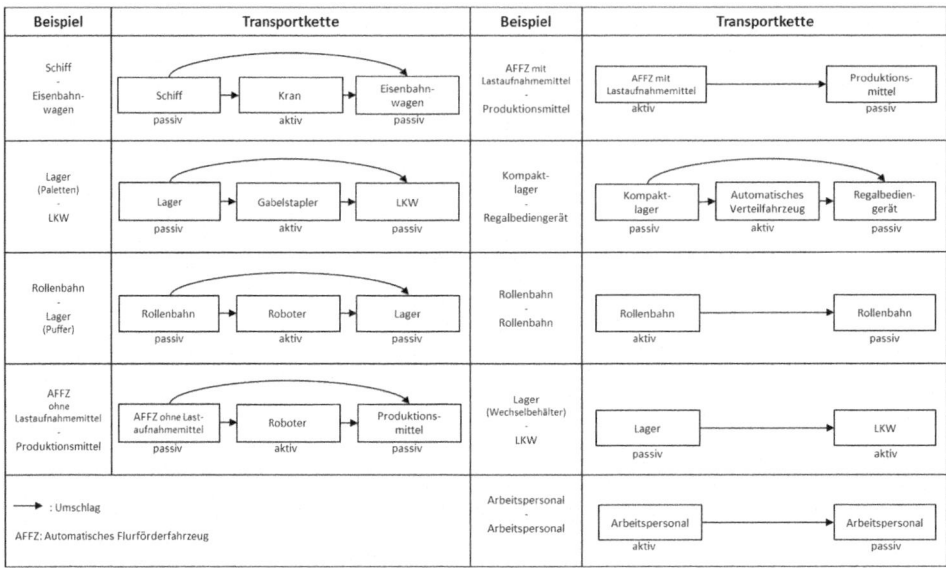

Abb. 14.1 Beispiele von Umschlagoperationen [10, S. 267]

dieser Güter von Transport- oder Lagerungsmitteln, gebrauchswertändernden Arbeitsmitteln oder von Arbeitskräften auf andere Transport- oder Lagerungsmittel, gebrauchswertverändernde Arbeitsmittel oder auf Arbeitskräfte, ohne dass dabei eine Änderung der stofflichen Gebrauchswerteigenschaften dieser Güter bezweckt wird".

Umschlagoperationen schließen sich lückenlos an andere Operationen wie beispielsweise Fördern und Lagern an [6].

Im Zusammenhang mit dem Begriff Umschlagen werden auch Begriffe wie Beladen, Entladen, Umladen und Umlagern häufig in der Literatur verwendet [7–9].

Der Umschlagvorgang setzt sich aus der Aufnahme der örtlichen und zeitlichen Veränderung und der Abgabe der Güter zusammen [6]. Die Aufnahme und die Abgabe können aktiv oder passiv sein.

In Anlehnung an die Definition nach [6] wird folgende Begriffsbestimmung für Umschlagen zugrunde gelegt:

„Umschlagen ist das Überwechseln von Gütern von einem Arbeitsmittel[1] auf ein anderes Arbeitsmittel, wobei entweder ein Arbeitsmittel aktiv sein muss oder, wenn beide passiv sind, ein drittes, aktives Arbeitsmittel eingesetzt werden muss."

Im Folgenden wird die vorgeschlagene Begriffsbestimmung anhand verschiedener Beispiele (vgl. Abb. 14.1) erläutert. Dabei werden Fördermittel, Verkehrsmittel, Handhabungsmittel und Arbeitspersonal (Personen) für den aktiven Umschlag eingesetzt.

---

[1] Hier wird unter einem Arbeitsmittel ein Arbeitsmittel als Automat, ein Arbeitsmittel und eine Person oder nur eine Person verstanden.

14.1.1 Schiff und Eisenbahnwagen

Bei Schiffen und Eisenbahnwagen handelt es sich im Regelfall um passive Arbeitsmittel. Ein Umschlag kann also mit Hilfe eines dritten aktiven Arbeitsmittels erfolgen. Dieses aktive Arbeitsmittel ist beispielsweise ein Portalkran (siehe Abb. 9.117). Die Umschlagoperationen vom Schiff auf den Eisenbahnwagen setzen sich dann aus zwei einzelnen Umschlagoperationen zusammen:

1. Umschlag vom Schiff (passiv) auf den Kran (aktiv) und
2. Umschlag vom Kran (aktiv) auf den Eisenbahnwagen (passiv).

Jedes Überwechseln von Gütern von einem Arbeitsmittel auf ein anderes Arbeitsmittel ist also eine Umschlagoperation, an der je ein Teilnehmer aktiv und der andere Teilnehmer passiv ist. In der Praxis erfolgt der Umschlag von einem Schiff auf einen Eisenbahnwagen in der Regel über ein Lager (vgl. Abschn. 14.4, Umschlag außerbetrieblicher Materialfluss).

14.1.2 Lager (Paletten) und LKW

Da in diesem Beispiel beide Arbeitsmittel passiv sind, muss ein weiteres Arbeitsmittel, hier häufig das Fördermittel Stapler, eingesetzt werden. Der Stapler wird durch das Lastaufnahmemittel, mit dem er beispielsweise Paletten aufnehmen kann, zu einem aktiven Arbeitsmittel. Auch hier setzt sich die gesamte Umschlagoperation aus zwei einzelnen Umschlagoperationen zusammen, wobei sich immer die Wirkkette passives Arbeitsmittel – aktives Arbeitsmittel – passives Arbeitsmittel ergibt. Es lassen sich nach dem gleichen Schema auch komplexe Umschlagoperationen zerlegen und darstellen.

14.1.3 Rollenbahn und Lager (Puffer)

Die Rollenbahn kann sowohl als passives Arbeitsmittel als auch als aktives Arbeitsmittel eingesetzt werden. Wird sie als passives Arbeitsmittel eingesetzt, so ist ein aktives Arbeitsmittel, der Roboter, erforderlich. Er schlägt Packstücke von der Rollenbahn auf die Palette (die hier als Puffer dient) um.

14.1.4 Automatisches Flurförderzeug ohne Lastaufnahmemittel und Produktionsmittel

Automatische Flurförderzeuge ohne Lastaufnahmemittel sind passive Arbeitsmittel, die nur zum Fördern eingesetzt werden können. Auch Produktionsmittel, wie beispielsweise

Montagezellen, Werkzeugmaschinen oder Umformmaschinen, sind in der Regel passive Arbeitsmittel. Als drittes, aktives Arbeitsmittel kann auch in diesem Fall ein Roboter eingesetzt werden.

14.1.5 Automatisches Flurförderzeug mit Lastaufnahmemittel und Produktionsmittel

Automatische Flurförderzeuge mit Lastaufnahmemittel sind aktive Arbeitsmittel und können für den direkten Umschlag ohne ein drittes Arbeitsmittel eingesetzt werden.

14.1.6 Kompaktlager und Regalbediengerät

Der Umschlag aus einem Kompaktlager auf ein Regalbediengerät erfolgt über das aktive Arbeitsmittel Automatisches Verteilfahrzeug, das in den Regalgassen verfährt, mit einer Teleskopgabel Ladeeinheiten im Lager aufnehmen kann und dann diese aus der Regalgasse fördert. Das Verteilfahrzeug fährt am Ende des Regalganges auf das Regalbediengerät. Es findet dabei ein Umschlag vom Verteilfahrzeug mit der Ladeeinheit auf das Regalbediengerät statt, das hier passiv ist.

14.1.7 Rollenbahn und Rollenbahn

Eine Rollenbahn oder beispielsweise auch ein Tragkettenförderer und andere Arbeitsmittel können sowohl aktiv als auch passiv betrieben werden. Wenn ein Umschlag zwischen zwei oben genannten Arbeitsmitteln erfolgen soll, muss festgelegt werden, welches Arbeitsmittel aktiv und welches Arbeitsmittel passiv arbeitet.

Der direkte Umschlag zwischen zwei passiven Arbeitsmitteln ist nicht möglich. Als Sonderfall ist aber der Umschlag zwischen zwei aktiven Arbeitsmitteln möglich. Dann ist allerdings eine genaue Abstimmung und Synchronisation zwischen den Arbeitsmitteln erforderlich.

14.1.8 Lager (Wechselbehälter) und LKW

Besitzt der LKW ein Lastaufnahmemittel, so kann er als aktives Arbeitsmittel eingesetzt werden. Dadurch ist ein direkter Umschlag des Wechselbehälters (Wechselbrücke) als passives Arbeitsmittel auf den LKW möglich. Dabei unterfährt der LKW den auf vier Stützfüßen stehenden Behälter und nimmt ihn durch eine Hubeinrichtung vom Boden auf.

14.1.9 Arbeitspersonen und Arbeitspersonen

Der Umschlag zwischen zwei Personen erfolgt in der Regel als Umschlag zwischen zwei aktiven Arbeitsmitteln. Hier lässt sich besonders gut erkennen, dass eine Abstimmung zwischen beiden Personen stattfinden muss. Die Personen müssen entscheiden, welche Seite aktiv handeln soll.

Die dargestellten Beispiele stellen einige Umschlagvorgänge dar, die im innerbetrieblichen und außerbetrieblichen Bereich stattfinden oder stattfinden können. Komplexe Umschlagoperationen lassen sich dabei in ihre Einzelkomponenten zerlegen, so dass sich solche Umschlagoperationen als eine Folge von Einzelumschlagoperationen darstellen lassen. Dabei ist es erforderlich, dass immer ein aktives Arbeitsmittel mit einem passiven Arbeitsmittel zusammenarbeitet, es können dabei unterschiedliche Arbeitsmittel zusammenwirken. Wird für eine Umschlagoperation zwischen zwei passiven Arbeitsmitteln ein weiteres aktives Arbeitsmittel eingesetzt, so ist dies in der Regel ein Handhabungsmittel oder ein Fördermittel.

14.2 Beispiele für den Umschlag im innerbetrieblichen Materialfluss

Insbesondere der Umschlag im innerbetrieblichen Bereich ist durch eine große Anzahl unterschiedlicher Umschlagoperationen gekennzeichnet. Auch die Art der Güter, die umgeschlagen werden, ist sehr vielfältig. Im außerbetrieblichen Stückgutbereich werden in der Regel normierte Ladeeinheiten wie Paletten, Container usw. umgeschlagen. Im innerbetrieblichen Bereich werden auch viele geometrisch sehr unterschiedliche Güter umgeschlagen, wie beispielsweise die Entnahme unterschiedlicher Fertigteile aus einem Produktionsmittel. Die für die Umschlagoperationen eingesetzten Arbeitsmittel sind in vielen Fällen Arbeitspersonen, Stapler und Roboter [11].

An zwei Beispielen sollen diese Umschlagoperationen näher erläutert werden:

Umschlagoperationen mit einem Roboter sind beispielsweise das Palettieren und Depalettieren sowie die Ver- und Entsorgung von Maschinen.

Beim Palettieren und Depalettieren werden die Güter durch Roboter auf eine Palette, beziehungsweise von der Palette herunter, auf ein weiteres passives Arbeitsmittel wie beispielsweise eine Wendelrutsche oder einen Gurtbandförderer umgeschlagen.

Im Bereich der Ver- und Entsorgung von Maschinen werden zum einen Roh- und Fertigteile, zum anderen Werkzeuge von einem Bereitstellplatz (passiv) in das Produktionsmittel (passiv), die Maschine, umgeschlagen. Von dem Bereitstellplatz werden die Güter über weitere Umschlagoperationen in ein Lager in einer Transporthalle umgeschlagen, beispielsweise wie folgt:

1. Bereitstellplatz (passiv)
2. *Umschlag*

3. FTS mit Gabelhubtisch (aktiv)
4. *Umschlag*
5. Abgabeplatz (passiv)
6. *Umschlag*
7. Regalbediengerät (aktiv)
8. *Umschlag*
9. Hochregallager (passiv)

Der Stapler ist ein aktives Arbeitsmittel. Es kann sehr flexibel zur Verknüpfung der passiven Arbeitsmittel wie Lager- und Produktionsmittel oder auch zweier Lagermittel eingesetzt werden. Dabei ist jede Lastaufnahme beziehungsweise -abgabe als eine Umschlagoperation zu betrachten. Unter Einbeziehung weiterer Funktionen, wie beispielsweise Fördern, können auch komplexe Umschlagoperationen gebildet werden.

14.3 Beispiele für den Umschlag an der Schnittstelle zwischen innerbetrieblichem und außerbetrieblichem Materialfluss

Der Stückgutumschlag vom innerbetrieblichen zum außerbetrieblichen Bereich erfolgt in der Regel von Förder- und Lagermitteln auf Straßen- und Schienenverkehrsmittel in das Straßen- oder Schienennetz. Die Schnittstelle bildet die Ladezone [12, 13]. Der Güterfluss kann aus den Unternehmen heraus in den Verkehr und umgekehrt erfolgen. In Abb. 14.2 sind die Einzelaufgaben dargestellt, die in diesem Bereich anfallen.

Die technische Gestaltung wird wesentlich durch betriebs- und branchenspezifische Faktoren bestimmt. Diese sind beispielsweise:

- Art der Güter
- Gewicht der Güter
- Abmessungen der Güter
- Umschlagsleistung
- und anderes mehr.

Die umzuschlagenden Güter sind häufig mit Ladehilfsmitteln wie Paletten und Containern ausgestattet.

Im Bereich der Ladezone ist auch die Infrastruktur von besonderer Bedeutung. Darunter werden alle baulichen Maßnahmen verstanden, die zur Be- und Entladung von LKW und Eisenbahnen getroffen werden [14].

Es werden zwei Randbedingungen beim Be- und Entladen unterschieden:

- Be- und Entladen ohne Rampe und
- Be- und Entladen mit Rampe.

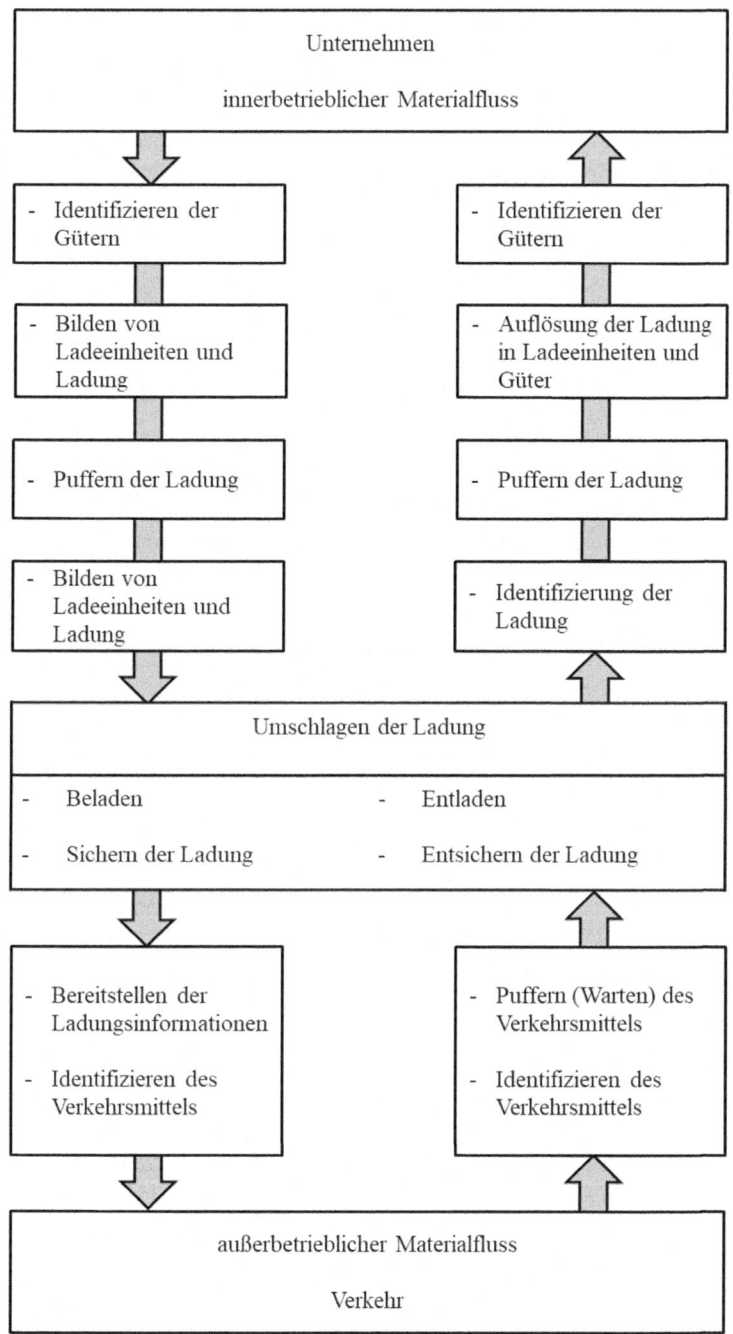

Abb. 14.2 Die Aufgaben der Ladezone als Schnittstelle zwischen innerbetrieblichen und außerbetrieblichen Materialfluss [10, S. 424]

Wenn keine Rampe vorhanden ist, können die Verkehrsmittel manuell, mit Hilfe einer Hebebühne, mit Kranen, mit Stetigförderern oder mit Staplern be- und entladen werden.

Das manuelle Be- und Entladen ist durch das Herauf- und Herunterheben der Güter auf die Ladefläche mit schwerer körperlicher Arbeit verbunden.

Hebebühnen werden dazu eingesetzt, um Ladeflächen und Gutniveau abzugleichen. Dadurch ist es möglich, die Ladefläche mit Flurförderzeugen, wie beispielsweise Gabelhubwagen und Stapler, zu befahren. Entweder wird das Gut zum Verkehrsmittel mit einer Hebebühne, die auch ortsbeweglich sein kann, angehoben oder aber der LKW mit einer Absenkbühne auf das Niveau des Gutes abgesenkt.

Die Be- und Entladung durch Krane setzt voraus, dass die Verkehrsmittel nach oben offen sind. Das bedeutet, dass es nicht nur möglich sein muss, die Ladefläche abzuplanen, sondern dass gegebenenfalls auch die Rungen über der Ladefläche abgenommen werden können. So ist beispielsweise ein LKW mit angeschweißten Rungen nur sehr begrenzt von oben zugänglich. Krane werden insbesondere für sperrige und schwere Güter wie beispielsweise Langgut und Container eingesetzt. Stetigförderer wie etwa Gurtbandförderer erlauben beispielsweise das Beladen vom Boden bis auf die Ladefläche. Die Güter werden dann manuell auf der Ladefläche gestaut [14].

Mit einer Rampe wird das Be- und Entladen wesentlich erleichtert, da so eine niveaugleiche Übergabe möglich ist. Außerdem ist dadurch auch das Befahren der Ladefläche mit den Arbeitsmitteln, die am Umschlag beteiligt sind, möglich.

Es werden je nach Bedienungsgeometrie der Rampe die folgenden Formen unterschieden [15] (vgl. Abb. 14.3):

- Seitenrampe
- Kopframpe
- Laderampe in Sägezahnform und
- Dockrampe.

Die Seitenrampe wird häufig in Gebäuden eingesetzt. Die Verkehrsmittel werden dann von einer Seite be- und entladen. Bei dem Einsatz einer Kopframpe ist eine Zugänglichkeit nur vom Heck möglich. In der Regel stehen dabei die LKW im Freien. Die Laderampe in Sägezahnform und die Dockrampe beanspruchen mehr Raum als die beiden erstgenannten Rampenformen. Es ist allerdings die Bedienung der Ladefläche vom Heck und von der Seite möglich; bei der Dockrampe können sogar das Heck und beide Seiten gleichzeitig bedient werden.

Um den Bereich der Ladezone vor Witterungseinflüssen zu schützen, werden Tore in verschiedenen technischen Ausführungen eingesetzt, die durch Gummidichtlippen den Spalt zwischen Gebäude und Verkehrsmittel abdichten.

Wenn Rampen eingesetzt werden, ist auf den Niveauunterschied zwischen Straße beziehungsweise Schiene und Verladeebene zu achten. Da dieser Niveauunterschied in der Regel variiert, ist für eine entsprechende Anpassung zu sorgen. Der Ausgleich des Niveauunter-

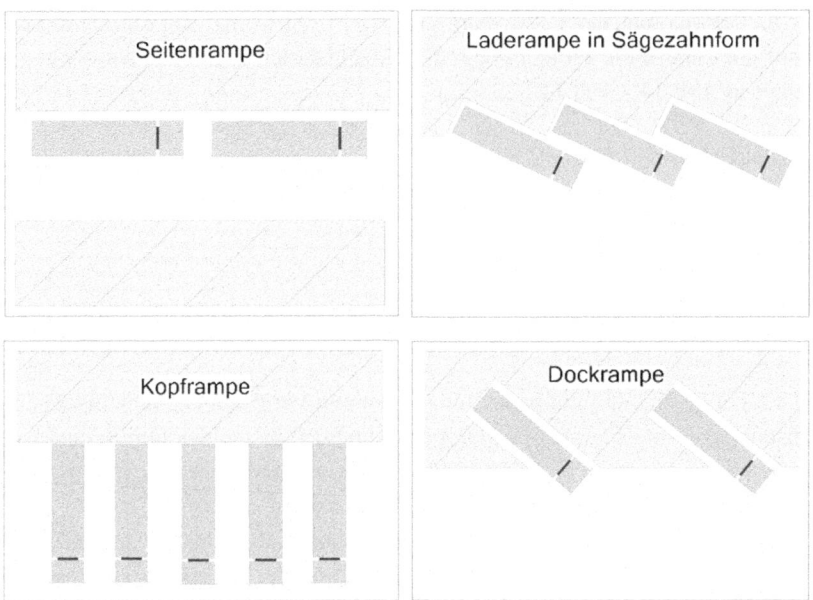

Abb. 14.3 Eingesetzte Rampenformen für die LKW-Be- und Entladung [15]

schiedes kann mit Hilfe von Tieframpen, Überladeblechen, Überladebrücken und Hebebühnen erfolgen. Tieframpen erlauben, dass das Verkehrsmittel in eine Mulde fährt und
so gleiches Niveau erreicht wird. Überladebleche und Überladebrücken sind Fahrbühnen,
die zwischen der festen Rampe und der Ladefläche liegen. Überladebrücken werden oft
schwenkbar und damit höheneinstellbar ausgeführt. Hebebühnen erlauben das Heben des
Verkehrsmittels auf die geforderte Höhe [14, 15].

Für hohe Umschlagsleistungen sind im Bereich der LKW-Be- und Entladung mechanisierte und automatisierte Umschlagsysteme entwickelt worden [16, 17]. Sie werden hier
beispielhaft für die Umschlagsysteme der Ladezone vorgestellt. Da sie mit wenig oder sogar
ohne Personal betrieben werden können, ist das Be- und Entladen eines Verkehrsmittels
unter Umständen zu jeder Tag- und Nachtzeit durch den Fahrer des Verkehrsmittels selbst
möglich.

Es lassen sich drei verschiedene Prinzipien der LKW-Be- und Entladung unterscheiden:

- Be- und Entladung der LKW vom Heck
- Be- und Entladung der LKW von der Seite und
- Be- und Entladung der LKW von oben.

Zur Be- und Entladung der LKW vom Heck wird entweder die komplette Ladung auf einmal auf die Ladefläche gebracht oder als Einzelpaletten nach einander. Systeme werden beispielhaft in Abb. 14.4 und 14.6 gezeigt:

- Umschlagsystem mit Rollenbahn,
- Verladesystem mit Rollenteppich,
- Umschlagsystem mit Hubkettenförderer,
- Umschlagsystem mit Rollpaletten,
- Umschlagsystem mit Gabelstapler und
- Umschlagsystem mit Portal.

Die Tab. 14.1 zeigt eine Gegenüberstellung und einen Vergleich der verschiedenen Systeme zum Umschlagen von und auf LKW. Dies sind die wichtigsten theoretisch denkbaren Möglichkeiten, wie sie schon im [10] von 1989 gezeigt wurden. Wirkliche praktische Relevanz haben nur die Lösungen Abb. 14.4 und 14.6 Gabelstapler.

Eine überzeugende Lösung für den Automatikbetrieb ohne das auf der LKW Ladefläche oder der Rampe feste Aufbauten notwendig sind und der Umschlag automatisch erfolgt, gibt es bis heute nicht. Das im Abschn. 5.1.3, Beispiel 3: Fahrerloses Transportsystem

Tab. 14.1 Verschiedene Systeme des Umschlags auf/von LKW im Vergleich [10, S. 428]

	Umschlagsystem mit Rollenbahn	Verladesystem mit Rollenteppich	Umschlagsystem mit Hubkettenförderer	Umschlagsystem mit Rollplatten	Umschlagsystem mit Gabelstapler	Umschlagsystem mit Portal
Umschlagsleistung	Hoch	Hoch	Hoch	Hoch	Mittel	Hoch
Wirtschaftlich zu automatisieren	Ja	Ja	Ja	Ja	Nein	Nein
Art der Ladeeinheit	Paletten	Paletten	Paletten (nur Kufen-Paletten)	Paletten (mit Rolluntersätzen)	Paletten	Paletten
Spezielle Einrichtung auf der Ladefläche nötig	Ja	Nein	Nein	Ja	Nein	Nein
Nur geeignet für komplette Beladung	Ja	Ja	Ja	Ja	Nein	Nein

Typ Doppelkufen des IFT könnte in Zukunft für die automatische Beladung von Europaletten auf LKW-Ladeflächen, Wechselbrücke oder Container im Automatikbetrieb weiterentwickelt werden.

Die Entwicklungsidee hierfür ist, dass auf der Rampe der Verladestelle zwei oder mehr Europaletten jeweils nebeneinander stehen und der zu beladenden z. B. LKW sich direkt gerade davor befindet. Jeweils zwei Paar Doppelkufen fahren unter die Paletten auf der Rampe, zentrieren sich, heben die Paletten an und verfahren sie danach auf die Ladefläche des LKWs. Danach fahren die zwei doppelkufenpaare aus dem LKW und laden die nächsten zwei Europaletten in den LKW.

14.3.1 Umschlagsystem mit Rollenbahn

Die Ladeeinheiten laufen auf Rollenbahnen von der Kommissionierzone auf einen Verschiebewagen, auf dem sie für den Umschlag in den LKW gesammelt werden. Auf diesem Wagen sind parallele, angetriebene Rollenbahnen montiert, die je nach Stellung des Wagens nacheinander die Einheiten von der Rollenbahn aus der Kommissionierzone übernehmen können (siehe Abb. 14.4). Ist die Ladung komplett bereitgestellt, kann der Wagen vor einen LKW verschoben werden. Im Anschluss fördern die Rollenbahnen des Wagens die Ladung auf

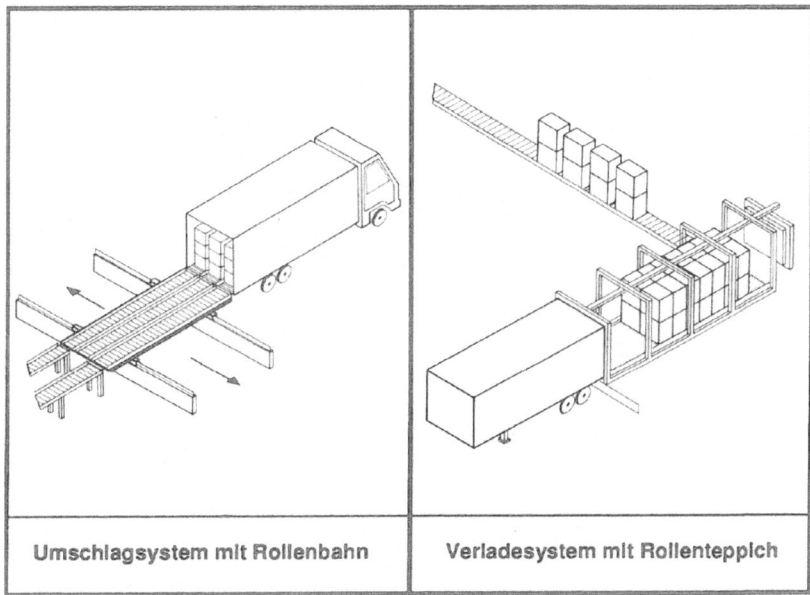

| Umschlagsystem mit Rollenbahn | Verladesystem mit Rollenteppich |

Abb. 14.4 Beispiele mechanisierter oder automatisierter LKW-Be- und Entladesysteme Teil I [10, S. 428]

die Ladefläche des LKW, die ebenfalls mit angetriebenen Rollen ausgestattet ist. Diese sind im Boden versenkt und können pneumatisch angehoben werden. Ist der LKW vollständig beladen, werden sie abgesenkt, womit das Ladegut auf dem Fahrzeugboden aufliegt.

Die Entladung verläuft umgekehrt: Die Rollen im LKW werden angehoben und fördern die Ladung auf den leeren Verschiebewagen. Von dort aus kann sie über weitere Rollenbahnen bis ins Lager umgeschlagen werden.

14.3.2 Umschlagsystem mit Rollenteppich

Der Rollenteppich ist eine Platte, auf der die Ware für die Verladung bereitgestellt wird, und die auf der Oberseite mit Rollen bestückt ist und auf kleinen Rädchen steht. Von einem Stetigförderer über einen Hubtisch gelangen die Ladeeinheiten auf den Rollenteppich, wo sie i. d. R. paarweise nebeneinander stehen. Auf dem Rollenteppich werden mit einem Schieber die Ladeeinheiten dann so angeordnet, wie sie auch im LKW stehen werden. Wenn die komplette LKW-Ladung vorarrangiert ist, wird der Rollenteppich auf die leere Ladefläche des LKW gefahren. Der Schieber hält die Ladung dann in Position bzw. schiebt sie vom Rollenteppich herunter, während dieser rückwärts darunter herausgezogen wird und den beladenen LKW zurücklässt (siehe Abb. 14.4). Das System kann nur für die Beladung eingesetzt werden.

14.3.3 Umschlagsystem mit Rollpaletten

Die Ladeeinheiten werden auf Rollpaletten auf einem Gestell bereitgestellt, das in etwa die Größe der Ladefläche eines LKW's besitzt (siehe Abb. 14.5). In dem Gestell stehen die Rollpaletten in Schienen. Ist die Ladung komplett, wird die gesamte Ladung mit einem hinter ihr angebrachten Anker über einen elektrischen Seilzug in den Laderaum des LKW's gezogen. Der Abstand der Schienen, auf denen die Rollpaletten laufen, verjüngt sich in Richtung des Verkehrsmittels, so dass dadurch eine Komprimierung der Ladung erfolgt. Nachteilig an diesem System ist die Notwendigkeit von Rollpaletten oder von Rolluntersätzen.

14.3.4 Umschlagsystem mit Hubkettenförderer

Auf einem quer verschiebbaren Wagen befinden sich Kettenförderer (Abb. 14.5), deren Last auf Hubketten steht, während sie selbst auf Tragketten fahren. Der Wagen kann seitwärts verschiedene Übergabestationen anfahren, wo dann Ladeeinheiten auf Europaletten aufgeladen werden können. Sie stehen dann auf den Hubketten bereit. Ist die Ladung komplett, fährt der Wagen vor die Ladefläche des LKW. Die Kettenförderer, die so flach sind, dass sie unter die Aussparungen der Europaletten passen, heben die Last nun pneumatisch an. Dann

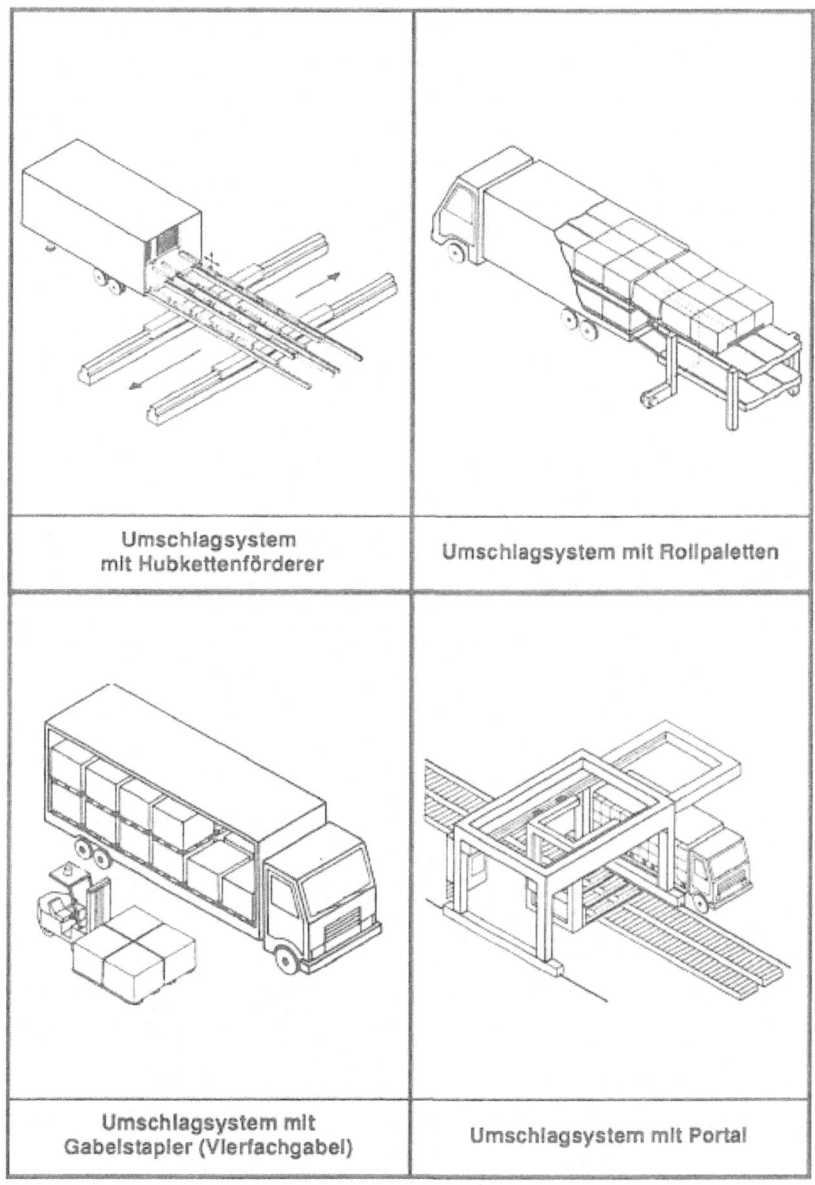

Abb. 14.5 Beispiele mechanisierter oder automatisierter LKW-Be- und Entladesysteme Teil II [10, S. 429]

fährt die Tragkette auf dem Boden der Ladefläche in den Laderaum des LKW. Anschließend werden die pneumatischen Hubketten wieder gesenkt. Die Paletten stehen nun direkt auf der Ladefläche des LKW und die Kettenförderer laufen unter den Paletten aus dem Laderaum heraus. Eine Entladung erfolgt in umgekehrter Reihenfolge.

14.3.5 Umschlagsystem mit Gabelstapler (Vierfachgabel)

Der Gabelstapler ist durch eine Vierfachgabel (siehe Abb. 14.5) in der Lage, bis zu vier Ladeeinheiten auf Paletten gleichzeitig aufzunehmen. In geschlossenen Räumen ist ein elektrischer Betrieb sinnvoll; die Energieversorgung kann dann über ein Kabel erfolgen.

14.3.6 Umschlagsystem mit Portal

Das Umschlagsystem ist in der Lage, vier Ladeeinheiten auf Paletten gleichzeitig aufzunehmen. Diese Ladeeinheiten laufen zusammen auf einer Rollenbahn zum Portal (siehe Abb. 14.5). Der erste Block, der umgeschlagen wird, besteht aus vier Ladeeinheiten. Er wird, manuell bedient, auf die Ladefläche umgeschlagen. Dabei werden von der Steuerung des Portals die aktuellen Daten derart erfasst, dass die weiteren Ladespiele automatisch erfolgen können.

Auch für diese beschriebenen Techniken lassen sich weitere Beispiele anführen. So gibt es beispielsweise auch Umschlagmaschinen als Portal, die bis zu sechs Ladeeinheiten gleichzeitig umschlagen können.

Das Umschlagsystem hat die Form eines Portalkrans, an dem anstelle von Seil und Haken eine seitlich angreifende Mehrfach-Palettengabel (i. d. R. vier bis sechs Paletten) arbeitet. Mit dieser Gabel werden die Paletten von einer Rollenbahn aufgenommen und in den parallel dazu stehenden LKW seitlich eingeladen.

Der erste Block wird dabei manuell gesteuert umgeschlagen. Die Steuerung des Portals erfasst dabei die Daten und kann danach die weiteren Ladespiele automatisch durchführen.

14.4 Beispiele für den Umschlag im außerbetrieblichen Materialfluss

Um einen schnellen Umschlag und sicheren Transport großer Mengen von Gütern zu erreichen, werden heutzutage mehr und mehr genormte Container und Wechselaufbauten eingesetzt (vgl. Kap. 7, Verpackungstechnik und Ladeeinheitenbildung). Der Containerumschlag hat mittlerweile einen bedeutenden Anteil am außerbetrieblichen Umschlag erreicht.

Mit den vier Verkehrsmitteln (vgl. Kap. 11, Verkehrstechnik):

● Straßenverkehrsmittel (LKW),

- Schienenverkehrsmittel (Eisenbahn),
- Luftverkehrsmittel (Flugzeug) und
- Wasserverkehrsmittel (Schiff)

lassen sich zehn verschiedene Kombinationen des Umschlagens zwischen zwei der vier verschiedenen Verkehrsmittel ableiten. Dabei ist berücksichtigt, dass der Güterfluss in beide Richtungen zwischen den Verkehrsmitteln erfolgen kann und dass auch ein Umschlag zwischen zwei gleichen Verkehrsmitteln möglich ist. Das bedeutet also, dass es folgende Umschlagmöglichkeiten gibt:

1. Straßenverkehrsmittel – Straßenverkehrsmittel
2. Straßenverkehrsmittel – Schienenverkehrsmittel
3. Straßenverkehrsmittel – Luftverkehrsmittel
4. Straßenverkehrsmittel – Wasserverkehrsmittel
5. Schienenverkehrsmittel – Schienenverkehrsmittel
6. Schienenverkehrsmittel – Luftverkehrsmittel
7. Schienenverkehrsmittel – Wasserverkehrsmittel
8. Luftverkehrsmittel – Luftverkehrsmittel
9. Luftverkehrsmittel – Wasserverkehrsmittel
10. Wasserverkehrsmittel – Wasserverkehrsmittel

Die genannten Umschlagmöglichkeiten werden im Folgenden beispielhaft erläutert, wobei der Umschlag Luftverkehrsmittel – Wasserverkehrsmittel, der in der Praxis in der Regel nicht durchgeführt wird, nicht weiter betrachtet wird.

Der Umschlag auf die Wasser- und Luftverkehrsmittel erfolgt oft über einen Umschlagterminal, d. h. eine räumlich begrenzte Anlage, die neben der Umschlagtechnik auch noch eine geeignete Organisation als Dienstleistung zur Verfügung stellt. Umschlagterminals werden insbesondere dann eingesetzt, wenn es sich um einen Containerumschlag handelt. Der Umschlag kann aber auch direkt erfolgen, wenn man beispielsweise an die Übernahme eines Wechselbehälters mit Stützfüßen auf einen LKW denkt. Auch der Umschlag beispielsweise von Packstücken aus einem Eisenbahnwagen heraus auf einen LKW kann direkt erfolgen.

Am Beispiel eines Seehafenumschlagterminals, im Nachfolgenden beschrieben und eines Flughafenterminals werden verschiedene Umschlagmöglichkeiten beschrieben.

14.4.1 Umschlag zwischen Straßen-, Schienen- und Wasserverkehrsmitteln

Abb. 14.6 zeigt ein Systemschema eines Seehafenterminal und die Abb. 14.7 eine reale Fotoaufnahme. Über solche Terminals werden weit auseinanderliegende Wirtschaftsgebiete wie beispielsweise Australien, USA und Europa miteinander verbunden, so dass ein Güteraus-

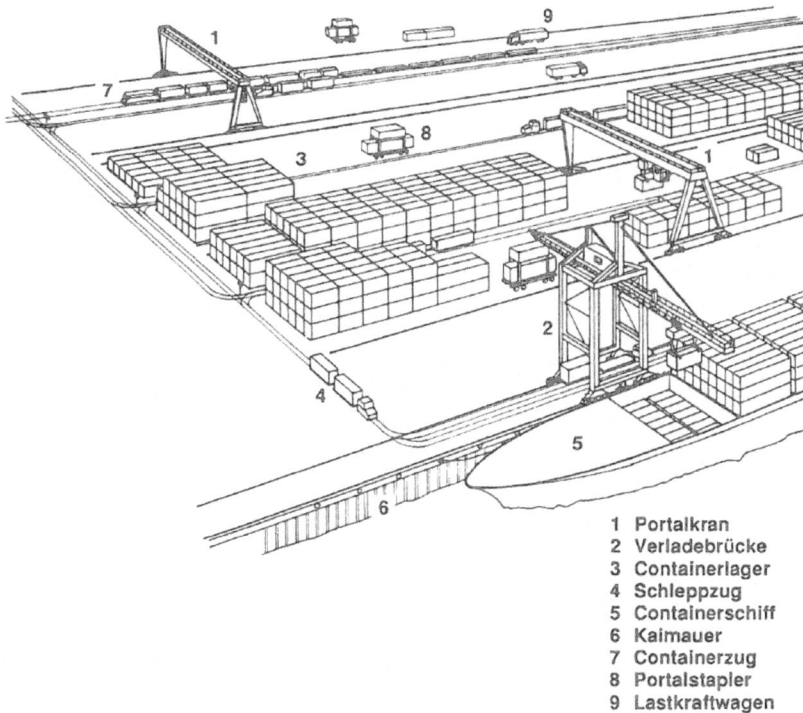

1 Portalkran
2 Verladebrücke
3 Containerlager
4 Schleppzug
5 Containerschiff
6 Kaimauer
7 Containerzug
8 Portalstapler
9 Lastkraftwagen

Abb. 14.6 Containerumschlaganlage mit Anbindung an Straße-, Schienen und Wasserverkehrsmittel [10, S. 434]

tausch stattfinden kann. Die Güter werden auf Straßen- und Schienenverkehrsmitteln zum Terminal befördert und dort (ggf. über eine Zwischenlagerung) auf ein Seeschiff umgeschlagen. Dieser Vorgang kann natürlich auch auf umgekehrtem Wege erfolgen, wobei die Aufgabe des Zwischenlagers dann nicht mehr das Sammeln von Gütern, sondern das Verteilen von Gütern ist. Das Zwischenlager ist auf Grund der großen Transportkapazitäten der Schiffe für eine räumliche und zeitliche Pufferung der Ladeeinheiten erforderlich [18]. Die Anlagen sind in der Regel im Freien, es besteht jedoch auch die Möglichkeit eine Überdachung vorzunehmen, um die Güter vor Witterungseinflüssen zu schützen.

Damit das Terminal seiner Aufgabe gerecht werden kann, sind unterschiedliche Umschlagvorgänge mit unterschiedlichen Arbeitsmitteln erforderlich (siehe Abb. 14.7). Der Umschlag von einem LKW oder auf einen LKW erfolgt beispielsweise mit Hilfe eines Portalstaplers (6) oder mit Hilfe eines Portalkrans (1) [14, 18, 19]. Der Umschlag von einem bzw. auf ein Schienenverkehrsmittel erfolgt in der Regel mit einem Portalkran (siehe Abb. 14.8) oder Reach-Stacker [18] (siehe hierzu auch Unterunterabschnitt 9.4.3.4, Stapler Portalstapler/Portalhubwagen)

Abb. 14.7 Containerumschlag Hamburger Hafen (EUROGATE Container Terminal) mit Anbindung an Straßen-, Schienen- und Wasserverkehrsmittel. (Quelle: EUROGATE GmbH & Co. KGaA, KG)

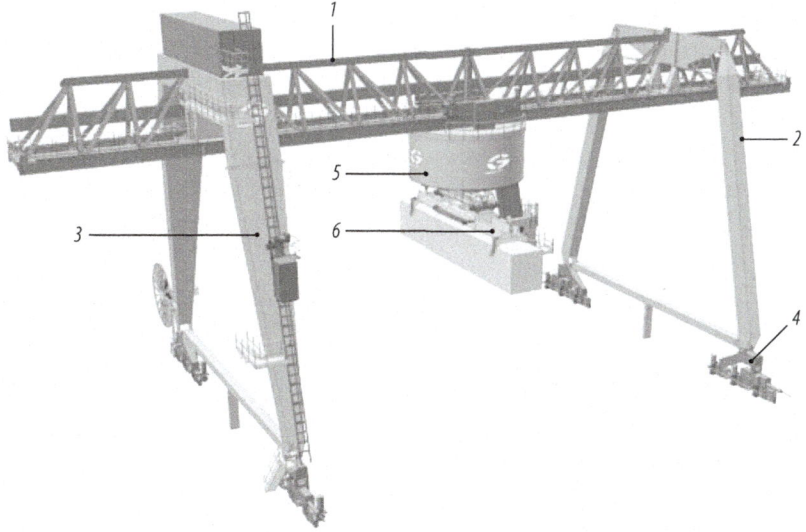

Abb. 14.8 Portalkran/Verladebrücke (1 Hauptträger in Fachwerkbauweise, 2 Pendelstütze, 3 Feststütze, 4 Fahrwerksschwinge, 5 drehbare Untergurtlaufkatze, 6 Spreader) [20, U39]

Der Portalstapler hat den Vorteil, dass er sehr flexibel an verschiedenen Orten einge-setzt werden kann. Er kann dementsprechend zu einem LKW fahren, während bei einer Umschlagoperation mit einem Portalkran (Abb. 14.8) der LKW bzw. das Schienenverkehrs-mittel in den Arbeitsraum des Portalkrans fahren muss. In beiden Fällen handelt es sich um einen aktiven Umschlag, da das umschlagende Arbeitsmittel in beiden Fällen über ein Lastaufnahmemittel verfügt.

Die abgeladenen Container werden durch einen Portalkran oder Portalstapler auf einen im Terminalbereich fahrenden Schleppzug oder, Einzahlfahrzeug oder Schwerlast-FTS umge-schlagen, der sie zur Zwischenlagerung in ein Lager transportiert. In diesem Zwischenlager werden die Container erneut umgeschlagen. Innerhalb eines mit einem Portalkran bedien-ten Lagers erfolgt eine Lagerung der Container in Blocklager. Findet das Umschlagen in diesem Lager dagegen mit einem Portalstapler oder einem Containerstapler statt, müssen die Container in Zeilen gelagert werden, um dem Portalstapler bzw. dem Containerstapler die Durchfahrt zu ermöglichen. Aus dem Lager heraus werden die Container, wenn die Beladung eines Schiffes zu erfolgen hat, zu Schleppzügen, auf Einzelfahrzeuge oder FTS zusammengestellt. Die Schleppzüge fahren in den Arbeitsbereich der Verladebrücke, wel-che in Abb. 14.8 dargestellt ist, wo die Container auf das Schiff umgeschlagen werden [18, 21].

Neben den beschriebenen Fördermitteln (LKW, etc.) können fahrerlose Transportfahr-zeuge (FTF, die im englischen als AGV (Automated Guided Vehicle) bezeichnet werden) (siehe Abb. 9.86), wie in Abb. 14.9 dargestellt, für den Transport der Container eingesetzt werden. Das sind flurgebundene Fördermittel (FTF), welche einen eigenen Fahrantrieb besit-zen und automatisch gesteuert werden. Für den Umschlag von Containern werden lasttra-gende FTF, heutzutage meist mit einem dieselelektrischen Antriebssystem, eingesetzt.

Die für den Containerumschlag eingesetzten FTF können einen 10, 20, 30 oder 40-Fuß-Container mit einem maximalen Gewicht von bis zu 60 t oder zwei 20-Fuß-Container transportieren. Dabei erreichen die FTF eine Kurvengeschwindigkeit von 3 m/s und auf gerader Strecke eine Höchstgeschwindigkeit von 6 m/s. Durch eine Computersteuerung ist

Abb. 14.9 FTF (Fahrerlose Transportfahrzeuge) für den automatischen Containertransport (Quelle: ohne Verfasser)

Abb. 14.10 Verladung Container auf LKW mittels Reachstacker. (Quelle: Fahrzeugwerk Bernard KRONE GmbH & Co. KG)

ein zeitlich genau getakteter Ablauf ganzer Flotten von Container-FTS problemlos möglich. [22, 23]

Auch für den Umschlag von Straßenverkehrsmitteln zu Straßenverkehrsmitteln können die gezeigten Arbeitsmittel Portalstapler und Portalkran oder Reachstacker (siehe Abb. 14.10) eingesetzt werden. Für den Umschlag von Schienenverkehrsmittel auf Schienenverkehrsmittel werden in der Regel Portalkrane verwendet.

14.4.2 Umschlag zwischen Straßen- und Luftverkehrsmitteln

Der Umschlag zwischen Straßen-, Schienen und Luftverkehrsmittel findet an Luftumschlagterminals statt. Die Be- und Entladung der Flugzeuge lässt sich in insgesamt sechs Arbeitsgänge unterteilen. Diese sind im Einzelnen beispielsweise für die Beladung:

1. Anlieferung der Güter zum Umschlagterminal mit Schienen- oder Straßenverkehrsmitteln.
2. Wareneingangskontrolle der Güter. Hier wird unter anderem das Gewicht erfasst, was insbesondere beim Lufttransport wichtig ist.
3. Lagerung der Güter in einem Lager. Hier kommen Fachbodenregallager für kleinere Packstücke oder vollautomatisierte Hochregallager mit Großraumlagerpaletten oder Gitterboxen für große Ladeeinheiten zum Einsatz.

4. Beladung von Luftfrachtcontainern. (vgl. Kap. 7, Verpackungstechnik und Ladeeinheitenbildung) (vgl. Abb. 14.11, o. l.)
5. Zusammenstellen einer kompletten Flugzeugladung aus Einzelkomponenten, beispielsweise auf Rollenbahnen.
6. Beladung der Flugzeuge mit Hilfe geeigneter Arbeitsmittel (ULDs, siehe Abb. 14.11, o. l.), wie beispielsweise Schlepper mit Wagen für den Transport der Container zum Flugzeug und mobile Gurtförderbänder und Hubtische für das Umschlagen in die Flugzeuge (vgl. Abb. 14.11, u. l.). Die Container werden je nach Flugzeugmuster auf ein oder zwei Decks eingeladen. Auf dem Flugzeugdeck können sie auf speziellen Rollenböden verschoben werden (vgl. Abb. 14.11, u. r.).

Die Abb. 14.12 zeigt die Grundstruktur einer Flughafenumschlagsanlage mit Anbindung an Straße, Flughafenterminal und Flugzeug. Auf Flughäfen werden übliche Förder- und Umschlagsmittel beispielsweise Gabelstapler und oder auch andere Transportmittel eingesetzt. Ein besonderes Merkmal des Umschlags auf Verkehrsflughäfen ist aber das charakteristische Merkmal, dass die Flugzeugladeeinheiten (sogenannte ULDs [Unit load devices] aus Gründen der Gewichts- und Volumensreduzierung dünne und glatte Böden aufweisen und daher grundsätzlich nur horizontal umgeschlagen werden können, damit bei allen Handhabungs- und Transportprozessen die ULDs großflächig von unten abgestützt werden).

Abb. 14.11 Verschiedene Bereiche eines Luftumschlagterminals [24]

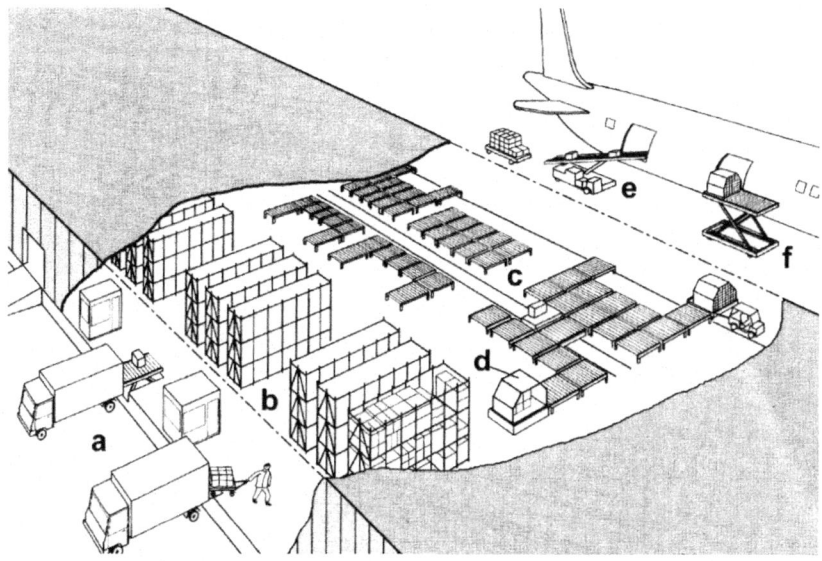

Abb. 14.12 Grundstruktur einer Flughafenumschlagsanlage mit Anbindung an Straßen, Flugzeug-terminals und Flugzeuge (a LKW Be- und Entladung, b Lager, c Güterverteilanlage, d Luftfracht-container, e Bandförderer, f Hubtisch) [25, S. 305]

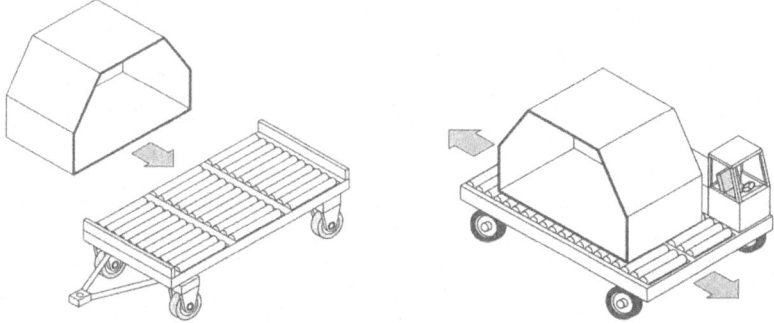

Abb. 14.13 Zweiweg-Dolly (links) und Universallufttransporter (rechts) beide mit Luftfrachtcon-tainer [25, S. 304]

Typische Transportmittel am Flughafen sind Anhängerzüge als Frachtwagen für lose Fracht bis 1500 kg, spezielle Tieflader für große Stücke und Palettentransportanhänger, die als Dolly bezeichnet werden. Eine Zweiwegedolly und ein sogenannter Universaltransporter zeigt die Abb. 14.12 und 14.13.

14.4.3 Beispiel für ein zukunftsweisendes, horizontales Umschlagsystem für Schienenverkehrsmittel

Heutige Umschlagsysteme im Bereich der Schienenverkehrsmittel haben den Nachteil der großen Rangierbahnhöfe (Abb. 14.16) und des langsamen Güterumschlags [26–28].

Die Güterzüge fahren als Ganzzüge, wobei diese Ganzzüge aus verschiedenen Wagenladungen, also Wagen mit unterschiedlichen Zielbahnhöfen bestehen, die in Rangierbahnhöfen zusammengestellt werden und von dort aus direkt zum nächsten Rangierbahnhof fahren. Die Zusammenstellung der einzelnen Wagen zu ganzen Zügen auf den Rangierbahnhöfen kostet viel Zeit und Aufwand. Aus diesem Hintergrund ist Ende der 80-er Jahre eine Studie zur Untersuchung eines alternativen Transportsystems für Kleingutteilladungen im Auftrag der Deutschen Bundesbahn (DB) erarbeitet worden, welche gefördert wurde durch das Bundesministerium für Forschung und Technologie (BMFT). Durchgeführt worden ist diese Studie vom Fraunhofer Institut für Transporttechnik und Warendistribution (ITW, Projektleiter Prof. Dr.-Ing. Wehking).

Kerngedanke war, dass von Norden nach Süden und von Westen nach Osten Ganzzüge mit genauem Fahrplantakt analog zum Personenfernverkehr organisiert werden. Ein solcher Ganzzug würde beispielsweise dann von Hamburg nach München fahren und nur an wenigen Stationen halten. Der Ganzzug besteht aus Kleincontainern auf Eisenbahnwaggons, die jeweils maximal vier Euro-Paletten umfassen und automatisiert gehandhabt werden können. Der komplette Umschlag in den Stationen erfolgt voll automatisch; zu diesen Stationen gehören auch Zwischenläger und der Anschluss an Straßenverkehr mittels spezifischer LKW für Kleincontainer.

Im Rahmen des Konzeptes sind Transportbehälter mit neuen Umschlagseinrichtungen entwickelt worden, bei denen auf das heutige übliche Umladen der Güter und Rangieren der Eisenbahnwagen verzichtet werden konnte. Zu den neu zu konzipierenden Umschlagseinrichtungen gehören alle Glieder der Materialflusskette, also auch geeignete Förderlager, sowie die Straßenverkehrsmittel [29].

Der Transportbehälter könnte beispielsweise eine Grundfläche, die auf die Maße von vier Europaletten abgestimmt ist, umfassen. Dadurch ergeben sich somit 8 Palettenplätze in zwei Ebenen mit einer Länge von 1750 mm, eine Breite von 2600 mm, eine Höhe von 2500 mm und ein Nettovolumen von ca. 8,5 m^3. Der Straßentransport von Gütern mit einer Breite von mehr als 2500 mm bedarf auf Grund der heute in der Bundesrepublik Deutschland geltenden gesetzlichen Bestimmungen einer Sondergenehmigung. Das Bruttogewicht sollte ca. vier Tonnen betragen. Die Behälter sollten automatisch handhabbar und für den Transport auf Stetigförderern, wie beispielsweise Rollenbahnen, geeignet sein.

Durch die Containerbreite von 2600 mm wird eine günstigere Beladung der LKW in Verbindung mit einer besseren Zugänglichkeit der seitlichen Containertüren erreicht.

Abb. 14.14 zeigt die Konzeption eines neuen Umschlagsystems. Das System ist vollautomatisierbar. Dabei ist ein Umschlag zwischen:

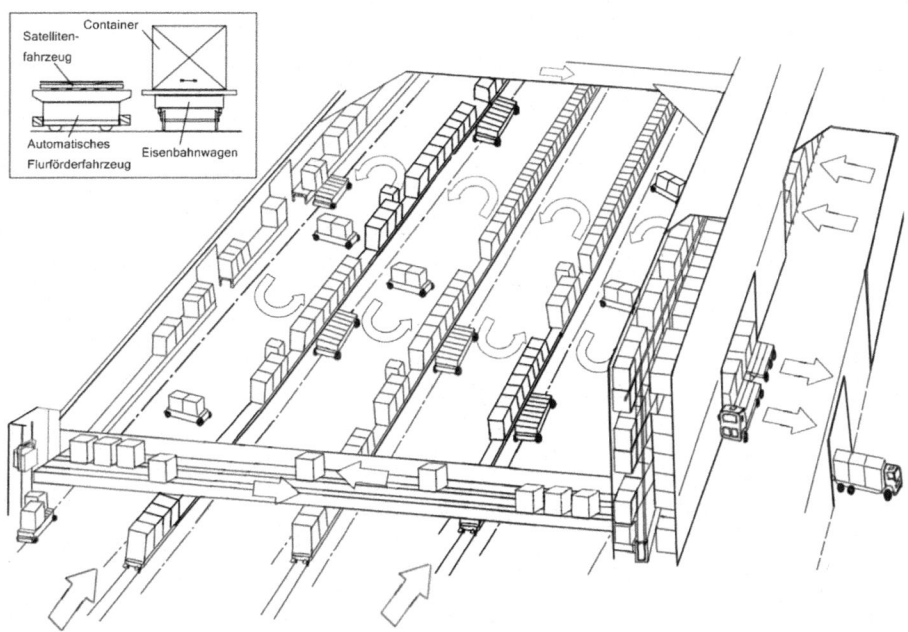

Abb. 14.14 Vorschlag eines Horizontal-Umschlagsystems für Schienenverkehrsmittel [29]

- Schienenverkehrsmittel – Schienenverkehrsmittel
- Schienenverkehrsmittel – Straßenverkehrsmittel
- Straßenverkehrsmittel – Straßenverkehrsmittel

möglich. Beim Umschlag zwischen den Straßen- und Schienenverkehrsmitteln ist aus Betriebsablaufgründen ein Zwischenlager vorgesehen.

Für den Umschlag der Behälter auf oder von den Schienenfahrzeugen müssen neue Automatische Flurförderzeuge mit Lastaufnahmemitteln konzipiert werden (vgl. Abb. 14.14, links oben). Damit die starken Kippmomente bei einer seitlichen Aufnahme der Behälter vermieden werden können, erfolgt die Lastaufnahme von unten. Die Behälter sind unterfahrbar, so dass ein Satellitenfahrzeug, das auf dem Automatischen Flurförderzeug steht und als Lastaufnahmemittel dient, unter den Behälter fahren kann. Der Behälter wird von dem Satelliten angehoben, der dann mit dem Behälter auf das Automatische Flurförderzeug zurückfährt. Dabei finden also zwei Umschlagoperationen statt. Zum einen wird der Behälter auf den Satelliten umgeschlagen, zum anderen werden der Behälter und der Satellit gemeinsam auf das Automatische Flurförderzeug umgeschlagen, wobei der Satellit in beiden Fällen das aktive Arbeitsmittel ist. Geringe Höhenunterschiede können überwunden werden. Der weitere Umschlag der Behälter kann von den Automatischen Flurförderzeugen auf Pufferplätze im Bahnsteigbereich oder über den Umschlag in

Aufzüge und eine Rollenbahn in ein Zwischenlager und von dort auf die Straßenverkehrsmittel erfolgen.

Mit einem zukünftigen System der dargestellten Konzeption wäre es beispielsweise möglich, durchschnittlich 95 Behälter pro Zug mit etwa 30 Automatischen Flurförderzeugen in ca. 20 min zu ent- bzw. zu beladen, wenn man davon ausgeht, dass Doppelspiele durchgeführt werden können. Jedes Automatische Flurförderzeug führt dabei durchschnittlich etwa drei Doppelspiele in den 20 min durch. Für den Güterzug ergibt sich ein Aufenthalt von ca. 30 min, wenn davon ausgegangen wird, dass 10 min für die Ein- und Ausfahrt des Zuges in den Bahnhof erforderlich sind.

14.4.4 Ablauf der Zugbildung an Rangierbahnhöfen

Rangierbahnhofe fungieren heutzutage als Zugbildungsbahnhöfe für den Einzelwagenverkehr im Schienenverkehr. Das Rangieren stellt im gesamten Güterverkehr nur einen Hilfsprozess dar. Bei Ganzzugverkehr[2] und kombiniertem Ladungsverkehr[3], welche in Abb. 14.15 dargestellt sind, beschränkt sich das Rangieren meist auf das Bereitstellen und Abräumen von Zugeinheiten zu Beginn oder am Ende eines Zuglaufs oder dem Wechsel des Triebfahrzeuges. Dabei finden die Rangierfahrten im Bereich der Rangier- oder Umschlagbahnhöfe

Abb. 14.15 Ganzzugverkehr (links) und kombinierter Ladungsverkehr (rechts) [32]

---

[2]Ein Ganzzug ist ein Güterzug, welcher vom Startbahnhof bis zum Endbahnhof die gleiche Wagengattung sowie den gleichen Versender/Empfänger hat.

[3]Container, LKW-Sattelauflieger oder Wechselbrücken werden hauptsächlich auf Schienen- und Wasserverkehrsmitteln transportiert. Straßenverkehrsmittel werden hauptsächlich für den Transport zwischen Umschlagterminal und Sender/Empfänger verwendet. [30].

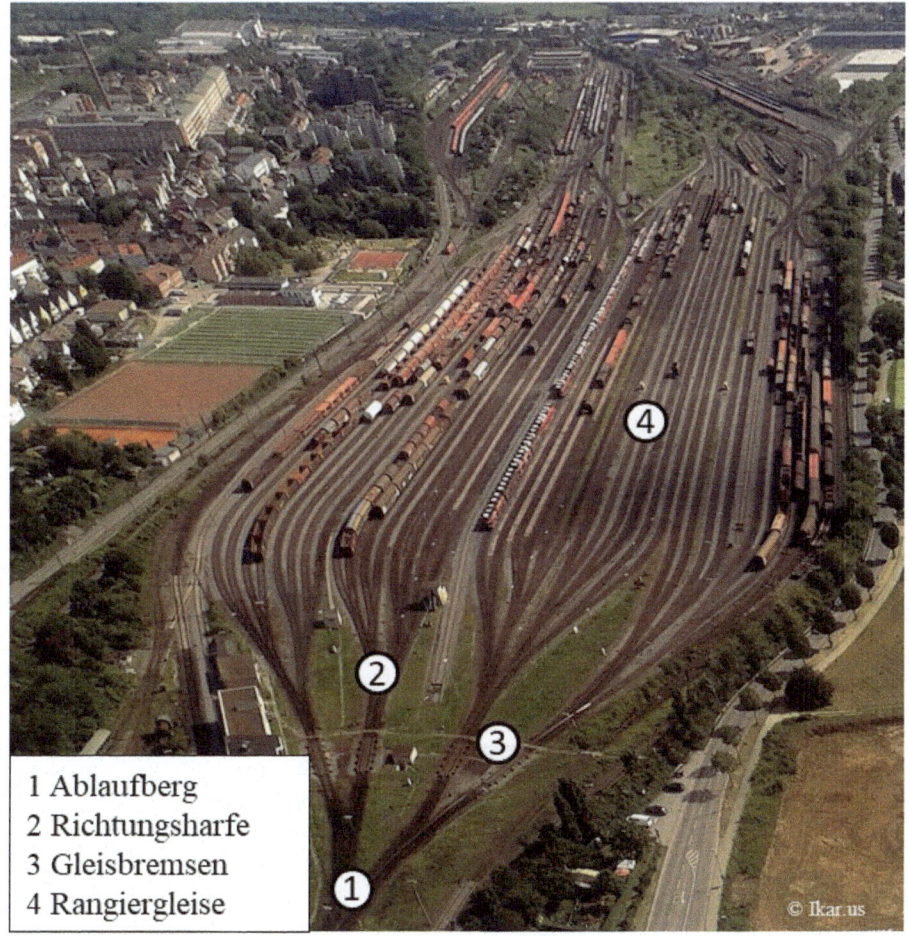

1 Ablaufberg
2 Richtungsharfe
3 Gleisbremsen
4 Rangiergleise

Abb. 14.16 Rangierbahnhof Stuttgart Kornwestheim [33]

sowie beim Triebfahrzeugswechsel statt. Dagegen findet im Einzelwagenverkehr[4] ein mehrfacher Übergang der Wagen auf unterschiedliche Züge statt [31].

In Abb. 14.16 wird beispielhaft der Rangierbahnhof Stuttgart Kornwestheim abgebildet. Die an dem Rangierbahnhof ankommenden Züge werden durch den Löser aufgekuppelt. Dabei werden die Eisenbahnkupplungen gelöst und der Zug in einzelne Waggons zerlegt. Anschließend werden die losen Eisenbahnwaggons durch eine Rangierlok angeschubst und rollen über den Ablaufberg (1). Die Waggons rollen aufgrund des Höhenunterschiedes des Ablaufbergs mit Hilfe ihrer Schwerkraft in Richtung der Rangiergleise (4). Über Hoch-

---

[4]Innerhalb des Einzelwagenverkehrs werden einzelne Güterwagen über das Schienennetz vom Versender an den Empfänger gefahren.

geschwindigkeitsweichen im Bereich der Richtungsharfe (2) werden die Waggons dem Zielbahnhof entsprechend in die richtigen Rangiergleise geleitet. Dabei wird die Geschwindigkeit der einzelnen Waggons durch Gleisbremsen (3) geregelt.

Der gesamte Abrollvorgang und die Zugbildung werden durch den Bergmeister, welcher im Tower des Rangierbahnhofs sitzt, überwacht. Am Ende des Zugbildungsprozesses wird der Güterzug durch den Wagenmeister kontrolliert. Dabei wird überprüft, ob die Ladung richtig verstaut und gesichert ist, alle Türen verschlossen und nicht beschädigt sind und alle Bremsen gelöst wurden. Der fertig gebildete und kontrollierte Zug wird durch eine Lokomotive an seinen Zielbahnhof gefahren.

Neben der beispielhaft beschriebenen Zugbildung auf Rangierbahnhöfen kann eine Zugbildung auf einem Umschlagbahnhof durchgeführt werden. In Abb. 14.17 ist das DUSS[5]-Terminal des Umschlagbahnhofs Kornwestheim, welches direkt an den Rangierbahnhof Kornwestheim anschließt, abgebildet.

Im Vergleich zu Rangierbahnhöfen, welche ausschließlich mit dem Schienennetz verbunden sind, verfügen Umschlagbahnhöfe über eine Anbindung an Straßenverkehrsmittel und gegebenenfalls auch zu Wasserverkehrsmittel.

Die mit Straßenverkehrsmitteln angelieferten Container, Wechselaufbauten oder kombinierte Lastwagentrailer werden über schienengebundene Portalkrane (Abb. 14.17, links, 1) entweder direkt auf die Waggons, welche sich auf den Umschlaggleisen (2) befinden, geladen oder im Lagerbereich (3) zwischengelagert. Neben dem Umschlag mit vertikalen Portalkrä-

1 Portalkran
2 Umschlaggleise
3 Lagerbereich

Abb. 14.17 DUSS-Terminal Kornwestheim (links) und Portalkran (rechts) [34, 35]

---

[5]Deutsche Umschlaggesellschaft Schiene-Straße mbH.

nen ist auch ein horizontaler Umschlag mit Flurförderanlagen, wie z. B. einem Reach-Stacker möglich. Die fertig beladenen Züge werden zum nächsten Zielbahnhof gebracht.

Literatur

1. Norm VDI 2411 (1970) Begriffe und Erläuterungen im Förderwesen (zurückgezogen)
2. Norm DIN 30781-1 (1989) Transportkette, Grundbegriffe
3. Norm DIN 30781-1 (Beiblatt 1) (1989) Transportkette – Grundbegriffe, Erläuterungen
4. Norm DIN 30781-2 (1989) Transportkette; Systematik der Transportmittel und Transportwege
5. Hompel M (2011) Heidenblut, Volker: Taschenlexikon Logistik, 3. Aufl., Springer, Berlin
6. Ziems D (1973) Probleme und Methoden der Projektierung von Fördersystemen. 2. und 3. Lehrbrief. VEB Verlag Technik, Berlin
7. Bahke E (1988) Entwicklungen der Gütertransportsysteme und Unternehmenspolitik – Tendenzen für die Entscheidungsplanung. In: Wirtschaft Deutschen, (RKW) e. V., Rationalisierungs-Kuratorium der (Hrsg) Handbuch Transport. Schmidt, Berlin
8. Großmann G, Krampe H, Ziems D (1989) Technologie für Transport, Umschlag und Lagerung im Betrieb, 3. Aufl. VEB Verlag Technik, Berlin
9. Teller K-J (1988) Logistische Funktionen: Transportieren, Umschlagen, Lagern. Deutschen Wirtschaft (RKW) e. V., Rationalisierungs-Kuratorium der (Hrsg) Handbuch Logistik, Bd 2. Schmidt, Berlin
10. Jünemann R (1989) Materialfluss und Logistik: systemtechnische Grundlagen mit Praxisbeispielen. Springer, Berlin, XI, S 762. http://www3.ub.tu-berlin.de/ihv/000131070.pdf
11. Heinz K, Harsch W (1986) Manueller Transport und Umschlag – Eine Untersuchung von Arbeitsmethoden. In: Deutsche G (Hrsg) Berichte zur Gemeinschaftsforschung, Bd 1. Logistik DGfl, Dortmund
12. N N (1988) Möglichkeiten des Einsatzes mechanisierter und automatisierter Umschlagsysteme für die Be- und Entladung nicht palettierter Stückgüter. Arbeitsgemeinschaft industrieller Forschungsvereinigungen (AIF)-Forschungsvorhaben, Nr. 6834, Schlussbericht. Dortmund
13. Wetzel E (1982) Klassifizierung und Bewertung der Einflußfaktoren auf Verladezonen für Stückgutläger. Forschungsberichte zur Industriellen Logistik, Bd 23
14. Norm VDI 2360 (1992) Güterumschlagszonen und Verladetechniken mit Flurförderzeugen für Stückgutverkehr
15. Hompel M, Schmidt T, Nagel L, Jünemann R (2007) Materialflusssysteme: Förder- und Lagertechnik, 3 völlig neu bearbeitete Auflage. Springer, Berlin, IX, 388 S. http://dx.doi.org/10.1007/978-3-540-73236-5
16. Norm VDI 4420 (1996) Automatisches Be- und Entladen von Stückgütern auf Lastkraftwagen
17. Schulz L (2011) Fahrerlose Flurförderzeuge in der Verladung: Automatisierung an der Schnittstelle von inner- und zwischenbetrieblichem Transport. In: Siepermann C, Eley M (Hrsg) Logistik – gestern, heute, morgen. GITO Verlag, Berlin
18. Birgitt Brinkmann (2005) Seehäfen – Planung und Entwurf. Springer, Berlin
19. Norm VDI 2687 (1989) Lastaufnahmemittel für Container
20. Grote K-H, Feldhusen J (2011) Dubbel: Taschenbuch für den Maschinenbau, 23., neu bearbeitete und erweiterte Aufl
21. Kunzmann M (1988) Ein Beitrag zur Optimierung des Containerumschlags in Seehäfen beim Einsatz frei beweglicher Flurförderzeuge. Institut für Fördertechnik, Dissertation, Universität Karlsruhe

22. GmbH, Konecranes (2018) Lift AGV. https://www.konecranes.de/node/278226. Zugegriffen: 19. Sept. 2018
23. Norm VDI 2510 (2005) Fahrerlose Transportsysteme (FTS)
24. AG, Lufthansa C (2018) Lufthansa Cargo Fotogalerie. https://lufthansa-cargo.com/de_DE/meta/meta/press-media/photo-video-gallery/overview. Zugegriffen: 25. Jan. 2018
25. Jünemann R, Schmidt T (2000) Materialflußsysteme: Systemtechnische Grundlagen; mit 36 Tabellen, 2. Aufl. Springer, Berlin (Logistik in Industrie, Handel und Dienstleistungen)
26. Battelle-Institut (Hrsg) (1974) Studie über horizontale Umschlagtechnik bei Hochleistungsverkehrssystemen. Campus, Frankfurt
27. Naue K (1972) Die Gestaltung von Eisenbahnen-Container-Umschlaganlagen für den Umschlag von Großbehältern zwischen Eisenbahn- und Straßenfahrzeug. Elsner, Darmstadt
28. Schmitz W (1973) Förderanlagen, insbesondere Bahnförderanlagen mit Horizontalverkehr., München
29. N N (1988) Untersuchung eines alternativen Transportsystems für Kleingut-Teilladungen erarbeitet im Auftrag der Deutschen Bundesbahn (DB) gefördert durch das Bundesministerium für Forschung und Technologie (BMFT) (interne Studie)/Fraunhofer Institut für Transporttechnik und Warendistribution (ITW). Forschungsbericht, Dortmund
30. Infrastruktur, Bundesministerium für Verkehr und d. (2017) Kombinierter Verkehr – Umweltschonend, verkehrssicher, wirtschaftlich. http://www.bmvi.de/SharedDocs/DE/Artikel/G/kombinierter-verkehr.html. Zugegriffen: 7. Sept. 2017; nicht mehr online
31. Pachl J (2016) Systemtechnik des Schienenverkehrs: Bahnbetrieb planen, steuern und sichern. Vieweg, Wiesbaden
32. AG, Deutsche B (2018) Mediathek der Deutschen Bahn. https://mediathek.deutschebahn.com. Zugegriffen: 25. Jan. 2018
33. Kauffmann M (2015) User BertBert32 on wikimedia.org: Kornwestheim Güterbahnhof. https://commons.wikimedia.org/wiki/File:Kornwestheim_G. Zugegriffen: 7. Sept. 2017; Lizenz cc-by-sa-4.0
34. LLC, Google (2018) DUSS-Terminal Kornwestheim. https://earth.google.com/web/search/duss+kornwestheim/@48.85533192,9.1633531,307.10823893a,500.47135344d,35y,30.58572194h,58.30819034t,-0r/data=Cn8aVRJPCiUweDQ3OTlkMDYzYzFiMjQzZmY6MHhiOTRhYWVkYmRlZjFZmE0OGV1wYTgybUhAIThP0IFAUiJAKhREVVNTIFVtc2NobGFnYmFobmhvZhgBIAEiJgokCao622J5gTlAEag622J5gTnAGTnqW8GkUGPVAIS1PBv0oRlTA. Zugegriffen: 25. Jan. 2018
35. MBH, Deutsche Umschlaggesellschaft Schiene-Straße (Hrsg) (2018) Portalkran. Bodenheim

Weiterführende Literatur, DIN-Normen, etc.

A.1   Weiterführende Literatur

Aggteleky B (1990) Fabrikplanung, Werksentwicklung und Betriebsrationalisierung, 2. Aufl. Hanser, München

Arnold D (2006) Intralogistik: Potentiale, perspektiven, prognosen. VDI-Buch. Springer-Verlag, Berlin, Heidelberg

Bozer YA, Schorn EC, Sharp GP (1990) Geometric approaches to solve the Chebychev traveling salesman problem. IIE Trans 22(3):238–254

Brandes T (1997) Betriebsstrategien für Materialflusssysteme unter besonderer Berücksichtigung automatischer Lager. Shaker Verlag, Aachen

Bogaschewsky R, Eßig M, Lasch R, Stölzle W (2009) Supply Management Research – Aktuelle Forschungsergebnisse 2008. Gabler, Wiesbaden

Bullinger H-J, ten Hompel M (2007) Internet der dinge: www.internet-der-dinge.de. VDI-Buch. Springer-Verlag, Berlin, Heidelberg

Dietz G, Lippmann R (1985) Verpackungstechnik. Dr. Alfred Hüthig Verlag, Heidelberg

Dolezalek C M, Warnecke H J (1981) Planung von Fabrikanlagen, 2. Aufl. Springer, Berlin

Dullinger K (2008) Quo Vadis – Material Handling. Vanderlande Industries Ges, Mönchengladbach.

Eckhardt H (1982) Grundzüge der elektrischen maschinen. Teubner Studienbcher. Vieweg+Teubner Verlag, Wiesbaden

Ehrmann H (1999) Kompendium der praktischen Betriebswirtschaft, 3. Aufl. Springer, Berlin

Fischer W, Dittrich L (1997) Materialfluß und Logistik – Optimierungspotentiale im Transport- und Lagerwesen. Springer, Berlin

Großeschallau W (1984) Materialflußrechnung. Springer, Berlin

Gudehus T (1973) Grundlagen der Kommissioniertechnik. Verlag W. Girardet, Essen

© Springer-Verlag GmbH Deutschland, ein Teil von Springer Nature 2020
K.-H. Wehking, *Technisches Handbuch Logistik 1*,
https://doi.org/10.1007/978-3-662-60867-8

Gudehus T (2005) Logistik – Grundlagen Strategien Anwendungen, 3. Aufl. Springer, Berlin

Gudehus T (2010) Logistik – Grundlagen Strategien Anwendungen, 4. Aufl. Springer, Berlin

Hacker V, Sumereder C (2020) Electrical engineering: Fundamentals

Hoffmann K, Krenn E, Stanker G (1985) Fördertechnik, Bd 2. Oldenbourg, Wien

Kesten J (1982) Sichern der Ladung auf der Palette. Schriftenreihe Material- und Warenfluß, Bd 771. Rationalisierungs-Kuratorium der Deutschen Wirtschaft (RKW), Eschborn

Kille C (2014) Navigation durch die komplexe Welt der Logistik – Texte aus Wissenschaft und Praxis zum Schaffenswerk von Wolf-Rüdiger Bretzke. Gabler, Wiesbaden

Kummer S, Grn O, Jammernegg W (Hrsg) (2008) Grundzüge der beschaffung, produktion und logistik, [nachdr.] ed., wi-wirtschaft. Pearson Studium, München

Litz L (2013) Grundlagen der automatisierungstechnik: Regelungssysteme – steuerungssysteme – hybride systeme. Oldenbourg Wissenschaftsverlag, s.l.

Lunze J (2020) Automatisierungstechnik: Methoden für die Überwachung und steuerung kontinuierlicher und ereignisdiskreter systeme, 5., überarbeitete Auflage ed. De Gruyter Studium

Martin H (1999) Praxiswissen Materialflußplanung – Transportieren, handhaben, lagern, kommissionieren; mit zahlreichen Planungsbeispielen. Vieweg, Braunschweig

Morgenstern O (1955) Note on the formulation on the theory of logistics. Nav Res Log Q Rev 1955(2):129–136

Niemann G, Hirt M (1981) Maschinenelemente – Entwerfen, Berechnen und Gestalten im Maschinenbau; ein Lehr- und Arbeitsbuch. Springer, Berlin

Peilnsteiner J, Truszkiewitz G (2002) Handbuch temperaturgeführte Logistik. B. Behr's Verlag GmbH & Co., Hamburg

Pfeifer H (1984) Grundlagen der Fördertechnik. Vieweg, Braunschweig

Pfeifer H, Kabisch G, Lautner H (1995) Fördertechnik: Konstruktion und Berechnung. Vieweg, Braunschweig

Reinhold W (2017) Elektronische schaltungstechnik: Grundlagen der analogelektronik, 2., neu bearbeitete Auflage ed. Fachbuchverlag Leipzig im Carl Hanser Verlag, München

RKW (Hrsg) (1981) Rationalisierungskuratorium der Deutschen Wirtschaft, RKW-Handbuch Logistik, Bd 2. Schmidt, Berlin

Scheffler M (1973) Einführung in die Fördertechnik. Technik-Tabellen-Verlag Fikentscher u. Co., Darmstadt

Scheffler M (1994) Grundlagen der fördertechnik: Elemente und triebwerke, Fördertechnik und Baumaschinen. Vieweg, Braunschweig

Scheffler M (1994) Grundlagen der Fördertechnik – Elemente und Triebwerke. Vieweg, Wiebaden

Schönsleben P (1998) Integrales Logistikmanagement, Planung und Steuerung von umfassenden Geschäftsprozessen, Bd 12. Gloeckner, Leipzig

Schulte C (2017) Logistik: Wege zur optimierung der supply chain, 7., vollständig überarbeitete und erweiterte Auflage ed., Vahlens Handbücher der Wirtschafts- und Sozialwissenschaften. Vahlen, München

Schulte J (1993) Praxis des Kommissionierens. Königsbrunner Seminare GmbH, Augsburg

Siegel W (1991) Pneumatische förderung: Grundlagen, auslegung, anlagenbau, betrieb, 1. Aufl. ed. Vogel-Fachbuch Verfahrenstechnik. Vogel, Würzburg

ten Hompel M, Heidenblut V (2006) Taschenlexikon Logistik. Springer, Heidelberg

ten Hompel T, Schmidt T (2007) Warehouse Management – Automation and Organisation of Warehouse and Order Picking Systems. Springer, Berlin

Wenke I, Wehking K (2005) Intralogistik 2005 – Studium und Beruf – Forschung und Praxis – Erfolgsbeispiele und Anbieter. VDMA, Frankfurt a. M.

Wenke I-G, Wehking K-H (2005) Intralogistik 2005: Studium und beruf – forschung und praxis – erfolgsbeispiele und anbieter, 1. Aufl. ed. VDMA, Frankfurt am Main

Wittel H, Jannasch D, Voiek J, Spura C (2017) Roloff/matek maschinenelemente, 23., überarbeitete und erweiterte Auflage ed. Springer Vieweg, Wiesbaden

Zangemeister C (2014) Nutzwertanalyse in der Systemtechnik: eine Methodik zur multidimensionalen Bewertung und Auswahl von Projektalternativen. BoD – Books on Demand, Hamburg

A.2 Normen und Richtlinien

BGR 234 Hauptverband der gewerblichen Berufsgenossenschaften (HVGB) (Hrsg) (2006) Berufsgenossenschaftliche Regeln für Sicherheit und Gesundheit bei der Arbeit, BGR 234 – Lagereinrichtungen und -geräte

DIN 15142 Deutsches Institut für Normung (DIN) (Hrsg) (1973) DIN 15142 – Boxpaletten und Rungenpaletten – Hauptmaße und Stapelvorrichtungen. Beuth, Berlin

DIN 15201-1 Deutsches Institut für Normung (DIN) (Hrsg) (1994) DIN 15201-1 – Stetigförderer – Benennungen. Beuth, Berlin

DIN 22101 Deutsches Institut für Normung (DIN) (Hrsg) (2011) DIN 22101 – Gurtförderer für Schüttgüter – Grundlagen für die Berechnung und Auslegung. Beuth, Berlin

DIN 30781-1 Deutsches Institut für Normung (DIN) (Hrsg) (1989) DIN 30781-1 – Transportkette – Grundbegriffe. Beuth, Berlin

DIN 55405 Deutsches Institut für Normung (DIN) (Hrsg) (2014) DIN 55405 – Verpackung – Terminologie – Begriffe. Beuth, Berlin

DIN 55468 Deutsches Institut für Normung (DIN) (Hrsg) (1987) DIN 55468 – Packstoffe – Wellpappe . Beuth, Berlin

DIN 55510 Deutsches Institut für Normung (DIN) (Hrsg) (2005) DIN 55510 – Modulare Koordination im Verpackungswesen. Beuth, Berlin

DIN 69901 Deutsches Institut für Normung (DIN) (Hrs) (1987) DIN 69901 – Projektmanagementsysteme, Teil 5: Begriffe. Beuth, Berlin

DIN EN 81-20 Deutsches Institut für Normung (DIN) (Hrsg) (2014) DIN EN 81-20 –
Sicherheitsregeln für die Konstruktion und den Einbau von Aufzügen – Aufzüge für den
Personen– und Gütertransport – Teil 20: Personen- und Lastenaufzüge. Beuth, Berlin
DIN EN 81-50 Deutsches Institut für Normung (DIN) (Hrsg) (2015) DIN EN 81-50 –
Sicherheitsregeln für die Konstruktion und den Einbau von Aufzügen – Prüfungen –
Teil 50: Konstruktionsregeln, Berechnungen und Prüfungen von Aufzugskomponenten.
Beuth, Berlin
DIN EN 283 Deutsches Institut für Normung (DIN) (Hrsg) (1991) DIN EN 283 – Wechsel-
behälter. Beuth, Berlin
DIN EN 284 Deutsches Institut für Normung (DIN) (Hrsg) (2007) DIN EN 284 – Nicht
stapelbare Wechselbehälter der Klasse C – Maße und allgemeine Anforderungen. Beuth,
Berlin
DIN EN 452 Deutsches Institut für Normung (DIN) (Hrsg) (1995) DIN EN 452 – Wechsel-
behälter der Klasse A. Beuth, Berlin
DIN EN 619 Deutsches Institut für Normung (DIN) (Hrsg) (2011) DIN EN 619 – Stetigför-
derer und Systeme – Sicherheits- und EMV-Anforderungen an mechanische Förderein-
richtungen für Stückgut. Beuth, Berlin
DIN EN 1991-1-1 Deutsches Institut für Normung (DIN) (Hrsg) (2010) DIN EN 1991-1-1
– Allgemeine Einwirkungen auf Tragwerke – Wichten, Eigengewicht und Nutzlasten im
Hochbau. Beuth, Berlin
DIN EN 13199-1 Deutsches Institut für Normung (DIN) (Hrsg) (1995) DIN EN 452 – Ver-
packung – Kleinladungsträgersysteme – Teil 1: Allgemeine Anforderungen und Prüfver-
fahren. Beuth, Berlin
DIN EN 13382 Deutsches Institut für Normung (DIN) (Hrsg) (2003) DIN EN 13382 –
Flachpaletten für die Handhabung von Gütern – Hauptmaße. Beuth, Berlin
DIN EN 13698-1, Teil 1 Deutsches Institut für Normung (DIN) (Hrsg) (2004) DIN EN
13698-1, Teil 1 – Herstellung von 800mm-1200mm Flachpaletten aus Holz. Beuth, Berlin
DIN 15190-101 Deutsches Institut für Normung (DIN) (Hrsg) (1991) DIN 15190-101 –
Binnencontainer – Hauptmaße, Eckbeschläge, Prüfungen. Beuth, Berlin
FEM 9.221 Fédération Européenne de la Manutention (FEM) (1981) FEM 9.221 Leistungs-
nachweis für RBG/Zuverlässigkeit, Verfügbarkeit.
FEM 9.222 Fédération Européenne de la Manutention (FEM) (1989) FEM 9.222 Regeln
über die Abnahme und Verfügbarkeit von Anlagen mit Regalbediengeräten und anderen
Gewerken
FEM 9.851 Fédération Européenne de la Manutention (FEM) (2003) FEM 9.851 – Leis-
tungsnachweis für Regalbediengeräte. Spielzeiten. VDMA, Frankfurt
GUV-R 1/428 Gesetzliche Unfallversicherung, Richtlinien für Lagereinrichtungen und -
geräte GUV-R 1/428, 1989
ISO 668 International Organisation for Standardization (ISO) (Hrsg) (1995) ISO 668 –
Series 1 freight containers – Classification, dimensions and ratings. ISO, Genf

ISO 3874 International Organisation for Standardization (ISO) (Hrsg) (1997) ISO 3874 – Series 1 freight containers – Handling and securing. ISO, Genf

RAL-RG 614 RAL – Ausschuß für Lieferbedingungen und Gütesicherung (1985) RAL-RG 614 – Lager und Betriebseinrichtungen. Gütesicherung. Beuth, Berlin

Rationalisierungs-Gemeinschaft Verpackung im RKW (Hrsg) (1998) Verpackungsstatistik 1996/1997, Produktionsmenge und Produktionswert der Verpackungsindustrie in der Bundesrepublik Deutschland. Rationalisierungs-Gemeinschaft Verpackung im RKW, Düsseldorf

Rationalisierungs-Gemeinschaft Verpackung im RKW (Hrsg) (1981) Modul-Empfehlung. RGV-Schriften für die Verpackungswirtschaftpraxis, Merkblatt 187. Rationalisierungs-Gemeinschaft Verpackung im RKW, Berlin

VDI 2198 Verein Deutscher Ingenieure (VDI) (Hrsg) (2012) VDI 2198 – Typenblätter für Flurförderzeuge. Beuth, Berlin

VDI 2385 Verein Deutscher Ingenieure (VDI) (Hrsg) (1989) VDI 2385 – Leitfaden für die materialflußgerechte Planung von Industrieanlagen. Beuth Verlag, Berlin

VDI 2510 Verein Deutscher Ingenieure (VDI) (Hrsg) (2005) VDI 2510 – Fahrerlose Transportsysteme (FTS). Beuth, Berlin

VDI 2516 Verein Deutscher Ingenieure (VDI) (Hrsg) (2003) VDI 2516 – Spielzeitermittlung in Schmalgängen. Beuth, Berlin

VDI 2681 Verein Deutscher Ingenieure (VDI) (Hrsg) (1993) VDI 2681 – Übersichtsblätter, Lagereinrichtungen; Steuerungen für Regalbediengeräte. Beuth, Berlin

VDI 2686 Verein Deutscher Ingenieure (VDI) (Hrsg) (1993) VDI 2686 – Anforderungen der Lagertechnik an die Baukonstruktion. Beuth, Berlin

VDI 2692 Verein Deutscher Ingenieure (VDI) (Hrsg) (2015) VDI 2692 – Shuttle-Systeme für kleine Ladeeinheiten. Beuth, Berlin

VDI 2700 Verein Deutscher Ingenieure (VDI) (Hrsg) (2004) VDI 2700 – Ladungssicherung auf Straßenfahrzeugen. VDI-Verlag, Düsseldorf

VDI 2710 Verein Deutscher Ingenieure (VDI) (Hrsg) (2010) VDI 2710 – Ganzheitliche Planung von Fahrerlosen Transportsystemen. VDI-Verlag, Düsseldorf

VDI 3561 Verein Deutscher Ingenieure (VDI) (Hrsg) (1973) VDI 3561 – Testspiele zum Leistungsvergleich und zur Abnahme von Regalförderzeugen. VDI-Verlag, Düsseldorf

VDI 3561 Blatt 2 Verein Deutscher Ingenieure (VDI) (Hrsg) (2009) VDI 3561 Blatt 2 – Spielzeitermittlung von regalgangunabhängigen Regalbediengeräten. VDI-Verlag, Düsseldorf

VDI 3561 Blatt 4 Verein Deutscher Ingenieure (VDI) (Hrsg) (2009) VDI 3561 Blatt 4 – Spielzeitermittlung von automatischen Kanallager-Systemen. VDI-Verlag, Düsseldorf

VDI 3564 Verein Deutscher Ingenieure (VDI) (Hrsg) (2011) VDI 3564 – Empfehlungen für Brandschutz in Hochregalanlagen. Beuth, Berlin

VDI 3577 Verein Deutscher Ingenieure (VDI) (Hrsg) (2009) VDI 3577 – Flurförderzeuge für die Regalbedienung – Beschreibung und Einsatzbedingungen. Beuth, Berlin

VDI 3578 Verein Deutscher Ingenieure (VDI) (Hrsg) (2008) VDI 3578 – Anbaugeräte für Gabelstapler (Lastaufnahmemittel). Beuth, Berlin

VDI 3581 Verein Deutscher Ingenieure (VDI) (Hrsg) (2004) VDI 3581 – Verfügbarkeit von Transport- und Lageranlagen sowie deren Teilsysteme und Elemente. Beuth Verlag, Berlin

VDI 3586 Verein Deutscher Ingenieure (VDI) (Hrsg) (2007) VDI 3586 – Flurförderzeuge – Begriffe, Kurzzeichen, Beispiele. Beuth, Berlin

VDI 3590 Blatt 1 Verein Deutscher Ingenieure (VDI) (Hrsg) (1994) VDI 3590 Blatt 1 – Kommissioniersysteme – Grundlagen. Beuth, Berlin

VDI 3590 Blatt 2 Verein Deutscher Ingenieure (VDI) (Hrsg) (2002) VDI 3590 Blatt 2 – Kommissioniersysteme – Systemfindung. Beuth, Berlin

VDI 3590 Blatt 3 Verein Deutscher Ingenieure (VDI) (Hrsg) (1977) VDI 3590 Blatt 3 – Kommissioniersysteme – Praxisbeispiele. Beuth, Berlin

VDI 3615 Verein Deutscher Ingenieure (VDI) (Hrsg) (1978) VDI 3615 – Hubgerüst-Konstruktionen (und Benennungen) für Gabelstapler. Beuth, Berlin

VDI 3619 Verein Deutscher Ingenieure (VDI) (Hrsg) (2017) VDI 3619 – Sortier- und Verteilsysteme für Stückgut. VDI Verlag, Düsseldorf

VDI 3627 Verein Deutscher Ingenieure (VDI) (Hrsg) (1985) VDI 3627 – Regalförderzeuge – Empfehlungen für den Angebotsvergleich. VDI Verlag, Düsseldorf

VDI 3633 Blatt 11 Verein Deutscher Ingenieure (VDI) (Hrsg) (2009) VDI 3633 Blatt 11 – Simulation von Logistik-, Materialfluss- und Produktionssystemen – Simulation und Visualisierung. VDI Verlag, Düsseldorf

VDI 3643 Verein Deutscher Ingenieure (VDI) (Hrsg) (1998) VDI 3643 – Elektro-Hängebahn – Obenläufer, Traglastbereich 500 kg – Anforderungsprofil an ein kompatibles System. Beuth, Berlin

VDI 3649 Verein Deutscher Ingenieure (VDI) (Hrsg) (1992) VDI 3649 – Anwendung der Verfügbarkeitsrechnung für Förder- und Lagersysteme. VDI-Verlag, Düsseldorf

VDI 3986 Blatt 1, 3, 4, 5 Verein Deutscher Ingenieure (VDI) (Hrsg) (1994-2013) VDI 3986 Blatt 1, 3, 4, 5 – Sicherung von Ladeeinheiten. VDI-Verlag, Düsseldorf

VDI 4407 Verein Deutscher Ingenieure (VDI) (Hrsg) (1996) VDI 4407 – Entscheidungskriterien für die Auswahl mehrwegfähiger Ladungsträger in Form von Transportverpackungen. Beuth, Berlin

VDI 4420 Verein Deutscher Ingenieure (VDI) (Hrsg) (1996) VDI 4420 – Automatisches Be- und Entladen von Stückgütern auf Lastkraftwagen. VDI-Verlag, Düsseldorf

VDI 4422 Entwurf Verein Deutscher Ingenieure (VDI) (Hrsg) (1996) VDI 4422 Entwurf – Elektropalettenbahn. Beuth Verlag, Berlin

VDI 4441 Verein Deutscher Ingenieure (VDI) (Hrsg) (2012) VDI 4441 – Hängefördertechnik – Elektrohängebahnen (EHB). Beuth, Berlin

VDI 4480 Blatt 1 Verein Deutscher Ingenieure (VDI) (Hrsg) (1998) VDI 4480 Blatt 1 – Durchsatz von automatischen Lagern mit gassengebundenen Regalbediensystemen. Beuth, Berlin

VDI 5586 Verein Deutscher Ingenieure (VDI) (Hrsg) (2016) VDI 5586 – Routenzugsysteme.
  Beuth, Berlin
VDA Jahresbericht 2016 Verband der Automobilindustrie (VDA) (2016) Jahresbericht 2016
ZH 1/428 Berufsgenossenschaft der Banken, Versicherungen, Verwaltung, freier Berufe
  und besonderer Unternehmen (1978) ZH 1/428 – Richtlinien für Lagereinrichtungen und
  -geräte. Carl Heymanns Verlag, Köln
ZH1/473 Berufsgenossenschaft der Banken, Versicherungen, Verwaltung, freier Berufe und
  besonderer Unternehmen (1972) ZH1/473 – Sicherheitsbestimmungen für Flurförderzeuge. Carl Heymanns Verlag, Köln

Stichwortverzeichnis - Band 1

© Springer-Verlag GmbH Deutschland, ein Teil von Springer Nature 2020
K.-H. Wehking, *Technisches Handbuch Logistik 1*,
https://doi.org/10.1007/978-3-662-60867-8

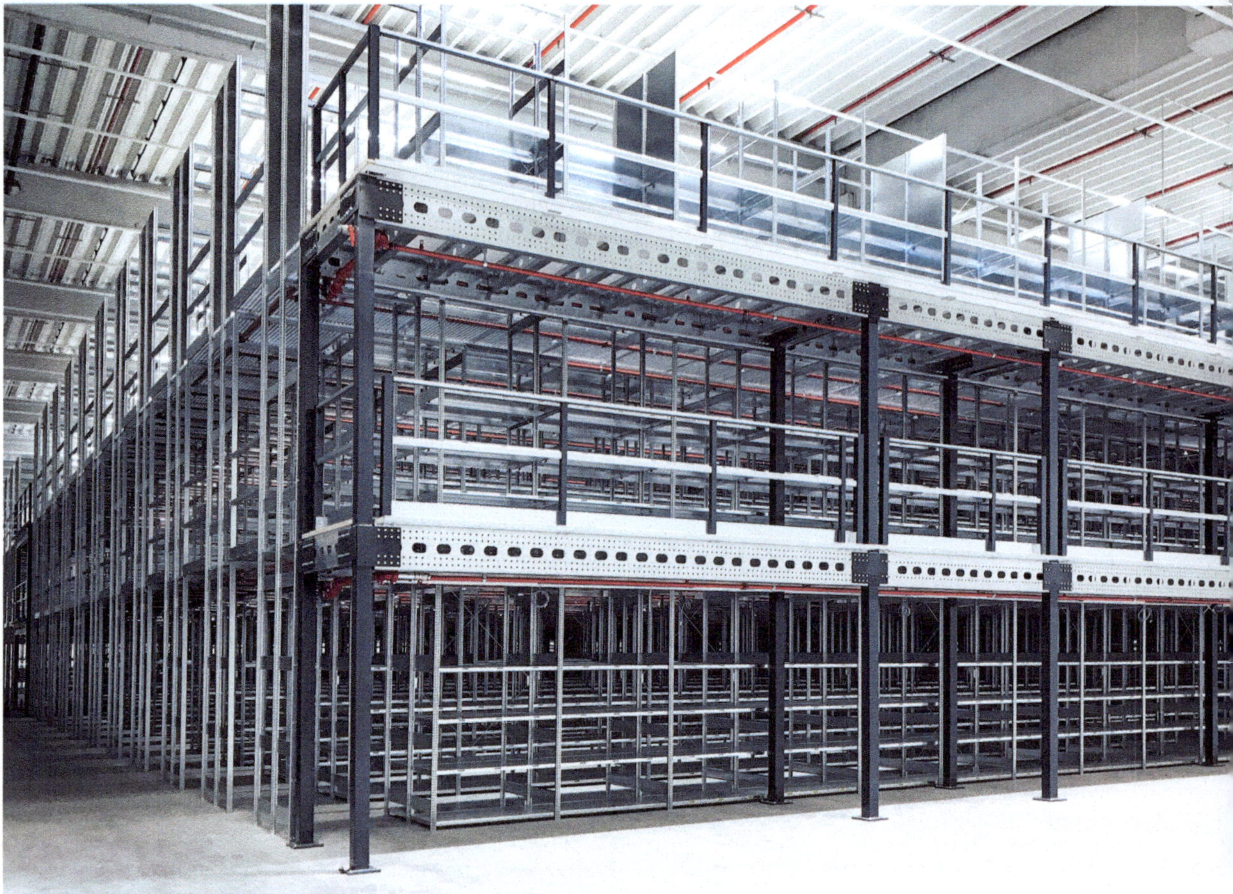

BERGER regale

Regalanlagen - hochmodern und effizient

Im Projektgeschäft bietet BERGER ausgefeilte Komplettlösungen und übernimmt von der ersten Idee bis hin zur Inbetriebnahme das gesamte Projektmanagement. Ob Sie einen kleinen Raum oder eine komplette Lagerhalle mit Regalen einrichten wollen, spielt dabei keine Rolle.

BERGER *dynamics*

Dynamische Verschieberegalanlagen

Ein heute entscheidender Wettbewerbsvorteil sind schnelldrehende Produkte im Lager. Diese müssen effektiv gelagert und schnell verfügbar sein, da die Lagerhaltung viel Raum benötigt und hohe Kosten erzeugt. Hierfür garantieren Verschieberegale ein Höchstmaß an effizienter Raumausnutzung.

Außerdem finden Sie in unserem Sortiment über 50.000 weitere sorgfältig ausgewählte Artikel für Ihren Bedarf rund um die Themen Umwelt, Lager, Transport, Betrieb und Büro.

www.berger-betriebseinrichtungen.de
www.berger-regale.de
www.berger-spinde.de
www.berger-dynamics.de
www.berger-shop.de

Erwin Berger e.K · Talstraße 61 · 70825 Korntal-Münchingen · Fon : +49 (0) 711 / 83 88 78 0 · Mail : info@berger-betriebseinrichtungen

Stichwortverzeichnis - Band 2

© Springer-Verlag GmbH Deutschland, ein Teil von Springer Nature 2020
K.-H. Wehking, *Technisches Handbuch Logistik 1*,
https://doi.org/10.1007/978-3-662-60867-8